加 速 器 ハ ン ド ブ ッ ク

Handbook of Particle Accelerators

日本加速器学会＝編

丸善出版

発刊にあたって

　加速器とは，その言葉さえも一般にはほとんど知られていないものですが，人類の叡智の獲得，知的フロンティアの開拓にはなくてはならないものとして，発展してきています．特に，高エネルギー物理学（素粒子物理学）や原子核物理学の分野では，その発祥から最近の飛躍的な発展まで，加速器は不可欠なツールとしての役割を担っており，加速器の進歩がこれらのサイエンスの将来を支えているといっても過言ではありません．一方では，加速器から生み出される粒子ビームや二次ビームである放射光，中性子などは，基礎科学にとどまらず広範な科学・技術・医療を支える基盤技術の一つになっています．例えば，タンパク質の構造解析，がん治療などは，加速器の発展に伴って，その分野の様相が全く変貌しています．

　加速器科学とは，加速器自体を研究対象とする科学・技術の分野であるとともに，それをツールとして利用する科学全般もカバーする分野のことです．本ハンドブックは，この加速器の基礎から応用までを網羅し，加速器科学分野の発展に資することを目的とするとともに，分野間の交流を促進し，この分野への社会の理解の向上にも寄与することを目指して，編集されています．また，加速器の研究者・技術者，加速器の利用者，加速器科学に関心のある方，さらに加速器科学に関係する産業界，研究機関，大学，官公庁などの方々が利用されることを想定しています．このため，加速器専門家だけのためのハンドブックとはしない，説明はできるだけ平易かつ簡潔にして，詳細については参考文献を紹介することなどを編集方針としました．

　このハンドブックは，以下のように3編から構成されています．
・第1編（加速器とともに発展する諸科学）
　　加速器によって拓かれるサイエンスと利用分野を概説するとともに，これらの将来を展望しています．
・第2編（加速器の基礎）
　　加速器の歴史，加速器のタイプ，基礎および理論，要素技術，関連技術，電磁場および物質との相互作用などを詳説しています．
・第3編（加速器の具体的応用）
　　加速器およびその関連技術の様々な応用分野を可能な限り網羅することに努めるとともに，これらを簡潔に説明しています．

　ご興味のある項目だけでもご覧いただき，加速器およびそれを利用した科学・技術の分野についてのご理解の一助になれば幸いです．なお，国内で編集された，加速器に関するこの種のハンドブックが以前にはなかったことから，このハンドブックでは，国内の加速器や加速器応用，特に我が国における特徴について，かなり重点をおいて記述しています．

　最後になりましたが，執筆者の方々には，ご多忙中のところ，ハンドブックの趣旨をご理解いただき，ご執筆を快くお引き受けいただき，誠にありがとうございました．また，編集委員の方々には，至らぬ委員長に忍耐強くお付き合いいただいたことに深謝いたします．そして，丸善出版株式会社の方々には，ハンドブックの企画から係わっていただき，長年にわたって，編集委員会を叱咤激励するとともに，校正に際しては詳細なチェックも含め，多大なご尽力を頂きましたことに改めて感謝申し上げます．

2018年3月

日本加速器学会
編集委員長　神谷幸秀

編集委員

編集委員長

神 谷 幸 秀　　高エネルギー加速器研究機構 理事

編集委員

故 安 東 愛之輔　　高エネルギー加速器研究機構／兵庫県立大学 名誉教授
上 坂 　 充　　東京大学 大学院工学系研究科 教授
上 野 健 治　　高エネルギー加速器研究機構 名誉教授
榎 本 收 志　　高エネルギー加速器研究機構 名誉教授
鎌 田 　 進　　高エネルギー加速器研究機構 名誉教授
菊 谷 英 司　　高エネルギー加速器研究機構 シニアフェロー
熊 谷 教 孝　　高輝度光科学研究センター加速器部門 部門長
小 関 　 忠　　高エネルギー加速器研究機構 加速器研究施設 教授／J-PARC センター センター長
後 藤 　 彰　　理化学研究所 仁科加速器研究センター 元副部長
笹 　 公 和　　筑波大学 数理物質系 准教授
佐 藤 潔 和　　東芝エネルギーシステムズ株式会社 京浜事業所 技監
佐 藤 康太郎　　高エネルギー加速器研究機構 名誉教授
柴 田 裕 実　　大阪大学 産業科学研究所 特任研究員
髙 田 耕 治　　高エネルギー加速器研究機構 名誉教授
土 田 秀 次　　京都大学 大学院工学研究科 准教授
中 村 典 雄　　高エネルギー加速器研究機構 加速器研究施設 教授
中 山 久 義　　高エネルギー加速器研究機構 名誉教授
西 尾 禎 治　　東京女子医科大学 大学院医学研究科 教授
野 田 耕 司　　量子科学技術研究開発機構 放射線医学総合研究所 所長
松 本 義 久　　東京工業大学 科学技術創成研究院 准教授
横 溝 英 明　　総合科学研究機構 理事長
横 谷 　 馨　　高エネルギー加速器研究機構 名誉教授

（五十音順，2018 年 3 月現在）

執筆者・査読者

赤 城 卓	ひょうご粒子線メディカルサポート株式会社 支援企画課
秋 田 貢 一	日本原子力研究開発機構 物質科学研究センター
浅 井 祥 仁	東京大学 大学院理学系研究科
故 安 島 泰 雄	高エネルギー加速器研究機構 機械工学センター
穴 見 昌 三	高エネルギー加速器研究機構 名誉教授
阿 部 知 子	理化学研究所 仁科加速器研究センター
阿 部 善 也	東京理科大学 理学部
新 井 正 敏	European Spallation Source ERIC
粟 津 浩 一	産業技術総合研究所 産学官・国際連携推進部
故 池 田 篤 美	株式会社野村鍍金 技術部
池 田 裕二郎	日本原子力研究開発機構 原子力科学研究部門 J-PARC センター
石 田 卓	高エネルギー加速器研究機構 素粒子原子核研究所／J-PARC センター
稲 辺 尚 人	理化学研究所 仁科加速器研究センター
井 上 多加志	量子科学技術研究開発機構 核融合エネルギー研究開発部門
今 尾 浩 士	理化学研究所 仁科加速器研究センター
岩 澤 康 裕	電気通信大学 燃料電池イノベーション研究センター
岩 瀬 彰 宏	大阪府立大学 大学院工学研究科
岩 村 康 弘	東北大学 電子光理学研究センター
岩 本 晃 一	京セラ株式会社
上 坂 充	東京大学 大学院工学系研究科
上 野 健 治	高エネルギー加速器研究機構 名誉教授
後 田 裕	高エネルギー加速器研究機構 素粒子原子核研究所
宇 野 彰 二	高エネルギー加速器研究機構 素粒子原子核研究所
梅 澤 裕 明	東京電解株式会社
上 蓑 義 朋	理化学研究所 仁科加速器研究センター
海 野 義 信	高エネルギー加速器研究機構 名誉教授
江 川 一 美	高エネルギー加速器研究機構 名誉教授
絵 面 栄 二	高エネルギー加速器研究機構 名誉教授
江 並 和 宏	高エネルギー加速器研究機構 機械工学センター
遠 藤 有 聲	高エネルギー加速器研究機構 名誉教授
生 出 勝 宣	高エネルギー加速器研究機構 名誉教授
大井川 宏 之	日本原子力研究開発機構 事業計画統括部
大 内 伸 夫	日本原子力研究開発機構 事業計画統括部
大 島 武	量子科学技術研究開発機構 量子ビーム科学研究部門
大 島 永 康	産業技術総合研究所 計量標準総合センター
大 竹 雄 次	理化学研究所 放射光科学総合研究センター
大 竹 淑 恵	理化学研究所 光量子工学研究領域
大 野 達 也	群馬大学 重粒子線医学センター
大 町 康	原子力規制庁 放射線防護グループ

大 見 和 史	高エネルギー加速器研究機構 加速器研究施設	
岡 本 宏 己	広島大学 大学院先端物質科学研究科	
荻 津 透	高エネルギー加速器研究機構 超伝導低温工学センター	
奥 野 清	量子科学技術研究開発機構 核融合エネルギー研究開発部門	
尾 嶋 正 治	東京大学 名誉教授	
小 野 田 忍	量子科学技術研究開発機構 量子ビーム科学研究部門	
小 畠 隆 行	量子科学技術研究開発機構 放射線医学総合研究所	
柿 崎 明 人	東京大学 名誉教授	
加 倉 井 和 久	総合科学研究機構 中性子科学センター	
影 山 達 也	高エネルギー加速器研究機構 加速器研究施設	
加 古 永 治	高エネルギー加速器研究機構 加速器研究施設	
加 田 渉	群馬大学 大学院理工学府	
金 澤 健 一	高エネルギー加速器研究機構 名誉教授	
金 澤 光 隆	九州国際重粒子線がん治療センター	
鎌 田 進	高エネルギー加速器研究機構 名誉教授	
上 垣 外 修 一	理化学研究所 仁科加速器研究センター	
紙 谷 琢 哉	高エネルギー加速器研究機構 加速器研究施設	
唐 澤 久 美 子	東京女子医科大学 放射線腫瘍学講座	
菊 池 満	量子科学技術研究開発機構 核融合エネルギー研究開発部門	
北 村 英 男	理化学研究所 名誉研究員	
木 原 裕	日ノ本学園	
木 村 敦	量子科学技術研究開発機構 量子ビーム科学研究部門	
木 村 滋	高輝度光科学研究センター利用研究促進部門	
木 村 嘉 孝	高エネルギー加速器研究機構 名誉教授	
久 野 良 孝	大阪大学 大学院理学研究科	
久 保 浄	高エネルギー加速器研究機構 加速器研究施設	
熊 田 博 明	筑波大学 医学医療系	
倉 島 俊	量子科学技術研究開発機構 量子ビーム科学研究部門	
栗 木 雅 夫	広島大学 大学院先端物質科学研究科	
故 黒 木 良 太	日本原子力研究開発機構 量子ビーム応用研究部門	
神 代 暁	産業技術総合研究所 ナノエレクトロニクス研究部門	
小 関 忠	高エネルギー加速器研究機構 加速器研究施設／J-PARC センター	
後 藤 彰	理化学研究所 仁科加速器研究センター	
後 藤 俊 治	高輝度光科学研究センター 光源基盤部門	
小 早 川 久	高エネルギー加速器研究機構 名誉教授	
小 林 克 己	高エネルギー加速器研究機構 名誉教授	
小 林 憲 正	横浜国立大学 大学院工学研究院	
小 林 信 一	埼玉大学 名誉教授	
小 林 正 典	高エネルギー加速器研究機構 名誉教授	
小 林 泰 彦	量子科学技術研究開発機構 量子ビーム科学研究部門	
小 林 幸 則	高エネルギー加速器研究機構 加速器研究施設	
小 林 隆 一	株式会社 SH カッパープロダクツ 技術部	
駒 宮 幸 男	東京大学 大学院理学系研究科	
小 山 和 義	高エネルギー加速器研究機構 加速器研究施設	
近 藤 健 次 郎	高エネルギー加速器研究機構 名誉教授	

斎 藤 勇 一	量子科学技術研究開発機構 量子ビーム科学研究部門
榮 武 二	筑波大学 医学医療系
坂 本 慶 司	量子科学技術研究開発機構 核融合エネルギー研究開発部門
坂 本 稔	国立歴史民俗博物館
坂 本 裕	高エネルギー加速器研究機構 加速器研究施設
櫻 井 博 儀	東京大学 大学院理学系研究科
佐々木 晶	大阪大学 大学院理学研究科
佐々木 慎 一	高エネルギー加速器研究機構 共通基盤研究施設
笹 公 和	筑波大学 数理物質系
佐 々 敏 信	日本原子力研究開発機構 原子力科学研究部門 J-PARC センター
佐 藤 勝 也	量子科学技術研究開発機構 量子ビーム科学研究部門
佐 藤 潔 和	東芝エネルギーシステムズ株式会社 京浜事業所
佐 藤 康太郎	高エネルギー加速器研究機構 名誉教授
佐 藤 隆 博	量子科学技術研究開発機構 量子ビーム科学研究部門
佐 藤 皓	高エネルギー加速器研究機構 名誉教授
佐 藤 良 成	元 ラジエ工業株式会社 照射品質保証部
里 山 朝 紀	日本原子力研究開発機構 原子力科学研究所
沢 辺 元 明	高エネルギー加速器研究機構 放射線科学センター
志 野 直 行	京セラ株式会社
芝 田 達 伸	高エネルギー加速器研究機構 加速器研究施設／J-PARC センター
柴 田 裕 実	大阪大学 産業科学研究所
清 水 裕 彦	名古屋大学 大学院理学研究科
白 形 政 司	高エネルギー加速器研究機構 加速器研究施設／J-PARC センター
新 冨 孝 和	高エネルギー加速器研究機構 名誉教授
菅 井 勲	高エネルギー加速器研究機構 名誉教授
菅 原 龍 平	高エネルギー加速器研究機構 名誉教授
杉 谷 道 朗	住友重機械イオンテクノロジー株式会社
杉 本 昌 義	量子科学技術研究開発機構 核融合エネルギー研究開発部門
鈴 木 和 年	元 量子科学技術研究開発機構 放射線医学総合研究所
鈴 木 隆 房	株式会社野村鍍金 製造部
須 山 本比呂	浜松ホトニクス株式会社 電子管技術部
仙 入 克 也	三菱重工機械システム株式会社 設備インフラ事業本部
曽 山 和 彦	日本原子力研究開発機構 原子力科学研究部門 J-PARC センター
髙 田 耕 治	高エネルギー加速器研究機構 名誉教授
高 田 弘	日本原子力研究開発機構 原子力科学研究部門 J-PARC センター
高 富 俊 和	高エネルギー加速器研究機構 機械工学センター
高 山 健	高エネルギー加速器研究機構 名誉教授
田 口 光 正	量子科学技術研究開発機構 量子ビーム科学研究部門
武 井 太 郎	岩崎電気株式会社 光・環境営業部
竹 内 保 直	高エネルギー加速器研究機構 加速器研究施設
田 島 宏 康	名古屋大学 宇宙地球環境研究所
田 中 淳	量子科学技術研究開発機構 量子ビーム科学研究部門
田 中 隆 次	理化学研究所 放射光科学総合研究センター
田 中 均	理化学研究所 放射光科学総合研究センター
田 中 博 文	三菱電機株式会社 開発業務部

田	中	良太郎	高輝度光科学研究センター
田	邊	徹 美	東京大学／高エネルギー加速器研究機構 名誉教授
谷		教 夫	日本原子力研究開発機構 原子力科学研究部門 J-PARC センター
田	村	裕 和	東北大学 大学院理学研究科
田	村	文 彦	日本原子力研究開発機構 原子力科学研究部門 J-PARC センター
鄭		淳 讃	基礎科学研究院 重イオン加速器建設構築事業団（韓国）
陳		栄 浩	高エネルギー加速器研究機構 加速器研究施設／J-PARC センター
辻	井	博 彦	量子科学技術研究開発機構 放射線医学総合研究所
辻	本	和 文	日本原子力研究開発機構 原子力基礎工学研究センター
土	田	秀 次	京都大学 大学院工学研究科
土	屋	清 澄	高エネルギー加速器研究機構 名誉教授
門	叶	冬 樹	山形大学 理学部
等々力		節 子	農業・食品産業技術総合研究機構 食品研究部門
冨	澤	宏 光	高輝度光科学研究センター XFEL 利用研究推進室
冨	澤	正 人	高エネルギー加速器研究機構 加速器研究施設／J-PARC センター
外	山	毅	高エネルギー加速器研究機構 加速器研究施設／J-PARC センター
内	藤	富士雄	高エネルギー加速器研究機構 加速器研究施設／J-PARC センター
中	井	泉	東京理科大学 理学部
中	井	陽 一	理化学研究所 仁科加速器研究センター
中	川	孝 秀	理化学研究所 仁科加速器研究センター
中	平	武	高エネルギー加速器研究機構 素粒子原子核研究所／J-PARC センター
中	村	俊 夫	名古屋大学 年代測定総合研究センター
中	村	智 樹	東北大学 大学院理学研究科
中	家	剛	京都大学 大学院理学研究科
長	山	俊 毅	五浦工業株式会社
中	山	久 義	高エネルギー加速器研究機構 名誉教授
鳴	海	一 成	東洋大学 生命科学部
野	田	章	量子科学技術研究開発機構 放射線医学総合研究所
野	田	耕 司	量子科学技術研究開発機構 放射線医学総合研究所
乗	松	孝 好	大阪大学 レーザー科学研究所
箱	田	照 幸	量子科学技術研究開発機構 量子ビーム科学研究部門
羽	島	良 一	量子科学技術研究開発機構 量子ビーム科学研究部門
長	谷	純 宏	量子科学技術研究開発機構 量子ビーム科学研究部門
初	井	宇 記	理化学研究所 放射光科学総合研究センター
幅		淳 二	高エネルギー加速器研究機構 素粒子原子核研究所
濱	垣	秀 樹	長崎総合科学大学 新技術創成研究所
濱	野	勝	株式会社 NHV コーポレーション
濵		広 幸	東北大学 電子光理学研究センター
林	﨑	規 託	東京工業大学 科学技術創成研究院
林		真 琴	総合科学研究機構 中性子科学センター
早	野	龍 五	東京大学 名誉教授
原		昭 人	東芝電子管デバイス株式会社 電力管技術部
東		保 男	沖縄科学技術大学院大学 メカニカルエンジニアリング&マイクロファブリケーション・サポートセクション
肥	後	寿 泰	高エネルギー加速器研究機構 名誉教授

兵 頭 俊 夫	東京大学 名誉教授	
故平 松 成 範	高エネルギー加速器研究機構 名誉教授	
平 山 亮 一	量子科学技術研究開発機構 放射線医学総合研究所	
廣 木 章 博	量子科学技術研究開発機構 量子ビーム科学研究部門	
広 田 克 也	名古屋大学 大学院理学研究科	
福 島 正 己	東京大学 宇宙線研究所	
福 田 光 宏	大阪大学 核物理研究センター	
福 本 貞 義	高エネルギー加速器研究機構 名誉教授	
舟 越 賢 一	総合科学研究機構 中性子科学センター	
船 越 義 裕	高エネルギー加速器研究機構 加速器研究施設	
古 澤 佳 也	量子科学技術研究開発機構 放射線医学総合研究所	
古 屋 貴 章	高エネルギー加速器研究機構 名誉教授	
保 倉 明 子	東京電機大学 工学部	
細 山 謙 二	高エネルギー加速器研究機構 名誉教授	
堀 内 一 穂	弘前大学 大学院理工学研究科	
堀 岡 一 彦	東京工業大学 名誉教授	
前 川 康 成	量子科学技術研究開発機構 量子ビーム科学研究部門	
増 澤 美 佳	高エネルギー加速器研究機構 加速器研究施設	
桝 本 和 義	高エネルギー加速器研究機構 名誉教授	
松 井 佐久夫	理化学研究所 放射光科学総合研究センター	
松 崎 浩 之	東京大学 総合研究博物館	
松 四 雄 騎	京都大学 防災研究所 地盤災害研究部門	
松 田 純 夫	元 宇宙航空研究開発機構	
松 林 政 仁	日本原子力研究開発機構 原子力科学研究部門／物質科学研究センター	
松 本 晴 久	宇宙航空研究開発機構 研究開発部門	
松 本 英 樹	福井大学 医学系部門	
萬 代 新 一	株式会社 BEAMX／静岡大学 電子工学研究所	
三 浦 禎 雄	東北大学 電子光理学研究センター	
水 木 純一郎	関西学院大学 理工学部	
道 園 真一郎	高エネルギー加速器研究機構 加速器研究施設	
峰 原 英 介	LDD 株式会社	
三 原 智	高エネルギー加速器研究機構 素粒子原子核研究所／J-PARC センター	
三 原 修 司	京セラ株式会社	
三 宅 康 博	高エネルギー加速器研究機構 物質構造科学研究所／J-PARC センター	
宮 武 宇 也	高エネルギー加速器研究機構 素粒子原子核研究所	
宮 原 ひろ子	武蔵野美術大学 教養文化・学芸員課程研究室	
宮 原 正 信	高エネルギー加速器研究機構 加速器研究施設	
森 義 治	京都大学 名誉教授	
保 田 英 洋	大阪大学 超高圧電子顕微鏡センター	
矢 野 安 重	理化学研究所 仁科加速器研究センター	
山 口 誠 哉	高エネルギー加速器研究機構 加速器研究施設	
山 口 恭 弘	総合科学研究機構 中性子科学センター	
山 﨑 長 治	東芝三菱電機産業システム株式会社 パワーエレクトロニクス部	
山 﨑 泰 規	理化学研究所	
山 本 昇	高エネルギー加速器研究機構 加速器研究施設／J-PARC センター	

山 本　　均	東北大学 大学院理学研究科
山 本 雅 貴	理化学研究所 放射光科学総合研究センター
山 谷 泰 賀	量子科学技術研究開発機構 放射線医学総合研究所
横 溝 英 明	総合科学研究機構
横 谷　　馨	高エネルギー加速器研究機構 名誉教授
吉 井 正 人	高エネルギー加速器研究機構 加速器研究施設／J-PARC センター
吉 沢 克 仁	元 日立金属株式会社 冶金研究所
吉 住 浩 之	京セラ株式会社
吉 田　　敦	理化学研究所 仁科加速器研究センター
米 田　　穣	東京大学 総合研究博物館 放射性炭素年代測定室
劉　　　勇	高エネルギー加速器研究機構 加速器研究施設／J-PARC センター
渡 部 貴 宏	高輝度光科学研究センター光源基盤部門
渡 辺 泰 広	日本原子力研究開発機構 原子力科学研究部門 J-PARC センター

(五十音順, 2018 年 3 月現在)

目　次

第 1 編　加速器とともに発展する諸科学

1 章　素粒子・原子核物理

1.1	概論	3		電子陽電子衝突型加速器	13

1.1　概論　3
1.2　LHC　5
　1.2.1　LHC 加速器　5
　1.2.2　LHC で期待される物理　6
　1.2.3　LHC 加速器の後の計画　8
1.3　ILC（国際リニアコライダー）　8
　1.3.1　概要　8
　1.3.2　加速器　8
　1.3.3　ILC の物理　9
　1.3.4　まとめ　10
1.4　ニュートリノ　11
　1.4.1　ニュートリノ振動　11
　1.4.2　長基線加速器ニュートリノ振動実験　11
　1.4.3　他の加速器ニュートリノ実験　12
1.5　B ファクトリー　13
　1.5.1　CP 対称性の破れと小林・益川模型　13
　1.5.2　Carter・Bigi・三田と非対称エネルギー

電子陽電子衝突型加速器　13
　1.5.3　B ファクトリー：
　　　　KEKB/Belle と PEP-Ⅱ/BaBar　14
　1.5.4　Super B ファクトリー：
　　　　SuperKEKB/Belle Ⅱ　15
1.6　ミューオンと中性子　15
1.7　J-PARC での原子核物理　16
　1.7.1　ストレンジネス核物理　17
　1.7.2　ハドロン物理　17
1.8　RI ビームファクトリー　17
1.9　クォーク・グルーオン・プラズマ　19
　1.9.1　加速器を用いた実験研究　19
　1.9.2　ジェット・クエンチング　19
　1.9.3　放出粒子方位角異方性と流体的振る舞い　20
　1.9.4　QCD 相転移の信号　20
　1.9.5　結語　21

2 章　物質科学（放射光）

2.1　物性物理　22
　2.1.1　共鳴 X 線散乱　22
　2.1.2　磁性研究：X 線磁気散乱　22
　2.1.3　X 線非弾性散乱　23
2.2　生命科学　24
　2.2.1　生命科学と放射光　24
　2.2.2　タンパク質結晶構造解析と放射光　25
　2.2.3　タンパク質結晶構造解析用ビームライン　25
　2.2.4　小角散乱法と放射光　26
　2.2.5　小角散乱によるダイナミクス研究　26
　2.2.6　放射光生命科学研究の将来　26
2.3　医療診断と治療　27
　2.3.1　はじめに　27
　2.3.2　吸収端差像造影法　27
　2.3.3　位相（屈折）コントラスト法　28
　2.3.4　回折強調イメージング（DEI）法　29
　2.3.5　暗視野法　29

　2.3.6　治療　29
2.4　ナノテクノロジー　30
　2.4.1　LSI 加工・ナノマシンの開発　30
　2.4.2　LSI 材料・デバイスの解析　30
　2.4.3　抵抗変化 RAM の解析　30
　2.4.4　磁気デバイスの解析　31
　2.4.5　燃料電池用電極ナノ触媒　31
　2.4.6　フラーレン，カーボンナノチューブ・
　　　　ナノポーラス材料　32
2.5　地球物理　32
　2.5.1　地球内部の X 線その場観察実験　33
　2.5.2　地震学的不連続面の解明　33
　2.5.3　謎の領域「D″層」の解明　33
　2.5.4　マグマの粘性測定　34
　2.5.5　まとめ　34
2.6　産業利用　34

3章 物質科学（中性子・ミュオン・陽電子）

3.1 概要	37
3.2 中性子ビームの生成	37
3.2.1 中性子の発生	37
3.2.2 中性子施設と加速器の性能	38
3.3 中性子の利用研究の方法	39
3.3.1 熱中性子の生成（減速材）	39
3.3.2 弾性散乱（回折，飛行時間法）	39
3.3.3 非弾性散乱	40
3.4 中性子の利用分野	41
3.4.1 中性子の性質	41
3.4.2 各施設での中性子を利用した研究分野	41
3.4.3 中性子利用の例	41
3.5 中性子の産業利用	43
3.5.1 J-PARCと産業利用	43
3.5.2 中性子源と産業利用実験装置	43
3.5.3 中性子の特徴	43
3.5.4 産業界の利用分野と測定方法	43
3.5.5 J-PARC中性子の利用課題	43
3.5.6 利用の仕組みと今後の展開	44
3.6 ミュオン	45
3.6.1 ミュオンの生成と利用分野	45
3.6.2 正ミュオン（スピン探針）	45
3.6.3 正ミュオン（水素の同位体プローブ）	45

3.6.4 負ミュオンによる研究（非破壊分析法として）	45
3.6.5 超低速ミュオン（表面・界面スピンプローブ）	45
3.6.6 超低速ミュオン（微少試料のプローブ）	45
3.7 陽電子	46
3.7.1 陽電子を用いた物質研究	46
3.7.2 陽電子放出断層撮影（PET）	46
3.7.3 低速陽電子ビーム	46
3.7.4 高強度の低速陽電子ビーム	46
3.7.5 陽電子プローブ・マイクロビームによる表面付近の格子欠陥解析	47
3.7.6 陽電子回折による物質表面の構造解析	47
3.7.7 ポジトロニウム飛行時間法（Ps-TOF）	47
3.7.8 陽電子オージェ電子分光	47
3.7.9 スピン偏極低速陽電子ビームの利用	48
3.7.10 大型施設の状況	48
3.8 物性物理学	48
3.8.1 物性物理と量子ビーム	48
3.8.2 中性子による物性物理トピックス	49
3.9 生物・医学	50
3.10 タンパク質の構造解析～創薬研究への応用	51

4章 核変換・未臨界炉

4.1 核変換の原理	53
4.2 ADSの概要	54
4.3 ADSのための加速器	56
4.4 ADSの技術開発とプロジェクト	58
4.4.1 陽子ビーム窓の設計と寿命評価	58

4.4.2 液体金属の利用技術	58
4.4.3 未臨界炉心の炉心特性予測技術	59
4.4.4 J-PARC核変換実験施設	59
4.4.5 欧州MYRRHA計画	60
4.4.6 その他の研究開発プロジェクト	60

5章 社会・産業と加速器

5.1 社会に役立つ加速器	61
5.2 産業界との協力と貢献	62
5.2.1 企業の成長を促した大型加速器建設	62
5.2.2 加速器建設に貢献する日本の工業技術	63

5.2.3 加速器建設で培われた技術と製品	64
5.2.4 加速器技術のさらなる発展に向けて	65
5.3 日本の電子管技術と加速器	66

第2編 加速器の基礎

6章 加速器の歴史

6.1 グローバルな展開	71
6.1.1 はじめに	71
6.1.2 加速器草創期	72

6.1.3 高エネルギーを目指して	74
6.1.4 ビームコライダー	79
6.1.5 物質・生命科学研究への応用	83

6.1.6 医療・産業などへの応用	86	6.2.2 戦前・戦中・戦争直後	90
6.2 国内の展開	**89**	6.2.3 1951年以降の展開	93
6.2.1 はじめに	89		

7章　加速器のタイプ

7.1　概論	**109**	7.6.3　重イオンシンクロトロン	131
7.2　静電加速器	**111**	**7.7　マイクロトロン**	**132**
7.2.1　高電圧整流型加速器	111	7.7.1　加速原理	132
7.2.2　バンデグラフ型加速器	112	7.7.2　位相安定性	133
7.2.3　タンデム型静電加速器	113	7.7.3　歴史と利用分野	133
7.2.4　ターミナル搭載 ECR イオン源	114	**7.8　ストレージリング**	**133**
7.3　リニアック（線形加速器）	**114**	7.8.1　周回ビーム強度の増大の手法	134
7.3.1　リニアックの源流	114	7.8.2　ビームの時間構造の制御	136
7.3.2　加速空洞の基本的な特徴	115	7.8.3　放射光源としてのストレージリングの役割	137
7.3.3　電子リニアック	116	**7.9　コライダー**	**138**
7.3.4　陽子リニアック	117	7.9.1　重心系エネルギー，ルミノシティー	138
7.3.5　超伝導リニアック	118	7.9.2　様々な衝突型加速器	139
7.3.6　医工用リニアック	119	**7.10　放射光**	**140**
7.3.7　高エネルギー円形加速器（リング）での		7.10.1　放射光源リング	140
使われ方	119	7.10.2　自由電子レーザー	140
7.3.8　低エネルギー粒子の高周波加速	119	7.10.3　テラヘルツ光源	144
7.4　ベータトロン	**122**	7.10.4　エネルギー回収型リニアック	145
7.5　サイクロトロン	**123**	7.10.5　回折限界光源	146
7.5.1　古典的サイクロトロン	124	**7.11　発展途上にある先進加速器**	**148**
7.5.2　シンクロサイクロトロン	125	7.11.1　将来への先進加速器技術	148
7.5.3　AVF サイクロトロン	125	7.11.2　レーザー加速	151
7.5.4　リングサイクロトロン	126	7.11.3　誘導加速器	154
7.6　シンクロトロン	**127**	7.11.4　静電型イオン貯蔵リング	155
7.6.1　電子シンクロトロン	128	7.11.5　FFAG	156
7.6.2　陽子シンクロトロン	129		

8章　加速器の基礎および理論

8.1　はじめに	**159**	8.3.9　4極磁場付加の影響	165
8.2　ビームのための古典力学	**159**	8.3.10　色収差とその補正	165
8.2.1　ハミルトニアンと正準方程式	159	8.3.11　弱収束	166
8.2.2　マクスウェル方程式	160	8.3.12　強収束，FODO ラティス	166
8.2.3　加速器座標系	160	8.3.13　ハミルトニアンによる扱い，非線形共鳴	167
8.2.4　加速器における正準変数とハミルトニアン	161	**8.4　シンクロトロン振動**	**168**
8.2.5　リウヴィルの定理とエミッタンス	162	**8.5　電子貯蔵リングのビーム力学**	**172**
8.3　ベータトロン振動	**162**	8.5.1　シンクロトロン輻射の性質	172
8.3.1　閉軌道と dispersion（分散関数）	162	8.5.2　輻射減衰	173
8.3.2　線形運動の解	163	8.5.3　量子励起	173
8.3.3　転送行列	163	**8.6　集団運動**	**174**
8.3.4　加速のある場合	164	8.6.1　ウェーク関数とインピーダンス	174
8.3.5　運動の安定性	164	8.6.2　ヴラソフ方程式	175
8.3.6　不変量	164	8.6.3　種々の構造のインピーダンス	175
8.3.7　Matching	164	8.6.4　ビーム不安定性	180
8.3.8　2極磁場付加の影響，軌道補正	165	8.6.5　ビーム内粒子の散乱（Intrabeam Scattering）	

xiv　目次

8.7　偏極ビームの力学　**191**
　8.7.1　スピンの記述　191
　8.7.2　BMT 方程式　191
　8.7.3　スピン共鳴　192
　8.7.4　スピン Rotator　193
　8.7.5　輻射偏極　193
8.8　衝突型加速器（コライダー）　**194**
　8.8.1　リングのビームビーム相互作用　194
　8.8.2　リニアコライダーのビームビーム相互作用　199
　8.8.3　衝突点のビーム収束系　201
8.9　ビーム冷却　**203**
　8.9.1　ビーム冷却の一般論　203
　8.9.2　確率冷却　203
　8.9.3　電子ビーム冷却　205
　8.9.4　レーザードップラー冷却　206
　8.9.5　イオン化冷却　208

9 章　加速器の要素技術

9.1　粒子源　**210**
　9.1.1　電子銃　210
　9.1.2　イオン源　211
　9.1.3　クラスター・分子源　214
9.2　高圧加速装置　**216**
　9.2.1　加速管　216
　9.2.2　直流高圧電源　216
9.3　常伝導電磁石　**218**
　9.3.1　電磁石の種類と目的　218
　9.3.2　電磁石の磁場発生の原理　219
　9.3.3　鉄心とコイルの設計，製作　221
　9.3.4　磁石材　222
　9.3.5　コイル材，コイル絶縁材　223
　9.3.6　磁場測定　224
　9.3.7　永久磁石の磁場発生原理と設計　225
　9.3.8　ソレノイド磁石　227
9.4　電磁石電源　**229**
　9.4.1　概論　229
　9.4.2　直流電源　229
　9.4.3　パターン電源　229
　9.4.4　共振電源　231
9.5　超伝導磁石　**233**
　9.5.1　概論　233
　9.5.2　超伝導線材　233
　9.5.3　超伝導磁石の原理　234
　9.5.4　超伝導磁石の設計　234
　9.5.5　今後の展望　236
9.6　挿入光源　**237**
　9.6.1　概論　237
　9.6.2　アンジュレータの構成要素　238
　9.6.3　磁場測定と磁場調整　239
9.7　高周波空洞　**241**
　9.7.1　高周波空洞の基礎　241
　9.7.2　電磁場エネルギー貯蔵空洞実用例　249
　9.7.3　大電力 RF 入出力回路　251
　9.7.4　可変周波数空洞・広帯域空洞　252
　9.7.5　RFQ　258
　9.7.6　超伝導空洞　260
　9.7.7　超伝導大電力 RF 技術　262
　9.7.8　空洞計測　262
9.8　ビーム・空洞相互作用と安定加速　**265**
　9.8.1　シンクロトロンにおけるビームローディング　265
　9.8.2　リニアックでの縦・横ビーム振動　270
9.9　誘導加速器の要素技術　**274**
　9.9.1　電圧重畳型誘導加速空洞の概要　274
　9.9.2　イオン誘導加速器システム　275
9.10　大電力高周波技術　**275**
　9.10.1　クライストロン　275
　9.10.2　クライストロン電源　278
　9.10.3　真空管，IOT，固体増幅器　280
　9.10.4　立体回路等　281
　9.10.5　高周波低電力機器　283
9.11　加速器の真空　**284**
　9.11.1　加速器における真空の課題　284
　9.11.2　真空と表面：気体放出　285
　9.11.3　真空を達成する方法　289
　9.11.4　加速器に固有な真空関連技術（材料，構造など）　292
　9.11.5　加速器に特徴的な真空関連技術と性能　294
9.12　ビーム診断技術　**297**
　9.12.1　概論　297
　9.12.2　モニター　297
　9.12.3　フィードバックシステム　300
　9.12.4　ビーム損失モニター　301
　9.12.5　レーザモニター　303
　9.12.6　ビーム観測による信号検出誤差の較正（BBC）　304
　9.12.7　ビーム・ベースド・アライメント　306
9.13　制御システム　**307**
　9.13.1　概論　307
　9.13.2　全系制御　308
　9.13.3　機器制御　308
　9.13.4　タイミング　309
　9.13.5　安全・インターロック　309
　9.13.6　計算機・ネットワーク　310

9.14 入射，取り出し	311	9.16.2 反陽子源	329
9.14.1 入射の概論	311	9.16.3 中性子源	330
9.14.2 入射方式	311	9.16.4 ミュオン源	333
9.14.3 取り出し方式	315	9.16.5 不安定核ビーム	334
9.14.4 入射・取り出し機器	318	9.16.6 ニュートリノビーム	335
9.14.5 荷電変換装置（ストリッパー）	322	9.17 イオンビーム技術	337
9.15 ビームダンプ，コリメータ	325	9.17.1 マイクロビーム，シングルイオンヒット	337
9.15.1 ビームダンプ	325	9.17.2 シングルパルスビーム	338
9.15.2 コリメータ	326	9.17.3 カクテルビーム	339
9.16 加速器による二次ビームとしての粒子源	328	9.17.4 クラスタービーム	340
9.16.1 陽電子源	328		

10章　加速器の関連技術

10.1 レーザー	342	10.7.3 GNSS	380
10.2 放電とその対策	345	10.7.4 地盤変位および地盤振動	380
10.2.1 概論	345	10.7.5 SPring-8，SACLA の例	381
10.2.2 静電場	345	10.8 放射線安全管理	384
10.2.3 高周波電場	346	10.8.1 概論	384
10.3 先端加工技術	349	10.8.2 放射線場の特徴と放射線の測定	385
10.3.1 精密加工	349	10.8.3 放射線遮蔽	387
10.3.2 接合技術	353	10.8.4 管理設備と放射化物の取り扱い	389
10.3.3 表面処理技術	356	10.8.5 安全管理体制	391
10.4 先端材料技術	360	10.9 放射光利用技術	392
10.4.1 セラミックス材料	360	10.9.1 ビームラインの基本構成	392
10.4.2 常伝導電磁石材料	362	10.9.2 ビームラインの真空	393
10.4.3 高周波用磁性材料	364	10.9.3 ビームラインコンポーネント	393
10.4.4 常伝導加速管材料（無酸素銅）	366	10.9.4 高熱負荷機器	393
10.4.5 超伝導加速空洞材料（高 RRR ニオブ）	368	10.9.5 分光器	393
10.4.6 カソード材料（熱陰極）	369	10.9.6 全反射ミラー	394
10.4.7 立体回路用材料	370	10.9.7 遮蔽ハッチ	394
10.5 各種シールド技術	371	10.9.8 インターロック	394
10.5.1 電磁ノイズ	371	10.10 中性子利用技術	394
10.5.2 磁気シールド	373	10.10.1 中性子を制御する技術	394
10.6 冷凍装置	375	10.10.2 中性子の全反射と中性子導管	394
10.6.1 概論	375	10.10.3 中性子チョッパーと波長弁別	395
10.6.2 ヘリウム液化冷凍機	375	10.10.4 中性子偏極技術	395
10.6.3 トランスファーライン	376	10.11 施設関連技術	396
10.6.4 クライオスタット	377	10.11.1 土木・建築	396
10.7 アライメント	378	10.11.2 電気設備	397
10.7.1 概要	378	10.11.3 機械設備	399
10.7.2 デジタル機器	379		

11章　粒子と電磁場との相互作用

11.1 輻射の一般論	401	11.2.2 CSR（Coherent Synchrotron Radiation）	403
11.1.1 点電荷からの輻射	401	11.2.3 短い磁石および磁石端からの輻射	404
11.1.2 輻射の偏極	401	11.3 周期的磁場での輻射	405
11.2 一様磁場での輻射	402	11.4 量子論的輻射公式	406
11.2.1 シンクロトロン輻射の原理とその特性	402	11.5 自由電子レーザー	407

xvi　目　次

11.5.1	1次元近似と光電場の仮定	407	11.6.3	Optical Diffraction Radiation	411

11.5.1　1次元近似と光電場の仮定　407
11.5.2　電子の運動方程式　407
11.5.3　マイクロバンチによる光電場の成長　408
11.5.4　FEL微分方程式の導出　408
11.5.5　FEL微分方程式の解法と光源性能　409
11.6　その他の輻射過程　410
11.6.1　制動輻射（Bremsstrahlung）　410
11.6.2　Optical Transition Radiation　410

11.6.3　Optical Diffraction Radiation　411
11.6.4　チェレンコフ輻射　411
11.6.5　スミス-パーセル輻射　411
11.6.6　Channeling Radiation　411
11.7　電磁波と電子との相互作用　412
11.7.1　コンプトン散乱　412
11.7.2　非線形コンプトン散乱　413

12章　粒子と物質との相互作用

12.1　概論　414
12.2　原子の性質と粒子の散乱　414
12.2.1　原子の性質　414
12.2.2　二体衝突の運動学　415
12.2.3　散乱断面積　415
12.3　光と物質の相互作用　415
12.3.1　光子吸収による原子の励起，電離　416
12.3.2　コンプトン散乱　417

12.3.3　電子-陽電子対生成　417
12.4　荷電粒子と物質の相互作用　418
12.4.1　高速粒子による弾性散乱　418
12.4.2　高速粒子による非弾性散乱と一般化振動子強度　418
12.4.3　阻止能　419
12.5　中性子と物質の相互作用　421

第3編　加速器の具体的応用

13章　材料工学

13.1　概要　425
13.2　ナノ加工　427
13.3　イオン注入　428
13.4　材料改質（金属）　429
13.5　材料改質（高分子材料）　430
13.5.1　改質に用いられる加速器と照射効果　430

13.5.2　架橋反応の利用例　430
13.5.3　グラフト重合の利用例　431
13.6　耐放射線性半導体　431
13.6.1　半導体の放射線照射効果　431
13.6.2　耐放射線性半導体の開発　431
13.6.3　加速器を用いた半導体の耐放射線性評価　432

14章　物質分析

14.1　概要　433
14.2　放射光を用いた分析　434
14.3　イオンビーム分析　435
14.3.1　RBS法　436
14.3.2　ERDA法　436
14.3.3　NRA法　436
14.3.4　PIXE法　437
14.4　中性子を用いた分析　437
14.4.1　中性子ラジオグラフィー　438
14.4.2　即発γ線分析　438
14.5　ミュオンを用いた分析　438
14.5.1　ミュオンとは　438
14.5.2　ミュオンビームによる各種分析　439
14.6　陽電子を用いた分析　440
14.6.1　陽電子による材料分析　440

14.6.2　陽電子生成と材料への入射　441
14.6.3　陽電子生成のための加速器　441
14.7　電子線マイクロアナライザ，超高圧電子顕微鏡　441
14.7.1　電子線マイクロアナライザ（EPMA）　442
14.7.2　超高圧電子顕微鏡（HVEM）　443
14.8　放射光X線と中性子による残留応力測定　444
14.8.1　応力測定原理　444
14.8.2　放射光X線応力測定　444
14.8.3　中性子応力測定　445
14.9　文化財の分析　445
14.10　法科学への適用　446
14.10.1　何を分析するのか（異同識別）　446
14.10.2　放射光X線分析の利点　447
14.10.3　土砂データベース　447

目　次　xvii

15章　加速器質量分析法（AMS）

15.1　概要	448	
15.2　加速器質量分析法	449	
15.2.1　加速器質量分析法とは	449	
15.2.2　AMS の特徴	449	
15.2.3　^{14}C，^{13}C，^{12}C の測定法	450	
15.2.4　^{14}C 測定の標準体とブランク試料	451	
15.2.5　市販の AMS 装置	451	
15.2.6　^{14}C 測定における最近の動向	451	
15.3　文化財の年代研究	452	
15.3.1　弥生時代の開始年代	452	
15.3.2　文化財建造物の建築年代	453	
15.3.3　較正曲線にかかる課題	453	
15.4　人類進化研究への応用	454	
15.5　創薬への貢献	455	
15.6　法科学鑑定	456	
15.6.1　核実験起源 ^{14}C の濃度経年変動	457	
15.6.2　人体試料への適用	457	
15.6.3　象牙の形成年	457	
15.6.4　戦没者の遺骨の判定	457	

15.6.5　法的な証文や古文化財の真贋判定	457
15.7　地形・防災科学への適用	458
15.8　古環境・古気候研究	459
15.8.1　炭素14年代の高密度測定	459
15.8.2　宇宙線イベントの高精度対比（宇宙線層序）	459
15.8.3　全球または地域スケールの炭素挙動の解明	459
15.8.4　^{10}Be による古環境変動の解析	460
15.9　宇宙環境研究	460
15.9.1　宇宙線生成核種の分析	460
15.9.2　太陽系周辺の宇宙環境の変動	460
15.9.3　太陽活動と太陽圏環境の変動	460
15.9.4　宇宙気候学分野への応用	460
15.10　放射性物質の環境影響評価	461
15.10.1　人為的起源の放射性核種	461
15.10.2　環境影響評価に用いる核種	461
15.10.3　加速器質量分析の活用	462

16章　生命科学

16.1　概要	464
16.2　生命への影響・粒子線の生物効果	465
16.2.1　生物効果の基礎過程	465
16.2.2　生存率曲線とモデル	466
16.2.3　粒子線の生物効果と修飾	466
16.3　生物学的効果比と酸素効果	467
16.3.1　生物学的効果比	467
16.3.2　酸素増感比	467
16.4　放射線抵抗性の機構	467
16.4.1　イオンビームによる DNA 損傷と致死効果	468
16.4.2　イオンビームによる突然変異誘発効果	468
16.4.3　宇宙ばく露実験のための地上予備試験	468
16.4.4　放射光を用いた軟 X 線顕微鏡での菌体観察	468
16.5　マイクロビームによる細胞局部照射	469

16.5.1　生体機能プローブとしての利用	469
16.5.2　単一粒子照射による影響解析	469
16.5.3　今後の展望と技術開発のポイント	469
16.6　バイスタンダー効果	470
16.6.1　放射線誘発バイスタンダー効果の仕組み	470
16.6.2　放射線誘発バイスタンダー効果による生物影響	470
16.7　イオンビーム育種	471
16.7.1　イオンビームで誘発される突然変異誘発の特徴	471
16.8　放射光を用いた放射線生物影響研究	472
16.8.1　概要	472
16.8.2　研究の現状と今後の展望	472
16.9　中性子照射	473
16.9.1　生物影響研究への加速器の利用	473
16.9.2　速中性子生物照射の実験	473

17章　医学利用

17.1　概要	475
17.2　ラジオアイソトープ製造	476
17.3　放射性医薬品の開発	477
17.3.1　^{11}C，^{18}F，$^{68}Ge/^{68}Ga$	477
17.3.2　$^{99}Mo/^{99m}Tc$	478
17.3.3　^{123}I	478
17.3.4　その他	479

17.4　医用画像診断	479
17.4.1　概要	479
17.4.2　X 線 CT	479
17.4.3　SPECT	480
17.4.4　PET	481
17.4.5　臨床 MRI の発展と超伝導電磁石	481
17.5　光子線治療	483

xviii　　目 次

17.5.1	放射線治療とは	483
17.5.2	放射線治療の歴史	483
17.5.3	医療用リニアックの現状	484
17.5.4	高精度放射線治療の現状	485
17.5.5	特殊型リニアック	485
17.6	**粒子線治療**	**486**

17.6.1	陽子線治療	486
17.6.2	重粒子線治療	489
17.6.3	BNCT（ホウ素中性子捕捉療法）	491
17.7	**粒子線がん治療施設**	**493**
17.7.1	概要	493
17.7.2	施設の例（兵庫県立粒子線医療センター）	493

18章　量子検出器とその応用

18.1	**概要**	**497**
18.1.1	量子（放射線）の計測の基本	497
18.1.2	センサとフロントエンドエレクトロニクス（FE）	497
18.1.3	デジタル変換，データ収集システムと事象測定	498
18.2	**素粒子原子核実験における検出器の開発と応用**	**499**
18.2.1	運動量の測定	499
18.2.2	崩壊点測定	499
18.2.3	粒子識別装置	500
18.2.4	エネルギーの測定（カロリメータ）	500
18.2.5	ミュオン検出器	501
18.2.6	現代の素粒子・原子核実験観測システム	501
18.3	**X線検出器**	**501**
18.4	**γ線検出器**	**502**
18.5	**光検出器**	**503**
18.6	**中性子検出器**	**505**
18.6.1	核反跳検出器	506
18.6.2	中性子イメージングプレートと原子核乾板	

		506
18.6.3	放射化分析による中性子検出	506
18.6.4	ガス検出器	506
18.6.5	シンチレーション検出器	507
18.7	**荷電粒子検出器（ガス検出器，シンチレータ検出器）**	**508**
18.7.1	ガス検出器	508
18.7.2	シンチレータ検出器	508
18.8	**荷電粒子検出器（半導体位置検出器）**	**509**
18.8.1	半導体素材	509
18.8.2	センサの構成	509
18.8.3	信号生成	510
18.8.4	放射線損傷	510
18.9	**超伝導検出器**	**510**
18.9.1	超伝導転移端検出器（TES）	510
18.9.2	超伝導ストリップライン検出器（SNSPD，SSPD）	511
18.9.3	超伝導マイクロ波力学インダクタンス検出器（MKIDs）	511
18.9.4	超伝導トンネル接合素子（STJ，SIS）	512

19章　原子力・核融合

19.1	**概要**	**514**
19.2	**原子力**	**515**
19.2.1	放射線・放射能の標準	515
19.2.2	原子力施設用放射線機器の開発	516
19.2.3	クリアランス検認	518
19.2.4	核セキュリティ分野への応用	519
19.3	**核融合**	**520**

19.3.1	概要	520
19.3.2	トカマク方式	521
19.3.3	中性粒子入射加熱	522
19.3.4	高周波加熱	523
19.3.5	超伝導コイル	524
19.3.6	核融合材料照射試験	525
19.3.7	慣性核融合	526

20章　宇宙科学

20.1	**概要**	**529**
20.2	**宇宙放射線環境の検出**	**529**
20.2.1	観測衛星に搭載される検出器の較正試験	529
20.2.2	超高エネルギー宇宙線観測用望遠鏡（較正用加速器）	530
20.3	**宇宙線の影響**	**532**
20.3.1	半導体素子の損傷・放射線耐性試験	532

20.3.2	大気微粒子生成と銀河宇宙線	533
20.4	**宇宙線と生命の起源**	**533**
20.4.1	宇宙線による原始大気からの有機物生成	534
20.4.2	星間での有機物生成	534
20.4.3	有機物から生命への進化	535
20.5	**宇宙物質・隕石の起源**	**535**
20.6	**微粒子加速器**	**536**

目次　xix

21章　暮らしに役立つ加速器技術

21.1　概要	538	
21.2　安全・セキュリティ	539	
21.2.1　港湾保安検査	539	
21.2.2　爆発物検知	540	
21.2.3　大型構造物診断	540	
21.3　環境保全	542	
21.3.1　排水処理	542	
21.3.2　排ガス処理	543	
21.3.3　放射光 X 線による汚染物質の分析	544	
21.3.4　大気汚染・PM などの組成分析	545	
21.3.5　放射能汚染除去技術	546	
21.3.6　核物質検査	547	
21.4　食品・農業・医用工業	549	
21.4.1　食品の放射線殺菌	549	

21.4.2　農産物の植物検疫処理　550
21.4.3　医療機器の放射線滅菌　551
21.4.4　イオンビームによる産業微生物の
　　　　突然変異育種　552
21.4.5　高エネルギー重イオンビームによる
　　　　品種改良　552
21.4.6　イオンビーム育種によるカーネーション
　　　　品種の花色シリーズ化　553
21.5　化学工業・工業技術　555
21.5.1　RI ビームによるリアルタイム摩耗試験　555
21.5.2　リチウムイオンの拡散測定　556
21.5.3　架橋を利用したゲル材料　557
21.5.4　低エネルギー電子線照射装置の工業利用　557
21.5.5　燃料電池開発への応用　559

索引　561

第1編　加速器とともに発展する諸科学

1章　素粒子・原子核物理

1.1 概論／1.2 LHC／1.3 ILC（国際リニアコライダー）／1.4 ニュートリノ／1.5 Bファクトリー／1.6 ミューオンと中性子／1.7 J-PARCでの原子核物理／1.8 RIビームファクトリー／1.9 クォーク・グルーオン・プラズマ

2章　物質科学（放射光）

2.1 物性物理／2.2 生命科学／2.3 医療診断と治療／2.4 ナノテクノロジー／2.5 地球物理／2.6 産業利用

3章　物質科学（中性子・ミュオン・陽電子）

3.1 概要／3.2 中性子ビームの生成／3.3 中性子の利用

研究の方法／3.4 中性子の利用分野／3.5 中性子の産業利用／3.6 ミュオン／3.7 陽電子／3.8 物性物理学／3.9 生物・医学／3.10 タンパク質の構造解析～創薬研究への応用

4章　核変換・未臨界炉

4.1 核変換の原理／4.2 ADSの概要／4.3 ADSのための加速器／4.4 ADSの技術開発とプロジェクト

5章　社会・産業と加速器

5.1 社会に役立つ加速器／5.2 産業界との協力と貢献／5.3 日本の電子管技術と加速器

1章

素粒子・原子核物理

1.1 概論

素粒子・原子核物理学は加速器の発展とともに展開してきたが，まずは加速器が登場するまでの歴史を経て現在の標準理論構築に至るまでの歴史を記すことにする．素粒子と原子核は元々同じ分野であったものが前世期の後半になって分化していったものであり，その根は同じところから来ている．

1897年に初めての素粒子である電子がJ.J. Thomsonによって発見された．この電子がいかなるかたちで物質中に存在するかが問題となり，1911年，Rutherfordの指導のもと，その弟子のH. W. GeigerとE. Marsdenは，薄い金箔にアルファ線源からのα粒子（ヘリウムの原子核）を照射してその散乱を観測したところ，ほとんどのα粒子は散乱されずにすり抜けるが，たまに大角度に散乱されるものがあった．この実験から，物質にはその質量のほとんどを担う硬い芯である原子核が存在し，その周りの広い範囲に電子が電気的に束縛されているという原子の構造が明らかになった．この実験はまさに，未知のミクロ構造を見るには高いエネルギーの粒子をぶつけてその散乱を見るという現在の素粒子・原子核実験の原型である．A. Einsteinは特殊相対論（1905年）・一般相対論（1915年）を構築し，1920年代には量子力学が確立した．P. A. M. Diracは相対論と量子論の帰結から質量が等しく反対の符号の電荷などを持つ反粒子の存在を予言した．1932年，C. D. Andersonは霧箱で電子の反粒子である陽電子を発見した．1930年代中頃の素粒子は，電子，陽電子，陽子，中性子（1932年発見）と，光の量子である光子だけであった．W. K. Heisenbergは中性子の発見の直後，原子核が陽子と中性子からできているというモデルを提唱した．陽子と中性子はまとめて核子と呼ばれる．原子核は電磁相互作用だけが働いていると核子にばらけてしまう．この問題を解決するため，湯川は1935年にπ中間子論を発表した．彼は核子の間には電磁相互作用よりも強い引力（核力）が働いており，これを媒介する粒子としてπ中間子を提唱し，その力の伝達距離から質量まで予言した．このような理論の予言を実験家は放っておかない．上記のAndersonは宇宙線中に湯川のπ中間子を発見しようとしたが，全く異なる

粒子で質量がπ中間子と同程度のμ粒子を発見した．π中間子は相互作用が強いので地下まで到達できないが，発見されたμ粒子は地中深くまで貫通した．μ粒子は質量以外の性質は電子と酷似している．

1930年代にE. O. LawrenceがMeVクラスのサイクロトロンを試作したが，第二次世界大戦後には米国を中心としてGeV以上のエネルギーの加速器が次々建設され，多くのπ中間子や核子の仲間であるハドロン族が発見され，素粒子の分類は収拾がつかなくなった．名古屋大学の坂田昌一は1959年，陽子，中性子，Λ粒子とそれらの反粒子が基本粒子であり，他の粒子はこれらの組み合わせでつくれるという坂田モデルを提唱した．しかしπ⁺は陽子と反中性子からなるなど，量子数は正しいが質量を説明するのに無理があった．1964年M. Gell-MannとG. Zweigは坂田モデルの陽子，中性子，Λをu，d，sと名前をつけた仮想粒子のクォークに置き換えた．陽子の電荷eを単位とするとuクォークの電荷は2/3，dとsクォークの電荷は−1/3とした．1960年代末には，Rutherfordの原子核発見の発展形として，スタンフォード線形加速器センター（SLAC）で電子を加速して陽子との散乱を研究し，陽子にはより小さい芯があり，クォークからなっていることがわかった．

一方，W. Pauliは，1930年，原子核のβ崩壊の電子のエネルギーが連続スペクトルであることから，中性の見えない粒子が電子とともに放出されるという仮説を立てニュートリノの存在を予言した．1953～1958年の原子炉による実験でF. ReinesとC. L. Cowanが初めてニュートリノを検出し，1962年にはL. M. Ledermanらが荷電π中間子の崩壊でμ粒子とともに放出されるニュートリノを標的に当てたところ，μ粒子は生じても電子は生じないことから，電子ニュートリノとμニュートリノの2種類存在することがわかった．したがって，電子の仲間のレプトンは，電子，μ粒子，それらに伴う2種のニュートリノの4種類存在することがわかった．一方，クォークは3種類しかなく，レプトンとの対応などから，4番目のクォークの存在が予言されていた．すでに1960年代にはクォークとレプトンを基本粒子として電磁相互作用と弱い相互作用をまとめて記述する電弱ゲージ理論が，A. Salam，S. Glashow，S. Weinbergらによって構築された．

1974年の11月，米国のブルックヘブン研究所（S. C. C. Tingら）とSLAC（B. Richterら）でほぼ同時に3.1 GeV程度の質量を持つ非常に崩壊幅の小さい共鳴状態が発見され，多くの理論家はすぐに4番目のクォーク（チャーム，c）とその反粒子のつくる複合状態であることを認識した．SLACでの実験はe^+e^-コライダーSPEARでの実験によるものでe^+e^-衝突の有効性が認識された．これでクォークとレプトンが同じレベルの素粒子であることが明確になった．この発見は標準理論を構成するうえで極めて重要なエポックであり，「11月革命」と呼ばれている．11月革命の2年前，まだクォークが3種類しかなかった1972年，小林と益川は，1964年にブルックヘブン研究所で行われた中性K中間子の崩壊実験でのCPの破れを説明するため，クォークは6種類あることを予言した．その後1976年には3番目の荷電レプトンτが発見され，5番目のボトムクォーク（b）も1977年フェルミ研究所で発見された．6番目のトップクォーク（t）は1994年にフェルミ研究所の陽子・反陽子コライダーTEVATRON（テバトロン）で発見された．最後にτニュートリノは名古屋大学のグループなどが同じくフェルミ研究所の標的実験で発見した．これらのクォークとレプトンを電荷に分類すると図1.1.1のようになる．1「世代」の2種のクォークとレプトンが存在し，3世代ある．1990年代初めにCERNのe^+e^-コライダーLEPでの実験でZボソンの崩壊幅を測定することで，ニュートリノの種類数が3であることを決定し，Zボソンの崩壊で生じない重いニュートリノがない限り世代数は3であることがわかった．しかし世代数の物理的な起源は解明されていない．一方，弱い相互作用を媒介するゲージボソンは，様々な粒子のβ崩壊の研究から$W^\pm$ボソンの存在は予想されたが，中性のZボソン存在の間接的な証拠は1973年CERNの大型泡箱実験で得られた．1982年C. RubbiaらがCERNの陽子・反陽子コライダーSppSを用いてWボソンとZボソンを発見した．強い相互作用のゲージ理論のQCD（量子色力学）は1970年代にD. Gross, D. Polizer, F. Wilczekらによって完成し，1979年ドイツのDESYのe^+e^-コライダーPETRAで強い相互作用を媒介するグルーオンが発見され，QCDは1980～90年代に特にPETRA, PEP, TRISTAN, SLC, LEPなどのe^+e^-の実験で検証された．エネルギーフロンティアの素粒子物理学は陽子・陽子（陽子・反陽子）衝突のハドロンコライダーと素過程が単純でクリーンなe^+e^-コライダーが互いの不利な点を補いながら発展してきている．

このように20世紀の後半，実験と理論が互いに影響を及ぼしながら標準理論が完成されていった．

標準理論には「ヒッグス機構」と呼ばれる質量の起源を説明する機構があり，すべての素粒子の質量はこの機構が起源とされる．ヒッグス粒子は真空と同じ量子数を持っており，宇宙が膨張して冷えていくにつれて相転移が生じて電弱ゲージ対称性が破れ，ヒッグス場が真空に凝縮した．宇宙初期においては電弱対称性が完全ですべての素粒子が

図1.1.1　標準理論の素粒子

質量を持たず光速で飛び回っていたが，このヒッグス場と相互作用をしてもはや光速では走れなくなり質量を持ったと考えられる．この機構は南部陽一郎がその基礎を築き，R. Brout, F. B. Englert, P. W. Higgsらが電弱相互作用に適用した．2012年7月，CERNの陽子・陽子コライダーLHC（Large Hadron Collider）でのATLAS, CMS実験によってヒッグス粒子は発見された（1.2節を参照のこと）．これは11月革命に匹敵する発見であり，それ以上の快挙ともいえる．

標準理論の粒子はすべて発見されたが，標準理論には致命的と思われる欠陥がいくつもある．まず，電弱対称性が破れることが質量の起源であるが，なぜこの対称性が破れたかに関して標準理論は説明していない．「超対称性理論」はフェルミ粒子とボース粒子を交換する対称性で，電弱対称性の破れの原因を説明できる．ヒッグス粒子自身の質量は量子補正で不安定であるが，超対称性があるとフェルミ粒子と対応するボース粒子の量子補正が逆の符号を持つので効果が相殺され安定化される．また超対称性粒子の最も軽い中性粒子は暗黒物質を形成する粒子の有力候補である．さらに，超対称性があると電磁相互作用，弱い相互作用，強い相互作用の結合定数が10^{16} GeVという高いエネルギースケールで統一される可能性がある．もう一つの電弱対称性の破れを説明する「複合ヒッグス理論」では，ヒッグス粒子はよりさらに基本的な素粒子が強い相互作用よりもさらに強い未知の相互作用で固く結びついた擬南部ゴールドストーンボソンとされる．複合ヒッグスの様々なモデルは実験と合わず，超対称性のほうが有利に思われているが，その直接的な実験的証拠がまだない．また，宇宙観測でその存在がわかっている暗黒物質（Dark Matter）や暗黒エネルギー（Dark Energy）を説明できないし，宇宙から反物質が消えた謎も説明できない．そもそも重力相互作用をどのように理論に組み込めばよいかわからない．これらの謎は今後の課題である．

LHCでは超対称性理論などで期待される新粒子の探索が続いており，2015年にはエネルギーが8 TeVから13 TeVに上がった（1.2節参照）．LHCはハドロンコライダーなので非常に高いエネルギーでの陽子・陽子の衝突で，新粒子や新現象の証拠を発見し標準理論を越えていく方向を俯瞰する役割を担う．しかしながら，陽子はクォークとグルーオンの複合粒子なので衝突は複雑で，かつ陽子の衝

突は強い相互作用なのでバックグラウンドが非常に高く，放射線レベルも高く，理論の予言の不確定性も大きい．一方，電子や陽電子は素粒子でかつ反粒子同士なので e^+e^- 衝突は素過程をそのまま観測でき，新粒子生成もバックグラウンドも電弱相互作用で生ずるので，バックグラウンドも低く理論の予言も正確である．しかし高エネルギーの円形の e^+e^- コライダーは放射光によるエネルギー欠損が大きすぎるため，直線のリニアコライダーが必要となる (1.3 節を参照のこと)．2004 年から国際リニアコライダー (International Linear Collider : ILC) の加速器設計が始まり 2013 年には技術設計書が出版された．ILC ではヒッグス粒子やトップクォークの精密測定や暗黒物質などの直接探索によって次のパラダイムの方向を決定すると期待される．

素粒子実験にはエネルギーフロンティアを幹とすれば枝や葉となる，重要な課題に特化した研究がある．ニュートリノは小柴昌俊のノーベル賞に象徴されるように我が国のお家芸である．なぜニュートリノの質量は小さいのか，その絶対値，階層性はどうなっているのか，CP の破れはニュートリノ・セクターにもあるか，ニュートリノはディラック粒子かマヨラナ粒子かなどの多くの課題がある (1.4 節を参照のこと)．またスーパーカミオカンデ (Super-Kamiokande) や将来計画であるハイパーカミオカンデ (Hyper-Kamiokande) は陽子崩壊の探索実験でもある．クォークフレーバーの研究，特に中性 B 中間子の CP の破れは KEK と SLAC の二つの B ファクトリーで測定された．特に KEKB は史上最高の輝度を誇る加速器で，その成果は小林・益川理論にノーベル賞をもたらした．2015 年には KEKB をアップグレードした SuperKEKB が稼働し，今後 Belle II 実験が始まり，B や τ の崩壊の標準理論からのずれを観測して新物理を探る計画である (1.5 節を参照のこと)．

一方，原子核の分野は，素粒子物理とは異なり多体系である原子核特有の問題に取り組むと同時に，宇宙の発展や星の進化などとも関係する問題にも取り組んできた．J-PARC，理化学研究所仁科センター，大阪大学 RCNP，東北大学，SPring-8 などの特色ある多くの加速器を用いた実験で多くの成果を挙げている．

1.2 LHC

「私が生きているうちに見つかるとは思わなかった」と，P. W. Higgs (2013 年ノーベル物理学賞) がコメントを残した 2012 年 7 月 4 日のあの熱気に満ちた会見をご記憶の方も多いと思われる．ヒッグス粒子発見の立役者が LHC (Large Hadron Collider) 加速器である．ここでは，まず LHC 加速器についてまとめ，次に LHC で期待される今後の物理成果について触れ，最後に LHC および CERN の将来計画についてまとめる．

1.2.1 LHC 加速器

LHC はジュネーブ郊外にある CERN で建設された 1 周 27 km の大型の加速器である．2010～2012 年，この加速器を用いて，陽子同士を重心系エネルギー 7～8 TeV で衝突させて実験を行った．2015 年からはエネルギーが 13 TeV に増強されて実験が行われている．

LHC 加速器は，1/8 周の円弧と直線が交互に配置された構成になっている．8 つの円弧の長さの合計は 18 km (曲率半径 $\rho = 2800$ m)，8 つの直線の合計は 9 km である．深さ約 100 m の地下トンネル内に設置された加速器の写真を図 1.2.1 に示す．LHC 加速器には長さ 15 m の偏向電磁石が 1 232 台設置されている．4 つの超伝導加速空洞が図 1.2.2 に示す一つのユニットを構成している．加速器全体で 4 ユニットが設置されている．周波数は約 400 MHz で電場は 5 MeV/m である．前段の SPS 加速器で陽子を 450 GeV まで加速してから LHC に入射し，さらに加速するので，陽子の速度に合わせて周波数を 400 MHz から少しずつ上げていく．1 周での加速エネルギーは，わずか 16 MeV だけであるが，毎秒約 1 万周するので，1 分足らずで数 TeV のエネルギーまで加速することができる．

このような高い運動量の陽子を曲げるために，円弧の部分では，重心系エネルギー 14 TeV で 8.3 T の磁場が必要になる．LHC は液体ヘリウムで 1.9 K に冷却された超伝導 (線材：NbTi) のコイルが使用され，約 1 万 A の電流が流れている．図 1.2.3 にその断面を示す．LHC では陽子が時計回りと反時計回りに回るため二つのパイプが必要になり，一方が上向き，他方が下向き磁場になるようにコイ

図 1.2.1 LHC 加速器トンネル
(写真提供　CERN)

図 1.2.2 LHC の超伝導加速空洞
(写真提供　CERN)

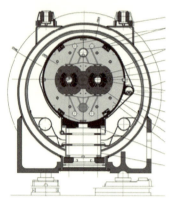

図 1.2.3 LHC ダイポール磁石の断面図
（図提供 CERN）

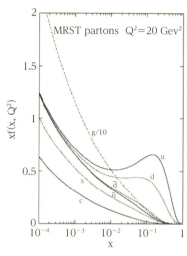

図 1.2.4 Parton Distribution Function. アップクォーク，ダウンクォークは $x=1/3$ に局所的なピークを持っている．グルーオン（破線）は 1/10 倍して描いてある．

ルが巻かれているが，リターンヨーク（図 1.2.3 中パイプを囲む 8 の字構造）が共通になっているユニークな構造である．使われる液体ヘリウムの量は 700 kl にもなる．超伝導線材，冷却システム，構造体を構成する磁化しないステンレス素材，低温で破損しない絶縁体など，至る所に日本の技術が活かされている．

電子ではなく陽子を使う理由は以下のとおりである．電子の1周あたりのシンクロトロン輻射での損失エネルギーは，$\delta E(\mathrm{MeV}) = 8.85\times10^{-2}E(\mathrm{GeV})^4/\rho(\mathrm{m})$ となる．27 km の電子・陽電子衝突型加速器 LEP（1989～2000年）では，$E=105$ GeV とすると，1周あたり約 4 GeV のエネルギーを失うことになり，これが現実的な限界だった．陽子からも，もちろんシンクロトロン輻射が放出されるが，γ^4 に比例するため，電子に比べて 1836 倍重い陽子だと，$E=7$ TeV としても $\delta E=7$ keV となり無視できる．LHC の性能を決めているのは，偏向電磁石の強さである．

LHC のもう一つの特徴は反物質を用いていない点である．これまでのコライダーは粒子と反粒子を衝突させてきたが，反物質を十分な量に蓄積することはなかなか難しい．例えば反陽子は，10^8 個/秒程度しか生成できず，LHC に必要な量を得るには 1 週間を費やしてしまう．そこで LHC は，反陽子を使うことをやめて，高頻度に陽子同士を衝突させることで，実質的に高いエネルギーの粒子と反粒子を生成している．

陽子同士の衝突では，陽子を構成しているパートン（クォーク，反クォーク，グルーオン）同士が衝突して素粒子反応を起こしている．それぞれの陽子の含まれるパートンが担うエネルギーの割合を x_1, x_2 とすると，衝突したときのパートンの実質的重心系エネルギー $\sqrt{\hat{s}}$ は

$$\sqrt{\hat{s}} = \sqrt{(x_1x_2)}\sqrt{s} \quad (\text{pp系})$$

になる．$\sqrt{s}$（pp系）は，陽子陽子の重心系エネルギーである．この x の分布が図 1.2.4 に示す Parton Distribution Function である．例えば超対称性粒子などのように重い粒子（質量 >1 TeV）を生成しようとすると，$\sqrt{x_1x_2}>0.1$ が必要で，x_1, x_2 ともに，大きい場合が望ましい．図 1.2.4 が示すようにこんな大きな x を持っているパートンは，u，d クォークとグルーオン（グルーオンの反粒子はグルーオン）である．

一方ヒッグス粒子や W/Z 粒子などが生成される場合は，$\sqrt{x_1x_2} \sim 0.01$ 程度であるので，$x_1, x_2 > 0.01$ の範囲が可能であり，グルーオンの他にクォークや反クォークも寄与することがわかる．

大きな x が存在している確率は図 1.2.4 が示すようにかなり低い．特にグルーオンや，反クォークの存在確率は，高い x では急激に少なくなる．それゆえに，高い衝突頻度（ルミノシティー）を実現することが，実質的重心系エネルギー $\sqrt{\hat{s}}$ を高めることになる．

LHC 加速器では陽子は約 1.6×10^{11} 個（n とする）の塊（バンチ）になって回っている．バンチの断面の大きさを σ_x, σ_y，バンチが 1 秒間に交差する回数を f とすると，ルミノシティー L は，

$$L = \frac{n^2}{4\pi\sigma_x\sigma_y}f\,[\mathrm{cm}^{-2}\mathrm{s}^{-1}]$$

となる．LHC は 2009 年の運転開始以来，少しずつバンチ数を多くして f を大きくし，ビームを絞って σ を小さくしてルミノシティーを上げてきた．2012 年には，1380 バンチまで増やし（$f=20$ MHz），$\sigma=16\,\mu$m，$L=7.6\times10^{33}$ cm^{-2}s^{-1} まで上がった．

ビームを細く絞るには，衝突点直前に設置された高い磁場を発生する 4 極電磁石（図 1.2.5）が重要な役割を担う．この四重極磁石を開発製作したのが，日本の高エネルギー加速器研究機構と米国フェルミ研究所であり実験の成功に大きな貢献をした．

1.2.2　LHC で期待される物理

LHC の輝かしい成果がヒッグス粒子の発見である．素

図 1.2.5 4極電磁石
（写真提供　CERN）

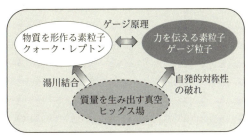

図 1.2.6　素粒子の模式図

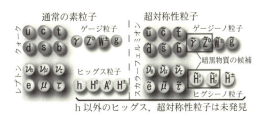

図 1.2.7　超対称性粒子

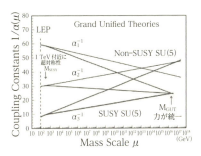

図 1.2.8　力の大統一

粒子の質量の起源の解明がヒッグス粒子発見の大きな意義であるが，もう一つの意義は，真空の相転移と真空のエネルギーによって宇宙が誕生・進化してきたという現代宇宙論の基幹をなすアイデアの初めての実験的な証拠である．より重要なのはヒッグス粒子でなく，真空に潜んでいるヒッグス場である．これまで見つかっていた素粒子は，物質をかたちづくるフェルミ粒子と力を伝えるボース粒子であり，局在化している．図 1.2.6 に模式的に示すように，ヒッグス場はこれらの素粒子を包み，宇宙全体を包んでいる．対称性が自発的に破れ，その相転移で特殊な場（ヒッグス場）に宇宙全体が満たされ，素粒子の性質が分化した．例えばヒッグス場によって，$W^{\pm}$粒子やZ^0粒子が重くなり，電弱対称性が破れた．

さらに，ヒッグス場は図 1.2.6 で示すように新しいカテゴリー（スピン 0）である．フェルミ粒子（スピン 1/2），ゲージ粒子（スピン 1）には，それぞれカイラル対称性，ゲージ対称性という基本原理があり，量子補正に対して安定である．スピン 0 のヒッグス場にもある種の対称性が必要であり，これがない場合は，ヒッグス場は量子補正に対して不安定になる．その対称性の一番の候補が超対称性である．

超対称性はスピンに対する対称性であり，スピンが 1/2 違う粒子を対として考えている（図 1.2.7）．量子力学では，角運動量$\vec{L}$は保存しない．$\vec{L}+\vec{S}$が保存量である．$\vec{L}$の保存は，この 4 次元空間の回転対称性が起源である．$\vec{L}$が保存せず$\vec{L}+\vec{S}$が保存することは，4 次元空間だけでなく，スピンに関係した空間まで入れて初めて本質的な対称性になることを意味する．スピンは時空（一般相対論）と素粒子（量子力学）を結ぶミッシングリンクである考えられている．

TeV 付近の質量を持つ超対称性粒子は，暗黒物質の候補となることや力の大統一を示唆するなどの多くの特徴がある．図 1.2.8 に力の大統一の例を示す．横軸は，エネルギーのスケールで，左が 100 GeV（電弱スケール），右が超高エネルギーである．縦軸は力の強さの逆数であり，上から電磁気力，弱い力，強い力の三つの力の強さを表している．標準理論の粒子しか存在しないとすると，三つの力は一つの大きさになることはない．しかし，1～10 TeV 程度の超対称性粒子が存在すると，三つの力は，2×10^{16} GeV で大統一されることがわかった．原子核はクォークでできている．このクォーク電荷が，電子の電荷と関係してないと水素原子の電荷は完全にキャンセルされない．電子もクォークも元は同じで，対称性が破れて分化したと考えられる．クォークと電子を分けているのは，力の感じ方である．この分化は，「色付きヒッグス場」が原因とも考えられている．この色付き真空のエネルギーがインフレーションやビッグバンのエネルギーの源になる可能性がある．

図 1.2.7 の超対称性粒子のうち，色電荷を持ったグルイーノ（グルーオンの超対称性パートナー）とスカラークォーク（クォークの超対称性パートナー）は生成断面積が大きく発見しやすい．図 1.2.9 からわかるように約 3 TeV（3.3 TeV）の質量より軽いと 300 fb^{-1}（3 000 fb^{-1}）のデータで発見することができる．

ヒッグス粒子の発見は，素粒子の物理からその「容れもの」である真空や時空の物理へのパラダイムシフトであ

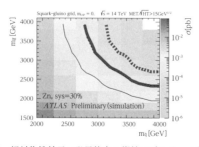

図 1.2.9 超対称性粒子の発見能力：縦軸はグルイーノ質量，横軸はスカラークォーク質量：右上の太線が $3\,000\,\mathrm{fb}^{-1}$，細線が $300\,\mathrm{fb}^{-1}$ を指す．それぞれ実線（5σ 発見），点線（95% CL 排除）の感度を示している．この線の左下側が発見／排除される．

り，それに続く超対称性のヒントとなっている．その意味でヒッグス粒子の発見は「7月革命」と呼ばれている．

1.2.3 LHC 加速器の後の計画

LHC は 2015 年から重心系エネルギーを 13 TeV に上げ，2022 年頃までかけて積算ルミノシティー $300\,\mathrm{fb}^{-1}$ のデータを取得し，1.2.2 項で述べた超対称性粒子などの標準理論を超える新しい素粒子現象の発見を目指す．

その先は，2013 年に策定された欧州の素粒子研究の戦略プランで，LHC のルミノシティーを増強する High Luminosity Run を行う予定で，一部はすでに予算化されている．この High Luminosity Run の一番の目的は，新たに発見される新しい素粒子現象を詳しく調べることであり，またヒッグス粒子の結合定数の精密測定である．ただし，これは 2022 年頃までの結果を見て，変更される可能性もある．

2040 年以降の計画の一つに FCC（Future Circulate Collider）という 1 周が 80～100 km の陽子陽子コライダー（重心系 100 TeV）と電子陽電子コライダー（重心系 250 GeV）を建設する提案がある．

一方，現在の 27 km のトンネルを再利用し，磁石の強度を 20 T やそれ以上に増強する LHC の High Energy Run が検討されている．1.2.1 項で述べたように，偏向電磁石の磁場強度がビームエネルギーを決めている．また，High Luminosity Run では，衝突点直前にあるビームを絞る 4 極電磁石の磁場をいかに高くできるかが重要である．この二つに共通する key technology は，Nb_3Al などの新しい超伝導線材の開発である．

1.3 ILC（国際リニアコライダー）

1.3.1 概要

LHC におけるヒッグス粒子の発見は素粒子物理学の新しい時代の幕開けとなった．ヒッグス粒子は標準理論の最後の未発見粒子であったが，その発見は素粒子物理学の完結を意味するものではなく，逆に素粒子の標準理論の不完全性と向き合わなければならない状況が生じた．その不完全性とは，ヒッグス粒子の質量の不安定性，暗黒物質の候補の欠如，なぜ電弱対象性が破れたのかが説明されていないことなどである．

これら諸問題に対応するために，超対称性理論や余剰次元理論など，多くの標準理論を超える理論が提案されてきた．それらの理論には標準理論のヒッグス粒子と似た粒子が含まれているが，一般にその性質が標準理論のヒッグス粒子からわずかにずれている．したがって，ヒッグス粒子の他の粒子との反応をより精密に測定して正しい理論を同定することが最重要課題の一つとなっている．さらに，標準理論からのずれは，現在我々の知っている最も重い素粒子であるトップクォークにも現れる可能性が指摘されており，その精密測定も欠かせない．もちろん，新粒子の発見の重要性はいうまでもない．

ILC（国際リニアコライダー）はこのような素粒子の新時代をリードするために計画されてきた線形電子陽電子衝突型リニアックである．複合粒子を衝突させるハドロンコライダーに比べ，素粒子同士を衝突させる ILC は，後に述べるように，例えばヒッグス粒子の結合係数の測定では LHC に比べて典型的に 1 桁高い精度を得ることができる．さらに，電子の偏極により，新しい反応の構造に直接光を当てることができる．また，高い感度は新粒子探索にも有効である．ヒッグス粒子を例にとると，ILC ではほんのひと握りのヒッグス粒子が生成されれば発見できる感度があるが，ハドロンコライダーのテバトロンでは約 2 万個のヒッグス粒子が生成されていたにもかかわらず，発見には至らなかったという事実がある．

1.3.2 加速器

ILC は重心系エネルギー 500 GeV をベースラインとする全長 31 km の電子陽電子衝突型リニアックで，約 1 TeV への高度化をオプションとする．図 1.3.1 にその概略図を示す．技術設計書（TDR）[1] は 2013 年に公表され，20 年間の運転計画と物理性能は文献 2, 3 にまとめられている．累積ルミノシティーは，重心エネルギー 250 GeV で $2\,000\,\mathrm{fb}^{-1}$，350 GeV で $200\,\mathrm{fb}^{-1}$，500 GeV で $4\,000\,\mathrm{fb}^{-1}$ となっている．

電子はレーザーを GaAs 標的に照射して生成し，5 GeV に加速して周長 3.2 km のダンピングリングで周回させてビームを絞り（すなわちエミッタンスを小さくして），主リニアックに送る．電子のスピンは 90% が右巻きまたは 90% が左巻きとなるように制御できる．

主リニアックは 1.3 GHz 超伝導 RF 技術による．加速空洞は 9 セル構造を持ち，長さ約 1 m で約 30 MeV のエネルギーを与える．電子・陽電子それぞれに約 7 400 個の加速空洞が必要となる．2×10^{10} 個の電子または陽電子が一つの群れ（バンチ）を形成し，1 312 バンチが 1 組とな

図 1.3.1 ILC の概略図. 縮尺は正確ではない.

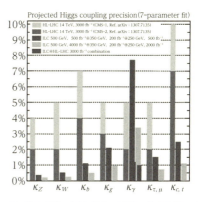

図 1.3.2 ヒッグス結合係数の測定精度. 詳細は本文参照. それぞれの結合係数で, 左端はルミノシティー高度化後のLHCの最終精度[4]を, 右端はILCの500 GeV以下の全データによる精度を示す.

て, 1 s に 5 組が加速される.

陽電子源は, 150 GeV まで加速した電子を超電導ヘリカルアンジュレータに通して光子を発生, その光子を高速回転するチタン合金ターゲットに当てて陽電子を生成する. 捕獲した陽電子を, ダンピングリングに送って電子と同等のエミッタンスまで絞り, 主リニアックに送る. 陽電子のスピンは 65% が右巻きまたは 65% が左巻きとなるよう制御できるが, オプションとしてさらに長いアンジュレータを使えば 80% を右巻きまたは 80% を左巻きにすることができる.

衝突点は一つで, ビームは 14 m rad で交差し, ルミノシティーの減少を避けるためにクラブキャビティを使用する. 最終収束系は超伝導 4 極磁石からなり, 衝突点に最も近い四重極磁石は測定器に組み込まれている. 衝突点におけるビームサイズは $\sigma_x/\sigma_y/\sigma_z = 474$ nm/5.9 nm/0.3 mm, 500 GeV でのルミノシティーは $1.8 \times 10^{34}/\text{cm}^2/\text{s}$, 消費電力は 163 MW である.

重心エネルギー 250 GeV (ヒッグス・ファクトリー) と 350 GeV (トップ対閾値領域) では, それぞれ $0.75 \times 10^{34}/\text{cm}^2/\text{s}$ と $1.0 \times 10^{34}/\text{cm}^2/\text{s}$ のルミノシティーである. 250 GeV では, バンチ数を 2 倍にしトレイン数を 2 倍にしてルミノシティーを 4 倍 ($3.0 \times 10^{34}/\text{cm}^2/\text{s}$) に, 500 GeV では, バンチ数を 2 倍にしてルミノシティーを 2 倍 ($3.6 \times 10^{34}/\text{cm}^2/\text{s}$) にするルミノシティー高度化計画がある. 消費電力はそれぞれ 200 MW と 300 MW である.

衝突エネルギー 1 TeV への高度化は, 最大加速勾配を増強するとともに, 全長を約 50 km に延長することで達成される. ルミノシティーは $(3.6 \sim 4.9) \times 10^{34}/\text{cm}^2/\text{s}$, 消費電力は 300 MW である.

ILC 計画は段階的建設が提案されており, 第一ステージは衝突エネルギー 250 GeV のヒッグス・ファクトリーとして建設される予定である.

1.3.3 ILC の物理

提案されている ILC の測定器は, LHC の典型的な測定器に比べて, 運動量分解能で約 10 倍, ジェットエネルギー分解能で約 2 倍の性能を持つ. 二つの測定器が一つの衝突点を共有することが想定されている. これらの優れた分解能は, ILC の比較的静かな環境と新しい測定器要素の開発によって可能になったものであり, ILC の物理的可能性を十分に引き出すために不可欠なものである. 以下では, ヒッグス粒子, トップクォーク, 新粒子探索に焦点を絞るが, それ以外のテーマに関しては, 参考文献 1, 3 を参照されたい.

a. ヒッグス粒子の物理

電子陽電子コライダーにおけるヒッグス粒子の生成過程は, 低エネルギーではおもにヒッグス放射過程 $e^+e^- \to ZH$, そして高エネルギーではおもに W ボソン融合過程 $e^+e^- \to \nu\bar{\nu}H$ で, 二つの過程の断面積は重心エネルギー 450 GeV 付近で大きさが入れ替わる. ヒッグス放射過程では, Z の崩壊を検出してその反跳質量を求めることで, ヒッグス粒子の崩壊を直接検出することなくヒッグス粒子を再構成することができる. これにより, ZH 結合係数の絶対測定が可能であり, また, ヒッグス粒子が見えない最終状態に崩壊する分岐比を 1% の感度で測定することもできる. この反跳質量法によるヒッグス粒子の質量の測定精度は約 30 MeV である.

ILC では, $b\bar{b}, c\bar{c}, WW, \tau\bar{\tau}, gg$ など, ヒッグス粒子のおもな崩壊を個別に再構成することができる. さらに ILC ではヒッグス粒子の全崩壊率が, H→WW 部分崩壊率と H→WW の分岐比の測定から 1.8% の精度で得られるため, 結合係数の総体比率だけでなく絶対値を測定できる.

図 1.3.2 に ILC におけるヒッグス粒子の結合係数の測定精度を示す. ここで結合係数が, 標準理論から何 % ずれるかは, (u, c, t), (d, s, b), そして (e, μ, τ) でそれぞれ同じと仮定している. さらに, 標準理論にないヒッグス粒子崩壊の最終状態は存在しないとしたうえで崩壊分岐比の総和が 1 になると仮定している. それぞれの結合係数において, ILC の 500 GeV までの全データによる精度は右端に, ルミノシティー高度化後の LHC の全データの最終精度は左端に示されている. LHC に関しては, 悲観的予想 (薄いグレー) では, 系統誤差が現在と変わらないと仮定し, 楽観的予想 (濃いグレー) では, 実験的系統誤差が統計誤差同様に減少し, 理論的系統誤差が現在の半分になると仮定している.

先に述べたように, ILC ではおもな結合係数の絶対値が上のような仮定なく測定でき, その精度は γ, μ, t 以外の反応で 1% 程度以下である (図 1.3.3). これは様々な新理論

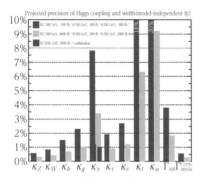

図 1.3.3 ILC によるヒッグス結合係数の「モデル依存しない」測定精度. 詳細は本文参照.

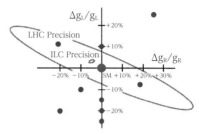

図 1.3.4 トップクォークと Z 粒子の右巻きと左巻き結合係数の標準理論からのずれ. 様々なモデルに対応する点も示す.

が有意に判別できる精度である.

　ヒッグス粒子のトップ湯川結合の測定には重心エネルギー 500 GeV で $t\bar{t}H$ 最終状態を測定するのが有効である. ベースラインは 500 GeV であるが, 重心エネルギーを 550 GeV に上げれば $t\bar{t}H$ 生成断面積は約 4 倍になり, 測定精度は 6 % から 3 % へと改善する.

　ヒッグス粒子の 3 点自己結合はヒッグス・ポテンシャルの ϕ^3 項に由来しており, これはヒッグス・ポテンシャルが真空に関して対象でないことを示している. すなわち, ヒッグス粒子の 3 点自己結合は対称性の破れの「証拠」であるが, どの実験においても非常に困難な測定である. 一般にヒッグス粒子の 3 点自己結合は, 一つのヒッグスが二つのヒッグスとなって現れる過程から得られる. 重心エネルギー 500 GeV では, $e^+e^- \to ZHH$ を検出することで 3 点自己結合係数を 27 % の精度で測定できる. 重心エネルギー 1 TeV では $e^+e^- \to \nu\bar{\nu}HH$ の測定により, 2 000 fb^{-1} のデータで 16 % の精度で決定できる.

b. トップクォークの物理

　ILC ではトップクォークは対生成閾値領域とそれよりずっと高エネルギーの領域で研究できる. 閾値領域でエネルギースキャンをすれば, 200 fb^{-1} のデータでトップクォークの質量と全崩壊率をそれぞれ 17 MeV と 27 MeV の精度で決定できる. 理論的に有用なトップクォーク質量の定義は $\overline{ms}$ と呼ばれるものであるが, 上のように測定された質量を $\overline{ms}$ に変換するときの系統誤差は約 10 MeV と評価されている[5].

　閾値よりずっと高い重心エネルギーでは, トップクォーク対生成のビーム方向に対する前後非対称性が中間状態の Z 粒子の偏極に非常に敏感になる. ILC では電子の偏極を使って Z 粒子の偏極を操作することができ, トップクォークと Z 粒子の右巻きと左巻き結合を高感度で測定することができる. 図 1.3.4 に ILC の 500 GeV での測定精度を示す. 様々なモデルがよく分離できている.

c. 新粒子探索

　ILC では, 新粒子の質量がビームエネルギーより小さければ, 対生成によって生成される可能性がある. もし, 暗黒物質候補のように新粒子が測定器で見えない場合でも, 始状態からの単一光子放出を捉えることで検出することができる. 一般に, そのような新粒子のシグナルはクリーンで背景事象の除去も比較的容易であり, 新粒子の発見領域は, ほとんどの場合ビームエネルギーに近いところまで到達する. そしていったん発見されたならば, エネルギースキャンとビーム偏極により, 質量と量子数を正確に決定できるであろう.

　超対称性理論に現れる新粒子の場合のように, 対生成された新粒子が見えない粒子と W や τ のような通常の粒子に崩壊する場合は, 通常の粒子のエネルギーを測定することで対生成された新粒子と見えない新粒子の質量を同時に決定できる. 一般に新理論では, 新粒子がもう一つの新粒子に崩壊するときに質量差が小さい (およそ 20 GeV 以下) ことがよくあり, そのような場合, LHC では発見が困難であるが, ILC では多くの場合, 発見することができる.

1.3.4 まとめ

　ILC は, ヒッグス粒子の発見によって幕が開いた新しい素粒子物理学の時代を牽引するために計画されてきた. 事象がクリーンであり, 電子陽電子衝突の始状態を緻密に制御できることにより, ILC はヒッグス粒子やトップクォークなどの測定において, 多くの場合 LHC をはるかに凌ぐ精度を提供する. また, 新粒子探索においても, LHC では発見の困難な粒子を ILC で発見できる可能性がある.

参考文献

1) The International Linear Collider Technical Design Report : http://www.linearcollider.org/ILC/Publications/Technical-Design-Report.
2) The ILC parameters working group report : arXiv : 1506.07830 [hep-ex].
3) The LCC physics working group report : arXiv : 1506.05992 [hep-ex].
4) CMS collaboration, in the Proceedings of the APS DPF Community Summer Study (Snowmass 2013), arXiv : 1307.7135.
5) P. Marquad, *et al.* : Phys. Rev. Lett. **114** 142002 (2015), arXiv : 1502.01030 [hep-ph].

1.4 ニュートリノ

　ニュートリノは，1930 年に W. Pauli によって予言された弱い相互作用をする中性粒子である．予言後 30 年経って（1960 年），F. Reines らにより初観測された[1]．さらに約 40 年後の 1998 年に，スーパーカミオカンデ実験が，ニュートリノに質量があることを発見した[2]．ニュートリノはその反応確率が極めて小さく，その性質の理解に長い時間がかかった．近年，加速器の発展により高強度で高品質なニュートリノ源の生成が可能となり，その研究は飛躍的に進んできている．加速器によるニュートリノ実験を中心に，ニュートリノに関する研究の現状と将来の展望を紹介する．

　加速器を使った初期のニュートリノ実験による重要な発見として，電子型とミュー型の 2 種類のニュートリノの存在を確定したレーダーマンの実験[3]と，中性弱カレント反応を発見したガーガメル実験[4]がある．加速器によるニュートリノビームの生成方法は，陽子ビームを標的に照射し，大量の π 中間子を生成し，その π 中間子の崩壊で放出されるニュートリノを利用する．π 中間子は $\pi \to \mu \nu_\mu$ と崩壊するため，加速器で生成するニュートリノビームの主要素はミュー型ニュートリノである．レーダーマンの実験では，ミュー型ニュートリノビームでの発生事象は，大部分がミューオンを伴うものであり，電子を伴う事象は稀であった．よって，ミュー型ニュートリノは確かにミューオン数という量子数を持っていることを確認した．ガーガメル実験では，π 中間子を磁場で収束することでニュートリノビーム強度を飛躍的に向上する「電磁ホーン」という装置が開発された．高強度の（反）ミュー型ニュートリノビームを使って，ミューオンおよび電子などのレプトンを伴わないハドロン反応の存在を突き止め，中性弱カレント反応を発見した．その後世界各地で，ニュートリノビームを使った，チャーム粒子の研究やニュートリノ振動の研究が活発に行われてきた．フェルミ国立加速器研究所では，高エネルギー陽子加速器テバトロンを使って，タウ型ニュートリノを生成し（タウ型ニュートリノは D_s 中間子を生成し $D_s \to \tau \nu_\tau$ 崩壊からできる），タウ型ニュートリノの初観測に成功した[5]．以下は，加速器を使ったニュートリノビームを使って行われているニュートリノ振動実験についてより詳しく説明する．

1.4.1　ニュートリノ振動

　ニュートリノ振動は，ニュートリノが質量を有し，さらにニュートリノの質量固有状態と弱い相互作用の固有状態が異なるときに起こる．説明を簡略化するため，2 種類の状態のニュートリノについて考える．弱い相互作用の 2 種類の固有状態を ν_μ と ν_e とし，質量の固有状態を ν_1 と ν_2 とする．ν_μ と ν_e はミュー型と電子型のレプトン数を，ν_1 と ν_2 は質量 m_1 と m_2 を持つ．二つの状態間の混合角を θ

表 1.4.1　ニュートリノ振動のパラメータ[6]

パラメータ	値
Δm_{12}^2	$(7.53 \pm 0.18) \times 10^{-5}\,\mathrm{eV}^2$
$|\Delta m_{32}^2|$	$(2.44 \pm 0.06) \times 10^{-3}\,\mathrm{eV}^2$
$\sin^2 2\theta_{12}$	0.846 ± 0.021
$\sin^2 2\theta_{23}$	$1.000^{+0.00}_{-0.017}$
$\sin^2 2\theta_{13}$	0.093 ± 0.008
δ_{CP}	未決定（$-\pi/2$ のヒントがある）

と定義すると，ν_μ から ν_e への振動確率は

$$P(\nu_\mu \to \nu_e) = \sin^2 2\theta \cdot \sin^2(1.27 \Delta m^2 \cdot L/E) \qquad (1.4.1)$$

と表せる．ここで，$\Delta m^2 = m_2^2 - m_1^2\,[\mathrm{eV}^2]$，$L$ はニュートリノの飛行距離 [km]，E はエネルギー [GeV] である．ここで簡略化のために 2 種類のニュートリノについて説明したが，ニュートリノは 3 種類存在するため，実際には三つの混合角（$\theta_{12}, \theta_{13}, \theta_{23}$），三つの質量（$m_1, m_2, m_3$），そして一つの複素位相 δ_{CP} がニュートリノ混合を記述する．スーパーカミオカンデが大気ニュートリノ観測で発見したニュートリノ振動は $\nu_\mu \to \nu_\tau$ で，（$\theta_{23} = 45°$，$\Delta m_{32}^2 = 2.5 \times 10^{-3}\,\mathrm{eV}^2$）と測定された．その後，加速器を使ったニュートリノ振動実験 K2K，MINOS，OPERA でこのニュートリノ振動が確証された．他の混合角と質量 2 乗差も太陽ニュートリノ観測，原子炉反ニュートリノ実験，加速器ニュートリノ実験により測定されており，最新の値を表 1.4.1 に載せる．

　加速器ニュートリノ実験でニュートリノ振動を高感度で測定するためには，式(1.4.1)中で $1.27 \Delta m^2 \cdot L/E \sim \pi/2$ が成り立つようにするとよい．この条件は $\Delta m_{32}^2 \sim 2.5 \times 10^{-3}\,\mathrm{eV}^2$ の場合には，$L/E \sim 500\,(\mathrm{km/GeV})$ となる．実際のニュートリノビームのエネルギーは 1 GeV 程度なので，ニュートリノが振動するには，飛行距離として約 500 km 必要である．

1.4.2　長基線加速器ニュートリノ振動実験

a．K2K 実験

　加速器実験で，世界で最初にニュートリノ振動を観測したのは，日本で行われた KEK-神岡間（KEK-to(2)-Kamioka）ニュートリノ振動実験 K2K である．K2K 実験では，KEK の 12 GeV 陽子加速器でエネルギー約 1.4 GeV のニュートリノビームを生成し，250 km 離れたスーパーカミオカンデでニュートリノ振動を測定した．実験は 1999 年から 2004 年にかけて行われ，10^{20} 陽子をニュートリノ生成標的に照射し，112 個のミューオンニュートリノ事象をスーパーカミオカンデで測定した．ニュートリノ振動がない仮定では $158.1^{+9.2}_{-8.6}$ 事象が予測されることから，99.998 % の信頼度でニュートリノ振動が確認された[7]．

b．MINOS 実験

　フェルミ国立加速器研究所のメインインジェクターからの 120 GeV 陽子でエネルギー 3〜4 GeV にピークを持つ

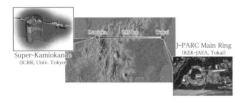

図 1.4.1 T2K 実験の概略図（提供　T2K 実験グループ・KEK/J-PARC/東京大学宇宙線神岡施設）

ニュートリノビームを生成し，735 km 離れた総質量 5.4 kt の MINOS 測定器でニュートリノ振動を観測する．ニュートリノビームの強度が K2K 実験に比べて 100 倍と大きく，高統計のニュートリノ振動の観測，特に $\nu_\mu \to \nu_\tau$ 振動の精密測定が行われた．長基線加速器実験では，エネルギー E と距離 L がよく決まるため，Δm_{32}^2 に関して精度よい測定ができる[8]．ただし，MINOS 実験の開始前は Δm_{32}^2 が正確に決まっていなかったため，$1.27\Delta m^2 \cdot L/E \sim \pi/2$ に最適化されておらず，振動確率の小さな $\nu_\mu \to \nu_e$ の測定には適さなかった．

c. OPERA 実験

欧州素粒子原子核研究所 CERN の SPS 加速器で平均エネルギー 17 GeV のニュートリノビームを生成し，730 km 離れたグランサッソ LNGS 研究所で $\nu_\mu \to \nu_\tau$ 振動で現れるタウ型ニュートリノを測定する．OPERA 実験では，寿命の短い τ 粒子を同定するために，原子核乾板技術が採用されている．実験は 2008 年から 2012 年に行われ，タウ型ニュートリノ反応事象を 5 個観測し，$\nu_\mu \to \nu_\tau$ 振動を 5.1σ の信頼度で確定した[9]．

d. T2K 実験

大強度陽子加速器施設 J-PARC のメインリングからの陽子ビームにより大強度かつ高品質のニュートリノビームを生成し，295 km 遠方にあるスーパーカミオカンデを使ってニュートリノ振動を高感度で測定する（図 1.4.1）．T2K 実験は，ニュートリノ振動の測定に最適化された $(1.27\Delta m^2 \cdot L/E \sim \pi/2)$ エネルギーのニュートリノビームをオフアクシス法により実現し，設計強度 750 kW という大強度陽子ビームを利用することで，世界最高感度を持つ．

2010 年の実験開始後 1 年で，世界で最初に $\nu_\mu \to \nu_e$ 振動の兆候を発見し，θ_{13} がゼロでないことを見つけた[10]．T2K 実験で最初に観測された電子ニュートリノ事象を図 1.4.2 に示す．T2K 実験の発見後，原子炉反ニュートリノ実験 Daya Bay[11]，RENO[12]，Double Chooz[13] でより精度のよい θ_{13} の測定が行われた．ニュートリノ振動 $\nu_\mu \to \nu_e$ の確率は，その第 1 主要項が θ_{13} に，第 2 主要項が δ_{CP}（粒子と反粒子の対称性のパラメータ）に感度があるため，δ_{CP} の決定が加速器ニュートリノ実験の次の目標である．T2K 実験では，$\nu_\mu \to \nu_e$ 振動の測定と原子炉反ニュートリノ実験で測定された θ_{13} の制限を組み合わせて，世界で初めて δ_{CP} に制限を課した[14]．

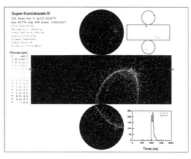

図 1.4.2 T2K 実験においてスーパーカミオカンデで観測された電子ニュートリノ事象（提供　T2K 実験グループ）

さらに T2K 実験では，電磁ホーンの電流を逆向きにすることで，π^- を収束し反ニュートリノビームが生成できる．粒子・反粒子対称性の研究には，δ_{CP} の測定に加えて，粒子（ニュートリノ）と反粒子（反ニュートリノ）でニュートリノ振動の違いを直接測定することが重要である．

e. NOvA 実験

フェルミ国立加速器研究所ではメインインジェクターで生成されるニュートリノビームを利用し，MINOS 実験の次として NOvA 実験が 2014 年から始まった．遠方測定器をニュートリノビーム軸とずらすオフアクシス法を採用し，T2K 実験同様にニュートリノ振動測定に最適化した条件を実現している．NOvA 実験の測定器は 810 km 遠方に設置された 14 kt の液体シンチレータ測定器である．2015 年に T2K 実験が発見した $\nu_\mu \to \nu_e$ 振動を追証した[15]．NOvA 実験の特徴として，基線がより長く，ニュートリノ振動の物質効果に感度が高く，今後 Δm_{32}^2 の符号の決定が期待できる．

1.4.3　他の加速器ニュートリノ実験

以上の結果は，3 種類のニュートリノによるニュートリノ振動でよく説明できる．しかし，一部の加速器ニュートリノ実験から，新しいニュートリノ振動を示唆する報告がある．米国ロスアラモス研究所の LSND 実験は $\Delta m^2 \sim 1$ eV^2 近辺に，微小な $(\sin^2 2\theta = 0.01 \sim 0.001)$ ニュートリノ振動があるという結果を報告した[16]．LSND 実験では，陽子ビームで生成した π^+ 中間子を標的中に静止させ，その崩壊 $\pi^+ \to \mu^+ \nu_\mu$，$\mu^+ \to e^+ \bar{\nu}_\mu \nu_e$ で放出されるニュートリノを利用する．この崩壊中には $\bar{\nu}_e$ は含まれておらず，測定器で $\bar{\nu}_e$ を観測することは $\bar{\nu}_\mu \to \bar{\nu}_e$ 振動の存在を意味する．LSND 実験は $\bar{\nu}_e$ の信号を観測したが，背景事象が多いため追試の実験が必要と考えられている．この観測が正しい場合は，新しい種類のニュートリノ（ステライルニュートリノ）の存在が示唆される．LSND 実験の結果を追試するために，フェルミ国立加速器研究所で MiniBooNE 実験が行われた．MiniBooNE 実験は，8 GeV ブースターからの陽子ビームでニュートリノビームを生成し，基線長 540 m で測定した．MiniBooNE 実験は，ニュートリノビームで

は LSND 実験で報告された振動は観測しなかったが，反
ニュートリノビームでは，電子型ニュートリノ事象数の超
過を観測した[17]．ただし，ニュートリノ振動の確率式
（1.4.1）と一致しておらず，状況は明らかではない．現在，
LSND 実験，MiniBooNE 実験の結果をさらに追証するた
めに，J-PARC の 3 GeV RCS 加速器でできる静止 π^+ か
らのニュートリノを利用した J-PARC E56 実験[18]が提案
されている．

その他にも，ニュートリノビームを利用して原子核の構
造を研究するニュートリノ散乱実験として，フェルミ国立
加速器研究所では SciBooNE 実験[19]や MINERvA 実験[20]
など，各地で加速器ニュートリノ実験が活発に行われてい
る．

将来のニュートリノ研究は，軽いニュートリノ質量の理
由を追究することと，粒子と反粒子の対称性の研究をする
ことである．そのために，より高強度で高品質な加速器ニ
ュートリノビームが必要となる．また，測定器の大型化も
必要で，日本ではスーパーカミオカンデの次としてハイパ
ーカミオカンデ計画が提案されている[21]．

参考文献

1) F. Reines, C. L. Cowan : Phys. Rev. **92** 830 (1953).; C. L. Cowan, *et al.* : Science **124** 103 (1956).
2) Y. Fukuda, *et al.* (Super-Kamiokande Collaboration) : Phys. Rev. Lett. **81** 1562 (1998).
3) G. Danby, *et al.* : Phys. Rev. Lett. **9** 36 (1962).
4) F. J. Hasert, *et al.* : Phys. Lett. B **46** 138 (1973).
5) K. Kodama, *et al.* : Phys. Lett. B **504** 218 (2001).
6) K. A. Olive, *et al.* (Particle Data Group Collaboration) : Chin. Phys. C **38**, 090001 (2014) and 2015 update.
7) M. H. Ahn, *et al.* (K2K Collaboration) : Phys. Rev. D **74** 072003 (2006).
8) D. G. Michael, *et al.* (MINOS Collaboration) : Phys. Rev. Lett. **97** 191801 (2006).
9) N. Agafonova, *et al.* (OPERA Collaboration) : Phys. Rev. Lett. **115**, 121802 (2015).
10) K. Abe, *et al.* (T2K Collaboration) : Phys. Rev. Lett. **107** 041801 (2011).
11) F. P. An, *et al.* (Daya Bay Collaboration) : Chin. Phys. C **37** 011001 (2013).
12) J. K. Ahn, *et al.* (RENO Collaboration) : Phys. Rev. Lett. **108** 191802 (2012).
13) Y. Abe, *et al.* (Double Chooz Collaboration) : Phys. Rev. D **86** 052008 (2012).
14) K. Abe, *et al.* (T2K Collaboration) : Phys. Rev. Lett. **112** 181801 (2014).
15) P. Adamson, *et al.* (NOvA Collaboration) : arXiv : 1601.05022 [hep-ex].
16) A. Aguilar-Arevalo, *et al.* (LSND Collaboration) : Phys. Rev. D **64** 112007 (2001).
17) A. Aguilar-Arevalo, *et al.* (MiniBooNE Collaboration) : Phys. Rev. Lett. **98** 231801 (2007).; Phys. Rev. Lett. **105** 181801 (2010).
18) M. Harada, *et al.* (JSNS2 Collaboration) : arXiv : 1310.1437 [physics. ins-det].
19) Y. Nakajima, *et al.* (SciBooNE Collaboration) : Phys. Rev. D **83** 012005 (2011).
20) G. A. Fiorentini, *et al.* : MINERvA Collaboration, Phys. Rev. Lett. **111** 022502 (2013).
21) K. Abe, *et al.* (Hyper-Kamiokande Collaboration) : PTEP **2015** 053C02 (2015).

1.5 B ファクトリー

高エネルギー加速器研究機構における KEKB 加速器と
Belle 測定器からなる KEK B ファクトリー計画は，1994
年 6 月に建設開始，1998 年 12 月に最初のビーム蓄積，
1999 年 6 月に物理運転開始の後，2010 年 6 月に物理運転
を終了するまで 11 年にわたり膨大な電子陽電子衝突のデ
ータを記録し，数々の物理成果を上げ続けてきた．2016
年には，高度化された SuperKEKB 加速器の第一段階運
転を行い，ビームパイプの真空度を高めるための焼きだし
運転や，低エミッタンスビームにするための調整運転，
Belle II 測定器を設置する予定の場所でのビームバックグ
ラウンド測定実験などを行った．2017 年には Belle II をビ
ームラインに移動し，衝突点近傍の最終収束超伝導電磁石
とあわせた磁場測定などを完了，第二段階運転に向けての
準備が整えられたところである．これらの計画の目的と成
果，加速器の特長と性能について以下に述べる．

1.5.1 CP 対称性の破れと小林・益川模型

素粒子にはそれぞれ対応する反粒子が存在し，粒子と反
粒子では電荷の符号が反対であることを除き，他の物理的
性質には全く区別がないものと考えられていた（CP 対称
性）．ところが，1964 年に Brookhaven AGS の実験で，中
性 K 中間子の崩壊分岐比の測定から，この対称性が破れ
ていることが判明した（CP 対称性の破れ，以下 CPV）[1]．
世界中でこの奇妙な現象の理論的説明が試みられるなか，
小林・益川両博士は，この現象がクォーク 2 世代（4 種
類）では説明できないことを示し，例えばクォークが 3 世
代（6 種類）あれば，それまでの理論の枠組み内でも，
CPV を自然に説明できることを示した[2]．第 3 世代クォー
クの一つであるボトムクォークは 1977 年にウプシロン粒
子を構成するクォークとして米国フェルミ国立加速器研究
所の固定標的実験において発見され，また，もう一つの第
3 世代クォークであるトップクォークも 1995 年に発見さ
れた．しかし，肝心の小林・益川模型が正しいかどうか，
つまりクォークが 3 世代あることが CPV を起こす要因に
なっているかどうかについては，検証が待たれる状況にあ
った．この検証を行うことを最大の目的とした実験計画が
KEK B ファクトリー計画である．

1.5.2 Carter・Bigi・三田と非対称エネルギー電子陽電子衝突型加速器

ボトムクォークの発見以降，ボトムクォークと軽いクォ

表 1.5.1 　KEKB/Belle と PEP-II/BaBar の比較

	KEKB/Belle	PEP-II/BaBar
設計ルミノシティー $[\mathrm{cm^{-2}\,s^{-1}}]$	1×10^{34}	0.3×10^{34}
ビーム衝突角度 $[\mathrm{mrad}]$	22	0（正面衝突）
実験期間	1999 年 5 月～2010 年 6 月	1999 年 5 月～2008 年 4 月
到達最高ルミノシティー $[\mathrm{cm^{-2}\,s^{-1}}]$	2.1×10^{34}（2009 年 6 月）	1.2×10^{34}（2006 年 8 月）
最終積分ルミノシティー $[\mathrm{fb^{-1}}]$	1040.9（logged）	557.4（delivered）

ークからなる B 中間子の性質が，DESY DORIS-II 加速器の ARGUS 実験や，コーネル大学 CESR 加速器の CLEO 実験などで重点的に調べられた．そのようななかで，Carter, Bigi，三田らは，小林・益川模型が正しいならば，中性 B 中間子が時間とともに中性反 B 中間子と混合することにより生じる，時間依存の CPV（TCPV）が大きく現れることを示した[3]．これは，混合現象が比較的大きければという条件付きの予言であったが，実際，1987 年に ARGUS 実験によって，中性 B 中間子と中性反 B 中間子の大きな混合現象が発見されたため[4]，中性 B 中間子の TCPV を測定し，小林・益川模型の正しさを証明しようという機運がにわかに高まった．

電子陽電子衝突により B 中間子を生成するためには，衝突エネルギー（$\sqrt{s}$）をウプシロン（4S）の質量に合わせ，まずウプシロン（4S）を生成する（生成断面積約 1 nb）．ウプシロン（4S）は，ほぼ 100 ％の確率で B 中間子対に崩壊するので，B 中間子を効率よく得ることができる．ウプシロン（4S）の質量（$10.58\,\mathrm{GeV/c^2}$）は，B 中間子の質量（$5.28\,\mathrm{GeV/c^2}$）のほぼ 2 倍であるため，ウプシロン（4S）静止系において B 中間子はほとんど静止した状態で生成される．中性 B 中間子の TCPV 測定のためには，中性 B 中間子が生成されてから（より正確には，混合のない状態が確認されてから）崩壊するまでの時間を測る必要がある．中性 B 中間子の寿命（崩壊までの平均的な時間）は約 1.5 ps であり，これは光が真空中を 455 μm しか進まないほどの短い時間である．この時間を測るために，混合のない状態が確認された点（A）と崩壊した点（B）の間の距離を測定する必要があるが，実験室系で B 中間子がほとんど静止している場合は，AB 間の距離が小さすぎて，既存の測定器の分解能では測定が困難である．そこで，衝突させる電子と陽電子のエネルギーを非対称にし，生成されたウプシロン（4S）やその崩壊粒子の B 中間子対を実験室系で一方向にローレンツブーストさせることでこの測定を可能にするというアイデアが，P. Oddone や高崎らによって提案された．このアイデアは，世界中の研究機関で具体的に検討されたが，最終的に SLAC の PEP-II 加速器を用いた BaBar 実験と，KEK の KEKB 加速器を用いた Belle 実験の 2 計画がほぼ同時期に実現され，小林・益川模型の検証競争が開始された．

1.5.3　B ファクトリー：KEKB/Belle と PEP-II/BaBar

TCPV を精度よく測定するためには，大量の B 中間子のデータが必要となることから，KEKB や PEP-II は B ファクトリーと呼ばれ，高いルミノシティーが求められた．両者の類似性は高いが，特徴的な相違点がいくつかある．まず，衝突のエネルギーはともにウプシロン（4S）の質量であり等しいが，エネルギーの非対称度が異なっている．PEP-II が電子 9 GeV×陽電子 3.1 GeV であるのに対し，KEKB は電子 8 GeV×陽電子 3.5 GeV となっている．TCPV 測定のための時間分解能としては PEP-II のほうが有利であり，このことは，典型的な例として B 中間子が t=τ（寿命）で崩壊した場合に飛んだ距離，

$$\left(\beta\gamma c\tau=\frac{(E_\mathrm{H}-E_\mathrm{L})}{\sqrt{s}}\times455\,\mu m\right)$$

を比べると明らかである．ここで E_H は電子のエネルギー，E_L は陽電子のエネルギーである．一方で，TCPV 測定のためには，混合のない状態を確認する（これをフレーバー・タグと呼ぶ）など時間以外の測定も必要であり，その点では非対称度が小さく，測定器が覆う領域を広く取りやすい KEKB がやや有利となっている．また，異なる点が衝突点近傍の設計にも見られる．PEP-II では，電子・陽電子ビームが正面衝突するのに対し，KEKB では 22 mrad の有限角をもって衝突する．当初，有限交差角の衝突では，ビームビーム相互作用によるビームの不安定性が大きく，高いルミノシティーを達成できないと考えられていた．そこで PEP-II は，ビームを正面衝突させる設計を採用し，正面衝突するビームを二つの独立したビームラインに分離するために，水平方向に大きく曲げる偏向磁石を衝突点のすぐ傍に設置することにした．このために衝突点近傍の設計は複雑になって自由度が減り，また，この強力な偏向磁石によってバックグラウンドとなる粒子が曲げられて BaBar 測定器内に入ってくるという問題にも苦しめられた．KEKB では，詳細なシミュレーションの結果，上述の不安定性が実は正面衝突の場合も起こり得ること，また，適切な値のベータトロン・チューンを選べば回避できることなどを突き止め，有限交差角の採用に踏み切った．この選択により，衝突点の設計が簡素化され，ルミノシティー向上のための調整の自由度が得られ，また Belle 測定器に余分なバックグラウンドが混入することもなかった．表 1.5.1 に両計画の比較をまとめている．KEKB の記録は

すべて測定器が物理データ取得中に達成されたものであり，積分ルミノシティーも Belle が記録した数字のみ参照している．

さて，中性 B 中間子の TCPV は，B 中間子の様々な崩壊において測定可能であるが，最初に測定すべきモードとして注目されたのは，中性 B 中間子が J/ψ 粒子と短寿命中性 K 中間子（K_S）に崩壊する過程（$B^0 \rightarrow J/\psi K_S$）における TCPV である．解析の詳細は他の文献に譲るとして，2001 年の PRL の同じ号に，BaBar と Belle の双方から，大きな TCPV の観測が報告された[5]．これが小林・益川模型が正しいという決定的な証左となり，また，そのほかの多数の測定もすべて小林・益川模型を支持した．その後 2008 年，ノーベル物理学賞が両博士（と南部博士）に授与され，ノーベル財団による小林・益川の受賞理由についての記者発表には，B ファクトリーの功績について明記されている．

B ファクトリーは小林・益川模型の検証以外にも，クォーク 4 つから構成されると考えられる新しい共鳴状態の発見や，素粒子標準理論を超える新物理の探索などにおいて幅広い物理成果を上げている．詳細に興味のある方は，Belle と BaBar が協力してまとめた "Physics of B-factories"[6] を参照されたい．

1.5.4 Super B ファクトリー：Super KEKB/Belle II

2017 年現在，SuperKEKB 加速器と Belle II 測定器は，崩壊点位置検出器以外のすべての装置を最終形態にした第二段階運転を始めようとしているところである．第二段階運転により安全を確認した後，本物の崩壊点位置検出器を設置し，第三段階運転へと移行し，本格的に物理解析を行う予定である．LHC 実験によりヒッグス粒子が発見された現在，素粒子標準理論（SM）は低エネルギー領域で成り立つ近似的理論としては完成されたといえる．しかし，我々の宇宙を記述する理論としては不十分であり，世界中の素粒子実験で SM を超える新しい物理（NP）の探索が行われている．LHC での直接探索実験からはいまのところ NP の兆候は得られておらず，Super B ファクトリーでの B 中間子，D 中間子，タウの崩壊の精密測定による幅広い探索にますます注目が集まっている．

Super B ファクトリーの衝突エネルギーは B ファクトリーと同様，NP の素粒子を直接生成するには低すぎる．しかし，ペンギン図のループなどファインマン図の内線には未知の重い素粒子でも量子力学的に寄与するので，そのような遷移過程に関連する物理量（分岐比，CPV など）が，SM の予言値からずれていることが測定できれば NP に起因する現象だと結論できる．このように，衝突エネルギーを上げることなく，高いエネルギー領域の NP に感度を持つのが大きな特徴である．その代わり，小さなずれを測定するためには大量のデータが必要となるので，ルミノシティー向上という大きな挑戦が求められる．ルミノシテ

図 1.5.1　極細ビームの有限交差角衝突

ィーを向上するためには，周回するビーム粒子数（電流）を増やすことと，衝突点でビームを細く絞る（ベータ関数を小さくする）ことが必要である．ビームを強く絞ると，衝突点前後ではビームサイズが大きくなり（砂時計効果），この膨らんだビーム同士が衝突すると，ルミノシティーを低下させる原因となってしまう．ビームバンチの長さを短くすれば，原理的には膨らんだ部分での衝突を避けることができるが，コヒーレント・シンクロトロン放射による不安定性などもあり，短いバンチ長にすることは現実的でない．そこで，図 1.5.1 に示すような細いビームを有限の角度で交差させ，バンチの一部分だけを衝突させる方式が考案された．それにより，ベータ関数を十分小さくしてもルミノシティーを向上することが可能となる（このアイデアは，元々イタリア INFN の SuperB 計画において考えられた方式である）．電子陽電子衝突のクリーンな環境は，その他に新奇的ハドロンの研究や暗黒物質の探索なども可能とする．近い将来開始される第二，第三段階運転で取得する大量のデータを解析し，興味深い物理成果が報告されることが待ち望まれる．

参考文献
1) J. H. Christenson, et al.: Phys. Rev. Lett. **13**, 138 (1964).
2) M. Kobayashi, T. Maskawa: Prog. Theor. Phys. **49** (2), 652-657 (1973).
3) A. B. Carter, A. I. Sanda: Phys. Rev. D **23**, 1567 (1981).; I. I. Bigi, A. I. Sanda: Phys. Rev. D **29**, 1393 (1984).
4) H. Albrecht, et al. (ARGUS Collaboration): Phys. Lett. B **192**, 245 (1987).
5) B. Aubert, et al. (BaBar Collaboration): Phys. Rev. Lett. **87**, 091801 (2001).; K. Abe, et al. (Belle Collaboration): Phys. Rev. Lett. **87**, 091802 (2001).
6) A. J. Bevan, et al.: Eur. Phys. J. C **74** 3026 (2014).

1.6　ミューオンと中性子

ミューオン（ミュオン，μ）と中性子はどちらも発見からの歴史が長く，その性質が詳細に研究されてきている．μ は内部構造を持たない「素粒子」と見なされており，中性子は陽子と同じく u クォークと d クォーク（さらに海クォークとグルーオン）とから構成されている．μ は質

量，寿命といった基本的な性質とともにその崩壊様式も精査されている．これらをさらに詳しく調べることで標準模型を越える新物理の可能性を探る実験が多数ある[1]．中性子はβ崩壊により陽子と電子，反電子ニュートリノに崩壊するが，寿命（約880 s）を正確に計測することでCKM行列のユニタリティの検証が可能である．また中性子の電気双極子モーメント（nEDM）の計測は高い感度での測定が可能であることから，時間反転対称性の検証や新物理の探索手段として期待されている[2]．

新物理を探索する手段としてのミューオン（μ）素粒子実験としては，μがニュートリノ（ν）を伴わずに崩壊する$\mu^+ \to e^+ \gamma$，$\mu^+ \to e^+ e^+ e^-$のモードの探索と，原子核に捉えられたμがνを放出せずに電子に転換するミューオン電子転換事象の探索がある．いずれの反応も終状態にνを含まないことからレプトン世代数の保存が破れており，標準模型の範囲内ではたとえν振動を考慮に入れたとしても実験室で観測できるレベルでは起こり得ない．したがって，これらの反応が発見されれば確実に新物理の証拠となり，その頻度から新しい物理のエネルギースケールや結合の強さについての有力な情報が得られるはずである．また，偏極μを使用してこれらの崩壊で生じる電子・陽電子の角分布を計測できるようになれば，新しい力の性質についての情報を引き出すことも可能である．いまのところいずれのモードもその上限値のみが与えられており，近い将来の実験開始を目指して日本ではJ-PARCで，国外ではスイスPSI研究所，米国FNALで$10^{-14} \sim 10^{-16}$の感度を目指した実験準備が進められている．

μの磁気双極子モーメント（a_μ）も新物理に関する感度が高い．a_μの高精度測定が可能であるうえ，高次の項までの理論計算が可能で両者を比較することにより新物理の可能性が議論されている．実際，最新の実験値と標準模型に基づく計算値とが3σ以上ずれており，その検証を目指した実験の準備がJ-PARCとFNALで進められている．測定はμを均一な蓄積磁場内に蓄え，磁場中で歳差運動をするμの崩壊で生じる電子の角度分布を計測して行う．FNALの実験では貯蔵するμとして運動量が3.094 GeV/cのものを選び出すことで，蓄積に必要な収束用電場の影響を取り除き，歳差運動の周期とa_μの関係を磁場の強さだけに依存する条件をつくり出す．一方，J-PARCの実験では陽子標的表面付近に生成された表面μをいったん物質内に停止させてミューオニウムを形成し，それをレーザーで乖離した後，線形加速器により300 MeV/cまで加速して小型の高精度蓄積電磁石に蓄えて計測を行う．これにより系統誤差の少ない計測が可能であるうえ，蓄積中に収束用の電場が不要なために電気双極子モーメントの測定感度向上も期待できる．いずれの実験も現在の実験精度を上回る0.1 ppmレベルでのa_μの計測を目指している．

前述のように中性子の寿命はCKM行列のユニタリティの検証に不可欠であるだけでなく宇宙初期のビッグバン元素合成の検証にも感度がある．しかしながら現在までの測定結果はその手法に依存して系統的な差異がある．中性子をいったん貯蔵して一定時間後に残存している中性子の数を数える貯蔵法では879.6 ± 0.8 sの寿命値が，中性子を検出器に入射しそのフラックスと崩壊粒子とを計測して寿命を求めるペニングトラップ法では888.0 ± 2.2 sという結果が得られている．このため，新たな計測手法によりこの問題を解決しようとする試みがJ-PARCで進められている．ここでは良質の短バンチ化した中性子ビームと，使用する物質を注意深く選定して低バックグラウンド化した検出器により，入射中性子の量とβ崩壊を同時に計測することでいままでの測定で問題であった系統誤差の要因を取り除き，精度1 s以下での計測を目指している．

nEDMが有限な値を持てば時間反転対称性が破れていることになる．また新物理の影響により標準模型の予想より大きなnEDMが観測されることもあり得る．このような計測を実現するためには中性子の大量生成に加えて，中性子を冷却し高密度で保持する必要がある．計測は一定磁場下に高密度中性子を閉じ込め，そこに平行・反平行の電場をかけた際のラーモア歳差運動の周波数の違いを計測して行う．現在PSI研究所での実験が進行中であり，これに続いてカナダTRIUMF研究所，J-PARCで新たな手法による計測が計画されている．いずれの実験も現在の上限値（90%信頼度）である3.0×10^{-26} e cmよりも高い感度での測定を目指している．

これらの実験を行うためには大量のμ・中性子を必要とする．μの生成はその親粒子であるπ中間子を陽子ビームと原子核との相互作用により生成することで実現する．このためにはπ中間子の生成閾値（運動エネルギーで290 MeV）以上の陽子ビームを必要とするが，どの実験も低い運動量のμを使うか物質との相互作用により減速・静止させて使うため，エネルギーは高くなくとも（数GeV以下）大強度の陽子ビームを用いる．中性子の実験は，長年原子炉からの中性子を用いた研究が主であったが，近年陽子加速器施設の大強度化が実現されつつあるため，陽子ビームを標的内に全停止させて生成される中性子を使った研究が主となりつつある．

参考文献

1) S. Mihara, *et al.*：Annual Review of Nuclear and Particle Science **63**, 531（2013）.
2) Y. Arimoto, *et al.*：PTEP 028007（2012）.

1.7　J-PARCでの原子核物理

J-PARCハドロン施設では，30 GeVの陽子ビームを金の生成標的に照射して，様々なハドロンの二次ビームを生成することができる．数百MeV/cから2 GeV/cの荷電粒子（$\pi^\pm$，$K^\pm$，陽子・反陽子）を選別して実験エリアまで輸送する二次ビームライン（K1.8/K1.8BR，K1.1）があ

り，また一次陽子ビームと 20 GeV/c までの高運動量荷電粒子ビームを輸送する High-p ラインも整備されている．これらを用いて，以下のような核物理の研究が行われている．

1.7.1 ストレンジネス核物理

核子を構成要素とする原子核の研究を，ストレンジ（s）クォークを含むハドロン多体系の研究に拡張したものをストレンジネス核物理という．Λ，Σ，Ξ などのハイペロンを含む原子核（ハイパー核）や，K^- 中間子を含む原子核がおもな研究対象である．その研究目的の一つは，複雑で特にその短距離部分が理解されていない核力を，ハイペロンを含むバリオン間相互作用に拡張して解明することである．さらに，核内でのハイペロンや K 中間子の相互作用を調べることは，s クォークが存在すると考えられる中性子星中心部の高密度物質を理解するためにも不可欠である．

これらの研究には，1〜2 GeV/c 領域の K^- 中間子や $\pi^\pm$ 中間子のビームが特に適している．30 GeV の陽子ビームはこれらの中間子ビームの生成に適しており，これまでもこの分野は CERN-PS，BNL-AGS，KEK-PS といった数十 GeV の陽子シンクロトロンを用いて発展してきた．

s クォークを含む K^- を用いると $K^-n \to \Lambda\pi^-$，$K^-p \to \Sigma^-\pi^+$ などの反応によって核子を Λ や Σ に変えることができる．また，大強度の π 中間子ビームを用いた $\pi^+n \to \Lambda K^+$，$\pi^-p \to \Sigma^- K^+$ などの (π, K^+) 反応も有効である．これらの反応を原子核標的に対して起こせば，ある確率で Λ や Σ が同じ原子核に束縛されてハイパー核となる．これから生成した中間子とビームの中間子の運動量を測定するとハイパー核の質量が決定できる．これまでに (π, K^+) 反応分光や γ 線分光によって様々な Λ ハイパー核の構造が明らかにされ，そこから Λ 核子間相互作用がわかってきた．中性子過剰 Λ ハイパー核や Λ ハイパー核の荷電対称性の研究から，核内で重要な役割を果たす $\Lambda N - \Sigma N$（N は核子を表す）相互作用も解明されつつある．

さらに，$K^-p \to \Xi^-K^+$，$\Xi^-p \to \Lambda\Lambda$ 反応を用いて，Ξ ハイパー核や $\Lambda\Lambda$ ハイパー核を生成しその構造を調べる実験や，Ξ^- 原子の X 線測定実験，6 個のクォーク（uuddss）からなる H ダイバリオンの探索なども実施または計画されており，最近では Ξ が深く束縛された Ξ ハイパー核の初めての証拠が報告されている．こうした s クォークを二つ含む系の研究は，現在，世界でも J-PARC のみで可能である．また，ハイペロンと核子の二体散乱によって相互作用を直接調べる実験も計画されており，特にクォーク間パウリ排他律により強い斥力芯が生じると予想される Σ^+・陽子の散乱実験が注目されている．

一方，K^- 中間子は核子と強い引力を及ぼし合うため，原子核内に K^- が深く束縛された状態の存在が理論的に予想され，探索実験が進められている．また，K^- 原子の X 線測定から相互作用を調べる実験も重要である．これらの

実験も K^- ビームを用いて行われている．

1.7.2 ハドロン物理

この世界をかたちづくる核子などのハドロンは，バラバラだったクォークが低温・低密度状態になったときに閉じ込められてカラー荷が白色になった系であり，その相転移の際に真空にクォーク・反クォーク対が凝縮して u，d クォークの質量が実効的に約 100 倍大きくなった（カイラル対称性の破れ）と考えられている．こうしたハドロンの基本的特徴は，強い相互作用の基礎理論である QCD から解析的に導くことが難しく，そのため多くのハドロンのスペクトルや構造も未だ理解されていない．これらを理解するには，ハドロンの分光やエキゾチックなハドロンの探索，ハドロンの構造の研究が必要であるとともに，核内でのハドロンの性質の変化からカイラル対称性の破れのメカニズムを探る研究も重要である．

K1.8/K1.8BR ラインでは，s または反 s クォークを含むエキゾチックなバリオンの研究（5 個のクォークを持つペンタクォーク粒子の探索や，K^-・陽子の束縛状態の可能性がある $\Lambda(1405)$ の研究）が行われてきた．また High-p ラインに 30 GeV の一次陽子ビームを取り出して重い原子核に当て，核内に ϕ などのベクトル中間子を生成し，これが核内で電子・陽電子に崩壊する際の不変質量を測定する実験が準備されている．これは不変質量の変化から核内でのカイラル対称性の破れと部分的回復回復のメカニズムを実証するものである．

一方，High-p ラインでは約 20 GeV/c の π ビームを用いてチャーム（c）クォークを生成することができる．重い c クォークと軽い二つのクォークからなるバリオン（Λ_c，Σ_c など）の励起状態を測定し，ハドロン内での重いクォークの振る舞いが軽いクォークと異なることを利用して，ダイクォーク相関など，ハドロン構造を記述するための新しい自由度を調べる研究が予定されている．

これらの研究を一層発展させるため，ハドロン施設を拡張して二次ビームラインを増設する計画の実現が期待される．さらに，J-PARC 主リングで重イオンビームを加速し，高エネルギーの原子核・原子核衝突で生成する高密度状態を研究するための検討も進められている．

参考文献

ハドロン施設のビームライン，実験装置，ストレンジネス核物理，ハドロン物理の詳細については Prog. Theor. Exp. Phys. 2012 (2012) 02B008, 02B009, 02B010, 02B011, 02B012, 02B013 を参照されたい．

1.8 RI ビームファクトリー

理化学研究所・仁科加速器研究センターが運営する重イオン加速器施設「RI ビームファクトリー」（RIBF）は，

水素からウランまでの全元素にわたる不安定放射性同位元素（RI）をビームとして供給することができる施設であり，その RI ビーム強度は 2007 年の本格稼働後，世界最高であり，日本を代表する世界トップの重イオン加速器施設である[1]．

仁科が日本で最初，世界で 2 番目のサイクロトロンを1936 年に稼働させて以来，理化学研究所では加速器を利用した原子核物理学研究とその応用研究が綿々と継承されている．仁科時代は，重陽子ビームを利用して高速中性子ビームをつくり，核分裂反応の研究や人工核変換などの世界最先端の研究が行われていた．仁科の 1 号機から数えて，4 番目のサイクロトロンでは重イオンビームを加速し，核子あたり数 MeV から 10 MeV 程度までのビームを利用して核融合反応や深部非弾性散乱といった低エネルギーの重イオン反応の研究が精力的に行われ，理研の施設は世界の中の重イオン加速器施設としてユニークな地位を築き，数々の新しい成果を生み出した．

この 4 号機サイクロトロンでの重イオン科学の成功を踏まえ，5 号機のリングサイクロトロンを中心とした重イオン施設が 1989 年に完成した．この施設では，米国バークレー国立研究所で芽が出始めていた RI ビームを利用した研究に着目し，この研究を発展させるための実験装置が建設されている．この装置では，軽い核の領域の RI ビームを当時の他の施設に比べ 100 倍の強度で得られるように設計されており，RI ビームを利用した本格的な実験が初めて可能になった．RI ビームを利用した日本独自の様々な分光法やユニークな測定手法が開発され，成果をあげてきた．これらの実績が基になって RI ビームの核種領域を軽い核の領域から中重核領域まで一挙に拡大するために RIBF 施設が提案，建設された．

RIBF の研究対象は，安定な同位元素に比べ中性子や陽子が過剰な放射性原子核（エキゾチック核）である．RIBF では中性子過剰核に焦点を当て，おもに 5 つの大きなテーマ，殻構造の進化，中性子ハロー（スキン）構造とそのダイナミクス，鉄からウランまでの元素合成過程，中性子物質の状態方程式，核子相関と凝縮を軸に原子核物理学研究が進んでいる．

殻構造の進化の研究は，原子核物理学の「一丁目一番地」にあたる非常に重要なテーマであり，原子核の殻構造が陽子数，中性子数を変えることでどのように変化するかを検証する．殻の変化が如実に具現化する現象として魔法数の喪失，新魔法数の出現を挙げることができる．原子核物理学の教科書には，2, 8, 20, 28, 50, 82, 126 といった魔法数が紹介されているが，中性子過剰な原子核を調べると，中性子数 8, 20, 28 で魔法数が喪失することがわかっている．一方で，新たな魔法数 16, 32, 34 が中性子過剰領域に現れることが RIBF の研究などで明らかになってきた[2]．殻構造の変化を生み出す要因について，核内有効相互作用の変化や三体力の顕在化などが精力的に議論されている．

中性子過剰核の特異な現象の一つに中性子ハロー核の出現が挙げられる．ハローとはかさの意味で，コア核の周りを薄い中性子物質が取り巻いている状態を中性子ハローと呼ぶ．このような現象はある特別な条件を満たす必要があり，中性子ハローを調べることで原子核の核構造情報を得ることができる．RIBF ではコア核が大きく変形している新種のハロー核を発見した[3]．原子核の中性子過剰度が大きくなるにつれ，中性子分布の広がりが陽子に比べて大きくなり，中性子スキンが発達すると考えられている．スキン厚は後述の状態方程式にも関連するため，この厚さを精度よく測定する方法が提案されている．またスキンに起因した特異な共鳴現象や核融合反応におけるスキン中の中性子の役割などが模索されている．

中性子過剰核の半減期や質量などの諸性質は鉄からウランまでの元素合成過程を理解するうえで重要なパラメータである．この元素合成過程は r-過程と呼ばれ，鉄より重い元素の約半分が生成されると考えられている．この r-過程が進む宇宙天体事象として超新星爆発や中性子星合体などが議論されている．RIBF では世界で初めて r-過程に関与したと考えられている未知の中性子過剰核をつくり出し大量データを取得しつつある．これまでの理論研究中心の研究から実験データに基づく定量的な議論ができるようになってきた．2007 年から r-過程の第二ピークおよび希土類元素ピークに関係する核の半減期測定が系統的に行われており[4]，2016 年度から質量の精密測定が開始する予定である．β 崩壊遅発中性子放出確率も反応経路や中性子供給という観点で重要なパラメータの一つであり，国際共同研究で大量データを取得する計画が進んでいる．

中性子物質の状態方程式は中性子星の内部構造，超新星爆発や中性子星合体における物質フローやこれに伴う重力波の計算に必須である．状態方程式に関する通常核密度でのデータは，スキン厚や共鳴状態などの研究で得ることが計画されており，通常核密度の 2 倍の領域では重イオン衝突による π 粒子生成量や陽子，中性子のエネルギー分布を測定して，取得する予定である．高密度条件では三体力が重要な役割を担うが，三つの中性子間に働く三体力に関連した散乱データは未だ取得されていない．このデータの取得方法は大きなテーマの一つになっている．

原子核の大きな特徴の一つに核子の凝縮現象が挙げられ，核子相関と凝縮に関する研究は挑戦的なテーマの一つである．例えば α 崩壊は，核内に α 構造が出現し，核から α 核が放出される現象である．最も極端な例は，核分裂現象である．このように核内で核子が凝縮する現象は，過去 100 年にもわたって知られているが，微視的理論で記述することには成功していない．中性子過剰核では中性子が糊の役割を担う新しい分子構造が提案されている．これらの凝縮相の研究が RIBF で始まっている．

以上に述べた種々の研究課題を推進するための武器は，RIBF で得られる高速 RI ビームであり，ビームの速さは光速の約 60 % 程度（核子あたりのエネルギーは 250 MeV

程度）である．高速 RI ビームを二次標的に照射し，逆運動学的手法を利用して，未知核の諸性質を次々と調べ上げている．

RIBF は RI ビーム発生系と基幹実験装置群の二つの要素からなる[5]．RI ビーム発生系は，ウランビームを利用した核分裂反応によって中性子過剰核を効率よく生成，収集することができるように設計されている．RIBF の加速器群の中心は，K 値 2600 の超伝導リングサイクロトロン（SRC）（図 1.8.1）で，ウランを核子あたり 345 MeV まで加速することができる．113 番元素（ニホニウム）の命名権獲得に貢献した重イオン線形加速器 RILAC は RIBF の入射器の一つであり，大強度一次ビームが得られるよう整備されている．加速されたウランをベリリウムなどの標的に照射して得られる核分裂生成物の収集と分離は，標的下流に配置した超伝導 RI ビーム生成分離装置（BigRIPS）で行う．BigRIPS は，RI ビーム生成分離部とアナライザー部の二つから構成されており，アナライザー部で粒子を識別する．2007 年の本格始動以来，すでに 100 種以上の新同位元素の生成と発見に成功している．

RI ビーム発生系で得られた強力な RI ビームは基幹実験装置[5]に輸送される．三つの磁気スペクトロメータがあり，スペクトロメータの特徴を生かしたユニークな実験が展開されている．また，質量測定に特化した蓄積リングが建設されている．この蓄積リングでは検出器によるトリガーで RI を選別して入出射を行う新しい方式が採用され，2015 年のテストでこの方式が実証されている．また，ガスセルにより高速 RI の速度を減衰させ，超低エネルギー RI を取り出す装置も完成している．なお，RIBF では，電子蓄積リング内に不安定核標的を導入した電子散乱実験装置も建設されており，世界初のデータ取得に向け準備が進められている．

RIBF の性能を上回る RI ビーム施設が独，米，中，韓で建設中もしくは計画されており，RIBF においてもその高度化が議論されている．

参考文献
1) Y. Yano : Nucl. Instr. Meth. B **261** 1009（2007）．
2) D. Steppenbeck, *et al.* : Nature **502** 207（2013）．
3) T. Nakamura, *et al.* : Phys. Rev. Lett. **112** 142501（2014）．; M. Takechi, *et al.* : Phys. Rev. C **90** 061305（R）（2014）．
4) G. Lorusso, *et al.* : Phys. Rev. Lett. **114** 192501（2015）．
5) Prog. Theor. Exp. Phys., Special Issue on Research in RI Beam Factory（2012）．

1.9 クォーク・グルーオン・プラズマ

図 1.9.1 にハドロン物質の予想相図を示す．高温，高密度条件下では，通常はハドロン内に閉じ込められているクォークが主役となる．この状態をクォーク・グルーオン・プラズマ（QGP）と呼ぶ．QGP の存在は早くから予想されていたが，近年，大型計算機を用いた格子 QCD 計算により確実視されるに至った[1,2]．

密度ゼロの軸はビッグバン直後の宇宙の変遷に対応する．QGP はビッグバンから 10^{-5} s ほど続き，温度 2 兆度ほどでハドロン物質に相転移し，同時にカイラル対称性の自発的破れにより，ハドロンは大きな質量を獲得したと考えられる．このように，QGP とその相転移（QCD 相転移）を調べることは物質の起源を調べることである．

1.9.1 加速器を用いた実験研究

高温・高密度ハドロン物質を調べることを目的に，原子核衝突実験が 1970 年代中頃に米国ローレンスバークレー研究所 BEVALAC 加速器において始まった．1980 年代後半には，米国ブルックヘブン国立研究所（BNL）AGS 加速器と欧州原子核研究機構（CERN）の SPS 加速器へと研究の中心はシフトした．1999 年に BNL で，世界最初の重イオン衝突型加速器 RHIC（Relativistic Heavy Ion Collider）が完成し，2000 年に実験が開始された．さらに 2010 年には，CERN の LHC（Large Hadron Collider）での重イオン衝突実験が開始された．

以下，特に RHIC と LHC において見出されたものを中心にいくつかの結果を紹介する．

1.9.2 ジェット・クエンチング

RHIC での研究開始後まもなく，PHENIX 実験は，パートン散乱起源の高運動量ハドロン（リーディング粒子）の

図 1.8.1 超伝導リングサイクロトロン（提供 理化学研究所）

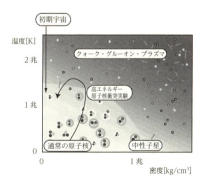

図 1.9.1 横軸を密度，縦軸を温度としたときのハドロン物質の相図

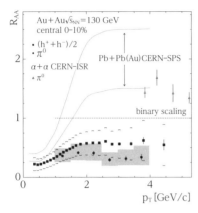

図 1.9.2 中性 π 中間子と荷電粒子の，核子対あたり 130 GeV での金＋金衝突と陽子＋陽子衝突との規格化した収量比[3]

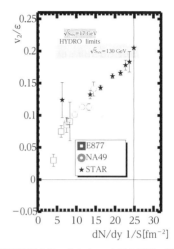

図 1.9.3 楕円的異方性の大きさ v_2 を反応領域の離心率 ε で割ったものを，粒子密度 dN/dy を反応領域断面積 S で割ったものの関数としてプロット．RHIC（★），SPS（○），AGS（□）の結果が含まれる．また，RHIC と SPS での完全流体に対する流体模型計算結果を示す[7]．

収量が，金＋金正面衝突では陽子＋陽子衝突に比べて大きく抑制されたことを見出した[3]．結果を図 1.9.2 に示す．これは，初期衝突時に大角度散乱されたパートンが，同時に生成される高密度媒質を通過する際に，エネルギーを失うために起こる．エネルギー損失の度合いは媒質の密度に比例するので，密度計の役割を果たす．

エネルギー損失は，軽いクォークやグルーオンと比べて，重いクォーク（チャームとボトム）では小さいと予想されたが，PHENIX 実験で，半レプトン崩壊からの単レプトン測定により，チャームも軽いクォークやグルーオンと同程度にエネルギー損失することが確認された[4]．近い将来，チャームとボトムを含めた系統的な研究により，エネルギー損失の理解が格段に進むと期待される．

LHC の ATLAS, CMS 両実験は，鉛＋鉛衝突におけるジェットの再構成に成功した[5,6]．さらに CMS は，エネルギー損失過程において散逸したエネルギーが，広い角度範囲の多数個の粒子に分配されていることを示し，エネルギー損失過程の全体像の理解に向けた研究に先鞭をつけた[6]．

1.9.3 放出粒子方位角異方性と流体的振る舞い

重イオン衝突は動的な過程であるが，幸運なことに，RHIC や LHC では衝突から 1 fm/c 秒以内に局所平衡状態にある QGP が実現し，その後少なくとも QGP の状態で準静的に時間発展すると考えられる．そのため，媒質の性質の研究が極めて容易になった．

その根拠を与えたのが，非中心衝突（衝突径数が有限）における放出粒子の方位角異方性の実験結果である．非中心衝突では，衝突する二原子核の重なる領域における空間異方性が，時空発展の結果，運動量空間の異方性（放出粒子の異方性）に転換される．その大きさは，系が粘性ゼロの理想流体（相互作用が大きい極限）で最大となり，系が理想気体（相互作用が小さい極限）で極小となる．

RHIC で得られた大きな異方性は，流体模型が予想した値に近い[7,8]．すなわち，構成要素が互いに強く相互作用する粘性の小さな流体であることを示唆する．量子論的には比ずり粘性（η/s：ずり粘性 η をエントロピー密度 s で割ったもの）に最小値（$\hbar/4\pi k_B$）が存在する[9]．実験結果と粘性を考慮した流体模型の比較から，QGP はこの極限に極めて近いことがわかった[10]．

これが QCD 相転移近傍に特有なものなのか，広い温度範囲にわたるものなのかを明らかにするには，より精度の高い実験とともに，確度の高い格子 QCD 計算が待たれる．

1.9.4 QCD 相転移の信号

このように，高エネルギー重イオン衝突により生成された状態は，QGP 生成に必要なエネルギー密度を持ち，極めて小さな比ずり粘性を持つ流体であることがわかった．QGP 実現の証拠である．以下，QGP 実現をサポートするさらなる証拠について概説する．

a. クォーク再結合描像

PHENIX 実験は，金＋金中心衝突での中間運動量領域（横運動量 2〜4 GeV/c）のバリオン・メソン収量比が，陽子＋陽子衝突に比べて大きく増加することを見出した[11]．バリオンとメソンの方位角異方性の大きさが構成クォーク数にスケールすることを見出した[12]．

これらをうまく説明する機構として，QGP スープからのクォーク再結合描像が提案された[13]．陽子＋陽子衝突には存在しない過程で，QGP 生成の有力証拠と考えられる．

b. クォーコニウム

重いクォーク・反クォークの束縛状態は，それぞれ固有の融解温度を持ち，系の温度の有力なプローブと考えられ

る[14]. 1990 年代の CERN SPS の鉛＋鉛衝突実験で見られた J/ψ 収量の減少は，QGP 実現の有力な証拠と見なされている[15].

最近，CMS 実験は，鉛＋鉛衝突における Υ とその励起状態の収量の衝突中心度依存性を測定し，融解描像と合致する振る舞いを得た[16]. ALICE 実験は，鉛＋鉛衝突で J/ψ 収量が大きく減少しないことを見出した[17]. 衝突ごとにチャーム・反チャーム対が多数生成され，チャームの再結合過程が効果的であったためと解釈される.

c. 熱光子放射

系の温度のプローブに熱光子がある. しかし，QGP，ハドロン相からの熱光子測定では，中性 π 中間子を主とするハドロン崩壊からの莫大なバックグラウンドが問題になる. PHENIX 実験は，バーチャル光子法（低不変質量電子対測定）を用いて，効果的にバックグラウンドを抑制して，金＋金衝突の低横運動量領域の単光子収量に大きな増加を見出した[18].

これは QGP 生成の最有力証拠と見なされたが，大きな方位角異方性を持つことが判明した[19]. もし単光子が QGP 起源ならば，流体が未だ十分に発展していない時空発展前半の寄与が大きく，大きな方位角異方性はないはずである. 決着には確度の高い測定が必要で，今後の進展が望まれる.

1.9.5 結語

これまでの加速器実験により，クォーク・グルーオン・プラズマの存在はほぼ確実なものとなったが，未解決の課題，相転移のダイナミクスや物性について調べるべき課題は多い.

参考文献

1) J. C. Collins, M. J. Perry : Phys. Rev. Let. **34**, 1353 （1975）.
2) T. Bhattacharya, *et al.* : Phys. Rev. Lett. **113**, 082001 （2014）.
3) K. Adcox, *et al.* （PHENIX Collaboration） : Phys. Rev. Lett. **88** 022301 （2002）.; S. S. Adler, *et al.* （PHENIX Collaboration） : Phys. Rev. Lett. **91** 072301 （2003）.
4) A. Adare, *et al.* （PHENIX Collaboration） : Phys. Rev. Lett. **98**, 172301 （2007）.
5) G. Aad, *et al.* （ATLAS Collaboration） : Phys. Lett. B **719** 220 （2013）.
6) S. Chatrchyan, *et al.* （CMS Collaboration） : Phys. Rev. C **84**, 024906 （2011）.
7) K. H. Ackermann, *et al.* （STAR Collaboration） : Phys. Rev. C **66** 034904 （2002）.
8) P. Kolb, *et al.* : Phys. Lett. B **459** 667 （1999）.; Phys. Rev. C **62** 054909 （2000）.
9) M. Gyulassy, L. McLerran : Nucl. Phys. A **750** 30 （2005）.
10) H. Song, U.W. Heinz : Phys. Rev. C **77** 064901 （2008）.
11) K. Adcox, *et al.* （PHENIX Collaboration） : Nucl. Phys. A **757** 184 （2005）.
12) A. Adare, *et al.* （PHENIX Collaboration） : Phys. Rev. Lett. **98** 162301 （2007）.
13) R. J. Fries, *et al.* : Phys. Rev. C 68 044902 （2003）.
14) T. Matsui, H. Satz : Phys. Lett. B 178 416 （1986）.
15) M. C. Abreu, *et al.* : Phys. Lett. B **450** 456 （1999）.
16) S. Chatrchyan, *et al.* （CMS Collaboration） : Phys. Rev. Lett. **109**, 222301 （2012）.
17) ALICE Collaboration : Phys. Lett. B **734** 314 （2014）.
18) A. Adare, *et al.* （PHENIX Collaboration） : Phys. Rev. Lett. **104**, 132301 （2010）.
19) A. Adare, *et al.* （PHENIX Collaboration） : Phys. Rev. Lett. **109**, 122302 （2012）.

2章

物質科学（放射光）

2.1 物性物理

放射光X線の特徴である，1）高輝度性，2）エネルギー可変性，3）直線偏光，円偏光など偏光選択性などを利用することによって，これまで観測することができなかった物理量が観測できるようになり，このため物性物理分野では大きな恩恵を受けている．いまさらいうまでもないが，物性研究にとって対象とする物質の原子構造情報を得ることは，最も重要なテーマの一つである．また，物性や機能はほとんどが電子励起状態，電子のダイナミクスがかかわっており，これらを直接観測できれば物性・機能発現機構の解明に繋がり新機能物質創製へと夢は広がる．すなわち物性物理の分野でブレークスルーが期待できる．これらを可能とするのが放射光X線である．ここでは放射光の特徴をいかんなく発揮した物性物理分野での研究例を三つ選んで紹介する．

2.1.1 共鳴X線散乱

物性物理の分野で大きなテーマの一つに強相関電子系の物理がある．この系では電子間の相関が重要で，物性は一電子近似では理解できない．特に電荷，スピン，軌道の自由度が複雑に絡み合い，高温超伝導や超巨大磁気抵抗効果を代表として様々な新奇な物性が発現している．このなかで共鳴X線散乱法を利用した軌道秩序の観測がこの分野のブレークスルーを与えた．Y. Murakami らは，ペロブスカイト型 Mn 酸化物 LaMnO$_3$ で予測されていた軌道秩序状態を Mn 原子を共鳴励起した回折法によって直接軌道秩序状態の観測に成功した[1]．共鳴X線散乱というのは，入射X線のエネルギーを試料中のある原子の吸収端近傍に選ぶことにより，通常のトムソン散乱以外に，その原子の基底状態から中間状態励起状態（共鳴励起状態）を経て再び基底状態に戻るプロセスを持つ散乱（異常分散項）が含まれてくるものをいう．この方法を利用すると散乱プロセスから予測されるように，散乱強度は共鳴励起された原子の状態に大きく依存するものとなる．散乱ベクトルを Q，入射X線エネルギーを E とすると，原子散乱因子 $f(Q, E)$ は，

$$f(Q, E) = f_0(Q) + f_1(E) + i f_2(E) \qquad (2.1.1)$$

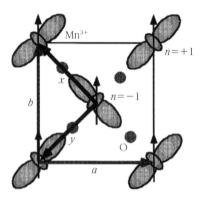

図 2.1.1 LaMnO$_3$ の軌道秩序状態[1]

と書くことができ，右辺第1項はトムソン散乱因子，第2項，第3項が異常分散項の実部と虚部である．この異常分散項が吸収端近傍で大きな値を持ち異方性を示すようになる．例えば，体心立方格子結晶の（100）面からの反射は禁制反射となるが，電子分布の球対称からの歪みや格子振動の異方性などがあるとわずかに散乱が現れてくる．図 2.1.1 は，観測された LaMnO$_3$ の 3d 軌道秩序状態である．異常分散項がない通常のトムソン散乱のみの回折実験では，原子の全電子が散乱に寄与するため，一つの 3d 電子の軌道状態のみを観測することはほとんど不可能であるが，異常分散項を利用することによって 3d 電子状態が強調されることになる．共鳴X線散乱法は軌道秩序状態の観測に留まらず，散乱強度やピーク幅の測定により軌道秩序状態の相転移，さらに散乱強度の偏光依存性を測定することにより物性にかかわる電子状態を解析することができ，強相関電子系の研究に大きな進展をもたらした．放射光共鳴X線散乱法が軌道物理研究の幕開けを促したといっても過言ではない．実験法や解析の詳細は文献1を参照されたい．

2.1.2 磁性研究：X線磁気散乱

放射光X線は，磁性研究の新しい局面を切り拓いたといえる．X線磁気散乱は F. de Bergevin らによっていまから 30 年以上も前に封入管のX線源を使って実験され，その後，M. Blume，D. Gibbs による磁気散乱の定式化[2]や，K. Namikawa らによって初めてニッケル（Ni）を試

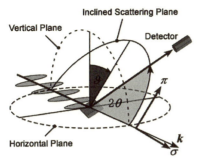

図 2.1.2 可変散乱面法の概念図[4]

料として共鳴X線磁気散乱が発見された[3]. これらにより非共鳴・共鳴X線磁気散乱によって軌道磁気モーメントとスピン磁気モーメントの分離や元素を選択した電子の非占有状態のスピン分極が議論できることが示され, 様々な磁性研究に応用されるようになった. 以下では, 放射光X線の偏光特性を利用した磁性研究の進展を紹介する.

X線磁気散乱断面積は, 電荷散乱断面積に比較して10^{-5}倍以下と非常に小さく, 定量的な議論をするためにはアナライザー結晶を使った偏光解析が必要となるため, さらなる強度損失を伴い, 放射光X線といえども簡単な実験ではない. これを克服するために円偏光の入射X線の利用や共鳴磁気散乱が考えられるが, 定量的な議論をするのは簡単ではない. このような状況のなか, H. Ohsumiらはアナライザー結晶を使用しない偏光解析手法を提案し放射光X線による磁性研究に新しい道をつけた[4]. 入射X線の偏光制御には, 移相子の利用や挿入光源を制御する方法があるが, 偏光変換効率や大掛かりな改造が伴う. 元々回折実験における偏光の定義は, 散乱面を基準にしているため, 入射X線が水平偏光のままでも散乱面を傾斜させることによってσ偏光からπ偏光まで連続的に制御することが可能となる. H. Ohsumiらのアイデアはこの点に注目したもので, 表面X線回折などに用いられている多軸回折計によって任意の散乱面での回折実験を可能とする可変散乱面法によって偏光解析を実現した. この方法によってアナライザー結晶による90°反射という条件がなくなるだけでなく, 回折強度も向上した. その実験の概念を図2.1.2に示す.

2.1.3 X線非弾性散乱

物質・材料の電子状態は電子に働く相互作用によって決定され, それらの違いによって様々な物性・機能が出現する. この相互作用を定量的に観測することができるのがX線非弾性散乱(IXS)法である. 非弾性散乱は, エネルギーω_i, 波数ベクトルk_iのプローブを物質に照射し, それぞれω_f, k_fで散乱されたプローブを検出することによって, エネルギー, 運動量保存則から物質に存在する素励起のエネルギー, 運動量状態を観測する散乱分光法である. このようにIXS法は, 電子励起のエネルギー・運動量空間(Q, ω-空間)の状態を観測することができるため

物質科学の研究手段として非常に重要な実験手法となる. IXS法のなかでもある特定元素に由来した電子励起状態を観測することができる手法として共鳴非弾性X線散乱(RIXS)法が開発されており, 以下に述べる放射光の特徴を生かした新しい実験手法として注目されている(非共鳴IXSをNIXSと記す). しかしながらNIXS法, RIXS法の物質科学研究における有効性はわかっていてもエネルギー分解能が$10^{-5}\sim10^{-8}$を必要とするため, なかなか実際の研究に利用されることはなかった. NIXS法での散乱断面積$S(Q,\omega)$は,

$$S(Q,\omega) \propto [V(Q)]^2 \cdot \mathrm{Im}\,\chi(Q,\omega) \quad (2.1.2)$$

と表され, $V(Q)$はプローブの種類に依存する物質との相互作用, $\chi(Q,\omega)$は一般化された感受率で, X線の場合は電荷感受率となる. この電荷感受率は

$$\chi(Q,\omega) \propto -\frac{1}{\varepsilon(Q,\omega)} \quad (2.1.3)$$

と表され, 物質の動的誘電関数と直接関係している. 動的誘電関数は物質において最も基本的な物理量ということができ, これが直接観測できる非弾性X線散乱は物性物理を研究するうえで非常に魅力的な実験手法であることがわかる. ところが(Q, ω-空間)での素励起状態が観測できる非弾性散乱は中性子線の独壇場で, X線はなかなか利用されなかった. 中性子線の場合, このような実験で要求されるエネルギー分解能$\Delta\omega/\omega$は$\sim 10^{-1}$程度だが, X線の場合はそれが$10^{-5}\sim10^{-8}$になり非常に困難な実験となるのが大きな理由である. しかし, 最近の第3世代の高輝度放射光源の出現と分光結晶加工技術の進歩により, ついにNIXS, RIXS法が可能となってきた.

以下にNIXS法による酸化物高温超伝導体の格子振動観測の一例を紹介する. 酸化物高温超伝導体が発見された当初, あまりにも転移温度が高かったために超伝導発現には格子振動は重要でないと考えられていた. しかし, 研究が進んでくると超伝導発現と格子振動との関係が議論されるようになってきた. T. Fukudaらは, $La_{2-x}Sr_xCuO_4$のホール濃度xが一つの単結晶の端から端で絶縁体領域からオーバードープ領域までカバーするものを準備し, Cu-O縦波ボンド伸縮格子振動(LO mode)の分散関係の測定を系統的に行った[5]. 得られた重要な結論は$Q=(3,0,0)$から$Q=(3.5,0,0)$に向かってLO modeのソフト化が観測され, $Q=(3.5,0,0)$でのソフト化度($Q=(3,0,0)$での格子振動エネルギーと$Q=(3.5,0,0)$でのそれとの差)が超伝導領域で異常に大きくなっていることが観測された. 図2.1.3にxの値(ホール濃度:横軸)とソフト化度(縦軸)の関係を示しており, 明らかに超伝導が出現するホール濃度領域で異常にソフト化が観測されている. 実験はSPring-8のBL-35XU[6]で行われているが, このような実験が可能であるのは, 非弾性X線散乱に用いる入射X線のビームサイズが$\sim 100\,\mu m$程度だからである.

次にRIXSの例を紹介する. RIXS法は, 内殻励起によ

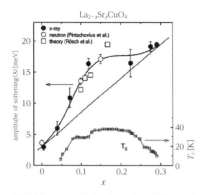

図 2.1.3 ソフト化度のドーピング量依存性[5]

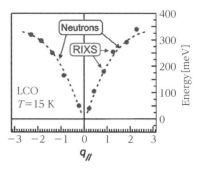

図 2.1.5 LaCuO$_4$ の RIXS で観測されたマグノン

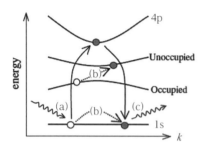

図 2.1.4 Cu K-edge RIXS の励起緩和過程

る共鳴現象を利用することにより特定元素に起因した電荷励起状態を観測することができる手法で，銅酸化物を想定した RIXS の概念を図 2.1.4 で示す[7]．入射 X 線エネルギーを Cu K-edge に合わせることにより内殻の 1s 電子が双極子遷移で空の 4p 状態に励起される (a)．中間状態として下部ハバードバンド（LHB）を占有している電子が，1s 内殻ホールとのクーロン相互作用で空の上部ハバードバンド（UHB）に励起され (b)，最後に励起された 4p 状態にいる電子が X 線を出射して 1s 状態に戻る．このときの X 線のエネルギーは終状態を見ればわかるように，LHB から UHB に電子が励起されているので，出射された X 線のエネルギーはその量だけ小さくなっている．これを観測することによって電荷励起状態が解析できるというわけである．この過程では，1s 電子を 4p 状態に励起した結果，d-d 励起を観測しているので「Indirect RIXS」と呼ばれることがある．

一方，Cu L-edge の共鳴を利用すれば 2p 電子が直接，空の 3d 状態に励起され (direct RIXS)，中間状態で角運動量を持つ 2p 状態に内殻ホールができる．このため，内殻ホールのスピン-軌道相互作用が働き，その結果としてスピン反転が可能となる励起プロセスが許されスピン励起状態が観測されることになる．図 2.1.5 は L. Braicovich らによって LaCuO$_4$ で観測されたマグノンの分散関係である．これにより，これまで中性子でしか観測されないと考えられていた磁気励起であるマグノンの観測が RIXS 法でも可能となり，物性物理の研究分野に大きな可能性をもた

らすこととなった．

参考文献
1) Y. Murakami, *et al.* : Phys. Rev. Lett. **81** 582 (1998).; **80** 1932 (1998).
2) M. Blume : J. Applied Phys. **57** 3615 (1985).; M. Blume and D. Gibbs : Physical Review B, **37** 1779 (1988).
3) K. Namikawa, *et al.* : J. Physical Society of Japan **54** 4099 (1985).
4) H. Ohsumi, *et al.* : PHYSICA B **345**(1-4) 258 (2004).; H. Ohsumi, M. Takata：放射光 **17** 338 (2004).
5) T. Fukuda, *et al.* : Physical Review B **71**(6) 060501(R) (2005).
6) A. Q. R. Baron, *et al.* : J. of Physics & Chemistry of Solids **61** (3) 461 (2000).
7) K. Ishii, *et al.* : J. the Physical Society of Japan (Special Topics) **82** 021015 (2013).
8) L. Braicovich, *et al.* : Phys. Rev. Lett. **104** 077002 (2010).; L. J. P. Ament, *et al.* : Reviews of Modern Physics **83** 705 (2011).

2.2 生命科学

2.2.1 生命科学と放射光

21 世紀は「生命科学」の時代ともいわれ，生命の基本的解明に加えその知見を医療や産業利用など広い分野での応用が期待されている．現在の生命科学研究の発展は，1980 年代からの遺伝子操作技術を中心としたゲノム研究の爆発的な進歩と，それに続くタンパク質を中心とした分子レベルでの機能研究により支えられている．この生命科学の分子論的基盤を構築するタンパク質の構造機能研究では，放射光は必要不可欠なツールとして広く認知されている．放射光での生命科学研究は，原子・分子レベルでの生命機能の解明を目標としており，タンパク質結晶構造解析法を中心に，X 線小角散乱法，X 線吸収スペクトル法，イメージング法などの手法により様々な空間・時間分解能での研究が進められている．ここでは，生命機能の担い手として多種多様な機能を持ったタンパク質の構造研究を中心に生命科学分野での放射光利用を俯瞰する．

2.2.2 タンパク質結晶構造解析と放射光

生命機能を実現するタンパク質は，その機能を発現するための複雑かつ合理的な3次元立体構造を持ち，その立体構造はおもに結晶構造解析により解析される．結晶構造解析は，結晶中に規則正しく並んだタンパク質分子によって回折されたX線回折強度を解析し，単位胞内の結晶構造を決定することである．この基となるのは式(2.2.1)に示した構造因子と呼ばれるX線回折の基本式である．X線は結晶中の原子内の電子により散乱され，最終的には電子分布 $\rho(\boldsymbol{r})$ によって散乱された波の重ね合わせにより，式(2.2.1)のように，電子密度分布 $\rho(\boldsymbol{r})$ のフーリエ変換のかたちで表される[1]．

$$\begin{aligned}\boldsymbol{F}(\boldsymbol{h}) &= \sum_j f_j \exp[2\pi i \boldsymbol{h} \cdot \boldsymbol{r}_j] \exp[-B_j(|\boldsymbol{h}|/2)^2] \\ &= \sum \rho(\boldsymbol{r}) \exp[2\pi i \boldsymbol{h} \cdot \boldsymbol{r}] \end{aligned} \quad (2.2.1)$$

f_j は j 番目の原子による散乱強度を表し原子散乱因子と呼ばれ，$\boldsymbol{r}$，$\boldsymbol{h}$ は，それぞれ，結晶中の座標と，散乱波の方向をベクトルで表している．

一方，3次元のタンパク質構造は式(2.2.2)の構造因子の逆フーリエ変換により求めた結晶中の電子密度分布から解析ができる．

$$\rho(\boldsymbol{r}) = \frac{1}{V} \sum_{\boldsymbol{h}} \boldsymbol{F}(\boldsymbol{h}) \exp[-2\pi i \boldsymbol{h} \cdot \boldsymbol{r}] \quad (2.2.2)$$

しかし，実際の回折実験で測定される回折強度は，構造因子の2乗に比例する強度であり位相情報が失われており，直接電子密度を計算することはできない．これを位相問題という．

この位相問題を解決するため，位相を求める様々な解析法が開発されてきた．1950年代のヘモグロビンの初めての結晶構造決定以来，結晶中のタンパク質に重金属原子ラベルした複数の「同型結晶」を位相決定に利用する重原子多重同型置換（MIR）法が用いられてきた．1980年代後半に任意のX線波長での測定を可能にする放射光の利用により，金属など重原子の異常散乱効果を用いた位相決定法である多波長異常分散（MAD法）が開発された[2]．MAD法では，重原子の吸収端を含む複数の波長で回折データを取り，異常散乱効果による回折強度の微小変化を手がかりに位相情報を得る．MAD法ではただ一つの標識結晶から位相決定が可能で，測定結果の調製を大幅に簡略化した．その後，MAD法から派生したSAD（単波長異常分散）法が開発され[3]，異常散乱効果が得られる単一波長の回折データによる位相決定の可能性を示した．このように，放射光は位相問題解決により簡便な手法を提供し，X線光学やX線計測技術の進歩と併せてタンパク質結晶構造解析[4]に飛躍的な進歩をもたらした．

2.2.3 タンパク質結晶構造解析用ビームライン

放射光タンパク質結晶構造解析の目標は，その解析可能試料の拡大と解析の迅速簡便化である．タンパク質結晶構造解析用ビームラインでは，微小かつ微弱な回折能のタンパク質結晶から高い回折強度と低いバックグラウンドノイズでの回折強度測定を実現するため，2次元集光による高輝度集光ビームを利用している．特にアンジュレータ光源とするSPring-8のBL41XU[5]は，水平方向と垂直方向それぞれ独立な2枚の集光ミラーと組み合わせることで，100 μm 弱のサイズに集光した高輝度X線（10^{13} X線光子/s）が利用可能である．この高輝度X線は図2.2.1に示した光合成を担う光化学反応中心Ⅱ[6]（PSⅡ）など膜タンパク質結晶からの高分解能構造解析を可能にしている．また，加水分解酵素（EndPG[7]）など良質なタンパク質結晶では，1Åを超える原子レベル分解能での解析が実現されて水素原子の可視化に成功している（図2.2.2）．一方，BL44XUはビームを平行化するコリメータミラーとピンホールを組み合わせた準平行光光学系を採用し，格子長の長い生体超分子複合体の結晶からの低ノイズデータ収集に最適化したビームラインとなっている．これまで細菌の多剤排出タンパク質（AcrB）[8]をはじめ膜タンパク質やウィルスなど超分子複合体の構造決定に成功している．2009年には分子量約1 000万の世界最大の巨大粒子ボルト（Vault）[9]の構造を決定している．

2010年からは，1 μm 角の高フラックス・マイクロビームを利用可能なBL32XU[10]が稼働しており，これまでBL41XUによっても不可能だった10 μm 以下の微小結晶

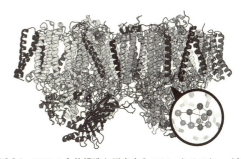

図2.2.1 PSⅡの全体構造と反応中心のMnクラスター（丸枠内）

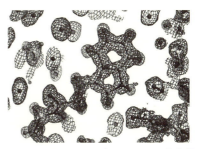

図2.2.2 タンパク質結晶のサブアトミック分解能構造解析．Endopolygalacturonase Ⅰ（EndPG）の良質結晶[7]から解析した0.67Å分解能の電子密度図．サブアトミック分解能解析はアミノ酸の水素原子を可視化する．

図 2.2.3 タンパク質結晶構造解析用実験ステーション．ミクロンオーダーの微小結晶構造解析に最適化した回折計を備える理研ターゲットタンパクビームライン (BL32XU)．

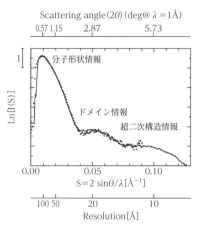

図 2.2.4 小角散乱データの解析．タンパク質溶液（リゾチーム）の散乱曲線には，散乱角に対応した各 S 領域に低角の分子形状から分子内ドメイン情報，さらには高角の超二次構造まで構造情報が含まれる．

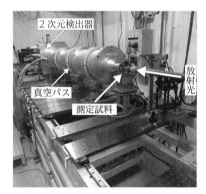

図 2.2.5 SPring-8 BL45XU の小角散乱カメラ

からの構造決定が可能になっている（図 2.2.3）．

2.2.4 小角散乱法と放射光

小角散乱法（溶液散乱）[11]では，図 2.2.4，図 2.2.5 で示したようにタンパク質溶液からの X 線散乱曲線を測定することにより，生体環境に近い状態のタンパク質やタンパク質複合体について構造解析を行う手法である．結晶構造解析とは異なり溶液内でランダムに配向したタンパク質からの散乱曲線は図 2.2.4 に示すように，タンパク質の分子外形から分子内部の超二次構造まで各分解能（$S=2\sin\theta/\lambda$）に対応した構造情報が含まれる．

溶液散乱による構造解析では，3 次元の分子モデルを仮定し，その計算散乱曲線を実験散乱曲線に合致するように分子モデルを最適化する．また，ランダムな初期構造から溶液散乱のデータのみを使用し低分解能構造を推定する方法も開発されている．その代表的プログラム DAMMIN[12]では，タンパク質構造を多数の球から成り立つビーズで表現し分子モデルの最適化を行う．計算では分子モデルの電子密度の一様性，連続性，スムーズさなど生体高分子の性質を模擬するような制約条件を組み込み，40 万程度の分子モデルを用いて低分解能での最適モデルを決定する．

2.2.5 小角散乱によるダイナミクス研究

前項の解析では，静的分子モデルを仮定して溶液中の平均分子構造を解析している．しかし，複数のドメインやサブユニットによって構成されたタンパク質には構造のゆらぎがあり，溶液散乱の実験データにはそのゆらぎ情報が含まれる．そこで，複数ドメインや柔らかいリンカー領域でつながった可動性タンパク質の巨視的構造変化から溶液中のタンパク質ダイナミクスを解析できる．

具体的には，飛躍的に向上した計算機の能力により，溶液中の複数の混成系モデルによるアンサンブル最適化モデリング法（EOM 法[13]）や分子動力学計算と小角散乱を組み合せた MD-SAXS 法[14]である．これらの手法では，複数の分子モデルを含む混成系として散乱曲線に基づいたモデリングを行いタンパク質のダイナミクスを表現するものである．EOM 法は約 10 000 の異なる初期モデルを母集団として 20 個程度のモデルを抽出し，その混成系モデルの散乱曲線と実験値の比較より適切な混成系を取捨選択しながら多成分系の最適解を求めるものである．MD-SAXS では結晶構造を出発点として分子動力学により計算した混成系モデルの最適化によりタンパク質のダイナミクスを解析する．制限酵素 EcoO109I の MD-SAXS 解析[15]は，EcoO109I ダイマーの開閉運動によりダイマーの隙間に DNA を挟み込むダイナミクスを解析したものである（図 2.2.6）．

2.2.6 放射光生命科学研究の将来

結晶構造解析や小角散乱以外の構造機能研究には，タンパク質の酵素反応をその活性部位の化学反応として解析する X 線吸収分光法（X-ray Absorption Spectroscopy：XAS)[15]がある．XAS 法では，金属タンパク質の X 線吸収スペクトルからその活性部位の精密な電子状態を解析して反応機構を明らかにするものである．解析例として光合成の主役である PS II の Mn クラスターの構造機能研究が有名である[16]．

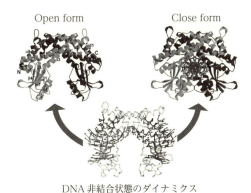

図 2.2.6 MD-SAXS による EcoO109I の解析

また，放射光の生命科学研究は，タンパク質の構造解析に留まらず，μCT 法[17] などによる細胞さらには生体器官など複雑な生体システムのイメージングも進められている．今後は X 線自由電子レーザーを含め放射光の生命科学研究には，複雑な生命機能をその立体構造から理解するため，生体システムの様々な階層レベルでの直接動的構造観察手法の開発が求められている．

参考文献
1) J. R. Helliwell : "Macromolecular Crystallography with Synchrotron Radiation" Cambridge University Press（1992）.
2) W. A. Hendrickson, C. M. Ogata : "Methods in Enzymology" 276 494, Academic Press Inc.（1997）
3) D. E. Brodersen, et al. : Acta Cryst. D 56 431（2000）.
4) J. L. Smith, et al. : Curr. Opinion in Struct. Biology 22 602（2012）.
5) Y. Kawano, et al. : AIP Conf. Proc. 1234 359（2010）.
6) Y. Umena, et al. : Nature 473 55（2011）.
7) T. Shimizu, et al. : Biochemistry 41 6651（2002）.
8) S. Murakami, et al. : Nature 419 587（2002）.
9) H. Tanaka, et al. : Science 323 384（2009）.
10) K. Hirata, et al. : AIP Conf. Proc. 1234 901（2010）.
11) L. A. Feigin, D. I. Svergun : "Structure Analysis by Small-Angle X-Ray and Neutron Scattering" Plenum Press（1987）.
12) D. I. Svergun : Biophys J. 76 2879（1999）.
13) P. Bernado, et al. : J. Am. Chem. Soc. 129（17）5656（2007）.
14) T. Oroguchi, et al. : Biophys. J. 96 2808（2009）.
15) V. K. Yachandra, et al. : Chem. Rev. 96（7）2927（1996）.
16) V. K. Yachandra, et al. : J. Photochem Photobiol B 104（1-2）51（2011）.
17) R. Mizutani, et al. : J. Synchrotron Rad. 20 581（2013）.

2.3 医療診断と治療

2.3.1 はじめに

放射光はその利用開始当初から，生命科学，医学に幅広く応用されてきている．なかでも特に近年，タンパク質などの構造解析，X 線吸収微細構造（X-ray absorption fine structure : XAFS）法，X 線イメージングは，それぞれの分野で最も重要な測定手段となってきている．しかし，これらは別の項目で扱われるのでここでは割愛したい．一方，臨床への応用は，一般に診断と治療の二つの分野がある．

放射光の医療診断については，冠状血管造影，気管支造影，単色コンピュータトモグラフィー，位相コントラスト法の応用，回折増強イメージングなどが行われている．

放射光が医療分野に応用されるとき，最も注目されるのは，放射光が大強度であることと，幅広いエネルギースペクトルの2点である．単色化したビームを使用することにより，体内をX線が透過するときにエネルギーの低いX線の吸収がより大きいというビームハードニングの問題はなくなる．

放射光が高価で使用できる場所が限られていることは，臨床医学への広い利用の点からは大きなマイナスになっている．そのため，多くの臨床応用研究では可能性の追求（feasibility study）の段階にあるものが多い．

なお，1997 年に羽賀（兵庫県）で行われたシンポジウムを基に，放射光の医学利用をまとめた単行本[1] など，レビューが出版されている[2-5]．

放射光を利用した医療診断・治療を行っている放射光施設は，NSLS（National Synchrotron Light Source），ESRF（European Synchrotron Radiation Facility），ELETTRA，CLS（Canadian Light Source），SSRF（Shanghai Synchrotron Radiation Facility），SPring-8, PF（Photon Factory），AS（Australia Source）などがある．

a. 多波長エネルギー CT

単色化した放射光は，従来の CT に比べて，二つの点で重要な利点を有している．第一に単色化したビームはビームハードニングを起こさない．第二にエネルギーを自由に選べることにより，2 光子吸収法や K 吸収端差像イメージング法が可能になる．またエネルギーの高い領域で放射線損傷が少なく，コントラストが際立つ方法として位相コントラスト CT が注目されている．

b. 単色 X 線 CT

放射光を利用して，従来の X 線管球では実現が非常に困難な新しい単色 X 線 CT が開発されつつある．単色 X 線 CT として，透過 X 線を捉えた，1）高空間分解能型 CT，2）濃度高分解能型 CT，その他の物理的相互作用を用いた CT，3）散乱 X 線 CT，4）蛍光 X 線 CT，5）位相コントラスト X 線 CT などが研究開発されている．

2.3.2 吸収端差像造影法

最も早くから行われてきた放射光の臨床医学への利用は，放射光が強度が強いこと，エネルギー的に連続光であることを利用した吸収法であった．なかでも吸収端差像造影法（edge subtraction imaging）は吸収端エネルギーの前後で，特定の原子の吸収が大きく異なることを利用した

差像イメージングであった.

a. 冠状血管造影（Coronary Angiography）[6,7]

臨床医学への放射光の応用のなかで,まず注目されたのは,冠状血管造影への応用である.最初スタンフォード大学で開始された患者への応用は,その後,NSLS で続けられ,日本でも PF で患者への応用が行われた.またドイツの HASYLAB では,W. R. Dix らにより,400 人以上の患者に応用されてきた.

冠状動脈造影法はヨードを主成分とする造影剤を,左右の冠状動脈に選択的に注入し,血管の形状を観察する方法である.ヨードは,33.17 keV に K 吸収端があり,そのエネルギーの直上および直下の単色 X 線を照射し,画像差分することによりコントラストのよい血管造影像を得ることができる（図 2.3.1）.ヨードの K 吸収端直上の X 線吸収係数と直下のそれとの比は約 6 倍である.一方,骨ならびに筋肉組織ではその両者のエネルギーでは,吸収係数にほとんど差がない.したがってヨードの K 吸収端の前後の差像をとることにより,冠状動脈の造影像を得ることができる.

b. 気管支造影（Bronchiography）

Bayat らは,キセノンガスを用いて,キセノンの K 吸収端（34.5 keV）の前後の差像を取ることにより,コントラストをつけた気管支造影を行うことを提唱している.現在は,ESRF で開発が続けられている.図 2.3.2 に測定例を示す[7].

2.3.3 位相（屈折）コントラスト法[8,9]

X 線が被写体を透過するときには,X 線の波面が変形する.X 線領域では,物体中の屈折率は 1 よりわずかに小さいので,物質を通過した波面は進み,進行方向に膨らんだ波面となる.この変化を観測するのが位相コントラスト法である.

X 線領域では,特に軽元素の場合,位相シフトのほうが吸収の変化より 3 桁ほど大きい.したがって,軽元素の場合には,位相コントラスト法のほうが感度が高く観測できる可能性が高い.

位相コントラストを利用したイメージングは,いくつかの手法が開発されているが,医療診断への期待が大きいのは,フレネル回折に基づく方法（屈折コントラスト法）と干渉計を用いる方法である.

a. 屈折コントラスト法[8,9,11,12]

X 線が物体を透過することによって波面が歪む.一方,波の進行方向は波面に垂直方向となるので,X 線の波面が歪むことは X 線が曲げられる（屈折する）ということに他ならない.曲げられた X 線は他の X 線と重なり,干渉縞（フレネル回折縞,物体とスクリーンとの距離が十分大きいときはフラウンフォーファー回折縞と呼ばれる）を生ずる.X 線領域では,屈折率は極めて 1 に近く,X 線が曲げられる角度もたかだか数秒であり,発生する回折縞の間隔は,物体とスクリーンとの距離や X 線の波長に依

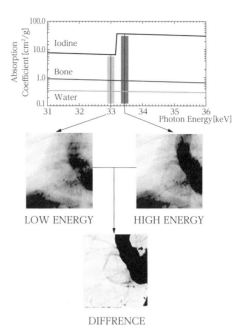

図 2.3.1　K 吸収端の原理図と冠状動脈撮影図[5]

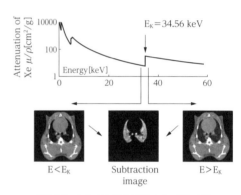

図 2.3.2　キセノンによる肺イメージング[7]

存するが,数 μm から数十 μm である.通常の X 線源を用いるときは,X 線発生源の大きさがこの間隔よりかなり大きいために,回折縞はかき消されて目にすることはない.しかし,放射光は,X 線発生点が小さく,この回折縞が容易に検出できるようになってきている.これを利用したのが,屈折コントラスト法である.この方法では,物体の輪郭や内部構造の境界部分に回折縞が集中したエッジ強調画像が得られる.屈折コントラスト画像の臨床応用としては呼吸器への応用が挙げられる.呼吸器では空気と組織との密度差が大きく屈折現象が観察されやすい.

b. 干渉計を用いる方法

これは図 2.3.3 に示すように,X 線ハーフミラーを用いて二つの波を重ね合わせて干渉縞を発生させる方法である.ある物体によって一方の波の位相が変化すると,位相シフト 2π ごとに干渉縞が現れる.これは地形図でいう等高線に似ている.

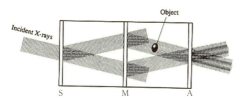

図 2.3.3 干渉計の原理

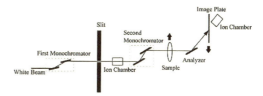

図 2.3.5 回折強調イメージング（DEI）法の原理図

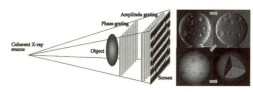

図 2.3.4 X 線タルボー干渉計の構成と撮影例．撮像例は直径 1 mm のプラスチック球の X 線位相 CT．

この方法を実現するためには互いに干渉し合う二つの波を生成する必要がある．これを可能とするのが図 2.3.3 の X 線干渉計であり，X 線を分割できる結晶板を等間隔に並べた構成を持つ．全体がシリコン単結晶塊から一体で削り出され，波長が 0.1 nm オーダーの X 線に対して安定に動作するよう工夫されている．最初の結晶板に入射する X 線は，進行方向および結晶板表面に垂直な格子面に対する反射方向の二つのビームに分割される．両者は同様に中央の結晶板でも分割され，そのなかの内側へ進むビームが第 3 の結晶板でそれぞれ分割され，重なり合って出射する．一方のビームパスに物体を配置すると，位相シフトにより波が変形し，それに対応して出射ビーム中に干渉図形が見られる．

c. タルボー干渉計を用いる方法

一方，A. Momose らは，図 2.3.4 に示すタルボー干渉計を用いる方法を開発してきた．この方法は，放射光を利用しなくても測定可能という点で，より幅広い診断に利用できる可能性が注目されている．

2.3.4 回折強調イメージング（DEI）法

マンモグラフィー（乳房診断）に最適な方法として近年注目されてきたのは，回折強調イメージング（Diffraction Enhanced Imaging : DEI）である．通常の X 線撮影は，吸収，屈折，散乱などが複雑に絡み合った物理量を用いている．しかし通常小角散乱は観測に用いられない．小角散乱は，ミクロン以下の大きさの物質構造の情報を含んでおり，有用な情報である．しかし結晶によるブラッグ回折を利用すると，この小角散乱をイメージングに用いることができる．

DEI 法は，図 2.3.5 に示すように，結晶アナライザーの位置を変えて，得られたイメージから吸収，屈折像を得る方法である[13]．特にアナライザーに用いる結晶のロッキングカーブの両端を用いることによって，吸収像と屈折像とを別々にイメージングすることができる．それだけではなく，アナライザーの位置を適当に取ることにより，小角散乱が周囲と異なる部分をイメージングすることもできる．DEI 法は，従来観察が難しかったような厚い試料の場合もコントラストよく観察できる方法であり，特にマンモグラフィーに用いることができると期待されている．

2.3.5 暗視野法

M. Ando らは，光学顕微鏡で常用されている暗視野法（Dark Field Imaging）を X 線イメージングに適用し，がん組織などが強調して観察できることを示している．

2.3.6 治療

放射光を利用した治療法には，マイクロビーム治療と光励起治療法とが試みられている．

a. マイクロビーム治療[14]

放射光のビームサイズが小さいことは，狭い領域にマイクロビームを照射することにより，正常組織を傷つけることなく，患部を治療するために好適と考えられている．

放射光を放射線治療に使う可能性は，Larsson によって初めて示唆された[5]．放射光は，マイクロビームにして，3 次元的にデザインされた部位だけを照射できること，単色光を使用することで，ビームハードニングが起きないことが注目される．使われるエネルギーは 50～150 keV で，ビームの大きさは高さ方向が数 mm，水平方向は 25～50 μm の大きさである．現在 ESRF で実験が行われている．

b. 光励起治療（Photon activation therapy : PAT）[15]

光励起治療法とは，X 線を患部に照射することにより，患部にある光励起物質を活性化することにより，患部を選択的に治療しようとするものである．現在 ESRF では，抗がん剤として広く使われている白金の錯体，CDDP をがん細胞に取り込ませ，白金の K 吸収端よりわずかに高いエネルギーで照射する治療法を開発している．

参考文献

1) M. Ando, C. Uyama, eds. : "Medical Applications of Synchrotron Radiation" Springer（1998）．
2) P. Suortti, W. Thomlinson : Phys. Med. Biol. 48(13), R1（2003）．
3) W. Thomlinson : Nucl. Instr. and Methods A 319, 295（1992）．
4) 武田　徹，ほか：放射光，11(2), 122（1998）．
5) W. Thomlinson : ANSTO Distinguished Lecture Series : Presentations（2010）．

6) S. Bayat, *et al.*: Phys. Med. Biol. 46(12) 3287 (2001).

7) S. Bayat, *et al.*: J. Appl. Physiol. 100(6) 1964 (2006).

8) 百生　敦：放射光 10(3) 273 (1997).

9) A. Momose: Jpn. J. Appl. Phys. 44 6355 (2005).

10) A. Momose, *et al.*: Jpn. J. Appl. Phys. 42 L866 (2003).

11) R. A. Lewis, *et al.*: Phys. Med. Biol., 50 5031 (2005).

12) 八木直人，鈴木芳生：Medical Imaging *Technol.*, 24(5) 380 (2006).

13) W. Thomlinson, *et al.*: "Medical Applications of Sunchrotron Radiation" M. Ando, C. Uyama, eds. Springer, pp. 72–77 (1998).

14) B. Larsson: Acta Radiol. Suppl. 365 58 (1983).

15) ESRF HP: Photon Activation Therapy 2014, http://www.esrf.eu/home/UsersAndScience/Experiments/CBS/ID17/pat.html

2.4　ナノテクノロジー

放射光の優れた特性を生かすことによって，最先端のナノテク分野に大きな貢献をしている．具体的には，1) LSI 加工やナノマシンの開発，2) LSI 材料・デバイスの解析，3) 不揮発メモリーの解析，4) 磁気ディスクなど磁気デバイスの解析，5) 燃料電池用ナノ材料の解析，6) フラーレン，カーボンナノチューブやナノポーラス材料の解析，などの分野で放射光の威力が発揮されている．放射光のさらなる高輝度化によってエネルギー分解能，空間分解能，時間分解能，スピン分解能，角度分解能が向上し，ますますナノテク材料・デバイスの開発に不可欠なツールになっている．

2.4.1　LSI 加工・ナノマシンの開発

3 年で 4 倍（あるいは 1 年で 2 倍）という半導体集積度の急速な進歩に伴い，従来の紫外線を用いた露光技術による回路作製では加工線幅の限界があり，より短波長の真空紫外線（VUV）および X 線を用いた露光技術の開発に大きな注目が集まった．1972 年 MIT の H. I. Smith のグループが X 線を用いた微細加工[1]を提唱し，電子立国日本を支える次世代技術として X 線露光の研究が加速され，1983年，1984 年，1985 年にそれぞれ電電公社，日立，NEC と富士通が KEK-PF に X 線露光用ビームラインを建設して本格的な研究を開始した．しかし，KrF（248 nm）やArF（193 nm）エキシマレーザーを用いた露光技術の進歩も目覚ましく，放射光を用いた一括転写技術は実用に使われることはなかった．ただし，ここで開発した技術はその後，レチクルと呼ばれる反射型マスクを用いた縮小投影露光として結実し，波長 13.5 nm の極端紫外線リソグラフィー（EUVL）は次世代技術として注目を集めている．また，1984 年にカールスルーエ原子核研究所が放射光 X 線を用いて高アスペスト比を持つ小型歯車やウラン濃縮用マイクロマシンを作製する LIGA（リソグラフィー・電解メッキ・成形）技術[2]の開発に繋げており，MEMS（Micro-Electro-Mechanical System）や NEMS（Nano-Electro-Mechanical System）として新しい展開が期待されている．

2.4.2　LSI 材料・デバイスの解析

LSI の高集積化に伴って MOS 型電界効果トランジスタ（MOSFET）のサイズが縮小したが，FET 特性を向上させる（ON 状態のドレイン電流を増やす）ためにはゲート絶縁膜（SiO_2 膜）の厚さも比例して薄くする必要がある（スケールダウン則）．そのために極薄 SiO_2 膜と Si 基板の界面構造の解明と制御が大きな課題になった．この目的のために高分解能の VUV（真空紫外光）光電子分光が大きな威力を発揮し，界面第 1 層には Si^+，Si^{2+} が共存し，第2，3 層に Si^{3+}，Si^{4+} が存在して約 3 原子層の遷移層が形成されていることが明らかになった[3]．この SiO_2 膜を 2 nm 以下にすると量子力学的トンネル効果のためにチャンネルとゲート間でリーク電流が増えてしまうため，ゲート絶縁膜の物理膜厚は 3～5 nm に維持して誘電率（k）の高い酸化膜，例えば HfO_2 や ZrO_2（k=20～30）の利用が検討され，国際半導体技術ロードマップ（ITRS）の工程表に明記されるようになった．しかし，誘電率の高い酸化膜は一般に原子番号が大きな（電子数が多い）カチオン M を使うため，M-O の結合が弱くバンドギャップが小さくなり，ゲートリーク電流増加の原因になるという問題があった．またイオン注入後の活性化熱処理プロセスで変質（非晶質酸化膜の結晶化，および還元と Si 基板の酸化）するという問題も生じた．これらの課題について放射光光電子分光や X 線回折で解析し，その結果に基づいて新しい界面制御技術が開発されている．

また，光通信用半導体レーザーダイオードの開発において，MOVPE（Metal Organic Vapor Phase Epitaxy）法で 2 μm 以下の狭い領域に選択成長させた活性層である $In_xGa_{1-x}As_yP_{1-y}$ 多重量子井戸構造の組成制御は重要な課題となっていた．そこでマイクロビーム X 線回折を用いて格子歪量の定量的解析を行い，最適な In 組成，As 組成を決定することに成功している[4]．

2.4.3　抵抗変化 RAM の解析

不揮発 Random Access Memory（RAM）は高度情報化社会を支える記録素子であり，高速・高密度・低消費電力・安価という特性（特徴）を満たす素子として激しい開発競争が行われている．特に，遷移金属酸化物薄膜を電極で挟んだ構造はパルス電圧印加だけで高抵抗状態と低抵抗状態を数十 ns という高速でスイッチできるため，大きな注目を集めている．

$Pr_{0.7}Ca_{0.3}MnO_3$（PCMO）はペロブスカイト型酸化物［ABO_3，A：2 価金属，B：3 価金属］の抵抗変化材料である．PCMO は抵抗変化 RAM（ReRAM）がメモリ素子として提唱された当初から抵抗変化現象の発現およびその動作機構が精力的に研究されてきた代表的な抵抗変化材料

でありながら，これまで抵抗変化機構が明らかにされていなかった．R. Yasuhara らは放射光光電子分光や X 線吸収分光（XAS）を用いて抵抗変化を示す Al/PCMO 構造における Al 2p, Mn 2p 光電子スペクトルを詳細に調べ，Al/PCMO 界面においては Al 金属と Mn イオンとの間に酸化還元反応が起こっており，AlO_x 界面層に混入した Mn イオンがつくる欠陥準位を正孔が埋めることで空間電荷制限電流（SCLC）が流れる ON 状態が生じることを明らかにしている[5]．

一方，絶縁物中に導電性パスが形成される，というモデルがある．これを確認するため，K. Horiba らは図 2.4.1 に示す空間分解能 70 nm という走査型放射光光電子顕微鏡（3 次元ナノ ESCA 装置）[6]を開発し，NiO ナノワイヤ型 ReRAM 素子の価電子帯スペクトルを測定している．Ni ナノワイヤ（300 nm 幅）に電圧を印加すると酸化されて絶縁体 NiO に変化し，図 2.4.2 に示すようにフェルミ準位付近の状態が消失する様子を捉えた．さらに印加電圧を上げると低抵抗状態にスイッチし，絶縁体であった NiO の一部が還元されてフェルミ準位に状態を持つ金属状態に変化することがわかり，抵抗変化は電子状態の変化とよく対応することを見出している[7]．

2.4.4 磁気デバイスの解析

不揮発メモリとして磁気デバイスは長い歴史を持つ．大容量記録デバイスとしてハードディスク（HDD）は中心的役割を担ってきたが，さらなる大容量化には磁気ヘッドの高感度化が不可欠である．1988 年，非磁性膜を強磁性膜で挟んだ多層膜で巨大磁気抵抗（GMR）効果が A. Fert, P. Grünberg によって独立に発見されて以来，記録密度の大幅な向上が達成された．これは 1 nm 程度の厚さの非磁性膜で隔てられた強磁性膜の磁化が平行のときには散乱が少なく低抵抗状態になり，一方反平行では多くの散乱を受けて高抵抗状態になる性質を利用した磁気センサーである．この多層膜の磁気構造を円偏光放射光を用いた X 線磁気円二色性（XMCD）や共鳴 X 線磁気散乱で解析し，強磁性層によって非磁性層に誘起される磁気分極などが詳しく調べられている．

さらに高記録密度化を目指してトンネル磁気抵抗（TMR）ヘッドの開発が進められている．これは 1 nm 程度の厚さの絶縁層を強磁性層で挟んだ構造で，上下の強磁性層の磁化が平行の場合にはトンネル抵抗が減少し，反平行ではトンネル抵抗が増加する，という原理に基づく磁気センサーである．この場合の磁気抵抗比は強磁性層のスピン偏極度 P に大きく依存し，P が 100 % なら無限大の ON/OFF 比が得られる．そこで，放射光を用いたスピン分解光電子分光で薄膜材料のスピン偏極度を直接測定する研究が行われ，強相関酸化物 $La_{1-x}Sr_xMnO_3$ 薄膜で 100 % のスピン偏極度を示す結果が得られている[8]．また，結晶性トンネルバリアとして MgO 超薄膜を使ったコヒーレントトンネリングで数百 % もの磁気抵抗比を示す TMR 読み取りヘッドが開発されているが，この単結晶 Fe/MgO/Fe（001）多層膜構造で大きな磁気抵抗比が出る原因を XMCD で調べたところ，MgO 上 1ML（monolayer）の Fe 層は酸化されておらず，バルクと同じ 2.6 μ_B の磁気モーメントを持つことが解明されている[9]．

2.4.5 燃料電池用電極ナノ触媒

固体高分子形燃料電池（PEFC）システムは，高効率で CO_2 の排出が少ない次世代の分散電源として開発が進められている．カソードでの酸素還元反応（ORR）のために電極触媒としてカーボン担持 Pt ナノ粒子触媒が用いられているが，希少で高価な Pt 使用量を削減するため，カソード触媒の高活性化かつ高耐久性化が求められている．そのためには，燃料電池発電中における Pt ナノ粒子表面での還元反応を調べる必要がある．M. Tada ら[10]は時間分解 XAFS（X 線吸収微細構造）法を用いて Pt 表面の構造を調べた結果，Pt 触媒粒子表面が少しずつ酸化されていき，粒子表面から Pt が溶け出して酸素が Pt 内部に侵入して酸化が進行する，すなわち触媒の劣化が進む様子を明瞭に観察した．

一方，低白金触媒開発からさらに進めて，全く白金を使

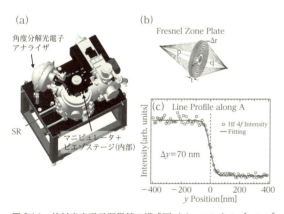

図 2.4.1 放射光光電子顕微鏡の模式図（a），フレネルゾーンプレート（b）と LSI パターンの線分析による空間分解能測定（c）

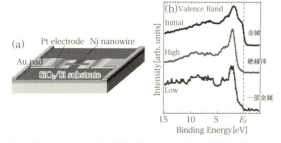

図 2.4.2 Ni ナノワイヤ抵抗変化 RAM 素子の構造模式図（a）と Ni ナノワイヤの価電子帯スペクトル（b）

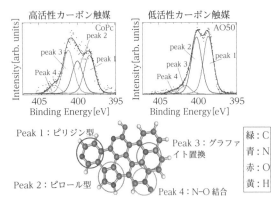

図2.4.3 カーボンアロイ触媒のN 1s光電子スペクトルと4つの成分

わない触媒の開発が世界中で精力的に進められている. その一つがナノシェル構造を持つカーボンアロイ触媒で, 各炭素由来触媒のN 1s硬X線光電子分光スペクトルのピーク分離を行ったところ, 図2.4.3に示すように低結合エネルギー側から順に, ピリジン型窒素, ピロール型窒素, グラファイト置換型窒素, 窒素酸化物の4つの成分が含まれていることがわかった. 酸素還元活性の高いCoPc由来触媒では, グラファイト置換型窒素の相対存在量が最も多いが, 活性の低いメタルフリー触媒ではグラファイト置換型窒素の相対存在量は低いため, グラファイト置換型窒素が酸素還元活性と相関があることが見出された[11]. これらの測定結果は, ジグザグエッジにグラファイト置換型窒素が存在すると, エッジ炭素の酸素還元活性が増大するという第一原理計算結果とよい一致を示した.

さらに燃料電池発電中のFe不純物の電子状態を軟X線発光分光法で調べ, 粉末触媒中のFe (Fe^0) には酸素吸着が起こらないものの, アイオノマー(ナフィオン)インクに浸した燃料電池状態にすると触媒中のFeは一部はFe^{2+}に変化し, 明瞭に酸素吸着を行って酸素還元活性に寄与することが見出されている[12].

2.4.6 フラーレン, カーボンナノチューブ・ナノポーラス材料

フラーレンの発見は世界を驚かせたが, そのなかに金属が内包されている分子も超伝導など新しい物性発現の期待が持たれ, その構造が放射光を用いたX線粉末回折法で解明された[13]. イットリウム(Y)を内包したY@C$_{82}$という分子の構造を解析したところ, 中心ではなく偏った場所に存在し, フラーレンが負に, Yが正に帯電していることがわかった. 他にも2個, 3個内包したフラーレンの構造が明らかになっている.

一方, カーボンナノチューブ(CNT)については放射光を用いた光電子分光で電子状態の温度変化を測定し, CNTのフェルミ準位直下の価電子帯強度が温度の0.48乗のべき関数で特徴付けられる構造になっていることがわか

った. これは1次元伝導帯であるCNTが朝永-ラッティンジャー流体状態を表しており[14], 朝永理論の実証になった.

また, 有機金属錯体を原料にした合成によって様々なサイズのナノ構造, メソ構造がつくられることが明らかになり, Metal Organic Framework (MOF) として注目を集めている. その一つとして酸素分子のみを吸着する配位分子が挙げられる. ガス分子が整然と並んで吸着している様子がX線回折で明らかにされており[15], この構造を修飾することでガスの吸着や脱離を自由に制御できる新しい素材の開発に繋がるとして注目を集めている.

参考文献

1) D. L. Spears, H. I. Smith : Solid State Technol. 15, 21 (1972).
2) E. W. Becker, et al. : Naturwissenschaften 69 520 (1982).
3) J. H. Oh, et al. : Phys. Rev. B 63 205310 (2001).
4) S. Kimura, et al. : Appl. Phys. Lett. 77 1286 (2000).
5) R. Yasuhara, et al. : Appl. Phys. Lett. 97 132111 (2010).
6) K. Horiba, et al. : Rev. Sci. Instrum. 82 113701 (2011).
7) K. Horiba, et al. : Appl. Phys. Lett. 103 193114 (2013).
8) J. -H. Park, et al. : Nature 392 794 (1998).
9) K. Miyokawa, et al. : Jpn. J. Appl. Phys. 44 L9 (2005).
10) M. Tada, et al. : Angew. Chem. Int. Ed. 46(23) 4310 (2007).
11) H. Niwa, et al. : J. Power Sources 196 1006 (2011).
12) H. Niwa, et al. : Electrochem. Commun. 35 57 (2013).
13) M. Takata, et al. : Nature 377 46 (1995).
14) H. Ishii, et al. : Nature 426 540 (2003).
15) Y. Kubota, et al. : Coord. Chem. Rev. 251(21-24) 2510 (2007).

2.5 地球物理

我々の住んでいる地球の内部は, 大きく分けて地表から深さ数十km程度までの地殻, そこから2 900kmまでのマントル, そして中心6 400kmまでの核の三つの層によって構成され, マントルはさらに上部マントル, マントル遷移層, 下部マントルに, また核は液体の外核と固体の内核に分かれ, 下部マントルと外核との境界にはD"層と呼ばれる層も存在することが知られている. このような情報は, 地震で発生した地震波速度の変化から求められたもので, 各層の境界では, 地震波が反射したり屈折したりするなどの急激な変化が観測される. 一方, これらが一体どんな岩石(鉱物)でできているのかを知るためには, 高圧装置を使って地球深部と同じ環境を再現した実験が必要となる. 通常, 高圧装置内は, 試料周囲を圧力媒体やガスケットなどで覆ってしまうため, 直接中の様子を見ることはできない. しかし, 高強度・高エネルギーの放射光のX線を利用すれば, 高圧装置内の物質をX線が貫通することによって試料の様子を観察することが可能になる.

2.5.1 地球内部のX線その場観察実験

図 2.5.1 に高圧装置を使った X 線その場観察実験の様子を示す．X 線その場観察実験では，高圧装置内にあるアンビルの隙間に放射光 X 線を照射する．高輝度・高エネルギーの放射光 X 線を利用することで，試料を透過した X 線を蛍光板を使って可視光に変換して測定を行うラジオグラフィーと，試料から回折された X 線を検出する回折測定を行うことができる．高圧実験では，アンビルによって回折角 (2θ) が大きく制約され，高圧プレス装置を使った場合では回折角 2θ を最大で 15 度程度までの範囲しか取ることができない．しかし，100 keV 以上の高エネルギーの白色 X 線を利用するエネルギー分散型 X 線回折測定を使うことで，狭い範囲の回折角でも通常の X 線回折測定と同程度以上の幅広い範囲の結晶格子面間隔 (d) の回折測定が可能となり，(例えば $2\theta=7$ 度の場合，$d=1\sim100$ Å)，高圧下の結晶構造や体積変化（密度，圧縮率など）を精密に決定することができる．さらに，実験試料と一緒に圧力標準となる物質の X 線回折測定を行うことにより，圧力標準試料の体積変化から圧力値を決定することができる．おもな圧力標準物として NaCl，金，白金などが利用され，これらの体積変化から状態方程式を使って発生圧力を決定する．高圧装置を使った X 線その場観察実験は，1982 年に PF に設置された放射光専用高圧装置 MAX80 において最初に行われた．現在は高圧装置も多様化し，地球内部を再現した X 線その場観察実験が世界中で展開されている．

2.5.2 地震学的不連続面の解明

マントル内には二つの大きな地震波速度の不連続面（深さ 410 km と 660 km）が存在し，この境界によって上部マントル，マントル遷移層，下部マントルに分類される．古くからこの不連続面は，マントル中で最も多い鉱物であるカンラン石が高圧になるとより密な結晶構造に変化する（相転移）ためと考えられていた．1960 年代にオーストラリア国立大学の A. E. Ringwood や東京大学物性研究所の S. Akimoto らは，深さ 410 km に相当する 13 GPa 付近における高圧実験から，カンラン石がオリビン構造から変形スピネル構造に変化することを発見し，これが 410 km 不連続面の要因であると報告した[1,2]．その後もカンラン石の高圧実験から，18 GPa 付近でスピネル構造に，24 GPa 付近でペロブスカイト構造に変化するなどが報告されたが，直接観察の実験ではなかったため，解析結果に不確定さがあった．

しかし，1980 年代に入って放射光 X 線その場観察実験ができるようになり，カンラン石の X 線回折パターンが 410 km 不連続面に相当する 1 300 ℃，13 GPa で相転移することが実証された[3]．さらに 1997 年から第 3 世代大型放射光施設 SPring-8 が稼働して地球深部の X 線その場観察実験が盛んに行われるようになると，深さ 660 km に相当する 24 GPa，1 600 ℃ において，カンラン石がスピネル構造からペロブスカイト構造へ相転移する様子や[4]，同じ温度圧力付近で輝石やざくろ石も同様にペロブスカイト構造に変化する様子が観察され，660 km 不連続面の要因はこれらの相転移が原因であることが実証された．

2.5.3 謎の領域「D″ 層」の解明

放射光の普及とともに，マントルより深い，もっと地球深部条件の高圧高温を発生させる実験技術の開発が進められ，特にダイヤモンドアンビル装置に高エネルギーレーザー光を照射するレーザー加熱式ダイヤモンドアンビル装置を使った実験が盛んに行われるようになった（図 2.5.2）．

高い圧力を発生させる実験では，必然的に試料体積は微小となり，100 GPa 以上の超高圧力を発生させる実験では測定する試料の直径は 0.05 mm 程度にまで小さくなる．近年，KB ミラー（全反射），屈折レンズなどの X 線集光系を使って直径 0.02 mm 以下に集光した超強力マイクロビームの利用が可能となり，レーザー加熱式ダイヤモンドアンビル装置に封入した直径 0.05 mm 以下の試料を使って 100 GPa，2 000 ℃ を超える X 線回折測定を行うことが可能となっている．

2004 年，SPring-8 のレーザー加熱式ダイヤモンドアンビル装置を使って深さ 2 700 km に相当する 125 GPa，2 200 ℃ での X 線回折測定が行われ，下部マントル物質のペロブスカイト構造が別の緻密な結晶に相転移する様子が初めて観察された（この新発見の物質をペロブスカイト構造の次という意味から，ポストペロブスカイトと呼ぶ）[5]．この下部マントルの最深部（深さ 2 700 km）から

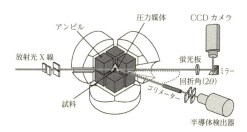

図 2.5.1 高圧装置を使った X 線その場観察実験の概要

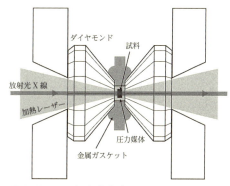

図 2.5.2 レーザー加熱式ダイヤモンドアンビル装置

深さ2900 kmの外核までの約200 kmまでの領域はD"層と呼ばれる領域で、地震波速度が急激に上昇したり（不連続性）、方位によって速度が変わる（異方性）などの特異な現象が起こることから謎の領域とされていた。X線その場観察実験によって新鉱物が発見されたニュースは、世界中の研究者に大きな衝撃を与え、ただちに実験から理論に至る多くの研究者によってD"層についての詳細な研究が進められた。その結果、地震波速度の急激な上昇や異方性がポストペロブスカイトによって引き起こされることが明らかとなり、長年の謎であったD"層の正体がついに解明されたのである。ポストペロブスカイト発見は、まさにX線その場観察実験によって成し得た快挙であり、世紀の大発見となった。

2.5.4 マグマの粘性測定

X線その場観察実験は、結晶構造解析以外にマグマなどの粘性度測定にも広く利用されている。マグマはマントル中の鉱物や岩石が融けてできた液体で、粘性はマグマがどれだけ流れやすいかを表し、マグマの上昇速度や噴火様式、流れ出す溶岩の形態などを理解するうえでたいへん重要である。粘性係数の精密測定法として、放射光を使ったラジオグラフィーによる落下式粘性測定法が利用されている。この測定法は、放射光を透過させたラジオグラフィーを使って液体試料中に金属製の球が落下する様子を観察し、流体におけるストークス則を使って落下速度から粘性率が決定される（図2.5.3）[6]。

粘性測定の結果、多くの液体は圧力が上がると粘性は上昇する傾向に対して、比較的SiO_2成分量が多いマグマは粘性が減少していくことが明らかになった。このことは地下深くのマグマは粘性が低く移動速度が速くなることを表している。一方、SiO_2成分量が多いマグマでも、ある圧力値（5 GPa付近）を境として、それ以上になると逆に粘性が上昇することも最近明らかとなった。これはマグマの構造がある深さ以上で大きく変わることを示す重要な手掛かりである。現在、X線回折測定によるマグマ構造の解析も進められており、これらの情報から火山活動を支配するマグマの生成や移動のメカニズムが解明されることが期待されている。

2.5.5 まとめ

放射光技術とともに超高圧高温発生技術の進展には目覚しいものがあり、現在では地球の中心核に相当する360 GPa、5000℃の実験も可能となっている。また、地球内部研究においてはX線回折やラジオグラフィーの他にもX線吸収法による密度測定やX線トモグラフィーを使った表面張力測定、超音波法と組み合わせた弾性波速度測定といった多種多様な実験も行われるようになり、構造解析だけでなく様々な物性値の決定も可能になってきている。地球内部の全容解明において、X線その場観察実験への期待はますます大きくなっている。

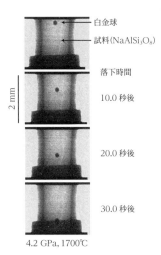

図 2.5.3 高圧高温（4.2 GPa, 1700℃）状態のマグマ（$NaAlSi_3O_8$）中を落下する白金球のラジオグラフィー[6]

参考文献

1) A. E. Ringwood : Earth and Planetary Science Letters 5 401 (1968).
2) S. Akimoto, H. Fujisawa : Journal of Geophysical Research 93 1467 (1968).
3) H. Morishima, et al. : Science 265(5176) 1202 (1994).
4) T. Irifune, et al. : Science 279(5357) 1698 (1998).
5) M. Murakami, et al. : Science 304(5672) 855 (2004).
6) K. Funakoshi, et al. : Journal of Physics : Condensed Matter 14(44) 11343 (2002).

2.6 産業利用

放射光の産業利用の歴史は、1980年代に高エネルギー物理学研究所（現・高エネルギー加速器研究機構（KEK）放射光実験施設（Photon Factory : PF））に、NTT（当時は日本電信電話公社）、日立、NEC、富士通といった電機メーカーが専用ビームラインを建設し、利用を開始した頃から始まっている。当時は、シリコン集積回路の微細加工に使用する光リソグラフィーの微細加工限界が波長である1 μmを切るあたりであると信じられていた。そのため、次世代リソグラフィーとして等倍X線リソグラフィーの研究が、各社で非常に精力的に行われていた[1]。しかし、光リソグラフィーは当時いわれていた微細加工の限界を大幅に打破し、加工寸法が100 nmを切っている現在でも使用されているのは周知の事実である。そのため、等倍X線リソグラフィーの研究は消滅していった。一方で、放射光の特徴である高輝度で波長選択可能なX線を利用する様々な材料評価技術が半導体材料の評価に適用され、製品開発に役立つことがわかってきた。

この方向性がさらに発展したのは、SPring-8が施設供用を開始した1997年からである。それまでの放射光施設

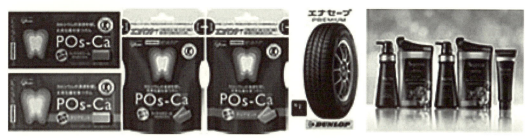

図 2.6.1　SPring-8 での実験成果から生まれた製品例[7]

では，産業界に所属する者が研究代表者として課題申請することはできなかったのであるが，SPring-8 の施設供用により産業界を含め，すべての人に門戸を開いたことは，その後の放射光の産業利用の発展に大きく寄与することになった．施設供用当初は，それまでに利用実績があった電機メーカーや創薬会社の利用が中心であったが，1) 共用ビームラインとして産業利用ビームライン3本を整備し，X線イメージング，X線回折，小角散乱，XAFS，硬X線光電子分光など，様々な測定に対応したこと，2) 利用分野ごとに技術的な問い合わせに対応するコーディネーターの配置，3) 産業界の初心者ユーザーに放射光を利用してもらうトライアル・ユース（2002年度：試行，2003年〜2005年制度化）の実施，4) 文部科学省先端大型研究施設戦略活用プログラム（2005〜2006年度）による研究技術員およびコーディネーターの拡充，5) XAFS，粉末X線回折，硬X線光電子分光，微小角入射X線回折・X線反射率測定，タンパク質結晶回折での測定代行実施，などの施策により，産業利用分野が大幅に拡大し，現在では，各種素材メーカー，エネルギー・環境関連企業，健康・医療関連企業など，様々な産業で放射光の利用が進められている[2]．SPring-8の場合，上述の先端大型研究施設戦略活用プログラムが始まった2005年下期から現在まで，民間企業に所属する実験責任者の課題数の割合が全体のほぼ20％前後で推移しており，放射光の産業利用が高い水準で定着している．なお，SPring-8を使用して得られた産業利用成果のわかりやすい実例や産業利用の経緯については，SPring-8産業利用成果パンフレットが参考になる[3]．また，最近では，江崎グリコが特定保健用食品の認可を受け，販売しているリン酸化オリゴ糖カルシウム（POs-Ca®）配合ガムが虫歯予防の効果として，元の健康な歯と同じ構造を有した結晶の回復（再結晶化）を促していることを解明した成果[4]，住友ゴム工業が行ったタイヤの材料の内部構造を解析し，低燃費と安全を両立するタイヤ開発に役立てた成果[5]，花王が実施した，頭髪の加齢による変化を解明し，髪の毛のつやを回復することができるヘアケア製品の開発に役立てた成果[6]など，直接消費者が触れる製品の開発に繋がる成果も見られるようになった（図2.6.1）．

SPring-8では上述の共用ビームラインの利用だけでなく，専用ビームラインでも多くの産業利用が推進されている．電機，鉄鋼，金属，輸送，電力といった基幹産業の企業グループ13社からなる産業用専用ビームライン建設利用共同体が1999年度からアンジュレーターと偏向電磁石の2本のビームライン（サンビーム ID & BM）を稼働し，利用している[8]．また，産業用専用ビームライン建設利用共同体にも参加している豊田中央研究所が2009年度から豊田ビームラインを稼働させ，自動車用排ガス触媒研究などの実施を開始している[9]．さらに，2010年度には化学系19企業グループからなるフロンティアソフトマター開発専用産学連合体がビームラインを稼働させ，ソフトマターの分子レベルでの構造解析，製造プロセスや様々な環境下での動的構造変化など，次世代ソフトマター材料開発に利用している[10]．この他にも，兵庫県が建設した兵庫県ビームラインでもSPring-8の利用企業を支援し，多様な共同研究プロジェクトを推進している[11]．

このようなSPring-8での産業利用の拡大を受け，他の放射光施設でも産業利用を積極的に推進する施設が増えてきている．佐賀県立九州シンクロトロン光研究センターやあいちシンクロトロン光センターは当初から産業利用を目的の柱として建設された施設である．あいちシンクロトロン光センターは2013年度に供用を開始したばかりであるため，まだ成果例が少ないが，九州シンクロトロン光研究センターからは多くの産業利用成果が報告されており，なかには地域産業である陶磁器（有田焼）や有明産海苔に関する研究なども実施されている[12]．

一方，大学が主体となって建設された施設のなかでも，教育や学術研究とともに産業利用に力を入れている施設もある．立命館大学総合科学技術研究機構SRセンターや兵庫県立大学高度産業利用研究所ニュースバル放射光施設が典型である．この両施設は材料分析だけでなく，放射光を利用した超微細構造体加工や極端紫外光リソグラフィー研究など，大型放射光施設で実施されていない利用研究にも力を入れている点に特徴がある[13,14]．

上記のような放射光の産業利用への取り組みは，政府が策定した第4期科学技術基本計画（2011〜2015年度）でも後押しされている．「科学技術イノベーションによる重要課題の達成」を実現するためには，産学官が一体となって研究開発を実施できる体制構築が必要不可欠との認識から，大学や独立行政法人等の研究機関が所有する研究施設・設備等の先端研究基盤を，産業界をはじめとする産学

官の研究者に広く開放（共用）する取り組みやその取り組みを実施する機関が，最先端技術を中核とした同一技術領域の施設・設備などのネットワーク化を図り，複数機関からなる共用プラットフォームを形成する取り組みに対し，政府の支援が始まっている．この支援により，「光ビームプラットフォーム」が2013年度より開始している[15]．この取り組みは，KEKのPFが代表機関となり，ここでも紹介した放射光施設6施設と東京理科大学赤外自由電子レーザー研究センターおよび大阪大学レーザーエネルギー学研究センターのレーザー施設2施設がプラットフォームを形成し，産業界を中心とした利用者が，個々の研究・生産現場では整備困難な大出力のレーザーおよび放射光を利用して技術開発・研究を進め，研究成果を上げることを支援するとともに，産業界のなかに，これらのプローブを利用して研究成果を上げることができる人材を短期間で育成することを目指している．このプラットフォームでは可能な範囲で試料ホルダーやデータフォーマットなどの互換化を進め，課題に対して最適な施設が容易に利用可能となるような環境整備，技術開発が進められる予定である．このような新しい取り組みにより，放射光の産業利用がますます発展していくことが期待される．

産業利用を重視する姿勢は，放射光施設のみならず，国家基幹技術であるX線自由電子レーザー施設SACLAも同様である．SACLAの共用ビームライン利用研究課題審査基準には，科学技術的妥当性として，「学術的な貢献度が高いこと」，または「産業利用の推進に貢献すること」が求められており，学術研究のみだけでなく，産業利用が重要なものとなっていることがわかる[16]．すでに，金属の表面を強化するレーザーピーニング処理中のアルミ合金内部の変化を観察することに成功した例などが紹介されており[17]，産業利用の新たな可能性がますます拡大することが期待されている．

参考文献

1) 阿刀田伸史：放射光，2 (2) 3 (1989).
2) （公財）高輝度光科学研究センター編：平成24年度SPring-8重点産業化促進課題・一般課題（産業分野）実施報告書 (2012B), http://support.spring8.or.jp/Report_JSR/Jsr_24B.html
3) SPring-8 HP：SPring-8産業利用成果パンフレット，http://www.spring8.or.jp/ja/news_publications/publications/industrial_application_brochure/
4) SPring-8 HP：むし歯予防ガムが効くわけ，http://www.spring8.or.jp/ja/news_publications/research_highlights/no_46/
5) SPring-8 HP：エコと安全を両立する高性能タイヤの開発～材料内部の構造解析が生きる～, http://www.spring8.or.jp/ja/news_publications/research_highlights/no_63/
6) SPring-8 HP：ツヤがある髪の毛の秘密，http://www.spring8.or.jp/ja/news_publications/research_highlights/no_34
7) 文部科学省 HP：量子ビーム，(3) どんな成果があるの：http://www.mext.go.jp/a_menu/shinkou/ryoushi/detail/1316040.htm
8) 産業用専用ビームライン建設利用共同体 HP：http://sunbeam.spring8.or.jp/
9) 株式会社 豊田中央研究所 HP：豊田ビームラインBL33XU, http://www.tytlabs.co.jp/tech/beamline/
10) フロンティアソフトマター開発産学連合体 HP：ご利用分野，http://fsbl.spring8.or.jp/
11) 兵庫県ビームライン HP：http://www.hyogo-bl.jp/
12) 佐賀県立九州シンクロトロン光研究センター HP：研究成果報告会実施報告書，http://www.saga-ls.jp/?page=43
13) 立命館大学総合科学技術研究機構 SRセンター HP：http://www.ritsumei.ac.jp/acd/re/src/index.htm
14) 兵庫県立大学高度産業科学技術研究所 ニュースバル放射光施設 HP：http://www.lasti.u-hyogo.ac.jp/NS/
15) 光ビームプラットフォーム HP：http://photonbeam.jp/
16) SACLA User Information HP, 課題審査：http://sacla.xfel.jp/?p=114
17) SACLA HP, プレスリリース：http://xfel.riken.jp/research/index01.html

3章

物質科学（中性子・ミュオン・陽電子）

3.1 概要

　本章では，中性子，特に大強度陽子加速器，J-PARC 物質生命科学実験施設（MLF）にあるパルス中性子の利用を中心に概観する．MLF では，中性子とミュオン（ミューオン）が同時に利用可能で，広汎なサイエンスを展開しておりその連携から新たな成果の創生が期待されている．そこで，本章では，全体構成として，中性子を中心にするが，ミュオンについてもそのサイエンスの特徴を紹介する．物性物理の項では，最近の興味深いサイエンストピックスをハイライトしながら，中性子の特徴を生かした物理，さらにはミュオンの偏極性がもたらす新たな物理を展望する．産業利用について特別に項を設けた．中性子は，物質透過性の高さや，水素など系元素に帯する敏感性の高さ，磁石としての磁場敏感性など，光と異なる中性子の特徴が，産業界の物づくりに魅力的な量子として期待され，様々な分野で企業が求める技術の開発，製品の品質状態診断が始まろうとしている．本章で中心をなす中性子に関しては，それぞれの章に必要な性質などの情報を記述しているが，網羅的で一般的な基本物理情報は多くの物理教科書を参照されたい．

　ちなみに，中性子源については，第 2 編 9 章 16.3 項に掲載しているので，関連する情報として関心のある読者は是非，一読していただきたい．

　本章は，以下の章節の順に構成されている．

- 3.2　中性子ビームの生成
- 3.3　中性子の利用研究の方法
- 3.4　中性子の利用分野
- 3.5　中性子の産業利用
- 3.6　ミュオン
- 3.7　陽電子
- 3.8　物性物理学
- 3.9　生物・医学
- 3.10　タンパク質の構造解析〜創薬研究への応用

3.2 中性子ビームの生成

3.2.1 中性子の発生

　1932 年の J. Chadwick による中性子の発見時からすでに，中性子が粒子性と波動性を兼ね備えるという量子力学的概念は理解され，回折実験への応用が盛んに行われた．最初は，^{60}Co などの γ 線を，^{9}Be などに照射し（γ, n）反応で発生する中性子を利用する極めて小規模のものであった．1942 年に，いわゆるシカゴパイルと呼ばれる米国シカゴに原子炉の原形となる装置が E. Fermi によって設置され，中性子源としての利用が急速に広まった．以来，1990 年代までは各国に多数の研究用原子炉が築かれてきた．図 3.2.1 に年代とともに各国で建設された研究用原子炉の推移を示す．原子炉の中性子は核分裂反応で生成される．以下に示す標記は，核分裂反応の一例である．

$$^{235}_{92}U + {}^{1}_{0}n \longrightarrow {}^{142}_{54}Xe + {}^{92}_{38}Sr + 2{}^{1}_{0}n,$$

　熱中性子が ^{235}U に吸収され，Xe と Sr に核分裂し約 214 MeV のエネルギーの放出と 2 以上の中性子は発生する．現在においても世界最高強度の中性子を発生するのは，欧州中性子実験研究所 ILL（フランス・グルノーブル，56 MW，1974 年稼働）である．しかし，図 3.2.1 に示すように，さらなる高強度の原子炉は実現されていない．これは，発電用原子炉と異なり，比較的小さな炉心（直径 30 cm 程度）で大強度束を実現するための高出力密度に耐える材料の問題に加え，燃料に高濃度 ^{235}U が必要であり，冷却の困難さがあるためである．

　一方，加速器を利用したパルス中性子源開発において，我が国はパイオニアであり，1970 年代に東北大学原子核理学研究施設（現・電子光理学研究センター）の電子線形加速器（リニアック）を利用し（重金属ターゲットに入射した電子による制動輻射で発生する γ 線を利用し，（γ, n）反応で中性子を得るものである）木村一治，渡辺昇らにより始められた．その後，米国アルゴンヌ国立研究所の J. Carpenter と木村らによる共同研究で，陽子加速器を利用した核破砕型中性子源の開発がなされた．その後，高エネルギー物理学研究所（KEK）KENS 施設（3 kW，1980 年），米国アルゴンの国立研究所 IPNS 施設（15 kW，

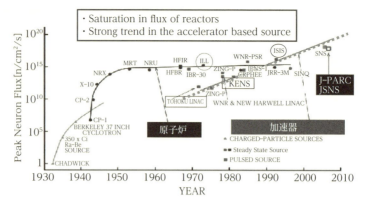

図 3.2.1 中性子ピーク強度の変遷．原子炉での強度は 1970 年代以降頭打ちであるが，加速器ベースの中性子源では加速器性能の向上に応じて急激に増加していることが見て取れる．

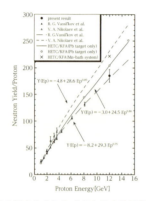

図 3.2.2 陽子 1 個あたりに生成される中性子数（鉛ターゲット）．陽子エネルギーにほぼ比例して増加する．3 GeV の陽子に対しては約 60 個の中性子を生成する．

1982 年），米国ロスアラモス国立研究所 Lujan センター（100 kW，1983 年），英国ラザフォード・アップルトン研究所 ISIS 施設（160 kW，1985 年），米国オークリッジ国立研究所 SNS 施設（1.4 MW，2006 年），J-PARC 物質生命科学実験施設（1 MW，2008 年）と続き，中国核破砕型中性子源（CSNS，0.1 MW，東莞）が 2018 年に，欧州核破砕型中性子源（ESS，5 MW，スウェーデン Lund）が 2020 年に稼働を目指して建設が進められている．

一方，小型の中性子源が見直され，各国で計画が検討されている．このように，加速器型中性子源はいまや世界の潮流となりつつある．図 3.2.1 にあるように[2]，中性子強度は加速器の技術革新とともに，また加速器の大強度化とともに大きく進化し，特に陽子加速器の役割は中性子源施設の発展において非常に大きい．

3.2.2 中性子施設と加速器の性能

J-PARC 中性子源では 3 GeV 陽子が水銀標的入射位置から約 30 cm の深さ領域で中性子が多く発生するので，有限の大きさを持つ三つの中性子減速材の配置は性能を失わないように設計されている．中性子源性能で重要な指標はビームパワーである．この事実が実験的に裏付けられたのは KEK の 12 GeV-PS での実証実験であった[3]．図 3.2.2 に示すとおり，陽子 1 個あたりに生成される中性子数は 1) 陽子エネルギーにほぼ比例することがわかる．このようなことから，大強度中性子源を実現するためには，2) ビームパワーを上げる必要があり，その場合，ビームエネルギーを高くすることも有効である．J-PARC では 3 GeV，333 μA で 1 MW を目指すこととした．また，中性子実験装置は中性子の単色化などの目的で機械的なチョッパーを多用している．このため，加速器の加速周期に正確さが要求される（通常 0.1 μs 以下）．一方，従来の加速器の 3) タイミングコントロールは外部供給電源の周期に合わせていたため，そのジッターは 0.1 %（20 μs）となる．このことから，最近の加速器ではマスタークロックの下にタイミングがコントロールされている．最後に加速器に要求される性能として，加速周期が挙げられる．後節でも議論するように，加速器型中性子源では中性子のエネルギーを飛行時間法により計測している．利用がますます増える傾向にある低エネルギー領域まで，十分に利用できるようにするためには，加速器の 4) 周期がある程度遅いほうが都合がよい．一方，中性子の強度が減らないようにするためには，1 パルス中の陽子数を増やす必要があることから，技術的には困難さが高まる．上記の要素 1) から 4) に加えて，安定した 5) 稼働率が実験研究を滞りなく行うためにたいへん重要な指標である．中性子実験は一般に長くとも 1 週間程度であるので，利用者がその間，適宜実験を遂行するためには安定性が強度以上に要求される．

参考文献
1) 木村一治：『核と共に 50 年』 築地書館（1990）．
2) K. Sköld, D. L. Price, ed.: Methods of experimental Physics, Neutron Scattering 23 99 Academic Press, Inc. (1986).
3) M. Arai, *et al.*: J. of Neutron Research 8 71 (1999).

3.3 中性子の利用研究の方法

3.3.1 熱中性子の生成（減速材）

物質生命科学の研究で必要な中性子のエネルギーはだいたい 100 meV 以下，つまり波長が物質内部の原子間隔である 0.1 nm 程度の中性子である．中性子ターゲットで発生した中性子のエネルギーはだいたい 2 MeV に最大スペクトルを持つので，エネルギーを劇的に下げる必要がある．減速材といわれる水素原子を多く含んだ材料，例えば水，ポリエチレン，液体水素などがこの目的で利用される．水素の原子核である陽子は中性子断面積が大きいと同時に質量が中性子のそれとほぼ同じであるために，エネルギーを効率的に下げることができる．

この過程を中性子の熱化といい，熱化されてエネルギーの下がった中性子を熱中性子という．あるいは，減速材の温度が低い場合，よりエネルギーが下がった冷中性子となる．そのエネルギースペクトルは熱中性子のマクスウェル分布といわれるものになるが，パルス中性子の場合，減速途中のものもあることから $1/E$ 項が追加される．

$$n_f(E) = A\left(\frac{E}{(k_B T)^2} e^{-E/k_B T} + \eta \frac{1}{E}\right) dE \quad (3.3.1)$$

そしてスペクトルの極大は減速材の温度に匹敵する $E \sim k_B T$ にある．

一方，減速材から放出される中性子の時間パルス形状は，減速材中での熱化過程（多重散乱）を無視した減速成分によって，

$$\phi(v,t) = \frac{\Sigma v}{2}(\Sigma vt)^2 \exp(-\Sigma vt) \quad (3.3.2)$$

と表される．ここで，Σvt は平均自由工程，v は中性子の速度である．熱化過程を考慮すると，二つの項（減速項と熱化項）から形状が記述できる（Ikeda-Carpenter 関数）[1]．この様子を図 3.3.1 に示した．

減速項と熱化項の比率は，減速材の構造や減速材の温度によって制御することができる．例えば，結合型減速材では熱化項を増大させ，パルス幅を長くして強度を上げる．

また，非結合型減速材では，減速項が強調されて，パルス幅を短くすることができる．しかし，理想的な場合であっても，減速項のパルス幅は，

$$\Delta t[\mu s] \sim \frac{2}{\sqrt{E[\text{eV}]}} \sim 70\lambda[\text{nm}] \quad (3.3.3)$$

となる[2]．パルス時間幅は式(3.3.3)に従い，波長に比例して増大することになる．

3.3.2 弾性散乱（回折，飛行時間法）

さて，核破砕パルス中性子源で，そのパルスピーク強度を最も有効に利用できる実験手法として飛行時間法がある．前節に示したパルス状の中性子は実験装置に導かれ，試料で散乱される．結晶物質であれば，ブラッグ散乱を起こし，回折ピークが観測される．その様子を図 3.3.2 に示す．このとき，典型的エネルギーでの中性子波長は 0.1 nm 程度である．0.1 nm の中性子の速度は 4 km/s 程度である（1 m/250 μs の速度）．

式(3.3.3)から，0.1 nm の波長の中性子のピーク幅は 7 μs 程度である．回折ピークが検出器に到達するのに要した飛行時間を計測すると，この飛行時間 t と波長 λ，飛行距離 L の間には，次の単純な関係が成り立つ．

$$t[\mu s] = \frac{\lambda[\text{nm}] \cdot L[\text{m}]}{0.0004} \quad (3.3.4)$$

つまり，中性子源から，検出器までの距離 L，中性子が観測された時刻（中性子が発生してからの計測されるまでの飛行時間）がわかると，中性子の波長，つまりエネルギーがわかることとなる．

さて，回折の波数 Q と波長 λ の関係はブラッグの式（式(3.3.5)）としてよく知られている．これは，結晶の面間隔 d を使って式(3.3.5)の第二式のようにも書ける．

$$Q = 4\pi \sin(\theta)/\lambda \quad \text{または} \quad \lambda = 2d\sin(\theta) \quad (3.3.5)$$

式(3.3.4)，(3.3.5)を使うと，分解能は

$$\left(\frac{\Delta Q}{Q}\right)^2 = \left(\frac{\Delta d}{d}\right)^2 = (\cot\theta \cdot \Delta\theta)^2 + \left(\frac{\Delta t}{t}\right)^2 \quad (3.3.6)$$

と書ける．したがって，試料の大きさや検出器の大きさから生ずる散乱角の不確定性がほとんど無視できる高角では式(3.3.6)の右辺の第一項は無視できる．この場合，分解能

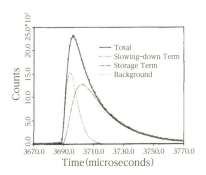

図 3.3.1 減速材で発生するパルス形状
（Ikeda-Carpenter 関数）

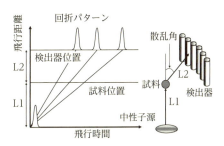

図 3.3.2 弾性散乱装置の飛行時間-飛行距離ダイアグラム．中性子は時刻 0 にパルス的に発生し，それぞれのエネルギー（速度）に応じて飛行していく．その際，パルスピークの幅は変化せずに飛行するために，飛行距離を延ばせば延ばすほど各ピークが分離することが理解できる．

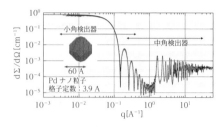

図3.3.3 パラジウム・ナノ粒子による予想散乱関数. ナノ粒子のサイズが測れる小角領域から, 粒子形状がわかる中角領域, さらに粒子内部の原子配列を示す中高角領域を一度に観測できる.

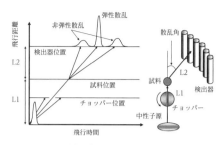

図3.3.4 チョッパー型分光器の飛行時間—飛行距離ダイアグラム. 中性子発生時刻に同期して, 中性子透過窓を持つチョッパーを回転させ, 中性子の単色化を行う. 試料中で非弾性散乱を起こし, 速度の変わった中性子が検出器により計測される. 弾性散乱との時間差により, 励起のエネルギーを知ることができる.

$\Delta Q/Q$ は $\Delta t/t = \Delta\lambda/\lambda = \Delta d/d$ となる. 回折実験に典型的な波長 0.1 nm で分解能 0.1% を実現するためには, $\Delta t \sim 7\,\mu s$ であることから, 飛行距離を 40 m にすればよいことがわかる. J-PARC/MLF には分解能が 0.03% の SHRPD (飛行距離 100 m), 0.15% の iMATERIA (茨城県装置, 飛行距離約 25 m) などがある.

一方, 図3.3.3 からわかるように, パルス中性子源の装置は試料周りに検出器を配置するだけで, 小角領域から, 高角領域をカバーできる. これにより, 非常に広い位相空間をカバーすることが可能となる.

一例として, パラジウム・ナノ粒子 (6 nm) による観測予想散乱関数を図3.3.3 に示す. ナノ粒子のサイズが測れる小角領域は, ギニエ領域といわれ,

$$I(Q) \propto \exp\left(-\frac{R_g Q^2}{3}\right)$$

となる. ここで R_g は粒子の回転半径である. 粒子間相関や粒子内形状がわかる中角領域, さらに粒子内部の原子配列を示す高角領域 (いわゆる通常のブラッグピークが現れる回折領域) を一度に観測できる. つまり, この測定により, ナノ材料の構造と機能のかかわりを詳細に知ることが可能となる.

3.3.3 非弾性散乱

さて, 機能にかかわる機構解明においては, 物質内部に存在する相互作用の種類と大きさを知ることが重要な研究課題となる. 例えば, 磁性体の場合, 磁気モーメント間の磁気相互作用を知ることが重要となる. 対象物質が強磁性体となって磁石となるのか, 磁性が発達し始める温度や磁性の強さはいくつかなどがわかる. その際, スピン波の観測が重要となるが, 中性子非弾性散乱により行うことができる. 相互作用の大きさのみならず, その方向性, 電子状態とのかかわりについてもその知見を与えてくれる.

パルス中性子源に設置する典型的非弾性散乱装置にチョッパー型分光器がある (図3.3.4). 高速回転しているチョッパー (600 Hz 程度) が中性子の発生時刻に同期して開口窓を開けるもので, エネルギー単色装置として動作する. 試料で非弾性散乱されると中性子速度は変化するので, 弾性散乱からの飛行時間差を知ることにより, 物質内

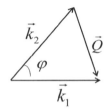

図3.3.5 散乱ダイアグラム

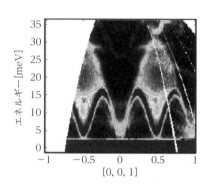

図3.3.6 1次元反強磁性体 $CuGeO_3$ の励起. この物質はスピン 1/2 の 1 次元鎖を形成しているために, 量子効果が強く, スピン波による低エネルギー領域 (最大 2J) の励起に加え, 4J に及ぶスピン連続励起域が明瞭に観測されている.

部で中性子が誘発した励起エネルギーを知ることができる. 入射中性子の波数ベクトルを $\vec{k_1}$, 散乱中性子の波数ベクトルを $\vec{k_2}$ としたときに散乱ベクトル $\vec{Q}$ は (図3.3.5 参照),

$$\vec{Q} = \vec{k_1} - \vec{k_2} \tag{3.3.7}$$

また, 運動量 $m\vec{v} = \hbar\vec{k}$ の関係を使うと, 試料内部に誘起したエネルギーは,

$$\hbar\omega = \varepsilon = E_1 - E_2 = \frac{1}{2m}(\hbar^2 k_1^2 - \hbar^2 k_2^2) \tag{3.3.8}$$

となる. v_1 は弾性散乱のエネルギーからわかるために, 非弾性領域で観測されるシグナルの時間 t を計測することで, 式(3.3.9) より v_2 がわかり, 式(3.3.8) から, 励起エネ

ルギーを知ることができる．

$$t = t_1 + t_2 = \frac{L_1}{v_1} + \frac{L_2}{v_2} \tag{3.3.9}$$

図 3.3.4 からわかるように，試料の周りに多数の検出器を配置することで，散乱する方向を広く覆うことができる．計測された $(\vec{Q}, \hbar\omega)$ 地点でのシグナル強度をプロットすることで，図 3.3.6 のような動的構造因子マップを得ることができる[3]．

参考文献
1) S. Ikeda, J. M. Carpenter : Nucl. Instrum. Mehods A**239** 536 (1985).
2) D. F. R. Mildner, R. N. Sinclair : J. Nucl. Energy **6** 225 (1979).
3) F. F.-Alonso, D. L. Price, ed. : Experimental Methods in the Physical Science, Neutron Scattering-Fundamentals, 44, Elsevier Inc. (2013).

3.4 中性子の利用分野

3.4.1 中性子の性質

中性子は粒子であると同時に波としての性質もあり，X線同様に干渉効果を生じる．さらに，中性子は磁気モーメント（スピン）を持っている．これらのことから，中性子は物質中に入射されると，物質内部の原子核により散乱されたり（核散乱），磁性物質の内部磁場によっても散乱される（磁気散乱）．図 3.4.1 に示すように X 線の散乱長は原子の電荷数，Z に比例するが，中性子散乱長は個々の原子核，放射性同位体（図には示していない）に特徴的な値を持ち，H, Li, Ti, Mn のように負の値を持つ原子核もある[1]．さらに軽元素も大きな値を持っている．したがって，重金属中の水素や Li のような電池材料の主役である軽元素も十分に計測できる．

一方，中性子が波であると同時に質量を持った粒子であるため（電子の約 2000 倍），その波長とエネルギーの関係は X 線などの電磁波とは非常に異なっている．表 3.4.1 に，物質内部の原子配列を観測するのに適した原子間隔程度の波長（0.1 nm）に対するエネルギーを，中性子，電子線，X 線について示した．中性子では波長（0.1 nm）に対してエネルギーは 81 meV である．このエネルギーは温度でいうと 940 K に相当する．熱中性子の 0.2 nm では，人の体温くらいのエネルギーに相当する．したがって，中性子の波長とエネルギーの関係は，物質内部の構造と運動（ダイナミクス）を見るのに非常に都合がよい．物質が持つ性質や機能を知る究極の情報が原子レベルでの構造とダイナミクスであることを考えると，中性子は物質の本質を知るための最も優れたプローブであるといってよいであろう．

一方，中性子は電荷を持たないことから，物質の奥深くまで入り込むことができる．これにより，構造部品などの

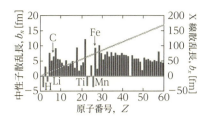

図 3.4.1　X 線と中性子線の散乱強度の原子質量依存性[1]

表 3.4.1　波長 λ～0.1 nm に対するエネルギーの関係

粒子	エネルギーと波長の関係	波長0.1 nmのエネルギー
中性子	E [meV]$= 81.81/\lambda^2$ [Å^2]	81.81 [meV]
電子線	E [meV]$= 1.50 \times 10^5/\lambda^2$ [Å^2]	150.0 [eV]
X 線	E [meV]$= 1.24 \times 10^7/\lambda$ [Å]	12.4 [keV]

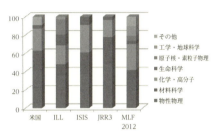

図 3.4.2　米国，ILL（欧州），ISIS（英国），JRR3-M（原研），KENS（高エネ機構）の各施設での分野別中性子利用（2000 年前後の統計）

奥に発生した亀裂の観測や応力解析にも利用できる．

3.4.2　各施設での中性子を利用した研究分野

中性子の利用は，物理学の分野で開始されたこともあり，当初，物性物理学に集中していたといってよい．1950～1980 年代は現代物性物理学の基礎がかたちづくられた時期で，物質内部のエネルギーと運動量を直接観測できる中性子散乱はおおいにその発展に貢献した．しかしながら，1990 年代に物質科学の多様性から，中性子の利用は化学，高分子，材料科学，生命科学，地球科学など，それまで予想しなかった非常に広範な分野に利用されることとなった．図 3.4.2 は 2000 年代の米国全体[1]，ILL[2]（年間課題数 1 200 件），ISIS[3]（年間課題数 1 200 件），JRR3-M[4]（年間課題数 200 件），J-PARC/MLF[5]（年間課題数 500 件，2012 年時）における中性子の利用分野を示したものである．

J-PARC/MLF や海外では原子炉，パルス中性子源での利用は概ね各分野でバランスしているといえる．

3.4.3　中性子利用の例

a.　回折実験

物質内部の原子配列，構造に関する測定手法としては，粉末回折，単結晶回折，液体/非晶質回折実験が挙げられ

る．おもな対象は，磁性体，誘電体，超伝導物質，巨大磁気抵抗物質，セラミックス，水素化物，酸化物，フラーレン，ナノカーボンチューブ，触媒，燃料電池，電池材料，高分子，タンパク質における原子配置構造の観測，さらに工学機械材料の残留応力の測定などが挙げられる．

研究例；電気自動車では，高エネルギー密度で安全性が高い固体電解質を利用した全固体型リチウム電池が求められてきた．従来，高イオン伝導率を持つ固体電解質が得られず，液体電解質では高いイオン伝導率が得られるものの発火の危険があった．開発された物質（$Li_{10}GeP_2S_{12}$）は室温で 12 mS cm^{-1} と液体電解質以上の高い伝導率を示す．そこで，J-PARC/MLF/BL08（SuperHRPD）[2]を用いて回折データを取得し，構造解析した結果，(Ge, P)S$_4$，LiS$_4$ と LiS$_6$ は 3 次元的なフレームワークを形成していること，c 軸方向にリチウムイオンの伝導経路があると推測されることがわかった（図 3.4.3）[3]．

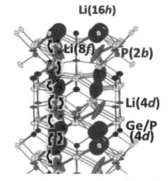

図 3.4.3 固体電解質（$Li_{10}GeP_2S_{12}$）のイオン電導が c 軸方向（矢印の動く方向）に生じることを解明

研究例；安全でクリーンな持続可能エネルギーの供給は 21 世紀の重要な課題の一つであり，水素はそのエネルギーキャリアーの候補として大きく注目されている．自然界に存在するニッケル-鉄ヒドロゲナーゼを模範とし，常温常圧で水素から電子を取り出せる新しい人工モデル触媒が開発された．これまでの水素活性化触媒は高価な貴金属を用いていたのに対し，安価（既存触媒の約 1/4 000）な鉄を使用した系での水素の活性化に初めて成功した（貴金属フリー触媒）．今後の燃料電池用触媒などへの応用が期待される．そこで，J-PARC/MLF/BL03（iBIX）[4]において中性子構造解析用回折データを取得し，水素（重水素）を含む結晶構造を X 線による構造解析と合わせて調べた結果，水素を活性化した後に生成するヒドリドイオン（H$^-$）がニッケルではなく，鉄に結合していることが明らかとなった（図 3.4.4）．この成果により，ニッケル-鉄ヒドロゲナーゼによる水素から電子を取り出すメカニズムの解明と貴金属フリー触媒による水素活性化の研究が飛躍的に前進した[5]．

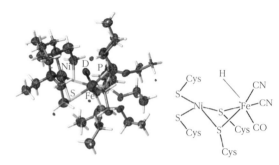

図 3.4.4 ニッケル-鉄ヒドロゲナーゼ人工モデルで，水素（D）出し入れの機構がが初めて確認されたときの分子モデル

b. 小角散乱，反射率実験

タンパク質や高分子などの巨大分子の形状を見るものである．測定手法としては，小角散乱や反射率測定が挙げられる．生命科学，高分子科学，人工格子，人工材料などの最近の物質科学の発展により，利用が急速に伸びている測定分野である．おもな対象は，超伝導物質の磁束格子，磁気半導体，巨大磁気抵抗多層膜，金属やセラミックス中のグレイン構造，フィルム，表面構造，ゾル・ゲル物質，高分子，電気化学物質などのなかのセミマクロスコーピックな構造である．

c. 非弾性散乱実験

物質内部の原子や分子の運動およびそれらの間の相互作用の大きさや状態を調べる実験である．これにより物質の機能に関する基本的知見が得られる．測定手法としては，三軸分光法や非弾性飛行時間法，スピンエコー法などがある．おもな対象は，格子振動，原子振動状態密度，磁気励

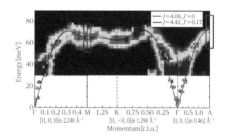

図 3.4.5 マルチフェロイック物質 BiFeO$_3$ で初めて確認されたスピン波の全体像

起，原子拡散運動，化学分光，触媒反応，分子振動，分子回転運動，ミセルやコロイドの運動，タンパク質などの運動状態である．

研究例；誘電性と磁性が構造を通じて結合し，磁気的性質と電気的性質が相互に結び付いている物質はマルチフェロイク物質と呼ばれ，様々な電子デバイスへの応用が期待される．実用に向けて，機能発現の微視的機構解明が必要とされる．そこで，J-PARC/MLF-BL01[6]でマルチフェロイック物質 BiFeO$_3$ の構造，格子振動と磁気励起の関係についての測定を行った結果，磁性原子の微細な磁気構造が明らかにされ，また格子振動の影響を受けて変化する磁気励起の様子が初めて明かされた．これらの実験結果はマル

チフェロイック物質の機能発現の機構の理解に重要な手掛かりを与えた[7].

参考文献
1) 北海道大学　大沼正人教授の好意による.
2) http://j-parc.jp/researcher/MatLife/ja/instrumentation/images/BL08.jpg
3) N. Kamaya, *et al*.: Nature Materials 10 682 (2011).
4) http://j-parc.jp/researcher/MatLife/ja/instrumentation/images/bl03.gif
5) S. Ogo, *et al*.: A Functional [NiFe] Hydrogenase Mimic That Catalyzes Electron and Hydride Transfer from H_2, 339 682 (2013).
6) http://j-parc.jp/researcher/MatLife/ja/instrumentation/images/4seasons.pdf
7) J. Jeong, *et al*.: Phys. Rev. Lett., 108 077202 (2012).

3.5　中性子の産業利用

3.5.1　J-PARC と産業利用

大強度陽子加速器施設（J-PARC）[1]の物質生命科学実験施設（MLF）は，中性子やミュオンをプローブとした固体物質や生命物質の研究を行う利用施設として 2008 年 12 月 23 日から共用を開始した．段階的に出力を上げ，1 MW に到達させる計画である．MLF のパルス中性子源には合計 23 本の中性子実験装置（ここではビームライン（BL））が設置され，中性子の特質を生かした産業界の利用の促進が重要な柱となっている.

3.5.2　中性子源と産業利用実験装置

日本での中性子の産業利用は研究用原子炉 JRR-3 を利用して 1992 年に機械構造物内部の残留応力を測定したのが最初である[2]．その後，中性子の産業利用は残留応力測定に続いて，集合組織，結晶構造解析，析出物構造解析，高分子構造解析，タンパク質構造解析，単結晶ミスオリエンテーション，粉末構造解析，磁性薄膜構造解析など多くの分野に広がってきた.

J-PARC MLF に設置されている，産業界が多く利用する装置は，原子力機構の工学材料回折装置 BL19「匠」と小角散乱装置 BL15「大観」，ならびに茨城県の材料構造解析装置 BL20「iMATERIA」と生命物質構造解析装置 BL03「iBIX」である．BL19「匠」は主として構造物や機械部品の構造信頼性にかかわる残留応力を測定するものである．茨城県の iMATERIA は基本的には粉末構造回折装置であるが，検出器が広い範囲に置かれており，多様な使い方が可能である．J-PARC MLF の中性子パルスピーク強度は研究用原子炉である JRR-3 の約 100 倍であるが，積分強度は JRR-3 よりも若干低い．したがって，測定目的に合わせた施設の選択や，相補的な利用が重要である.

3.5.3　中性子の特徴

プローブとしての中性子の特徴を以下にまとめておく.

a.　高い「透過力」
電荷を持たない中性粒子なので物質を通り抜けやすく，壊さずに物質の内部の様子を見ることができる.

b.　原子核と力を及ぼし合う「核散乱」
原子核と相互作用するので軽元素の検出や同位体の区別ができる．水素 H と重水素 D の区別や，原子番号の近い Fe や Ni の区別はもちろんのこと，同じ Fe でも同位体の区別ができる.

c.　電子の磁気モーメントと力を及ぼし合う「磁気散乱」
中性子は核子のサイズで磁気モーメントを有するので最小の磁石といえる．この特性を利用すれば，磁気を有する物質による回折を観測することで結晶構造のみならず磁気構造も解析できる.

d.　波の干渉効果として波紋をつくる「回折」
中性子は波の性質も有するので入射波が原子により散乱されて波紋をつくる．この波紋を観察することにより，波長の大きさ程度の原子の配列が X 線回折と同様に測定できる.

e.　エネルギーをやり取りする「非弾性散乱」
原子の運動エネルギーと同程度のエネルギーを有する中性子を使用するので原子の動きを観察することができる.

このような特徴を生かして，これまでは，中性子は主として物性物理や基礎化学の学術的研究に利用されてきた.

3.5.4　産業界の利用分野と測定方法

近年，中性子の産業利用は大きく広がってきた．表 3.5.1 に産業における中性子の適用対象と測定方法を示す．非常に幅広い産業分野の様々な製品に各種の中性子実験技術が利用できることがわかる．ちなみに，発電プラントや建設機械においては，構造部材における溶接部の残留応力測定の利用が見込まれ，また，コンクリート構造物ではラジオグラフィによる透過検査の利用が見込まれる．今後の利用展開に期待がかかる.

3.5.5　J-PARC 中性子の利用課題

J-PARC MLF では供用開始以降，利用課題募集とビームの利用実験を実施してきた．図 3.5.1 に 2014 年度までに採択された実験課題を産業界，大学，海外，研究機関など，機関別の推移を示す．ここで研究機関とは，原子力機構と KEK を除く独立行政法人などを指している．大学と産業界の利用が順調に伸びている．特に大学の利用が中性子の出力上昇とともに大きく伸びている．この 2 年は産業界の利用割合が相対的に減少傾向にあるが，全体のなかで 30 % 程度を占めており J-PARC 中性子の特徴といえる.

図 3.5.2 の左図には課題選択数に占める利用機関の割合を示す．大学が 38.8 % と最も多いが，産業界も 29.4 % となっている．世界最先端の研究施設である J-PARC MLF

表 3.5.1 産業における中性子利用分野と方法

産業分野	適用対象	適用技術
電機・電器	MRAM，光磁気ディスク磁気記録ヘッド，液晶	粉末回折，偏極回折反射率計
化学・繊維	ディスプレイ用機能性薄膜高分子，触媒，機能性プラスチック，ゴム，半導体素材，高張力繊維	反射率計，小角散乱，粉末回折，ドーピング
鉄鋼・金属	超高張力鋼，燃料電池用水素貯蔵容器，Ti・Al合金，磁石	小角散乱，偏極回折残留応力，集合組織
自動車自動車部品	エンジン，車体，Liイオン電池，燃料電池，自動車部品	残留応力，集合組織，粉末回折
重工・機械	発電プラント，建築機械	残留応力，集合組織
電力・ガス	発電プラント，燃料電池	残留応力，集合組織，粉末回折
建築・土木	コンクリート構造，橋梁	ラジオグラフィ
製薬・食品化粧品	薬品，機能性食品，機能性化粧品	単結晶構造解析，粉末回折

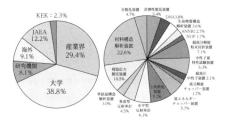

図 3.5.2 採択課題の利用機関と利用装置

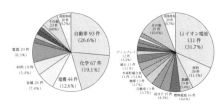

図 3.5.3 申請者の産業分野と利用課題

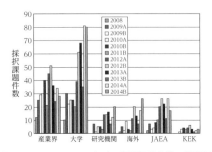

図 3.5.1 J-PARC MLFにおける課題採択件数の機関別推移

が利用に供されてから6年が経過したにすぎないが，産業利用が当初目標の20〜30％をほぼ達成していることは驚異的であるといえる．これは，中性子の産業利用促進のために茨城県中性子利用促進研究会[3]や中性子産業利用推進協議会[4]が行っている研究会活動や，全国各地で開催している産業応用セミナー，ならびに企業向けセミナー，いわゆる出前講座などの効果であると考えられる．

図 3.5.2 の右図には実験装置の利用割合を示す．粉末構造解析装置である iMATERIA の利用割合が 22.4％と圧倒的に高い．これは材料開発においては，まずは，結晶構造解析が必須であることを反映している．次いで多いのは，BL19「匠」の残留応力測定装置である．溶接や加工によって形成される残留応力が構造物や機械部品の信頼性に深くかかわるためである．

産業利用課題の申請者の産業分野と利用課題を図 3.5.3 に示す．

図 3.5.3 の左図には産業利用の課題申請者の分類を示す．自動車が 1/4 以上と最も多いが，化学，金属，電機など幅広い業種が利用していることがわかる．図 3.5.3 の右図には利用分野の分類を示す．iMATERIA の採択課題の

うち，半数以上が Li イオン電池材料関係であることを反映して，J-PARC MLF 全体でも，Li 電池が 30％を超えて圧倒的に多い．利用者は電池素材メーカーから，電池，電機，電器，自動車メーカーなど多岐にわたっている．Li イオン電池はハイブリッド自動車や電気自動車への需要が急速に拡大しており，市場規模が数年内に3兆円にも達すると予想されている．素材メーカーから組み立てメーカーまで，関連メーカーが世界的市場競争のなかで勝ち残るために，大電流，大容量，かつ小型で耐久性の高い電池に繋がる材料の開発に取り組んでいる証であると考えられる．

3.5.6 利用の仕組みと今後の展開

我が国の産業界における技術革新のスピードは速い．課題の実施については，特に即時性が要求される．J-PARC の課題は，広い利用者に公平な機会を設けるために年2回の公募を基本としているが，産業界からの強い要望に対応するために，申請から実施までの時間を短くする随時課題受付制度が，茨城県の iMATERIA においてはすでに実施されている．今後，J-PARC の他の BL や JRR-3 などでも枠組みの構築は重要となるであろう．また，中性子利用になじみのない産業界の分野への利用を促進するトライアルユースのプログラムの充実は，今後の重要な施策である．

今後もますます中性子の産業利用は拡大し，近い将来にその成果が製品に生かされると期待される．

参考文献

1) http://www.j-parc.jp/参照
2) 林眞琴，ほか：中性子回折による炭素鋼配管突合せ溶接継手の残留応力 45 772 (1996).
3) http://www.sf21-ibaraki.jp/index.html
4) http://www.j-neutron.com/

3.6 ミュオン

3.6.1 ミュオンの生成と利用分野

J-PARC MLF ではパルス中性子とともにミュオンビームを利用できることに特徴がある．ミュオン実験施設（MUSE）では，陽子が標的と反応し生成する π 中間子が崩壊し，ミュオンが放出される．このミュオンをビームとして取り出し，物性材料研究，ミュオン触媒核融合などの先端的な研究をはじめとして，素粒子物理学，原子核物理学，原子分子物理などの基礎的研究，化学，生物学，医学への応用と幅広い学際領域にわたる科学研究が展開することが期待されている．

3.6.2 正ミュオン（スピン探針）

低速（表面）ミュオンや高速（崩壊）ミュオンビームは，100 ％ スピン偏極している．ミュオンは物質中で，100 万分の 2 s で崩壊し，スピンの方向に選択的に，陽電子（μ^+ の場合）または電子（μ^- の場合）を放出する．ミュオンのスピンは，止まった場所の微視的な磁場を感じて，ラーモア歳差運動を始める．磁場によってスピンの向きが回転する振る舞いは，スピンの向きに非対称に放出される電子/陽電子の時間発展を測定から観測できる．これが「原子スケールの方位磁石」の性質を利用した μSR 法の原理であり，ミュオン局所磁場とそのゆらぎを研究するための鋭敏なプローブとなる．1 ボーア磁子の常磁性スピンのゆらぎを観測する典型的な時間スケールは 10^{-9} ～10^{-5} s 程度です．中性子散乱（$<10^{-9}$ s）と NMR（$>10^{-5}$ s）の間に位置し，それらに補完的でユニークな時間スケールの情報を得る微視的プローブとして，μSR 法は磁性，高温超伝導，臨界現象におけるゆらぎなど，様々な研究分野に応用されてきた[1]．J-PARC では，パルス状の大強度ミュオン（25 Hz）が特徴であり，他施設では難しいゆっくりとした緩和や，より微少な磁場の観測，さらには微少な試料での短時間実験を可能にしている．

3.6.3 正ミュオン（水素の同位体プローブ）

正ミュオンは物質のなかで，正ミュオンが電子と結合したミュオニウム（μ^+e^-；記号 Mu）を形成することがある．Mu は，ボーア半径もイオン化ポテンシャルも水素原子とほとんど変わらない．これは正ミュオンの質量が陽子の 9 分の 1 であるが換算質量がほとんど変わらないことによる．水素の軽い同位体といえる Mu の物質中での挙動の観測は，孤立した水素のダイナミクス情報を与える．半導体試料中に含まれる水素不純物の電子状態の研究が，代表的な例である．ZnO や GaN などのⅢ-ⅤおよびⅡ-Ⅵ半導体で，浅い準位の水素が n 型電導の起源であることを，初めてミュオンの研究で明らかになった[2]．ミュオン実験によって ZnO 中では，20 倍以上ボーア半径の大きな（=

浅い準位の）Mu が存在することを観測されている．

3.6.4 負ミュオンによる研究（非破壊分析法として）

負の電荷を持つ μ^- は，電子より 200 倍も重く，原子に捕獲・束縛される過程で，電子系の 200 倍もの高いエネルギーの特性 X 線を放出する．この特性 X 線は高エネルギーゆえに透過力が高く，物質中深部の情報を得ることができる．本手法の第 1 の特徴は，軽い元素から重い元素に至るまで，非破壊で同時に調べることができるという点である．物質内部の 3 次元的元素分析ができることが第 2 の特徴である．μ^- の入射エネルギーを調節することによって，深さ方向の元素の分布が得られる．ミュオン原子 X 線法の分析手法の有用性を示す実証実験として，MUSE で行われた，天保小判や青銅銭の非破壊元素分析の試験研究[3]などがある．また，隕石や，考古学上壊せない貴重な遺物の非破壊元素分析の実験も行われている．

3.6.5 超低速ミュオン（表面・界面スピンプローブ）

超低速 μ^+ は，深さ 1 nm のごく表面近傍から深さ 200～300 nm に至る物質内部（バルク）まで，任意の深さに打ち込むことができる．表面近傍から内部まで電子状態を連続的に観測できるスピンプローブとして，表面近傍の磁性や，超伝導体の磁場侵入長などを調べることができる．しかも，スピン方向をスピンローータで任意の向きに揃えることが可能で，スピントロニクス研究への貢献が期待されている[4]．

3.6.6 超低速ミュオン（微少試料のプローブ）

超低速 μ^+ は元々，2 000 ℃（＝0.2 eV）のタングステンから蒸発してくる熱エネルギーの Mu から得られるので，横方向のエネルギーが 0.2 eV でしかなく，エミッタンスが極めて小さい．このため，ビームサイズも，30 kV の加速では，ϕ2 mm，10 MV の加速では，ϕ 数 μm くらいまでは絞ることができる．したがって，これまで難しかったマイクログラム程度の微小単結晶試料の測定や，さらには試料をピンポイントで観察する顕微鏡的な使い方もできると期待されている．

参考文献

1) A. Schenck : "Muon Spin Rotation Spectroscopy" Adam Hilger Press. (1985).
2) K. Shimomura, *et al.* : Phys. Rev. Lett. 92 135505（2004）.
3) K. Ninomiya, *et al.* : Bull. Chem. Soc. Jpn. 85 2 228（2012）.
4) 三宅康博，ほか：固体物理 44 11 855（139）（2009）.

3.7 陽電子

3.7.1 陽電子を用いた物質研究

陽電子は最もよく知られ，最もよく使われている反粒子である．陽電子放出断層撮影（Positron Emission Tomography：PET）法を通して，市民生活とも関係が深くなっている．

放射性同位体の β 崩壊では電子（β 線）が放出されるが，陽電子を放出する放射性同位体もある．その崩壊を β^+ 崩壊と呼び，放出される陽電子を β^+ 線という．PET に用いられる ^{18}F や物質研究に用いられる ^{22}Na などが，よく知られた β^+ 崩壊をする放射性同位体である．

陽電子は電子の反粒子なので，電子と出合うとただちに消滅すると考えられがちであるが，そうではない．対消滅は，物質中の電子と陽電子の相互作用のなかでは最も起こりにくい過程の一つである．そのため，物質中に入射された陽電子は ps 程度のうちに何度も電子を励起してエネルギーを失い，物質との熱平衡に達してから電子と対消滅する．このように，消滅する陽電子は基底状態にあるので，対消滅で生じる γ 線は，電子の状態を反映したものになる[1-3]．ここに，陽電子消滅による電子状態研究の基盤がある．対消滅ではほとんどの場合 2 本の γ 線が生じるが，それらは互いにほとんど正反対方向に放出される．それらを試料から離れた位置に置かれた 2 台の位置敏感 γ 線検出器で同時計測して，正反対方向からの 1° に満たない角度のずれを測定すると（2 光子角相関法），対消滅する前の電子の運動量分布がわかる．γ 線のドップラー拡がりを測定しても（ドップラー拡がり法），電子の運動量分布がわかる．

試料中に原子空孔型欠陥があると，熱化した陽電子は，拡散運動（1 個の粒子の運動でもランダムな運動を拡散運動と呼ぶ）をしてその欠陥にトラップされやすい．原子空孔に電子しか存在しないので，実効的に負に帯電しているため，正の電荷を持つ陽電子を引き付ける．欠陥内の電子状態はバルクの部分と異なるので運動量分布も異なる．また，電子密度が低いために陽電子寿命が長くなる．これらのことを利用して，格子欠陥の生成エネルギーなどを測定することができる．

絶縁体では，陽電子が電子と水素原子様の束縛状態であるポジトロニウム（Ps）を形成してから消滅することもある．Ps の寿命を測定すると，小さな単原子空孔から，機能性材料の 10 nm を超える大きさの空孔までのサイズの評価が可能である．

陽電子や Ps の寿命を測定するときは，β^+ 線源としては ^{22}Na を用いる．この同位元素は，陽電子を出すと同時に 1.27 MeV の γ 線を放出するので，これを用いて陽電子が生まれた時刻を知ることができるからである．

3.7.2 陽電子放出断層撮影（PET）

2 光子角相関法では，検出器を試料から遠く離して小さな角度を精密に測定するが，位置敏感 γ 線検出器の間隔を近づけて同時計測すると，小さな角度の影響が無視できるので，検出位置を結んだ直線上で陽電子が消滅したことを知ることができる．この情報を多数集めて線源の位置を決めるのが，陽電子放出断層撮影（PET）である．例えば，^{18}F でラベルしたブドウ糖の一種であるフルオロデオキシグルコース（FDG）をがん患者の静脈に注射すると，盛んな細胞分裂のためにブドウ糖を消費しているがんの部位に集積し，その位置で ^{18}F から放出された陽電子が 2γ 対消滅をする．ブドウ糖は活発に働いている脳の部位でも集中的に消費されるので，PET はまた，脳の機能の研究や植物の生理学的研究にも使われている．

3.7.3 低速陽電子ビーム

以上は，β^+ 線をそのまま用いるいわゆる伝統的な陽電子消滅法である．この方法は，陽電子エネルギーが高いので，表面や界面，薄膜の評価には向いていない．しかし，低速陽電子ビームにして，望むエネルギーに加速して用いれば，試料の深さ方向の評価や，表面，界面，薄膜の評価にも使うことができる．具体的には，β^+ 線を Ni や W など陽電子の仕事関数が負の金属に入射し，熱化した後に表面から自発的に出てくる陽電子を使って，エネルギー可変単色陽電子ビーム（低速陽電子ビーム）として使う[4,5]．陽電子仕事関数は同じ金属でも表面の結晶方位によって異なるが，Ni でほぼ 1 eV，W でほぼ 3 eV である．β^+ 線のスピン偏極は，この手法で低速化しても保たれることが知られている．

Surko トラップとも呼ばれるトラップ型装置[6]は，β^+ 線を気体分子との衝突で熱化させながらため込み，高密度の陽電子パルスを生成する．この装置を用いて多孔質のシリカのなかに高密度の Ps をつくり，反応させて Ps_2 分子が生成されている[7]．

3.7.4 高強度の低速陽電子ビーム

β^+ 線からつくった低速陽電子ビームは，大学などの放射性同位元素の使用許可を得た施設や実験室で使える利点があるが，強度に限界がある．一方，高強度の低速陽電子ビームは，加速器や原子炉を利用して高エネルギー光子から電子・陽電子対生成によってつくられる[8]．加速器でスピン偏極陽電子を得るには，偏極レーザービームを用いたレーザーコンプトン過程による偏極 X 線から陽電子を得る方法や，偏極レーザーを用いたフォトカソード・リニアックでつくられたスピン偏極電子ビームからの制動輻射の電子陽電子対生成を用いる方法とがある．

また，W 表面にアルカリ金属を蒸着すると Ps 負イオンが高効率で生成することを見出されているが[9]，それを加速後にレーザーで光脱離し，中性のエネルギー可変 Ps ビ

ームをつくる研究も行われている.

3.7.5 陽電子プローブ・マイクロビームによる表面付近の格子欠陥解析

低速陽電子ビームによる基本的な測定法としては、消滅γ線のドップラー拡がり法あるいは同時計測ドップラー拡がり法[10]を用いる.

これをさらに、輝度増強(9.16.1項参照)した後に短パルス化やマイクロビーム化することで、可能性が広がる.短パルス化すれば、効率のよい、しかも低バックグラウンドの陽電子寿命測定が可能である.さらにマイクロビーム化すれば、入射エネルギーを調節して深さを選び、表面に平行に走査することで、3次元的な格子欠陥分布の測定が可能になる.この陽電子プローブマイクロアナライザ(PPMA)については、14.6節を参照されたい.

3.7.6 陽電子回折による物質表面の構造解析

電子線を用いた表面構造解析法に、RHEED と LEED があるが、このそれぞれにおいて電子を陽電子に置き換えた手法が、全反射高速陽電子回折(Total-Reflection High-Energy Positron Diffraction:TRHEPD)と低速陽電子回折(Low Energy Positron Diffraction:LEPD)である.TRHEPD は 1992 年に一宮綾彦によって提唱され[11]、河裾厚男・岡田漱平による最初のデータが 1998 年に発表された[12]日本発の手法である.当初は RHEPD(Reflection High-Energy Positron Diffraction)と呼ばれていたが、その後 TRHEPD と改称された.TRHEPD の典型的な回折測定範囲は視射角(入射陽電子と表面の間の角度)が 0.5〜6°である.すべての固体では結晶の静電ポテンシャルが正であるため、視射角が臨界角(θc)以下の範囲、すなわち 0.5〜θc で全反射が起きる.通常の条件では θc は 2〜3°なので、測定範囲の 2 分の 1 から 3 分の 1 が全反射領域であるといえる.このことは他の量子ビーム回折にはない、際立った特徴である.全反射条件下で測定した回折データからは、結晶最表面の原子配列に特化した情報が得られる[12].それだけではなく、臨界角を超えて視射角を増していった測定で、最表面のすぐ下から順に内部の情報も含まれたデータが得られる.特筆すべきことは、視射角で決まる深さより内側のバルクからのバックグラウンド情報が全く含まれないことである[13].これらの特長を生かして、Ag(111)面上のシリセンの構造決定[14]などの成果が挙がっている.

500 eV 以下のエネルギーの陽電子を利用する LEPD は、おもに米国で、^{22}Na を線源とするビームで測定が行われてきた[15].様々な理由から、LEPD は LEED より表面構造解析に有利である[16].TRHEPD と違って、LEED と LEPD では、入射粒子のエネルギーが低いので、交換相互作用の有無が効いてくる.陽電子は物質を構成している電子との交換相互作用がないので理論が簡単になる.また、電子は原子核の正の電荷によって内殻にまで引き込まれるが、陽電子はむしろ反発を受けておもに外殻の電子としか相互作用しない.これも理論と実験の比較を簡単にする.さらに、陽電子のほうが非弾性散乱の断面積が大きい.これは、電子にはフェルミ面があるために、非弾性散乱の終状態としてフェルミ面内部が排除されるのに対し、陽電子は試料中には同時にたかだか 1 個しか存在しないために、すべての状態が終状態になり得るからである.回折パターンは非弾性散乱せずに結晶外に戻ってきた粒子の干渉で構成されるので、非弾性散乱の断面積が大きければ、相対的に表面感度が高くなる.すでに ^{22}Na を線源とするビームを用いた測定でも、LEPD の I-V 曲線(特定の回折スポット強度の入射エネルギー依存性)の R 因子(理論と実験の一致のよさを表すパラメータ)が LEED よりも小さいことが知られている(小さいほど一致がよいことを表す).

3.7.7 ポジトロニウム飛行時間法(Ps-TOF)

10 ns 以下の幅の陽電子パルスを用いれば表面から真空中に放出された Ps の飛行時間法によるエネルギー分布測定が可能である.Ps には、スピン 3 重項(合成スピン量子数が 1 の状態)オルソポジトロニウム(o-Ps)と、1 重項(合成スピン量子数が 0 の状態)のパラポジトロニウム(p-Ps)がある.前者は真空中では寿命約 142 ns で 3γ に消滅し、後者は 125 ps で 2γ に消滅する.Ps-TOF では、寿命の長い o-Ps の飛行時間からエネルギーを測定する.

絶縁体中の Ps は固体内部で生成して放出されるものと固体表面で生成して放出されるものとがある.そのような 2 成分を持つものと 1 成分のものがあるが、理由は解明されていない.

金属の場合は内部では Ps が生成しないため、放出された Ps は表面で生成したものであることが保障されている.最近、W にアルカリ金属を蒸着すると、Ps および Ps⁻ の生成効率が大幅に高くなることが見出された.これを解析することで、表面 2 次元電子系と陽電子の相互作用についての知見が得られると期待されている.

3.7.8 陽電子オージェ電子分光

原子の内殻電子が外から入射した粒子によってイオン化されたとき、X 線が放出される代わりに、外側の軌道の電子が外に放出されるオージェ過程は陽電子でも生じる.

入射粒子に陽電子を用いると、その他に陽電子に特徴的な陽電子消滅誘起オージェ過程[17]も起きる.オージェ電子は原子に特徴的なエネルギーを持っているので、表面に存在する原子の種類がわかるが、通常のオージェ電子分析では、高エネルギーの粒子や X 線を入射するため、散乱電子(二次電子)がバックグラウンドになる.しかし、陽電子消滅誘起オージェ分光法では、二次電子が生じないほどの低エネルギーで入射し、陽電子が内殻電子と対消滅して生じた内殻電子空孔によるオージェ電子を観測するので、

バックグラウンドが極端に低い測定が可能である．この手法は，酸素など，陽電子に対する親和度が高い原子に対する感度が極めて高い．このため，他の手法で検出限界以下の濃度の表面吸着原子まで検出できる．しかし，定量化が課題として残っており，現在のところ定量的な測定は，同一試料の条件を変えたときの吸着量の相対変化測定に限られる．

3.7.9 スピン偏極低速陽電子ビームの利用

スピン偏極した低速陽電子ビームは，これからのスピントロニクスにおいて重要性が増すと考えられる固体表面のスピン状態の解析に威力を発揮するものと期待されている．スピン偏極陽電子を物質中に低エネルギーで入射すると，表面で Ps が生成する．表面電子のスピンが偏極していなければ，o-Ps と p-Ps が 3：1 で生じる．表面がスピン偏極していると，この割合が変化するので，それから偏極の程度を知ることができる[18]．金属中では Ps は生成しない．陽電子-電子間のクーロン引力が伝導電子で遮蔽されるからである．しかし，熱化して表面まで戻ってきた陽電子は，表面で電子と結合して Ps をつくる．このため，Ps を通じた計測は金属最表面の情報をもたらすことが保証されている．

3.7.10 大型施設の状況

KEK 物質構造科学研究所 低速陽電子実験施設では，55 MeV リニアックを 600 W で運転して $5 \times 10^7/s$ の低速陽電子を生成している[19]．産業技術総合研究所の低速陽電子ビームも生成時の強度は同程度である．ドイツのヘルムホルツセンター・ドレスデン-ロッセンドルフでは，超伝導リニアックを使って陽電子を生成している[20]．原子炉を用いた低速陽電子生成では，ミュンヘン工科大学の NEPO-MUC-II[21]で世界最高強度，$3 \times 10^9/s$ を達成している．ベルギーのデルフト工科大学でも使われている他，京都大学原子炉実験所，カナダのマックマスター大学，米国のノースカロライナ大学などの原子炉で開発が進んでいる．

参考文献

1) W. Brandt, A. Dupasquier, eds.: Proceedings of the International School of Physics "Enrico Fermi" **83** North Holland（1983）.
2) A. Dupasquier, A. P. Mills, Jr., eds.: Proceedings of the International School of Physics "Enrico Fermi" **125** IOS Press（1995）.
3) 兵頭俊夫，長嶋泰之：「陽電子プローブ（I）白色陽電子の利用」固体物理 **43** 63（2008），同：「陽電子プローブ（II）ポジトロニウム・低速陽電子ビーム」固体物理 **43** 185（2008）.
4) P. Mills, Jr.: Proceedings of the International School of Physics "Enrico Fermi" **83** 432（1983）.
5) P. J. Shcultz, K.G. Lynn: Rev. Mod. Phys. **60** 701（1988）.
6) R. G. Greaves, et al.: Appl. Surf. Sci. **194** 56（2002）.
7) D. B. Cassidy, A. P. Mills, Jr.: Nature **449** 195（2007）.
8) R. Howell, et al.: Mucl. Instrum. Meth. Phys. Res. B **10/11** 373（1985）.
9) 長嶋泰之・満汐孝治：日本物理学会誌 **67** 333（2012）
10) 永井康介・長谷川雅幸：日本物理学会誌 **60** 842（2005）.
11) A. Ichimiya: Solid State Phenom. **28/29** 143（1992）.
12) A. Kawasuso, S. Okada: Phys. Rev. Lett. **81** 2695（1998）.
13) Y. Fukaya, et al.: Appl. Phys. Express. **7** 056601（2014）.
14) Y. Fukaya, et al.: Phys. Rev. B **88** 205413（2013）.
15) C. B. Duke: Proceedings of the International School of Physics "Enrico Fermi" **125** 317（1995）.
16) S. Y. Tong: Surf. Sci. L**432** 457（2000）.
17) T. Ohdaira, et al.: Appl. Surf. Sci. **100/101** 73（1996）.
18) H. J. Zhang, et al.: Sci. Rep. **4** 4844（2014）.
19) K. Wada, et al.: Eur. Phy. J. D **66** 37（2012）.
20) R. Krause-Rehberg, et al.: J. Phys.: Conf. Ser. **262** 012003（2011）.
21) C. Hugenschmidt, et al.: New J. Phys. **14** 0055027（2012）.

3.8 物性物理学

3.8.1 物性物理と量子ビーム

我々が身の回りで体験する（利用する）物質は，様々な性質により分類される．電気を通す/通さない物質，誘電性を持つ/持たない物質，磁石に付く/付かない物質，光を通す/通さない物質，超伝導になる/ならないなどの性質を「物性」と呼ぶ．しかしこの様々な物性は，我々が多くの場合，物質を構成する莫大な数（～10^{23}）の原子の素過程の総和しか知覚できないために，すべてを「平均化」してしまうマクロ（巨視的）な物性と呼ばれる．これらのマクロな物性の起源を，ミクロなレベルの原子・分子のかたちや配置（結晶構造），電子の運動（電子構造）から解明するのが物質科学のなかで物性物理学と呼ばれる研究分野である．このミクロなレベルの原子の集まりの様子や振る舞いは量子力学により支配されるので，その量子状態の様々な観点からの高精度の観測が物性の本質の理解に不可欠である．

近年加速器技術の進展に伴い，様々な粒子加速器を基盤とする量子ビームの発生源が開発されている．「量子ビーム」とは粒子や光子の流れであって，作用する対象の量子状態と（その粒子や光子に特徴的な）相互作用をする．またその量子状態の変化に応じて，流れやそれ自身の量子状態が変化する．この入射「量子ビーム」を高い精度で制御することにより，作用する対象の量子状態を極めて高い制御性を持って変化させることができるとともに，相互作用後の流れや量子状態を高精度で観測することにより，作用する対象の量子状態の高精度な観測を可能にする．したがって加速器などにより発生される様々な量子ビームの相補的，あるいは複合的利用は近年の物性物理研究に欠かせない手段になっている．

ここでは，中性子に特徴的な核相互作用および磁気相互

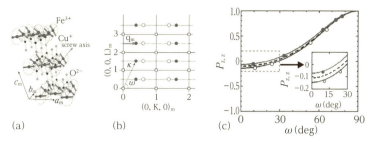

図 3.8.1 (a) スピンスクリュー構造；(b) 散乱面内の逆格子空間のスピンスクリュー構造由来の$(0,K,L)_m \pm (0,q_m,0)$磁気ピークの位置（● $(0,K,L)_m \pm (0,q_m,0)$；$K=2n$，○ $(0,K,L)_m \pm (0,q_m,0)$；$K=2n+1$）；(c) 散乱面に垂直なz方向に偏極された中性子の散乱後のz方向の偏極度（$P_{z,z}$）の回転角度ω依存性．すべてのスピンスクリュー構造が等価である場合には，$K=2n$と$K=2n+1$の磁気ピークは同等で$P_{z,z}$は破線の計算値の破線の上に乗るはずである．実験結果は，$K=2n$と$K=2n+1$の磁気ピークの偏極度が異なる依存性（− $(0,K,L)_m \pm (0,q_m,0)$；$K=2n$，− $(0,K,L)_m \pm (0,q_m,0)$；$K=2n+1$）を示し，2種類の不等化なスピンスクリュー構造の存在を示す．

作用による散乱により，どのような情報が得られるかを概観して，最近の物性物理学のトピックスにおける中性子と他の量子ビームとの相補利用例を紹介する．

3.8.2 中性子による物性物理トピックス

電荷を持たない中性子は，原子の中心の原子核と相互作用し散乱される（核散乱）．また，中性子はスピン量子数$1/2$の磁気モーメントを持つので，原子の電子雲の一部の電子が磁気モーメントを持つ場合には双極子相互作用し散乱される（磁気散乱）．

ある特定の波数ベクトル（特定な入射方向とエネルギー）を持つ中性子ビームが原子の集団である物質によりある空間立体角方向（$d\Omega$）にあるエネルギー範囲（dE'）に散乱される現象を記述する二次微分散乱断面積 $\left(\dfrac{d^2\sigma}{d\Omega dE'}\right)$ は，この核システム（格子）および電子磁気モーメントシステム（スピン）の時間に依存する対相関数（厳密には空間と時間に対してフーリエ変換した対相関数）として表現できる．よって中性子散乱により物質の格子とスピンのミクロな静的および動的相関を同時に観ることができる．またスピンを偏極させた中性子（偏極中性子）を利用して，散乱断面積の偏極依存性や散乱の際の偏極度の変化を観測すると，核散乱と磁気散乱の判別や電子磁気モーメントの向きや，カイラリティーに関する詳細な情報が得られる[1]．

これらの静的および動的相関の情報はこれまで反強磁性秩序の検証，量子化された格子振動（フォノン）やスピンゆらぎ（マグノン）の検証，二次相転移と臨界散乱の研究，構造相転移に伴う特定の格子振動のソフト化（ソフトフォノン），低次元磁性系における非線形励起や量子励起状態の検証，銅酸化物高温超伝導体における反強磁性相関やストライプ相の検証などにより物性物理学研究の進展に大きく貢献をしてきた．特に中性子が得意とする静的スピン構造および動的スピンゆらぎの検証は最近の物性物理学で話題となっている量子スピン系，強相関電子系，マルチフェロイックス系，フラストレート・スピン系などの研究のなかで重要な役割を果たしている．中性子散乱装置としては従来，研究用原子炉の定常中性子源に設置された装置が主であったが，最近のJ-PARCのような大強度陽子加速器の技術革新に伴い，パルス中性子源の特性を活用する装置との効率的相補利用体制の構築が進んでいる．

以下に最近のマルチフェロイックス系と量子スピン系に関する研究例を紹介して，先端物性物理研究における定常中性子ビームとパルス中性子ビームの相補性および他の量子ビームとの複合利用の重要性を示す．

a. マルチフェロイックス系の研究例

磁性と誘電性の結合効果である電気磁気効果の歴史は古いが，21世紀に入って木村らによる$RMnO_3$における特異な電気磁気結合現象の発見[2]が発端となり，非自明な磁気秩序構造が出現して，この秩序自体が反転対称性を同時に破り，電気分極の発現を誘起する磁気強誘電性が精力的に研究されている[3]．非自明な磁気構造はスピン間の交換相互作用にフラストレーション（競合）が生じる結果現れるもので，格子非整合な「らせん型」の複雑なスピン構造である．よってこの新規な電気磁気効果のミクロ理解には（本来の対称性を破る）複雑な磁気秩序および極小の格子変位の観察が不可欠であり，一般的な構造解析で一義的に決定するのは非常に困難である．ここで取り上げる$CuFe_{1-x}Ga_xO_2$は三角格子反強磁性物質でFeのスピンがb_m方向にスクリュー構造（図 3.8.1(a)）を形成すると同時に同方向に電気分極の発現が発見され[4]，スピン相互作用を含む金属-リガンド混成の変化に起因する新規な電気磁気結合現象として有馬により理論的に説明された[5]．しかしその後の研究により同時にb_m軸に垂直な方向へも有限な電気分極を示すことが明らかになり，そのミクロな理解が求められた．定常中性子ビームを活用した3次元偏極解析（Neutron Polarimetry）を利用した精密なスクリュー構造由来の$(0,K,L)_m \pm (0,q_m,0)$磁気ピーク偏極度解析（図 3.8.1(b), (c)）により磁気構造が，さらに放射光磁気共鳴散乱解析により格子変位の詳細が明らかになり，この電気磁気結合全容のミクロ理解が得られた[6]．

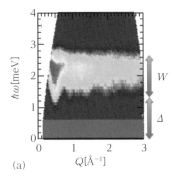
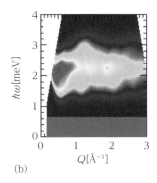

図 3.8.2 (a) (CuCl)LaNb$_2$O$_7$ 粉末試料の非弾性散乱スペクトル；(b) 4 次近接 Cu イオンのスピン二量体形成による粉末平均した励起状態の計算結果. Δ：エネルギーギャップ；W：分散幅

b. 量子スピン系の研究例

量子スピン系では古典的なスピン系において，絶対零度で存在する長距離秩序を示す基底状態が量子揺らぎ（量子効果）により抑制され，新規な基底状態が出現する．2 次元正方格子系の (CuCl)LaNb$_2$O$_7$ は，$S=1/2$ を持つ Cu イオン間の相互作用の幾何学的競合により，絶対零度においても磁気的長距離秩序を示さない非磁性基底状態を持つことが帯磁率やミュオン緩和測定から明らかになった．また (Nb,Ta) の置換によりこの基底状態が磁気的秩序状態に移行することから，量子相転移現象の研究対象として注目を浴びている．この大型単結晶の作成不可能な物質の基底状態のミクロな本質を理解するために，パルス中性子ビームを活用した粉末試料飛行時間分解非弾性散乱実験が行われた（図 3.8.2(a)）[7]．エネルギー遷移 2.2 meV の周辺に全波数 Q 領域にわたりエネルギーギャップ Δ，±1 meV 程度の分散幅 W および内部構造を持つ励起が明瞭に観測されている．図 3.8.2(b) に比較的離れた（4 次近接）Cu のスピン二量体形成による励起状態の計算結果が示してあり，測定結果を非常によく再現しているのがわかる．この結果から，この系の基底状態がスピン二量体による非磁性ダイマー状態で，そのトリプレット励起が二量体間の相互作用により伝搬していると理解できる．このような粉末試料磁気非弾性散乱の実験データと理論計算の詳細な比較が可能になったのは，J-PARC MLF などの大強度パルス中性子源の特性を最大限利用して広い運動量・エネルギー空間をカバーする飛行時間分解非弾性散乱実験法および装置の開発による．

また磁気秩序を示す (CuCl)LaTa$_2$O$_7$ の中性子磁気励起測定と，ミュオンビームを利用したミュオン緩和測定による (Nb,Ta) の置換系の磁気秩序体積率などの測定結果[8]との総合的解釈により，(Nb, Ta) の置換がおもにダイマー間の相互作用の変化により 3 次元長距離秩序を誘起するもので，2 次元正方格子 J_1/J_2 のフラストレーション解消による量子相転移とは異なることを示唆していると思われる．

この二つの研究例が示すように，これからの新物質創成に伴う物性物理研究には定常およびパルス中性子を含めた複合的量子ビーム利用に向けての先端的技術開発が不可欠であり，それらを可能にする加速器と量子ビーム源のさらなる進展に期待がかかる．

参考文献

1) 加倉井具久, 遠藤康夫：固体物理 40 239 (2005).
2) T. Kimura, et al.: Nature 426 55 (2003).
3) N. Nagaosa, Y. Tokura: BUTSURI. 64 413 (2009).
4) T. Kimura, et al.: Phys. Rev. B 73 220401 (R) (2006).
5) T. Arima: J. Phys. Soc. Jpn. 76 073702 (2007).
6) C. Kaneko, et al.: Phys. Rev. B 90 085109 (2014).
7) S. Ohira-Kawamura, et al.: J. Phys.: Conf. Series. 320 012037 (2011).
8) Y. J. Uemura, et al.: Phys. Rev. B 80 174408 (2009).

3.9 生物・医学

生命科学・医学領域における中性子の利用は，大きく二つに大別できる．一つは中性子による軽元素（水素原子など）の高い検出能による，生体構成分子から組織レベルにわたる構造の観測，もう一つは中性子の直接作用による医学的治療への応用である．後者については，17.6.3 項を参照していただくとして，ここでは生物分子のイメージングや機能解析への応用を中心に述べる．

水素原子は，生命活動を担う有機高分子（生体高分子）において，その構成元素の約半数を占める．水素原子などの軽元素の観測において，中性子をプローブとして用いることにより，生体高分子の分子構造から組織構造に至るまで，様々な形態の構造観測が可能である．特にこれまで難しかった生体分子における水素原子の観測において，中性子の利用によってその存在（有無）と位置（コンホメーション）情報を得ることができるようになり，生体分子の構造や機能研究において，大きな成果を生み始めている．

中性子による生体高分子の立体構造解析例には，分子量数百の低分子から分子量 50 000 を超える大型分子が含まれる．その代表例は，タンパク質分子の中性子構造解析である．タンパク質分子は代表的な生体高分子であり，生命

活動を担う重要な分子である．酸素を組織に運搬するヘモグロビン（分子量62 000）の中性子構造解析[2]は，現在最も大きなタンパク質の構造解析例である（図3.5.1）．タンパク質はまた，医薬品が作用する標的分子として，あるいは医薬品そのものとして応用されている．これは次節に詳しく紹介するが，中性子による立体構造解析で水素原子の観測が可能になると，タンパク質と医薬品の相互作用，さらにはタンパク質の機能発現メカニズムの正確な把握が可能となる．その例として創薬標的タンパク質（ヒト免疫不全ウイルスプロテアーゼ）と医薬品候補分子（KNI272）の複合体構造解析例が挙げられる[1]．中性子解析で得られる新知見は，ウイルスや細菌による感染症の治療やがん治療を目的とした創薬研究への貢献が期待される．

中性子を利用する構造解析例は，多様な分野に及んでいる．エネルギー関連分野では，水から分子状水素を生産する生体高分子の構造機能の解明において，水素原子位置の同定に大きな期待が寄せられている．分子状水素を生産する代表的なタンパク質は，ヒドロゲナーゼであるが，近年その機能を模倣するような低分子性のヒドロゲナーゼモデル錯体が合成された．その機能解明には中性子が効果的に用いられ，モデル錯体と水素原子の相互作用状態が解明された[3,4]．（図3.9.2）．現在，ヒドロゲナーゼそのものの中性子解析も検討されており，同分野への中性子科学の貢献が期待されている．

さらに，現代の構造生物学研究領域における花形研究となっている膜タンパク質やタンパク質複合体の解析を実現する動きも活発である．これら大型分子の解析を可能にするには，大型結晶格子に対応したパルス中性子回折計の整備が必要である．現在，J-PARC MLF に整備を計画する生体高分子専用パルス中性子回折計は，格子長（～300Å）の試料に対応しており，本装置が実現すれば人工光合成実現への糸口となる光反応システム-Ⅱの中性子解析や，呼吸をつかさどるチトクロームc酸化酵素などの大型膜タンパク質の構造機能研究に貢献が期待されている．

中性子は水素原子の個別の観測だけでなく，生体物質を構成する原子と中性子の間で生じるエネルギー交換を利用することにより，水和状態にある生体物質の運動（ダイナミクス）情報を定量的に得ることができる．この特長を生かすことによって，タンパク質の分子運動や機能発現における水和水の重要性が示された[5]．また，タンパク質分子の遺伝的な変異によるメカニカルな異常が引き起こす拡張型心筋症や，ある種のタンパク質に生じるアミロイド形成反応などの分子論的な原因究明にも中性子の応用が始まっている．

参考文献
1) T. Chatake, *et al.* : J. Am. Chem. Soc. **129** 14840 (2007).
2) M. Adachi, *et al.* : Proc Nalt. Acad. Soc. **106** 4641 (2009).
3) S. Ogo, *et al.* : Science **316** 585 (2007).
4) S. Ogo, *et al.* : Science **339** 682 (2013).

図 3.9.1　中性子回折法で観測したヒトヘモグロビンの立体構造[1]（観測された水素および重水素原子を黒丸で表示）

図 3.9.2　中性子回折法で観測した鉄ニッケルヒドロゲナーゼ人工モデル触媒の立体構造[3]
http://www.cross-tokai.jp/ja/publications/press/2013/201302080400.shtml （図の出典元）

5) H. Nakagawa, *et al.* : J. Phys. Soc. Jpn. **79** 083801 (2010).

3.10　タンパク質の構造解析～創薬研究への応用

タンパク質は，遺伝情報を翻訳して合成される重要な有機分子であり，生命活動を担う根源的な分子である．遺伝情報の翻訳過程で誤りが生じて，タンパク質が必要な機能が発揮できない場合は，正常なタンパク質が医薬品として用いられる．またウイルスなどの感染によってウイルス由来のタンパク質が生産されるときには，その機能抑制を目的とした医薬品が必要になる．このような疾病の原因となり，医薬品の作用点となるタンパク質分子（創薬標的タンパク質）は，主として膜タンパク質と酵素の二つが大きな割合を占めている．タンパク質の機能抑制が必要な場合，低分子性の酵素阻害剤が用いられてきたが，近年では抗体などのタンパク質も医薬品（タンパク質医薬品）としても用いられるようになった．抗体をはじめとするタンパク質医薬品は，医薬品売り上げの上位を占める重要な医薬品となっている．一方で医薬品の作用点となる膜タンパク質や酵素の作動機構解明は，医薬品の高機能化や開発に必須の情報であり，水素原子や水和水の情報を得ることができる中性子構造解析に期待が集まっている．

医薬品の設計においては，これまで医薬品候補分子とタ

ンパク質側の立体構造的な相補性（静電相互作用，vdW（van der Waals）相互作用）が評価の中心であった．しかし医薬品の結合に伴う，タンパク質表面の水和水の脱水和などの挙動も医薬品の親和性に大きく影響を及ぼすと考えられている．したがってタンパク質と医薬品の相互作用を理解するためには，水和状態および医薬品結合状態のタンパク質の立体構造情報が必要である．従来，これらの構造情報は X 線結晶解析で得た構造情報をもとに，水素原子情報を理論計算によって加えた予測構造が用いられてきた．しかし中性子の利用によって，水素原子や水和水の構造を実験的に取得できるので，実測構造に基づくより高精度の医薬品設計が可能になると期待される．

創薬標的タンパク質を対象とした中性子構造解析の例は極めて少ない．その理由の一つは結晶の大型化が難しいことや，試料はあっても実験可能なビームラインが極めて少ないことが挙げられる．結晶の大型化については様々な手法が考案されているが，タンパク質個別の性質が結晶の成長に大きく影響することから，現在でも個々の研究者が自身の工夫で大きくしているのが実情である．近年では種結晶を入れた結晶化母液に，逐次的にタンパク質試料を添加する手法が用いられている[1,2]．

創薬標的タンパク質の中性子構造解析の代表例として，ヒト免疫不全ウイルス（HIV）がつくるタンパク質分解酵素（HIV-PR）の中性子構造解析が挙げられる（図3.10.1）[3,4]．加水分解反応の中間体アナログ（KNI272）を用いた解析例では，中間体を保持する HIV-PR の触媒残基の役割とともに，KNI272 との相互作用が詳細に解明された（図3.10.2(a)）[3]．また，HIV-PR と医薬品アンプレナビル（Amprenavir）との複合体の構造解析では，上市されている医薬品との詳細な分子間相互作用様式が解明された（図3.10.2(b)）[4]．これら二つの例は医薬品（あるいは候補分子）との相互作用を解明したものであるが，先に述べたように中性子解析によって医薬品が結合する前の水和状態を把握することが必要である．

タンパク質分子の中性子構造解析を目的とした回折計については，現時点では停止中の JRR-3 に設置された 2 台の回折計を含み，世界中で 5 台が運用されている．しかしこれらのほとんどは，比較的小型のタンパク質の解析にし

図 3.10.1 中性子回折法で観測したヒト免疫不全ウイルス由来酵素の立体構造[1]

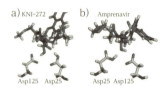

図 3.10.2 HIV-1 プロテアーゼと医薬品候補分子（KNI272）および医薬品 amprenavir の相互作用．水素原子が薬剤認識に深くかかわっている．

か対応しておらず，膜タンパク質など大型分子の解析には対応できない．さらに近年運用が開始された J-PARC 中性子施設の iBIX[5] および米国 SNS の MaNDi[6] のパルス中性子回折計は，より大型のタンパク質の解析に適しているが，構造生物学研究者の要望は，膜タンパク質やタンパク質複合体の解析を可能とする大型結晶格子に対応した中性子回折計の実現にある．現在，J-PARC MLF では，膜タンパク質などを含む大型結晶試料の中性子解析を世界に先駆けて実現できる装置の建設が検討されており，この分野の発展に対して期待が大きい．

参考文献

1) H. Matsumura, et al. : Acta Crystallogr F **64** 1003 (2008).
2) N. Okazaki, et al. : Acta Crystallogr F **68** 49 (2012).
3) M. Adachi, et al. : Proc Natl Acad Sci U S A. **106** 4641 (2009).
4) I. T. Weber, et al. : J. Med. Chem. **56** 5631 (2013).
5) https://j-parc.jp/public/database/Introduction/Introduction_BL03.html
6) http://neutrons.ornl.gov/mandi/

4章

核変換・未臨界炉

4.1 核変換の原理

原子力発電所で用いた後の核燃料は「使用済燃料」と呼ばれ，様々な放射性物質を含んでいる．そのなかには1000年を越える半減期を持つ長寿命のものもあるため，使用済燃料を着実に処理・処分し，これらの長寿命核種を長年にわたって確実に閉じ込めておくことは原子力利用の大きな課題となっている．核変換技術とは，使用済燃料に含まれる長寿命の核種を短寿命化することで，放射性廃棄物の処分の負担を軽減することを狙った技術である．

表 4.1.1 に使用済燃料に含まれるおもな長寿命核種をまとめる．使用済燃料の 94 % は元の燃料に存在していたウラン（U）の同位体（おもに ^{238}U および ^{235}U）であり，ウランが中性子を吸収して生じるプルトニウム（Pu）の同位体が約 1 % を占める．また，ネプツニウム（Np），アメリシウム（Am），キュリウム（Cm）といったマイナーアクチノイド（MA）が約 0.1 % 含まれる．一方，核分裂反応の結果生じる核分裂生成物（FP）は 4 % 程度を占めるが，そのおよそ 1 割が長寿命核種（半減期 30 年程度以上）である．

表 4.1.1 には，それぞれの核種の「線量換算係数」も示している．これは，単位放射能（単位：ベクレル，Bq）を人体に経口摂取した際の被ばく線量（単位：シーベルト，Sv）で，その核種の人体への影響の度合いを表す指標である．特に Pu および MA の値が大きく，FP はほとんどが小さな値である．これは，Pu や MA の発する α 線は，FP の発する β 線および γ 線よりも人体への影響が大きいことが原因である．

我が国では，U および Pu は再処理によって回収され，エネルギー源として再び利用する方針であり，MA と FPが高レベル放射性廃棄物（HLW）として地層処分され，長年にわたる閉じ込めの対象となる．したがって，HLWの長期にわたるリスクは，おもに MA によってもたらされることになる．

MA を別の物質に変換することができれば，長期にわたる HLW の人体への影響を大幅に下げることが可能になる．**図 4.1.1** は，放射性廃棄物の潜在的有害度（内包する放射能に各核種の線量換算係数を乗じ，ベクレル単位をシ

表 4.1.1 使用済燃料に含まれる長寿命核種

核種	半減期	線量換算係数 (μSv/kBq)	含有量 (1 t あたり)
U-235	7 億年	47	10 kg
U-238	45 億年	45	930 kg

核種	半減期	線量換算係数 (μSv/kBq)	含有量 (1 t あたり)
Pu-238	87.7 年	230	0.3 kg
Pu-239	2 万 4000 年	250	6 kg
Pu-240	6564 年	250	3 kg
Pu-241	14.3 年	4.8	1 kg

核種	半減期	線量換算係数 (μSv/kBq)	含有量 (1 t あたり)
Np-237	214 万年	110	0.6 kg
Am-241	432 年	200	0.4 kg
Am-243	7370 年	200	0.2 kg
Cm-244	18.1 年	120	60 g

核種	半減期	線量換算係数 (μSv/kBq)	含有量 (1 t あたり)
Se-79	29 万 5000 年	2.9	6 g
Sr-90	28.8 年	28	0.6 kg
Zr-93	153 万年	1.1	1 kg
Tc-99	21 万 1000 年	0.64	1 kg
Pd-107	650 万年	0.037	0.3 kg
Sn-126	10 万年	4.7	30 g
I-129	1570 万年	110	0.2 kg
Cs-135	230 万年	2.0	0.5 kg
Cs-137	30.1 年	13	1.5 kg

（左側の縦の区分：アクチノイド／超ウラン元素（TRU）／マイナーアクチノイド（MA），核分裂生成物（FP））

線量換算係数：
放射性核種を人体に摂取したときの影響を示す指標．放射能（ベクレル）あたりの被ばく（シーベルト）で示す．

ーベルト単位に変換した値の総和）を，使用済燃料，再処理後の HLW および核変換技術により HLW から MA を取り除いた廃棄物について比較したものである．また，図4.1.1 には濃縮ウラン燃料の原料となる天然ウラン 9 t の持つ潜在的有害度も示してある．使用済燃料の潜在的有害度が原料にした天然ウランの潜在的有害度を下回るまでに要する時間はおよそ 10 万年であるが，HLW は数千年，核変換後は数百年まで短縮されている．このように，使用済燃料を再処理し，さらに HLW から MA を回収して核変

換することで，廃棄物の人体への影響を大きく減らすことができ，放射性廃棄物処分の負担の軽減に役立つ可能性がある．なお，MAを核変換しても長寿命のFPは残っており，現段階では地層処分も必要である．

MAを核変換するには，MAの原子核に直接働きかけて，別の原子核に変える必要がある．陽子などの荷電粒子を加速して原子核に当てる方法や，電気的に中性な中性子やγ線を原子核に照射する方法などがあるが，現在は，原子炉や加速器中性子源から発生した中性子を用いる方法が有力視されている．

中性子はMAの原子核に吸収されて質量数の一つ大きな同位体に変わり（複合核と呼ぶ），引き続いて，おもにγ線を発してそのまま落ち着く放射捕獲反応，または二つの原子核に壊れる核分裂反応のいずれかを起こす．原子核に入射する中性子のエネルギーが約1 MeVよりも高いと核分裂反応が優勢になり，逆に1 MeVより低いと放射捕獲反応が優勢になる．放射捕獲反応では後にアクチノイド核種が残ってしまうので，MAの長期にわたる人体への影響を減らすという観点からは核分裂反応で核変換するのが望ましい．このため，MA核変換にはエネルギー1 MeVを超える高速中性子を大量に供給することが必要となる．

高速中性子を供給する方法としては，高速増殖炉と加速器中性子源が考えられている．特に，核変換専用のシステムとして，加速器中性子源でMAを主成分とした燃料を装荷した核変換専用の高速未臨界炉を駆動する加速器駆動システム（Accelerator Driven System：ADS）が注目されている．長寿命の放射性廃棄物は人類に課せられた大きな負の遺産であり，ADSがこの解決への一歩となることが期待されている．

4.2 ADSの概要

ADSは，加速器と未臨界炉を組み合わせたシステムであり，核変換システムとして使用する場合には，HLW中に含まれる長寿命核種のうち，おもにMAの短寿命化を目的とする．ADSの運転およびMA核変換の原理を図4.2.1に示す．加速器で数百MeVから数GeVに加速した陽子を標的である重核種に入射すると，核破砕反応と呼ばれる反応が起き，大量の中性子が放出される．標的物質の周りにMAを主成分とする燃料を設置しておき，標的から放出された大量の中性子を照射すると，MAは中性子を吸収して核分裂反応を起こし，おもに短寿命または非放射性の核分裂生成物になる．臨界状態，すなわち核分裂の連鎖反応が外部中性子源なしに一定状態で保持される通常の原子炉とは異なり，ADSではMA燃料を装荷した炉心をつねに未臨界状態にしておく．これにより，加速器からのビーム入射で未臨界炉心内での核分裂連鎖反応は一定状態に保持されるが，ビームを止めればただちに連鎖反応は停止するため，安全性の高いシステムとすることができる．

ADSをMA核変換システムとして用いることの利点は，比較的コンパクトなシステムにMAを大量に装荷してMAの核変換量を大きくして効率よくMAの核変換を行うことができるという点にある．中性子によるMAの核分裂反応は中性子のエネルギーが1 MeV以上の領域で大きくなるので，MAを核分裂させて核変換するためには，高速中性子を用いるのが効率的である．一方，高速炉ではMAを燃料として入れると原子炉の運転制御性の観点からいくつかの問題点が生じる．例えば，正のフィードバック効果を持つ冷却材ボイド反応度が大きくなる一方で，負のフィードバック効果を持つドップラー効果は小さくなる．このために，高速炉では装荷できるMAは燃料の数％程度に制限される．それに対して，ADSは未臨界なので上記の問題点の影響は小さく，燃料の約60％程度

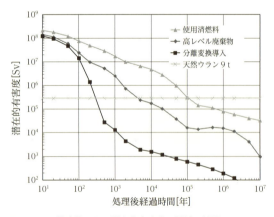

図4.1.1　核変換による潜在的有害度の低減の効果
・使用済燃料1tあたりの値
・天然ウラン9tは，燃料の低濃縮ウランを製造するのに要する原料であり，自然界に元来存在していた放射能の潜在的有害度である．ウラン崩壊で蓄積している娘核種の放射能を含む．

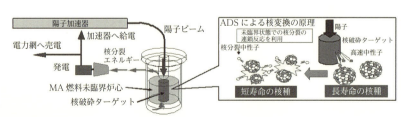

図4.2.1　加速器駆動システムの原理

までMAを装荷することが可能となる.

加速器からの粒子ビームを利用して中性子源として用いることができる核反応は，重陽子ビームによるDT核融合反応やストリッピング反応，電子線ビームを用いた制動輻射線による（γ, n）反応，陽子ビームによる核破砕反応などがあるが，ADS用としてはできるだけ効率よく中性子を発生できるものが望ましい．高エネルギー陽子による核破砕反応は，発生中性子あたりの投入エネルギーが少なく，かつ除熱が少なくて済む利点があり，近年，各国で核破砕反応を利用した大強度中性子源が開発されている．陽子加速器で得られるビームには，パルスビームと連続ビームの2種類があるが，ADSでは出力変動を抑えるという観点から連続ビームを用いるのが望ましい．

大強度陽子加速器には線形加速器と円形加速器がある．円形加速器には，一定磁場で加速に従って軌道が外側に変化するサイクロトロンと，磁場が変動しながら同一軌道を加速するシンクロトロンがある．シンクロトロンは，原理的にパルス運転にならざるを得ないので，ADS用には向いていない．サイクロトロンは陽子ビーム量を増やしたときにビームの損失が大きくなり，数MW以上の大出力化は困難であると考えられている．このような理由から，リニアック（線形加速器）がADS用の陽子加速器として最も有望であると考えられている．そして，リニアックの加速空洞として超伝導空洞を用いることで，エネルギー効率を飛躍的に向上できると考えられる．

核破砕反応で発生する中性子数は，標的核種の質量数にほぼ比例するので，質量数の大きい核種を標的核種に用いる．核破砕反応を起こすための標的核種を核破砕ターゲットという．代表的な核破砕ターゲットは，固体で用いるタンタルやタングステン，液体で用いる水銀，鉛，鉛ビスマスである．前述したように核破砕反応ではターゲットに付与されるエネルギーが小さいとはいえ，大強度ビームを用いるADSではターゲットの除熱が大きな課題となる．ADS用の固体ターゲットとしては，ナトリウム冷却のタングステンなどが考えられるが，現在はターゲット自体を冷却材として使える液体ターゲットを用いるのが主流の考え方である．液体ターゲットとしては，水銀は常温で液体であるため扱いやすいが，中性子吸収断面積が大きくADS用には向いていない．鉛は融点が高く（327.5℃），液体状態に保つためにはシステム全体の温度が高くなりすぎる欠点がある．このようなことからADS用液体ターゲットとして最も注目されているのは，鉛ビスマス共晶合金である．鉛45％とビスマス55％の場合，融点（124℃）から沸点（1670℃）まで幅広い温度域で液体であるために比較的扱いやすい．ただし，ビスマスの中性子捕獲反応で α線放出核である ^{210}Po（半減期138日）が生成されることや，500℃以上の高温領域で鋼材の腐食が大きくなるという課題もある．

陽子ビームの損失を抑制するためには加速管内の真空度を高く保つ必要がある．このために核破砕ターゲットと陽子加速管との間に隔壁（「ビーム窓」と呼ぶ）を設ける必要がある．ビーム窓は高出力の陽子ビームが透過するために，透過の際の発熱を抑制するために薄いほうが望ましいが，真空境界を保持する点からは構造強度が求められる．ビーム窓に対しては，このような相反する条件を満たすための最適な設計を行う必要がある．ビームによる発熱を抑制する観点から，陽子ビームの透過電流密度はできるだけ低くして発熱密度を小さくしたほうがよい．これにより，ビーム窓材料の陽子による照射損傷を抑制することもできる．電流密度を下げるためには，ビーム径を広げる方法と陽子の加速エネルギーを上げて陽子を減らす方法が考えられるが，コストや技術的実現性などの観点から最適な条件を設定する必要がある．なお，このような過酷なビーム窓の設計条件を回避するために，「窓なしターゲット」の研究開発も行われている．これは，真空との境界に鉛ビスマスの自由液面を保持して，そこに直接陽子ビームを当てるというものである．革新的なアイデアではあるが，鉛ビスマスの自由液面の保持方法，揮発性核種の蒸発による真空度の悪化，陽子ビーム制御方法などに多くの課題がある．

MA燃料で構成される未臨界炉心の冷却には，核破砕ターゲット冷却と同じものを使用するのが合理的である．液体ターゲットの場合には，ターゲット材が炉心冷却材としても使用される．ADSでは炉心中心に核破砕ターゲットを設置するために，ターゲット近傍の燃料の出力密度が大きくなってしまう．炉心の冷却性能や燃料の燃焼度の観点からは，できるだけ出力密度を平坦化する必要がある．また，燃料の燃焼に伴い実効増倍率は変化するので，未臨界炉心の出力を一定に保つためには，ビーム出力を調整するか炉心反応度を調整する必要がある．

MA燃料については，酸化物や窒化物が検討されている．日本原子力研究開発機構（JAEA）が中心となって検討しているADSでは，窒化物燃料の使用を想定している．窒化物燃料は，融点や熱伝導度が高いことから燃料温度を抑えてFPガス放出やFPガススウェリングが小さくできること，アクチノイド窒化物は結晶学的に類似していることから均一な混合燃料にでき，燃料組成の融通性が高いことなどの利点があると考えられる．一方で，酸化物に比べて燃料としての実証データが少ないことから，基礎データの取得や燃料製造試験や燃料照射試験による技術的実証が重要な課題である．また，天然窒素中の ^{14}N からは，（n, p）反応で半減期5730年の ^{14}C が生成されるために，窒化物燃料には ^{15}N を濃縮した窒素が必要で， ^{15}N 窒素の濃縮，燃料再処理工程での回収・再利用といった技術的課題もある．なお，欧州では酸化物分散型燃料の研究開発が行われている．

JAEAが提案したADSの概念図を図4.2.2に示す．熱出力800MWのタンク型液体鉛ビスマス冷却システムで，加速器には，加速エネルギー1.5GeVの超伝導陽子リニアックを用いる．このシステムでは年間約250kgのMAを核変換可能である．これは，電気出力100万kWの軽水

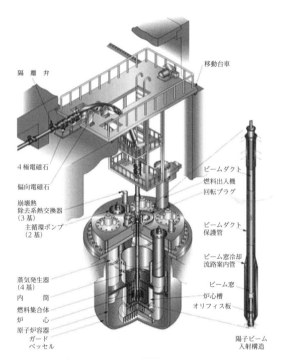

図 4.2.2 日本原子力研究開発機構で検討している熱出力 800 MW の鉛ビスマス冷却タンク型 ADS 概念図

炉 10 基で年間発生している MA の量に相当する．また，800 MW の熱出力から 270 MW の発電が可能であり，超伝導加速器へ給電した残りは売電することもできる．

4.3 ADS のための加速器

ADS 用加速器に要求される仕様を表 4.3.1 にまとめる．

前節で示したように，加速エネルギーは数百 MeV～数 GeV であり，これは核破砕反応によって効率的に中性子を発生できるエネルギー領域として選定されたものである．具体的には，前節に示されたビーム窓材料に与える照射損傷や加速器としての加速効率のトレードオフなどによって決められるが，多くの場合は概ね 1 GeV 前後で検討されている．

最大ビーム出力は未臨界炉の熱出力と最小の実効増倍率によって決定されるものであり，一般的には数十 MW 程度である．燃料の燃焼に伴い実効増倍率が変化しても，炉心反応度の調整によって炉出力を一定に保つ場合にはビーム出力はつねに一定でよいが，実効増倍率の低下をビーム出力増加によって補償する場合には，より高いビーム出力が要求される．前節で示された熱出力 800 MW の ADS においては，ビーム出力で炉出力を一定に調整する場合，ビーム出力の変動幅は 20～30 MW となる．このビーム出力は，現在稼働中の加速器（1 MW 程度）と比較すると数十倍である．

また，前節で述べたように未臨界炉心の出力変動を抑え

表 4.3.1 ADS 用加速器に要求される基本仕様

加速粒子	陽子
加速エネルギー	数百 MeV～数 GeV
最大ビーム出力	数 10 MW
ビームデューティ	100 %（連続ビーム）
消費電力	余剰電力の発生
ビーム出力制御範囲	1～100 %

るために連続ビームが要求されている．以上の条件を，熱出力 800 MW の ADS に当てはめてみると，加速エネルギー 1.5 GeV，ビーム電流 13～20 mA となる．これを現状の加速器の技術レベルに照らし合わせると，元来連続ビーム運転が可能であるサイクロトロンではビーム電流を数十倍にすることが求められ，リニアックではデューティ比を 100 %（連続ビーム）にすることが求められる．両者の技術的困難さの比較から，リニアックがより有望であると見なされている．

一方では，ADS で発電した電力を加速器運転に消費する以外に余剰電力を生み出して発電システムとしても機能することが求められる．その場合には，加速器には高いエネルギー効率が必要とされる．

上記の連続ビームの実現と高いエネルギー効率を両立させるものとして，超伝導加速空洞を用いた超伝導リニアックが有望である．常伝導加速空洞の場合には連続ビーム運転に伴う空洞壁での発熱が問題となるが，超伝導加速空洞の場合には空洞壁での発熱が小さいため問題とならない．また，エネルギー効率の観点ではデューティ比が数 % 以上であれば空洞を冷却するための冷凍設備の運転電力を考慮しても超伝導リニアックのほうが経済的である．近年，電子加速器用超伝導空洞（楕円空洞）や重イオン加速器用超伝導空洞（1/4 波長共振器（Quarter Wave Resonator：QWR），半波長共振器（Half Wave Resonator：HWR），あるいはこれらの中間の速度の粒子加速に適したスポーク空洞の分野での技術的進展が顕著であるため，これらの技術を ADS 用加速器に応用することが可能である．

ADS の未臨界炉心の起動，停止に際しては，炉心出力を緩やかに上昇・下降させる必要があり，それに伴うビーム出力の調整範囲として 1～100 % が要求される．ビーム電流の調整のみでこれを実現することは困難であるため，出力が 10～20 % 以下の領域では，パルス運転でのデューティ比によりビーム出力の調整を行い，それ以上では連続ビーム運転としてビーム電流によるビーム出力の調整が有効である．この方式の利点として，パルス運転時に未臨界度の測定も合わせて実施可能となる．

ADS 用超伝導リニアックは，数 MeV までの初段加速部，100 MeV 程度までの中エネルギー加速部，それ以上の高エネルギー加速部から構成される．

初段加速部は，陽子ビームを発生させて数十～100 keV 程度で引き出すイオン源と，数 MeV まで加速する常伝導

のRFQにより構成される．フランス原子力庁サクレー研究所では，ECR（Electron Cyclotron Resonance）イオン源により，エネルギー100 keV，ビーム電流100 mAの連続ビーム引き出しに成功している[1]．また，米国ロスアラモス国立研究所においては，エネルギー6.7 MeV，ビーム電流100 mAの連続ビームRFQの開発を行った[2]．これらは常伝導であるがADS用加速器にも適用できる．

100 MeV以下の中エネルギー加速部では，低速粒子の加速に適したQWRやHWRが候補として挙げられるが，QWR加速周波数が低すぎることから陽子を加速するには適さない．そこで，HWRあるいはこれを多セル構造としたスポーク空洞が中エネルギー加速部の超伝導空洞として有望視されている．一方では，低エネルギー領域では空間電荷効果が大きいため，ビーム収束のための電磁石を短周期で設ける必要がある．そのためには，ビーム収束用電磁石を超伝導化してクライオモジュール内に超伝導空洞とともに実装することが有効であるが，超伝導空洞は外部磁場が存在する環境ではクエンチしやすくなるためビーム収束用電磁石の漏れ磁場を低温領域で遮蔽することが必要となる．さらには，超伝導機器を室温から冷却する際の熱収縮によるアライメント変化を受けにくい支持構造やアライメント変動に鈍感なビーム収束構造が求められる．

一方，核融合炉材料開発を行うための国際核融合材料照射施設（International Fusion Material Irradiation Facility：IFMIF）のための加速器開発が日欧協力のもとで進められており，エネルギー5 MeVまでは常伝導のRFQにより加速し，それ以上ではHWRと超伝導ソレノイド電磁石によりビームの加速と収束を行う設計となっている[3]．このIFMIF加速器はADS用加速器と非常に類似しており，その技術はADS用加速器技術に適用可能である．

これに対して，楕円空洞は電子加速器用に技術開発，実用化が進められたものであり，陽子エネルギーが概ね100 MeV以上であれば適用することが可能となる．現在，世界各国で陽子加速器用の楕円空洞の開発が進められており，日本においてもKEKとJAEAが共同で$\beta=0.725$（陽子エネルギーで425 MeV程度），共振周波数972 MHzの9セル楕円空洞とそれを2台実装したクライオモジュールの開発を行い，最大表面電界強度30 MV/m，加速電界強度10 MV/mを実現して実用化の見通しを得ている[4]．ここで開発したクライオモジュールの概略図を図4.3.1に示す．また，米国オークリッジ国立研究所の中性子源施設（Spollation Neutron Source：SNS）における加速器では，185～1000 MeV領域で楕円空洞を用いた超伝導リニアックが稼働中であり，デューティ比6％で安定な利用運転を行っている．

JAEAでは，熱出力800 MWの未臨界炉心を駆動する，エネルギー1.5 GeV，ビーム電流20 mA，ビームパワー30 MWのリニアックにおける高エネルギー加速部（100 MeV～1.5 GeV）の概念設計を図4.3.1に示したクライオ

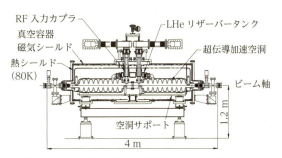

図4.3.1 $\beta=0.725$楕円空洞2台を実装したクライオモジュール試作機

表4.3.2 高エネルギー加速部概念設計

空洞β	陽子エネルギー	モジュール数	長さ[m]
0.444	103～ 121 MeV	6	27.5
0.480	121～ 148 MeV	7	32.8
0.518	148～ 178 MeV	7	33.5
0.560	178～ 216 MeV	6	29.4
0.604	216～ 271 MeV	6	30.2
0.653	271～ 348 MeV	6	31.0
0.705	348～ 445 MeV	7	37.1
0.761	445～ 609 MeV	9	49.2
0.822	609～ 883 MeV	12	67.6
0.888	883～1517 MeV	23	133.7
計		89	472

表4.3.3 ADS用超伝導リニアックの運転電力

項目	電力	割合
高周波源	69.6 MW	65.5 %
He冷凍機	16.5 MW	15.5 %
電磁石	0.4 MW	0.4 %
100 MeV加速部	10.0 MW	9.4 %
ユーティリティ設備	9.7 MW	9.1 %
総計	106.2 MW	100 %

モジュールの設計を元に実施した．その結果を表4.3.2にまとめる．10種類の異なるβに対応した空洞を用い，クライオモジュール総数89台（空洞数178台），全長472 mである．

ADS用超伝導リニアックの運転電力を評価した結果を表4.3.3にまとめる．高エネルギー加速部の高周波源，He冷凍機，電磁石の電力については，上記の概念設計を元に算出し，100 MeVまでの初段加速部と中エネルギー加速部，ならびに冷却水設備や空調設備などのユーティリティについては，スケーリングやJ-PARCでの運転経験により概算した．その結果，加速器の総運転電力は106.2 MWとなり，熱出力800 MWの未臨界炉心からの発電電力を270 MWとすると164 MWを売電に回すことが可能となる．最も電力を消費するのは高周波源であり，全体の約3分の2に及ぶ．この評価では高周波源としてクライストロンを想定したが，より運転効率の高いIOT（Inductive Output Tube）などを用いれば，さらに運転電力の低減が見込まれる．

加速器を構成する機器の放電や故障などにより，加速器のビーム運転が停止すること（ビームトリップ）は珍しくないが，ADS ではビームトリップが発生すると未臨界炉心の出力が急速に低下するため，ビーム窓および炉心構造物に熱応力が発生する．10 秒以内にビーム復帰するビームトリップについては，ビーム窓の熱サイクル疲労の制約から 1 年間に約 20 000 回以下に抑制する必要がある．また，10 秒～5 分以内にビーム復帰するビームトリップについては，未臨界炉心構造物の熱サイクル疲労の制約から 1 年間に約 2 000 回以下にする必要がある．さらに，ビーム運転再開までに 5 分以上かかるビームトリップについては，タービンが停止してしまうためにシステム再起動に約 20 時間を要し，稼働率 7 割以上を確保するためには 1 年間に 42 回以下としなければならない．このように，ビーム運転再開までの時間が長いほどビームトリップ頻度を低く抑える必要がある[5]．

米国ロスアラモス国立研究所の中性子源施設（Los Alamos Neutron Science Center：LANSCE）などの運転データを解析した結果からビームトリップ頻度を評価した結果，10 秒以内にビーム復帰するビームトリップ頻度については許容頻度以下となったが，ビーム復帰までの時間が 10 秒～5 分，5 分以上のビームトリップについては，それぞれ許容頻度の 6 倍，35 倍となった[5]．

これらのビームトリップ頻度の制約は，従来の加速器においては考慮する必要のなかったものであり，多重化，冗長化や設計裕度などの観点で新たな設計思想が必要となる．例えば，2 台の加速器によって未臨界炉心を駆動する場合には，片方の加速器がトリップしたとしても炉出力の低下は半分にとどまるために熱応力が軽減され，許容頻度を緩和することができる．一方では，ビームトリップ頻度の低減ならびにビーム復帰までの時間短縮に向けた技術開発も必要である．超伝導加速空洞を用いたリニアックでは，表 4.3.2 に示すように同一形状の複数の空洞でグループが構成される．これにより，1 台の空洞がトラブルによりビームトリップしたとしても，グループ内の他の空洞が加速エネルギー不足分を補償することができれば速やかに運転再開することが可能となり，許容頻度を満足できる可能性がある．これも超伝導リニアックの利点の一つである．

また，ビームモニタやビーム制御についても ADS 特有の課題がある．特にビームの位置については，ビーム照射位置の変化が未臨界炉心の出力分布などに少なからず影響を与える他，陽子ビーム窓の寿命にも影響する．ビーム位置の変動を迅速に精度よく検出するモニタの開発とともに，位置変動をフィードバック制御し，適正な位置にビームを照射する制御技術の開発が必要である．

参考文献

1) R. Gobin, *et al.*：Proc. of EPAC2002, 1712（2002）.
2) H. V. Smith, Jr., J. D. Schneider：Proc. of LINAC 2000,

TUD14（2000）.
3) A. Mosnier：Proc. of LINAC 2012, TU1A01（2012）.
4) E. Kako, *et al.*：Physica C **441**（1, 2）, 220（2006）.
5) H. Takei, *et al.*：J. Nucl. Sci. Technol. **49**（4）384（2012）.

4.4　ADS の技術開発とプロジェクト

新しい原子力システムである ADS の実現には，多くの技術課題を克服する必要がある．ADS の未臨界炉心は，主として陽子ビームが導入される核破砕ターゲット部，ターゲットから発生する核破砕中性子を増倍する未臨界炉心部，これらを収納する炉心容器および冷却機器類から構成される．これらの各構成要素にかかわるおもな技術課題とともに，課題解決を目指した試験や技術開発プロジェクトの概要を説明する．

4.4.1　陽子ビーム窓の設計と寿命評価

核破砕ターゲットは，従来の原子炉にはない ADS 特有の構成要素である．陽子加速器と未臨界炉心のインターフェースとなる核破砕ターゲットでは，ビーム輸送管終端部に陽子ビーム窓が設置される．陽子ビーム窓は，陽子ビームの通過による照射損傷と発熱を受けると同時に，ターゲットから放出される中性子の照射も受ける．また，発電を行う実用 ADS の未臨界炉心は，平均温度で 400～500 ℃といった高温度域での運転となるため，冷却材による腐食の恐れがある他，高温での構造強度も要求されるなど，厳しい環境での利用が想定される．これらの特性を的確に把握し，陽子ビーム窓の合理的な設計と寿命評価を行うことが ADS の運転の安定性を確保するうえで重要となる．

ADS 用核破砕ターゲットの特性試験は，1990 年代より各国で行われている．なかでも，2006 年に実施された MEGAPIE 国際共同実験[1]では，MW 級 LBE（Lead-Bismuth Eutectic：液体鉛ビスマス合金）ターゲットの運転実証を目指し，スイス PSI 研究所の SINQ 施設に LBE ターゲットを設置し，590 MeV-0.8 MW の陽子ビームで 4ヵ月間運転された．運転温度は 330 ℃前後とやや低いものの安定した運転実績が得られ，2014 年現在，ターゲットから切り出されたサンプルの照射後試験が実施されている．また，米国 LANSCE 施設などでも様々な材料の陽子照射実験[2]が実施されている．ただし，いずれの実験も実用 ADS の完全な模擬には至っておらず，JAEA では，J-PARC 加速器を用いて ADS の実用運転を模擬した，体系的な照射データの取得を計画している．

4.4.2　液体金属の利用技術

核破砕ターゲットとして LBE などの液体金属を用いる場合，高温での運転であること，耐腐食性確保のために液体金属の純度管理が必要な場合があること，核破砕反応に伴う生成物が冷却系内を循環することなど，液体金属の

取扱技術の確立が必要となる．

核変換用ADSでは，核変換効率に優れた高速中性子体系を構成可能なLBE冷却炉心が多く採用されているが，LBEは高速炉の構造材として一般的なステンレス鋼との共存性が低く，腐食を低減するためにLBE内溶存酸素濃度を正確に測定し，適切なレベルに維持する技術が必要となる．これらの試験については，ロシアや欧州が先行しているほか，日本をはじめ，中国，韓国，米国などが様々なループを用いた試験を実施しており，成果がハンドブックなどに取りまとめられている[3]．

4.4.3 未臨界炉心の炉心特性予測技術

ADSでは，炉心をつねに未臨界状態とする必要があるため，炉心の未臨界度をあらかじめ精度よく予測しておくことが重要となる．また，炉心構造物や燃料の健全性を確保するためには，炉心領域内の中性子束分布や発熱密度分布を正確に予測して機器や燃料を設計する必要がある．しかしながら，臨界状態と未臨界状態では炉心の核的な特性が大きく異なることが知られており，臨界状態を基準として整備されてきた解析手法の未臨界状態での予測精度は，十分には検証されていない．ADSの設計を行うためには，未臨界炉心を構成する核種の核反応断面積データや，炉心特性を予測する解析システムの解析精度の検証と向上が極めて重要となる．このため，極低出力の原子炉で臨界集合体を用いた試験が行われている．欧州ではMOX燃料や濃縮ウラン燃料とD-T中性子源を組み合わせたMUSE実験[4]，GUINEVERE実験[5]が行われている．京都大学原子炉実験所の臨界集合体KUCAにおいては，陽子エネルギー100 MeVのFFAG陽子加速器とウランやトリウム燃料を組み合せた熱中性子体系での炉物理実験が進められている[6]．

また，核変換用ADSを模擬するためには，高放射性かつ高発熱を伴うマイナーアクチノイド（MA）燃料を装荷した炉心の特性を検証する必要がある．しかしながら，MAの調達や燃料の製作自体に課題が多く，微少量のサンプルを用いた実験以外は行われておらず，十分な精度検証が実施されていない．これらの試験研究を進めるとともに，臨界状態から大きく離れた未臨界度をはじめとする，未臨界炉心の状態監視，陽子ビームを投入した際の動的な応答を観測する技術などの開発も必要である．MA燃料を装荷した炉心の特性を検証するため，JAEAがMA燃料を装荷した炉心の特性試験を計画している．

4.4.4 J-PARC核変換実験施設

ADS実用化に必要な要素技術課題を実験的に解決していくため，JAEAではJ-PARC施設の一環として核変換実験施設TEF（Transmutation Experimental Facility）の建設を計画している[7]．TEFは，核破砕ターゲットに関する技術的課題に取り組むADSターゲット試験施設TEF-Tおよび未臨界炉心特性の予測精度を検証していく

図4.4.1　J-PARC核変換実験施設

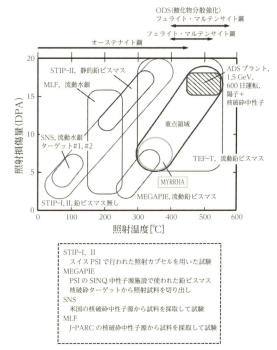

図4.4.2　照射データの分布

核変換物理実験施設TEF-Pの2施設から構成され，既存リニアックからの400 MeV陽子ビームを用いる．図4.4.1にJ-PARC核変換実験施設の概念図を示す．

TEF-Tには，最大ビーム強度250 kWを受容可能なLBE核破砕ターゲットを設置し，陽子・中性子の混合照射を流動LBE環境下で実施することにより，陽子ビーム窓に関する材料特性データを体系的に取得していく．あわせて，陽子ビーム照射を受けたLBEループの運転保守技術の習熟を図る．また，ターゲット周辺には，様々な目的に応じたビームラインを配置し，ADS技術開発以外の幅広い分野の研究に陽子や核破砕中性子を供給することも計画されている．図4.4.2に照射データの分布を示す．

TEF-Pには，MA燃料を中心とした燃料領域を構成可能な臨界集合体を設置し，ADS未臨界炉心の炉心特性デ

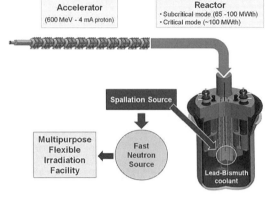

図 4.4.3 MYRRHA 概念図

ータや MA を装荷した高速増殖炉も含む多様な高速中性子体系の模擬を可能とする．炉の中心には鉛製核破砕ターゲットが設置可能であり，400 MeV-10 W の微小出力の陽子ビームを投入することにより，陽子ビーム照射による炉心の核的特性を実験的に取得していくことができる．MA 燃料を利用・保管するためには，ほぼすべての操作を，冷却を考慮した遠隔操作で行う必要があるため，それらの操作に対応した施設としての設計検討が行われている．

図 4.4.1 に J-PARC 核変換実験施設，図 4.4.2 に照射データの分布を示す．

4.4.5 欧州 MYRRHA 計画

ADS の実用化には，これまでに述べた各課題について，総合的な機能試験を実施する ADS 実験炉の建設が不可欠である．ベルギーでは，老朽化した既存の照射試験用研究炉の代替として，ADS 実験炉の機能を持つ MYRRHA (Multi-purpose Hybrid Researd Reacter for Hige-tech Applictions) の建設が提案[8]されている．MYRRHA は，MW 級の陽子リニアックと熱出力 50～100 MW のタンク型 LBE 冷却未臨界炉心を組み合わせた ADS 実験炉である．ADS に関する機能試験を実施するとともに，既存照射炉の機能を継承するため，陽子ビームを投入せず，臨界状態の原子炉としても運転できることが特徴である．

MYRRHA は，ADS の技術検証や機能試験を実施するほか，材料照射，半導体用シリコン製造，医療用アイソトープ製造など多目的に利用されることになっている．2014 年に予定されているベルギー政府の承認が得られた後に建設が開始され，2023 年には運転が開始される予定である．

4.4.6 その他の研究開発プロジェクト

欧州では，第 7 次枠組みプログラムのなかで EUROTRANS 計画を遂行し，ADS に関する要素技術開発や設計データの取得を進めている．この取り組みは，前述の MYRRHA 計画に受け継がれている．また，米国ではフェルミ研究所が中心となり，次世代の大強度陽子加速器開発計画 Project X[9]のなかで，ADS を主要な課題の一つと位置付け，予算獲得に向けた検討が進められている．

ADS をはじめとする先進的な廃棄物処理方策の確立は，先進国だけでなく，今後原子力を導入していく国々にも共通の課題と考えられている．中国では，過去の VENUS 未臨界炉物理実験に続き，2030 年頃までに 100 MW 級 ADS の建設を目指すプロジェクトが立ち上がり，数百人体制での研究開発が進められている[10]．

参考文献

1) W. Wagner : International Topical Meeting on Nuclear Research Applications and Utilization of Accelerators, Vienna Austlia, 62 (2009).
2) W. Wagner, et al. : Journal of Nuclear Materials 361 (2-3) 274 (2007).
3) OECD/NEA : "Handbook on Lead-bismuth Eutectic Alloy and Lead Properties, Materials Compatibility, Thermal-hydraulics and Technologies" (2007).
4) R. Soule, et al. : Nuclear Science and Engineering 148 (1) 124 (2004).
5) P. Baeten, et al. : Proceedings of the Workshop on Utilization and Reliability of High Power Proton Accelerators, 377 (2008).
6) C. H. Pyeon, et al. : Proceedings of OECD/NEA Information Exchange Meeting on Actinide and Fission Product Partitioning and Transmutation, 331 (2012).
7) T. Sasa, et al. : Proceedings of OECD/NEA Information Exchange Meeting on Actinide and Fission Product Partitioning and Transmutation, 291 (2013).
8) H. Aït Abderrahim, et al. : Energy Conversion and Management 63 4 (2012).
9) FERMILAB-FN-0905 (2008).
10) W. Zhan : Introduction to accelerator-driven system activities in China, Technology and Components of Accelerator-Driven Systems, Workshop Proceedings, NEA/NSC/R (2017) 2 22 (2017).

5章

社会・産業と加速器

5.1 社会に役立つ加速器

X線装置は別として，一般の人々にとっての加速器は原子核・素粒子物理学実験のための極めて特殊で大型の装置であって，通常の生活には縁遠いものと考えられているのは確かであろう．

しかし，実際には加速器発展の初期から生物医学を中心に物理学以外の応用にも供されてきた．例えば，1930年代半ばに本格稼働したローレンスが開発した米国バークレーの世界最大60インチサイクロトロンは，生化学実験に使う同位体元素製造のためにも多く運転時間が割かれた[1]．同時期，仁科が開発した理研1号サイクロトロンも同様で，中性子線の生物への影響，同位体元素によるトレーサー実験，放射線運動照射法など世界最先端の研究に盛んに使われた．特にバンデグラフ型の静電加速器は，通常のX線装置では不可能な高エネルギー電子で発生するX線を使った深部腫瘍治療などの医療用，ならびに産業用放射線検査などに目的を絞って開発が続けられた[2]．

戦後の1950年代になると，電子加速器としてはベータトロンとリニアック，陽子・イオン加速器としてはシンクロトロンの技術が確立し，サイクロトロンにもいくつかの新しい工夫がこらされ現在に至っている．それに伴って一般医工用を目的とする加速器もその数が増え，日常生活に浸透してきた．ただ原子核・素粒子物理用のような大型装置ではなく，ほとんどは数m以下の小型のものである．

日本における経過を見ると，まずベータトロンが東芝[3]や島津製作所[4]などによって製品化された．可搬型を目指して磁石重量を当時の水準の数分の1に小型・軽量化した15 MeV機が，原子力補助金研究の一環として，1958年に完成している．これは世界初の可搬型ベータトロンであって，肉厚圧力容器の放射線検査に使われた．医療用としても同規模の装置が数台つくられたが，電子線も使えるベータトロンは，その頃使われていた^{60}Co放射性同位元素や通常のX線装置によるX線治療に比べ，患者への副作用が格段に小さく好評であった．

ベータトロンと並行して実用を目的とした電子リニアックの開発も進められた．科学技術庁の原子力平和利用補助金を受けて我が国初の6 MeV Sバンドリニアックが1958年に完成，翌年には10 MeV機が名古屋工業技術試験所に納入された．このように大電流加速が可能なリニアックが発展するのに伴って，ベータトロンは60年代以降はほとんど使われなくなった．21世紀初頭における国内の電子リニアックの数は約850台となったが，その85％は医療用，10％は非破壊検査などの工業用である[5]．

陽子やイオンビームを用いるいわゆる粒子線治療用の加速器としては，サイクロトロンおよびシンクロトロンが使われる．米国では1950年代半ばに陽子サイクロトロンが治療に使われ始めた．しかしその効果に疑問が持たれたり，設備が大掛かりになるために目覚ましい進展はなかった．そのうちにCT検査（コンピュータ断層診断法）と併用することによる治療・診断の精度が上がり，1970年代から陽子・イオン加速器の専用施設が増えてきた．すでに，2000年時点で国内の施設は放射線医学総合研究所，筑波大学，国立がんセンター，若狭湾エネルギー研究センター，兵庫県立粒子線治療センター，静岡県立静岡がんセンターの6ヵ所にのぼり，その後も増え続けている（17.7節参照）．

実用加速器の普及は，医療用を中心にこのような経過をたどり現在に至っている．しかし，医療用以外にも広い分野で使われていることは意外に知られていない．第3編では加速器応用に焦点を当てて，各専門家による詳しい解説がまとめられているが，ここではよく知られた医療以外への応用に関して，その概略を述べておく．

可搬型の10 MeV級電子リニアックは，関税における銃砲などの火薬危険物の発見や橋梁などの大型構造物の安全性確認用として実用化研究が広く進められている．いずれも安全な暮らしを守るための重要な役割を担うものである．

工業用としては，強力なX線による分子結合の解離・重合を通じてより強度のある物質へ改良することによく用いられている．その代表例は，電線の絶縁に使われているポリエチレンである．普通のポリエチレンは100℃で軟化するので，高温になる電気機器ではショートの危険が増す．しかし放射線重合（または架橋）ポリエチレンでは300℃まで軟化が抑えられるので，それで被覆された電線はパソコンなどに広く使われている．またラジアルタイヤのゴムもこの重合による強化がなされている．

農業関係では，遺伝子が放射線照射によって傷つくことを利用して，突然変異による新しい品種の開発に広く応用されている．放射線による品種改良はこれまでに稲，麦，大豆，果物など1700品種にわたって行われている．食糧以外でも園芸分野では花の色・かたちに様々な変形を生み出すことで，生活に潤いをもたらしている．

文化に貢献するものとしては，加速器質量分析法（Accelerator Mass Spectrometry：AMS）がある．地表の炭素原子には5730年の半減期で減衰する同位体が一定の割合で含まれている．生物は死ぬと炭素を取り込まなくなるので，放射性同位体の含有量比率が下がる．これを測定し，生存年代を正確に推定するのがAMSである．数千年という尺度は，人類文化の歴史を探るうえで非常に貴重な長さである．測定に使う加速器は，炭素イオンを数MeV程度に加速するものである．炭素同位体の間の質量差がつくる微妙なビーム軌道の違いを測り，物質中のエネルギー損失差を利用して妨害同重体を振り分ける．そのため，加速電圧が脈動する高周波加速器ではなく，電圧が一定の静電型加速器が使われることが多い．国内にはこのための加速器施設が10ヵ所ほどあるが，中世から弥生時代，さらには2万年以上昔に遡って日本の歴史に新しい光を当てつつある．

社会のなかで実は加速器が広く役に立っていることを紹介したが，より詳しくは第3編を参照されたい．

参考文献

1) M. Hiltzik：Big Science ch. 8 Simon & Schuster, New York, (2015).
2) 津屋　旭：『西川研究室と放射線医学』（篠原健一，ほか編『西川正治先生　人と業績』pp. 238-243 西川先生記念会（1982）).
3) 鴨川　浩，ほか：東芝レビュー 18 1298（1963）.
4) 鳥山英明，ほか：島津評論 26 411（1969）.
5) 日本アイソトープ協会：『放射線利用統計2001』p. 9.

5.2　産業界との協力と貢献

加速器建設にあたっては他の先端科学大型システムと同様に，9章，10章に紹介されているような非常に多岐にわたる技術を結集して本体装置，制御機器，制御ソフトなどを製作し，それらをシステムとしてまとめ上げる必要がある．当初，原子核実験や素粒子実験の道具として発展した加速器は，その目的やシステムコンセプトは当然ながら研究所や大学が決め，個々の機器の仕様・設計に落とし込んで実際に製造してきた．機器の製造は研究所内の工場・工作室などで行われる場合もあるが，特に大型の機器になれば，ほとんどを企業に発注して製造することになる．

日本の産業界は高度な製造技術，工程管理，品質管理により多くの加速器の建設を支えてきた．技術のなかには元々企業が他の製品のために保持していたものもあれば，加速器建設のために新たに開発したものもある．前者の例としては，発電機，モーター，変圧器などの大型電気製品の製造技術を生かした電磁石の製造が挙げられよう．後者としては，超伝導加速空洞が一例といえる．たとえ前者であっても加速器建設には高度な技術が求められるため，研究所・大学と企業は単なる発注者と受注者の枠を超えて共同で様々な技術を開発し高度化してきた．そのために，企業が研究所に共同研究員などの形態で人を派遣している例も多い．また，後者であってもさらに要素技術に分解すれば材料技術，機械加工，塑性加工，溶接，表面処理，クリーンルーム技術など他で使われている技術の超高度化と統合で成り立っているということもできる．このようにして開発，高度化された技術の一部は別の分野にも応用されて世の中に貢献している．

初期においては企業の加速器建設へのかかわり方は，あくまで機器の供給がおもで，医療や検査装置など一部の例を除けばシステムを供給するものではなかった．しかし，第3編に述べるように加速器が様々な分野に応用されるようになり，企業自身が加速器システムを企画，設計して製造するようになってきている．この場合にもやはり企業は研究所・大学に多くの技術者を送り込み，加速器システムの企画・開発・設計のノウハウを習得してきた．また，この段階では研究所・大学から企業に移り，加速器システム開発に取り組んだ研究者，技術者も少なくない．

本節では，日本の企業がどのような具体的な技術で加速器建設に協力，貢献してきたか，またそこから得られたものをどのように企業自らの活動に反映してきているのかを紹介する．さらに今後の産業界と加速器のかかわりはどうなっていくのか，についても触れたいと思う．

5.2.1　企業の成長を促した大型加速器建設

企業が加速器を構成する機器やシステムの設計・製造を習得するうえで，国主導の大型の加速器建設が不可欠なものであった．企業はそれらの計画段階から研究者や技術者を建設推進母体である研究所などに派遣し，計画の立案にも参画した．このことは，後に企業自らが加速器システムを企画する際に大きな意味を持っていた．

以下におもな大型加速器建設の概要を紹介する．

a.　トリスタン

日本最初の高エネルギー電子・陽電子衝突型加速器．高エネルギー加速器研究機構（以後，KEK）が設計・建設し1986年に実験を開始，最終的な衝突エネルギーは64GeVに達し当時世界最高を誇った．大電力クライストロン，超伝導加速空洞，超伝導4極電磁石，アルミ製真空チェンバーなど，その後の加速器にも採用される多くの基盤となる技術が研究所と企業の協力で開発された．トリスタンがその役目を終えた後も，加速器トンネルは引き続きKEKB，SuperKEKB（http://www-acc.kek.jp/KEKB/）のために活用されている．
（http://www2.kek.jp/proffice/archives/hyouka/TRIS-

TANreport/1_1.html)

b. HIMAC

世界で最初のがん治療専用の重イオン加速器．放射線医学総合研究所（以後，放医研）が設計，建設を実施．大手重電，重工企業が分担して主要部分を建設した．1994 年に臨床応用を開始，2016 年度までに治療件数は 10 000 件を超えている．主要部分の建設に参加した企業は，現在すべてが粒子線治療装置を製品化している．

(http://www.nirs.go.jp/rd/collaboration/himac/)

c. SPring-8

欧州の ESRF，米国の APS とならぶ世界最大の放射光施設．理化学研究所（以後，理研）と日本原子力研究所（現・日本原子力研究開発機構，以後，原研）が共同で設計・建設を行った．1997 年に供用実験を開始し，現在も主要な放射光施設として多くの成果を出し続けている．開発・設計段階から多くの企業が協力研究員などを派遣し，コンポーネント開発などに貢献した．日本の有力企業の多数が参加した建設といえる．

(http://www.spring8.or.jp/ja/about_us/)

d. RI ビームファクトリー

水素からウランまでの全元素の不安定原子核を発生し，その性質を調べるための，サイクロトロンを中心とした複合加速器施設．理研が設計・建設を実施．非常に長い年月をかけて低エネルギー部から加速器を建設し，現在に至っている点が特徴といえる．2007 年に加速器の最終段となる超伝導サイクロトロン（SRC）と，その下流の超伝導不安定核生成分離ライン（BigRIPS）が完成した．国内の大手重電，重工企業が主要機器の建設に参加，大型超伝導磁石の製造技術などを進展させた．

(http://www.nishina.riken.jp/facility/RIBFfacility.html)

e. J-PARC

大強度陽子加速器として KEK と原研が共同で設計・建設を行い，2008 年より供用実験を開始した．SPring-8 と同様に，開発・設計段階から多くの企業が協力研究員を派遣し，これまでにない大強度加速器の開発に貢献した．これも日本の有力企業の多くが参加した建設である．

(https://j-parc.jp/)

f. SACLA

世界で最もコンパクトな X 線自由電子レーザー（X-FEL）装置．理研と高輝度光科学研究センターが設計，建設し 2012 年より供用実験を開始した．SPring-8 に隣接しており，相互利用実験も行っている．電子銃，加速管，高周波電源，アンジュレーター，精密制御系など X-FEL 実現に不可欠な主要機器のほぼすべてを国内の多くの企業の総力を結集してつくり上げた施設である．ホームページには建設に参加した企業のリストが掲載されている．

(http://xfel.riken.jp/sacla/index.html)

5.2.2　加速器建設に貢献する日本の工業技術

本節では，加速器建設に必要となる代表的な技術の源流と高度化について紹介していく．9 章，10 章，18 章にも詳しく記載されているので，参照されたい．

a. 電磁石製造技術

電磁石は，加速器の建設にあたってなくてはならない要素である．その製造技術は導体の製造，高精度成型，絶縁，鉄心材料製造，鉄心材料加工，組み立て，磁場測定などからなる．設計には回路解析，磁場解析，構造解析，熱解析などの高度なシミュレーション技術が必要で，磁場測定にも高い精度が要求される．電磁石の製造には，基本的には発電機，モーター，変圧器の製造技術が応用されており，当初，重電企業が手掛けることが多かった．使われる材料に関してもコイル製造に代表的に使われるホローコンダクター，絶縁材料，鉄心として使われる電磁軟鉄や電磁鋼板などは発電機，モーター，変圧器などのために開発されたものを転用する場合が多い．これらの材料や製品の製作において日本企業は世界的に優れた技術を保有しており，加速器建設に生かし貢献してきた．欧米の大手重電企業ではあまり例にないことであり，日本企業の国家プロジェクトに貢献しようという姿勢の強さの表れと考えられる．

また，電磁石のなかでも超伝導電磁石は，加速器や検出器の高性能化になくてはならないものである．この分野においても，日本の企業は医療用 MRI など向けに超伝導線材，超伝導電磁石，低温容器（クライオスタット），小型冷凍機などを開発し技術を蓄積しており，それを応用して加速器用超伝導磁石の製作に大きな貢献をしている．同時に加速器向けの厳しい仕様を達成することにより，いわゆる民生用の機器の性能向上も果たしている．超伝導技術は国内だけでなく海外の研究所にも材料や製品を提供し，その成果に大きく貢献してきている．

b. 精密加工技術

加工技術はすべてのものづくりの基本になる技術であり，日本には高い精度を誇る優れた機械加工機を供給する企業と，それを用いて一般工業製品の精密加工を行う多くの企業群が存在し，優れた技術者と技能者を多数維持・育成してきた．高周波加速管や電磁石の鉄心などの加速器機器の加工では，ときとして μm オーダーの精度が要求されるが，それに応えることができる企業が大企業ばかりではなく，中小企業にも多く存在する環境がある．研究所や大学が自ら大掛かりな機械加工設備を準備しなくとも容易に精密加工品を入手できることは，海外に比べ特筆すべきことであろう．また，日本の企業は歴史的に難しい注文に対してそれに応えようというものづくりの気概を強く持っており，それが加速器をはじめ科学技術の発展を支えてきたともいえる．そして，科学技術貢献で習得した高度な技術と精神は他の製品へ展開され，日本のものづくりを進化させてきた．

c. 接合技術

加工技術と同様に，溶接，ろう付けなどに代表される接合技術はものづくりの基本であり，国内の製造設備企業と

製品製造企業は密接に協力しながら信頼性を向上させてきた．この分野にももちろん優れた技術者と技能者が多く存在し，日本製品の高い品質を支える大きな柱の一つといって過言ではない．10.3節にも記載のように，加速器建設においても当然高信頼性，高精度の接合技術は不可欠であり，企業固有の土台の上に高度化に取り組んでいる．

d. 電源・制御

加速器は超精密電気機械であり，それを駆動・制御する電源・制御システムにも一般産業向けに比して高精度・高速性が要求される．日本のエレクトロニクス産業は世界有数の実力を有し，加速器に必要な大電力・高精度の直流電源，高電圧電源，パルス電源，高周波電源，そしてそれらの性能を最大限に発揮するための制御システムなどを供給し，加速器の性能と高い信頼性を支えてきた．エネルギーの高い加速器においては高周波加速方式が不可欠で，加速器の種類によって1MHzオーダーから10GHzオーダーまでの広い周波数範囲の高周波電源が必要とされる．それらを供給できる国は限られているが，日本ではほとんどすべての周波数帯の高周波電源が製造されて入手可能な状況にある．さらに加速器用の特殊な大電力高周波電源の開発にも積極的に取り組み，国内だけでなく世界中の加速器に貢献している．この点に関して，5.3節に詳しい解説があるので参照されたい．また，最近では半導体高周波電源の大電力化の進捗も目覚ましく，今後応用範囲が大きく広がると考えられる．

e. 検出器

加速器のビームのモニタリングや物理実験のためにはワイヤーモニター，半導体検出器，光電子増倍管など，様々な検出器が使われる．これらに関しても，国内の工業用検査装置メーカーや精密機器メーカーが研究サイドの高い要求に対して，その緻密な製造技術を駆使して積極的に開発に取り組み実現してきた．多くのノーベル賞級の研究成果が国内企業の検出器開発により支えられてきたことは疑いのない事実である．精密加工技術と同様に，日本の特徴ともいえる緻密な技術が先端研究を支えているといえる．

f. 材料・真空

材料はすべての土台であることはいうまでもなく，加速器建設においても電磁鋼板，無酸素銅，ファインセラミックス，磁性体，絶縁材，ステンレスなどの一般材量の延長上にあるものから，純ニオブなどの特殊用途に特化したものまで様々な材料が使われる．日本は，ほぼすべての材料において高品質な材料を安定して入手できる環境にある．そして，加速器に不可欠な超高真空を実現するための真空ポンプや測定機器は複数の企業が製造している．このことは高性能の加速器を建設するうえで非常に重要な点であり，加速器科学発展の大きな原動力となっている．

g. 土木建築

日本は山岳国，地震国であるなかで，高い信頼性を有するトンネル，橋梁，発電プラントなどの社会インフラ施設や高層建造物などを長年建設してきた大手設計・土木建築会社が多数あり，またそれを支える企業群も充実している．加速器建設に不可欠な安定したトンネルや躯体の設計や建設について信頼できる技術を有している．放射線遮蔽設計に関しても，原子力発電所建設などの経験を生かして建設業界で行うことができる．これらの企業の多くが加速器建設への参画に積極的であり，大型加速器建設においては計画の初期段階から機器製造メーカーとともに検討に参画する例も多く，機器製造メーカーとのコミュニケーションも円滑で，計画が実現した際の迅速で確実なインフラ建設を支えている．

h. 工程管理・品質管理・現場力

最後に，現場でのものづくり力について触れたい．先にも述べたように日本企業は多くの優秀な技術者，技能者を育成・維持してきた．その結果としての工程遵守能力，緻密な品質管理，そして自らが考えて改善していく優れた現場技能は，日本の工業製品の競争力の源泉であったことは間違いがなく，各要素技術と同等かそれ以上に日本のそして世界の加速器建設とその成功にも貢献してきた．現在，様々な変化のなかでこれらの力が失われつつあるのではないかと危惧されている状況であるが，先端加速器建設の経験などを通じ，もう一度この力を再構築して日本の製造業の力を取り戻すことが求められている．

一方，加速器研究者は設計・製造の現場に深くかかわり，企業もそれを受け入れて協調して技術の高度化が行われてきた．このような関係・融合は日本特有なものと考えられ，加速器科学進展の大きな原動力になってきたといえる．

5.2.3 加速器建設で培われた技術と製品

先に述べたように，初期には企業は研究所や大学の基本設計に沿って構成機器を製作してきた．その過程で企業は研究所や大学と共同研究を実施したり，人を送り込んで加速器建設に要求される高度な技術や加速器の物理を習得してきた．その後，加速器が基礎科学研究以外の分野で応用されるようになると，企業自らが産業応用機器として加速器を企画し基本設計を行い，製造・建設するようになってきた．そのなかで加速器構成機器を製作する過程で習得した知識・技術がおおいに生かされたことはいうまでもない．また，研究所や大学から産業界に移って企業の加速器建設に貢献した研究者も多く存在する．大学で加速器の物理や技術を習得する場が少ないなか，加速器建設にかかわる技術や人は，産業界と研究所や大学との間を行き来しながら広く拡がっていったといえる．

加速器の産業応用は，第3編に記載されているように幅広く存在する．非破壊検査，材料の分析や改質半導体のイオン注入，医療用RI製造，がん治療などがその代表といえる．特にこれらの分野では，多くの企業が加速器を製造し販売している．

また，1980年代後半から1990年代前半にかけて，波長1nm付近のX線領域の放射光を用いて半導体の露光を行

うための放射光加速器開発が盛んに行われた。この時期には 10 社近い企業が加速器開発を行い，一種のフィーバーが巻き起こり，実際に複数の企業で自前の放射光リングを設計・建設した。そのために，多くの研究者が企業に移籍した時期でもあった。加速器からの X 線は満足いくものであったと思われるが，残念ながらミラー，ステッパー，レジストなどの露光装置技術のハードルが高すぎて実用化には至らなかった。しかし，この時期の熱気が企業の加速器設計・製造の能力を高めたことは間違いない。

近年，医療用の用途が一気に顕在化してきた。17 章で詳しく述べているが，例えば X 線（または電子線）がん治療に用いるリニアック（電子線形加速器）は，国内に 1000 台近くが設置されている。また，がんなどを診断するための PET 診断の普及により，標識剤として使われる放射性同位体（RI）を製造するための加速器（小型サイクロトロンが主流）が薬剤を合成する装置とセットで普及した。RI としては ^{18}F, ^{11}C, ^{13}N, ^{15}O などが使われ，半減期が数分から 2 時間弱と短いため，遠隔地で製造したものを運搬するには向かず，病院内で RI を製造する必要がある。そのため小型とはいえ，X 線がん治療装置よりは大型のサイクロトロンが商品として病院内に設置されていった。さらに，高エネルギーの陽子や炭素イオンを使ってがん治療を行う粒子線がん治療装置が普及してきた。加速器としては，核物理に使うレベルの高エネルギー加速器が必要であるが，現在では単独の企業が病院に売り込むことが常態となってきている。これらは典型的な技術のスピンアウトといえる。また，かつては原子炉からの中性子を使って行われていたホウ素中性子捕獲療法（BNCT）も，加速器で加速した陽子をターゲットに照射して中性子を発生させる加速器型中性子源が実用化しつつあり，病院設置型の治療装置が現実のものとなっている。

21 章では，暮らしに役立つ加速器技術を紹介しているが，大型のコンテナなどを透視する非破壊検査用の高エネルギー X 線発生装置や医用機器の滅菌用加速器などはすでに商品として販売されており，滅菌などのサービスを行う施設も多い。

上述の加速器製品を一企業が開発，設計のすべてを行うことは困難なことであり，研究所や大学の加速器建設に単なる請負を越えた密接な協力をして得た技術や人脈が大きな役割を果たしていることは間違いない。さらに研究所や大学でも，加速器技術を生活に役立てようという意識が強くなってきていることも，加速器の商品化を後押ししている。

以上，加速器建設で培った技術を加速器関連の製品に応用している例を中心に紹介してきたが，他の分野への波及効果もたいへん大きなものがある。国外の例ではあるが大きく成功したものの一つに電磁界解析ソフトがある。元々高周波加速空洞の 3 次元共振解析を行うためにドイツで開発された解析ソフトが変貌を遂げ，いまでは世界中で電磁界現象を扱うすべての分野で使われているといっても過言

ではない。開発者がベンチャー企業を創設し，普及可能なソフト開発と拡販を行った結果である。

5.2.4 加速器技術のさらなる発展に向けて

国内においても基礎科学向けの加速器は大型化してきており，コスト面においても容易に建設が進むものではなくなってきている。5.2.1 項で示した大型加速器建設を中心に，2010 年頃までは数年に 1 機程度の割合で国家・公的プロジェクトとして大型，中型の加速器が建設され，そのための要素技術開発も含め産業界も加速器技術を継承，発展させる機会を得てきた。しかし，現在，J-PARC，SACLA の後の大型加速器建設は決定しておらず，以前ほど要素技術開発の予算も潤沢とはいえない。大型加速器建設だけに頼って企業が加速器関連事業を継続することが困難な状況となっており，実際，かつて参入した多くの企業が加速器事業から撤退している。現在加速器事業を推進しているのは，民生用の加速器を企画，製造したり特殊な構成機器を供給している企業が中心である。

また，日本国内に未だに根強い放射線に対する意識が放射線や加速器を表立ったものとしにくい状況もある。一般的に使われている製品でも，その製造過程で電子線ビームなどを照射している例もあるが，そのことはあまり知られていない。非常に大きな市場である食品照射に関しては，世界と異なった状況が続いている。

欧米でも一時期，大企業が大型加速器製作にかかわったが，多くが撤退し，比較的規模の小さな企業が研究所に協力するかたちで構成機器を製作している。または，新興国も含め研究所内の工場が機器の製作を行っている例も多い。これらの例では，人件費などが日本の大企業よりは安く，日本の大企業が競争力を保つのは容易ではない。

産業界は基礎科学に貢献することを誇りとして，また将来のビジネスを見据えて加速器建設に協力，貢献してきたが，必ずしも思惑どおりになったとはいえない。最もマーケットの大きな X 線治療装置では，欧米の企業がシェアを占めているという実状もある。近年，企業は事業の選択に関し説明責任を果たすことが強く求められており，加速器関連事業を継続することが難しくなる企業が増える可能性がある。このようななかで，基礎科学用の先端加速器を効率よく建設することを目指す学会と，ビジネスを追求する産業界は，これまで以上に本音のコミュニケーションを行い，加速器技術のなかからビジネスとなるものを探し出し，それを戦略的に育てていく必要があると考えられる。

企業も学会も社会に役立つ加速器をより多く開発するとともに，先に述べた電磁解析ソフトのように加速器以外の汎用分野で応用できる技術のスピンアウトを徹底して意識していく必要がある。加速器およびそれを応用した科学の推進が社会に有益であることを，これまで以上に強く示していくことが今後の加速器技術の発展にとって不可欠といえる。

5.3 日本の電子管技術と加速器

電子管は，真空封止された管内の電子ビームの動きを制御することにより，電波信号の送受信，大電力電磁波（マイクロ波やX線も含む）の発生，光信号と電流信号の相互変換などを行う管球の総称である．そのなかで加速器と切っても切れない関係にあるのが，クライストロン，マグネトロン，進行波管など，いわゆる大電力高周波送信のための電子管であって，加速器先進国ではそれらの技術においても高い水準を維持している．現在，日本における大電力電子管技術は十分に成熟した段階にあるといえるが，ここではその発展の過程を，国内における加速器の誕生，成長との関係に注目しつつ概観しよう．より詳しくは，文献1, 2, 3などを参照されたい．

Lawrenceのサイクロトロンに次いで，米国外で初となった理研サイクロトロンでは，国産の短波無線送信管がビーム加速に使われた．以降，国内のほとんどの加速器では，国産の大電力電子管がビーム加速に使われてきたが，それらは短波からUHF，マイクロ波までの極めて広い周波数帯にわたっている．

電子管産業と加速器開発とのこのような関係は，1920年代の日本が国際無線通信に力を入れたところから始まっている．このような状況は，欧米の先進国を除けば日本に特有なもので，初期の加速器発展にとって貴重なバックボーンとなった．しかし加速器側からの要求水準が次第に高まるにつれ，電子管産業界も極限性能を目指して技術を高めることになる．その結果，核融合プラズマ加熱など大電力高周波を必要とする分野への応用にも貢献してきた．

日本における高周波加速を行う最初の加速器は，1936年に動き始めた理研サイクロトロンである．それにはSN-167という25 kW短波無線電信用送信管2本をプッシュプルにして，加速周波数16 MHzで使われた（図5.3.1）．この球は商工省奨励金のもと，日本無線と東京電気（現在の東芝）が開発し，1930年から小山無線局で国際無線通信に使われたものである．続いて理研で建設されたひと回り大きいサイクロトロンでは，日本電気が開発した，より強力なTW-530B送信管2本が使われ，加速周波数10 MHzで運転された．この球は1940年東京オリンピック海外放送用として，1936年ベルリンオリンピックで使われたドイツ製40 kW管をしのぐ50 kWを仕様として開発された．オリンピックは中止となったが，大サイクロトロンでは終戦直後まで使われた（図5.3.2）．

第二次世界大戦中にレーダー技術とともにマグネトロンやクライストロンなど，波長が30 cmから3 cmの帯域のマイクロ波電子管が急速に発達した．戦時中の電子管開発は結果として米欧，日本ともに似たような経過をたどったが，日本は加工設備や資材の不足に悩まされ，そのぶん，性能は遅れを取った．

マグネトロンは，1921年に米国のA. W. Hullにより発

図 5.3.1　小サイクロトロンに使われた短波送信管 SN-167（1930年撮影，東芝提供）

図 5.3.2　大サイクロトロンに使われた短波送信管 TW-530B，左右の円弧はプレート冷却用水パイプ（1934年撮影，NEC提供）

明された発振管であるが，その性能を画期的に高めたのは，1927年に東北大学の岡部金次郎が発明した分割陽極円筒型マグネトロンであった．クライストロンは，米国のVarian兄弟やドイツのHeil夫妻により1930年代半ばに発明された．クライストロンは，直進する電子ビームに，その上流でマイクロ波信号によるわずかな速度変調を起こし，それが次第に密度変調へ変わるところに共振空洞を置いて大電力高周波を取り出す電子管である．当初は出力が小さくもっぱらレーダー装置のための受信管として使われた．しかし戦後，米国スタンフォード大学が高エネルギー電子リニアックの建設を始めたとき，Sバンドの周波数2856 MHz（波長10.6 cm）でパルス出力が数MWの球の開発に学内で成功し，リニアックに多数使われた．以降，電子リニアックには，この型のクライストロンが世界的に使われることになる．

戦後の日本では，電子リニアック建設を目指す東京大学原子核研究所が東芝と共同で，スタンフォード型の周波数2856 MHz，パルス出力2.5 MWの球M7849開発研究を始めた．これに基づく実用機は名古屋工業試験所電子リニ

アックに納められ，1959年に加速運転が始まった．

クライストロンは共振空洞を波長に比例して大きくすれば，UHF帯でも大電力送信管として応用できる．NHK放送技術研究所では将来のテレビ放送を予測し，連続波で動く700 MHzクライストロンの研究を始め，1956年には出力10 kWを達成した．これを基に1960年代には，数十kW級クライストロンで日本各地のUHF放送網が形成される．この技術はNECや東芝によってさらに衛星通信・衛星放送地球局用クライストロンの開発に繋がった．周波数は1.7 GHzから17 GHzに及ぶ．

UHF帯連続波クライストロンの技術は，その後，加速器側に正のフィードバックとして戻ってくる．KEKに放射光リング建設が認められた1970年代半ばから，その開発研究が本格的に始まった．放射光リングは，周回する電子ビームから連続的に発生するX線を利用する施設であるが，それにはUHF電力で数百kWのビームを加速し続けなければならない．そのために開発されたのが，500 MHz，180 kW連続波クライストロンである．

1980年代に入るとKEKにおけるトリスタン加速器用クライストロンの開発が本格化した．トリスタン計画では入射器である2.5 GeV電子リニアック（現在は7 GeV）には50 MWのSバンドパルスクライストロン，30 GeV電子・陽電子衝突リングには1.2 MWの500 MHz連続波クライストロンが，それぞれ多数必要とされた．Sバンドパルスクライストロンについては，日米科学技術協力の主要な項目として取り上げられ，KEK・三菱電機・東芝とスタンフォード線形加速器センター（SLAC）のスタッフがSLACにおいて，大電力Sバンドパルスクライストロンの開発研究を行った．その結果を取り入れて開発され，現在に至るまで使用されているクライストロンを図5.3.3に示す．

1.2 MW，500 MHz連続波クライストロンはKEKと東芝の共同開発であった．その際，原研JT-60核融合試験装置用に，NEC，東芝双方で開発されていたパルス長10秒という，連続波に近い仕様の1 MW 2 GHzクライストロンでの経験の蓄積が生かされた．しかし高電圧，大電力電子銃における放電，大電力高周波出力が通過するセラミック窓の破損，管球全体に及ぶ超高真空処理技術など，克服すべき問題が頻発した．その後，これらの問題は解決され，このクライストロンは現在のKEK SuperKEKBリングや理研SPring-8で使われ続けており，平均寿命も数万時間という長さを誇っている．

これらの技術的飛躍が契機となり，以降，広い周波数帯にわたって大電力の加速器用クライストロンならびに核融合用ジャイロトロンが続々と開発され，9.10.1項「クライストロン」中の表9.10.1に示されているように2016年現在，国内のみならず，ヨーロッパの研究所においても使われるようになっている．

近代的な電子管工業の発端は1879年にT. Edisonが発明した白熱電球とされる．これから1904年のJ. Fleming

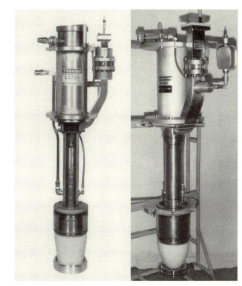

図5.3.3 SuperKEKBの入射器であるSバンド（波長10.6 cm）7 GeVリニアックで使用されている50 MWクライストロン．全長は1.4 m．左が東芝製，右が三菱電機製（2016年撮影，KEK提供）．

の2極管，1909年のL. De Forestの3極管と続いて発展してきた．日本では1890年に藤岡市助が製造を始める．藤岡は工部大学校（現・東京大学工学部）で招聘教授W.E. Astonに学び，東京銀座における日本初のアーク灯設置（1878年）を手伝った．1884年に京都石清水八幡宮の竹から抽出した繊維を炭化したフィラメントで，長寿命電球の製造に成功したEdisonの工房を訪問している．藤岡はその技術を倣って製造したわけであるが，フィラメント炭化過程は高度のものであったことが，非破壊ラマン散乱分光分析の結果からわかっている[4]．

I. Langmuirによる超高真空技術の進展に伴って，欧米で無線通信のための高周波源に送信管が使われ始めたのは第一次世界大戦直前の1913年頃であるが，日本でも1916年に電気試験所で送信管製作に成功し，続いて海軍造兵廠，東京電気，日本無線などでも成功した．第一次世界大戦末期では川西機械（現・富士通），東京芝浦，日本無線，日本電気，理研真空工業（現・日立）の各社が真空管技術委員会に参画して各種真空管の製造にあたった．国内主要電機メーカーの電子管製造へのこのような深い関与は第二次世界大戦後も20年間続き，先端産業技術の向上に大きな役割を果たした．それは具体的には9.11節「加速器の真空」，10.3節「先端加工技術」，10.4節「先端材料技術」などにおいて述べられているが，まとめると

1) 超高真空技術とそれを支える高純度材料（導体・絶縁体・接合技術），
2) 加速器，核融合研究における大電力電磁場エネルギー，荷電粒子運動エネルギーの空間的・時間的制御，
3) カソード材料と半導体

の最先端技術に広くかかわっている．

しかし，一般向け・家庭用の電子管はごく少数の例外を除いて半導体素子に置き換わり，大電力高周波を必要とする加速器・核融合分野で生き残っているのが現状である．多様で多量の需要が安定していた一般向け・家庭用のための製造体制のなかで，大電力高周波電子管の技術開発・製作が進められてきたわけであるが，半導体素子への転換という状況での技術の存続には厳しいものがある．大電力用の製造設備は規模と維持費用が巨大であり，運転パラメータの管理に絶え間ない注意が必要である．一方，電子管の寿命は数万時間以上と極めて長く，さらに新たな需要源である大規模加速器の建設計画は，年々不確定さが増している[5]．小規模加速器では窒化ガリウムなどの半導体素子の使用も現実味を帯びてきた．関連する分野としては，無酸素銅や高純度セラミックス生産の退潮も見られる．このような状況下で，加速器研究をどう続けるか慎重に考えなけ

ればならないが，少なくともいままで積み上げた技術文化としての水準の維持・継承は必須であろう．

参考文献

1) 岡村総吾，ほか 著，日本電子機械工業会電子管史研究会編：『電子管の歴史—エレクトロニクスの生い立ち—』オーム社（1987）.
2) S. Okamura, ed : "History of Electron Tubes" Ohmsha and IOS Press（1994）.
3) 岡本　正：『電子管技術の系統化調査』かはく技術史大系（技術の系統化調査報告書）第 8 集（産業技術史資料情報センター）（2007）. http://sts.kahaku.go.jp/diversity/document/system/pdf/030.pdf.
4) 安田丈夫，大川秀樹：東芝レビュー 69(2) 7（2014）.
5) 林　健一：J. Plasma Fusion Res. 86 104（2010）.

第2編　加速器の基礎

6章　加速器の歴史

6.1 グローバルな展開 ／ 6.2 国内の展開

7章　加速器のタイプ

7.1 概論 ／ 7.2 静電加速器 ／ 7.3 リニアック（線形加速器）／ 7.4 ベータトロン ／ 7.5 サイクロトロン ／ 7.6 シンクロトロン ／ 7.7 マイクロトロン ／ 7.8 ストレージリング ／ 7.9 コライダー ／ 7.10 放射光 ／ 7.11 発展途上にある先進加速器

8章　加速器の基礎および理論

8.1 はじめに ／ 8.2 ビームのための古典力学 ／ 8.3 ベータトロン振動 ／ 8.4 シンクロトロン振動 ／ 8.5 電子貯蔵リングのビーム力学 ／ 8.6 集団運動 ／ 8.7 偏極ビームの力学 ／ 8.8 衝突型加速器（コライダー）／ 8.9 ビーム冷却

9章　加速器の要素技術

9.1 粒子源 ／ 9.2 高圧加速装置 ／ 9.3 常伝導電磁石 ／ 9.4 電磁石電源 ／ 9.5 超伝導磁石 ／ 9.6 挿入光源 ／ 9.7 高周波空洞 ／ 9.8 ビーム・空洞相互作用と安定加速 ／ 9.9 誘導加速器の要素技術 ／ 9.10 大電力高周波技術 ／ 9.11 加速器の真空 ／ 9.12 ビーム診断技術 ／ 9.13 制御システ

ム ／ 9.14 入射，取り出し ／ 9.15 ビームダンプ，コリメータ ／ 9.16 加速器による二次ビームとしての粒子源 ／ 9.17 イオンビーム技術

10章　加速器の関連技術

10.1 レーザー ／ 10.2 放電とその対策 ／ 10.3 先端加工技術 ／ 10.4 先端材料技術 ／ 10.5 各種シールド技術 ／ 10.6 冷凍装置 ／ 10.7 アライメント ／ 10.8 放射線安全管理 ／ 10.9 放射光利用技術 ／ 10.10 中性子利用技術 ／ 10.11 施設関連技術

11章　粒子と電磁場との相互作用

11.1 輻射の一般論 ／ 11.2 一様磁場での輻射 ／ 11.3 周期的磁場での輻射 ／ 11.4 量子論的輻射公式 ／ 11.5 自由電子レーザー ／ 11.6 その他の輻射過程 ／ 11.7 電磁波と電子との相互作用

12章　粒子と物質との相互作用

12.1 概論 ／ 12.2 原子の性質と粒子の散乱 ／ 12.3 光と物質の相互作用 ／ 12.4 荷電粒子と物質の相互作用 ／ 12.5 中性子と物質の相互作用

6章

加速器の歴史

6.1 グローバルな展開

6.1.1 はじめに

　加速器は，電子，陽子，各種イオンなどの荷電粒子を高速に加速する装置である．20世紀に飛躍的な発展を遂げた原子核物理や素粒子物理など，物質の究極構造に迫る研究のために開発された．加速器のなかの粒子運動は，基本的には電磁気学と特殊相対性理論によって記述される．前者は1864年Maxwellにより，後者は1905年Einsteinによりすでに定式化されていたので，20世紀はじめには加速器を考える道具は揃っていたことになる．しかし加速器装置をつくるには各種の高度な電磁気技術や真空技術などが必要であり，実際に科学研究に有用な加速器がつくられるようになるのは，第一次世界大戦後そのような技術が発展する1930年代あたりである．しかしよく知られているように，その頃からの科学技術の発展は目覚ましく，それと呼応するように加速器も様々な形態をとりながら，急速に進歩した．その結果加速器は，物質構造を研究するための中心的な実験装置となり，そこから数多の革新的な研究成果が生まれた．実際1930年代以降のノーベル物理学賞を見ると，その約1/4が何らかのかたちで加速器を用いた実験に関係していることがわかる．

　特に，近年最も注目を集める科学の一分野として宇宙物理学が挙げられるが，その形成において，加速器による素粒子の研究が非常に重要な役割を果たしている．

　原子核や素粒子を研究するために生まれた加速器であるが，一方で，加速器から得られる様々な放射線や高エネルギー粒子を，物質科学や生命科学，医学などに利用する試みも早くから始まっており，これら加速器応用分野の研究においても重要な役割を果たしている．

　加速器は，その構造上，大きくは粒子源と加速装置に分けられる．粒子源は加速粒子によってそれぞれ異なり，電子は電子銃，陽子や原子核などイオンの場合はイオン源であり，陽電子や反陽子など自然には存在しない粒子については，生成反応によって人工的につくる．加速装置にもいろいろな種類があり，普通，形状からは直線形と円形に，また加速電場からは静電加速と高周波加速に分けられる．

それぞれの加速装置は，加速粒子の速度によって適用範囲が限られており，大きなエネルギーの加速器の場合には，種類の異なる加速装置を何段か積み重ねるカスケード方式が用いられる．

　図6.1.1は，通常リヴィングストンチャートと呼ばれるグラフで，開発されたいろいろなタイプの加速器について，過去80年ほどの間の到達ビームエネルギーの推移が表されており，加速器の発展状況の説明によく用いられる．最高エネルギーの上昇率は指数関数的（8～10年で約10倍）である．これより，加速器開発が，20世紀における科学ならびに科学技術の目覚ましい発展と密接に関係しながら推進されていった様子がよくわかる．

　加速器は，元来様々な基礎研究や応用研究のための主要ツールとして開発されたものである．しかし加速器が，そのような基礎・応用研究分野の発展を逆に促してきたとい

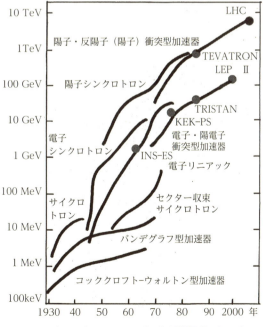

図6.1.1　リヴィングストンチャート（加速器最高エネルギーの推移）[1]

う面もあり，加速器の歴史とこれら関連研究分野の歴史とは切り離せない関係にある．

一方，新しい高性能加速器の建設には，最先端技術の応用が不可欠である．また逆に加速器開発から生まれた先端技術も多数にのぼり，研究の場合と同様，加速器の歴史と科学技術の歴史も深く関係し合っている．

文献について，その歴史も含め加速器の解説書は内外多数にのぼる．ここでは代表的な例として，Livingston & Blewett[2]とWiedemann[3]による著書を挙げておく．前者は，実際に初期の加速器開発にかかわった研究者によるもので，内容はもとより，当時の装置の図や写真（McMillanやVekslerの顔写真なども）が貴重である．また後者では，ビームダイナミクスについて詳細な説明がなされており，初級から上級研究者まで非常に有用なテキストとなっている．

6.1.2　加速器草創期

a.　原子核研究の始まり

電子が1895年Thomsonによって発見され，さらに原子の構造が，1911年，ラジウムからの崩壊α粒子（^{4}He）によるRutherfordの実験で解明されると，科学者の興味は原子の中心にある原子核の研究に向かうこととなった．そのためには，例えば原子核同士を衝突させ，その反応を詳しく調べなければならない．しかし正電荷が10^{-14}m程度の広がりに閉じ込められている原子核の静電障壁は数MeV程度になり，ぶつける粒子は事前に障壁を越えるエネルギーまで加速しておく必要がある．

一方，1920年頃になると量子力学がほぼ完成し，Rutherfordは，量子トンネル効果によって静電障壁よりかなり低いエネルギーでも原子核反応が起こり得ることに気づいた．この考えを受けてCockcroftとWaltonは，整流器とコンデンサーを組み合わせた高電圧発生装置を開発，1932年に500keVに加速した陽子を使ってLi^7＋p→He^4＋He^{4}という核反応実験に成功した．これは人工的につくられた加速粒子による最初の原子核実験であり，また加速器が科学研究に応用された最初の例である．

b.　静電加速器

高電圧を発生する方法は，1920年頃からいろいろ考案されている．交流方式では，昇圧トランスをカスケードに積み上げ，数百kVを発生するものや，放電ギャップとコンデンサー，抵抗の回路を多段に組み上げ数MV程度のパルス電圧が発生できるマルクス回路などがある．一方，直流方式では，上に挙げたコッククロフト-ウォルトン（Cockcrofrt-Walton）型と，ベルト起電機の原理によるバンデグラフ（Van de Graaff）型が代表的である．

コッククロフト-ウォルトン型は，1920年頃Greinacherらによって考案された倍電圧整流の方式を応用したものである．2個の整流器と2個のコンデンサーでつくられる倍電圧整流回路をN段重ねると，初段回路への交流入力のピーク電圧がVの場合，終段では$2NV$の直流電圧が得

られる．整流器としては，当初は真空管，後には半導体（サージ電流特性からおもにセレン）が使われる．入力は数十kHz，数十kV程度の交流で，得られる最高電圧は放電による絶縁破壊で制限される．大気中では1MV程度であるが，放電対象との間隔をとるため非常に大きな装置となる．高電圧や小型化が求められる場合は，イオン化しにくいSF$_6$のようなガスを高圧で充填した容器に封じ込める．出力は直流であるが，ビーム加速によって低下する出力電圧を再充電するために時間がかかり，動作はパルス的となる．コッククロフト-ウォルトンの装置は，その単純な構造もあって，今日でも広く使われている．静電加速器には，静止状態の荷電粒子を短距離で加速できるという特徴があり，陽子線形加速器など高周波加速装置の前段加速器として利用される．

バンデグラフ型は，1928～1931年頃Van de Graaffによって開発された．原理的にはベルト起電機で，1890年頃Righiが，Kelvin卿（W. Thomson）の水滴発電装置をヒントに考案したとされる．加速器は，電荷発生装置，2組の滑車にかけられモーター駆動で連続回転する絶縁ベルト，ベルト上の電荷を剥ぎ取り蓄積する中空球状の高電圧電極で構成される．電荷発生用電源（数十kV程度の直流）の出力部分は，針を一列に並べた櫛状電極として絶縁ベルトに接近して置かれ（数mm程度），針の先端部分でコロナ放電を起こさせる．放電でイオン化された気体のうち接地電位側に引き寄せられた電荷は，絶縁ベルトの表面に付着して滑車により高圧電極の内部に運ばれる．中空球状電極の内部には，電荷発生側と同様な針の櫛状電極があり，そこでの放電を通してベルト表面の電荷は高圧電極の外側表面に蓄積される（Q）．高圧電極と接地の間には静電容量（C）があり，$V=Q/C$の電圧となる．加速できる直流ビーム電流は，単位時間にベルトで運べる電荷量で決まり，これまでの例ではだいたい数百μA程度である．最高電圧は，放電による絶縁破壊で制限される．そのため通常起電機部分は，SF$_6$やSF$_6$と窒素などの混合ガスを高圧（20気圧程度）で封じたタンクのなかに入れる．この形式で得られる最高電圧は10MV程度である．なお絶縁ベルトとしては，布地を天然ゴム加工したもの（後には合成繊維に合成ゴム加工）などが用いられたが，回転運動や放電による傷みが激しいという難点があった．これを克服する画期的なアイデアとして1960年頃，ウィスコンシン大学のHerbらによって開発されたのがペレットチェーンである．これは円筒状の金属ペレットを合成樹脂の継ぎ手を使って連結したもので，電荷輸送装置としてのベルトの電気的，機械的な多くの問題を解決した．これによりバンデグラフ装置の性能が大幅に改善された．このタイプを特にペレトロンと呼ぶ．

原型では，高電圧出力は，粒子源を取り付けた加速管に接続され，粒子ビームが接地側に向かって加速される．これに対し，Bennett（1937年）やAlvarez（1951年）によって提案されたタンデム型と呼ばれる方式がある．これ

は，正電圧出力の場合，接地側に負イオン源を置き，高電圧に向かって加速したところで，負イオンを炭素薄膜のような電子ストリッパーを通して正イオンに（例えば H^- を H^+，すなわち陽子に）変換し，再び接地側に加速する．この方式では，粒子を2倍の高電圧まで加速できることに加え，イオン源を接地側に置けるという利点がある．

バンデグラフ型の大きな特徴の一つが，出力電圧の安定性である．高電圧電極の外側に針状電極を配し，そこに生じるコロナ電流を制御して出力電圧の変動を押さえる．この方法により得られる電圧安定度は $\Delta V/V \sim 10^{-4}$ を超える．このようなエネルギー精度のビームは原子核散乱の精密実験には非常に有効であり，バンデグラフ型は今日でも原子核研究に欠くことのできない加速器となっている．

c． ヴィデレー（Wideröe）型加速器

草創期の加速器開発に大きな足跡を残した研究者の一人として Wideröe を挙げておかねばならない．彼は，最大加速電圧が放電で制限される静電加速器の弱点を克服するため，時間的に変化する電場を利用して加速する装置をいろいろ考え，試作した．なかでは，後に Alvarez のリニアックにつながった装置と，Kerst によってベータトロンとして実用化される誘導電場加速器が特に重要である．

Wideröe が高周波加速器を試作し，1928 年に発表した．同様の装置は 1924 年 Ising によっても提案されている．主構造は，高周波電源と，間隔をあけて直線状に並べられた一連の金属管（ドリフト管と呼ばれる）である．高周波出力は各ドリフト管とつながっており，その間隙には，一つ置きに向きが反対の加速高周波電場が生じる．ドリフト管のなかでは荷電粒子は電場の影響を受けないので，高周波の周波数を f，i 番目の管の長さを L_i，そのなかでの粒子の平均速度を v_i として，$L_i=v_i/f/2$ に選んでおくと，管を通過中に高周波の位相が反転し，i 番目の間隙で加速された粒子が $i+1$ 番目の間隙でも加速を受ける．Wideröe はこの装置をつくり，カリウムやナトリウムのイオンを 50 keV 程度まで加速した．当時利用できた高周波源はたかだか数 MHz に限られており，電子や陽子のように加速による速度の増加が大きな粒子では，ドリフト管が非現実的な長さになった．

d． サイクロトロン

Lawrence は，1930 年頃，Wideröe のリニアックに関する論文を見てその試作実験を行っていたが，そのなかで，一様磁場中を円運動する荷電粒子の回転周波数は，粒子の速度や軌道半径によらず一定であり，その周波数をヴィデレー型加速器の加速周波数に置き換えると，この円運動は自動的に Wideröe の共鳴条件を満たしていることに気付いた．装置としては，一様磁場中で平らな円形の缶を直径方向に2分割，対向させて電極とし，そこに高周波源をつなぐ．対向した半円形の電極が，ヴィデレー型加速器のドリフト管の役割を果たし，電極内の粒子は電極間隙を通るたびに加速される．Lawrence と当時大学院生の Livingston は，1932 年，この原理による装置で，陽子を 1 MeV

まで加速することに成功した．この装置は，動作上は磁気共鳴加速器と呼ぶべきものであるが，Lawrence はその軌道形状からサイクロトロンと名付けた．荷電粒子（質量 m，電荷 e）の一様な磁場中（磁束密度 B）での円運動の周波数は $f=eB/(2\pi m)$ で，サイクロトロン周波数と呼ばれる．相対論の効果が無視できる低エネルギー陽子で，$B=1$ T の場合，$f \sim 15$ MHz である．その形状からディー（Dee）と呼ばれる対向する半円形缶の電極は，真空チェンバーで囲まれ，磁極間隙に設置される．その中心にはイオン源が置かれ，電極間隙の高周波電場が加速位相のときに生まれたイオンが加速され電極内を円運動する．イオンが半周後に反対側の間隙に入ると，共鳴条件により加速高周波の位相が反転，イオンは再び加速を受ける．このような運動の繰り返しでイオンは，らせん軌道を描きながら高いエネルギーに到達する．最外周に達したイオンは，そこに取り付けられる偏向用の電極によって外部に引き出され，原子核実験などに使われる．しかし，円軌道をつくる磁場が完全に一様であると，鉛直方向に収束力が働かず，わずかでも鉛直方向に速度成分を持つ粒子はいずれディー電極にぶつかって失われる．そこで実際の電磁石では，磁場分布に，半径方向の外に向かって弱くなる微小な勾配を持たせる．このような収束方法を弱収束方式という．なお加速のごく初期では，ディー電極の間隙に生じる電場分布も収束に寄与することが知られている．

サイクロトロンの加速エネルギーには制限がある．それはエネルギーの増加に応じて，相対論の効果により質量も大きくなるためである．サイクロトロン周波数の式は，相対論の効果を取り入れた質量を用いるとそのまま成立するので，加速により粒子の回転周波数は下がることになる（鉛直方向の弱収束の条件も外周に向けて周波数を下げる方向に働く）．そこでこの周波数変化により，加速高周波との共鳴条件が崩れ始めるエネルギーがサイクロトロンの限界となる．例えば陽子では，20 MeV あたりである（質量の増加は約2%）．このように，サイクロトロンにはエネルギー限界があり，また軽量で，加速による相対論の効果が顕著な電子には利用できないなどの欠点はあるものの，原子核研究レベルのエネルギーでは，いろいろな原子核イオンの連続ビームが得られるという特徴があり，これまでに多数の装置が，原子核研究や放射線利用などのために建設されている．

e． ベータトロン

誘導電場加速の原理は，1920 年過ぎに Slepian などによってすでに考えられていた．その発想の原点は変圧器である．変圧器の二次コイルには鉄心を介して誘導電場が生じ，二次電流が流れる．これにならって二次コイルを真空パイプに置き換え，そのなかに荷電粒子を通せば加速されるという理屈である．Wideröe もこの原理に気付き，これを加速器に応用するための条件を考えた．ビームを一定半径の円軌道に保持し加速する場合，加速は，軌道が囲む領域内の軌道面に垂直な方向の磁束変化により生じる誘導

電場による．この場合粒子が加速を受けても同じ軌道にとどまるためには，軌道上の磁束密度も対応して変化しなければならない．この条件を調べ，Wideröe は，有名な Wideröe の 1/2 条件（後にはベータトロン条件と呼ばれる）を導いた．それは，半径 r で囲まれた領域内の平均磁束密度を $B_{av}(r)$，軌道上の磁束密度を $B(r)$ として，$B(R) = B_{av}(r)/2$ が必要であるとするものである．Wideröe はこの条件を満たす装置をつくろうとしたが，成功しなかった．原因は円軌道上の磁場分布が平坦で，ビームの収束作用を欠いていたためである．その後この問題は Walton や Steenbeck らによって研究され，1935 年頃，サイクロトロンのところで述べた弱収束に近い構造の小型磁石で，電子の加速に成功したことが報告されている．しかし，1941 年，実用的な加速器として開発に成功したのは，Kerst と Serber であり，ベータトロンと名付けられた．

ベータトロンの電磁石は二つの磁極間隙を持つ．外側間隙は，ドーナツ状真空パイプのなかで，粒子に一定半径の円軌道を取らせる磁場をつくるために，また中央部分の間隙は，ベータトロン条件を満たす誘導電場を発生するための磁束をつくる．磁石は通常，50～60 Hz 程度の交流電流で励磁される．

磁石形状の重要なところは，外側の磁極がやや外開きのかたちを持ち，鉛直方向の磁場成分が半径方向の外側に向かって弱くなるように設計されていることである．これは古典的サイクロトロンでも使われている方式であるが，このような磁場勾配による収束方法は，Kerst らによって詳しく研究された．いま半径 r の円軌道（平衡軌道と呼ぶ）上で，水平方向（半径方向）と鉛直方向の座標を x，y とすると，収束問題は，x，y 方向に平衡軌道からわずかにずれた運動の安定性に帰着する．鉛直方向の磁場成分 B_y について，半径方向の変化の割合を，$\Delta B_y/B_y(r) = -n\Delta r/r$ で定義される n 値で表すと，鉛直方向磁場は，$r = r_0 + x (|x| \ll r_0)$ として，$B_y(r) = B_y(r_0)(1 - nx/r_0)$ となる．この運動を調べた Kerst らは，$0 < n < 1$ の条件があれば，平衡軌道からずれた粒子の運動は，水平，鉛直両方向で平衡軌道の周りの調和振動となり，安定であることを示した．$n < 1$ が水平方向の，また $n > 0$ が鉛直方向の安定条件である．この収束運動は，円形加速器の軌道の動きとして基本的なものであり，最初にベータトロンで論ぜられたため，ベータトロン振動（軌道 1 周あたりの振動数はベータトロン振動数）と呼ばれる．また後に $|n| \gg 1$ の条件で，強力な収束を得る方法が発明されるので $0 < n < 1$ の場合を弱収束という．

ベータトロンには，原理上，加速できる粒子の種類やエネルギーに制限はなく，ごく低いエネルギーから大きなエネルギーまで一定軌道で加速できるという利点がある．しかし，必要な磁石の大きさなど実用性を考えると，加速粒子は，静止質量が小さい電子（ベータ粒子）に限られる（ベータトロンと名付けられた所以である）．これまでの最高エネルギーは 300 MeV であり，1950 年 Kerst らによっ

てイリノイ大学に建設された．電子の場合，このあたりのエネルギーから，円軌道の接線方向に放出される輻射（シンクロトロン放射と呼ばれる）が大きくなり，誘導電場加速では，この輻射によるエネルギー損失を補償できなくなる．この事実を最初に指摘したのは旧ソ連の Pomeranchuk と Ivanenko である（1940 年）．一方ベータトロンは，数～数十 MeV の電子加速器としては比較的小型であるため，後に小型の電子リニアックが現れるまでは，医療や材料試験などのための放射線発生装置として数多くつくられた．

6.1.3 高エネルギーを目指して

a. 素粒子研究の始まり

Cockcroft と Walton が加速器による初めての原子核反応実験に成功した 1932 年には，中性子が Chadwick と Urey により，また Dirac が理論的に予言していた陽電子が Anderson によって発見された．さらに Anderson は，1937 年，ミュオンにあたる宇宙線粒子も発見した．これらはいずれも地上に置かれた霧箱中を通過する荷電粒子の飛跡観測によって得られたものである．しかし，原子核乾板を搭載した気球を上空に飛ばし，回収した乾板に残る入射粒子や生成，崩壊粒子などの飛跡を顕微鏡で調べる実験手法が開発されると，後に π 中間子，K 中間子，Λ 粒子などの新粒子が相次いで発見されることとなった（1947 年頃）．これらは後に素粒子と呼ばれることになるが，このような宇宙線による新しい実験結果を受けて，さらに詳細な研究を進めるためには実験室でこれらを人工的に創生することが求められ，多くの研究者が，数百 MeV に及ぶ高エネルギー加速器の開発に取り組むこととなった．

早い時期に数百 MeV のビーム加速を実現した加速器としては，リニアック，ベータトロン，シンクロサイクロトロンなどが挙げられる．しかし先の大戦後，素粒子研究に驚異的な展開をもたらしたという観点では，シンクロトロンが，高エネルギーを目指した加速器の筆頭ということになるであろう．

b. リニアック（線形加速器）

リニアックの開発は，1928 年に Wideröe が製作した装置に端を発する．しかし，当時利用できた高出力の高周波源はたかだか数 MHz で，加速粒子が速度の小さいイオンに限られたため実用化には至らなかった．開発研究が軌道に乗ってくるのは，レーダー応用などで UHF 帯からマイクロ波帯の高周波源が飛躍的に発展した第二次世界大戦以降である．リニアックは構造上，陽子リニアックに代表される光速に比べて遅い粒子に対応する装置と，ほとんど光速に近い粒子を加速する電子リニアックに大別される．

数十 MHz をはるかに超える大出力の高周波源が開発されても，Wideröe の装置では，数十 MHz 以上で高周波損失が著しく増大するという問題があり，新たな発展は望めなかった．そこで 1946 年，Alvarez は，ドリフト管を共

振空洞のなかに入れ，空洞を，軸方向に一様な定在波の電場が立つモード（TM$_{010}$）で励振する方法を提案した．こうするとドリフト管のなかには電磁場が入らず，隣り合うドリフト管の間隙には軸方向の電場が現れて，粒子を加速できる．この場合ドリフト管間隙の電場は，ヴィデレー型と違ってすべて同じ方向であり，各ドリフト管の長さは，そのなかの粒子の通過時間が高周波の1周期となるように選ばなければならない．また，このような高周波と粒子の運動を同期させる加速方法は，シンクロトロンと類似しており，粒子群を安定に加速するためには，進行方向およびそれに垂直な方向（横方向）に収束作用が求められる．進行方向については，ビームバンチの平衡位相を，間隙の加速電場が時間とともに増加する側に選ぶことで位相振動の安定性が得られる．一方，横方向については通常，各ドリフト管の円筒部分に四重極磁石を埋め込み，四重極磁石の配列でビームを収束する．この Alvarez が考案した装置を，ドリフトチューブリニアック（DTL）あるいはアルバレ型リニアックと呼ぶ．

Alvarez グループは，実際にこの原理による装置を製作し，1948 年，32 MeV までの陽子加速に成功した．おもな仕様は，加速周波数 200 MHz，平均加速電場 2.5 MeV/m，ビームパルス長 400 μs．この実験は広く研究者の注目を集め，その後数多くの同種装置が建設されることとなった．このアルバレ型リニアックは，強力なビームが得られるという特徴があるものの，出力ビームに加速高周波のバンチ構造が残り（尖頭ビーム強度が非常に大きい），また建設費用がかさむこともあり，これを直接原子核などの実験研究に使用することはほとんどなく，もっぱらシンクロトロンなどの入射器として利用される．しかしこの方式では，粒子の速度に応じて，ドリフト管が長くなり，次第に加速効率が落ちてくるので，エネルギーはある程度制限される．これまでの最高は陽子で 200 MeV である．また近年陽子の入射器としては，加速ビームとして陽子（H$^+$）に代わり H$^-$ イオンを選ぶことが増えている．これは H$^-$ でシンクロトロンに入射し，なかの薄膜（例えば炭素膜）でH$^+$ に変換するという手法で，リングのアクセプタンスを効率よく入射ビームで埋め，より大強度のビームが得られるためである．この方法は 1967 年に G. I. Budker らによって開発され，荷電変換入射法と呼ばれる．

一方，アルバレ型リニアックへのビーム入射については，イオン源で生成したビームの空間電荷効果による発散を抑えるための前段加速と，加速高周波に合わせてバンチングすることが求められる．そこで従来はコッククロフト-ウォルトン型などで 1 MeV 程度に静電加速したビームをプレバンチャーと称する高周波装置でバンチ構造にするという方式を採っていた．しかし 1970 年に，I. M. Kapchinskii と V. A. Teplyakov が発明した高周波四重極リニアック（RFQ）と呼ばれる装置の開発が進み，前段加速器はほとんど RFQ に置き換わってきている．RFQ は，基本的には共振空洞の内側に，ベインと呼ばれる，軸方向

に波打つようなかたちの翼状電極を 4 枚互いに対向させて配置した構造を持つ．この空洞を，対向するベインの先端が囲む空間に高周波の四重極電場ができるようなモードで励振する．その結果，中心軸を通るビームは，この四重極電場によって強力な収束を受けると同時に，軸方向に波打つベインがつくる軸方向の電場によって加速される．またベインの形状を適切に設計すると，RFQ が高性能のバンチャーとして動作をすることが知られており，最近は，イオン源で 100 keV 近くに加速したビームを RFQ に入射，数 MeV 程度加速してアルバレ型に移すシステムがもっぱら採用されている．

上に述べたように，アルバレ型リニアックで能率よく加速できるのは，例えば陽子の場合，たかだか 100～200 MeV 程度である．リニアックでこれを超えた加速を行うためには別の加速構造が求められる．それは結合空洞構造と呼ばれる．アルバレ型も，ドリフト管の中間で切り分けて考えると，いくつかの単空洞を連結したものと見ることができる．そこで加速エネルギー範囲で最も適切な形状の空洞をいくつか結合し，適切な加速位相と加速電圧が得られるよう一体空洞にまとめれば，高いエネルギーでも能率のよい加速構造となる．このような装置を結合空洞リニアックと呼ぶ．隣り合う空洞を電磁気的に結合する構造としては過去にいくつかの方法が実用化されている．例えば，サイドカップルド構造（Side Coupled Structure : SCS），交番周期構造（Altenating Periodic Structure : APS），ディスクアンドワッシャー構造（Disc and Washer Strucure : DAW），アニュラーリングカップルド構造（Annular-ring Coupled Structure : ACS）などがある．これまでの最高エネルギーは，1989 年にロスアラモス国立研究所（LANL）の中間子実験施設（LAMPF）で完成した主構造が SCS の陽子リニアックの 800 MeV である．

一方，電子のリニアックについては，その軽量ゆえに低エネルギーでほぼ光速となり，その後は加速による速度変化が小さいという特性を利用した構造が開発された．それは進行波型加速管と呼ばれる．基本構造は，中心にビームを通す孔（アイリス）を開けた円盤（ディスク）が，中心軸に沿って適切な間隔で並べられた円筒導波管である．このような構造にマイクロ波を通すと，このディスク列が負荷となって波が進む位相速度を遅くすることができる．そこで，ディスク列の間隔を，波の位相速度が，中心軸上を走る電子の速度に等しくなるよう設計すると，電子は，波乗りの要領で進行するマイクロ波とともに加速されることになる．この装置をディスクローデッド型リニアックと呼ぶ．このような加速管のなかの電磁場分布は，進行波とディスクで反射される波が重なる結果，様々な姿態となる．それは送り込むマイクロ波の周波数によって異なり，実際の加速器として利用されるのは，波の管内波長にディスクが 4 枚入る $\pi/2$ モードや 3 枚入る $2\pi/3$ モードなどがある．ビームの入射端から投入されるマイクロ波の出力は，進行とともにビームの加速に使われ，残って管末に達した

分はダミーロードと呼ばれる抵抗体によって吸収する.

陽子リニアックと同様, 電子リニアックでもビーム軸に垂直な方向の収束が必要である. 一般に, 低エネルギーでは加速管の外側にソレノイドコイルを被せ, また高エネルギーで多くの加速管ユニットが並ぶ場合は, 加速管の間に四重極磁石を挿入して対応する.

電子リニアックの開発は, 1930年代後半あたりから, 世界のいくつかの研究所で進められたが, その最先端を切り拓いたのがHansenを中心とするスタンフォード大学のグループである. 特に当初, 高出力のマイクロ波源の開発にも多くの努力が払われた結果, HansenとVarian兄弟が, 安定, 高効率で大出力のクライストロンと呼ばれる高周波増幅管を1937年に発明したことがリニアックの発展にとって極めて重要である. 1949年のHansenの死後もスタンフォード大学の電子リニアック研究は, Panofskyなどの指導のもとおおいに発展した. 特にMarkシリーズと呼ばれるリニアックの開発は, つねに世界の高エネルギーを目指した研究を先導した. それは1947年の6 MeV Mark Ⅰから1950年の35 MeVのMark Ⅱへと続き, 1960年には, 1 GeVのMark Ⅲが建設された. このMark Ⅲはリニアックとしての完成度の高さと, それを利用した電子ビームによる原子核構造研究の成果など, 時代を画す加速器として歴史に名前をとどめている. Mark Ⅲのおもなパラメータは, 全長90 m, マイクロ波周波数2 856 MHz, 加速管内径8.2 cm, アイリス直径2.09 cm, ビームパルス幅1 μs, パルス繰り返し60 Hz. これまでの電子リニアックで記録された最高エネルギーは, スタンフォード大学に隣接したスタンフォード線形加速器センター(SLAC)で1966年に建設された全長3 050 mの装置による54 GeVである.

なお電子リニアックでは, 10~20 MeV/m程度の加速勾配が得られ, 数~数十MeVの装置が, 比較的安価かつコンパクトにつくれるので, いろいろな応用(放射線照射や医学利用など)のために, 広く利用されている.

c. マイクロトロン

電子リニアックとは別に, サイクロトロンと類似の手法で電子を高エネルギーに加速する工夫が, 何人かの研究者によって独立に提案された. それはマイクロトロンと呼ばれ, 時間的には1944年のVekslerが最初とされる. 基本原理は, 電子を一様静磁場のなかで円運動させながら加速するとして, サイクロトロンのように加速によって大きくなる円軌道を同心円ではなく, すべて1点で内接するように取り, 加速はその場所に高周波空洞を挿入して行う. このとき, 相対論の効果で電子のサイクロトロン周波数は大きく変化するが, 高周波の周波数, 加速電圧ならびに磁場を適切に選べば, 円運動しながら空洞の場所に戻ってくる電子と高周波の位相をつねに同期させることができる. 高周波としてマイクロ波が使われることが, 名称の由来である. 後に, 加速効率を改善するため, 円形の磁石を二分, 切り離して対向させ, その間にリニアックのような連結空洞を置くタイプなどが開発された. マイクロトロンは, 構造が簡単で, 最終加速軌道からのビーム取り出しが容易であるなどの利点があるものの, 電子リニアックに比べビーム強度が劣るので, 大きくは発展しなかった. それでも100 MeV程度の装置が, 例えば後に述べる放射光源シンクロトロンの入射器などとして利用されている.

d. シンクロサイクロトロン

1930年代後半以降, サイクロトロンが持つ加速エネルギーの限界問題を克服する研究が盛んになった. 最初に提案されたのが, シンクロサイクロトロンと呼ばれる装置である. これは, 加速により次第に低下するサイクロトロン周波数に合わせ, 加速高周波の周波数を変化させるというもので, 高いエネルギーまで共鳴条件が保たれる. 周波数を変調するという意味で, FMサイクロトロン(Frequency Modulated Cyclotron)とも呼ばれる. しかしこの方式では, 加速粒子が, 変化する加速周波数に追随できるよう, 加速間隙で一定量の加速を受ける, すなわち定まった高周波の位相で間隙を通過しなければならない. このような条件を満たす粒子を同期粒子という. そこで当初問題と考えられたのは, 同期粒子とわずかにずれたエネルギーや位相を持つ粒子が, 多重の周回を行う場合の振る舞いである. この運動を理論的に分析し, 答えを出したのがLawrenceの研究グループにいたMcMillanである. 彼は1945年に, 完全に同期した粒子(平衡粒子と呼ぶ)からわずかにずれた条件の粒子も, 限られた位相やエネルギーの範囲では, 平衡粒子に伴って安定に加速されることを示した. これは位相安定性の原理と呼ばれ, 次に述べるシンクロトロンを成り立たせるための基本原理である. なおこの理論は, 1944年Vekslerによっても全く独立に発見されていた. この理論に従って, 早くも1946年には, 現在のLBL(Lawrence Berkley Laboratory)に, 磁束密度1.5 T, 最大軌道半径2.3 mのシンクロサイクロトロンが建設され, 陽子を350 MeVまで加速した. その後も世界的には相当数の装置が建設され, 最高エネルギーは陽子700 MeVに及ぶ. しかしシンクロサイクロトロンでは連続ビームが得られず, また高周波の極く限られた位相範囲に集まった粒子群(バンチ)のみが加速されるので, ビーム強度が著しく弱くなる(サイクロトロンの100分の1程度).

そこで周波数を一定に保ったうえで, 相対論の効果による質量変化に対応する方法についても研究が行われた. 同じくLawrenceのところにいたThomasは, 1938年に質量の増加に見合うよう半径方向の外側に向かって磁場を強くし, サイクロトロン周波数を一定にする方法を考案した. しかしこのような磁場分布は弱収束とは逆の勾配であるため鉛直方向に発散力が働き, 収束作用が失われる. これに対しThomasの案は, 粒子が1周する軌道に沿って, 平均では必要な磁場強度になるものの, 鉛直方向の磁場に強い部分と弱い部分をつくり, 鉛直方向の収束力を生み出すというものである. 基本的な形状は, 磁石をいくつかの

扇形（セクター）に区切り，磁場の強いセクターと弱いセクターを交互に並べる方式である．この場合，隣り合うセクターの間隙では，通常のエッジ収束と同様な効果が働き，鉛直方向の収束力が生じる．なおセクター磁石には，端部形状が直線的なラジアルセクター型とらせん状のスパイラルリッジ型がある．

しかし，このサイクロトロン，Thomas サイクロトロンが詳しく検討され，建設されるのは，10 年以上も後のことである．この頃はちょうど第二次世界大戦が近づいていた時期で，このような先端的研究は防衛機密として成果を表に出せなかったことが原因とされる．また後に，この Thomas の考えは，次にシンクロトロンのところで述べる強収束の原理と密接にかかわっていたということで注目を集めた．

現在までに建設された高エネルギーのサイクロトロンは大部分がこのタイプであり，様々な名称で呼ばれる．方位角方向に変化する磁場の意味で AVF サイクロトロン（Azimuthally Varying Field Cyclotron），磁石をセクターに分割，収束する意味で SF サイクロトロン（Sector Focusing Cyclotron），磁場を外向きに強くして粒子の回転周期を一定（等時性）にする意味で等時性サイクロトロン（Isochronous Cyclotron）などである．また近年は，セクター磁石の間隔を大きく離し，その間に高周波加速空洞を挿入，加速力を強くして，より高いエネルギーを狙う装置が開発されている．これは分離セクター型サイクロトロンあるいはリングサイクロトロンと呼ばれる．

SF サイクロトロンとシンクロトロンの間に位置するような装置として，FFAG シンクロトロン（Fixed Field Alternating Gradient）がある．これは大強度ビームの加速を狙って，1953 年大河によって提案された．磁石の形状，配置はリングサイクロトロンに似ているが，アイソクロナスではなく，加速に応じて加速周波数を変調する．ビームの収束には以下に述べる強収束の原理を応用している．セクター型の場合の特徴は，通常の強収束（$|n| \gg 1$）では n 値が正と負の磁石を交互に配置するが，FFAG では鉛直方向磁場の向きが上，下の磁石を交互に並べる点である．こうすると円形軌道の曲率が内向きと外向き交互になり，リングの周長は通常のシンクロトロンより大きくなるものの，すべての磁石で磁極形状の半径方向の変化を同じにでき，広いエネルギー範囲のビームを加速できることになる．しかし大強度を実現するためには，高周波の変調繰り返しを早くする必要があり，これまでのところ実用化には至っていない．

e. シンクロトロン

シンクロトロンは，シンクロサイクロトロンでも説明された，McMillan と Veksler による位相安定性の原理に基づく加速器である．McMillan は 1945 年の論文で，シンクロトロンは，その動作が同期電動機（synchronous motor）と似ているのでこのように名付けたと述べている．

シンクロサイクロトロンは，粒子を非常に低いエネルギー

ーから高いエネルギーまで加速できるという利点がある一方，中心から最外周まで拡がる電磁石が必要で，磁石のサイズと重量が大きな課題となった．シンクロトロンは，加速中，ビームがつねに一定軌道をとるよう工夫されており，電磁石は軌道部分だけに限られる．しかしビーム源のエネルギーが低く，加速による粒子速度の変化が大きすぎると一定軌道条件を保つことが難しくなるので，シンクロトロンでは，前段に予備加速のための入射加速器が必要となる．

シンクロトロンでは，入射器で予備加速されたビームは，リング状に配列した電磁石がつくる円形軌道に入射され，真空ビームダクトのなかを周回しながら軌道の直線部に配置された高周波加速空洞で繰り返し加速される．最もエネルギーの低い入射時にビームの運動は不安定になりやすいので，入射エネルギーは，例えば，入射磁場が，地磁気などで生じる不斉磁場に比べ十分大きくなるように選ぶ．シンクロトロンでは，ビームを加速中同一軌道上に保つため，ベータトロンのように，加速による運動量の増加に合わせて磁場を変化させる．またシンクロサイクロトロンと同様，加速によって周回周波数も変化するので，それと同期するよう加速高周波の周波数を変調する．軽量な電子の場合は，予備加速の段階ですでにほとんど光速になるので，加速周波数は一定でよい．そこで電子を加速する装置を特に電子シンクロトロンと呼ぶ．これに対応して陽子の場合の名称は，陽子シンクロトロンである．

位相安定性の原理を要約しておく．荷電粒子を高周波電場のかかる加速間隙を次々と通過させながら加速する装置において，つねに基準の軌道（平衡軌道）を通る粒子を平衡粒子と呼ぶ．平衡粒子は，平衡軌道をとるための基準のエネルギー（平衡エネルギー）を持ち，また平衡エネルギーを保持するために高周波の基準位相（平衡位相）で加速間隙を通過する．このとき平衡エネルギーや平衡位相から少しずれた条件で加速間隙を通過する粒子も，そのエネルギーと位相を平衡値の周りで調和的に振動させながら安定に加速される．これを位相安定性の原理といい，共役関係にある位相とエネルギーの振動をシンクロトロン振動と呼ぶ．具体的には，エネルギーの違いが，間隙から間隙へ移る飛行時間差を通して位相の変化に，一方その位相の変化が，間隙での加速によって得られるエネルギーの変化に結び付くことによっている．粒子の進行方向の運動で見ると，この原理は粒子群が一定の位相の周りに集まって加速されること，すなわち粒子のバンチが形成されることを示しており，別の表現をするとこのような加速器では粒子ビームの進行方向の運動に収束作用が働くことを意味する．

一方，これもベータトロンのところで説明したように，多数の粒子の集まりであるビームが，その強度を失うことなく安定に加速されるためには，軌道が水平面にある場合，軌道に垂直な方向，成分では水平方向（半径方向）と鉛直方向に収束力が働かなければならない．シンクロトロンが提案された当時わかっていた方法は，ベータトロンで

開発された弱収束，すなわち磁石の磁極をやや外開きにし，$0<n<1$ となるような磁場分布とすることである．初期の装置ではもっぱらこの方法が採用された．

McMillan の論文発表直後，1946 年には 70 MeV の電子シンクロトロンが米国 GE 社でつくられ，シンクロトロンの原理が実証された．なおこの装置は，最初にシンクロトロン放射が観測されたことでも歴史に名をとどめている．その後米国を中心に，300 MeV あたりの電子シンクロトロンが建設され，中間子発生実験などに利用された．一方弱収束の陽子シンクロトロンも 1950 年代に実現するが，研究成果に繋がった代表的な装置としては，1952 年の 3 GeV コスモトロン（Brookhaven National Laboratory：BNL）や 1954 年の 6.4 GeV ベバトロン（LBL）などが挙げられる．特にベバトロンでは初めて反陽子の生成に成功している．

しかしこの弱収束シンクロトロンは，エネルギーとともに必要な電磁石が巨大となり，たちまち実用上に問題が生じた．実際ベバトロン電磁石の総重量は 1 万 t に及ぶ．そこで登場したのが弱収束に比べ電磁石のビーム口径を 1 桁（磁石の断面積では 2 桁）ほども小さくできる強収束の原理である．この原理は 1952 年に Courant, Livingston, Snyder によって発表された．しかし実際にはすでに 1949 年に，米国生まれで当時ギリシャにいた電気技師 Christofilos によって考案されていたものの，論文として公表しなかったので広く知られるところとならなかった．

弱収束のところで述べたように，鉛直方向磁場の空間分布を $B_y(r)=B_y(r_0)(1-nx/r_0)$ のように n 値で表すと，$n\ll1$ で水平方向，$n\gg0$ で鉛直方向に強い収束力が働く．しかしそれぞれ反対方向には強い発散力となる．一方上式をみると磁場は偏向作用の双極成分と収束作用の 4 極成分の重畳，また n は 4 極成分の強さ，光学に例えるとレンズ作用の強さを表すことがわかる．そこで光学で凸レンズと凹レンズを交互に並べて収束系をつくるように，$|n|\gg1$ で n 値の符号が＋と−の電磁石を交互に配置，水平，鉛直両面内で強い収束を得るのが強収束である．これは AG 収束（Alternating Gradient Focusing）とも呼ばれる．直感的には次のように理解できる．すなわちビームは水平方向に発散作用と収束作用（同時に鉛直方向には収束作用と発散作用）を次々と受けながら進むことになるが，ビームの磁石内での広がりは，収束の場所でのほうが発散の場所より大きくなる一方，作用の強さは中心からのずれに比例して大きくなるので結局全体としては収束作用が勝る．強収束では，粒子の運動量の違いによる軌道のずれや，磁場の不斉による軌道の歪も弱収束に比べ著しく小さくなる．実際，強収束の原理によってシンクロトロンの磁石口径は十分小さくできることとなり，1950 年代後半以後，高いエネルギーを目指したシンクロトロンはこの方式となっている．

上に述べたように，軌道に沿った強収束の磁場配置は水平または鉛直どちらか一方に限ると，偏向磁場に収束または発散作用を持つ 4 極磁場を重ね合わせて交互に配列している．そこで 1953 年，北垣は，一様磁場の偏向磁石と収束または発散の 4 極磁石を隣接させ，それらを交互に軌道に沿って配置することによっても全体として安定な収束作用が得られることを示した．この方式の装置を機能分離型シンクロトロン（separated function）と呼ぶ．これと区別して AG 方式は結合機能型（combined function）と呼ばれる．機能分離型の特徴は，偏向と収束の磁石が別々となり，リングの大きさは結合型より大きくなるものの，偏向磁場を鉄心が飽和する 2 T 程度まで高くでき，また収束機能が 4 極磁石のシステムとして分離されているので収束のパラメータ（機能結合型では設計時に選択された n 値でほぼ固定される）をビームの性質を見ながら自由に変更できることが挙げられる．例えばベータトロン振動数（チューン）を共鳴条件から外れた値に設定することなどが容易に行える．機能分離型は，最初 1972 年完成のフェルミ研究所（Fermilab）500 GeV シンクロトロンに採用された後，現在はほとんどの大型のシンクロトロン，特に放射光源用リングのすべてに使われている．

強収束シンクロトロンの特徴の一つとして，加速中に位相安定性が失われる特異なエネルギーの存在が挙げられる．これは強い収束のために，加速による運動量の増加割合と軌道半径の変化による周回軌道長の増加割合がバランスし，周回周期が変化しなくなるためで，これをトランジションエネルギーと呼ぶ．強収束型の陽子シンクロトロンでは，設計上，加速中にこのエネルギーを通過しなければならない場合が少なくない．そこで実際の加速過程では，このエネルギーに差しかかると，強制的に高周波加速の位相を，安定性が保てる位相へと大きくジャンプさせ，位相振動の不安定性によるビームの損失を防ぐことになる．なお，弱収束型や，低エネルギーで光速に近づく電子のシンクロトロンでは，トランジションエネルギーが，実用上入射エネルギー以上になることはない．

また光速に近い荷電粒子が，シンクロトロンのように曲線軌道上を運動する場合に現れる重要な効果として，シンクロトロン放射と呼ばれる現象がある．これは荷電粒子がエネルギーの一部を，運動の接線方向に光（厳密には電磁波）として放出するものであり，加速器内のビームの運動の観点と，放出される光（放射光）の利用の観点で非常に重要である．詳しくは，ビームコライダーのところで触れることにする．

初期の強収束シンクロトロンについて，加速器研究と素粒子研究の両方で大きな成功を収めた代表的な装置としては，1960 年完成の BNL-30 GeV 陽子シンクロトロン（通称 AGS）と 1959 年完成の CERN-28 GeV 陽子シンクロトロン（通称 CPS）を挙げておかねばならない．一方シンクロトロンとしての最高エネルギーは，上に述べたフェルミ研究所の装置で，電磁石に超伝導磁石を応用し，1 TeV を達成している．なお分類上はビームコライダーであるが，シンクロトロンの原理による装置としての最高エネ

ギーは，いずれも CERN の，電子では 110 GeV の LEP，陽子では 7 TeV の LHC である.

6.1.4 ビームコライダー

a. ビームコライダー

リヴィングストンチャートに見られるように，加速器の最高エネルギーは，第二次世界大戦後あたりから指数関数的に上昇を続けている．しかし加速粒子のエネルギーが，相対論の効果が顕著となる領域に達すると，従来の静止した標的粒子に加速粒子をぶつけ，素粒子反応を起こさせるやり方では，エネルギー効率が非常に悪くなる．二つの粒子が衝突する場合，衝突の前後での総運動量保存から，衝突反応に利用できるエネルギーは，総運動量がゼロの系，すなわち重心系におけるエネルギーである．いま静止質量 m の粒子同士をぶつけるとして，一方を静止させておき，そこに全エネルギー E_{lab} に加速した粒子をぶつければ（例えば加速陽子と液体水素標的の組み合わせ），E_{lab} が静止エネルギーより十分大きければ，衝突の重心系エネルギー E_{cm} は，$E_{cm} \sim (2 mc^2 E_{lab})^{1/2}$ となる．すなわち衝突反応に利用できるエネルギーは，入射粒子のエネルギーの平方根でしか増加しない．

このことに最初に注目したのが，リニアックやベータトロンの原理を考案した Wideröe である．彼はすでに 1940 年代に，実験室系で重心が静止しているビーム衝突を実現する方法を提案している．1950 年代に入ると，プリンストン大学やスタンフォード大学の研究者はこの方法を具体的に検討し，1956 年に O'Neill は，2 台の電子シンクロトロンを外接配置して行う，高エネルギーの電子・電子衝突（メラー散乱）実験の案を発表した．さらに Budker は，同様の VEP-1 という名称の装置をノヴォシビルスクの研究所で実現しようとし，また Kerst は 1959 年に，電子シンクロトロンのビーム強度では十分な頻度で衝突反応が起こせないとして，FFAG のアイデアを応用する装置の提案をしている．

このようにビーム同士を衝突させる加速器システムをビームコライダーと呼ぶが，その発展において非常に重要な役割を果たした最初期の装置として，1961 年，フラスカティの原子核研究所（INFN）に建設された電子と陽電子のコライダー，AdA（Anello di Accumulazione : Storage Ring）を挙げておかなければならない．これは 1960 年の Touschek の提案によるもので，シンクロトロンの同一軌道上に電子とその反粒子である陽電子を乗せ，互いに反対方向に周回させながら 250 MeV に加速し，衝突させるという仕組みである．この 1 リングビームコライダーについて Touschek は，これを考えた動機は，同一エネルギーの電子と陽電子の正面衝突によって，エネルギーが凝縮された真空と同じ物理系をつくり，そこで起こる素粒子反応を研究したいということであって，その結果としてこのビーム衝突方式を思いついたと述べている．当時，物理実験の研究者が加速器開発も主導していた時代が終わり，物理実

験と加速器の分業体制が進んでいたなかで，彼自身は，両分野は不可分の関係であるべきだという強い主張の持ち主であったようである.

AdA は，INFN に適切な入射器がなかったので，1963 年に，強力な電子リニアックを持つオルセーの線形加速器研究所（LAL）に移管された．そこでの実験を通して AdA は，素粒子と加速器の両分野で，後々まで大きな影響を与える研究成果を残した．まず，電子・陽電子衝突による中間子生成実験などを通し，ビームコライダーが素粒子研究のための強力な道具になり得ることを示した．一方加速器については，電子シンクロトロンに電子ビームを長い時間貯める研究のなかで，シンクロトロン放射光がビームに与える影響，例えば放射減衰効果や量子ゆらぎ効果などが詳しく調べられた.

b. リングコライダー

AdA のように，リング軌道に貯められたビームをぶつけ合う加速器をリングコライダー，このビームを貯めるリングをストレージリングと呼ぶ．リングコライダーには，1 台のストレージリングに貯められた，同一エネルギーの粒子と反粒子をぶつける 1 リングコライダーと，2 台のストレージリングに別々にビームを貯め，2 リングを交差させてぶつける 2 リングコライダーがある．この 2 リングコライダーが使われるのは，電子・電子や陽子・陽子の衝突とか，粒子・反粒子衝突でもそれぞれのビームのエネルギーが異なる場合や，同一エネルギーでも特に大きな衝突反応の頻度が要求される場合である.

ビームコライダーの性能を表す重要なパラメータの一つにルミノシティー（L）と呼ばれる量がある．これはビーム同士がぶつかったとき単位時間あたりに反応が起きる頻度（y）を決めるもので，当該衝突反応の断面積を σ として $y = \sigma L$ と定義される．例えば，正面衝突するビーム 1 と 2 が衝突点で，ともに半径 a の円柱状バンチであり，それぞれに含まれる粒子数を N_1，N_2，単位時間あたりの衝突回数を f とすると $L = f N_1 N_2 / \pi a^2$ と表される．静止標的実験と比べ，ビームコライダー実験で最初に問題となるのが，粒子衝突による反応の頻度である．静止標的では，一般に標的粒子数が 10^{23} のオーダーであるのに対し，リングに貯えられる粒子数は，たかだか 10^{15} 程度であるためである．すなわちビームコライダー実験の成否は，このルミノシティーという量にかかっているといっても過言ではない．なお，ルミノシティーという言葉が最初にどこで用いられたか，定説があるわけではないが，多分 AdA のグループで，そのなかの Touschek あたりではないかといわれている.

このようにルミノシティーは二つのビームの強度に比例し，衝突点での横方向の断面積に反比例する．そこでルミノシティーを大きくするために，衝突点では特別にビームを細く絞り込む．そのための収束システムを低ベータインサーション（low-β insertion）と呼ぶ．その原理は，衝突点の両側に，水平方向と鉛直方向に強力な 4 極磁石の組を

置いて，衝突点で水平・鉛直両方向にビームを強く絞り込むものである．4極磁石の代わりに超伝導を利用した強力なソレノイド磁石が用いられることもある．しかし衝突点でビームを無制限に細くできるわけではなく，いろいろな条件によって制限を受ける．例えば，ルミノシティーを劣化させないためには，衝突でビームが重なり合っている間ビームは絞り込まれた状態を保たねばならない．そのためには衝突点のベータトロン関数を，バンチの長さより十分大きくすることが求められる．

また，運動量分布に起因するビームの広がりをなくすため，衝突点では運動量分散関数がゼロとなるよう軌道の電磁石システムを設計する．

ルミノシティーはビームが衝突することによっても制限を受ける．それはビームビーム効果と呼ばれるビーム不安定性で，例えば二つのビーム強度が等しい場合，強度の2乗に比例して増加するはずのルミノシティーが次第に比例程度でしか増加しなくなる現象として観測される．これは，衝突の際に二つのビーム間に働く電磁気的相互作用によって，ビームの広がりがビーム強度とともに大きくなるためと考えられる．ビームビーム効果には，衝突する一方のビームが他方のビームのなかの個々の粒子に影響を及ぼすインコヒーレント効果と，ビーム同士が全体として影響を及ぼし合うコヒーレント効果がある．二つのビームが同一軸上にある正面衝突の場合には，粒子分布の対称性からコヒーレント効果は現れない．

このインコヒーレント効果は，単純には二つのバンチが衝突点で重なり合って通り過ぎる間に互いに及ぼし合う付加的な収束力として取り扱うことができ，結果としては衝突によるベータトロン振動数のずれ，ビームビームチューンシフトとして表される．問題を簡単にするため，ぶつかるビームは同一の質量（m），エネルギー（$E=m\gamma$），強度（バンチあたり粒子数 N）を持つ，断面形状が楕円の粒子と反粒子のバンチとすると（断面の水平，鉛直方向座標を x，y，分布の平均2乗半径 $\sigma_{x,y}$），このビームビームチューンシフトは $\Delta\nu_{x,y}=r_0\beta^*_{x,y}N/2\pi\gamma/\sigma_x(\sigma_x+\sigma_y)$ と近似できる．ここに r_0 は古典粒子半径，$\beta^*_{x,y}$ は衝突点のベータトロン関数である．

このように，ビームビーム効果によってベータトロン振動数が変化すると，元のチューン値の近くにベータトロン共鳴があるとビームが失われ，ルミノシティーの制限につながる．一方，これまでのいろいろな衝突ビームリングでは，そのようなはっきりした理由付けはできないものの，共通に，ビームビームチューンシフトには，おおよその限界，チューンシフトリミット（$\Delta\nu_{limit}$）のあることが知られている．それらは陽子・陽子（反陽子）衝突と電子・陽電子衝突の場合で異なり，前者で 0.005，後者で 0.05 程度である．電子・陽電子リングの場合に大きな数値が許容されるのは，後に述べる放射減衰効果が働くためと推察される．

ここで，ルミノシティーがビームビームチューンシフト

で制限される場合を考えると，予想されるように，ルミノシティーは $\Delta\nu_x=\Delta\nu_y=\Delta\nu_{limit}$ のときに最大となる．すなわち $\beta^*_y/\beta^*_x=\sigma_y/\sigma_x$．これはまた衝突点での運動量分数関数をゼロ，ビームエミッタンスを $\varepsilon_{x,y}$ として $\beta^*_y/\beta^*_x=\varepsilon_y/\varepsilon_x$ 書ける．いま結合係数と呼ばれるパラメータ $\kappa=\varepsilon_y/\varepsilon_x$ を導入すると，最大のルミノシティーを与える最適結合係数は $\kappa=\beta^*_y/\beta^*_x$ で与えられる．結合係数は，歪4極磁石を用い水平方向と鉛直方向のベータトロン振動の結合を調節することにより一定の範囲内で変えることができる．

ルミノシティーは，基本的にはストレージリングの性能（貯えられる粒子数，衝突点でのビームサイズ，衝突頻度，ビームライフなど）によって左右される．ここでは陽子・反陽子衝突と電子・陽電子衝突の場合のストレージリングについて触れておく．

陽子・反陽子衝突リングで最も重要な性能は，反陽子ビームの強度である．反陽子は，強力な陽子ビームを標的にぶつけ，二次的に生成する．しかし一般にリングへの入射ビームとして限られたエネルギー幅と広がりに収まる生成粒子は極くわずかで，この生成過程を何度も繰り返し蓄積する必要がある．このため衝突リングの前段に反陽子蓄積リングが置かれる．リングで安定に蓄積できる粒子のエネルギーや空間的な広がりには制限があり，それを位相空間（エネルギーと位相および位置と運動方向の座標空間）の領域で表し，アクセプタンスと称する．

基本的に多重入射は，このアクセプタンスを入射ビームのエミッタンスで埋めることである．しかし反陽子のように二次的な生成粒子のエミッタンスは相当大きく，そのままでは効率的な多重入射は難しい．そこで考案されたのがビーム冷却（beam cooling）と呼ばれる手法である．これは入射された粒子をリングで周回させながらそのエミッタンスを小さくする技術で，電子冷却（electron cooling）と確率冷却（stochastic cooling）が代表的である．ビームを構成する粒子群は，基準となる運動量や軌道の周りに一定の広がりを持っている．そこでそれらの基準値を中心に考えると，各粒子の動きは気体運動と類似しており，このような広がりの尺度として温度を定義することができる．すなわちビーム冷却は，ビームの温度を下げるプロセスのことである．ここではこれらの冷却プロセスの原理について簡単に触れておく．

電子冷却は，1966年 Budker によって考案された．特徴は，反陽子などイオンストレージリングの一部に，外部から電子ビームを引き込み，一定距離イオンビームと合流，並走させた後，引き離し外部に取り出す直線部を設けることである．この電子ビームは，イオンビームの平均速度と同じ一様な速度を持ち，進行方向の揃った電子群（低温度ビーム）で構成される．両ビームの合流，並走運動を，電子ビームの静止系で見ると，低温の電子気体と高温のイオン気体の混合系になっており，電子とイオンの集団はクーロン散乱を通じて互いに平衡温度に近づこうとする．すなわち，電子は熱くなり，イオンは冷たくなる．し

かし熱くなった電子は捨てられ，次々低温の電子が供給されるので，イオンビームは冷却され続けることになる．この冷却原理は，その後ノヴォシビルスクの原子核研究所やCERN，Fermilabなどで実証され，反陽子ビーム生成への応用が図られたものの，実際には確率冷却の優位性がはっきりし，陽子・反陽子衝突にはほとんど使われなかった．一方で，この方法はエネルギーの低いイオンビームの冷却には適しているので，むしろ原子核や原子物理研究のためのイオンストレージリングなどではおおいにその威力を発揮している．

確率冷却は，1972年にCERNのvan der Meerによって考案された．基本原理は，ビームをできるだけ少数粒子のサンプルに切り分け，そのサンプル平均についてベータトロン振動やエネルギー振動の基準値からのずれを観測，その補正値を同じサンプルにフィードバックする手法である．これを1個1個の粒子について行えれば理想的であるが，時間精度や信号強度の限界からビームをそこまで細かく分解することは難しい．そこで実際には相当数の粒子が含まれるサンプルの平均値について補正することになる．しかしvan der Meerが示したように，このプロセスを繰り返し行うことにより，統計的には粒子の運動が次第に揃ってきて，ビーム冷却が進むことになる．ベータトロン振動の場合は，リング中の検出器でサンプルの平衡軌道からのずれを観測，このエラー信号から補正信号をつくり，反対側に置かれたキッカーにリングを横断して送る．キッカーの位置で，補正信号と信号源のサンプルがちょうど出合うような条件設定になっている．検出器からキッカーに進む間にビームサンプルのベータトロン振動位相は変化し，また検出器の位置での位相も一定ではないので1回のプロセスでサンプルの振動振幅を補正できるわけではないが，これも繰り返し行うことにより統計的には振幅が減り，ビームが冷却されることがわかっている．エネルギー振動の冷却はやや複雑であるが，例えばビームサンプルのリング周回時間を基準値に近づけるために補正の加減速を加えるようなシステムとなる．これまでの陽子・反陽子衝突リングでは，すべての反陽子蓄積リングでこの確率冷却法が採用されている．

一方，シンクロトンのところで触れたように，光速に近い荷電粒子は，円形軌道上でシンクロトロン光（放射光）を放出する．電子・陽電子衝突のための電子や陽電子のリングでは，静止質量が大きな陽子や反陽子と違って，かなり低いエネルギー（数百MeV）でもこの光は強力となる．この放射効果は極めて重要で，リングを周回するビームの性質はこの効果でほとんどが決まってしまう．シンクロトロン放射については，その性質がSchwingerによって定式化され（1949年），さらに1950年代に入って，放射と高周波加速が合わさって電子ビームの運動に及ぼす影響がSokolov，Ternov，Kolomenski，Lebedev，Robinsonらによって詳しく調べられた．

いまリングを構成するすべての偏向磁石について，軌道の曲率半径が同じでρ_0とするとき，静止質量m，エネルギーE_0の粒子がリング1周あたりに放射によって失うエネルギーは$U_0 = (4\pi/3)r_0 E_0^4/(mc^2)^3/\rho_0$で与えられる．$r_0 = e^2/(4\pi\varepsilon_0 mc^2)$は古典粒子半径．これより$U_0$は$(E_0/mc^2)^4 = \gamma^4$（$\gamma$はローレンツ因子）で変化し，この放射が極めて相対論的な効果であることがわかる．その放射方向は粒子の進行方向，角度広がりは$1/\gamma$程度，また臨界エネルギー$u_c = (3/4\pi)(hc/\rho_0)\gamma^3$（$\gamma$はローレンツ因子）あたりがなだらかなピークになる連続スペクトルを持つ（hはプランク定数）．

このシンクロトロン放射がビームに及ぼす影響の代表的なものが，シンクロトロン振動やベータトロン振動の振幅を決める放射減衰効果（radiation damping）と量子ゆらぎ効果（quantum fluctuation，結果的に振動励起となるのでquantum excitationとも呼ばれる）である．なお，放射減衰効果はリングの磁場配列の影響を受け，偏向作用と収束作用をあわせ持つ磁石が使われる結合機能型リングでは，条件によって減衰ではなく励起効果になる場合もあり得る．そこで，ここでは必ず減衰効果となる分離機能型のリングを仮定する．

放射減衰効果は，ベータトロン振動については概略次のように説明されている（簡単のためエネルギー分散の効果は考えない）．粒子は放射によって進行方向の運動量を失う．ベータトロン振動をしている粒子は，中心軌道方向とそれに垂直な方向の運動量成分を持つので，放射で失われる運動量も両方の成分を持つ．一方放射損失を補償するためのRF加速ではつねに中心軌道方向の運動量成分のみが加えられるので，粒子は，放射損失とRF加速を受けながら周回を続けるうちに，そのベータトロン振動は次第に減衰することになる．結果のみを示すと，シンクロトロン振動の減衰定数は$\tau_\varepsilon \sim E_0 T_0/U_0$（$T_0$はビームの周回周期），ベータトロン振動では$\tau_x \sim \tau_y \sim 2\tau_\varepsilon$である．

この放射減衰効果が働くと，電子や陽電子のストレージリングでは，時間とともにビームのエネルギー幅や空間的広がりが限りなくゼロに近づくはずであるが，上に述べた最初期のコライダーAdAで詳しく調べられたように，実際にはある一定値に落ち着くことがわかっている．

これは放射減衰効果と並行してエネルギー振動やベータトロン振動を励起する別のメカニズム，量子ゆらぎ効果が働くためで，結局両効果のバランスによってビームの性質が決まる．

この量子ゆらぎ効果は，シンクロトロン放射が放出される基本的なメカニズムに起因している．ビームの放射損失などを論ずるうえでは，放射はビームから連続的に放出されるものとして取り扱われており，これは多数の粒子で構成されるビームの平均的な振る舞いに対しては正しい結果を与える．しかし運動している粒子からの放射を微視的に見ると，実際には電磁放射は，極めて短い時間の間にバラバラのエネルギーを持つ光量子として放出され，またその頻度も確率的に分布している．すなわち，リングを周回す

る粒子には，偶発的かつ不連続的な運動量変化を受け続けることになる．このような擾乱を繰り返し受けることは，粒子の運動に対する雑音のようなものであり，酔歩の理論などでもわかるように振動の振幅を増大させる．

このように電子や陽電子リングのビームの性質は，陽子や反陽子の場合のように入射ビームに左右されず，放射減衰と量子ゆらぎ，両効果のバランスによって決まることになる．シンクロトロン振動とベータトロン振動について，それらは自然エネルギー幅（σ_ε）ならびに自然エミッタンス（ε_{x0}）と呼ばれる．

なお水平方向と鉛直方向のベータトロン振動に結合がない場合，放射の鉛直方向成分はないので，量子ゆらぎ効果も生じない．すなわち鉛直方向の自然エミッタンス $\varepsilon_{y0}=0$ である．しかし実際に結合を完全にゼロにすることは難しく，実際のエミッタンスを ε_x，ε_y として，$\varepsilon_{x0}=\varepsilon_x+\varepsilon_y$ となる．

陽電子ビームの生成には通常電子リニアックが利用される．高エネルギーの電子ビームを，タングステンやタンタルのような重金属の標的にぶつけ，そのなかの電磁カスケードシャワーでつくられる γ 線や電子・陽電子対のうち，必要なエネルギーと広がりを持つ陽電子を選別，収束，それらを再びリニアックに戻して加速し，陽電子ビームとする．このビームをほぼ放射減衰時間の間隔でリングに入射・蓄積する．このようにして得られる陽電子ビームは比較的強いので，反陽子の場合と異なり，衝突リングに直接入射することも可能である．しかし特に強力なビームが求められる場合には，別途陽電子専用のビーム蓄積リングを用いる．

ここで，これまでに建設された代表的なリングコライダーを紹介しておく．

ハドロンコライダーについて，最初の装置は，CERNの ISR（1971 年）である．衝突エネルギーが 28 GeV×2 の陽子・陽子コライダーで，静止標的で約 2 TeV に相当するエネルギーまでの陽子・陽子衝突全断面積などが測定された．一方，ビームが非常に安定で，高精度のビーム観測ができ，その結果ビーム不安定性などビーム物理について重要な研究が行われた．続いて CERN では，上記の確率冷却技術を利用して，315 GeV×2 の陽子・反陽子コライダー SPPS が 1981 年に建設された．本装置では弱い相互作用にかかわるウィークボソン（Z^0，$W^\pm$）が発見され，素粒子標準理論の確立に大きな貢献をした．一方，米国では Fermilab で 1985 年に 900 GeV×2 の陽子・反陽子コライダー Tevatron が完成している．ここでの大きな成果は，6 番目のクォークとしていろいろな加速器で探索に失敗していたトップクォークの発見である．最新の装置は CERN の LHC（2008 年）で，設計性能が 8 TeV×2 の陽子・陽子コライダーである．当初はエネルギーを下げて（3～5 TeV）の運転であったが，すでにヒッグス粒子の発見という偉業を達成している．

なおハドロンコライダーの一種と考えてよいが，2000 年に米国の BNL で重イオンコライダー RHIC が建設され，核子あたり 100 GeV 程度のエネルギーの金や銅イオンの衝突実験を行っている．目的はクォーク・グルーオン・プラズマの観測などである．

ハドロンコライダーではないが，ハドロン研究を目的とする電子（30 GeV）と陽子（820 GeV）のコライダー HERA がドイツの DESY で建設され（1990 年），陽子構造の研究などに使われた．

電子・陽電子コライダーについては，すでに最初期の AdA を取り上げたので，ここではそれ以後のおもな装置を国別に紹介する．米国：SLAC の SPEAR（4.2 GeV×2，1972 年），PEP（18 GeV×2，1980 年），PEPII（3.5＋7.5 GeV，1998 年）やコーネル大学の CESR（6 GeV×2，1979 年）などである．特に SPEAR は，4.2 GeV×2 の比較的小規模な装置であるが，チャームクォークやタウレプトンの発見など非常に重要な成果を生み出した．費用対効果の大きな施設の代表格といってよいであろう．イタリア：LNF-ADONE（1.5 GeV×2，1974 年），DAFNE（0.5 GeV×2，1969 年）．ドイツ：DESY-DORIS（5.1 GeV×2，1974 年），PETRA（23 GeV×2，1978 年）．スイス：CERN-LEP（110 GeV×2，1989 年）．ロシア：BINP-VEPP4（3.1 GeV×2，1979 年）．中国：IHEP-BEPC（2.8 GeV×2，1988 年）．日本：KEK-TRISTAN（32 GeV×2，1986 年），KEKB（3＋8 GeV，1999 年）．PEP-II と KEKB は B ファクトリーと呼ばれる装置で，陽電子と電子を異なるエネルギーで衝突させる．非常に大きなルミノシティーが要求され，B 中間子と反 B 中間子を大量に発生，その崩壊の精密測定により，小林・益川理論が予言する CP 対称性の破れを実証するための研究施設である．

c．リニアコライダー

電子・陽電子のリングコライダーでは，エネルギーが高くなるに従い，規模的な制約が非常に大きくなる．それは上に述べたシンクロトロン放射損失が，エネルギーの 4 乗に比例して増大するためであり，エネルギー効率の面では，リングの半径をエネルギーの 2 乗に比例して大きくすることが望ましいとされる．これまでの最高エネルギーの装置は CERN-LEP（110 GeV×2）であるが，すでにそのリング周長は 27 km であり，これ以上のリングコライダーは一般に現実的ではないと考えられている．

そこでこの放射損失の問題を回避した数百 GeV の電子・陽電子コライダーとして，ビームを直線的に加速してぶつけるリニアコライダーが提案され，開発研究が進められている．このアイデアの原形は，Tigner が 1965 年に発表した，対向するリニアックで電子ビームを加速，衝突させる装置ならびにこれとは独立に 1976 年 Amaldi が提案した電子・陽電子コライダーである．いずれの場合もリニアックとしては超伝導を利用し，衝突後のビームを対向するリニアックで減速，エネルギーを回収するシステムを採用している．

これまでに本格的なリニアコライダーは実現していな

い．その一つの理由が技術的な難しさである．特に，ビームの衝突頻度は，リニアックの繰り返しで決まり，リングの場合の周回周波数に比べ何桁も小さくなる．そこでこのハンデキャップを克服し必要なルミノシティーを得るために衝突点でのビームサイズを極めて細く（nm レベル）しなければならず，なお多くの開発要素が残されている．

リニアコライダーの基本的な問題を調べる目的で，SLC と呼ばれる実験施設が SLAC で建設された（1989 年）．これは 1 台のリニアックで電子と陽電子のビームバンチ群を前後に距離をおいて同時に加速し，加速後に電子と陽電子を磁場で左右に振り分け，さらにそれぞれを約半周させてぶつけるシステムである．リニアコライダーの実証実験として，電子と陽電子をともに 45 GeV に加速，Z^0 粒子生成などの研究が行われた．

LEP が施設規模の面で，リングコライダーの限界に近いという考えが広がってきた 1980 年代中頃以降，世界の有力な高エネルギー研究機関でリニアコライダーの開発が精力的に進められることとなった．さらに LEP のシャットダウンが 2000 年と決まり，いよいよリニアコライダーの建設計画を具体的に考えなければならない段階に至った．そこで関係研究機関で検討した結果，リニアコライダー計画は国際協力で推進すること，そのために各機関バラバラの加速器構想を一元化することなどを決めた．それに沿って国際技術勧告パネル（ITRP）を結成，精力的な検討作業の後，2004 年に加速器施設の主要な仕様ならびに名称を ILC（International Linear Collider）とすることを決めた．さらにこの勧告は ICFA（The International Committee for Future Accelerators）で承認され，現在は ICFA に置かれた LCB（Linear Collider Board）のもとで具体的な建設に向けての国際協力による大規模な開発・設計作業が進められている．

ILC の設計グループが 2013 年に発表したテクニカルデザイン案によると，衝突ビームエネルギー：250 GeV×2（当初は 125 GeV×2 あたりから段階的にエネルギーを上げていく），全長：約 30 km（中央に衝突実験エリアが置かれる），ビーム交差角：14 mr，リニアックのタイプ：超伝導空洞方式，加速高周波数：1.3 GHz，加速パルス繰り返し：5 Hz，パルスあたりバンチ数：1 312，平均加速勾配：31.5 MV/m，最大所要電力：163 MW，衝突点でのビームサイズ：$\sigma^*_x/\sigma^*_y=474$ nm/5.9 nm，ルミノシティー：1.8×10^{34} cm^{-2}s^{-1}．なお中央付近に設置されるダンピングリングとしては，周長 3.2 km，エネルギー 5 GeV，減衰時間 0.1～0.2 s あたりの性能が考えられている．

今後は，具体的な建設に向けた開発研究，建設地の選定，予算計画の策定などが ICFA-LCB のもとで進められることになっている．

6.1.5 物質・生命科学研究への応用

a．量子ビーム

物質・生命科学において，関係する各種物質の原子・分子構造を知ることは，物質の機能を理解し，さらには新しい機能を持つ物質を開発するうえで欠くことができない．そのために従来よく用いられてきたのは X 線である．物質の結晶構造を観測するには 0.01～1 nm 程度の分解能が必要であり，X 線はちょうどその条件に適している．一方 20 世紀初めに量子力学が完成し，粒子と波動の二重性が確立すると，X 線以外にもいろいろな粒子が波動として物質構造の研究に利用できることがわかってきた．以下では，それらのうち線源として加速器が用いられる放射光，中性子，ミュオン，陽電子について概略を説明する．このように粒子性と波動性を合わせて利用する意味で，近年これらの総称として量子ビームという言葉が使われる．

b．放射光利用

放射光については，ベータトロンやシンクロトロンの開発と関連して，おもに理論的ではあったが，1940 年頃にはよく知られていた．しかし実際に光として観測されたのは 1947 年，GE 社の 70 MeV シンクロトロンである（そのためにシンクロトロン放射と呼ばれることになった）．一方 1950 年代に入り，Schwinger らが理論的に示した光の特性が，コーネル大学などの素粒子実験用電子シンクロトロンを用いて実証されると，極紫外から X 線の波長領域では従来の線源から得られる光に比べ格段に強力であることがわかり，それを利用する原子・分子の分光実験などが真剣に考えられるようになった．実際，1960 年代に入ると日米欧のいくつかの研究グループがそれぞれの地域の素粒子実験のための電子シンクロトロンを利用しながら極紫外領域で物性物理や化学の実験を始め，さらに 1960 年代の終わり頃からは電子・陽電子コライダーとして建設された電子ストレージリングが主たる放射光源となった．ウィスコンシン大学の 240 MeV ストレージリングあたりが最初期の装置であるが，その後に現れる SLAC の SPEAR をはじめとする GeV 級のリングでは光の波長が数十 keV の硬 X 線領域まで広がり，利用研究分野と研究者の数が急速に増大した．このように素粒子実験のための施設を放射光実験にも利用した加速器を，第一世代の放射光源と呼ぶ．

この第一世代光源によって，放射光実験が物質・生命科学の研究に非常に重要な位置を占めるに及んで，1970 年代後半あたりから放射光専用の電子ストレージリングが世界各地で建設されることとなった．このような放射光専用加速器を第二世代放射光源と呼ぶ．この第二世代光源では，放射光発生は，おもにリング周上に並ぶ偏向磁石によっていたが，施設全体が放射光利用に特化した設計となっており，研究者は，自前の X 線装置並みの手軽さで利用できる状況が実現した．その結果，物質・生命科学において放射光を利用する研究者は飛躍的に増加し，一大研究分野を形成している．

放射光の特徴は，その高輝度性（高強度，高指向性，極細など）や，赤外から硬 X 線に及ぶ広い波長領域などである．そこで 1990 年頃からはこれらの性能を一段と高度

化した光源が建設されるようになった．これらの施設を第三世代の光源と呼ぶ．第三世代光源と従来光源の違いとしては，主要な光の発生源としてウィグラーとかアンジュレータと呼ばれる挿入光源が用いられることや，ストレージリングを低エミッタンスビームに特化した構造とすることなどが挙げられる．近年建設されるのは，大部分が第三世代光源である．それらのうちで，大型光源としては ESRF（8 GeV，フランス，1992 年），APS（7 GeV，米国，1995年），SPring-8（8 GeV，日本，1997 年）の 3 施設が代表的である．

　放射光の輝度は電子ビームのエミッタンスによって制限される．よく知られているように，スリットを通して光束を絞ろうとするとき，その広がりは，最終的にはスリットのサイズではなく回折限界で決まる．放射光の場合にはビームの広がりがこのスリットに対応しており，波長 λ の光に対して回折限界を与えるビームのエミッタンスを ε とすると，$\varepsilon \sim \lambda/4\pi$ となることがわかっている．しかし，波長が 1Å の X 線を例にとると，$\varepsilon \sim 0.8 \times 10^{-11}$ m となり，これは数 GeV の電子ストレージリングで実現できる値（$\sim 10^{-9}$ m）より相当に小さい．そこで高輝度の放射光リングでは，できるだけエミッタンスが小さくなるよう工夫をする．このようなリングを低エミッタンスリングという．

　6.1.3 項で述べたように，電子ストレージリングのビームエミッタンスは放射減衰効果と量子ゆらぎ効果のバランスによって決まる．それはリング 1 周にわたるビームパラメータ（曲率，運動量分散，ツイスパラメータなど）に依存しており，マグネットラティス（偏向磁石，収束磁石，直線部の配置）によって大きく左右される．一般のシンクロトロンでよく用いられるラティスの単位構造は，水平方向の収束，発散磁石（F，D）を適切な長さの直線部を挟んで並べた FODO 型である（B は O の場所に配置する）．これに対し，低エミッタンスラティスの基本になるのが1975 年頃に BNL の Chasman と Green がデザインしたDBA（Double Bend Achromats）と呼ばれる方式である．これは例えば，FDBFBDF のような単位構造をとる．achromats という名称のとおりその両端では運動量分散がゼロになる．この構造は低エミッタンス化を可能にすると同時に，この基本単位で構成されるリングには運動量分散がゼロの直線部が多数できる．これは，分散がゼロの場所を設置条件とする挿入光源が発行主体の第三世代光源にとって，非常に都合がよい．

　放射光は，荷電粒子が磁場中の円運動によって放出する光である．そこでリングを構成する偏向磁石に加え，直線部に部分的な偏向構造を挿入すると，そこからも放射光が発生する．このような偏向構造を挿入光源と呼ぶ．ビーム軌道は，挿入光源の両端で元の直線部軌道に戻らなくてはならないので，挿入光源の内部では蛇行軌道をとることになる．挿入光源には，軌道の形にちなんでウィグラーならびにアンジュレータと呼ばれる装置がある．ウィグラーで

は蛇行数が少なく，放射の強度は蛇行の回数倍になる．しかし，例えば蛇行磁場を強くすることによってリングの偏向磁石では得られない波長の短い光をつくることができる．このようなウィグラーの付加的な放射光出力を利用し，ビームエミッタンスの調整を行うこともある．一方アンジュレータでは，周期的な蛇行軌道がつくられ，干渉効果によって指向性と単色性に優れた光が得られる．特に多極の正弦周期磁場の発生には永久磁場が用いられることが多い．永久磁石を用いた装置は 1981 年頃，SLAC-SSRL他の研究所で開発されたが，これによって実用化への道が開かれたといえる．1990 年頃には KEK-PF で，磁石間隙を狭くできる真空封止型の装置が開発され，さらなる高性能化が進んだ．

　アンジュレータ放射は，$K = \Psi\gamma$（Ψ：蛇行軌道の最大偏向角，γ：粒子のローレンツ因子）で定義される偏向定数によって特徴付けられる．$K \sim 1$ のときにアンジュレータ放射が得られる．輝度は装置の総周期数の 2 乗倍になり，奇数次の高調波に鋭いピークを持つスペクトルとなる．一方磁場が高く $K \gg 1$ となるとスペクトルは，多くの高調波を含む多線構造となり，むしろウィグラー動作に近くなる．なお蛇行軌道が平面内にある場合には，アンジュレータ放射は直線偏向しており，また，例えばこの磁場に1/4 周期ずれた直交磁場を重ねて，蛇行をらせん軌道にすると，円偏光放射をつくることもできる．

　周期的な蛇行軌道をとるほぼ光速の電子ビームに，光ビームを重ね合わせると，両者の相互作用によって誘導放射，すなわちコヒーレントで強力なレーザー光を発生することができる．これを自由電子レーザー（Free Electron Laser：FEL）と呼ぶ．通常レーザーの波長は，原子・分子のエネルギー準位で決まるが，自由電子レーザーでは，電子のエネルギーや蛇行周期の波長に依存し，マイクロ波から真空紫外あたりまで広範かつ連続的に変えることができる．

　FEL の原理は，1951 年 Motz によって提案されているが，実際に発振が観測されたのは，1978 年 Elias，Madey，Schwettman，Smith（スタンフォード大学）によるヘリカルウィグラーと超伝導リニアックを用いた実験である．なお FEL という名称は Madey によるとされている．このように光の増幅に光共振器を用いる装置を発振型FEL と称する．リニアックやストレージリングの電子ビームを使った FEL が世界的には多数つくられ研究に供されている．

　この光共振器を用いる方式は，鏡が使えなくなる X 線の波長領域には応用できない．そこで近年光共振器によらず，長尺のアンジュレータと高エネルギーリニアックを組み合わせ，X 線領域で発振する装置が開発されている．SASE（Self-amplification of Spontaneous Emission，自己増幅自発放射型）と呼ばれる自由電子レーザーである．SASE では高増幅率を実現するため，非常に長い，例えば100 m 以上にも及ぶアンジュレータが必要になる．回折効

果による広がりが予想されるので、レーザーをこのように長いアンジュレータに通すことは不可能に思われるが、実際は電子ビームが光ファイバーのような役割を果たしてレーザーの広がりを抑制できることが知られている。大規模なSASE型FELとしては、次の3施設が代表的である。波長領域は0.05～0.5 nmあたりを目指している。2009年完成のSLAC-LCLS（Sバンド常伝導リニアック，14 GeV），2011年完成の理研-SACLA（Cバンド常伝導リニアック，8 GeV），2017年完成のDESY-European XFEL（Lバンド超伝導リニアック，17～20 GeV）。

c. 中性子利用

中性子は陽子とともに原子核を構成する基本粒子である。質量（939.6 MeV/c²）は陽子（938.3 MeV/c²）より少し大きく、自由空間では約15分の平均寿命でベータ崩壊する。

また中性子の電荷はゼロであるが、$-1.9\mu_N$の磁気モーメントを持つ（μ_N：核磁子モーメント）。

中性子の量子としての波動性に注目し、波長を物質中の原子や分子間距離程度にすることができれば、X線と同じように中性子を物質構造や機能の研究に利用することが考えられる。結晶構造の観測に必要な分解能を、例えば0.1 nmとすると、この波長の中性子エネルギーは45 meVである。このあたりのエネルギーを持つ中性子を熱中性子と呼ぶ。電荷を持たない中性子は、物質の内部深く侵入でき、物質を構成する原子核と相互作用をする。熱中性子の名称は、そのエネルギーが、中性子と原子核系の熱的平衡状態の領域にあることから付けられた。核外電子の影響をほとんど受けず、物質内の原子核と直接相互作用をするという中性子の性質は、もっぱら核外電子とのみ反応するX線に対し、それとは非常に異なる角度からの物質研究を可能にしている。X線と違って、中性子と原子の散乱断面積は原子核構造に強く依存しており、その結果、原子番号が近い原子を区別することや、原子番号の小さい軽元素を大きな感度で観測することなどが可能となる。特に水素原子に対する散乱断面積は、他の原子の100倍近くになり、中性子は、物質中の水素の働きを調べるための非常に有効な手段を与える。また磁気モーメントによる中性子の磁気散乱は、物質の磁気構造などの研究を可能にする。

散乱実験による物質研究のための大強度熱中性子線の発生には、原子炉や粒子加速器が利用される。中性子線の回折散乱は、1946年、オークリッジ国立研究所のWollantとShullによる原子炉実験が最初である。その後も研究用中性子源として、原子炉が広く使われているものの、1970年頃から原子炉の建設が下火となり、次第に加速器による中性子源の開発に力が注がれることとなっている。加速粒子を原子核と反応させて中性子を発生する方法はいくつかあり、例えば一度γ線に変換して光核反応を利用するものや、3 MeV程度の陽子によるp-Li反応とか10 MeV程度の陽子によるp-Be反応などがある。しかし強力な中性子ビームが得られるのは、数百MeV以上の陽子をタングステンやウランなどの重金属にぶつけ核破砕反応によって中性子を発生するスポレーション中性子源である。

スポレーション中性子の発生には、数百MeV～数GeVに加速された陽子ビームが用いられる。重金属ターゲットに打ち込まれた高エネルギー陽子は様々な反応過程を通して中性子を発生する。それは核内核子との直接反応を繰り返す過程（核内カスケード）やそこで発生する高エネルギー粒子が周りの核と起こす反応（核外カスケード）、さらにはそれらの過程による励起核の生成である。この励起核は安定状態に移る過程でさらに多くの中性子を発生する。これは中性子発生のエネルギー効率がよいことを意味し、実際スポレーション中性子源での単位熱量あたりの中性子発生数は2.6×10^{17} n/MWで、原子炉の場合の約10倍である。

加速器を利用した中性子発生では、中性子ビームは加速ビームと同じ時間構造を持つ。それは加速器の種類によりパルス的または定常的であり得るが、多くはパルス的であり、スポレーション中性子源の大きな特徴となっている。パルス幅は通常マイクロ秒以下であり、飛行時間（TOF）法による非常に精度の高い中性子エネルギーの測定を可能にする。

なお核破砕反応で発生する中性子は、低くても0.1 MeV以上のエネルギーを持ち、熱中性子を得るためには発生中性子を減速する必要がある。そこで発生源と中性子ビームラインの間に減速材を置く。減速材としては、室温減速材（水など）や冷減速材（20 Kの固体メタンなど）が用いられる。前者では10～100 meV、後者では数meVあたりにピークを持つ強度分布の中性子線が得られる。

大型の加速器をベースにした最初期のスポレーション中性子源としては、KEKの500 MeV陽子シンクロトロン付属施設KENSが1980年に完成している。その後世界的にはいくつかの中性子源が建設されたが、代表的なパルス中性子源は次の3施設（陽子ビームエネルギー、目標ビーム出力、施設完成年）である。RAL（英国）のISIS（800 MeV，160 kW，1985年），ORNL（米国）のSNS（1 GeV，1.4 MW，2006年），JAERI-KEKのJ-PARC（3 GeV，1 MW，2008年）。

d. ミュオン利用

ミュオン（μ^+, μ^-）はπ中間子の崩壊によって生まれるレプトンである。質量106 MeV/c²，磁気モーメント8.9 μ_Nを持ち、2.2 μsで電子と2種のニュートリノに崩壊する。物質との相互作用の観点では、212倍の質量の電子（陽電子）あるいは1/9の質量の陽子（反陽子）のように振る舞うと考えられる。例えば、μ^+は物質中で電子と結合してミュオニウムとなる。これは構造的には水素と同じで、質量が約1/9の水素同位体として取り扱える。そこで半導体など、含有物としての水素が問題となる物質の研究にはミュオニウムが利用される。ミュオニウムの振る舞いから物質中での水素の挙動が理解できる。しかし、物質研究へのミュオン利用で最も重要な手段は、μSR法（ミュ

オンスピン回転・緩和・共鳴法）である．物質中に入った
ミュオンは，電離損失などにより急速に熱エネルギー化し
（$10^{-12} \sim 10^{-10}$ s 程度），物質中で安定な位置にとどまる．
パリティ非保存の検証実験でよく知られているように，π
中間子が崩壊してミュオンが生まれるとき，スピンの向き
はその進行方向に沿って揃っている．さらにそのスピンの
向きは，正（負）ミュオンが崩壊する際の陽電子（電子）
の角分布から正確に知ることができる．この性質を利用
し，例えば物質中に正ミュオンを打ち込み崩壊時のスピン
すなわち磁気能率の向きを測定すれば，その間にミュオン
が受けた磁気的効果，結局は物質中の局所的な磁場の様子
を詳しく調べることができる．すなわちミュオンを微視的
な磁針として利用する μSR 法は，物性研究のための重要
な実験手段になっている．

生成されるミュオンビームは，エネルギー領域によりお
よそ次の 3 種に分けられる．崩壊ミュオン（数〜数十
MeV）は，高磁場ソレノイドなどで閉じ込められながら
飛行する π 中間子の崩壊によって得られる．また表面ミ
ュオン（μ^+, 4 MeV）は，物質中に静止させた π^+ の崩壊
によって生まれる．さらに低エネルギーの正ミュオンは，
物質中にできたミュオニウムをその表面から真空中に熱放
出させ，それをレーザーなどで共鳴解離することによって
つくられる．これは超低速正ミュオンと呼ばれ，10 keV
程度に加速して実験に利用する．なお中性子の場合と同
様，陽子加速器の種類（サイクロトロンやシンクロトロ
ン）によって連続的あるいはパルス的な時間構造のミュオ
ンビームとなる．

上質のミュオンビームの生成には親粒子である π 中間
子を大量につくる必要がある．そのためミュオン利用の実
験研究が本格的になってくるのは，1970 年代初期のメソ
ンファクトリと呼ばれる数百 MeV の大強度陽子加速器を
持つ研究施設（カナダの TRIUMF など）が建設されるよ
うになってからである．最初のパルス状ミュオン施設は，
1980 年に KEK の 500 MeV ブースターシンクロトロンを
利用して，東京大学理学部中間子研究センターが建設し
た．世界の代表的なミュオン研究施設として，次の 4 施設
を挙げておく．連続ビームでは TRIUMF（カナダ）や
PSI（スイス），パルスビームでは RAL-ISIS（英国），J-
PARC-MUSE（日本）．

e. 陽電子利用

陽電子は電子の反粒子である．物質中に正荷電の陽電子
が入ると，原子間を拡散したり，電子と結合してポジトロ
ニウムを形成したりする．しかしごく短い時間のうちに電
子と対消滅し，数本の γ 線になる（大部分は 2γ）．参考ま
でに真空中のポジトロニウムの寿命は，オルソ状態で 142
ns，パラ状態で 0.125 ns である．

消滅 γ 線を観測（消滅寿命や，エネルギーなど）するこ
とにより，物質中の電子や格子欠陥などについての情報を
得ることができる．消滅寿命は陽電子の位置での電子密度
に関係し，また物質中に空孔型の格子欠陥があると陽電子

はそこにとどまりやすく，そこでの消滅は欠陥の様子を反
映するからである．

陽電子の発生には，放射性同位元素や加速器のビームが
用いられる．放射性同位元素（Na^{22}, F^{18} など）の場合は
β^+ 崩壊により，また加速ビームの場合は，例えば電子ビー
ムを直接タンタルなどのターゲットに打ち込み生成す
る．加速器としては通常，数十 MeV 程度の電子リニアッ
クが利用され，電子ビームがターゲット内で起こすカスケー
ドシャワー（電子や陽電子の制動輻射とその放射による
電子・陽電子対生成の反復過程による γ 線，電子，陽電子
の大量発生）から必要なエネルギーの陽電子をビームとし
て取り出す．加速器を利用した陽電子源としては 10^9 e$^+$/s
程度の強度が見込まれている．

物質研究には低速陽電子ビーム（可変単色エネルギー）
が用いられる．その生成方法は，タングステンのような負
の陽電子仕事関数を持つ材料を減速材として利用し，表面
から飛び出す陽電子を必要なエネルギーに加速して実験す
る．カスケードシャワーで生まれた高エネルギーの陽電子
が物質中に入り熱エネルギーまで減速されると短時間で対
消滅するので，減速材表面から効率よく陽電子を飛び出さ
せるにはタングステンをメッシュにするなどの工夫が必要
である．

加速器を用いた低速陽電子研究施設は，電子リニアック
を持つ大学や研究所に付置されている例が多く見られる．
それらのなかで，ある程度規模の大きい施設を持つ共同利
用研究所としては，米国の LLNL や JLab（CEBAF），日
本の KEK（SPF）などが挙げられる．

6.1.6 医療・産業などへの応用

a. 医療応用

医療への応用として，最も歴史が長くまた発展著しい分
野は腫瘍の放射線治療である．放射線源としては，X 線，
γ 線，陽子，中性子，重イオンなどが用いられる．また，
医療応用としてはやや間接的になるが，診断などのための
短寿命放射性同位元素の製造にも加速器が利用される（お
もにサイクロトロン）．F^{18} などを使うポジトロン CT
（Positron Computer Tomography）はその代表的な例で
ある．

物質に対する放射線の効果は，放射線が物質中を通過す
る経路の単位長さあたりに付与するエネルギー LET
（Linear Energy Transfer）によって表され，X 線，γ 線，
陽子は低 LET 放射線に，また中性子や重イオンは高 LET
に分類される．しかし生物に対する放射線の効果は，電離
密度依存など複雑で，LET とは別に RBE（Relative Bio-
logical Effectiveness）という，付与した線量に対する効
果を，X 線，γ 線を基準に比較した数値が用いられる．放
射線治療は，微視的には放射線の電離作用により，腫瘍を
構成する細胞の DNA 二重鎖を切断し，細胞を死滅させる
ことである．しかし放射線の作用としては，このように直
接細胞を死滅させる効果（直接作用）の他に，放射線が細

胞内の水などに作用し，遊離基が発生，それが DNA を損傷する効果（間接作用）が存在する．この間接作用は，被照射細胞の酸素濃度が低いと著しく弱くなる，すなわち放射線感受性の下がることがわかっている．そこで間接作用が重要な部分を占める低 LET 放射線は，低酸素性細胞については適用できない．一方高 LET 放射線は，直接作用が大きいので酸素濃度の影響はほとんどない．

放射線治療用の加速器について第一に求められるのは，故障しないこととビームの安定性である．治療の中断や照射線量の変動は，治療効果に関係するだけでなく，その後の治療計画に重大な影響を及ぼす恐れがあるからである．

荷電粒子（電荷 Ze，速度 v）では LET は Ze^2/v^2 に比例する．そこで電子より十分に重く，物質中をほぼ直進できる荷電粒子が経路に沿って物質に与える線量の分布は，粒子が電離により全エネルギーを失い速度がゼロに近づくあたりに鋭いピークを持つパターンとなる．これは 1904 年 Bragg（英国）によって発見され，線量分布はブラッグ曲線，ピークはブラッグピークと呼ばれる．この性質は，体内深部にある腫瘍の照射では，周辺の正常組織に与える影響を抑え，腫瘍を効率よく集中的に照射できることを意味し，X 線や γ 線とは異なる，荷電粒子による照射治療の大きな特色となっている．

X 線による放射線治療の歴史は古く，Röntgen が X 線を発見した 1895 年直後にまで遡るとされる．しかし 1920 年代あたりまでは X 線はたかだか数百 keV 止まりで，照射治療はごく体表面に近い腫瘍に限られていた．1930 年代に入ると，加速器の開発により，MeV 領域の制動放射 γ 線が得られるようになるが，さらに大きな進展が見られるのはベータトロンの出現（1941 年）以降である．数十 MeV の γ 線が小型装置で比較的容易に発生できることから，ベータトロンはその後も長く高エネルギー放射線治療で中心的な役割を果たした．しかし，1950 年代に入りスタンフォード大学などで電子リニアックの開発が進むと，小型・軽量の高エネルギー γ 線発生装置として，リニアックがベータトロンに取って代わることとなった．1980 年代以降の γ 線治療装置としてはもっぱらリニアックが使われ，世界のほとんどすべての大規模病院には設置されている（総数約 8 000，日本はその 10 分の 1 程度）．

治療用の電子リニアックとして最も広く使用されているのは，およそ 5〜20 MeV あたりで，エネルギー可変の S バンド（多くは 2 856 MHz または 2 998 MHz）の装置である．加速管は，比較的エネルギーが低く，少数セルで間に合うのでほとんどが定在波型である（シャントインピーダンスを進行波型の 2 倍程度にでき，より効率的）．マイクロ波源としては，ピーク出力数 MW のクライストロンやマグネトロンが用いられる．

治療用のリニアックシステムは，できるだけ小型・軽量であることが望ましい．患部に対して広い角度範囲から照射ができるよう回転ガントリーと呼ばれる装置が用いられるが，リニアックもガントリーに一体的に組み込まれるか

らである．小型化の一つの方向が，S バンドより高い周波数帯（C バンドや X バンド）に移ることである．実際に，X バンドの装置（9 300 MHz）はすでに実用化されており，最先端の照射装置として開発中のシステムにも採用されている．

γ 線治療装置について，近年の開発努力は，もっぱら照射の質の向上に向けられている．すなわち，3 次元的に複雑な形状や組織分布を持つ腫瘍に対し，周りの正常組織への被ばくを可能な限り小さくすると同時に，腫瘍の各部には正確に計画どおりの照射線量を与えることができるシステムである．IRMT（強度変調放射線治療）はその代表的な例であり，これにより正常組織への線量低減と患部への正確な線量照射が可能になっている．さらに直径 1 cm 以下の腫瘍に対し，多軸ロボットによる全方位からの集中照射ができるシステムの開発なども進んでいる．

陽子線の医学利用については，Wilson の陽子線照射治療に関する論文（1946 年）が端緒を開いたといえる．そこでは陽子線の有効な理由として，ブラッグピークの重要性を取り上げている．

照射に必要な陽子ビームのエネルギーは飛程がちょうど人体の厚みに対応する 200〜250 MeV あたりである．陽子加速器として利用されるのは，セクター収束サイクロトロンやシンクロトロンである．ビームの時間構造について，サイクロトロンは連続ビームであるが，シンクロトロンはパルスビームとなる．シンクロトロン磁石の励磁パターンによって速い繰り返し（数十 Hz）と遅い繰り返し（数秒周期）に分けられる．しかし照射利用には，時間的に変化する磁場でビームを空間的にスキャンする必要などもあり，ほとんどの場合遅い繰り返しの装置が選ばれる．なおシンクロトロンと異なりサイクロトロンでは，ビームエネルギーをほとんど変えられないので，エネルギーの調節には，ビーム取り出しラインにデグレーダのような吸収物体を置いて対応する．必要なビーム強度は治療例ごとに異なるが，加速器としては 5〜20 nA 程度が目安と考えられる．

陽子線による照射治療は，1950 年頃から次第に実用化の段階に進んだ．しかし利用された加速器はおもに原子核や素粒子研究のための装置であり，そこに照射治療施設が併設された．陽子線治療に飛躍的発展をもたらしたのは，1990 年にロサンゼルス郊外のロマリンダ大学メディカルセンターに建設された世界初の専用陽子線照射施設である．主加速器は，ビームエネルギー 70〜250 MeV の弱収束型シンクロトロン（繰り返し 0.5 Hz，ビーム強度 3 nA 程度）で，年間 1 000 人を上回る患者を受け入れている．この施設で特筆すべきは，これも世界で初めて陽子線の照射システムに回転ガントリーが導入されたことである．この後世界各地で専用の陽子線照射施設が建設されているが，治療との積極的な取り組みという点では，専用施設の数からみても米国と日本が代表的である．現在，この陽子線照射に関連する技術は民間企業に移転されており，日本

では日立製作所，住友重機，三菱電機などである．

中性子も照射治療に利用される．最初のケースについては次のようなエピソードが伝わっている．1929年にサイクロトロンを発明したLawrenceは当時，米国経済が不況で，サイクロトロンの開発研究に必要な高額の予算の獲得に苦労しており，政治家をはじめ広い範囲から支持を得るために，加速器による粒子線治療を提案した．実際，ローレンス・バークレー研究所では1938年にサイクロトロンを利用して発生した高速中性子ビーム（>0.5～1 MeV）で治療が行われた．その最初の患者はLawrenceの母親であったそうである．

しかし高速中性子は，ビームのエネルギーや強度，広がりなどを精度よくは制御できず，その結果腫瘍に対する正確な照射治療が難しい．さらに中性で透過性が高いため経路に含まれる正常細胞への影響が非常に大きい．そこで高速中性子による照射治療は，いくつかの特殊な例を除いては大きな成功を収めているとはいえない．

一方，より低エネルギーの熱中性子（～0.02 eV）や熱外中性子（～1 eV）のホウ素捕獲反応を利用した照射治療，BNCT（Boron Neutron Capture Therapy）は，近年実例を積み重ねながら着実に発展しており，医学関係者の注目を集めている．おもな捕獲反応は$^{10}B+n \rightarrow Li+\alpha+2.31$ MeVであり，ホウ素を含む物質を腫瘍に含ませれば，中性子が集中的に吸収され，反応物質のLiやα粒子が強力な照射効果を発揮する．特にホウ素試薬としてBPAやBHSと呼ばれるホウ素化合物が開発され，患部を手術で開くことなく，ホウ素を外部から間接的に効率よく腫瘍に送ることができるようになっている．これまでのところ，治療はおもに原子炉からの中性子を利用して行われているが，病院に原子炉を付設することは難しく，BNCTのための中性子発生用小型加速器の開発が精力的に進められている．必要な熱中性子強度はおよそ10^9 n/cm^2/s程度であり，加速器としては陽子リニアックやサイクロトロン，さらにはFFAGなどが実用化の対象となっている．

重イオンビームは，照射治療の線源としていくつかの利点を有している．まず高LET放射線として，細胞の酸素含有率に関係なくほとんどすべての腫瘍に適用できること，陽子に比べブラッグピークの幅が数倍狭く，より局所的に照射エネルギーを集中できること，さらに照射スポットの局所化に有効な性質として，物質中での電離による飛程（停止するまでの距離）のばらつきや，多重クーロン散乱によるビームの広がりが小さいことなどである．

このように照射線源として優れた性質を持つイオンビームであるが，治療のための専用施設は世界的にもごく限られている．それは線源に要求される条件として，核子あたり約400 MeV（深部照射条件）のビームエネルギーや毎秒平均約10^9個のイオン数などがあり，これらを満たすには線源がかなり大きな規模の加速器施設になるためである．

専用ではなかったが，イオンビームによる照射治療の嚆矢としては，ローレンス・バークレー研究所のBevalacを挙げなければならない．Bevalacは，入射器としてのイオンビーム用リニアックSuperHILAC（8.5 MeV/核子，1972年完成）を用い，Bevatron（6.2 GeV陽子加速器，1954年完成）でイオンビームを加速するシステムで，1974年に完成，^{40}Aあたりまでのイオンを核子あたり約2 GeVまで加速することができた（強度は毎秒平均10^{10}個程度）．照射治療にはHeやNeビームがおもに使われ，良好な治療実績を上げることができたとされる．

世界で初めてのイオンビームによる照射治療の専用施設は，日本の放射線医学総合研究所において建設された（HIMAC）．これはBevalacにおける照射研究の成果を受けるかたちで1983年頃に計画され，1987年に建設開始，1993年に完成，翌年から治療を開始した．加速器は平均直径42 mのシンクロトロンで，イオンを核子あたり100～800 MeVまで加速できる．照射治療にはおもに炭素イオンが用いられている．HIMACは，回転ガントリーも整備され，重イオン照射治療においては世界をリードする存在になっている．専用施設について世界全体をみると，計画中も含め10を超える数にのぼる．特に日本では，すでに3施設が稼働している．一方イオンビーム照射治療の実績を最初に示した米国であるが，Bevalacが1993年にシャットダウンされた後，同様のイオン治療施設は建設されていない．

b. 産業応用

加速器の産業利用は多岐にわたる．おもなものとしては，電子ビームによる材料照射やイオン注入による材料の改質などが挙げられる．

電子ビーム照射の代表的な応用例としては，高分子材料が挙げられる．1950年頃，高分子に対する放射線照射効果の研究が行われるなかで，ハウエル研究所（英国）のCharlesbyなどにより，高分子鎖の架橋反応と切断反応について，条件を選ぶと架橋反応の促進と，それにより高分子材料を大幅に改質できることが発見された．実際には電線絶縁被覆材（ポリエチレンや塩化ビニルなど）の耐熱性能改善などに使われる．これらの材料は通常100℃以上で絶縁性能が劣化するが，電子ビーム照射により数百℃まで高めることができる．また自動車タイヤの原料である生ゴムなどの強度増強にも有効であり，実用化されている．

その他の電子ビーム照射例としては，様々な製品（食品から医療器具まで広範にわたる）の滅菌処理や火力発電所などの排煙処理（脱硫，脱硝，ダイオキシン類の除去他）などがある．

これらの電子ビーム照射に利用される加速器は，数MeV程度までの変圧整流型高電圧発生器（多くはダイナミトロンと呼ばれる製品），さらに高エネルギー用としては電子リニアックである．

イオン注入（ion implantation）は，固体の材料物質に別種の物質イオンを注入し，化学変化などにより改質する

ための材料加工技術である．代表的な例は，シリコンなど半導体へのドーパント（N 型や P 型にするための不純物）注入であり，注入イオンとしてはホウ素，リン，ヒ素などが使われる．この技術が開発されたのは 1950 年頃の米国であり，そのいくつかが特許になっている．Shockley の「イオン照射による半導体デバイスの製作（1954 年）」などである．ごく身近なところでは，半導体集積回路の基本構造である MOS（Metal Oxide Silicon）トランジスターの製作などに応用されている．

イオン注入に必要なビームのエネルギーと電流は，それぞれ数十〜数百 keV，数 μA 程度であり，加速器としては静電型加速器がおもに用いられる．特に高エネルギー（数 MeV 以上）が必要な場合は RFQ のような高周波加速器が利用される．

その他，最近注目されている加速器応用の一つに加速器質量分析法（Accelerator Mass Spectrometry：AMS）がある．これは加速器を用いたイオン質量分離器であり，10^{-14} というような精度でわずかに質量の異なる同位体を比較定量でき，C^{14} を利用する年代測定などに威力を発揮している．微量元素分析法としては，従来から陽子や α 粒子などを数 MeV 程度に加速，試料に照射，放出される固有の励起 X 線を観測する PIXE（Particle Induced X-ray Emission）などがある．これらに対し AMS が優れているのは，試料から同定したい核種を直接イオンビームとして取り出し，核子あたり数 MeV 程度まで加速した後に質量分析することにより，バックグラウンドとの識別精度を格段に高くすることができることである．加速器質量分析のシステムは，多数の精密装置で構成され，また測定にも専門的な技術が要求されるので，使用にあたっては分析センターの形態によることが多い．

参考文献

1) 木村嘉孝　責任編集：『高エネルギー加速器』（実験物理科学シリーズ 7 巻）p.2 共立出版（2008）.
2) M.S. Livingston, J.P. Blewett："Particle Accelerators" McGraw-Hill, Book Co. INC（1962）.
3) H. Wiedemann："Particle Accelerator Physics" Spring-Verlag（1993）.

6.2　国内の展開

6.2.1　はじめに

欧米で加速器科学が本格的に始まったのは 1930 年頃とするのが一般的であろう．実際コッククロフト–ウォルトン型やバンデグラフ型の静電加速器，さらには Lawrence のサイクロトロンなどの発明はこの時期に集中している．一方日本では，明治維新以降，欧米の文化を積極的に取り入れる方針があらゆる分野で貫かれており，これは日本の加速器科学の歴史においてもはっきりと表れている．

年代的には昭和の初期にあたるが，科学技術の分野では，すでにそれまでに欧米の研究成果が幅広く導入されており，それらをベースに，当時最先端であった加速器科学について，ほとんど欧米に遅れることなく日本でも研究が始まった．研究を担ったのは，おもに，当時の派遣事業を通じて欧米での研究経験を持つ研究者である．加速器について代表的な名前としては，仁科や荒勝らが挙げられる．実際荒勝は，早くも 1934 年に台北帝国大学で，コッククロフト–ウォルトン型の静電加速器を試作し，Cockcroft らの原子核人工変換実験の再現に成功している．また理化学研究所（理研）の仁科は，1937 年に磁極直径が 66 cm と小型であるがサイクロトロンを製作し，3 MeV ほどの陽子加速に成功している．さらにはバンデグラフ型も含めて，荒勝の京都大学をはじめ大阪大学，東京大学など，理研を中心に，日本の加速器研究は，当時の世界トップレベルに並ぶ水準に達しようとしていた．

しかしこれらの研究は，第二次世界大戦のために大きな影響を受け，さらに 1945 年 8 月の終戦以降は，加速器が原子力研究に使用されるという疑いを持った連合国軍最高司令部（GHQ）の判断によって，本格的な加速器研究は事実上禁止されることとなった．実際，当時理研や大阪大学，京都大学にあったサイクロトロンは分解，廃棄されている．

このような状況が克服され，日本における加速器科学研究が復活するのはだいたい 1950 年代以降である．これについては，1951 年に来日した Lawrence による日本政府や GHQ 関係者に対する働きかけが，大きな契機になったとされている．この時期から今日まで，国の飛躍的な経済成長にも支えられ，日本の加速器科学は目覚ましい発展をとげた．

その端緒を開いたのが，1955 年に設立された東京大学原子核研究所である．それは組織的には大学付置であるが，運用上は全国の大学研究者に開かれた，日本初の大学共同利用機関であった．これで理研と並ぶ，日本を代表する加速器科学の研究拠点が生まれたわけで，その後の当該分野の研究活動と研究者育成を長きにわたり支えた．

後には東北大学や大阪大学などにも大型の加速器研究施設がつくられ，さらには 1971 年の国立の加速器科学研究所，全国大学共同利用研究機関・高エネルギー物理学研究所（現・高エネルギー加速器研究機構）の創設に至っている．

このように日本の加速器科学も，その発展の中心にはつねに原子核研究があったわけであるが，一方で加速器を用いて得られる様々な放射線や高エネルギー粒子を物質科学や医学などの分野で利用する試みも早くから始まっており，それら加速器の利用技術の進歩にも目覚ましいものがある．総体的に日本は，欧米や旧ソ連などと並び世界を代表する加速器科学の研究拠点といってよいであろう．

そこで以下の 6.2 節「国内の展開」においては，発展の経過を「戦前・戦中・戦争直後」と「1951 年以降の展開」

に分けて記述することとし，広範な分野で発展著しい後半については，研究分野（原子核研究，素粒子研究，物質・生命科学研究，医療応用，産業応用）ごとにやや詳しく紹介することとした．

これら国内での加速器科学研究の文献については，すでに多くの著述が見られるが，ここではほぼ全体を網羅するかたちで書かれている井上信著の『日本加速器外史（その1～4)』[1]を挙げておく．

6.2.2 戦前・戦中・戦争直後

a. 加速器前史

エミリオ・セグレの著書『X線からクォークまで』[2]は20世紀に始まった素粒子物理学とそれを支え，ともに発展した粒子加速器科学の歴史をたどっているが，日本における状況も規模はともかく，ほぼ同時代的に同様な発展が見られた．

まず日本におけるX線についての本格的な研究は，Laueらによる単結晶からの回折像観測の論文に触発され，1912年に回折実験を行った寺田寅彦をもって嚆矢とする[3]．その結果は1913年のNatureに投稿された2編の論文となり，Bragg父子による同じくNatureに投稿された回折実験の論文より2ヵ月早いものであった．寺田の方法は回折X線を蛍光板で可視化しそれを撮影するという，その時点では独創的なものであった．

X線回折の研究は寺田に勧められた西川正治に引き継がれ，いくつかの結晶の電子配列が明らかにされる．その後，西川は1921年創設されて間もない理研に移り，菊池正士とともに電子線回折の実験も始める．1927年にDavisson-Germerが100 eV電子ビームの単結晶金属表面からの散乱パターンの観測結果をNatureに報告する．M. Bornはこれをde Broglieの物質波仮説を裏付けるものであるとした．西川・菊池は追試を試みるが，日本の未熟な真空技術では成功しなかった．しかし20～30 keVという，当時としては高エネルギーの電子ビームを使うことで雲母の結晶からの回折像を得ることに成功し，1928年のNatureに発表した．これはDavisson-Germerの実験とともに電子の波動性を証明するものとして有名になった．

これらの回折実験に使われた数十kV級の高電圧発生装置での実験経験が，引き続き始まった加速器開発におおいに役立つことになる．それは重電業界との緊密な共同事業であったが，1923年には京浜地区で商用154 kV送電が開始され，また1926年には国産154 kV変圧器が完成するという先進国レベルの技術基盤がすでにあったことを忘れてはならない[4]．

b. 加速器事始め

1917年から1919年にかけてRutherfordはα線源による原子核破壊事象の発見と確認を続けたが，この研究をさらに進展させるべく高エネルギー陽子ビーム発生のための装置，加速器を開発しようとする気運が欧米で高まった．

日本においてもこれらの動きには少なからず関心が持た

れていた．特に1929年に欧州から帰国した仁科芳雄は理研長岡研究室に属し量子論を研究テーマとした．しかし1931年に仁科研究室を持つようになると原子核，宇宙線，高速度陽子線の発生の研究に重きを置くようになる．その翌年には，中性子の発見，Lawrenceのサイクロトロン加速成功，Cockcroft, Waltonの加速陽子ビームによる原子核破壊と重大成果が相次いで発表される．仁科研究室と長岡研究室は共同でいくつかの直流高電圧発生装置を試作していたが，Cockcroft, Waltonの論文に詳述された多段昇圧型加速器は研究室の人々に大きな衝撃を与えたようである[5]．

同じ理研の西川研究室でも大きな動きがあった．菊池が1933年4月に設立間もない大阪大学へ赴任し原子核研究を始める頃，西川研究室も重点を原子核研究に移してゆく[3]．そして1935年に長岡・仁科・西川の3研究室は共同で原子核実験室を設立し[3]，コッククロフト-ウォルトン型加速器とサイクロトロンの建設を本格的に開始する．仁科は帰朝後，量子力学の講義，講演などで北海道大学，京都大学，台北帝国大学と研究者のネットワークをつくっていたが，この頃を境に往復書簡の数が急速に増えてゆく[6]．海外に広く知己を持つ仁科を中心としたこの連携関係が，日本各地における同時的な加速器建設に決定的な役割を果たした．まさに1935年は日本の加速器元年といってもよいであろう．

なお理研でコッククロフト-ウォルトン型加速器より前につくられた直流高電圧加速器には次のようなものがある．1932年にはバンデグラフ式静電圧発生器で600 kV発生を確認しているが，湿気に弱いのでさらなる開発は見送られた．400 kVインパルスジェネレータも試験されたが，インパルス点火時刻が不安定でパルス幅もマイクロ秒以下と短く，原子核実験用装置には不向きとされた．さらに300 kVグライナッハ型加速器もつくられ，1933年頃からはd-d反応による中性子源として使われた．コッククロフト-ウォルトン原子核壊変実験の追試となったのは，通常の100 kV強の高電圧発生器で加速した陽子をリチウムに当て，発生したα粒子の多数の飛跡を霧箱で観測したもので，1934年5月のことである[6,7]．

c. コッククロフト-ウォルトン型加速器

Cockcroft, Waltonのものとほぼ同等の整流回路を建設しようと準備を始めた仁科が行き当たった問題は，400 kVもの耐圧を持つコンデンサーが当時の日本では入手困難なことで，1933年1月に直接Cockcroftへ問い合わせの書簡を出している．また高圧コンデンサーとともに日本では入手できない真空シール用パテ，拡散ポンプ用オイルなどの見積もり，納品の依頼状も送っている[6]．台北帝国大学でやはりコッククロフト-ウォルトン型加速器を建設しようとしていた荒勝文策も，トランス類はX線装置のものが流用できるものの，やはりコンデンサー入手は難しく，仁科への相談の書簡を認めている[6]．

その後，理研ではサイクロトロン建設が優され，コック

クロフト-ウォルトン型加速器のほうはペースが鈍る．一方，台北帝国大学では建設が進み1934年9月には150 kVの陽子ビームが得られ[6]，1935年初頭には重水素同士の衝突による陽子発生の確認をしている[6]．

大阪大学に着任した菊池はまずコッククロフト-ウォルトン型加速器を設置した．200 kV×3段の会社製であったが，350 kVしか出なかった．その問題を解決することが助手熊谷（旧姓・青木）寛夫の最初の仕事となる[8]．モデル実験で，ビーム以外にコロナ放電で大気中に逃げるぶんも入れた全電流に対応できるようにコンデンサー容量を大きくするべきであることが判明した．熊谷によれば，それを聞いた菊池はただちに「予算の裏付けなく」実物の大容量コンデンサーを発注した．それは住友電機工業（旧・住友電線製造所）が世界に先がけて開発したOF（oil-feeding）式の信頼性の高いものである[9]．「最初にわたくしどもの装置を会社の人が設計するときにはまだ製品がなかったのだから，われわれは技術の進歩に助けられたことになる」と熊谷は感想を記している[8]．これらの改良の結果，400 keV，数十μAの安定な重陽子（d）ビームが得られ，中性子源として重用された[10]．

理研のコッククロフト-ウォルトン型加速器に戻ると，1936年に帰朝した西川研究室の篠原健一が建設の仕事を引き継ぐ．目標の1 MVは難しかったが，1940年には数百kVの陽子ビームで実験に使用されるようになった．篠原はフッ素を衝撃して発生した6 MeV γ線が鉛に当たって発生する電子対や，電子のクーロン電場内での電子対発生を観測している[3]．

d. バンデグラフ静電圧加速器

大気中に高圧電極を置くVan de Graafの設計は，周囲環境との十分な耐電圧を確保することが難しく敬遠された．しかし加速器本体を高圧空気タンクに収納するハーブ方式[11]が確立されると，日本各地に1 MV級のものが数台置かれるようになった．1941年11月に東京大学で開かれた物理学研究委員会第一分科会では，大阪大学の菊池正士，東京大学の嵯峨根遼吉，東北大学の三枝彦雄，九州大学の篠原健一，東京芝浦電気（現・東芝）の田中正道からの建設報告があった[6]．

東京大学での建設は熊谷の担当であったが，そこで直面した技術上の問題が文献8にまとめられている．一つは，真空排気コンダクタンスを上げるために加速管電極の孔径を大きくしたところ，二次電子流が増えて電圧が上がらなくなったこと，コロナ放電によるベルト表面へ吹きつけられた電荷量が一定でなく加速電圧に大きなゆらぎが生じたことなどである．初めの問題は加速管電極の電位を所々で逆転させることで，後のほうはベルトの裏表に対称に帯電させることで解決された．1941年暮れに450 keVのビームが初めて出て2年ほど原子核実験に使われた．電子を加速してX線を発生させ，鉄板内部欠陥の非破壊検査にも使われた．

e. 重イオンリニアック

Sloan, Lawrenceによって1931年につくられた重イオンリニアックに相当するものが，1937年に東京電気（現・東芝）で完成している[12]．これは14個の電極を持ち，6.4 MHzの高周波でアルゴンイオンAr$^+$を～450 keVまで加速した．LiからPbまでの17種の元素にビームを照射して発生する特性X線が観測された[13]．使用された真空管は国産水冷式3極管SN209[14]1本である．

f. サイクロトロン

理研でサイクロトロン建設計画が本格化した1935年，仁科はそれに合わせて嵯峨根を同年9月から翌年10月まで，矢崎為一を10月，11月とバークレーのLawrenceの元に送って情報収集に努める．

磁極直径26インチ（66 cm）の小サイクロトロン[15]と呼ばれるものは，ビーム軌道半径の上限を決めるディー電極半径が28 cmで，1936年設計開始，1937年4月3日陽子ビーム取り出し成功，中性子発生を確認した[6]．改善を重ねつつ運転を続けたが，1945年4月13日の空襲で壊滅する[6]．

磁極直径60インチ（152 cm）の大サイクロトロン[19]はディー電極半径が67 cmであり，1939年に組立完了するも磁場均一性，真空度，高周波電圧達成に問題があった．そこでLawrenceの助言を求めるべく矢崎ら3名を1940年8月米国に送る[6]．高周波源は出力25 kWのSN-167型短波送信管2本のプッシュプル回路で，周波数16 MHzで運転された[16]．この球は1930年に東京電気が開発に成功した国産初の短波送信管で，出力性能として当時世界第一級のものであった[17,18]．以降，小サイクロトロンは改善を重ねつつ運転が続けられたが，1945年4月13日の空襲で壊滅する[6]．その結果1943年12月8日に9 MeVの陽子ビーム取り出しに成功，重水素については内部標的モードでの実験開始，1945年8月15日の終戦当日まで運転を続けた．1ヵ月後の9月下旬にはGHQによる生物・医学研究に限定した運転許可がおり，実験を再開した．大サイクロトロンの高周波源にはSN-167の2倍の出力の日本電気製50 kW短波送信管[17,18]2本が採用され，周波数10 MHzで運転された．この球は1936年ベルリンオリンピックで使われたドイツ製40 kW短波送信管を越える出力仕様で開発された．中止となった1940年東京オリンピックの海外放送には使われなかったが，大サイクロトロンでその性能を発揮したことになる．どの加速器においても大電力高周波源は心臓部であって，常時細心の維持管理が必要である．戦時下に両サイクロトロンとも運転を続けられた背景には，すでに成熟した日本の電子管技術があったことを忘れてはならない．

大阪大学（菊池研究室）では28インチ，京都大学（荒勝研究室）では39インチのサイクロトロンの建設が始められた[20,21]．大阪大学のものは1937年3月30日に完成[3]，翌年10月に重陽子ビームは4.5 MeV，3μAに達し[6]，実験に使われている．京都大学のものは1934年に建設が始

まった．1945年11月の時点では電源までは完成したものの本体機器は未だしであった[6]．

被災しなかったこれら3台のサイクロトロンはGHQにより原子（爆弾）研究機器と見なされ，1945年11月中に米軍により破壊され水底深く沈められる．GHQ側から見た破壊直前の状況報告全文の邦訳は文献6に第1196書簡として納められている．またこれに対しては仁科の報告書[6]の他，文献20, 22のような，当時を知る日本側研究者からのコメントがある．

g. Lawrenceのサイクロトロンと日本の加速器科学

1930年代初頭からの米国の加速器科学の興隆は欧州をはるかにしのぐものであった．そうして仁科が将来性を見据えてLawrenceのサイクロトロンを軸に高エネルギー加速器を開発したことは，後の日本の加速器科学発展に大きい影響を残した．

まずビーム動力学から見ると幸運なことに，初期のサイクロトロンでは電場，磁場による収束が適度に働き，10 MeV程度の陽子であれば定性的な描像に基づく調整でほどほどのビーム強度が得られた．したがって開発にかかわった研究者は高度な加速器理論を構築する必要がなく，ただちに核物理実験に専念することができた．

もう一つの幸運はサイクロトロンがつくられたのがサンフランシスコの近郊バークレーであったことである．大型電磁石をつくる予算を持たなかったLawrenceは，かつてサンフランシスコ・ハワイ間の無線通信に使われていたパウルゼン式電弧発生用電磁石[23]を転用した．日本でも通信省が対米通信を目的にパウルゼン式400 kW送信機を磐城無線局原ノ町送信所に設置したが，1924年に閉鎖し，国産の同型電磁石が使われずにあった[17]．そこで仁科もこれを譲り受け，Lawrenceと同じ設計に沿って小サイクロトロンを確実に完成させることが可能になった．過去の遺産が日米双方の加速器科学発展に思いがけずも大きな寄与を果たしたことになる．

f.の項で述べたこれらのサイクロトロンからある程度のビームが出始めると，建設にかかわった研究者はただちに核物理の実験に向かい多くの論文を発表している．もちろん加速器の調整も並行して丹念に行われたが，装置各部分の改良がビーム性能向上へどう繋がるかビーム物理の観点も入れて解析した論文は現れなかった．この点でLawrenceやLivingstonらが加速器そのものについての論文を1930年代のPhysical Review, Journal of Applied Physics, Review of Scientific Instrumentsなどの学術誌に多数発表しているのと大きく違っている．日本では加速器科学の専門家が育つには時期尚早であった．Lawrenceの設計ではディー電極開口部に取り付けてあったスクリーングリッドの除去や，磁場補正用シムの丹念な調整によるビーム性能の画期的改善を果たしたLivingstonであるが，彼がBetheのいるコーネル大学に転出したのは，嵯峨根がバークレーに滞在を始める1年前であった[24]．もしこのすれ違いがなければあるいは状況は違ったかもしれな

Livingstonの後を引き継いだのはMcMillanで，矢崎らとは有益な議論を再三交わしていたことが仁科往復書簡集から読み取れる．しかしMcMillanがシンクロトロン加速の原理を発見し，古典的な加速方式ではディー間の必要電圧が1.4 MVにも達すると考えられた184インチ100 MeVサイクロトロンを周波数変調方式に変えたのは，戦争も末期のことであり[25]，その経緯が日本に伝わる由もなかった．

嵯峨根は加速器に関する優れた参考書を1941年と1944年に上梓しているが[21,26]，上のディー電圧の根拠となったBetheらの計算には多少の距離を置いている．ただ，大阪大学では山口省太郎らがビーム物理も考慮したうえでサイクロトロンの大改造を行い，「世界一流の性能」[20]を達成した．戦後間もなくの1954年に出版された大阪大学グループによる二つの加速器参考書[27,28]はそれらの成果が下敷きとなっている．

h. マイクロトロン

終戦直後の大阪大学で特筆すべきは，伊藤順吉・小林大二郎によるマイクロトロンの発明がソ連のV. Veksler，米国のJ. Schwingerらとは独立になされたことである[29]．極超短波（マイクロ波）の空洞を使ってサイクロトロンの高周波加速部分を磁石から空間的に独立させ，粒子の相対論的質量増加が加速エネルギー限界となる問題を打開しようとするもので，1946年7月に戦後初めて開かれた物理学会で「電子加速に関する一試案」として発表された[30]．日本語論文としては1947年[31]，英語論文としては1949年に発表されている[32]．電子を任意のエネルギーまでマイクロ波で同期加速する場合のシンクロトロン振動，ベータトロン振動双方の安定性が調べられている．

i. 電子加速器とくにベータトロンについて

1930年代の米国では2 MeV程度の電子ビーム用バンデグラフ静電圧加速器が多数つくられた．おもにはX線源としてであるが電子ビーム源としても医療用や産業用に広

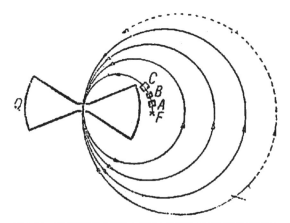

図6.2.1 日本物理学会誌第1巻第1号付録（1946年12月）[30]に掲載されたマイクロトロンの概念図．Qはリエントラント型のマイクロ波空洞，Fはフィラメント，A, B, Cは電子加速・集束電極．

く需要があったからである[33]．このような状況のなかで Kerst はベータトロンの実用化に成功した．彼はその論文のなかで，ベータトロンでつくられる極めて鋭い高エネルギー電子ビームが将来の原子核研究に有用になるであろうと述べている[34]．嵯峨根も上述の参考書ではベータトロンの将来性を高く評価している[21]．しかし日本での高エネルギー加速器の用途はもっぱらイオンビームによる原子核実験であり，電子ビームへの関心はそのぶん薄かった．なおベータトロンの発祥地ドイツでは Kerst の成功を知り，戦時中ではあったが医療と材料検査をおもな目的に 6 MeV から 200 MeV まで数台の開発を再開している．そのうち 1945 年までに完成したのが 6 MeV と 15 MeV の 2 台である．これらについても米国占領軍は解体を命ずるが英国軍の仲介で事無きを得た[35]．

バークレー滞在中の嵯峨根や矢崎はスタンフォード大学の Hansen と単セル高周波加速空洞による電子加速についても議論を交わしている[6]．これは嵯峨根の 1941 年の参考書にもランバトロン（クリストロン）という項目で簡単に紹介されている[26]．Hansen はこの加速方式の論文を 1938 年の Journal of Applied Physics に発表した[36]．そこでは外部導波管と結合した空洞の等価回路についての重要な公式も導かれている．その頃，日本無線ではパルス出力 10 kW 前後の S バンドマグネトロンの開発が進んでいた[17,37]．もしも人材に余裕があったなら，日本においても電子リニアックの開発が始まる可能性はあったと思われる．

j. 終戦から 1950 年頃までの復興活動

終戦直後の 1945 年 9 月から 10 月にかけて滞在した米国太平洋陸軍科学情報調査団の一員である Compton は，理研の大サイクロトロンおよび東京大学のバンデグラフによる純粋に科学的な研究を許可しない理由はないとの勧告を GHQ に行った[6]．しかし占領軍内部の行き違いにより大サイクロトロンおよび大阪大学，京都大学のサイクロトロンは年内に投棄され，核物理研究用の加速器としては大阪大学のバンデグラフのみとなった．

サイクロトロン破壊に対する米国の科学者からの強い非難が起こった結果，その翌年 1 月 MIT の物理学者 Kelly らが科学顧問として来日し，GHQ 経済科学局に着任する．彼らが科学研究復興のための予算案を管理したが，最悪の経済状態のなかで原子核実験など基礎科学に使える金があるなら国民の食糧確保にまわすべきであるという姿勢であった．そのような状況が数年続いたが，1950 年 6 月朝鮮戦争勃発の頃になると経済好転の兆しが見え始める．文部省の予算や民間団体からの寄付にも可能性が出てきた．1951 年 5 月に Lawrence が来日し，サイクロトロンの再建は大掛かりなものではないと力説した．特に理研の場合，小サイクロトロンに使われたパウルゼン磁石にはかならずスペアがあるはずで予算をかなり縮小できると示唆した．このような後押しもあり同年 6 月に開かれた朝永が委員長を務める原子核研究連絡委員会で文部省予算の規模に

応じた 2, 3 の実行計画案が審議されるまでに至った[6,16]．結局，理研，大阪大学，京都大学の 3 ヵ所に 26 インチ級のサイクロトロンが建設されることになる[10]．

サイクロトロンなど加速器の建設に尽力した仁科は 1951 年 1 月に急逝する．その後を継いだ菊池，朝永らを中心とする若手が次世代の高エネルギー加速器建設に向かって進み出す．その結果，東京大学付置の共同利用研究所である田無の原子核研究所（核研）が 1955 年に発足することになる．こうして終戦直後の混乱は終わりを告げ，復興期に入ったわけである．

6.2.3 1951 年以降の展開

a. 原子核研究

加速器を用いた原子核研究では，用いる加速粒子のエネルギーは素粒子研究の場合と比べて低く，その粒子の種類は様々である．このようなビームを提供する加速器としてはバンデグラフ，タンデムバンデグラフ，サイクロトロンなどがある．これらの加速器は加速器技術の進展に伴い時代とともにその性能を上げてきた．例えばサイクロトロンは，1950 年代では水素や重水素などの軽イオンを数〜数十 MeV に加速する程度であったが，現在ではウランまでのすべてのイオンを核子あたり数百 MeV（数百 MeV/u）まで加速できるようになっている．

表 6.2.1 に戦後，原子核研究に使われた国内の加速器を示す．バンデグラフ，タンデムバンデグラフ，中型サイクロトロンなど大学やそれぞれ単独の施設で運転維持が可能なものは，単独で導入され数々の実験が行われた．一方，これらの装置では得られないビームを必要とする実験を望む研究者たちは，全国共同利用研究所や研究センターにある大型の装置（おもに大型サイクロトロン）を使うようになってきた．現在はその形態が主流である．1995 年頃までの大学，研究施設で行われたおもな原子核実験の成果が杉本の文献「原子核の実験研究 50 年間の展開」[38]に詳しく紹介されている．大学などの研究施設で建設された加速器については杉本の文献を参照していただくことにして，本項では，原子核実験に大きな役割を果たしてきた 3 大共用施設のサイクロトロンについて概観する．

戦後，1952 年に講和条約が発効し原子核研究ができるようになると，大阪大学，京都大学，科学研究所（現・理化学研究所）でサイクロトロンの建設が始められ，また全国規模の大型加速器を建設する計画が持ち上がった．そして，1955 年に設立された東京大学付置の原子核研究所（核研）において，全国共同利用の 160 cm 可変エネルギーサイクロトロン（FF サイクロトロン）が 1957 年に新たに完成した．調整可能な固定周波数方式で，世界で初めての可変エネルギー型のサイクロトロンである．さらに，1958 年に，陽子をより高いエネルギーに加速できるように，これを周波数変調方式のシンクロサイクロトロン（FM サイクロトロン）としても運転できるように改造した（共用ということで INS 160 cm FM/FF サイクロトロ

6章　加速器の歴史

表 6.2.1　原子核研究のための国内の加速器（1950 年代以降．電子加速器を除く）

加速器名称	所　属	年　代	特記事項	加速粒子
FM/FF サイクロトロン	東京大学原子核研究所	1957~1981	280 t 電磁石，FF-mode & FM-mode	p<57 MeV, d<21 MeV, α<40 MeV
4.8 MV バンデグラフ	大阪大学理学研究科	1965~	4.8 MV バンデグラフ（5MV 実績），HVEC 製，天体核反応実験	重イオン（A<41）<5×q MeV
160 cm サイクロトロン	理化学研究所	1966~1990	340 t 電磁石	p<20 MeV，軽イオン（C, N, O）<10 MeV/u
4 MV タンデム加速器	東京大学タンデム加速器研究施設	1966~1995	東芝製 4 MV タンデム，更新後は AMS など	p<7.6 MeV
4.8 MV バンデグラフ	東京工業大学理学部	1969~2012	HVEC 製　1978 年 4 MV より 4.8 MV に更新	p, d<4.75 MeV, α<9.5 MeV, 重イオン 4.75 MV
5 MV タンデム	京都大学理学部	1970~1988	Home-made, NEC（8 UDH 型）へ更新	
7 MV タンデム	九州大学理学部	1972~2014	Home-made, ベルト式をペレットチェーン方式に変更，11 MVmax	
AVF サイクロトロン	大阪大学核物理研究センター	1973~	3 セクター 400 t 電磁石，K 140 MeV	p<75 MeV，重イオン（Xe）<6.8 MeV/u
SF サイクロトロン	東京大学原子核研究所	1973~1999	3 セクター，160 cm ポール，K 68 MeV	p<45 MeV，α<17 MeV/u, Ne<6 MeV/u
12 MV タンデム加速器	筑波大学加速器センター	1975~2011	国内初の NEC ペレトロンタンデム（12 UD），震災で損壊	p, d<24 MeV, H~Au まで 12 MV
サイクロトロン	東北大学	1979~	2000 年に（680 型→930 型）更新，K 110 MeV	p<80 MeV, O<15 MeV/核子, Ar<9.5 MeV/u
20 MV タンデム加速器	日本原子力研究開発機構	1979~	NEC ペレトロンタンデム（20 UR）	p<34 MeV, C<120 MeV, H~U まで 18 MV
リングサイクロトロン I	理化学研究所	1986~	リニアック入射，4 分離セクター型リングサイクロトロン K 540 MeV	重イオン（Ar, Kr, Xe）<20 MeV/u
AVF サイクロトロン	理化学研究所	1989~	4 セクター，K 78 MeV	A/Q<4 のイオンを 4~14 MeV/u
リングサイクロトロン II	理化学研究所	1989~	AVF サイクロトロン（K 78 MeV）入射	p<210 MeV，軽イオン(C, N, O)<135 MeV/u, Ar<95 MeV/u
8 MV タンデム	京都大学理学部	1989~2011	8 UDH 型ペレトロンタンデム，九州大学へ移設	
リングサイクロトロン	大阪大学核物理研究センター	1991~	AVF 入射，6 分離セクター型リングサイクロトロン K 400 MeV	p<400 MeV，重イオン<100 MeV/u
20 MV タンデム＋ブースター	日本原子力機構	1995~	NEC ペレトロンタンデム（20 UR）＋超伝導空洞	C<250 MeV, Ar, Xe<20 MeV/u
重イオンリニアック	理化学研究所	2001~	RILAC＋CSM，ビーム強度>1pμA	Na, Ca, Zn<6 MeV/u
RI ビームファクトリー	理化学研究所	2007~	4 台のリングサイクロトロンカスケード	O, Ca, Zn, Kr, U<345 MeV/u
8 MV タンデム＋FFAG	九州大学加速器・ビーム応用科学センター	2015~	タンデムは京都大学より移設，150 MeV FFAG 入射用	150 MeV p
6 MV タンデム加速器	筑波大学研究基盤総合センター	2016~	NEC ペレトロンタンデム（18SDH-2），偏極イオン源	p, d<13 MeV, H~Au まで 6 MV

ンと呼ばれる）．そのため，高周波共振器は 2 式あり，FF モードは陽子 7.5~16 MeV，重陽子 15~21 MeV，α 粒子 30~40 MeV の可変エネルギービームの加速に使用され，FM モードは陽子 51~57 MeV の高エネルギー加速に使用された．当時としては画期的なこの可変エネルギー性を生かした陽子の弾性，非弾性散乱実験や（α, p）反応実験研究が国際的にも高く評価されるなど，1950 年代末，1960 年代に INS 160 cm FM/FF サイクロトロンはおおいなる研究成果を上げた．この装置は 1981 年にシャットダウンされている．

核研では 1973 年に FF サイクロトロンに代わるものとして SF サイクロトロンが建設された．FF サイクロトロンが弱収束を使った古典的サイクロトロンであるのに対し

て，この SF（Sector Focusing）サイクロトロンは通常 AVF サイクロトロンと呼ばれる等時性のサイクロトロンである．AVF（Azimuthally Varying Field）とはビームの周回方向の磁場分布が一様ではなく周期的に強弱を持った分布のことをいい，それを採用することによってビームに対する鉛直方向の強い収束力が得られる．同時に動径方向には等時性の分布をつくってやれば，古典的サイクロトロンでは原理的に限界であった，（例えば）陽子のエネルギー 10 数 MeV を超えることが可能となる．このようにして SF サイクロトロン（磁極直径 176 cm）は，最大加速エネルギーを陽子で 45 MeV まで大幅に上げることができるようになった．スパイラル形状の 3 セクター型のエネルギー可変のサイクロトロンで，加速性能を表す K 値は

68 MeV である．内部イオン源による加速だけではなく外部イオン源からのビームを垂直軸に沿って入射することによって偏極陽子や偏極重陽子の加速も行えるようになっていた．また，後年になって ECR イオン源の開発も行っている．SF サイクロトロンは 1999 年にシャットダウンされた．なお，核研は 1997 年に改組されて高エネルギー加速器研究機構（KEK）と東京大学理学系研究科付属原子核科学研究センター（CNS）に分かれ，2000 年に核研のあった田無キャンパスは閉鎖された．

1971 年に全国共同利用研究施設として発足した大阪大学核物理研究センター（RCNP）では，核研の SF サイクロトロンと同じ年の 1973 年に AVF サイクロトロンが完成した．この AVF サイクロトロンもスパイラル形状の 3 セクター型である．磁極直径が 230 cm と SF サイクロトロンより大きく，K 値は 140 MeV，エネルギー可変で最大加速エネルギーは陽子 80 MeV，重陽子 60 MeV，^{3}He 粒子 150 MeV，α 粒子 120 MeV と，これまでのビームエネルギー範囲をより大きく広げた．さらに，SF サイクロトロンと同様，偏極陽子や偏極重陽子も加速できるようになっている．加速電極は 180° のシングルディーで，それが 1/4 波長同軸共振器の先端につながっている．その共振器系の励振には MOPA（Master Oscillator and Power Amplifier）という他励振方式が採用された．これは，発振器が共振器系に直接結合した自励振方式ではなく，基準周波数を出す発振器からの信号を増幅して共振器系に高周波電力を送る方式である．こうすることにより，高周波の位相や電圧の安定度が従来に比べてより向上した．なお，核研の SF サイクロトロンも当初は自励振方式であったものを 1981 年に MOPA 方式に切り替えている．RCNP の AVF サイクロトロンの特徴は，稼働の安定性とビーム分析器による高いエネルギー分解能を実現したことである．1970 年代，1980 年代にエネルギー分解能のよい軽イオンや偏極イオンビームを用いた核構造や核反応の精密実験などが盛んに行われ研究成果を上げた．後年 10 GHz や 18 GHz の ECR イオン源も開発導入し，現在 Kr までの重イオンも加速できるようになっている．この AVF サイクロトロンは，現在は，後述するリングサイクロトロンの入射器としても使用されている．

一方，理化学研究所（理研）は戦前の「理研大サイクロトロン」の再建を目指して，1966 年に 160 cm サイクロトロンを完成させた．多目的利用の可変エネルギーサイクロトロンで，加速器設計の方針としては，核研の FF サイクロトロンと同様のものとし，我が国初の重イオン加速が可能なものとした．電磁石は可変エネルギーに対応できるように B コンスタントとし，高周波系は 180° 2 ディーの遮蔽レッヘル線共振器で構成されている．PIG 型の重イオン源を精力的に開発し，N，O などの加速を行った．理研は共同利用研ではないが広く外部研究者に開かれた研究所で，全国の大学などからの数多くの研究者もこれを利用して，1970 年代に重イオンによる研究で大きな成果を上げ

た．このことにより重イオン研究に対する国内の関心が急速に高まり，後述するリングサイクロトロンなどの大型重イオン加速器の建設へと繋がっていく．160 cm サイクロトロンは 1990 年にその役目を終えた．なお，これは世界最後の古典的サイクロトロンとなった．

上記の重イオン研究の進展に対応して，理研では 1970 年代に次期計画として前段加速器 2 基と主加速器からなる複合加速器系の建設が提案された．前段加速器（入射器）をリニアックと AVF サイクロトロンとし主加速器をリングサイクロトロンとする計画で，これによってウランまでのすべてのイオンをより高いエネルギーまで加速しようというものである．まず重イオンリニアック（RILAC）が 1981 年に完成した．これは世界初の周波数可変（18～45 MHz）のヴィデレー型リニアック（6 台の加速共振器からなる）である．しかも連続ビーム加速（CW）モードで運転される．その後 1986 年にリングサイクロトロン（RIKEN Ring Cyclotron：RRC）が完成した．日本で最初のリングサイクロトロンである．AVF サイクロトロンはその 3 年後の 1989 年に完成している．この AVF サイクロトロンでは ECR イオン源や偏極イオン源からのビームを外部入射するのに，従来使われていたミラー電極に代えて，スパイラルインフレクタと呼ばれる偏向電極を日本で最初に採用した．リングサイクロトロンは一般に分離セクター型サイクロトロンとも呼ばれるもので，電磁石を分割してビームの周回方向にそれらを配置して，AVF 方式の場合より磁場の強弱を極端につけることによってさらに強いビーム収束力を持たせ，そうすることによってより高いエネルギーまで加速できるようにしたものである．RRC は，開き角 50° の扇形の磁極を持つ電磁石（セクター電磁石）4 台，movable-box 型と呼ばれる方式のダブルギャップ高周波共振器 2 台などで構成される．この共振器は通常のショート板方式に比べて格段に短尺で広範囲の共振周波数をカバーできるもので，RRC のために新たに発明されたものである．入射半径と取り出し半径はそれぞれ 0.89 m と 3.56 m で，電磁石の総重量は 2 100 t である．RRC の構成機器の安定性はそれまでのサイクロトロンのそれよりも厳しいものが要求されたが，いずれもその要求を満たした．例えば，セクター電磁石主コイル用電源は $2\sim5\times10^{-6}$ と従来のものより約 1 桁よい安定度を達成している．なお，重イオンに対しては入射器と RRC の間にチャージストリッパー（炭素薄膜）をおいて電子を一部剥ぎ取りイオンの電荷を上げる方法をとっている．このようにして，RRC の K 値は 540 MeV で，最大加速エネルギーは陽子が 210 MeV，重陽子，N，O，Ne が 135 MeV/u，最も重い U が 13 MeV/u と重イオンのエネルギー範囲を一気に広げることができるようになった．この複合加速器系を擁する理研加速器研究施設（RARF）の大きな特徴の一つは大強度の RI（不安定核）ビームを供給できることである．世界で初めての本格的な RI ビーム発生装置として 1990 年に建設された入射核破砕片分離装置 RIPS は，当時既存の外国

図 6.2.2　理研 RI ビームファクトリーの加速器と実験設備の配置

の同様の施設より数桁高い強度の RI ビームを供給することができた．

RCNP では高精度の実験研究を π 中間子生成のエネルギー閾値以上のエネルギー領域に拡張するという「RCNP サイクロトロンカスケード計画」が 1986 年に認められ，AVF サイクロトロンの後段加速器としてリングサイクロトロンを 1991 年に完成させた．スパイラル型セクター電磁石が 6 台（総重量 2 200 t），ビーム加速には 3 台のシングルギャップ高周波共振器と 1 台のフラットトップ用シングルギャップ高周波共振器（FT）が使われている．FT は 3 倍の周波数で運転されるもので，精密実験を行ううえで高品質のビームを供給するためには不可欠な装置である．入射半径と取出し半径はそれぞれ 2 m と 4 m，K 値は 400 MeV，最大エネルギーは陽子が 400 MeV，O イオンが 60 MeV/u で，典型的なビーム特性はエネルギー幅 0.1 %，エミッタンス 1π mm・mrad，時間幅 0.3〜0.5 ns である．

1990 年代に本格的な重イオン RI ビーム科学を切り拓いた RARF であるが，それでも全元素領域にわたって RI ビームを供給するためには重い原子核のイオンのエネルギーがまだ十分ではなかった．そこで理研は，RARF 加速器の後ろに強力な加速器をさらに接続して，全元素にわたって RI ビームを生成しようとする「RI ビームファクトリー（RIBF）計画」を提案した．1995 年より建設が開始された．図 6.2.2 に RIBF の加速器と実験設備の配置図を示す．RARF（旧施設）の主加速器である RRC を前段にして，後段に固定周波数リングサイクロトロン（fixed-frequency Ring Cyclotron：fRC），中間段リングサイクロトロン（Intermediate-stage Ring Cyclotron：IRC），そして世界初の超伝導リングサイクロトロン（Superconducting Ring Cyclotron：SRC）を追加して，RRC で加速したビームの速度を fRC で 2 倍，IRC でさらに 1.5 倍，そして SRC でさらに 1.5 倍にしてウランまでのすべての元素のイオンを光速の 70 %（345 MeV/u）まで加速できるようになっている．このようにして加速された高速重イオンを RI ビーム生成標的に当て，得られた多種類の高速 RI ビームを下流の超伝導 RI ビーム分離装置 BigRIPS で実験に使用する RI ビームに純化して実験設備に輸送するようにしている．SRC は 2006 年に完成した．取出し半径 5.36 m，総重量約 8 300 t，曲げ力 8 Tm，K 値 2 500 MeV の世界最大最強のサイクロトロンである．6 台の超伝導セクター電磁石の主コイル（最大 5 000 A）とトリムコイルにはアルミ安定化 NbTi 超伝導線が使用され，主コイルは液体ヘリウムによる浸漬冷却方式，トリムコイルは強制 2 相流ヘリウムによる間接冷却方式で冷却されている．ビーム加速には 4 台のシングルギャップ高周波共振器と 1 台のシングルギャップ FT が使われ，これらはセクター電磁石間の空間に配置され上記 8 300 t の内の 4 000 t 分の磁気シールド用の鉄で覆われている．28 GHz ECR イオン源やチャージストリッパーなどの開発，新入射器 RILAC2（固定周波数型リニアック）の製作導入なども行って重イオン（特にウランイオン）のビーム強度を着実に増強させ，RIBF では 2007〜2017 年までに 150 種類を超える新同位元素を発見している．

最後に，RIBF においてニホニウム（Nh，113 番元素）の発見実験に使われた加速器について特記する．RILAC2 が 2010 年に AVF 室に導入されて RRC へ重イオンを供給するのに RILAC を必要としなくなってから，ニホニウムの発見実験は RILAC 実験室において本格的に始まった．ニホニウムの生成は亜鉛ビームをビスマス標的に当てて原子核同士の融合反応で行われる．ニホニウムは 2004 年，2005 年，2012 年に 1 個ずつ計 3 個見つかった．その間加

速器には大強度の亜鉛ビームが要求され，照射時間にして575日の間エネルギー 5.04 MeV/u，平均 0.56 pμA の亜鉛ビームを供給し続けた．ここで，18 GHz ECR イオン源のビーム出力の増強開発，可変周波数 RFQ リニアックの開発，RILAC 直後のブースターリニアックの開発などが発見に大いに貢献した．

b. 素粒子研究

素粒子研究のための加速器に要求される性能としては，まず高エネルギーということが挙げられる．その理由は，素粒子反応の空間が 10^{-5} m 程度と小さく，それを調べるための入射粒子は，同程度のド・ブロイ波長を持つこと，また研究目的の多くで，新粒子の発生が求められることなどである．そういうわけで，素粒子研究のための加速器としては少なくとも 1 GeV 程度以上が目安となっている．

このように素粒子研究のための装置は，基本的に大型にならざるを得ず，主要なものの多くが国立の研究施設として建設されている．加速器による素粒子研究が巨大科学と呼ばれる所以である．

日本で素粒子研究を担ってきた主要研究施設は，東京大学付置の原子核研究所（INS，1955 年設立）と，国立の高エネルギー物理学研究所（KEK，1971 年設立）である．これらは全国大学の研究者に開かれており，組織的には大学共同利用機関と呼ばれる（実際には国・公立研究機関や外国の大学・研究所による研究も受け入れている）．なお両研究所は 2004 年に統合され，大学共同利用機関法人高エネルギー加速器研究機構（KEK）となっている．

INS には，日本で最初の高エネルギー加速器として，電子シンクロトロン（INS-ES）が建設（1956～1961 年）され，素粒子研究に供された．この装置の建設構想が生まれたのは，INS 設立の頃である．当初は，外国の計画に対抗するためただちに数 GeV の陽子シンクロトロンの建設に進むべきという案と，経験不足を理由にまずは 1 GeV 程度の電子シンクロトロンから始めるという案が検討されたようであるが，結局後者に落ち着き，1961 年 12 月に 750 MeV の電子シンクロトロン（INS-ES）が完成した．加速器システムは，6 MeV の電子リニアックを入射器とする強収束型のシンクロトロン（周長 35 m）である．その写真を図 6.2.3 に示す．後に入射器とシンクロトロンはそれぞれ 15 MeV と 1.3 GeV に増強された．

INS-ES は，1999 年に停止するまで 38 年の長きにわたり，π 中間子光発生などの高エネルギー物理実験に使われ，素粒子物理や加速器研究者の育成という点でも当該研究分野の発展に大きく寄与した．またこの装置で発生する放射光を利用する物質科学の研究も高エネルギー物理実験とほぼ同時に始まっており，ここが日本の放射光研究の原点といってよい．

この INS-ES 計画の前に，東北大学や東京大学でも，素粒子の実験研究を目的とした加速器の建設計画が進められている．しかし実際には予算の制約などで装置開発の段階にとどまった．東北大学では当初 500 MeV の電子シンク

図 6.2.3　東京大学原子核研究所　電子シンクロトロン[39]

図 6.2.4　東京大学理学部　電子シンクロトロン[40]

ロトロンが構想されていたが，結局 1954 年に 40 MeV の弱収束型の装置を完成させた．これは事実上日本で最初のシンクロトロンであり，また日本で初めてシンクロトロン放射（放射光）が観測された装置として知られている．一方，東京大学の計画は設計エネルギー 170 MeV（π 中間子光発生の閾値をちょうど越えるあたり），周長 5.8 m の強収束型の装置であり，1953 年からの約 6 年間で設計・建設された．目的は，当時発表されたばかりの強収束型シンクロトロンの原理の実証とそのための開発研究である．この研究グループは，高エネルギー加速器について当時としては世界的にも最先端に近い理論的研究を進めており，独自に強収束の原理に近いアイデアにも到達していたのでこのような計画が生まれたと考えられる．しかし一方で強収束型シンクロトロンとしては，ベータトロン共鳴などビーム物理上の多くのことがまだよくわかっていない早期の取り組みであったため多くの難しい問題に遭遇した．その結果最高ビームエネルギーが設計値手前の 135 MeV に達したところで計画は終了している．図 6.2.4 はこの装置の写真である．

これらの大学による加速器計画が成功し，素粒子の実験研究が行われていれば，その後の日本の高エネルギー加速器計画は別の展開となっていたのではなかろうか．一方，

これら大学で蓄積された強収束型シンクロトロンに関する知見があって初めて，続く INS-ES 計画の成功がもたらされたということもできる．

INS-ES 計画の成功を受けて，ほどなく GeV 級の陽子シンクロトロン計画の検討が研究者の間で始まった．これは規模的に日本で初めての巨大基礎科学計画と位置付けられ，予算から研究体制までいろいろな立場での広範にわたる議論の対象となり，結論に至るまでに約 10 年を要した．加速器として研究者間で一致を見たのは当時としては世界最高エネルギーとなる 40 GeV の陽子シンクロトロンである．しかしこの計画も予算上の制約などから約 1/4 に縮小され，結局のところ 1971 年 4 月に筑波研究学園都市に大学共同利用機関として文部省直轄の高エネルギー物理学研究所（KEK，現・高エネルギー加速器研究機構）を設立し，そこに 8 GeV の陽子シンクロトロン（KEK-PS）を建設することとなった．この装置はエネルギー的には，当時の世界レベルで見ると 5 番目くらいであったが，米国のフェルミ研究所に建設される 500 GeV の加速器と並んで世界で初めてカスケード型と呼ばれる，入射器と主リングの間にブースターシンクロトロンを入れる方式や，主リングの機能分離型強収束電磁石システムなどいくつかの世界でも初の試みが採用されていた．加速器は，20 MeV 陽子リニアック（全長 16 m，後に 40 MeV に増強），500 MeV ブースター（周長 38 m），8 GeV 主リング（周長 339 m，完成直後 12 GeV に増強）で構成され，1976 年に完成した．

KEK-PS は，以下に述べる大強度陽子加速器計画（J-PARC）の進展に伴って 2006 年に，約四半世紀にわたる実験研究に幕を下ろし，シャットダウンされた．当時では世界でも最古参の陽子シンクロトロンになっていたが，実験の最終段階では 250 km 離れた東京大学宇宙線研究所の検出器，スーパーカミオカンデとの間で長基線ニュートリノ振動というような素粒子物理の最先端を行く実験が行われた．これは世界初の加速器によるニュートリノ質量実験であり，梶田らのノーベル物理学賞受賞（2015 年）にも大きな役割を果たした．

また素粒子研究とは別に，ブースターシンクロトロンの陽子とともに，中性子やミュオンを生成ビームとして利用する研究施設が付設され，物質科学や陽子線照射治療においても多くの重要な成果が生み出されている．近年ますます盛んになってきている高エネルギー加速器応用の端緒がここで開かれたといってよいであろう．

この KEK-PS は，上に述べたように当時世界最高エネルギーの 40 GeV 計画が縮小された結果として生まれたところがあり，その建設当初から次期計画の検討が始まっていた．時代的には最高エネルギーの素粒子実験では，その多くが衝突ビーム加速器（ビームコライダー）のほうへ移りつつあったので，日本の計画も KEK の敷地に入るいろいろなタイプ，すなわち陽子・陽子，陽子・電子，電子・陽電子などの衝突装置が研究された．その結果，当時未発見であったトップクォークの検出を主目的とする 30 GeV の電子と陽電子を衝突させる TRISTAN 計画（Transposable Ring Intersecting Storage Accelerator in Nippon）がまとめられた．

加速器システムは，放射光研究施設（PF）のために建設された 2.5 GeV リニアック（全長 415 m）を活用した電子，陽電子入射器，エネルギーブースターの役割を果たす 8 GeV の入射蓄積リング（AR，周長 375 m），最高エネルギー 30 GeV の衝突ビームリング（MR，周長 3 km）で構成されている．なお 8 GeV の AR は，6.5 GeV のビーム貯蔵リングとしても設計されており，放射光利用が並行して進められよう設計された．図 6.2.5 は TRISTAN 完成時の KEK の航空写真である．敷地全体に，TRISTAN-MR，AR，入射リニアック，放射リング，KEK-PS などが建設されている様子を示す．TRISTAN 計画は，まず 1980 年に AR，引き続き 1981 年に MR の建設が始まり，それぞれ 1984 年，1986 年に完成した．

TRISTAN では完成から約 3 年間世界最高エネルギーの電子・陽電子衝突実験が行われたが，1989 年には CERN の LEP が完成し，電子・陽電子衝突のエネルギーフロンティアはそちらに移った．残念ながらこの 3 年間の実験で TRISTAN のエネルギー領域にはトップクォークが存在しないことが判明した（トップクォークは CERN の LEP でも検出されず，結局 1995 年にフェルミ研究所の Tevatron で発見された．その質量は約 170 GeV/c^2 と予想をはるかに超える大きさであった）．その後も TRISTAN による実験は 1995 年まで続けられ，おもに QCD，特にクォークの間に働く力の性質などについて重要な新しい知見が得られた．

一方，加速器の面ではこの装置によって衝突ビーム加速器について多くの技術的また加速器物理上の成果が蓄積さ

図 6.2.5　高エネルギー物理学研究所の TRISTAN 完成時航空写真（出典　高エネルギー加速器研究機構）

れ，以下に述べる B ファクトリー計画へ引き継がれた．

特に加速器技術では，世界で最初の大規模超伝導加速空洞システムの導入や衝突点の両側に置かれる高磁場勾配の超伝導四重極磁石の使用が，またビーム物理では，軌道設計やビーム開発のための非常に広い用途を持つ計算機プログラム SAD（Strategic Accelerator Design）の開発などが挙げられる．

TRISTAN ではトップクォークに到達できないことが判明した頃から TRISTAN を B ファクトリーに改造し，小林・益川理論をもとに B 中間子系における大きな CP 対称性の破れを予言した三田の理論を検証する可能性が検討され始めた．特に衝突させる電子と陽電子のエネルギーを非対称にし，重心系を一定の速さで動かすことによって B 粒子の崩壊時間の正確な測定を可能にする 2 リングの非対称エネルギーのビームコライダーについて，ビーム物理上の問題点が詳細に調べられた．なかでも，TRISTAN の 200 倍に達する目標ルミノシティー 1×10^{34} cm^{-2} s^{-1} を実現するためには電子の貯蔵リングとしては未曾有の 1 A 以上のビーム電流が要求されたので，そのような大電流によって起こる新しいタイプのビーム不安定性とその対策についての研究が精力的に行われた．このような準備作業は TRISTAN で実験を継続しつつ行われたが，1994 年には建設予算が認められ B ファクトリー計画が始まった．

この計画は KEKB と呼ばれ，ほぼ同様の内容で半年早く建設が始まっていた米国の B ファクトリー計画である SLAC（スタンフォード線形加速器センター）の PEP-II と先を争うかたちとなった．これらの 2 計画はほぼ予定どおりに 1998 年に完成し，ルミノシティーなど加速器性能を競い合った．KEKB は完成から約 4 年で設計値であるとともに衝突ビーム加速器としては世界最高ともなる 1×10^{34} cm^{-2} s^{-1} のルミノシティーを達成した（到達最高値はこの 2 倍）．また実験においても 1 ヵ所の衝突点に置かれた Belle と呼ばれる測定器がいち早く B 中間子における CP 対称性の破れを発見し，さらに素粒子の標準理論を詳細に調べる研究が行われた．なおこの Belle や PEP-II による CP 対称性実験は，小林・益川理論の検証研究として高く評価され，2008 年には小林，益川両氏にノーベル物理学賞が授与された．

KEKB 計画は 2010 年以降，ルミノシティーを 8×10^{35} cm^{-2} s^{-1} にアップグレードする SuperKEKB 計画に移っている．研究目標は，小林・益川理論をベースとする素粒子標準理論では予測できないような新しい現象の発見である．加速器としては，陽電子ダンピングリングの新設による陽電子ビームの大幅な性能改善（強度やエミッタンス）をはじめとする入射器システムの増強や，ナノビーム方式と呼ばれる，極薄（5〜60 nm）の多バンチを角度をつけて衝突させるシステムの開発などかなり大掛かりな改造が求められた．これらの作業は 2014 年度におよそ終了し，目標のルミノシティーでの実験を目指して，加速器とこれも大幅な改造を加えられた測定器 Belle II によるテスト実験

が進められている．

日本における高エネルギー陽子加速器は，KEK-PS のみという状態が長く続いていた．しかし，ハイパー原子核など高エネルギーの原子核研究が，大きな進展を見せるに及び，原子核研究者の間で，より高エネルギー，大強度の陽子加速器を望む声が大きくなっていった．そこで INS（東京大学）を中心とする研究者グループが，ビーム出力 1 MW の陽子加速器の建設を提案した（Large Hadron Project：LHP）．しかし計画には，原子核に加え，素粒子や，物質・生命科学（中性子やミュオン利用）などが含まれていたので，それらの研究分野間で調整が図られた．その結果 LHP は KEK-PS を置き換える大型計画（Japan Hadron Facility：JHF）として再定義され，KEK を中心に推進されることとなった（この計画推進のため 2004 年 KEK と INS は統合された）．

一方当時日本には，他にも大強度の高エネルギー陽子加速器計画が進んでいた．それは，日本原子力研究所（JAERI，現・JAEA）が検討していた，陽子ビームによる核消滅反応を用いた，原子力発電炉からの使用済み核燃料廃棄物処理のための装置である（オメガ計画）．

しかし KEK・INS と JAERI の大型 2 計画をともに実現することは極めて困難であり，両研究機関が協力，計画の見直しが行われた．その結果 1999 年，それらは J-PARC（Japan Proton Accelerator Complex）計画としてまとめられ，研究施設は JAERI の東海研究所内に建設されることとなった．

J-PARC の陽子加速器は，400 MeV リニアック（全長 300 m），3 GeV ブースターシンクロトロン（周長 348 m），30〜50 GeV 主リング（周長 1 567 m）で構成され，ブースターには物質・生命科学実験施設，また主リングには素粒子・原子核実験施設が付設されている．

本計画では，いくつかの新しい加速器技術が開発された．大強度ビームによる不安定モード励起の抑制に有利な完全軸対称環状結合空洞（ACS）型リニアックや，従来のフェライトに代わる新しい磁気合金材料を用いた陽子シンクロトロンのための高加速電界型加速空洞などである．

J-PARC 施設は 2008 年に完成し，素粒子，原子核，原子力工学，物質・生命科学などの実験研究が精力的に行われている．

本節関連の文献について，すでに多くの解説が出版されているが，ここでは本分野の研究を最初期から支え，その飛躍的な発展に多大の貢献をされた西川哲治氏による「素粒子実験と加速器—戦後の日本を中心に」を挙げておく[41]．

c．物質・生命科学研究

はじめに 物質・生命科学は，素粒子・原子核実験のために建設され進化していった加速器および加速器科学とは，1950 年代までは互いにほとんど無縁の研究分野であった．物質・生命科学分野で加速器が利用されるようになったのは，1960 年代に電子シンクロトロンから放出される電磁

波(シンクロトロン放射,放射光)が大きな強度を持ち,赤外線からX線領域にわたって幅広いスペクトル分布を持つ光であることが広く知られてからである.

また1970年代以降,陽子加速器を使って得られる中性子(ニュートロン)や中間子(ミュオン)が物質の磁性研究に大きな役割を果たすことが示され,ニュートロンやミュオンを使った物質科学研究も盛んに行われるようになった.今日,高エネルギー加速器から得られる光(フォトン),ニュートロン,ミュオンは,物質・生命科学研究に欠かせない量子プローブとなっている.

放射光 高エネルギー電子シンクロトロンでは,電子の周回運動に同期して電子軌道の接線方向に高い指向性を持つ電磁波(放射光)が放出される.放出される電磁波の短波長端(臨界波長 λ_c)は電子シンクロトロンのエネルギーの3乗に逆比例し,エネルギー1 GeVの電子シンクロトロンからは,約1 nmよりも長い波長(1 keVよりも小さい光子エネルギー)の電磁波(放射光)が切れ目なく連続スペクトルとして得られる.

特に,波長が10 Å(約1 200 eV)から1 000 Å(約12 eV)の紫外線とX線の間にある真空紫外線(VUV)あるいは軟X線(SX)と呼ばれる領域(VSX)の光は,物質との相互作用が大きいために大気中で減衰し,有効な実験室光源を準備することが難しい.そのため,1947年に米国で放射光が初めて観測された直後から電子シンクロトロンをVSX領域の光源として利用することが検討された.国内初の高エネルギー電子加速器として東京大学原子核研究所に整備された電子シンクロトロン(INS-ES)の建設時(1956~1959年)にはすでにそのことが知られていて,放射光を加速器の外に取り出すための真空ダクトをINS-ESに設置することが決まっていた.加速器科学関係者のこの優れた先見性によって,我が国では1960年代初頭のINS-ESの運転開始直後から,世界に先んじて放射光を利用する様々な物質科学研究が行われた.(図6.2.6)

INS-ESの放射光を利用して行われた物質科学研究は,原子の内殻電子励起による物質の電子状態解析,軟X線吸収や光電子分光による固体の電子構造解析,軟X線小角散乱によるポリマーの構造解析,リソグラフィによる超微細加工など多岐にわたり,これらは今日でも放射光利用実験の主要なテーマとなっている.INS-ESは,我が国で最初の放射光利用実験が行われた施設であると同時に,加速器を利用する共同利用や共同研究の考え方を物質科学分野の人々に示したという点でも大きな役割を果たした.その経験は,後に放射光の利用を目的として建設・整備されたSOR-RING,フォトンファクトリー,SPring-8などの日本を代表する放射光施設に継承された.

SOR-RINGは当初から放射光の利用を目的として設計・建設されたエネルギー380 MeVの電子蓄積リングで,1974年に完成後東京大学物性研究所に移管され,INS-ESに比べて格段に安定した放射光を利用して物質科学研究が行われた.SOR-RINGでは,光電子分光,吸収反射分光

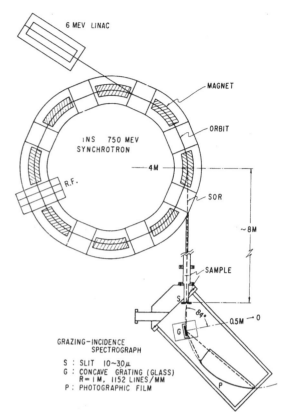

図6.2.6 INS-ESと放射光利用専用第一分光器

実験などによる物質の電子状態解析の他,VSX照射実験による生物試料の放射線損傷解析などが行われた.特に1980年代に盛んに行われた固体の共鳴光電子分光実験は,遷移金属化合物,稀土類金属化合物やモット絶縁体など,電子相関効果が物性に重要な役割を果たす物質系の電子状態解析に利用され,放射光を使って得られる光電子スペクトルが物質の光学的性質だけでなく輸送現象や磁性についても重要な情報を与えることを示した(図6.2.7).

またSOR-RINGでは,1981年に我が国で初めて永久磁石型挿入光源の試運転とアンジュレータ放射の特性評価実験が行われた.挿入光源は,放射光が電子軌道の接線方向に放出されることに着目して,電子加速器の直線部に磁石列を挿入して電子軌道を蛇行させ,偏向電磁石部から出る放射光よりも格段に高輝度の放射光を得る装置である.SOR-RINGでの研究成果は,当時高エネルギー物理学研究所(現・高エネルギー加速器研究機構,KEK)に建設中であったフォトンファクトリーに適用され,その後の我が国における挿入光源開発の起点となった.

フォトンファクトリーは,従来のX線発生装置に比べて格段に強度が大きいX線源を備えた研究所をつくる構想のなかから生まれた.1978年にKEKの放射光実験施設として2.5 GeV電子蓄積リングの建設が始まり,1982年から放射光X線の利用実験がスタートした.全国各地で既存のX線源を使って物質・生命科学研究をしていた大

図 6.2.7 SOR-RING

図 6.2.9 SPring-8

図 6.2.8 フォトンファクトリー

規模な研究者集団の協力も得て，フォトンファクトリーでは放射光 X 線を利用する物質の構造解析が大きく進展した．また，X 線光学，生物学，地球科学あるいは医療診断など，物質・生命科学とそれに関連する広範な分野の研究者が放射光 X 線を利用し，フォトンファクトリーは我が国の放射光利用研究の中心拠点の一つとなった（図 6.2.8）．

フォトンファクトリーでは，X 線吸収端微細構造解析（XSAFS），X 線蛍光分析などの放射光利用分野が拡大するとともに，X 線共鳴磁気散乱実験による物質内電子系の秩序状態解析，放射光の偏光特性を利用した X 線磁気円二色性実験による物質の磁気秩序状態解析などの新たな研究分野も開拓されて，放射光を利用する物質・生命科学研究が大きく発展した．

特に，A. Yonath（イスラエル）が 1990 年代にフォトンファクトリーで初めて行ったタンパク質の低温結晶構造解析は，その後の世界各地で行われることになるスタンダードな研究手法となり，彼女の 2009 年ノーベル化学賞受賞に繋がった．また，軟 X 線リソグラフィや半導体デバイス材料の分析・評価を目的として建設された企業のビームラインを中心に，放射光の産業利用も行われた．

フォトンファクトリーの出現は，放射光を利用する研究分野を基礎科学から応用科学・技術にまで大きく拡大させただけでなく，加速器を研究の手段の一つとして共有する学際的な研究領域をつくり出した．

SPring-8 は，挿入光源からの放射光 X 線の利用を主目的とした文字どおり 8 GeV の電子蓄積リングである．挿入光源が放射する世界最高性能の高輝度放射光 X 線を利用して先端的光科学研究を行う施設として兵庫県佐用町に建設され，1997 年に完成して利用実験がスタートした．SPring-8 では，真空封止型アンジュレータ，8 の字アンジュレータあるいは偏光スイッチングアンジュレータなどの各種アンジュレータが開発・整備され，ユーザーは利用研究に必要な X 線の波長領域，偏光特性に応じて高輝度 X 線を発生するアンジュレータを選ぶことができる．また，トップアップ入射によって蓄積リング内の電子ビーム強度を一定に保持することも可能になり，光学素子に対する熱履歴の影響が格段に軽減された．これによって分光光学系を通して得られる放射光の性能と得られる実験データの精度が著しく向上し，物質・生命科学分野の研究成果の質が大きく向上した（図 6.2.9）．

SPring-8 では，約 30 本の挿入光源ビームラインでタンパク質の構造解析，X 線蛍光分析などの放射光利用実験が活発に行われている．高輝度放射光の特徴を生かして，強相関電子系物質やナノスケール物質の電子状態解析，発光分光実験，時間分解実験による化学反応素過程の解析，アンビエント雰囲気中での実験，従来の X 線回折実験では難しい水素，リチウムなどの軽元素を含む物質の構造解析など，数多くの優れた研究成果が得られている．

光源加速器としての SPring-8 の成功は，高輝度放射光の威力を証明しただけでなく，我が国の放射光 X 線を用いた物質・生命科学研究の飛躍的な質の向上とユーザー数の大幅な増加をもたらした．今日，SPring-8 は APS（米国），ESRF（フランス）と並んで世界最高性能の高輝度放射光が利用できる放射光源施設の一つとなっている．

また，2006 年には SPring-8 に隣接して SACLA の建設が始まった．SACLA は，電子がリニアック内を運動する際に自己増幅自発放射（Self-amplified Spontaneous Emission）によって可干渉性の X 線を発生させる自由電子レーザー XFEL（X-ray Free Electron Laser）施設である．グラファイトを使った LaB_6 電子銃，350 kV/cm の高い電場勾配を持つ C バンドによるリニアック，磁石列の間隙を 1.5 mm まで小さくできる真空封止アンジュレータなど

図 6.2.10 SACLA の C-band リニアック（提供　SPring-8）

の新しい加速器技術が導入されて SACLA は 2011 年に完成し，XFEL による放射光利用実験がスタートした．

SACLA では，X 線レーザーが持つ可干渉性や 100 fs 以下のパルス特性などの特徴を生かして，ナノレベル分解能の生体細胞のリアルタイム観察，化学反応時の電子や原子の観測などが行われている（図 6.2.10）．

中性子（ニュートロン）　中性子は，陽子とほぼ同じ質量を持つ電気的に中性の粒子で，原子核が壊れた際に外に放出される．電荷を持たない中性子は，物質中を電子の影響を受けずに移動し原子核によってのみ散乱されるため，X 線や電子線と比べて物質の透過能がよい．またスピン磁気モーメントを持っていて物質中で小さい磁石としても振る舞う．このため試料に中性子線を照射する中性子散乱実験は，X 線の散乱能が小さい水素や軽元素を含む物質の構造解析や磁性体の磁気構造解析，実用材料の非破壊検査などに威力を発揮する．

我が国では 1960 年代になって各地の大学に電子線加速器が整備されるようになり，1971 年に初めて東北大学原子核理学研究施設（現・電子光理学研究施設）で，制動輻射の D(γ, n)p 反応によって得られた中性子線を利用した中性子散乱による物質の構造解析が行われた．加速器を用いた中性子線源は，原子炉に比べて γ 線の発生強度が小さく，冷中性子を生成するために用いるポリエチレンや固体メタンなどの減速材の発熱を軽減できる．また，生成された中性子線には加速器と同期したパルス特性があり，飛行時間法（TOF 法）を用いて物質の構造だけでなく物質内電子系の動的課程について詳細な知見を得ることができる．しかし，300 MeV の電子加速器で得られる中性子線の強度は原子炉から放出される中性子線に比べて格段に小さく，中性子非弾性散乱などには強度不足であった．

このため，1970 年代に KEK で建設中であった 12 GeV 陽子シンクロトロン（KEK-PS）の 500 MeV ブースターシンクロトロンを使い，パルス状の陽子ビームを重金属ターゲットに照射して核破砕中性子を発生して強力な中性子源を整備する KENS（KEK Neutron Source）計画が検討された．KENS は，同時期に 500 MeV ブースターシンクロトロンの利用計画として検討されていた中間子実験施設（MRL）と一緒に建設された．KENS には，全国の中性子研究者の協力を得て 5 台の分光器が設置され，1980 年から中性子散乱の共同利用実験が始まった．

KENS では，様々な物質系の中性子散乱実験が行われた．陽子ビームを使って得られる強力な中性子線は，中性子回折による物質の構造解析だけでなく，中性子非弾性散乱によって物性研究に重要なフォノンやマグノンなどの素励起の分散などに関する知見を得ることも容易にした．KENS では，熱外中性子による偏極中性子散乱実験，白色偏極中性子を用いた散乱実験，極限状態（高圧，極低温）および非定常状態（パルス電場・磁場・光・圧力）での中性子散乱実験など，多様な中性子散乱実験によって物質科学研究が行われた．

特に 1990 年前後の高温超伝導材料の開発に際しては，KENS は，物質中の酸素や酸素欠損，ホウ素や炭素などの軽元素の位置や磁気構造の決定に大きく貢献した．また KENS は，リチウムイオン電池内のリチウムの挙動や燃料電池における水素の機能解析の他，水和物を多く含むタンパク質や DNA の構造決定にも利用され多くの研究成果が得られた．

一方，IPNS（米国・アルゴンヌ），ISIS（英国・ラザフォード）など世界各地の加速器施設では，KENS の建設と同時期に陽子シンクロトロンと核破砕を使う中性子源が開発・整備された．KENS は，これらの中性子散乱実験施設との間の共同研究，研究者の国際交流も盛んに行って，中性子散乱による物質・生命科学研究の国際研究拠点の一つとしての役割も果たした．

KENS の中性子散乱による物質・生命科学研究は，2006 年の KEK 陽子加速器の運転終了に伴って中断し，2008 年から茨城県東海村に建設・整備された大強度陽子加速器施設（Japan Proton Accelerator Complex：J-PARC）の物質・生命科学実験施設（Material and Life Science Facility：MLF）に移行した．J-PARC-MLF は，J-PARC の 3 GeV ブースターシンクロトロンに整備された物質・生命科学研究のための実験施設で，中性子線を利用する 22 本のビームラインがあり，中性子回折，中性子

図 6.2.11　J-PARC の物質・生命科学実験施設 MLF の中性子実験装置（手前）とミュオン実験装置（奥）（提供　J-PARC）

非弾性散乱，中性子イメージングなどの実験装置が設置され，共同利用実験が行われている（図 6.2.11）．

ミュオン　ミュオンは物質中に定常的に存在することのない不安定素粒子の一つで，正と負の電荷を持つ μ^+ と μ^- とがあり，約 $2\,\mu s$ の寿命で μ^+ は陽電子とニュートリノ（$\mu^+ \to e^+ + \nu_\mu + \bar\nu_e$），$\mu^-$ は電子とニュートリノに壊れる．ミュオンの質量は電子の約 200 倍で，スピンは 1/2 のフェルミ粒子であるため，ミュオンは物質中では重い陽電子・電子として振る舞い，周囲の原子・分子と電磁的相互作用をする．ミュオンは素粒子の崩壊の性質により，進行方向に 100 % スピン偏極し，ミュオンに寿命がきて崩壊する際に発生する陽電子・電子は，スピンの方向に対して空間的な非対称性を持って放出する．

したがって，スピン偏極ミュオンを試料に照射し，崩壊後に放出される陽電子・電子を観測することによって物質中でミュオンが感じる微視的磁場やミュオンスピンの応答について知見を得ることができる．また，電子の約 200 倍の質量を持つ負ミュオンは，物質中ではクーロン力によって原子核の近くに束縛され，一電子原子（ミュオン原子）として振る舞う．物質中でのミュオン原子の生成から消滅に至る過程には，多くの物理現象が関与しており，ミュオンビームは物質・生命科学分野の研究だけでなく，原子物理学，原子核物理学，素粒子物理学などの研究にも重要な役割を果たす．物質・生命科学分野で利用できるミュオンビームは，高エネルギー陽子ビームを重金属に照射し，核反応で中間子（パイオン π^+，π^-）を発生させ，パイオンのミュオンとニュートリノへの崩壊によって得ることができる．

1970 年代の中頃，核反応で大量のミュオンを発生させる陽子加速器が米国（LAMPF），カナダ（TRIUMF）やスイス（SIN）で稼働し，半導体や磁性などの物質科学研究にも使われ始めた．我が国では 1978 年に東京大学理学部に中間子科学実験施設（中間子科学研究センター）が設置されて，KENS 計画と一緒に KEK ブースター利用施設内にパルス状ミュオンビームを利用する実験設備（KEK-ミュオン研究施設，KEK-MSL）が建設され，1980 年に世界で初めてパルス状ミュオンビームを発生させることに成功し，翌年からパルス状ミュオンビームを使って共同利用実験がスタートした．

試料に入射したパルス状ミュオンビームは，パルス中性子源と同様に TOF 法によってスピン偏極したミュオンが消滅する際に放出される陽電子・電子の角度と検出時刻を測定することによって，物質内でのミュオンスピンの運動を解析することができる．また，ミュオン消滅のとき放出される数十 MeV の陽電子・電子は透過能が高く，検出の際に試料の周囲にあるクライオスタット，真空容器，加圧装置などがほとんど障害とならないことから，ミュオンの入射と同期して試料に磁場や電場を印加したりする，他の実験方法では難しい極端条件の下での測定も容易である．

このため，ミュオン消滅によって生じる陽電子・電子を測定して物質中での微視的磁場によるミュオンスピンの動きを解析する実験（ミュエスアール：μSR）は，物質を構成する様々な原子の配置だけでなく，物質中での原子の機能を解析する研究方法として，物質・生命科学の広範な分野で行われるようになった．

KEK-MSL では，μSR が物質中の微小磁場を様々な条件下で解析できる特徴を利用して，金属磁性体の臨界現象における磁性イオンのスピンダイナミクス，スピングラスなどのランダム磁性体のスピンダイナミクスなどについて研究成果が得られた他，ミュオン原子を使って導電性ポリマーの電子伝達の研究やタンパク質などの巨大分子中の電子伝達機構の研究などが行われた．

また KEK-MSL では，1994 年に陽子ビームの標的に高温タングステンを用いて数 keV 以下の超低速ミュオンを発生させることに成功した．超低速ミュオンは，物質中での平均自由行程が数 nm 程度と短い．これを利用して，物質表面や微小試料の電子状態や磁性，金属・絶縁体界面や半導体界面の磁性などの研究も行われた．

KEK-MSL の μSR による物質・生命科学研究は，2006 年の KEK 陽子加速器の運転終了に伴って中断し，2008 年から茨城県東海村に建設・整備された J-PARC-MLF に移行した．J-PARC-MLF には，ミュオンビームを利用できる 4 本のビームラインがあり，基礎科学から実用材料の非破壊検査に至る広い範囲の μSR 実験が可能な実験装置が設置され，共同利用実験が行われている．

陽電子（ポジトロン）　陽電子は電子の反粒子で，電子と同じ静止質量，スピン，同じ大きさの正電荷を持っている．陽電子は ^{22}Na，^{58}Co，^{64}Cu，^{68}Ge などの原子核の内部で陽子が中性子に転換（β^+ 崩壊）する際に放出される他，高エネルギー γ 線が物質中を通り抜けるときに起こす電子・陽電子の対生成によっても生じる．陽電子を試料に入射すると，陽電子は散乱を繰り返して物質中の価電子と同じ程度にまでエネルギーを失い（熱化），価電子と対消滅して 2 本の γ 線を放出する．この消滅 γ 線の放出角度，陽

電子が物質中で消滅するまでに要する時間，散乱過程で物質から放出されるオージェ電子や二次電子などを観測して，金属電子系のフェルミ面を観測したり物質中の格子欠陥や電子構造などについて情報を得ることができる．

一方，数十 MeV に加速した電子ビームをタングステン（W）やタンタル（Ta）などの重い金属標的に照射すると，入射ビームの制動輻射とそれによる電子・陽電子対生成の反復過程（カスケードシャワー）を使って陽電子を大量に発生させることができる．我が国では，電子加速器を利用して得られる陽電子ビームを用いた物質科学研究が日本原子力研究所（現・日本原子力研究開発機構）や電子技術総合研究所（現・産業技術総合研究所），高エネルギー物理学研究所（現・高エネルギー加速器研究機構）などで1980 年代に始まった．

電子加速器を使って得られた陽電子ビームを陽電子に対して負の仕事関数を持つアルミニウム，ニッケル，銅，タングステンなどに入射すると，物質内で熱化した陽電子ビームの一部は物質表面から仕事関数と同じエネルギー（1〜4 eV）で表面垂直方向に再放出される．こうして得られるエネルギーの低い陽電子（低速陽電子）は，放射性同位元素を使って得られる陽電子に比べて強度が2〜3桁大きく，熱エネルギーと同じ数十 meV 程度の単色性があり電子加速器と同じパルス特性も持っている．1990 年代に入ると，低速陽電子を再加速したエネルギー可変単色陽電子パルスビームが物質科学研究に盛んに用いられるようになった．

正電荷を持つ陽電子は，物質の表面ポテンシャルのために電子よりも物質内部に入りにくく，臨界視射角よりも浅い角度で入射した陽電子ビームは物質表面で全反射される．このため，低速陽電子ビームは電子ビームよりも表面敏感な量子プローブとして物質表面の原子構造解析や電子状態研究に用いられている．物質の表面原子構造解析に用いられている低速電子線回折（LEED）や反射高エネルギー電子線回折（RHEED）の電子ビームを低速陽電子ビームに置き換えると，より表面感度の高い回折像を得ることができ，低速陽電子回折（LEPD）や全反射高エネルギー陽電子回折（TRHEPD）は，触媒活性を持つ物質の表面原子構造や表面吸着原子超構造の解析など，物質最表面の原子配置を精度よく調べることに利用されている．また，低速陽電子ビームを用いた陽電子顕微鏡は，物質の局所構造解析の他に陽電子の原子空孔検出能を生かして空孔2次元分析計としても使われている．

電子の反粒子である陽電子は，物質表面から放出される際にその一部が物質表面にある電子と一緒になって電気的に中性な束縛状態（ポジトロニウム）を形成する．また，絶縁体に照射した陽電子にも周囲の分子内電子と一緒になってポジトロニウムを形成するものがある．ポジトロニウムは，質量が水素原子の900分の1程度で142 ns あるいは 0.125 ns の寿命で自己消滅してγ線となる．ポジトロニウムの自己消滅寿命の精密測定は，高分子材料の分子間空隙や多孔質材料中の空孔について，そのサイズや温度依存性などの解析に利用されている．

d. 医療応用

1940 年頃に米国で開始された加速器の医療応用は，初期のバンデグラフ加速器利用の後，ベータトロン利用へと移行する．ベータトロンの電子線と金属標的がつくる高エネルギー光子場により体表での電子平衡が成立しないため，従来に比べ皮膚線量が低減できる点が導入の理由であった．この後，小型化が可能で，X 線強度を上げられるという相対的な利点により，電子リニアックが開発され，次第にベータトロンと入れ替わっていくことになる．この開発は，高周波に関する技術的な進歩に合わせ進められ，X 線と電子線照射を回転ガントリーで実施する放射線治療装置のかたちが確立され，多くの病院での利用が現在まで続いている．

イオンビームによる高速中性子源を使った速中性子治療は，加速器の医療応用の開始当初から試みられた．国内では，1970 年に，放医研（当時放射線医学総合研究所）で，Van de Graaf による速中性子治療が実施され，さらに1974 年には，トムソン CSF 社（仏）から，p 80 MeV，d 35 MeV のサイクロトロンを輸入し，同治療に使われた．この種の治療は，一時期，各国で実施されたが，現在は行われていない．

π中間子の治療への応用は，高エネルギー加速器の技術的進歩により実現され，米国をはじめいくつかの試行が行われたが，現在はいずれも継続されていない．

重イオンを直接がん治療に利用する提案（粒子線治療）は，1946 年 Wilson により行われ，その後，様々なイオン種の利用が試みられた．その特徴は，ブラッグピークによる深部の線量集中性，飛跡が直線的で分布の制御が容易な点，生物学的効果比 RBE が X 線に比べて大きい点などが挙げられる．また，高 LET をつくれる重たいイオン種は，酸素効果（低酸素による放射線耐性）が小さく，低酸素濃度の腫瘍中心部のがん細胞を攻撃できる利点を持っている．現在，陽子線治療のための装置が次々につくられており，世界的にその数が増えつつある．また，炭素イオン線を使う治療（重粒子線治療）も国内を中心に，その数が増えている．

以下，X 線治療，粒子線治療に加え，最近開発されている加速器駆動型ホウ素中性子捕捉療法について国内の状況を簡単にまとめる．

X 線治療　国内における加速器による X 線治療は，1950年中頃からの，数〜10 数 MeV のベータトロンによる実施が最も早期である．最初の医療用リニアックは，1963 年に輸入され，3 医療施設に設置された．60 年代中頃には，国内で医療用リニアックが完成し，技術的に十分なレベルに達し，以降 10 MeV 前後のリニアックが使用された．現在，当初の国内メーカーは医療用リニアックの供給を止めており，国内の多くの病院で使われている装置は，そのほとんどが海外製となっている．X 線の照射技術は，多門

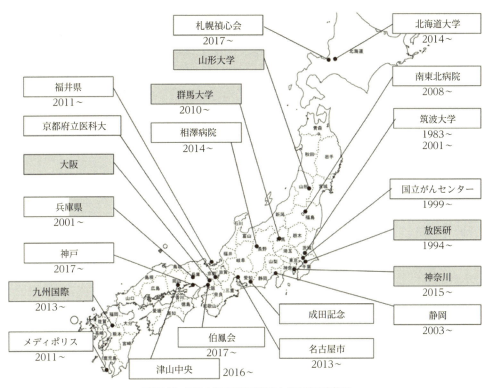

図 6.2.18　国内の陽子線治療施設と炭素線治療施設

で強度分布を最適化する方向で進化しており，強度変調放射線治療（IMRT），ロボット駆動 X 線照射装置（サイバーナイフ），連続回転による照射装置（トモセラピー，VMAT）などの新しい装置が，実際の臨床で使用されている．この他，呼吸で動く臓器に対して，X 線発生装置自体が追従して動く，4 次元照射装置（VERO4DRT）が国内メーカーにより開発されている．

粒子線治療　国内における陽子線治療は，最初，前述のサイクロトロンを使用して 1979 年，放医研で行われた．深部臓器を治療できるエネルギーではなかったが，この時期に現在新しく採用されているスキャニング照射の技術が世界で初めて開発された[42]．

KEK（当時高エネルギー物理学研究所，現・高エネルギー加速器研究機構）では，ブースターシンクロトロンの 500 MeV 陽子を，円柱グラファイトを通過させて減速し，アナライザーを通過させて 250 MeV のビームとして 1983 年から，筑波大学による深部臓器の陽子線治療が開始された[43]．初期の知見が，CT 装置の技術確立前に行われたものであり，当時欧米では，陽子は眼の脈絡膜のがん治療には有効であるが，その他には効果がないと見られていた．この知見は，がんの位置，形状の 3 次元データ化技術の発達により覆され，この治療の実績は，日本が世界をリードすることとなる．この治療を通して筑波大学で開発された呼吸同期照射は，この後の 4 次元照射につながる基礎技術である．KEK での成果に基づき，国立がん研究センター東病院では，235 MeV のサイクロトロンを建設し，1998 年から治療を開始した．そして筑波大学は病院に 250 MeV のシンクロトロンを建設し，2001 年から治療を開始した．以後，国内各地に治療施設が建設されている[44]．陽子線治療装置では，患者を任意の角度から照射可能とする回転照射装置（ガントリー）が大きく，病院設置が容易でないため，装置小型化の努力が現在も続けられている．図 6.2.18 に，国内の治療装置の分布を示す．新しくつくられている装置のほとんどが，スキャニング照射技術を使用している．

放医研では重イオン用の 800 MeV/u のシンクロトロンを建設した．Ne などまでの加速が可能であるが，RBE の最大値が得られる C イオンが選択され，1994 年から治療が開始された．群馬大学では，320～400 MeV/u の C イオン用のシンクロトロンが使用されている．この場合，水平または垂直の固定ビームが使われているが，放医研で炭素ビームでも回転ガントリーを使えるようにするため，超伝導回転ガントリーの開発が行われ，実用化している．

ホウ素中性子捕捉療法　がん細胞内に集積させたホウ素 10 と中性子線との核反応で生じる二つの粒子（α 線，リチウム原子核）によってがん細胞を選択的に破壊するホウ素中性子捕捉療法（Boron Neutron Capture Therapy：BNCT）は，治療効果を得るために病巣部周辺に 1×10^{12} 〜1×10^{13} （n/cm^2）の熱中性子フルエンスを付与する必要がある．さらに治療（中性子照射）を 1 時間程度で完了す

るためには，ビーム孔位置で1×10^9（n/cm²s）程度の熱外中性子（$0.5 < E < 10\,\mathrm{keV}$）を発生する必要がある．したがってこの大強度の中性子線が必要な BNCT はこれまで，研究用原子炉を使って臨床研究が行われてきた．しかし近年の加速器技術の進展により病院にも併設可能な小型加速器によって治療に求められる強度の中性子を発生することが可能となり，いわゆる「加速器ベース BNCT」が現実的となってきた．現在，国内外の多くの研究機関，重工メーカーによって加速器ベース BNCT 装置の研究開発が行われている[45]．

BNCT 用加速器中性子源の原理は，荷電粒子（おもに陽子）を加速器で数～30 MeV 程度まで加速し，これをベリリウムやリチウムなどの標的材に照射して二次的に中性子を発生させる．発生した中性子のエネルギーは数百keV～数十 MeV と治療に使うには高いため，この高速中性子をモデレータなどを用いて熱外中性子に減速調整してビーム孔から放出する．荷電粒子として陽子線を用いて治療に要求される強度の中性子を発生させるためには，平均電流で数～数十 mA の大電流の陽子を発生し，加速することのできる加速器が必要である．よって加速器ベース BNCT 用の中性子源の開発のおもな開発課題は，1）平均電流，数～数十 mA の荷電粒子（陽子）を数～30 MeV まで加速できる小型加速器の開発と，2）数十～100 数十 kW の大パワー荷電粒子の入射に対して融解することなく安定的，継続的に中性子を発生することのできる標的技術の二つである．

標的材にリチウムを用いる場合は，一般的に約 2.5 MeV にある陽子との共鳴ピークを利用して中性子を発生するため，陽子を 2.5 MeV 前後まで加速させる．しかし治療に必要な強度の中性子を発生させるためには，平均電流で 10～30 mA 以上の大電流を発生，加速させてリチウムに照射する必要がある．よってリチウム標的を採用しているグループは，加速器としては静電型加速器，もしくはリニアックを採用している．ここでリチウムの融点は約 180 ℃であるため，この大パワー（25～75 kW 以上）の陽子ビーム入射に対して融解しない標的装置を開発しなければならない．また，入射した大量の陽子が蓄積して部材を破損してしまうブリスタリングを抑制する技術もあわせて備えることが必要となる．この大パワー入射に対応するため，リチウムを固体ではなく液体化させておいて陽子を入射する方法も検討されている．液体リチウム標的の場合は，ブリスタリングに対しても問題が生じないというメリットもある．

2017 年現在，国内外で標的材にリチウムを採用している機関，グループは多数あるが，国内では国立がん研究センター・中央病院が実際に中性子を発生させている[46]．同病院の装置は，加速器に米国 AccSys Technology 社（日立製作所）の RFQ（Radio Frequency Quadrupole linac）を採用し，平均電流 12 mA 以上（CW 運転）の陽子を 2.5 MeV まで加速し，固体リチウムに照射して中性子を発生

させている．また，名古屋大学のグループは，加速器に静電型加速器の一種であるダイナミトロン（IBA 社製）を用いて平均電流 15 mA の陽子を最大 2.8 MeV まで加速してリチウムに照射して中性子を発生する方法を採用している．米国の Neutron Therapeutics Inc. 社は，加速器として静電型加速器を採用し，平均電流 20 mA の陽子を高速回転型リチウム標的に照射して中性子を発生する方式を採用している[47]．同装置の 1 号機が 2018 年にフィンランドのヘルシンキ大学病院に導入される計画である．

標的材にベリリウムを用いる場合は，入射する陽子のエネルギーに対して放出する中性子の発生効率（yield）が異なり，陽子エネルギーが高いほど効率的に中性子を取り出すことができる．しかし入射する陽子エネルギーが高いほど，発生する中性子の最大エネルギーも高くなってしまう（Q 値：$-1.9\,\mathrm{MeV}$）．したがってベリリウムを用いる場合は，5 MeV 程度～30 MeV の中～高エネルギーの陽子を入射させるため，加速器はリニアックもしくはサイクロトロンを使用している．30 MeV と高いエネルギーの陽子を用いる場合は，要求される陽子の電流値は低く，平均電流 1 mA，パワー 30 kW 程度の陽子ビームをベリリウムに照射することで BNCT に要求される中性子を発生させることができる．一方，比較的低いエネルギー（5 MeV～）の陽子を用いる場合は，数～数十 mA の陽子を発生，加速させてベリリウムに照射する必要がある．また，低いエネルギーの陽子を用いる場合は，薄いベリリウム標的（1 mm 以下）を組み合わせる必要があるため，ブリスタリングに対する耐性も考慮した標的設計が必要である．

加速器ベース BNCT で最も先行しているのは，住友重機械工業のサイクロトロンベース中性子源である．同社はサイクロトロンを用いて平均電流 1 mA の陽子を 30 MeV まで加速し，ベリリウムに照射して BNCT に十分な中性子を発生させることに成功している[48]．また，同装置は，国内外で開発されている加速器ベース BNCT 用治療装置の中で，唯一サイクロトロンを採用している．同装置は，京都大学原子炉実験所（大阪府），南東北 BNCT 研究センター（福島県）に導入されており[49]，同装置を用いて悪性脳腫瘍および頭頸部がんの患者に対する治療（治験）がすでに実施されている．南東北 BNCT 研究センターは，病院に併設された世界初の BNCT 装置であり，1 台の加速器に対して二つの照射室を有している．また，同装置の 3 号機が関西 BNCT 医療センター（大阪府）に開発整備されており，2018 年内に竣工する計画である．

筑波大学は，高エネルギー加速器研究機構，日本原子力研究開発機構，東芝などのメーカー，および茨城県の産学官連携チームで，リニアックベース BNCT 用装置・実証機：iBNCT を開発している[50]．iBNCT も標的材にベリリウムを採用しており，また，加速器としては J-PARC のリニアック技術を応用して RFQ と DTL（Drift Tube Linac）を用いて，陽子を 8 MeV まで加速している．同加

速器は平均電流5mA以上の陽子を加速できるように設計されているが，2017年時点では，治療（照射）の安定性，連続運転性を優先して平均電流1mA程度から調整を進めている．

イタリア・IFMFのグループは，標的材にベリリウムを用い，加速器はリニアックを用いている．特徴的なのは，ベリリウム標的に対して，入射する陽子ビームのエネルギーを4～5MeVと低く設定していることである．したがって発生中性子強度を稼ぐため，電流値は平均30mAと高く，ベリリウムに入射する陽子ビームパワーも120～150kWと非常に高くなる．したがって30mAを発生できるRFQの開発に加えて，大パワー陽子ビーム入射に耐えられる標的材の冷却とブリスタリング対策が開発の課題になると考えられる．

アルゼンチン・CNEAの開発グループは，標的材にリチウムとベリリウムの双方での研究を行っている．加速器には静電型加速器を用いている[51]．興味深いのは，標的材にベリリウムを用いる場合，荷電粒子として陽子だけでなく重陽子（D）を照射して中性子を発生する方法も検討されていることである．

BNCT用の加速器中性子源は，現在，国内外で研究開発が進められているが日本が最も先行している．近い将来，これらの装置が薬事承認され，BNCTが先進医療として確立することが期待されている．しかしBNCTに用いる中性子ビームのエネルギーはレンジが広いため（0.5eV$<E<$10keV），中性子を発生させる手法：用いる荷電粒子，エネルギー，電流値，および標的材などは，まだ最適化されていない．これに伴って用いる加速器型式も統一化はされていない．今後この治療法の確立，普及に伴って新しい手法，アイデアの加速器，中性子発生手法も提案される可能性もあるため，最適化，統一化されるまでには，まだ時間を要すると考えらえる．

e. 産業応用

日本における産業応用の発展は，第二次世界大戦後の加速器技術の急速な進歩と，同じく高度経済成長に向けて生まれた多くの企業が世界レベルに成長していく過程に深く関係している．

加速器の産業応用は概ね次のように分けられるであろう．すなわち，材料開発など産業界における基礎的研究と，電線の耐熱性改善など製造工程のなかに組み込まれての使用である．

産業界における基礎研究は，多くの場合，学術研究を目的に建設された加速器施設を利用して行われている．該当するもののなかではKEK-PFやSPring-8などの放射光施設が代表的である．利用企業は，多数に及び（＞100），研究開発の内容も薬剤・タンパク質，電池・エネルギー，半導体・電子材料，有機材料など多岐にわたっている．なお，NTT厚木の800MeV放射光施設など企業が独自に研究開発施設を持つ例もあるが，その数はごく限られている．

一方，加速器が製品の製造工程に組み込まれているケースとしては，電子ビームによる材料照射やイオン注入による材料の改質などが挙げられる．

電子ビーム照射の代表例は，電線絶縁被覆材（ポリエチレンや塩化ビニルなど）の耐熱性能改善処理などがある．これらの材料は通常100℃以上で絶縁性能が劣化するが，電子ビーム照射により数百℃まで高めることができる．また自動車タイヤの原料である生ゴムなどの強度増強にも有効であり，実用化されている．その他，電子ビーム照射例としては，様々な製品（食品から医療器具まで広範にわたる）の滅菌処理や火力発電所などの排煙処理（脱硫，脱硝，ダイオキシン類の除去他）などがある．

これらの電子ビーム照射に利用される加速器は，数MeV程度までの変圧整流型高電圧発生器（多くはダイナミトロンと呼ばれる製品），さらに高エネルギー用としては電子リニアックである．なお電子ビーム照射装置は，製造企業内に設置されるケースもあるが，日新電気のように，社内に照射装置を整備し，照射サービスを専門に請け負う企業も少なからず存在する．

一方，イオン注入（ion implantation）は，固体の材料物質に別種の物質イオンを注入し，化学変化などにより改質するための材料加工技術であり，代表例としては，シリコンなど半導体へのドーパント（N型やP型にするための不純物—ホウ素，リン，ヒ素など）注入がある．この技術が開発されたのは1950年頃の米国であり，そのいくつかが特許になっている．Shockleyの「イオン照射による半導体デバイスの製作（1954年）」などである．ごく身近なところでは，半導体集積回路の基本構造であるMOS（Metal Oxide Silicon）トランジスターの製作などに応用されている．

イオン注入に必要なビームのエネルギーと電流は，それぞれ数十～数百keV，数μA程度であり，加速器としては静電型加速器がおもに用いられる．特に高エネルギー（数MeV以上）が必要な場合はRFQのような高周波加速器が利用される．

近年注目されている加速器応用の一つに加速器質量分析法（Accelerator Mass Spectrometry：AMS）がある．これは加速器を用いたイオン質量分離器であり，10^{-14}というような精度でわずかに質量の異なる同位体を比較定量でき，^{14}Cを利用する年代測定などに威力を発揮している．システムの製作や使用には多くの超精密技術が要求されるので，現在は数が限られ（全国で10ヵ所程度）の分析センターによる委託利用が中心である．

参考文献

1) 井上 信：加速器 1, 149（2004）．；1, 255（2004）．；2, 84（2005）．；2, 224（2005）．
2) エミリオ・セグレ 著，久保亮五，矢崎裕二 訳：『X線からクォークまで』みすず書房（1982）．
3) 篠原健一，ほか 編：『西川正治先生 人と業績』，西川先生記念会（1982）．

4) 矢成敏行：『電力用変圧器技術発展の系統化調査』かはく技術史大系（技術の系統化調査報告書）第4集　産業技術史資料情報センター（2004）.
http://sts.kahaku.go.jp/diversity/document/system/pdf/013.pdf

5) 朝永振一郎：『開かれた研究所と指導者たち』朝永振一郎全集第6巻　みすず書房（1982）.

6) 中根良平，ほか 編：『仁科芳雄往復書簡集 I, II, III』，みすず書房（2006-2007）.

7) 坂井光夫，ほか 編：『嵯峨根遼吉記念文集』嵯峨根遼吉記念文集出版会（1981）.

8) 熊谷寛夫：『実験に生きる』中央公論社自然選書（1974）.

9) 村岡 隆：SEI テクニカルレビュー 176 31 住友電気工業（2010）.

10) 熊谷寛夫，ほか 編：『菊池正士 業績と追想』菊池記念事業会編集委員会（1978）.

11) R.G. Herb, et al.：R.S.I. 6 261（1935）.

12) 田中正道，野中 到：応用物理 6 215 応用物理学会（1937）.

13) M. Tanaka, I. Nonaka：Proc. Phys. Math. Soc. Japan 20 33（1938）.

14) 濱田成徳：電気学会雑誌 58 589 電気学会（1938）.

15) Y. Nishina, et al.：Sci. Pap. I.C.P.R. 34 1658（1938）.

16) 中根良平，ほか 編：『仁科芳雄往復書簡集 補巻』みすず書房（2011）.

17) 岡村総吾，ほか，日本電子機械工業会電子管史研究会 編：『電子管の歴史—エレクトロニクスの生い立ち』，オーム社（1987）.

18) S. Okamura ed.："History of Electron Tubes" Ohmsha and IOS Press（1994）.

19) 新間啓三，ほか：科学研究所報告（旧理化学研究所彙報）第 27 輯第 3 号，64（1951）.

20) 伊藤順吉：物理学会誌 32 706 日本物理学会（1977）.

21) 仁科芳雄 監：『量子物理学の進歩第1輯』.；嵯峨根遼吉：『高エネルギー粒子（及び量子）発生装置』，共立出版社（1944）.

22) 福井崇時：技術文化論叢（技術文化論叢編集委員会編）第 12 号 59（2009）.
http://iss.ndl.go.jp/books/R000000004-I10285804-00.

23) L. F. Fuller：Proc. Inst. Rad. Eng. 7 449（1919）.

24) M. Hiltzik：Big Science, Simon & Schuster（2015）.

25) E. M. McMillan：Physics Today 12 24（1959）.

26) 嵯峨根遼吉：『原子核実験装置』（物理学講座 XI.A.），岩波書店（1941）.

27) 素粒子論研究会 編：『素粒子論の研究 IV—原子核・宇宙線の実験』岩波書店（1954）.

28) 菊池正士，ほか：『原子核の実験法』（岩波講座現代物理学 IV.F.）岩波書店（1954）.

29) A. Roberts：Annals of Physics：4 pp. 115-165（1958）.

30) 日本物理学会誌：第1巻　第1号付録　記 31.

31) 伊藤順吉，小林大二郎：科学 第 17 巻 p. 34 岩波書店（1947）.

32) J. Itoh, D. Kobayashi：Harmonic Resonance Accelerator-Microtron（Scientific Papers from the Osaka University, No. 12（1949）.

33) M. S. Livingston, J. P. Blewett：Particle Accelerators McGraw-Hill（1962）.

34) D. W. Kerst：Phys. Rev. 60 47（1919）.

35) R. Wideröe, P. Waloschek, ed.：The Infancy of Particle Accelerators DESY（2002）.
http://www-library.desy.de/elbooks/wideroe/WiE-BOOK.htm.

36) W. W. Hansen：J. App. Phys. 9 654（1938）.

37) M. Hobbs：Electronics 10, 114, McGraw-Hill（1946）.

38) 杉本健三：日本物理学会誌 51 4（1996）.

39) 木村嘉孝：加速器学会誌 1 191（2004）.

40) 木村嘉孝：加速器学会誌 1 188（2004）.

41) 西川哲治：日本物理学会誌 51 11（1996）.

42) T. Kanai, et al.：Medical Physics 7 365（1980）.

43) 福本貞義：医学物理，Vol. 32, No. 3, 90-97（2013）.

44) http://www.ptcog.ch/

45) A. J. Kreiner, et al.：Applied Radiation and Isotopes, 88, 185（2013）.

46) https://www.ncc.go.jp/jp/ncch/clinic/radiation_oncology/bnct/index.html

47) http://www.neutrontherapeutics.com/

48) H. Tanaka, et al.：Nuclear Instruments and Methods in Physics Research B 267 1970（2009）.

49) http://southerntohoku-bnct.com/

50) H. Kumada, et al.：Applied Radiation and Isotopies 88 211（2014）.

51) C. Ceballos, J. Esposito：Applied Radiation and Isotopies 67 274（2009）.

7章

加速器のタイプ

7.1 概論

　第7章ではタイプごとに加速器を紹介する．これまでの加速器の歴史では，利用目的に沿った様々な動機に基づき，時代や環境に依存する技術背景そしてコスト的制約のもと，多彩なタイプの加速器が生まれ育ち成長や衰退を重ねてきた．

　20世紀前半の加速器揺籃期から21世紀の現在に至るまで，原子核物理学や素粒子物理学の研究における加速器利用は，最先端加速器開発に向けた核心的動機であり続けている．一方，20世紀後半に始まる放射光源加速器の開発と建設の目覚ましい隆盛は，原子核・素粒子研究の立場からは加速エネルギー制限要因として邪魔者扱いされがちなシンクロトロン放射を，物質科学や生命科学を始めとする幅広い利用分野に向けた超高性能光源として積極的に活用するという新たな動機から始まっている．その他にも，医学応用，工学利用，同位体分析など，多様な動機付けのもと，多彩な加速器が開発され，それぞれの利用目的に向けた最適化を通じ発展を続けている．

　技術面からは，超伝導技術の応用が電磁石においても高周波空洞においても加速器開発に大きな変革をもたらした．またコンピュータの果たす役割も，関連デジタル技術と合わせ，加速器に不可欠な要素としてこの数十年間に決定的に重要度を高めている．超高真空技術で支えられたストレージリングの，放射光源やコライダーとしての活躍にも目を見張るものがある．このように技術革新によって加速器が育つ一方，加速器開発を通じた技術の進展が，広く他分野の発展に貢献している．

　この状況は，ある意味で生命の進化にも例えられるダイナミックで複合的な現象であり，その結果存在する加速器の全体を理路整然と網羅的にタイプ分類し記述することは極めて困難である．

　この概論では第7章で紹介する加速器から，歴史的に重要で加速器の動作原理を特徴付けるものを選択し，動作原理に基づく加速器タイプの大枠を示す．以下の節に記載される個々の加速器タイプの具体的説明と合わせて，現存する加速器の全貌を知る役に立てていただきたい．

　表7.1.1は，加速器の利用目的にこだわらず，「加速電場特性」，「ビーム軌道形状」，「軌道維持磁場の特徴」，および「ビーム収束方法」という4項目に集約された動作原理を基準に作成した加速器タイプの分類表である．これら4項目と関連付けながら，表7.1.1に沿って様々なタイプの加速器が生まれた背景を概観しよう．

a. 静電加速器

　現存するすべての加速器では，電場を介して電磁場からエネルギーを得ることで，ビームが加速される．加速器揺籃期に登場した静電加速器は，スカラーポテンシャルから導かれる保存力場の電位差で加速を行う．小電流連続ビーム運転で，エネルギー精度と時間的安定性の高いビームが実現できる．ビーム源（イオン源や電子銃）や同位体分析など，その特長を生かしていまも盛んに利用される加速器のタイプである．

　タンデム型加速器では，電子を付加した負イオンビームをつくり，電位差で加速した後，電子を剥ぎ取り正イオンに交換し，同じ電位差でさらに加速することで2倍の加速エネルギーを得る．

　静電加速器では実現可能な電位差が加速エネルギー限界となり，より高いエネルギーを求めるには，ベクトルポテンシャルから導かれる高周波電場ないし誘導電場を使う．

b. リニアック（線形加速器）

　高周波電場を用いて直線状の軌道に沿ってビームを加速する加速器をリニアックと呼び，長い開発の歴史がある．現在，幅広い分野で，需要に応じ多様なタイプのリニアックが製作され使用されている．

　高周波電場による加速では，ピーク電場一定の条件下で，加速構造の単位長さあたりの加速エネルギーは，おおよそ周波数に比例する．すなわち一般論としては，より高い周波数を選択すれば，より短い加速構造で目標エネルギーに到達できる．しかし実際の高周波周波数選択では，利用できる高周波電源の性能，加速構造の製作技術やコスト，さらにビーム強度やエミッタンスなど目標ビーム性能達成のための条件が総合的に勘案される．

　電子と陽子のリニアック間に存在する差異は，それぞれ511 keV/c^2および938 MeV/c^2という静止質量の違いに起因する．軽い電子は加速初期に相対論的領域に到達し，ほぼ光速になる．以後の加速でエネルギーは増加するが速度は一定で，このため同一サイズの加速構造の繰り返しで加

110   7章　加速器のタイプ

表 7.1.1　加速器のタイプの動作原理による分類

加速器のタイプ			加速電場特性	ビーム軌道形状	軌道維持磁場の特徴	ビーム収束方法
静電加速器		コッククロフト	静電場/電気回路	直線状	使用せず	収束用磁石（ソレノイドや4極磁石など）
		バンデグラフ	静電場/摩擦帯電			
		タンデム型	静電場			
		イオン源 電子銃	静電場			
リニアック	低エネルギー粒子加速	電子リニアック	高周波電場/固定周波数			
		陽子リニアック	高周波電場/固定周波数			
		RFQ	高周波電場/固定周波数			加速用電磁場と兼用
		IH リニアック	高周波電場 TE_{111} モード/固定周波数			収束用磁石（ソレノイドや4極磁石など）
		RF 電子銃	高周波電場/固定周波数			
ベータトロン			誘導電場	固定周回軌道	強度変調磁場	一様磁場勾配
サイクロトロン		古典的サイクロトロン	高周波電場/固定周波数	スパイラル状周回軌道	固定磁場	端部磁場効果
		シンクロサイクロトロン	高周波電場/周波数変調	スパイラル状周回軌道	固定磁場	端部磁場効果
		AVF サイクロトロン リングサイクロトロン	高周波電場/固定周波数	スパイラル状周回軌道	固定磁場	端部磁場効果
シンクロトロン		電子シンクロトロン	高周波電場/固定周波数	固定周回軌道	強度変調磁場	一様磁場勾配を用いる弱収束および4極磁石組み合わせなど交番磁場勾配を用いる強収束がある
		陽子シンクロトロン 重イオンシンクロトロン	高周波電場/周波数変調			
マイクロトロン			高周波電場/固定周波数	変形スパイラル状周回軌道	固定磁場	収束用磁石（ソレノイドや4極磁石など）
エネルギー回収型リニアック			高周波電場/固定周波数	加速・エネルギー回収部は直線状，ビームが戻るアーク部あり	アーク部に固定磁場	収束用磁石（ソレノイドや4極磁石など）

速全域をカバーできる．より重い陽子の場合は相対論的領域に到達するまで道のりが長く，その間の速度変化に対応するため，加速段階に応じた加速構造を用意しなければならない．

　直線状軌道に沿って加速する静電加速器やリニアックでは，特段の理由がなければ，ビーム軌道保持のための磁場は不要である．一方で，ビーム収束のためには，ソレノイド磁場や4極磁場，場合によってはさらに高次の磁場が用いられる．

c.　ベータトロン

　ビームが周回する円形加速器では，ビーム軌道保持のため偏向磁場を用いる．ベータトロンは，ビーム軌道保持用偏向電磁石の励磁に伴う誘導電場で，電子ビームを加速する円形加速器である．ベータトロン加速器の開発段階では，ビーム収束にかかわる困難に直面し，円形加速器におけるビーム粒子の横方向振動を指すベータトロン振動という言葉にその記憶が刻まれている．

d.　サイクロトロン

　一様な偏向磁場中を運動する荷電粒子の円運動周波数（サイクロトロン周波数）は，非相対論的エネルギー域で

は運動量と速度が比例するため，エネルギーに依存しない．方位角方向に一様な磁場にサイクロトロン周波数に共鳴する高周波を印加して荷電粒子を加速するのが古典的サイクロトロンの原理である．静止質量の大きい陽子では，非相対論的エネルギー領域の加速に意義があり，陽子ビームを加速するサイクロトロン加速器がおおいに発達した．

　ビームエネルギーが相対論的領域に達するとサイクロトロン周波数が低下し，古典的サイクロトロン加速の限界を迎える．この限界を克服する工夫としてシンクロサイクロトロンでは，相対論的領域でサイクロトロン周波数の共鳴条件を維持するため，加速に伴い高周波周波数に変調をかける．また，等時性サイクロトロンと総称されるAVFサイクロトロンやリングサイクロトロンでは，半径方向の外側に向かって磁場を強くし，かつ方位角方向に磁場の強弱をつけることによって，相対論的領域でもビーム収束を確保しながらサイクロトロン周波数を不変に保つ．

e.　シンクロトロン

　シンクロトロンは現在の大型円形加速器の主流をなす加速器タイプで，放射光源やコライダーとして活躍するストレージリングも，加速器タイプはシンクロトロンに属して

いる．

　加速に同期して軌道保持磁場および収束磁場を増加し，固定周回軌道を実現する．陽子や重イオンの加速では，速度で変化する周回時間に高周波の周波数を同調させる．電子ビームでは速度変化が生じないため，周波数変調は不要である．

　ビーム収束方法の特徴によって弱収束と強収束がある．歴史的に先行した弱収束では，水平垂直両方向が同時に収束する穏やかな磁場勾配を用いる．後に発明された強収束では急峻な磁場勾配を交互に配置し，水平方向と垂直方向で強い収束と強い発散を交互に繰り返すことで，全体として強い収束を実現している．強収束方式の登場により，シンクロトロン加速器の大型化に際しても，ビーム管口径を一定に保てるようになった．

f．マイクロトロン

　高周波加速管にビームを複数回通過させ，通過ごとにエネルギーを増す加速器のタイプ．周回ごとに加速位相を維持するため，運動量増加で伸びる軌道長を高周波波長の整数倍に設定する．

g．エネルギー回収型リニアック

　超伝導の高周波加速管に，ビームを2回通過させる加速器のタイプ．最初は高周波の加速位相で加速管を通過しエネルギーを得る．2度目は減速位相で通過し，ビームエネルギーを電磁場エネルギーとして回収する．このために，周回軌道長を高周波波長の半整数倍に設定する．電子ビーム自身は使い捨てでありながら，電力エネルギー消費の節約とビームダンプ周辺機器放射化の低減ができることがおもな開発の動機である．エミッタンスが小さい電子銃と組み合わすことで超低エミッタンスビームが実現できるため，放射光源としての利用が期待される．

7.2 静電加速器

7.2.1 高電圧整流型加速器

a．コッククロフト-ウォルトン（Cockcroft-Walton）型加速器

　加速器の歴史の一つの出発点として，1932年にケンブリッジ大学キャベンディッシュ研究所において実施された，J. K. Cockcroft と E. T. S. Walton による高電圧発生装置[1]を用いた実験が挙げられる．人工的に500 kV で加速された陽子を用いて，初めて Li 原子核の破壊に成功しており[2]，この高電圧発生装置はコッククロフト-ウォルトン型加速器として，現在も大型加速器の入射器やイオン注入装置，静電加速器として使用されている．なお，Cockcroft と Walton は，1951年に「加速荷電粒子による原子核変換の研究」により，ノーベル物理学賞を受賞している．これは加速器を用いた研究による，最初のノーベル賞受賞である．

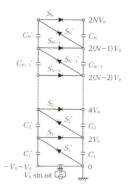

図7.2.1　コッククロフト-ウォルトン型整流回路

　コッククロフト-ウォルトン型加速器は，蓄電器（コンデンサー）と整流器（ダイオード）を組み合わせた倍電圧整流回路により発生する高電圧を使用する．整流回路はコンデンサーとダイオードの組み合わせ方でコッククロフト-ウォルトン型やシェンケル型など数種類に分類されている．図7.2.1にコッククロフト-ウォルトン型整流回路の概略図を示す．なお，その他の高電圧用整流回路の詳細については，9.2節を参照されたい．

　コッククロフト-ウォルトン型整流回路は，倍電圧整流回路を多段階に積み重ねたもので，N 段積み重ねれば $2NV_0$ の直流電圧が得られる．ここで，V_0 は交流電源の尖頭電圧である．しかし，大気中ではコロナ放電などによる電流損失が大きく，実用上1 MV 程度までが限界となっている．コッククロフト-ウォルトン型整流回路における直流出力電圧の変動（リップル）は，式（7.2.1）で表される．電圧変動は N^2 に比例して大きくなり，ΔV を小さくするためには電源交流電圧の周波数 f を大きくするか，コンデンサーの容量 C を大きくする必要がある．周波数 f は，一般的に数十 kHz 程度のものが多い．

$$\frac{\Delta V}{V} = \frac{N(N+1)}{2}\frac{I}{fC} \quad (7.2.1)$$

コッククロフト-ウォルトン型整流回路を用いた粒子加速器は，mA 級の荷電粒子ビームの加速が可能であり，重水素加速による中性子発生装置などにも用いられている．国内においては，1981年に運転を開始した大阪大学強力14 MeV 中性子工学実験装置（OKTAVIAN）などがあり，コッククロフト-ウォルトン型加速装置として300 kV，80 mA の直流イオンビームが得られる．また，図7.2.2は，高エネルギー加速器研究機構において1977年から2006年まで使用されていた12 GeV 陽子シンクロトロン加速器の前段加速器である．750 kV で負水素イオンをリニアックに入射していた．

　後述のバンデグラフ型加速器と同様にコッククロフト-ウォルトン型整流回路を六フッ化硫黄（SF$_6$）などの絶縁ガスで充填した高圧容器内に設置することで，最高電圧6 MV までの静電加速器が製作されている．コッククロフト-ウォルトン型整流回路を使用した荷電粒子加速用の静

図 7.2.2 高エネルギー加速器研究機構の 12 GeV 陽子シンクロトロン加速器における 750 kV 前段加速器の倍電圧整流回路

図 7.2.3 5 MV タンデトロン加速器の整流ダイオードスタック（HVE 社カタログより）

電加速器としてタンデトロン加速器が，オランダの High Voltage Engineering Europa B.V.（HVE 社）[3]から販売されている．また，国内においては NHV コーポレーション[4]などが電子線発生装置の製作を行っている（9.2 節参照）．また，神戸製鋼所において，高分解能 RBS 分析装置とイオンビーム機器が開発，販売されている．図 7.2.3 に 5 MV タンデトロン加速器（HVE 社）の整流ダイオードスタックの写真を示す．

b. ダイナミトロン加速器

1919 年に M. Schenkel が考案したシェンケル型整流回路[5]において，コンデンサーの代わりに整流器端子を囲むコロナシールドと外壁電極の間の浮遊容量を利用してコンデンサーを取り除き，小型化を図ったダイナミトロン（Dynamitron）加速器[6]が，Radiation Dynamics Inc. において開発された．現在，ダイナミトロン加速器は，ベルギーの IBA Industrial[7]において取り扱いを行っている．最大電圧は 5 MV，電流容量は 30 mA までとなっている．ダイナミトロン加速器は，おもに工業用の電子線照射に使用されているが，イオン加速や重陽子加速による中性子発生装置として利用される場合もある．国内においては，東北大学工学部高速中性子実験室において 4.5 MV シングルエンド型ダイナミトロン加速器が PIXE 分析などに使用されている．また，名古屋大学では，加速器駆動中性子源としての 2.8 MeV の陽子ビームを電流容量 15 mA で加速可能なダイナミトロン加速器が導入されている．図 7.2.4 にタンデトロン加速器とダイナミトロン加速器の構造を示す．

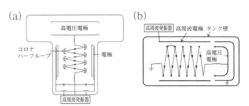

図 7.2.4 (a) タンデトロン加速器，(b) ダイナミトロン加速器の構造

7.2.2 バンデグラフ型加速器

バンデグラフ起電機は高電圧発生装置の一種であり，1931 年にマサチューセッツ工科大学の R. J. Van de Graaff が，実用的な帯電ベルト式起電機として提案した[8]．その後，1933 年から米国ウィスコンシン大学の R. G. Herb により，高圧容器内に空気や窒素または絶縁ガスと一緒にバンデグラフ起電機を封入する試みが行われ，高電圧化が図られた．また加速管が取り付けられて，荷電粒子加速が試みられた．Herb らは，1934 年に 400 keV まで加速した陽子による ^{7}Li (p, γ) 反応の研究を行っている．1937 年には，2.4 MV までの高電圧発生を可能とした．その後，現在のバンデグラフ型加速器の原型となる 4.5 MV のバンデグラフ型加速器を 1940 年に完成させている[9]．

バンデグラフ起電機の原理を図 7.2.5 に示す．上部の金属球が高電圧電極となり，下部の接地側との双方に滑車が設置されている．滑車にはエンドレス型の絶縁性の帯電ベルトが掛けられており，接地側の滑車は駆動モーターにより回転する．接地側で帯電ベルトに付与された電荷は，上部の電極に機械的に運搬される．コロナ放電や静電誘導により電荷が取り出されて，電極表面に電荷が蓄積されて高電圧を発生する仕組みである．

バンデグラフ起電機に加速管を取り付けて，絶縁ガスを封入した高圧容器内に設置したものがバンデグラフ型加速器である．国内でも 1960 年代に三菱電機，東芝，日立製作所などで製作されており，国外では Van de Graaff が設立した HVEC（High Voltage Engineering Corp.）社などがあった．また，Herb らは，1969 年に絶縁ベルトの代わりに金属ペレットのチェーンを用いるペレトロンと呼ばれるバンデグラフ型加速器を開発し，米国において National Electrostatics Corp.（NEC）[10]を設立している．現在，バンデグラフ型の静電加速器を製作しているのは，米国 NEC 社のみである．

バンデグラフ型加速器ではリングフープにより電位分布が一様となり，絶縁支柱内部の電場が外部から遮断され，高圧容器間との放電を防ぐ役割も果たしている．リングフープおよび加速管は，高抵抗体（GΩ 程度）で間を繋いでいる．絶縁ガスは一般的に，6 気圧程度の SF_6 や窒素ガスなどが使用されている．バンデグラフ型加速器では，電圧を上げると加速管内で発生した電子が加速されて，これに伴う X 線が発生してガス成分の電離による損失電流が生

じる．この電子ローディングという現象により，発生電圧の上昇が制限される．また，イオン交換ローディングと呼ばれるイオン衝撃により電極から発生したイオンが加速されて，放電の原因となる場合がある．電子ローディングなどの抑制のために加速管内の電極構造は皿型やテーパー状などになっており，また一定間隔で小さい孔の電極を使用して電子なだれを抑える工夫がなされている（9.2 節参照）．加速電圧の上昇では，加速管の電圧を放電開始電圧まで近づけて，小放電を繰り返しながら電極面をクリーンアップするコンディショニングといわれる操作を実施する．コンディショニング操作により放電開始電圧を徐々に上昇させれば，それ以下の電圧では安定して荷電粒子が加速可能となる．

初期の加速管は絶縁物と電極の接合に有機溶剤を使用していたために，有機蒸発物が加速管の電極表面を汚染して放電の原因となっていた．そのため，アルミナセラミックス材とチタン電極間の接続に有機溶剤を使用しないセラミックス加速管を NEC 社が開発している．加速管の絶縁部の発生電圧は 2 MV/m 程度であり，加速管内は軸対象の一様な加速静電場になっている．図 7.2.6 に示すように荷電粒子に対しては，エネルギーが低い加速管入口(a)側で強い収束効果を与える．荷電粒子の入射エネルギーが低い場合，加速管入口の開口レンズの収束効果が強すぎるために加速管上流部の抵抗体の抵抗値を下げて収束レンズ作用を弱くしている．

高電圧電極の電圧計測には，発電電圧計（Generating Voltmeter：GVM）を用いる．バンデグラフ型加速器では，高圧容器壁に設置したコロナ探針を用いたコロナ放電による電流により，高電圧電極に蓄積した電荷量を調整して加速電圧を制御している．コロナ電流の調整は，コロナ探針と高電圧電極との距離，および高圧容器壁との間に加えるバイアス電圧で行っている．発電電圧計での計測電圧の変動を元にバイアス電圧を調整して，加速電圧をフィードバック制御する方式となっている．その他に，スリット電流負帰還制御として，一定のエネルギーに設定した加速器下流の分析電磁石の物点にスリット電極を設置して，電極でのビーム電流値をフィードバックして電圧制御を行う方式がある．ビーム中心がスリットの中央を通らない場合には，スリットのどちらかの電極板から検出される電流が多くなるので，ビーム軌道の偏りを補正するように加速電圧を微細に変える方法である．

バンデグラフ型静電加速器の加速電圧は，通常 20 MV 程度が粒子加速に使用する際の実用的な限界となっている．単色エネルギースペクトルの直流の荷電粒子ビームが得られる．また，エネルギー安定度が高く，加速電圧の変動率 $\Delta V/V$ は 10^{-4} 程度である．

7.2.3 タンデム型静電加速器

1951 年にタンデム方式のバンデグラフ型加速器が，L. W. Alvarez により提案されている[11]．タンデム型静電加速器（Tandem electrostatic accelerator）では，負に帯電した荷電粒子を加速して，正の高電圧電極で荷電変換により正イオンとして 2 段階加速を行う．イオン源を接地側に置くために操作性がよくなり，1950 年代の負イオン源の開発とともに急速に発展した．HVEC 社では，1959 年に EN タンデム加速器（5 MV）を開発し，その後，FN タンデム加速器（7.5 MV）および MP タンデム加速器（10 MV）を開発している．現在，希ガス（He を除く）以外のほぼすべての元素が加速可能である．負イオンになりにくい電子親和力の低い元素（窒素など）については，負分子イオンで負イオン源から引き出して加速する．負イオン・負分子イオンは，高電圧電極において，アルゴン，窒素などの荷電変換ガスか炭素薄膜（数 $\mu g/cm^2$）により正イオンに変換される．加速エネルギー E はイオン価数を q，加速電圧を V とすると，$E=(q+1)eV$ となる．高電圧電極での電子剥ぎ取り効率はイオン速度が増すにつれて増加するために，重イオン加速に適した加速器である．図 7.2.7 にタンデム型静電加速器の基本構成を示す．タンデ

図 7.2.5　バンデグラフ起電機の原理

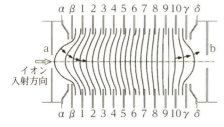

図 7.2.6　加速管の電位勾配（加速管電極ギャップ 11 段）

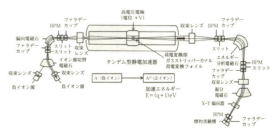

図 7.2.7　タンデム型静電加速器の構成

図7.2.8 ペレトロンタンデム型静電加速器の外観写真

図7.2.9 ペレトロンタンデム型静電加速器のタンク内部の写真

ム型静電加速器では，加速管の収束レンズ効果を考慮して加速管入口前にビーム収束点を形成する．荷電粒子は，加速管の収束レンズ効果により高電圧電極の荷電変換部に収束点が得られるようにビーム軌道設計がなされている．図7.2.8に筑波大学6MVペレトロンタンデム型静電加速器の外観写真と，図7.2.9に内部構造の写真を示す．

タンデム型静電加速器は，ビームエネルギーを広範囲にわたり連続的かつ微細に変更可能であり，過去には精密なビームエネルギーが要求される原子核反応断面積測定での利用が多かったが，最近ではイオンビーム分析や加速器質量分析法（Accelerator Mass Spectrometry：AMS）での利用が進展している（14.3節および15章参照）．

7.2.4 ターミナル搭載 ECR イオン源

静電加速器において大電流多価重イオンを加速するために，高電圧電極のターミナルにECRイオン源を搭載する試みが行われている．日本原子力研究開発機構原子力科学研究所の20URペレトロンタンデム型静電加速器では，ターミナルにPANTECHNIK社[12]の14.5GHz永久磁石型ECRイオン源（SuperNanogan）を搭載して，Xe^{30+}を500MeVまで加速することに成功している[13]．また，フランスJANNUSのTriple Beam Facility[14]や米国ミシガン大学，ノートルダム大学の施設などでは，シングルエンド型静電加速器にECRイオン源を搭載している．

なお，世界の静電加速器施設については，IAEAのAccelerator Knowledge Portal[15]においてデータベース化されている．

参考文献
1) J.D. Cockcroft, E.T.S. Walton：Proceedings of Royal Society A **136** 619 (1932).
2) J.D. Cockcroft, E.T.S. Walton：Proceedings of Royal Society A **137** 229 (1932).
3) High Voltage Engineering Europa B.V. (HVE)：http://www.highvolteng.com/
4) 株式会社NHVコーポレーション：http://www.nhv.jp/index.html
5) M. Schenkel：Elektrotechn. Z. **40** 333 (1919).
6) M.R. Cleland, M.R. Morgenstern：Nucleonics **18** 52 (1960).
7) IBA Industrial：http://www.iba-industrial.com/
8) R.J. Van de Graaff：Phys. Rev. **38** 1919 (1931).
9) R.G. Herb, et al：Phys. Rev. **58** 579 (1940).
10) National Electrostatics Corp. (NEC)：http://www.pelletron.com/
11) L.W. Alvarez：Rev. Sci. Instrum. **22** 705 (1951).
12) PANTECHNIK：http://www.pantechnik.com/
13) M. Matsuda, et al.：Journal of Physics (Conference Series) **163** 012112 (2009).
14) S. Pellegrino, et al.：Nucl. Instr. Meth. B **273** (2012) 213.
15) IAEA Accelerator Knowledge Portal：https://nucleus.iaea.org/sites/accelerators/Pages/default.aspx

7.3 リニアック（線形加速器）

リニアック（線形加速器，linac，linear accelerator）は直線軌道上に多数の高周波空洞共振器を並べ，高周波電場でビームを一気に高エネルギーへ加速する方式である．高エネルギー円形加速器（リング）でその直線部分に置かれる加速装置も原理上は全く同じである．

電極間に高周波をかける素朴なヴィデレー型加速方式を一歩進め，金属空洞に高周波電力を共振的にため込み強力な加速電界を発生させる案は，1930年代からスタンフォード大学のH. Hansen, カリフォルニア大学バークレー校のL.W. Alvarezらにより検討されていた．戦時中に大きく発展した大電力高周波電子管技術のおかげで，戦後，スタンフォード大学ではMark Ⅰ，Ⅱ，Ⅲと改良が続けられた電子リニアック，バークレー校ではアルバレ型陽子リニアックとして実現された．そしてこれらは，その後つくられることになる多種多様なリニアックの確固としたモデルとなった．

以下ではこれら二つの流れの進展をたどり，続いて現在広く使われている様々なタイプのリニアックの特徴を概観する．

7.3.1 リニアックの源流

a. スタンフォード大学

1938年にH. Hansenは電子加速を目的とした空洞共振器の電磁場解析の論文を発表した[1]．しかし第二次世界大戦前夜でもあり，彼のグループの研究活動はむしろ高周波，特に超短波の発生に向けられ，Varian兄弟（R. & S. Varian）によってクライストロンの発明がもたらされ

た[2]．戦後の1948年にHansenらは加速器の研究開発を再開する．当時すでにレーダー用として市販されていたSバンドマグネトロン（波長λ=10.5 cm, ピーク出力1 MW）を前提に，様々な形状の空洞の検討を始めた．D. Sloanの特許[3]も参考に，最終的には電子と同じ速度の進行波を使う加速管の開発に着手し，1 mのテスト管で予期した加速エネルギーを達成した[4]．

なお大電力高周波源については，戦時中Hansenの代理として英国を訪れたE.L. Ginztonが，Varian兄弟のものよりはるかに単純な構造のSバンドクライストロンで20 kWの出力が得られていることに注目する．そしてそれをもとに彼とVarian兄弟は数年後，10 MW級クライストロンを実現させる[5]．

これらの成果を総合したMark Ⅲリニアックでは，長さ3 mの加速管21本それぞれに9 MWパルスを入力し，630 MeVの加速エネルギーを達成した[6]．次いでキャンパスに隣接してスタンフォード線形加速器センター（SLAC）を設立，2マイル長リニアックの建設に取り掛かった．1962年に20 GeVの電子加速に成功したこのリニアックは，単にSバンドというだけではなく，広く電子リニアックの規範となった．加速だけではなく，2マイルにもわたりビームを直線軌道からずれないようにする収束技術においても重要な成果をもたらした．

b. カリフォルニア大学バークレー校

R. Widerøeのイオン加速器にならってバークレー校のE. O. LawrenceはD. H. Sloanとともに30ヵ所の加速間隙を持つ全長1 m強のリニアックを，1932年につくった．それによって彼らは10 MHzの高周波でHg⁺を1.2 MeVまで加速した．しかし核物理学の関心は，原子核間の衝突実験よりはるかに高エネルギーが必要な核子間の衝突に移っていた．ヴィデレー方式で陽子を加速するには，粒子速度が1桁速くなるのでUHF帯の強力な高周波源が必要となるが，当時の電子管技術では対応できなかった．Lawrenceが当時並行して開発していたサイクロトロンは数十MeVの陽子加速を可能としたが，それ以上のエネルギーを目指すには相対論効果によるサイクロトロン周波数の低下という問題が立ちはだかった．

しかし戦時中，レーダーとともに急速に発展した電子管技術は，UHF帯からマイクロ波帯までの大電力電子管の入手を容易にした．こうしてリニアックの高周波源は実現可能なものとなった．そこで問題となるのは加速電極（ドリフト管）の配列と高周波周波数との関係である．ドリフト管間隙の電磁場は電気双極子的であって，そこからの放射電力は周波数の3乗に比例する．したがってヴィデレー方式では，入力のほとんどが放射電力に変わってしまう．それを回避するためにAlvarezらは全体を金属空洞で覆う200 MHzリニアックの設計を検討し，戦後，ただちに製作に取り掛かった．そして46個のドリフト管を持つ長さ12 mの加速管で，入射エネルギー4 MeVの陽子ビームの31.5 MeVまでの加速に成功した[7]．ビーム収束法，ならびに空洞とは独立な真空タンクが用いられている点を除けば，これが現在，アルバレ型リニアック，アルバレ型加速管，ドリフトチューブリニアック，DTL, Drift Tube Linacなどと呼ばれる加速器のひな形である．

7.3.2 加速空洞の基本的な特徴

リニアックの構成要素である加速管は単位空洞（セル）が連結した周期構造である．セルには様々な形状があるが，加速に使われるモード（mode, 姿態）電磁場の基本性質は円筒空洞（ピルボックス（pillbox）ともいう）のTM$_{010}$モード（図7.3.1）がセル形状に合わせて変形したものとして理解できる．

ピルボックスのTM$_{010}$モードは図7.3.1に示すように，中心z軸に平行な電場E_zと垂直な磁場H_θの2成分だけであり，ともにz方向には大きさが変わらない極めて単純なものである．電場・磁場の動径r方向への変化の様子は同図左に示す．電場の極大は中心軸上にあるが，磁場は半径の8割弱のところで極大になる．ここでTM$_{010}$のTMとは，磁場（Magnetic field）がz軸に直角（Transverse）ということ，添字の最初の0は磁場がz軸を一回りしてもその間変化しないこと，1は$E_z(r)$の零点が$r=b$の一つのみであること，最後の0はz方向に電磁場が変化しない（零点を持たない）ということをそれぞれ表す．なお円筒空洞が持つ無数の共振モードのうち，このモードの共振周波数が最低のものであり，それは円筒半径に反比例するが長さには依存しない．

加速空洞の長さdは，粒子の通過時間幅が高周波位相の幅でπ以下になるものでなければならない．通常は位相幅として，$\pi/2, 2\pi/3, \pi$のような単純な数が選ばれる．次に図7.3.2（左）のように，まずはビームを通すためのパイプを付けなければならない．また図7.3.2（中央）のように，楕円形断面にすることも多い．これはピルボックスより表面積を減らし，高周波壁損を少なくするためであ

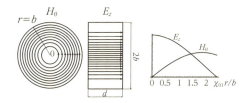

図7.3.1　ピルボックスのTM$_{010}$電磁場モード

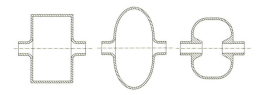

図7.3.2　ピルボックスからの変形．ビームパイプの追加（左），円筒部に丸みを付ける（中央），ノーズコーンを付ける（右）．

表 7.3.1 周波数帯の名称. なおこの表では省略したが, K バンドはさらに Ku (12〜18 GHz), K (18〜27 GHz), Ka (27〜140 GHz) の三つに小分けされる.

名称	HF	VHF	UHF	L
周波数	3〜30 MHz	30〜300 MHz	300〜1 000 MHz	1〜2 GHz
波長	100〜10 m	10〜1 m	1〜0.3 m	30〜15 cm
名称	S	C	X	K
周波数	2〜4 GHz	4〜8 GHz	8〜12 GHz	12〜40 GHz
波長	15〜7.5 cm	7.5〜3.75 cm	37.5〜25 mm	25〜7.5 mm

る. さらに図 7.3.2(右)のように, ビームが通過する領域に電場をより集中させるためのノーズコーン(nose cone)と呼ばれる突起を設けることもしばしばある. 単一空洞では, その長さは光速 c に対する粒子の相対速度 β と高周波の半波長の積になるので, 低速粒子用では図 7.3.2(中央)の楕円は軸方向に短く動径方向に長い扁平な形になるが, 光速に近い粒子の加速の場合は図 7.3.2(右)のように球形に近くなる.

次に, ある形状の空洞を相似形に変形した場合の特性を比べてみる. まず共振周波数は寸法に反比例するが, 共振周波数での電磁場姿態は相似形を保つ. したがって電磁場振幅を固定した場合, 場のエネルギーは周波数の 3 乗に反比例する. 加速管の長さを固定したとき, セル数は周波数に比例するので, 全電磁場エネルギーは周波数の 2 乗に反比例する. しかし空洞壁単位面積あたりのオーム損失は周波数の平方根に比例するので, 総合的な電力効率は 2 乗ではなく 1.5 乗と鈍るが, それでもより高い周波数が有利である. ただし, セル間での共振周波数のばらつきを一定範囲に納めようとすると, 周波数に比例して加工精度が厳しくなる. これらの条件に加えて, 適当な大電力管が入手できることも必要条件である. その結果, SLAC で選ばれたのが S バンド帯の 2 856 MHz(波長 10.5 cm)である. なお欧州では, 同じ S バンド帯ではあるが 2 998 MHz(波長 10 cm)が 1950 年代以来一貫して使用されている.

共振空洞ならびにそれが連結した構造である加速管は表 7.3.1 に示したような, その運転周波数が属する周波数帯(バンド)の名称[8]を付けて分類されることが多い.

7.3.3 電子リニアック

高エネルギー電子リニアックのほとんどは 2 856 MHz(欧州では 2 998 MHz)のいわゆる S バンドリニアックであって, Mark III の実績に基づいて SLAC に建設された 2 マイル加速器をモデルにしている. SLAC の加速管は約 3 m で, パルス幅数 μs, ピーク数十 MW のマイクロ波電力が印加され, 1 m あたり 10 MV 程度の加速電場を発生する.

大電力高周波源としては, 精密な振幅と位相の制御が可能なクライストロンが採用される. S バンド以外の周波数帯でもクライストロンの開発を容易にするために, 上記の

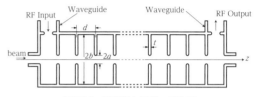

図 7.3.3 進行波加速管の概念図

周波数の整数倍が選ばれている. すなわち C バンドリニアック[9]では 2 倍の 5.7 GHz, 常伝導方式のリニアコライダー[10]として検討された X バンドリニアックでは 4 倍の 11.4 GHz, 同じく K バンドリニアックでは 10 倍の 30 GHz で試験研究が行われた. なお加速管は, 基本的には波長に比例した相似形である.

電子はたかだか数 MV の加速で十分に光速度 c と見なせる速度に達する. したがって高エネルギー電子リニアックの大部分は, ビーム速度 c に対応した加速管が繰り返し並べられ, 定常加速部(regular section)と呼ばれる.

定常加速部の加速管は図 7.3.3 のように円筒空洞が多数連結したものである. 左端から入力されるマイクロ波はビームと同じ光速で管内を伝わり, 右端で取り出される進行波(Traveling Wave : TW)型である. 空間長さ d はマイクロ波位相調整に便利な波長 10.5 cm の整数分の 1 で, なかでも加速効率が高い 35 mm のいわゆる $2\pi/3$ モード加速管が標準になっている.

標準的な形状では, 円板の厚み t が 5 mm, 円孔直径 $2a$ が 20 mm 前後, 円筒直径 $2b$ が 82 mm 前後, 全長 2〜3 m, となっている. マイクロ波電力は下流に向かうにつれて壁損によって減衰する. それによる加速電場の減少を回復するために, 円孔直径 $2a$ を下流ほど小さくし, 電磁場エネルギーの伝搬速度(群速度)を遅らせる構造とすることが多い. これを定勾配(constant gradient)構造という. これに対して完全な周期構造の加速管は, 定インピーダンス(constant impedance)構造という. 上記の寸法の加速管で, 10 MV/m の加速電場を得るためのマイクロ波入力はおおよそ 60 MW である.

なおビームを横方向に偏向させるモード TM_1 の誘起を抑制するために, 各セルの寸法を分散させた定勾配構造に近い加速管がリニアコライダーでは研究されてきた. また

定インピーダンス構造ではあるが，上流部と下流部で円孔直径 $2a$ に差をつける準定勾配構造もつくられている．

また，加速管入力部の手前の導波管に特殊な空洞を挿入して，クライストロンからのマイクロ波パルスの幅を縮め，そのぶんピーク値を増大させる SLED という手法も広く採用されている．

定常加速部に対して，低エネルギー加速の部分はバンチャー（buncher）と呼ばれる．熱電子放出カソードを使う通常型電子銃では，電子ビームは直流である．そこで定常部加速管の加速電場のピーク位相付近にビームを集群（バンチ）させる必要がある．またビームエネルギーも～100 keV で，粒子速度の光速度 c に対する比 β が～0.4 と小さく，1 に近づけるべく加速しなければならない．この二つの機能を持たせた加速管をバンチャーというわけである．加速管は定常加速部のものと似ているが，セル長 d が $\beta\lambda$ にほぼ合わせて段階的に変えられていること，また集群しつつあるビームは高周波ピーク値からある程度外れた，電場勾配が大きく集群作用の強い位相に乗るように調整される．さらに，十分に相対論的エネルギーに達していないビームは横方向に発散しやすいので，加速管はヘルムホルツコイル列のなかに置かれる．この点は，隣接する加速管との間の 4 極磁石で横方向収束を行う定常加速部と大きく異なる．

7.3.4 陽子リニアック

a．アルバレ型

アルバレ型 DTL の断面を図 7.3.4 に示す．この構造は電子リニアック加速管のセルとは異なり胴長であるが，電磁場モードは基本的には同じ TM_{010} である．ただし，軸上にドリフト管が並ぶので，その外周表面近くでは動径方向電場も現れる．加速には 200～400 MHz 程度の UHF 高周波を使うので，空洞寸法は直径で 1 m 程度，長さで 10 m 程度である．加速電場は，ピーク値 10 MW の高周波入力で約 2 MV/m である．

向かい合うドリフト管それぞれの中央で，ビーム方向に直角に切り取った断面に金属円板を置くと，図 7.3.2（左）のピルボックスにドリフト管がノーズコーンとして突き出た構造となる．結局，アルバレ構造は，これらの単セル円筒空洞を連結し，各円板を取り去ったものとして考えてもよい．

陽子ビームは数十 keV のエネルギーでイオン源から供給されるが，前段加速器で数 MeV まで加速された後，DTL に入射される．前段加速器には，かつてはコッククロフト-ウォルトン型高電圧発生装置が使われたが，現在はすべて RFQ である．

DTL 駆動用の UHF 電力は大電力 3 極管から，銅の同軸導波管で，空洞中央にある入力カプラーまで伝送される．空洞軸方向電場の平準化を図るために，入力カプラーを 2 ヵ所にすることもある．

ビーム収束については，空洞径が大きいため電子リニアックのように外部コイルは使えない．ドリフト管内部にコイルを仕込むことになるが冷却が問題であった．しかし永久磁石による 4 極収束[11]が行えるようになり，これは解決した．なお高エネルギー側に行くほど，4 極磁石の間隔は長くてよい．そこで DTL には 4 極磁石を仕込まず，DTL の前後に独立な 4 極磁石を置く SDTL（separated DTL）方式が採用される[12]．

b．多セル加速管

陽子の入射エネルギーを 4 MeV とすると，粒子速度の光速度 c に対する比 β はわずか 9 % であるが，50 MeV では 31 %，100 MeV では 43 % となり，それに比例してドリフト管が図 7.3.4 に示すように細長くなる．それは加速間隙への電場集中度も弱める．その結果，高周波入力に対する加速電圧発生効率の目安であるシャント・インピーダンスが急速に低下していく．そこで電子リニアックと同様に，図 7.3.2（左）に示したようなセルを多数連結した加速管が，種々検討された．

電子と違って陽子の加速では，イオン源からのビームパルス幅は何桁も長い．そこで進行波型ではなく定在波型（Standing Wave：SW）加速管となるが，なかでも隣り合うセルとの高周波位相差が 180° の π モードが選ばれる．π モードでは，進行波と逆行波がともにビーム加速に同等に寄与し，シャント・インピーダンスが $\sqrt{2}$ 倍大きくなるからである．

実際に π モード加速管は構造が単純なこともあり，円形加速器での高周波加速空洞や超伝導空洞リニアックに広く使われる．クライオスタットという制約のない常伝導加速器では，一つの加速管を構成するセル数をできるだけ多くして入力カプラーの数を減らすことが望ましい．その際の問題は，力学における連成振動子の解析で示されるように，π モードでの群速度が 0 となることである．すなわち，加速管への高周波パルス入力が管内で一様な定在波状態に達する時間がセルの 2 乗に比例し，セル数が制限される．

この問題を解決する加速管としてロスアラモス研究所で開発されたのが，図 7.3.5 に示す側結合空洞加速管（side-coupled cavity chain structure：SCS）である[13]．もう一つは，$\pi/2$ モード加速管を定在波モードで運転しようとする

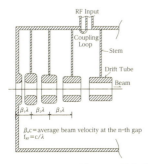

図 7.3.4　アルバレ型 DTL の概念図

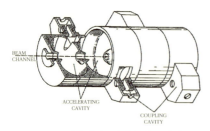

図 7.3.5 側結合空洞加速管 (SCS)[14]

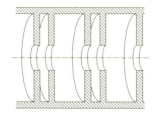

図 7.3.6 陪周期加速管 (APS)

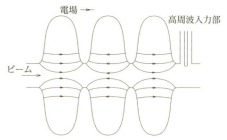

図 7.3.7 超伝導加速管の概念図

視点から出発した新しい方式である．分散式からは $\pi/2$ モードで群速度が最大となる一方，一つおきに励起されないセルができる．この欠点を補おうと，図 7.3.6 に示すような，非励起セルの長さを短くしたものが，西川らによる陪周期加速管（Alternating Periodic Structure：APS）である[14]．幾何学的には一対の短セルと長セルが基本周期であるので，これも π モード加速管の一種である．ここで肝心な点は，SCS では側結合空洞が，APS では短セルが，それぞれ励起される π モードの共振周波数を，加速の π モードのそれと一致させることである．こうすることにより通常は 0 である π モードの群速度がある正の値をとるようになる．この状態を共鳴結合といい，数学的には，同一周波数に 2 個の独立なモードが存在する場合の confluence（合流）現象として説明される．量子力学における縮退の議論と軌を一にするものである．

なお，最近では SCS の側結合空洞を $360°$ 1 周のドーナツ状空洞にした，環状結合空洞加速管（Annular-Coupled Structure：ACS）[15] が実用化されている．SCS に比べ加速セル内の電磁場の円筒対称性がよく，ビームに対する横偏向力の低減が図られている．

7.3.5 超伝導リニアック

超伝導体を使う加速管は，壁面でのオーム損失が極めて小さいので，長パルスのビーム加速に電子，陽子，イオンを問わず広く使われている．特に大電流ビームの連続加速には欠かせないものである．この項目では要点のみの説明になるが，詳しくは H. Padamsee らの教科書[17]，特に最近の進展については加古による解説[18]を参照されたい．

超伝導体加速管の研究は，1950 年代からスタンフォード大学 HEPL（High Energy Physics Lab.）など欧米の各地で始められ，1965 年には銅空洞を超伝導体である鉛でメッキした加速管で電子の加速実験も行われている[19]．

空洞の特性を表す重要なパラメータの一つに Q 値がある．これを 2π で割った数値は空洞に蓄えられている電磁場エネルギーが高周波 1 周期の間に壁面で熱になって消失する割合の逆数である．常温で使う銅加速管の Q 値は，周波数による差を無視すればおおよそ 10^4 程度である．しかし超伝導金属にすれば，10^5 倍程度 Q 値が跳ね上がる．これが超伝導空洞の持つ大きな利点であり，高周波入力のほぼ 100 % がビーム加速に使えるわけである．なお Q 値が有限にとどまるのは，伝導電子のうちクーパー対（Cooper pair）を組まない常伝導成分が高周波電磁場に反応するからである．

超伝導加速管での高周波モードの振る舞いは，常温の定在波型加速管と特段異なることはない．特有の問題はすべて良好な超伝導の実現と維持にかかわっている．まず周期構造としては，最も単純な π モード定在波型が選ばれるが，前述の群速度が 0 となる問題にぶつかりセル数は数個にとどまる．

材料としては，まず，臨界温度 T_c ができるだけ高いもの，また加速電場と比例する磁場に関しては，臨界磁場 H_c ができるだけ高いものが選ばれる．その結果，ほとんどの場合，高純度ニオブ（Nb）が採用されている．これは $T_c = 9.5$ K，$H_c = 1\,980$ G の第二種超伝導体である．加速管は 2 K の液体ヘリウムに浸けて使われる．H_c で決まる加速電場の上限はセル形状に依存するが 50 MV/m 程度である．

超伝導状態における表皮抵抗の実数部分は周波数の 2 乗に比例するので，クライオスタットが大きくならない範囲で低めの共振周波数を選ぶ．多くの場合，1 GHz 前後が選ばれる．

高電場を維持するために空洞表面は，電界研磨による平滑化や不純物除去が慎重に行われる．また電界放出電子が再度壁面に衝突して超伝導状態を破壊しないために，セル断面形状は図 7.3.7 に示すような楕円形となる．

加速管のニオブ肉厚はヘリウム冷却効率を損なわないために数 mm 以下と十分に薄くする．しかし，非常に強力な高周波磁場がつくるマクスウェル応力による空洞歪みが無視できない．Q 値が非常に高い超伝導空洞ではただちに共振周波数のずれにつながるからである．そのためにピエゾ素子を用いた高速な機械的フィードバック機構が取り付けられる．

高エネルギーリニアックで超伝導加速管を使った代表的な例は米国の SNS である[16]. 常伝導リニアックで加速された 186 MeV の陽子ビームを 805 MHz, 10 MV/m 強の加速電場で 1 GeV まで加速している. また同じ米国のミシガン州立大学では, すべての重イオン種を核子あたり 200 MeV まで加速するリニアック FRIB が建設中である[17]. 光速の 3 % の速度から 57 % まで粒子を加速するので, 初段は 80.5 MHz, 後段は 322 MHz というかなり低い周波数を使う. したがって空洞は大きくなるが, いままで述べてきた回転楕円体ではなく同軸導波管で, 初段では 1/4 波長, 後段では 1/2 波長の共振器として使う.

7.3.6 医工用リニアック

医療用・工業用電子リニアックではエネルギーは数十 MeV 以下でよいので, 集群部と定常部加速部が合わさった単体の加速管が使われる. 高周波電力の安定性も厳しくはないので安価なマグネトロンが多く使われ, S バンド, X バンドとも周波数は 2 856 MHz の整数倍とは限らない. また, 加速管下流から出る高周波電力を上流側へ戻す帰還 (recirculation) 方式もある.

問題は加速されたビーム, あるいは二次 X 線を被照射体に向けることが正確かつ円滑にできる操作機構にある. 例えば多くの医療用リニアックの場合, 加速管と患者はともに水平に置かれるので, 出力ビームを直角に偏向させる構造が必要となる. 工業用の場合は高所での作業の場合もあり, 軽量化が要求される.

7.3.7 高エネルギー円形加速器（リング）での使われ方

入射エネルギーから最高エネルギーまで加速する円形加速器では, 粒子速度のエネルギー依存性により加速管が異なる. 電子では数 MeV で光速の 99 % 以上になるので, リニアックの π モード定在波加速管と同じものでよい. しかし陽子リングでは, 10 GeV 程度の高エネルギーになるまでは速度変化が無視できない. そのために, 加速空洞は 9.7.5 項で述べられているように周波数変調型にしなければならない. 機械的な変調方式は実用的に不可能であって, 空洞を磁性体で充填し, その透磁率を変えることによる変調を行ってきた. しかし最近では 10.4.3 項で述べられているように磁性材料が改良され, 空洞共振幅を広くする無同調空洞が使われ出した. しかし磁性体を使うので周波数帯は VHF 以下となる.

次に入射ビームとすでに蓄積されたビームが両立できるような空洞形状が要求される. すなわち, 両ビームは位相空間的に分離されていなければならない. そのために周回ビームは, リニアックと比べはるかに太くなる. したがって加速管セルのビーム口径は十分大きくしなければならず, シャント・インピーダンスは大幅に低下する.

もう一つの条件は, ビームローディング問題を回避することである. 空洞を通過するビームは加速を受けるぶんだけ空洞の電磁場エネルギーを吸収し, 加速電圧はその瞬間低下する. これがビームローディングであって, 蓄積電流が大きくなればなるほどビーム安定性が損なわれてくる. これを解決するために, LEP や KEKB では 9.7.4 項で述べているように大きなエネルギー貯蔵空洞を加速管側に直結する仕組みを導入した.

7.3.8 低エネルギー粒子の高周波加速

円形加速器へのビーム入射にはバンデグラフやコッククロフト-ウォルトンの静電圧加速器が永らく使われてきた. しかし近年になり高周波加速のための特殊な加速管が考案, 実用化され, 静電圧加速器がこれらに置き換えられつつある. その代表的な三つの例を以下に紹介する.

a. RFQ

RFQ とは, Radio Frequency Quadrupole （高周波四重極）の略で, RF リニアックの一種である. その最大の特徴は, 加速のみならず収束にも高周波電場を使う点にある. すなわち, 通常の加速器で用いられる四重極磁場は登場しない. RFQ は 1960 年代末に旧ソ連の L. M. Kapchinsky と V. A. Teplyakov によって発明された[22]. 当時の西側諸国に伝わったのはそれより少し遅れ, 米国ロスアラモス研究所で陽子用の原理実証機が動いたのは 1980 年である[23]. それ以降 RFQ は世界中に広まり, 大規模加速器施設の入射用加速器として広く使われるようになった. なお日本で最初に稼働した RFQ は, 東京大学原子核研究所の LITL であり, これは世界で最初の重イオン用 RFQ でもある[24].

RFQ の登場以前に入射用加速器としておもに使われていたのはコッククロフト-ウォルトン型加速器であった. この型の入射器では, 高電圧（数百 kV）のターミナル上にイオン源を載せるため, 消費電力の小さい小型のイオン源しか用いることができず, ビーム強度が限られていた. また, 絶縁のために大きな設置場所を要するのも問題であった. 一方, 通常のドリフトチューブ型リニアックは, 低速のイオンを加速するのに適さない. 加速ギャップでの高周波発散力が大きい[*1]ことと, 磁場による収束力が低速のイオンビームに対して有効ではない[*2]ためである.

RFQ はこれらの問題を一挙に解決した. まず, 高周波加速器であるため, イオン源を高圧ターミナルに載せる必要がなくなり, ビーム強度の大きな ECR イオン源を使え

---

*1 加速ギャップでの運動を線形近似して $(x, dx/ds)$ 空間での輸送行列で表すと, 発散に関与する $(2,1)$ 成分が $\beta = v/c$ の 3 乗に反比例することが示される.

*2 ローレンツ力は $E + v \times B = E + c\beta \times B$ の形に書けるので, E [V/m] の強さの電場と等価な力を与える磁場は $E/c\beta$ [T] である. RFQ では, 電極表面において 10^7 V/m 程度の強さになる四重極電場が使われるが, 50 keV の陽子 ($\beta \approx 0.01$) に対してこれと同じ力を与える四重極磁場の強さは約 3 T となり, 非現実的である. 当然さらに遅いイオンに対してはもっと厳しくなる.

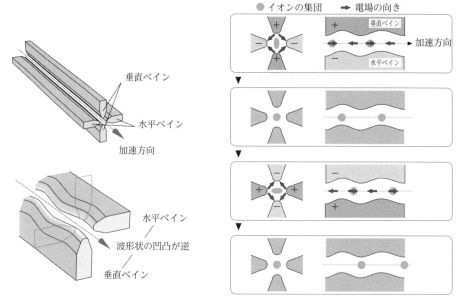

図 7.3.8　RFQ におけるビームの収束と加速の様子

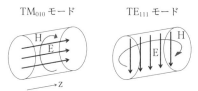

図 7.3.9　円筒形空洞共振器における TM_{010} モードと TE_{111} モードの電磁場分布

るようになった．コッククロフト-ウォルトンに比べるとはるかに小型である．さらに，収束に電場を用いているため，低速（$\beta=0.001 \sim 0.01$）のイオンを収束するのに優れ，電極の構造を工夫すれば，入射した低速の直流ビームをほぼ 100 % 捕獲して加速することができる．まさに画期的な発明であった．

では，どのようにして加速と収束を行うのであろうか．RFQ の中心部を図 7.3.8 に示す．ビームは 4 枚のベイン（Vane）と呼ばれる電極で囲まれた領域を通って加速される．ベインの先端は波形に加工されており，対向するベインの山谷のパターンは同じで，隣り合うベインの山谷は逆である．ここで図 7.3.8（右）のように，ベイン間に高周波電場を発生させる．イメージとしては，対向するベインを同電位に保ちつつ，隣り合うベインに交流電圧を加える，というものでよい．

まず横方向の運動に注目する．図から明らかなように，イオンには垂直面と水平面それぞれ交互に収束力と発散力が働く．四重極磁場による FODO チャネルと対比させると，電場の強さが磁場の強さに，山から谷の距離が磁石の長さに対応する．したがって，電場の強さと周波数を適当に調整すれば，イオンを発散させずに輸送できることになる．次に加速される様子を見てみる．ベインの山谷のパターンから，中心軸上には軸方向の電場が生じ，その強さは山谷の中央部で最大になっている．したがって，イオンのスピードと周波数が合えば，図 7.3.8（右）のようにイオンが加速されていく．ドリフトチューブ型のリニアックと比較すると，山谷の中央部が加速ギャップに対応することがわかる．すなわち，RFQ はヴィデレー型のリニアックと同様に加速されることになる．以上が RFQ の収束と加速の原理である．

b. IH リニアック

Interdigital-H（IH）リニアックは，空洞共振器による加速電場の励振に TE_{111} モード（H_{111} モード）の高周波電磁場を利用した定在波リニアックであり，1949 年に日本の森永晴彦によって初めて発表された[25]．図 7.3.9 のように，ドリフトチューブリニアックとして一般的なアルバレ型リニアックが，円筒形空洞共振器の軸方向（リニアックの場合のビーム進行方向）に電場成分を持つ TM_{010} モードを用いているのに対し，IH リニアックではビーム進行方向に直交する電場成分しか持たない TE_{111} モードを用いており，そのままではビームを加速することができない．そこで，図 7.3.10（右）のように，Interdigital の意味である両手の指を交互に組み合わせた格好で，空洞共振器の内部にドリフトチューブ電極を装荷し，ビーム進行方向の電場成分を発生させる．このことと，H モードを使うことから，Interdigital-H リニアックと名付けられている．

IH リニアックが用いる TE_{111} モードは，空洞共振器の長さに比例して共振周波数が低くなり，途中からは，長さによって共振周波数が変化しない TM_{010} モードを下回って，基底モードとなることが知られている．これに加えて複雑な電極構造が空洞共振器内部の静電容量を増加させる

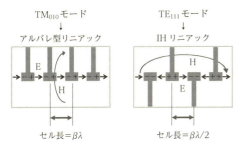

図 7.3.10 アルバレ型リニアックと IH リニアックの電極配置と電磁場分布

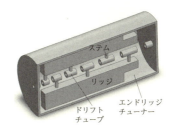

図 7.3.11 IH リニアックの内部構造概略図

図 7.3.12 放医研 APF-IH リニアック

ため，比較的小さな空洞径で低い運転周波数が得られ，また，低エネルギー領域（$\beta<0.1$）においてシャントインピーダンスが高いという特徴があることから，重イオンリニアックとしておもに利用されてきている．図 7.3.11 のように，ドリフトチューブ電極はステムを介してリッジと呼ばれる基台に取り付けられ，その端部の切り欠きはエンドリッジチューナーと呼ばれる磁束分布の調整部である．IH リニアックは電磁場分布に軸対称性がないことから，2次元電磁場解析コードによるデザインが困難であり，3次元電磁場解析ソフトウェアが普及するまでは，モデル空洞や等価回路解析によるデザインが行われていた．

歴史的な経緯を振り返ると，1949 年の森永による発表後，1956 年に J. P. Blewett によっても Interdigital タイプの電極配置が提案され[26]，フランスや旧ソ連などにおいて研究が行われたものの実用化には至らなかった[27]．その後，1977 年に森永が率いるミュンヘン工科大学のグループにより，13.3 MV タンデム型静電加速器の後段加速器として，運転周波数 55～80 MHz，粒子速度が $0.04 \leqq \beta \leqq 0.1$ の IH リニアックが初めて実用化された[28]．

我が国においては，1980 年頃より東京大学原子核研究所（東大核研）においてニューマトロン計画の入射器として研究が行われた．1984 年になると，東京工業大学原子炉工学研究所の 1.6 MV タンデム型静電加速器に連なる主加速器として運転周波数 48 MHz および 96 MHz の重イオン IH リニアックが，また，筑波大学加速器センターにおいては 12 MV タンデム型静電加速器の後段加速器として運転周波数 100 MHz の重イオン IH リニアックが運転を開始した．さらに，1996 年には東大核研で開発されていた短寿命核分離加速実験装置の RFQ リニアックの後段加速器として，荷電質量比が 1/30 以上の不安定核ビームを加速する，運転周波数 51 MHz の 4 空洞型の IH リニアックが完成した．研究分野以外への応用としては，2006 年に放射線医学総合研究所において重粒子線がん治療装置のための高効率小型入射器として，C^{4+} イオンを 600 keV/u から 4 MeV/u まで加速する，運転周波数 200 MHz の APF（Alternating Phase Focusing）-IH リニアックが実用化された（図 7.3.12）．HIMAC の運転周波数 100 MHz のアルバレ型リニアックと比べて，全長が約 1/7 の 3.5 m，直径が 1/5 の 0.4 m に小型化され，高周波電源の台数や必要電力も削減したことが報告されている．

これまでの IH リニアックは，静電加速器や RFQ リニアックの後段加速器として利用され，ある程度までビームが加速されているとともに，ビーム電流も比較的小さい場合が多かった．したがって，ドリフトチューブ電極の内部にビーム収束用磁石を組み込むことは少なく，加速空洞間に四重極電磁石を置く方法や，加速電場の位相の正負を適切に組み合わせることでビームの加速と収束を行う APF 法が用いられている．

c. RF 電子銃

電子銃の役割は電子ビームを発生させ，後段の加速器へと供給することである．電子銃を機能的に捉えると，物質（cathode, 陰極）から電子を発生させる機能と，電場により発生した電子をビームとして取り出す機能とに分けることができる．

電子ビームを発生させる方式として，熱電子放出，光電子放出，そして電界放出がある．金属などの物質を高温に熱すると，物質内の電子が熱エネルギーにより真空中に飛び出してくる．これが熱電子放出と呼ばれる現象であり，これを電子源として利用するのが熱陰極であり，加速器で最も一般的に用いられている方式である．熱陰極にはタングステンなどの融点が高い金属の他，BaO のような酸化物も用いられる．熱陰極の特徴の一つとして，容易に大きな電流が得られることが挙げられる．また，時間的に電子発生が連続であることも特徴の一つである．

光電子放出はレーザーによる光電効果を利用した電子発生方法で，その物質を光電陰極と呼ぶ．レーザー技術の進歩は目覚ましく，数 ps（10^{-12} s）程度の短パルス電子ビームを直接生成できるのが最大の利点である．Cu や Mg

などの純金属陰極が一般的であるが，一般的に量子効率（光電子の発生確率）が 10^{-5} 程度と低く，励起に紫外光が必要となる．それに対して，GaAs，CsTe，CsK_2Sb などの半導体陰極は 10^{-1} 程度の高い量子効率を持ち，物質によっては可視光が利用可能など性能が高い．

電界放出とは，10^8 V/m を超えるような高い電場を物質表面に発生させると，物質内部の電子がトンネル効果により放出される現象で，その物質を冷陰極と呼ぶ．高い電場を発生させるため，針状の構造をつくり電子を放出させる．加速器では一般的ではないが，電子顕微鏡などでは多用される．

取り出し電場としては，静電場（DC）を用いる方法と，高周波（RF）を用いる方法があり，それぞれ DC 電子銃，RF 電子銃と呼ばれる．DC 電子銃の場合，陰極を負電位に保ち，陽極，すなわち電子銃出口側を接地電位とすることで，電子ビームを取り出す．RF 電子銃の場合，高周波共振空洞（多くは TM_{010} 定在波型）の一部に陰極を設置し，そこから出てきた電子ビームを RF 加速電場により外部に取り出す．

陰極と取り出し電場の組み合わせにより，電子銃の構成が決まる．そのうち，最も一般的な構成は熱陰極 DC（Pierce 型）電子銃である．それに対して，光電陰極 RF電子銃は，短パルス電子ビームが直接生成可能であり，X線自由電子レーザーなどの先進的な電子リニアック利用のために開発されたものであり，近年用途を広げている．

参考文献

1) H. Hansen : J. App. Phys. **9** 654 (1938).
2) R. Varian, S. Varian : J. App. Phys. **10** 321 (1939).
3) D. H. Sloan : Means and method for electron acceleration, US Patent 2398162 (1946).
4) E. L. Ginzton, *et al.* : Rev. Sci. Instrum. **19** 89 (1948).
5) E. L. Ginzton : Times to Remember—The Life of Edward L. Ginzton—A. G. Cottrell, L. Cottrell ed, Blackberry Creek Press (1995).
6) M. Chodorow, *et al.* : Rev. Sci. Instrum. **26** 134 (1955).
7) L. W. Alvarez, *et al.* : Rev. Sci. Instr. **26** 111 (1955).
8) IEEE Std. 521-2002, IEEE Standard Letter Designation for Radar-Frequency Bands.
9) T. Shintake, *et al.* : Progress on the C-band Accelera-tor for the SPring-8 Compact SASE Source, proc. of PAC2003, (2003).
10) International Linear Collider Technical Review Committee, ILC/TRC Second Report 2003, SLAC-R-606 SLAC, (2003).
11) S. Fukumoto, *et al.* : 1986 Linear Accelerator Conference Proceedings 116 (1986).
12) Accelerator Technical Design Report for J-PARC, KEK Report 2002-13, (2002).
13) E. A. Knapp : 1964 Linear Accelerator Conference MURA Rept. 714 31 (1986).
14) T. Nishikawa, *et al.* : Rev. Sci. Instr. **37** 652 (1966).
15) H. Ao, *et al.* : Physical Review Special Topics-Accel-erators and Beams **15** 011001-1-011001-13 (2012).
16) E. A. Knapp : Linear Accelerators (P. Lapostolle, A. Septier

ed.), p. 607 North-Holland, (1970).
17) H. Padamsee, *et al.* : RF Superconductivity for Acceler-ators John Wiley & Sons, INC (1998).
18) 加古永治 : 加速器 **13** 2，および，70 (2016).
19) 小島融三 : 低温工学 **6** 129 (1971).
20) N. Holtkamp : Proceedings of LINAC2004 837 (2004).
21) R. C. York, *et al.* : Proceedings of SRF2009 888 (2009).
22) I. M. Kapchinskii, V. A. Teplyakov : Prib. Tekh. Eksp. 19 (1970).
23) J. E. Stovall, *et al.* : IEEE Trans. Nucl. Sci. NS-26 p. 1508 (1981).
24) T. Nakanishi, *et al.* : Particle Accelerators 183 (1983).
25) H. Morinaga : Phys. Soc. Meeting, Osaka (1949).
26) J. P. Blewett : Proc. CERN Symposium on High energy accelerators, 159-166 (1956).
27) M. Bres, *et al.* : Particle Accelerator **2** 17 (1971).
28) E. Nolte, *et al.* : Nucl. Instr. and Meth. **158** 311 (1979).

7.4 ベータトロン

ベータトロンは磁場中で円軌道を描く電子を，軌道内側平面を通過する磁束の時間変化による誘導電場を使って加速する装置である．ほとんどの加速器の加速電場は，電極や媒質中に誘起される電荷を伴うのでつねに放電の問題があるが，ベータトロンではそれとは無縁である．また高周波位相によって加速量が異なる通常の加速方式とは違い，円軌道上のどの位置にある粒子も等しい加速電場を受けるというユニークな性質を持つ加速器である．

磁極中心軸に沿った断面の特に中央部の様子を図 7.4.1 に示す．両磁極は，この図には示されていないが 180° おき，あるいは 90° おきにヨークに固定されている．図 7.4.2 はビームが走る真空ガラスドーナツの断面であって，電子銃，イオンポンプ，X 線発生用重金属ターゲットが内蔵され，加速された電子を取り出すポートが備えられる場合もある．

歴史的には $1 \sim 10$ MeV 程度の簡便な電子加速器が医療用 RI に代わるものとして望まれていた．しかし直流加速器では耐電圧，またイオン加速に成功していたサイクロトロンでは質量の軽すぎる電子には不向きであるなどの問題があった．そこで変圧トランスと同じ商用周波数での磁気誘導電場を利用する方式が 1920 年代からいくつか試みられた．しかし，D. W. Kerst が 2.3 MeV の安定な加速に成功したのはやっと 1940 年のことである[1]．

成功の理由は，R. Serber とともに電子軌道力学の解析を徹底して行ったことにある．それによって加速過程での軌道半径をある安定値 r_s に保つ条件[2,3]ならびに入射時の軌道振動の安定化条件を明らかにした．特に後者は，現今のあらゆる加速器に必須のベータトロン振動理論の基礎となった．

さて，磁極中心を z 軸，磁極間隙中心を $z=0$ とする円柱座標 (r, θ, z) を選ぶ．半径 r_s の軌道上を加速されなが

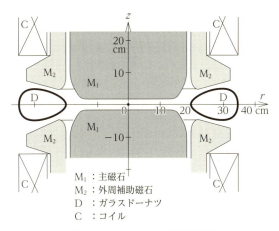

図7.4.1　ベータトロンの断面形状図

M₁：主磁石
M₂：外周補助磁石
D：ガラスドーナツ
C：コイル

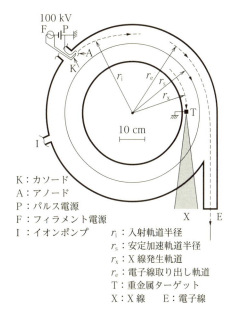

K：カソード
A：アノード
P：パルス電源
F：フィラメント電源
I：イオンポンプ

r_i：入射軌道半径
r_s：安定加速軌道半径
r_x：X線発生軌道
r_e：電子線取り出し軌道
T：重金属ターゲット
X：X線　　E：電子線

図7.4.2　真空ガラスドーナツの断面形状図

ら電子が回り続けるには，遠心力とz方向磁束密度$B_s=B_z(r_s,t)$によるローレンツ力がつり合うことと，その運動量の増加率が接線方向の電場から受ける力に等しいという二つの条件を満たさなければならない．電場は円内を通過する磁束Φ_sの$1/(2\pi r_s)$倍の時間微分であるので，運動方程式の時間積分を取れば$\Phi_s(t)-\Phi_s(0)=B_s(t)2\pi r_s^2$となる．この関係は，円内側の平均磁束密度が軌道上のそれのちょうど2倍になるという2：1比例法則として有名である．また，$v\to c$の場合の電子エネルギーγmc^2（ただし$\gamma=1/\sqrt{1-v^2/c^2}$）は$ecB_s r_s$に等しい．

次に電子の軌道であるが，すべての電子を軌道円に接線入射することは不可能で，ほとんどの電子はz方向やr方向に振動しながら周回する．これが今日でいうところのベータトロン振動である．そこでガラスドーナツに当たる量が極小になるように，電子銃からの入射方向を調整することが重要である．振動の様子は，磁極間隙の磁束密度の空間対称性を考えたベクトルポテンシャルを含む正準運動量で記述されたハミルトニアンで調べられる．まず振幅が発散しないためには，$z=0$面の磁束密度の変化率$n=-(r/B)\partial B/\partial r$が$0<n<1$という弱収束条件を満足しなければならない．また振動数は商用周波数に比べはるかに高いので，振動の解析には断熱不変近似が適用できる．それによれば振幅は加速とともに$\gamma^{-1/2}$で減衰する[2,4]．

なお，2：1比例法則により磁場エネルギーの大半が$r<r_s$の領域に集中する．Φ_sはr_sに比例するので入力電力はr_s^2に比例する．そこで磁極にはできるだけ飽和磁化の高い材料を選ぶことになる．

医療用として製造された30 MeV級ベータトロン[5]を例にとって具体的な特徴をまとめてみる．これは安定軌道半径を$r_s=250$ mmとして最大磁束密度$B=0.42$ Tで31 MeVまで加速する装置で，総重量は5 tである．磁石は50 Hzで励磁され，加速時間はその1/4周期の5 msであるので，電子は9.5×10^5回転し毎回33 Vの加速を受ける．コイル入力のピーク値は6.6 kV×260 Aである．電子は100 kV電子銃で8×10^{-3} Tの磁束密度中に入射される．

磁極は飽和磁束密度の高い方向性ケイ素鋼の薄板を貼り合わせたものである．X線あるいは電子ビームの取り出しは，加速終了時に数十μsのパルス磁場を印加して行う．

1960年代末まで医療用および非破壊検査用に30 MeV前後のベータトロンが多数製造された[3,6,7]．最高エネルギーは1950年にイリノイ大学に建設された300 MeVベータトロンで達成された[8]．しかし1970年代以降，大電力マイクロ波で電子を加速するリニアックが主流となった[9]．

参考文献

1) D. W. Kerst：Phys. Rev. 60 47（1941）．
2) D. W. Kerst, R. Serber：Phys. Rev. 60 53（1941）．
3) R. Wideröe：The Infancy of Particle Accelerators P. Waloschek ed., DESY（2002）．http://wwwlibrary.desy.de/elbooks/wideroe/WiEBOOK.htm
4) J. C. Slater："Microwave Electronics" 381-386 Van Nostrand（1950）．
5) 鴨川　浩，ほか：東芝レビュー 17 1145（1962）．
6) 鳥山英明，ほか：島津評論 26 411（1969）．
7) 鴨川　浩，ほか：東芝レビュー 12 48（1957）．
8) D. W. Kerst：Phys. Rev. 78 297（1950）．
9) 鴨川　浩，ほか：東芝レビュー 18 1298（1963）．

7.5　サイクロトロン

サイクロトロンは，陽子，重陽子，重イオンといった荷電粒子を静磁場のなかでらせん軌道を描かせながらエネルギーを増大させる加速装置である．その概念は，当時R. Wideröeが開発したばかりの高周波の交代電圧を使って加速する直線型の加速器（リニアック）にヒントを得て，1929年にE. O. Lawrenceによって考案された[1]．磁

場をかけて荷電粒子を曲げることにより，同じ加速電極を使って何回も繰り返し加速することができると考えたのである．すなわち，

$$\omega = \frac{qB}{m} \quad (7.5.1)$$

の関係から，一様な静磁場 B 中では荷電粒子（質量 m, 電荷 q）の回転（角）周波数 ω はその速さによらず一定である．したがって，図 7.5.1 のように配置された（形状が大文字の D に似ていることから）ディーと呼ばれる加速電極の電圧の（角）周波数 ω_D を荷電粒子の回転（角）周波数と等しくなるように設定してやれば，荷電粒子は加速ギャップを通るたびに加速されることになり，荷電粒子を最終的に電極電圧の何十倍，何百倍のエネルギーにまで加速することができる．このようにして，荷電粒子はエネルギーを得るとともに（その速度に比例して半径が増加するような）らせん軌道を描きながら運動する，また（パルスではなく）連続なビームが得られる，というのがサイクロトロンの大きな特徴である．

その発明以来，サイクロトロンはビームのエネルギーと強度を増やすよう開発が重ねられてきた．数種類のタイプが新たに考案されることによって，サイクロトロンの性能は飛躍的に向上してきている．例えば，初期のサイクロトロンではもっぱら陽子や重陽子を数〜10 数 MeV（ビームパワーでせいぜい約 1 kW）に加速するだけであったが，現在では陽子を 590 MeV という高いエネルギー（ビームパワーで 1.4 MW）まで加速したり，ウランのような非常に重い元素のイオンまでも加速したりすることができるサイクロトロンが稼働している．

以下にサイクロトロンのタイプごとにその特徴を述べる．

7.5.1 古典的サイクロトロン

Lawrence が発明した初期のサイクロトロンは，古典的サイクロトロンまたは普通型サイクロトロンと呼ばれている．古典的サイクロトロンでは，形成される磁場分布は実は一様ではなく動径方向に減少する分布を持たせている．このことと相対論効果が相まって，加速されるエネルギー値に限界がある．

一般に，加速途中でビーム損失がないようにするには，それぞれのバンチのなかの粒子が発散せず平衡軌道の周りを振動するような安定性の条件を満たす必要がある．ここで，平衡軌道とはある与えられた磁場のなかでの閉軌道のことである（方位角方向に一様な磁場中では円軌道）．古典的サイクロトロンではこの安定性を達成するために，磁石の磁極を加工したりシムを取り付けたりすることによって半径とともに減少するような磁場分布を形成している．この分布のために磁力線は外側に膨らんだかたちになり，メディアンプレーン（サイクロトロンの上下対称面）からずれた粒子には鉛直方向に引き戻すローレンツ力が働く．古典的サイクロトロンでは 8.3 節で述べられている弱収束を与える磁場の分布を持っている．つまり，磁場分布の n 値

$$n = -\frac{r}{B}\frac{dB}{dr} \quad (7.5.2)$$

は，粒子が水平・鉛直両方向に安定に運動するために

$$0 < n < 1 \quad (7.5.3)$$

を満たす必要がある．この条件は，動径方向の磁場勾配がある値より小さい値で減少する分布を持つ必要があることを示している．

このように，粒子の運動の安定性の条件から要求される「半径とともに減少する磁場分布」はサイクロトロン共鳴原理から要求される「一様磁場分布」とは矛盾することになり，古典的サイクロトロンでは粒子の回転周波数がエネルギーとともに減少し加速位相がエネルギーとともにずれるということになる．さらに，式(7.5.1)での粒子の質量 m は一定ではなく，相対論によって

$$m = m_0\gamma = \frac{m_0}{\sqrt{1-\frac{v^2}{c^2}}} \quad (7.5.4)$$

に従って増加する．ここで，m_0 は静止質量，γ はローレンツ因子，v は粒子の速さ，c は光速である．したがって，加速位相はエネルギーとともにさらにずれることになる．一般に，サイクロトロンを周回する粒子の 1 回転あたりの加速位相のずれ $\Delta\phi$ は

$$\Delta\phi = 2\pi h\frac{\Delta B}{B} \quad (7.5.5)$$

で与えられるように，磁場のずれ $\Delta B/B$ に比例する．h は加速ハーモニクスで，高周波（RF）電圧の周波数と粒子の回転周波数の比で与えられる．古典的サイクロトロンでは，磁場分布を図 7.5.2 のようにして，加速位相を途中で折り返しながら粒子を加速している[2]．そして位相が減速領域に入れば，そこで加速がストップする．加速電圧を高くすればトータルの位相のずれを小さくすることはできるが，電極にかけられる電圧には技術的な理由から限界がある．というわけで，古典的サイクロトロンで得られるビームの最大エネルギーは，陽子でせいぜい約 20 MeV である．

多くの古典的サイクロトロンが 1930 年代から 1960 年代の半ばにかけてつくられた．

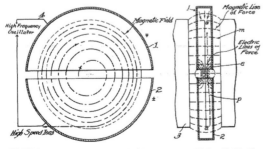

図 7.5.1 E. O. Lawrence のサイクロトロンに関する特許図[1]

7.5 サイクロトロン

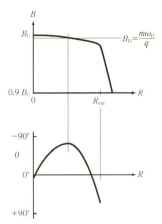

図7.5.2 古典的サイクロトロンでの加速位相の変位.上は磁場分布を下は加速位相の変化を示す[2].

7.5.2 シンクロサイクロトロン

古典的サイクロトロンでの加速エネルギーの限界を克服する一つの方法は、エネルギーが増すにつれて減少する回転周波数に合わせて、高周波（RF）電圧の周波数を減少させることである．RF周波数の減少は式(7.5.1)に従うようにする．なお、磁場分布は古典的サイクロトロンの場合と同様、弱収束を保証するために半径とともに減少するものを用いる．このようにして加速電圧の周波数と同期した粒子（同期粒子）は、相対論的エネルギーまで加速されることになる．同期粒子の周りの粒子の運動の安定性は、シンクロトロンに対して V. I. Veksler（1945年）と E. M. McMillan（1945年）によって発見された位相安定性の原理によって保証される．この場合、同期粒子の位相（同期位相）を RF 加速電圧の降下側に置く必要がある．このような方法を採用したサイクロトロンのことを、シンクロサイクロトロンまたは周波数変調（FM）サイクロトロンと呼ぶ．

シンクロサイクロトロンでは，RF の周波数変調は通常繰り返しサイクルが数十〜数百 Hz のサイン波モードで行われる．粒子ビームはサイクロトロン中心に置かれたイオン源から数十 μs のパルス幅を持って引き出され、この RF 加速電場で加速される．パルスビームがあるサイクルで加速されている間は、次のパルスは次のサイクルになるまで捕獲・加速されない．したがって、シンクロサイクロトロンの大きな欠点は平均ビーム強度が連続モードで運転される固定周波数のサイクロトロンに比べて非常に小さい（1/1 000〜1/100）ということである．

最初のシンクロサイクロトロンは 1946 年に完成し、1940 年代終わりから 1950 年代にかけて 10 台以上の大型のシンクロサイクロトロンが建設された．最大のシンクロサイクロトロンは 1967 年につくられたもの（レニングラードシンクロサイクロトロン，ロシア）で、陽子を 1 GeV まで加速している．

7.5.3 AVF サイクロトロン

エネルギーの限界を克服する別の方法が 1938 年に L. H. Thomas によって提案された[3]．先に述べたように、相対論的質量の増大に応じて半径とともに増大する等時性磁場分布を形成すると、粒子は鉛直方向に発散力を受ける．Thomas は、この問題は 1 周あたりの平均の磁場強度を等時性に保ちながら方位角方向の磁場分布に高低の領域を交互に持たせることによって解決できることを示した．このような磁場分布のなかでは、平衡軌道は円軌道からずれた軌道を描くことになる．図 7.5.3 に示されるように高磁場領域（ヒル）では小さな曲率半径、低磁場領域（バレー）では大きな曲率半径というように．その結果、平衡軌道はヒルとバレーの境界をある有限の角度 κ で横切ることになる．そうすると、メディアンプレーンからずれた粒子がその境界を横切るとき、そのところで膨らんだ磁場の方位角成分と粒子速度の動径成分とによって生じるメディアンプレーン方向への収束力を受ける（エッジ収束）．半径とともに増大する磁場による発散力は、このエッジ収束によって補償される．この方法を採用したサイクロトロンのことを、AVF（Azimuthally Varying Field）サイクロトロン、セクター収束サイクロトロンまたは等時性サイクロトロンと呼ぶ．このようにして、AVF サイクロトロンによって、固定周波数の RF の連続運転モードで粒子を相対論的エネルギーまで加速することが可能となった．

ヒルとバレーは、ヒルとなる磁極の部分にセクターと呼ばれる電磁軟鉄のブロックを取り付けて間隙の大きさをヒルの領域では小さくバレーの領域では大きくすることによってつくる．セクターのエッジの形状によって、ラジアルセクター型とスパイラルセクター型の二つのタイプがある．図 7.5.3 に示すような直線状のエッジ境界を持つラジアルセクター型 AVF サイクロトロンでの鉛直方向のチューン ν_z（8.3 節参照）は幾何学的な計算から、次式で与えられる[4]．

$$\nu_z^2 = -\beta^2\gamma^2 + F^2 \tag{7.5.6}$$

ここで、右辺の第1項は等時性磁場分布（$\bar{B} = \gamma B_0$）から得られるもので、第2項はフラッターと呼ばれ次式で与え

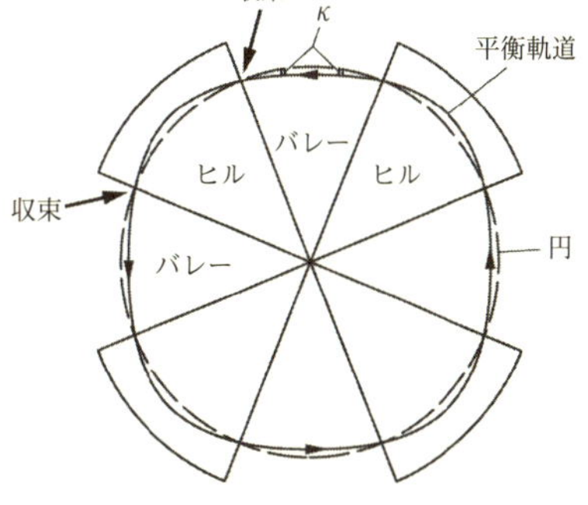

図7.5.3 ラジアルセクター型 AVF サイクロトロン．粒子がセクターに入射および出射するときに収束を受ける．

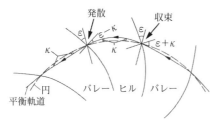

図 7.5.4 スパイラルセクター型 AVF サイクロトロン．粒子がセクターに入射するときに収束を，出射するときに発散を受け，総合的に強い収束を受ける．

図 7.5.5 高崎量子応用研究所の AVF サイクロトロン

られる．

$$F^2 = \frac{(B_h - \bar{B})(\bar{B} - B_v)}{\bar{B}^2} \quad (7.5.7)$$

ここで，$\bar{B}$ は平均磁場，B_h，B_v はそれぞれヒルとバレーでの磁場の強さである．式(7.5.6)は F^2 が $\beta^2\gamma^2$ より大きければ粒子の運動が安定であることを示している．なお，粒子の水平方向の運動は半径とともに増大する磁場分布のなかでは明らかに安定である．一方，スパイラルセクター型 AVF サイクロトロンでは，エッジ境界の形状が図 7.5.4 のように曲線となっている．ε のことをスパイラル角と呼ぶ．この型では，平衡軌道はヒルとバレーの境界を（図 7.5.2 の）Thomas 角 κ よりずっと大きな角度で横切る．そのため，メディアンプレーンからずれた粒子がヒルの領域に入ってまた出るときに，それぞれ強い収束力と発散力を受ける．このいわゆる交代収束効果の結果，粒子は総合的に非常に強い収束力を受けることになる．スパイラルセクター型 AVF サイクロトロンでの鉛直方向のチューンは

$$\nu_z^2 = -\beta^2\gamma^2 + F^2(1 + 2\tan^2\varepsilon) \quad (7.5.8)$$

で与えられる．右辺の F^2 の係数は大きな値を持ち，例えばスパイラル角の典型的な値である $\varepsilon=50°$ の場合には〜4 となる．このようにしてスパイラルセクター型 AVF サイクロトロンで得られるビームエネルギーは，ラジアルセクター型よりも高いものになる．例えば陽子では，40 MeV より高いエネルギーになるとスパイラルセクター型を用いる．なお，ほとんどの AVF サイクロトロンでは 4 セクターが採用されている．

最初の AVF サイクロトロンが完成したのは 1958 年で，1960 年代に原子核物理学のための要求に応えるものとして多くの AVF サイクロトロンが使われるようになった．1980 年代になると，重イオン原子核物理学のために，超伝導コイルを使って 3〜5 T の磁場を発生する超伝導 AVF サイクロトロンも開発されるようになった．最大の AVF サイクロトロンはカナダの TRIUMF にあるもので，6 つのスパイラルセクターで H$^-$ イオンを 520 MeV まで加速することができる．現在数多くの AVF サイクロトロンが様々な用途で運転，使用されている（図 7.5.5）．

ここで，サイクロトロンの性能を表す指標 K 値について述べる．サイクロトロンで加速される荷電粒子の最大エネルギー E（MeV/u）は

$$E = K_b\left(\frac{Q}{A}\right)^2 \quad (7.5.9)$$

で与えられる．ここで，K_b（または単に K）は K 値と呼ばれ MeV で与えられる．A と Q はそれぞれ荷電粒子の質量数と価数である．K_b はサイクロトロンの偏向限界を意味している．そして最大エネルギーを与えるものにもう一つの要因があり，それを収束限界と呼ぶ．それは

$$E = K_f\frac{Q}{A} \quad (7.5.10)$$

で与えられる．K_f はやはり MeV で与えられる．収束限界は発散項 $-\beta^2\gamma^2$ が大きな高エネルギーの軽イオンの場合に適用される．常伝導コイルを使った通常の AVF サイクロトロンでは，陽子の最大エネルギーのみこの収束限界で決まる．超伝導 AVF サイクロトロンでは，Q/A 値が 1/3 あたりまでのイオンの最高エネルギーが収束限界で決まり，それ以外のイオンは偏向限界で決まる．K_f は K_b より小さい．K_f と K_b の典型的な値は，常伝導 AVF サイクロトロンではそれぞれ 95 MeV と 110 MeV で，1981 年に完成した米国ミシガン州立大学の超伝導 AVF サイクロトロンではそれぞれ 160 MeV と 500 MeV である．

7.5.4 リングサイクロトロン

より高いビームエネルギーを得るためには，より大きなフラッターを実現させる必要がある．式(7.5.7)が示すように，B_h と B_v との差が大きければ大きいほどフラッターは大きくなる．これに基づいて，ヒルの領域だけにセクター電磁石と呼ばれる C 型電磁石を設置して，バレーの領域の磁場 B_v をゼロにするという究極の方法を採用したサイクロトロンが考案された．何もないバレーの空間には高い加速電圧が出せる RF 共振器を設置する．この方法を採用したサイクロトロンのことを，リングサイクロトロンまたは分離セクター型サイクロトロンと呼ぶ．リングサイクロトロンにもラジアルセクター型とスパイラルセクター型の両タイプがある．リングサイクロトロンは内部イオン源は持たずに，荷電粒子をあるエネルギーまで加速するサイクロトロンまたはリニアックのような入射器を前段加速器として持っている．

現在 11 台のリングサイクロトロンが稼働している．典

図 7.5.6　理研のリングサイクロトロン

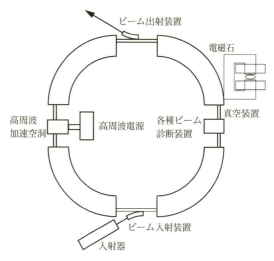

図 7.6.1　シンクロトロンの装置構成概念図

型的な例は，スイスの PSI（Paul Scherrer Institut）の陽子リングサイクロトロンと理化学研究所（理研）の重イオン複合加速器である．PSI の主リングサイクロトロンは，1974 年に完成した世界初のリングサイクロトロンで，陽子を 590 MeV まで加速している．8 台のスパイラル型セクター電磁石と，1 周あたり約 3 MV の加速電圧を発生する 4 台の RF 共振器で構成されている．この高い加速電圧によって 99.98 ％というビームの取り出し効率を得，1.4 MW という連続ビームとしては世界最高のビーム出力を得ている．理研の複合加速器は入射リニアックおよび入射 AVF サイクロトロンと 4 台のリングサイクロトロン（図 7.5.6 は初段のリングサイクロトロン）で構成され，最終段のものは超伝導リングサイクロトロン（SRC）である．SRC は 6 台の超伝導セクター電磁石と 4 台の RF 共振器からなり，2 600 MeV という世界最大の K 値を有する．この複合加速器はウランまでの重イオンを 345 MeV/u まで加速することができる．

参考文献
1) E. O. Lawrence : US Patent 1948384（1934）.
2) 熊谷寛夫 責任編集：加速器（実験物理学講座 28）共立出版（1975）.
3) L. H. Thomas : Phy. Rev. **54** 580（1938）.
4) http://beam-physics.kek.jp/BPC/procs/Goto-BeamDynamicsCyclo.pdf

7.6　シンクロトロン

シンクロトロンとは，位相安定性の原理（進行方向の粒子群閉じ込め機構）と強・弱収束の原理（横方向の粒子群閉じ込め機構）に基づいて，荷電粒子の加速に合わせて磁場と加速電場周波数を制御する（同期を取る）ことによって，粒子の軌道半径を一定に保ちながら加速を行う円形加速器の一種である．円形加速器で粒子のエネルギーを高くしようとすると，電磁石の磁場強度がある程度決まっているため（常伝導電磁石で 2 T 程度，超伝導電磁石で 5 T 程度），どうしても軌道半径を大きくせざるを得ない．その結果，電磁石は大型化し使用される鉄の重量が飛躍的に増加する（サイクロトロンでは 1 GeV 以下エネルギーで

も数千 t に達する）．しかし，シンクロトロンでは軌道半径を一定に保ちながら加速するため，磁場は軌道部分にあればよく，電磁石は小型化でき経済的である．したがって，高エネルギーになればなるほど他の円形加速器に比べてシンクロトロンのほうが有利である．このことから，これまでに建設されてきた高エネルギー円形加速器，特に 1 GeV 以上のエネルギーになると，ほとんどがシンクロトロンである．

シンクロトロンの概念的な装置構成例を図 7.6.1 に示す．比較的大型のシンクロトロンでは，電磁石をいくつかに分割して曲線部を構成し，その間に直線部を設けて，高周波加速空洞の他，ビーム入出射装置，真空関連装置，ビーム診断装置などが設置されている．さらに，電磁石としては電子の軌道を曲げる偏向電磁石だけでなく，収束・発散の機能を持つ 4 極電磁石や色収差を補正するための 6 極電磁石が工夫して配置され，狭い真空チェンバー内に粒子を閉じ込めて加速するようになっている．また，単一のシンクロトロンでは，ゼロエネルギーから粒子を加速することは困難であるため，ある程度のエネルギーまではリニアックやマイクロトロンなど別の方式の入射器でビームを加速してから，シンクロトロンに入射する方式がとられている．シンクロトロンを多段（カスケード方式）にして，数百 GeV～TeV 領域まで粒子を加速する高エネルギーシンクロトロン（CERN：PS, SPS, LHC）も存在している．シンクロトロンの加減速パターンの例を図 7.6.2 に示す．ビーム入射，ビームを保持して加速（同期加速），ビーム出射，ビームなしで減速（不同期加速）が繰り返される．パターンの繰り返し周波数は，その用途によって異なるが，概ね 1～数十 Hz 程度である．繰り返し周波数が高くなると，ビームの安定な加速のため，電磁石や真空チェンバーでは使用される金属の表面に発生する渦電流への対策が必要になる．

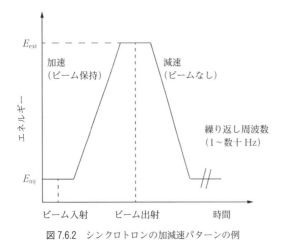

図 7.6.2　シンクロトロンの加減速パターンの例

図 7.6.3　東京大学原子核研究所の 1.3 GeV 電子シンクロトロン．1959 年から 1999 年まで稼働し，おもに原子核実験用に活躍していたが，放射光専用リングの入射器としても用いられた．
(高エネルギー加速器研究機構：イメージアーカイブから転載)

7.6.1　電子シンクロトロン

加速される荷電粒子が電子の場合を，電子シンクロトロンと呼んでいる．電子は陽子や重粒子に比べて，極めて質量が小さい（$m_0 = 0.511\,\mathrm{MeV}/c^2$）ので，低いエネルギーで光速近くに達する（$E = 10\,\mathrm{MeV}$ で $\beta = 0.998\,69$，光速の約 99.9 %）こと，また高エネルギーになるとシンクロトロン放射によるシンクロトロン 1 周あたりのエネルギー損失（U）が大きくなる，という特徴がある．その式は，U(keV) $= 26.6\,E^3$(GeV) B(T) で与えられ，エネルギー（E）の 3 乗，磁場強度（B）の 1 乗に比例して大きくなる．磁場強度を一定と仮定して，エネルギーを 10 倍にするとエネルギー損失は 1 000 倍になる．例えば，電子エネルギー 1 GeV，磁場強度 1 T であれば損失 U は 26.6 keV であるが，10 GeV，1 T となると 26.6 MeV となる．したがって，加速の原理は同じであるものの，電子シンクロトロンは陽子や重粒子シンクロトロンとは各種装置の設計思想が大きく異なっている．高周波加速システムでは，その周波数は変調する必要はなく固定でよいが，シンクロトロン放射によるエネルギー損失を補うために大電力・高電界に対応したシステムを構築する必要がある．真空システムではシンクロトロン放射による熱負荷に耐え，また残留ガスとの散乱によるビーム損失を防ぐため高真空に対応した設計にする必要がある．

電子シンクロトロンの加速の実験的検証は，ベータトロンを改造して 1946 年に行われた．翌年 1947 年に，ゼネラル・エレクトリック社の研究所において，新たに 70 MeV 電子シンクロトロンが完成し，電子の加速に成功した．3 MeV までの低エネルギーではベータトロン加速をし，光速の約 99 % に達したところで，高周波加速に切り替える．高周波加速空洞の周波数を固定しても，軌道半径はわずか 1 % 程度しか変わらないので，きちんとビームと高周波電場との同期が取れれば安定な加速ができる．ちなみに，このシンクロトロンにおいて，世界で初めてシンクロトロン放射が実験的に観測されている．

図 7.6.3 にもう少し大型の電子シンクロトロンの例として，東京大学原子核研究所の 1.3 GeV 電子シンクロトロン（INS-ES）の写真を示す．この電子シンクロトロンは，1959～1999 年まで稼働し，おもに原子核実験用に稼働していたが，放射光専用リング（INS-SOR）の入射器としても用いられた．低いエネルギーから高エネルギーまで加速する電子シンクロトロンは，当初はおもに原子核実験用に使用されていたが，近年ではそのほとんどが蓄積リング型放射光源加速器の入射器（ブースターシンクロトロン）である．世界最高エネルギーの光源用ブースターシンクロトロンは，兵庫県西播磨にある SPring-8 の入射器で，1 GeV から 8 GeV まで加速して蓄積リングに入射している．

電子蓄積（ストレージ）リング　電子ビームを長時間，一定のエネルギーで蓄積するためにつくられた円形加速器を蓄積リング（storage ring または accumulation ring）と呼んでいる．この加速器は，素粒子・原子核実験などのための衝突型加速器（コライダー），放射光発生のための光源加速器（シンクロトロンラジエーションソース）など，その特徴を生かして建設され稼働している．蓄積リングは，シンクロトロンとほぼ同じ装置構成であるが，ビームを取り出さないため，取り出し装置は必要がなく，また急激な加減速を行わないことから，電磁石や真空チェンバーに渦電流対策を施す必要はそれほどない．一方で，素粒子実験などでは高いルミノシティーを，放射光実験では高いフラックスを得るため，大電流化・長寿命化が必要となる．そのため，高周波加速システムは大電力に対応したシステム設計となり，真空システムは超高真空および高い熱負荷に対応した設計になっている．さらに，ビームを積み上げて高い電流値を得るため，ビーム入射システムの設計には工夫が必要となる．

世界で初めて建設された衝突型電子陽電子蓄積リングは，1960 年初期にイタリアのフラスカティ研究所の AdA というリングで，電子エネルギーは 250 MeV であった．その後，新たな素粒子の発見を目指して蓄積リングのエネ

図 7.6.4 高エネルギー加速器研究機構・放射光実験施設の 2.5 GeV 電子貯蔵リング．撮影は入射点付近で，手前の電磁石群は入射路で，奥の電磁石群が蓄積リングである．

ルギーはうなぎ登りに増加し，最終的には CERN に建設された LEP において 104.5 GeV まで達した．LEP は周長約 27 km の巨大な蓄積リングであるが，放射光によるエネルギー損失が約 15 GeV に増加し，高周波加速空洞の電圧は 17 GV が必要となった．

一方，世界で初めて建設された放射光源専用の電子蓄積リングは，東京大学原子核研究所の INS-SOR で，1970 年代前半に稼働を開始した．電子エネルギーは 380 MeV で，真空紫外の波長領域の分光学的研究に威力を発揮し，放射光利用の草分け的な蓄積リングとなったが，1997 年に活動の役目を終えて停止した．その後，高エネルギー加速器研究機構・放射光実験施設の 2.5 GeV 電子蓄積リングが，1980 年前半に稼働を開始した．このリングは真空紫外から硬い X 線領域まで波長領域をカバーして，年間 3 000 人以上のユーザ共用実験が行われている．建設から数回の大規模改造を行っているものの 30 年間以上にわたって安定に運転されている．図 7.6.4 に PF リングの入射点付近の写真を示す．その後も放射光利用のための電子蓄積リングの数は世界的に増加の一途をたどり，電子蓄積リングの最も有効な利用形態となっている．

7.6.2 陽子シンクロトロン

a. 概要

表 7.6.1 に現在稼働している世界のおもな陽子シンクロトロンを示す．多くの陽子シンクロトロンの目的は，固定標的に一次粒子として陽子ビームを照射することである．標的内の核反応で発生する二次粒子は，基礎科学から産業応用に至る様々な分野の研究に用いられている．現在は，物質科学や生命科学の研究に数 GeV 以下，素粒子原子核の研究には数十 GeV 以上の陽子シンクロトロンが用いられている．世界最大の陽子シンクロトロンは CERN の陽子・陽子衝突型加速器 LHC で，周長は 26.7 km，ビームエネルギーの設計値は 7 TeV である．また，この表には含まれていないが，陽子線治療用の陽子シンクロトロンも世界各国で建設され稼働している．陽子線治療に用いられるシンクロトロンのエネルギーは表 7.6.1 に示した学術研究をおもな目的としたシンクロトロンと比べて低いが，深部も含め身体のどこにある腫瘍でも治療の対象とするためには 200〜250 MeV 程度のエネルギーは必要となる．

最初期の陽子シンクロトロンは弱収束型シンクロトロンで，なかでも特によく知られているのは 1952 年から BNL で稼働を開始した Cosmotron（当初のビームエネルギーは 2.3 GeV，その後 3.3 GeV まで増強）と 1954 年から LBL で稼働を開始した Bevatron（5 GeV で開始，その後 6 GeV に増強）であろう．この二つの陽子シンクロトロンは，それまでに宇宙線でしか確認されていなかった多くの中間子を人工的に生成し，さらに Bevatron においては反陽子，反中性子の生成にも成功して素粒子物理学の発展に大きく貢献した．当然のことながら，より高いエネルギーの陽子シンクロトロンが求められたが，弱収束型で高いエネルギーを得るためには巨大な電磁石が必要になるため，当時からすでに弱収束型の実用上の限界は明らかだった．そこで脚光を浴びたのが強収束の原理である．1959 年に CERN で 28 GeV の PS（Proton Synchrotron）が，続いて 1960 年には BNL で 33 GeV の AGS（Alternating Gradient Synchrotron）が強収束の原理を採用した陽子シンクロトロンとして完成し，稼働を開始した．以後，強収束型は世界のすう勢となり，強収束型陽子シンクロトロンが相次いで建設された．表 7.6.1 に示したシンクロトロンは

表 7.6.1 現在稼働中のおもな陽子シンクロトロン

名称	機関名	ビームエネルギー [GeV]	周長 [km]	運転開始年	備考
PSB	CERN	1.4	0.157	1972	4層のリングで構成
PS	CERN	25	0.628	1959	
SPS	CERN	450	6.91	1976	
LHC	CERN	7 000	26.7	2008	エネルギーは設計値
ISIS・Synchrotron	STFC・RAL	0.8	0.163	1984	
Booster	Fermilab	8	0.474	1971	
Main Injector	Fermilab	120	3.32	1999	
AR・(SNS)	ORNL	1	0.248	2006	蓄積リング
PSR	LANL	0.8	0.0902	1985	蓄積リング
RCS・(J-PARC)	JAEA/KEK	3	0.348	2007	
MR・(J-PARC)	JAEA/KEK	30	1.57	2008	
RCS・(CSNS)	IHEP	1.6	0.228	2017	

すべて強収束型である.

b. 陽子シンクロトロンの高周波加速

陽子は静止質量が 983 MeV と大きいために, 10 MeV で光速の 99.9 % 近くまで加速される電子のように, すぐには光速に近づかない. したがって, 陽子シンクロトロンの場合は, 加速中の運動量の増加に同期させて磁場だけでなく高周波加速の周波数を変化させる必要がある. このために陽子シンクロトロンで用いる高周波加速空洞には, 空洞内部にフェライトなどの磁性体が装荷されている. この磁性体に外部からバイアス磁場を加えることによって, 透磁率を変化させ, 空洞の共振周波数を周回周波数に同期して変化させることができる. 最近では, フェライトに変わる磁性体として磁性合金 (Magnetic Alloy : MA) を採用した空洞の開発が進み, J-PARC をはじめいくつかのシンクロトロンで実用化されている[1]. MA はフェライトと比較して高い飽和磁束密度を持つうえにキュリー温度が高く, より大きい高周波電力を投入して高い加速電場勾配を実現することができる. さらに Q 値が小さく広帯域のインピーダンスを持っているため, ビームの加速とともに共振周波数を制御する必要がなく, 低電力高周波制御系を従来のフェライト空洞よりも簡略化できる.

c. ビームの入射と取り出し

シンクロトロンへのビーム入射には, 大別するとシングルターン入射とマルチターン入射の二つの方法がある. シングルターン入射は, 入射ビームのエミッタンスがシンクロトロンのエミッタンスと同程度の場合に有効で, カスケード方式にシンクロトロンで加速する場合に, 後段のシンクロトロンへの入射に用いられる. 前段のシンクロトロンから取り出されたビームバンチは, 後段のシンクロトロンで高周波バケツの中心に入射される. 一方, マルチターン入射は初段のシンクロトロンにおいて十分なビーム強度を確保するために有効な方法である. 大強度を目指す陽子シンクロトロンでは荷電変換入射と呼ばれるマルチターン入射が用いられる. リニアックで H⁻ ビームを加速し, シンクロトロンに入射する際に荷電変換用の炭素薄膜を通過させて電子を剥ぎ取って, 陽子に変換する. さらに入射バンプ軌道をつくっている電磁石の励磁パターンを時間とともに変化させて位相空間上で入射点を掃引することにより, 周回ビームの位相空間上の密度を一様にする (ペインティング入射と呼ぶ). これによって空間電荷効果の影響を低減し, 大強度ビームを入射することができる.

シンクロトロンからのビームの取り出しには, 速い取り出しと遅い取り出しがある. 速い取り出しは, 立ち上がりの速いキッカー電磁石をバンチが通過する合間をぬって励磁して, 周回するすべてのビームを 1 周回時間内に取り出す方法である. 一方, 遅い取り出しはベータトロン振動の二次または三次共鳴を励起して, 徐々にベータトロン振幅を増大させ, 大振幅になったビームを周回時間に比べてゆっくりと連続的に取り出す方法である.

d. 大強度陽子シンクロトロン

学術研究を目的とした陽子シンクロトロンは, 高い二次粒子のビーム強度を得るために大強度化の一途をたどっている. 陽子シンクロトロンでビーム強度を制限する最大の要因は, ビーム損失に伴う機器の放射化である. 安定領域からはずれてダクトに衝突した陽子は, 核反応によって大量の二次粒子を発生し, 周辺の機器を放射化する. この点がビーム損失が起こっても物質との相互作用が電磁気力に限られる電子加速器とは大きく異なる. 大強度陽子シンクロトロンの場合は, いかにしてビーム損失を少なく抑えるかが加速器施設の成否を決するといっても過言ではない. 全くビーム損失をすることなく大強度ビームを実現することは不可能なので, 実際には安定領域からはずれた粒子が失われる箇所を局所化し, それ以外の場所ではビーム損失を最低限に抑えることが現実的である. このために, 多くの大強度陽子シンクロトロンには十分な放射線シールドを施したビームコリメータが設けられている. コリメータにおいて物理口径を他の箇所よりも小さくすることにより, ビーム損失につながるビームの裾 (テール部分) を積極的に削り落とし, コリメータ以外の場所でのビーム損失を防ぐ.

ビーム強度が高くなると, バンチ内の個々の粒子間に働くクーロン反発力の影響が大きくなる. これを空間電荷効果と呼ぶ. 陽子シンクロトロンにおいては, 空間電荷効果によるビーム損失をいかに抑えるかが重要な課題である. シンクロトロンにおいて空間電荷効果の影響を評価するためには, 発散力によるベータトロン振動数のずれを指標にすると便利である. 水平, 垂直方向のビームエミッタンスをそれぞれ ε_x, ε_y, 全粒子数を N, 陽子の古典半径を r_p, 粒子の速度を βc, ローレンツファクターを γ とすると, 空間電荷効果による垂直方向ベータトロンチューンのずれ $\Delta\nu_y$ は次式で与えられる.

$$\Delta\nu_y = -\frac{Nr_p}{\pi\varepsilon_y(1+\sqrt{\varepsilon_x/\varepsilon_y})\beta^2\gamma^3}\frac{1}{B_f} \tag{7.6.1}$$

これをラスレットのインコヒーレントチューンシフト (Laslett incoherent tune shift) と呼ぶ[2]. ここでは真空ダクトに誘起される鏡像電荷の影響を示す形状因子は 1 とした. B_f はバンチ係数 (bunching factor) と呼ばれ, 次式で定義される.

$$B_f = \frac{I_{av}}{I_{peak}} \tag{7.6.2}$$

ここで, I_{av} はリングの平均電流値, I_{peak} はピーク電流値である. チューンシフトは $\beta^2\gamma^3$ やエミッタンスに反比例し, バンチしたビームではピーク電流の大きさに比例する. チューンシフトが大きくなると, ビームは危険なベータトロン共鳴の影響を受けて不安定になりビーム損失を生じやすくなる. したがって, 大強度ビームを加速する場合に空間電荷効果によるビーム損失が最も顕著に表れるのは, ビームエネルギーが低い入射時である. 大強度陽子シンクロトロンでこの影響を軽減するには, 入射エネルギー

を上げる，エミッタンスを広げる（先に述べたペインティング入射など），高周波加速の高調波電圧を印加し高周波バケツのポテンシャルを平滑化して，ピーク電流を下げるなどの方法が有効である．

通常，数〜数十 GeV 程度のエネルギーを持つ強収束型陽子シンクロトロンには，加速途中にトランジションエネルギー γ_t が存在する．粒子がシンクロトロンを1周するときの周回時間を T，運動量 p の粒子に対する中心閉軌道の軌道長を L，粒子の速度を βc とすると，$T = L/\beta c$ より，以下の関係が成り立つ．

$$\frac{\Delta T}{T} = \frac{\Delta L}{L} = \frac{\Delta \beta}{\beta} = \left(\alpha - \frac{1}{\gamma^2}\right)\frac{\Delta p}{p} = \eta_C \frac{\Delta p}{p} \qquad (7.6.3)$$

ここで，α は momentum compaction factor，η_C は slip factor と呼ばれる．いま，slip factor の符号に着目すると，slip factor の符号が負の場合（粒子のエネルギーがある値よりも小さい場合）は，運動量が増加すると速く周回して周期は短くなるが，slip factor が正の場合（粒子のエネルギーがある値よりも大きい場合）は，運動量が増加すると速度の増加率よりも軌道長が長くなる効果が優勢になるため，周回周期が長くなる．この slip factor の符号が反転するエネルギーがトランジションエネルギー γ_t であり，式(7.6.3) より

$$\gamma_t = \frac{1}{\sqrt{\alpha}} \qquad (7.6.4)$$

で与えられる．加速過程でトランジションエネルギーを通過する際には，シンクロトロン振動の安定位相領域がシフトするため，それに対応して高周波加速電圧の位相をジャンプさせる必要があるが，そのときに生じるビーム損失やエミッタンスの増大は大強度ビームほど深刻になる．したがって，大強度陽子シンクロトロンではトランジションエネルギーをいかに少ないビーム損失で通過するかが極めて重要であり，そのために様々な対策が取られている．パルス4極電磁石を励磁してラティスを操作することにより，不安定性の生じる時間スケールよりも速くトランジションを通過する「γ_t-jump」は，代表的な対策の一つである[3]．また，最近ではラティスの設計を工夫することにより加速中にトランジションエネルギーを通過しないシンクロトロンも実用化されている．J-PARC の MR（Main Ring synchrotron）では negative α，すなわちトランジションエネルギーが虚数となるラティス構造を採用することにより，トランジションエネルギーを通過しない設計になっている[4]．

7.6.3 重イオンシンクロトロン

電子や陽子を加速する場合と同様に，重イオンシンクロトロンも加速のための高周波電場を何度も（数百万回のオーダーで）利用するが，そのためにビームを円形に近い形状で周回させる必要がある．ビームを円形に近い軌道に沿って偏向するための磁場を，ビームの加速に伴って時間的に増大させることにより，この磁場を限られた範囲内のみ

表7.6.2　重イオンシンクロトロンの加速エネルギーおよび周長

設置機関	施設名	加速イオン	最高エネルギー	周長[km]
CERN	LHC	Pb	2.76 TeV/u	26.7
BNL	RHIC	U^{92+}	34 GeV/u	3.834
		p	90 GeV	
GSI	SIS18	U	1 GeV/u	0.216
		Ne	2 GeV/u	
		p	4.5 GeV	
FAIR（計画中）	SIS100	U^{28+}	2.7 GeV/u	1.1
	SIS300	U^{92+}	35 GeV/u	

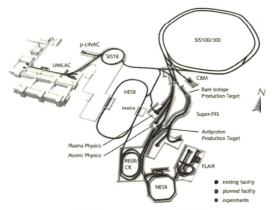

図7.6.5　FAIR のレイアウト[5]

に限局する点がサイクロトロンと異なる最大の特徴であり，これにより世界最高エネルギーを達成している．表7.6.2 に現在実現されている高エネルギー重イオンシンクロトロンの例を計画中のものと合わせて示す．また図7.6.5 に代表的な重イオン施設である GSI のレイアウトを将来計画の FAIR とともに示した．加速されるイオンビームの質量が大きな重イオンの場合には，大きな磁気剛性（magnetic rigidity）が必要となるので，高エネルギーへの加速のためにシンクロトロンの果たす役割は大きいといえる．

世界最初の重イオンシンクロトロンは米国ローレンスバークレー研究所（LBL）の Bevalac である．^{40}Ar までの重イオンビームをかなりのビーム強度で 8.5 MeV/u まで加速可能な重イオンリニアック SuperHILAC の出力ビームを，従来陽子専用のシンクロトロンであった Bevatron に丘の上から導き，入射して 1.9 GeV/u まで加速することに 1974年12月に成功している[6]．この Bevalac はその後の核物理，素粒子物理の進展のみならず放射線生物学や粒子線がん治療などの生物学的利用や宇宙物理学展開への先鞭をつけたといっても過言ではない．

a. 重イオンシンクロトロンの特徴

重イオンシンクロトロンの加速対象は重陽子からウランに至る原子核であり，総じて加速対象の質量は電子や陽子

のシンクロトロンに比して格段に重い．このために重イオンシンクロトロンには，以下のような機能が追加で必要とされる．

b. 高周波加速電場の広範な掃引領域

入射エネルギーが比較的低く抑えられるため，広い加速範囲をカバーする必要があり，$f = hvc/(2\pi R)$（h：リング1周中のバンチの数，v：イオンの速度，c：光速，R：リング平均半径）で与えられる高周波加速の周波数 f の掃引幅が増大する．一例を挙げれば，がん治療のための重粒子シンクロトロン HIMAC では重イオンを 6 MeV/u から 800 MeV/u まで加速できるが，そのための高周波加速空胴は 1〜8 MHz の掃引幅を有している．

c. 加速途中での荷電変換を抑制するための超高真空

重い原子核では，電子をすべて剥ぎ取るためには高エネルギーへの加速が必要とされ，入射エネルギーではフルストリップとなっていないことが多い．solid stripper の場合の平衡電荷は以下の経験式で与えられる[7]，

$$\bar{i}/Z = \left[1 + (v/Z^\alpha v')^{-\frac{1}{k}}\right]^{-k} \qquad (7.6.5)$$

（$\alpha = 0.45$, $k = 0.6$, $v' = 3.6 \times 10^8$ cm/s）．これによれば，10 MeV/u 程度の入射エネルギーでは Kr 程度以上の重いイオンでは平衡電荷がフルストリップではないため，加速途中で荷電交換反応が生じることが予想される．その断面積 σ は $10^{-17} \sim 10^{-18}$ cm^2 のオーダーであると考えられる．真空度 P（Pa）のシンクロトロンの加速管中のイオンの滞在時間を τ（s）とすると加速中の残留ガス分子との衝突によるイオンビームの荷電状態の変化による損失率は

$$I/I_0 = \exp(-\sigma l n_0 P) \qquad (7.6.6)$$

（$l = \beta c \tau$；βc は粒子の速度，n_0：真空度 1Pa での単位体積あたりのガス密度）で与えられるので，$\tau \sim 1$ s, $P \sim 10^{-8}$ Pa の場合，ビームの損失が 15 % 程度に達してしまう．そのため，リングには 10^{-8} Pa よりよい超高真空度が要求される．この超高真空の要請を避けるためには入射エネルギーを高くしてイオンビームをフルストリップ状態にするか rapid cycling としてシンクロトロンによる加速時間を短くすることが必要となるが，これらはそれぞれ入射器の増大や高周波加速電圧の増大につながるのでシステム全体のオーバーオールな最適化が要求される．

d. 重イオンのビーム強度

重イオンの場合，一般的にいって陽子の場合に比べて，イオン源からのビームのピーク電流が小さいため，1回のシンクロトロン加速で十分な強度を確保する目的で，リングへの入射時に多重入射や蓄積といった手法[8]が不可欠となる．そのため，ビームのエミッタンスが増大し，リングを構成する電磁石に大きなアパーチャーが必要となる．また，先にも述べたように重イオンの場合にはその重い質量のため入射エネルギーが比較的低く抑えられがちである．一方，ビームの空間電荷効果によるチューンシフト $\Delta\nu$ は以下の式で与えられる[9]．

$$\Delta\nu = \frac{q^2 N R r_\mathrm{p}}{A\nu b(a+b)\beta^2\gamma^3}, \qquad (7.6.7)$$

（N：加速粒子数，R：リング平均半径，r_p：陽子古典半径，q：粒子荷電数，A：粒子質量数，ν：チューン，a, b：ビーム楕円の長軸，短軸，βc：粒子の速度，γ：ローレンツ因子）．ここでのビームのチューンとはリング1周あたりのベータトロン振動数を表す．この式からも明らかなように，多荷の重イオンを加速するシンクロトロンでは同じ粒子数ではチューンシフトが大きくなる傾向にあるので（$q^2/A > 1$ の場合），入射エネルギーを高くすることが求められる（$\beta^2\gamma^3 \to$ 大）．この入射ビームエネルギーは，入射時の磁場強度が地磁気や交流励磁に伴う残留磁場の影響が無視できる程度に十分大きな値（通常は 500 G 以上）を取るといった観点も考慮に入れて決定される必要がある．超高エネルギーを目指すシンクロトロンにおいては，入射エネルギーの増大のため，ブースターと称される前段のシンクロトロンが用いられる点は陽子シンクロトロンの場合と同様であるが，重イオンの場合には先に述べたように荷電変換を抑制するために，rapid cycling が用いられることが多い．早い磁場変化による渦電流を抑制するために，真空チェンバーの材質の選択を含めた検討が必要となる．

参考文献

1) 例えば，M. Yoshii, *et al.*：Proc. IPAC2014 3376（2014）.
2) L. J. Laslett：Proc. 1963 Summer Study on Storage Rings, Accelerator and Experimentation at Super-High Energies BNL7534, p. 324（1963）.
3) W. Hardt：Proc. 9th Int. Conf. on High Energy Acc. 434（1974）．; W. K. van Asselt, *et al.*：Proc. PAC95 3022（1995）.
4) Accelerator Group, JAERI/KEK Joint Project Team："Accelerator Technical Design Report for J-PARC" KEK-Report 2002-13 and JAERI-Tech 2003-044.
5) FAIR の HP：http://www.fair-center.de/index.php?id=1&L=0
6) J. Barale, *et al.*：IEEE Trans. Nucl. Sci. NS-22 1672（1975）.
7) V. S. Nikolaev, I. S. Dmitriev：Phys. Lett. A 28 277（1968）.
8) 野田 章：「ビーム入射・蓄積」月刊フィジックス 6 (1) 4（1985）.
9) L. J. Laslett：Proc. 1963 Summer Study on Storage Rings, Accelerators and Experimentation at Super-High Energies, Brookhaven（BNL7534）324（1963）.

7.7 マイクロトロン

7.7.1 加速原理

マイクロトロンは，一定周波数の高周波電界と，時間的に一定の磁界を用いて，電子を加速する円形加速器である．電子は電子銃，高周波電界は加速空洞，磁界は電磁石で発生させる．図 7.7.1 に示すように電子軌道は概ね円形で周回ごとに大きくなるが，それらは加速空洞の位置で接している．電子を毎回加速するためにその周回運動と高周波電界とを同期させるには，周回運動の周期を高周波電界周期の概ね整数倍にする必要がある．この条件から電子が

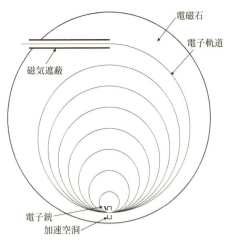

図 7.7.1 古典的マイクロトロン

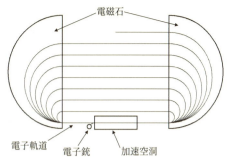

図 7.7.2 レーストラック型マイクロトロン

加速空洞を通過するときのエネルギーゲイン ΔE(MeV)，磁界 B(T)，高周波電界の波長 λ(cm)，電子の静止エネルギー m_0(MeV) の間に以下の関係式

$$2.096\Delta E = nB\lambda \quad (7.7.1)$$
$$\Delta E = lm_0 \quad (7.7.2)$$

が成り立つ必要がある．ただし，l や n は整数である．

実際に加速器を設計する際にはいくつかの制約がある．加速空洞のエネルギーゲイン ΔE は式(7.7.2)に従って電子静止エネルギー m_0(0.51 MeV) の整数倍（実用的には $l=1$ または $l=2$）でなければならない．また，高周波電界の周波数は高周波電力源の入手容易性からリニアックで用いられる 3 GHz 付近（S バンド）がほとんどであり，大電流加速が必要な場合には稀に 1.3 GHz 付近（L バンド）が用いられる．磁界の均一度も問題である．電子の周回数 N と，電磁石に要求される磁界均一度 $\Delta B/B$ には $\Delta B/B \leq 1/(3N^2)$ の関係があり，周回数は 30 ターン程度が上限であり，加速エネルギーにすれば 30 MeV 程度である．なお，周回ごとの軌道は図 7.7.1 のように分離されているので磁気遮蔽や逆磁界電磁石を用いることで，電子を加速器外に高効率に取り出すことができる．ただし，鉛直方向の収束力が弱いので加速電流はリニアックと比較して小さい．

7.7.2 位相安定性

一様な磁界中での電子の軌道半径は，エネルギー E（$=mc^2$）に概ね比例する．電子の速度はほぼ光速で等しいので，より高いエネルギーの電子は遅れて，より低いエネルギーの電子は早く加速空洞に到達する．よって，高周波電界が時間的に減少する位相で加速している場合，より高いエネルギーの電子はエネルギーゲインが小さく，より低いエネルギーの電子はエネルギーゲインが大きくなる，いわゆる位相安定性の原理が働く．よって，マイクロトロンでは円形軌道のないリニアックと比較してエネルギー分散が小さい高品質なビームを得ることができる．式(7.7.1)で $n=1$ のとき，すなわち周回ごとに周長が λ ずつ長くなる場合の加速位相幅の理論限界は 32.5° であるが，実際のマイクロトロンでは加速位相幅が 20° 強となることが多い．

7.7.3 歴史と利用分野

前述のような磁界中の単一空洞を用いたマイクロトロンは，1945 年に V. Veksler[1]により提案され，古典的マイクロトロン[2]と呼ばれる．コンパクトで簡単な構成の加速器であり，放射線治療装置や非破壊検査装置などに利用されている．その後，より高エネルギーまで加速することを目的に，図 7.7.2 のような 180° 偏向の二つの電磁石を用いたレーストラック型マイクロトロンや，90° 偏向の 4 つの電磁石を用いたダブルサイデット型マイクロトロンなどが開発されてきた．長い直線部に多セル空洞の高周波空洞を配置できるので，1 回通過ごとに 5～10 MeV のエネルギーゲインが可能である．放射光装置の入射器や物理実験用として加速エネルギーが 150 MeV クラスのレーストラック型マイクロトロンが複数台建設されている[3]．また，高エネルギー物理実験用に 1.5 GeV のカスケードタイプの CW マイクロトロン[4]や，電子線照射用に 100 kW クラスの CW マイクロトロン[5]が開発されており，今後も社会ニーズに応じて進化していくと考えられる．

参考文献
1) V. Veksler : Journal of Physics Vol. IX No. 3 153（1945）．
2) S. Rosander : Nucl. Instr. and Meth. 177 411（1980）．
3) T. Hori, et al. : Proc. of the PAC 1991 2877（1991）．
4) A. Jankowiak, et al. : Proc. of the EPAC 2008 23（2008）．
5) H. Tanaka, et al. : Proc. of the 2003 PAC, 1539（2003）．

7.8 ストレージリング

加速器は「ある目的のため必要とされるエネルギーのビームを十分な強度で提供する装置」と定義できる．粒子間の相互作用の解明のうえで重要な指標となる重心系のエネルギー E は，衝突型加速器（コライダー）を用いることにより同じ実験室系のエネルギー E_L でも桁違いに増大させることが可能である[*1]．この際，通常の静止ターゲット

の場合の標的の密度はアボガドロ定数（6×10^{23}）のオーダーであるのに比して，リング中を周回可能なビームの量はたかだか 10^{14} のオーダーであり，ビームサイズが同一の場合反応確率を決めるルミノシティー $L=f\dfrac{n_1n_2}{4\pi\sigma_x\sigma_y}$（$n_1$, n_2, σ_x, σ_y, f はそれぞれ二つのリング中のビームの粒子数，水平，垂直方向のビームのサイズおよびビームの回転周波数を表す）は4桁程度下がってしまう（通常 $f\sim10^6$ であることが多い）．この状況の克服のためにコライダーでは，衝突するビームを蓄えるストレージリング中でのビーム強度の可能な限りの増大と，ビームサイズを衝突点で非常に小さく絞り込むことが不可欠となる[1]．

一方，静止ターゲットでの現在のエネルギーフロンティアを切り拓きつつある加速器のシンクロトロンは，そのパルス運転に起因して，一般的にビーム強度は連続運転のサイクロトロンなどに比して格段に低くなる．陽子シンクロトロンや電子シンクロトロンのようにイオン源や電子銃から十分なピーク強度が得られる場合には，これはあまり問題とならないが，重イオンのようにイオン種によっては，十分な強度が得られない場合には，大きな課題となる．この状況を克服するため，ストレージリングにおいて縦・横の位相空間内にビームを効率よく導入し，必要とされるビーム強度を確保したうえでシンクロトロンにビームを入射することが要求される．

このストレージリングは当初前述のように重心系のビームエネルギーの飛躍的増大を目的とするコライダーにおけるルミノシティー増大のためのリング周回ビーム強度増強のための装置として提案されたが，ビームの時間構造を制御したり（stretcher ring），電子ビームの加速度運動に伴う軌道放射光を物性などの研究のための光源として利用する放射光リング（synchrotron radiation ring）としても使用されてきた．

7.8.1 周回ビーム強度の増大の手法

a. 横方向位相空間への入射によるビーム強度の増大

リング中にビームを閉じ込めるための磁場として，図7.8.1に示したような時間変化をする磁場を用いるシンクロトロンでは，水道の蛇口に対応するイオン源または電子銃からのビームを受け入れることができるのは，この磁場が入射ビームのエネルギーに適合している限られた時間帯のみとなる．入射ビームを電場（ないしは磁場）を用いてリングの中心軌道に重ね合わせ，最初に入ったビームがリングを1周してくるまでにこの電場（磁場）をなくす（図7.8.2 (a)，(b) 参照），いわゆる1回転入射の場合にはビームのリング回転周期（τ_0）の時間内にくるビームのみが入射可能となる．τ_0 は諸条件によって異なるが，$1\,\mu\mathrm{s}$ 程

---

*1 $2mc^2\cdot E_L+(mc^2)^2=2E^2$（$E_L$, E, m はそれぞれ実験室系および重心系でのビームのトータルエネルギーと静止質量）なる関係式から，同一核子の衝突の場合（$m\sim1\,\mathrm{GeV}$），E が数GeVを超えると必要となる E_L が飛躍的に増大する．

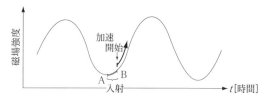
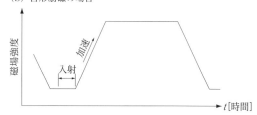

図7.8.1 シンクロトロン磁場の時間変化

度であることが多く，繰り返しが1秒程度の場合は6桁程度，また速い繰り返しの50～60 Hzの場合でも5桁近く強度が制限されることとなる．これがシンクロトロンのビーム強度がサイクロトロンに比して桁違いに低く制約される所以である．この1回転入射の場合には，リング中での入射ビームのサイズを可能な限り小さく抑制するために入射点でのビーム光学系のTwissパラメータのマッチングを取り，図7.8.2 (c) に示したように入射点でのアクセプタンス楕円と相似形にしてその中心に入射するよう注意が払われる．さらに図7.8.3に示したように，ベータトロン振動数を整数値 $\pm1/4$ に選んだうえで，ビームの回転周期の4倍の間にわたって入射を行い，最初に入射したビームが4回転して元の位置に戻るまでに入射に用いる高圧をOFFにし，インフレクター電極をビームのアクセプタンスの外に導くのが4回転入射である．これにより約4倍の強度増が可能となるが，図から明らかなように入射後のビームサイズはかなり大きくなり，位相空間内のビーム密度は低く薄まってしまう．この状況を改善し，位相空間内のビーム密度の低減を可能な限り抑制して位相空間内いっぱいにビームを入射することを試みたのが多重入射である．図7.8.4 (b) に示したようにビームの横方向のサイズを可能な限り小さくし，その横方向ビームサイズぶんだけビームの1周期でセプタム位置が外側にずれるように図7.8.4 (a) に示したようなバンプ軌道を作成する磁場を時間変化させる．μ はベータトロン振動の位相の進みである．これを数十ターンの時間帯にわたって行うことで図7.8.4 (c) に示したようにリングのアクセプタンスいっぱいにビームを位相空間の密度をあまり落とすことなく入射できる[2]．旧・東京大学原子核研究所のTARNでは20ターンほどの入射を行い，入射ビーム強度を増大させることに成功した[3]．理想的な軌道の制御を行えば，セプタムの厚さの隙間のみが位相空間密度を低減する状況となり，位相空間密度の低減はかなり抑制することが可能である．

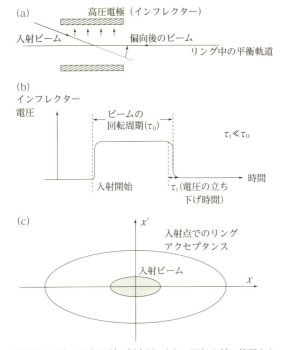

図 7.8.2 (a) 1 回転入射の概念図, (b) 1 回転入射に使用されるパルス高圧電場の波形, (c) マッチングを取って 1 回転入射されたビームと入射点でのリングアクセプタンスの関係

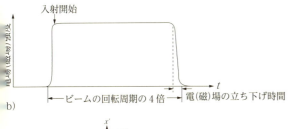

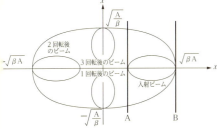

(ベータトロン振動数が整数値+1/4 の場合)

図 7.8.3 (a) 4 回転入射のパルス電(磁)場の時間波形, (b) 4 回転入射ビームのリングアクセプタンス内の分布

なお, 以上述べたのはリウヴィル (Liouville) の定理に当てはまる手法であるが, 近年では Non-Liouvillian 過程を用いた薄膜による荷電変換入射[4]が世界各地で用いられビーム強度の向上に貢献している.

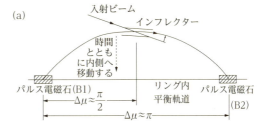

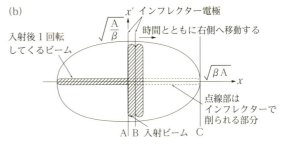

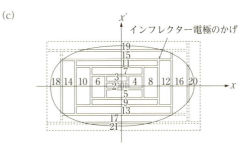

図 7.8.4 (a) 多重入射の概念図, (b) 理想的多重入射のインフレクター電極のターンごとの位置シフト, (c) 多重入射ビームのリングアクセプタンス内での配置の様子

b. 縦方向位相空間への高周波蓄積

重イオンのようにイオン源からのビーム強度の制約が大きいため, 入射されるビームの強度が限られている場合には, 多重入射に加えて, 高周波電場による加(減)速により縦方向の位相空間内にビームを溜め込む高周波蓄積 (RF stacking) により, さらに数～10 数倍に強度を増大させることが必要となる. 図 7.8.5 (a) に示したように縦方向位相空間内のある運動量領域に入射したビームを高周波電場でキャプチャー (同期位相=0°) した後に同期位相をシフトして加速を行い運動量の大きい領域に導く. このプロセスを繰り返すと, 最初に蓄積されたビームは次のプロセスで Phase Displacement Deceleration (高周波電場がつくるセパラトリックスの外側を回り込むかたちで低エネルギー側に移動される) を受け縦方向位相空間内のビームエミッタンスが増加するが, 図 7.8.5 (b) に示したように蓄積ビームの強度増大が達成される[2].

c. ストカスティック蓄積

反陽子ビームのような二次生成ビームの高周波蓄積に際しては, 必要な入射ビーム強度を確保すると入射ビームのエミッタンスがかなり大きくなるため, CERN の反陽子蓄積リング (AA Ring) では図 7.8.6 (a) に示したように

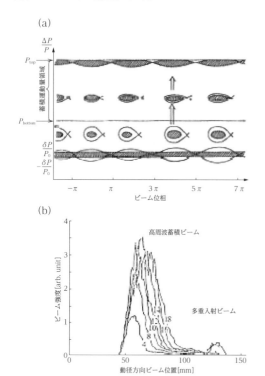

図 7.8.5 (a) 縦方向位相空間における高周波蓄積の概念図，(b) TARN における多重入射と高周波蓄積の組合せによるリング周回ビーム強度の増大の様子

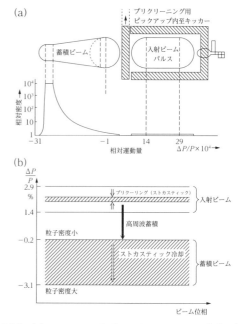

図 7.8.6 (a) AA Ring におけるストカスティック蓄積の概念図[5]，(b) 縦方向位相空間におけるストカスティック冷却の模式図

まず蓄積ビームから分離して入射ビーム信号を検出可能なピックアップ中でプリクーリングを行った後，フェライトのシャッターを駆動して，ビームをこのピックアップ領域から取り出した後，確率ビーム冷却力により蓄積領域にビームを導く手法がとられている[5]．ここで AA Ring の真空度は 10^{-8} Pa を超える超高真空であり，その中で機械的な駆動を駆使していることは注目に値する．ちなみにこうした超高真空はベーキングにより真空槽内面を高温（最大で450℃）まで加熱し表面からのアウトガス量を抑制することにより得られる．従来は物性研究の限られた体積でのみ可能であった超高真空が CERN におけるコライダー用ストレージリングの開発過程で数百 m から数 km に及ぶリングの真空槽でも実現された．

重イオンを扱うドイツの GSI では入射器のリニアック UNILAC で 11.2 MeV/u まで加速したウランに至る重イオンをシンクロトロン SIS18 で加速した後，ストレージリング ESR に蓄積し電子ビーム冷却やレーザー冷却を実施し，内部ターゲットや取り出しビームを用いたユーザー実験に提供している．

7.8.2 ビームの時間構造の制御

ストレージリングのもう一つの大きな役割は，ビームの時間構造の制御である．電子シンクロトロンを用いた素粒子実験は欧州で初の強収束マシン，ボンの 500 MeV と 2.5 GeV のシンクロトロンやラザフォードアップルトン研究所の NINA，ケンブリッジ大学，東京大学原子核研究所の 1.3 GeV シンクロトロンなどを用いて核子からの π 中間子発生や電子発生が遂行されてきた．この過程で利用可能なビームの duty factor が 5 % 程度と限定されていることが同時計数実験の精度を制約していた．電子ビームのリニアックとしては S バンドが使用されることが多く，ビームは 1 ns 以下の非常に短い時間幅に局在している．この条件で物理実験に使用すると時間あたりのビーム強度が非常に高く，偶然同時計数に起因するバックグラウンド計測の割合がたいへん高くなってしまう．この改善のためパルスストレッチャーが提案され，ボンではエネルギー範囲 0.5～3.5 GeV，周長 164.4 m のストレッチャーリング ELSA（Electron Stretcher Accelerator）が建設され（図 7.8.7），線形加速器，ブースターシンクロトロンで加速した電子ビームを三次共鳴を用いた遅い取り出しによりビームの時間構造を引き伸ばし，巨視的時間スケールでの duty factor を 60～70 % にまで拡大している[6]．この ELSA は偏極電子の周回や偏極ターゲットの使用によりスピン偏極の物理学へも肉薄している．日本においては京都大学化学研究所の電子蓄積・ストレッチャーリング KSR（Kyoto Storage Ring）が三次共鳴を RF ノックアウトと併用する手法により巨視的 duty factor が 100 % に近い，極めて長いスピルのビーム取り出しに成功している．

このストレッチャーモードの概略を上記の KSR を例にとって説明する．KSR の入射器は S バンド（2 857 MHz）の最大繰り返し 20 Hz，最大ビームパルス幅 1 μs，最大加

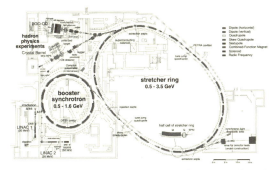

図 7.8.7 電子ビームのストレッチャーリング ELSA のレイアウト

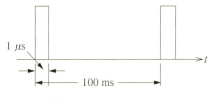
(a) 電子リニアックからの出力ビーム

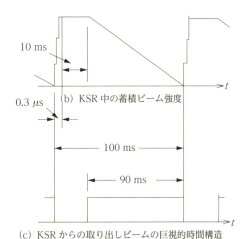
(b) KSR 中の蓄積ビーム強度

(c) KSR からの取り出しビームの巨視的時間構造

図 7.8.8 KSR ストレッチャーモードの概念図

速エネルギーが 100 MeV の電子リニアックであり，その duty factor は最大でも 2×10^{-5} に制限されている．同時計数実験のためこの duty factor の増大を図るためリニアックからのビームを周長 25.6 m のストレッチャーリング KSR に 3 ターンの間（85.6 ns×3）入射を行い，リング中にキャプチャーした後遅い取り出しで，ゆっくりとリングから取り出し，実験に提供する．電子ビームがリング中の周回に伴い radiation damping でエネルギーを失うのでこれを高周波加速空洞で加速して補正を行う必要があるが，KSR の 100 MeV 電子の場合これは無視でき，横方向高周波電場でベータトロン振幅の増大を惹起し三次共鳴状態に達したビームから順次遅い取り出しを行う（RF ノックアウト取り出し）．KSR の実験条件ではリング中に捕獲された電子ビームが三次共鳴の安定・不安定領域の境界であるセパララリックスに到達して取り出しが開始されるまでに 10 ms かかるので 10 Hz の繰り返しの場合，1 周期 100 ms の間でビーム実験に使用可能なのは 90 ms となり，duty factor は 90 % となる（図 7.8.8）．この条件でのビームライフは RF ノックアウトの電圧を絞ることにより長くすることが可能で，繰り返しを落とせば 1s 以上の長きにわたって取り出すことが可能であり，duty factor を各段に大きくすることも可能である[7]．

7.8.3 放射光源としてのストレージリングの役割

電子ビームはリングを周回中，曲率半径の中心に向けた加速度運動を行うため軌道放射光を放出する．これを物性研究などの光源として活用する動きは当初，高エネルギー物理学の研究手段であった電子シンクロトロンを用いたパラサイトとして開始された．その有用性をいち早く見通した日本のグループが 1975 年に世界初の 380 MeV 放射光専用リング（SOR-RING）を東京大学原子核研究所の電子シンクロトロンを入射器として物性研究所に設置した．この成果を受けて世界各地で三大放射リングに代表される専用施設が続々と誕生している．従来は多くの放射光源のストレージリングでは，入射された電子ビームをそのビームライフで決まる一定の時間にわたってビーム強度の減少を許容して放射光を供給していた．しかし，近年ビーム強度の変動を極力抑制して光源強度の一定化を図るため，放射光源としての使用エネルギーまで電子ビームを加速した後にストレージリングに入射し，ビームのライフに比して十分短い周期でかなりの頻度でビームを入射して補給する「Top Up Injection」の手法が各地の放射光源で採用されている．

参考文献

1) コライダーの概念は R. Wideröe により最初に特許申請がなされ，その後レプトンに関しては，イタリアの AdA，ロシア（ソ連）の VEP，米国の Princeton-Stanford で，ハドロンに関しては ISR で先鞭がつけられた．このあたりの状況に関しては C. Bernardini : Phys. Perspect **6** 156（2004）を，またコライダーの詳細に関しては，本ハンドブック「コライダー」の項を参照されたい．
2) 野田 章：「ビーム入射・蓄積」月刊フィジックス **6**（1）4（1985）．
3) T. Katayama, *et al.* : IEEE Trans. **NS-26** 2608（1981）．
4) G. I. Budker, G. I. Dimov : Proc. of Int. Conf. High Energy Accelerators 993（1963）．
5) R. Billinge, M. C. Crowly-Miling : IEEE Trans. **NS-26** 2974（1979）．
6) W. Hillert : Eur. Phys. J. A **28** 139（2006）．
7) A. Noda, *et al.* : Proc. of EPAC'96, Barcelona, Spain, 451（1996）.；Proc. of EPAC 2002, Paris, France 425（2002）．

表 7.9.1　世界のおもな衝突型加速器

加速器	所在地	粒子	型[*1]	ビームエネルギー [GeV]	ルミノシティー [10^{30}cm^{-2} s^{-1}]	年（衝突実験）
AdA	Frascati（伊）	e$^+$/e$^-$	S	0.25	～10^{-5}	1962
VEP-I	Novosibirsk（露）	e$^-$/e$^-$	D	0.13	～0.001	1963～1965
CBX	SLAC（米）	e$^-$/e$^-$	D	0.5		1963～1968
ACO	Orsay（仏）	e$^+$/e$^-$	S	0.5	0.1	1966
Adone	Frascati（伊）	e$^+$/e$^-$	S	1.5	0.6	1969～1993
ISR	CERN（スイス）	p/p	D	3.2	130	1971～1983
SPEAR	SLAC（米）	e$^+$/e$^-$	S	4	12	1972～1990
VEPP-2/2M	Novosibirsk（露）	e$^+$/e$^-$	S	0.7	13	1974～
DORIS	DESY（独）	e$^+$/e$^-$	D	5.6	33	1974～1993
DCI	Orsay（仏）	e$^-$/e$^-$	D	1.8	2	1976～2003
PETRA	DESY（独）	e$^+$/e$^-$	S	19	30	1978～1986
VEPP-4M	Novosibirsk（露）	e$^+$/e$^-$	S	7	50	1979～
CESR	Cornell（米）	e$^+$/e$^-$	S	6	1 300	1979～2002
PEP	SLAC（米）	e$^+$/e$^-$	S	15	60	1980～1990
Sp$\bar{\mathrm{p}}$S	CERN（スイス）	p/$\bar{\mathrm{p}}$	S	315	6	1981～1990
TRISTAN	KEK（日）	e$^+$/e$^-$	S	32	37	1986～1994
Tevatron	Fermilab（米）	p/$\bar{\mathrm{p}}$	S	980	400	1987～2011
BEPC	IHEP（中）	e$^+$/e$^-$	S	2.2	13	1989～2005
LEP	CERN（スイス）	e$^+$/e$^-$	S	46	24	1989～1994
SLC	SLAC（米）	e$^+$/e$^-$	L	46	3	1989～1998
HERA	DESY（独）	e$^\pm$/p	D	30/920	75	1992～2007
DAΦNE	Frascati（伊）	e$^+$/e$^-$	D	0.7	440	1997～
LEP2	CERN（スイス）	e$^+$/e$^-$	S	105	100	1995～2000
PEP-II	SLAC（米）	e$^+$/e$^-$	D	3.1/9	12 000	1999～2008
KEKB	KEK（日）	e$^+$/e$^-$	D	3.5/8	21 100	1999～2010
RHIC	BNL（米）	重イオン	D	100/n	0.003[*2]	2000～
CESR-c	Cornell（米）	e$^+$/e$^-$	S	1.9	60	2002～2008
VEPP-2000	Novosibirsk（露）	e$^+$/e$^-$	S	0.5	120	2006～
BEPCII	IHEP（中）	e$^+$/e$^-$	D	2.1	710	2007～
LHC	CERN（スイス）	p/p	D	4 000	7 700	2008～

[*1] S：単リング，D：復リング，L：線形
[*2] 金・金衝突時

7.9　コライダー

7.9.1　重心系エネルギー，ルミノシティー

　衝突型加速器（コライダー，collider）はビーム同士を向かい合わせに衝突させ，衝突点において素粒子反応を引き起こさせるための加速器である．コライダーは，過去半世紀の高エネルギー物理学にとって，最も広範に普及した加速器実験の枠組みであった．固定標的実験に対するコライダー実験の利点は，いうまでもなく，その衝突反応に使われるエネルギー（重心系エネルギー）が固定標的ではビームエネルギーのほぼ平方根に比例するのに対し，コライダーでは1乗に比例して増加することである．したがって，ある程度以上の重心系エネルギーが必要な実験はすべてコライダーに移行した．世界各国の研究所において，これまでに20以上のコライダーが建設・運転され，そのほとんどが成功裏に目標性能を達成してきた（表7.9.1）．なかには当初目標の2倍，3倍の性能（ルミノシティー）を実現したものも少なくない．これらの歴史は，コライダー

が世界の高エネルギー実験において最も経験され，開発された方式であることを示している．
　一方，素粒子実験では単位時間にどれだけの反応が起こるかが重要である．単位時間の反応の数Nは一般に以下の式で表される．

$$N = \sigma(E)\mathcal{L} \tag{7.9.1}$$

ここで$\sigma(E)$は反応断面積と呼ばれる量で，「標的の大きさ（面積）」を表す．この反応断面積はそれぞれの反応に対して物理法則で決定される量であり，衝突エネルギーの関数である．一方，量$\mathcal{L}$は「ルミノシティー」と呼ばれ，単位時間・単位面積での粒子同士の出合い（交差）の回数

$$\mathcal{L} = \frac{N_1 N_2 f}{A} \tag{7.9.2}$$

である．N_1は標的を通過するビーム内の粒子数，N_2は標的内の粒子数，Aは反応が起こる領域でのビームの進行方向に垂直な断面積，fは単位時間にビームが標的を通過する回数である．もちろん衝突型加速器ではどちらのビームを標的と考えても構わない．
　衝突実験ではある反応を起こすためには，まずある衝突エネルギーに到達しなければ反応断面積が極めて小さいか

ゼロであり，とにかく目標エネルギーを達成しなければ話が始まらない．これこそが固定標的に対して衝突型加速器が選ばれる理由であった．ひとたびエネルギーが決まれば各反応の反応断面積は物理法則のみで決まり，人間が左右できるものではないが，ルミノシティーは加速器の性能＝人間の努力によって大きく異なる．一般にビーム内の粒子の密度は固定標的に比べ10桁程度低い．したがって衝突型加速器のルミノシティーは固定標的と比べるとはるかに低いので，そのルミノシティーをいかに高めるかが衝突型加速器にとって最大の課題である．

7.9.2　様々な衝突型加速器

表7.9.1は，2014年まで世界各地で建設・運転された各種の衝突型加速器である．それらの形態は，一つのリングのなかで両方向のビームを蓄積・加速し，いくつかの衝突点で衝突させる単リング型，各ビームが別々のリングで蓄積・加速される複リング型，線形加速器で加速されたビームを一度だけ衝突させる線形衝突型（リニアコライダー）に分類される．この他に，一方のリングに蓄積したビームとリニアックから出力されるビームを衝突させることは可能であるが，実現には至っていない．

単リング型は，各ビームを磁場により偏向させ一つのリング内を逆向きに通過させるため，同一の運動量で反対向きの電荷の場合にのみ可能であり，実際には粒子・反粒子の組み合わせでしか行われていない．異粒子の場合やエネルギーが異なる場合は単リング型は使えない．普通加速器内のビームはバンチと呼ばれる塊に分かれて蓄積・加速されるが，単リング型ではこれらのバンチが本来の衝突点以外で衝突することを避けられない．そのような余分な衝突はビームビーム相互作用を増大させ，ルミノシティーの低下を招く．このため，余分な衝突を避けるには各ビームのバンチの数を，リング内の素粒子実験の検出器の数の半分にしなければならない．検出器の数は1〜6台であり，初期の単リング型は実際そのような少ないバンチ数で運転された．

しかし後に，単一リング内で各ビームを別々の軌道を取るようにし，バンチ数を大幅に増大させる方法がCESRで実証された（1983年）[1,2]．これは本来の衝突点付近の両側に静電場を印可する装置（セパレータ）を置いて軌道を分離し，衝突点以外のリングの大部分の場所では両ビームが衝突しないようにする方法である．このような軌道はプレッツェル（pretzel）と呼ばれ，ビームは水平・垂直両方向に分けられる．衝突点に交差角を設けると，さらに分離が楽になる．プレッツェルの場合，バンチ数は大幅に増加したが，遠距離での両ビームの相互作用は近距離よりも緩和されたとはいえ残るので，いずれビームビーム相互作用の限界に達する．プレッツェル方式はその後SPS（1988年）[3]，LEP（1991年）[5,6]，TEVATRON（1992年）[4]において成功裏に用いられた．

複リング型は本来の衝突点近傍以外では，ビームは別々

のビームパイプを通るため相互作用はない．このためバンチ数の大幅な増大が可能であり，バンチ間隔は最短で高周波加速の波長まで縮められる．極端な場合はISRのようにバンチしない，連続ビーム同士の衝突も可能である（電子・陽電子の場合はシンクロトロン放射ロスを補うため，高周波加速が必須であるので連続ビームは不可能）．実際，表7.9.1にあるように，複リング型のルミノシティーは単リング型よりも高い．しかし，複リング型でも衝突点の近傍では両ビームが接近し，本来の衝突点以外でもビームビーム相互作用が起こる．これを寄生衝突（parasitic collision）と呼ぶ．寄生衝突を避ける最も簡単な方法は本来の衝突点で比較的大きな交差角を取り，両ビームを速やかに分離することである（KEKB, DAΦNE）．

衝突点で交差角がある場合，ビームビーム相互作用に各種の非対称項が発生し，一般には性能の劣化を招く．ビームビーム相互作用が一定の範囲内であれば正面衝突との大きな違いは避けられることが，KEKBやDAΦNEで実証された．衝突点でビームの交差角を保ちながら，バンチ同士を実質正面衝突させる方法として「クラブ交差」（crab crossing）という方式が提案され[7,8]，KEKBで最初に試された．これはバンチを進行方向から交差角の半分だけ相手のビームの側に傾けるもので，「クラブ空洞」（crab cavity）という横方向の高周波偏向装置により実現された[9,10]．しかしながら，KEKBでのクラブ交差によるビーム実験では，シミュレーションが予言するほどの高いルミノシティーは達成できなかった．そこで，Super Bファクトリーでは「ナノビーム方式」と呼ばれる大交差角・極小ビームサイズの衝突方法が用いられる[11]．

荷電粒子はリングを周回する際に横向きの加速度を受け，シンクロトロン放射を行い，エネルギーを失う．その1周あたりのエネルギー損失Uはローレンツ因子γと軌道の曲率半径ρにより

$$U \propto \frac{\gamma^4}{\rho} \tag{7.9.3}$$

と表される．電子・陽電子は，同一エネルギーに対してγが陽子の1800倍であり，この式によれば約10^{13}倍の放射を行う．具体的な放射量は電子・陽電子の場合，

$$U = 88.5[\text{keV}] \times \frac{E[\text{GeV}]^4}{\rho[\text{m}]} \tag{7.9.4}$$

であり，これまでの電子・陽電子のリング型加速器の最高ビームエネルギーはLEP2（周長27 km，曲率半径3 km）の105 GeVである．トンネルの周長を例えば100 kmにすれば，ビームエネルギー175 GeVは到達できるかもしれないが[12]，それ以上のエネルギーで電子・陽電子衝突を実現するにはリニアックで加速されたビーム同士を衝突させるリニアコライダーしか方法がない．SLCは唯一の建設されたリニアコライダーであるが，SLCの場合は電子・陽電子を共通のリニアックで加速し，加速後に両者の軌道を分離して向きを変えた後に衝突させていた．将来，より高いエネルギー領域では電子・陽電子専用のリニアックが

必要になり，現在国際リニアコライダー（ILC）の検討が行われている．

参考文献

1) R. Littauer : XII Int. Conf. on Accel. 161 (1983).
2) D. Rice : Conf. Proc. C8903201 444 (1989).
3) R. Bailey, *et al.* : Conf. Proc. C8903201 1722 (1989).
4) K. P. Koepke : Conf. Proc. C920324 397 (1992).
5) R. Bailey, *et al.* : Conf. Proc. C920324 708 (1992).
6) R. Aßmann : Nucl. Phys. Proc. Suppl. **109B** 1 (2002).
7) R. B. Palmer : Proc. of 1988 DPF Summer Study on High-energy Physics in the 1990s (Snowmass 88) 613 (1988).
8) K. Oide, K. Yokoya : Phys. Rev. A **40** 315 (1989).
9) K. Akai, *et al.* : Proc. B factory workshop. Stanford (1992).
10) K. Hosoyama, *et al.* : Conf. Proc. C THXM02 (2008).
11) P. Raimondi : Conf. Proc. C070625, 32 (2007).
12) F. Zimmermann, K. Oide : PoS EPS-HEP2013 554 (2013).

7.10　放射光

7.10.1　放射光源リング

　放射光の明るさ，すなわち輝度は一般的な定義は，あるバンド幅にやってくる単位時間あたりの光子数を光の4次元位相空間の大きさで割ったものであり，通常用いられる単位は [photons/s/mm^2/mrad^2/0.1 % band-width] である．ビーム電流に比例し，電子ビームの水平エミッタンスと垂直エミッタンスの掛け算に反比例する．電子蓄積リングでは原理的に垂直方向のエミッタンスは無視できるほど小さいが，リングのガイド磁場の誤差などにより水平方向のベータトロン振動と結合して有限なエミッタンスを持つ．第二世代の頃は概ね10％の水平エミッタンスが垂直エミッタンスに移行するとされたが，電磁石磁場およびアライメントの精度が向上した結果，第三世代リングでは1％程度まで小さくなり放射光輝度はさらに明るくなった．一方，水平エミッタンスは電子ビームがリングの偏向磁石で放射光を放つ際の量子励起と，放射減衰の平衡状態にある電子が占める横方向位相空間の大きさである．水平エミッタンスはビームエネルギーの2乗に比例するリング固有の物理量であるが，偏向磁石でのベータ関数とエネルギー分散関数で大きさが変化する．大雑把には，偏向磁石内でビームを小さく絞ることによって低エミッタンスビームが実現することになるが，理論的な最小エミッタンスは

$$\varepsilon_x{}^{\min} = C_{\mathrm{q}} \gamma^2 F \frac{\theta^3}{J_x} \qquad (7.10.1)$$

と表される[1]．ここで係数 C_{q} は量子定数（3.83×10^{-13} m rad），γ はローレンツ因子，F はラティスの種類で変わる定数であり DBA ラティスの場合 $1/4\sqrt{15}$ であるが，直線部のエネルギー分散関数を消さない場合は最小で $1/12\sqrt{15}$ になる．J_x は水平方向の減衰分配係数（damping partition number）であり，通常は1.3前後の値になる．θ は偏向磁石1台の偏向角であるが，式(7.10.1)からわかるように θ を小さくして偏向磁石の数を増やし，偏向磁石間に4極磁石を挿入してビームを絞ることがリングの低エミッタンス化には非常に効果的である．偏向磁石数を増やすには，ユニットセルの数を増やすこと，あるいはユニットセル中の偏向磁石数を多くする，すなわち MB（Multi-Bend）構造を採用することの二つの方法がある．2000年以降は，VUV から 30 keV 程度の硬 X 線までカバーできる汎用性の高い 3 GeV クラス高輝度光源が世界各地で建設されるようになったが，これらの多くは多数のユニットセルで構成された周長が長いリングである．

　代表的な第三世代 3 GeV 光源の一つである DIAMOND（英，2006年）は 24 セルの DBA ラティスで周長 562 m と非常に長い．水平エミッタンスは 2.7 nm rad まで小さくなり，軟 X 線領域の輝度は最大 $10^{19} \sim 10^{20}$ まで達するようになった．また，2014年に運転を開始した 3 GeV 光源の NSLS-II（米）は 30 セルの DBA ラティスであり，800 m の周長で水平エミッタンスは 2.1 nm rad である．またダンピングウィグラーと呼ぶ挿入光源で減衰効果を強め，最終的に 0.55 nm rad のエミッタンスを目指している．他方，2016年に運転を開始した，やはり 3 GeV 光源である MAX-IV（スウェーデン）は，DBA ラティスによる低エミッタンスアプローチとは全く異なり，1 セルあたり 7 偏向磁石で構成する MB ラティスを採用した（ただし両端の二つの偏向磁石は磁極長が他の約 1/2 にして直線部にエネルギー分散関数を漏らさないアクロマートラティスであることから，6 偏向磁石と考えてよい）．7 ベンドのセル長を極力短くするために，偏向磁石と 4 極および 6 極磁石に加えて補正磁石も含めて一体の鉄ヨークを削り出したユニットを連結する極めてユニークで斬新な技術を導入している．このセル数が 20 で周長 528 m の MAX-IV のエミッタンスは 0.33 nm rad であり，さらにダンピングウィグラーで 0.26 nm rad の達成を目指している．数 keV の軟 X 線領域の輝度は 10^{21} を十分超えるとされる．この MB ラティスは世界から注目を浴び，サブナノエミッタンスの放射光源リング計画が各国で立ち上がりつつあり，高輝度放射光リングは新たな世代を迎えようとしている．図7.10.1 に，現在（2014年10月時点）稼働中および建設中の 10 nm rad 以下の低エミッタンス放射光リングを地図形式で掲げた．

7.10.2　自由電子レーザー

　自由電子レーザー（Free Electron Laser：FEL）は，誘導放出に基づく従来型レーザーとは異なる原理で発振するレーザーであり，加速器を利用する先端光源の一つである．図 7.10.2 に基本的な構成を示す．放射光施設などでも利用される，周期的（正弦波）磁場を発生するアンジュレータと呼ばれる装置に，高エネルギー電子とレーザーの種となる光（シード光）を同期して入射する．アンジュレータ磁場によって蛇行運動する電子は，光と相互作用して

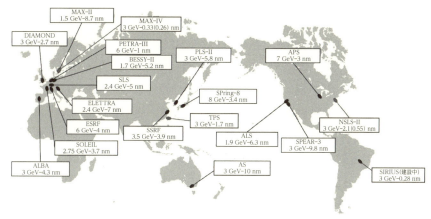

図 7.10.1 世界の稼働中および建設中の 10 nm rad 以下の低エミッタンス放射光リング．この他にサブナノエミッタンスの放射光リング計画やアップグレード計画も多い．

自身のエネルギーの一部を光のエネルギーへと変換する．この結果，光は増幅されレーザー発振に至る．

FEL では，真空中を正弦波軌道に沿って運動する電子ビームがレーザー媒質として機能し，媒質のエネルギー準位で規定される波長制限や，媒質による光の吸収がないため，電子エネルギーやアンジュレータの磁場特性を適切に選択することによって，原理的には任意の波長でレーザー発振させることが可能である．以下，FEL の発振原理や光源性能について定性的に解説する．

a. FEL の発振原理

FEL におけるレーザー増幅作用は，アンジュレータに入射された電子ビームと，これに同期して進行する，ある特定の波長（λ_x）を持つシード光との相互作用によって，電子ビームにエネルギー変調が誘起されることから始まる．ここで λ_x は，電子がアンジュレータの 1 周期だけ進行する間に光から遅れていく距離に等しく，アンジュレータの基本波長などと呼ばれる．

図 7.10.3 に電子と光が相互作用する様子を模式的に示す．電子とシード光の進行方向（アンジュレータ軸）を z 軸，これに垂直かつ地面に水平な方向を x 軸と定義する．ちなみにこの図では電子軌道は誇張して描かれており，通常その振幅は周期よりもずっと小さいことに注意されたい．なお，エネルギー変調が誘起される様子を詳しく見るために，軌道上の点 A における光の電場ベクトル（の水平成分）と電子ビームに存在する個々の電子との関係を左上に拡大して示した．

光は波長 λ_x の電磁波であるから，その電場ベクトルは半波長 $\lambda_x/2$ のピッチで進行方向に沿って周期的に反転している．一方，電子はすべて同じ x 方向速度成分を持つため，光の電場によって加速されるものと減速されるものが同じピッチで周期的に分布する．すなわち，領域（i），（iii）および（v）に位置する電子は減速されてエネルギーを失い，（ii）および（iv）に位置する電子は加速されてエネルギーを得る（電子が負の電荷を持つことに注意）．

図 7.10.2 自由電子レーザーの基本構成

次に，半周期だけ経過した地点 B において同様の考察をしてみよう．電子の水平速度成分が反転していることは容易に理解できる．一方，光の電場ベクトルも同様に反転している．これは，そのような条件を満たすようにシード光の波長を λ_x に設定したためである．この結果，電子は先ほどと同様に加減速される，つまり光とエネルギーを交換する．さらに半周期経過した地点 C でも同様のエネルギー交換が行われることはいうまでもないであろう．このように，電子ビームに含まれる個々の電子は波長 λ_x の光と持続的にエネルギーを交換する．この結果，電子ビームのエネルギーは光の波長に等しい周期で進行方向に沿って変調される．ただしこの時点では，その平均値は変化しないことに注意されたい．

上で説明した過程で誘起されたエネルギー変調が，集群化と呼ばれる現象を引き起こす過程について説明する．図 7.10.4 に示したように，低，中，高という異なるエネルギーを持つ 3 個の電子が正弦波軌道を描く場合について考える．厳密にいうとこれらの電子はすべて同じ軌道を通過するわけではなく，エネルギーに反比例した軌道振幅を持ち，したがって軌道の経路長は電子のエネルギーに依存する．具体的にいうと，エネルギーの低い電子ほど経路長が長い．このため，地点 D を出発して，地点 F に到達するのに要する時間は，後方に位置する高エネルギー電子の場合が最も短く，前方に位置する低エネルギー電子の場合が最も長い．この結果，地点 D を通過する時点で進行方向に離れていた 3 個の電子は，正弦波軌道を通過することで互いに近寄ってくる．一方，エネルギーの高低の関係が逆

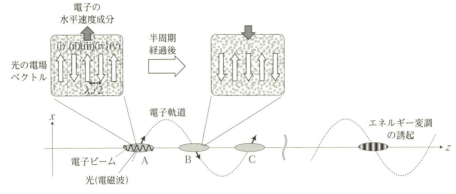

図 7.10.3　光と電子の相互作用によるエネルギー変調の誘起

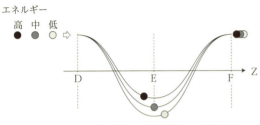

図 7.10.4　エネルギー変調から密度変調への変換作用

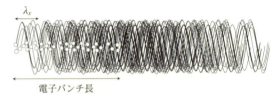

図 7.10.5　自発放射とコヒーレント放射

である場合は互いに離れていくことは明らかであろう．この考え方を拡張すれば，周期的なエネルギー変調を有する電子ビームが正弦波軌道を通過するのに伴い，個々の電子が局所的かつ周期的に集群化し，密度変調を形成する過程が理解できるであろう．ちなみに，このような周期的な密度変調のことをマイクロバンチと呼ぶ．

マイクロバンチが形成されると，電子ビームからの放射光生成は，図7.10.5(a)に示した自発放射と呼ばれる過程から，同図(b)に示したコヒーレント放射と呼ばれる過程に移り，レーザー発振が実現する．自発放射過程では，個々の電子から放出された光は位相が揃わないランダムな状態で積算される．言い換えると，粒子（光子）として積算されるため，自発放射光のパワーは1電子から放出される光のパワーの電子数（N）倍となる．一方，コヒーレント放射の過程では，光は位相が揃った状態で波（電磁波）として積算され，その振幅が電子数（N）倍となり，パワーはN^2倍に，すなわち自発放射光のN倍となる．一般的に，電子ビームには$10^9 \sim 10^{10}$個もの電子が含まれるので，マイクロバンチが形成された電子ビームからの放射光の強度は，通常の（電子が一様に分布した）電子ビームからのそれに比べて圧倒的に明るい．ただしこの議論は，マイクロバンチのピッチと等しい波長λ_xにおいてのみ正しく，それ以外の波長では自発放射が支配的となる．この結果，マイクロバンチを源とするコヒーレント放射光は波長λ_xにおいて単色化している．

上で述べた一連の過程，すなわちエネルギー変調の誘起，マイクロバンチの形成と成長およびコヒーレント放射は，実際には同時かつ正帰還的に起こる．すなわち，光との相互作用によってマイクロバンチを形成した電子ビームが，コヒーレント放射によって光を増幅し，増幅された光との相互作用によってさらにマイクロバンチが成長する，という具合である．これがFELにおける増幅作用であり，電子と光が相互作用する距離（以下，相互作用距離）が伸びるのに伴ってレーザーパワーは飛躍的に増大する．ただしこの増幅作用は，電子ビームのエネルギーをレーザーのパワーに変換するだけではなく，そのエネルギー幅を増大させ，ビーム性能を劣化させる．これらの要因により，電子ビームはレーザーを増幅するための条件を維持できなくなり，レーザーパワーは飽和する．

上で説明したFELにおけるレーザー発振の一連の過程は，図7.10.6に模式的に示したように，相互作用距離とレーザーパワーとの関係として表すことができる．マイクロバンチが形成される前の増幅の初期段階では自発放射が主たる過程であり，レーザーパワーは線形に増加する(a)．電子と光が相互作用しマイクロバンチの形成が進んだ段階でレーザーパワーは指数関数的に増大する(b)が，最終的にはある値で飽和する(c)．

以上のことから明らかなとおり，FELにおけるレーザー発振を実現するためには相互作用距離を伸ばすことが重

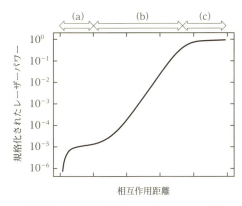

図 7.10.6 相互作用距離とレーザーパワーの関係

要であり，このための方式によって FEL を「共振器型」と「シングルパス型」という二つに分類することができる．以下でそれぞれの方式の特徴について解説する．

b. 共振器型 FEL

共振器型 FEL は，従来型レーザーと同様，レーザー媒質と光共振器で構成される．アンジュレータに入射された電子ビームから放出された光は，上流および下流に配置された鏡（どちらか一方は，レーザー光を取り出すための部分透過鏡とすることが多い）で反射され，再度アンジュレータに入射されるが，この際，後続の電子ビームが光と同期するように加速器や光共振器の条件を調節する．光はアンジュレータを通過するたびに，電子ビームによる増幅と光共振器による減衰を受けるが，それらの全利得が正であればレーザー発振が起こる．

共振器型 FEL における相互作用距離は，レーザーが光共振器を往復する回数とアンジュレータ長との積で与えられる．すなわち，共振器型 FEL がレーザー飽和に達するためには，電子ビームと光との相互作用の回数が十分な数に到達する必要がある．このためには，光共振器の全長で規定される時間間隔で，多数の電子バンチがアンジュレータに入射される必要がある．この条件を満たすための加速器として，蓄積リングやリニアックにおけるマルチバンチモードなどが利用される．また，共振器型 FEL では，増幅初期段階で電子ビームから放出された自発放射光がシード光として機能する．自発放射光はショットノイズ（電子密度の揺らぎ）を源としているため，時間的にも空間的にも多数のモードを含むが，これらのモードのうち増幅されるのは，光共振器で規定されるモードに適合するものだけであるため，原理的には単一モードレーザー発振が可能である．

共振器型 FEL では光共振器の利用が必須であり，言い換えると，高い反射率を持つ鏡が利用できない波長領域でレーザー発振を実現することは困難である．これは特に FEL の短波長化に向けた最大の障害であって，これを解決するために結晶のブラッグ反射を利用した X 線共振器を利用した，X 線領域における共振器型 FEL も検討され

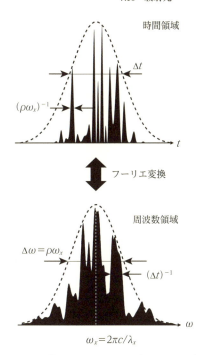

図 7.10.7 SASE 型 FEL におけるレーザーパルスの時間構造とスペクトル形状

ている．

c. シングルパス型 FEL

シングルパス型 FEL では，レーザー媒質，すなわちアンジュレータそのものを長くすることによって相互作用距離を伸ばし，レーザー発振を実現する．光は長いアンジュレータを電子ビームと同期して 1 回通過するだけでレーザー飽和に達するので，このような名称が付けられている．この方式の最大の利点は，光共振器として利用できる鏡が存在しない短波長領域でもレーザー発振が可能であるという点にあり，100 nm よりも短い波長の真空紫外線や X 線領域において，現在稼働している FEL 施設はすべてこの方式に基づいている．

シングルパス型 FEL は，シード光の種類によってさらに二つに分類される．一つは，長いアンジュレータの入り口付近で放出された自発放射光を利用する，自己増幅型自発放射（Self Amplified Spontaneous Emission : SASE）に基づく SASE 型 FEL であり，他方は電子ビームと同期したシード光を外部から導入するシード型 FEL である．

SASE 型 FEL SASE 型 FEL では，自発放射光，すなわちショットノイズを源とするマルチモード光をシード光として利用する点は共振器型 FEL と同じであるが，共振器を利用したモード選択ができないため，レーザー光の性質は大きく異なる．特にレーザーパルスの時間構造やスペクトル形状は，図 7.10.7 に示すように，ある包絡線の内部に多数のスパイクが含まれるという特徴を有する．ここで，包絡線とスパイクの典型的な幅が互いに逆比例の関係にあるということに注意されたい．すなわち，スペクトル

におけるスパイクのバンド幅はパルス幅の逆数に比例し，時間領域におけるスパイクの時間幅はスペクトル包絡線のバンド幅の逆数に比例する．これらの性質は，時間構造とスペクトル形状が互いにフーリエ変換の関係にあることに関連しているとともに，SASE 型 FEL では時間的に単一モードのレーザー発振が不可能であることを意味している．

　このように SASE 型 FEL では，到達可能な時間コヒーレンスに原理的な限界が存在する．その一方で，空間的にはコヒーレンスがほぼ 100 % に近い単一モードのレーザー発振が可能であることがわかっている．このことについて以下で定性的に説明する．

　シングルパス型 FEL における空間モードとは，FEL 方程式を満足する電磁波を意味する．TEM$_{mn}$ モードという表記の添え字 m，n は電磁波の空間プロファイルの各座標軸における節点の数に相当し，これが大きいほど複雑な形状を有する．一般的に TEM$_{00}$ モードはガウシアンビーム（空間プロファイルがガウス関数で表される光ビーム）を意味する．

　シングルパス型 FEL のレーザー増幅過程において，光を空間固有モードに展開し，各モードにおける増幅率を計算すると，電子ビームの空間形状がガウシアンに近い一般的な場合，低次のモードほど増幅率が高くなることがわかっている．すなわち TEM$_{00}$ モードの増幅率が最も高く，次に TEM$_{01}$ および TEM$_{10}$ モード，その次に TEM$_{11}$ モード，といった具合である．この結果，ショットノイズを起源とするシード光には多数の空間モードが含まれるものの，増幅がある程度進んだ状態では TEM$_{00}$ モードの強度が他の高次モードに比べて相対的に高くなるため，レーザーの空間分布は TEM$_{00}$ モード（一般的にはガウシアンビーム）のそれに近づく．言い換えると空間モードは減少し，最終的には単一モードに近いレーザーが得られる．この効果は光ガイディングと呼ばれ，SASE 型 FEL における空間コヒーレンスの改善という重要な役割を果たす．

シード型 FEL　シード型 FEL とは，SASE 型 FEL の欠点である不十分な時間コヒーレンスを改善するために，自発放射光の代わりに時間的にコヒーレントな光（一般的にはレーザー）を外部からシード光として導入する FEL 方式である．コヒーレントな光をシード光として利用する点が重要なポイントであるので，本来は「コヒーレントシード型 FEL」と称すべきものであるが，歴史的な経緯からこのような簡略化した名称が使用されている．

　シード型 FEL における最大の課題はいかにしてコヒーレントなシード光を準備するか，という点にある．前述したとおり，シングルパス型 FEL は共振器が利用できない短波長領域において最も威力を発揮するが，そのような短波長領域では，シード光として機能するレーザーがそもそも存在しない．そこで，可視光や赤外線領域における従来型の長波長レーザーをベースとした二つの手法が実用化されている．一つは高調波発生などの手法によって短波長の

コヒーレントなシード光を生成する手法であり，他方は電子ビームに形成されるマイクロバンチのコヒーレントな高次成分を利用する手法である．これらの手法により，時間的にもコヒーレントな短波長レーザーの発振が可能となっている．

7.10.3　テラヘルツ光源

a. テラヘルツ光とは

　テラヘルツ（THz）光と呼ばれる電磁波は光と電波の中間の領域にあり，波長域は数十 μm ～ 数 mm 程度である．DNA などの生体高分子の振動や分子間相互作用のエネルギー準位がこの波長域にあり，タンパク質の全体的な構造を調べる新しいプローブ光としても注目を浴びている．物性分野においては物質の格子振動準位がこのエネルギー域にあり，高温超伝導を発端とした物質群で相転移をテラヘルツ光の照射によって引き起こす可能性などが示唆されており，新しい物質機能の創出が期待されている．またテラヘルツ光は X 線とは異なる透過力もあり，危険物のイメージングのようなセキュリティーシステム，水と脂の違いを画像化してがん治療などへの応用が期待されている[2]．

　この帯域の電磁波の発生は容易ではなく，テラヘルツギャップとも呼ばれていたが，近年ではフェムト秒レーザーと光伝導スイッチを用いたテラヘルツ光源が開発され，広帯域テラヘルツ光源を用いた時間領域分割分光によるフーリエ変換で高分子試料の吸収スペクトルがよい S/N 比で得られるようになった．この他にも，パラメトリック発振器などの種々のレーザーや半導体ベース光源が開発されている．ピーク出力は最も高強度な光源である p 型ゲルマニウム（p-Ge）レーザーでも 1 W 程度とさほど高くはないが，加速器ほどの大掛かりな装置ではないため，研究室レベルで広く普及してきている[3]．

b. 広帯域加速器光源

　1980 年代の終わりに，高エネルギー電子ビームからコヒーレントシンクロトロン放射光が初めて観測された[4]．今日，短パルス電子ビームからのシンクロトロン放射や遷移放射などのコヒーレント放射はよく知られた現象であり，ビーム診断のみならず長波長の広帯域光源として利用実験にも供されるようになってきた．

　電子バンチからの放射強度は単一粒子からの放射確率（添字 sp で記載）に周波数依存の縦方向バンチ形状因子 $f(\omega)$（form factor）を含むインコヒーレント項とコヒーレント項の和を掛けた式(7.10.2)で表される．

$$\frac{d^2 I}{d\omega d\Omega} = \{N[1 - f(\omega)] + N^2 f(\omega)\} \frac{d^2 I}{d\omega d\Omega}\bigg|_{\text{sp}} \quad (7.10.2)$$

ここで N はバンチ内の電子数である．バンチ形状因子が 1 のとき，放射はコヒーレント成分のみになり，その強度は電子数の 2 乗に比例するが，バンチ長が有限である限りにおいて形状因子は 1 より小さい．バンチ形状因子は，バンチの電荷分布 $s(\boldsymbol{r})$ のフーリエ変換

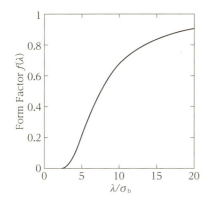

図 7.10.8 形状因子の波長とバンチ長の比に対する依存性．バンチ形状はガウス分布を仮定．

$$f(\omega) = \left| \int_{-\infty}^{+\infty} s(\boldsymbol{r}) e^{i\omega \boldsymbol{n}\cdot\boldsymbol{r}/c} d\boldsymbol{r} \right|^2 \tag{7.10.3}$$

で求められる．バンチ長（標準偏差）が σ_b である規格化されたガウス分布のバンチの縦方向空間領域における形状因子を求めると

$$f(\lambda) = \left| \exp\left(-2\pi^2 \frac{\sigma_b^2}{\lambda^2}\right) \right|^2 \tag{7.10.4}$$

となる．着目する波長とバンチ長の比 λ/σ_b を横軸に形状因子の変化を図 7.10.8 に示した．ガウス分布バンチの場合は，バンチ長が波長の 1/10 程度まで短くなると放射強度の約 7 割がコヒーレント成分となる．1990 年代後半から，SASE 型自由電子レーザー（FEL）などの高度なビーム利用を目指した高輝度電子ビームの生成技術とバンチ圧縮技術が著しく進展し，サブピコ秒のバンチ長が実現したことから，得られるコヒーレント放射の波長は THz 帯まで到達している[5]．

最近では，このような短パルス電子ビームからのコヒーレント放射でも，縦方向のみならず横方向の波面がよく揃った放射を超放射（superradiant）と呼ぶことが多い[6]．

c．狭帯域加速器光源

共振器型 FEL は，いうまでもなく強力な狭帯域加速器光源であり，1980 年代にはリニアックからの数十 MeV の電子ビームを用いた赤外 FEL が多数建設され，種々の応用分野に利用されてきた．しかしながら中赤外波長域に比べると，遠赤外あるいはテラヘルツ波長域の FEL の施設数が多くない．共振器型 FEL では共振器内を往復するアンジュレータ光が電子バンチと膨大な数の相互作用を行って増幅されるため，（往復あたりの増幅率に依存するが）マクロパルス長が十分長くなければ FEL は飽和しない．一方，アンジュレータ中を通過する電子バンチが 1 周期あたり 1 共鳴波長遅れるスリッページ効果があるため，増幅する光波長に比べ電子バンチが十分に長くなければ FEL 発振のための往復あたりの増幅率を得ることができない．一般的な S バンドのリニアックの電子バンチ長は数 mm であり，中赤外程度までの波長であれば短すぎることはな

い．しかしながら共鳴波長が THz（～300 mm）の場合，アンジュレータ中の数周期で FEL 相互作用が終えるため十分な増幅率を得ることが困難である．カリフォルニア大学サンタバーバラ校のテラヘルツ FEL 施設（UCSB-FEL）では，もはやリニアックは用いず，6 MeV のエネルギー回収型静電加速器からの 50 ms DC ビームと 2 台の周期長の異なるアンジュレータを用いて kW レベルで 5 THz から 0.1 THz の広い周波数範囲をカバーする FEL が多くのユーザーに利用されている[7]．リニアックを用いる場合は，低周波数リニアックを用いて長いバンチを確保する必要があり，大阪大学産業科学研究所では L バンドリニアックによって 10～2 THz の FEL を得ている[8]．

7.10.4　エネルギー回収型リニアック

電子ビームの高輝度化と超伝導加速空洞の技術の進展とともに，従来の電子蓄積リングとは大きく異なるアイデアのリング型光源計画が，2000 年代初頭に米国コーネル大学から提案された[9]．この頃の放射光リングのエミッタンスは最も先端的なリングで数 nm rad で最大輝度は 10^{19}～10^{20} であり，一方で XFEL を目指した高輝度電子銃の規格化エミッタンスは 1 mm mrad を達成しつつあった．電子銃からのビームが理想的に加速された場合，エミッタンスはローレンツ因子 γ に反比例して小さくなる．例えば，規格化エミッタンスが 0.1 mm mrad のビームが 5 GeV まで加速されると，エミッタンスは 10 pm rad まで小さくなり，10 keV の X 線の固有エミッタンスである約 8 pm rad とほぼ同等になる．リニアックを用いる場合，水平と垂直方向のエミッタンスは同じなので，この低エミッタンスビームはいわゆる「回折限界」放射光源ということができる．しかしながら，蓄積リングは CW 光源という大きな特徴を持っており，通常 100 mA 以上の電流で運転されるため平均光束強度が非常に大きい．そこで，完全 CW モードで運転する超伝導加速器を用いることになるが，この場合例えば，100 mA で 5 GeV のビームパワーは 500 MW と原子炉並みの電力になる．このビームを使い捨てるのはあまりに理不尽であることから，リングを 1 周してきたビームを加速高周波の逆位相に入れ，エネルギーを回収する光源システム，すなわちエネルギー回収型リニアック（Energy Recovery Linac: ERL）をコーネル大学が提案した（図 7.10.9）．当初案では規格化エミッタンス 0.15 mm mrad で 10 mA のビームを 5.3 GeV まで加速し，25 m のアンジュレータによって輝度は 10^{22} をはるかに超え，横方向のコヒーレンスは 20 % にも達するほぼレーザー光ともいえる放射光を発生できるとしている．

リニアックにおけるエネルギー回収は以前から研究されており，1987 年頃，スタンフォード大学やロスアラモス国立研究所で実験が行われており，2000 年代にはジェファーソン国立研究所や日本原子力研究所の共振器型のハイパワー赤外 FEL 用 ERL でのエネルギー回収が実用化された．ロシアでは 1980 年代から BINP の MARS と呼ばれる

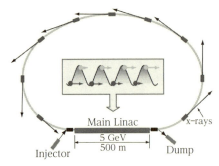

図 7.10.9　ERL 型放射光リングの概念図

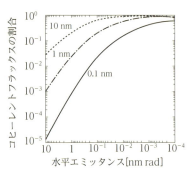

図 7.10.10　コヒーレントフラックスのエミッタンス依存性

多重周回加速エネルギー回収光源加速器が提案されており、最近では常伝導加速空洞も用いた ERL 型のテラヘルツ FEL が成功しており、ユーザーに光が供給されている.

リング型放射光源としての ERL 開発で極めて重要なのは、超低エミッタンスの CW 電子銃と超伝導加速空洞技術であることはいうまでもない. 超伝導加速空洞はリニアコライダーを目指して DESY や KEK で大きな進展があるが、完全な連続運転（CW）で高加速勾配を得ることは当初、困難であるといわれていた. コーネル大学の提案では 10 MV/m 以上とされていたが、現在のところ実装器としての性能はそこに至っていない. CW 電子銃はコーネル大学や日本原子力研究開発機構および KEK で開発されており、500 kV 近い加速電圧と半導体の光陰極を用いて規格化エミッタンスが 0.1 mm mrad に迫るビームが実現しているが、陰極の寿命の問題とともに主加速構造までの入射器中のエミッタンス劣化など解決すべき課題が多い. 国内においては KEK-ERL 計画が提案され[10]、現在 15 MeV の cERL と呼ばれる試験加速器が開発されて試験が行われている.

7.10.5 回折限界光源

a. リング型光源

波長 λ の光を放射する電子ビームの横方向エミッタンスが、光の回折で決まる固有エミッタンス $\lambda/4\pi$ に比べ十分小さくなると、放射の特性は電子ビームのサイズを無限小とした極限で近似できる. このような状況で放射された光を回折限界光と呼び、自発光ではあるがコヒーレント成分の割合が飛躍的に高まり、幅広い光の干渉性利用が可能になる. 図 7.10.10 に 0.1, 1, 10 nm の波長のアンジュレータ放射におけるコヒーレントフラックスのエミッタンス依存性を示す. 1 nm の光ではエミッタンス 1 pm rad 以下で回折限界光が得られることがわかる.

蓄積リング型光源では、水平・垂直結合共鳴が十分抑制でき、垂直エミッタンスは X 線領域の回折限界条件を満たす. 水平エミッタンス λ_x を低減するには、光子が放出される偏向電磁石内でエネルギー分散を低減し、放射による振動励起を抑制する. この結果、リングの基本セルあたりの偏向電磁石の数を N_B として、水平エミッタンスは $\varepsilon_x \propto (N_B-1)^{-3}$ によりスケールされる. 目標波長域で回折限界までエミッタンスを低減するには、これまでの蓄積リングに比べ、セルあたりの偏向電磁石数を増やす必要がある. それに伴い 4 極磁石数も増加するので、磁石の総数が大幅に増え、限られた周長に必要な機器を配置するスペースの問題が深刻になる. 以下に述べる 4 項目を、境界条件に応じて最適化し問題の解決が図られている. 第一は複数の磁石を一つの共通ヨークにまとめるヨーク一体型複合磁石構造[11]の採用である. 独立磁石に比べ大幅にスペース効率を上げることで大きな N_B の実現を可能にする. 第二は 2 極と 4 極磁場を重ね合わせて生成する複合偏向磁石の導入である. おもに水平発散 4 極磁石を偏向磁石と複合化させることで 4 極磁石の数を低減できるうえに、垂直ベータトロン関数のピークを抑えながら、偏向磁石部で水平ベータトロン関数をスムースに絞ることができる. X 線波長域での回折限界を目指し、通常の 4 極磁石に匹敵する強い 4 極磁場を持つ複合偏向磁石も検討され始めた[12]. 第三は磁石のボア径 r_b の縮小である. 最大磁場勾配 I は磁極表面磁場を一定にすれば、磁極数 M により r_b に対し $I \propto r_b^{-M/2}$ とスケールされ、r_b の縮小により磁石を小型化できる. 第四は真空機器の小型化、合理化である. 真空チェンバー内面にガス吸着特性のある NEG コーティング[13]を施し真空ポンプ設置台数を減らす、加速器トンネル内でのベーキングを廃止しベローズが占めるスペースを狭めるなど、様々な工夫が検討されている.

周回電子のダイナミックアパーチャの確保も、特に X 線領域で回折限界を目指す大型のリングでは大きな問題になる. 低エミッタンス化の追求はエネルギー分散関数のピーク低減を要求し、さらに 4 極の収束力が強くなるので、クロマティシティ補正用 6 極磁石の強さが劇的に大きくなる. この状況では 6 極磁石の誘起する非線形共鳴励起を個別に補正する従来のやり方[14]では対処が難しい. ベータトロン振動の位相整合条件（一対の 6 極磁石間の位相差を $(2n+1)\pi$ に合わせる）を課し、6 極磁石の非線形力を相殺し、非線形力を実効的に緩和する方法[15]が有効である. 磁石設置の自由度が大きい衝突型リングで採用されてきたが、回折限界を目指す蓄積リングの基本セルの設計にも活

表 7.10.1　3 GeV ERL 光源で期待される利用モードとそれらのビームパラメータ

	HC	HF	UL	US	XFEL-O
ビームエネルギー [GeV]	3	3	3	3	6〜7
ビーム電流 [mA]	10	100	100	0.077	0.01
バンチあたり電荷 [pC]	7.7	77	77	77	10
繰り返し [GHz]	1.3	1.3	1.3	0.001	0.001
規格化エミッタンス [mm mrad]	0.1	1.0	1.0	—	0.2
ビームエネルギー広がり	2×10^{-4}	2×10^{-4}	2×10^{-4}		5×10^{-5}
バンチ長 [ps]	2	2	2	<0.1	1

HC : High coherent mode, HF : High flux mode, UL : Ultimete mode, US : Ultra-short pulse mode, XFEL-O : XFEL oscillator mode

用され始めた[12]．別の可能性は磁場分布として近軸付近に6極磁場を局在化させる磁石の開発[6]である．必要な磁場を平衡状態で決まるビームの断面積に限定することで大振幅でのビームの安定性を確保できる．

真空チェンバー口径も狭く，かつダイナミックアパーチャも小さくなったリングにビームを安定に打ち込むため，エミッタンスの小さい入射ビームとパルスバンプによりオフアクス（off axis）で入射する，ならびに通常のビームを高速キッカーによりオンアクス（on axis）で入射する二つの方式がおもに検討されている．また低エミッタンス化によるビーム寿命の低下も著しく，安定な光源特性を維持するためのトップアップ入射は必須となる．

b.　ERL 型光源

エネルギー回収リニアック（Energy Recovery Linac : ERL）を利用する新しいタイプの放射光源が，次世代放射光源として期待されている[17]．ERL のアイデアは，コーネル大学の M. Tigner によって 1965 年に提案された[18]．ERL 光源では，電子銃で生成した超低エミッタンス・大電流のビームを超伝導リニアックで加速し，周回部で放射光の発生に用いた後，減速してエネルギー回収を行った後にダンプに導く．すなわち，ERL は電子ビームの周回部での周回を 1〜数回に限定することで，これまで放射光源として用いてきた蓄積リングと異なり，ビームのエミッタンスとエネルギー分散が物理的な過程（放射励起と放射減衰の平衡状態）で決定されないという特徴を有している．したがって，電子銃の性能が進歩して約 0.1 mm rad の規格化エミッタンスを有するビームが生成され，そのビームを数 GeV 領域まで加速することができれば，10 pm rad 領域の極低エミッタンスビームを生成できることとなり，10 keV 程度の硬 X 線領域においても回折限界光源として利用可能となる．一方，リニアック型光源であることから，エネルギー分散が極めて小さいという特長や，極短パルス光源としての性能も有している．表 7.10.1 に，3 GeV ERL 光源によって期待される利用モードとそれらの主要なビームパラメータを示す．

ERL 放射光源を実現するための加速器要素開発としては，第一に連続波（Continuous Wave : CW）運転可能な高輝度大電流フォトカソード電子銃，第二に CW かつ大電流の運転に対応した高電界超伝導加速空洞がある．超伝導加速空洞には 2 種類のタイプが必要とされ，エネルギー回収がない入射リニアック用加速空洞と，エネルギー回収がある主リニアック用加速空洞である．どちらも約 15 MV/m の高電界を目指すが，入射用はエネルギー回収がないため大電力の入力カプラーの開発が重要であり，一方，主リニアック用は大電流ビームを通すため，高次高調波モードによるビーム不安定性対策のための高次モード減衰器が重要な開発要素となる．

2005 年から米国コーネル大学において，ERL 入射器の要素技術開発およびビーム開発が本格的に始まり，2013 年時点で，CaK_2S_b カソードを用いて電子エネルギー 4〜5 MeV で平均電流 65 mA の生成に成功している[19]．日本では高エネルギー加速器研究機構（KEK）において，2006 年に ERL 計画推進室が立ち上がり，日本原子力研究開発機構（JAEA）や名古屋大学などの大学・研究機関の連携のもと，ERL の加速器要素技術開発および関連するビームダイナミクスを研究するための小型試験加速器（コンパクト ERL，cERL）が建設された（図 7.10.11）．2013 年 4 月から入射器のビーム調整試験が開始され，さらに 12 月には周回部を含めた調整試験も行われ，2014 年 3 月にはエネルギー回収に成功した．cERL ではさらに平均電流を増強したビーム試験を行いつつ，レーザーコンプトン散乱による X 線利用やコヒーレントテラヘルツ利用も行っていくことになっている[20]．

ERL を用いた次世代放射光源の提案は，現時点ではコーネル大学と KEK などわずかとなっているが，一方で高強度単色 γ 線源，大出力 EUV-FEL 光源として，さらに新鮮で高品質な電子ビームを生成できるという特長から，将来の電子・陽子コライダーにおける電子加速器としての期待も高まっている．

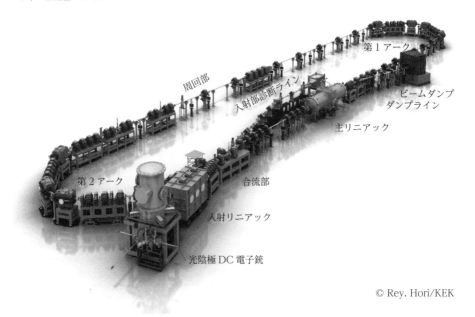

図 7.10.11 KEK で開発されている小型試験加速器（コンパクト ERL）

参考文献

1) S. Y. Lee : Phys. Rev. E **52** 1940（1996）.
2) M. S. Sherwin, *et al.*, ed.: "Opportunities in THz Science" Report of a DOE-NSF-NIH Workshop VA（2004）.
3) M. Tonouchi : Nature Photonics **1** 97（2007）.
4) T. Nakazato, *et al.* : Phys. Rev. Lett. **63** 1245（1989）.
5) G. L. Carr, *et al.* : Nature **420** 153（2002）.
6) R. H. Dicke : Phys. Rev. **93** 99（1954）.
7) G. Ramian : Nucl. Instr. and Meth. in Phys. Res. A **318** 225（1992）.
8) R. Kato : *Nucl. Instr. and Meth. in Phys. Res.*, A **445** 169（2000）.
9) S. M. Gruner, *et al.* : Rev. Sci. Instr. **73** 1402（2002）.
10) T. Kasuga, *et al.* : Proc. of APAC07, India, 172（2007）.
11) M. Johansson, *et al.* : Proc. of IPAC2011, 2427（2011）.
12) L. Farvacque, *et al.* : Proc. of IPAC2013, 79（2013）.
13) P. Manini, *et al.* : AIP Conf. Proc. **879** 287（2007）.
14) E. A. Crosbie : ANL-HEP-CP-87-21（1987）.
15) K. L. Brown : IEEE Trans. Nucl. Sci. **NS-26**（3）3490（1979）.
16) M. Cornacchia, K. Halbach : Nucl, Instr. and Meth. A **290** 19（1990）.
17) N. Nakamura : Proceedings of IPAC2012, 1040（2012）.
18) M. Tigner : Nuovo Cimento **37**（3）1228（1965）.
19) B. Dunham, *et al.* : Applied Physics Letters **102**（3）034105（2013）.
20) M. Shimada, *et al.* : 加速器 **11**（2）99（2014）.

7.11 発展途上にある先進加速器

7.11.1 将来への先進加速器技術

a. 現代加速器の技術的限界

Ising による交流電圧を用いた two-gap 加速器の提案以後，加速器の進化は急激であった．本ハンドブックに記述されている加速器は，ほぼこれ以降をカバーしている．加速媒体である電場が静電場か時間とともに変動する高周波・マイクロ波の違いはあっても，金属境界（周辺境界）でよくガイドされた電場であることに違いはなかった．加速電場強度の限界は真空に面した金属表面で起こる物理的素過程であるトンネル効果で決まってしまう．この限界はすでに 1970 年代以前から指摘されていたことである．その結果，境界の影響を直接受けないで高電場を得る手法が模索されてきた．電子雲のなかに閉じ込めた状態でイオンを加速する空間電荷効果を積極的に使った集団加速などはその代表的な例である．しかし，電子雲自身を高速に加速する過程で，金属境界と電子雲の相互作用の結果引き起こされる集団不安定性のためとても長い距離を維持できないという数学的証明が出て，あえなく放棄された．その後も実験が細々と続けられたが，見るべき成果は報告されていない．その後はいかに周辺境界との相互作用をなくした媒体による加速手法があるかの研究に世界の関心は集まった．この研究の流れにあるものの代表がレーザーで直接・間接的にアシストされた加速手法といえるだろう．消耗品である加速媒体のリフレッシュは不可欠であるし，プラズマなどと結合させて加速媒体にする場合は，過去の集団加速の研究の中で直面したように，それ自身の安定性の解決

なしには成立し得ないシナリオであることが指摘される.

b. 加速電場の選択肢

加速電場はガウスの法則に従う静電場,ファラデーの誘導法則に従うパルス誘導電場,完全なマクスウェル法則に従う高周波・マイクロ波電場の三つに分類できる.前章までで見てきたように,採用する加速電場によって加速器形態も異なる.加速する量子ビームの種類,最終的に得たいビームパラメータ(エネルギー,電流,パルス構造)に応じてそれらを使い分けてきた.静電場と高周波・マイクロ波電場を利用した加速器は原理的にはすでにその進化の頂点に達しているといえるだろう.一方,単純な原理に依拠するパルス誘導電場を用いた誘導加速器は静電加速器並みに汎用なはずであるが,要素技術の進化が遅れた.ベータトロンの実証後,1960 年以降に特殊な目的で開発された線形誘導加速器を除いて,注目する進化はなかった.最近,誘導加速装置を MHz オーダーの高繰り返しで動作させることにより,高周波の利用を前提とした円形加速器の加速媒体をパルス誘導電場で置き換え得ることが実証された.誘導加速装置は周波数のバンド幅制限を受けないので,これまで静電加速しかあり得なかった U^{1+},C_{60} などのクラスターイオンの円形加速が可能になろうとしている.

c. 加速器概念のアイデアと支える基盤技術の進歩

第二次世界大戦後のシンクロトロン,電子リニアック,アルバレ型加速器の進化に大戦中のレーダー兵器開発の必要性から一気に進んだ高周波・マイクロ波技術の蓄積は決定的役割を担った.レーダー兵器開発と航空機と艦船への配備に米国は現代の貨幣価値換算で,あわせて 15 兆円を支出したといわれている.これを戦後開花した高周波加速器の R & D 予算とも見なせる.レーザーアシストの加速器では大出力のレーザーを必要とするが,レーザー慣性核融合実現の要請という理由もあるが 1970 代以降の技術進化は目覚ましい.今後も単体レーザー増幅器の大出力化,並列合成,高繰り返し運転などに関してさらなる技術開発が進むであろうから,レーザーアシスト加速器の限界を見極める時期は近いかもしれない.

一方,誘導加速器の限界はパルス誘導加速装置を駆動する半導体スイッチング電源の能力だけで決まっている.高速での動作が不可欠であるが,1990 年代のハイパワー仕様の Si-MOSFET の登場なくして円形の誘導加速器は成立し得なかった.2010 年以降,SiC デバイスの実用化によって,コンパクトなスイッチング電源装置,高い信頼性を持った円形誘導加速器が実現しつつある.以降 GaAs などの新たな半導体が投入されるに応じて進化を続け得る加速器が期待できるだろう.Wideröe がどうして自分で提案したベータトロンを実現できなかったのかという疑問が加速器専門家の間では昔からある.磁石作成前に磁場計算コードを使い正確に 3D の磁場分布を得ることのできる現代と異なり,1928 年当時,ベータトロン条件をちゃんと満足する磁場分布を持つ磁極設計が難しかったのだろうと

いうことは容易に想像できる.いまや精度よい 3D 磁場分布や静電場分布の計算結果を導入しての並列計算可能な多粒子軌道シミュレーションコードの整備が進み,実行する高速計算機などの必要な道具立てが身近に整った.強収束シンクロトロンの発明後すぐに,サイクロトロンの特徴である静磁場と可変軌道,シンクロトロンの強収束の二つをミックスさせた FFAG が提案され,開発が進められていたが,強収束シンクロトロンの急速の普及の影に活動を停止していた.最近,整った道具立てを駆使し,この FFAG 加速器の復活がなった.極端に高繰り返しが可能なハドロン円形加速器として,その特長を最大限生かした応用研究も視野に入れて研究開発が進められつつある.

一方,精度のよい電場が保証された電極ガイド方式を用いて質量数と電価数の比が極端に大きなクラスターイオンなどの第 4 世代量子ビームの蓄積リングが 2000 年になって登場し,これを用いた新たなフロンティアが拓かれようとしている.残留ガスとの散乱断面積が大きなクラスター分子の閉じ込めには超高真空が要求されるが,要素技術の進化でこれも克服できている.

d. 加速器研究者と加速器ユーザー間にある位相差

現代は基礎科学用の巨大加速器からがん治療用のハドロンドライバーなどの民生用加速器に至るまで,加速器設計・建設者と最終ユーザーとが完全に分離している.概ね,ユーザーはあまり加速器自身に興味がない.自らの研究に必要な量子ビームさえ手に入るのであれば,手段は問わないと考えている.関心があるのは加速器の全体コストと,研究開始までの待ち時間の短長だけである.加速器プロパーが知恵を絞って,加速器技術の根幹にかかわるアイデアを提案をし,かつ近未来加速器への適用を示唆しようとも,目先のこれら要求に合致しない場合は,ユーザー側からの積極的サポートを得ることはできない.特に,新しいアイデア実現のため,要素技術開発から手掛けねばならない場合など,すぐの完全実証を求められても応えることはできない.したがって,5 年後の実用化を強く求められる国策支援での開発研究など難しい状況にある.

e. 先進加速器普及の条件

先進加速器が普及するかどうかは,これまでの加速器の発展史に目をやるなら,比較的簡単な以下の原則によって決まっているように見える.

・他に代替えがなく,新しいパラダイムが開けるか.
・格段に安価なコストで既存の加速器に置き換わり得るか.
・既存加速器では実現不可能な魅力的機能を有するか.

早い段階で先進加速器の実証後,上の 3 条件のどれかを満足すれば普及条件は満足しているといえるだろう.

f. 2 ビーム加速方式

電子円形加速器ではシンクロトロン放射によるエネルギーの 4 乗にスケールするエネルギー損失が付随し,現実的なエネルギーは 100 GeV 程度に限界がある.1965 年には

M. Tigner[1] により，リニアックを用いることにより，シンクロトロン放射を避けて電子，陽電子を高エネルギーまで加速させることが提案された．また 1960 年代には超高エネルギーの電子陽電子衝突器が，ノヴォシビルスクにあるブデケル研究所で研究され，1971 年に A. Skrinsky[2] がその加速器を提案した．これらに触発され，また 1 TeV を超えるエネルギースケールの電子陽電子衝突実験の重要性が深まるとともに，それを実現すべき基盤となるリニアックの研究が 1980 年代から今日に至るまで継続されている．「2 ビーム加速方式」は可能な一加速方式として提案され，開発が進められてきている方式である．

高周波源への要請と 2 ビーム方式の提案　通常のリニアックは，加速構造に高周波源より供給される電磁波を蓄積し，その瞬間に荷電粒子を通すことで電磁場エネルギーから粒子の運動エネルギーへのエネルギー転換（加速）を実現している．現実的には 10 km 程度の装置で 1 TeV まで加速することを考えるので，100 MV/m 級の加速勾配が必要となる．十分な衝突頻度を得るためには 1 A 級のビームを加速する必要があり，単位距離で必要とされる高周波電力は加速電流と加速勾配の積から，100 MW/m 級であることがわかる．

　この電力密度は非常に大きく，10 km にもわたると総ピーク電力は 1 TW にもなり，いかに効率よくこれを発生できるかが実現の鍵になる．高周波加速では，加速構造の共鳴周波数を上げ，小さな加速構造を用いることにより，ビームへのエネルギー付与効率を上げることができる．現在の技術を基に加速器として用いることのできる構造サイズは 1 cm 程度であり，周波数でいうと 10 GHz 級の加速器に対応する．ところが，この周波数帯で 100 MW/m を実現できる通常の高周波源は見つからない．なぜなら，高周波源も電子ビームから高周波へのエネルギー変換を行う装置であるため，同等のエネルギー密度を必要とするが，周波数の大きいことにより小さい構造との相互作用によるため，細いビームにせざるを得ない．このため電流を大きく取れないが，高パワー出力が必要であり，高電圧も必要になって総合的に実現が難しいことにある．商用のクライストロンでは未だに 10 MW 程度である．また，1 m に 10 台の高周波源が必要になり，コストとスペースの観点から非現実的である．

　ここで，上記のような個別の高周波源という前提を取り外し，加速器を用いて高密度なエネルギー変換を実現しようというのが 2 ビームのアイデアである．高エネルギー主加速器と並行して低エネルギーでも大電流のドライブビームを走らせ，そのドライブビームの運動エネルギーの一部を高周波に変換して主加速器に導くものである．MeV ～ GeV のビームエネルギーの一部のみを取り出す程度に抑えてビームの安定性を確保し，減速したぶんのエネルギーを直後で補償をするドライブ加速器の考え方である．1982 年に A. Sessler[3] が 3 MeV，1 kA の電子ビームより FEL 過程を用いて 30 GHz の高周波を取り出す加速器を提案した．また，1985 年には W. Schnell[4] は超伝導加速器をドライブビームとしてクライストロンと同様なメカニズムで 20 GHz 以上の高周波を取り出す方式を提案した．1987 年には A. Sessler と S. Yu は，誘導加速で得られる 1.6 kA，50 MeV ビームをクライストロン的な構造より 11 GHz の高周波を取り出して用いる加速器を提案している．

2 ビーム加速器の展開　2 ビーム方式は，2 台の加速器を用いたシステムとする必要性から小型の加速器には向かない面があり，今日まで積極的に研究開発を進めてきているのは，当初からの高エネルギー電子陽電子加速器への展開である．現在ではおもに，CERN で CLIC[6]（Compact Linear Collider）用に 12 GHz の高周波源として研究されている．

　12 GHz を生成するためには，25 mm の整数倍のバンチ間隔で形成するバンチトレインを 12 GHz の減速構造に通すことにより生成する．そもそも初めからこの短いバンチ間隔の高電流ビームを生成することは難しいので，L バンド（1 GHz）や S バンド（3 GHz）級の加速器でバンチングしたバンチトレイン内の各バンチを，RF キッカーで選択的にリングに取り込み串刺し状に重ね合わせた状態で蓄積する．このバンチ操作により，バンチ間隔は短く，そのぶん電流値を大きくして，最後に一挙に取り出して減速構造に通すことにより，高周波数でも高いピークパワーの高周波に変換できる．

　この基本方式は CLIC を想定したパラメータで CTF3[7] で試験された．S バンド加速器で生成された 150 MeV，4 A，12 ms のビームは，30 A，150 ns，12 GHz バンチ間隔のバンチトレインに変換され，1 m 級の PETS（Power Extraction Structure）と呼ぶ減速構造に導かれ，90 MW の 12 GHz 高周波の取り出しに成功している．PETS は 2 ビームモジュールに設置されており，得られた高周波パワーは導波管で，モジュール内に並行，隣接する 12 GHz の主加速構造に導かれ，150 MV/m の加速を実証した．このように，試験加速器としては 2 ビーム方式の加速器の可能性を実証して見せている．

参考文献
1) M. Tigner : Nuovo Cimento **37** 1228 (1965).
2) A. Skrinsky : International Seminar on Projects of High Energy Physics, Morges (1971).
3) A. Sessler : AIP Conference Proceedings **91** 154 (1982).
4) W. Schnell : "Consideration of a Two-Beam Twin RF Scheme for Powering an RF Linear Collider" CLIC-NOTE 7 (1985).
5) A. Sessler, S. Yu : Phys. Rev. Letters **23** (58) 2439 (1987).
6) M. Aicheler, *et al.* : CLIC Conceptual Design Report : A Multi-TeV Linear Collider Based on CLIC Technology, CERN-2012-007 (2012).
7) R. Corsini : TUZB1, IPAC2017 (2017).

7.11.2 レーザー加速[1]

レーザー光の電磁界は真空中では横波であり，そのままでは荷電粒子は振動するだけで加速はされない．荷電粒子を加速するには，粒子の進行方向に一致した縦方向の電場成分が必要である[2]．

縦方向電場の生成には，レーザーパルスによって励起されたほぼ光速で伝わる電子プラズマ波（航跡場）[3]，またはレーザー光の波長程度の周期構造を持つ誘電体（フォトニック結晶）中のレーザー光の位相速度，群速度や偏光制御を利用する．前者を「航跡場加速」，後者を「誘電体加速」といい，どちらも質量が小さく，加速が容易な電子の加速に向いている．一方，イオンの加速には高電場がある程度の時間にわたって持続される必要がある．そのためレーザーパルスを薄膜標的に照射し，その裏面（照射と反対側）に生成されるプラズマ中のシース電界（静電界）が利用される．

レーザー粒子加速に用いられるレーザー装置は，種々の加速様式に応じてその特性が最適化されなければならない．まずレーザー航跡場加速では，それに必要な 10^{18} W/cm^2 以上の高強度照射光を一定の平均エネルギー内で達成するために，レーザー光を数十 fs の短パルスにし，数 μm ミクロン幅の小さな領域に集光する．正弦波の波形を持つ航跡場の励起には次の節で述べるように，航跡場の波長がレーザーのパルス幅のほぼ 2 倍であることが必要である．またイオン加速では，標的で生成されるプラズマの密度勾配をレーザー波長程度に急峻にする必要がある．

a. 航跡場加速

加速の原理　焦点付近でのレーザーパルスの強度分布は中心が最大で，そこから離れるにつれて小さくなる．電子は光の周波数で振動しつつ強度の下がる外側へ向かう．光の振動周期よりも十分に長い時間で平均すれば，これはあたかも電子を排除する力が焦点付近に働いているように見える．この見かけの力をポンデロモーティブ力 $\boldsymbol{F}_p$ (ponderomotive force，動重力）という．これは

$$\boldsymbol{a} = e\boldsymbol{E}/m\omega_0 c \tag{7.11.1}$$

とおいて

$$\boldsymbol{F}_p = \nabla \phi_p = \nabla(mc^2|\boldsymbol{a}|^2/4) \tag{7.11.2}$$

のように表され，ϕ_p をポンデロモーティブ・ポテンシャルという[4]．ここで m, e, c はそれぞれ電子の静止質量，電子の電荷，真空中の光速である．また $\boldsymbol{a}$ はベクトルポテンシャル eA を電子の静止エネルギー mc^2 で除した量であり，規格化されたベクトルポテンシャルとも呼ばれる．

$|\boldsymbol{a}| \gtrsim 1$（波長が 1 μm のレーザー光では約 10^{18} W/cm^2 以上に相当）の場合は，レーザー光の中での電子の運動は相対論的効果を無視できない．相対論的効果を無視した運動方程式を使って計算したレーザー電磁場中の電子の振動速度の最大値 v をとすると，規格化されたベクトルポテ

ンシャルは $|\boldsymbol{a}| = v/c$ と表される．

ポンデロモーティブ力でプラズマの電子を排除しながら進むレーザーパルスの後には，船がつくる航跡のように，ほぼ光速で伝わる電子プラズマ波，すなわち「航跡場」と呼ばれる電子の粗密波が連なる．航跡場の位相速度 v_ϕ はレーザーパルスの群速度 v_G を用いて

$$v_\phi = v_G \simeq c[1 - \omega_p^2/(2\omega_0^2)] \tag{7.11.3}$$

と表される．ここでプラズマ振動角周波数 ω_p はプラズマ電子密度 n_e および真空誘電率 ε_0 と $\omega_p = (n_e e^2/m\varepsilon_0)^{1/2}$ の関係にある．なお，航跡場の振動周期である約 100 fs の時間内のイオンの移動距離は 10 nm 以下であってイオンの運動は無視できる．航跡場の静電ポテンシャルを ϕ とすると，航跡場励起は

$$\partial^2 \phi/\partial \tau^2 + \omega_p^2 \phi = \omega_p^2 \phi_p \tag{7.11.4}$$

という式で表される．すなわちこの式は，レーザーによる航跡場励起は右辺のポンデロモーティブ力によるプラズマ振動の強制励起であることを意味している（ここではレーザーパルスに関する微分方程式は省いた）．最も効率よく航跡場が励起されるのは，ω_p が ϕ に依存しない線型領域での航跡場波長を λ_p として，レーザーのパルス幅（ガウス型パルスの半値全幅）が $\tau_L \approx 0.66\lambda_p/c$ のときである．

プラズマに入射された電子バンチもプラズマ中の電子を排除するように働くので，電子バンチの通過によっても航跡場を励起できる[5]．それに対する式はレーザーパルスのポンデロモーティブ・ポテンシャルを電子バンチの静電ポテンシャルで置き替えればよい．

航跡場の振幅

$$x_e \approx (eE_0)/(m\omega_p^2) \tag{7.11.5}$$

が航跡場（電子プラズマ波）の波長

$$\lambda_p = 2\pi/k_p \tag{7.11.6}$$

を超えると，波の形を維持できなくなり「波の破壊」が起こる．航跡場がつくる最大加速電場（粒子の電荷量を乗ずると最大加速勾配）は，

$$k_p x_e = (\omega_p/c)x_e \simeq 1 \tag{7.11.7}$$

から

$$E_0 \approx (mc\omega_p)/e \tag{7.11.8}$$

となる．この値は，例えば電子密度を 10^{24} m^{-3} とすれば，$E_0 = 96$ GeV/m と高周波加速器の加速勾配の数百倍に達する．また，最大加速電場はプラズマ周波数に比例する，言い換えればプラズマの電子密度の平方根に比例する．航跡場の位相速度 v_ϕ が光速に近くなって相対論的効果が効いてくると，どの電子の振動速度も上限の光速に近づく．結果として電子群の集積による非線形航跡場が生じる．非線形航跡場のつくる最大電場は

$$E_{WB} \approx (mc\omega_p)/e[2(\gamma_\phi - 1)]^{1/2} = E_0[2(\gamma_\phi - 1)]^{1/2} \tag{7.11.9}$$

と，E_0 よりも大きくなり得る[6]．なお γ_ϕ は

$$\gamma_\phi = 1/(1 - v_\phi^2/c^2)^{1/2} = \omega_0/\omega_p \tag{7.11.10}$$

に従う．この場合の電子密度の分布は正弦波から外れてインパルス列のような形状になり，電場分布も鋸歯状となっ

て加速位相の幅が広がる[1,7].

　相対論的効果の有無にかかわらず，プラズマ密度が高いほど加速勾配は大きい．シミュレーションによると航跡場は長くは続かず，数個の波で終了する．極端に強いレーザーパルス（$|\boldsymbol{a}| \gg 1$）の場合，すなわちポンデロモーティブ・ポテンシャル ϕ_p が背景プラズマの取り得る最大ポテンシャル $(\omega_p/c)E_0$ 以上のレーザー強度である場合，あるいは電子バンチの密度が背景プラズマの密度よりもはるかに大きな場合には，プラズマ中の背景電子が吹き飛ばされる．そうするとレーザーパルスや電子バンチの背後には，ほぼ光速で進むイオンの泡ができる[8,9]．レーザーパルスで弾き飛ばされ，イオン泡に沿って流れる電子がイオン泡の後尾近くに集まってくる．イオン泡の後尾での波の破壊によって泡のなかに入射された幅 10 fs 以下の初期電子群は，光速に近い速さのイオン泡が持つ内部の電場で押され「波乗り」のようにして加速される．光速に近い速さで進むイオンの泡の内部の電場によるこの加速機構をバブル領域（バブルレジーム）加速，またはブローアウト領域（ブローアウトレジーム）加速と呼ぶ．航跡場への初期電子の供給には，イオンの泡の後端付近に収束した電子プラズマ波の局所的な破壊による電子入射，または高周波加速器でつくられた短バンチ入射を利用する．しかし，数十 fs 以下の短い電子バンチ生成と航跡場への入射位相の制御が難しいために，高周波加速器などを使って外部から航跡場に供給した電子のモノエネルギー加速はまだ成功していない．

加速長　大きな振幅の航跡場励起のためにはレーザーパルスの集光強度を 10^{18} Wcm^{-2} 以上にする必要がある．すなわち TW のレーザーパルスを数十 μm 以下に集光しなければならない．一方，電子を加速するためにはレーザーパルスの高強度加速電場を長距離にわたって維持する必要がある．しかし，真空中や線形応答領域にある一様プラズマ中では，高強度を持続できる長さはレーザー光の回折で制限される．これは「レーリーの長さ」

$$Z_R = \pi r_0^2 / \lambda \qquad (7.11.11)$$

の 2 倍であるが，レーザー光波長の数倍から数十倍でしかない[10]．なお，r_0 は焦点の半径（ガウス型電場分布で中心強度の $1/e$ になる半径）であり，λ はレーザー光波長である．この強度加速電場をレーリー長の何桁も長い距離にわたって維持するためには，次項で述べるようなプラズマチャンネルを使う光ガイドが必要となる．

　さて，航跡場の位相速度と群速度は等しいので，加速されて光速に近づく電子は減速位相領域に入る．加速開始から減速位相領域に入るまでに実験系で移動する距離が，「脱位相長さ」$L_{dp} = (\pi c/\omega_p)(\omega_0/\omega_p)^2$ である[11,12]．長さを制限するもう一つの要因である「ポンプ消耗長さ」は航跡場励起のためにレーザーのエネルギーが使われて減衰するまでにレーザーパルスが伝播する距離であり，

$$L_p = (\pi c/\omega_p)(\omega_0/\omega_p)^2/|\boldsymbol{a}|^2 \qquad (7.11.12)$$

で与えられる[13]．相対論的効果が大きくないレーザー強度（$|\boldsymbol{a}| \approx 1$）ではポンプ消耗長さは脱位相長さにほぼ等しい．プラズマ密度が高くなると脱位相長さもポンプ消耗長さも急速に短くなる．加速エネルギー利得は加速勾配（$\propto n_e^{1/2}$）と加速長さ $\propto n_e^{-3/2}$ の積であり，電子密度に反比例する．したがって，高エネルギー加速のためには低密度プラズマを使うほうが有利であるが，低密度プラズマでの航跡場励起に必要なレーザーパワーは増大する[14]．プラズマを使った光ガイドの長さは「脱位相長さ」または「ポンプ消耗長さ」の内で短いほうに一致させる．

プラズマチャンネル　脱位相長さはレーリーの長さに比べて何桁も長い．その長さにわたってレーザーパルスを高強度に維持するためには，光ファイバーのように光軸付近の屈折率を周辺部に比べて大きくする必要がある．具体的には相対論的自己収束と呼ばれるプラズマの非線形光学応答を使う方法と，中心で最低密度を持つ放物線状分布のプラズマチャンネルを使う方法がある[10]．相対論的自己収束はレーザーパワーが閾値以上であれば自然に発生するので簡単であり，数 mm の長さのガスジェット標的と組み合わせて用いられる[14]．長さが数 cm 以上のレーザーガイドにはキャピラリーのなかに放物線状密度分布のプラズマを放電などで生成することが多い[15]．レーザーパルスの伝播は，高速 Z ピンチ放電[16]またはガス充填キャピラリー放電[17]による生成方法が他の方式に比べてレーザーパルスの減衰が少ないなど優れている．これまでに達成された減衰率は約 0.04 cm^{-1} であり，1 段あたりの加速長を数十 cm 以上にするためには伝播損失をさらに減らす必要がある．

加速実験　長さ 3 cm のガス充填キャピラリーを用いた実験で 1 GeV の電子加速が観測されている[18]．一つのレーザーパルスで背景プラズマからの電子供給と航跡場励起が行われているが，電荷量，入射位相，航跡場の振幅をつねに一定にすることは難しいので，安定化のために短バンチ電子発生部と加速部を分離する方法が考えられている．電子源にはプラズマを使う場合と高周波加速器を使う場合が検討されている．いずれの入射方法でも，加速された電子の低エネルギー成分はプラズマの背景電子の航跡場による捕捉，あるいは予定外の波の破壊による航跡場への電子供給に起因する．そこでこれを防ぐために，線形航跡場も試されている[19]．レーザー励起航跡場の計測技術も進んでおり，シミュレーション結果と見間違うような航跡場の瞬間像の撮影やイオンの泡の観測に成功するなど，理論モデルと実験の対比も可能になりつつある[20]．近年では，高密度プラズマ中でのレーザー加速でつくった短バンチ電子を低密度プラズマ中の航跡場に入射し，電子の入射位相をパラメータとした加速と減速が観測されている[21]．エネルギー利得だけでなく，電子ビームのエミッタンスの測定もいくつかの方法で測定されており，0.2π mm mrad の規格化エミッタンスが得られている[22]．米国，独仏など EU，中国などでは数 PW レーザーを使って 10 GeV 以上のエネルギーを目指した実験計画が進められている．一方，日本では 1 GeV 程度のエネルギーで小型 XFEL などへの応用を目

指した計画が進められている.

電子バンチ駆動航跡場加速　この方式は高エネルギーリニアックの電子バンチをプラズマに入射して航跡場をつくるものであり，超短パルスレーザーが普及する前から実験が行われている[23]．最近では長さが 85 cm のプラズマを用いて 42 GeV のエネルギー利得が得られている[24]．電子バンチではなく，LHC などで得られるプロトンバンチ駆動航跡場による加速も検討され[25]，CERN において実験準備が進められている.

b. 誘電体加速

誘電体加速では加速電界を電子バンチで発生する方法とレーザーパルスを使う方法がある．前者は，誘電体で内張りした導波管などの遅波構造内を電子バンチが通過する際に，誘電体の分極によって発生する航跡場を電子加速に応用するものであり[26,27]，加速実証実験では理論とよい一致を示している[28]．後者は，レーザー光の波長にほぼ等しい周期構造を持つ誘電体を遅波構造として使い，粒子加速に応用するものである．レーザー励起誘電体加速での加速勾配の上限は，レーザーによる誘電体破壊が始まる数百MeV/m である．光結晶の構造は 1 次元[29]，2 次元[30]，3 次元[31]が可能であるが，レーザー波長程度の寸法の構造の繰り返しが必要であり，高次元構造になるにつれて製作が難しくなる．サブミクロンの幅の加速チャンネルに電子を通す難しい実験となるが，1 次元構造では電子加速実証実験が報告されている[32,33]．誘電体加速は被加速粒子の電荷量がフェムトクーロン（fC）以下と小さく，レーザーパルスの出力は 1 MeV のエネルギー利得に対して 100 kW 以下，繰り返しが kHz 台の小型レーザーを使えるという特徴がある[34].

c. レーザーイオン加速

航跡場の位相速度が遅いと小振幅でも波の破壊が起こり，振幅が制限されることになるのでイオンの航跡場加速は難しい．しかし，固体薄膜標的に 10^{18} W/cm² 以上（$|\boldsymbol{a}|>1$）の強力なレーザーパルスを照射すると，薄膜表面に生成されるプラズマ中で奥に向かって大量の電子が加速される．電子は薄膜内部を電離しながら薄膜を通過し，標的裏面（照射面の反対側）から放出される．このとき，裏面のプラズマと放出される大量の高エネルギー電子ガスの間にシース電場がつくられる．その電場強度は 1 TV/m に達するので，イオンはプラズマから容易に引き出され，加速される．薄膜表面を事前に加熱しない場合は，裏面に付着した水分の成分であるプロトンがおもに加速される．約 1 MeV の高温電子ガスは，薄膜表面に発生したプラズマ内の $\boldsymbol{j} \times \boldsymbol{B}$ でつくられる[35]．この加速機構を TNSA（Target Normal Sheath Acceleraion）と呼ぶ[36,37]．なお，$\boldsymbol{j} \times \boldsymbol{B}$ 加速機構は，強力な主レーザーパルスの磁場によって引き起こされるプラズマ内の電子の 8 の字型振動のエネルギーの散逸に起因するものであり，イオンの最大エネルギーは，電子温度を T_{hot}，規格化加速時間を $t_{\mathrm{p}}(\approx 1)$ として，

$$E_{\max} = 2T_{\mathrm{hot}}[\ln(t_p + (t_p^2+1)^{1/2})]^2 \tag{7.11.13}$$

で与えられる．超高強度レーザーパルスは主パルスの前に時間幅が ns～ps の長さの弱いパルス（プレパルス）を伴っている．数十 TW 以下のレーザー装置では，プレパルスと主パルスの強度比であるコントラスト比は多くの場合 10^{-6} であるので，プレパルスの照射強度が容易に 10^{12} W/cm² に達し，主パルスの到達前に薄膜表面にプレプラズマが生成される．しかし，TNSA 機構で使われる標的薄膜の厚さは数 µm であり，主レーザーパルスの到達前に壊れることはない．通常はイオンのエネルギー分布は熱的であるが，薄膜の構造を工夫してモノエネルギーのプロトンビームを得ることも可能である[38,39]．強度が 10^{20} Wcm⁻² 以上の円偏光レーザーパルスを，厚さがレーザーの表皮深さ程度（数十 nm）の薄膜に照射すれば，電子温度を MeV まで上げる代わりに光圧により高エネルギー電子群を圧縮し加速し，標的薄膜との間に生じる電場でイオンを加速することも可能である．このスキームを RPA（Radiation Pressure Acceleration）という[40]．数十 nm の厚さの標的薄膜を主レーザーパルスの到達まで保たせるには，レーザーパルスのプレパルスを除去し，10^{-10} 程度以上のコントラスト比にする必要がある．TNSA も RPA も荷電分離で発生した電場でイオンを加速する点は同じである．この他に，BOA（laser BreakOut Afterburner）と名付けられた加速機構もある．この場合，レーザーで加速された高エネルギー電子ビームがプラズマ中に相対論的ブーネマン型不安定性と呼ばれる一種の二流体不安定性を引き起こし，電子ビームの固有振動とプラズマ中のイオンの固有振動の結合によって，イオンに効率よくエネルギーが伝えられるものと解釈されているが，実験による証明はなされていない．BOA が起こるためにはレーザーパルスで圧縮されたプラズマの先までレーザーパルスが到達する必要がある．すなわち，レーザーパルスがプラズマの遮断密度以上の高密度領域まで侵入する必要がある．そのためには，レーザー電場によって振動する電子の速度が光速に近くなり，相対論的効果によってプラズマ周波数が低下し，レーザー周波数以下になる条件，すなわちプラズマがレーザー光に対して透明になる条件が必要である．シミュレーションでは $|\boldsymbol{a}| \geq 13$ が必要であるとされている[41]．BOA で得たプロトンを使った高フラックス中性子発生の報告もある[42]．レーザーによるイオンの加速機構の解釈は，もっぱら実験で得たイオンのエネルギースペクトルとシミュレーションとの比較によってなされている．実験による検証はレーザー生成プロトンパルスを使って標的薄膜近傍の電場分布測定が行われつつあるが，時間的にも空間的にも不十分な分解能を上げることが今後の課題である.

d. 加速用レーザー[43,44]

現在のレーザー加速研究に使われているレーザーは繰り返し周波数が 10 Hz 以下である．これを制限しているのは熱レンズ効果による波面の歪みと温度上昇による量子効率の低下である．いずれの場合も，励起効率と冷却効率の

向上によって避けることができる．励起効率を上げるために高い量子効率を持ち，上準位寿命が長く，レーザーダイオードによる励起が可能で，かつ超短パルス発生が可能なレーザー材料（例えばYb：YAG）を採用することが重要である．冷却効率の向上のためにはファイバーレーザーを束ねてコヒーレントにビームを重ねる方式[45]や薄膜のレーザー媒質を使う方式[46,47]の研究が進められている．

7.11.3 誘導加速器

誘導加速器は通常の高周波加速器をはるかに超える大電流ビームの加速能力を持ち，特にkA級の電子ビーム生成用として開発されてきた．最近は，高繰り返し能力を持つ半導体スイッチング電源で駆動される制御性の高い誘導加速モジュールが開発され，誘導加速器は電子から重イオン，さらにはクラスターイオンまで，非常に幅広いパラメータの荷電粒子を加速できる先進加速器として進化しつつある．また，誘導加速器は周波数バンド幅の制限を受けないので，長パルス幅で任意の波形を持つビームが形成可能である．マイクロ構造を持たない長パルス，大電流で波形制御されたビームバンチは，加速器科学や粒子ビーム応用にユニークな道具を提供できる．

a. 加速原理と開発状況

非共鳴的な誘導電場を用いた高エネルギー加速器は円形加速器ベータトロンとリニアック（線形加速器）に大別できる[48]．駆動電源を一次側，ビーム電流を二次側の負荷とした等価回路で誘導加速の原理を表現すると，ベータトロンはマルチターンの，リニアックは直列に接続した強磁性体のStep-up Transformerと見なせる．ベータトロンは，高強度のX線源や各種電子線応用に用いられた．これまでに出力2～3 kVの長パルス電源を一次側駆動電源として用い，最大300 MeV程度までの電子線加速の実績がある．しかしながら，ベータトロンは加速誘導電場の生成，ビームの偏向，輸送のすべてに磁場が主要な役割を果たすので，それぞれの要求事項を同時に満足させるような磁石を設計することは容易ではない．加速エネルギーは，許容できるマグネットのサイズと励磁の限界，電流は，低エネルギー領域のビーム輸送限界で制限される．また，磁性体のヒステリシスや渦電流損失が大きいという欠点があり，ベータトロンでこれ以上のビームパラメータを実現するには新しい工夫が必要である．

誘導電場による加速機能を利用して，ビームの進行方向に加速セルを並べたものがN. C. Christfilosによって1969年に考案された線形誘導加速器である[49]．線形誘導加速器の等価回路を図7.11.1に示す．内部インピーダンスZ_0の電圧モジュレータからスイッチング素子Sを用いて駆動される電力長パルスは，強磁性体内部の磁束変化を介して二次側に誘導加速電圧を生成する．

誘導加速セルが理想的な変圧器として動作すれば，二次側には一次側の駆動電源の波形がそのまま反映されるうえに，磁性体そのものは加速可能なビーム電流を制限しな

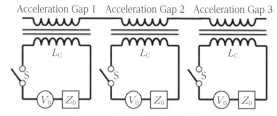

図7.11.1　線形誘導加速器の等価回路

い．したがって一次側を低インピーダンスの電流源で駆動すれば，誘導加速器はkA級で波形制御された高強度ビームを駆動できる．LLNL（Lawrence Livermore National Laboratory）ではATA（Advanced Test Accelerator）と呼ばれる線形誘導加速器が開発され，10 kAで45 MeVの電子ビームの加速実績がある．

大電流イオンを加速する際には，空間電荷の影響を抑制する工夫が特に重要になる．kA級のイオンビームを生成するスキームとしては，磁気絶縁された加速ギャップを直列に多段接続したPulselacという加速方式が提案され，原理実証実験が行われた[50]．Pulselacは，磁気絶縁ギャップ間に形成された誘導電場により加速された大電流イオンを，仮想陰極付近の電子で中和された状態で次段の加速ギャップまで伝送させる．3 kA-µsの炭素ビーム，あるいは5 kA-50 nsの陽子ビームの加速実績がある．しかし加速ギャップでの電子絶縁と伝送部での空間電荷の中和を両立させるのが困難で，高いビームエネルギー領域まで多段加速することは難しいことが明らかになっている．ビーム輸送の問題を避けるために二次巻き線に導体を用いて加速領域を1ヵ所に集中させた誘導重畳装置が開発された[51]．比較的制御の容易なレベルの電圧を生成する多数のモジュール電源を用いて加速セルを並列に駆動し，加速空洞内で誘導電圧を直列に重畳させることによってkA級の大電流と数十MV級の高電圧を両立できることが実証されている．重畳型誘導加速器には，モジュールユニットの波形やタイミングを調整することによって，出力ビーム波形を制御できるという利点もある．

従来の誘導加速器は，駆動電源のスイッチング素子としてギャップスイッチや放電型スイッチ（サイラトロン）を用いていたため，繰り返し能力や寿命に課題があった．高繰り返し能力を持つ駆動電源が実現できれば，リニアックよりも円形加速器のほうが加速器システムを格段に小型化できる．MOSFETやSiCをベースにした半導体スイッチング電源を用いたMHz級の高繰り返し誘導加速セルが開発され，ビーム波形の制御性と加速効率を両立できる誘導加速シンクロトロンの概念が提案された[52]．イオンの周回周波数に同期させて誘導加速セルを駆動させることによって，比電荷に制限されない任意の荷電粒子を加速できることが特徴であり，2006年にはKEKの12 GeV陽子シンク

7.11 発展途上にある先進加速器 155

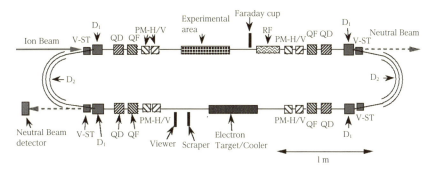

図 7.11.2 KEK の静電リング．D_1 と D_2 はそれぞれ 10° および 160° デフレクター，QF と QD は水平面で収束および発散型静電四重極，V-ST は垂直方向のステアラー，PM-H と PM-V は水平および垂直方向位置モニター，RF は高周波加速装置を表す．

ロトロンを用いて，誘導加速シンクロトロンの基本概念が実証された．

誘導加速器が大電流を駆動する能力を持つこと，波形制御性を持つこと，周波数のバンド制限を受けないこと，空洞共振器が不要であることの利点を用いると，kA 級の大電流イオンの加速が可能である．線形あるいは円形加速器に誘導加速モジュールを配置した様々なスキームで，TW 級のビームパワーを発生できる高強度のイオン加速器システムが提案されている．そこでは，誘導加速器の波形制御性を利用して，低エネルギー領域では長パルス・低電流あるいは多重のマルチビームで加速，エネルギーの増加につれてビームバンチをマージング（融合）あるいはバンチング（圧縮）する操作が想定されている．

b. 誘導加速器の応用

誘導加速によって得られた大電流の粒子線は多くの独特な応用分野を持っている[53]．想定されている応用範囲は，電子線を利用した強力な電磁波の生成から物質の表面処理，高エネルギー密度科学[54]，イオンビーム駆動の核融合への応用に至る広がりを持っている．高強度のフラッシュX線源，自由電子レーザー（FEL），殺菌・滅菌，医療やバイオ応用の他，ビームモジュレータや縦方向変調に伴うビーム物理の解明など[55]，加速器技術の分野でもユニークな応用が期待できる．

7.11.4 静電型イオン貯蔵リング

これまでのほとんどの加速器では，イオンの加速に電場を使い，軌道の制御には磁場を用いる方式が一般的であった．この方式では，加速するイオンが重くなると磁場を強くする必要がある．なぜなら磁場 B とイオン軌道の曲率半径 ρ の積 $B\rho$ として表される磁気剛性（イオンビームの曲げやすさの指標）が $\sqrt{mE}/q$ に比例するからである．ここで，E と q はそれぞれイオンの運動エネルギーと電荷，m は質量を表す．なお，ここで扱う運動エネルギーは非相対論的であるので，m は静止質量であり，イオンの速度を v として $E=mv^2/2$ となる[56]．一方，イオンの軌道を曲げるのに電場を用いた場合，静電剛性が偏向電場 F と ρ の積 $F\rho=2E/q$ となる．リングへの入射には，通常，

静電加速器を使うが，その加速電圧を V とすれば，$E=qV$ である．そうすると静電剛性は $F\rho=2V$ となって単に入射器の加速電圧で決まり，イオンの質量や運動エネルギーには無関係となる[56]．したがって，軽いイオンから重いイオンまで同じ条件で制御することができる．磁場を使ってイオンの軌道を制御する加速器では，イオンの種類に応じて磁場の強さを変える必要があるので，いろいろな種類のイオンを自由に制御することはできない．これに対し，静電型リングでは従来型の加速器では貯蔵できないタンパク質や DNA などの巨大な生体分子も容易に貯蔵することができることになる．磁石を全く使わないので，小型，軽量で，大きなテーブルの上に設置することができる．1990 年代の終わりからこのような静電型イオン貯蔵リングが建設されるようになった[57]．

高エネルギー加速器研究機構（KEK）の静電型イオン貯蔵リング[58]に基づいてその動作を説明する．軽いイオンは ECR イオン源で，また，生体分子などの重いイオンはエレクトロスプレーイオン源[59]でつくられる．このとき，いろいろな重さのイオンができるので，質量分析器でその質量を分析し，一定の質量を持ったイオンだけを選択して貯蔵リングに入射する．図 7.11.2 は KEK の静電リングの模式図である．周長 8.1 m のレーストラック型で，2 台の 160° デフレクター，4 台の 10° デフレクター，4 台の四重極ダブレットからなる．これ以外にビーム観測のための静電モニター，RF 電極，中性粒子観測装置などからなる．ビーム（エネルギー：20 keV）入射は 1 ターン入射で，入射部の 10° デフレクターはビーム入射時には電圧を落としておいて，ビームが入射されて 1 周した時点で電圧を印加し，ビームを周回させる．

磁場を用いたリングと電場を用いたリングにおけるイオンの運動方程式はビームを曲げる部分で異なる．静電デフレクターの中でのイオンの運動方程式は[60]

$$\frac{d^2x}{ds^2}+\frac{3-n}{\rho^2}x=\frac{1}{\rho}\frac{\Delta E}{E} \quad \text{（水平面）}$$

$$\frac{d^2y}{ds^2}+\frac{n-1}{\rho^2}y=0 \quad \text{（垂直面）}$$

ここで，s はビーム軸に沿った距離，ρ は曲率半径，n は

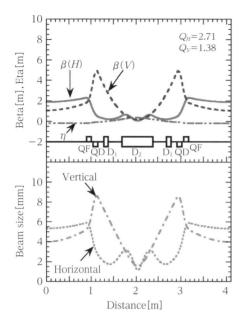

図 7.11.3 ラティス関数とビーム半幅．Q_H と Q_V は水平，垂直面内でのベータトロン振動数，$\beta(H)$ と $\beta(V)$ は水平，垂直面内でのベータトロン振幅関数，η は運動量分散関数を表す．また，下図は水平，垂直面内のビーム半幅を表す．

図 7.11.4 世界初の陽子加速 FFAG（POP-FFAG）．高エネルギー加速器研究機構（KEK）で開発された（文献 69 参照）．

field index（$n \equiv (-dF/F)/(dr/r)$, F：電場，r：半径）である．n の値は円筒型および球面型デフレクターの場合それぞれ 1 および 2 である．この方程式からわかるように，$n=2$ であれば，水平と垂直方向の収束力がつり合う．しかし，球面デフレクターの場合は，これらの式で表されていない高次の収差があるし，電極を正確に光軸に一致させることが難しい．このために最初に建設されたリング[57]では，ビームの寿命が短いという欠点があった．この問題は $n=1$ にすることによって解決することができた[58]．現在では，ほとんどのリングで $n=1$ すなわち円筒型デフレクターを採用している．貯蔵リングのなかで周回イオンはベータトロン振動をするが，四重極の強さによって 4 つの安定領域が存在する[60]．これらの安定領域ではビーム振動の振幅が異なり，したがってビームの寿命も変わる．図7.11.3 にラティス関数とビーム振幅の一例を示す．

静電リングでは，真空度がイオンの寿命を決めるので極めて重要である．エレクトロスプレーイオン源は大気圧であるが，リングは 10^{-11} Torr の超高真空である．リング内でのイオンの寿命はイオン種によるが生体分子の場合でも 10 s 以上あり[61]，実験を行うのに十分な時間である．

静電型イオン貯蔵リングは，生物に関連した分子の研究に適している．今後，他の方法では研究できなかった巨大分子イオンと電子[61,62]，光子[63]，イオンとの衝突を研究することによって巨大分子の原子レベルでの理解が深まると考えられる．現在稼働しているリング以外にも多くの計画があるが，分子を基底状態にするために極低温まで冷却できるリング[64,65]も稼働を始めている．

7.11.5 FFAG

FFAG（Fixed Field Alternating Gradient, 固定磁場強収束）加速器の原理は，1953 年 10 月の日本物理学会加速器シンポジウムで大河によって提案され[66]．また同時期に K. R. Symon（米国），A. Kolomensky（旧ソ連）によっても独立に提案された[67,68]．1960 年代には，米国の MURA 加速器プロジェクトで電子を加速する FFAG のモデルが開発されたが，技術的困難さ（広帯域高周波加速，3 次元磁場設計など）のため開発が長らく途絶えていた．2000 年になって，森らにより陽子を加速する FFAG 加速器（POP-FFAG：図 7.11.4）が高エネルギー加速器研究機構（KEK）において世界で初めて開発された[69]．その後，京都大学，九州大学，英国 Cockcroft Inst. など，世界各地で精力的に研究開発が進められている．

FFAG 加速器はサイクロトロンとシンクロトロンのそれぞれの長所（一定磁場，3 次元方向の強いビーム収束力）をあわせ持ち，ビーム力学上の特徴により「スケーリング型」と「非スケーリング型」に分けられる．「スケーリング型」ではエネルギー変化に対してビーム軌道は相似形を保ち，収束力は常に一定である．これは「零色収差」と呼ばれ，ビームエネルギー変化に対してもベータトロン振動数（チューン）は変化せず，加速中の共鳴通過によるビーム損失を避けることができる．

円形加速器における線形近似でのベータトロン運動は，水平・垂直方向それぞれについて次式で表すことができる．

$$\frac{d^2 x}{d\theta^2} + x + \frac{r}{\rho}\left[\frac{r}{B_y}\left\{\left(\frac{\partial B_y}{\partial r}\right)x + \left(\frac{\partial B_y}{\partial y}\right)y\right\}\right] = 0$$

$$\frac{d^2 y}{d\theta^2} - \frac{r}{\rho}\left[\frac{r}{B_y}\left\{\left(\frac{\partial B_x}{\partial r}\right)x + \left(\frac{\partial B_x}{\partial y}\right)y\right\}\right] = 0 \quad (7.11.13)$$

ここで r, θ はそれぞれリング中心から見た粒子の半径，方位角，x, y はそれぞれ平衡軌道からの水平方向，垂直方向への粒子位置のずれである．運動量の変化に対してベータトロン振動の周波数が一定（零色収差）であるためには，それぞれ，第一条件：

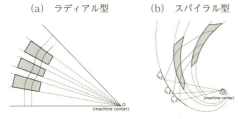

図 7.11.5 スケーリング型円形 FFAG 加速器での磁場配位

$$\frac{\partial}{\partial p}\left(\frac{r}{\rho}\right)=0 \quad (7.11.14)$$

および第 2 条件:

$$\begin{cases}\dfrac{\partial}{\partial p}\left(\dfrac{r}{B_y}\dfrac{\partial B_y}{\partial r}\right)=0 \\ \dfrac{\partial}{\partial p}\left(\dfrac{r}{B_y}\dfrac{\partial B_y}{\partial y}\right)=0 \end{cases} \quad (7.11.15)$$

を満たせばよいことが式(7.11.13)からわかる.ここで p は粒子の運動量を表している.最初の条件から「零色収差」条件を満たすには異なるエネルギーのビーム軌道が相似形であることが要請される.また,第二の条件からはビーム収束のための磁場勾配係数が一定であることが必要となり,円形加速器においてこれを満たす磁場分布は,水平面上に軌道がある場合は,

$$B(r)=B_0\left(\frac{r}{r_0}\right)^k \quad (7.11.16)$$

となる.また,直線加速器では,

$$B(x)=B_0\exp\left(\frac{n}{\rho_0}x\right) \quad (7.11.17)$$

である.また,垂直方向に軌道が移動する場合には,

$$B(z)=B_0\exp\left(\frac{m}{r_0}z\right) \quad (7.11.18)$$

となる.ここで,r_0,ρ_0 は平均半径および曲率半径,m,n は定数である.スケーリング型の円形加速器において,強収束を実現する磁場の配位には「ラディアル型」(図 7.11.5 (a))と「スパイラル型」(図 7.11.5 (b))がある.

「零色収差」にこだわらず線形磁場(2極および4極磁場)のみを用いてリングを構成する非スケーリング型の FFAG 加速器も近年開発されている[70].この方式では,ビーム加速において数多くのベータトロン共鳴を通過するが,それらによるビーム損失を避けるために周回時間をほぼ一定(等時性)に保つ非線形高周波バケツを利用したすばやい高周波ビーム加速(蛇行加速)が用いられる[71,72].これは,光速に近い($\gamma\gg 1$)場合には,モーメンタムコンパクションが 0 に近い条件($\alpha\sim 0$)により,また $\gamma<1$ では $\alpha\sim 1/\gamma^2$ の条件を満たすことにより実現される.図 7.11.6 には蛇行加速の一例として,$\gamma<1$ の場合の進行方向位相空間の粒子軌道(セパラトリックス)を示す.

なお,ビーム軌道のより詳しい理論については文献 66 第3章の小林による解説,また文献 67 に引用された諸論文,例えば 68 を参照されたい.

FFAG 加速器は一定磁場で強収束という特徴があるが,

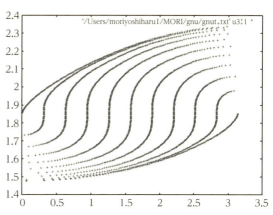

図 7.11.6 蛇行加速($\gamma<1$ の場合)における進行方向位相空間でのビーム運動

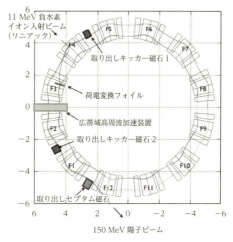

図 7.11.7 京都大学原子炉実験所での ADS 研究に用いられている 150 MeV FFAG 陽子加速器の構成

これにより次に挙げるような長所を持つ.1) 一定磁場であるので捷速な加速が可能となる.したがって,短寿命粒子(ミュオンなど)の加速,高繰り返し加速(数百 Hz～1 kHz),さらには連続加速運転が実現できる.2) 強いビーム収束性を有するので大強度ビームの安定な加速が可能である.また,必要とされる磁石も比較的小さくて済む.3) 広い運動量アクセプタンスを持つ.

FFAG 加速器のビーム光学上の最大の特長がこの広い運動量アクセプタンスである.これらの長所を生かして,高エネルギーミュオン加速器[73],図 7.11.7 に示すような加速器駆動未臨界炉(Accelerator Driven System: ADS)へのビーム入射用加速器[74],高強度電子加速器[75,76],ハドロンビーム医療加速器などへの応用のための開発が進められている.なかでも,二次発生粒子(中性子,π 中間子,μ 中間子など)を高強度で効率よく生成するために,強収束,広いビーム運動量アクセプタンスの特長を利用した内部標的型 FFAG ビーム貯蔵リング(ERIT-FFAG)の開発も進められている[77].

参考文献

1) 小方　厚，ほか：『レーザーとプラズマと粒子ビーム』大阪大学出版会（2012）.

2) J. D. Lawson：IEEE Trans. Nucl. Sci. NS-26 4217 (1979).

3) T. Tajima, J. M. Dawson：Phys. Rev. Lett. 43 267 (1979).

4) H. A. H. Boot, R. B. R.-S. Harvie：Nature 180 1187 (1957).

5) P. Chen, et al.：Phys. Rev. Lett 54 693 (1985).

6) A. I. Akhiezer, R. V. Plolovin：Soviet Phys. JETP 3 696 (1956).

7) P. Sprangle, et al.：Phys. Rev, A 41 4463 (1990).

8) A. Pukhov, et al.：Plasma Phys. Control. Fusion 46 B176 (2004).

9) J. B. Rosenzweig, et al.：Phys. Rev. A 44 R6189 (1991).

10) A. E. Siegman："Lasers" p. 667, University Science Books (1986).

11) A. Ting, et al.：Phys. Fluids B 2 1390 (1990) .

12) P. Sprangle, E. Esarey：Phys. Fluids B 4 2241 (1992).

13) S. Masuda, et al.：Phys. Plasmas 14 023103 (2007).

14) R. Wagner, et al.：Phys. Rev. Lett 78 3125 (1997).

15) S. M. Hooker：AIP Conf. Proc 737 125 (2004)

16) T. Hosokai, et al.：Opt. Lett 12 10 (2000).

17) D. Spence, et al.：Phys. Rev. E 63 015401 (2000).

18) W. P. Leemans, et al.：Nature Physics 2 696 (2006).

19) K. Nakajima, et al.：Phys. Rev. STAB 14 091301 (2011).

20) N. H Matlis, et al.：Nature Physics 2 749 (2006).

21) S. Steinke, et al.：Nature 530 190 (2016).

22) R. Weingartner, et al.：Phys. Rev. STAB 15 111302 (2012).

23) A. Ogata, et al.：Proceedings of the 9th Symposium on Accelerator Science and Technology 471 (1993).

24) I. Blumenfeld, et al.：Natute 445 741 (2007).

25) A. Caldwell, et al.：Nature Physics 5 363 (2009)

26) W. Gai, et al.：Phys. rev. Lett 61 2756 (1988).

27) V. A. Balakirov, et al.：Tech. Phys. Lett 29 589 (2003).

28) S. V. Shchelkunov, et al.：Phys. Rev. STAB 15 031301 (2012).

29) T. Plettner, et al.：Phys. Rev. STAB 9 111301 (2006).

30) X. E. Lin, et al.：Phys. Rev. STAB 4 051301 (2001).

31) I. Staude, et al.：Opt. Express 20 5607 (2012).

32) E. A. Peralta, et al.：Nature 503 7474 (2013).

33) J. Breuer, et al.：Phys. Rev. Lett 111 134803 (2013).

34) W. L. Kruer, K. estabrook：Phys. fluids 28 430 (1985).

35) S. C. Wilks, et al.：Phys. Plasnmas 8 542 (2001).

36) J. Fuchs, et al.：Nature Physics 2 48 (2006).

37) M. Hegelich, et al.：Nature 439 441 (2006).

38) B. H. Schwoerer, et al.：Nature 439 445 (2006).

39) A. Henig, et al：Phys. Rev. Lett. 103 245003 (2009).

40) L. Yin, et al.：Physics of Plasmas 14 056706 (2007).

41) M. Roth, et al.：Phys. Rev. Lett. 110 044802 (2013).

42) W. Leemans, et al.：ICFA, Beam Dynamics Newsletter. No. 56 (2011).

43) J. W. Dawson, et al.：AIP Conference Proceedings 1507 147 (2012).

44) G. Mourou, et al.：Nature Photonics 7 258 (2013).

45) S. Banerjee, et al.：Opt. Lett 37 2175 (2012).

46) M. Schulz, et al.：Opt. Express 29 5038 (2912).

47) Saraceno, et al.：IEEE J. Sel. Topics Quantum Electron 21 1100318 (2015).

48) S. Humphries, Jr.："Charged Particle Beams", Wiley (1990).

49) N. C. Christofilos, et al.：Trans. Nucl. Sci. NS-16 294 (1969).

50) S. Humphries, Jr.：Nucl. Fusion 20 (1980)

51) J. J. Ramirez, et al.：Proc. IEEE 80 946 (1992).

52) K. Takayama, J. Kishiro：Nucl. Instr. Meth. A. A451 304 (2000).

53) K. Takayama, R. J. Briggs ed.："Induction Accelerators", Chap. 8, Chap. 10, Springer (2010).

54) P. A. Seidl, et al.：Meth. A 606 75 (2009).

55) Y. Sakai, et al.：Rev. Sci. Instrum. 87 083306 (2016).

56) 田辺徹美：日本物理学会誌 60 632 (2005).

57) S. P. Møller：Nucl. Instr. and Meth. A 394 281 (1997).

58) T. Tanabe, et al.：Nucl. Instr. and Meth. A 482 595 (2002).

59) T. Tanabe, K. Noda：Nucl. Instr. and Meth. A 496 233 (2003).

60) 裏　克己：『電子・イオンビーム光学』共立出版 (1994).

61) T. Tanabe, et al.：Nucl. Instr. and Meth. A 532, 105 (2004).

62) T. Tanabe, et al.：Phys. Rev. Lett. 90 193201 (2003).

63) S. B. Nielsen, et al.：Phys. Rev. Lett. 87 228101 (2001).

64) The DESIREE project at MSL：www. msl. se/futureproj/desiree. pdf, (2003).

65) The Heidelberg CSR：AIP Conference Proceedings, 821, 473 (2006)；doi：10.1063/1.2190154.

66) 熊谷寛夫 編：加速器（核物理学講座 6）p. 175 共立出版, (1950).

67) F. Cole："Oh Camelot, a memoir of the MURA years", http://epaper.kek.jp/c01/cyc2001/extra/Cole.pdf.

68) K. R. Symon, et al.：Phys. Rev 103 1873 (1956).

69) Y. Mori：Proc. of EPAC 2006 Edinburgh, 950 (2006).

70) S. Machida, et al.：Nature Physics 8 243 (2012).

71) S. Koscieniak, et al.：Nucl. Instr. and Meth. PRS A523 25 (2004).

72) E. Yamakawa, et al.：Nucl. Instr. and Meth. PRS A716 46 (2013).

73) A. Sato, et al.：Proc. of EPAC2006, Edinburgh, 2508 (2006).

74) C. H. Pyeon, et al.：Journal of Nucl. Scie. And Tech. 46 No. 12 1091 (2009).

75) H. Tanaka, et al.：Proc. of Cyclotrons 2004, Tokyo, 1459 (2004).

76) T. Baba, et al.：Proc. of EPAC08, Genoa, 3371 (2008).

77) Y. Mori：Nucl. Instr. Meth. PRS A563 591 (2006).

8章

加速器の基礎および理論

8.1 はじめに

本章では，加速器におけるビーム力学，およびそれに必要な基礎的事項についてまとめる．座標系，ベータトロン振動，シンクロトロン振動，シンクロトロン輻射を含む電子リングの力学，集団運動（インピーダンス，ビーム不安定性），衝突型加速器などがおもなテーマである．これに加えて，ビーム冷却の様々な方法について述べる．

8.2 ビームのための古典力学

8.2.1 ハミルトニアンと正準方程式

加速器の大型化とともにビーム力学は精密さが要求されるようになり，複雑な問題はハミルトニアン形式で議論するのが普通になっている．本節では，ハミルトニアン形式の古典力学について簡単にまとめる．

ラグランジアン形式の古典力学はラグランジアン $L(q, \dot{q}, t)$ から出発する．q_i（$i=1, 2, 3$）は粒子の位置を与える変数，$\dot{q}_i$ はその時間微分，t は時間変数である．運動方程式は，作用積分 $\int L dt$ を最小にする軌道

$$\frac{\partial L}{\partial q_i} - \frac{d}{dt}\left(\frac{\partial L}{\partial \dot{q}_i}\right) = 0 \tag{8.2.1}$$

として求められる．これをハミルトニアン形式で書くには，まず運動量変数を

$$p_i = \frac{\partial L}{\partial \dot{q}_i}$$

ハミルトニアンを

$$H(q, p, t) = \sum_{i=1}^{3} p_i \dot{q}_i - L(q, \dot{q}, t)$$

で定義する．こうすると，運動方程式(8.2.1)は

$$\frac{dq_i}{dt} = \frac{\partial H}{\partial p_i}, \quad \frac{dp_i}{dt} = -\frac{\partial H}{\partial q_i} \tag{8.2.2}$$

と同等になる．これが正準方程式である．

二つの関数 u, v について，ポアソン括弧

$$\{u, v\} \equiv \sum_{i=1}^{3}\left(\frac{\partial u}{\partial q_i}\frac{\partial v}{\partial p_i} - \frac{\partial u}{\partial p_i}\frac{\partial v}{\partial q_i}\right)$$

を定義する．$\{v, u\} = -\{u, v\}$ である．容易にわかるように，

$$\{q_i, q_j\} = \{p_i, p_j\} = 0, \quad \{q_i, p_j\} = \delta_{ij} \tag{8.2.3}$$

である．ポアソン括弧を使うと正準方程式(8.2.2)は

$$\dot{q}_i = \{q_i, H\}, \quad \dot{p}_i = \{p_i, H\}$$

と書くことができ，さらに (q, p, t) の任意の関数 f について，

$$\frac{df}{dt} = \{f, H\} + \frac{\partial f}{\partial t} \tag{8.2.4}$$

が成り立つ．時間に陽によらない関数 f が運動の定数（$df/dt = 0$）であるなら，f はハミルトニアンと「交換する」，すなわち，$\{f, H\} = 0$ である．

6次元ベクトル z を，$z_{2i-1} = q_i$, $z_{2i} = p_i (i=1, 2, 3)$ で定義すると，式(8.2.3)はまとめて，

$$\{z_a, z_b\} = J_{ab} \quad (a, b = 1, 2, ..., 6)$$

と書ける．ここで J は 6×6 行列で，次式で定義される．

$$J = \begin{pmatrix} J_2 & 0 & 0 \\ 0 & J_2 & 0 \\ 0 & 0 & J_2 \end{pmatrix}, \quad J_2 = \begin{pmatrix} 0 & 1 \\ -1 & 0 \end{pmatrix}$$

この記法を用いると正準方程式(8.2.2)は

$$\frac{dz_a}{dt} = \sum_b J_{ab}\frac{\partial H}{\partial z_b}$$

あるいはベクトル記法で，$dz/dt = J\partial H/\partial z$ と書ける．

同じ力学系を別の位置・運動量変数 (Q_i, P_i)（$i=1, 2, 3$）で記述する場合，(q, p) と (Q, P) が正準変換で結ばれていなければならない．変数変換 $(q, p) \rightarrow (Q, P)$ が正準変換であるための必要十分条件として，

$$\{Z_a, Z_b\} = J_{ab}$$

が挙げられる．ここで Z は z と同様に (Q, P) から組み立てた6次元ベクトルである．

運動方程式は，作用積分 $\int L dt = \int (p\dot{q} - H)dt$（しばらく自由度1とする）を最小にする条件として得られるが，(q, p) と関数関係を持った別の変数の組 (Q, P) が $p\dot{q} - H = P\dot{Q} - K + dF/dt$ を満たすなら，作用積分は同じになり，同じ軌道を与える．dF/dt の項は全微分なので，作用積分に影響しない．F が (q, Q, t) の関数である場合，$dF/dt = (\partial F/\partial q)\dot{q} + (\partial F/\partial Q)\dot{Q} + \partial F/\partial t$ であるから，$p = \partial F/\partial q$, $P = -\partial F/\partial Q$, $K = H + \partial F/\partial t$ の関係があれば上の式が成り立つ．これにより，関数 $F(q, Q, t)$ によって，

8章 加速器の基礎および理論

正準変換 $(q, p) \rightarrow (Q, P)$ が定義できることになる．K が新しい変数でのハミルトニアンの役を果たす．F を正準変換の母関数と呼ぶ．母関数は，(q, Q) の関数でなくとも，一般に旧変数と新変数を混合した関数であればよい．混合の仕方により以下の4種類の型がある（番号付けは文献1 p. 378 に従う）．上記の F は F_1 にあたる（多自由度の場合は各自由度について別々に考えればよい）．

$$F_1(q, Q): \quad p = \frac{\partial F_1}{\partial q}, P = -\frac{\partial F_1}{\partial Q}, K = H + \frac{\partial F_1}{\partial t}$$

$$F_2(q, P): \quad p = \frac{\partial F_2}{\partial q}, Q = \frac{\partial F_2}{\partial P}, K = H + \frac{\partial F_2}{\partial t}$$

$$F_3(p, Q): \quad q = -\frac{\partial F_3}{\partial p}, P = -\frac{\partial F_3}{\partial Q}, K = H + \frac{\partial F_3}{\partial t}$$

$$F_4(p, P): \quad q = -\frac{\partial F_4}{\partial p}, Q = \frac{\partial F_4}{\partial P}, K = H + \frac{\partial F_4}{\partial t}$$

$F_2 = qP$，あるいは $F_3 = -pQ$ は，恒等変換 $Q = q$，$P = p$，$K = H$ を与える．

加速器内での粒子の運動はほとんどマクスウェル方程式に支配されている．ベクトルポテンシャル (Φ, A) のなかで運動する質量 m，電荷 q の粒子の運動を直角座標 $x = (x_1, x_2, x_3)$ で記述する場合，ラグランジアンは

$$L(x, \dot{x}) = -mc^2\sqrt{1 - (\dot{x}/c)^2} - q\Phi(x) + qA(x) \cdot \dot{x}$$

であり，これから導かれる正準運動量は

$$p_i = \frac{\partial L}{\partial \dot{x}_i} = \frac{m\dot{x}_i}{\sqrt{1 - (\dot{x}/c)^2}} + qA_i, \quad (i = 1, 2, 3)$$

である．右辺第1項は力学的運動量（kinetic momentum）である．これによりハミルトニアン

$$H(x, p) = \sum_{i=1}^{3} \dot{x}_i p_i - L = c\sqrt{(p - qA)^2 + m^2 c^2} + q\Phi$$

$$(8.2.5)$$

が導かれる．これは直角座標による記述であるが，加速器に適した座標系への変形は 8.2.4 項に述べる．

8.2.2 マクスウェル方程式

ここでは，マクスウェル方程式およびそれに関連した関係式をまとめておく．本書の大部分で MKSA 単位系が用いられているが，一部で CGS 系も使われているので，ガウス単位系（非有理化 CGS 系）による表式も列記する．

E 電場 D 電束密度（$= \epsilon E$）
P 分極 B 磁束密度（$= \mu H$）
H 磁場 J 電流密度
ρ 電荷密度 $\mathcal{H}$ エネルギー密度
ϕ スカラーポテンシャル
A ベクトルポテンシャル
S ポインティングベクトル F ローレンツ力
r_e 古典電子半径 α 微細構造定数

     MKSA 単位系   ガウス単位系
$$\epsilon_0 = 10/4\pi c^2$$
$$\mu_0 = 4\pi \times 10^{-7}$$
$$D = \epsilon_0 E + P \qquad D = E + 4\pi P$$
$$H = \frac{1}{\mu_0} B - M \qquad H = B - 4\pi P$$

$\nabla \cdot D = \rho$	$\nabla \cdot D = 4\pi\rho$
$\nabla \times H = J + \dfrac{\partial D}{\partial t}$	$\nabla \times H = \dfrac{4\pi}{c}J + \dfrac{1}{c}\dfrac{\partial D}{\partial t}$
$\nabla \times E = -\dfrac{\partial B}{\partial t}$	$\nabla \times E = -\dfrac{1}{c}\dfrac{\partial B}{\partial t}$
$\nabla \cdot B = 0$	$\nabla \cdot B = 0$
$\dfrac{\partial \rho}{\partial t} + \nabla \cdot J = 0$	$\dfrac{\partial \rho}{\partial t} + \nabla \cdot J = 0$
$F = e(E + v \times B)$	$F = e\left(E + \dfrac{v}{c} \times B\right)$
$J = \sigma E$	$J = \sigma E$
$E = -\nabla\phi - \dfrac{\partial A}{\partial t}$	$E = -\nabla\phi - \dfrac{1}{c}\dfrac{\partial A}{\partial t}$
$B = \nabla \times A$	$B = \nabla \times A$
$S = E \times H$	$S = \dfrac{c}{4\pi}E \times H$
$\mathcal{H} = \dfrac{1}{2}(E \cdot D + B \cdot H)$	$\mathcal{H} = \dfrac{1}{8\pi}(E \cdot D + B \cdot H)$
$r_e = \dfrac{e^2}{4\pi\epsilon_0 m_e c^2}$	$r_e = \dfrac{e^2}{m_e c^2}$
$\alpha = \dfrac{e^2}{4\pi\epsilon_0 \hbar c}$	$\alpha = \dfrac{e^2}{\hbar c}$

ガウス単位系の表式から MKSA 単位系に移るには次のような置き換えをすればよい．

	MKSA単位系	ガウス単位系
光速	$1/\sqrt{\epsilon_0\mu_0}$	c
電場	$\sqrt{4\pi\epsilon_0}\,E$	E
電束密度	$\sqrt{4\pi/\epsilon_0}\,,D$	D
電荷，電荷密度，電流	$\rho/\sqrt{4\pi\epsilon_0}$	ρ
磁束密度	$\sqrt{4\pi/\mu_0}\,B$	B
磁場	$\sqrt{4\pi\mu_0}\,H$	H
磁化	$\sqrt{\mu_0/4\pi}\,M$	M
電気伝導率	$\sigma/(4\pi\epsilon_0)$	σ
誘電率	ϵ/ϵ_0	ϵ
透磁率	μ/μ_0	μ
抵抗，インピーダンス	$4\pi\epsilon_0 R$	R
静電容量	$C/(4\pi\epsilon_0)$	C

8.2.3 加速器座標系

加速器の形状は複雑であり，直角座標系は粒子の運動を記述するには向かない[*1]．設計軌道を基準とした直交座標系 (x, y, s) を定義する必要がある．s 軸は設計軌道の接線方向とする．設計軌道全体が平面に収まる場合は，水平面内で軌道に直角な（リングの場合は外向きの）方向を x 軸，正規直交右手系をつくるように y 軸を定義すればよい．

しかし，設計軌道が平面に収まらない一般の場合は，

[*1] 本節の対象とする加速器は，シンクロトロン，線形加速器，ビーム輸送ラインのように，大部分の粒子が設計軌道周辺の狭い領域を通るものであり，サイクロトロンのようなものは考えない．

(x, y, s) を次のように定義する[*2.2)]. まず, 設計軌道上の原点から測った長さを s とし, 軌道上の各点を $r(s)$ とする. s の点での接線方向単位ベクトルは $e_s = dr/ds$ である. e_s は s とともに向きを変えるが, その変化は e_s に垂直なベクトル

$$W_{DO}(s) \equiv e_s(s) \times \frac{de_s}{ds} \tag{8.2.6}$$

を定義すると

$$\frac{de_i}{ds} = W_{DO}(s) \times e_i(s), \quad (i = x, y, s) \tag{8.2.7}$$

の $i = s$ の場合が成り立つ. これは e_s の回転を表すが, x 軸・y 軸も同じ回転に従うとする. すなわち式 (8.2.7) が $i = x, y$ でも成り立つとする. 設計軌道上の 1 点において x 軸・y 軸の向きを決めておけば, これにより, すべての点で x 軸・y 軸が決まる. 式 (8.2.7) は (e_x, e_y, e_s) の正規直交右手関係を保存する[*3].

W_{DO} は e_s に直交するので, (e_x, e_y) で展開できる. この係数を

$$W_{DO} = -\frac{e_y}{\rho_x^0(s)} + \frac{e_x}{\rho_y^0(s)} \tag{8.2.8}$$

と定義すると, ρ_x^0, ρ_y^0 が設計軌道の曲率半径になる.

軸から外れた任意の点 $r(P)$ の座標は, 次のように定義する. P から設計軌道に下ろした垂線の足の位置を s とすると (設計軌道から大きく離れると垂線が唯一でなくなる場合があるが, そもそもそのようなケースは加速器では考えない), $r(P) - r(s)$ は e_s に直交するから

$$r(P) = r(s) + xe_x(s) + ye_y(s)$$

と書ける. これにより点 P の座標 (x, y, s) が決まる. この定義は平面軌道の場合 ($\rho_y^0 = \infty$), 最初に述べた座標系に一致する.

この定義では, 2 点 (x, y, s) と $(x+dx, y+dy, s+ds)$ を結ぶベクトル dr, および距離 dl は

$$dr = e_x dx + e_y dy + ge_s ds$$
$$dl^2 = dx^2 + dy^2 + g^2 ds^2,$$
$$g(x, y, s) = 1 + x/\rho_x^0(s) + y/\rho_y^0(s)$$

で与えられる. 速度 v で走る粒子の s 座標の変化は

$$\frac{ds}{dt} = \frac{v}{\sqrt{g^2 + x'^2 + y'^2}}, \quad x' \equiv \frac{dx}{ds}, \quad y' \equiv \frac{dy}{ds}$$

である.

[*2] Frenet-Seret 座標によって x 軸・y 軸を決めるとする教科書が多くある. この場合, 設計軌道の各点で主法線の向きを x 軸とする. しかし, 主法線はドリフト空間では不定であること, 逆向きの双極磁石があると突然 x 軸の向きが反転すること, 垂直方向偏向磁石があると突然 x 軸が上下方向になること, などのため実際には使われていない. 本節で定義した座標系が実際にはほとんどの計算機コードに使われている.

[*3] 原点から 1 周したとき, (e_x, e_y) がもとの方向と一致する保証はない. 多くの加速器では一致するが, 設計軌道の形状によっては (e_x, e_y) が回転している場合もある (軌道のねじれ, torsion). その場合, 計算機コードでは 1 周ごとに (e_x, e_y) 平面内の回転を挿入する必要がある. これは座標定義の不備によるものではなく, 力学的なものである.

この座標系 (x, y, s) でのベクトル解析の式は, 以下のようになる (f はスカラー, $A = A_x e_x + A_y e_y + A_s e_s$ はベクトル).

$$\nabla f = \frac{\partial f}{\partial x} e_x + \frac{\partial f}{\partial y} e_y + \frac{1}{g} \frac{\partial f}{\partial s} e_s$$

$$\nabla \cdot A = \frac{1}{g} \left[\frac{\partial (gA_x)}{\partial x} + \frac{\partial (gA_y)}{\partial y} + \frac{\partial A_s}{\partial s} \right]$$

$$\nabla \times A = \frac{1}{g} \left[\frac{\partial (gA_s)}{\partial y} - \frac{\partial A_y}{\partial s} \right] e_x + \frac{1}{g} \left[\frac{\partial A_x}{\partial s} - \frac{\partial (gA_s)}{\partial x} \right] e_y$$
$$+ \left[\frac{\partial A_y}{\partial x} - \frac{\partial A_x}{\partial y} \right] e_s$$

$$\Delta f = \frac{1}{g} \left[\frac{\partial}{\partial x} \left(g \frac{\partial f}{\partial x} \right) + \frac{\partial}{\partial y} \left(g \frac{\partial f}{\partial y} \right) + \frac{\partial}{\partial s} \left(\frac{1}{g} \frac{\partial f}{\partial s} \right) \right]$$

8.2.4 加速器における正準変数とハミルトニアン

加速器内での粒子の運動は 1 粒子運動を基本とする. ローレンツ力のもとでの運動方程式 $dp/dt = e(E + v \times B)$ は簡単であるが, 複雑な場合はハミルトニアンから出発しなければならない (前記の座標を使うだけですでに複雑である). シンクロトロン輻射などのエネルギー損失を含む場合でなければつねにハミルトニアンをつくることができる. 粒子間の相互作用を含む場合 (例えば, 空間電荷) でも, 電磁場を外場のかたちに書ければ 1 粒子のハミルトニアンで記述することができる.

前記の加速器座標系を使うと, 電磁場 4 元ポテンシャル (A^0, A) のもとでの 1 粒子のハミルトニアンは,

$$H(x, p_x, y, p_y, s, p_s ; t) = eA^0$$
$$+ c\sqrt{m^2 c^2 + (p_s/g - eA_s)^2 + (p_x - eA_x)^2 + (p_y - eA_y)^2} \tag{8.2.9}$$

となる (式 (8.2.5)). p_x, p_y, p_s は正準運動量であり, 力学的運動量は $p_x - eA_x$, $p_y - eA_y$, $p_s/g - eA_s$ である[*4].

しかし, 加速器力学では独立変数として時間 t ではなく, 軌道に沿った長さ s を使うほうが便利である. その場合ハミルトニアンは

$$H(x, p_x, y, p_y, -t, E ; s) = -p_s = -geA_s$$
$$- g\sqrt{(E - eA^0)^2/c^2 - (mc)^2 - (p_x - eA_x)^2 - (p_y - eA_y)^2} \tag{8.2.10}$$

となる.

s を独立変数にした場合, 各粒子は異なる時間座標 t を持つ. これは加速器上のある面 s で観測したときの各粒子の到達時刻である. 設計エネルギーを E_0, 設計速度を $v_0 = c[1 - (mc^2/E_0)^2]^{1/2}$ とすると, 設計粒子の運動は

[*4] 曲線座標系でのベクトルの成分の定義には注意を要する. 通常, 任意のベクトル V の成分は, $V_i = e_i \cdot V (i = x, y, s)$ で定義されるが (これを natural basis と呼ぶ), 正準運動量の成分は coordinate basis によらなければならない. s 方向の正準運動量 p_s は natural basis で表すと, $p_s = ge_s \cdot p$ である (x, y 成分はどちらの定義でも同じ). 特に, A_s の定義は文献によって異なるので注意. 本章では, 正準運動量以外はすべて natural basis を使う.

$s=v_0 t$ であるから，$-t$ の代わりに $\tau \equiv (s-v_0 t)/v_0$ を導入すると，対応する正準共役変数は $\Delta E = E - E_0$ となる（これは母関数 $F_2(-t, \Delta E; s) = \Delta E(s/v_0 - t) - t E_0$ で表せる）．τ はビームの進行方向が正となる．これは s とは異なるものである．$H(x, p_x, y, p_y, \tau, \Delta E; s)$ は $H(x, p_x, y, p_y, -t, E; s) + \Delta E/v_0$ となる．

$A^0 = 0$ で，p_x, p_y, ΔE の2次まで取った場合（実用上は大部分これで十分である），

$$H(x, p_x, y, p_y, \tau, \Delta E; s)$$
$$= \frac{g}{2p_0}[(p_x - eA_x)^2 + (p_y - eA_y)^2] - g(p_0 + eA_s)$$
$$- (g-1)\frac{\Delta E}{v_0} + g\frac{m^2}{2p_0^3}(\Delta E)^2$$

右辺1行目はおもにベータトロン振動，2行目はシンクロトロン振動に関係している．

変数として (x, p_x) などの代わりに，より幾何学的な (x, x') を使うこともある．ただし，これは正準共役変数ではないので厳密を要する場合には，x' の代わりに実質的にそれに近い p_x/p_0 を用いたほうがよい（p_0 は基準となる運動量）．ハミルトニアンは p_0 で割っておく（ただし，p_0 が加速によって変化する場合はこの方法は使えない）．

加速器で使われるおもな磁場に対する $\boldsymbol{A}$ の非ゼロ主要成分は以下のとおり．

2極磁石　　$A_s = -B_y x - \frac{1}{2}\left(\frac{B_y}{\rho_x^0} + \frac{\partial B_y}{\partial x}\right)x^2 + \frac{1}{2}\frac{\partial B_y}{\partial x}y^2$

4極磁石　　$A_s = \frac{1}{2}\frac{\partial B_y}{\partial x}(y^2 - x^2)$

歪4極　　$A_s = \frac{\partial B_x}{\partial x}xy$

6極磁石　　$A_s = \frac{1}{6}\frac{\partial^2 B_y}{\partial x^2}(-x^3 + 3xy^2)$

ソレノイド　$\boldsymbol{A} = \frac{1}{2}B_s(x\boldsymbol{e}_y - y\boldsymbol{e}_x)$

8.2.5 リウヴィルの定理とエミッタンス

6次元位相空間 $(x, p_x, y, p_y, \tau, \Delta E)$ 内の閉じた領域 V の形状は，運動方程式に従って独立変数 s とともに変化するが，その6次元体積は変わらない．V のなかの粒子はつねに V のなかに含まれるから，この位相空間の粒子密度も変わらない．これをリウヴィルの定理（Liouville's theorem）という．これはハミルトニアンが独立変数 s に陽に依存する場合でも成り立つ．

実際の応用としては，各自由度 (x, y, τ) の運動を独立とする場合がほとんどであり，その場合，例えば2次元位相空間 (x, p_x) の面積は保存される．粒子が存在する範囲の2次元位相空間の面積をエミッタンス（emittance）と呼ぶ．これを π で除したものをエミッタンスと呼ぶことも多い．実際の粒子分布は裾を持つので，例えば90%の粒子を含む面積を90%エミッタンスなどと呼ぶ．ガウス分布の場合，標準偏差内の面積を取ることが普通である．上記の定義では，エミッタンスの次元は位置 × 運動量，すなわち

meter×eV/c のようになるが，これを mc で割って，meter にすることが多い．これを，規格化エミッタンス（normalized emittance）と呼ぶ．

規格化エミッタンスはハミルトニアン系である以上，理論上は保存されるが，位相空間の形状が複雑になる場合，実際はそれを覆うような単純な形状（例えば楕円）で表現しなければならないときもある．特に測定されるエミッタンスはこのようなものである．この意味のエミッタンスは厳密には保存されない．

規格化エミッタンスはゆっくり（断熱的に）加速した場合も保存される．一方，$(x, x' \approx p_x/p_0)$ 空間の面積（幾何学的エミッタンス，geometric emittance，次元は meter，あるいは meter×radian）は，$1/p_0$ に比例して加速とともに減少する．これを断熱減衰という．$p_0 = mc\gamma\beta$ であるから，幾何学的エミッタンス ＝ 規格化エミッタンス/$\gamma\beta$ の関係がある．以上のようにエミッタンスには様々な定義が併用されているので注意が必要である．

参考文献

1) H. Goldstein : "Classical Mechanics" 2nd ed., Addison-Wesley (1980).
2) K. Yokoya : KEK Internal 85-7, Appendix A (1985).

8.3　ベータトロン振動

ビーム内の個々の粒子は加速器内の中心軌道の周りを振動しながら走る．このうち，進行方向 s に垂直な方向 (x, y) の振動を（歴史的理由で）ベータトロン振動と呼ぶ．本節についての標準的な教科書として，文献1~4を挙げておく．

本節では，まずビーム内の各粒子のエネルギーは変化しないものとして運動を考える．この運動は，各粒子について (x, x', y, y') を s の関数として表すことで記述できる．ダッシュ（'）は s についての微分である．

8.3.1　閉軌道と dispersion（分散関数）

円形加速器のビーム粒子は閉軌道の周りを振動する．閉軌道とは，その軌道上の仮想的な粒子が何回周回しても同じ位置に戻ってきて永久に同じところを回り続けるような軌道である．安定にビームを回せる円形加速器には必ず閉軌道が存在する．

閉軌道は粒子のエネルギーに依存する．エネルギーの相対的なずれ $\delta \equiv \Delta E/E$ に対する，ある場所 s での閉軌道の位置を $x_c(\delta)$，$y_c(\delta)$ とし，

$$\eta_x \equiv \frac{dx_c(\delta)}{d\delta}, \quad \eta_y \equiv \frac{dy_c(\delta)}{d\delta}$$

で定義される η_x と η_y を，それぞれ水平方向と垂直方向の運動量分散関数（dispersion function）と呼ぶ．Dispersion は軌道が曲げられることで発生する．設計軌道が水平面内にあれば垂直方向の設計上の dispersion はどこで

も 0 である.

以下では特に断らない限り,横方向の運動を表す変数として,閉軌道からのずれを (x, x', y, y') として扱う.

8.3.2 線形運動の解

ここでは x 方向の運動と y 方向の運動に相互作用(カップリング)がないとして,x 方向の運動のみ記述する(x を y と書き換えれば y 方向の運動を記述できる).運動方程式が線形であるとは,

$$x'' + k(s)x = 0 \tag{8.3.1}$$

と書けることである.$k(s)$ が磁場の 4 極成分による収束(または発散)を表す項である.

このかたちの方程式は「ヒル(Hill)の方程式」と呼ばれ,その解は,

$$x(s) = a\sqrt{\beta(s)}\cos(\phi(s) + \phi_0) \tag{8.3.2}$$

のような振動のかたちに書ける.この運動を「ベータトロン振動」と呼ぶ.ここで,a と ϕ_0 は初期条件から決まる定数(s によらない)で,$\phi(s)$ と $\beta(s)$ には,

$$\frac{1}{\beta(s)} = \frac{d\phi(s)}{ds}$$

の関係がある.$\beta(s)$ は「β 関数」と呼ばれる.

円形加速器では L を周長として,$k(s+L) = k(s)$ という周期条件があり,β 関数に同様の周期条件 $\beta(s+L) = \beta(s)$ を課すことによって一意的に決めることができる.明らかな周期条件のないビーム輸送ラインやリニアック(線形加速器)では,β 関数を一意的に決めることはできないので,何らかの初期条件,設計上の周期条件などから決定する.この場合,a と ϕ_0 が β 関数の選び方に依存することに注意が必要である.

$x(s)$ を s で微分して,

$$x'(s) = -\frac{a}{\sqrt{\beta(s)}}[\sin(\phi(s) + \phi_0) + \alpha(s)\cos(\phi(s) + \phi_0)] \tag{8.3.3}$$

が得られる.ここで,$\alpha(s)$ は「α 関数」で,$\alpha(s) \equiv -(1/2)d\beta(s)/ds$ と定義される周期関数である.また,$\gamma(s) \equiv [1 + \alpha^2(s)]/\beta(s)$ のように「γ 関数」も定義され,これらはまとめて「Twiss parameter」と呼ばれる.

$\phi(s)$ はベータトロン位相の進み(phase advance)で,1 周したときの増加は,

$$\phi(s+L) - \phi(s) = \int_s^{s+L} \frac{ds}{\beta(s)}$$

であり,$\beta(s)$ が周期関数であることから,これは s によらないことがわかる.これを 2π で割ったもの

$$\nu = \frac{\phi(s+L) - \phi(s)}{2\pi}$$

を「チューン(tune)」と呼ぶ.

8.3.3 転送行列

線形運動は転送行列(transfer matrix)を使って記述することができる.すなわち,ある場所 s_1 での横方向の位置と角度が与えられた場合,別の場所 s_2 での位置と角度は 4×4 の転送行列 $M_4(s_2, s_1)$ により

$$\begin{pmatrix} x(s_2) \\ x'(s_2) \\ y(s_2) \\ y'(s_2) \end{pmatrix} = M_4(s_2, s_1) \begin{pmatrix} x(s_1) \\ x'(s_1) \\ y(s_1) \\ y'(s_1) \end{pmatrix}$$

と表される.線形運動の性質から,転送行列の行列式は 1 である.

x–y カップリングがない場合は,2×2 の転送行列 $M_x(s_2, s_1)$,$M_y(s_2, s_1)$ により,

$$\begin{pmatrix} x(s_2) \\ x'(s_2) \end{pmatrix} = M_x \begin{pmatrix} x(s_1) \\ x'(s_1) \end{pmatrix} \quad (y \text{ も同様})$$

と書ける(以下 x,y の添字を省略することがある).

電磁場のない長さ l のドリフト空間の転送行列は

$$M(s+l, s) = \begin{pmatrix} 1 & l \\ 0 & 1 \end{pmatrix}$$

である.

一様な 4 極磁場中では,運動方程式

$$\frac{d^2x}{ds^2} = -kx, \quad \frac{d^2y}{ds^2} = ky \quad \left(k \equiv \frac{e}{p_0}\frac{\partial B_y}{\partial x}\right)$$

を解き(p_0 は基準となる運動量),$K = \sqrt{|k|}$ として,

$$M_x(s+l, s) = \begin{cases} \begin{pmatrix} \cos Kl & (\sin Kl)K \\ -K\sin Kl & \cos Kl \end{pmatrix} & (k > 0) \\[3mm] \begin{pmatrix} \cosh Kl & (\sinh Kl)/K \\ K\sinh Kl & \cosh Kl \end{pmatrix} & (k < 0) \end{cases}$$

である(y については k の符号を逆にする).

また,4 極磁石が薄い場合の近似として,

$$M_{x,y}(s+l, s) = \begin{pmatrix} 1 & 0 \\ \mp kl & 1 \end{pmatrix}$$

が使われる(thin lens 近似).

一様な 2 極磁場中での運動方程式は,

$$\frac{d^2x}{ds^2} = -\frac{x}{\rho^2}, \quad \frac{d^2y}{ds^2} = 0$$

と書くことができ,その転送行列は,

$$M_x(s+\rho\theta, s) = \begin{pmatrix} \cos\theta & \rho\sin\theta \\ -(1/\rho)\sin\theta & \cos\theta \end{pmatrix}$$

$$M_y(s+\rho\theta, s) = \begin{pmatrix} 1 & \rho\theta \\ 0 & 1 \end{pmatrix}$$

である.ρ は設計軌道の曲率半径,θ は設計軌道の角度変化である.一様な 2 極磁場は水平方向の収束力を持つ.これは,曲率のある設計軌道の場合には,外側の粒子は 2 極磁場中をより長い距離通ることになり,より多く内側に曲げられるからである.垂直方向に対しては長さ $\rho\theta$ のドリフト空間と同じである.

2 極磁石の端が設計軌道に垂直でない場合には,その角度に依存した収束・発散を与える.磁極端面への垂線と設計軌道の角度を φ とすると,磁石の端(fringe)の効果は転送行列

$$M_x = \begin{pmatrix} 1 & 0 \\ (1/\rho)\tan\varphi & 1 \end{pmatrix}$$

$$M_y = \begin{pmatrix} 1 & 0 \\ -(1/\rho)\tan\varphi & 1 \end{pmatrix}$$

で表される．Sector magnet は $\varphi=0$，rectangular magnet では $\varphi=\theta/2$ である．y 方向にも収束・発散力があるのは，$y\neq0$ で磁極の端付近の磁場が端面に垂直な方向の成分を持つためである．

ベータトロン振動の式(8.3.2)，(8.3.3)より，任意の2点間で，

$$M(s_2, s_1) =$$
$$\begin{pmatrix} \sqrt{\dfrac{\beta_2}{\beta_1}}(\cos\phi+\alpha_1\sin\phi) & \sqrt{\beta_2\beta_1}\sin\phi \\[2ex] \dfrac{-(1+\alpha_2\alpha_1)\sin\phi-(\alpha_2-\alpha_1)\cos\phi}{\sqrt{\beta_2\beta_1}} & \sqrt{\dfrac{\beta_1}{\beta_2}}(\cos\phi-\alpha_2\sin\phi) \end{pmatrix}$$
$$(\phi=\phi(s_2)-\phi(s_1),\ \beta_1=\beta(s_1),\ \alpha_1=\alpha(s_1)) \qquad (8.3.4)$$

と書ける．特に，円形加速器 n 周分の転送行列は

$$M(nL+s_1, s_1) = M^n(L+s_1, s_1)$$
$$= \begin{pmatrix} \cos2\pi\nu+\alpha_1\sin2\pi\nu & \beta_1\sin2\pi\nu \\ -(1+\alpha_1^2)/\beta_1\sin2\pi\nu & \cos2\pi\nu-\alpha_1\sin2\pi\nu \end{pmatrix}^n$$
$$= \begin{pmatrix} \cos2\pi\nu n+\alpha_1\sin2\pi\nu n & \beta_1\sin2\pi\nu n \\ -(1+\alpha_1^2)/\beta_1\sin2\pi\nu n & \cos2\pi\nu n-\alpha_1\sin2\pi\nu n \end{pmatrix}$$
$$(8.3.5)$$

である．

8.3.4 加速のある場合

リニアックでビームが加速される場合にも横方向の運動をベータトロン振動として記述できる．ここでは，超相対論的なビームについて考慮する．加速によって横方向の運動の角度が減少するので，s でのビームエネルギーを $E(s)$，加速勾配を $g(s)=dE(s)/ds$ とすると，式(8.3.1)の運動方程式は修正されて，

$$x'' + \frac{g(s)}{E(s)}x' + k(s)x = 0$$

となる．これは，減衰を含む振動の式である．ここで，

$$X \equiv \sqrt{E(s)/E_0}\,x$$

と変数を変える（E_0 は任意の定数）ことで，

$$X'' + \left[k(s) + \frac{g^2(s)}{4E^2(s)} - \frac{g'(s)}{2E(s)}\right]X = 0 \qquad (8.3.6)$$

が得られる．これは減衰のない線形運動の式である．したがって，加速はベータトロン振動の振幅を，エネルギーの平方根に反比例するように減衰させることがわかる．また，リニアックの高エネルギー部分では，多くの場合，式(8.3.6)の括弧内第2・3項は第1項に比べて無視できる．

8.3.5 運動の安定性

一般に，式(8.3.1)と周期条件から得られる ϕ，β，α は実数となる保証はなく，$k(s)$ によっては虚数となり，振幅は指数関数的に増大して発散してしまう．このような加速器は安定にビームを周回させることができない．

運動が安定であるかどうかを1周の転送行列の対角和から判断することができる．式(8.3.5)から安定条件（ν が実数となる条件）

$$|\mathrm{Tr}[M]| = 2|\cos(2\pi\nu)| \le 2 \qquad (8.3.7)$$

が得られる．

8.3.6 不変量

式(8.3.2)，(8.3.3)から，

$$2J \equiv \frac{1}{\beta}x^2 + \beta\left(x' + \frac{\alpha}{\beta}x\right)^2 = a^2$$

となり，この量が s によらないことがわかる．したがって，各粒子について J は線形運動では不変であり，Courant-Snyder 不変量と呼ばれる．ビーム内の全粒子の分布を考え，ビームの位置と角度分布の広がりを表す量として，エミッタンス

$$\varepsilon_x \equiv \sqrt{\langle x^2\rangle\langle x'^2\rangle - \langle xx'\rangle^2} \qquad (8.3.8)$$

が定義される．$\langle\ \rangle$ は全粒子の平均を表す（簡単のため $\langle x\rangle=\langle x'\rangle=0$ とする）．エミッタンスが線形運動で保存することは，式(8.3.1)を使えば式(8.3.8)の s 微分がゼロになることで容易に確かめられる．

また，エミッタンスは，行列

$$S_x(s) = \begin{pmatrix} \langle x^2(s)\rangle & \langle x(s)x'(s)\rangle \\ \langle x'(s)x(s)\rangle & \langle x'^2(s)\rangle \end{pmatrix}$$

を使い，

$$\varepsilon_x = \sqrt{\det S(s)}$$

と表すこともできる．S の変化は転送行列により，

$$S_x(s_2) = M_x(s_2, s_1)S_x(s_1)M_x^T(s_2, s_1)$$

のように表される（M_x^T は M_x の転置行列）．したがって，線形運動では転送行列の行列式が1であることからも，エミッタンスが不変であることが示される．

8.3.7 Matching

エミッタンスと，ある場所 s でのビームの大きさはそれぞれ

$$\varepsilon = \sqrt{\langle a^2\sin^2\phi_0\rangle\langle a^2\cos^2\phi_0\rangle - \langle a^2\sin\phi_0\cos\phi_0\rangle^2}$$
$$\sigma_x(s) \equiv \sqrt{\langle x^2(s)\rangle} = \sqrt{\beta(s)\langle a^2\cos^2(\phi(s)+\phi_0)\rangle}$$

と書ける．ここで，$\langle a^2\cos^2(\phi(s)+\phi_0)\rangle$ は一般には s に依存し，同じ場所（同じ $\beta(s)$）でもビームの大きさは周回によって変化する（$\beta(s)$ は周長を周期とする周期関数であるが，$\phi(s)$ は周期関数でないことに注意）．

特別な場合として，ϕ_0 が0から 2π まで一様に分布している（したがって，a と ϕ_0 の間に相関関係がない）場合，$\langle\cos^2\rangle$，$\langle\sin^2\rangle\to1/2$，$\langle\cos\sin\rangle\to0$ となり，

$$\varepsilon = \langle a^2/2\rangle = \langle J\rangle$$
$$\sigma_x(s) = \sqrt{\varepsilon\beta(s)}$$

である．また，他の Twiss parameter とビーム粒子の分布との間の関係も得られ，

$$\sigma_x(s) \equiv \sqrt{\langle x'^2(s)\rangle} = \sqrt{\varepsilon\gamma(s)}$$
$$\langle x(s)x'(s)\rangle = -\varepsilon\alpha(s)$$

となる．

Twiss parameter は周期関数であるから，このような場合には，ある場所での $\langle x^2\rangle$，$\langle x'^2\rangle$，$\langle xx'\rangle$ はどの周回でも変

わらない．ビーム粒子の分布のかたちがビームラインのパラメータである β，α によって決まるかたちに合っているこのような状態は matching が取れているといわれる．

電子・陽電子蓄積リングでは，放射励起・放射減衰の結果，自然に matching が取れた状態になっていく．

8.3.8 ２極磁場付加の影響，軌道補正

円形加速器の周上のある任意の短い場所 ($s_0 \sim s_0 + ds$) に２極磁場を付け加えた場合の閉軌道の変化を考える．粒子は，この場所を通るたびに一定の角度変化を受ける．この角度を θ として s_0 で (x_0, x_0') であった粒子が１周した後の (x_1, x_1') を考える．$s_0 \to s_0 + ds$ では（ds は微小）

$$x_0 \to x_0, \quad x_0' \to x_0' + \theta$$

$s_0 + ds \to L + s_0$（L は周長）では１周の転送行列により，

$$\begin{pmatrix} x_1 \\ x_1' \end{pmatrix} = \begin{pmatrix} \cos\varphi + \alpha\sin\varphi & \beta\sin\varphi \\ -\dfrac{1+\alpha^2}{\beta}\sin\varphi & \cos\varphi - \alpha\sin\varphi \end{pmatrix} \begin{pmatrix} x_0 \\ x_0' + \theta \end{pmatrix}$$

$$(8.3.9)$$

となる（$\varphi \equiv 2\pi\nu$）．

$(x_0, x_0') = (0,0)$ のとき (x_0, x_0') と (x_1, x_1') は等しくならないので，$(0,0)$ は閉軌道でなくなる．すなわち，付け加えた２極成分の磁場は閉軌道を変化させる．閉軌道となる条件 $(x_0, x_0') = (x_1, x_1')$ を式(8.3.9)に課すことから，閉軌道の変化として，

$$\Delta x(s_0) = \frac{\beta(s_0)\sin\varphi}{2(1-\cos\varphi)}\theta$$

$$\Delta x'(s_0) = \frac{-1+\cos\varphi - \alpha(s_0)\sin\varphi}{2(1-\cos\varphi)}\theta \qquad (8.3.10)$$

が得られ，これと式(8.3.4)から，任意の s での Δx は以下のようになる．

$$\Delta x(s) = \frac{\sqrt{\beta(s_0)\beta(s)}}{2(1-\cos\varphi)} \times [-\sin\psi$$
$$+\sin(\varphi+\psi) + (\alpha(s)-\alpha(s_0))\sin\varphi\sin\psi] \times \theta$$

$$(8.3.11)$$

ただし，ψ は s_0 から s への位相の進みである．

付加する２極成分の磁場が多数あれば，それらによる閉軌道の変化は，上の式をすべての２極成分の磁場について足し合わせればよい．円形加速器での閉軌道の補正は補正用の２極磁石によって行われ，軌道の変化は上の式で計算できる．

また，チューンが整数の場合，式(8.3.10)，(8.3.11)の分母はゼロとなり，閉軌道の変化は発散する．チューンが整数であれば，周回のたびに毎回同じ位相で余分の角度変化を被るので，振動が大きくなっていく．これは，最も単純な共鳴現象と考えることができる．

8.3.9 ４極磁場付加の影響

４極成分の磁場を付加することの影響を考える．$s_0 \sim s_0 + ds$ で強さ K/ds の４極磁場を付加すると，$s_0 \to s_0 + ds$ の転送行列は，

$$M(s_0 + ds, s_0) = \begin{pmatrix} 1 & 0 \\ K & 1 \end{pmatrix}$$

である．したがってリング１周の転送行列は，
$M(s_0 + L, s_0)$

$$= \begin{pmatrix} \cos\varphi + \alpha\sin\varphi & \beta\sin\varphi \\ -\dfrac{1+\alpha^2}{\beta}\sin\varphi & \cos\varphi - \alpha\sin\varphi \end{pmatrix} \begin{pmatrix} 1 & 0 \\ K & 1 \end{pmatrix}$$

$$= \begin{pmatrix} \cos\varphi + \alpha\sin\varphi + K\beta\sin\varphi & \beta\sin\varphi \\ -\dfrac{1+\alpha^2}{\beta}\sin\varphi + K(\cos\varphi + \alpha\sin\varphi) & \cos\varphi - \alpha\sin\varphi \end{pmatrix}$$

振動が安定となる条件は，上の式と式(8.3.7)から，

$$|\cos(2\pi\nu - \Delta)| < \cos\Delta$$

$$\Delta \equiv \arctan\frac{-K\beta}{2} \quad (-\pi/2 < \Delta < \pi/2)$$

と書け，ν が整数または半整数に近い場合には絶対値の小さな $K\beta$ でも不安定になる可能性がある．$K\beta$ が小さい場合のチューンの変化は，

$$\Delta\nu \approx -\frac{1}{4\pi}K\beta \qquad (8.3.12)$$

となる．付加される４極成分の磁場が多数あれば，それらによるチューンの変化は，上の式をすべての磁場について足し合わせればよい．

8.3.10 色収差とその補正

エネルギーが設計値からわずかにずれた粒子の横方向の運動を考える．エネルギーの相対的なずれ $\delta = \Delta E/E$ の粒子の運動方程式は，式(8.3.1)を修正して，

$$x'' + \frac{k(s)}{1+\delta}x = x'' + k(s)(1-\delta + O(\delta^2)) = 0$$

となる．y については $k(s)$ の符号が逆になる．これは，$s \sim s + ds$ に $k(s)(-\delta + O(\delta^2))$ の強さの４極磁場を付加したことになり，δ が微小な場合その１次のみをとって，式(8.3.12)からチューンの変化

$$\Delta\nu_{x,y} \approx \pm\delta\frac{1}{4\pi}\int_0^L k(s)\beta_{x,y}(s)ds \qquad (8.3.13)$$

が得られる（複号は x, y に対応．以下同じ）．チューンのエネルギー依存性

$$\xi_{x,y} = \frac{d\nu_{x,y}}{d\delta}$$

は色収差（chromaticity）と呼ばれ，補正をしない場合

$$\xi_{x,y} \approx \pm\frac{1}{4\pi}\int_0^L k(s)\beta_{x,y}(s)ds$$

である．

色収差とビームの energy spread のためにチューンの広がりが生じる．この広がりが大きくなり共鳴を起こす範囲にまで達するとビームが失われるなどの問題が発生するため，色収差を補正する必要がある．

色収差の補正は６極磁石を水平方向の dispersion のある場所に置くことで行われる．強さ k_s の６極磁場中での荷電粒子の運動は，

$$x'' + \frac{1}{2}k_s(x^2 - y^2) = 0$$

$$y'' - k_s xy = 0 \quad \left(k_s \equiv \frac{e}{p_0}\frac{\partial^2 B_y}{\partial x^2}\right)$$

と書ける．水平方向の位置を $x = \eta_x \delta + x_\beta$ のようにエネルギーのずれに比例した dispersion による成分とベータトロン振動の成分とに分け，x_β, y の1次の項だけを残すことにより，

$$x''_\beta + k_s \eta_x \delta x_\beta = 0, \quad y'' - k_s \eta_x \delta y = 0$$

これは，強さ $k_s \eta_x \delta$ の4極磁場中の運動方程式と同じである．したがって，6極磁場はエネルギーのずれ δ の粒子に対し $k_s \eta_x \delta$ の強さの4極磁場として働き，それによるチューンの変化は，

$$\Delta \nu_{x,y} \approx \mp \frac{\delta}{4\pi} \int_0^L k_s(s) \eta_x(s) \beta_{x,y}(s) ds$$

となる．これと式 (8.3.13) より，

$$\int_0^L k(s)\beta(s)ds - \int_0^L k_s(s)\eta_x(s)\beta(s) = 0$$

とすれば色収差が0になることがわかる．

8.3.11 弱収束

一様な2極磁場が水平方向の収束力を持つために，円形加速器のすべての場所で x, y 両方向の収束力を持つようにできる．曲率半径が ρ となる2極磁場に加え，強さ k の4極磁場を加えることにより，運動方程式は，

$$x'' = (-\rho^{-2} - k)x, \quad y'' = ky$$

となるので，$0 < -k < \rho^{-2}$ であれば，水平・垂直両方向で収束力を持つことになる．

全周にわたって磁場が一様な円形加速器を考え，$k = -a\rho^{-2}(0 < a < 1)$ とすると，1周の転送行列は，

$$M_x = \begin{pmatrix} \cos(2\pi\sqrt{1-a}) & \frac{\rho}{\sqrt{1-a}}\sin(2\pi\sqrt{1-a}) \\ -\frac{\sqrt{1-a}}{\rho}\sin(2\pi\sqrt{1-a}) & \cos(2\pi\sqrt{1-a}) \end{pmatrix}$$

$$M_y = \begin{pmatrix} \cos(2\pi a) & \frac{\rho}{\sqrt{a}}\sin(2\pi a) \\ -\frac{\sqrt{a}}{\rho}\sin(2\pi a) & \cos(2\pi a) \end{pmatrix}$$

で，チューンと β 関数は

$$\nu_x = \sqrt{1-a}, \quad \nu_y = \sqrt{a}$$
$$\beta_x = \rho/\sqrt{1-a}, \quad \beta_y = \rho/\sqrt{a}$$

である．このような方法ではビーム収束力が曲率半径によって制限され，大きな半径では弱い収束しか得られないので「弱収束（weak focus）」と呼ばれる．周長の大きな高エネルギー加速器では次節で述べるような「強収束（strong focus）」が使われる．

8.3.12 強収束，FODO ラティス

強収束のアイデアは，「あらゆる場所で収束させなくても，収束と発散とを組み合わせることにより，全体としてビームを安定にできる」ということである．

強収束の簡単な例として thin lens 近似で FODO の繰り返しを見る．F は focus，D は defocus，O は何もない空

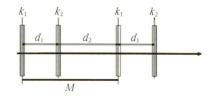

図 8.3.1 FODO（この配置の繰り返し）

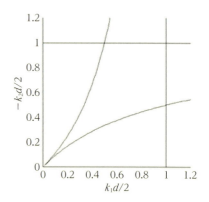

図 8.3.2 「ネクタイ」形状の安定領域

間を表す．図 8.3.1 のような配置である．ここで $k_{1,2}$ は4極磁場による収束（発散）の強さ，$d_{1,2}$ は磁石間の空間の長さである．2極磁場による収束は，4極磁場による収束発散に比べて十分小さいとして無視する．強さ k_1 の4極磁石の中心（長さの半分）から次の強さ k_2 の4極磁石の中心までの転送行列は，thin lens 近似により

$$M_{1,x} = \begin{pmatrix} 1 & 0 \\ -\frac{k_1}{2} & 1 \end{pmatrix}\begin{pmatrix} 1 & d_2 \\ 0 & 1 \end{pmatrix}\begin{pmatrix} 1 & 0 \\ -k_2 & 1 \end{pmatrix}\begin{pmatrix} 1 & d_1 \\ 0 & 1 \end{pmatrix}\begin{pmatrix} 1 & 0 \\ -\frac{k_1}{2} & 1 \end{pmatrix}$$
(8.3.14)

となる（$M_{1,y}$ は k_1, k_2 の符号を変えたもの）．このような繰り返しの単位をセル（cell）と呼ぶ．この場合は「FODO cell」である．リング全周がこのセルの繰り返しでできているとすると，強さ k_1 の4極磁石の中心を始点・終点とするリング全周の転送行列は $M_{1,x(y)}$ をセルの数だけ掛けたものであるから，式 (8.3.7) から安定条件として $|\text{Tr}(M_{1,x(y)})| \leq 2$ が得られる．具体的に書くと

$$|2 \pm (k_1 + k_2)(d_1 + d_2) + k_1 k_2 d_1 d_2| \leq 2$$

である．ここで，特に磁石間の距離がすべて等しい場合（$d_1 = d_2 = d$）の安定条件を考える．まず，$k_1 k_2 \leq 0$ でなければ $\pm$ の二つの不等式を同時に満たせないのは明らかであり，$k_1 > 0, k_2 < 0$ の場合だけ考えても一般性は失われない．結果として，上の2式から

$$k_1 d/2 \leq 1, \quad -k_2 d/2 \leq 1,$$
$$(k_1 d/2 - 1)(-k_2 d/2 + 1) \leq 1,$$
$$(k_1 d/2 + 1)(-k_2 d/2 - 1) \leq 1$$

の4式が得られる．これらの境界線を $(k_1 d/2, -k_2 d/2)$ 空間でプロットしたのが図 8.3.2 であり，安定な領域のかた

ちは「ネクタイ」と呼ばれる.

次に，Twiss parameter を考える．セル内で対応する場所の Twiss parameter はどのセルでも同じはずである．したがって1セル分の転送行列は

$$M = \begin{pmatrix} \cos\mu + \alpha\sin\mu & \beta\sin\mu \\ -\dfrac{1+\alpha^2}{\beta}\sin\mu & \cos\mu - \alpha\sin\mu \end{pmatrix}$$

と表される．これと式(8.3.14)を比較することにより，Twiss parameter とセルあたりの位相の進み μ を求められる．

4極磁石間の距離が等しく（$d_1 = d_2 = d$），収束・発散磁石の強さも等しい（$k_1 = -k_2 \equiv k > 0$）特別な場合には，発散・収束磁石の中心で

$$\beta = \frac{2}{k}\sqrt{\frac{1\mp kd/2}{1\pm kd/2}}$$

となる（複合の上は発散磁石の，下は収束磁石の中心に対応する）．また，この場合の安定条件は

$$kd/2 \leq 1$$

である．したがって，FODO では β 関数は大雑把に磁石間の距離程度になることがわかる．周長が長い場合には，強収束ではセル数を増やすことにより弱収束の場合（β 関数は曲率半径より大きい）と比べてはるかに β 関数を小さくでき，したがってビームの大きさも小さくできることがわかる．

8.3.13 ハミルトニアンによる扱い，非線形共鳴

粒子間の相互作用を無視すれば，各粒子の運動はハミルトニアンで記述できる．ここでは，coupling のない横方向の運動（1自由度の運動）についてハミルトニアンを使った取り扱いを述べる．

ベータトロン振動の規格化座標

$$X \equiv \frac{x}{\sqrt{\beta}}, \quad P \equiv \nu\frac{dX}{d\phi} = \nu\left(\sqrt{\beta}x' + \frac{\alpha}{\sqrt{\beta}}x\right) \quad (8.3.15)$$

が，線形近似で調和振動することから出発する．この振動は，ハミルトニアン

$$H(X, P\,;\varphi) = \frac{1}{2}(P^2 + \nu^2 X^2) \quad (8.3.16)$$

によって記述できる．ここで独立変数は $\varphi = \phi/\nu$ とした．ν はチューンで，ϕ は振動の位相だから，φ はリング1周で 2π 増加する（ハミルトニアンの括弧内の独立変数の前にセミコロンを付けることにする）．

変数 (X, P) から，$\tan\phi = -P/(\nu X)$，$J = (\nu X^2 + P^2/\nu)/2$ で定義される (ϕ, J) に正準変換すると（母関数 $F_1(X, \phi) = -\nu X^2\tan\phi/2$．母関数については8.2.1項参照），ハミルトニアンは

$$H(J, \phi\,;\varphi) = \nu J$$

となり，ハミルトニアン方程式

$$\dot{J} = 0, \quad \dot{\phi} = \nu$$

が得られる．第1式は Courant-Snyder 不変量 J/ν の保

存を，第2式は ϕ がベータトロン振動の位相 $\nu\varphi$ であることを表している．

ここで，リングのなかに非線形な成分を含む余分な磁場があるとすると，変数の組を (X, P) に戻し，磁場を多極展開し，

$$H(X, P\,;\varphi) = \frac{1}{2}(P^2 + \nu^2 X^2) + \sum_n a_n(\varphi)\nu^{n/2}X^n$$

のように書ける．$a_n(\varphi)\nu^{n/2}$ は φ の場所での $2n$ 極磁場成分の強さを表し，$a_n(\varphi)$ は周期 2π の周期関数である．変数 (ϕ, J) で書くと，

$$H(J, \phi\,;\varphi) = \nu J + \sum_n a_n(\varphi)(2J)^{n/2}\cos^n\phi$$

となる．さらに，$a_n(\varphi)$ は周期関数なので φ の原点を選ぶことにより，以下のように展開できる．

$$a_n(\varphi) = \sum_{k=1}^{\infty} b_{n,k}\cos(k\varphi)$$

$\cos^n(\phi) = \sum_{m=0}^{n} c_{n,m}\cos(m\phi)$ と展開すれば，結局，

$$H(J, \phi\,;\varphi) = \nu J + \sum_n (2J)^{n/2}\sum_{k=-\infty}^{\infty}\sum_{m=0}^{n} d_{nkm}\cos(k\varphi - m\phi)$$

のように書ける（$d_{nkm} = c_{n,m}b_{n,|k|}/2$）．

ここで共鳴について考える．共鳴は，チューンが簡単な分数に近い場合，すなわち小さくない d_{nkm} を与える k，m に対し，

$$(k\varphi - m\phi)/\varphi \approx (k - m\nu) \approx 0$$

の場合に起こる．これは，ハミルトニアン方程式

$$\frac{\partial J}{\partial \varphi} = \frac{\partial H}{\partial \phi} = \sum_n (2J)^{n/2}\sum_{k,m} m d_{nkm}\sin(k - m\nu)\varphi$$

で，各場所での $\sin(k\varphi - m\phi)$ が周回に対してゆっくりとしか変化しない場合に相当し，J が多数の周回にわたって同一方向の変化を受けることから理解できる．

以下，共鳴が起こるような場合のみ考える．すなわち，k_r，m_r を整数として，

$$\nu \approx k_r/m_r = \nu_r$$

の場合を考え，$k = k_r$，$m = m_r$ の項のみを残す．A を定数として，ハミルトニアンは

$$H(J, \phi, \varphi) = \nu J + AJ^{n/2}\cos(k_r\varphi - m_r\phi)$$

となる．さらに母関数 $F_2(\phi, J_1) = J_1(\phi - \nu_r\varphi)$ による正準変換 $\phi_1 = \phi - \nu_r\varphi$，$J_1 = J$ により

$$H_1(J_1, \phi_1\,;\varphi) = \Delta\nu J_1 + AJ_1^{n/2}\cos(m_r\phi_1)$$

となる．ただしチューンの共鳴からのずれを，

$$\Delta\nu \equiv \nu - \nu_r$$

と表す．このハミルトニアンは独立変数 φ を明らかに含まないので運動の定数であり，任意の粒子の運動の軌跡はハミルトニアンが不変になるような線上にある．

ここで，$n = m_r = 3$ の場合を具体的に見る．これは三次共鳴（third order resonance）で，$n = 3$ は6極磁場成分を表し，$m_r = 3$ はチューンが整数の $1/3$ 倍に近いことを意味する．運動の軌跡は，ハミルトニアンを $\Delta\nu$ で割ったものが定数となる条件

$$J_1 + \frac{A}{\Delta\nu}J_1^{3/2}\cos(3\phi_1) = \text{const.}$$

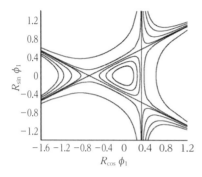

図 8.3.3 Third order resonance 付近での運動の軌跡

で表されるので，運動を決める本質的なパラメータは $A/\Delta\nu$ のみである．さらに，
$$R \equiv \left(\frac{A}{\Delta\nu}\right)^2 J_1$$
と置けば（$J_1 \geq 0$ に注意．R は $\Delta\nu$ と同じ符号に取る），
$$R^2 + R^3 \cos(3\phi_1) = \text{const.} = C \quad (8.3.17)$$
となる．これは，$u = R\cos\phi_1$，$\nu = R\sin\phi_1$ とすると，
$$\left(u - \frac{1}{3}\right)\left(u + \frac{2}{3} - \sqrt{3}\nu\right)\left(u + \frac{2}{3} + \sqrt{3}\nu\right) = C - \frac{4}{27} \equiv C_0$$

図 8.3.3 に，いくつかの C_0 について u-ν 面上での軌跡を描いたものを示す．式(8.3.17)から，この図が $2\pi/3$ 回転に対して対称になることは明らかである．3本の直線は $C_0 = 0$ で，separatrix であり，これらに囲まれた三角形の内部が R の有限な安定な運動を表す．その外側の軌跡は，いずれかの直線（separatrix）に近づきながら R が発散してく曲線となり，不安定な運動を表す．

安定な領域での R の最大値は $2/3$（$\cos(3\phi_1) = -1$），不安定な領域での R の最小値は $1/3$（$\cos(3\phi_1) = 1$）である．J_1 は線形近似での Courant-Snyder 不変量であるから，ベータトロン振動の振幅の 2 乗に比例する．これと，$J_1 = R^2(\Delta\nu/A)^2$ であることから，安定なベータトロン振動の振幅は，チューンの共鳴からのずれ $\Delta\nu$ に比例し，6極磁場成分の大きさ（A に比例）に反比例することがわかる．

通常，共鳴はビームの不安定・損失をまねくため避けるべきであるが，ビーム粒子をゆっくりと取り出す（遅い取り出し）ために三次共鳴を利用することがある．チューンをゆっくりと三次共鳴に近づけていくと安定な領域が徐々に狭まっていき，ベータトロン振動の振幅の大きい粒子から順に separatrics の内側から外側へと移り，外側に移った粒子は不安定となってさらに振幅が大きくなる．このように振幅が大きくなった粒子のみを取り出すことで「遅い取り出し」が可能になる．取り出しには，セプタム型の静電電極や，セプタム型磁石などが使用される．ただし，この方法は制動輻射による振動減衰の大きい電子・陽電子加速器には適用できない．

参考文献

1) E. D. Courant, H. S. Snyder : Annals Phys. **3** 1 (1958). Annals Phys. **281** 360 (2000).
2) H. Wiedemann : "Particle Accelerator Physics", Springer-Verlag (2007).
3) D. C. Carey : "The Optics of Charged Particle Beams", Harwood Academic Publishers (1987).
4) 久保 浄 : 高エネルギー加速器セミナー OHO2012 講義テキスト．

8.4 シンクロトロン振動

加速器では進行方向の位置（s）が時間変数として用いられている．進行方向の運動の変数は時刻を使う．加速器ではモニターをある位置（s）に設置し，到着時刻（t），水平垂直位置（x, y）を計測する．その意味でも変数の選択は理にかなっている．対応する運動量変数は基準（設計）運動量 P_0 を基にして，運動量偏差（$\delta = (P - P_0)/P_0$）である．シンクロトロン振動は基準粒子（設計軌道を設計速度で運動する粒子）に対する，到着時刻と運動量偏差の振動（的変動）である．到着時刻の変動をもたらす運動量に起因する要因は

1. 粒子の速度の違い（運動的性質）
2. 軌道の長さの違い（幾何的性質）

である．

近年の加速器では x-z の結合を扱う場合も多くなり，3自由度 6 次元的にシームレスに扱わないと不変量が正確に表せないなどの不都合が生じたり，間違いを誘発する可能性がある．ビームの運動を表すのに 3 対の正準共役変数で表されたハミルトニアンから出発する．曲率 $1/\rho$ の座標系でのハミルトニアンは以下で与えられる．

$$H = \frac{E(\delta)}{p_0 v_0} - \left(1 + \frac{x}{\rho}\right)\sqrt{(1+\delta)^2 - p_x^2 - p_y^2} - \left(1 + \frac{x}{\rho}\right)\widehat{A}_s$$
(8.4.1)

ここでビームに影響する磁場は，（x-y）面内の静磁場と s 方向の変動電場とし，$A_x = A_y = \phi = 0$ とした．ベクトルポテンシャルは MKS 単位の A_s に対し $\widehat{A}_s = eA_s/P_0$ を使っている．正準座標 x, y は基準軌道からの変位，z は基準到達時刻（$t_0 = s/v_0$）に対するビーム到着時刻（t）の進みに速度を掛けた $z = v(t_0 - t)$，正準運動量は $p_{x,y} = P_{x,y}/P_0$，$\delta = (P - P_0)/P_0$ である．E は δ によっては以下で表される．

$$E(\delta) = \sqrt{c^2 P_0^2 (1+\delta)^2 + m^2 c^4}$$

このハミルトニアンの導出は冗長であるが，次のようにすることで求められる．

- 曲線座標系でラグランジアンを求める．
- 最小作用変分方程式において変数 t を s に変え，運動量，ハミルトニアンを P_0 で規格化．
- この時点でハミルトニアンは P_s/P_0，x, y に対する運動量は $P_{x,y}/P_0$，時間に対応する正準運動量は $-E/P_0$ となる．

- 母関数 $F_2 = -E(\delta)(t - t_0(s))/P_0$ により，時刻に対する運動量を $\delta = (P - P_0)/P_0$ とし，その正準座標を $z = -\partial F_2/\partial \delta = v(t_0 - t)$ とする．

- ハミルトニアンは $-\partial F_2/\partial s$ を加え，式(8.4.1)になる．ここで変数について他の定義も考え得る．例えば，ハミルトニアンが変わってもよいなら，$\delta = (E - E_0)/E_0$，$z = c^2/v_0(t_0 - t)$ あるいは $\delta = (E/c - P_0)/P_0$，$z = c(t_0 - t)$ の組み合わせも取り得る．ここで採用する変数 $z = v(t_0 - t)$ は基準軌道に対する運動量の異なる粒子に対する軌道長の変化である．このように定義することによって，先に挙げた幾何学的性質と，運動的性質の切り分けを行い，以下のモーメンタムコンパクションの導入へつながっていく．

式(8.4.1)を磁石に関するベクトルポテンシャルを多重極展開し2次まで取ると以下のようになる．

$$H = \frac{\delta^2}{2\gamma^2} - \frac{x}{\rho}\delta$$
$$+ \frac{p_x^2 + p_y^2}{2} + \frac{1}{2\rho^2}x^2 + \frac{K_1}{2}(x^2 - y^2) - \widehat{A}_s(z)$$

ここで $\gamma = E(0)/mc^2$ であり，

$$\left.\frac{\partial E}{\partial \delta}\right|_0 = P_0 v_0 \qquad \left.\frac{\partial^2 E}{\partial \delta^2}\right|_0 = \frac{P_0 v_0}{\gamma_0^2}$$

を使った．$K, \rho, \widehat{A}(z)$ は s による．座標系の曲率は偏向磁石の強さと $p_0 = eB\rho$ により関係付けることで1次の項 (x/ρ) は消える．収束磁石の強さは $K_1 = e\partial B_y/\partial x/P_0$ で表される．$\widehat{A}_s(z)$ は z すなわち t に依存した装置であり，高周波加速空洞が典型である．そういった装置は $\rho = \infty$ の場所に置かれるとして，$\widehat{A}_s$ の係数部分は $(1 + x/\rho) = 1$ とした．

$F_2 = xp_\beta - \eta_x\delta p_\beta + \eta_x'\delta x$ により，運動量分散 $(\eta_x\eta_x')$ を引いたベータトロン変数 $x = x_\beta + \eta_x\delta$，$p_x = p_{x,\beta} + \eta_x'\delta$ を導入する．$\eta_y = 0$ とし，y 方向は考えない．進行方向の運動を記述するハミルトニアンを H_z として，変数 z, δ のみに関連した項を残す．

$$H_z = \left[\frac{1}{2\gamma^2} - \frac{\eta_x}{\rho} + \frac{\eta_x'^2}{2} + \frac{1}{2}\left(\frac{1}{\rho^2} + K_1\right)\eta_x^2 + \eta_x\eta_x''\right]\delta^2 - \widehat{A}_s(z)$$

ここで，$\partial F_2/\partial s = \eta_x'\delta(x_\beta + \eta_x\delta)$ を使った．$\widehat{A}_s = 0$ の領域（RF 空洞のような $z(t)$ に関係した装置がない）では1項目のみ考慮すればよい．運動方程式は

$$\frac{dz}{ds} = \frac{\partial H}{\partial \delta}$$
$$= \left[\frac{1}{\gamma^2} - \frac{2\eta_x}{\rho} + \eta_x'^2 + \left(\frac{1}{\rho^2} + K_1\right)\eta_x^2 + 2\eta_x\eta_x''\right]\delta$$

もう一つの方程式からは当然ながら，$d\delta/ds = 0$ から $\delta = $ 一定が得られる．$\widehat{A}_s = 0$ である，領域 s_1 から $s_2 = s_1 + \Delta s$ に対して，z の変化は以下で与えられる．

$$\frac{z(s_2) - z(s_1)}{\Delta s} = -\left(\alpha(s_2, s_1) - \frac{1}{\gamma^2}\right)\delta$$
$$= -\eta_p(s_2, s_1)\delta \qquad (8.4.2)$$
$$\alpha(s_2, s_1) = \frac{1}{\Delta s}\int_{s_1}^{s_2}\frac{\eta_x}{\rho}ds'$$

RF 空洞は $\eta = \eta' = 0$ の領域に置かれるので，s_1 をある空

洞の出口，s_2 を次の空洞の入り口と考え，$\eta(s_1) = \eta(s_2) = 0$，$\eta'(s_1) = \eta'(s_2) = 0$ を想定している．下記の式も使う．

$$\eta_x'' + (1/\rho^2 + K_1)\eta_x = 1/\rho$$

$\eta_x\eta_x''$ が s_1, s_2 で等しい場合でも式(8.4.2)は正しい．ここで α を運動量コンパクション係数と呼び，

$$\eta_p(s_2, s_1) = \alpha(s_2, s_1) - \frac{1}{\gamma^2}$$

をスリップ係数と呼ぶ．

$1/\gamma^2$ は粒子の速度による $z = v(t_0 - t)$ への寄与である．よく知られているように，速度は運動量偏差 δ に対して，以下のように展開される．

$$v = \frac{Pc^2}{\sqrt{P^2c^2 + m^2c^4}} = v_0 + \frac{v_0}{\gamma^2}\delta + \frac{3}{2}\frac{v_0}{\gamma^2}\beta_0^2\delta^2 + O(\delta^3)$$

単位長さあたりの到着時刻の遅れは次のように表される．

$$v(t_0 - t) = v\left(\frac{1}{v_0} - \frac{1}{v}\right) = \frac{v - v_0}{v_0} \approx \frac{\delta}{\gamma^2}$$

この計算は $H_0 = E(\delta)/P_0v_0 - (1 + \delta)$ に対する $\partial H_0/\partial \delta$ を計算することと同じ数式操作である．

α_p は運動量偏差による軌道長の圧縮（コンパクション）である．2項目は運動量分散 η により曲率半径 ρ の軌道の外（内）側を運動することによる軌道長の変化である．$\alpha \approx 0$ にすると高次の運動量コンパクションが重要になるが高次の係数がどのように現れるか，これらの式から類推できるであろう．

z, δ に対する変化を位相行列で表すと，以下になる．

$$\begin{pmatrix} z \\ \delta \end{pmatrix}_2 = M_\eta(s_2, s_1)\begin{pmatrix} z \\ \delta \end{pmatrix}_1$$
$$M_\eta(s_2, s_1) = \begin{pmatrix} 1 & \eta_p(s_2, s_1)\Delta s \\ 0 & 1 \end{pmatrix} \qquad (8.4.3)$$

次に加速空洞による電磁場 $\widehat{A}_s(z)$ について論じる．加速空洞の電圧はビームの進行に沿ってビームの得るエネルギーによって定義されている．加速空洞をビーム軌道に沿った積分値としての電圧が必要なパラメータであり，空洞内の電磁場空間時間分布の細部にこだわる必要はない．仮に空洞の長さを d とする．電場をピーク値 V_0，周波数 ω_{RF} を使って以下で表す．

$$-\frac{\partial A_s}{\partial t} = v\frac{\partial A_s}{\partial z} = \frac{V_0}{d}\sin\left(\frac{\omega_{RF}}{v}z + \phi_0\right)$$

$z = 0$ 近傍の粒子は z によらず，加速位相 ϕ_0 に応じて，$V_0\sin\phi_0$ で加速される．運動方程式は $v(\delta) = v_0 = \beta_0 c$ で近似する．ビーム粒子の通過による運動量の変化は

$$\Delta\delta = \frac{\partial \widehat{A}_s}{\partial z}d = \frac{eV_0}{\beta_0^2 E_0}\sin\left(\frac{\omega_{RF}}{v_0}z + \phi_0\right)$$

a. スムーズ近似

一般的な円形加速器では，加速空洞による運動量変化 $\Delta\delta$ はビームの持つ運動量広がり σ_δ に対して小さい（具体的には後述のシンクロトロンチューンが1より小さい）．周回中でのエネルギー，運動量の変化に対して，平均化する扱いをする．ディスパージョンで表されている部分をリング運動量一定として1周積分を取る．

$$\frac{\Delta z}{L} = -\left(\alpha_p - \frac{1}{\gamma^2}\right)\delta = -\eta_p \delta \qquad (8.4.4)$$

α_p, η_p は運動量コンパクション係数, スリップ係数のリング1周の積分値 (周長 L) で, 特に断りがない限りこれらの係数は積分値を指すのが一般的である.

$$\alpha_p = \frac{1}{L}\oint \frac{\eta}{\rho} ds, \quad \eta_p = \alpha_p - \frac{1}{\gamma^2}$$

η_p は, α_p の全周の η, ρ の値によって, 正の場合も負の場合もある. 1周を積分, 平均化したハミルトニアンは以下で表される.

$$H_z = \frac{1}{L}\oint H_z(s)ds \approx -\frac{\eta_p}{2}\delta^2$$

式(8.4.4)との一致は明らかである.

加速に関しても全周で平均的に行われると考える. $z=0$ の粒子が加速されない場合を考える (電磁石と周波数を変えないと自動的にそうなる). シンクロトロン輻射などで z によらないエネルギー損失がある場合空洞としては $z=0$ の粒子を加速して, その損失を補償するように位相が決まる.

$$\Delta \delta_{loss} = \frac{eV_0}{\beta_0^2 E_0}\sin\phi_0$$

基準粒子 ($z=0$) は加速されないが, z の関数として加速される. 運動量変化は

$$\Delta\delta = \frac{\partial \widehat{A}_s}{\partial z}L = \frac{eV_0}{\beta_0^2 E_0}\left[\sin\left(\frac{\omega_{RF}}{v_0}z+\phi_0\right)-\sin\phi_0\right] \quad (8.4.5)$$

V_0 はリング1周合計した加速空洞電圧で, 位相は空洞すべて同じとした. 実効的な電磁場ポテンシャル $\widehat{A}_s$ は式(8.4.5)を積分し,

$$\widehat{A}_s = \frac{-eV_0}{2\pi h E_0 \beta_0^2}\left[\cos\left(\frac{\omega_{RF}}{v_0}z+\phi_0\right)-\cos\phi_0+\frac{\omega_{RF}}{v_0}z\sin\phi_0\right]$$

$\omega_{RF}L/v_0 = 2\pi\omega_{RF}/\omega_0 = 2\pi h$ を用いた. h は空洞周波数と周回周波数の比でハーモニックナンバー (整数) である. 平均化したハミルトニアンを以下のように表す.

$$H_z = -\frac{\eta_p}{2}\delta^2 - \widehat{A}_s(z) \qquad (8.4.6)$$

この H は振り子の運動を記述するハミルトニアンに類似している. η_p の符号により, 安定に振動する位相が決まる. $\eta_p>0$ の場合, $\cos\phi_0<0$ すなわち $\pi/2<\phi_0<3\pi/2$, ただし加速を考慮すると $\sin\phi_0>0$ のため, $\pi/2<\phi_0\leq\pi$ である. 位相空間での回転方向がベータトロン振動と反対で半時計回りある. $\eta_p<0$ の場合, $0<\phi_0<\pi/2$ である. 位相空間での回転方向が時計回りである.

小振幅では $\cos$ を展開し z に対する2次まで取る.

$$H_z \approx -\frac{\eta_p}{2}\delta^2 - \frac{\mu_z^2}{\eta_p L^2}z^2$$

ここで位相空間での回転周波数に対応するシンクロトロンチューンは以下で表される.

$$\nu_z = \frac{\mu_z}{2\pi} = \sqrt{-\frac{\eta_p h e V_0}{2\pi\beta_0^2 E_0}\cos\phi_0} \qquad (8.4.7)$$

η_p と $\cos\phi_0$ の符号は反対である. 位相空間での回転のアスペクト比である β_z は以下で表される.

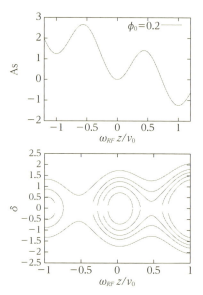

図 8.4.1 空洞によるポテンシャルと位相空間の等ポテンシャル曲線

$$\beta_z = \frac{\eta_p L}{\mu_z} = \sqrt{-\frac{\eta_p \beta_0^2 E_0}{2\pi h e \bar{V}_0 \cos\phi_0}}L \qquad (8.4.8)$$

大振幅の運動は1次元のハミルトニアン, 式(8.4.6)において $\widehat{A}_s(z)$ はポテンシャルと見なすことで理解できる. $\widehat{A}_s$ は三角関数で表されているので, ポテンシャルと位相空間の粒子の運動は, 図 8.4.1 のように表すことができる. 振幅が大きくなり, 上図の右側の山 ($\widehat{A}_s=\widehat{A}_{s,\max}$ を越えると, 粒子はスリップして, 最終的に失われてしまう. 安定にシンクロトロン振動できる運動量偏差, 運動量アクセプタンスは $\delta_{\max}=\sqrt{2\widehat{A}_{s,\max}/\eta_p}$ である. $\widehat{A}_{s,\max}$ は, $\sin(\omega_{RF}z/v_0+\phi_0)=\sin\phi_0$ により決まる.

b. 進行方向位相行列

ここでは加速空洞間の z のスリップと, 加速空洞による加速, δ の変化を個々に考える. シンクロトロン振動が遅ければ, スムーズ近似でよいが, $\nu_s>0.1$ になると考慮したほうがよい. 変換を位相行列で表すと以下になる.

$$\begin{pmatrix} z \\ \delta \end{pmatrix}_{i+} = M_{RF}(s_i)\begin{pmatrix} z \\ \delta \end{pmatrix}_{i-} + \begin{pmatrix} 0 \\ \Delta\delta \end{pmatrix}_i \qquad (8.4.9)$$

$$M_{RF}(s_i) = \begin{pmatrix} 1 & 0 \\ -k_i & 1 \end{pmatrix} \qquad (8.4.10)$$

$i\pm$ は i 番目の空洞の前後を意味する. 式(8.4.9)の右辺2項目は i 番目の空洞による基準粒子 $z=0$ の加速である. 周回行列は式(8.4.3)と(8.4.10)を組み合わせる.

$$M_z = \prod_i M_{RF}(s_i)M_\eta(s_i, s_{i-1}) \qquad (8.4.11)$$

この際, 式(8.4.9)の右辺2項目は $M_{RF}M_\eta$ を掛けつつ足されていくが, $M_{RF}M_\eta \approx I$ なので, 単に $\Delta\delta_i$ が足されると考えてよい. ビームロスがある場所で $\Delta\delta_{loss}$ を引き, 1周では $\sum \delta_{i,loss}=0$ になる.

多くの場合 $k_i\eta_p L \ll 1$ なので, RF を1ヵ所に置いた場合

と大きな違いはない.

$$M_z = \begin{pmatrix} 1 & 0 \\ -k_0 & 1 \end{pmatrix}\begin{pmatrix} 1 & \eta_p L \\ 0 & 1 \end{pmatrix}$$

$$= \begin{pmatrix} 1 & \eta_p L \\ -k_0 & 1 - \eta_p L k_0 \end{pmatrix}$$

$$k_0 = \sum_i k_i = \sum_i \frac{e \widehat{V}_i}{\beta_0^2 E_0} \frac{\omega_{RF}}{v_0} \cos \phi_i$$

$$\eta_p L = \sum_i \eta_p (s_i, s_{i-1}) \Delta s$$

RF 位相をビームの通過に同期してそろえることが一般的であり, $\phi_i = \phi_0$.

$$k_0 = \frac{e \widehat{V}_0}{\beta_0^2 E_0} \frac{\omega_{RF}}{v_0} \cos \phi_0$$

電圧は個々の空洞の和である. $\widehat{V}_0 = \sum_i \widehat{V}_i$. この行列 M_z (式 (8.4.11)) の Tr はベータトロン振動と同様, 2 以下でなければならない. ベータトロンチューンに対応するシンクロトロンチューンは

$$\mathrm{Tr}[M_z] = 2 - \eta_p L k_0 = 2 \cos 2\pi\nu_s$$

から求められる (k_0 の符号と η_p の符号は反対). シンクロトロン振動に関する β 関数も同様に

$$\beta_z = M_{z,12}/\sin 2\pi\nu_s = -\eta_p L/\sin 2\pi\nu_s$$

これらは近似的に式 (8.4.7), (8.4.8) を与える. $\eta_p > 0$ の場合 $2\pi\nu_s < 0$ である. 前にも述べたように, 位相空間での回転方向がベータトロン振動と反対である. $\eta_p > 0$ の場合, 運動量 δ が正だと z は負の方向に運動する. これは, 質量が負としたときの運動である. $\alpha_z = \eta_p C k_0 / 2 \sin 2\pi\nu_s$ は位相空間の傾きを表す. 一般に $|k_0 \eta_p L| \approx (2\pi\nu_s)^2 \ll 1$ なので, $\alpha_z \approx 0$ と考えてよい.

c. 加速

次に粒子が加速されていく場合を考えよう. エネルギーロスに対してエネルギーゲインが大きい場合, 粒子は加速される. ここで 1 周分の加速をまとめて考える. $n-1$ 周目から n 周目への変換は以下で表される.

$$\begin{pmatrix} z \\ \delta \end{pmatrix}_{i+} = M_{RF}(s_i)\begin{pmatrix} z \\ \delta \end{pmatrix}_{i-} + \begin{pmatrix} 0 \\ \Delta\delta \end{pmatrix} \tag{8.4.12}$$

ここで $\Delta\delta$ は 1 周合計の加速, 減速である,

$$\Delta\delta = \sum_i \frac{e \widehat{V}_i}{\beta_0^2 E_0} \sin \phi_i - \Delta\delta_{loss} \tag{8.4.13}$$

その変換を繰り返すと $\delta = (P - P_0)/P_0$ はどんどん大きくなってしまい, P_0 は振動の中心から大きくずれてしまう. そこで, 周回ごとに基準運動量 $P_{0,n}$ を再定義する. $P_{0,n+1} = P_{0,n}(1 + \Delta\delta_n) = P_{0,n} r_n$ を 1 周後の基準に取る.

$$\frac{P - P_{0,n+1}}{P_{0,n+1}} = \frac{P - P_{0,n} r_n}{P_{0,n} r_n} = \frac{1}{r}\frac{P - P_{0,n}}{P_{0,n}} - \frac{\Delta\delta_n}{r_n}$$

$\Delta\delta_n, r_n$ は n 周目の加速による変化である. 式 (8.4.13) において E_0 は n 周目の基準エネルギー $E_{0,n}$ に置き換える. 式 (8.4.12) の左辺を $P_{0,n+1}$ を基準とした δ_{n+1} で表すと, ベクトル部分が消え, (z_n, δ_n) の変換は線形行列 $M_{rz,n}$ で表される.

$$M_{rz,n} = \begin{pmatrix} 1 & 0 \\ 0 & 1/r_n \end{pmatrix} M_{z,n} = \frac{1}{\sqrt{r_n}} M_{z,n}$$

$1/\sqrt{r_n}$ を係数とすることで, 線形変換 $M_{\zeta,n}$ の行列式を 1 に取った.

$$M_{\zeta,n} = \begin{pmatrix} \sqrt{r_n} & 0 \\ 0 & 1/\sqrt{r_n} \end{pmatrix} M_{z,n} \tag{8.4.14}$$

z, δ の振幅は $1/\sqrt{r_n}$ により加速では周回ごとに小さくなる. 多くの場合加速は, 電圧, 位相を固定あるいはゆっくり動かしながら行う. k_0, η_p は $E_0(P_0)$, γ が変わるので, $M_{\zeta,n}$ は周回に対して変化する. M_ζ が周期条件が満たされないため β が決まらない. しかしビーム入射時にエネルギー一定時に周期条件で決まる β にビームをマッチさせ, 以後加速により β がどのように変わるかを論じることができる.

しかし加速の場合, M_ζ の変化はゆっくりとしたものである. $r - 1 \ll \nu_s$, J-PARC の場合 RCS で平均 $r - 1 \approx 1.5 \times 10^{-4}$, $\nu_s = 0.0058$ (入射), 0.0005 (出射), MR で $r - 1 \approx 0.3 \times 10^{-4}$, $\nu_s = 0.0026$ (入射), 0.0001 (出射) である.

加速する前に周期的条件から決まる β_z に応じてビーム粒子が分布しているとする. 加速が始まると周回ごとに $\beta_{z,n} = r_n^\alpha \beta_{z,n-1}$ で変わる場合, N 周の周回行列は

$$\prod_{n=0}^{N-1} M_{\zeta,n} = \begin{pmatrix} \sqrt{\beta_{z,N}} & 0 \\ 0 & 1/\sqrt{\beta_{z,N}} \end{pmatrix}$$
$$\prod_{n=0}^{N} \left[\begin{pmatrix} r_n^{\frac{1-\alpha}{2}} & 0 \\ 0 & r_n^{-\frac{1-\alpha}{2}} \end{pmatrix}\begin{pmatrix} \cos \mu_{z,n} & -\sin \mu_{z,n} \\ \sin \mu_{z,n} & \cos \mu_{z,n} \end{pmatrix} \right]$$
$$\begin{pmatrix} 1/\sqrt{\beta_{z,0}} & 0 \\ 0 & \sqrt{\beta_{z,0}} \end{pmatrix} \tag{8.4.15}$$

この式の 2 行目が直交行列であれば, $\beta_{z,0}$ から $\beta_{z,N}$ への位相行列に他ならない. $\mu_z = 0$ では単純に r_n が掛け合わされ, ミスマッチが起きてしまう. $r_n - 1 \ll \nu_s$ の場合, 位相回転により近似的に 2 項目が直交行列になる. 位相と電圧を固定した加速の場合, 式 (8.4.8) により $\alpha = 1/2$ である ($\gamma_0 \gg 1$, トランジションから遠いとする).

ここでトランジションについて論じる. η_p は条件 $1/\gamma_0^2 = \alpha_p$ を満たすエネルギーの上下で, 符号が正負を取る. トランジションエネルギーを以下のように定義する.

$$\gamma_t = \sqrt{\frac{1}{\alpha_p}}$$

加速によって γ_0 が γ_t を超えると, η_p の符号が負から正に変わる.

$\gamma_0 = \gamma_t$ では周回行列が M_{RF}, 式 (8.4.10) のみで表される. シンクロトロンチューンは 0 で $\beta_z = 0$ である. 平行分布があるとしたら, バンチ長 0 で運動量広がり無限ということになる. 実際には加速途中で $\gamma_0 = \gamma_t$ になる時間は短いので, ビーム分布は加速パターンに応じたものになる. 式 (8.4.15) により位相行列を加速パターンに従って掛けていく. 位相と電圧固定でも, 近傍では η_p が特異に振る舞うので $\alpha = 1/2$ からずれる.

電子蓄積リングで $\alpha_p = 0$ でテスト的に運転されることがある. この場合はエネルギー広がりがバンチ長が放射励起

によって決まっているので，バンチ長が非常に短くなる．α_p の高次の項も効いて，バンチ長が決まっている．

加速を含めた変換，$M_{rz,n}$ の行列式は1ではない．これは進行方向の位相空間の面積が変化することを意味する．周回ごとにエミッタンスは $1/r$ になる．N 周すると，基準運動量は $P_N = r^N P_0$，周回ごとに r が変わる場合 $P_N = \prod r_i P_0$ であり，エミッタンスは

$$\varepsilon_{z,n} = \prod_{i=1}^{n} r_i^{-1} \varepsilon_{z,0} = \frac{P_0}{P_N} \varepsilon_{z,0} = \frac{\beta_0 \gamma_0}{\beta_n \gamma_n} \varepsilon_{z,0}$$

によって変化する．この加速によるエミッタンスの現象を断熱減衰といい，$\varepsilon_N = \beta\gamma\varepsilon$ を規格化エミッタンスという．この断熱減衰は基準運動量を加速のたびに取り直す操作からきている，いわば人為的な産物である．もし基準運動量を変えずにいれば，エミッタンスは保存する．ただし基準運動量と重心運動量がずれてしまうため，シンクロトロン振動を扱う形式にはなじまなくなる．

陽子加速器における加速によるバンチ長の変化は β_z とエミッタンスの変化を考慮し，高周波電圧・位相を固定して加速した場合（$\alpha = 1/2$），$\beta_z \propto E^{1/2}$ であり，バンチ長は

$$\sigma_z = \sqrt{\varepsilon_z \beta_z} \propto E^{-1/4}$$

によって変化する[1]．

参考文献
1) 神谷幸秀：高エネルギー加速器セミナー OHO1984 講義テキスト．

8.5 電子貯蔵リングのビーム力学

荷電粒子が軌道に垂直な方向に加速されると，輻射を放出する．これをシンクロトロン輻射という（進行方向の加速に対する輻射は極めて弱くほとんど無視できる）．シンクロトロン輻射の効果は，電子（陽電子）貯蔵リングでは顕著である．近年では高エネルギー陽子リングにおいても無視できない効果になっているが，それは以下の公式で電子質量 m_e を陽子質量に置き換えればよい．本節全般にわたる古典的な教科書として文献1がある．

8.5.1 シンクロトロン輻射の性質

本節では，ビーム力学に関係する範囲のシンクロトロン輻射の性質について述べる．シンクロトロン輻射そのものについては12章を参照．以下，電子の質量を m_e，ローレンツ因子を $\gamma = E/m_e c^2$ とし $\gamma \gg 1$ とする．

軌道偏向の曲率半径を ρ とする．これは場所の関数でもよいが，以下に挙げるシンクロトロン輻射の性質は，radiation coherence length ρ/γ 程度の距離では，ρ がほとんど変わらないとしている（アンジュレータなどではこれが満たされていない場合もあり，その場合は輻射のスペクトルが異なる）．軌道の偏向の原因は何でもよいが，以下

――――――――――――――――――
*5 ω_c の式は因子 3/2 を除いて定義することもある．

ではおもに磁場 B とする．

エネルギー E の1粒子が単位時間あたりに放出するエネルギー（電力）は

$$P_\gamma = -\frac{dE}{dt} = \frac{2}{3} \frac{r_e c}{(m_e c^2)^3} \frac{E^4}{\rho^2}$$

$$= 6.077 \times 10^{-8} B_{[T]}^2 E_{[GeV]}^2 \quad [\text{W}]$$

$$= 6.762 \times 10^{-7} \frac{E_{[GeV]}^4}{\rho_{[m]}^2} \quad [\text{W}]$$

で与えられる（r_e は古典電子半径）．

周波数分布すなわち，角周波数 $(\omega, \omega + d\omega)$ の範囲に，単位時間に放出されるエネルギーは，

$$dP_\gamma = P_\gamma \cdot S(\omega/\omega_c) \cdot d(\omega/\omega_c)$$

$$\omega_c = \frac{3}{2} \frac{c\gamma^3}{\rho}, \quad u_c = \hbar\omega_c = 2.218 \frac{E_{[GeV]}^3}{\rho_{[m]}} \quad [\text{keV}]$$

$$\lambda_c = \frac{2\pi c}{\omega_c} = \frac{4\pi}{3} \frac{\rho}{\gamma^3} = 0.55894 \frac{\rho_{[m]}}{E_{[GeV]}^3} [\text{nm}]$$

である．ω_c, u_c, λ_c は光子の臨界角周波数，臨界エネルギー，臨界波長[*5]．

スペクトル関数 $S(x)$ は11章参照．その積分は

$$S_n \equiv \int_0^\infty S(x) x^{n-1} dx \quad (n \geq 0)$$

$$S_0 = \frac{15}{8}\sqrt{3}, \quad S_1 = 1, \quad S_2 = \frac{55}{72}\sqrt{3}, \quad S_3 = \frac{28}{9}$$

単位時間あたりのエネルギー範囲 $(u, u+du)$ の光子数は

$$\dot{N}(u) du = \frac{P_\gamma}{u_c} \left[\frac{u_c}{u} S\left(\frac{u}{u_c}\right) \right] d\left(\frac{u}{u_c}\right)$$

で与えられ，単位時間に放出される光子の総数は

$$\dot{N}_\gamma = \int_0^\infty \dot{N}(u) du = \frac{15\sqrt{3}}{8} \frac{P_\gamma}{u_c} = 6.179 \times 10^9 \frac{E_{[GeV]}}{\rho_{[m]}} \quad [1/\text{s}]$$

軌道偏向角1ラジアンあたりの光子数はエネルギーだけで決まる．

$$\dot{N}_\gamma \frac{\rho}{c} = \frac{5\alpha\gamma}{2\sqrt{3}} = \frac{\gamma}{95.} = 41.2 E_{[GeV]} \quad (1\text{周では } 259 E_{[GeV]})$$

平均光子エネルギーは

$$\langle u \rangle = \frac{S_1}{S_0} u_c = \frac{8}{15\sqrt{3}} u_c = 0.683 \frac{E_{[GeV]}^3}{\rho_{[m]}} \quad [\text{keV}]$$

平均2乗エネルギーは

$$\langle u^2 \rangle = \frac{S_2}{S_0} u_c^2 = \frac{11}{27} u_c^2$$

a. シンクロトロン積分

以上の公式は1磁石内の局所的なものであるが，円形加速器におけるシンクロトロン輻射のビームへの影響を評価するために，いくつかの関数のリング1周にわたる積分が必要になる．以下にそれを列挙する．$\oint$ はリング1周の積分，(isomag.) とある式は，平面リング（$\rho_y = \infty$）で偏向磁石の磁場がすべて等しい場合である．

(isomag.)

$$I_1 = \oint \left(\frac{\eta_x}{\rho_x} + \frac{\eta_y}{\rho_y} \right) ds$$

$$I_2 = \oint \kappa^2 ds \qquad\qquad I_2 = \frac{2\pi}{\rho}$$

$$I_3 = \oint \kappa^3 ds \qquad\qquad I_3 = \frac{2\pi}{\rho^2}$$

$$I_{4x} = \oint \left[\kappa^2 \frac{\eta_x}{\rho_x} + \frac{2}{\rho_x}(k\eta_x + k'\eta_y) \right] ds$$

$$I_{4y} = \oint \left[\kappa^2 \frac{\eta_y}{\rho_y} + \frac{2}{\rho_y}(k'\eta_x - k\eta_y) \right] ds \qquad I_{4y} = 0$$

$$I_{5i} = \oint \kappa^3 H_i ds \quad (i = x, y) \qquad I_{5y} = 0$$

$$\kappa \equiv \left(\frac{1}{\rho_x^2} + \frac{1}{\rho_y^2} \right)^{1/2} \qquad\qquad (8.5.1)$$

$$k \equiv \frac{e}{p_0}\frac{\partial B_y}{\partial x}, \quad k' \equiv \frac{e}{p_0}\frac{\partial B_x}{\partial x}$$

$$H_i(s) = \gamma_i \eta_i^2 + 2\alpha_i \eta_i \eta_i' + \beta_i \eta_i'^2 \quad (i = x, y) \qquad (8.5.2)$$

β_i, α_i, γ_i は Twiss parameter (式(8.3.3)), k, k' は磁場の4極および歪4極成分である.

リング1周あたりのエネルギー損失は I_2 によって

$$U_0 \equiv \oint P_\gamma(s)\frac{ds}{c} = \frac{2}{3}\frac{r_e c E^4}{(m_e c^2)^3} I_2 \qquad (8.5.3)$$

$$= \frac{4\pi}{3}\frac{r_e}{(m_e c^2)^3}\frac{E^4}{\rho} = 88.46\frac{E^4_{[\text{GeV}]}}{\rho_{[\text{m}]}} \text{ [keV]} \quad (\text{isomag.})$$

と書ける.

8.5.2 輻射減衰

シンクロトロン輻射は高エネルギー電子を得るためには障害になるが,利点もある.その一つはエミッタンスを減衰させることである(もう一つは光源としての応用).

シンクロトロン輻射によるエネルギー損失 P_γ は,与えられた磁場の下では電子エネルギーの2乗に比例し,エネルギーの高い粒子ほど損失が大きい.これにより,ビームのエネルギー幅の減衰が起こる.また,輻射はほとんど軌道前方の微小角度 $1/\gamma$ の円錐内に放出されるので,横方向(transverse, 水平方向と鉛直方向)の反跳はほとんど無視できる.このため,シンクロトロン輻射の反作用としては,光子エネルギー u の輻射の際に横方向運動量が $(1-u/E)$ 倍になるとしてよい.これにより,横方向エミッタンスの減衰が起こる.

3方向の減衰時間(振幅が $1/e$ になる時間)は

$$\frac{1}{\tau_i} = J_i \frac{U_0}{2ET_0} \quad (i = E, x, y)$$

で与えられる.J_i は partition number と呼ばれ,単純なリングでは $J_x = J_y = 1$, $J_E = 2$ であるが,より厳密には(ただし,x-y 結合が無視できるとする)

$$J_x = 1 - I_{4x}/I_2, \quad J_y = 1 - I_{4y}/I_2$$
$$J_E = 2 + (I_{4x} + I_{4y})/I_2,$$

となる.I_4 が無視できる場合は

$$\tau_E = \frac{E}{U_0}T_0 = 0.2369\frac{\rho_{[\text{m}]}R_{[\text{m}]}}{E^3_{[\text{GeV}]}} \text{[ms]}(\text{isomag. } J_E = 2)$$

$$\tau_x = \tau_y = 2\tau_E$$

合成則 $J_x + J_y + J_E = 4$ はどのような加速器でも成り立つ(ロビンソン(Robinson)の定理[2]).

8.5.3 量子励起

古典電磁気学における輻射と違って,角周波数 ω のシンクロトロン輻射は実際にはエネルギー $\hbar\omega$ の離散的な光子として放出され,これによってシンクロトロン振動・ベータトロン振動が励起される(量子励起).

長さ L のビームラインを1回通過した場合のエネルギー幅の増加は(この間にシンクロトロン振動はないとする)

$$\Delta\sigma_E^2 = \int_0^L \frac{ds}{c}\dot{N}_\gamma\langle u^2\rangle = \frac{55\alpha(\hbar c)^2}{24\sqrt{3}}\gamma^7\int_0^L \kappa^3 ds$$

で与えられる(κ は式(8.5.1)に定義した).一方,横方向の幾何エミッタンスの増加は(ベータトロン振動波長よりビームラインが十分長く,かつベータトロン位相と輻射に相関がなければ)

$$\Delta\epsilon_{g,i} = \frac{55 r_e \hbar}{24\sqrt{3}m_e c}\gamma^5\int_0^L \kappa^3 H_i ds \quad (i = x, y)$$

で表せる.H_i は式(8.5.2)に定義した.

減衰時間より十分長い時間の後,量子励起によるエミッタンス増加と輻射減衰は平衡に達する.平衡時のエネルギー幅は

$$\frac{\sigma_E}{E} = \left[C_q \cdot \frac{\gamma^2}{J_E}\frac{I_3}{I_2} \right]^{1/2} \qquad (8.5.4)$$

$$\left(C_q \equiv \frac{55}{32\sqrt{3}}\frac{\hbar}{m_e c} = 3.832\times10^{-13} \text{ m} \right)$$

$$= \left[\frac{C_q\gamma^2}{J_E\rho} \right]^{1/2} \quad (\text{isomag.})$$

$$= 0.857\times10^{-3}\frac{E_{[\text{GeV}]}}{\sqrt{\rho_{[\text{m}]}}} \quad (\text{isomag., } J_E = 2)$$

対応するバンチ長の平衡値は,シンクロトロン振動の角周波数を Ω_s とすると

$$\sigma_z = \frac{c\alpha_p}{\Omega_s}\frac{\sigma_E}{E_0}$$

横方向の幾何エミッタンスの平衡値は

$$\epsilon_{g,i} = C_q \frac{1}{J_i}\frac{I_{5i}}{I_2}\gamma^2 \quad (i = x, y)$$

$$\epsilon_{g,x} = \frac{C_q}{J_x\rho}\gamma^2\langle H\rangle_{\text{mag}} = \frac{J_E}{J_x}\langle H\rangle_{\text{mag}}\left(\frac{\sigma_E}{E} \right)^2 \quad (\text{isomag.})$$

ここで $\langle H\rangle_{mag}$ は式(8.5.2)に定義された H_x の,磁石中での平均値である.

平面リングでは,磁石設置の誤差のない理想的な場合,$\epsilon_{g,y}$ の平衡値は上式によるとゼロになる.そのような場合は,シンクロトロン輻射の角度の広がり $\sim 1/\gamma$ による反跳が寄与して y 方向の幾何エミッタンスの平衡値は究極的な値[3]

$$\epsilon_{g,y} = \frac{13}{55}\frac{C_q}{J_y I_2}\oint \kappa^3\beta_y ds$$

となる.

磁石の設置誤差があれば x, y 方向のベータトロン振動の結合が起こり,平面リングでも y 方向のエミッタンスが発生する.その場合,結合がないときの水平方向エミッ

タンス ϵ_{x0} は $\epsilon_x+\epsilon_y=\epsilon_{x0}$ のように分配される.

a. 量子寿命

離散的なシンクロトロン輻射のため,シンクロトロン振動の振幅はランダム歩行を行い,振幅がバケットの高さを越えた粒子は失われる.これによりビーム寿命が有限になる.この過程による寿命は

$$\tau_q=\frac{1}{2}\tau_E\cdot e^{\xi}/\xi$$

$$\xi\equiv\frac{1}{2}\left(\frac{\Delta E_{\max}}{\sigma_E}\right)^2=\frac{1}{2}\left(\frac{E}{\sigma_E}\right)^2\frac{U_0}{\pi\alpha_phE}F(q)$$

$$q\equiv eV_{RFpeak}/U_0=1/\sin\varphi_s$$

で与えられる.ここで,h はハーモニックナンバー,$\Delta E_{\max}$ はバケットの高さ,V_{RFpeak} はリング1周の加速電圧の振幅,φ_s は同期位相(synchronous phase,$\varphi=\pi/2$ が正弦波の最大値に相当)である.$q(>1)$ は over-voltage ratio と呼ばれる.関数 $F(q)$ は

$$F(q)=2[\sqrt{q^2-1}-\cos^{-1}(1/q)],\quad dF/dq=2\sqrt{q^2-1}/q$$

で定義される.

ベータトロン振動の振幅も同様にランダム歩行し,ビーム口径 a(ビームパイプの大きさによる幾何学的口径あるいは力学的口径)から出ると粒子は失われる.これによるビーム寿命は1次元のガウス分布の場合

$$\tau_q=\frac{\tau_i}{(a/\sigma_i)^2}e^{\frac{1}{2}(a/\sigma)^2}\quad(i=x,y,\quad a\gg\sigma_i)$$

である.

参考文献

1) M. Sands : SLAC-121, UC28 (1970).
2) K. W. Robinson : Phys. Rev 111 373 (1958).
3) T. O. Raubenheimer : Particle Accelerators 36 75 (1991).

8.6 集団運動

加速器を通るビームの強度が大きくなると,ビーム内の粒子の相互作用が無視できなくなる.これを考慮したビーム運動を集団運動(collective motion)と呼ぶ.本節全体にわたる標準的な教科書として文献1がある[*6].日本語による教科書的な文献としては,文献2などがある.

8.6.1 ウェーク関数とインピーダンス

荷電ビームがビームパイプ・空洞などの構造体を通過するときには電磁場をつくる.この電磁場をウェーク場(wakefield)と呼ぶ.ビームと電磁場の運動は,正確にはマクスウェル方程式と,ローレンツ力の下での粒子の運動方程式との連立方程式になるが,これを解くのは計算機コードの場合以外は現実的でない.しかし,ある程度以上の

ビームエネルギーの場合は,一構造体通過中のビームの変形は無視できることが多く,1) 与えられた軌道(普通は直線)上を電荷が走った場合に生じる電磁場,2) その電磁場の下での粒子の運動,の2段階に分けて考えればよい.

速度 v の点電荷(source particle,電荷 q)が,ある構造体を通過したときの位置 s(s は軌道に沿った長さ)と時間 t の関係を $s=vt$ とする.それから時間 τ だけ遅れて同じ速度で通過する点電荷(witness particle,電荷 e)の位置は $s=v(t-\tau)$ であり,その瞬間にウェーク場から受ける力を $\boldsymbol{F}(s,t)$ とする.これを軌道に沿って積分したもの

$$\bar{\boldsymbol{F}}(\tau)=\int_{-\infty}^{\infty}\boldsymbol{F}(s,t=s/v+\tau)ds$$

を考える(積分範囲は力の働く区間を完全に含むものとする).これを単位電荷に規格化したものをウェーク関数と呼ぶ.このうち,進行方向(longitudinal)の成分を longitudinal wake function と呼び w_L と書く.この場合上式の符号を変える(すなわち後続粒子が減速されるとき正とする)のが習慣である.すなわち,$w_L=-\bar{\boldsymbol{F}}(\tau)\cdot\boldsymbol{e}_s/qe$ である.横方向 (x,y) 成分を transverse wake function という.すなわち,$\boldsymbol{w}_T=w_x\boldsymbol{e}_x+w_y\boldsymbol{e}_y$,$w_{x(y)}=\bar{\boldsymbol{F}}\cdot\boldsymbol{e}_{x(y)}/qe$.これらのウェーク関数の単位は V/C である[*7].

構造体が十分長く,$\boldsymbol{F}$ がそのなかでほぼ一定である場合は,上記の $\boldsymbol{w}(\tau)$ を構造体の長さで除したものをウェーク関数と呼ぶこともある(単位は V/C/m).

ウェーク関数は基本的には時間 τ の関数であるが,その他に source particle の位置 (x_s,y_s),witness particle の位置 (x_w,y_w) の関数でもある.構造体に何らかの対称性がある場合,これらはその対称点から測るのが自然である(例えば軸対称ならその中心).実用上は次の二つのウェーク関数が特に重要である.単に longitudinal (transverse) wake function というときはこれらを指すことが多い.

$$W_L(\tau)=w_L(\tau)\big|_{x_s=y_s=x_w=y_w=0} \tag{8.6.1}$$

$$W_x(\tau)=\frac{\partial w_x(\tau)}{\partial x_s}\bigg|_{x_s=y_s=x_w=y_w=0} \tag{8.6.2}$$

W_y も同様(ここでは一般的な位置でのウェーク関数 $\boldsymbol{w}$ と区別して,原点でのウェーク関数を $\boldsymbol{W}$ と書いた.8.6.3 項に与えた公式は $\boldsymbol{W}$ である).

ウェーク関数のフーリエ変換をインピーダンスと呼ぶ.

$$Z_L(\omega)=\int_{-\infty}^{\infty}W_L(\tau)e^{i\omega\tau}d\tau,\ W_L(\tau)=\frac{1}{2\pi}\int_{-\infty}^{\infty}Z_L(\omega)e^{-i\omega\tau}d\omega$$

式 (8.6.2) の意味の transverse wake function に対しては(W_x,W_y を総称して W_T と書く)

$$Z_T(\omega)=i\int_{-\infty}^{\infty}W_T(\tau)e^{i\omega t}dt,\ W_T(\tau)=\frac{-i}{2\pi}\int_{-\infty}^{\infty}Z_T(\omega)e^{-i\omega\tau}d\omega$$

$W(t)$ が実関数であることから,$Z_L(\omega)^*=Z_L(-\omega)$,

[*6] 同書では cgs 単位系が使われていること,ウェーク関数の定義は位置 z を引数とする(本節の t とは逆符号,かつ $v\neq c$ のときに違いがある)ことに注意.

[*7] ウェーク関数には様々な定義がある.引数を時間でなく距離としたり,前方を正(すなわち遅れを負)とする場合もあることに注意.

$Z_T(\omega)^* = -Z_T(-\omega)$ である.

実用上は $v = c$ であることが多い. その場合は次の性質がある (W は W_L, W_T, Z は Z_L, Z_T の総称).

$W(\tau) = 0$ for $\tau < 0$ (しばしば括弧付きで「因果律」causality と呼ばれる). これは, $Z(\omega)$ が ω の複素平面上半面で正則であることを意味する. これより

$$\Re Z_L(\omega) = \frac{1}{\pi} \, \mathrm{pv.} \int_{-\infty}^{\infty} d\omega' \frac{\Im Z_L(\omega')}{\omega' - \omega}$$

$$\Im Z_L(\omega) = \frac{-1}{\pi} \, \mathrm{pv.} \int_{-\infty}^{\infty} d\omega' \frac{\Re Z_L(\omega')}{\omega' - \omega}$$

ここで pv. は $\omega' = \omega$ で主値を取ることを意味する.

w_L と w_T の間には一般的に

$$\left(\frac{\partial}{\partial x_w} e_x + \frac{\partial}{\partial y_w} e_y \right) w_L(\tau) = -\frac{1}{v} \frac{\partial}{\partial \tau} \boldsymbol{w}_T(\tau) \tag{8.6.3}$$

の関係がある. これを Panofsky-Wentzel の定理と呼ぶ.

構造体が軸対称の場合, $\boldsymbol{w}$ は円柱座標により次のように展開できる.

$$w_L = \sum_{m=0}^{\infty} \frac{I_m}{q} W_m'(\tau) r_w^m \cos m\theta_w \tag{8.6.4}$$

$$\boldsymbol{w}_T = -\sum_{m=1}^{\infty} \frac{I_m}{q} W_m(\tau) m r_w^{m-1} (\boldsymbol{e}_r \cos m\theta_w - \boldsymbol{e}_\theta \sin m\theta_w) \tag{8.6.5}$$

ここで, $W_m' = dW_m/vd\tau$, $\boldsymbol{e}_r(\boldsymbol{e}_\theta)$ は半径方向 (円周方向) 単位ベクトルである. I_m は先行粒子の電流の展開係数であり, 電荷 q が $r = a$, $\theta = \theta_0$ を走る場合, $I_m = qa^m$ であり, 電荷密度は

$$\rho = \frac{q}{a} \delta(r_s - a) \delta(\theta_s - \theta_0) \delta(s - vt)$$

$$= \sum_{m=0}^{\infty} \frac{I_m \cos m(\theta_s - \theta_0)}{\pi a^{m+1}(1 + \delta_{m,0})} \delta(r_s - a) \delta(s - vt)$$

と展開できる. 式 (8.6.5) と (8.6.4) が微分の関係で結ばれているのは Panofsky-Wentzel の定理 (8.6.3) による. ただし, 最もよく使われる式 (8.6.1), (8.6.2) は $W_L = W_0'$, $W_x = W_1$ であり, 両者は単純な微分の関係にはない.

8.6.2 ヴラソフ方程式

力学系がハミルトニアン $H(\boldsymbol{x}, \boldsymbol{p}, t)$ で記述される場合, リウヴィルの定理により, 位相空間の分布関数 $\Psi(x, p, t)$ の値は粒子の軌道に沿って一定である. すなわち,

$$\frac{d\Psi}{dt} = \frac{\partial \Psi}{\partial t} + \frac{d\boldsymbol{x}}{dt} \cdot \frac{\partial \Psi}{\partial \boldsymbol{x}} + \frac{d\boldsymbol{p}}{dt} \cdot \frac{\partial \Psi}{\partial \boldsymbol{p}}$$

$$= \frac{\partial \Psi}{\partial t} + \frac{\partial H}{\partial \boldsymbol{p}} \frac{\partial \Psi}{\partial \boldsymbol{x}} + \boldsymbol{F} \cdot \frac{\partial \Psi}{\partial \boldsymbol{p}} = 0$$

これをヴラソフ方程式 (Vlasov equation) と呼ぶ. ここで, 力の項を, $d\boldsymbol{p}/dt = -\partial H/\partial x \equiv \boldsymbol{F}$ と書いた.

ウェーク場などの摂動を受けた粒子系が安定であるか否かを調べるには, しばしばヴラソフ方程式が使われる. 定常解を Ψ_0 ($\partial \Psi_0/\partial t = 0$) とすると (以下 1 自由度とする),

$$\frac{\partial \Psi_0}{\partial x} \frac{\partial H}{\partial p} - \frac{\partial \Psi_0}{\partial p} \frac{\partial H}{\partial x} = 0$$

これは, $\Psi_0 = \Psi_0(H)$ であれば満たされる. この分布から

のずれを ϕ とすると,

$$\frac{\partial \phi}{\partial t} + \dot{x} \frac{\partial \phi}{\partial x} + F_0 \frac{\partial \phi}{\partial p} + f \frac{\partial \Psi_0}{\partial p} = 0$$

ここで力の項は, 電磁場では分布の重ね合わせが成り立つので, Ψ_0 からくる F_0 と, ϕ からくる f に分解し, f と ϕ の積の項を無視した. これを, 線型化されたヴラソフ方程式と呼ぶ. この方程式は, ϕ の時間変化を $\propto e^{-i\omega t}$ とし, 適当な直交関数で展開すれば, 線形の固有値方程式になる. $\Im \omega > 0$ となる解があれば, この系は不安定である.

8.6.3 種々の構造のインピーダンス

a. インピーダンスの種類

典型的な縦方向インピーダンスを書いてみると

$$Z_L = -i\omega L + R_W \sqrt{\omega} + R_\Omega + \frac{R_c}{\sqrt{\omega}}$$

ここで第 1 項はインダクタンス, 第 2 項は resistive-wall インピーダンスと呼ばれ, ビームチェンバーが電気伝導率有限の物質でできているときに生じるインピーダンス, 第 3 項は純粋な抵抗, そして最後の項は加速空洞の全インピーダンスの高周波成分である. 第 1 項が負のとき, 加速器ではキャパシタンスと呼んでいる (本当のキャパシタンスは $i/(\omega C)$ の周波数依存性を持つはずであるが). もう一つ重要なインピーダンスにローレンツ型インピーダンスがある. 加速空洞のインピーダンスはこのかたちで書ける.

$$Z_L(\omega) = \frac{R_L}{1 + iQ\left(\dfrac{\omega_R}{\omega} - \dfrac{\omega}{\omega_R} \right)}$$

$$Z_T(\omega) = \frac{R_T \dfrac{\omega_R}{\omega}}{1 + iQ\left(\dfrac{\omega_R}{\omega} - \dfrac{\omega}{\omega_R} \right)}$$

ここで R_L と R_T は縦方向と横方向のカップリングインピーダンス, Q は Q 値で ω_R は共振周波数である. これら代表的なインピーダンスに対応するウェークポテンシャルは, 上記の式の逆変換をすれば求まる. ここではインダクタンス, 純粋な抵抗とローレンツ型インピーダンスのウェークポテンシャルを列記するにとどめる.

1) インダクタンス

$$W_{L0}(s) = Lc \frac{d}{ds} \delta(s/c)$$

2) 純粋な抵抗

$$W_{L0}(s) = R\delta(s/c)$$

3) ローレンツ型 (共振空洞) インピーダンス

$$W_{L0} = \begin{cases} 0 & (s < 0) \\ \alpha R_L & (s = 0) \\ 2\alpha R_L e^{-\alpha s/c} \left[\cos \dfrac{\omega' s}{c} - \dfrac{\alpha}{\omega'} \sin \dfrac{\omega' s}{c} \right] & (s > 0) \end{cases}$$

$$W_{T1} = \begin{cases} 0 & (s \le 0) \\ \dfrac{R_T \omega_R^2}{Q\omega'} e^{-\alpha s/c} \sin \dfrac{\omega' s}{c} & (s > 0) \end{cases}$$

ここで, $\alpha = \omega_R/2Q$, $\omega' = (\omega_R^2 - \alpha^2)^{1/2}$ である.

次に, いくつかの重要なインピーダンスを簡単に求めて

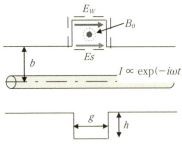

図 8.6.1 小さな空洞のつくるインダクタンス

みる.

b. インダクタンス

まずインダクタンスの説明から始める. ビームチェンバー上に図 8.6.1 で示した様な小さな空洞のような構造体があり, このビームチェンバーの中心軸上をビームが通過するとする.

ビームと一緒に走る電磁場のなかで, 電場はビームチェンバーの近傍ではほとんどゼロであるから, 空洞のなかでは磁場だけを考えればよい. いま知りたいのはギャップ間に立つ電場 E_s である. そこで点線で示した積分路を考える. この積分路に沿って電場の積分を行うと, それは空洞内の磁場の時間変化の反対符号に等しい (ファラデーの法則).

$$\oint \boldsymbol{E} \cdot d\boldsymbol{l} = -\frac{\partial}{\partial t} \int \boldsymbol{B} \cdot d\boldsymbol{S} \tag{8.6.6}$$

ビームチェンバーが完全導体でできているとすると ($E_w=0$), 左辺はギャップ間電圧そのものである.

$$V = \int_{\text{gap}} E_s ds$$

さて問題は右辺である. ビーム電流を I とし, $e^{-i\omega t}$ のように時間変化するとする. すると空洞内の磁場は (ギャップの深さはパイプの半径に対し十分小さいとして, 磁場が一定と見なせると仮定) $B_\theta = \mu_0 I/(2\pi b)$ で与えられる. するとファラデーの法則の右辺は

$$-\frac{\partial}{\partial t}\int \boldsymbol{B} \cdot d\boldsymbol{S} = i\omega \frac{\mu_0 gh}{2\pi b} I$$

となる. ここで μ_0 は真空の透磁率である. 以上の式よりギャップ間電圧が求まる.

$$V = i\omega \frac{\mu_0 gh}{2\pi b} I$$

インピーダンスの定義よりこの小さな空洞がつくるインピーダンスは以下の式で与えられる.

$$Z_L = -i\omega \frac{\mu_0 gh}{2\pi b} = -i\omega \frac{Z_0 gh}{2\pi bc}$$

これはインダクタンスである. ここで $Z_0 = c\mu_0$ は真空のインピーダンス (=120π Ω) である. 円形加速器では, ビームは円形加速器の回転周波数の整数倍の周波数でしかインピーダンスを誘起しない. したがってこのインピーダンスを, $\omega = n\omega_0$ (ω_0 は円形加速器の回転周波数, n は整数) を使って次のように書く.

$$\frac{Z_L}{n} = -i\omega_0 \frac{Z_0 gh}{2\pi bc} = -i\beta \frac{Z_0 gh}{2\pi bR}$$

ここで β は粒子の速度を光速で割った量であり, R は円形加速器の平均半径である. この結果はギャップ間電圧が空洞内に立つ磁場の誘導起電力によることを考えれば (つまりギャップはコイルの役割をする) 容易に理解できる. バンチが長い陽子ビームではほとんどの構造体はこのようにインダクタンスに見える.

c. Resistive-wall インピーダンス

次に, この空洞のなかが電気伝導率が大きいが有限である物質で満たされているとしよう. この場合, 電磁場はスキンデプス以上にはこの物質のなかに入っていかない. ここでスキンデプスは

$$\delta_s = \sqrt{\frac{2\rho_c}{\omega \mu_0}}$$

で与えられる ($\rho_c = 1/\sigma_c$ は体積抵抗率). したがって空洞の深さがスキンデプス以上であれば, 結果は空洞の深さによらないはずである. そこで, いっそ空洞の深さをスキンデプス $h = \delta_s$ に取ってしまう. 空洞のなかが電気伝導率有限の物質で満たされている効果は, ファラデーの法則の左辺 (電場の線積分) に表れる. 8.6.1 で示した積分路のうち, 空洞の両端の壁を径方向に走る電場は対称性からゼロである (電場は径方向を向いている). したがって, 空洞の奥の内壁で進行方向の成分を持つ電場 E_w の寄与だけを考えればよい. この電場を正確に求めるのは実は簡単でなく, Leontovich 条件と呼ばれる関係が電場 E_w と磁場 H_θ の間にあることを使って求める.

$$E_w = \sqrt{\frac{\mu_0}{\varepsilon_c}} H_\theta$$

ここで表面インピーダンス $\zeta = \sqrt{\mu_0/\varepsilon_c}$ は複素誘電率

$$\varepsilon_c = \varepsilon_0 + \frac{\sigma_c}{i\omega}$$

によって定義されている. ここで $\sigma_c = 1/\rho_c$ は導体の電気伝導率である. 電気伝導率が十分大きいと仮定すると ($\sigma_c \gg \varepsilon_0 \omega$), 表面インピーダンスは以下の式で近似できる:

$$\zeta \approx \sqrt{\frac{i\omega \mu_0}{\sigma_c}} = \frac{1+i}{\sqrt{2}} \sqrt{\frac{\omega \mu_0}{\sigma_c}}$$

この式を使って磁場を B_θ で表すと, 変換の末,

$$E_w = \frac{\omega}{2} \delta_s (1+i) B_\theta$$

が求まる. この電場の寄与をファラデーの法則の左辺に足して前節と同じように式を展開すると ($h = \delta_s$ と設定したことを忘れないで), ギャップ間電圧が次のように求まる.

$$V = -\frac{\partial}{\partial t} \int \boldsymbol{B} \cdot d\boldsymbol{S} - \int E_w ds$$
$$= i\omega \frac{\mu_0 g \delta_s}{2\pi b} I - \frac{\omega}{2} \delta_s (1+i) g \frac{\mu_0 I}{2\pi b}$$
$$= -\frac{\omega}{2} (1-i) \frac{Z_0 g \delta_s}{2\pi bc} I$$

インピーダンスは定義から

$$Z_L = \frac{\omega}{2}(1-i)\frac{Z_0 g \delta_s}{2\pi bc}$$

となる．前節同様にこのインピーダンスを円形加速器の回転周波数の整数倍の周波数（$\omega = n\omega_0$）でのかたちに書き換えると，次のようになる．

$$\frac{Z_L}{n} = Z_0 \beta \left(\frac{1-i}{2}\right)\frac{\delta_s}{b}\frac{g}{2\pi R}$$

これが縦方向の resistive-wall インピーダンス[3]である．ビームチェンバーが非完全導体でできているときのインピーダンスを与える．

横方向の resistive-wall インピーダンスは，縦方向の resistive-wall インピーダンスから以下のように求まる．

$$Z_T = Z_0(1-i)\frac{g\delta_s}{2\pi b^3}$$

$\delta_s \propto 1/\sqrt{\omega}$ の周波数依存性のために，横方向の resistive-wall インピーダンスは低周波で急激に増大する．そのため，大電流陽子加速器では横方向の resistive-wall インピーダンスが最も深刻な横方向インピーダンスになることが多い．

さて，縦方向 resistive-wall インピーダンスの式の物理的意味合いを考えてみよう．第1項，インピーダンスの実部は抵抗を表しているが，これは次のようにしても求まる．この空洞は図 8.6.2 のような体積抵抗率 ρ_c の円筒のパイプ（半径 b，厚さ δ_s，長さ g）と考えてよく，その電気回路的な抵抗値は下の式で与えられる．

$$\Re Z_L = \frac{\rho_c g}{2\pi b \delta_s}$$

このなかで ρ_c/δ_s は次のように変換できる．

$$\frac{\rho_c}{\delta_s} = \frac{\rho_c}{\sqrt{2\rho_c/(\omega\mu_0)}} = \frac{\omega\mu_0}{2}\sqrt{\frac{2\rho_c}{\omega\mu_0}} = \frac{\omega\mu_0}{2}\delta_s = \frac{\omega}{2}\frac{Z_0}{c}\delta_s$$

したがって，抵抗値は以下のように書き換えることができる．

$$\Re Z_L = \frac{\omega}{2}\frac{Z_0 g \delta_s}{2\pi bc}$$

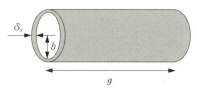

図 8.6.2 Resistive-wall インピーダンス計算のために想定する円筒形パイプ

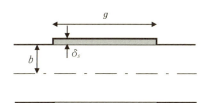

図 8.6.3 非完全導体の円筒形パイプが構成する空洞

これは縦方向 resistive-wall インピーダンスの第1項と同じである．つまり，縦方向 resistive-wall インピーダンスの第1項はこの物質の抵抗そのものなのである．次に縦方向 resistive-wall インピーダンス第2項を見てみよう．この項はインダクタンスを与えている．この項を導出するために図 8.6.2 の円筒形パイプの両端に内径 b の完全導体のビームチェンバーが繋がっていると考えよう．また円筒形パイプの外側は完全導体で囲まれているとする（電磁場はスキンデプス以上に入らないので，外側の完全導体の効果はない）．その断面の様子を図 8.6.3 に示した．すると非完全導体の円筒形パイプは一種の空洞を構成する．磁場はこの空洞内部で指数関数的に減衰するから，空洞の外半径での磁場をゼロと近似すると，実効的な磁場は内部が真空のときの磁場の約半分ぐらいになる：$B_\theta \approx (1/2) \times \mu_0 I/(2\pi b)$．後は前節のインダクタンス計算の手順どおりに式を展開すればよく，結局インピーダンスの虚部はインダクタンスの公式で $h = \delta_s$ と置き，全体を2で割った量で与えられる．

$$\Im Z_L = -i\frac{\omega}{2}\frac{Z_0 g \delta_s}{2\pi bc}$$

実部と虚部を合わせると縦方向 resistive-wall インピーダンスの公式になる．

実は，ここで求められた resistive-wall インピーダンスの公式はスキンデプスがチェンバーの壁の厚みより小さい高周波の領域でしか有効ではない．スキンデプスがチェンバーの壁の厚みより大きい低周波の領域を含めた正しい取り扱いについては参考文献4を参照されたい．

d. 縦方向スペースチャージインピーダンス

最後に縦方向のスページチャージ（これを空間電荷とも呼ぶ）インピーダンスを求めよう[5]．ビーム内の粒子は他の粒子からクーロン反発力を受ける．縦方向（進行方向）には，前方の粒子はバンチの中心から前方に押し出されるような力を受け，後方の粒子は後方に押し戻される．この力はインダクタンスの効果と逆の方向である．求め方はインダクタンスの場合と似ている．ビームチェンバーは完全導体でできているとして，その半径を b とする．積分路は図 8.6.4 のようにビームの中心軸を沿って走るものを考える．ビームチェンバー表面上の接線方向電場 E_w は境界条件よりゼロである．インダクタンスの場合との違いは積分路がビームの内部まで入っているので，ビームがあるときのビームチェンバー内の電磁場をちゃんと求めておく必

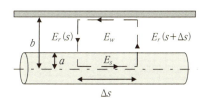

図 8.6.4 縦方向スページチャージ（空間電荷）インピーダンス計算のための積分路の取り方

要があることである．また電場の径方向成分も自由空間上なのでゼロではなく，結果に大きく寄与する．また，結果はビームの横方向分布に依存する．簡単のため，ビームは円筒形をしていて，粒子は横方向に一様に分布していると仮定しよう．後で参考のためパラボラ分布のときの結果も記す．

さて，円筒形ビームの半径を a とし，ビームの進行方向線密度を λ としたときに，横方向の電磁場は

$$
E_r = \begin{cases} \dfrac{e\lambda}{2\pi\varepsilon_0}\dfrac{1}{r} & (r \geq a) \\[2mm] \dfrac{e\lambda}{2\pi\varepsilon_0}\dfrac{r}{a^2} & (r < a) \end{cases}
$$

$$
H_\theta = \begin{cases} \dfrac{e\lambda\beta c}{2\pi\varepsilon_0}\dfrac{1}{r} & (r \geq a) \\[2mm] \dfrac{e\lambda\beta c}{2\pi\varepsilon_0}\dfrac{r}{a^2} & (r < a) \end{cases}
$$

で与えられる．ここで，ε_0 は真空の誘電率を，βc は粒子の速度を表す．インダクタンスの場合と同様に図 8.6.4 で示された積分路にそって電場の積分を行うと，それは空洞内の磁場の時間変化の反対符号に等しい（ファラデーの法則(8.6.6)）．

まずこの式の左辺から片付けよう．ビームチェンバーが完全導体でできているとすると $E_w = 0$ である．位置 $s+\Delta s$ と s での電場の径方向の積分を実行すると，ファラデーの法則の左辺は以下のようになる．

$$
\oint \boldsymbol{E}\cdot d\boldsymbol{l} = E_s\Delta s + \frac{e}{4\pi\varepsilon_0}\left(1+2\ln\frac{b}{a}\right)[\lambda(s+\Delta s)-\lambda(s)]
$$
$$
= E_s\Delta s + \frac{e}{4\pi\varepsilon_0}\left(1+2\ln\frac{b}{a}\right)\frac{\partial\lambda}{\partial s}\Delta s
$$

ファラデーの法則の右辺も同様に計算でき，

$$
-\frac{\partial}{\partial t}\int\boldsymbol{B}\cdot d\boldsymbol{S} = \frac{\mu_0 e\beta c}{4\pi}\left(1+2\ln\frac{b}{a}\right)\Delta s\frac{\partial\lambda}{\partial t}
$$

となる．関係式 $\partial\lambda/\partial t = -\beta c\,\partial\lambda/\partial s$ を使って全体を書き改めると以下の式を得る．

$$
E_s = -\frac{e}{4\pi\varepsilon_0}(1-\beta^2)\left(1+2\ln\frac{b}{a}\right)\frac{\partial\lambda}{\partial s}
$$
$$
= -\frac{eZ_0 c}{4\pi\gamma^2}\left(1+2\ln\frac{b}{a}\right)\frac{\partial\lambda}{\partial s}
$$

ここで，$\mu_0 = 1/\varepsilon_0 c^2$ と $Z_0 = 1/\varepsilon_0 c$ の関係式を使った．加速器リング1周にわたる電圧は電場の両辺に $2\pi R$ を掛けることで得られる．ビーム電流 I は $I = e\beta c\lambda$ で与えられるので，さらにジオメトリカルファクター

$$
g_0 = 1 + 2\ln\frac{b}{a}
$$

を導入して電場を書き改めると，

$$
V = E_s\cdot 2\pi R = -\frac{\partial I}{\partial s}Z_0 R\frac{g_0}{2\beta\gamma^2}
$$

となる．電流 I の位置 s 依存性を

$$
I = I_0 + I_1 e^{i(ns/R - \omega t)}
$$

とすると以下の式を得る．

$$
V = -in\cdot Z_0\frac{g_0}{2\beta\gamma^2}I_1
$$

したがって，縦方向のスペースチャージインピーダンスは定義から以下の式で与えられる．

$$
\frac{Z_L}{n} = i\frac{Z_0 g_0}{2\beta\gamma^2}
$$

ジオメトリカルファクターはビームの横方向の分布関数によって変わる．以下の関数で与えられるパラボラビームの場合，

$$
\rho(r) = \frac{N_p}{\pi^2 a^2 R}\left[1-\left(\frac{r}{a}\right)^2\right]
$$

ジオメトリカルファクターは

$$
g_0 = 1.5 + 2\ln\frac{b}{a}
$$

となる．

縦方向のスペースチャージインピーダンスをよく見ると縦方向のスペースチャージインピーダンスはインダクタンスと逆の符号を持っていることに気が付くだろう（つまり，キャパシタンスのように働く）．また γ^2 ファクターのため高エネルギーでは効かなくなることもわかる．このファクターは電場と磁場の寄与が高エネルギーでは打ち消し合うために起こる（電場は押し出そうとし，磁場は押し戻そうとする）．

横方向のスペースチャージインピーダンスは結果だけを書くにとどめる．

$$
Z_T = i\frac{Z_0 R}{\beta^2\gamma^2}\left(\frac{1}{a^2}-\frac{1}{b^2}\right)
$$

e. 穴やスロットのインピーダンス

インピーダンスの最後の例として，穴やスロットのインピーダンスを学習しよう．加速器のビームチェンバーには真空を引くための穴や，フィンガー形式のベローなど，様々な理由で様々な形状の穴が空いている．これらはほとんど小さなインダクタンスをつくるが，穴の数が膨大になり，総量ではその効果を無視できなくなることがある．穴のインピーダンスは，加速器では教科書にもあまり記述のない，一見なじみのない分野に見えるが，ジャクソンの教科書やベーテの論文にも載っている電磁気学では極めて古典的な問題である．穴のインピーダンスの定式化には，以前学習した小さな空洞のインピーダンスなども含めて，ビームチェンバー上の摂動（突起物，溝，穴など）が古典電磁気学でどう処理されるかの面白い考察がある．これを学習することは，インピーダンスの生成のメカニズムを理解するうえで重要である．

小さな空洞のつくる電磁気ダイポール まず，小さな空洞がつくるインダクタンスを別の観点から考え直そう[6]．図 8.6.5 のような小さな空洞を考える．ビーム電流はこの空洞のなかに

$$
B_\theta = \frac{\mu_0 I}{2\pi b}
$$

で与えられる磁場をつくり，この磁場は空洞のなかをトロイダルのように回転する磁束をつくる．

$$
\Phi_m = \int_S B(r)dS
$$

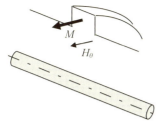

図 8.6.5　空洞1周の磁気モーメント M

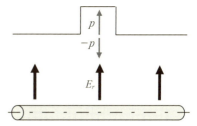

図 8.6.6　空洞に誘起される電気ダイポールモーメント

ここで積分は図 8.6.1 で示されたように空洞の断面にわたっての面積分である．空洞が十分小さければ磁束は $\Phi_m \approx B_\theta S$ で近似できる．ここで $S=gh$ はこの空洞の断面の面積である．ファラデーの法則から，この磁束の時間変化は電磁誘導によって起電力をつくる：$V = i\omega\Phi_m$．一方，磁束 Φ_m があるときの磁極の大きさは Φ_m/μ_0 であるから，空洞1周の磁気ダイポールモーメント M は

$$M = \frac{2\pi b \Phi_m}{\mu_0}$$

となる（図 8.6.5）．さらに単位長さあたりの磁気ダイポールモーメントは

$$m = \frac{M}{2\pi b} = \frac{\Phi_m}{\mu_0}$$

で与えられる．つまり，空洞の近くに磁場 H_θ があると磁気分極が起きるわけである．そこで磁気分極率を以下のように定義すると，

$$m = \alpha_m H_\theta(b)$$

磁気分極率は

$$\alpha_m = \frac{\Phi_m}{(\mu_0 H_\theta(b))}$$

で求められる．ちなみに，小さな空洞の場合，これは面積 S と一致する：$\alpha_m = S = gh$．したがって，この磁気分極がつくる縦方向インピーダンスは

$$Z_{L(m)} = -\frac{V}{I} = -i\omega\frac{Z_0\alpha_m}{2\pi bc}$$

で与えられる．結局この式は，以前求めた式と同じであるが，考え方が微妙に違う．以前は空洞内にビーム電流がつくった磁場が進入し，その磁場の時間的変化が電磁誘導によって空洞のギャップ間に起電力をつくり，それがインピーダンスをつくると考えた．今回は空洞の近傍に磁場を掛けたときに，その磁場が空洞内に磁気分極を引き起こし，その磁気分極場のなかを試験粒子が走るときに力を受けて，それがインピーダンスになると考えている．空洞の場合は軸対象構造体であるから，内部の磁場は軸方向に一様で簡単に求まり，その磁場のインピーダンスへの寄与も簡単に計算できる．パイプ上の穴の場合，軸方向に局所的な磁場をつくるので，こういった方法は使えない．しかし，この項で紹介した方法を使うと，ビームチェンバーの形状に摂動があるときにどういう磁気分極が起きるかがわかれば，インピーダンスは計算できる．磁気分極率 α_m を摂動法を使って求められる場合はこの方法が適している．

以上に述べたトロイダル中の磁場がつくる磁気ダイポールモーメントの他に，ビームがつくる電場（あるいは電気ポテンシャル）がビームチェンバー上の摂動（小さな空洞）によって乱されることによりできる電気ダイポールモーメントもある．磁気モーメントの場合は磁場の時間的変化が電磁誘導によって起電力を生じ，それがビームに力を及ぼしたが，電場の場合は時間的変化は関係ないので，電磁場の時間的変動を無視する．そうすると電場はスカラーポテンシャル $\phi(z)$ によって表現でき，その z 方向の微分が電場の z 方向成分を与える：$E_z = -\partial\phi(z)/\partial z$．

この E_z がつくるインピーダンスを計算しよう．その前に E_z から直接インピーダンスを計算する式をつくろう．ビーム電流が $I(z,t) = I_0 e^{-i\omega t}$ のように時間的に変化をしていると仮定すると，すべての電磁場もこれに従う．そこで E_z も $e^{-i\omega t}$ のように時間的変化をするとして，縦方向インピーダンスは以下の式で与えられる．

$$Z_{L(s)}(\omega) = -\frac{V(\omega)}{I_0} = -\frac{1}{I_0}\int_{-\infty}^{\infty} dz\, E_z(z,r) e^{-i\omega z/c}$$

偏積分を行うと

$$Z_{L(s)}(\omega) = i\frac{\omega}{I_0 c}\int_{-\infty}^{\infty} dz\, e^{-i\omega z/c}[\phi(z) - \phi_\infty]$$
$$\approx i\frac{\omega}{I_0 c}\int_{-\infty}^{\infty} dz\, [\phi(z) - \phi_\infty]$$

ここでスカラーポテンシャル $\phi(z)$ は原点近傍（$z=0$）に局所的に存在し，考えている波長がギャップの距離よりずっと長いと仮定し，$e^{-i\omega z/c} \approx 1$ の近似を行った．スカラーポテンシャル $\phi(z)$ は径方向の位置によるが，積分は $r=b$ のパイプの半径上で行うとしよう．そうすると積分の寄与は空洞の近傍だけとなる．

さて，ビームがつくる電場は径方向を向いているが，空洞近傍では電場はどうなるか．図 8.6.6 はその様子を示している（図 8.6.8 の穴の場合も参照）．

この電場の様子は場所 $z=0$, $r=b$ のところに二つの電気モーメントが径方向を逆に向いて存在しているのと同等である．するとスカラーポテンシャル $\phi(z)$ は

$$\phi(z) = \phi_\infty + \frac{1}{2\pi\varepsilon_0}\frac{px}{x^2 + z^2}$$

で与えられる．ここで $x = r - b$ であり，p は空洞の周方向単位長さあたりの電気ダイポールである．この電気ダイポールを求めることは簡単ではないので，ここでは求めない．以後はわかっているとして話を進める．縦方向インピーダンスの積分を実行すると，$x<0$ の領域で

$$Z_{L(s)}(\omega) = -i\frac{\omega}{I_0 c}\frac{p}{2\varepsilon_0}$$

となる．ここで電気ダイポールモーメント p を電気分極率 α_e を使って表現しよう．

$$p = \alpha_e \varepsilon_0 E_r$$

ここで E_r は $r=b$ での径方向電場であり，

$$E_r = \frac{I_0/c}{2\pi\varepsilon_0 b}$$

で与えられる．電気分極率 α_e は磁気分極率 α_m の類推から面積の次元を持っていると思われる．以上から最終的に以下の式に到達する．

$$Z_{L(s)}(\omega) = -i\omega\frac{Z_0 \alpha_e}{4\pi bc}$$

この電気ダイポールは空洞の入り口から外では径方向の正の方向を向いており，空洞の入り口から内では負の方向を向いている（つまり $\alpha_e<0$）．したがってこの電気ダイポールの効果は，磁場とは逆に負のインダクタンスをつくる．実は，以前小さな空洞のつくるインピーダンスを導いたとき，この電気ダイポールの寄与は考えていなかった．ちなみに $g<h$ の時の電気分極率 α_e は，$\alpha_e = -g^2/\pi$ で与えられる．電気ダイポールの寄与は磁気ダイポールの寄与よりファクター $2\pi h/g$ だけ小さい．

穴やスロットのインピーダンスの公式 さて，ビームチェンバー上に小さな空洞などの摂動があるとき，それらがつくる磁気ダイポールモーメントや電気ダイポールモーメントを計算することでインピーダンスを計算できることがわかった．チェンバー上に穴やスロットがある場合も同様にそれらがつくる電気磁気ダイポールモーメントを計算すればインピーダンスを計算できる．ビームチェンバー上に一つの穴，あるいはスロットがあると仮定しよう．小さな空洞のインピーダンスの計算ではダイポールモーメントはチェンバーの周上に一様に存在したが，今回はチェンバーの周上に一つしかないので，そのインピーダンスへの効果は $2\pi b$ だけ小さくなる．一般に穴やスロットがつくる縦方向インピーダンスは以下の式で与えられる[7]．

$$Z_{L(s)}(\omega) = -iZ_0\frac{\omega}{c}\frac{\alpha_m + \alpha_e}{4\pi^2 b^2}$$

ここで α_m と α_e は穴やスロットの磁気分極率と電気分極率である．穴がつくる磁気，電気ダイポールモーメントの様子を図 8.6.7, 8.6.8 に示した．

以下にいくつかのケースについて磁気分極率と電気分極率の例を示す．

- 半径 a の丸い穴

$$\alpha_m = \frac{4}{3}a^3, \quad \alpha_e = -\frac{2}{3}a^3$$

- ビームの進行方向に長い幅 w，長さ l の長方形スロット $(x=w/l\leq 1)$

$$\alpha_m = \frac{\pi}{16}w^2 l^2(1+0.3577x-0.0356x^2)$$

$$\alpha_e = -\frac{\pi}{16}w^2 l^2(1-0.5663x+0.1398x^2)$$

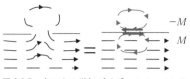

図 8.6.7 穴による磁気ダイポールモーメント

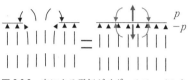

図 8.6.8 穴による電気ダイポールモーメント

- ビームの進行方向に長い幅 w，長さ l のレーストラック形スロット $(x=w/l\leq 1)$

$$\alpha_m = \frac{\pi}{16}w^2 l^2(1-0.0857x-0.0654x^2)$$

$$\alpha_e = -\frac{\pi}{16}w^2 l^2(1-0.7650x+0.1894x^2)$$

8.6.4 ビーム不安定性

a. ビームのバンチ内振動モード

ビーム内の粒子は横方向（x-y 面内）にベータトロン振動，進行方向にシンクロトロン振動をしている．集団としてのビームも基本的にはそれらの振動の組み合わせである．個々の粒子の運動はハミルトニアンで記述される．不安定性を論じるときはリングに沿った β 関数，位相の変化の詳細は問題にしない．1 周につき，$\mu_x = 2\pi\nu_x$，$\mu_z = 2\pi\nu_s$ 位相が s に対して一様に変化するモデルで論じる．p_x, p_y, p_z は本節では reference momentum p_0 で割ってある．したがって，$p_x = x'$, $p_y = y'$, $p_z = \delta$ である．

$$H_0 = \frac{1}{2}\left(-\eta_p p_z^2 - \frac{\mu_s^2}{\eta_p L^2}z^2\right) + \frac{1}{2}\left(p_x^2 + \frac{\mu_x^2}{L^2}x^2\right) \quad (8.6.7)$$

ここで，L はリングの周長，η_p は式(8.4.4)で定義したスリップ係数である．y は $x\to y$ で置き換えた項を加えるだけなので x-z のみを記す．クロマティシティ $\xi = d\nu_x/d\delta$ がある場合，$\mu_x \to \mu_x + 2\pi\xi\delta$ と置き換える．

集団運動を記述するために位相空間分布関数 $\Psi(x, p_x, y, p_y, z, \delta)$ と，その運動方程式であるヴラソフ方程式が用いられる．分布関数 $\Psi(x, p_x, z, \delta)$ に対するヴラソフ方程式は以下で表される．

$$\frac{\partial \Psi}{\partial s} + \sum_{i=x,z}\left(\frac{\partial \Psi}{\partial x_i}\frac{\partial H}{\partial p_i} - \frac{\partial \Psi}{\partial p_i}\frac{dp_i}{ds}\right) = 0$$

$H=H_0$ として，H_0 の微分を置き換える．

$$\frac{\partial \Psi}{\partial s} + p_x\frac{\partial \Psi}{\partial x} - \frac{\mu_x^2}{L^2}x\frac{\partial \Psi}{\partial p_x} - \eta_p \delta\frac{\partial \Psi}{\partial z} + \frac{1}{\eta}\frac{\mu_s^2}{L^2}z\frac{\partial \Psi}{\partial \delta} = 0$$

分布の時間変化はこの偏微分方程式を解くことで得られる．この偏微分方程式の補助方程式は

$$ds = \frac{dx}{p_x} = \frac{dp_x}{-\left(\frac{\mu_x}{L}\right)^2 x} = \frac{dz}{-\eta\delta} = \frac{d\delta}{\frac{1}{\eta}\left(\frac{\mu_s}{L}\right)^2 z}$$

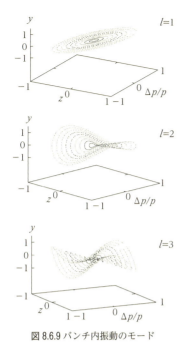

図 8.6.9 バンチ内振動のモード

となり，要するに単粒子に対する運動方程式で，解は

$$J_x = \frac{1}{2}\left(\frac{L}{\mu_x}p_x^2 + \frac{\mu_x}{L}x^2\right) = J_{x,0}$$
$$\phi_x = \mu_x s/L + \phi_{x,0}$$
$$J_z = \frac{1}{2}\left(\frac{\eta_p L}{\mu_z}\delta^2 + \frac{\mu_z}{\eta_p L}z^2\right) = J_{z,0} \quad (8.6.8)$$
$$\phi_z = \mu_z s/L + \phi_{z,0}$$

偏微分方程式の解は運動方程式の積分定数 $(J_{xz,0}, \phi_{xz,0})$ の関数である，$\Psi(J_x, \phi_x - \mu_x s/L, J_z, \phi_z - \mu_z s/L)$．定常解は J_x, J_z の関数で，$\Psi(J_x, J_z)$ である．J は作用変数と呼ばれ，共役座標は角変数 ϕ_x, ϕ_z で線形系では以下で表される．

$$x = \sqrt{\frac{2LJ_x}{\mu_x}}\cos\phi_x, \quad p_x = -\sqrt{\frac{2\mu_x J_x}{L}}\sin\phi_x$$
$$z = \sqrt{\frac{2\eta_p L J_z}{\mu_z}}\cos\phi_z, \quad \delta = \sqrt{\frac{2\mu_z J_z}{\eta_p L}}\sin\phi_z \quad (8.6.9)$$

ハミルトニアンは $H_0 = \mu_x J_x/L + \mu_z J_z/L$ である．解は周回 (s=L) につき ϕ_x, ϕ_z に μ_x, μ_z が加わる．

分布が $\phi_{x,z}$ を含めば $\Psi(J_x, \phi_x, J_z, \phi_z)$，周回ごとに $\Psi(J_x, \phi_x - \mu_x, J_z, \phi_z - \mu_z)$ で分布が変わる．分布形状は単バンチの振動モードに対応する．図 8.6.9 のように，x がシンクロトロン振動の位相空間に対して相関がある分布がモードに対応している．$\Psi(J_x, \phi_x, J_z, \phi_z) = \Psi(J_x, \phi_x, J_z, \phi_z + 2\pi/m)$ それぞれの図はある（例えば初期）時刻で以下の $l=1, 2, 3$ に対応する分布をしている．この図では x としているが，密度と考えれば ρ_0 も同じことである．この運動は安定的な振動であり，何らかの減衰があれば定常解に落ち着く．

ウェーク場は z の異なる，つまりある場所でのビームの通過時刻の異なる部分に相関を与える．その場所に電磁波がたまる構造などがあると，誘起された電磁場がビームの後部に影響を与える．ウェーク場により，あるモードの振動が不安定になることが起こる．これをビーム不安定性と呼ぶ[1]．

ウェーク場を考慮したハミルトニアンは以下のようにモデル化される．

$$H = H_0 + \frac{Nr_0}{\gamma}\int_{-\infty}^{\infty}[W_0(z-z')\rho(z') + xW_x(z-z')\rho_x(z')]dz' \quad (8.6.10)$$

ここで，$\rho(z)$ は z の分布関数で，$\int\rho(z)dz=1$ に規格化する．$\rho_x(z)$ は x 方向のダイポールモーメントの z 分布で $\rho_x(z) = \int dx dp_x d\delta x \Psi(x, p_x, z, \delta)$ で与えられる．$W_0(z)$ はリング 1 周の longitudinal wake 関数 $W_0'(z)$ (V/C) を積分したもの，$W_x(z)$ は transverse wake 関数 (V/C/m) である．p_x, δ に関する運動方程式はハミルトニアンから以下のように表される．

$$\frac{dp_x}{ds} = -\left(\frac{\mu_x}{L}\right)^2 x + \frac{Nr_0}{\gamma L}\int_{-\infty}^{\infty}W_x(z-z')\rho_x(z')dz' \quad (8.6.11)$$

$$\frac{dp_z}{ds} = \frac{1}{\eta_p}\left(\frac{\mu_z}{L}\right)^2 z - \frac{Nr_0}{\gamma L}\int_{-\infty}^{\infty}W_0'(z-z')\rho(z')dz' \quad (8.6.12)$$

ここで運動方程式においてウェーク場は 1 周の積分値を W で表し，運動方程式では周長 L で割っている．つまり平均的に航跡力が分布していると考える．ウェーク場はベータトロン，シンクロトロン振動を大きく変えるような力ではないので，1 周で平均しても，逆に 1 ヵ所に局在させても，大きな問題はない．前項でシンクロトロン振動方向に対しては加速空洞でも同様な扱いをしている．シンクロベータ共鳴上 $(\nu_x \pm \nu_s = n)$ ではウェークを 1 ヵ所で近似すると人為的な共鳴を起こすので多少の注意は必要である．

b. 定常解，バンチ伸長

式 (8.6.7)，(8.6.10) から z, δ のみを含む項を取り出す．

$$H_z = \frac{1}{2}\left(-\eta_p\delta^2 - \frac{\mu_z^2}{\eta_p L^2}z^2\right) + \frac{Nr_0}{\gamma}\int_{-\infty}^{\infty}W_0(z-z')\rho(z')dz' \quad (8.6.13)$$

進行方向の集団運動，不安定性は z 方向の分布関数 $\psi(z, \delta) \equiv \int dx dp_x dy dp_y \Psi$ に関するヴラソフ方程式により表される．ヴラソフ方程式は

$$\frac{\partial\psi}{\partial s} - \eta\delta\frac{\partial\psi}{\partial z} + \frac{1}{\eta}\left(\frac{\mu_s}{L}\right)^2 z\frac{\partial\psi}{\partial\delta} - \frac{Nr_0}{\gamma L}\int_{-\infty}^{\infty}W_0'(z-z')\rho(z')dz'\frac{\partial\psi}{\partial\delta} = 0 \quad (8.6.14)$$

ここで $\rho(z)$ は実空間での z 分布で $\rho(z) = \int d\delta\psi(z, \delta)$ で与えられる．

定常解 (ρ_0, ψ_0) は運動方程式を解くことで得られる[8]．

z 1次元の解は H_z=const. であり，定常解は H_z の関数である．電子リングの場合放射励起，減衰により，エネルギー分布はガウス分布である．陽子の場合も含めここではガウス分布と考えよう．

$$\psi_0 \propto \exp\left(\frac{H_z}{\eta\sigma_\delta^2}\right) = \exp\left[-\frac{\delta^2}{2\sigma_\delta^2} - \frac{\mu_s z^2}{2\eta_p^2 L^2 \sigma_\delta^2}\right.$$
$$\left. + \frac{Nr_0}{\eta_p \sigma_\delta^2 \gamma L}\int dz' W_0(z-z')\rho_0(z')\right]$$

δ に関して積分することで，ρ_z に関する積分方程式（ハイシンスキー（Haissinski）方程式）が得られる[9]．

$$\rho_0(z) = K^{-1}\exp\left[-\frac{\mu_s z^2}{2\eta_p^2 L^2 \sigma_\delta^2}\right.$$
$$\left. + \frac{Nr_0}{\eta_p \sigma_\delta^2 \gamma L}\int_{-\infty}^{\infty} dz' W_0(z-z')\rho(z')\right] \quad (8.6.15)$$

ここで K は規格化で決まる．平衡分布は，z を離散化した積分方程式を反復法またはニュートン法[10]を解くことで得られる．初期分布 $\rho_i^{[0]}(z_i) \equiv \rho_i^{[0]}$ はガウス分布とする．

$$\rho_i^{[0]} = \frac{1}{\sqrt{2\pi}\sigma_z}\exp\left(-\frac{z_i^2}{2\sigma_z^2}\right)\Delta z$$
$$W_0(z) = \int_{-\infty}^{z} W_0'(z')dz'$$

反復に使う式は以下である．

$$\rho_i^{[n+1]} = \frac{\exp\left[-\frac{z_i^2}{2\sigma_z^2} + A\sum_{j=-\infty}^{\infty}\rho_j^{[n]}W_{ij}\right]\Delta z}{\sum_{i=-\infty}^{\infty}\exp\left[-\frac{z_i^2}{2\sigma_z^2} + A\sum_{j=-\infty}^{\infty}\rho_j^{[n]}W_{ij}\right]\Delta z}$$

ここで $W_{ij} = W_0(z_i - z_j)$，$\rho_i^{[n+1]} = \rho_0^{[n+1]}(z_i)$，

$$A = \frac{Nr_0}{\gamma\eta_p L\sigma_\delta^2} = \frac{Nr_0}{\gamma\mu_z \sigma_z \sigma_\delta}$$

である．

図8.6.10 に共鳴型ウェークに対する，電子のバンチ長伸張の計算例を示す．ウェークのパラメータは $\omega_R = 2\pi \times 31.3$ GHz，$Q=1$，$\omega_R R/Q = 5\times 10^5$ m^{-1}，ビームパラメータは $\sigma_z = 5$ mm，$\gamma = 6\,850$，$N = 2.5\times 10^{10}$ とした．

c. 進行方向単バンチ不安定性

定常解の摂動に対する安定性を調べることで，不安定かどうかを調べる．先に述べたように，定常解は $H_z(J_z)$ のみの関数である．摂動はシンクロトロン位相に依存した運動を含む．

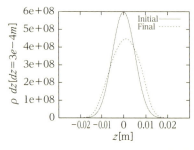

図 8.6.10 バンチ長伸長の例．実線がガウス分布，点線が伸長した平衡分布．

$$\psi(J_z, \phi_z, s) = \psi_0(J_z) + \psi_1(J_z, \phi_z)e^{-i\mu s/L}$$

ヴラソフ方程式の1次は以下である．

$$-i\frac{\mu}{L}\psi_1 - \eta\delta\frac{\partial\psi_1}{\partial z} + \left[\frac{1}{\eta}\left(\frac{\mu_s}{L}\right)^2 z\right.$$
$$\left. - \frac{Nr_0}{\gamma L}V_0(z)\right]\frac{\partial\psi_1}{\partial\delta} - \frac{Nr_0}{\gamma L}V_1(z)\frac{\partial\psi_0}{\partial\delta} = 0 \quad (8.6.16)$$

ここで

$$V_0(z) = \int W_0'(z-z')\rho_0(z')dz'$$
$$V_1(z) = \int_{-\infty}^{\infty}W_0'(z-z')\rho_1(z')e^{-i\mu s/L}dz'$$

$\rho_1(z)$ は ψ_1 の z への射影 $\rho_1(z) = \int d\delta\psi_1(z,\delta)$ である．式(8.6.16)の2・3項目の係数はそれぞれ $\partial H_z/\partial\delta$，$\partial H_z/\partial z$ である．作用変数を導入できれば，H_z は ϕ_z を含まないため，偏微分方程式から $\partial\psi/\partial J_z$ の項を除ける．$V_0=0$ の場合，J_z は式(8.6.8)で与えられるが，V_0 によるバンチ伸長により J_z は位相空間の楕円からずれるが，数値的に $J_z = \oint \partial H_z dz$ から求めることができる．$\delta(H_z)$ は式(8.6.13)から求める．J_z の関数としてチューン $\mu_z(J_z)$ を求める．$\partial H_z(J_z)/\partial J_z = \mu_z(J_z)/L$ から式(8.6.16)は以下のようになる．

$$-i\mu\psi_1 + \mu_z(J_z)\frac{\partial\psi_1}{\partial\phi_z} - \frac{Nr_0}{\gamma}V_1(z)\frac{\partial\psi_0}{\partial\delta} = 0 \quad (8.6.17)$$

V_1 が ψ_1 の積分になっているので，式(8.6.17)は積分方程式である．径モードと方位モードにより直行関数展開し，固有値問題を解く．$\psi_0(J_z)$ は数値的にしか与えられないので，幅を持つデルタ関数を径モードに使う[11]，$\Delta(J_z - J_k) = 1/(J_{k+1} - J_k)$，$J_k < J_z < J_{k+1}$．数値的であるが，どんな重み関数（$\psi_0$）に関しても直交関係を持つ，$k$ は J_z 方向の分布を滑らかに表すため数十必要である．

$$\psi_1 = \sum a_{k\ell}\Delta(J_z - J_k)\exp(i\ell\phi_z - i\mu s/L)$$
$$(\mu - \ell\mu_z(J_k))a_{k\ell} - i\frac{Nr_0}{\gamma}\sum_{k',\ell'}M_{k\ell,k'\ell'}a_{k'\ell'} = 0$$
$$M_{k\ell,k'\ell'} = \int d\phi_z e^{i\ell\phi_z}W_0'(z-z')e^{-i\ell'\phi_{z'}}\frac{\partial\psi_0}{\partial\delta}d\phi_{z'}'$$

ここで $\psi_0(J_z) = \sum\Delta(J_z - J_k)\psi_0(J_k)$ を使う．関数依存性は $z(J_k, \phi)$，$z'(J_{k'}, \phi_{z'})$，$\partial\psi_0/\partial\delta(J_k, \phi_z)$ である．行列 $M_{k\ell,k'\ell'}$ の固有値問題を解くことで，固有値 μ 実部から周波数，虚部から不安定成長度を得ることができる．

$V_0 = 0$ として，$\psi_0 = e^{-J_z/\varepsilon_z}/\varepsilon_z$ をガウス分布とすれば

$$\psi_1(r, \phi) = \sum_{\ell=-\infty, k=0}^{\infty} a_{\ell k}L_k(J_z/\varepsilon_z)e^{i\ell\phi}$$

を使い，同様に行列 $M_{k\ell,k'\ell'}$ が得られ，固有値問題に帰着できる[1]．前の方法に比べいくぶん解析的な扱い（下の横方向不安定性で同じ扱いがされる）になるが，平衡分布をガウス分布に取るのは，望ましくないのであまり使われない．

さらにいえば固有値問題を解く方法は計算機によるため，正確さを若干犠牲にし，より簡便なコースティングビームモデルで得られる，式(8.6.28)を使うこともある．

d. 横方向単バンチ不安定性

横方向の不安定性は分布関数 $\Psi(x, p_x, z, \delta)$ によって論じられる。横方向の航跡力 W_x だけを考える。ヴラソフ方程式は以下である。

$$\frac{\partial \Psi}{\partial s} + p_x \frac{\partial \Psi}{\partial x} - \left(\frac{\mu_x + 2\pi\xi\delta}{L}\right)^2 x \frac{\partial \Psi}{\partial p_x} - \frac{Nr_0}{\gamma L} V_x(z) \frac{\partial \Psi}{\partial p_x}$$
$$- \eta\delta \frac{\partial \Psi}{\partial z} + \frac{1}{\eta}\left(\frac{\mu_s}{L}\right)^2 z \frac{\partial \Psi}{\partial \delta} = 0$$

$$V_x(z) = \int_{-\infty}^{\infty} W_x(z-z')\rho_x(z')dz'$$

進行方向との違いは閉軌道が W_x の中心にある場合、つまりウェークを考慮しない $\rho_{x,0}(z)=0$ の場合ウェークを含めた平衡分布も $\rho_x(z)=0$ である。$\rho_{x,0}(z) \neq 0$ の場合の平衡分布は後で扱う。横方向不安定性に対してクロマティシティ ξ は重要な役割をする。

摂動は $W_x=0$ の場合の分布に対して行われる。作用変数、角変数は式(8.6.8)、(8.6.9)である。分布関数を以下のように平衡分布に対して摂動を加える。

$$\Psi = f_0(J_x)\phi_0(J_z) + f_1(J_x, \phi_x)\psi_1(J_z, \phi_z)e^{-i\mu s/L}$$

摂動に対するヴラソフ方程式は以下である。

$$\left[-i\mu f_1\psi_1 + (\mu_x + 2\pi\xi\delta)\frac{\partial f_1}{\partial \phi_x}\psi_1 + \mu_z f_1 \frac{\partial \psi_1}{\partial \phi_z}\right]e^{-i\mu s/L}$$
$$+ \frac{Nr_0}{\gamma}\sqrt{\frac{2LJ_x}{\mu_x}} \sin\phi_x V_x \frac{\partial f_0}{\partial J_x}\phi_0 = 0 \quad (8.6.18)$$

J_x, ϕ_x の項を見比べ、f_0, f_1 の関係を以下のように取れる。

$$f_1(J_x, \phi_x) = -X\sqrt{\frac{2J_x\mu_x}{L}}\frac{\partial f_0}{\partial J_x}e^{i\phi_x}, \quad X = \int x f_1 dJ_x d\phi_x$$

X は f_1 によるダイポールモーメントである。また

$$V_x(z) = X\int W_x(z-z')\psi_1(J_z', \phi_z')e^{-i\mu s/L}dJ_z'd\phi_z'$$

より、式(8.6.18)から f_1, X を落とすことができる。

$$i(\mu - \mu_x - 2\pi\xi\delta)\psi_1 - \mu_z\frac{\partial \psi_1}{\partial \phi_z} - i\frac{Nr_e}{2\gamma}\frac{L}{\mu_x}$$
$$\times \int W_x(z-z')\psi_1(J_z', \phi_z')dJ_z'd\phi_z'\phi_0 = 0 \quad (8.6.19)$$

この式は式(8.6.17)と同じかたちの積分方程式である。違いは積分方程式の重み関数である $\phi_0 = e^{-J_z/\varepsilon_z}/2\pi\varepsilon_z$ がガウス分布であること、ベータトロンチューン、特に δ に依存する項クロマティシティ $\xi\delta$ が含まれる点である。ψ_1 を径モードと方位モードにより直交関数展開し、固有値問題を解く。重み関数が e^{-J_z/ε_z} なので径モードに対してラゲール (Laguerre) 関数を用いる。

$$\psi_1(J_z, \phi_z) = \frac{e^{-J_z/\varepsilon_z}}{\varepsilon_z}\sum_{k\ell}a_{k\ell}L_k(J_z/\varepsilon_z)e^{i\ell\phi}e^{2\pi i\xi z/\eta_p L}$$

ここで特徴的なものは、上式最後に付け加えられた Head-tail 位相である。この項は $2\pi\xi\delta\psi_1$ を打ち消す。ラゲール関数の直交関係 $\int_0^\infty e^{-x}L_k(x)L_{k'}(x)dx = \delta_{kk'}$ を使えば、積分方程式(8.6.19)は行列の固有値問題にすることができる[12,13]。

$$(\mu - \mu_x - \ell\mu_z)a_{k\ell} = \sum M_{k\ell, k'\ell'}a_{k'\ell'} \quad (8.6.20)$$

$$M_{k\ell, k'\ell'} = \frac{Nr_0}{8\pi^2\gamma}\frac{L}{\mu_x} \times$$

$$\int_0^\infty d\tilde{J}d\tilde{J}'L_k(\tilde{J})e^{-\tilde{J}}W_{\ell,\ell'}(\tilde{J}, \tilde{J}')L_k(\tilde{J}')e^{-\tilde{J}'} \quad (8.6.21)$$

ここで $\tilde{J} = J_z/\varepsilon_z$ とした.

$$W_{\ell\ell'}(\tilde{J}, \tilde{J}') =$$
$$\int_0^{2\pi} W_x(z-z')e^{-i\ell\phi_z + i\ell'\phi_z' - 2\pi i\xi(z-z')/\eta_p L}d\phi_z d\phi_z'$$

インピーダンスで表すと、$M_{k\ell, k'\ell'}$ は簡単な式になる。

$$W_{\ell\ell'}(J_z, J_z') = 2\pi i^{\ell'-\ell-1}\omega_0$$
$$\sum_{p=-\infty}^{\infty} Z_1(\omega)J_\ell\left(\frac{\omega' r}{c} - \frac{2\pi\xi}{\eta_p L}\right)J_{\ell'}\left(\frac{\omega' r}{c} - \frac{2\pi\xi}{\eta_p L}\right)$$

ここで $\omega' = \omega + p\omega_0$ である。ψ_1 の直交関数展開を複雑であるが以下のようにすると最終的に表示が簡単になる。

$$\psi_1(J_z, \phi_z) = \frac{e^{-J_z/\varepsilon_z}}{\varepsilon_z} \times$$
$$\sum_{k\ell}a_{k\ell}\sqrt{\frac{2\pi k!}{(|\ell|+k)!}}\left(\frac{J_z}{\varepsilon_z}\right)^{|\ell|/2}L_k^{(|\ell|)}(J_z/\varepsilon_z)e^{i\ell\phi}e^{2\pi i\xi z/\eta_p L}$$

式(8.6.19)から(8.6.21)と同様の操作をすることにより、M が得られる。

$$M_{k\ell, k'\ell'} = -i\frac{Nr_0\pi c}{\gamma\mu_x}i^{\ell-\ell'}\sum_{p=-\infty}^{\infty}Z(\omega')g_{k\ell}(\omega'-\omega_\xi)$$
$$g_{k'\ell'}(\omega'-\omega_\xi) \quad (8.6.22)$$

ここで $\omega_\xi = \xi\omega_0/\eta_p$,

$$g_{k\ell} = \frac{1}{\sqrt{2\pi k!(|\ell|+k)!}}\left(\frac{\omega\sigma_z}{\sqrt{2}c}\right)^{|\ell|+2k}e^{-\omega^2\sigma_z^2/2c^2}$$

M は初等関数だけで表される。式(8.6.22)の総和は $\omega \sim c/\sigma_z \gg \omega_0$ の場合、積分 $\int d\omega/\omega_0$ に置き換えることができる。

e. モード結合不安定性

式(8.6.20)において式(8.6.22)を計算し固有値問題を解くことで、チューン μ が得られる。粒子数 N が小さい場合は $\mu \approx \mu_x + l\mu_s$、$-\ell_{max} < \ell < \ell_{max}$ の固有値が得られる。N を増やしていくと $\mu_x + l\mu_s$ から少しずつずれ、ある N で二つの固有値が一致して、虚数部分が出てくる。この状態をモード結合不安定性と呼ぶ。二つの振動モードが縮退し不安定になるという意味で、ベータトロン振動の x-y 和共鳴と同様のメカニズムである。図 8.6.11 に N に対する、チューンの変化 $((\mu-\mu_x)/\mu_s)$ の例を示す。この不安定性は実験的にも多くの加速器で観測されている[14]。クロマティシティを 1～2 という値を入れると、以下でも述べるがいくつかのモードで（特に $\ell=-1$）虚数になる。実験的には不安定にならず、むしろ大きなクロマティシティ

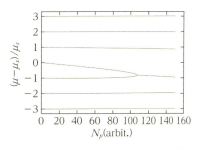

図 8.6.11 N に対する固有値（チューン）の振る舞い

（>10）により，モード結合不安定もランダウ減衰で安定化する現象も見られる[15]．

f. チューンシフト，Head-tail 減衰，不安定性

方位モードのみに注目し，径モードを考えない（$k=0$）ことにする．低バンチ電流では，行列 M の対角成分だけを考えればよい．物理的には方位モードが強く結合していない状態である．

$$M_{0\ell,0\ell}=-i\frac{Nr_0}{\gamma}\frac{\pi c}{\mu_x}\sum_{p=-\infty}^{\infty}Z(\omega')g_{0\ell}^2(\omega'-\omega_\xi)$$

バンチ形状のスペクトルを表す h_ℓ を導入する．

$$g_{0\ell}^2\propto h_\ell(\omega)=\left(\frac{\omega\sigma_z}{c}\right)^{2|\ell|}e^{-\omega^2\sigma_z^2/c^2}$$

インピーダンスとバンチ形状のフーリエ成分を積分した，実効インピーダンスを以下で定義すると，

$$Z_{\text{eff}}=\sum Z(\omega')h_\ell(\omega'-\omega_\xi)/\sum h_\ell(\omega'-\omega_\xi) \tag{8.6.23}$$

$M_{0\ell,0\ell}=(\mu-\mu_x-\ell\mu_z)$ は以下で表される．

$$M_{0\ell,0\ell}=-i\frac{Nr_0}{4\pi\gamma}\frac{cL}{\mu_x\sigma_z}\frac{\Gamma(|\ell|+1/2)}{2^{|\ell|}|\ell|!}Z_{\text{eff}} \tag{8.6.24}$$

クロマティシティが 0 の場合を考える．M の虚数部は μ を ℓ モードのチューン $\mu_x+\ell\mu_z$ をずらす．$\ell=0$ モードがチューンシフトとして観測される．バンチ長程度かそれ以下の周波数のウェークでは $ImZ(0)<0$ なので，チューンシフトはマイナス側である．電子蓄積リングでシングルバンチの電流依存チューンシフトとして観測される．実部は $ReZ(\omega)=-ReZ(-\omega)$ なので，チューンの虚数部は 0 である．$\Psi_1\sim e^{-i\mu s/L}$ なので，摂動は減衰も増幅もしない．このことは固有値問題を解いた図 8.6.11 でもいえることだが，モード結合から遠ければ，単一の数式 (8.6.24)，(8.6.23) で表現できる．

クロマティシティが 0 でない場合，式 (8.6.23) においてインピーダンスに対してバンチスペクトルを $\omega_\xi=\xi\omega_0/\eta_p$ ずらして加算することになる．インピーダンスが ω に対して対称的に積分されないので，チューンの虚数部が現れる．$\xi/\eta_p>0$ では，バンチスペクトルを正の方向にずらして加算する．バンチ長程度かそれ以下の周波数のウェークでは $\ell=0$ モードに対して ReZ_{eff} は正になる．すなわちチューンの虚部は負になる，つまりダイポール振動は減衰する．これを Head-tail 減衰と呼ぶ．実際多くの電子加速器で観測されている．後述のバンチ結合不安定性が起こるような場合でもクロマティシティ（$\eta_p>0$）を正に取ることで，安定化させることができる．減衰率はシンクロトロンチューンの数分の 1 くらいまで可能なので，フィードバックなみによく働く．クロマティシティを大きな値にするほど減衰は大きいが，光学的に副作用もあるので $\xi=1\sim2$ 程度にしてフィードバックに頼るのが，正しい方向である．

$\xi/\eta_p>0$ では $\ell=\pm1$ のモードはバンチスペクトルが $h_1(0)=0$，$h_1(c/\sigma_z)$ で最大値を持つので，ReZ_{eff} は負になり，不安定になる．これを Head-tail 不安定性と呼ぶ[16]．実際の加速器でクロマティシティを大きくして $\ell=\pm1$ モ

ードが不安定になる現象は観測されないことが多い．原因は，インピーダンスの周波数特性か進行方向不安定性からくるシンクロトロン周波数広がりが考えられる．

この反対に $\xi/\eta_p<0$ では $\ell=0$ モードが不安定になり，$\ell=\pm1$ モードが安定になる．この $\ell=0$ モード不安定は観測される．

壁抵抗による resistive-wall ウェークは J-PARC のような陽子リングではバンチ内振動としてよく観測される．ダイポール不安定性を抑えるためにクロマティシティを負（$\xi<0,\eta_p<0$）にすると $\ell=2\sim3$ の振動が周波数の遅い成分を持ち誘起される．陽子リングではバンチ長が長いため，バンチ内振動の様子が時間領域でモニターされる．$k=0$ しか考えてこなかったが，この結果は後述のシミュレーションとほぼ一致する．

横方向ウェークによる平衡軌道のずれについて少し触れる．閉軌道がずれているときのみ平衡分布がずれるのは進行方向との大きな違いである．横方向のキックは

$$\Delta p_x(z,s)=\frac{Nr_0}{\gamma}\int_z^\infty w_x(z-z';s)\Delta x\rho_0(z')dz'$$

ここで w_x は局所的なウェークで $\oint w_x ds=W_x$ である．このキックによる z に依存した閉軌道は

$$\delta x(z,s)=\frac{\sqrt{\beta_x(s)}}{2\sin\pi\nu_x}\oint\sqrt{\beta(s')}\Delta p_x(z,s')$$
$$\cos(\pi\nu_x-|\phi_x(s)-\phi_x(s')|)ds'$$

一般的なパラメータでは δx は非常に小さい量である．閉軌道が全体的にベータトロン位相に合わせてずれないと大きくならない．最近の低エミッタンスリングでは y 方向エミッタンスが非常に小さいため，影響が見えるかというレベルである．

g. 不安定性のシミュレーション

運動方程式 (8.6.11)，(8.6.12) を数値的に解くことでバンチ長伸張，横方向平衡分布，不安定性のシミュレーションを行うことができる．

1. まず初期分布としてガウス分布でマクロ粒子を発生させる．
2. 磁石，RF での粒子追跡．すなわち運動方程式での $K(s)$ に対する積分，あるいは転送行列による変換．
3. ウェークに対する運動量変化を計算．
4. 放射減衰，励起を考慮．

2〜4 のプロセスを繰り返すことでマクロ粒子の分布から，平衡分布，不安定性を調べる．

運動量変化はウェークのある場所で行うのが正しいが，リングの 1 ヵ所，あるいは数ヵ所で代表しても β_{xy} に注意すれば大きな違いはない．まず進行方向にもう少し詳しく述べる．バンチを進行方向にある間隔 Δz で区切る，$z_i, i=1, n_z$．マクロ粒子から $\rho(z_i)$ を求める，$z_i\sim z_{i+1}$ に含まれるマクロ粒子数を数え，全数で規格化する．粒子数を数える際，個々の粒子に矩形分布や，三角分布などを持たせるなどして分布の平滑化をすることもできる．区切った

z_i に対して $V(z_i)$ を求め，それにより運動量変化を計算する．
$$V(z_i) = \sum_{j=i}^{n_z} W(z_i - z_j)\rho(z_j)$$
$$\Delta p_z(z) = \frac{Nr_0}{\gamma}V(z)$$
$V(z)$ は $V(z_i)$ からスプラインなどで内挿する．

ここで重要なのは W の周波数帯である．共鳴型のウェークであれば，その周波数より十分短い長さ（$\ll c/\omega_R$）で区切ればいいが，短波長で大きくなる場合が多々ある．後述のランダウ減衰を考慮して $Z/n \sim Z(\omega)/\omega$ のピーク周波数以下で z に関して区切る．バンチをたくさん区切れば，そこに含まれる粒子数は少なくなって統計的な揺らぎが $\rho(z_i)$ に偽の周波数成分を与えてしまい，人為的な不安定性をつくってしまう．

進行方向不安定性の場合1次元なので，ヴラソフ方程式を解き分布関数を求める方法も行われている．ヴラソフ方程式は減衰がないため収束が難しいので，減衰項を含む Fokker-Planck 方程式を解く．
$$\frac{\partial\psi}{\partial s} = -\frac{\partial\psi}{\partial z}\frac{\partial H_z}{\partial\delta} + \frac{\partial\psi}{\partial\delta}\frac{\partial H_z}{\partial z} + \frac{\partial\psi}{\partial\delta}\left(\frac{2}{\tau}\psi + B\frac{\partial\psi}{\partial\delta}\right)$$
ここで $\varepsilon_z = 2B/\tau$ である．z-δ 空間をメッシュに区切り分布関数の変化を追っていく．左辺1項目と2項目は運動による分布関数の変化を表す．s から $s+\Delta s$ へ分布関数を変換するが，$\psi(z_i,\delta_j)$ においてメッシュ点の座標を追いかけるのではなく $z_i(s+\Delta s)$, $\delta_j(s+\Delta s)$, を時間を遡って追いかけ $z_i(s-\Delta s)$, $\delta_j(s-\Delta s)$, その点の分布を内挿から求め，$\psi(z_i,\delta_j)$ とする．
$$\psi(z_i,\delta_j,s) = \psi(z_i(s-\Delta s),\delta_j(s-\Delta s);s-\Delta s)$$
ちなみにこの式は差分で表したヴラソフ方程式そのものである．

h. 多バンチの振動モード

各バンチを重心で表し，そのスナップショットのバンチ列の並び方でモードを定義する．スナップショットなので周期条件を課すことができる（フーリエ成分で表す）．バンチを $n=0, N_b-1$ で表し，n が大きいバンチが前方であるとする．バンチ n の振動を以下のように表す．m がモードを表し，スナップショットでの1周あたりのうねりの数である．ベータトロン振動をしている．
$$x_n(t) = a^{[m]}\exp\left(2\pi i\frac{mn}{N_b} - i\omega_\beta t\right) \quad (8.6.25)$$

図 8.6.12 に $m = 0, 1, 2$ の例を示す．一般の振動はモードの重ね合わせである．モードの数もバンチ数と同じ N_b である．このモード（m）で振動するバンチ列を加速器のある場所においたモニターで観測しよう．バンチ $n=0$ の到着時刻を $t=0$ とすると，バンチ n は $t = -nT_0/N_b$ に到着する．モニターの受ける信号は以下となる．
$$x(t) = \sum_{n=0}^{\infty} x_n\left(-\frac{nT_0}{N_b}\right)\delta\left(t - \frac{nT_0}{N_b}\right)$$
$$= a^{[m]}\sum_n \exp\left[\frac{2\pi in}{N_b}(m+\nu_\beta)\right]\delta\left(t - \frac{nT_0}{N_b}\right)$$

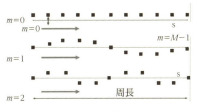

図 8.6.12 多バンチの振動のモード

信号をフーリエ解析する．
$$\int x(t)e^{-i\omega t}dt = a^{[m]}\sum_{n=0}^{\infty} e^{in[(m+\nu_\beta)\omega_0 + \omega]\frac{T_0}{N_b}}$$
$$= a^{[m]}N_b\omega_0\sum_{p=-\infty}^{\infty}\delta[\omega - (m+\nu_\beta - N_b p)\omega_0]$$
ここで以下の公式を使った．
$$\sum_{n=-\infty}^{\infty} e^{in\omega T_0} = \omega_0\sum_{p=-\infty}^{\infty}\delta(\omega - p\omega_0), \quad \omega_0 = \frac{2\pi}{T_0}$$
ビームモニター信号をスペクトルアナライザーという信号の周波数特性を測る装置を使って観測すると，モード m の振動に対して以下の周波数の信号が観測される．
$$\omega = (m + \nu_\beta + pN_b)\omega_0 \quad (8.6.26)$$
$pN_b\omega_0$ は同じ強さの信号がバンチ間隔に対応する周波数で繰り返されることを意味する．その信号を強さを調べることでどのモード（m）がどれだけ（$=a^{[m]}$）誘起されているかがわかる．

式(8.6.26)の周波数はリング内のある場所でのあるモードのビームの振動周波数である．これを逆手に取ればその場所である周波数の振動源あるいはウェーク場があればそれに対応したモードの振動が誘起されることになる．

ウェーク場によってどのような多バンチ不安定性が誘起されるかを見てみよう．バンチ結合型不安定性を論じるときには，ビームの分布はそのバンチの重心位置で表す．

i. 進行方向バンチ結合型不安定性

N_b 個の等しい電荷を持つバンチが等間隔で加速器中を運動しているとする．基準バンチ（$n=0$）が s に到着する時刻を t_0 とする．ビームが安定ならば各バンチ（n 番目）は基準バンチに対して，$t_n = -nL/N_b/v_0 + t_0$ の時刻に規則正しく到着する．速度を掛けた量を $L_n = nL/N_b$ とする．バンチが進行方向に振動していると到着時刻にずれが生じる．ウェークによるバンチ間結合から，そのずれが振幅が成長，不安定になり，RF のバケットからこぼれビームロスが起こる．これを進行方向バンチ結合型不安定性と呼ぶ．

各バンチ（n 番目）の到着時刻に対応する z_n は微少量ではないので，L_n からの差 $\zeta_n = z_n - L_n$, 本来通過するべき時刻（t_n）に対する到着時刻の進み（×速度），を変数にする．ζ_n に対する運動方程式は以下である．
$$\frac{d^2\zeta_n}{ds^2} + \left(\frac{\mu_z}{L}\right)^2\zeta_n = \frac{Nr_e\eta_p}{\gamma L}\int_{z_n}^{\infty} W_0'(z_n - z')\rho(z')dz'$$
$\rho_z(z')$ はバンチ列を点電荷として考えるので，前に通過したバンチの時刻に対する総和で表される．

$$\frac{d^2\zeta_n}{ds^2}+\left(\frac{\mu_z}{L}\right)^2\zeta_n=\frac{Nre\eta_p}{\gamma L}\times$$
$$\sum_{l=n}W_0'(\zeta_n(s-L_n)-\zeta_l(s-L_l)+(L_n-L_l))$$

l の和に対して N_b の周期で同じバンチが現れる．N はバンチ内粒子数ですべてのバンチで等しいとする．ζ_n の引数は n 番目のバンチが s を通過するのは，基準バンチが $s-L_n$ にいるときである．1 項目も引数は $\zeta_n(s-L_n)$ である．

ここでバンチ列が以下のような縦波的振動を考える．m は図 8.6.12 にある縦波のモード番号を表す．

$$\zeta_n(s)=a^{[m]}\exp\left(2\pi i\frac{mn}{N_b}-i\frac{\mu^{[m]}s}{L}\right)$$

$\mu^{[m]}$ はモード m の周回あたりの位相変化で，$\mu=\omega L/v_0$ により周波数と関係付けられる．

運動方程式に代入することで

$$(-\mu^2+\mu_z^2)a^{[m]}=\frac{Nre\eta_p L}{\gamma}a^{[m]}\times$$
$$\sum_{l=n}^{\infty}W_0''(L_n-L_l)\left[1-\exp\left(-2\pi i\frac{(m+\nu)(n-l)}{N_b}\right)\right]$$
$$(8.6.27)$$

$W_0'(L_n-L_l)$ はバンチの RF 位相をずらすが，振動には寄与しない．[ ]の1項目はモード m によらず，シンクロトロンチューンシフトを表す．右辺 $\nu=\mu/\pi$ で置き換えている．

$$\mu^2-\mu_z^2=-\frac{Nre\eta_p L}{\gamma}\sum_{l=-\infty}^{\infty}W_0''(L_n-L_l)$$

総和は $l<n$ に対して $W_0''(L_n-L_l)=0$ なので，下限を $-\infty$ にした．インピーダンスで表すと以下になる．

$$\mu^2-\mu_z^2=-i\frac{N_b Nre\eta_p}{\gamma}\sum_{p=-\infty}^{\infty}pN_b\omega_0 Z_L(pN_b\omega_0)$$

チューンシフトを繰り込んでしまえば，式(8.6.27)の[ ]内2項目のみになり，

$$\mu^2-\mu_z^2=\frac{Nre\eta_p L}{\gamma}\times$$
$$\sum_{l=-\infty}^{\infty}W_0''(L_n-L_l)\exp\left(-2\pi i\frac{(m+\nu)(n-l)}{N_b}\right)$$

第一近似として右辺に $\nu=\nu_z$ を入れれば，m モードのコヒーレントシンクロトロン振動を表す式が得られる．μ の虚数部分により不安定になる．

$$\mu-\mu_z=\frac{Nre\eta_p L}{2\mu_z\gamma}\times$$
$$\sum_{l=-\infty}^{\infty}W_0''(L_n-L_l)\exp\left(-2\pi i\frac{(m+\nu_z)(n-l)}{N_b}\right)$$

インピーダンスによって表すと，以下になる．

$$\mu-\mu_z=i\frac{N_b Nre\eta_p}{2\mu_z\gamma}$$
$$\sum_{p=-\infty}^{\infty}(pN_b+\mu+\nu_s)\omega_0 Z_0[(pN_b+\mu+\nu_s)\omega_0]$$

インピーダンスの実部が不安定性に寄与する．

j．横方向バンチ結合型不安定性

ウェークにより各バンチのベータトロン振動に結合が起こり，モードによって不安定になる現象を横方向バンチ結合型不安定性という．横方向として x の運動方程式は以下である．式(8.6.11)において ρ_x はそれぞれのバンチの変位 x_l に置き換わる．

$$\frac{d^2 x_n(s-L_n)}{ds^2}+\left(\frac{\mu_x}{L}\right)^2 x_n(s-L_n)$$
$$=\frac{Nre}{\gamma L}\sum_{l=-\infty}^{\infty}W_1(L_n-L_l)x_l(s-L_l)$$

進行方向の変位 ζ は高次になるので考えない．振動モードに対する式(8.6.25)と同じ式で変数を変えてある．

$$x_n(s)=a^{[m]}\exp\left(2\pi i\frac{mn}{N_b}-i\frac{\mu_x}{L}s\right)$$

運動方程式に代入し，

$$-\mu^2+\mu_x^2=\frac{NreL}{\gamma}\times$$
$$\sum_{l=-\infty}^{\infty}W_1(L_n-L_l)\exp\left(-2\pi i\frac{(m+\nu_x)(n-l)}{N_b}\right)$$

インピーダンスによって表すと，

$$\mu-\mu_x=-i\frac{N_b Nre}{2\gamma\mu_x}\sum_{l=-\infty}^{\infty}Z_1[(pN_b+m+\nu_x)\omega_0]$$

Z_1 の実部が負であるモードが不安定になる．

k．コースティングビームの不安定性とランダウ減衰

ある周波数でビームが振動していたとしても，エネルギーに対して進行方向速度差により位相が混じって振動が減衰してしまう．図 8.6.13 にその様子を図示した．ある瞬間正弦波的なビーム振動があってもエネルギーごとに正弦波がずれてしまい，平均すると重心は 0 になってしまう．このように位相が混じることでコヒーレント振幅が減衰していくいわゆる現象をデコヒーレンスという．ランダウ減衰は，ほぼ同じことなのだが「不安定性で起こる振動の成長を抑える」効果として区別されている．ある振幅のコヒーレント振動源がビームに振動させよう，ビームにエネルギーを与えようとしても，振動は育たず，エネルギーをビームに受け付けてもらえないということである．

陽子ビームにおいて RF 電圧を OFF にすると，バンチ内粒子はエネルギーによる進行方向速度の違いからスリップして，リング全体に一様に存在するようになる．これを

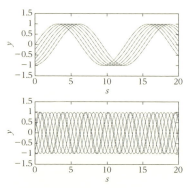

図 8.6.13 ランダウ減衰（正確にはデコヒーレンスによる減衰）の概念図

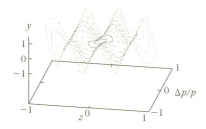

図 8.6.14 コースティングビーム的な振動のモード

コースティングビームという．実際にリング一様に分布しなくても，コースティングビームと考えることができる場合がある．それは図 8.6.14 のようにバンチ内振動数が大きい場合である．

多バンチ振動において $N_b \to \infty$ ($p=0$) の極限を取ったものをコースティングビームと考えることもできる．モニターで観測される信号は上述の式と同じく，リング 1 周でうねる数 n に対応して

$$\omega = (n+\nu_B)\omega_0$$

である周波数が観測される．

分布関数 ψ を z に関する縦波とエネルギー分布の積として表す．($ct=s-z$)

$$\psi = \rho_p(\delta)\left[\frac{1}{L} + a^{[n]}\exp\left(\frac{2\pi i n s}{L} - i\omega t\right)\right]$$
$$= \rho_p(\delta)\left[\frac{1}{L} + a^{[n]}\exp\left(-i\frac{\omega - n\omega_0}{c}s + i\frac{\omega z}{c}\right)\right]$$

ここで定数部分 $1/L$ は進行方向一様分布を意味し，z 方向の密度はリング 1 周あたり n 周期濃淡がある分布を表す．ヴラソフ方程式(8.6.14)に代入して ($\mu_z=0$)

$$-i\left[\frac{\omega(1+\eta_p\delta) - n\omega_0}{c}\right]\rho_p$$
$$= -\rho_p'\frac{N_b r_0}{\gamma L^2}\int dz' W(z-z')e^{-i\omega(z-z')/c}$$
$$= -\rho_p'\frac{N_b r_0 c}{\gamma L^2}Z(\omega)$$

Ψ, ρ_p は 1 で規格化されている．両辺を $(\omega(1+\eta_p p_z) - n\omega_0)/c$ で割り，p_z で積分すれば，安定性を論じるための分散関係式を得る．

$$1 = -i\frac{N_b r_e c^2}{\gamma L^2}Z(\omega)\int\frac{\rho_p'}{\omega(1+\eta_p\delta) - n\omega_0}d\delta$$

部分積分を行い

$$1 = -i\frac{N_b r_e c^2}{\gamma L^2}\eta\omega Z(\omega)\int\frac{\rho_p}{(\omega(1+\eta_p\delta) - n\omega_0)^2}d\delta$$

ここでローレンツ分布を仮定すると，積分は簡単に実行できる．

$$\rho_p(\delta) = \frac{1}{\pi}\frac{\sigma_p}{\delta^2 + \sigma_p^2}$$
$$1 = \frac{N r_e c^2}{\gamma L^2}\frac{\eta\omega Z(\omega)}{[\omega(1+i\eta_p\sigma_p) - n\omega_0]^2}$$

$Z(\omega=n\omega_0)$ が $\omega=n\omega_0$ でピークを持つとすれば，安定であるためのインピーダンスの条件で得られる．

$$\left|\frac{Z(n\omega)}{n}\right| < F\frac{\gamma\eta L Z_0}{N_b r_e}\sigma_p^2 \qquad (8.6.28)$$

ここで $Z_0 = 4\pi/c = 377\,\Omega$ である．ここでは $F=1$ であるが，実際の分布はローレンツ分布ではないので，一般的には $F=0.34$ とし，Keil-Schnell の公式[17]として知られている．この公式はバンチ長に焼き直すことができる[18]．この式を用い

$$2\pi\nu_s\sigma_z = \eta_p\sigma_p L$$

ビームの線密度は同じに取るので，$N_b/L \to N_b/2\sigma_z$ にするようにしなければならない．インピーダンスはバンチ長に対応するスペクトルを考慮した実効インピーダンスを使う（式(8.6.23)）．

横方向も同様に扱うことができる．ヴラソフ方程式において以下の解を仮定する．ベータトロン振幅が全周一様に周期的に存在する．振幅の位相は $2\pi m s/L - \omega t$ であり，ここでは，$-\mu_m s/L + \mu z/L$ で表す．($\mu/L = \omega/c$, $\mu_m = \mu - 2\pi m$, $z = s - ct$)

$$\Psi = [f_0(J_x) + f_1(J_x,\phi_y)]e^{-i\mu_m s/L + i\mu z/L}\psi_0(\delta)$$

分布関数 $\Psi(x, p_x, z, \delta)$ に関するヴラソフ方程式は以下である．

$$\frac{\partial\Psi}{\partial s} + p_x\frac{\partial\Psi}{\partial x} - \left(\frac{\mu_x + 2\pi\xi\delta}{L}\right)^2 x\frac{\partial\Psi}{\partial p_x} - \frac{Nr_0}{\gamma L}V_x(z)\frac{\partial\Psi}{\partial p_x}$$
$$- \eta\delta\frac{\partial\Psi}{\partial z} = 0$$

進行方向と同様の手法により，式(8.6.18)，(8.6.19)を使い，

$$i[\mu - 2\pi m - \mu_x - (\mu\eta + 2\pi\xi)\delta]e^{i\mu z/L}\psi_0$$
$$= i\frac{Nr_e}{2\gamma}\frac{L}{\mu_x}\int W_x(z-z')\psi_0(\delta')e^{i\mu z'/L}dz'd\delta'\psi_0$$
$$1 = i\frac{Nr_e c^2}{2\gamma\mu_x}Z_x(\omega)\int_{-\infty}^{\infty}\frac{\rho_p(\delta)d\delta}{\omega - m\omega_0 - \omega_x - \xi\delta\omega_0 + \eta\delta\omega}$$

この分散式の ω の虚数部の有無によって，安定性を知ることができる．ビーム粒子のエネルギー分布に応じて安定性の条件が決まる．大雑把に安定性を知るには，積分が簡単に実行できる分布を選んでしまうことである．エネルギーに対して，どの程度分布が広がっているかが減衰の本質だから，分布形状による多少の違いは無視してしまう．ローレンツ分布と仮定すれば，複素積分によって容易に積分を実行できる．その半値幅 σ_p を使って，分布を以下のように与える．

$$\rho_p(\delta) = \frac{1}{\pi}\frac{\sigma_p}{\delta^2 + \sigma_p^2}$$

積分を実行する．

$$\omega = m\omega_0 + \omega_x - i(\eta - \xi\omega_0)\sigma_p + i\frac{Nr_e c^2}{2\gamma\mu_x}Z(\omega)$$

$\xi=0$ に対して $\Im\omega < 0$ であるために

$$\frac{\sqrt{3}Nr_e c^2}{2\gamma n\omega_0\eta\sigma_p\mu_x}Z(\omega) < 1 \qquad (8.6.29)$$

Z の寄与が大きい $\omega = \omega_c$ に対して，m が選ばれる．また $\omega \approx m\omega_0 \mp \omega_x = n\omega_0$ とした．n は電子の周波数に対する周回周波数の比である．ローレンツ分布以外の分布では係数

がかかるが，一般的に上述のように $\sqrt{3}$ を掛けた式が用いられている．

縦方向同様この式はバンチビームに対しても有効である．バンチ線密度を同じにとり，実効インピーダンスを使って不安定性を評価する．

I. 電子雲不安定性，イオン不安定性

バンチ数を多くし，ビーム電流が高くなると，ビームの周辺に生成された電子雲やイオンがビーム不安定性の大きな要因になる[19-24]．陽電子ビームと電子雲中の電子の運動方程式は以下である．

$$\frac{d^2\boldsymbol{x}_p}{ds^2} + K(s)\boldsymbol{x}_p = \frac{2N_e r_e}{\gamma}\sum_{e=1}^{N_e}\boldsymbol{F}(\boldsymbol{x}_p - \boldsymbol{x}_e)\delta_P(s - s_e) \tag{8.6.30}$$

$$\frac{d^2\boldsymbol{x}_e}{dt^2} = \frac{e}{m_e}\frac{d\boldsymbol{x}_e}{dt}\times\boldsymbol{B} - r_e c^2\frac{\partial\phi(\boldsymbol{x}_e)}{\partial\boldsymbol{x}_e}$$
$$- 2N_p r_e c\sum_{p=1}^{N_p}\boldsymbol{F}(\boldsymbol{x}_e - \boldsymbol{x}_p)\delta_P(t - t_p(s_e)) \tag{8.6.31}$$

電子ビームとイオンに関しても同じ運動方程式である．ビームを横方向にサイズ σ_x, σ_y のガウス分布とした場合

$$F_y + iF_x = \frac{\sqrt{\pi}}{\Sigma}\left[w\left(\frac{x + iy}{\Sigma}\right)\right.$$
$$\left. - \exp\left(-\frac{x^2}{2\sigma_x^2} - \frac{y^2}{2\sigma_y^2}\right)w\left(\frac{\sigma_y x/\sigma_x + i\sigma_x y/\sigma_y}{\Sigma}\right)\right]$$

ここで $\Sigma = 2(\sigma_x^2 - \sigma_y^2)$ であり，$w(z)$ は複素誤差関数で，式(8.8.4)に定義してある．

小振幅では F は

$$(F_x, F_y) = \frac{1}{\sigma_x + \sigma_y}\left(\frac{x}{\sigma_x}, \frac{y}{\sigma_y}\right)$$

大振幅では $\boldsymbol{F} = \boldsymbol{x}/|\boldsymbol{x}|^2$ である．電子やイオンはビームの生成する電場内で振動する．

磁場がなく，空間電荷を無視すれば線形振動運動として扱うことができる．つまり式(8.6.31)において右辺1，2項目を無視する．磁場中の不安定性や空間電荷の影響などはシミュレーションに頼ることになる．

線密度 λ_b，サイズ σ_x, σ_y の陽電子（電子）ビームのつくる電場内での電子（イオン）の振動周波数は以下である．

$$\omega_{e/i, x(y)} = \sqrt{\frac{\lambda_b r_{e/i}c^2}{\sigma_{x(y)}(\sigma_x + \sigma_y)}} \quad r_i = r_e m_e/M_i \tag{8.6.32}$$

ビームの進行方向の分布はバンチ内ではガウス分布などの連続分布，バンチ間を考慮すれば離散的な分布である．電子はバンチ内で有意な振動をする．例えば典型的な陽電子バンチ，$N_p = 1\times10^{10}$，サイズ，$\sigma_x = 0.5$ mm，$\sigma_y = 0.05$ mm において，$\omega_e = 2\pi\times9.6$ GHz，$\omega_e\sigma_z/c = 2$．陽子ビーム $N_p = 1\times10^{13}$，サイズ，$\sigma_x = 15$ mm，$\sigma_y = 15$ mm，$\sigma_z = 15$ m において，$\omega_i = 2\pi\times68$ MHz，$\omega_i\sigma_z/c = 22$ である．電子はバンチ内で有意に振動するため，単バンチ不安定性を起こし得る．

ここでの議論は，イオンは周波数が電子に比べ 1/100 以下（質量で 10^{-4} 以下）なので，バンチ内での振動数 $\omega_e\sigma_z/c$ は非常に小さい．単バンチ不安定性に関してイオンを問題にすることはない．

まずイオン不安定性をバンチ結合型不安定性として考え，電子雲へと拡張していく．ビームの線密度は，バンチ内線密度ではなくバンチ列としての平均密度 $\lambda_b = N_b/L_{sb}$ で評価する．バンチ結合不安定性は $\omega_{e/i}L_{sb}/c < 1$ で起こり得る．バンチ列の通過で電子が振動し，バンチ間相関で不安定性が起きる．

電子の周波数は，バンチ間隔（典型的な値として陽電子で $L_{sb} = 1$ m，陽子で 10 m）に対しては十分に速い $\omega_e L_{sb}/c \gg 1$．個々の電子はバンチ列に対しては調和振動をしない．$R = 1$ cm 程度の電子の雲を考えた場合，周波数

$$\omega_e = \sqrt{\frac{\lambda_b r_e c^2}{R^2}} \tag{8.6.33}$$

は $2\pi\times25$ MHz となり，$\omega_e L_{sb}/c = 0.53$ である．集団的には振動するが，個々の電子は調和振動しないので，共鳴型インピーダンスとして考えれば，低 Q である．

電子ビーム $N = 1\times10^{10}$，$\sigma_x = 0.5$ mm，$\sigma_y = 0.05$ mm において，バンチ間隔が $L_{sb} = 1$ m において，周波数（式(8.6.32)）は $M_i = 28\times0.931$ MeV（CO）の場合 y 方向に 6.8 MHz（44 m $> L_{sb}$）である．水平 x 方向は 2 MHz である．

これらの不安定性に対して線形近似で説明する．電子ビームのイオンによるバンチ結合型不安定性から論じる．一般に y 方向のサイズが小さいためにイオンの場合は y 方向の振動周波数が高く，不安定性成長も速い[21]．電子ビームとイオンの運動方程式は以下である．

$$\frac{d^2 y_b}{ds^2} + \frac{\mu_y^2}{L^2}y_b = -\frac{\lambda_i r_e}{\gamma(\sigma_x + \sigma_y)\sigma_y}(y_b - y_i) \tag{8.6.34}$$

$$\frac{d^2 y_i}{dt^2} + \frac{\alpha}{L}\frac{dy_i}{dt} = -\frac{\lambda_b r_i c^2}{(\sigma_x + \sigma_y)\sigma_y}(y_i - y_b) \tag{8.6.35}$$

$\alpha = \omega_e/2Q$ は非線形振動，周波数広がりなどによるイオン振動の減衰率を表す[25]．式(8.6.35)は以下のように解くことができる．

$$y_i = \omega_i\int_{t_0}^t e^{\alpha(t - t')}y_b(s, s - ct')\sin\omega_i(t - t')dt'$$

式(8.6.34)に代入することで，ビームの運動はウェーク場 W で表すことができることがわかる．

$$\frac{d^2 y_b}{ds^2} + \frac{\mu_y^2}{L^2}y_b = -\frac{\lambda_e r_e}{\gamma}\int W(z - z')y_e(z')dz'$$

ウェーク場は以下である．

$$W(z) \approx c\frac{R_s}{Q}e^{\alpha z/c}\sin\left(\frac{\omega_i}{c}z\right)$$

ここでいわゆる R_s/Q は以下である．

$$cR_s/Q = \frac{\lambda_i}{\lambda_b}\frac{L}{(\sigma_x + \sigma_y)\sigma_y}\frac{\omega_i}{c} \tag{8.6.36}$$

式(8.6.35)で述べたように，イオンの振動はビームとの非線形力により減衰する．またビームサイズがリングの場所によることで周波数広がりが発生する．図8.6.15にシミュレーションで求めた粒子雲とビームの典型的なウェーク場を示す．ビームと同じサイズの粒子雲を発生させ，バンチの先頭部分に y 方向変位を与え，それ以降の部分の受けるウェーク場を計算することで得られる．ウェーク場

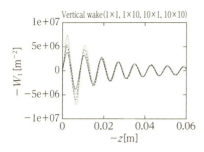

図 8.6.15　電子雲によって生じるウェイク場

の減衰から $Q=13$ であることがわかる.粒子雲の大きさがビームより大きいと R_s/Q は大きくなり,$Q\approx 5$ くらいに小さくなる.共鳴型ウェーク場なので,よく知られたかたちのインピーダンスで表すことができる.

$$Z(\omega)=\frac{c}{\omega}\frac{R_s}{1+iQ(\omega_i/\omega-\omega/\omega_i)} \quad (8.6.37)$$

イオンによる電子ビームのバンチ結合型不安定性の振幅増幅率は式(8.6.27)に(8.6.36)によるインピーダンスを代入して得られる.

$$\operatorname{Im}\mu=-\frac{N_p r_e}{2\gamma\mu_x}\operatorname{Re}Z[(-N_b+m+\nu_x)\omega_0] \quad (8.6.38)$$

イオン,電子では $m\ll N_b$,$\omega_{e/i}\ll \omega_{RF}$ なので,$Z[(m+\nu_x)\omega_0]$ による寄与は安定である.

電子雲によるバンチ結合型不安定性は,電子が調和振動していないので,計算機シミュレーションによって研究されるのが一般的である[20].シミュレーションでは径 $R_e=1$ cm 程度の電子雲がビームとコヒーレント振動しているとしてだいたい合う.つまり $\lambda_e=2\pi R_e^2 \rho_e$,$\sigma_{xy}=R_e$

$$cR_s/Q=\frac{2\pi\rho_e L}{\lambda_p}\frac{\omega_e}{c}$$

ここでの ω_e は式(8.6.33)で与えられ,$Q=1$ である.式(8.6.37),(8.6.38)により増幅率が評価できる.

バンチ結合型不安定性の計算機シミュレーションは式(8.6.30),(8.6.31)を同時に解くことで行われる.電子,イオンの初期条件は真空壁で発生させる,二次放出,ビーム位置で発生させるなどを再現するモデルを用いる.

電子雲による単バンチ不安定性では $\lambda_e=2\pi\sigma_x\sigma_y\rho_e K$ を用いる[26].

$$cR_s/Q=\frac{2\pi\rho_e KL}{\lambda_p}\frac{\omega_e}{c}$$

ここで K は周辺の電子がビームに集められる効果を考慮した係数で,$K\approx \omega_e\sigma_z/c$ とすると,シミュレーションとよく合う.バンチ長を考慮した実効インピーダンス(式(8.6.23),$\ell=0$)を式(8.6.29)に代入して得られる.簡単な表現として $Q=\min(Q_{nl},\omega_e\sigma_z/c)$ を使ってもよい.Q_{nl} は図 8.16.5 で見られる値で,$Q_{nl}=5\sim 10$ の値を用いる.R_s に含まれる,ρ_e について閾値を示す式が得られる.

$$\rho_{e,th}=\frac{2\gamma\nu_z\omega_e\sigma_z/c}{\sqrt{3}KQr_e\beta_y L}$$

電子雲による単バンチ不安定性のシミュレーションはビーム,電子雲それぞれのポテンシャルをポアソン方程式で解き,運動変化を取り入れることで行われる[27].後述のビームビーム相互作用と同様の手法である.

8.6.5　ビーム内粒子の散乱(Intrabeam Scattering)

ビーム内の粒子同士が短い距離まで接近して,大きな力を及ぼし合うことがあり,これによりビーム損失・エミッタンス増大などが起こる.この効果は2個の粒子の散乱として取り扱うことができる.散乱は,ビームの重心系で考えるのが自然であり,また,重心系では粒子の運動量は小さいので,通常は非相対論的な弾性散乱を考えればよい.

実験系でのビーム軸方向の平均運動量を p_0 とすると,ビーム軸方向の運動量が $p_0+\Delta p_z$ である粒子の重心系での運動量はローレンツ変換により,

$$p_z'\approx \Delta p_z/\gamma_0 \quad (|\Delta p_z|\ll p_0)$$
$$\gamma_0=\sqrt{p_0^2+m^2c^2}/mc,\quad \beta_0=p_0/\sqrt{p_0^2+m^2c^2}$$

となる.つまり,重心系での縦方向の運動量は,実験室系での運動量の平均からのずれの $1/\gamma_0$ 倍になる.通常の高エネルギー(γ_0 が大きい)加速器のビームでは,ビームの重心系での粒子の横方向の運動は縦方向に比べて大きい.そのため,ビーム内粒子の散乱の主要な効果は,横方向の運動量が縦方向に移ることである.

2粒子の重心系での衝突微分断面積は非相対論的近似で

$$\frac{d\sigma}{d\Omega}=\frac{d\sigma}{\sin\theta d\theta d\phi}=\frac{r_0^2}{4(v/c)^4}\left(\frac{4}{\sin^4\theta}-\frac{3}{\sin^2\theta}\right)$$

と表せる.r_0 は粒子の古典半径,v は粒子の重心系での速さであり,θ,ϕ は散乱前の運動方向を軸とする極座標での角度である[28].

a.　ビームロス

ビームの重心系で見て大角度の散乱により縦方向の運動量が大きくなるとエネルギーのずれが加速器の許容値を超えて粒子が失われる.この頻度を,重心系で横方向の運動量 $\pm p_T$ の2粒子の散乱から計算する.energy spread σ_δ がエネルギーのずれ $|\Delta E|/E$ の許容値 δ_a に比べて小さい($\sigma_\delta \ll \delta_a$),また,重心系での縦方向の運動量の広がりが横方向に比べて小さい($p_0\sigma_\delta/\gamma_0\ll \sigma_{p_T}$)とする.散乱で粒子が失われるような条件を計算するのにビーム進行方向を軸とする極座標(緯度 Θ,経度 Φ)に切り替える.$\boldsymbol{p}_T$ 方向を経度の基準として,

$$\sin^2\theta=1-\sin^2\Theta\cos^2\Phi$$

である.粒子が失われる条件は,

$$\cos\Theta>\cos\Theta_a=p_0\delta_a/\gamma_0|\boldsymbol{p}_T|$$

となり,粒子が失われる散乱の断面積は,$|\boldsymbol{p}_T|$ の関数で,

$$\sigma_{loss}(|\boldsymbol{p}_T|)\approx \int_0^{\Theta_a}\sin\Theta d\Theta \int_0^{2\pi}d\Phi\frac{d\sigma}{d\Omega}$$

と書ける.粒子の分布密度を $\rho(\boldsymbol{r},\boldsymbol{p})$ とすると,上のような散乱の起こる頻度は,

$$R=\int d^3r d^3p_1 d^3p_2 \rho(\boldsymbol{r},\boldsymbol{p}_1)\rho(\boldsymbol{r},\boldsymbol{p}_2)$$

$$\times \sigma_{loss}(|\boldsymbol{p}_{2T}-\boldsymbol{p}_{1T}|/2)|\boldsymbol{p}_{2T}-\boldsymbol{p}_{1T}|/(m\gamma_0)$$

と表される．$|\boldsymbol{p}_{2T}-\boldsymbol{p}_{1T}|/m$ は重心系での 2 粒子の横方向の相対速度であり，実験室系での頻度を得るために γ_0 で割っている．これによって決まるビームの寿命は，Touschek life time と呼ばれ，

$$\tau_T = N/\bar{R}$$

である（$\bar{R}$ は R の全ビームラインでの平均）．

R を解析的に計算するのは困難であるが，種々の条件での近似的な表式が得られている．各方向に粒子が正規分布しており，dispersion が 0 で，$\sigma_{p_x} \gg \sigma_{p_y}$（扁平ビーム）の場合，

$$R \approx \frac{N^2 r_0^2 c p_0}{8\pi V \gamma_0^3 \sigma_{p_x} \delta_a^2} C(u_m)$$

である．ただし，V は実験室系でのビームの体積に比例し $V = \sigma_x \sigma_y \sigma_z$ であり，

$$u_m = \frac{\delta_a^2 p_0^2}{\gamma_0^2 \sigma_{p_x}^2},$$

$$C(u_m) = u_m \int_{u_m}^\infty \frac{e^{-u}}{u^2}\left(\frac{u}{u_m}-1-\frac{1}{2}\ln\frac{u}{u_m}\right)du$$

である．$C(u_m)$ は u_m が小さいほど大きく，$u_m = 10^{-6} \sim 10^{-1}$ の範囲で 1〜10 程度である．

より一般的な場合を含め，他の条件での表式とその導出は参考文献 29 などに与えられている．

b. エミッタンス増大

許容値を超えない程度の散乱は，粒子の運動量方向の分布を変化させる．高エネルギー加速器ではビームの重心系での縦方向の運動量の広がりが横方向に比べて小さいので，この変化は全体としてビームの energy spread を増大させる．種々の条件の下での表式とその導出は文献 30〜32 などに与えられている．

重心系で運動量の広がりを $\sigma_{p1}, \sigma_{p2}, \sigma_{p3}$ （$(1,2,3)=(x,y,z)$）とし，coupling がないとすると，i 方向の運動量の広がりの時間変化は

$$\frac{d\sigma_{pi}^2}{dt} = \frac{r_0^2 c p_0^3 N[\log]}{4\pi \gamma^4 V \sigma_{p1} \sigma_{p2} \sigma_{p3}}$$

$$\times \int_0^\infty \frac{d\lambda\,\lambda^{1/2}[\sum_{j=1}^3 (1/\sigma_{pj}^2+\lambda)^{-1} - 3(1/\sigma_{pi}^2+\lambda)^{-1}]}{\prod_{j=1}^3 (1/\sigma_{pj}^2+\lambda)^{1/2}}$$

$$(8.6.39)$$

と表せる[31,32)]．$\sigma_{p1}, \sigma_{p2} \gg \sigma_{p3}$ （$\sigma_{p_x}, \sigma_{p_y} \gg \sigma_{p_z}/\gamma_0$）の場合には，実験室系での energy spread の変化は，

$$\frac{d\sigma_\delta^2}{dt} = \frac{\gamma^2}{p_0^2}\frac{d\sigma_{p3}^2}{dt}$$

$$= \frac{r_0^2 c p_0 N[\log]}{2\pi \gamma^3 V \sigma_{p_x}} \int_0^\infty \frac{du}{\sqrt{(1+u^2)(\sigma_{p_z}^2/\sigma_{p_x}^2+u^2)}}$$

$$(8.6.40)$$

と近似できる．さらに，$\sigma_{p_x} = \sigma_{p_y}$（円形ビーム）の場合には，

$$\frac{d\sigma_\delta^2}{dt} = \frac{r_0^2 c p_0 N[\log]}{4\gamma^3 V \sigma_{p_x}}$$

$$(8.6.41)$$

となる．energy spread の増加が dispersion のある場所で

起こることにより横方向のエミッタンスも増加する．横方向エミッタンスの放射励起と全く同様の過程であり，

$$\frac{d\varepsilon_{x,y}}{dt} = \mathcal{H}_{x,y}\frac{d\sigma_\delta^2}{dt}$$

となる．$\mathcal{H}$ は，式(8.5.2)に定義した $H_i(s)$ と同じものである．

式(8.6.39)，(8.6.40)の [log] は「log factor」と呼ばれる不確定な係数であり，考慮に入れる 2 粒子の重心系での散乱角度の最小と最大をそれぞれ θ_{min}，θ_{max} として

$$[\log] = \ln\left(\frac{\theta_{max}}{\theta_{min}}\right), \quad (0 < \theta_{min} < \theta_{max} \le \pi/2)$$

で与えられる．θ_{min} を 0 とすると [log] は発散してしまうが，これは散乱断面積が散乱角ゼロに近づくと発散するとの結果である．微小角度の散乱は遠く離れた粒子間に働く力によるもので，空間電荷効果などとして別途考慮されるべきであり，θ_{min} には何らかの有限な値を与えるのが妥当である．散乱角は，散乱のインパクトパラメータと関係付けられるので，最大のインパクトパラメータ b_{max} を設定してもよい．この場合，$b_{max} = 2r_0(mc)^2/(\theta_{min}\sigma_{p_T}^2)$ である．水平・垂直方向のビームサイズのうちの小さいほうを b_{max} とする，あるいはビーム内の粒子密度の平均の立方根の逆数を b_{max} とするなどの方法がある．

一方，$\theta_{max} = \pi/2$ としても発散はしない．しかし，大角度散乱は粒子の損失をもたらし，あるいはハローをつくり，ビームの芯の部分の粒子の分布には寄与しない．そこで，ビームの芯に興味がある場合には，θ_{max} をより小さく設定することを考慮する必要がある．

参考文献

1) A. W. Chao : "Physics of Collective Beam Instabilities in High Energy Accelerators" Wiley (1993).

2) 木村嘉孝 編：『高エネルギー加速器』実験物理化学シリーズ，共立出版 (1998).；鈴木敏郎：高エネルギー加速器セミナー OHO'86.；久保 浄：高エネルギー加速器セミナー OHO'91.；伊澤正陽：高エネルギー加速器セミナー OHO'94.；陳栄浩：高エネルギー加速器セミナー OHO'05, OHO'96.；菖蒲田義博：高エネルギー加速器セミナー OHO'10.；坂中章吾：高エネルギー加速器セミナー OHO'86.

3) V. K. Neil, A. M. Sessler : Rev. Sci. Instrum. **36** 429 (1965).

4) A. Burov, V. Lebedev : in Proceedings of the 8th European Particle Accelerator Conference, Paris, p. 1452 (2002).； E. Metral, et al. : in Proceedings of the 2007 Particle Accelerator Conference, IEEE, New Mexico, p. 4216 (2007).

5) A. Hofmann : CERN 77-13 p. 139 (1977).

6) S. S. Kurennoy, G. T. Stupakov : Particle Accelerators **45** 95 (1994).

7) S. S. Kurennoy : Particle Accelerators **39** 1 (1992).

8) C. Pellegrini, A. M. Sessler : Nuovo Cimento 3A, 116 (1971).

9) J. Haissinski : Nuovo Cimento 18B, 72 (1973).

10) R. Warnock, J. Ellison : SLAC-PUB-8404 (2000).

11) K. Oide : Part. Accel. **51** 43 (1995).

12) K. Satoh, Y. Chin : Nucl. Instr. Meth. 207 309 (1983).

13) T. Suzuki, *et al.*: Part. Acc. **3** 179 (1983).

14) 家入孝夫：高エネルギー加速器セミナー OHO2000 講義テキスト.

15) P. Kernal, *et al*: Proceedings of EPAC2000, Vienna, p. 1133.

16) R. D. Kohaupt: DESY Report M-80/19 (1980).

17) E. Keil, W. Schnell: CERN Report TH-RF/69-48 (1969).

18) D. Boussard: CERN Lab II/RF/Int 75-2 (1975).

19) M. Izawa: Phys. Rev. Lett. **74** 5044 (1995).

20) K. Ohmi: Phys. Rev. Lett. **75** 1526 (1995).

21) T. Raubenheimer, F. Zimmermann: Phys. Rev. E **52** 5487 (1995).

22) Y. Zhang, *et al.*: Phys. Rev. ST-AB **8** 074402 (2005).

23) M. Tobiyama, *et al.*: Phys. Rev. ST-AB **9** 012801 (2006).

24) J. Flanagan, *et al.*: Phys. Rev. Lett. **94** 054801 (2005).

25) G. Stupakov, *et al.*: Phys. Rev. E **52** 5499 (1995).

26) K. Ohmi, F. Zimmermann: Phys. Rev. E **65** 016502 (2001).

27) K. Ohmi, F. Zimmermann: Phys. Rev. Lett. **85** 3821 (2000).

28) W. Heitler: "Quantum Theory of Radiation" Oxford University Press (1954).

29) A. Piwinski: DESY 98-179 (1998)

30) A. Piwinski: in Proceedings of the 9th International Conference on High Energy Accelerators, Stanford, p. 405 (1974).

31) J. Bjorken, S. K. Mtingwa: Part. Accel. **13** 115 (1983).

32) K. Kubo, K. Oide: Phys. Rev. ST-AB **4** 124401 (2001).

8.7 偏極ビームの力学

本節では電子・陽子などのスピンの，加速器内での運動について述べる．偏極ビームの生成法については 9.1 節，9.16 節などを参照．本節の範囲についての総合的レビューとしては文献 1 が詳しい.

スピン角運動量 S と磁気モーメント μ との間には

$$\mu = g\frac{Ze}{2mc}S$$

（Ze は粒子の電荷，m は質量）の関係がある．g を gyro-magnetic ratio，$a=(g-2)/2$ を異常磁気能率係数（coefficient of anomalous magnetic moment）と呼ぶ[*8]．おもな粒子の磁気能率関係の量を表にまとめた（文献 2，2014 年版による）.

8.7.1 スピンの記述

表 8.7.1　おもな粒子の磁気能率関係の量

	$a=(g-2)/2$	a の誤差 1σ	mc^2/a [GeV]
$e^{\pm}$	$1.159\,652\,180\,76\times10^{-3}$	2.7×10^{-13}	0.44065
$\mu^{\pm}$	$1.165\,920\,9\times10^{-3}$	6×10^{-10}	90.622
p	$1.792\,847\,356$	2.3×10^{-8}	0.52334
d	$-0.142\,987\,8$	5×10^{-7}	13.117

*8　a はしばしば G と書かれる．電子関係では a, 陽子関係では G が使われることが多い.

スピンはその大きさが $O(\hbar)$ であり，量子力学的な角運動量であるが，加速器内での運動はほとんど古典的な 3 元ベクトルとして扱える．しかし，8.7.4 項に述べる輻射に伴うスピン反転などのように量子力学的記述が必要になる場合もある．そのような場合も含めてスピンは，混合状態も表現できる偏極ベクトル P で記述するのがよい．これは次のように定義される．電子（陽子）を 2 成分スピノール $\varphi(\varphi^{\dagger}\varphi=1)$ とすると，粒子の集合のスピン状態は 2 行 2 列の密度行列 $\rho_{ij}=\langle\varphi_i\varphi_j^{\dagger}\rangle (i,j=1,2)$ で表せる．これはトレース 1 のエルミート行列であるから，パウリ行列 $\boldsymbol{\sigma}$ により

$$\rho=(1+\boldsymbol{P}\cdot\boldsymbol{\sigma})/2, \qquad \boldsymbol{P}=\mathrm{Trace}(\rho\boldsymbol{\sigma})=\langle\varphi\boldsymbol{\sigma}\varphi^{\dagger}\rangle$$

と展開できる．P の大きさは一般に ≤ 1 であり，1 とは限らない．量子化の軸 e が与えられた場合，この向きの偏極度は $\boldsymbol{P}\cdot\boldsymbol{e}$ であり，スピンが $\pm e$ の向きにある確率は $(1\pm\boldsymbol{P}\cdot\boldsymbol{e})/2$ である.

古典的なスピン運動を記述する場合，$|\boldsymbol{P}|$ は保存されるので，P の代わりに，2 成分のスピノール $\psi(\psi^{\dagger}\psi=1)$ を使うこともできる.

$$\boldsymbol{P}/|\boldsymbol{P}|=\psi^{\dagger}\boldsymbol{\sigma}\psi \tag{8.7.1}$$

（この 2 成分スピノールは，スピン 1/2 粒子の 1 粒子状態を表すスピノールとは異なり，単なる計算の便法として導入したものである．P の回転は 3 行 3 列の実行列（SO(3)）が必要であるが，ψ を使えば 2 行 2 列の複素行列（SU(2)）で済む.)

8.7.2 BMT 方程式

実験室系（通常加速器の静止系）で，粒子の位置での電場・磁場を E・B とする．粒子の（瞬時の）静止系[*9]での偏極ベクトルを P とする．P の運動は

$$\frac{d\boldsymbol{P}}{dt}=\boldsymbol{\Omega}\times\boldsymbol{P} \tag{8.7.2}$$

$$\boldsymbol{\Omega}\equiv-\frac{e}{mc\gamma}\left[\begin{array}{l}(\gamma a+1)\boldsymbol{B}_{\perp}+(1+a)\boldsymbol{B}_{\parallel}\\ -\gamma\left(a+\dfrac{1}{1+\gamma}\right)\dfrac{\boldsymbol{v}}{c}\times\boldsymbol{E}\end{array}\right]$$

と書ける．ここで，$B_{\parallel}$, $B_{\perp}$ は粒子の運動に平行・垂直な磁場成分，v は粒子の速度，γ はローレンツ因子である．これを，Thomas-BMT 方程式，あるいは単に BMT（Bargmann-Michel-Telegdi）方程式と呼ぶ[3]．P の大きさ $|P|$ は保存される.

これをハミルトニアン形式にするには，式(8.2.9)のハミルトニアンにスピン項 $\Omega\cdot S$ を加えればよい（S はスピン角運動量）．運動方程式(8.7.2)は $dS/dt=\{S,H\}$（$\{\ \}$ はポアソン括弧，式(8.2.4)参照）で，角運動量の交換関係 $\{S_i, S_j\}=(\hbar/2)\sum_{k=1}^{3}\epsilon_{ijk}S_k$（$\epsilon_{ijk}$ は完全反対称テンソル）を使い，$S=(\hbar/2)P$ とおけば得られる．この形式で書けば，

*9　粒子の（瞬時の）静止系は唯一ではない．ここでは，実験室系から 1 回のローレンツ・ブーストで行かれる静止系を取る．一般の静止系では以下の式は成り立たない.

必然的にスピンが軌道運動に力を及ぼすことになる．これ
を Stern-Gerlach force と呼ぶが，プランク定数が小さい
ため加速器ではほとんど問題にならない．

加速器のビーム力学では一般に独立変数として，設計軌
道に沿った軌道の長さ s が使われる．この座標系 (x, y, s)
については 8.2.3 項を参照．その場合，式(8.7.2)は二つの
点で修正が必要になる．座標系 (x, y, s) は回転座標系なの
で，座標軸の回転を差し引くこと，各粒子の速度は参照粒
子の速度とは異なることである．これを考慮すると，

$$\frac{d\boldsymbol{P}}{ds} = \boldsymbol{W} \times \boldsymbol{P} \qquad (8.7.3)$$

$$\boldsymbol{W} = -\boldsymbol{W}_{DO} + \frac{\sqrt{g^2 + x'^2 + y'^2}}{v/c} \Omega$$

となる（$\boldsymbol{W}_{DO}$ は設計軌道の曲率，g は座標系 (x, y, s) のメ
トリックで，いずれも 8.2.3 項を参照）．

式(8.7.3)は，微小距離 Δs の間のスピンの運動が，軸 $\boldsymbol{W}$
のまわりの角度 $|\boldsymbol{W}|\Delta s$ の回転であることを表している．

式(8.7.1)の 2 成分スピノール ψ を使うと式(8.7.3)は

$$\frac{d\psi}{ds} = -\frac{i}{2}(\boldsymbol{\sigma} \cdot \boldsymbol{W})\psi$$

と書ける．微小距離 Δs の間のスピンの回転は，SU（2）
行列

$$e^{-i\boldsymbol{\sigma} \cdot \boldsymbol{W}\Delta s/2} = \cos\left(|\boldsymbol{W}|\frac{\Delta s}{2}\right) - \frac{i\boldsymbol{\sigma} \cdot \boldsymbol{W}}{|\boldsymbol{W}|}\sin\left(|\boldsymbol{W}|\frac{\Delta s}{2}\right)$$

で表せる．この式は Δs が微小距離でなくても，その間 $\boldsymbol{W}$
が一定であれば成り立つ．

水平方向の偏向磁石中では，設計軌道上の設計どおりの
運動量の粒子に対しては

$$\boldsymbol{W} = \frac{1}{\rho_x^0}[1 - (1 + \gamma a)]\boldsymbol{e}_y = -\frac{\gamma a}{\rho_x^0}\boldsymbol{e}_y$$

となる．[ ] 内の第 1 項が $-\boldsymbol{W}_{DO}$ の寄与である．つまり，
軌道の偏向角度に比べてスピンの回転は $(1 + \gamma a)$ だけ敏感
であり，軌道の向きを基準にすると，スピン回転角は軌道
偏向の γa 倍である．したがって，粒子がリングを 1 周す
る間に，スピンは γa だけ回転する．

一方，ソレノイドのような進行方向の磁場中では

$$\boldsymbol{W} = -(1 + a)\frac{e\boldsymbol{B}}{p}$$

（$p = mv\gamma$ は粒子の運動量）となり，長さ L のソレノイド
中のスピン回転角は

$$|\boldsymbol{W}|L = (1 + a)\frac{e|\boldsymbol{B}|L}{p} = (1 + a)\frac{|\boldsymbol{B}|L}{[B\rho]}$$

となる（$[B\rho]$ は rigidity）．γ 因子がないので，高エネル
ギーでは偏向磁石に比べて鈍感である．

以下，円形加速器の閉軌道上を動く粒子のスピン運動を
考える．各要素でのスピンの運動は回転行列で表せる．リ
ング上の 1 点 s から始めた 1 周の行列の積を $M(s)$ とす
る．これは回転であるから，軸の方向 $\boldsymbol{n}_0(s)$（単位ベクト
ル）と回転角 $2\pi\nu_{sp}$ を持つ．SU（2）で表現した場合は，
簡単に

$$\cos(\pi\nu_{sp}) = \text{Trace}(M(s))/2$$

$$\boldsymbol{n}_0(s) = \frac{i/2}{\sin(\pi\nu_{sp})}\text{Trace}(\boldsymbol{\sigma}M(s))$$

から求まる．$\boldsymbol{n}_0(s)$ の方向を向いたスピンは 1 周後再び
$\boldsymbol{n}_0(s)$ に戻る（周期解）．s から別の点 s' までの行列積を
$M(s'|s)$ とすると，s' から始まる 1 周の行列は，
$M(s') = M(s'|s)M(s)M(s'|s)^{-1}$ であるから，固有値 ν_{sp} は
s によらない．ν_{sp} はリング 1 周でのスピンの回転数（の端
数）であり，スピンチューンと呼ぶ．その整数部分は一般
的には不定である（ベータトロンチューンと同様）．ν_{sp} の
符号も不定であり，この選択に伴って，$\boldsymbol{n}_0(s)$ の符号が変
わる．

通常の平面円形加速器（閉軌道が水平面内に限られてお
り進行方向磁場のない場合）では，前記のように 1 周の行
列は $-y$ 軸の周りの角度 $2\pi\gamma a$ の回転であるから，

$$\nu_{sp} = \gamma a, \qquad \boldsymbol{n}_0 = -\boldsymbol{e}_y$$

となる（$\boldsymbol{n}_0$ の符号を変えれば ν_{sp} の符号も変わる）．これ
は加速とともに変わる．

8.7.3　スピン共鳴

スピンチューンの値が

$$\nu_{sp} = n + n_x\nu_x + n_y\nu_y + n_s\nu_s$$

（n, n_x などは何らかの整数）となる場合は軌道運動との
共鳴が起こる．スピン運動はスピンについて線型であるか
ら ν_{sp} の前に整数は付かない（Stern-Gerlach 項を含めれ
ば原理的には非線形項もあり得る）．

ν_{sp} が整数の場合の共鳴は，加速器の誤差に起因する閉
軌道の y 方向のゆがみによって発生するので，imperfec-
tion resonance と呼ばれる．加速によって ν_{sp} が変わり，
このような共鳴を通過する場合，減偏極（depolarization）
が起こる．通常の平面円形加速器の場合 $\nu_{sp} = \gamma a$ であるか
ら，共鳴の間隔は

$$\Delta E = mc^2/a$$

という粒子の種別によって決まる定数である．この値は表
8.7.1 参照．

共鳴通過前後の偏極度には（他の共鳴が十分遠いなら）

$$\frac{P_{final}}{P_{initial}} = 2\exp\left(-\frac{\pi|\epsilon_\kappa|^2}{2\alpha}\right) - 1 \qquad (8.7.4)$$

の関係がある（Froissart-Stora の公式[4]）．ここで，α は
共鳴通過の速さ，すなわちリング 1 周の間の ν_{sp} の変化
（割る 2π）である．ϵ_κ は共鳴の強さを表すパラメータで，
平面円形加速器の場合[5]

$$\epsilon_\kappa = \frac{1}{2\pi}\oint\frac{ds}{R}F e^{-iKs/R} \qquad (8.7.5)$$

$$F \equiv -\rho_x(1 + \gamma a)y'' - i\left[(1 + \gamma a)y' - \rho_x(1 + a)\left(\frac{y}{\rho_x}\right)'\right]$$

で与えられる．R はリングの平均半径（周の長さ /2π），y
は閉軌道，$'$ は s による微分，K は整数である．式(8.7.4)
は共鳴が非常に強い，あるいは通過速度が遅い場合，スピ
ンの反転（$P_{final}/P_{initial} \to -1$）が起こることを示している．

$\nu_{sp} = n \pm \nu_y$ の場合は，y 方向ベータトロン振動との共鳴

が起こる（intrinsic resonance）．加速器が対称性を持つ場合，n が superperiodicity の倍数のときのみ共鳴が強い．減偏極はやはり式 (8.7.4) で与えられ，共鳴の強さは式 (8.7.5) で $K=n\pm\nu_y$ とすればよい．

共鳴通過の際の減偏極を軽減する方法としては次のようなものがある．

- 共鳴が弱い場合は，共鳴通過速度を上げる．intrinsic resonance の場合は通過の前後でベータトロンチューンをジャンプさせる．
- 共鳴が強い場合は，共鳴通過速度を下げる，あるいは共鳴をさらに強くして，完全なスピン反転にする．intrinsic resonance の場合は通過中にベータトロン振動を意図的に励起させる．

以上いずれの場合も，高エネルギーまで加速するためには，多数の共鳴通過に対処しなければならない．

これらと全く異なる方法として，スピンチューンをエネルギーに関係なく 1/2 に固定する方法がある．これには，リングの一部に，スピンを s 軸の周りに 180°回転するセクションを設ければよい（このようなセクションを Siberian Snake と呼ぶ[*10]）．このセクションの直後から始まる 1 周のスピン回転行列は

$$e^{-i\pi\sigma_s/2}e^{i\tau a\sigma_y}=e^{-i\pi\boldsymbol{n}_0\cdot\boldsymbol{\sigma}/2}$$
$$\boldsymbol{n}_0=\cos(\pi\gamma a)\boldsymbol{e}_s-\sin(\pi\gamma a)\boldsymbol{e}_x$$

となり，エネルギーに関係なく $\nu_{sp}=1/2$ となる．また，このセクションの反対側ではスピンの周期解 $\boldsymbol{n}_0(s)$ は進行方向 $\pm\boldsymbol{e}_s$ を向いているから，偏極を実験に利用するには都合がよい．ただし，これでは 1 周の間スピンの周期解 $\boldsymbol{n}_0(s)$ が回転し続けるため，特に高エネルギーでは摂動を受けやすい．これを避けるには，第 1 の Siberian Snake の対蹠点に，スピンを x 軸の周りに 180°回転させるセクションを置けばよい（double Siberian Snake）．こうすると，$\nu_{sp}=1/2$ で，かつリングの一方では周期解 $\boldsymbol{n}_0$ は $\boldsymbol{e}_y$ 方向，他方では $-\boldsymbol{e}_y$ 方向になる．この場合でも非常に高エネルギーのリングでは半周の間の歳差運動角が大きくなり摂動を受けやすくなる（snake resonance）．これは原理的には Siberian Snake 対を多数設けることにより解決できる．

共鳴を避けるには，必ずしも $\nu_{sp}=1/2$ でなくてもよく，ν_{sp} が 1/2 の周辺の限られた範囲に抑えられればよい（partial snake）．

8.7.4　スピン Rotator

偏極粒子源で進行方向に偏極したビームをリングに入射する際に，リング内でのスピンの安定性のため，鉛直方向に回す必要がある．また，スピン共鳴を避ける方法として

Siberian Snake のようにスピンを操作する場合もある．物理実験の目的によっては，軌道上の特定の場所でスピンを特定の方向に向けることが必要になることもある．例えば，円軌道上では鉛直方向のほうがスピンは安定であるが，コライダーの衝突点ではスピンを進行方向 $\boldsymbol{e}_s$ にすることが実験上望ましい．このように，特定の方向を軸として特定の角度だけスピンを回転するセクションをスピン rotator という．スピン rotator 通過前後でスピンの方向だけが変わり，軌道運動は影響されないのが理想的である．スピン rotator に関する総合的文献として文献 6 がある．

最も単純な rotator は進行方向の磁場（すなわちソレノイド磁場）によるものである．これによりスピンは進行方向 $\boldsymbol{e}_s$ を軸として角度

$$(1+a)\frac{e}{p}\int B_s ds$$

だけ回転する（p は粒子の運動量）．例えばスピンを 90°回すためには $\int B_s ds=5.24/(1+a)\times p_{[\text{GeV}/c]}$ [Tm] の積分磁場が必要である．これは高エネルギー領域では大きなものになる．ソレノイド磁場のもたらす軌道の x-y 結合は多くの場合，歪 4 極磁石で補正する必要がある．

一方，横（transverse）方向磁場によるスピン回転角は

$$(1+\gamma a)\frac{e}{p}\int B_\perp ds$$

で表され，$\gamma a\gg 1$（電子・陽子ではおよそ $E\gg 1\,\text{GeV}$）の場合ソレノイド磁場より有利である．高エネルギー領域では特定の角度だけスピンを回すのに必要な積分磁場はエネルギーによらなくなる．しかし，横（transverse）方向磁場は軌道の向きを変えるので，これを元に戻すために向きの異なる複数の磁場の組み合わせが必要になり，軌道は必然的に平面から外れる．これはソレノイド rotator にはない問題である．これまでに様々な組み合わせが考案され，実現された例も多い．

横方向磁場による rotator の場合で，スピン回転角を一定にするときは，軌道偏向角はエネルギーとともに減少する．したがって，加速のあるリングでは入射時に軌道の振れがもっとも大きくなり，大口径の磁石が必要になる．

8.7.5　輻射偏極

電子貯蔵リングにおけるシンクロトロン輻射は，スピンを反転させる輻射をごくわずかに含むため，長時間ののち電子は反磁場，陽電子は磁場の方向に自発偏極する（Sokolov-Ternov 効果[8]）．軌道曲率半径 ρ で運動中に，スピン反転の輻射を単位時間に出す確率は，スピン上向きから下向き，下向きから上向きで異なり

$$W_\pm=\frac{\tau_0^{-1}}{2}\left(1\pm\frac{8}{5\sqrt{3}}\right), \qquad \tau_0^{-1}=\frac{5\sqrt{3}}{8}\frac{\hbar r_e\gamma^5}{m_e|\rho|^3}$$

である（r_e は古典電子半径，γ は電子のローレンツ因子）．平衡偏極度は理想的には

[*10]　Siberian Snake のアイデアは文献 7 に始まる．この名称は，粒子軌道が蛇のようにうねり，著者がシベリアにある研究所の所属であったため，E. Courant が名付けたものである．

$$P_\infty=\frac{W_+-W_-}{W_++W_-}=\frac{8}{5\sqrt{3}}=92.38\,\%$$

で与えられ，偏極の立ち上りは

$$P(t)=P_\infty[1-\exp(-t/\tau_0)]$$

で表せる．リングが軌道曲率半径 ρ の偏向部と直線部を含む場合，理想的な偏極時間は

$$\tau_0=99[\mathrm{s}]\frac{R_{[\mathrm{m}]}\rho^2_{[\mathrm{m}]}}{E^5_{[\mathrm{GeV}]}}$$

である（R は平均軌道半径，すなわち周長 $/2\pi$）．

実際のリングにおいては，通常の（スピン反転しない）シンクロトロン輻射が減偏極に寄与する結果，平衡偏極度・偏極時間は

$$P_\infty=\frac{8}{5\sqrt{3}}\frac{\alpha_-}{\alpha_+}$$

$$\alpha_+=\left\langle\frac{1}{2\pi R}\oint\frac{ds}{|\rho|^3}\left[1-\frac{2}{9}(\boldsymbol{n}\cdot\boldsymbol{e}_v)^2+\frac{11}{18}\left|\gamma\frac{\partial\boldsymbol{n}}{\partial\gamma}\right|^2\right]\right\rangle$$

$$\alpha_-=\left\langle\frac{1}{2\pi R}\oint\frac{ds}{|\rho|^3}\boldsymbol{e}_b\cdot\left(\boldsymbol{n}-\gamma\frac{\partial\boldsymbol{n}}{\partial\gamma}\right)\right\rangle$$

$$\tau^{-1}=\frac{5\sqrt{3}}{8}\frac{\hbar r_e\gamma^5}{m_e}\alpha_+$$

となる[9]．ここで，$\boldsymbol{e}_v$ は電子の速度 $\boldsymbol{v}$ 向単位ベクトル，$\boldsymbol{e}_b$ は $\boldsymbol{v}\times\dot{\boldsymbol{v}}$ 方向単位ベクトル（電場のないところでは磁場方向単位ベクトル），s は軌道に沿った長さである．$\boldsymbol{n}(z,s)$ は，s および 6 次元軌道変数 z の関数（vector field）で，BMT 方程式を満たし，かつリング 1 周の写像を $\mathcal{M}$ とすると，$\mathcal{M}\boldsymbol{n}(z,s)=\boldsymbol{n}(\mathcal{M}z,s)$ を満たす．特に，閉軌道上では先に定義した周期解 $\boldsymbol{n}_0$ に一致する．$\gamma\partial\boldsymbol{n}/\partial\gamma$ は軌道変数のうちの一つ γ についての偏微分であり，Derbenev-Kondratenko ベクトルと呼ばれる．上記の式の $\langle\ \rangle$ は 6 次元位相空間での分布に対する平均である（$\boldsymbol{n}$ にかかる）．この式は軌道についての高次の運動もすべて含まれる．

$\boldsymbol{n}$ および $\gamma\partial\boldsymbol{n}/\partial\gamma$ を計算するアルゴリズムはいくつか知られている（SLIM[10]およびその thick lens 版 SLICK は閉軌道上での上記ベクトルを計算する．SMILE[11]は高次の項を摂動で求める．SpinLie[12]はリー代数を使う．SODOM[13]は非摂動フーリエ展開．SPRINT[14]はトラッキングによる）．これらの方法により電子貯蔵リングでの偏極を数値的に求められる．

8.7.3 項で述べたように，平面リングでのスピン共鳴はエネルギー間隔 mc^2/a（電子の場合 0.44 GeV）で存在する．電子貯蔵リングのビームエネルギー幅式(8.5.4)がこれに比べて無視できなくなると，エネルギーのガウス分布の裾がスピン共鳴にあたり，輻射偏極が難しくなる．実際には粒子のエネルギーはシンクロトロン振動で変動しているので，この効果は intrinsic 共鳴・imperfection 共鳴のシンクロトロンサイドバンドとして現れる．これについては文献 15 を参照．

参考文献

1) S. R. Mane, *et al.*: Rep. Prog. Phys. 68 1997 (2005).
2) Particle Data Group. http://pdg/lbl.gov/
3) L. H. Thomas: Phil. Mag. 3 1 (1927).; V. Bargmann, *et al.*: Phys. Rev. Lett. 2 435 (1959).
4) M. Froissart, R. Stora: Nucl. Instr. Meth. 7 297 (1960).
5) E. D. Courant, R. Ruth: BNL-51270 (1980).
6) S. R. Mane, *et al.*: Jounal of Physics G. (Nuclear and Particle Physics) 31 R151-R209 (2005).
7) Ya. S. Derbenev, A. M. Kondratenko: Sov. Phys. Dokl. 20 562 (1976).
8) A. A. Sokolov, I. M. Ternov: Sov. Phys. Dokl. 8 1203 (1964).
9) Ya. S. Derbenev, A. M. Kondratenko: Sov. Phys. JETP. 37 968 (1973).; S. R. Mane: Phys. Rev. A 37 105 (1987).
10) A. W. Chao: Nucl. Instrum. Meth. 180 29 (1981).
11) S. R. Mane: Phys. Rev. A 36 120 (1987).
12) K. Yokoya: Nucl. Instrum. Meth. A 258 149 (1987).; Yu. Eidelman, V. Yakimenko: Part. Accelerators 50 261 (1995).
13) K. Yokoya: KEK Report 92-6 (1992). DESY Report 99-006 (Preprint physics/9902068) (1999).
14) G. H. Hoffstaetter, *et al.*: Phys. Rev. ST-AB 2(11) 114001 (1999).
15) Ya. S. Derbenev, *et al.*: Part. Accel. 9 247 (1979).; K. Yokoya, Part. Accel. 13 85 (1983).

8.8　衝突型加速器（コライダー）

8.8.1　リングのビームビーム相互作用

円形衝突型加速器において，ビーム同士が衝突すると，高エネルギー反応が起きると同時に，古典的なクーロン力により，ビーム形状が変形するなどして，設計どおりのルミノシティが得られなくなる．チューンシフト，その広がりにより起こるエミッタンス増大，また線形力成分によるコヒーレント効果について論じる．ビームビーム効果全般については，日本語では文献 1 などがある．

a.　ビーム蹴角とチューンシフト

ビームは静止系で見るとバンチ長が横方向サイズよりはるかに大きい（陽子ビームは，電子ビームに比べてローレンツ因子の小さいことが多いが，それでもバンチ長の長いのが普通である）．したがって，ビームのつくる電磁場は (x,y) の 2 次元で考えればよい．簡単のためまず，二つのビームは同じパラメータ（電荷，ビームサイズ）で正面衝突するとする．ビーム 1 は s 軸正の向き，ビーム 2 は負の向きに走り，$s=0$ で衝突する．各ビーム内では重心を原点として進行方向に $z_{1(2)}$ 軸を取る．すると，同じ時空点 (s,t) での各ビーム内の座標は $z_1=s-ct$，$z_2=-s-ct$ となる．衝突中でのビーム 1 内の粒子の運動方程式は

$$\begin{pmatrix}dp_x/dt\\ dp_y/dt\end{pmatrix}=\frac{4Nr_ec}{\gamma}\lambda(z_2)\begin{pmatrix}\partial/\partial x\\ \partial/\partial y\end{pmatrix}\phi(x,y,z_2,t),\qquad(8.8.1)$$

$$(z_2=-z_1-2ct)$$

ここで N はバンチ内粒子数，$\lambda(z)$ は各ビーム内の線密度で，$\int\lambda(z)dz=1$ に規格化する．p_x, p_y は基準運動量 p_0 で割った横方向運動量で，x', y' と考えてよい．この式は，

両ビームの電荷が同符号としている．異符号の場合は右辺の符号を変える．静電ポテンシャル $\phi(x, y, z_2, t)$ は

$$\frac{\partial^2 \phi}{\partial x^2} + \frac{\partial^2 \phi}{\partial y^2} = 2\pi\rho(x, y, z_2, t)$$

を満たす．$\rho(x, y, z_2, t)$ は相手ビームの横方向分布関数で，$\int \rho dx dy = 1$ に規格化する．ガウス分布

$$\rho(x, y) = \frac{1}{2\pi\sigma_x\sigma_y} \exp\left(-\frac{x^2}{2\sigma_x^2} - \frac{y^2}{2\sigma_y^2}\right)$$

を仮定すると

$$\phi(x, y) = \frac{1}{2}\int_0^\infty du \frac{1 - \exp\left(-\dfrac{x^2}{2\sigma_x^2 + u} - \dfrac{y^2}{2\sigma_y^2 + u}\right)}{\sqrt{2\sigma_x^2 + u}\sqrt{2\sigma_y^2 + u}}$$

$$(8.8.2)$$

横方向分布関数は，その場所での β 関数により，かつ衝突の進行とともに変化するが，β 関数がバンチ長より十分長く，1回の衝突によるビーム変形が小さければ，(z_2, t) によらないとしてよい．その場合上式の σ_x, σ_y は定数であり，式(8.8.1)を全衝突時間で積分すると

$$\begin{pmatrix} \Delta p_x \\ \Delta p_y \end{pmatrix} = \frac{2Nr_e}{\gamma}\begin{pmatrix} \partial/\partial x \\ \partial/\partial y \end{pmatrix}\phi(x, y)$$

（z_1 を固定すると，$\int \lambda(z_2) c dt = 1/2$ であることに注意）これは

$$\Delta p_y + i\Delta p_x = \frac{2Nr_e}{\gamma}\frac{\sqrt{\pi}}{\Sigma}\left[w(\zeta_1) - e^{-\frac{x^2}{2\sigma_x^2} - \frac{y^2}{2\sigma_y^2}}w(\zeta_2)\right]$$

$$(8.8.3)$$

$$\Sigma \equiv \sqrt{2(\sigma_x^2 - \sigma_y^2)}, \quad \zeta_1 = \frac{x + iy}{\Sigma}, \quad \zeta_2 = \frac{\sigma_y x/\sigma_x + i\sigma_x y/\sigma_y}{\Sigma}$$

と書ける．ここで，$w(z)$ は複素誤差関数で

$$w(z) = e^{-z^2}\left(1 + \frac{2i}{\sqrt{\pi}}\int_0^z e^{t^2}dt\right) = \sum_{n=0}^\infty \frac{(iz)^n}{\Gamma(1 + n/2)} \quad (8.8.4)$$

で定義され，

$$w'(z) = -2zw(z) + 2i/\sqrt{\pi}$$

を満たす．式(8.8.3)の線形部分を取ると

$$(\Delta p_x, \Delta p_y) = \frac{2Nr_e}{\gamma(\sigma_x + \sigma_y)}\left(\frac{x}{\sigma_x}, \frac{y}{\sigma_y}\right) \quad (8.8.5)$$

蹴り角が $x(y)$ に比例するのでこれは収束（発散）力であり，ベータトロン振動のチューンを変化させる．チューンシフトは以下のようになる．

$$(\Delta\nu_x, \Delta\nu_y) = (\xi_x, \xi_y) = \frac{Nr_e}{2\pi\gamma(\sigma_x + \sigma_y)}\left(\frac{\beta_x}{\sigma_x}, \frac{\beta_y}{\sigma_y}\right) \quad (8.8.6)$$

1回の衝突でのルミノシティー $\mathcal{L}$ は

$$\mathcal{L} = 2N^2\int_{-\infty}^\infty ds\, cdt\, \lambda(z_1)\lambda(z_2)$$
$$\times \int_{-\infty}^\infty dx dy\, \rho(x, y, z_1, t)\rho(x, y, z_2, t),$$
$$(z_1 = s - ct, z_2 = -s - ct)$$

（はじめの因子2は相対速度が $2c$ であるため）であるが，ガウス分布を仮定して，(x, y, t) の積分を行うと

$$\mathcal{L} = \frac{N^2}{4\pi}\int_{-\infty}^\infty \frac{ds}{\sqrt{\pi}\sigma_z}\frac{1}{\sigma_x(s)\sigma_y(s)}e^{-s^2/\sigma_z^2} \quad (8.8.7)$$

上記のように β 関数がバンチ長より十分長い場合は σ_x, σ_y

を定数としてよく，$\mathcal{L} = N^2/(4\pi\sigma_x\sigma_y)$ となる．

ビームビーム力は本質的に非線形でありエミッタンス増加・不安定性をもたらす．チューンシフトは線形近似にすぎないが，ビームビーム力の大きさの目安になる．リングコライダーの最適化は，チューンシフトを「チューンシフトリミット」以下に抑えながら，ルミノシティーを最大にすることが出発点である．

電子陽電子蓄積リングでは $\varepsilon_x \gg \varepsilon_y$ なので，$\beta_x \gg \beta_y$ にすることで $\Delta\nu_x \approx \Delta\nu_y$ とし，ルミノシティーも大きくなるようにする．ビームサイズも $\sigma_x \gg \sigma_y$ であり，フラットビーム衝突という．陽子衝突器では $\varepsilon_x \approx \varepsilon_y$ なので，$\beta_x \approx \beta_y$ にする．ラウンドビーム衝突という．

最近の電子陽電子円形衝突器では β^* を σ_z に比べ小さく絞る傾向にある（衝突点での値には，β^*, σ^* のように，* を付ける）．σ_z は不安定性から限界があるのに対し，β^* は光学設計により小さくする余地があるからである．KEKB では $\sigma_z = 6 \sim 7$ mm，$\beta_y^* = 5.6$ mm，SuperKEKB では $\sigma_z = 6 \sim 7$ mm，$\beta_y^* = 0.2 \sim 0.3$ mm である．陽子加速器 LHC では $\sigma_z = 70$ mm，$\beta_y^* = 550$ mm で，β^* のほうが大きい．

式(8.8.6)はバンチが短い場合（$\sigma_z \ll \beta_{x,y}$）はそのまま適用できるが，バンチ長が $\beta_{x,y}$ に比べて無視できないときは，σ_x, σ_y が s によるので，バンチを z 方向に分割して，z に沿って積分していく必要がある．

この場合，ルミノシティーは式(8.8.7)で，$\sigma_y(s) = \sqrt{\varepsilon_y\beta_y(s)}$ のように s 依存性を考慮すれば求められる．焦点を外れるとビームが大きくなるのでルミノシティーは低下する．ビーム形状が砂時計を横に倒したかたちをしていることから，これを砂時計効果と呼ぶ．

チューンシフトは y 方向について

$$\Delta\nu_y = \frac{Nr_e}{2\pi\gamma}\int_{-\infty}^\infty \frac{\beta_y(s)}{\sigma_y(s)[\sigma_x(s) + \sigma_y(s)]}\frac{2ds}{\sqrt{2\pi}\sigma_z}e^{-z_2^2/2\sigma_z^2}$$

で $z_2 = z_1 - 2s$ として積分する．したがって，チューンシフトは z_1 に依存する．$\beta(s)$ の大きな部分が効くようになるので，砂時計効果によりチューンシフトは増加する．

なお，Δp_{xy} はベータトロン位相が $\Delta s \approx \beta_y$ で大きく変わるので，単純な和は取れない．

b. 交差角衝突

ルミノシティーを上げるには β^* を小さく絞ればよいが，上記のように，$\beta^* \lesssim \sigma_z$ に取ると，ルミノシティーへの効果は薄れ，かつチューンシフトが大きくなる．そこで，最近では，チューンシフトを小さく保つために交差角衝突を使うことが多くなった．ルミノシティーが多少小さくなっても，チューンシフトが小さいメリットが大きい．水平面に交差する場合を考える（図8.8.1 左）．交差角を $2\theta_c$ とする．交差角衝突はビームに垂直な方向（正確には進行方向に対して $\pi/2 - \theta_c$ の方向）の平行移動を無視すると図8.8.1 右のように x-z 面で θ_c 傾いたビームの衝突と同じである．

交差角を特徴付けるパラメータとしてバンチ長に対する2ビームが重なる領域を表す

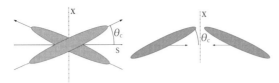

図 8.8.1 交差角衝突

$$\chi=\frac{\theta_c\sigma_z}{\sigma_x}$$

を Piwinski 角と呼んでいる．β_y^* に対する，ビームが重なる領域は以下で表される．

$$\zeta=\frac{\sigma_x}{\theta_c\beta_y}$$

$\chi\gg 1$ の場合，ビームが重なり合う s の範囲は，$|s|\leq\sigma_x/\theta_c$ であり，$\zeta\leq 1$ に取ることで，重なる範囲での β_y は β_y^* と大差なくルミノシティーは変わらない．β_y が大きいところでの作用を防ぐことでチューンシフトも大きくならない．

水平面内に交差角がある場合のチューンシフトは，式(8.8.6)において実効的に以下のように水平方向のビームサイズが大きくなったと考えてよい．

$$\sigma_{x,\mathrm{eff}}=\sqrt{\sigma_x^2+(\theta_c\sigma_z)^2} \quad (8.8.8)$$

より正確には式 (8.8.3) から収束力 $\partial\Delta p_x/\partial x$, $\partial\Delta p_y/\partial y$ を求め，交差する軌道 $x=z_2\sin\theta_c$, $y=0$ に沿って $\beta_{x(y)}$ を掛けながら積分すればよい．

$$\Delta\nu_x=\frac{1}{4\pi}\int\left[\frac{\partial\Delta p_x}{\partial x}\right]_{x=z_2\sin\theta_c,y=0}\beta_x(s)ds$$

$$\Delta\nu_y=\frac{1}{4\pi}\int\left[\frac{\partial\Delta p_y}{\partial y}\right]_{x=z_2\sin\theta_c,y=0}\beta_y(s)ds$$

x,y が 0 でない粒子のチューンはビームビームの非線形力のため広がりを持つ．粒子はベータトロン振動をしているため，ベータトロン位相について平均を取り，チューンシフトを評価する．バンチ長を無視できる場合，ポテンシャル（式(8.8.2)）をベータトロン振幅と位相 J_x, ϕ_x, J_y, ϕ_y で表し（$x=\sqrt{2J_x\beta_x}\cos\phi_x$ など），

$$\bar{\phi}(J_x,J_y)=\int\phi(x,y)d\phi_x d\phi_y$$
$$=\frac{1}{2}\int_0^\infty du\frac{1-e^{-w_x-w_y}I_0(w_x)I_0(w_y)}{\sqrt{2\sigma_x^2+u}\sqrt{2\sigma_y^2+u}} \quad (8.8.9)$$

ここで $w_i=\beta_iJ_i/(2\sigma_i^2+u)\,(i=x,y)$，$I_0$ は変形ベッセル関数である．チューンシフトはこれを $J_{x(y)}$ に関して微分することで得られる．

$$\Delta\nu_x(J_x,J_y)=-\frac{1}{2\pi}\frac{2Nr_e}{\gamma}\frac{\partial\bar{\phi}}{\partial J_x}$$
$$=\frac{Nr_e\beta_x}{2\pi\gamma}\int_0^\infty du\frac{e^{-w_x-w_y}(I_0(w_x)-I_1(w_x))I_0(w_y)}{(2\sigma_x^2+u)^{3/2}\sqrt{2\sigma_y^2+u}}$$

$$\Delta\nu_y(J_x,J_y)=-\frac{1}{2\pi}\frac{2Nr_e}{\gamma}\frac{\partial\bar{\phi}}{\partial J_y}$$
$$=\frac{Nr_e\beta_y}{2\pi\gamma}\int_0^\infty du\frac{e^{-w_x-w_y}I_0(w_x)(I_0(w_y)-I_1(w_y))}{\sqrt{2\sigma_x^2+u}(2\sigma_y^2+u)^{3/2}}$$

バンチ長や交差角を考慮する必要がある場合，式(8.8.9) を $\phi_{x(y)}$ に対して直接数値積分したほうが見通しがよい．

$$\Delta\nu_x(J_x,J_y)=\frac{1}{4\pi}\int d\phi_x d\phi_y\int\Delta p_x(x,y)\sqrt{\frac{\beta_x}{2J_x}}\cos\phi_x ds$$

ここで

$$x=\sqrt{2J_x\beta_x(s)}\cos\phi_x(s)+z\sin\theta_c,$$
$$y=\sqrt{2J_y\beta_y(s)}\cos\phi_y(s)$$

である．y に関しても同様である．

c. ダイナミックベータ，ダイナミックエミッタンス

ビームビーム力により，粒子は衝突点に置いて式(8.8.5) で表される収束力を受け，式(8.8.6)で表されるチューンシフトが発生する．衝突点 β 関数はビームビーム力により，

$$\frac{\Delta\beta_{x(y)}}{\beta_{x(y)}}=\frac{-2\pi\nu_{x(y)}}{\sin 2\pi\nu_{x(y)}}\xi_{x(y)}\beta_{x(y)}$$

チューンが半整数近くである場合，周回行列から直接 β を計算したほうがよい．

$$M_0=\begin{pmatrix}\cos\mu & \beta\sin\mu\\ -\sin\mu/\beta & \cos\mu\end{pmatrix}\quad K_{1/2}=\begin{pmatrix}1 & 0\\ -2\pi\xi/\beta & 1\end{pmatrix}$$
$$M=K_{1/2}M_0K_{1/2}$$

から

$$\left(\frac{\beta}{\bar{\beta}}\right)^2=1+4\pi\xi\cot\mu-4\pi^2\xi^2$$

さらに両ビームを考慮すると繰り返し計算が必要になる．ビームビーム力により Courant-Snyder 不変量の定義も変わるためエミッタンスも変わる．これをダイナミックエミッタンスと呼ぶ．通常，エミッタンス・平衡ビームサイズは以下の行列で表された放射減衰と励起によって得られる．

$$D=\begin{pmatrix}d & 0\\ 0 & d\end{pmatrix}\quad B=\begin{pmatrix}2\varepsilon d\beta & 0\\ 0 & 2\varepsilon d/\beta\end{pmatrix} \quad (8.8.10)$$

ここで $d=T_0/\tau$ は周回あたりの振幅減衰率である．ビームサイズを以下の行列で表すと，

$$X=\begin{pmatrix}\langle x^2\rangle & \langle xp_x\rangle\\ \langle xp_x\rangle & \langle p_x^2\rangle\end{pmatrix}$$

平衡ビームサイズは以下の行列方程式を解くことで得られる．

$$X=MXM^t+B$$

ここで $M=M_0(1-D)$ は放射減衰を考慮した周回行列である．ビームビーム力を考慮した，ビームサイズに関する連立方程式が以下で与えられる．

$$X=M_{bb}XM_{bb}^t+B \quad M_{bb}=K_{1/2}MK_{1/2}$$

実際には D,B は式(8.8.10)のようになっているとは限らない．D,B の正しい値は，リング内の各放射点での減衰，励起をベータトロン位相を考慮しつつ積分することで得られる．そして相手のビームサイズを考慮して繰り返し計算することで，平衡ビームサイズが得られ，ダイナミックベータ，エミッタンスを評価することができる．

d. 黄金チューン

非線形ビームビーム力に対して，エミッタンス増大を最小に防ぐために最適なチューンが存在する．電子陽電子衝突器では ν_x を半整数に上から近づけ，ν_y を半整数よりわ

ずか上に取る．例えば $(\nu_x, \nu_y) = (0.505, 0.55)$．ビームビーム力が x に対して対称的であることから整数近傍 $(0.005, 0.05)$ でもよいのだが，半整数にする理由は，整数では閉軌道がエラーに対して敏感になってしまうからである．式 (8.8.3) は $\sigma_y/\sigma_x \approx 1/100$ であるようなフラットビームでは Δp_x は y にほとんどよらない．そこで ν_x を 0.5 に近づけると，0.5 近傍には低次の共鳴がないため，x の運動は y に関係なく近似的に可積分になる．このことは簡単なシミュレーションでも確かめられる．y の運動は x によるが，x はゆっくり先程の可積分な軌道に沿って振動する．x を止めてみた場合，y の振動で最も非線形が強いのは $x=0$ での振動である．$x=0$ で可積分な y を選べば，$x \neq 0$ でも可積分である．チューンシフト 0.2 程度で $\nu_y = 0.55$ にすれば $x=0$ の振動は可積分になる．このような場合 x が振動しても，y の可積分性は保持される．$(\nu_x, \nu_y) = (0.505, 0.55)$ ではチューンシフト 0.2 以上が安定な解として得られる．

e. 衝突交差角とクラブ衝突

リングに多数のバンチが周回する場合，ビームは衝突点から離れて次のバンチと遭遇する前に，十分な距離分離させる必要がある．ビームビーム衝突を有限角で行うことは衝突点の設計を簡単化する．有限角衝突では正面衝突に比べ，衝突の対称性の崩れからベータトロン，シンクロトロン共鳴が起こるため，その定量的な健全性はシミュレーションで確かめる必要がある．

有限角の衝突はビーム進行方向に垂直な x 方向の平行移動を除けば，x-z 面で傾いたビームが正面衝突することと等価である（図 8.8.1 右）．そこで，衝突前に母関数

$$F_{\theta_c}(\bar{x}, p_x, z, \bar{\delta}) = -p_x \bar{x} + z\bar{\delta} + \theta_c p_x z \quad (8.8.11)$$

で表される正準変換を行う（初めの 2 項は恒等変換である）．$x = -\partial F_{\theta_c}/\partial p_x$，$\delta = \partial F_{\theta_c}/\partial z$ であるから，変換後の x, δ は

$$\bar{x} = x + \theta_c z$$
$$\bar{\delta} = \delta + \theta_c p_x$$

となる（x 方向の平行移動をローレンツ変換として考慮した変換は文献 2 にある）．

ビームビームチューンシフトの限界をさらに向上させるには交差角の効果を消し，衝突の対称性を回復し共鳴を消すことで可能になる[3]．交差角による効果 9.103 は，以下の実効的な変換を衝突点に与えることで打ち消すことができる．

$$F_{\text{crab}}(\bar{x}, p_x, z, \bar{\delta}) = -p_x \bar{x} + z\bar{\delta} - \theta_c p_x z$$

バンチ内の位置の変数 z は，実は時間変数であるから，この変換を実効的に行うには，時間的に変化する電磁場を使う必要がある．これは，x 方向のベータトロン位相差 $n+\pi/2$ の場所に，クラブ空洞を置くことで実現できる[4]．対応するクラブ空洞での変換は

$$F(x, \bar{p}_x, z, \bar{\delta}) = x\bar{p}_x + z\bar{\delta} + \frac{eV_c}{E_0} x$$

$$\frac{eV_c}{E_0} = -\frac{\theta_c}{\sqrt{\beta_{x,c}\beta_x^*}} \frac{c}{\omega_c} \sin \omega_c z/c$$

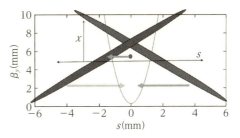

図 8.8.2　大角度衝突における，大振幅粒子の衝突

ここで V_c, ω_c はクラブ空洞の電圧と角周波数，$\beta_{x,c}$ はクラブ空洞の場所でのベータである．

衝突後は，元の周回軌道に戻すために，F_{θ_c}, F_{crab} の逆の変換をする．

f. クラブウェスト（crab waist）

交差角を固定して水平エミッタンスを小さくすると，実効的交差角 Piwinski 角が大きくなる．このような衝突は，衝突点の β_y^* を絞っても，ビーム中心付近 $|x| \lesssim \sigma_x$ の粒子に関して砂時計効果がない．ルミノシティーも水平サイズが射影サイズ（式 (8.8.8)）になることで減少するが，β_y を極端に小さくできれば，利得が勝る．

$$\mathcal{L} = \frac{1}{4\pi} \frac{N_+ N_-}{\sigma_{x,\text{eff}} \sigma_y}$$

この衝突の問題点は x に大きな振幅を持った粒子が，s^* から離れた場所で相手ビームの重心に衝突することである $\Delta s = s - s^* = x/2\theta_c$．衝突地点での β_y は $\beta_y = \beta_y^* + \Delta s^2/\beta_y^*$ である．SuperKEKB では $\beta_y^* = 0.2$ mm，$\theta_c = 43$ mrad のため，$5\sigma_x^* = 50\,\mu\text{m}$ の振幅を持った粒子が $5\beta_y^*$ で衝突する，0 振幅に比べ $\sqrt{5}$ 倍のチューンシフトを受けることになる．ビーム入射や寿命に対して厳しくなる．

この困難を避けるために，

$$F(x, \bar{p}_x, \bar{y}, p_y) = x\bar{p}_x - \bar{y}p_y + \frac{1}{2\theta_c} x p_y^2$$

という変換を与えるのがクラブウェスト (crab waist) である（図 8.8.2）．x の振幅に対して，ずれた衝突位置 ($\Delta s = x/2\theta_c$) にウェストをずらす変換で，相手ビームの重心で x によらず自分のウェストで衝突させることができる[5]．この変換を実現するには 6 極磁石を衝突点に対し，x 位相差 $n\pi$，y 位相差 $m+\pi/2$ に設置し，その強度を

$$K_2 = \frac{1}{2} \frac{e}{p_0} B'' = \sqrt{\frac{\beta_x^*}{\beta_{x,s}}} \frac{1}{\beta_{y,s} \beta_y^*} \frac{1}{2\theta_c}$$

にする．ここで l, $\beta_{x(y),s}$ は 6 極磁石の長さ，6 極での β 関数である．

さらにクラブ空洞を組み合わせると，以下のような実効ハミルトニアンを衝突点に発生できる．この変換はウェストを z に応じて変化させることができ，トラベルウェストと呼ばれる．ウェストを s に対して変えるわけではないので，それぞれの z を持った粒子に対してのウェストは存在するため，砂時計効果を完全になくせるわけではない．

$$F(z, \bar{\delta}, \bar{y}, p_y) = -\bar{y}p_y + z\bar{\delta} + azp_y^2$$

g. シミュレーション

ビームビームの衝突シミュレーションは一方のビームに対してその粒子分布から生じる電磁場を求め，他方のビームをマクロ粒子で表しその運動を積分することで行われる．天体などで行われている粒子粒子力を計算する方法は使われない．大角度散乱は Bhabha 散乱として別の手法で扱われるがここでは扱わない．

衝突ビームをガウス分布で仮定することはもっともらしい．片方のビームを固定したガウス分布として，一方のマクロ粒子の運動を追跡する手法を弱強（weak-strong）シミュレーションという．粒子の運動は与えられたポテンシャルでの一体のハミルトニアンで記述できる運動である．ビームビーム力という非線形力による共鳴，カオスにちなんだ，エミッタンス増大，ルミノシティー変化を調べることができる．

ガウス分布による運動量変化は式(8.8.3)で与えられている．バンチ長を考慮するときは，運動量変化（キック）を進行方向に数ステップに分割して積分する．具体的には衝突ビームを z 方向に分割して，キックとドリフトを繰り返す[6]．横方向の運動量変化はビームサイズが進行方向に沿って β が変わるため変化する．そのため進行方向キックが生じる（横方向の電場の変化は進行方向の電場の存在を示唆する）．進行方向キック，運動量分散の変化は以下で与えられる．

$$\Delta\delta = \frac{1}{2}\left(\frac{d\sigma_x^2}{ds}\frac{\partial U}{\partial\sigma_x^2} + \frac{d\sigma_y^2}{ds}\frac{\partial U}{\partial\sigma_y^2}\right) \quad (8.8.12)$$

$$\frac{\partial U}{\partial\sigma_x^2} = -\frac{1}{\Sigma}\left\{x\Delta p_x + y\Delta p_y + \frac{2n_i r_e}{\gamma}\left[\frac{\sigma_y}{\sigma_x}e^{-\frac{x^2}{2\sigma_x^2}-\frac{y^2}{\sigma_y^2}}\right]\right\} \quad (8.8.13)$$

ここで $\Sigma = 2(\sigma_x^2 - \sigma_y^2)$，$n_i$ はスライス z_i 内の粒子数．U は 2 次元のポテンシャルで，式(8.8.1)の ϕ に $2n_i r_e/\gamma$ を乗じたもの．$\partial U/\partial\sigma_y^2$ は $x \leftrightarrow y$ の入れ替えで与えられる．

両方のビームをマクロ粒子で表し，衝突の際それぞれの分布から電磁場を求め，個々の粒子の運動を相手ビームの電磁場中で積分する手法を強強（strong-strong）シミュレーションという[7]．電磁場はガウス分布で近似するより，メッシュ上に粒子分布を射影しポアソン方程式を解く方法が一般的である[8]．電磁場は衝突のたびに計算される．ビームビームではチェンバー境界が遠いため，自由境界条件の 2 次元グリーン関数を使う．

$$G(\boldsymbol{x}-\boldsymbol{x}') = \log|\boldsymbol{x}-\boldsymbol{x}'|, \quad \boldsymbol{x} = (x, y)$$

$$U(\boldsymbol{x}) = \frac{2Nr_e}{\gamma}\int d\boldsymbol{x}' G(\boldsymbol{x}-\boldsymbol{x}')\rho(\boldsymbol{x}')$$

この積分はフーリエ変換の畳み込みを用いて計算するのが効率的である．メッシュ範囲の選択は文献 8 を参考にする．ここで重要なことはグリーン関数をメッシュ上の長方形の範囲で積分することである．

$$G(x_i, y_j) = \frac{1}{2}\int_{y_j-\Delta y/2}^{y_j+\Delta y/2}dy\int_{x_i-\Delta x/2}^{x_i+\Delta x/2}dx \log(x^2+y^2) \quad (8.8.14)$$

これをしないとフラットビームでのビームビーム力は正しく計算できない．式(8.8.14)は不定積分可能である．バンチ長を考慮するときも，式(8.8.12)，(8.8.13)と同じようにしないと，バンチの分割に対する収束が著しく悪い．すなわち U をスライス間で内挿し，その微分により z 方向の変化 $\Delta\delta$ を与える．

h. コヒーレント振動

衝突する 2 ビームの集団運動を論じる．まず，ビーム形状の変化を無視する場合を考える．二つのビームの x 方向のビーム重心の位置・角度から，$(x_+, p_{x+}, x_-, p_{x-})$ のかたちの 4 元ベクトルを組むと，ビーム衝突中心から次の衝突中心までの転送行列は

$$M = K_{1/2}M_0K_{1/2}$$

ここで

$$M_0 = \begin{pmatrix} \cos\mu_+ & \sin\mu_+ & 0 & 0 \\ -\sin\mu_+ & \cos\mu_+ & 0 & 0 \\ 0 & 0 & \cos\mu_- & \sin\mu_- \\ 0 & 0 & -\sin\mu_- & \cos\mu_- \end{pmatrix}$$

$$K_{1/2} = \begin{pmatrix} 1 & 0 & 0 & 0 \\ -2\pi\xi_+ & 1 & 2\pi\xi_+ & 0 \\ 0 & 0 & 1 & 0 \\ 2\pi\xi_- & 0 & -2\pi\xi_- & 1 \end{pmatrix}$$

となる．$\mu_{+(-)}$ は各ビームのチューン $\times 2\pi$，$\xi_{+(-)}$ はビーム $-(+)$ がビーム $+(-)$ に及ぼすチューンシフトである．振動モードは行列 M の固有値を求めることで得られる．

二つのビームのチューン，チューンシフトが同じ場合（$\mu_+ = \mu_- = \mu, \xi_+ = \xi_- = \xi$），固有値は $\mu_\sigma = \mu$ および $\mu_\pi = \mu + 2\pi\xi$ である．それぞれ σ モード，π モードと呼ぶ．それぞれの固有ベクトルは σ モードに対して $x_+ = x_-$, $p_{x+} = p_{x-}$，π モードに対して $x_+ = -x_-$, $p_{x+} = -p_{x-}$ である[9]．

ビーム形状の変化を考慮するにはビーム不安定性の議論で行うようにヴラソフ方程式を使い，完全系を形成する関数で展開し，振動モードの固有値を求める[10]．x 方向の振動モードを考える．電子，陽電子ビームの分布関数を $\psi^{(+)}, \psi^{(-)}$ とする．ヴラソフ方程式は

$$\frac{\partial\Psi^{(\pm)}}{\partial s} + \frac{\mu_x}{L}\frac{\partial\Psi^{(\pm)}}{\partial\phi_i} - \frac{\partial\Psi^{(\pm)}}{\partial p_x}\frac{\partial H_{bb}^{(0)}}{\partial x} - \frac{\partial\Psi_0}{\partial p_x}\frac{\partial H_{bb}^{(\pm)}}{\partial x} = 0$$

スムーズ近似でのビームビームによるハミルトニアンは

$$\frac{\partial H_{bb}^{(0)}}{\partial x} = \frac{2Nr_e}{\gamma L}\int\frac{(x-x')\rho_0(x', y')}{(x-x')^2+(y-y')^2}dx'dy'$$

$$\frac{\partial H_{bb}^{(\pm)}}{\partial x} = \frac{2Nr_e}{\gamma L}\int\frac{(x-x')\rho^{(\pm)}(x', y')}{(x-x')^2+(y-y')^2}dx'dy'$$

$$\frac{\partial\Psi_0}{\partial p_x} = \sqrt{2\beta_x J_x}\sin\phi_x\frac{\partial\Psi_0}{\partial J_x} = -\sqrt{2\beta_x J_x}\sin\phi_x\frac{\Psi_0}{\varepsilon_x}$$

$$\frac{\partial\Psi^{(\pm)}}{\partial p_x} = -\sqrt{\frac{\beta_x}{2J_x}}\cos\phi_x\frac{\partial\Psi^{(\pm)}}{\partial\phi_x} + \sqrt{\frac{2J_x}{\beta_x}}\sin\phi_x\frac{\partial\Psi^{(\pm)}}{\partial J_x}$$

ここで $L/\mu_x = \beta_x$ で置き換えた．x 方向のダイポール振動に注目し，4 極，高次振動モードとの結合を無視する．

$$\Psi^{(\pm)}(\boldsymbol{J}, \phi) = e^{-i\mu s/L + i\phi_x}e^{-J_x/2\varepsilon_x - J_y/2\varepsilon_y}\psi^{(\pm)}(\boldsymbol{J})$$

ヴラソフ方程式に代入すると以下の積分方程式が得られる．

$$(\mu-\mu_x)\psi^{(\pm)}(\boldsymbol{J})=Q(\boldsymbol{J})\psi^{(\pm)}(\boldsymbol{J})-\int P(\boldsymbol{J},\boldsymbol{J}')\psi^{(\mp)}(\boldsymbol{J}')d\boldsymbol{J}'$$

$$Q(\boldsymbol{J})=\frac{2Nr_e}{(2\pi)^2\gamma}\sqrt{\frac{\beta_x}{2J_x}}$$
$$\times\int d\phi\cos\phi_x\int\frac{(x-x')\rho_0(x',y')}{(x-x')^2+(y-y')^2}dx'dy'$$

$$P(\boldsymbol{J},\boldsymbol{J}')=\frac{2Nr_e}{(2\pi)^2\gamma}\sqrt{2\beta_xJ_x}\frac{e^{-(J_x-J'_x)/2\varepsilon_x-(J_y-J'_y)/2\varepsilon_y}}{\varepsilon_x^2\varepsilon_y}$$
$$\times\int\sin^2\phi_x\int\frac{(x-x')\cos\phi'_x}{(x-x')^2+(y-y')^2}d\phi d\phi'$$

σ モードの解は，固有値 $\mu=\mu_x$，固有ベクトル $\psi^{(+)}=\psi^{(-)}=\sqrt{J_xJ_y}e^{-J_x/2\varepsilon_x-J_y/2\varepsilon_y}$ である．π モードの場合は，$\psi^{(+)}=-\psi^{(-)}=\psi$ であり，積分方程式はビーム不安定性の項で行ったように式 (8.6.19) と同様の方法で解く．つまり

$$\psi=\sum_{m,n=0}^{\infty}\psi_{mn}u_m(J_x)v_n(J_y)$$

により直交関数展開し，積分方程式は行列方程式に変え，その固有値問題を解くことでモードのチューンを得る．ここで $u_m=e^{-J_x/2\varepsilon_x}L_m(J_x/\varepsilon_x)$ を使う（L_m はラゲル多項式）．行列要素は Q, P に u_m, v_n を掛けて積分した値であり，数値的に得る．その結果，チューンは近似的に以下のように表される．固有ベクトルから振動の様子を知ることができる．

$$\frac{\Delta\nu_{x,\pi}}{\xi_x}\equiv\Lambda(r)=1.330-0.370r+0.279r^2$$
$$\frac{\Delta\nu_{y,\pi}}{\xi_y}\equiv\Lambda(1-r),\quad r\equiv\sigma_y/(\sigma_x+\sigma_y)$$

より複雑なモードに関しては文献 11 に論じられている．

8.8.2 リニアコライダーのビームビーム相互作用

リニアコライダーにおいてはビームは使い捨てであり，高いルミノシティーを得るために衝突点でのビームサイズを極めて小さくする．したがって，1 回のバンチ衝突の間のビームビーム相互作用は非常に強い．

その効果は，ビームの変形などの古典力学的現象と，ビーム輻射などの量子論的現象に大別される．以下，電子・陽電子の衝突に限り，簡単のため，電子・陽電子のビームパラメータ（サイズ，強度など）は同じとする．本節全体についての文献としては文献 12 がある．

a. ビームの変形

古典力学的現象を特徴付ける基本的なパラメータは，disruption parameter

$$D_{x(y)}\equiv\frac{2Nr_e}{\gamma}\frac{\sigma_z}{\sigma_{x(y)}(\sigma_x+\sigma_y)}$$

である．ここで，$\sigma_{x,y,z}$ は衝突点での，横・上下・進行方向のビームサイズ (r.m.s.)，γ はローレンツ因子，r_e は古典電子半径，N はバンチあたりの粒子数である．$D\ll1$ の場合は変形はほとんど無視できる．実際の設計では $D_x\lesssim1, D_y\gg1$ が普通である．

ルミノシティーは

$$\mathcal{L}=\frac{f_{col}N^2}{4\pi\sigma_x\sigma_y}H_D \tag{8.8.15}$$

で与えられる．f_{col} は単位時間あたりのバンチ衝突の回数，H_D は luminosity enhancement factor と呼ばれる．その値は $D_{x(y)}$ が極めて小さい場合以外解析的に与えるのはほとんど不可能で，シミュレーションコードによるしかない．（CAIN および GUINEA-PIG が使われている[13]．）円形ビームの場合，$H_D>5$ にもなるが，後述のビーム輻射を避けるため実際は扁平 ($\sigma_y\ll\sigma_x$) ビームを採用するので，H_D はおよそ 2 を超えない．

なお，リングコライダーの場合と同様，衝突点での β 関数（特に β_y）をバンチ長 σ_z より小さくしてもルミノシティーを上げる効果は小さい．ビーム形状がひょうたん型になるためである（砂時計効果と呼ぶ）．式 (8.8.15) ではこの効果は H_D に含めている．実際の設計では $\beta_y\approx\sigma_z$ にとる．

図 8.8.3 は，D_y の関数としてプロットした H_D の例である（扁平ビーム，$\beta_y=\sigma_z$）．右端に付記したパラメータは両ビームの y 方向の位置のずれ $\Delta y(/\sigma_y)$ で，$\Delta y=0$ は完全な正面衝突を意味する（$\Delta y=0$ かつ $D_y=0$ で $H_D=1$ とならないのは砂時計効果のためである）．

$D_y\gg1$ の場合は，キンク不安定性が起こる．これは，衝突前の両ビームの上下位置にわずかなずれのある場合，これがビームビーム相互作用で拡大されて，ルミノシティーが下がる現象である．図 8.8.4 は，種々の D_y について，Δy の関数としてプロットした H_D の例である．D_y が大きい場合 $\Delta y=0$ でのルミノシティーは高いが，$\Delta y=0$ からのわずかなずれでルミノシティーが低下する．

b. ビーム輻射

量子論的現象を特徴付ける基本的なパラメータは，ビームのつくる電磁場中でのシンクロトロン輻射の臨界エネルギー（をはじめのビームエネルギーで除したもの），すなわち

$$\Upsilon\equiv\frac{e\hbar}{m^3c^4}|q_\mu q^\mu|^{1/2}=\gamma\frac{B}{B_c},\quad q^\mu=F^{\mu\nu}p_\nu$$

である（p^μ は粒子の 4 元運動量，$F^{\mu\nu}$ は電磁場のテンソ

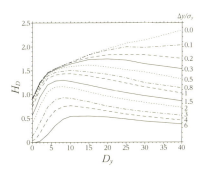

図 8.8.3　Luminosity enhancement factor　H_D vs. D_y

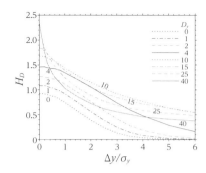

図 8.8.4　Luminosity enhancement factor H_D vs. Δy

ル). 横方向の磁場 B のなかでの電子に対しては

$$\Upsilon = \gamma \frac{B}{B_c}, \quad B_c \equiv \frac{m^2 c^3}{e\hbar} \approx 4.4\,\mathrm{GT}$$

B_c は Schwinger critical field である（ビームビーム相互作用においては電場の効果が磁場とほぼ同じなので，分子の B は実際の磁場の 2 倍とする）．

ビームパラメータで表すと，衝突中の平均値はおよそ

$$\Upsilon = \frac{5}{6} \frac{N r_e^2 \gamma}{\alpha \sigma_z (\sigma_x + \sigma_y)}$$

である（$\alpha = 1/137$ は微細構造定数）．衝突中の最大値はこの値の 2.4 倍程度である．

リニアコライダーのビームビーム相互作用による輻射については，beamstrahlung（本項では「ビーム輻射」と訳す）という用語が定着している[*11]．通常の加速器でのシンクロトロン輻射では $\Upsilon \ll 1$ であるが，リニアコライダーにおけるビーム輻射では $O(1)$ あるいはそれ以上にもなり得る．このため，輻射スペクトルは反跳を考慮した量子力学的公式が必要である．1 粒子が単位時間に輻射する，エネルギー範囲 $(\omega, \omega + d\omega)$ の光子の数は

$$\frac{dn}{d\omega} = \frac{\alpha}{\sqrt{3}\pi\gamma^2} \left[\int_x^\infty K_{5/3}(x') dx' + \frac{(\omega/E)^2}{1-\omega/E} K_{2/3}(x) \right]$$

で与えられる．ここで，$x = 2/(3\Upsilon) \times \omega/(E-\omega)$．

1 回のバンチ衝突の間に 1 粒子の輻射する平均光子数はおよそ

$$n_\gamma \approx \frac{2.12\,\alpha r_e N}{\sigma_x + \sigma_y} U_0(\Upsilon), \quad U_0(\Upsilon) \approx \frac{1}{(1+\Upsilon^{2/3})^{1/2}}$$

粒子の平均エネルギー損失（相対）は

$$\delta_{BS} \approx \frac{0.864\,r_e^3 N^2 \gamma}{\sigma_z (\sigma_x + \sigma_y)^2} U_1(\Upsilon), \quad U_1(\Upsilon) \approx \frac{1}{[1+(1.5\Upsilon)^{2/3}]^2}$$

で与えられる．n_γ は普通の設計では $O(1)$，δ_{BS} は TeV 以下のコライダーでは数 % 以内である．

ビーム輻射は，粒子間の重心系エネルギーの幅をつくること，背景事象の源になることのために量を減らすことが重要である．ほとんど唯一の実際的な方法は，ビームを扁平にすることである．上記の n_γ および δ_{BS} の公式からわかるように，$\sigma_y \ll \sigma_x$ の場合，ビーム輻射はビームの高さ σ_y にほとんどよらない．一方，ルミノシティーは $1/\sigma_x\sigma_y$ に比例する．したがって，$\sigma_x\sigma_y$ を一定にして，σ_y を減らせばルミノシティーを変えずにビーム輻射を緩和できる．限界は微小な σ_y に起因する各種の許容誤差で決まる．

重心系 1 TeV を越えるコライダーでは δ_{BS} を小さくするのは諦めて，n_γ を 1 程度以内に収めるように最適化する方向である．衝突エネルギーのスペクトルのピーク付近では n_γ のほうが効くからである．ただし，大きな δ_{BS} のために，衝突後のビームをダンプに導くためのビームラインの設計が難しくなる．

c.　電子・陽電子対生成

ビームの衝突においては種々の過程で電子・陽電子の対がつくられる．粒子間衝突によるもの（incoherent pair creation）としては次のような過程がおもなものである．

$$\begin{aligned} e^+ + e^- &\to e^+ + e^- + e^+ + e^- &\text{(Landau-Lifshitz)} \\ e^\pm + \gamma &\to e^\pm + e^+ + e^- &\text{(Bethe-Heitler)} \\ \gamma + \gamma &\to e^+ + e^- &\text{(Breit-Wheeler)} \end{aligned}$$

ここで，γ はビーム輻射の光子である．これらの総数はそれぞれ，$\mathcal{L}, \mathcal{L} n_\gamma, \mathcal{L} n_\gamma^2$ に比例する．1 バンチ衝突あたりの総数は $10^5 \sim 10^6$ に達する．生成された対のうち，相手ビームと電荷の符号が同じで低エネルギーのものは，クーロン力により蹴られて大きな角度で放出され，背景現象となる．角度の最大値はおよそ

$$\theta_{\max} \sim \left[\frac{2Nr_e}{\sqrt{3}\,\gamma_p \sigma_z} \log(4\sqrt{3}\,D_x\gamma/\gamma_p)\right]^{1/2}$$

で見積もられる．γ_p は当該の対粒子のローレンツ因子．$\gamma/\gamma_p \gg 1$ なので対数因子の D_x 依存性は弱く，角度はほとんど $\sqrt{N/\gamma_p \sigma_z}$ で決まる．なお，この角分布はビームの形状に関する情報を持っているので，モニターとしても使える．

一方，非常に強い電磁場のもとでは，高エネルギー光子（ここではビーム輻射）は電子・陽電子の対に崩壊できる．これを coherent pair creation という．この過程は $\kappa \equiv (\hbar\omega/mc^2)(B/B_c) \gtrsim 1$ のときに起こるが，Υ が大きいとき，$\hbar\omega$ は E（電子のエネルギー）と同程度になり得るから上記の条件は，$\Upsilon \gtrsim 1$ と同じである．これによって発生する対の数は，およその目安として

$$\left[\frac{\alpha\sigma_z\Upsilon}{\lambda_e\gamma}\right]^2 \times \begin{cases} (7/128)\exp(-16/3\Upsilon) & (\Upsilon \lesssim 1) \\ 0.295\Upsilon^{-2/3}(\log\Upsilon - 2.488) & (\Upsilon \gg 1) \end{cases}$$

である．この現象は 1 TeV 以下のリニアコライダーではわずかであるが，数 TeV では顕著になる．

d.　減偏極

リニアコライダーの利点の一つは偏極ビーム（少なくとも電子）が使えることにあるが，衝突点における減偏極を考慮する必要がある．減偏極の原因は Thomas-BMT 方程式に従う歳差運動，およびスピン反転のシンクロトロン輻射である（以下の式は進行方向のスピンを仮定している）．歳差運動による減偏極は

$$\langle \Delta P \rangle \approx \frac{3}{50\pi^2} f_a^2(\Upsilon) \left(\frac{n_\gamma}{U_0(\Upsilon)}\right)^2$$

ここで，$f_a(\Upsilon)$ は電子の異常磁気能率係数 $a = \alpha/2\pi$ に対す

る, 強い電磁場中での補正因子で次式で与えられるΥの減少関数である[14].

$$f_a(\Upsilon) \equiv \frac{a(\Upsilon)}{a(0)} = \frac{2}{\Upsilon}\int_0^\infty \frac{xdx}{(1+x)^3}\int_0^\infty \sin\left[\frac{x}{\Upsilon}\left(t+\frac{t^3}{3}\right)\right]dt$$

スピン反転のシンクロトロン輻射による寄与は($\Upsilon \ll 1$の場合)

$$\langle \Delta P \rangle \approx \frac{7}{12}\Upsilon^2 n_\gamma$$

これらは衝突過程全体での減偏極であるが, ルミノシティーへの寄与の重みを掛けて平均すると, これらの値の1/4倍程度になる.

8.8.3　衝突点のビーム収束系

a. 最終ビーム収束系の役割と限界

衝突点付近の最終ビーム収束系は, 衝突点でのビームサイズを可能な限り絞り込み, 高いルミノシティーを達成することを目的に設計される. 以下, おもにSuperKEKBとILCを例にとって, その設計について概説する. ビームサイズは通常, エミッタンスとβ関数の積の平方根に比例するが, 最終ビーム収束系の役割はおもに衝突点でのβ関数を極限まで絞り込むことである. 特に垂直方向のβ関数を極限まで絞り込むことが, 一般に重要である. この衝突点でのβ関数の絞り込みに関して限界を与える要因として重要なものに, アワーグラス (hourglass) 効果がある. 通常, この効果のためにバンチ長以下にβ関数を絞ってもルミノシティーは上がらない. SuperKEKBでは, この限界を乗り越える方法として, ナノビーム方式と呼ばれる衝突方式を採用している[15]. この方式では, 水平方向に細いビームと大きな交差角によって実効的な相互作用距離を短くしてアワーグラス効果を緩和する. 次にリングコライダーで問題になるのは, 衝突点でのβ関数を絞り込んだ副作用としてリング内を粒子が安定に回れる領域 (dynamic aperture : DA) が狭くなり, ビーム寿命が減少したりする現象である. さらに, おもにリニアコライダーで問題になり得るビーム絞り込みの限界として, 生出リミットと呼ばれる現象がある[16]. この生出リミットは原理的なビーム収束の限界を与えるが, 現在のILCの設計ではこの生出リミットが限界を与えているわけではなく, その限界はおもにアワーグラス効果で決まっている[17].

b. 最終収束ビーム光学系の設計

最終ビーム収束は通常, 衝突点の直前に (リングの場合は直後にも) 4極電磁石のダブレット (収束および発散の2個の4極電磁石, 以下FD (Final Doublet)) を設置することにより行われる. 光学系の設計で特に重要なのは, これらの電磁石で発生する巨大なクロマティシティをいかにして補正するかである.

SuperKEKBの場合

SuperKEKBでは, 上述のナノビーム方式を採用して, 衝突点の垂直方向のβ関数 (β_y^*) を0.27 mm (LER：低エネルギーリング), 0.30 mm (HER：高エネルギーリング) まで絞り込む. これは, 世界最小の値を達成したKEKBと比べても1/20程度の小さい値である.

図8.8.5にSuperKEKB HERの光学系の設計を示す. ここでは, 衝突点下流のみを示したが, 衝突点上流部も衝突点に対してほぼ対称な光学系になっている. FDで発生するクロマティシティ (色収差, chromatic aberration) を補正のために, SuperKEKBでは衝突点上流, 下流にそれぞれ二組の6極電磁石のペアを置いてその補正を行っている. FDの色収差をその近傍で消し去る補正であるので, この補正を局所補正と呼ぶ. FDは, 衝突点寄りのQC1L (発散) とQC2L (収束) からなるが, QC1Lと垂直色収差補正用の最初の6極電磁石の位相はπ, QC2Lと水平色収差補正用の最初の6極電磁石の位相は2πに設定される. 6極電磁石は色収差の補正には必要なものであるが, それ自体が (Hamiltonianが座標の3次式で書ける) 非線形エレメントであり, 3次の幾何収差 (geometric aberration) をもたらす. この幾何収差はDAの減少などの悪影響をもたらすものであるが, 2台の同じ強さの6極電磁石をペアで置いて, その間の転送行列を$-I'$ (対角要素が-1で, それ以外は(2,1)要素と(4,3)要素を除いてゼロの4行4列の行列) に設定することで, それらの幾何収差をキャンセルすることができる. KEKBやSuperKEKBでは, リングの6極電磁石すべてをこのようにペアで設置して, それらの幾何収差を消し去る方式を取っている. このようにして, 原理的には6極電磁石による幾何収差は消し去ることができるが, その場合でもさらに高次の幾何収差が問題になりうる. 衝突点付近の光学系の設計で特に重要なのは, 1) カイネマティック (kinematic) 項, 2) 4極電磁石のフリンジから生じる高次項, 3) 6極電磁石の長さが有限であることから生じる高次項である. これらは, いずれも4次の幾何収差をもたらす[18]. SuperKEKBでは, 衝突点と最近傍の4極電磁石の間の直線部のカイネマティック項と最近傍の4極電磁石のフリンジからの非線

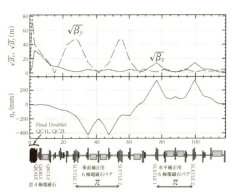

図8.8.5　SuperKEKB HERの衝突点下流の光学系

形項が重要である[18]. また, 将来のリングヒッグスファクトリーの候補の一つである FCC-ee では, 局所補正用の6極電磁石の長さから生じる非線形項が重要とされており, その効果を軽減する方法として, もう一つのより弱い6極電磁石のペアを入れ子で局所補正の6極電磁石ペアの近傍に設置することが提唱されている[19]. 衝突点を挟んで最近傍の4極電磁石間の直線部のカイネマティック項と衝突点両側の4極電磁石の衝突点に近い側のフリンジからの高次項のみを考慮したモデルで, DA を評価すると, 垂直方向については,

$$J_{y0} = \frac{\beta_y^{*2}}{(1-2/3KL^{*2})L^*} A(\mu_y).$$

が得られる[18]. ここで, J_{y0} が粒子が安定に運動できる最大のアクション (DA) を表し, K, μ_y, L^* は, それぞれ, 4極電磁石の強さ (積分していない K 値で $K<0$ であることに注意), 垂直方向のベータトロンチューンの端数部 ($\times 2\pi$), 衝突点から4極電磁石までの距離を表す. $A(\mu_y)$ は, μ_y の普遍的な (マシンによらない) 関数である. この式は, β_y^* を絞ると DA は減少し, L^* を短くすると広がることを表している. ただし, 一般に L^* に反比例して K 値の積分は大きくする必要がある. SuperKEKB では, L^* の値として, LER は 0.76 m, HER は 1.22 m とかなり小さい値を用いている. SuperKEKB では, おもにこのようにして決まる DA で β_y^* の最小値が制限されている. FD の電磁石の設計は光学の設計とも絡んで非常に重要である. この FD は基本的には超電導4極電磁石であるが, 4極用のコイルとオーバーラップして, 2極, 歪2極, 歪4極, 歪6極, 8極用のコイルも巻いている[15]. これらは, おもに磁石の設置誤差や製作誤差を補正するものであるが, 歪4極は検出器のソレノイド磁場による x-y 結合の補正に用いられる. また, 8極は上述の高次の幾何収差の効果をある程度補正して, DA を広げるのに用いられる. さらに, FD の領域に検出器のソレノイドを打ち消し, ビームが感じるソレノイド磁場の積分値がゼロになるように補償ソレノイドを設置する. また, 図 8.8.5 にあるように, 衝突点近傍に歪4極電磁石も設置し, 検出器のソレノイド磁場による x-y 結合を衝突点近傍に局所化する設計になっている. 以上, おもにエネルギーが設計値からずれていない粒子の DA について述べた. SuperKEKB では, Touschek 効果で決まるビーム寿命を許容範囲まで長くするためには, エネルギーがずれた粒子に対する DA (エネルギーアパーチャー, 以下 EA) も重要である. EA は, 線形オプティクスのエネルギーバンド幅 (線形マップが安定なエネルギーのずれの幅), シンクロベータ共鳴の影響, x-y 結合のクロマティシティの影響, またペアの6極電磁石間での幾何収差のキャンセルがエネルギーがずれた粒子では崩れること (色幾何収差, chromo-geometric aberration) などで制限される[15,18,20]. これらに対して, KEKB や SuperKEKB では, すべての6極電磁石ペアの電源を独立にして6極のファミリー数を増やすこと, シン

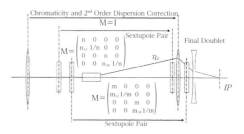

図 8.8.6 ILC における局所補正の原理図

クロトロン振動数を小さくすること, 歪6極電磁石の導入などにより, 必要な EA を確保する努力を行っている.

ILC の場合 以下, 簡単に ILC のクロマティシティ補正の方法について述べる. SuperKEKB の局所クロマティシティ補正の方法は, 最初米国 SLAC の Final Focus Test Beam と呼ばれる施設[21]において検証実験が行われた[22]もので, それをリングに応用したものである. ILC のクロマティシティ補正も, 最初同様の方式を用いて設計されたが, 現在の設計ではその後開発されたより直接的な局所補正の方法[23]が採用され[17,24], KEK の ATF2 でその局所補正方式の最終収束系の実証実験が行われている[25].

図 8.8.6 にこの方式の原理図を示す. FD のすぐそばに補正用の6極電磁石を設置し, 水平 dispersion をつくり, 衝突点では dispersion はゼロになるようにする (ただし, dispersion の傾きは残る). FD で発生する垂直方向の色収差は, その傍の6極電磁石により補正される. しかし, 水平方向に関しては, 色収差に加えて2次の dispersion (エネルギーのずれの2乗に比例した軌道のずれ) に対する補正を行う必要があるため, FD の収束電磁石と同じ強さの別の4極電磁石を上流に置く必要があり, この追加された収束4極電磁石のつくる色収差も含めて6極電磁石で補正する方式を取っている. また, 6極電磁石のつくる幾何収差を補正するためにペアになる6極電磁石を上流に設置する. ただし, 従来の方式と違い2種類の6極電磁石のペアが入れ子になっているために, 幾何収差は完全にはキャンセルされず, 4次以上の高次の幾何収差が残る. ILC では, さらに6極電磁石, 8極電磁石, 10極電磁石を追加してこれらの高次の幾何収差の補正を行う[24]. ILC においてこの新しいクロマティシティ補正方式が採用された理由は, 1) 新方式の採用により最終収束系のビームラインの長さが約 1/4 に抑えられる, 2) ビームサイズの変化に対するエネルギーバンド幅が広く, 3) 同じバンド幅を仮定した場合は L^* を長く取れる, 4) ビームハローが少ない, などである[17].

参考文献

1) 多和田正文: 高エネルギー加速器セミナー OHO'04.
2) K. Hirata: Phys. Rev. Lett. **74** 2228 (1995).
3) K. Ohmi: Phys. Rev. ST-AB **7** 104401 (2004).
4) K. Oide, K. Yokoya: Phys. Rev. A **40** 315 (1989).

5) P. Raimondi : Proceedings of the 2nd Super B Workshop, Frascati, 2006.
6) K. Hirata, et al : Particle Accelerators 40 205 (1993).
7) K. Ohmi : Phys. Rev. E 62 7287 (2000).
8) R. W. Hockney, J. W. Eastwood : "Computer simulation using particles" p 211, Taylor & Francis (1988).
9) K. Hirata : Nucl. Instrum. Meth. Phys. Res. A 269 7 (1988).
10) K. Yokoya, H. Koiso : Particle Accelerators 27 181 (1990).
11) Y. Alexahin : Nucl. Instru. & Methods in Phys. Research A 480 253 (2002).
12) K. Yokoya, P. Chen : "Beam-Beam Phenomena in Linear Colliders", in Frontiers of Particle Beams : Intensity Limitation. Lecture Notes in Physics 400, Springer Verlag (1991).
13) CAIN : P. Chen, et al. : Nucl. Instr. Meth. A 335 107 (1995) GUINEA-PIG : D. Schulte, et al. : DESY-TESLA-97-08 (1996).
14) V. N. Baier, et al. : Lett. Nuovo Cimento 15 5 (1976).
15) SuperKEKB Design Report, to be published as KEK-Report.
16) K. Oide : Phys. Rev. Lett. 61 1713 (1988).
17) 奥木敏行 : OHO 2006 13-1 (2006).
18) K. Oide, H. Koiso : Phys. Rev. E 47 2010 (1993).
19) A. Bogomyagkov, et al. : arXiv : 0909.4872 [physics. acc-ph].
20) KEKB B-Factory Design Report, KEK-Report 95-7 (1995).
21) Final Focus Test Beam : Project Design Report, SLAC-376 (1991).
22) V. Balakin, et al. : Phys. Rev Lett. 74 2479 (1995).
23) P. Raimondi, A. Seryi : Phys. Rev. Lett. 86 3779 (2001).
24) ILC Technical Design Report, http://www.linearcollider.org/ILC/Publications/Technical-Design-Report
25) G. R. White, et al. : Phys. Rev. Lett. 112 034802 (2014).

8.9 ビーム冷却

8.9.1 ビーム冷却の一般論

粒子集団のエミッタンスは基本的にはリウヴィルの定理によって保存される．一方で，多くの応用においてエミッタンスを減らす，つまりビームを冷却することが求められる．これは主として，ハミルトニアンで書けるというリウヴィルの定理の前提条件を逃げる，すなわちエネルギー損失を含む系をつくるということで達成される．

シンクロトロン輻射による減衰（8.5.2 項）はこの典型的なものである．その他に，確率冷却（stochastic cooling），電子冷却（electron cooling），レーザードップラー冷却（laser Doppler cooling），イオン化冷却（ionization cooling）などがある．

粒子の運動量 p が，「摩擦力」のもとで減少する率 $-dp/dt$ の確率平均を $\mathbf{F}(p)$ とする．この現象が空間の一点 r で起こるとすると，6 次元位相空間 (r, p) の微小部分の体積 ΔV の単位時間あたりの収縮率は[1]

$$-\frac{1}{\Delta V}\frac{d\Delta V}{dt} = \mathrm{div}\,\mathbf{F}(p) \qquad (8.9.1)$$

で与えられる（ただし，確率冷却はこの式の範疇に入らない．これは点相互作用でない（観測点とフィードバック点が異なる）ためである）．これは三つの自由度の減衰率の合計を与える．各自由度の減衰率への配分はシステムの詳細による．シンクロトロン輻射による減衰における partition number と Robinson の定理の関係がよい例である．

8.9.2 確率冷却

a. 確率冷却法の概要

1968 年に S. van der Meer が考案した確率冷却[2]の基本的な考えは，図 8.9.1 の概念図に示されている．ビーム粒子の存在する部分位相空間をビームの存在しない部分位相空間と置換することによりトータルにビームの存在する位相空間の体積を縮減することを図るものである．この過程では位相空間のビーム密度は微視的には不変であり，リウヴィルの定理とは矛盾しない．電気素量 1.6×10^{-19} クーロンを十分な S/N 比で検出可能な Maxwell's Demon が存在する場合にはこれは単一ビーム粒子に対する負帰還となるが，現実には電気素量の検出はノイズに埋もれて不可能であり，これを克服する手法として確率冷却が考案された．

確率冷却は，単一粒子では S/N 比が十分でない状況でも，検出可能な S/N 比を有するビームの部分集合（具体的にはある瞬間に，図 8.9.2 に示す有限の体積を有するピックアップ電極のなかに同時に存在するビーム粒子の集団）からの信号を用いて，中心値に向けた微小なゲインでの補正を繰り返し行うことにより統計的に全ビームの位相空間の体積を縮減するものである．検出されたずれを一度に補正する負帰還とは異なり，微小なゲインの補正を多数回にわたって行うことにより統計的に全集合に対しても補正を実現するところに特徴がある．この際に，ある周回の

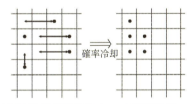

図 8.9.1　確率冷却の概念図

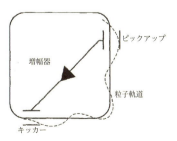

図 8.9.2　確率冷却のスキームの模式図

時点でピックアップに同時に存在する部分集合は図 8.9.2 に示したキッカーに到達して補正を受けるまでは粒子の入れ替わり（mixing）は生じない（non mixing）がキッカーを通過後リングを1周して pick-up に到達した際には電極内に同時に存在する部分集合は完全に入れ替わっている（perfect mixing）と仮定している．

図 8.9.2 に示したスキームにおけるビームの粒子数と電荷数，回路系のバンド幅とゲインおよび単一粒子に対するノイズ対信号比，ピックアップからキッカーおよびキッカーからピックアップの間の mixing factor をそれぞれ，N, z, W, g $(g<1)$, U $(U>0)$, M, および $\tilde{M}$ で表すとエミッタンス (ε) および運動量広がり $(\Delta p/p)$ の冷却率は

$$\frac{1}{\tau} = \frac{W}{N}[2g(1-\tilde{M}^{-2}) - g^2(M+U/z^2)] \qquad (8.9.2)$$

で表される[3]．確率冷却では理想的にはピックアップからキッカーまでは距離が短く mixing が無視し得るとし，キッカーからピックアップへは十分 mixing が起こっていると仮定しており（$|\tilde{M}|>1$），式 (8.9.2) は以下のように近似でき，

$$\frac{1}{\tau} = \frac{W}{N}[2g - g^2(M+U/z^2)]$$

ゲイン g を最適化した冷却効率は

$$\frac{1}{\tau} = \frac{W}{N(M+U/z^2)}$$

で与えられる．

ベータトロン振動の冷却 ビームの進行方向と直角方向の自由度のビームの広がり（エミッタンス：ε）の冷却はビームの中心軌道からのずれが検出可能な位置検知型のピックアップからの信号を用いて，これからビームのベータトロン振動の位相が $(360m+90)°$（m：任意の整数）だけ進んだ下流に設置したキッカーで平衡軌道に対する角度を補正して行われる（図 8.9.2 参照）．こうした補正は水平および垂直の両方向の自由度に対して行う必要がある．

運動量広がりの冷却 ビームの進行方向の運動量の広がりを補正する手法としては以下の二つの方式が存在する．

ノッチフィルター法： この手法はビーム強度検出器からの信号を図 8.9.3 に示したようにピックアップからの信号をノッチフィルターと称するフィルターを介してキッカーに導き，必要な補正を行うものである[4,5]．ノッチフィルターとは図 8.9.4 (a) に示したようにビーム信号の伝播時間が，ビームのリングの周回時間の 1/2 である長さの同軸ケーブルの終端をショートしたものであり，補正用の電気回路系に挿入される．ビーム信号の伝播時間の微調整のため実際のオペレーションではトロンボーンと呼ばれる長さの調整可能な同軸管を終端に付加している．このノッチフィルターの挿入によりビーム信号に対する周波数特性は図 8.9.4 (b) に示したように，ビームの周回周波数の整数倍（高次ハーモニックス）の位置でゲインが極小値を取り，位相の極性が変化するようになり，中心値より低い運動量のビームは加速を受け，高い運動量のビームは減速される（ビームの運動量と周回周波数の間の関係は，リングの設計に依存するトランジションエネルギーの上下で変化することがあることに留意されたい）．この際，ビームのなかで同時にピックアップに飛び込む部分集合に対する補正は確率冷却（stochastic cooling）の理論から導かれる微小なゲインで行われ統計的に冷却が進むので比較的長い冷却時間が必要となる点が本質的に重要である．

Palmer 法： ビームの平衡軌道の中心軌道からのずれの運動量依存性（分散関数で表される）を利用して，運動量の広がりの冷却を行うスキームが R. B. Palmer によって提案された[6]．この方法では分散関数のできる限り大きな位置に設置したビーム位置検出のピックアップ信号を用いて，その下流に設置された加・減速を行うキッカーを用いてビームエネルギーの補正を行っている．こうした冷却効率の改善のための ring lattice に関しては D. Mœhl の考察を参照されたい[7]．

b. 確率冷却法の適用例

2次生成反陽子ビームの特性改善と加・減速： 2次生成粒子の反陽子ビームを，確率冷却法により，加速器での加・減速ハンドリングができるような特性に改善する可能性を実証し，反陽子蓄積リング Anti-proton Accumulation Ring（AA Ring）の建設および，図 8.9.5 に示した SPS の p-p̄ コライダーへの改造により，ウィークボソン W, Z の発見に至る端緒を拓いた．この発見により，確率冷却法の発明者 S. van der Meer は，上記実験を主導した C. Rubbia とともに 1984 年のノーベル物理学賞を受賞した．この反陽子ビームを用いた p-p̄ コライダーは米国の

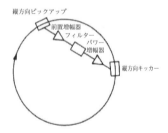

図 8.9.3 ノッチフィルターの概念図

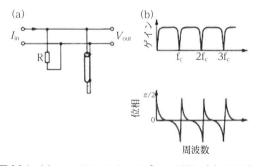

図 8.9.4 (a) ノッチフィルターのブロック図と (b) そのゲイン（上），位相（下）特性

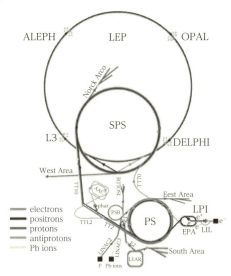

図 8.9.5 CERN の加速器複合系のレイアウト[8]

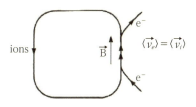

PF：$\langle v_e^2 \rangle \lesssim \langle v_i^2 \rangle$

∴　$T_e \lesssim (m/M)T_i \propto T_i$

図 8.9.6 電子ビーム冷却法の概念図．V_e および V_i はそれぞれ電子およびイオンの速度を表す．

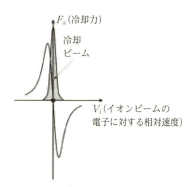

図 8.9.7 電子ビーム冷却力の相対速度依存性

FNAL，TEVATRON でも建設され，また CERN では反陽子ビームに対して減速や蓄積を行うリング LEAR が 1982〜1996 年まで稼動した（図 8.9.5）[5]．

重イオンビームの特性改善とコライダーの実現： 東京大学原子核研究所の TARN（Test Accumulation Ring for NUMATRON Project）では上記の CERN の確率冷却の成果を重イオンビームに適用する可能性を追求するため 7 MeV 陽子ビームの運動量冷却を実証した．重イオンビームの確率冷却については GSI の ESR および上記 LEAR を重イオン用に改造した LEIR において適用され，BNL の RHIC では重イオンコライダーのための強度増大を確率冷却により実現している．

内部標的実験の陽子ビーム（偏極ビームも含む）のエネルギー損失，エミッタンス増大の補正： Jülich-Forschungszentrum，COSY では内部標的実験の際に生じるビーム運動量幅の増加とエミッタンス増大の補正を確率冷却で実施している．

8.9.3　電子ビーム冷却

G. I. Budker により 1967 年に提唱された電子ビーム冷却法[6]は，図 8.9.6 に示したようにイオンビームの中心速度と同一の速度を有する電子ビームを，ストレージリングの直線部でイオンビームと重ね合わせて走らせる．この直線部ではイオンと電子の間でクーロン力

$$F = \frac{qe^2}{4\pi\varepsilon_0 r^2} \tag{8.9.3}$$

（r，q，ε_0 は，それぞれイオン-電子間の距離，イオンの荷電数，真空中の誘電率を表す）による相互作用が働く．電子ビームの速度の広がりは高圧電源の精度で小さく制御されており，図中に示したように $\langle v_e^2 \rangle \lesssim \langle v_i^2 \rangle$ が成り立つ．また，イオンの質量 M は電子の質量 m に比してかなり大きく，高温のイオンビームの熱が低温の電子ビームにより奪い去られるというのが基本的なスキームである．進行方向の電子の温度は高圧電源の安定性により低温に保たれており，進行方向と直角方向の自由度に関しては，(a) 電子銃から直線部，(b) 直線部，(c) 直線部からコレクターの 3 ヵ所にわたり 3 台のソレノイド磁場を印加し，電子をサイクロトロン運動により小さな円軌道に閉じ込めて横方向の温度も低温に保つ工夫がなされている．イオンビームはリング中を周回し続け何度も冷却を受けるが，電子ビームは使い終わった後，図示したようにリング外へ導かれ，直線部の冷却セクションへはつねに低温の新たな電子ビームが導かれるので極低温へのイオンビームの冷却が可能となる．この際，電子銃から出た電子の加速に用いた高圧電源により冷却の直線部を通過した電子ビームの減速を行った後，極めて低いエネルギーで電子をコレクターで収集するため放射線の発生もなく，高圧電源の電流容量も冷却部における電子ビームのロス分のみでよく，小さな電流容量で済む点を明記しておきたい．

図 8.9.7 に電子ビーム冷却の冷却力の，イオンと電子の相対速度に対する依存性を示す．イオンビームの温度が比較的高い場合には速度の広がりが大きいため，中心速度からのずれの大きなイオンについては冷却の直線部全体にわたって電子との位置のずれを小さく保つことが困難で，式 (8.9.3) で与えられる冷却力が小さくなるため全体的な冷却効率も低下する．図 8.9.8 は D. Möhl が示した電子ビーム冷却のこうした特徴を如実に現す確率冷却との特性比較で

ある[10]．電子ビーム冷却は，当初 CERN の ICE で反陽子ビームの生成を主眼に精力的に研究された．ホットイオンビームに対する効率がよくないため，反陽子ビーム生成の栄誉は確率冷却に譲ったが，電子ビーム冷却は低温ビームに対する冷却効率が高いため超精密ビーム生成に大きく貢献してきた．その代表例として，粒子数減少に対する冷却温度の急峻な降下を生じる1次元オーダリング状態の形成（図 8.9.9）[11]とクーラーリングを用いた原子・分子イオン衝突の精密研究が挙げられる[12]．

また電子ビーム冷却のこうした特性をイオンと電子の相対速度を操引することにより改善する手法が Derebenev，と Skrinsky により提案されていた[13]がドイツ，ハイデルベルグの MPI-K の TSR（73.3 MeV，$^{12}C^{6+}$ ビームを使用）と京都大学化学研究所の S-LSR（7 MeV，H^+ ビームを使用）における共同研究により実証されている．図 8.9.10 に誘導起電力によりイオンビーム速度を変化させ相対速度の操引を行う手法（a）を適用した場合の電子ビーム冷却時間の低減の効果（b）を示した[14]．

電子ビーム冷却の適用例
1. 反陽子ビーム冷却実験：ICE/LEAR（CERN）
2. 軽・重イオンビームの特性改善：S-LSR（ICR, Kyoto Univ），TARN II（INS, Univ. Tokyo），HIMAC（NIRS），ESR/SIS18（GSI），TSR（MPI-K），CRYRING（MSL, Univ. Stockholm），LEIR（CERN）
3. 冷却蓄積による蓄積重イオンビームの強度増大：TARN II（INS），HIMAC（NIRS），SIS18/ESR（GSI），TSR（MPI-K），CRYRING（MSL），LEIR（CERN）
4. 内部標的実験のための冷却リング：IUCF（Indiana Univ.），TARN II（INS），ESR（GSI），TSR（MPI-K），CRYRING（MSL），CELSIUS（TSL, Uppsala Univ.）

8.9.4　レーザードップラー冷却

レーザー冷却法（laser cooling）は輻射圧を利用した粒子集団の温度制御技術で，原理的には絶対零度近傍，すなわち物理的に可能な極限近くまでイオンビームを冷やすことができる．元々加速器中の荷電粒子ビームを念頭に置いて開発された手法ではなく，1970 年代に考案されて以降[15,16]，主として小型の卓上装置中に捕獲したイオンや中性原子の冷却実験に応用されている[17]．これまでいくつかの異なるレーザー冷却法が提案・実証されているが，荷電粒子ビームに対して応用された実績があるのは最もオーソドックスな「ドップラー冷却法（Doppler cooling）」のみである．以下では，このドップラー冷却法の原理と実際について簡単に紹介する．

a. 基本原理

基底状態にあるイオンが特定の方向に速度 v で運動している場合を考える．このイオンに対し，図 8.9.11 のように光（レーザー）を照射する．光の周波数を適切な値に選ぶと，イオンは光子1個を共鳴的に吸収し励起される．この際，いうまでもなく，イオンは光子が持っていた運動量

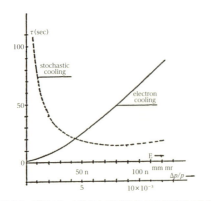

図 8.9.8　電子ビーム冷却と確率冷却の冷却時間の比較

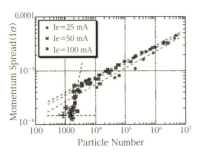

図 8.9.9　1次元オーダリングの例

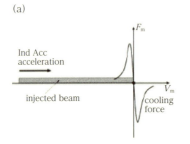
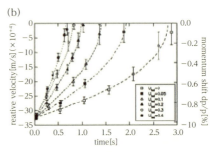

図 8.9.10　電子ビーム冷却におけるイオン，電子相対速度の操引の手法（a）と誘導起電力による減速による相対速度操引による冷却効率の向上の結果（b）

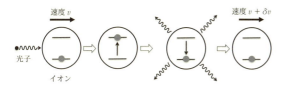

図 8.9.11　基本的な冷却サイクル

を獲得する．光子の波数ベクトルが k のとき獲得した運動量は $\hbar k$ で，レーザーの照射方向を向いている．いま，励起されたイオンが光子 1 個を自然放出し，元の基底状態に戻ったとする．このとき，イオンは光子の吸収に際して得た運動量変化の大きさ $|\hbar k|$ と同じ大きさの反跳を受けることになる．しかしながら，自然放出は等方的に起こるため，多数回の光子吸収・放出過程を経た後の反跳による運動量変化は均されてしまい，ほぼゼロとなる．結局，実質的に生き残るのは光子吸収に際して得た運動量のみである．図 8.9.11 の初期状態（左端）と終状態（右端）を比較すればわかるように，上の過程を通じて，イオンの速度のみを特定の方向へわずかに変化させることができる．

ドップラー冷却法はよく知られたドップラー効果と図 8.9.11 の基本サイクルを組み合わせて，ビーム温度の制御を非常に高いレベルで実現する．ビームを構成する多数の荷電粒子の運動エネルギーは大きくばらついており，大雑把にいって，そのばらつきの度合いがビーム温度に相当する．高温のビームにレーザーを照射した場合，個々の粒子が見る光の周波数はその運動速度のばらつきに応じてドップラーシフトしている．よって，ドップラーシフトのぶんまで含めて共鳴した粒子のみが光子を吸収し，レーザーの照射方向へわずかに加速（あるいは減速）されることになる．この事実は，レーザーの周波数をうまく調整すれば，設計運動量から任意の値ぶんずれた運動量を持つ粒子群のみを選択的に加減速できることを意味する．速度変化を受けた結果，ドップラーシフトの大きさもわずかに変わるが，レーザーの周波数をそのぶんずらすことにより，粒子群との共鳴状態を維持し引き続き加減速を行うことができる．このように，レーザーの周波数を適切なスピードで掃引することによって，共鳴粒子の数を連続的に増大させ，最終的にビーム構成粒子全体を非常に狭い速度領域の内側に封じ込めることが可能である．

レーザーの周波数が固定されている場合は，ビーム全体を直流の低電圧で加速（あるいは減速）して，すべての粒子のドップラーシフトを一定方向にゆっくりと変化させる．これにより，レーザーの周波数掃引を行った場合と同等の効果が実現できる．

b.　利点と難点

ドップラー冷却で到達可能なビーム温度は，現在技術的に確立されている他の冷却法のそれに比べて圧倒的に低い．光子を吸収・放出する過程はランダムであるから，ゆらぎによる加熱が必ずあり，この加熱効果と冷却効果のバランスにより到達限界温度が決まる．1 次元の単純な計算によると $k_B T_D = \hbar \Gamma / 2$ である．ここで，k_B はボルツマン定数，Γ は励起状態の寿命の逆数である．T_D はドップラー限界温度（Doppler limit）と呼ばれ，典型的には mK 程度の値をとる．

ここまでの議論から明らかなように，ドップラー冷却法は電子ビームには適用できない．イオンビームに対しても，以下のような条件が満たされていなければ，事実上適用不可である．

- 光子放出後のイオンが元の基底状態に戻っていること
- 励起準位の寿命が十分に短いこと
- 共鳴周波数が現在入手可能なレーザーでカバーできる範囲にあること

最初の条件については，波長の異なる複数のレーザーを使うことにより多少緩和できる．すなわち，一部のイオンが励起準位から（基底状態とは別の）準安定状態へ遷移してしまう場合でも，再励起用のレーザーが手に入るのであれば，ドップラー冷却可能である．例えば，$^{40}\mathrm{Ca}^+$ イオンのドップラー冷却には，2 本のレーザー（波長 397 nm および 866 nm）が使用されている．波長 866 nm の光は準安定状態へ落ち込んだ $^{40}\mathrm{Ca}^+$ イオンを励起準位に戻すためのものである．

反跳による運動量変化の統計平均が十分ゼロに近くなるためには，光子の吸収・放出を相当数繰り返す必要がある．つまり，イオンビームとレーザーは十分長い時間相互作用しなければならない．相互作用時間を稼ぐため，冷却用レーザーは蓄積リングの直線部に設計軌道に沿って入射される．この場合，ドップラー冷却の原理から明らかなように，直接温度制御できるのはビーム進行方向の 1 自由度のみである．

なお，冷却過程で共鳴イオンから放出される光子を観測することにより，非常に高い精度でビームプロファイルの時間変化をモニターできる（誘起蛍光計測法）．共鳴イオンはレーザーの周波数に応じた特定のドップラーシフト（速度）を持つので，誘起蛍光の強度と周波数の情報から縦方向自由度の速度分布もわかる．

c.　過去の適用例

蓄積リング中を周回するイオンビームにドップラー冷却法を適用する実験は，1990 年頃，欧州で初めて行われた．ドイツ（MPI, Heidelberg）のグループが蓄積リング「TSR」[18]に，またデンマーク（Aarhus University）のグループが蓄積リング「ASTRID」[19]にそれぞれドップラー冷却システムを導入し，精力的に実証研究を展開した．TSR では，$^6\mathrm{Li}^+$，$^7\mathrm{Li}^+$，$^9\mathrm{Be}^+$ など，ASTRID では $^7\mathrm{Li}^+$，$^{24}\mathrm{Mg}^+$ などの重イオンビームの冷却に成功している．TSR の実験では，個別粒子間のクーロン衝突を通じて，横方向自由度のビーム温度も徐々に低下することが確認されている[20]．一方，ASTRID グループはバンチしたビームのドップラー冷却にも成功している[21]．

2000 年代に入ると，京都大学の宇治キャンパスにドップラー冷却システムを完備した小型蓄積リング「S-LSR」

が建設された[22]. S-LSR は TSR や ASTRID に比べ低温ビームの安定化に有利なラティスを持つとされ, 加えて横方向自由度の間接冷却効率を飛躍的に高めるための工夫が施されている[23]. 最近行われた実験では, クーロン衝突効果の利きにくい低電流のイオンビームを 3 次元的に極低温領域まで冷却することに成功している[24].

d. 超低エミッタンスビーム生成

原理的にほぼ絶対零度のイオンビームが生成可能であることから, ドップラー冷却法は「クリスタルビーム」と関連付けて議論されることが多い[25]. クリスタルビームはいわゆる「クーロン結晶状態」にあり, 超低エミッタンスの極限に位置する[26]. 先に触れた欧州や京都大学の実験でもクリスタルビームの生成が究極の目標に据えられていたが, いまのところ達成されていない. クリスタルビームの実現にはいくつかの条件が必要だが[27], すべての条件を完璧に満たすのは容易ではないことがわかっている[28].

8.9.5　イオン化冷却

イオン化冷却とは, ビーム中の荷電粒子が物質中を通過する際にそこでの電離損失によりその運動エネルギーを失うことを利用したビーム冷却の方法の一つである. 基本的なイオン化冷却の過程を示すために, まず横方向のビームエミッタンスのイオン化冷却[29,30]を例にとって説明する. まず, エネルギー減速材と呼ばれる物質をビームライン上に設置し, ビーム中の荷電粒子がそこを通過するようにする. すると, 電離損失により, 進行方向に垂直な荷電粒子の横運動量とそれに平行な縦運動量の両方が同時に減じる. その後, 荷電粒子を高周波加速空胴を通過させ, 横運動量は減じたまま, 高周波電場で加速して縦運動量のみを回復させる. この過程を多数回繰り返すことにより, 横運動量を大幅に減らして横方向ビームエミッタンスを冷却する. これが横方向のイオン化冷却である.

しかし, 荷電粒子は物質中を通過する際に物質中の電子および原子核と多重散乱する. これはビーム冷却とは逆の効果をもたらしイオン化冷却の性能を制限する. この多重散乱の効果も含め, 横方向のイオン化冷却の性能を示す式は以下で与えられる.

$$\frac{d\varepsilon_n}{ds} = -\frac{1}{\beta^2}\frac{dE}{ds}\frac{\varepsilon_n}{E} + \frac{1}{\beta^3}\frac{\beta_\perp (0.014)^2}{2EmX_0} \tag{8.9.4}$$

ここで, ε_n は規格化された横方向のビームエミッタンスで, s は荷電粒子の飛行距離である. E (GeV) と m (GeV/c^2) は荷電粒子のエネルギーと質量である. dE/ds はエネルギー損失で, ベーテ-ブロッホの式で与えられる. また, X_0 は減速材の輻射長 (radiation length) である. $\beta_\perp$ は横方向 β 関数で, β は荷電粒子の速度 ($= v/c$) である. 式(8.9.4)の右辺の第 1 項はイオン化冷却によるエミッタンスの減少を示し, 第 2 項は多重散乱によるエミッタンスの増加を表す項である. 横方向ビームエミッタンス ε_n が十分に大きい場合はイオン化冷却の第 1 項が大きい. しかし, イオン化冷却の効果により ε_n が小さくなってくる

と, やがて第 2 項の多重散乱の効果とつり合い, それ以上イオン化冷却ができなくなる. この限界のビームエミッタンスをイオン化冷却の平衡ビームエミッタンス (equilibium emittance) という. 平衡ビームエミッタンス $\varepsilon_\perp^{equi}$ は次式で与えられる.

$$\varepsilon_\perp^{equi} = \frac{\beta_\perp (0.014)^2}{2\beta m(dE/ds)X_0} \tag{8.9.4}$$

平衡ビームエミッタンスをできるだけ小さくするためには, まず $\beta_\perp$ をできるだけ小さくした場所に減速材を設置する必要がある. また, $(dE/ds)X_0$ はエネルギー減速材の物質でユニークに決まる物理量である. この量ができるだけ大きい物質, すなわち輻射長 X_0 が大きい物質をエネルギー減速材として使用する必要がある. 例えば, 液体水素や LiH などが候補となる.

縦方向のビームエミッタンスについてイオン化冷却する場合には, エミッタンス交換 (emitance exchange) を使う. 例えば, まず, 双極磁場を使って荷電粒子の軌道を曲げ, 運動量分散 (dispersion) の大きいビームにする. その後に, 高運動量の荷電粒子についてはエネルギー損失が大きく, 低運動量の荷電粒子についてはエネルギー損失が小さくなるように, くさび型の形状をしたエネルギー減速材を設置する. このエネルギー減速材を通過した結果, ビーム中の荷電粒子の縦方向の運動量はそろい, 縦方向のビームエミッタンスは減少する. しかし, この結果, 横方向のビームエミッタンスは増加してしまう. これをエミッタンス交換という. ここで増加した横方向のビームエミッタンスは, 前述の横方向のイオン化冷却により再び小さくする. これを繰り返すことにより, 縦方向と横方向を含めた 6 次元のイオン化冷却が可能となる.

別の方法として, ヘリカル・イオン化冷却も提案されている. ソレノイド磁石とヘリカル双極磁石を組み合わせたビームラインを使い, そのなかに例えば高圧の水素ガスなどのエネルギー減速材を一様に充填し, 高周波加速空胴をビームラインに沿って連続的に並べる. この場合, 荷電粒子はこのビームライン内を運動量に応じた軌道を描き, 電離損失と加速は連続的に行われる. このヘリカル・イオン化冷却では, 縦方向と横方向のイオン化冷却は同時に行われる[31].

イオン化冷却では, ビーム中の荷電粒子は電離損失でエネルギーを損失し他の電磁シャワーや強い相互作用が起きないことが要求される. そのため, 電子や陽電子, さらに高エネルギーの陽子やパイオンなどのハドロン粒子には使用することができず, ミューオンおよび低エネルギーの陽子や軽イオンビームのみに適している. 特に, ミューオンは短寿命 (静止寿命は 2.2 μs) であるために, 他のビーム冷却を使うことができない. したがって, ミューオンビームの冷却のためには, イオン化冷却が必須となる. ミューオンを使った将来の加速器計画としては, ミューオン衝突型加速器 ($\mu^+\mu^-$ コライダー) 計画や, ミューオン崩壊からのニュートリノを使ったニュートリノファクトリー計画

がある．前者はミューオンを数 TeV まで加速する計画であり，後者は数十 GeV までミューオンを加速する．これらの加速器計画ためにイオン化冷却の開発は重要課題となる．

イオン化冷却の実証実験は英国のラザフォードアップルトン研究所 ISIS 加速器からのミューオンビームを使って行われている．この実験は，MICE（Muon Ionization Cooling Experiment）と呼ばれる国際共同実験グループによって遂行されている[32]．MICE 実験では，直線型ソレノイド磁石と液体水素のエネルギー減速材と高周波加速空胴を使って横方向のイオン化冷却を実証し，必要な技術の確立を目指している．

参考文献

1) A. N. Skrinsky, V. V. Parhomchuk : Soviet Journal of Particles and Nuclei 12 221 (1981). P. L. Csonka : Particle Accelerators 14 75 (1983). ; S. R. Mane : Nucl. Instr. Meth. A 661 13 (2012).
2) S. van der Meer : CERN/ISR-PO/72-31
3) D. Möhl : CERN 95-06, p 587.
4) G. Carron, L. Thorndahl : CERN/ISR-RF/78-12. ; CERN/RF-Note LT/ps78 (1978).
5) S. van der Meer : Rev. Mod. Phys. 57 689 (1985).
6) R. B. Palmer : Brookhaven Nat. Lab. Internal Report, BNL 18395 (1973).
7) D. Möhl. : Proc. of COOL2007, Germany p 96 (2007).
8) http://na49info.web.cern.ch/na49info/Public/Press/SPS.html
9) G. Budker : Proc. Int. Symp. on Electron and Proton Storage Rings, Saclay, Atomnaya, Energia, 22 (1967) p 346.
10) D. Möhl, Proc. of ECOOL84, Kahrsruhe, p 293 (1984).

11) T. Shirai, *et al*. : Phys. Rev. Lett. 98 204801 (2007).
12) T. Tanabe, *et al*. : Phys. Rev. Lett. 70 422 (1995).
13) Ya. S. Derebenev, A. N. Skrinsky : Sov. Phys. Rev. 1 165 (1979).
14) H. Fadil, *et al*. : Nucl. Instr. Meth. A 517 1 (2004).
15) T. Hänsch, A. Schawlow : Opt. Commun. 13 68 (1975).
16) D. J. Wineland, H. Dehmelt : Bull. Am. Phys. Soc. 20 637 (1975).
17) E. Arimondo, *et al*. ed. : "Laser Manipulation of Atoms and Ions" North-Holland Elsevier Sci. Pub. (1992).
18) S. Schröder, *et al*. : Phys. Rev. Lett. 64 2901 (1990).
19) J. S. Hangst, *et al*. : Phys. Rev. Lett. 67 1238 (1991).
20) H. -J. Miesner, *et al*., Phys. Rev. Lett. 77 623 (1996).
21) J. S. Hangst, *et al*. : Phys. Rev. Lett. 74 4432 (1995).
22) M. Tanabe, *et al*. : Applied Physics Express 1 028001 (2008).
23) H. Okamoto : Phys. Rev. E 50 4982 (1994).
24) H. Souda, *et al*. : Japanese Journal of Applied Physics 52 030202 (2013).
25) J. P. Schiffer, P. Kienle : Z. Phys. A 321 181 (1985).
26) J. Wei, *et al*. : Phys. Rev. Lett. 73 3089 (1994).
27) J. Wei, *et al*. : Phys. Rev. Lett. 80 2606 (1998).
28) Y. Yuri, H. Okamoto : Phys. Rev. ST-AB 8 114201 (2005).
29) M. Ado, V. I. Balbekov : Sov. At. Energy 31 731 (1971)
30) A. N. Skrinsky, V. V. Parkhomchuk : Sov. J. Part. Nucl. 12 223 (1981).
31) Y. Derbenev, R. P. Johnson : Phys. Rev. ST-AB 8 041002 (2005).
32) M. Bogomilov, *et al*. : "The MICE Muon Beam on ISIS and the beam-line Instrumentation of the Muon Ionization Cooling Experiment", J. Inst. 7 P05009 (2012). Proposal ; G. Gregoire, *et al*. : MICE Proposal to RAL, 2003. (http://mice.iit.edu/mnp/MICE0021. pdf web page : http://mice.iit.edu)

9章

加速器の要素技術

9.1 粒子源

9.1.1 電子銃

電子銃とは電子を発生させ，ビームとして取り出す装置である．機能的には電子ビームを生成する陰極（cathode）と，そのビームを引き出す電場とからなるが，その組み合わせにより様々な方式が可能である．陰極としては，熱電子を利用する熱陰極（thermionic cathode），光電効果を利用する光電陰極（photo-cathode），電界放出を利用する電界放出陰極（field emitter），二次電子放出を利用するものなどがあるが，熱陰極と光電陰極が加速器用電子源としては一般的である．引き出し電場には静電場（DC field）と，高周波電場（RF field）とがある．

最も普及しているのは静電場引き出しによる熱陰極電子銃であるが，これは発明者の名前を取りしばしば Pierce 型電子銃とも呼ばれる[1]．静電場で発生する電子ビームは連続ビームであるが，陰極近傍にグリッド電極を設けて三極管構造とし，パルス状ビームを発生させることもある．しかし，三極管構造によるパルス制御の早さは，せいぜい 1 ns 程度である．したがって，マイクロ波で加速する場合には，いずれにしても発生した電子ビームを pre-buncher や buncher という特殊な加速管で加速周波数に適した短パルス構造にしてやる必要がある．

一方，RF 電場を用いる電子銃では，光電陰極を用いたフォトカソード RF 電子銃が一般的である．これは 1980 年代に提案され[2]，1990 年代から 2000 年代に広く使われるようになった．RF 高電場を利用するため，陰極周りを RF 共振構造にする必要がある．多くの場合，π モード型の定在波空洞が用いられる．カソード上で高い表面電場を得るため，カソードを含む空洞セルの中央付近を電場短絡面とした，$n+0.5$（n は 0 あるいは自然数）セル構造をとることが多い．空洞の構造材は，電気伝導性のよさから加速管と同様に無酸素銅を用いられることがほとんどであり，その銅をそのままカソードとして用いている例も多い．2010 年から稼働を開始した LCLS（Linac Coherent Light Source：SLAC）では，銅による 1.5 セル型空洞[3,4]を S-band の高周波で駆動し，空洞壁の一部をカソードとして利用している[5]．

RF 電子銃は静電場型電子銃に比べ，高い加速勾配を実現できることが利点である．しかし常伝導空洞の場合，空洞壁熱損失のため高い加速勾配と長パルス運転，あるいは連続運転とは両立しない．そのため，連続運転を目的として超伝導空洞による RF 電子銃の開発が続けられている．提案そのものは 1980 年代に遡るが[6]，その実現は 2000 年代に入ってからであり[7]，現在でも実用化に向けた努力が続けられている．原理的な困難はないが，カソードという「異物」を超伝導空洞内部に入れることによる汚染，それによる電界放出，レーザーやカソードによる発熱などをどのように抑制するのかが技術的課題である．カソードマウント部は銅などの常伝導物質とし，チョーク構造により熱的に超伝導空洞本体とは分離して，熱侵入を抑制する構造が開発されている．

近年，光電陰極や RF 電子銃などの研究開発，実用化が進んでいる理由には，レーザー技術や精密加工技術などの発展もあるが，加速器利用における大きなパラダイム転換が関係している．20 世紀後半の電子加速器利用で大きな役割を演じてきたのは，蓄積リングを含む広い意味での電子シンクロトロンである．シンクロトロンにおける電子銃の役割は，リングのアクセプタンス位相空間内に必要な量の電子ビームを供給することであり，ビームの品質（エミッタンス）を大きく問われることはなかった．リングでは放射光発生に伴いビーム寸法が縮小（放射減衰）するからである．一方，近年 X 線領域の FEL（Free Electron Laser）建設が相次ぎ，リニアック（線形加速器）の直接利用が広く行われるようになった．リングとは異なり，リニアックでは電子銃で生成したビーム品質を維持できても，改善することはできない．すなわち，リニアックで高品質（低エミッタンス）の電子ビームを実現するには，電子銃で高品質のビームを生成し，それを損なわずに加速し利用するしかない．リニアックでは電子銃からのビーム品質が極めて重要となる．

熱陰極からのビームエミッタンスは，金属陰極の場合，次式のように

$$\varepsilon_{\mathrm{th}} = \frac{R}{2}\sqrt{\frac{kT}{mc^2}} \tag{9.1.1}$$

温度 T とスポット半径 R により決まる．通常，熱電子銃

は空間電荷制限状態で使用されることがほとんどである．その場合，引き出し電流密度 J は Child-Langmuir 則により[8]，

$$J = 2.33 \times 10^{-6} \frac{V^{3/2}}{d^2} \qquad (9.1.2)$$

で与えられる．ここで V は DC 電子銃における極板間電圧，d は極板間隔である．これらの式より

$$\varepsilon_{th} = \frac{3.70 \times 10^2}{2} \frac{d\sqrt{I}}{V^{3/4}} \sqrt{\frac{kT}{mc^2}} \qquad (9.1.3)$$

となる．すなわち，エミッタンスは引き出し電流 I と電子銃構造により自動的に決定され自由度は多くない．

一方，光電陰極の場合のエミッタンスは

$$\varepsilon_{pe} = \frac{R}{2} \sqrt{\frac{\hbar\omega - \phi}{3mc^2} + \frac{kT}{mc^2}} \qquad (9.1.4)$$

で与えられる[9]．ここで $\hbar\omega$ は光子のエネルギー，ϕ は物質の仕事関数である．ここでも，低エミッタンスを得るための自由度は制限される．RF 電子銃でのビーム生成を考えると，バンチ長は電子銃の構造に比べて通常十分短いので，電荷量 Q とスポット半径の間には次の関係がある．

$$\epsilon_0 E = \frac{Q}{\pi R^2} \qquad (9.1.5)$$

ここで E は陰極近傍の電場である．これより

$$\varepsilon_{pe} = \frac{1}{2} \sqrt{\frac{Q}{\epsilon_0 E \pi}} \sqrt{\frac{\hbar\omega - \phi}{3mc^2} + \frac{kT}{mc^2}} \qquad (9.1.6)$$

という関係を得る．したがって，低エミッタンスを得るには，電荷量を減らすか，電場を大きくする必要があるわけである．レーザー光子のエネルギーを仕事関数に合わせ込むことで低エミッタンスが得られるが，量子効率は減少するためより大きなパワーのレーザーが必要となる．光電効果の量子効率 η は Fowler の式により表される[10]．低次の項のみをとると[11]，

$$\eta = B\left[\frac{\pi^2}{6} + \frac{1}{2}\left(\frac{\hbar\omega - \phi}{kT}\right)^2 \right] \qquad (9.1.7)$$

と表され，波長を仕事関数に合わせ込むことで量子効率は大幅に減少することがわかる．つまり，必要な電荷量 Q を得るのに，必要なレーザーパルスのパワーは大幅に増大する．

以上の点から明らかなように，高品質電子ビームを得るには，熱陰極そして光電陰極ともに高い加速電圧，あるいは高い表面電場が必要である．高電圧は非線形空間電荷効果によるエミッタンス増大の抑制にも有効であり，DC 電子銃そして RF 電子銃ともに，より高い電圧での運転が有利となる．一方，電圧は放電限界や暗電流により制限されるので，放電限界の高い材料，表面加工，処理などが高品質ビーム生成の鍵となる．古田らは，精密加工したチタン（Ti）とモリブデン（Mo）電極が他の材料などと比べて電界放出による暗電流が小さいことを示した[12]．高輝度電子ビーム生成を目的として，高電圧 DC 電子銃の開発が世界各地で行われている．永井らはこれらの材料の表面処理上の知見をもとに，陰極側の電場整形用電極（ウェーネルト電極という）を Ti で，陽極を Mo とし，分割型絶縁セラ

ミックスを用いることで，500 kV の安定印加を世界で初めて実現した[13]．RF 電子銃では S バンド数 μs のパルスで 90～120 MV/m という加速勾配が実現しており，課題は安定化や低暗電流化などに移行している．KEK では，リニアコライダー計画のために開発された超精密加工技術[14]を利用して RF 電子銃空洞を製作し，115 MV/m という高い加速電場で，80 μA（RF パルス内平均）という低暗電流を実現している[15]．より長パルスの運転には熱負荷などを考慮すると低周波数が有利であるが[16]，DESY では超伝導リニアコライダーおよび X 線 FEL の入射器として表面電場 50 MV/m，パルス長 1 ms の 1.3 GHz の RF 電子銃が設計・製作された[17]．KEK では同タイプの RF 電子銃を用いて，10 mA，1 ms という大電流，長パルス運転を実現している[18]．現在までに実現された RF 電子銃の最も高い稼働率は，Boeing/LANL による 25 ％で，433 MHz，表面電場は 26 MV/m である[19]．

最後にカソード材料について若干述べておく．熱陰極としてはタングステン（W）などの純金属，BaO などの酸化物が一般的に利用されている．BaO は仕事関数が 1 eV あまりと低く，電流も多くとれるが，水分などの残留ガスにより特性が劣化するので，含浸型などディスペンサー機構を持たせるのが普通である．金属は性能は劣るが，耐久性が高く，取り扱いも容易である．

フォトカソードは，金属カソードと半導体カソードに分けられる．金属カソードは量子効率が一般的に 0.01 ％以下と低く，励起にも紫外光が必要となるので励起用レーザー光源への負担が大きい．しかしレーザー技術の進展により，低い繰り返しであれば容易に大電荷が得られるようになった．半導体カソードとしては，Cs_2Te や Na_2KSb，CsK_2Sb などの薄膜カソード，GaAs などの結晶性のカソードがある．電子ビーム発生に必要なレーザー波長は，物質のバンドギャップや仕事関数に依存し，Cs_2Te は 260 nm 程度の紫外光，Na_2KSb，CsK_2Sb は青から緑の可視光，GaAs は NEA（Negative Electron Affinity）という特殊な表面を形成することで，800 nm の赤外光が使用可能である．超格子 GaAs 結晶カソードは高いスピン偏極を得るために開発された物質で，円偏光レーザーを照射することで 90 ％という高いスピン偏極を実現できる[20]．

9.1.2　イオン源

イオン源はイオンビームを生成する装置であり，イオンビームに対する様々な要求に応じて種々のタイプのイオン源が開発されてきた．イオン源の構造は，大別して中性粒子供給，イオン生成，ビーム引き出しの 3 部位に分けられる[1]．特にイオン生成部は要であり，生成方法に様々な手法が用いられている．イオンには，正イオン，負イオンの 2 種類があり，正イオンには 1 価イオンおよび多価イオンが存在する．生成されるビームの状態もパルス状，連続ビームの 2 種類がある．また核スピンの偏極を可能とするイオン源も開発されている．これら多種多様なイオンビーム

を生成するイオン源のビーム生成機構，種類に関して数多くの文献が出版されている[21-24]．ここでは正，および負イオン生成と引き出しの機構に関する簡単な説明とともに，加速器で用いられる各種イオン源の紹介を行う．

a. イオン生成

負イオンの生成[25]　プラズマ中での粒子間衝突による負イオン生成率は，正イオン生成率に比較して非常に小さいため，効率のよい負イオン生成には別の手段を用いなくてはならない．負イオンの生成には，おもに二つの過程（体積生成，および表面生成過程）があることが報告されている[25]．体積生成過程では水素分子と高速電子との衝突による分子励起の後，その励起分子が低速電子と衝突することによって，負イオンが生成される解離性付着反応が代表的な反応である．この場合，分子励起のための高速電子（>40eV）と，解離性付着のための低速電子（~1eV）が必要である．このため，体積生成過程を利用するイオン源は，この二つの条件を同時に満たす構造を持つことが肝要となる．表面生成過程では，正イオンまたは中性粒子と仕事関数の低い金属表面との相互作用により負イオンが生成される．金属表面へのセシウム（Cs）付着は，仕事関数を減少させるため，負イオン生成に積極的に用いられる．仕事関数は，金属表面のCs原子層に強く依存するため，安定かつ大強度の負イオンビーム生成にはCs層の厚さをコントロールすることが重要な要素の一つとなる[25]．

正イオンの生成　正イオンは，おもに電子と中性原子，電子と正イオンとの衝突による電離過程によって生成され，多価イオンは，おもに逐次電離過程を通して生成される．逐次電離過程がおもな多価イオン生成過程の場合，イオン源中のイオンの価数分布は反応速度方程式によって記述され，イオンの閉じ込め時間，プラズマ中で電子密度（電子ビームの際は電流密度），電子温度（または電子の運動エネルギー）がイオン源中でのイオンの価数分布およびビーム強度を決定する重要なパラメータとなる．例えばアルゴン（Ar）イオンの場合，1価イオン生成の最大断面積は，~10^{-16} cm^{-2}（電子エネルギー~50eV）であるのに対し12価の場合は，10^{-19} cm^{-2}（~2keV）であるように，より多価なイオンを生成したい場合ほど高いエネルギーの電子が必要となる．また多価イオンの生成量は，電子密度，イオンの閉じ込め時間にも強く依存する．例えばAr^{11+}を生成するために必要な電子密度，閉じ込め時間の積は，10^9 cm^{-3} s程度であるのに対し，Ar^{16+}では1桁高い値を必要とする．つまり多価イオンほど高密度，長い閉じ込め時間が生成に必要となる．また多価イオンは，中性原子との衝突によって容易に電子が付着するため，イオン源内は高真空状態が必須である．

b. イオンの引き出し[26]

イオン源の単位時間あたりのイオン生成量は，イオン生成領域の大きさとイオン密度の積をイオン閉じ込め時間で除した値である．イオン源から引き出される理想的なビーム量は，このイオン生成量と生成されたイオンが，イオン引き出し口に達する割合の積で表される．つまり，ビーム強度を増強するためには，イオン密度およびイオンの生成領域をできるだけ大きく，イオン閉じ込め時間をできるだけ短くし，かつイオンが引き出し口に達する割合を大きくすることが必要となる．しかしながら，いかにこの条件を満たしても，効率のよいイオンの引き出しを行わなければ，大強度のイオンビームを生成することはできない．ビーム引き出しの効率は，ビーム引き出し部の構造，条件（例えば，チェンバー，ビーム引き出し電極に印加される電圧など）に強く依存するため，効率のよいビームの引き出しのためには注意深い設計が必要である[26]．一例として，以下のような条件が挙げられる．プラズマとイオン源壁面との境界では，つねにイオンの量が電子の量より多い状態にある（イオンシース）．シースの幅は，プラズマと壁面との電位差およびイオン密度に強く依存する．イオンの引き出しにおいて，引き出し電極，チェンバー間の距離（d），電圧を固定すると，ビーム引き出し口におけるプラズマ面の形状は，イオンシース幅（d_s）とdとの関係に強く依存する．$d \cong d_s$の場合，引き出し口におけるプラズマ面は平坦となり，理想的なビーム引き出し条件の一つと考えられる．

ビームの質を検討する際に有用な量として，エミッタンスがある．エミッタンスは，生成されたイオン温度，ビーム引き出し部付近の磁場強度，ビーム輸送の際の電流密度（空間電荷効果）などに大きく左右される．空間電荷効果を軽減する手法として輸送系内ガスの電離による電子供給などがあるが，水素，重水素イオンなど軽い1価イオンビームの空間電荷中和に，この手法がしばしば用いられる．

c. 各種イオン源

負イオン源　負水素イオン源，負重イオン源の二つが代表例である．

負水素イオン源[27]　負水素イオン源には体積生成，表面生成過程がともに用いられる．

体積生成方式[25]の場合，a. で説明したように，二つのタイプの電子を必要とする．通常用いられるのは，イオン生成室に磁場などのフィルターを設け，そこを通過する電子の量およびエネルギーを制御する手法である．この手法で，ビームが引き出される側には，低速電子が多く存在する条件がつくり出せ，高励起水素分子を解離し，電子を付着させ，負水素イオンを生成することができる．図9.1.1に代表的なイオン源の概略図を示す．プラズマ生成には，同図のようにフィラメント，あるいはマイクロ波などが用いられる．ビーム強度増強のためには，Csを用いる場合もある．

表面生成方式[25]ではCsを吹きつけ，仕事関数を下げた状態の表面において負イオンに変換させる手法を取る．プラズマ生成効率を高くし，低いガス圧で運転できるイオン源としてマルチカスプ型がある．

ビームの引き出し部には引き出された電子，イオンビームを選別するために，磁場などを用いたフィルターを配置

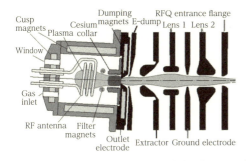

図 9.1.1 米国 SNS で用いられている体積生成型負イオン源[28]

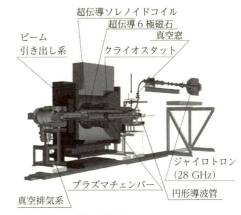

図 9.1.2 理研 仁科加速器研究センターで用いられている 28 GHz マイクロ波を用いた超伝導 ECR イオン源の概略図[34]

し，イオンビームのみを輸送系に送り込む構造になっている．

負重イオン源 種々のタイプの負重イオン源が開発されているが，その一つにスパッターを用いたイオン源がある[25]．固体表面に仕事関数の低い元素（Cs など）の薄い膜をつけ，質量の大きなイオンで表面を叩き負重イオンを発生させる．スパッターに用いるイオンは，Cs そのものを用いる場合と新たに加える場合がある．Cs のみを用いたものの一つに Source of Negative Ions by Cesium Sputtering (SNICS) がある．Cs は表面電離によって電離されるため，イオン化のためのプラズマ生成が必要なく，スパッターによって生成されたイオンがプラズマによって崩壊する確率を小さくすることが可能である[29]．

正イオン源 正イオン源には，軽イオン用ならびに重イオン用（1価および多価）がある．またビームに関しても，パルス用および連続ビーム用と多種多様なタイプがある．ここでは，現在おもに加速器に使用されている代表的なイオン源について説明する．

低価数（1～4 価程度）イオン生成 水素，重水素イオンを 100 mA 以上の大強度パルスビームで供給できるイオン源として，2.45 GHz マイクロ波を用いた電子サイクロトロン共鳴（ECR）イオン源が開発されている．典型的なエミッタンスは，0.2π mm mrad (normalized rms emittance) 程度である[30]．

低価数重イオン発生用イオン源の代表例は，MEVVA (MEtal Vapour Vacuum Arc) イオン源である[31]．1価から数価のパルス状重イオンビームをアーク放電によって生成する．生成されたイオンの平均価数は，試料の沸点に強く依存する．当初ビーム強度の安定性が問題となったが，発生したプラズマに適当な磁場や電場を印加することで安定性が増し，数十 mA 程度の安定なビームを供給することが可能となった．これは現在 GSI などの重イオン加速器研究施設で用いられている．

多価イオン生成 多価イオンビームは，新規加速器の小型化や既存加速器によって加速されるイオンのエネルギー増大につながるため，多くの重イオン加速器研究施設で用いられている．現在稼働している代表的なイオン源は，ECR イオン源，電子ビームイオン源（EBIS），レーザーイオン源などである．

ECR イオン源は，ECR によってマイクロ波から電子にエネルギーを供給し，生成されるプラズマを複数のソレノイドコイルと 6 極磁石からなるミラー磁場（minimum B 構造）によって長時間閉じ込め，多価イオンを生成するものである．この型のイオン源は，連続ビームを供給できることから，サイクロトロン，重イオンリニアックなどの外部イオン源として用いられる[32]．Ar^{8+}, Ar^{9+} イオンなどについては，すでに mA 級のビーム供給に成功している．28 GHz マイクロ波を用いた ECR イオン源（ソレノイドコイル，6 極コイルともに超伝導マグネットを使用）では，現在 440 eμA の U^{33+} 生成が報告されている[33]．エミッタンスは，イオン価数，質量，イオン温度，磁場強度に強く依存することがモデル計算から予測されているが，実験はそれを再現せず，今後のより詳細な実験，計算が必要とされる．図 9.1.2 は，28 GHz ジャイロトロンを用いた理化学研究所（理研）の超伝導 ECR イオン源の概略図である．

EBIS[35]は，加速された電子によってイオン源内の原子をイオン化し，パルス状の多価イオンビームを生成するイオン源である．電子ビームは，ソレノイドコイルによる強い収束で高密度になっているので，効率のよいイオン化が達成される．イオン源内に蓄積されるイオンの全荷電数は，イオン種や引き出されたイオンの平均価数によらずイオン源固有の値を持ち，イオン源の長さ，電子ビーム強度，エネルギーなどに強く依存する．生成されたイオンは，電場障壁によってイオン源室内に閉じ込められ，要求される価数に応じて閉じ込め時間が制御される．引き出されたイオンの平均価数は，イオンの閉じ込め時間，電子ビームの電流密度に強く依存する．現在最も高性能のイオン源は BNL で稼働中のものであり[36]，5.5 T 超伝導ソレノイドコイルを使い 0.92×10^9 ion/pulse の Au^{32+} ビーム生成に成功している．

レーザーイオン源[37]は，レーザーパルスを固体表面に照射して発生するプラズマを用いて，パルス状多価イオンビームを生成するイオン源である．レーザーは逆制動輻射過

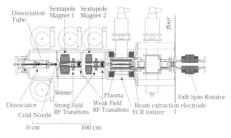

図 9.1.3 仁科加速器研究センターで用いられている原子ビーム型偏極イオン源の概略図

程によってプラズマに吸収される．その吸収率は，臨界プラズマ密度，電子温度などに強く依存する．通常，ビーム電力密度 $10^{10}\sim10^{13}$ W/cm^2，波長 1000 nm 以上，パルス幅 $1\sim100$ ns のレーザーが多く用いられる．大強度多価イオンビーム生成を目的として製作されたイオン源では，100 J CO$_2$ レーザーを用いて数 mA の Pb^{27+} ビーム生成に成功した例もある．レーザーによるプラズマ生成では，ビーム強度の不安定性が問題とされた．しかし，近年，レーザーで生成されたプラズマをただちに RFQ に入射，加速する方法（DPIS）で，ビーム安定度の飛躍的向上が得られ，大強度多価イオンビーム加速に成功している[38]．

偏極イオン源 偏極イオン源は，概略 4 つの過程，[1)原子ビームの生成，2)電子スピン偏極，3)原子核へのスピン移行，4)イオン化] によって，偏極イオンビームを生成する[39]．その偏極の手法によって，三つの型（ラムシフト型，原子ビーム型，光ポンピング型）に大別される[40]．

原子ビーム型の場合は，まず分子を分離することで原子を生成，その後，冷却されたノズルから放出させ，コリメートされた原子ビームを生成する．この原子ビームが，不均一磁場中（6 極磁場）を通過することで，磁力線に反平行な磁気能率を持つ原子のみが選別され電子が，偏極された原子ビームが得られる．その後，いくつかの RF 遷移を通して核偏極が得られる．核偏極された原子は，ECR イオン源などで生成されたプラズマ中を通過することで正イオンビームが生成される．負イオンビーム生成のためには，Cs 蒸気などを用い荷電変換を行う．図 9.1.3 に，偏極重陽子ビーム生成のために，理化学研究所で開発された原子ビーム型偏極イオン源の概略図を示す[41]．

光ポンピング型は，ECR イオン源などで生成された正イオンを，レーザーによる励起によって，電子偏極されたアルカリ原子（Rb, Na）との荷電移行反応によって偏極させるものである．この電子の偏極を原子核に移行させた後，アルカリ金属との衝突により，負イオンに，ヘリウム（He）との衝突により正イオンビームとして生成される．

偏極イオンビーム生成は，陽子，重陽子のみならず，より重いイオン，^{3}He, ^{6,7}Li, ^{23}Na にも試みられている[42]．偏極イオン源は，その用途に応じて，連続ビーム，パルスビームの生成が可能であり，原子ビーム型偏極イオン源で 0.1 mA（正イオン）の連続ビーム生成に，パルスビーム

に関しては，150 μs のパルス幅でピーク値 1.5 mA のビーム生成に成功している[39]．

9.1.3 クラスター・分子源

近年，高分子の質量分析，マイクロクラスターと物質表面との相互作用に関する研究，クラスターイオン（電荷を持ったクラスター）注入などの応用研究が進められ，電荷を持ったそれらの粒子を発生させる粒子源の研究開発が盛んに行われるようになってきた．なかでもクラスターはそのサイズによって物性的な性質が変化し新規な性質が発見できる可能性を含んでいるので，そのサイズ，種類を自由に変化させることが可能な粒子（クラスターや分子）源は研究推進のうえで重要な装置の一つになっている．この項ではこれら粒子を発生させるための装置の簡単な構造の説明，具体例について記述する．

a. クラスター源

クラスターは数個以上の原子もしくは分子が，ファンデルワールス力などの相互作用によって結びついたものである．炭素原子が 60 個結合し球形状になった分子（C$_{60}$）はクラスターの代表的な例である．クラスターの生成方法は試料の物性的な性質によってその最適な手法が異なり，多岐にわたっている．より詳細な生成メカニズム，方法に関しては文献 43～47 を参照されたい．

常温で気体である試料の場合，高圧ガス状態の試料をノズルを通して真空中に噴出させると断熱膨張によりガスが冷却され，原子または分子が結合し，クラスターが生成される．生成されたクラスターは低速電子との衝突によってイオン化される[43-45]．生成されたクラスターのサイズは気体圧力が高いほど大きくなる傾向にある[45]．常温で液体の試料の場合は，加熱することによって蒸気を発生させ，ノズルを通して真空中に放出させる手法が代表例の一つである[46]．

金属試料からのクラスターイオン生成法には，スパッター法がある[43,47]．試料付近に磁場を設けプラズマの滞在時間を長くすることで高密度プラズマを発生させ，スパッター効率を上げる手法（マグネトロンスパッタリング法）によって発生した原子およびイオンを，液体窒素で冷却された He ガスセル中を通過させる．この際，イオンおよび原子は He 原子との衝突で冷却，凝集され，クラスターが生成される．通常スパッターにおいてはスパッタリング率を増加させるために，凝縮ガスである He とは別に Ar ガスなど重い希ガスを用いる．スパッタリングを用いたクラスターイオン源の概略図を図 9.1.4 に示す．

b. 分子源

分子源は質量分析などのために，イオン化した分子ビームを発生させる装置として使用されてきた．分子源に関する詳しい解説，イオン化の手法に関しては文献 6 を参照されたい．分子および試料の性質は多岐にわたり，それに応じて最適化された多種多様なイオン化法が開発されてきた．ここでは気相，液相，固相にある分子についていくつ

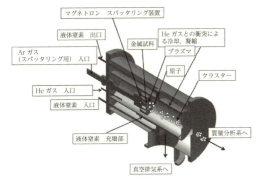

図9.1.4 スパッタリング法を用いたクラスター源の概略図

かのイオン化法を簡単に説明する．

　気相にある分子のイオン化には直接電子を打ち込み電離を行う方法（電子イオン化法），化学反応によって電子の受け渡しを行う方法（化学イオン化法）などがある．電子イオン化法は，気化させた試料に低速電子を照射しイオン化させる手法である．化学イオン化法は，分子とイオンとを衝突させることによりイオン化を行う方法である．高圧にすることにより分子とイオンとの衝突頻度を高めてイオン化の効率を上げ，ビーム強度の増強を図ることができる[48]．

　液相にある分子のイオン化では，エレクトロスプレーイオン化法が代表的な手法の一つである[48]．固体からのイオン化法の代表例として，レーザーを用いたレーザー脱離イオン化法がある．レーザーによる固体のイオン化は逆制動輻射による固体の気化，電離を利用したものである．マトリクス支援レーザー脱離イオン化法（Matrix Assisted Laser Desorption Ionization：MALDI）はレーザー脱離イオン化法の一種であり，この手法を用いることで非常に大きな高分子化合物の質量分析が可能となった[48]．

参考文献

1) J. Pierce : J. Appl. Phys. **10** 548（1939）.
2) J. Fraser, R. Sheffield : NIMA **250** 71（1986）.
3) D. T. Palmer, et al. : Proc. of 1997 PAC 2687（1998）.
4) X. J. Wang, I. Ben-Zvi : Proc. of 1997 PAC 2793（1998）.
5) P. R. Bolton, et al. : NIMA **483** 296（2002）.
6) H. Chaloupka, et al. : NIMA **285** 327（1989）.
7) D. Janssen, et al. : NIMA **507** 314（2003）.
8) C. D. Child : PR（Series I）**32** 492（1911）.
9) D. Dowell, J. Schmerge : PRSTAB **12** 074201（2009）.
10) R. H. Fowler : PR **38** 45（1931）.
11) C. Crowell, et al. : Surf. Sci. **32** 591（1972）.
12) F. Furuta, et al. : NIMA **538** 33（2005）.
13) R. Nagai, et al. : RSI **81** 033304（2010）.
14) T. Higo : Proc. of Linac 2010 FR104（2010）.
15) N. Terunuma, et al. : NIMA **613** 1（2010）.
16) M. Kuriki : JVSJ **55** 29（2012）.
17) B. Dwersteg, et al. : NIMA **393** 93（1997）.
18) M. Kuriki, et al. : JJAP **52** 056401（2013）.
19) D. H. Dowell, et al. : APL **63** 2035（1993）.
20) T. Nishitani, et al. : JAP **97** 094907（2005）.
21) 石川順三 :『イオン源工学』アイオニクス株式会社（1986）.
22) B. Wolf ed. : "Handbook of Ion Sources" CRC press（1995）.
23) I. Brown ed. : "The Physics and Technology of Ion Sources", Wiley-vch Verlag GmbH & Co（2004）.
24) Proceedings of Int. Conf. Ion Sources, 近年は2年ごとに開催され，Proceedings は Rev. Sci. Instrum. に掲載されている.
25) J. Ishikawa ed. : "The Physics and Technology of Ion Sources" p. 285 and references therein, Wiley-vch Verlag GmbH & Co（2004）.
26) 石川順三 :『イオン源工学』第5章, アイオニクス株式会社（1986）.
27) J. Peters : Rev. Sci. Instrum. **71** 1069 and references therein（2000）.
28) M. Stockli, et al. : Rev. Sci. Instrum. **83** 02A732（2012）.
29) G.T. Caskey, et al. : Nucl. Instrum. Methods **157** 1（1978）.
30) S. Gammino, et al. : Rev. Sci. Instrum. **81** 02B313 and references therein（2010）.
31) E. Oks, I. Brown, ed. : "The Physics and Technology of Ion Sources" Wiley-vch Verlag GmbH & Co p. 257 and references therein（2004）.
32) R. Geller : "Electron Cyclotron Resonance Ion Sources and ECR Plasmas" CRC press（1996）.
33) J. Benitez, et al. : Proceedings of the 20th International Workshop on ECR Ion Sources, Sydney THXO02, 153（2012）. http://www.JACoW.org.
34) Y. Higurashi, et al. : Rev. Sci. Instrum. **85** 02A953（2014）.
35) R. Becker, O. Kaster : Rev. Sci. Instrum. **81** 02A513 and references therein（2010）.
36) A. Pikin, et al. : PAC'11, New York, WEP261, 1966（2011）. http://www.JACoW.org.
37) B. Sharkov ed. : "The Physics and Technology of Ion Sources", Wiley-vch Verlag GmbH & Co p.233 and references therein（2004）.
38) M. Okamura, et al. : PAC'05, Knoxville, p. 2206. http://www.JACoW.org.
39) B. Clegg. : Proc. of the 2001 Particle Accelerator Conference, Chicago, 54. http://www.JACoW.org.
40) P. Schmor. : Proc. of 13th Int. conf. of Cyclotron and their Application, Vancouver, 316. http://www.JACoW.org.
41) H. Okamura, et al. : AIP Conference Proceedings **293** 84（1993）.
42) P. Schmor. : Proc. of the 1995 Particle Accelerator Conference, Dallas, USA p. 853. http://www.JACoW.org.
43) O. Hagena : Rev. Sci. Instrum. **63** 2374 and references therein（1992）.
44) I. Yamada, et al. : Nucl. Instrum. Methods. B **164** 944 and references therein（2003）.
45) I. Yamada : Nucl. Instrum. Methods. B **257** 632 and references therein（2007）.
46) G. Takaoka, et al. : Jpn, J. Appl. Phys. **42** L1032（2003）.
47) H. Haberland, et al. : Z. Phys. D **20** 413（1991）.
48) 平林　集 :「分子のイオン化法」高エネルギー加速器セミナー 2009, KEK. http://accwww2.kek.jp/oho/OHOtxt3.html, and references therein

9.2 高圧加速装置

イオン源，電子銃から発生した粒子を静電加速する機器の構成を図 9.2.1 に示す．本節では，電界をかけてビームを加速する加速管および加速管に直流電圧を印加する直流高圧電源の技術について記述する．

9.2.1 加速管

加速管は図 9.2.2 で示すように絶縁物と金属性電極を交互に積み重ねたものであり，両端に直流高電圧を印加，中間の電極には抵抗分圧などにて均等な電位を与え，イオン源・電子源にて発生した粒子を加速するものである．絶縁物は絶縁性に優れたガラス，セラミックスを使用し，小型化のため絶縁ガス内で使用される例が多い．これにより，加速管外壁は，高い耐電圧を実現しているが，内面は真空に接しており，耐電圧向上のため，いくつかの工夫が必要である．

一つは，内壁面形状にひだなどを設け，沿面距離を確保することである（図 9.2.2）．また真空中の放電を抑制するため，内部構造物からのガス発生による放電を抑えることが必要である．ガス発生は，金属の種類により異なり，一般的にガス放出速度が小さく加工しやすいタンタル（Ta），アルミニウム（Al）などの材料を使用している．絶縁物と金属電極を交互に積み重ねる方法は，接着か絶縁物表面にメタライズ加工後，ろう付けする方法が用いられる．接着剤の場合は，絶縁物と金属電極板の材料に合わせた選択が必要である．接着剤塗布作業は確実な真空シールが要求されるため，十分な量の接着剤の塗布は必要だが，接着剤が内壁へしみ出せば放電の起点となるため，余分な接着剤の塗布は避けなければならないなど，高い作業スキルが要求される．ろう付けにおいても同様に，放電の起点ができないよう注意が必要である．加速管による粒子の安定加速に関する指標に，電極構造の遮蔽係数（shielding factor）K がある．加速管内にて荷電粒子を加速した場合，粒子移動の影響で絶縁物内壁に電荷が集積し，それによって生じる電位勾配不均一により放電を起こすことがあ

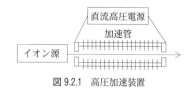

図 9.2.1 高圧加速装置

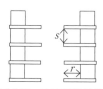

図 9.2.2 多段加速管　　図 9.2.3 平行平板加速管

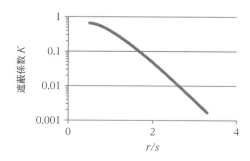

図 9.2.4 電極構造の遮蔽効果

り，これを避けるため，ビームを加速管壁から遮蔽する必要がある．図 9.2.3 に加速管のモデルを示すが，r/s の値を大きくすると遮蔽効果が大きくなる．このモデルで加速管壁面の電荷が開口周辺部に与える電界は，電極により制限され，下記で与えられる遮蔽係数 K を乗じた値に減衰することが知られている．

$$K = \frac{4\pi}{\sqrt{2}} \left(\frac{r}{s} \right)^{3/2} e^{-\pi r/s}$$

この遮蔽係数のグラフを図 9.2.4 に示す．

$r/s = 1$ では K は 0.4 と遮蔽効果は少なく，$r/s = 2$ で 0.05 とかなり効果が現れる．$r/s = 3$ で 0.004 と効果は十分であり，一般に $r/s = 2.5 \sim 3$ の値を取るのがよいとされている．ここで s が大きくなれば，r を大きくする必要があり，加速管径が大きくなってしまう．図 9.2.2 で示す加速管は，電極形状を工夫し，加速管径を大きくせずに，K が大きくなるよう設計されている．

9.2.2 直流高圧電源

a. 変圧器整流型電源

直流出力を得る最も構造が簡単なものは，変圧器の二次電圧を整流し直流電圧を発生させるものである．変圧器二次コイルに整流器・コンデンサを組み合わせることにより，コンデンサに電荷が蓄積され，直流電圧を発生させることができる．発生電圧は，交流電圧のピーク値となるが，発生可能電圧は巻線・コンデンサ・整流器などの部品の耐電圧で制限される．同一部品で，より高い直流電圧を発生させるため，各種方式が考案された．

図 9.2.5, 図 9.2.6 に示すものは倍電圧整流回路と呼ばれるもので，同一の変圧器出力で，2 倍の電圧を発生することができる．図 9.2.7 に示すものは，変圧器に二次コイルを多数準備し，コイルごとに倍電圧整流回路を構成，これをカスケードに接続して高い電圧を発生できるよう工夫したもので，変圧器整流型電源と呼ばれる．この回路は一般に商用電源（50/60 Hz）で使用されサイリスタ式電力調整器などで入力を電圧調整し出力を調整する．電圧調整回路および整流回路の損失は少なく，電力変換効率は 90% 台に達する．構造上，最上部のコイルには，出力端の電位が印加され，鉄心（接地）との間に高電圧が加わることになる．変圧器整流型電源は，構造が簡単で電力変換効率が

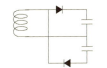
図 9.2.5　倍電圧整流回路 1

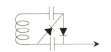
図 9.2.6　倍電圧整流回路 2

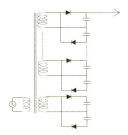
図 9.2.7　変圧器整流型電源回路図

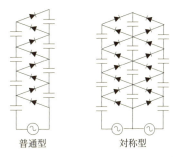
図 9.2.8　コッククロフト-ウォルトン回路

表 9.2.1　コッククロフト-ウォルトン回路の電圧効率と内部抵抗

	普通型	対称型
電圧効率	$\dfrac{\sqrt{b}}{2N}\tanh\dfrac{2N}{\sqrt{b}}$	$\dfrac{\sqrt{b/2}}{N}\tanh\dfrac{N}{\sqrt{b/2}}$
内部抵抗 (Ω)	$\dfrac{1}{fC}\left(\dfrac{2}{3}N^3+\dfrac{N^2}{2}+\dfrac{N}{3}\right)$	$\dfrac{1}{2fC}\left(\dfrac{N^3}{3}+\dfrac{N^2}{2}+\dfrac{2N}{3}\right)$

$b=C/C_s$　C：コンデンサ容量　C_s：整流器浮遊容量
N：段数　　f：電周波数

90% 台と優れているが，鉄心と二次コイルとの絶縁の制限から，発生電圧としては 1 MV 程度が最大となる．

変圧器整流型電源の一種で，変圧器鉄心を多数設置された二次コイルそれぞれに対応する部分に分割，鉄心間は狭いギャップを設け絶縁し，鉄心にそれぞれの二次コイルの電位を与えることにより二次コイル・鉄心間の電圧を低く抑え，高電圧を発生できるようにしたものが絶縁鉄心型電源（ICT）である．

鉄心を分割しているため，漏えい磁束が発生，電力変換効率は通常の変圧器整流型電源に比べ悪く，80 % 台に低下する．この方式でも発生電圧が高くなるにつれ，鉄心分割数が増え漏えい磁束による損失が大きくなること，また鉄心ギャップ間での放電確率が増えることから，発生電圧の制限があり，現在のところ 2.5 MV クラスが最大である．

b. コッククロフト-ウォルトン（Cockcroft-Walton）回路

図 9.2.8 に示す回路は，図 9.2.6 の倍電圧整流回路を多段に組み合わせたもので 1932 年 Cockcroft と Walton が，人工的な原子核破壊試験の際に用いたことにより，コッククロフト-ウォルトン回路と呼ばれている．

普通型コッククロフト-ウォルトン回路の向かって左側のコンデンサを押し上げコンデンサ，右側を平滑コンデンサと呼ぶ．押し上げコンデンサを 2 系統準備し，図中の左右両側から電流を供給できるようにした回路が，対称型コッククロフト-ウォルトン回路である．コッククロフト-ウォルトン回路の発生電圧は，交流電源のピーク値の 2N 倍（N は整流回路の段数）となるが，整流器両端間の浮遊容量により発生電圧が制限される．この比率を電圧効率と呼ぶ．また負荷電流を取ることにより電圧低下するが，電流値により低下する電圧の比率は内部抵抗 [Ω] で表される．これらの値を表 9.2.1 に示す[1]．高い周波数の交流電源を使用するとコンデンサ容量を小さく抑えられ，電源自身を小さくできるので，広く使用されている．

昨今の半導体技術の進歩により，高周波電源は比較的簡単に得られ，数十〜100 kV の電源であれば，卓上装置で発生が可能である．普通型コッククロフト-ウォルトン回路は，使用条件にもよるが 6〜7 段を超えると電圧効率などが急速に低下，また内部抵抗も増加する．このため 500 kV 以上の高電圧高出力電源を構成する場合には，1 段あたりの電圧を高くする必要がある．しかし，素子定格の制限などから，実用的には 200〜300 kV 程度が限界である．このため 1.5 MV 以上の電源では，負荷電流が多く取れないなどの問題が発生する．これに対し，対称型コッククロフト-ウォルトン回路は，段数増による電圧効率の低下および内部抵抗の増加が少なく，さらに高い電圧を発生する回路に広く使用されている．

図 9.2.9 にバランス型を示す．これは対称型から中央の平滑コンデンサを省いたもので，リップル電圧の増加が懸念されるが，高電圧部シールド電極・接地間浮遊容量の効果で減衰させている．電圧効率が高い，内部抵抗が小さいなどの対称型の特性を引き継ぎ，部品点数を少なく抑えることができる．利点があるこの回路構成は 1.5 MV 以上の回路で多く使用され，最大 5 MV 150 kW 出力までつくられている．また図 9.2.10 に示すものはシェンケル型と呼ばれ，他のコッククロフト-ウォルトン回路が電圧を順次積み上げていく直列充電方式であるのに比べ，同時に各段のコンデンサに電荷を充電する並列充電方式である．シェンケル型は段数を増やしても電圧効率が低下しない，および内部抵抗が増加しない利点があったが高耐圧コンデンサ製造がネックとなり，当初は普及しなかった．電源周波数を数十〜100 kHz に上げ，コンデンサを電極間の浮遊容量を使用する方式（ダイナミトロン）が開発され広く使用されるようになった．大電力出力の電源で最大 5 MV のものがつくられている．

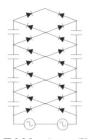
図 9.2.9 バランス型

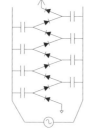
図 9.2.10 シェンケル型

参考文献
1) 原 栄一：高電圧静流型加速器, 実験物理学講座 28 「加速器」(熊谷憲夫 責任編集, 共立出版, 1975), p.81.

9.3 常伝導電磁石

9.3.1 電磁石の種類と目的

加速器は入射器，ビームトランスポート（BT）ライン，主リングなどから構成される複合システムである．各構成部で使用される電磁石は，その目的に最適化された構造を有し，各構成部間のビーム輸送ではパルス電磁石も使用される．使用される磁石は常伝導，超伝導電磁石から永久磁石まで多岐にわたるが，本節では常伝導電磁石（永久磁石も含む）について記述する．

常伝導電磁石は，鉄心とコイルから構成される．さらに高精度でアラインメントされる必要があるため，鉄心上部には測定基準面が取り付けられ，位置調整機能を備えた架台に乗せられている．電磁石には，その電磁気的性能のみならず，設置や位置調整，メンテナンスの容易さなども考慮した設計が要求される．加速器のラティス設計から，必要とされる電磁石のタイプ，その磁場強度，磁場形状，磁極間隙（磁極内径）や磁極長が決まる．要求される磁場強度や磁場性能を達成するため，必要な起磁力，磁極形状を決める．電磁石はその使用目的によって，磁極やコイル形状，その構造および材質が異なる．永久磁石が加速器用磁石として使用される場合もある．

加速器で使用される電磁石の種類は，おもなものとして，2極の偏向電磁石，4極電磁石，6極電磁石，補正2極電磁石（水平，垂直）がある．また高次の多極電磁石として，8極，10極，12極電磁石などがあるが，10極電磁石以上が使用されるのは稀である．電子源やイオン源，衝突型加速器ではソレノイド電磁石も使用される．挿入光源部では，希土類金属であるサマリウム（Sm）やネオジム（Nd）などの永久磁石が使用される．フェルミ加速器研究所の反陽子蓄積リングでは，安価なフェライトを磁力源とした永久磁石が使用されている．夏に頻発する雷による停電への対策である．ビームの入出射では，キッカー電磁石やセプタム電磁石が使用される．キッカーはパルス的に磁場を発生させビームを蹴る．セプタムは入出射部の限られ

図 9.3.1 偏向電磁石，4極電磁石，6極電磁石の例

た空間にのみ磁場を発生させ，入出射ビームを蹴る（パルス運転，DC運転の両方がある）．

偏向電磁石は光学でのプリズムに相当し，ビームを曲げる役割を担う．ある間隔で平行に向き合う二つの磁極を持ち，磁極間隙内で一様な磁場を発生する．4極電磁石は，光学の凸，凹レンズに相当し，ビームを収束させる役割を担う．4つの磁極を持ち，磁極形状は双曲線．磁石中心からの距離に比例する強さの磁場を発生する．4極電磁石を45°回転させたスキュー4極は，ビームのx-yカップリングの調整に使用される．6極電磁石は，光学の色収差補正レンズシステムに相当し，色収差補正の役割を担う．ビームは運動量の幅を持っており，運動量の小さい粒子はより蹴られやすく，大きい粒子は蹴られにくいという「色収差」が生じる．これを補正するのが6極電磁石の役割である．6つの磁極を持ち，磁極形状は3次曲線状である．磁石中心からの距離の2乗に比例する強さの磁場を発生する．補正2極電磁石（水平，垂直）は，小型の2極電磁石で，水平および垂直方向の軌道補正に用いられる．高次の多極電磁石は，主電磁石の高次磁場を補正し，ビームを安定化させる目的で使用される．一般に，$2n$極電磁石は，磁極形状はn次曲線で，磁石中心からの距離の$(n-1)$乗に比例する強さの磁場を発生する．ソレノイド電磁石は，電子源やイオン源でのビームの収束，衝突型加速器の衝突点における検出器のソレノイド磁場の補償，フォトエレクトロン対策などに使用される．

鉄心構造は，表面に絶縁皮膜（無機，無機+有機）を持つケイ素鋼板の積層型が一般的である．国内では，0.35，0.5 mm厚の鋼板が製品化されている．高精度の抜き型で打ち抜いた鋼板を積層し，側板（軟鉄）と端板（ステンレス鋼）で囲い，溶接し一体化する．溶接の際には，歪みを極力小さくする工夫が必要である．絶縁皮膜に接着剤を使用した接着鋼板もあり，比較的小型の磁石の鉄心製作に使用される．使用環境に適した絶縁皮膜の選択が必要で，製作には厳格な温度管理などが要求される．必要台数が少ない場合，ブロック鉄材が使用されることがあるが，磁場値の制御や追従性，大きなヒステリシスがあるなどの問題が

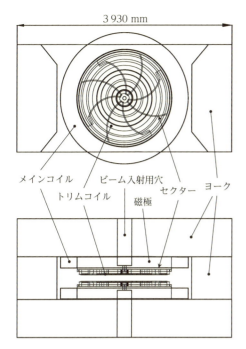

図 9.3.2　サイクロトロン電磁石の一例

ある．コイルの材質は，冷却水用の孔を有する無酸素銅の導体（中空導体）が一般的である．速い繰り返し（数十 Hz）の加速器では，鉄心とコイルは渦電流を考慮した構造が必要である．端板と側盤に切れ込みを入れる，コイル線材をストランド線にするなど，渦電流の低減化を図る．また高放射線環境で使用される場合は，耐放射線性の優れた絶縁材料を使用する必要がある．

サイクロトロンでは静磁場の電磁石が使用される．シンクロトロンやリニアックに用いられる電磁石に比べて大型になるため，電磁軟鉄板または炭素含有率 0.1 % 以下の厚板材が使用される．電磁軟鉄板は JIS において SUYP として規定されている．サイクロトロン電磁石のヨークは数～数千 t のものまであるが，連続鋳造装置で製造できる 300 mm 以下の鋼板を積層して製作される．図 9.3.2 に AVF（Azimuthally Varying Field）サイクロトロン電磁石の一例を示す．磁極面にはらせん形状をしたセクターと呼ばれる出っ張り（図の電磁石では 4 セクター）が取り付けられている．これは周回軌道上の磁場を変化させエッジフォーカスによりビームを鉛直方向に収束する役割を持つ．電磁石はメインコイルの他に，ビーム加速に必要な精度 10^{-5} 程度の等時性磁場を生成するため，磁極面にトリムコイルが設置されている．単一イオンで固定エネルギーのサイクロトロンではトリムコイルを持たないものもあるが，図のサイクロトロン電磁石は多種イオン加速用でしかもエネルギーが可変であるため，4～11 ターンのトリムコイルが 9 組設置されている．

常伝導電磁石についての詳細を以下の各項に記す．

9.3.2　電磁石の磁場発生の原理

鉄心を有する常伝導電磁石は，コイル電流で起磁力を発生させ，磁性体の磁極で磁場形状を決定する．詳細な設計は 2 次元および 3 次元の磁場計算コードを用いるが，まずは 2 次元の解析的な計算で概要設計を行う．

4 つのマクスウェル方程式のうち，磁場に関係するのは二つ

$$\nabla \cdot \vec{B} = 0, \quad \nabla \times \vec{H} = \vec{j} + \frac{\partial \vec{D}}{\partial t}$$

であるが，静磁場に限定すれば時間微分の項は考えなくてよい．また磁界 $\vec{H}$ と磁束密度 $\vec{B}$ の関係は

$$\vec{B} = \mu_0(\vec{H} + \vec{M}) = \mu_0(1 + \chi_m)\vec{H} = \mu \vec{H}$$

である．ここで μ_0 は真空の透磁率，χ_m は物質の磁化率，μ は物質の透磁率で，一般に χ_m と μ は物質と磁場についての関数である．

ベクトルポテンシャル $\vec{B} = \nabla \times \vec{A}$ を導入すれば，1 番目の式 $\nabla \cdot \vec{B} = 0$ は自動的に満たされ，2 番目の式に代入すれば $\nabla \times \left(\frac{1}{\mu} \nabla \times \vec{A}\right) = \vec{j}$ を得る．2 次元の場合，$\vec{j}, \vec{A}$ は 1 成分（z 方向に選ぶ）で書け，前式は $-\nabla \left(\frac{1}{\mu} \nabla\right) A = j$ のようになる．

電流密度 j が 0 の場所では，磁界 $\vec{H}$ はスカラーポテンシャル ϕ の勾配 $\vec{H} = -\nabla \phi$ で記述でき，$\vec{B} = \mu \vec{H} = -\mu \nabla \phi$ となり，$\nabla \cdot \vec{B} = 0$ より $\nabla \cdot (\mu \nabla \phi) = 0$ となる．

電磁石の中心付近の大気中領域で，電流の存在しない場所では $\frac{\partial^2}{\partial x^2} A + \frac{\partial^2}{\partial y^2} A = 0, \quad \frac{\partial^2}{\partial x^2} \phi + \frac{\partial^2}{\partial y^2} \phi = 0$ というラプラス方程式に従う．

これらの式を極座標表示で表すとそれぞれ

$$\frac{1}{r} \frac{\partial}{\partial r}\left(r \frac{\partial A}{\partial r}\right) + \frac{1}{r^2} \frac{\partial^2 A}{\partial \theta^2} = 0,$$

$$\frac{1}{r} \frac{\partial}{\partial r}\left(r \frac{\partial \phi}{\partial r}\right) + \frac{1}{r^2} \frac{\partial^2 \phi}{\partial \theta^2} = 0$$

周期性を考慮した上式の有限な一般解は

$$A = \sum_{n=1}^{\infty} \{a_n \cos n\theta + b_n \sin n\theta\} r^n,$$

$$\phi = \sum_{n=1}^{\infty} \{\tilde{a}_n \cos n\theta + \tilde{b}_n \sin n\theta\} r^n$$

ベクトルポテンシャル A については，第 1 項が normal 成分で第 2 項は skew（スキュー）成分，スカラーポテンシャル ϕ については，第 1 項が skew 成分，第 2 項は normal 成分である．それぞれ n 番目が $2n$ 極磁場の成分に対応している．A 一定の曲線群が磁力線に，ϕ 一定の曲線群は磁極面に対応する．偏向電磁石（$n = 1$ の場合）では，$r\cos\theta = x$ 一定と $r\sin\theta = y$ 一定が，4 極電磁石（$n = 2$）では $r^2 \cos(2\theta) = x^2 - y^2, \quad r^2 \sin(2\theta) = 2xy$ 一定，6 極電磁石（$n = 3$）では $r^3 \cos(3\theta) = x^3 - 3xy^2, \quad r^3 \sin(3\theta) = 3x^2 y - y^3$ 一定がそれぞれ磁力線と磁極面に対応する．

A の式から磁場の n 次 normal 成分を算出すると

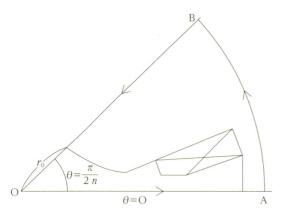

図 9.3.3　$2n$ 極電磁石概念図

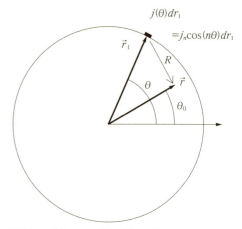

図 9.3.4　半径 r_1 の円柱表面上の電流分布がつくる磁場

$$B_r = \frac{1}{r}\frac{\partial A}{\partial \theta} = -na_n r^{n-1}\sin n\theta,$$
$$B_\theta = -\frac{\partial A}{\partial r} = -na_n r^{n-1}\cos n\theta$$

となる.

これより $B_x = -na_n r^{n-1}\sin(n-1)\theta$, $B_y = -na_n r^{n-1}\cos(n-1)\theta$ が得られる.

中心から a の場所での磁場の強さ $B_n[a]$ を用いれば

$$B_x = B_n[a]\left(\frac{r}{a}\right)^{n-1}\sin(n-1)\theta,$$
$$B_y = B_n[a]\left(\frac{r}{a}\right)^{n-1}\cos(n-1)\theta$$

となる.

同様に n 次 skew 成分は

$$B_r = nb_n r^{x-1}\cos n\theta, \quad B_\theta = -nb_n r^{n-1}\sin n\theta$$
$$B_x = nb_n r^{n-1}\cos(n-1)\theta, \quad B_y = -nb_n r^{n-1}\sin(n-1)\theta$$

となる.

ϕ 表示では, n 次 normal, skew 成分は

$$H_r = -n\tilde{b}_n r^{n-1}\sin n\theta, \quad H_\theta = -n\tilde{b}_n r^{n-1}\cos n\theta$$
(normal)
$$H_x = -n\tilde{b}_n r^{n-1}\sin(n-1)\theta$$
$$H_y = -n\tilde{b}_n r^{n-1}\cos(n-1)\theta$$
$$H_r = -n\tilde{a}_n r^{n-1}\cos n\theta, \quad H_\theta = n\tilde{a}_n r^{n-1}\sin n\theta \quad \text{(skew)}$$
$$H_x = -n\tilde{a}_n r^{n-1}\cos(n-1)\theta$$
$$H_y = n\tilde{a}_n r^{n-1}\sin(n-1)\theta$$

であり, a_n, b_n と $\tilde{a}_n, \tilde{b}_n$ の関係は $a_n = \mu_0 \tilde{b}_n, b_n = -\mu_0 \tilde{a}_n$ となる.

次に n 次 normal 成分だけが存在する場合について, 起磁力と磁場の関係を求める.

$\nabla \times \vec{H} = \vec{j}$ の積分形

$$\int (\nabla \times \vec{H})\cdot d\vec{S} = \oint \vec{H}\cdot d\vec{l} = \int \vec{j}\cdot d\vec{S} = J_\text{tot}$$

を電磁石のコイルを含む図 9.3.3 の領域に適用して

$$\oint \vec{H}\cdot d\vec{l} = \int_0^A \frac{1}{\mu_0}B_r[r, \theta=0]dr + \int_{\overline{AB}} \frac{1}{\mu}B_\theta d\theta$$
$$-\int_{r_0}^B \frac{1}{\mu}B_r\left[r, \theta=\frac{\pi}{2n}\right]dr$$

$$-\int_0^{r_0}\frac{1}{\mu_0}B_r\left[r, \theta=\frac{\pi}{2n}\right]dr = J_\text{tot}$$

が得られる.

全磁束は一定であることと $\mu \gg \mu_0$ から, 第 2, 3 項は無視でき, 第 1 項については $\theta=0$ では $B_r=0$ で, これも消える. よって

$$-\int_0^{r_0} B_r\left[r, \theta=\frac{\pi}{2n}\right]dr = \mu_0 J_\text{tot}$$

となり, これから $a_n r_0^n = \mu_0 J_\text{tot}$ となる.

空心電磁石の磁場は電流分布で決まる. 簡単のため, 非常に長い直線導体をフィラメント電流の集合と見なし, 断面 dS を z 方向に流れる電流 jdS だけを考える. r の距離における長さ $2l$ の導体からの寄与は

$$dA_z = (\mu_0 jdS/4\pi)\int_{-l}^{l}dz/\sqrt{z^2+r^2}$$

である. $l \gg r$ を仮定すれば,

$$dA_z(r) \cong -\frac{\mu_0}{2\pi}jdS\ln r$$

が成り立つので, これを拡張して半径 r_1 の円筒表面に沿って軸周りに図 9.3.4 のように連続分布する電流密度 $j[\vec{r}_1] = j_n\cos(n\theta)$ によるベクトルポテンシャルを求める (離散電流分布を扱うこともできる). 点 $\vec{r}$ におけるベクトルポテンシャルは z 成分だけになり,

$$A_z(r,\theta_0) = -\frac{\mu_0 r_1 j_n}{2\pi}\int_0^{2\pi}d\theta \cos(n\theta)$$
$$\ln[r_1^2+r^2-2rr_1\cos(\theta_0-\theta)]^{1/2}$$

となる. ただし, $R^2 = r_1^2+r^2-2rr_1\cos(\theta_0-\theta)$ である. この計算は複素積分で解析的に計算できる.

電流分布が環状 (半径 $r_1 \sim r_2$) に分布している場合にその範囲について積分することを考慮すれば,

$$dA_z(r,\theta_0) = \begin{cases} \dfrac{\mu_0 j_n r_1 dr_1}{2n}\left(\dfrac{r}{r_1}\right)^n\cos(n\theta_0) & \left(\dfrac{r}{r_1}\leq 1\right) \\ \dfrac{\mu_0 j_n r_1 dr_1}{2n}\left(\dfrac{r_1}{r}\right)^n\cos(n\theta_0) & \left(\dfrac{r}{r_1}>1\right) \end{cases}$$

が成り立つ. また, 周方向に任意の電流分布 $j[\theta] = \sum_M j_M\cos(M\theta+\delta_M)$ があれば, この分布がつくる磁

場は各成分の和で表される．

9.3.3 鉄心とコイルの設計，製作

加速器で使用される電磁石の多くは，ケイ素鋼板の積層型鉄心に無酸素銅の中空導体で製作されたコイルという構造を持つ．要求される磁場性能（磁場強度，磁場分布の一様性など）を考慮し，鉄心形状，その製作精度，コイルの巻き数と形状を決める．鉄心の端板と側板は，鉄心の剛性に影響するのはもちろん，電磁石を高精度でアライメントするための測量基準面，電極や各種計測用の端子台の取り付け，真空ダクトやビームモニターの固定治具が取り付けられるので，それらを十分考慮し設計する必要がある．

速い繰り返しの電磁石では，磁極端部での漏れ磁場，渦電流の影響などにさらなる注意が必要である．変化する磁場により，鉄心，端板，側板，コイル導体といった電磁石本体の構成要素に加え，電磁石周辺に配置される金属機器（真空ダクトのフランジ，RF シールド，モニタダクトなど）に渦電流が発生し，磁場の乱れや発熱を引き起こす．渦電流と鉄心の発熱を低減させるため，薄くかつヒステリシス損の小さい鋼板を使用する．端部での発熱の原因となる渦電流は，おもに端板に対して垂直な磁場成分によって引き起こされる．渦電流の流れを遮断するため，電磁石の端板や鉄心端部へのスリット加工，鉄心端部をロゴスキー形状にする，真空ダクトにセラミックスダクトを用いるなどの方策で，渦電流による磁場の乱れや発熱を低減する．またコイルの渦電流を減らす手段として，コイル導体にアルミニウムのストランド導体を用いる方法もある．

以下に電磁石の具体的な設計手順を示す．

1) 加速器のラティス設計から，必要な磁場と磁場長，磁極間隙またはボーア半径，磁場の有効領域などが決まる．電磁石設計は，ラティス設計者と十分協議し最適化する必要がある．

2) 磁場の強さと磁極ボーア径から起磁力が決まる．図 9.3.5 に示すように，磁極間隙 h_B の偏向（2極）電磁石，ボーア半径 r_Q の4極電磁石，ボーア半径 r_S の6極電磁石の必要な磁極あたりの起磁力は次のようになる．

$$N_B I = \frac{B}{\mu_0}\frac{h_B}{2}, \quad N_Q I = \frac{B'}{2\mu_0}r_Q^2, \quad N_S I = \frac{B''}{6\mu_0}r_S^3$$

3) ターンあたりの最適な電流値と電流密度を決める．
ρ：銅の電気抵抗率，J：起磁力，j：コイル電流密度，i_{turn}：電流値，n：コイルターン数，L_{turn}：コイル平均長/ターン，S_{coil}：コイル導体面積とすると，コイルの抵抗と発熱はそれぞれ

$$R_{coil} = \rho\frac{nL_{turn}}{S_{coil}} = \rho\frac{n^2 j L_{turn}}{J}, \quad P = R_{coil}\,i_{turn}^2 = \rho j J L_{turn}$$

と与えられる．

消費電力は電流密度 j と起磁力 J の積に比例する．通常の無酸素銅中空導体の場合，j は数 A/mm² から 10 A/mm² の範囲にある．電流密度 j が小さいほうが消費電力は小さい．ターンあたりの電流値が小さいほうが，電源と

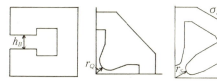

図 9.3.5　偏向，4極および6極電磁石鉄心断面図

配線ケーブルのサイズは小さくできる．ターン数を増やすとコイル導体断面積が小さくなり（冷却水孔も小さくなる）かつコイル長が長くなるため，冷却水が流れにくくなる．これらの条件を総合的に考慮し，電磁石の設計を最適化する．

4) コイル抵抗，インダクタンス L が概算できる．
必要な電源電圧は $V_{max}=(R+R')I_{max}+L\dot{I}_{max}$ である．
R' は電磁石本体以外のケーブルなどの抵抗であり，インダクタンスは磁場計算の結果あるいは近似式[1]から求められる．

5) 電磁石の発熱量から必要な冷却水量（空冷の場合は必要なコイル表面積）が決まる．コイルの発熱は $N=RI^2$ であり，それを冷却するのに必要な冷却水流量 G_w は，冷却水許容温度上昇 Δt [℃] とすると $G_w[l/s] \simeq N[kW]/4.2\Delta t$ [℃] となる．

空冷の場合，コイル表面から発散する熱量は $Q=\lambda\Delta t_c S$ である．ここで λ はコイル表面の熱拡散係数で $\lambda=14\,W/m^2/℃$，Δt_c はコイル表面の温度上昇，S はコイル表面積である．

6) 冷却水圧損 ΔP_w [kg/cm²] を決めれば，必要な冷却水孔の直径 d_h [mm] が求まる．冷却水量と冷却水孔の関係は

$$G_w[l/s] \simeq N(kW)/4.2\Delta t[℃] = 10^{-3}VA_F$$
$$= 10^{-3}VF_s d_h^2$$

である．ここで V [m/s]：冷却水速度，A_F [mm²]：流れの面積，d_h [mm]：流れの直径，$F_S=A_F/d_h^2$：形状因子．一方乱流の圧損 P_w についての一般式は $\Delta P_w[kg/cm^2]=0.18L_C V^{1.75}/(F_S^{1.75}d_h^{1.25})$[1]．ここで L_C [m] はコイル全長．前2式より V を消去すれば最小限必要な d_h [mm] が求まる．

7) コイル形状（何層何列）を決める．コイルの巻き方には，レーストラック型（汎用の巻き方），鉄心からのコイルの出っ張りをなるべく小さくする鞍型がある．コイルの始点と終点をいかにコイルスロットから取り出すかをよく考慮し，何層何列にするかを決定する．

8) 鉄心内の最大磁束密度が 1.5〜2 T を超えないように鉄心を設計する．鋼板の打ち抜き精度は磁極先端付近で 25 μm，鉄心製作精度，組み立て精度は 50〜100 μm 程度．

9) 2次元＆3次元磁場計算コードを用いて磁極形状の詳細を決める．まず2次元磁場計算で磁極形状を絞り込み，最終確認に3次元磁場計算を行い，3次元の磁場分布や磁場の有効長を評価する．磁極形状の最適化の方法は，磁極に出っ張り（磁極シム）を付け，端部での磁場分布の外側

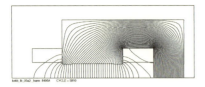

図 9.3.6　2次元磁場計算例（Poissson）

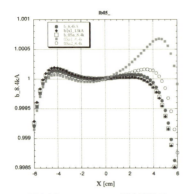

図 9.3.7　SuperKEKB 偏向電磁石

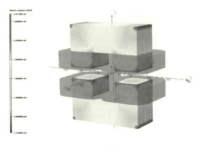

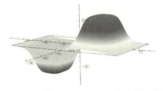

図 9.3.8　KEKB ウィグラー電磁石の3次元磁場計算例（Opera 3D）．上：鉄心中の磁束密度，下：上下対称面上の磁場分布．

の下がりをある程度持ち上げる．また鉄心端部にもエンドシムを取り付け外側の磁場を持ち上げる．エンドシム形状は磁場測定で最適化する．エンドシムを取り付ける代わりに，NC マシンで鉄心端部を高精度でカットすることで，磁場分布の調整（多極成分の調整）を行う方法もある（エンドシャンファー：end chamfer という）．

最後に図 9.3.6～9.3.8 に2次元，3次元の磁場計算例を示す．

9.3.4　磁石材

強磁性体には，透磁率が大きく保磁力，ヒステリシスが小さい軟磁性材料と保磁力の大きな硬磁性材料がある．電磁石鉄心に使用されるのは軟磁性材料で，硬磁性材料は永久磁石に用いられる．1900 年に Hadfield らが鉄にケイ素を添加すれば保持力 H_c が減少し，鉄損が非常に小さくなることを発見した．これが電磁鋼板の歴史の始まりとなっている．その後，ドイツ，米国でケイ素鋼板として生産が始まり，大量に生産されるとともに品質も高度な発展を遂げた．

機械的寸法および磁場性能に高精度が要求される加速器用電磁石の鉄心は，ケイ素鋼板を積層した積層型鉄心が用いられる．磁石のビーム方向前後面には，磁場長に影響を与えないように非磁性のステンレス端板，側面には構造用軟鉄の側板を用いて，積層されたケイ素鋼板を囲み，加圧した状態で溶接する．ケイ素鋼板は，国内では 0.35 mm，0.5 mm と 0.65 mm 厚が製品化されており，方向性を持たない無方向性電磁鋼板と結晶の向きが揃った方向性電磁鋼板がある．

無方向性電磁鋼板は，磁化容易軸がランダムな多結晶（無方向性）からなる鋼板で，磁気異方性が小さい．そして，表面形状，寸法精度，積層占積率が優れているため，連続打抜き工程を経て積層鉄心に成形されるものに適している．おもな用途として，ケイ素の多い低鉄損材は電力用の大型回転機に，ケイ素の少ない高磁束密度材は家電機器などの小型回転機に広く使用されている．加速器においても，電磁石の鉄心材として広く使われている．ケイ素含有量とともに飽和磁束密度は減少し，電気抵抗は増加する．ケイ素の最適含有量は 1～2% である．

方向性電磁鋼板は，磁気異方性を利用し冷間圧延と焼きなましの組み合せで磁化容易軸を圧延方向（L 方向）に揃えた鋼板である[2,3]．おもに電力用トランス，リアクトルやタービン発電機の鉄心，高透磁率を利用する磁気シールド材に使用されている．加速器では KEK-PS の電磁石に用いられた．鉄心に無方向性電磁鋼板を用いるほうが製作は容易であるが，高磁場対応の電磁石を製作したい場合などは方向性電磁鋼板を用いる利点がある．その場合，鉄心の各部での鋼板の結晶方向の向きに留意する必要がある．

積層鋼板の表面には絶縁被膜を塗布し，積層間渦電流が流れるのを防ぐ．絶縁被膜は層間抵抗が高いことが基本であるが，加工する際に打ち抜き性や溶接性のよさも要求される．被膜の種類には無機質と半有機質（無機質ベース＋有機質の絶縁被膜）があり，前者は耐放射線性，溶接製に優れ，後者は潤滑性が向上し抜き型の摩耗や積層の作業性の点で優れる．大強度加速器においては，ビーム電流が従来の加速器と比べて高いため，放射線下による被膜劣化が懸念される．このような場合，鋼板の絶縁被膜には無機被膜が用いられる．

一例として，KEKB B ファクトリー陽電子リングの4極電磁石に使用されたケイ素鋼板である無方向性電磁鋼板 50A600 の特性を表 9.3.1 に示す．

絶縁被膜に接着剤を使用した接着鋼板は，おもに小型回転機やトランスなど民生用の電機機器に利用されてきたが，比較的小型の電磁石の鉄心にも使用される．使用環境

表 9.3.1 ケイ素鋼板磁気特性，成分分析値の例

母材	方向	W15/50 [W/kg]	B50 [T]	HC15 [A/m]
KA	L+C	4.28	1.737	68.8
	L	4.12	1.760	66.1
	C	4.52	1.707	76.2

母材	分析値 (%)				
	C	Si	Mn	P	Al
KA	0.002	1.41	0.30	0.019	0.240

B50 は磁化力 5 000 A/m での磁束密度，HC15 は最大磁束密度 1.5 T での保磁力，W15/50 は周波数 50 Hz，最大磁束密度 1.5 T のときの鉄損．L は圧延方向，C は圧延方向に垂直方向．

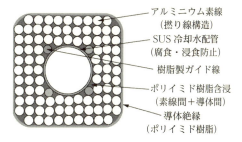

図 9.3.9 ストランド線導体の線素線断面図

に適した接着皮膜の選択が必要で，接着時には正確な温度管理が要求される．電磁石の製作台数が少ない場合，経済性から電磁軟鉄ブロック材を使用することがあるが，主要な電磁石に用いる場合は，磁場値の制御や追従性，大きなヒステリシスがあるなどの問題がある．

速い繰り返し電磁石では，鉄損に注意する必要がある．鉄損は，ヒステリシス損と渦電流損から構成される．鉄損に含まれる渦電流損は，鋼板の厚みに大きく影響される．

鋼板に時間的に変動する磁場を加えると，磁場が侵入できる厚さの範囲で渦電流が流れる．速い繰り返し電磁石の場合，板厚の薄い鋼板を用いれば，鉄心に流れる渦電流損を小さくできる．鉄心の製作の容易さ，強度，鉄損の大きさなどを総合的に考慮して，使用する鋼板の材質，厚みを決めることが重要となってくる．また側板が軟鉄の場合，側板を通過する磁束が渦電流を誘起し，磁場の応答性を損なうことがある．要求される磁場の応答性によっては，側板にステンレスを使用することもある．

9.3.5 コイル材，コイル絶縁材

使用される電磁石の繰り返し速度により，直流電磁石では冷却水孔を有する無酸素銅中空導体，速い繰り返しの電磁石では，渦電流の低減化のためストランド線など適切な導体が選ばれる．コイル絶縁材は，コイルの対地電圧，層間電圧，電磁石が使用される放射線環境により，適切な絶縁材が使用される．特に放射線が強い場所では，鉱物の酸化物を絶縁材に用いた無機絶縁ケーブル（Mineral Insulation Cable : MIC）も用いられる．

a. 直流電磁石

大型加速器で使用される直流電磁石の主コイル材は，小電流で使用される補正電磁石を除けば，冷却水孔を有する無酸素銅中空導体（oxygen free copper hollow conductor）が使用される．導体の接続，コイル端部への口金や電気端子の取付けにはろう付けが行われる．ろう付け時に銅導体中の酸素と溶接ガス中の水素が反応し水ができ，ろう付け部にクラック，ピンホールなどが生じる可能性があるため，コイル材として酸素含有量が極めて小さい無酸素銅が使用される．銅の代わりにアルミニウム導体が使用される場合がある．アルミニウムは銅に比べ比電気抵抗が大きく，抵抗値を下げるためにはコイル断面寸法が大きくな

る．また耐久性，溶接性，電気端子取り合いなどの点で銅に劣るなどの欠点はあるが，軽量でコストが安いなどの利点がある．

補助コイルや補正電磁石のコイルには，使用される放射線環境に応じ，エナメル被覆，EPR（エチレンプロピレンゴム）絶縁，ポリアミドイミド絶縁の銅線が用いられる．

コイル導体の絶縁方式は，素線絶縁，層間絶縁，対地絶縁，絶縁保護層からなる．絶縁材料として，ガラステープ（ボロンを含まない），ポリアミド，ポリイミドの不織布や不織紙，マイカ（絶縁破壊強度に優れる）が用いられる．含浸材としてはエポキシ樹脂が一般的である．比較的小型のコイルの場合は，全体をエポキシ樹脂に浸す真空含浸（impregnation）が行われる．大型のコイルの場合，エポキシ樹脂をしみ込ませたエポキシ樹脂プリプレグテープを用い，全体を炉で加熱硬化させる手法が一般的である．

b. 速い繰り返し電磁石

電磁石コイルの線材としては，一般的に冷却水チャンネルのある無酸素銅中空導体が広く使われている．速い繰り返し電磁石の場合，渦電流損を低減させるため，小さいサイズの無酸素銅中空導体を束ねて転移させながら巻いていくが，導体サイズに制限があるため，周波数が高くなると，渦電流損を低減させる観点でストランド線のほうが優れている．大強度陽子加速器施設 J–PARC の主要加速器の一つである 3 GeV シンクロトロンは，25 Hz の速い繰り返しのシンクロトロンで，1 MW の大強度陽子ビームを発生させる．使用される電磁石は，速い繰り返しで大口径，かつ高放射線環境での使用に耐えなければならない．そのコイル導体にはアルミニウムのストランド線導体が用いられている．ストランド線導体の構造は，冷却水を通すパイプの周りに電気的に絶縁された多数の細い導体（素線）を巻き付けて矩形に圧縮成形したものである．ストランド線導体の素線断面図を図 9.3.9 に示す．ストランド線は，渦電流損が導体幅の 2 乗に比例することを利用しており，同じ外形を持つ無酸素銅中空導体に対して，渦電流損をおよそ素線径と外形サイズの比の 2 乗ほど低減することができる．したがって，渦電流損を低減させるために非常に有効であると考えられる．

ストランド線を構成するアルミニウム素線は，特にホルマール被覆などの積極的な電気絶縁は行われず，自然酸化で素線表面に生成されるアルミナ（Al_2O_3）膜による電気

絶縁を利用している．アルミニウムの自然酸化は，室温で飽和状態に達し約 25 Å の膜厚となる．冷却水配管にステンレスを用いたのは，銅パイプに比べて比抵抗が大きいことと，腐食・浸食を防止するためである．冷却水配管の外側にアルミニウム素線を直接撚り合わせて角型に圧縮成形すると，素線の偏りと冷却水配管の変形が生じる．そのため，ガイド線を冷却水配管に 4 本沿わせ，その外側にアルミニウム素線を撚り合わせることにより偏りと変形を防止している[4]．従来，ガイド線としてアルミニウム線を用いていたが，樹脂を含浸させたガラス線に置き換えることにより，交流損を低減している．また，アルミニウム素線を撚る際には，素線の各層ごとで撚り線ピッチを定め，量産する前にストランド線導体の曲げ試験を実施し，コイルの膨らみが許容できるかどうかを確認する必要がある．アルミニウム素線を撚ったストランド線導体は，素線絶縁（ポリイミドマイカプリプレグテープ）や層間絶縁（ポリイミドシート）を行いながら電磁石用コイルに巻き上げられる．この段階で，素線間と導体間に樹脂含浸を行う．コイルの導体絶縁や樹脂含浸に通常用いられるエポキシ樹脂は放射線に対して弱く，1 MGy 以上で電気絶縁特性が劣化するといわれている．大強度陽子加速器の 3 GeV シンクロトロンでは，数十 MGy 以上持つとされているポリイミド樹脂が用いられた[5]．樹脂含浸に使用するポリイミド樹脂は，エポキシ樹脂と比べて粘性が 5〜7 倍高いため，従来の真空含浸では素線間や導体間への浸透性が悪く，空気溜まりが多く発生した．導体間に空気溜まりがあると放射線により窒素酸化物（NO_x）が発生し，絶縁材料を劣化させる．また，熱伝導が悪くなるため冷却水の除熱効率が低下する．含浸時に樹脂温度を制御することで樹脂の粘性を弱め，真空・加圧のサイクルを繰り返して含浸することで，樹脂の浸透性を高めることが可能となった．樹脂は発熱反応により硬化するため，大量の樹脂を高温加熱状態で使用すると，高温発熱と蓄熱を引き起こし暴走反応が生ずる．そのため，含浸容器は樹脂溜まりができない構造にするか，もしくは処置を行ってから加熱硬化を行わなければならない．最後に絶縁処理の仕上げとして対地絶縁を行う．対地絶縁は，最初にポリイミドマイカプリプレグを巻き，その外周にポリイミドプリプレグテープを巻いてコイル全体を加熱硬化させる．

アルミストランド線コイルの端末処理は，素線導体部分と冷却水配管を分離し，電流端子金具として中空のアルミブロックを冷却水配管に差し込み，導体部分とアルミブロックを TIG 溶接にて接続する．その後，アルミ製の端子台を溶接して取り付ける．さらに冷却水配管はセラミック絶縁継手を用いて導通部と非導通部を分離し，電磁石用コイルとして完成する．

一般的にコイルの絶縁材料として使用されているのは，ビスフェノール A 型や F 型のエポキシ樹脂である．F 型は粘性が低いため真空含浸などに使用される．用途によって使い分けているので，用途で選別する必要がある．放射

線環境下で使用する絶縁材料のガラス繊維は，ボロンフリーのものを使用する．国内では T ガラス，海外では S ガラスと呼ばれている．耐放射線性では，耐熱性の指標であるガラス転移温度が高いものを選ぶとよいが，高すぎるとクラックが入りやすく加工しにくい．大強度陽子加速器の 3 GeV シンクロトロン電磁石では，コイル絶縁材料にポリイミド樹脂を使用しているが，鉄心とコイル間の緩衝材やコイル口出し部のカバーにノボラック系エポキシ樹脂を使用している．一般的に各樹脂のガラス転移温度は以下の順で高くなる：

> ビスフェノール系エポキシ樹脂 ＜ ノボラック系エポキシ樹脂 ＜ ポリイミド系樹脂

c. 耐放射線性

大強度陽子加速器施設 J-PARC では，より高放射線環境下で使用される電磁石に，酸化マグネシウム（MgO）を絶縁材に用いた無機絶縁ケーブル（MIC）を使用している．無機絶縁ケーブルは無酸素銅の中空導体と銅の被覆の間を酸化マグネシウムで絶縁している．電磁石の保守，修理が困難な場所では，コイルの水漏れや地絡の心配がないよう，酸化マグネシウムで絶縁された無垢の無酸素銅導体に冷却水が流れるステンレス管を沿わせる間接冷却を採用している．水漏れを起こさないよう，磁石内でのステンレス管の接続はない[6]．

9.3.6 磁場測定

a. 磁場測定の目的

加速器は高精度の磁場を発生できる多数の磁石を必要とする．その種類も，偏向，4 極，6 極電磁石など通常の構成要素から，ウィグラー電磁石など特殊目的に使用するものまで多岐にわたる．さらにそれらは 0.1 mm 以内の精度でアライメントされる必要があるため，高精度の測量基準面が必要となる．これらの磁石は高精度で製作されているとはいえ，鉄心材の磁気特性の偏差や板厚偏差，製作時の機械的誤差などから，各磁石の磁場性能にばらつきを生じる．磁場測定の主目的の一つは，製作された多数の磁石の磁場性能，測量基準面が，加速器の要求精度を満足しているかどうかを事前に判別することである．測定量としては，磁石中心軸上の磁場積分値とその励磁特性（これは最も重要な測定量であるので，多くの電流点で測定したほうがよい），磁場積分値の横および鉛直方向分布または磁極内の磁場積分値の多極成分とその励磁特性，測量基準面位置精度，4 極や 6 極電磁石については磁場軸などをすべての主要電磁石について測定する．磁場測定のもう一つの目的は，磁場性能の詳細（ビーム進行方向中心の磁場値，磁場有効長），隣接する磁石間の磁場のカップリング，冷却水温度や周辺環境温度への依存性，組立再現性，ヒステリシスループの影響，補正巻き線励磁によるヒステリシスなどを電磁石のタイプごとに詳細に測定し，加速器運転時に必要なデータを提供することである．これらのデータは加速器を計算機上でモデル化し，現実の加速器と比較検討す

図 9.3.10 ロングコイル磁場測定装置

図 9.3.11 マッピングコイル

図 9.3.12 ハーモニックコイル

るうえで非常に重要となる.

b. 磁場測定方法と測定精度

コイル（プローブ） 磁石中でコイルを回転させるとコイル巻き線を貫く磁束が変化し，誘導電圧が発生する．その誘導電圧を積分器等で精度よく測定する方法．10^{-5} レベルの高精度．ビーム進行方向の磁場積分値を測定する「ロングコイル」，ある点の磁場値を測定する「マッピングコイル」，磁極（間隙）内の磁場主成分および多極成分の積分値を測定する「ハーモニックコイル」などがある．

ホール素子 測定精度は $2\times10^{-3}\sim3\times10^{-3}$ 程度であるが，既製品がある．システム構成が簡易であり汎用的で，簡易測定に便利である．

NMR 10^{-7} 以上の超高精度．偏向電磁石中心の励磁測定，コイル（プローブ）の較正などに用いる．

c. 磁場測定例

ロングコイル 偏向電磁石の磁場積分値（ビーム進行方向についての）を測定するための装置で，磁場長をカバーする十分な長さを持っている必要がある．磁石中心での積分磁場と，コイル（プローブ）を移動させ積分磁場の横方向分布を測定する．コイルを磁場中で反転させたときに誘導される電圧を積分器で測定することにより，コイルを通過する全磁束を求める．エンコーダーを用い，回転中の誘導電圧波形を測定してもよい．図 9.3.10 のロングコイル磁場測定装置の例では，2 台の C 型偏向電磁石をその開口部が互いに向き合うように設置している．1 台を基準電磁石とし，他方の磁石を順次取り換え測定する．各磁石の測定の最後に，プローブは基準電磁石の中心に戻り測定する．基準電磁石の測定値で較正することで，測定器のドリフトや環境変化による測定誤差などが磁場測定値に与える影響を低減し，測定精度を向上させている．

マッピングコイル 一定間隔で磁場を測定する装置．プローブとして小さなボビンに巻かれたコイルを用いる．このコイルを，水平，垂直，ビーム方向 3 軸の移動機構を持つムーバーに取り付け，磁場分布の測定を行い，ビーム方向磁場分布，磁場有効長（effective length）などを測定する．図 9.3.11 にマッピングコイルの例を示す．この例では，コイル巻き線の外形は 8 mm 程度で巻数は 2 000 ターン強である．ツインマッピングコイルで，二つのコイルが約 10 mm の間隔で固定されている．偏向磁石を測定する場合は，どちらか一つのコイルを用いる．4 極磁石を測定する場合は，二つのコイルの誘導電圧の差を直接計測する

ことで，位置ずれや外乱に起因する測定誤差を抑制することができる．

ハーモニックコイル プローブは電磁石全長をカバーするロングコイルと電磁石の長手方向（ビーム進行方向）に分割した，三つのショートコイル（前後，真ん中）からなる（図 9.3.12）．電磁石は 5 軸（垂直高さ Y1, Y2, Y3, 水平 X，鉛直軸回りの回転 θ）ムーバー上に設置され，容易にアライメントできる．磁極内に挿入可能な径の大きいプローブを回転させ，その誘導電圧波形をエンコーダー同期で積分器（VFC）に取り込む．ロングコイルからは磁場の主成分と多極成分の積分値が求まる．各成分の振幅から磁場の大きさ，その位相から磁場面の回転角がわかる．各ショートコイルでは，ビーム方向に沿った各磁場成分が測定され，その情報から，磁場中心つまり磁場軸が決定される．

9.3.7 永久磁石の磁場発生原理と設計

加速器を構成する磁石の多くは電磁石が用いられているが，永久磁石も用いられてきた．1990 年代以降，第 3 世代放射光リングにおける挿入光源や XFEL 用アンジュレータに永久磁石は用いられ[7]，また，コライダー用の Final focus[8] や中性子パルスの収束[9]，さらには次世代放射光リングのラティス磁石への利用が検討されている[10,11]．これらは，コンパクトに強磁場が出せること，真空内で使用可能なことといった永久磁石の長所に加え，電力や冷却水を必要としないという特徴が，その背景にある．

永久磁石の磁場の強さを定量的に定義する際，磁化曲線

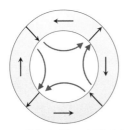

図 9.3.13 Halbach 型磁石．図は 4 極磁石（$n=3$）の場合．

（BH 曲線）の y 切片に相当する残留磁束密度 B_r のみでなく，逆方向磁場をどこまでかけると残留磁化が 0 になるかを表す保磁力 H_c（BH 曲線が第 2 象限で x 軸と交わる点）が重要となる．なぜなら，永久磁石が実際に置かれる環境には，磁石自身がつくる場も含め逆磁場が存在し，温度などに対して磁石が安定であるためにはこの逆磁場環境下での磁気特性が重要だからである．そのため，永久磁石の磁力を表す指標の一つとして，BH 曲線の第 2 象限における B と H の積の最大値 BH_{max} があり，これは，その磁石に蓄えることのできる最大磁気エネルギー密度（kJ/m³）に相当する．20 世紀に入り，鋼から，アルニコ，フェライト，サマリウムコバルト，ネオジムと進化してきた永久磁石の過程は，フェライトを除き，この BH_{max} が増加してきた過程ということもできる[*1]．

永久磁石を加速器に用いる場合，目的となる磁場分布（例えば，4 極磁場分布）を発生させるための磁気回路として様々な回路が考えられるが，特に，Halbach による磁気回路がよく知られている[12]．中空円筒形の永久磁石における磁化 $\vec{M}$ が式（9.3.1）に示すような分布をしているとき，

$$\vec{M} = M_0(\hat{\rho}\sin[(n-1)\phi] - \hat{\phi}\cos[(n-1)\phi]) \quad (9.3.1)$$

円筒内部における磁場は，2 極磁場（$n=2$），4 極磁場（$n=3$），さらなる多極磁場（$n=4, 5, \cdots$）となる．ここで，n は整数，M_0 は磁化の強さ，$\hat{\rho}$ は径方向の単位ベクトル，$\hat{\phi}$ は回転方向の単位ベクトルである．図 9.3.13 に，4 極磁場のときの磁化方向，および磁場の方向を示す．ただし，実際の磁化過程において，式（9.3.1）で示すような連続的な磁化分布にするのは困難なため，通常は中空円筒の磁石部を数十のセグメントに分割し，各セグメント内は単一の磁化方向を持つような磁石配置にする[9]．

さらに，比透磁率の高い（～5000）鉄やパーメンジュールと永久磁石を組み合わせることで，永久磁石の製造過程で生じる磁化の不均一性がビーム軸上の磁場分布に与える影響を大幅に抑制し，かつ磁場の増強や放射線ダメージの抑制といった点でも効果的な磁気回路を組むことができる．ただし，挿入光源を初め，磁気回路によっては，磁化の不均一性の影響を抑制するのは容易ではない場合もあ

り，この場合は磁化過程から均一化させるプロセスを経ることが考えられる．

次に，永久磁石の安定性について述べる．まず，残留磁束密度 B_r には，材料に応じて $-0.02 \sim -0.7$ %/K 程度の温度依存性があるため，磁石が配置された環境の温度変化によって，ビームが感じる磁場が変化する．この対策として，磁石温度を安定化させる，周辺に電磁石を配置して調整機構を持たせる，といった方策の他に，磁気回路に温度補償の機構を組み込むという手法が古くから商用機器などで用いられている．これは，Fe-Ni 合金に代表されるキュリー温度[*2]の低い材料を磁気回路に付加し，この温度係数が非常に高い（Fe-Ni 合金で約 -2.5 %/K）ことを利用することで，環境温度の上昇／下降によって生じる主磁気回路中の磁束の減少／増大を大幅に抑制する手法である[13,14]．

また，永久磁石は，放射線環境下において長期的時間スケールで徐々に磁場低下することが知られ，真空封止アンジュレータを初めとする挿入光源の分野で確認，調査されてきた[15]．さらに長期的なスパンでは，環境温度によって 10 年オーダーで微小な磁化減少が生じる．これは，磁化した状態はエネルギー的に高い状態にあるため，熱的な揺らぎのなかで磁化が低いエネルギー状態，つまり磁化されていない状態に戻るためである．この減少量は，高い安定性を長期間要求される加速器では無視できない可能性があり，長期的な磁場観測など注意が必要である．

永久磁石が加速器の磁石，特にラティス用磁石としてほとんど用いられてこなかった理由の一つとして，広範囲な磁場調整が容易ではないことが挙げられる．磁石に要求される磁場調整機構としては，1）製作，調整段階で設計仕様に厳密に磁場を合わせる微調整機構と，2）運転時にビーム調整などに伴い大きく磁場を調整する機構がある．電磁石の場合は，1）と 2）のいずれのケースも，ポールピースが磁気飽和しない範囲において，コイルの通電電流を調整することで容易に磁場調整ができる．一方，永久磁石の場合，磁石の周りにシムと呼ばれる磁性体ピースを配置することで磁場の微調整を行うことはできる．しかし，大きく磁場を調整するには，何らかの付加的機構が必要となる．そのため，挿入光源の場合はギャップを開閉し，4 極磁石や 6 極磁石の場合は，磁石を Longitudinal 方向，あるいは Transverse に分割し，それぞれをある規則に従って駆動させることで全体の転送行列として 4 極成分を増減させる方法などが用いられてきた[16]．偏向磁石の場合もギャップ開閉による磁場調整が可能だが，多極磁石との複合機能型磁石，あるいはギャップの開閉に必要な力 $F = SB^2/(2\mu_0)$（S：面積，B：磁場，μ_0：真空透磁率）が非常に大きい場合など，ギャップ開閉が不適切な場合もあ

[*1] 各永久磁石の BH_{max}(kJ/m³) は，鋼（最大 40 程度），アルニコ（同 80 程度），フェライト（同 40 程度），サマリウムコバルト（同 250 程度），ネオジム（同 400 以上）．

[*2] 材料内の原子の磁気モーメントは，外的温度から得る熱エネルギーによってゆらぎ，全体の磁気モーメントが減少する．この磁気モーメントが 0 になる温度がキュリー温度．

る．そこで，磁気回路にあらかじめ意図的な磁束の漏れをつくっておき，その漏れの量を機械的機構によってビーム軸上の磁場を調整する手法も提案されている[11]．

コンパクトに強磁場を発生し，電源や冷却水系に起因する磁場のゆらぎや故障がなく，多大な消費電力抑制の可能性を持つ永久磁石は，今後の加速器開発において，より大きな役割を果たしていく可能性がある．

9.3.8 ソレノイド磁石

a. ソレノイドのつくる磁場

ある定常的な電流が密度 $\boldsymbol{j}\,(\boldsymbol{r}')$ で分布するときに観測点 $\boldsymbol{r}$ につくる磁場のベクトルポテンシャルは

$$\boldsymbol{A}(\boldsymbol{r}) = \frac{\mu_0}{4\pi} \int \frac{\boldsymbol{j}(\boldsymbol{r}')}{|\boldsymbol{r}-\boldsymbol{r}'|} dV' \tag{9.3.2}$$

で与えられる．また磁場の強さ（磁束密度 $\boldsymbol{B}$）は

$$\boldsymbol{B}(\boldsymbol{r}) = \nabla \times \boldsymbol{A}(\boldsymbol{r}) = \frac{\mu_0}{4\pi} \int \frac{\boldsymbol{j}(\boldsymbol{r}') \times (\boldsymbol{r}-\boldsymbol{r}')}{|\boldsymbol{r}-\boldsymbol{r}'|^3} dV' \tag{9.3.3}$$

というビオ-サバール（Bio-Savart）の法則で与えられる．磁性体が存在しない場合には，この積分を実行すれば任意の点での磁場を知ることができる．

ソレノイドのつくる磁場を考える際に一番基本的な要素として，半径 a [m] の円電流 I [A] がつくる磁場の強さ B [T] は中心から軸上に z [m] 離れた点において

$$B = \frac{\mu_0 I}{2} \frac{a^2}{(a^2+z^2)^{\frac{3}{2}}} \tag{9.3.3}$$

で与えられ，特に円の中心では $B_0 = \mu_0 I/2a$ である．コイル導線が軸方向および半径方向に有限の広がりをもって巻かれているような，実際のソレノイドがつくる磁場を求めるにはこれを積分すればよい．

$$B = \iint \frac{\mu_0 j}{2} \frac{r^2}{(r^2+z^2)^{\frac{3}{2}}} dr\, dz \tag{9.3.4}$$

ここで j[A/m^2] は電流の面密度である．軸方向の長さ $2b$ [m]，内径 a_1 [m]，外径 a_2 [m] を持ち，電流密度が一様であるような一般的なソレノイドについては積分を解析的に求めることができ，中心部の磁場は

$$B_0 = (\mu_0 j\lambda) b \ln \frac{a_2+\sqrt{a_2^2+b^2}}{a_1+\sqrt{a_1^2+b^2}} \tag{9.3.5}$$

となる．なおここで λ はコイル断面のうち導線部分が占める割合を表すスペースファクターである．

次にある決まった電力消費量 P [W] に対して，どのような形状にすると最も強い中心磁場が得られるかを求めるために式(9.3.5)において，$a_2 \to \alpha a_1$，$b \to \beta a_1$ という置き換えを行い，また電力消費量の表式を α, β で表すと次のようになる．なお ρ は抵抗率である．

$$B_0 = \mu_0 j\lambda a_1 \beta \ln \frac{\alpha+\sqrt{\alpha^2+\beta^2}}{1+\sqrt{1+\beta^2}} \tag{9.3.6}$$

$$P = j^2 \rho\lambda a_1^3 2\pi\beta(\alpha^2-1) \tag{9.3.7}$$

これらより以下のように書くことができる．

$$B_0 = \mu_0 \sqrt{\frac{P\lambda}{\rho a_1}} G(\alpha, \beta) \tag{9.3.8}$$

$$G(\alpha, \beta) = \sqrt{\frac{\beta}{2\pi(\alpha^2-1)}} \ln \frac{\alpha+\sqrt{\alpha^2+\beta^2}}{1+\sqrt{1+\beta^2}} \tag{9.3.9}$$

ここで形状を表す要素はファブリ（Fabry）係数と呼ばれる $G(\alpha, \beta)$ の中に入っており，$(\alpha, \beta) = (3.095, 1.862)$ 付近で最大値 $G = 0.1426$ となる．寸法的な制約があまりなければ，このような形状のソレノイドを製作すると電力効率がよい．この例のような電流密度が一様なソレノイドに対して，ファブリ係数をさらに向上させるために電流密度に $j(r) = j_0/r$ のような r 依存性を持たせた Bitter 型コイル（$G = 0.1665$）やさらに z 依存性も持たせる Gaume 型（$G = 0.1851$），Kelvin 型（$G = 0.2021$）などがある．これらについては文献 17 の第 2 章に詳しい．

次にソレノイドの中心軸上から外れた点での磁場を知りたいときには式(9.3.2)に戻って電流分布を円筒座標系で数値積分することになるが，部分的に定積分した解析的表式を用いることができる（文献 17 の第 1 章）．長くなる式を簡単に書くために

$$R = \sqrt{(r'-r\cos\varphi')^2+(r\sin\varphi')^2+(z'-z)^2}$$
$$R_s = \sqrt{(r\sin\varphi')^2+(z'-z)^2} \tag{9.3.10}$$

と記すことにすると，一様な電流密度分布を持つソレノイドについては

$$B_r(\boldsymbol{r}) = \frac{\mu_0 j_0}{2\pi} \Bigg[\bigg[\int_0^\pi d\varphi' \cos\varphi' \times \Big\{ R$$
$$+ r\cos\varphi' \ln(R+(r'-r\cos\varphi')) \Big\} \bigg]_{r'=r_1}^{r'=r_2} \bigg]_{z'=z_1}^{z'=z_2} \tag{9.3.11}$$

$$B_z(\boldsymbol{r}) = \frac{\mu_0 j_0}{2\pi} \Bigg[\bigg[\int_0^\pi d\varphi' \times \big\{ r\cos\varphi' \ln(R+z-z')$$
$$-(z-z')\ln(R+r'-r\cos\varphi')$$
$$- r\sin\varphi' \arctan\theta \big\} \bigg]_{r'=r_1}^{r'=r_2} \bigg]_{z'=z_1}^{z'=z_2} \tag{9.3.12}$$

$$\theta = \frac{(R_s^2-r^2\sin^2\varphi')^{\frac{1}{2}}(R^2-R_s^2)^{\frac{1}{2}}}{Rr\sin\varphi'} \tag{9.3.13}$$

と表すことができる．ただし，R も R_s も定数ではなく φ' の関数であることに注意すること．なお軸対称性より B_φ はゼロである．この表式を用いると本来は三重積分するところが一重積分で済み，計算時間が圧倒的に早くなるので便利である．ただし元の文献 17 では表式に誤植があるようで本稿では正しい式に修正したつもりであるが，読者諸氏も検算のうえ使用していただきたい．なおソレノイドのハードウェアの設計に関しては文献 18 に詳しく記述されているので参照していただきたいが，CGS 単位系が使われているため数式や数値を用いる際には注意されたい．

b. 近軸近似による軌道の方程式

粒子の軌道が収束系の中心軸となす角度 θ が非常に小さくて θ の 2 次以上の項は無視できるとすると，粒子の軌道を表す方程式は非常に単純なかたちに書ける．また粒子が収束系の典型的な長さ L 進行する間には中心軸から距離 R 以内のところに留まり，R/L が非常に小さくてこれの 2 次以上の寄与が無視できるような状況では，粒子を収束

する磁場を軸からの距離 r の級数に展開すると単純な表現が得られる．このような近似により得られる軌道を近軸軌道（paraxial ray）と呼ぶ．なお近軸軌道の導出については文献 19，20 に詳細が記述されている．

電場の力を受けて進行する粒子の相対論的な運動方程式は

$$\frac{d\boldsymbol{p}}{dt}=\frac{d}{dt}(\gamma m\boldsymbol{v})=q(\boldsymbol{E}+\boldsymbol{v}\times\boldsymbol{B}) \tag{9.3.14}$$

であり，円筒座標系の各成分で表すと

$$\frac{d}{dt}(\gamma m\dot{r})-\gamma m r\dot{\theta}^2=q(E_r+r\dot{\theta}B_z-\dot{z}B_\theta) \tag{9.3.15}$$

$$\frac{1}{r}\frac{d}{dt}(\gamma m r^2\dot{\theta})=q(E_\theta+\dot{z}B_r-\dot{r}B_z) \tag{9.3.16}$$

$$\frac{d}{dt}(\gamma m\dot{z})=q(E_z+\dot{r}B_\theta-r\dot{\theta}B_r) \tag{9.3.17}$$

となる．電場が存在せず，また磁場が軸対称性を持つ場合にはこれらの式の右辺の B_r，B_z の項のみ残る．また γ は定数となる．

近軸近似での磁場の表式を得るためにスカラーポテンシャル $\boldsymbol{B}=-\mu_0\nabla\phi$ を導入すると，電流のない領域での静磁場のマクスウェル方程式（$\nabla\cdot\boldsymbol{B}=0$, $\nabla\times\boldsymbol{B}=0$）はラプラス方程式 $\Delta\phi=0$ に帰着される．ソレノイドのような軸対称性を持つ磁場については円筒座標系での解を次のように r の偶数次のみに展開したかたちで書ける．

$$\psi(r,z)=\sum_{n=0}^\infty\frac{(-1)^n f(z)^{2n}}{(n!)^2}\left(\frac{r}{2}\right)^{2n} \tag{9.3.18}$$

これより，B_z および B_r は

$$B_z(r,z)=B(z)-\frac{r^2}{4}B''(z)+\frac{r^4}{64}B''''(z)\cdots \tag{9.3.19}$$

$$B_r(r,z)=-\frac{r}{2}B'(z)+\frac{r^3}{16}B'''(z)\cdots \tag{9.3.20}$$

またベクトルポテンシャル $\boldsymbol{A}$ は A_θ 成分のみ持つが

$$A_\theta(r,z)=\frac{r}{2}B(z)-\frac{r^3}{16}B''(z)\cdots \tag{9.3.21}$$

となり，これらはすべて軸上での z 方向磁場分布 $B(z)$ から算出することができる．r の 2 次以上の高次項を無視すると，

$$B_z(r,z)=B(z),\ B_r(r,z)=-\frac{r}{2}B'(z) \tag{9.3.22}$$

で表せる．つまり測定値や電磁場シミュレーションにより軸上磁場分布が得られていれば，それをもとに軸から外れた場所の磁場を推定することができる．

これらを用いて運動方程式を解くが，まず式(9.3.17)において右辺の B_r の項は近軸近似では r^2 の項として無視することができるので，$\dot{z}$ は一定値となり $v_z\sim v=c\beta$ となる．その結果，運動方程式は

$$\frac{d}{dt}(\gamma m\dot{r})-\gamma m r\dot{\theta}^2=qr\dot{\theta}B \tag{9.3.23}$$

$$\frac{d}{dt}\left(\gamma m r^2\dot{\theta}+\frac{q}{2}r^2B\right)=0 \tag{9.3.24}$$

となる．これらを整理し，また

$$\dot{r}=\frac{dr}{dt}=\frac{dr}{dz}\frac{dz}{dt}=c\beta r' \tag{9.3.25}$$

により時間微分を進行方向距離 z についての微分に置き換えると

$$r''+\left(\frac{qB}{2\gamma mc}\right)^2 r-\frac{1}{(\gamma mc)^2}\frac{p_\theta^2}{r^3}=0 \tag{9.3.26}$$

$$p_\theta=\gamma m r^2\dot{\theta}+\frac{q}{2}r^2B=\text{constant} \tag{9.3.27}$$

となり，これを解けば近軸軌道が求められる．式(9.3.27)は正準角運動量の保存則を表しており，ブッシュ（Busch）定理と呼ばれる．なお，$\omega_L=\dfrac{|qB|}{2\gamma m}$ をラーモア（Larmor）周波数と呼ぶ．また磁場の変化がゆっくりで，らせん運動の 1 回転ではほとんど変わらないと見なせる場合には断熱的（adiabatic）であると呼ばれ，作用積分 $\int p_\theta d\theta$ が運動の定数となる．結果として粒子の回転運動の半径 R について BR^2 が保存量となり，B が変化するにつれて R が $B^{-1/2}$ に比例して変化していく．

なお，近軸軌道の考え方では粒子間に働く空間電荷力は考慮されていないが，これが重要となるような電子銃からの低エネルギーのビームをソレノイド磁場で収束する場合の取り扱いについては文献 20 に詳しい．

参考文献

1) C. Bovet, *et al.*: A Selection of Formulae and Data Useful for the Design of A. G. Synchrotrons CERN/MPS-SI/Int. DL/70/4 23 April, 1970.

2) 新日本製鐵電磁鋼板技術部 編：『図解わかる電磁鋼板』新日本製鐵（1994）．

3) 太田恵造 編：『磁性材料選択のポイント』日本規格協会（1989）．

4) N. Tani, *et al.*: IEEE Transactions on Applied Superconductivity **18**(2) 314（2008）．

5) 高放射線場における加速器機器及び施設の安全設計ガイドライン，KEK Internal 97-17, September 1997.

6) K. H. Tanaka, *et al.*: IEEE Transactions on Applied Superconductivity **26** (4)（2016）．

7) H. Kitamura: J. Synchrotron Rad. **5** 184（1998）．

8) Y. Iwashita, *et al.*: Proc. of PAC03, Portland, 2198（2003）.; M. Modena. *et al.*: Proc. of IPAC2012, New Orleands, 3515（2012）．

9) Y. Iwashita, *et al.*: Nucl. Instrum. and Meth. A **586** 73（2008）．

10) J. Chavanne, G. Le Bec: Proc. of IPAC2014, Dresden, 968（2014）．

11) T. Watanabe, *et al.*: PRAB 20, 072401（2017）．

12) K. Halbach: Nucl. Instrum. Meth. A **169** 1（1980）．

13) J. T. Volk: FERMILAB-TM-2497-AD.

14) K. Bertsche, *et al.*: Proceedings of PAC95, 1381（1995）．

15) T. Bizen, *et al.*: Nucl. Instrum. Meth. A **467-468** 185（2001）．

16) R. L. Gluckstern, *et al.*: Nucl. Instrum. and Meth. A **187** 119（1981）．

17) R. Kratz, P. Wyder: "Principles of Pulsed Magnet Design" Springer（2002）．

18) D. B. Montgomery, R. J. Weggel: "Solenoid Magnet Design"

Robert E. Krieger Pub. Co. (1980).

19) A. B. El-Kareh, J. C. J. El-Kareh : "Electron Beams, Lenses and Optics" Academic Press (1970).

20) M. Reiser : "Theory and Design of Charged Particle Beams" Wiley-VCH (2008).

9.4 電磁石電源

9.4.1 概論

現代におけるあらゆる機器は，電源がなくては何も機能しないといってもいいすぎではない．加速器においても例外ではなく，むしろ加速器の発展の歴史と電源の進歩は，切っても切れない縁があるといえる．高電圧試験装置や入射器に今でも使われている「コッククロフト-ウォルトン静電加速器」も高圧直流変換装置あってのものである．本節では「サイクロトロン」や，「高周波電源」についてはそれらの項目に譲り，特に「シンクロトロン」電磁石電源について記述する．もちろんシンクロトロン「電磁石電源」といえども，加速器の発展の歴史とともにある．すなわち，「弱収束シンクロトロン」，「強収束シンクロトロン」，「機能結合型」，「機能分離型」，「放射光」や「衝突型加速器のような蓄積リング」等々の電源についてそれぞれに特徴や留意すべき点がある．

加速器黎明期における整流素子は水銀整流器であった．コッククロフト-ウォルトン静電加速器もそうであったし，CERN や BNL において建設された陽子シンクロトロン電磁石電源もそうであった．「静電型加速器」では直流電圧源でよかったが，シンクロトロンは入射・励磁・出射・降磁を繰り返すので，電流が周期的に変化する直流電源が必要である．このような充放電の繰り返しの場合には電源ラインの電圧変動 ΔV（フリッカー）が発生する．対策として電源ラインから受電した電力により回転機を回し，回転機が発電する電力を直流変換器に送る．回転機の慣性モーメントを利用して電源ラインのフリッカーを抑え電源系統への影響を避けていた．CERN や BNL において初期に建設されたシンクロトロンではこの回転機と水銀整流器による変換器による構成であった[1]．

KEK の 12GeV 陽子シンクロトロン主リングの建設が始まった頃，Fermilab における「Tevatron」，CERN における「SPS (Super Proton Synchrotron)」の建設もほぼ同時期であった．これらの施設では交流ラインから直流への変換にシリコン整流器を用い，フリッカーは静止形無効電力補償装置を導入することで解決された[1]．電圧変動は $\Delta V = \Delta Q \cdot x + \Delta P \cdot r$（$\Delta Q$：無効電力変動，$\Delta P$：有効電力変動，$r$：受電網のインピーダンスの実数部，$x$：同虚数部）で表される．通常は $\Delta P \cdot r$ が小さいので ΔQ を補償すれば電圧変動が抑制できる．当時のシリコン整流器に代えて従来サイリスタが使われたが，パワー半導体の進歩に応じ，また加速器の励磁特性に応じ，GTO，IGBT，IEGT

などが使われている[2]．

近年になって，大型加速器においては ΔP が大きく静止型無効電力補償装置だけでは電圧変動を抑制することが困難で有効電力の補償にエネルギー貯蔵装置の必要性も議論されている．J-PARC-50 GeV リングでは $\Delta P = 160$ MW にもなる．エネルギー貯蔵装置には種々あるが加速器電磁石電源に向くものとして，フライホイール（Fly Wheel：FW），キャパシタ，超電導電磁石コイル（Superconducting Magnet Energy Storage：SMES）などが検討され，キャパシタ応用の実証機の試験が行われた[3]．CERN-PS ではキャパシタが導入された[4]．

9.4.2 直流電源

ここでいう直流電源とは交直流変換装置のことである．したがって，おおいに参考にすべきは直流送電設備，周波数変換装置である[5,6]．これらについては電気学会の『電気工学ハンドブック』に専門的な説明がある[2]．

ここでは 70 年代後半から用いられたサイリスタ変換器によって説明する．主要機器としては，サイリスタ変換器，変換器用変圧器，リップル抑制用のパッシブフィルタ，アクティブフィルタ，交流側高調波フィルタ，無効電力補償装置，配線用ブスバーあるいはケーブル等々である[7-11]．この他に，制御装置，各部の電圧や電流の監視装置，異常発生時のインターロック装置などからなる[13]．実例として図 9.4.1 に 12 GeV-PS の主リング電磁石電源のスケルトン配線図，図 9.4.2 に無効電力補償の模式図を示す．

最近では IGBT や IEGT を使ったスイッチングによる変換器が使われている．J-PARC-MR 電磁石電源はこれらを応用しているが，電源のファミリー数が多く，また 30 GeV での速い繰り返しも要求されたので電源改造が進められた．本項では設計建設当時の IGBT 電源を例として図 9.4.3 に，FW と SMES の案を図 9.4.4 に示す．改造中の電源案ではキャパシタ方式の R & D が行われている[3,4]．

9.4.3 パターン電源

シンクロトロンでは，ビームを入射して最大エネルギーまで加速し，ビームを取り出した後にビーム入射待ち状態に戻す運転パターンを繰り返す．一般的な電磁石通電のパターン波形を図 9.4.5 に示す．ビーム入射するフラットボトム，加速期間，最大エネルギーまで加速されたビームを取り出すためのフラットトップ，そして減速期間の繰り返しとなる．パターンの繰り返し周期は，数百 ms～数 s である．パターン通電での電磁石への出力電圧 V は，電磁石のインダクタンスを L，抵抗を R，電流を I とすると，$V = L \times dI/dt + R \times I$ となり，電源は加速時の最大電圧が出力できるものとなる．さらに，フラットボトム→加速，加速→フラットトップ，フラットトップ→減速，減速→フラットボトムの，パターンの変曲点においては，数十 ms の期間，電流基準パターンをスムージングして dI/dt

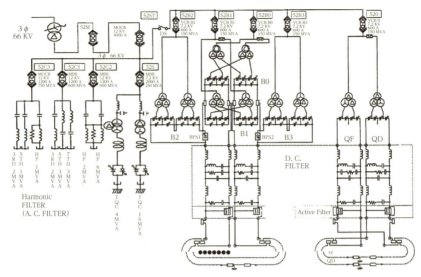

図 9.4.1 KEK-12 GeV 陽子シンクロトロンの電磁石電源

値の連続性を維持させる.

　パターン電源は電流基準に従って運転し, 安定なビーム加速のためには追従性と電流リプルの性能が重要である. 追従性は, 定格電流値に対する比率で $10^{-4} \sim 10^{-5}$, 電流リプルは同じく $10^{-4} \sim 10^{-6}$ のオーダーが要求され, これを実現するために特別な設計が必要となる.

　パターン電源の基本構成は, 直流発生部, リプル除去のためのパッシブフィルタ, 必要によりアクティブフィルタとなる. 直流発生部には, サイリスタ変換器, チョッパ, 電流形自励式コンバータなどの方式があり, 高電圧の場合にはこれらを2段以上で構成することもある. パッシブフィルタは, 減衰させたいリプルの周波数, 減衰率を決めて, L (インダクタ), R (リアクタ), C (キャパシタ) で構成する. アクティブフィルタは, さらに減衰させたいリプルに対し, スイッチング素子やトランジスタドロッパを用いて制御するもので, 電源出力部に直列に入れる場合と並列に入れる場合がある. IGBT, IEGT などのスイッチング素子を使用するチョッパ方式では, 動作スイッチング周波数を高くできることから, パッシブフィルタのみでリプル性能を実現できる. チョッパ方式で構成する場合の回路構成の例を図 9.4.6 に示す[14].

　低リプル実現のためには, 電磁石およびその配線によってできる L, R, C についても考慮して設計することが重要である. 特に浮遊容量の C が分布して存在することにより, 不要な共振が発生してリプルを悪化させることになる. 対策としては, 浮遊容量を小さくした配線にすること, 接地に対して対称配線にすること, 電磁石に抵抗を並列接続することである. 浮遊容量は可能な限り小さくすべきである. 対称配線にする意味は, コモンモードノイズを正側と負側で同一のレベル, 位相にすることである. これにより電磁石の磁場のコモンモードノイズ成分がキャンセ

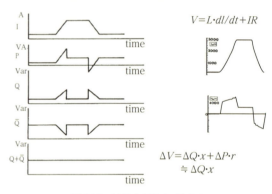

図 9.4.2 無効電力補正の模式図

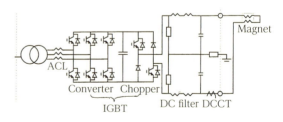

図 9.4.3 IGBT 電源例

ルできる[15]. 電磁石に並列接続する抵抗は, 共振をダンプするが, 分流される電流が追従性に影響しないことを考慮する必要がある. 電流検出はコモンモードノイズの影響を受けないようにすることも重要である. 例えば図 9.4.6 に示すように対称配線の末端に設置することで, コモンモードのサージ電流を検出しないようにする.

　制御は電流フィードバックを基本とするが, これだけで

9.4 電磁石電源

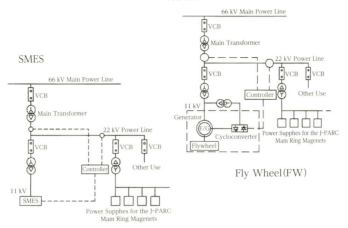

図 9.4.4 J-PARC 主リング電磁石電源改造案（FW 方式と SMES 方式）

追従性を実現することは困難である．このため，電圧のフィードバック制御またはフィードフォワード制御を追加することになる．制御の基本構成の例を図 9.4.7 に示す．さらには，制御量を学習制御（繰り返し制御）により合わせ込み，パターンデータにする機能を追加する場合もある．また温度変化への考慮も必要であるため，アナログ回路には例えばペルチェ素子による恒温制御の機能も備える．電流フィードバックは 1000 倍程度の高い制御ゲインにするので，電流検出やアナログ回路における制御電源，接地などのノイズ対策の考慮が必要である．

9.4.4 共振電源

a. 概要

シンクロトロンにおいてビーム強度を増強しようとする場合，加速の繰り返し周期 1 回あたりのビーム強度には上限があるので，繰り返し周波数を高くする必要がある．近年建設および計画されている大強度陽子シンクロトロンでは，繰り返し周波数 10～50 Hz 程度が要求される[16]．電源側から見ると電磁石は，抵抗成分とインダクタンス成分から構成される負荷であり，繰り返しの速い電磁石を直接電源で励磁しようとすると，膨大な電源容量が必要になる．共振電源は，繰り返し周波数が共振周波数に一致する共振回路を構成することにより，電磁石の励磁に必要な電源容量を大幅に低減することができる．

b. 共振電源の基本回路

図 9.4.8 に共振電源で励磁される電磁石の電流波形を示す．単純な LC 共振回路の場合，電流波形は正弦波交流となり極性が交互に反転するため，シンクロトロン用電磁石電源として使用するためには，何らかの方法により交流成分に直流成分を重畳させる必要がある．共振電源は，電源構成の違いにより直列共振方式と並列共振方式に分けられる．図 9.4.9 に直列共振方式と並列共振方式の基本回路を示す．

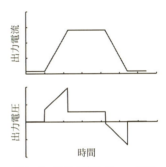

図 9.4.5 電磁石通電パターン波形

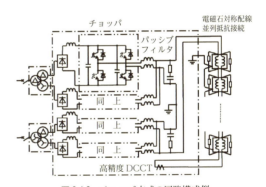

図 9.4.6 チョッパ方式の回路構成例

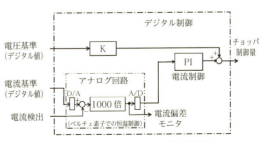

図 9.4.7 チョッパ方式での制御構成例

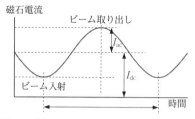

図 9.4.8　共振電源で励磁される電磁石の電流波形

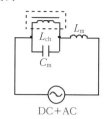

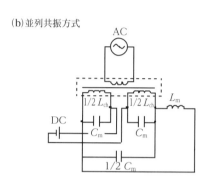

図 9.4.9　直列共振方式と並列共振方式

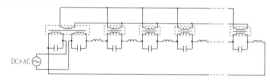

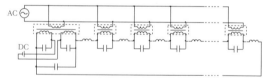

図 9.4.10　共振ネットワーク回路

　直列共振方式は，直流成分と交流成分を共通の電源で供給する．共振回路を構成するため，電磁石 L_m に対してキャパシタ C_m を直列接続し，直流成分をバイパスさせるためキャパシタ C_m に対してチョークトランス L_{ch} を並列接続する．この場合，共振周波数 f は以下の式で表わされる．

$$f = \frac{1}{2\pi}\sqrt{\frac{L_m + L_{ch}}{L_m L_{ch} C_m}} \quad (9.4.1)$$

電源は共振回路に対して直列接続して定電流制御を行い，直流成分を重畳した交流電流を直接共振回路に供給する．電源から共振回路を見ると直列共振回路となり，共振周波数 f でインピーダンスが最小になる．電源は共振回路の交流損失分に相当する電力を供給する．

　並列共振方式は，直流成分と交流成分を別々の電源で供給する．共振回路は，基本的には直列共振回路と同じで共振周波数は式(9.4.1)となるが，チョークトランス L_{ch} とキャパシタ C_m から構成される回路を分割して，交流成分の影響を受けない箇所に直流電源を挿入する．交流電源は，チョークトランスの一次側に接続して定電圧制御を行い，交流電圧を共振回路に供給する．交流電源から共振回路を見ると並列共振回路となり，共振周波数 f でインピーダンスが最小になる．交流電源は共振回路の交流損失分に相当する電力を供給する．

　直列共振回路は，電源と電磁石の電流が等しくなることから電流制御が容易となる利点がある一方，直流成分と交流成分を共通の電源から供給するため，電源のピーク電力が大きくなる欠点がある．逆に並列共振回路は，電源と電磁石の電流が異なることから間接的な電流制御となり制御性がやや悪くなるという欠点がある一方，直流成分と交流成分を別々の電源から供給するため，電源のピーク電力が低減できるという利点がある[17]．

c.　共振ネットワーク回路

　複数の電磁石を直列接続して励磁する場合，図 9.4.9 に示した単一の共振回路を使用すると，電磁石に印可される対地電圧が大きくなるため，複数の共振回路に分割して直列接続することが考えられる．しかし，単純に複数の共振回路を直列接続した場合，各々の共振回路のばらつきにより高次の寄生共振モードが生じる．これを防ぐため，各共振回路のチョークトランス一次巻線を並列接続して各共振回路を結合させる[18]．このような回路を，共振ネットワーク回路と呼んでいる．図 9.4.10 に並列共振方式および直列共振方式を用いた共振ネットワーク回路を示す．共振ネットワーク回路では，チョークトランスの一次巻線と二次巻線の結合係数を 1 にすることにより寄生共振周波数は無限大となる．したがって，チョークトランスには各巻線間の結合をできる限り高めるような巻線構造の工夫が要求される．

参考文献
1) CERN 90-07 23 July 1990.
2) 電気学会 編：『電気工学ハンドブック』オーム社 (2014).
3) KEK Internal 2014-2；Y. Kurimoto, *et al.*：JPS conf. Proc. 8 012007 (2015).
4) F. Boattini, *et al.*：CERN, CERN-ACC-2015-0098.
5) 三宝義照：『直流送電と周波数変換』電気書院 (1965).
6) Edward Wilson, *et al.*："DIRECT CURRENT TRANSMISSION" Wiley-Interscience (1967).

7) H. Sato, et al.: Proc. of the 1991 IEEE Particle Conference, San Francisco, 908 (1991).
8) S. Matsumoto, et al.: IEEE Trans. on Nucl. Sci. NS30 2932 (1983).
9) F. Praeg : ANLlnternal WFP-5 (1969)
10) R. J. Yarema : Fermilab Internal Rep., TM-407, 1973.
11) H. Baba, et al.: IEEE Trans. on Nucl. Sci. NS28 3068 (1981).
12) T. Shlntomi, et al.: Particle Accelerators 8 87 (1978).
13) T. Sueno, et al.: Internal Conference on Accelerator and Large Experimental Physics Control Systems, Tsukuba, 180 (1991).
14) 長谷川智宏, ほか: 平成25年電気学会産業応用部門大会 415 (2013).
15) 中村 衆, ほか: 加速器 6 (4) 292 (2009).
16) 安達利一: 高エネルギー加速器セミナー大型ハドロン計画の大強度陽子加速器 VIII 1-19 (1996).
17) 渡辺泰広, ほか:「ラピッドサイクルシンクロトロンの電源方式」, 電気学会論文誌 D 126 (5) 681 (2006).
18) J. Fox : Proc. IEE. 112 (6) 1107 (1965-1966).

9.5 超伝導磁石

9.5.1 概論

超伝導発見から約半世紀後の1960年代に入ってようやく超伝導磁石の実用化に向けた基盤技術が揃い始めてきた. この頃, 素粒子物理の世界ではより高度な物理の発見を求めて, より高エネルギーの粒子加速器が求められるようになってきた. このため高エネルギー加速器で主流となったシンクロトロンでは, 高エネルギーのビームを得るために, 加速器を大きくするとともに使用する磁石の磁場を上げることが求められた.

1970年代に入ると, 米国ではTevatron[1]とISABELLE[2]という二つの計画が提案され, FNALとBNLがそれぞれの計画の実現に向け, 重要な要素となる超伝導磁石の開発を競い合った. このような開発競争が超伝導磁石技術の進歩を著しく加速し, MRIのような一般利用も現実的になってきた. 事実, Tevatronの最初のプロトタイプ磁石が開発されたのが1977年で, MRIの実用化はほぼ同じ時期の1979年である. Tevatronではその周長約6.3 kmに4 T級の超伝導磁石約1 000台が並べられ, この計画によって超伝導線材および超伝導磁石の量産化技術が大きく進展した.

シンクロトロンでの超伝導磁石技術はその後, HERA[3], SSC[4], RHIC[5]といった巨大加速器計画を経て, 現在CERNで稼働中の超巨大加速器LHC[6](周長約27 km)へと引き継がれることになる.

ここでは加速器用超伝導線について簡単に紹介した後, 加速器やビームラインの主要な磁石である偏向磁石や収束磁石について超伝導磁石の原理とその実際の設計について述べる.

9.5.2 超伝導線材

1911年に超伝導が発見されてから100年の間に, 数多くの超伝導体や, 超伝導に関する発見があった. しかしながら, 超伝導磁石の実用化が大きく進んだのは1961年のNbTiの発見以降である[7]. 超伝導材料には臨界温度, 臨界磁場, 臨界電流といった超伝導材料の性能を示す指標があり, これらの数値がより高い材料ほど性能がよいといえる. NbTiは, それ以前に発見されていたNb_3Snと比べると[8], 低い臨界温度 (Nb_3Sn : 18.3 K, NbTi : 9.2 K) を持ち, 臨界磁場も低い. それでも, 液体ヘリウム温度 (4.2 K), 磁場5 Tで臨界電流密度3 000 A/mm^{2}が実現でき, 5 T程度の磁石であれば十分に実現可能となる[9]. また化合物であるNb_3Snに対してNbTiは合金で, 展性や延性があり, 線材化やコイル化が容易であるため工業製品として成り立ちやすい. このため, TevatronやMRIを初めとして, 磁場が5 T程度までの超伝導磁石は, ほぼすべてNbTiでつくられている.

a. NbTi極細多芯線

超伝導線の開発の初期段階では, 磁束跳躍(flux jump)[9,10]と呼ばれる不安定性のために超伝導磁石を安定に運転することが困難であった. この問題を解決するために開発されたのが極細多芯線 (multi-filamentary superconducting composite wire) で, 超伝導材料 (NbTi) を細いフィラメント (filament) 状にして, 銅の母材 (matrix) のなかに埋め込んだものである[9,10].

超伝導線の断面写真を図9.5.1に示す. 超伝導線中のNbTiフィラメントは数十から数μm程度の細さで, 銅の母材に仕切られて超伝導・銅複合部を構成する. 超伝導・銅複合部の外側には押し出しおよび引き抜き加工時に内部の超伝導・銅複合部を保護する銅でできたシース (sheath) がある. また多くの場合, 極細多芯線の中央にコア (core) となる銅が入れられる. この銅は極細多芯線の製造工程上重要なだけでなく, 超伝導線の安定性を増すとともに超伝導が破れたときの磁石保護のためにも重要な役割を果たす. 超伝導線と銅の断面比率は銅比 (copper to superconductor ratio) と呼ばれ, NbTi超伝導線にとって重要な特性である. また銅も含めた超伝導線の全断面積に対する電流密度を工学電流密度と呼び, 磁石運転上の重要な特性となる. 通常, 加速器用磁石では, 銅比は2前後で工学電流密度は運転マージンや磁石保護などを考慮に入れて数百 A/mm^{2}程度に設定されることが多い.

(a) 素線断面図
真ん中と周辺部を除いた黒っぽい部分が超伝導・銅複合部

(b) 複合部
Nb-Tiフィラメントが整列している.

図9.5.1 極細多芯線の断面[11]

b. ラザフォードケーブル

加速器用超伝導磁石では，多くの磁石を直列につないで励磁する必要性からインダクタンスが下がることが望まれた．このため加速器用超伝導磁石では素線を何本か撚り合わせた撚り線を用いて数 kA 以上の大電流で運転される．現在，加速器用超伝導磁石に一般的に用いられる超伝導撚り線は英国のラザフォード研究所（Rutherford-Appleton Lab.）が開発したラザフォードケーブル（Rutherford cable）と呼ばれるものである[10]．

ラザフォードケーブルは，通常 0.5～1.5 mm 程度の超伝導素線を 20～40 本程度撚り合わせて 2 層の平角構造に整形したものである．また撚り線の幅方向には必要に応じてわずかなキーストン角をつける．

絶縁は，通常厚さ 25～50 μm，幅 1～2 cm 程度のポリイミドテープを 50% 重ね合わせてらせん状に巻いたもの（1 層目）の上に厚さ 50～100 μm，幅 1 cm 程度のガラステープもしくはポリイミドテープに B ステージのエポキシもしくはそれに相当する接着剤を含浸または塗布したもの（2 層目）を適当なギャップをおきながららせん状に巻き付けた構造になっている．2 層目の役割は，電気絶縁の他，コイル中で撚り線のターン間にわずかな隙間を設けることによって，絶縁内部に冷媒を導入して超伝導線の冷却を促進するためのものである．

9.5.3 超伝導磁石の原理

超伝導磁石は，鉄などの磁性体の磁化が飽和するような高磁場のなかでも高い電流密度が実現できる超伝導線材の特性を生かし，電流によって直接磁場を生成する．このため発生される磁場の形状は電流分布によって決まることになる．ここでは加速器用超伝導磁石において典型的に用いられている，$\cos\theta$ 分布による磁場形成について説明する[10,11]．

ここで磁石の磁場は，磁石内部ではビーム進行方向に一様で，磁石端部で突然，磁場がなくなるという（シャープエッジ）近似を使う．ビームの進行方向に正の s 軸を取り，それと直角な面で垂直方向を y 軸として上を正に取り，また水平方向を x 軸としビーム進行方向に向かって左を正とする．上記の近似では磁石の内部の磁場は s 方向に変化しないので x-y 面内の磁場は式(9.5.1)で示す多項式で表すことができる[12,13]．

$$\boldsymbol{B}(\boldsymbol{z})=\sum_{n=1}^{\infty}\boldsymbol{C}_n(\boldsymbol{z}/r_0)^{n-1} \tag{9.5.1}$$

ここで $\boldsymbol{B}=B_y+iB_x$，$\boldsymbol{C}_n=B_n+iA_n$，$\boldsymbol{z}=x+iy$ で，r_0 は磁場を定義する参照半径である（太文字を複素数として表記している）．B_n と A_n は多極磁場（multipole field）と呼ばれるもので，B_n は normal 成分の $2n$ 極（normal $2n$-pole），A_n は skew 成分の $2n$ 極（skew $2n$-pole）磁場となる．

s 方向に正の向きに流れる電流 I を持つ無限長の線電流が $\boldsymbol{r}=r_x+ir_y$ の位置にあるときに，位置 $\boldsymbol{z}$ につくる磁場は

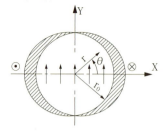

(a) $\cos\theta$：2 極磁石

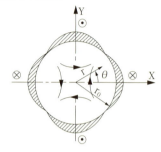

(b) $\cos 2\theta$：4 極磁石

図 9.5.2　$\cos n\theta$ 電流分布[11]

$$\boldsymbol{B}(\boldsymbol{z})=\mu_0 I/2\pi(\boldsymbol{z}-\boldsymbol{r}) \tag{9.5.2}$$

となり，この式をテイラー展開すると

$$\boldsymbol{B}(\boldsymbol{z})=\sum-(\mu_0 I/2\pi\boldsymbol{r})(\boldsymbol{z}/\boldsymbol{r})^n \tag{9.5.3}$$

となる．この式を式(9.5.1)と比較すると，

$$\boldsymbol{C}_n=-(\mu_0 I/2\pi r_0)(r_0/\boldsymbol{r})^n \tag{9.5.4}$$

さらに $\boldsymbol{r}=re^{i\phi}=r(\cos\phi+i\sin\phi)$ と円柱座標系で表記すると，

$$\boldsymbol{C}_n=-(\mu_0 I/2\pi r_0)(r_0/r)^n(\cos n\phi-i\sin n\phi) \tag{9.5.5}$$

となり，この式からこの電流の多極成分に対する寄与が計算できる．ここで参照半径 r_0 はコイル半径よりも小さく取るので必然的に $r_0<r$ となる．

ここで半径 a の円周上に $I=I_0\cos m\phi$ で分布する電流を考えると，

$$\boldsymbol{C}_n=-\int_{\phi=0}^{2\pi}\frac{\mu_0 I_0\cos m\phi}{2\pi r_0}\left(\frac{r_0}{r}\right)^n(\cos n\phi-i\sin n\phi)d\phi \tag{9.5.6}$$

となり，$n=m$ の場合のみゼロではない値，

$$\boldsymbol{C}_m=-(\mu_0 I_0/2r_0)(r_0/r)^m \tag{9.5.7}$$

を取る．すなわち，normal 成分の $2m$ 極磁石を設計しようとした場合には，求める磁場範囲を取り囲む円周上で電流が $\cos m\phi$ の分布となるように配置すればよいことがわかる．図 9.5.2 に 2 極磁石（$\cos\theta$ 分布；図 9.5.2 (a)）と 4 極（収束）磁石（$\cos 2\theta$ 分布；図 9.5.2 (b)）における電流分布を模式的に示す．

9.5.4 超伝導磁石の設計

実際の超伝導磁石においては超伝導線ごとに電流値を変えることは現実的でないので，超伝導線の配置で $\cos\theta$ 分布を模擬する．例として Tevatron の 2 極磁石を図 9.5.3 に示す[1]．直径 0.68 mm の超伝導素線（銅比 1.85，フィラ

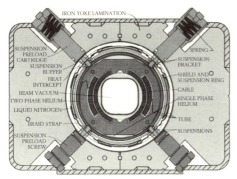

図 9.5.3 加速器用超伝導 2 極磁石：FNAL Tevatron 2 極磁石 (4.3 T，〜4.5 K)

メント径 9 μm）36 本を薄い台形状に撚ったラザフォードケーブルを，円柱状の巻き枠の上でアーチ状に巻いた鞍型コイルを 2 層組み合わせて $\cos\theta$ 分布を模擬している．このコイルに工学電流密度で 330 A/mm^2 の電流を流し，磁石中心に 4.3 T の磁場を発生する．そのコイルをステンレスの板を組み合わせたカラー（collar）によって機械的に拘束し，カラードコイル（collared coil）と呼ばれる構造をつくっている．Tevatron の場合は，このカラードコイルがヘリウム容器のなかに納められ，その周りには真空容器があり，鉄ヨークはその外側の室温部にある構造を取っている（ウォームアイアン：warm iron 構造）．冷却部 (cold mass) となるカラードコイルは超臨界ヘリウムで直接冷却される．

　Tevatron の成功は，その後，ドイツの HERA，アメリカの SSC や RHIC へと引き継がれることになるが，そこでは鉄ヨークも冷却部に納められたコールドアイアン (cold iron) の構造となっている．その理由は，Tevatron では鉄ヨークとコイルの間の位置精度が磁場精度に大きく影響することがわかったため，鉄とコイルの間の位置精度を再現性のあるものにするためである．

　これらの磁石の開発経験は NbTi を用いた加速器磁石としては究極的な性能を持つといってもよい LHC の 2 極磁石に集大成されている（図 9.5.4 (a))．この磁石は，温度 1.9 K で圧力 1 気圧の加圧超流動ヘリウムで冷却することにより，NbTi の加速器用超伝導 2 極磁石としては最高磁場の 8.3 T での定常運転が可能になっている．この磁石は一つの鉄ヨークのなかに二つの $\cos\theta$ コイルが入った構造 (two-in-one) になっている．ステンレスのカラーでコイルを拘束してから鉄を被せているコールドアイアン構造である．two-in-one 構造にすることで，二つのコイル同士が互いの磁束リターンを利用できることから効率的に磁場を発生しやすく，使う鉄の量も減らせる設計になっている．また比較的磁場の低い外層コイルの超伝導線の厚さを内層コイルのものより薄くすることによって，内層コイルの工学電流密度が約 560 A/mm^2 であるのに対して，外層コイルの工学電流密度は約 730 A/mm^2 と高くしている．これにより効率的な磁場発生が可能になっている．

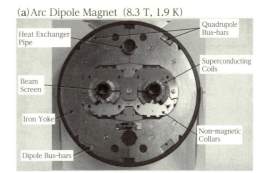

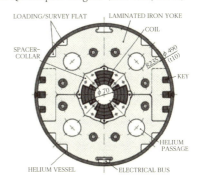

図 9.5.4　CERN LHC Magnet

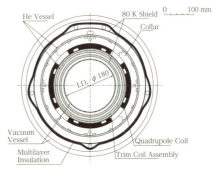

図 9.5.5　KEK-B QCS

　LHC の衝突点には KEK で開発した 4 極磁石（図 9.5.4 (b)）が使用されている．この磁石は最大磁場 8.63 T で，現在，稼働中の加速器用磁石としては世界最高磁場を誇っている[14]．この磁石では磁場強度を極限まで上げるために様々な工夫がされている．2 極磁石と同様に 2 種類の超伝導線を磁場の高い部分と低い部分で使い分け，4 層のコイルのうち，磁場の高い内側 1 層目と 2 層目のポール側に電流密度の低い線を用いている．また RHIC の磁石で初めて採用された，鉄ヨークがカラーと同様のコイル拘束機能を有する構造を採用することによってコイル支持構造の強化を図っている．

　KEKB 加速器においても超伝導 4 極磁石が衝突点近傍でビームを絞るという重要な役目を担っている．図 9.5.5 に KEK-B の QCS の断面を示す．空芯で極力薄くつくら

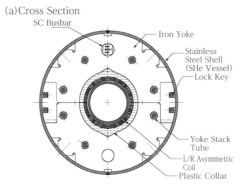
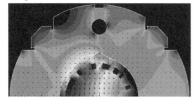

図 9.5.6 J-PARC Neutrino Beam Line Superconducting Combined Function Magnet

れていて，Belle 測定器の検出器群の中に潜り込むように設置されている．これによって，衝突点に極力近い場所で測定器のソレノイド磁場への影響を抑えつつ，強力な収束力を発生させてビームを極限まで絞り込んでいる[15]．

超伝導磁石は電流分布によって磁場を発生するため，複数のコイルによって磁場がつくられる場合，基本的にはそれぞれのコイルがつくる磁場の重ね合わせで磁場分布が決まる．この性質を利用すると，2 極磁場と 4 極磁場を同時に発生させる結合機能型の磁石も比較的容易に製作することができる．放射線医学総合研究所（放医研）の超伝導磁石を使った炭素イオンビームがん治療用ガントリーでは，2 極コイルの内側に 4 極コイルを巻くことで一つの磁石に偏向と収束の二つの機能を同時に持たせることでシステム全体の小型化を図っている[16]．

また，$\cos\theta$ 分布と $\cos 2\theta$ 分布を足し合わせた左右非対称な電流分布を 1 層のコイルで実現することで，結合機能型磁石を実現することもできる．これを世界で初めて実際のビームラインで実用化したのが，J-PARC ニュートリノビームラインの超伝導磁石システムである（図 9.5.6）．この磁石は偏向と収束の両方の機能を兼ね備えており，1 種類の磁石でビームラインの主要磁石を構成することができている[17,18]．

9.5.5 今後の展望

物理実験用の加速器はますます先端化が進み，それに伴って超伝導磁石に対しても様々な要求が出てきている．一つは，より高エネルギーまで粒子を加速するための高磁場の要求である．これについては現在，A15 系の超伝導材料（Nb_3Sn，Nb_3Al）を用いた 10 T 超の加速器用超伝導磁石の開発が世界的に進められている．また高温超伝導線材（HTS）を用いた 20 T 級の超伝導磁石の開発も始められている．

もう一つ近年重視されてきている要求は，耐放射線性に関するもので，これは短時間でより多くのデータを取得するためにビームの大強度化（荷電粒子ビームの大電流化）が求められていることからきている．そのために，絶縁などに用いられる高耐放射線性の有機系材料の開発や，金属材料の中性子照射による劣化の研究が精力的に行われている．

これまでの加速器分野では，冷却システムとして大型のヘリウム冷凍機を使うことが常識であった．この場合，運転時に高圧ガスに関する特別な資格を有する者が必要であるため，医療現場などに加速器用超伝導磁石を採用するのに大きな障害となっていた．しかし，より簡便な小型の GM 冷凍機を利用した冷却システムの普及により，加速器分野においても GM 冷凍機を利用した超伝導磁石が登場してきている．この技術の発展は加速器用超伝導磁石の医療応用に道を開くものであり，実際，放医研のガントリー用超伝導磁石にはこの技術が応用されている．さらに，これに HTS を用いた超伝導磁石を組み合わせて，より信頼性の高い加速器用超伝導磁石を実現しようとする試みも現在進められている．

参考文献

1) http://history.fnal.gov/tevatron.html
2) R. P. Crease : Phys. perspect. 7 404（2005）.
3) http://www.desy.de/research/research_areas/accelerators/overview_accelerators/hera/index_eng.html
4) M. L. Perl : SLAC-PUB-3943m April 1986. http://www.slac.stanford.edu/cgi-wrap/getdoc/slac-pub-3943.pdf
5) http://www.bnl.gov/rhic
6) http://public.web.cern.ch/public/en/LHC/LHC-en.html
7) T. G. Berlincourt : Cryogenics 27 283（1987）.
8) B. T. Matthias, *et al*. : Physical Review 95（6）1435（1954）.
9) 低温工学協会 編：『超伝導・低温工学ハンドブック』オーム社（1993）.
10) M. N. Wilson : "Superconducting Magnets" Oxford Univ. Press（1983）.
11) K. H. Meß, P. Schmüser : CERN 89-04 87（1989）.
12) R. A. Beth : J. Appl. Phys. 37（7）2568（1966）.
13) K. Halbach : Nucl. Inst. Meth. 78 185（1970）.
14) Y. Ajima, *et al*. : Nucl. Inst. Meth. Phys. Res. A 550 499（2005）.
15) K. Tsuchiya, *et al*. : IEEE Trans. Appl. Supercond. 9（2）1045（1999）.
16) Y. Iwata, *et al*. : Phys. Rev. ST. -Accel. Beams 15 044701（2012）.
17) K. Nakamoto, *et al*. : J-PARC IEEE Trans. Appl. Supercond. 20（2）208（2010）.
18) K. Sasaki, *et al*. : IEEE Trans. Appl. Supercond. 20（2）242（2010）.

9.6 挿入光源

9.6.1 概論

周期的な交番磁場中を高エネルギー電子が運動すると蛇行軌道を描き、輝度の高い放射光を発生する。以上の原理で放射光を発生する装置のことを挿入型光源と呼ぶが、この名称は、加速器の自由な直線部に挿入設置することに由来している。加速器からの余剰産物である偏向部放射光源とは異なり、挿入光源は放射光ユーザーの目的に応じてその主要パラメータである磁場が可変である場合が多く、必要に応じて高い輝度、あるいは短い放射波長を得ることができる。挿入光源の別名として、ウィグラー（揺れ動くもの）あるいはアンジュレータ（緩やかな起伏）と呼ばれることが多い。放射光科学の世界では、高輝度放射光を得るためのものをアンジュレータ、短波長放射光用のものをウィグラーと呼ぶが、基本的な原理は同一であるので本節ではアンジュレータに統一する。なお、採用する座標系は、電子ビーム軸方向を z 軸、z 軸に直交する水平方向を x 軸、垂直方向を y 軸とする。

一般的な平面型アンジュレータを想定し、磁場 B_y は以下のような z 方向分布を有しているものとする。磁場のピーク値を B_{y0}、周期長を λ_u とすると、

$$B_y(z) = B_{y0} \sin(2\pi z/\lambda_u) + \Delta B \quad (9.6.1)$$

上式の ΔB は磁石列の構造に由来する正弦波分布からの差であり、非周期的な磁場エラーを含むものとする。積分 I_1, I_2 を以下のように定義すると、

$$I_1 = \int_0^z B_y(z')dz', \quad I_2 = \int_0^z I_1(z')dz' \quad (9.6.2)$$

電子の運動方向が z 軸となす角度と電子の変位は以下の式で与えられる。

$$\psi(z) = \frac{ec}{E}I_1, \quad x(z) = \frac{ec}{E}I_2 \quad (9.6.3)$$

上式において、e は素電荷、c は光速度、E は電子エネルギーである。完全な正弦波磁場分布（$\Delta B = 0$）を仮定すると、

$$\psi(z) = -K\gamma^{-1}\cos(2\pi z/\lambda_u),$$
$$x(z) = -(K\gamma^{-1}\lambda_u/2\pi)\sin(2\pi z/\lambda_u) \quad (9.6.4)$$

上式において、γ はローレンツ因子である。K は偏向定数と呼ばれており、磁場と周期長により次式で与えられる。

$$K = 93.37 B_0[\text{T}]\lambda_u[\text{m}] \quad (9.6.5)$$

z 軸に対して θ の傾きで放射を観測した場合、放射波長は次式で得られる。

$$\lambda = (\lambda_u/2n\gamma^2)(1 + K^2/2 + \gamma^2\theta^2) \quad (9.6.6)$$

上式において、n は高調波次数である。$K \ll 1$ の場合は、基本波（$n=1$）のみ、$K \sim 1$ の場合は高調波を伴うが基本波が優勢、$K \gg 1$ の場合は、高調波が優勢となり、習慣的にウィグラーという名称で呼ばれている。

アンジュレータ用の磁気回路としては、常伝導型、超伝

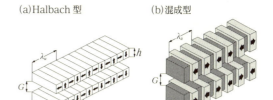

図 9.6.1 平面型アンジュレータの磁気回路．(a) は永久磁石だけで構成される Halbach 型、(b) はポールピースも使用した混成型．

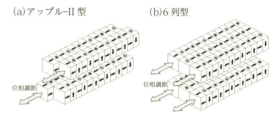

図 9.6.2 楕円偏光アンジュレータの磁気回路例．(a) は磁場強度特性に優れたアップル-II型、(b) は磁場の均一性に優れた 6 列型．

導型、永久磁石型があるが、以下の各種アンジュレータ（平面磁場型、立体磁場型）の紹介は現在の主流である永久磁石型に限定する。平面磁場型とは磁場ベクトルが平面内に限定されている型式で、planer undulator と呼ばれており、直線偏光放射光を発生する。典型的な磁気回路としては、永久磁石のみで構成される Halbach 型（図 9.6.1 (a)）と高飽和磁束密度材 permendur のポールピースを組み込んだ混成（Hybrid）型（図 9.6.1 (b)）がある。前者については、以下の近似式で磁石ギャップ中心での磁場が得られる[1]。

$$B_0 = 1.80 B_{\text{rem}} \exp(-\pi G/\lambda_u)[1 - \exp(-2\pi h/\lambda_u)] \quad (9.6.7)$$

上式において、B_{rem} は磁石の残留磁束密度、G は磁石ギャップ、h は磁石高さである。混成型は Halbach 型よりも、およそ 1.5～2 倍の高い磁場を発生することができる。

一方、立体磁場型とは次式で与えられる磁場分布を有するアンジュレータである。

$$B_y = B_{y0}\sin(2\pi z/\lambda_u), \quad B_x = B_{x0}\sin(2\pi z/k\lambda_u + \phi) \quad (9.6.8)$$

$k=1$, $\phi = \pm\pi/2$ の場合、楕円偏光アンジュレータ[2]と呼ばれる。電子ビームは概ねらせん軌道（xy 面内では楕円軌道）を描くので円偏光放射光を得ることができる。軸上で得られる放射光のスペクトルは基本波（$n=1$）が高い。特に、$B_{x0} = B_{y0}$ の場合は、ヘリカルアンジュレータと呼び、軸上の高調波は存在しない。具体的な磁石配列としては、図 9.6.2 (a) のアップル-II型[3]、図 9.6.2 (b) の 6 列型[4]がある。いずれも各磁石列が軸方向にスライドすることにより位相 ϕ を選ぶことができるので、あらゆる偏光

状態を実現することができる．主流は，磁場強度特性に優れたアップル-II型であるが，水平磁場 B_x が軸近傍に局在するという問題があるため加速器運転に支障をもたらす場合がある．この問題を避けるため，6列型を採用している施設がある．

式(9.6.8)において，$k=2$，$\phi=0$ を選ぶと8の字型アンジュレータ[5]となる．この名称の由来は，電子軌道が xy 面内にて8の字型の軌道を描くからである．半奇数次の放射光を発生できる特長があり，整数次は水平偏光，半奇数次は垂直偏光となる．

9.6.2 アンジュレータの構成要素

歴史的には常伝導方式による磁気回路が採用されたことがあったが，周期長の短いアンジュレータでは高い磁場を発生できない欠点があった．超伝導型の試みもあったが[6]，70年代後半には希土類磁石であるサマリウムコバルト磁石，80年代後半にはネオジム磁石が利用可能となった．アンジュレータ用永久磁石としては，その磁石配列の特殊性からの要請により，残留磁束密度 $B_{\rm rem}$ だけでなく保磁力 $H_{\rm cJ}$ の高い材質が要求される．今日では，$B_{\rm rem}$ が高いこと，生産量が圧倒的に多いことから，ネオジム系を採用したアンジュレータが主流となっている．

アンジュレータに備わるべき重要な機能の一つが磁場の可変であり，これによって放射波長の選択が可能となる．永久磁石型アンジュレータにおいて磁場可変であるためには磁石ギャップの高精度制御が必要となるが，1 m あたり 10 kN 以上の磁場引力を与えるアンジュレータを想定すると，高剛性のギャップ駆動機構を有する架台装置部が必要となる．なお，L をアンジュレータ長，w を磁極幅，$\mu_{\rm o}$ を真空の透磁率とすると，通常の平面アンジュレータの磁場引力 $F_{\rm m}$ は下記の式で得られる．

$$F_{\rm m} = w\int_0^L (B_y^2/2\mu_{\rm o})dz = 1.99\times 10^5 wLB_0^2 ({\rm N}) \quad (9.6.9)$$

図9.6.3 (a) は，片持ち支持型あるいはC型と呼ばれる架台装置部の概念図であり，現在，標準的に採用されているものである．ベース部，支柱部，サドル部，クロスビーム部で構成され，磁石列はクロスビームに装着される．磁石ギャップを可変とするため，支柱部とサドル部間には，高精度直動システムが構築される．アンジュレータ装置部に求められるものは，上下の磁石列間の平行性とギャップの位置決め精度である．しかしながら，この型式には重要な問題点がある．磁場引力による大きなモーメント負荷により，磁石列面が傾き，ギャップに横方向のテーパーが生じてしまい，結果として，アンジュレータ磁場にも傾きが生じることになる．したがって，支柱部およびサドル部を強靭とする対策が採られるが，高重量化は避けられない．しかしながら，それでもこの型式が現在の主流である．理由は，磁場測定方式の都合にある．図9.6.3 (b) は，門型あるいはH型と呼ばれる架台装置部の概念図である．片持ち支持型とは異なり，モーメント負荷は概ねキャンセル

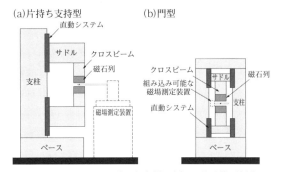

図9.6.3 アンジュレータ装置架台例．(a) は磁石列の片側がアクセスフリーである片持ち支持型，(b) は小型高剛性の門型．

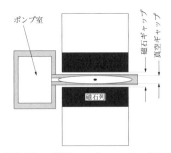

図9.6.4 一般型アンジュレータの真空部

される構造となっているので，ギャップの平行性はつねに保たれるという長所を有している．したがって，支柱部やサドル部の軽量化が可能となるが，コンパクトな磁場測定手法 SAFALI[7] が実用化されるまでは，この型式は主流にはなり得なかった．

一般的なアンジュレータの場合，電子ビームの真空路を確保するためには，磁石ギャップ内に真空ダクトが挿入される（図9.6.4）．加速器が要求する真空を得るためには，排気コンダクタンスの高いポンプ系が必要となる．設計としては，図9.6.4 に示すようなポンプ室を持つ型式が一般的であるが，ダクト内面に非蒸発ゲッター（NEG）をコーティングした型式も実用化されている．以上の真空ダクト型は，次に述べる真空封止アンジュレータが実用化されるまでは，アンジュレータ真空部の一般的な姿であった．なお，ダクト断面の形状は加速器ビームの振る舞いに対応して，蓄積リングでは横方向に長い矩形型（あるいは楕円型，レーストラック型），リニアックでは円形パイプ型が採用されることが多い．

X線領域の短波長光を得るには，アンジュレータの周期長を可能な限り短くする必要があるが，この場合，狭い磁石ギャップに設定しないと高い磁場は得られない．ところが，真空ダクト型アンジュレータでは，ダクトの肉厚（〜2 mm）と必要な上下のマージン（〜0.5 mm）を考慮すると，電子ビームのための開口（真空ギャップ）は，計5 mm 狭くなってしまうことになる．例えば，磁石ギャップを5 mm に設定すると電子ビームが通れる真空ギャップ

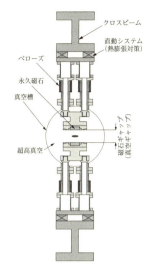

図 9.6.5 真空封止アンジュレータの構造

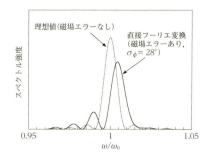

図 9.6.6 磁場エラーによるスペクトル特性の劣化例

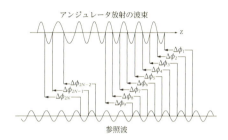

図 9.6.7 アンジュレータ放射波束と参照波との位相差

はゼロになってしまうのである．真空封止アンジュレータ[8]はこの問題点を解決し，磁石ギャップを真空ギャップに等しくするために考案されたものである．解決方法の核心は，永久磁石列全体を超高真空環境に置くことである（図 9.6.5）．しかしながら，超高真空を実現し，加速器に組み込むためには以下の注意点がある．

その第 1 は，永久磁石素材の選択である．真空ダクト型アンジュレータでは，磁石素材はつねに室温環境で使用される．したがって，必要な H_{cj} は磁石配列を組むときに減磁しないことを保証する値でよかった．しかしながら，真空封止アンジュレータにおいて採用する永久磁石は，超高真空を得るために重要なプロセスである「加熱排気」を前提としなければならない．加熱排気温度として 120 ℃ を想定すると，この温度で減磁しない磁石素材を選択しなければならないので，適合する素材としては，B_{rem} よりも H_{cj} を優先することになる．

第 2 は，磁石素材の表面処理である．蓄積リング施設に真空封止アンジュレータを設置するには，リングと同様の超高真空技術水準に適合する必要がある．そのためには，粉末焼結合金である磁石素材からの脱ガスを抑制するために，TiN コーティングを実施しなければならない．その特長は，コーティング層がとても薄いこと（わずか 5 μm），硬度がとても高いこと，および超高真空基準に適合していることである．

第 3 は，バンチ化した電子ビームへの対応である．永久磁石を並べたままにするとギャップ内を通過する電子はあたかも石畳上を動くことになり，周期的にウェーク場を発生することになる．これを避けるためには，磁石面を Cu などの金属箔で覆う必要があるが，上流側からの放射光照射[9]や電子ビームの鏡像電流[10]による発熱を効率よく磁石側へ逃がすために，箔の裏面に Ni 層を設けることにより，磁石との良好な熱接触を得ている．ちなみに SPring-8 の真空封止アンジュレータでは，50 μm 銅箔に 50 μm 厚さの Ni をメッキしている．

9.6.3 磁場測定と磁場調整

実用アンジュレータに求められる性能として，1）発生する磁場から計算されるスペクトル性能が理想値に限りなく近いこと，2）設置される加速器の運転に支障を与えないことが望まれるが，以上を満足するには，アンジュレータ磁場を精度高く測定することが前提となる．上記 1）を確認するために，図 9.6.6 に示すように，測定した磁場分布から得られる放射強度にフーリエ解析を実行し，各高調波スペクトルを理想値と比較するという方法があるが，最近では「位相エラー法」[11]が主流となりつつある．スペクトルに関係する磁場エラーを数値化できるという長所を持つ評価方法である．その具体的内容は，図 9.6.7 に示すように，測定した磁場分布から計算されるアンジュレータ波束のゼロクロス点（磁場のゼロクロス点）と，対応する参照波のゼロクロス点との位相差（時間差）を全クロス点（アンジュレータの極数）で求め，その分散（位相エラー）を得る方法である．位相差は，式(9.6.2)の結果を使って以下の式で得られる．

$$\Delta\phi_k = \phi(z_k) - 2\pi z_k/\lambda_u(1+\delta) \quad (9.6.10)$$

上式において z_k はゼロクロス点，δ は参照波周波数の任意性に由来するチューニングパラメータ（$\delta \ll 1$）であり，

$$\phi(z_k) = 2\pi[z_k + 2\gamma^2 l(z_k)]/[\lambda_u(1+K^2/2)] \quad (9.6.11)$$

$$l(z) = \frac{1}{2}\left(\frac{ec}{E}\right)^2 \int_0^z I_1^2 dz' \quad (9.6.12)$$

である．位相エラー値を求めるには，δ をチューニングしてその最小値を求める必要がある．

磁場エラーのない仮想的なアンジュレータを想定する．

パラメータは周期長 20 mm，周期数 100，ピーク磁場 10 000 Gauss（$K=1.87$）とする．当然ながらこのアンジュレータの位相エラーはゼロであるが，人為的に磁場エラーを加えると有限の位相エラーを見出すことになる．図9.6.8 は，この仮想アンジュレータ全体に，一様な磁場 ΔB を重畳させた場合の電子軌道と位相エラーである．ΔB を増やすと当然ながら蛇行軌道が大きく弯曲する．また，位相エラーも増加していくことがわかる．その理由は，アンジュレータ入口，出口付近において蛇行軸が z 軸（観測方向）に対して大きく傾いていることから，以上の箇所のみ放射波長は式(9.6.6)に従って長くなり，アンジュレータ全体の放射は，周波数が変調されているような波束となるからである．アンジュレータにおける磁場調整作業は，以上の弯曲を是正することから始まる．図 9.6.8 のケースでは，N 極磁場が優勢であるから，S 極磁場とのバランスを得るために磁石ユニットの交換を行う．なお，磁場測定センサーとして使用されるホール素子に系統的な較正エラーがある場合も同様の弯曲軌道を与える．したがって，位相エラー評価を正しく行うためには素子の較正は極めて重要である．図 9.6.9 のケースは $Z=500$ mm 付近にある N 極磁場を 1 % 増，$Z=1500$ mm 付近にある S 極磁場を 1 % 増としたものである．この磁場エラー（キックエラー）で位相エラーは 0.61° まで増加する．アンジュレータ磁場調整の大半はこのキックエラー退治に費やされる．方法としては，磁極面に薄いスチール板を貼り付けることが多いが，磁極面の平坦性が要求される真空封止アンジュレータでは磁極ユニット交換法が採用される．

電子は周期磁場によって蛇行軌道あるいはらせん軌道を描くが，加速器にとって重要なことは，アンジュレータ全体としては電子ビームに偏向を与えないことである．具体的には，アンジュレータ磁場の軌道方向積分値が，アンジュレータのしかるべき開口において，つねにゼロであることが望ましい．しかしながら，現実のアンジュレータには少なからず積分値エラーが存在する．磁場積分値を以下のように展開する．

$$\int_0^L (B_y + iB_x) dz = \sum_{k=0}^{\infty} (b_k + ia_k)(x+iy)^k \quad (9.6.13)$$

b_0，b_1，b_2，b_3 はそれぞれ 2 極エラー，4 極エラー，6 極エラー，8 極エラーであり，a_0，a_1，a_2，a_3 はスキューエラーである．施設によって許容値は異なるが，b_0, $a_0<$ 100 Gauss cm，b_1, $a_1<100$ Gauss，b_2, $a_2<100$ Gauss/cm，b_3, $a_3<50$ Gauss/cm^2 を条件としている施設例がある．

アンジュレータ磁場を評価するにはホール素子センサーを使用するのが一般的である．しかしながら，ホール素子出力は磁場に対して必ずしも直線的ではなく，磁場ゼロでもオフセットがある．しかもこれらの特性は素子ごとに異なっていることに加えて，-0.06 % 程度の出力の温度依存性がある．したがって，十分な空間的均一性を有する電磁石と NMR 磁場測定器を使用してホール素子の出力を較正

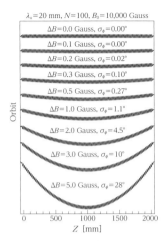

図 9.6.8 仮想アンジュレータに一様な磁場エラーを加えた場合の軌道と位相エラー

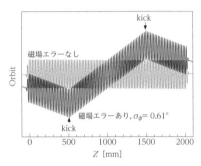

図 9.6.9 仮想アンジュレータに局所的な磁場エラーを加えた場合の軌道

する必要がある．位相エラー値 2° 以下を前提とすると，許容される較正の系統的エラーは，10 000 Gauss にて±0.3 Gauss（30 ppm）以内であるのが望ましい．また，ホール素子の温度依存性対策として，素子にヒーターを装着することにより一定温度を保つ方法と，素子の温度を測りながら温度補正を加える方法があるが，後者の場合は，使用温度の前後数点で素子を較正しておく必要がある．なお，ホール素子較正の良否を判定するには，測定したアンジュレータ磁場データの積分値 S_n と，素子を裏返して測定して得られたデータの積分値 S_f を比較すればよい．$(S_n+S_f)/2$ がホール素子較正不良による積分エラーである．あるいは，次に述べるフリップコイルなどを使用した積分データとの比較が有効な判定法となる．

フリップコイルまたはムービングワイヤーを使用すると，アンジュレータの積分磁場を迅速に測定できる．前者は，幅が数 mm，ターン数十程度の長尺型空芯コイルであり，半回転すると積分磁場も反転するので，その間に生じた誘導電圧を積分すれば積分磁場を測定することができる．一方，後者は 1 本のワイヤーを x あるいは y 方向に移動させるときに発生する誘導電圧を積分する仕組みである．基本的には，電圧測定器を含めたシングルターンのループである．

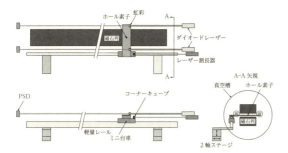

図 9.6.10 SAFALI の原理．この図ではミニ台車駆動部（ワイヤードライブ）が省略されている．また，位置決め用に 2 台のダイオードレーザーを使用しているが，スプリッター使用により 1 台とすることが可能である．

短周期アンジュレータの場合，狭いギャップでの磁場測定が標準となるが，磁場強度の垂直位置依存性が顕著になる．周期長 20 mm 以下では 20 μm 以下のホール素子位置決めが必要となるので，グラナイト製の高精密測定ベンチなどが必須となるが，前提として磁石列の片側が完全にアクセスフリーでなければならない．これが装置架台として片持ち支持型が選ばれてきた理由である．しかしながら，この方式では対応できない事例が出始めたのである．真空封止アンジュレータにおける磁場測定である．磁石列は径 250 mm 程度の真空槽内に設置してあるので，ホール素子をスキャンさせる仕組みは，磁石列と真空槽との隙間に設置できるコンパクトなものでなければならない．にもかかわらず，ホール素子の高精度位置決めが必要なのである．これらの相反する条件を解決したのが SAFALI（Self Aligned Field Analyzer with Laser Instrumentation）である．その名称が物語るように，直線基準としてレーザーを採用した装置である．図 9.6.10 に SAFALI の原理図を示した．ホール素子を搭載したミニ台車は，ワイヤードライブにより，軽量レール上を移動する．ホール素子の両側に 1～2 mm 径の虹彩が設けてあり，これを通過した 2 本のレーザーイメージ位置を PSD（光位置センサ）で測定し，基準位置からの変位を是正するよう，2 軸ステージを駆動する仕組みである．高精度のレールは不要で少々のベンドがあっても構わないが，段差はあってはならない．フィードバック系が追随できなくなるからである．SAFALI の横方向（xy 方向）位置決め精度は 10 μm 程度である．なお，ホール素子の軸方向位置の測定にはレーザー測長器を使用している．

真空封止アンジュレータ用に SAFALI は開発されたが，大きな副産物が生まれた．それは，この装置のコンパクトさゆえに，門型の架台装置が採用できることになったことである．SAFALI との組み合わせによる小型軽量で高剛性の門型アンジュレータはおおいに有望である．

参考文献

1) K. Halbach : Nucl. Instrum. Meth. **187** 109 (1981).
2) S. Yamamoto, H. Kitamura : Japan. J. Appl. Phys. **26** L1613 (1987).
3) S. Sasaki, *et al.* : Japan. J. Appl. Phys. **31** L1794 (1992).
4) T. Hara, *et al.* : J. Synchrotron Radiation **5** 426 (1998).
5) T. Tanaka, H. Kitamura : Nucl. Instrum. Meth. A **364** 368 (1995).
6) C. Bazin, *et al.* : J. Physique Lett. **41** 547 (1980).
7) T. Tanaka, *et al.* : Proceedings of FEL2007, Novosibirsk, 468 (2007).
8) S. Yamamoto, *et al.* : Rev. Sci. Instrum. **61** 400 (1992).
9) T. Hara, *et al.* : J. Synchrotron Radiation **5** 406 (1998).
10) K. Bane, S. Krinsky : IEEE 1993 Particle accelerator conference, Washington DC (1993).
11) R. P. Walker : Nucl. Instrum. Meth. A **335** 328 (1993).

9.7 高周波空洞

9.7.1 高周波空洞の基礎

7.3 節では，リニアックとして開発された様々なタイプの加速管のおもな特徴の解説を行った．ここでは電磁場理論，およびその近似表現である集中定数回路論を使ってそれらの基礎付けを行う．

この方面の基礎理論は，J. C. Slater の古典的著書 "*Microwave Electronics*"[1] で確立され，また 1970 年までの実験を含む研究成果は，P. M. Lapostolle と A. L. Septier により編さんされた大著 "*Linear Accelerators*"[2] にまとめられているので，詳細はこれらを参照されたい．

a. 単セル空洞の基礎理論

共振電磁場と等価回路 様々なタイプの加速管はセルと呼ばれる単位空洞の連結構造であるが，その基本的特徴はピルボックスという直円筒形状の空洞の固有モードの電磁場で理解できる．そこで電磁場を円柱座標で

$$\boldsymbol{E} = \widehat{\boldsymbol{E}}(r, \theta, z) e^{j\omega t} \quad \text{および} \quad \boldsymbol{H} = \widehat{\boldsymbol{H}}(r, \theta, z) e^{j\omega t} \tag{9.7.1}$$

と表して解説を進める．

空洞の固有の共振モードは表面での境界条件を電場は垂直，磁場は平行として求められる．直円筒のように z 方向に断面形状が変わらない場合，すべての固有モードは縦方向磁場 H_z が 0 の TM (transverse magnetic) モードか，縦方向電場 E_z が 0 の TE (transverse electric) モードのどちらかに属する．さらに TM モードでは E_z から，TE モードでは H_z から残る 4 個の横方向成分が導出される．このうち加速に使われるのは 7.3 節で述べたように TM モードで，なかでも固有周波数が最も低い，TM$_{010}$ と呼ばれるモードである．

円筒長さを d，半径を b としてマクスウェル方程式を解けば，TM$_{010}$ モードの電磁場は

$$\widehat{E}_z = E_0 J_0(\chi_{01} r / b) \quad \text{および} \quad \widehat{H}_\theta = j E_0 J_1(\chi_{01} r / b) \zeta_0 \tag{9.7.2}$$

という z 方向に一定の 2 成分のみで，残る 4 成分．$\widehat{E}_r$，

$\hat{E}_\theta$, $\hat{H}_r$, $\hat{H}_z$ は 0 となる．共振周波数は

$$\omega = \omega_{010} = \chi_{01} c/b \quad (9.7.3)$$

となって空洞長 d によらない．ここで E_0 は中心軸上の電場，χ_{01} はベッセル関数 $J_0(z)$ の最初の零点 2.4048，ζ_0 は真空の固有インピーダンス $\sqrt{\mu_0/\varepsilon_0} = 376.73\,\Omega$ である．$J_0(\chi_{01}r/b)$ の引数で r の係数は波数 ω/c に等しい．これらの結果を図示したものが 7.3 節の図 7.3.1 である．

共振角周波数とともに，空洞にとっての基本量に Q 値がある．これは金属壁面のジュール損 P_{wall} による空洞内電磁場エネルギー W の減衰率

$$Q = \omega W/P_{\text{wall}} \quad (9.7.4)$$

として定義されるものである．

壁面に平行な電場 $E_{\parallel}$ と平行な磁場 $H_{\parallel}$ の比 $E_{\parallel}/H_{\parallel}$ を表面インピーダンス $Z_S(\equiv R_S + jX_S)$ というが，その実数成分である表面抵抗 R_S がジュール損を決める．常温の常伝導金属のように伝導電子の平均衝突時間が高周波周期に比べてはるかに短い場合は直流導電率 σ を用いて

$$Z_S = \sqrt{j\omega\mu_m/\sigma} \quad (9.7.5)$$

となり，表面抵抗と表面リアクタンスが

$$R_S = X_S = \sqrt{\omega\mu_m/(2\sigma)} \quad (9.7.6)$$

等しいという結果が得られる．ここで μ_m は金属の透磁率（非磁性体では μ_0 に等しい）である．なお

$$\delta \equiv 1/(R_S \sigma) \quad (9.7.7)$$

は表皮深さ (skin depth) という．高周波電磁場の振幅は金属表面から垂直距離 x だけ入ると $\exp(-x/\delta)$ に比例して減衰する．

さてジュール損は

$$P_{\text{wall}} = \frac{R_S}{2} \int_S |\bar{H}|^2 dS \quad (9.7.8)$$

で与えられる．このジュール損の式と共振時の電磁場エネルギーの式

$$W = \frac{\varepsilon_0}{2} \int_V |E_z|^2 dV = \frac{\mu_0}{2} \int_V |H_\theta|^2 dV \quad (9.7.9)$$

それぞれに式 (9.7.2) および式 (9.7.3) を代入すればピルボックス空洞の Q 値は

$$Q = \frac{\chi_{01}}{2} \frac{\zeta_0}{R_S} \frac{d}{d+b} \frac{d}{d+b} \quad (9.7.10)$$

と与えられる．

さて次には空洞（の中心軸上）を通過するビームがある共振モードから受ける加速（または減速）電圧を調べなければならない．これは空洞を図 9.7.1 のような LCR 並列共振回路としてみたときのシャント・インピーダンス R を定義するために必要である．Q および ω_0 は上述のように決まったので，R が定まれば空洞の等価回路は一意的に決まる．そこで電荷 e の粒子が中心軸上を速度 v で通過するときに，正弦振動電場から得る加速（または減速）電圧の最大絶対値（V_a とする）を回路論としてのピーク電圧と考えてみる．ピルボックスを例にとれば，最大値は粒子が $\omega t = $ 整数$\times \pi$ の時刻に空洞中心 $z = 0$ を通過する場合であることが式 (9.7.1)，式 (9.7.2) からわかる．粒子は有限速

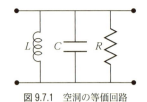

図 9.7.1　空洞の等価回路

度 v で通過するので，直流として見た電圧 $V_0 = E_0 d$ より小さく，$V_a = TV_0$ として表される．ここで T は走行時間係数 (transit-time factor) と呼ばれる 1 を超えない数である．ピルボックスでは

$$V_a = E_0 \int_{-d/2}^{d/2} \cos\left(\frac{\omega_{010} d}{v}\right) dz = V_0 T$$

であるので T は

$$T = \frac{\sin\left(\frac{\omega_{010}d}{2v}\right)}{\left(\frac{\omega_{010}d}{2v}\right)} \quad (9.7.11)$$

となる．そこで交流回路論での実効電圧振幅の 2 乗を損失（この場合は P_{wall}）で除したものがシャント・インピーダンスという定義を当てはめると，ピルボックスでは

$$R = \frac{V_a^2}{2P_{\text{wall}}} = \frac{1}{2} \frac{\zeta_0^2}{\zeta_m} \frac{d^2}{\pi J_1^2(\chi_{01})b(b+d)} T^2 \quad (9.7.12)$$

となる．こうして基本量 ω_{010}, Q, R が決まれば L, C も

$$L^{-1} \equiv \omega_{010} Q/R \quad \text{および} \quad C^{-1} \equiv \omega_{010} R/Q \quad (9.7.13)$$

のように定まる．

ところでこのシャント・インピーダンスは上述の電圧の定義に依存しているわけであるが，あるビーム電流分布 $\mathbf{J}$ が通過している空洞体積 V において，空洞表面 S も含めた領域でのエネルギー保存式

$$\int_V \left[\frac{\partial u}{\partial t} + Re(\mathbf{J}^* \cdot \mathbf{E})\right] dV + \oint_S Re(\mathbf{S} \cdot \mathbf{n}) dS = 0 \quad (9.7.14)$$

と整合し[3]，適切な定義といえる[*1]．ここで u は電磁場エネルギー密度，$\mathbf{S}(=\mathbf{E} \times \mathbf{H}^*)$ はポインティングベクトル，$\mathbf{n}$ は壁面 S における微分面積 dS の外向き単位法線ベクトルである．

空洞には外部高周波電力源がなくビームが放射する電磁波で平衡状態にあるとき，ビームは自身のつくるこの電磁波で減速され，運動エネルギーを失う．そしてこのエネルギー消費は空洞壁面でのジュール損失に等しい．これが式 (9.7.14) の意味するところであり，ビームに対して 180°の減速位相にある電磁波の発生をビームローディングという．実際の加速空洞では外部高周波源の電力によりつくられる電磁場とビームローディングによる電磁場の線形合成電圧でビームは加速されることになる．なおこれはビームが相対論的で空洞通過時の速度変化が無視できる場合を想定している．さもないと線形合成が成り立たないからである．

[*1] 加速器研究者の間では $R_a \equiv 2R$ が加速器シャントインピーダンスと呼ばれ使われることもある．この場合の回路損失は V^2/R_a とする．

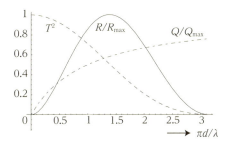

図 9.7.2 ピルボックス空洞のシャント・インピーダンス曲線

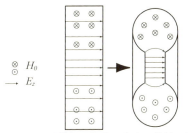

図 9.7.3 ピルボックス空洞形の最適化

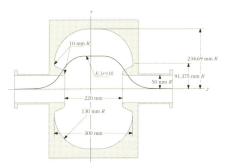

図 9.7.4 KEK PF リングの 500 MHz 単セル加速空洞

さて図 9.7.1 の等価回路では共振周波数の Q 値への依存性は Q^{-2} 以下であることは容易にわかる．しかし Slater によれば，表皮効果により壁面外部に浸出した磁場は実効的に空洞体積を膨らませ，共振周波数 ω_0 を低下させる[1]．それは $1/Q$ の 1 次近似で

$$\omega_C \approx \omega_0 \left(1 - \frac{1}{2Q}\right) \qquad (9.7.15)$$

となる．この Q^{-1} の位の効果の存在は，図 9.7.1 において L に L/Q のインダクタンスを直列に追加しておかなければならないことを意味する．

シャント・インピーダンスの極大化 共振周波数一定の条件下でシャント・インピーダンスが空洞形状に依存するかは実用上重要な問題である．まず前項で議論してきたピルボックス空洞について調べてみる．この場合，空洞長 d が可変パラメータであって，前項の諸式で計算すると図 9.7.2 のような結果が得られる．

空洞長 d の増大は電磁場エネルギーの増大による Q の上昇を伴うが，一方では走行時間係数 T の低下を引き起こす．両方の効果が折り合ったところでシャント・インピーダンス極大になり，これは d が波長 λ の 44 % となるところである．

この定性的な議論を上の小節で導いた数式を使ってもう少し解析を進めよう．式 (9.7.4)，式 (9.7.12) の右辺分母にはいずれも P_{wall} があるが，それは式 (9.7.8) でわかるように金属表皮抵抗 ζ_m と磁場の 2 乗の表面積分の積である．そこで式 (9.7.4)，式 (9.7.12) の両辺に ζ_m を乗じた量は物質定数によらない空洞形状のみで決まる幾何学的な量となる．常伝導空洞の場合，材質は無酸素銅であるので，性能係数（figure of merit）と呼ばれるこれらの幾何学量を評価することが重要になる．$\zeta_m Q$ は一定磁場エネルギーのもとでの空洞表面積の大小を，$\zeta_m R$ は一定電場エネルギーで元の加速電圧の大小を比較する目安になる．

この観点からのピルボックス空洞形の最適化を図 9.7.3 に示す．空洞表面積の低減は円形断面にすることにより，中心軸付近への電場の集中はノーズコーンという突起をつくることにより実現される．これにビームパイプを取りつけ，実用機として設計されたものが図 9.7.4 の，KEK PF リングに 4 基使われている 500 MHz 単セル加速空洞[4]である．なお電子リニアックの進行波型加速管のような多数のセルの連結構造では，空洞形状の最適化よりはピルボックスの原形を温存し，セルの加工およびろう付け工程の簡素化と高度な仕上がり精度の実現を目指す．

b．多セル加速管

ほとんどの加速管は単位セルが連結した周期構造である．高周波入力は一つのセルで行われ，その他はセル間の電磁気的結合で高周波が伝搬される仕組みをとる．この小節では個々のセルの電磁気特性はすでに定義した等価回路定数を使って周期構造の特性を解析する．

無限セル数の加速管の分散式 例として 7.3 節に述べた電子リニアック進行波型加速管を無限に長いものとした場合の等価回路について分散式を求めよう．セル隔壁円板中央のビーム通過孔（アイリス）が同時に高周波の結合孔の役割を担う．7.3 節の図 7.3.1 に示すように，電場が隣のセルに漏れ出し，ある大きさの電圧を誘起する電場結合となっている．この効果は個々のセルの L，C（さしあたり簡単のために R を無限大として無視する）に電場結合を表す C' を追加した図 9.7.5 のような等価回路で表現される．なお結合によるセル内電場の乱れは十分に小さい，すなわち $C' \gg C$ を仮定する．以下では電場結合の場合にしぼって説明を続けるが，C' を L' で置き換えれば磁場結合の場合にも同様に応用できる．

ここで図 9.7.5 のように電流を右回りとし，n 番目セルの電流のフェーザー表示を $\tilde{i}_n$ とすれば

$$[j\omega L + 1/(j\omega C)]\tilde{i}_n + (2\tilde{i}_n - \tilde{i}_{n+1} - \tilde{i}_{n-1})/(j\omega C') = 0 \qquad (9.7.16)$$

という方程式が得られる．隣り合うセルでは電流の位相差が ϕ であるので $\tilde{i}_{n+1} = \tilde{i}_n e^{-j\phi}$ とすれば

$$\omega = \omega_0 [1 + k(1 - \cos\varphi)]^{1/2} \approx \omega_0 [1 + (1 - \cos\varphi)/2] \qquad (9.7.17)$$

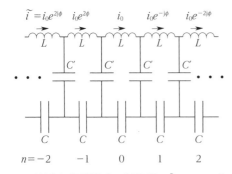

$n = -2 \quad -1 \quad 0 \quad 1 \quad 2$

図 9.7.5 電場結合型周期構造の等価回路. $\tilde{i}$ はフェーザー表示の電流. C' を L' で置き換えれば磁場結合の構造が表現となる.

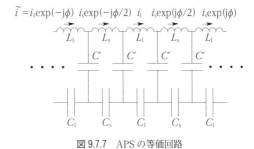

図 9.7.7 APS の等価回路

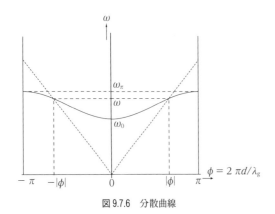

図 9.7.6 分散曲線

という分散式が得られる. ただし $\omega_0 \equiv 1/\sqrt{LC}$, $k \equiv 2C/C' (\ll 1)$ としている.

この関係を $|\phi| \leq \pi$ の基本ブリリアン帯について描くと図 9.7.6 のようになる. この曲線を分散曲線 (dispersion curve) といい, ω_0 と $\omega_0(1+k)$ の間の周波数を通過帯 (pass band) という. 通過帯に属する一つの周波数 ω にはセル間の位相差が $+|\phi|$ と $-|\phi|$ の二つの進行波がある. 両者が混在する場合には, 後者を後進波と呼んで区別する. セルの長さを d とすれば, 進行波の管内波長 λ_g, 波数 β_g には $\lambda_g = 2\pi/\beta_g = 2\pi d/|\phi|$ の関係がある. したがって進行波の位相速度 v_p は

$$v_p = \pm \omega/\beta_g = \pm \omega d/|\phi| \quad (9.7.18)$$

となる. 群速度 v_g は分散曲線の勾配であるので

$$v_g = \partial \omega / \partial \beta_g = d\omega/d\phi \quad (9.7.19)$$

となる. 図 9.7.6 で原点 $(0,0)$ と点 $(\pm|\phi|, \omega)$ を結ぶ点線の勾配は v_p/d に等しい. 進行波型加速管ではほとんどの場合, 粒子速度と v_p は等しく設計される.

シャント・インピーダンス R が有限の場合は, $r = L/(RC)$ という小さい抵抗を各セルの L に直列に接続した回路図で表現される. これによれば定在波が立っている場合, すべてのセルで電場振幅が一様に $e^{-j\omega t/Q}$ で減衰していくこと, 進行波が通過している場合, 電場振幅がセルごとに $e^{-\alpha}$ (ただし $\alpha \simeq (kQ\sin\phi)^{-1}$) の割合で減衰していくことが示される[3]. ただし $\phi = 0$ および π の近傍では単純な進行波のモデルでは説明できない特異な振る舞いを示す.

有限セル数の加速管 定在波型加速管は 7.3 節で述べたように, π モードで動作するセル数がせいぜい 10 程度のものであるが, その特性は図 9.7.5 と式 (9.7.16) を援用して調べられる.

セル数を $n = 1, 2, \cdots, N$ の N 個とし, 1 番目と N 番目のセルはショート面で閉じられる. 等価回路上では 1 番目セル左側の C', N 番目セル右側の C' がショートされることになる. このため周期が崩れるのでこの二つのセルの L および C については L_t および C_t と変え, 式 (9.7.17) の代わりに

$$\omega_t \equiv 1/\sqrt{L_t C_t}, \quad k_t \equiv 2C_t/C' (\ll 1) \quad (9.7.20)$$

と定義する. そこで $k \simeq k_t \ll 1$ として k の 1 次近似をとると, 次のような N 個の連立 1 次方程式

$$(1+k/2)\omega_0^2 \tilde{i}_1 - k\omega_0^2/2 \tilde{i}_2 = \omega^2 \tilde{i}_1$$
$$(1+k)\omega_0^2 \tilde{i}_2 - k\omega_0^2/2 \tilde{i}_1 - k\omega_0^2/2 \tilde{i}_3 = \omega^2 \tilde{i}_2$$
$$\vdots \quad (9.7.21)$$
$$(1+k)\omega_0^2 \tilde{i}_{N-1} - k\omega_0^2/2 \tilde{i}_{N-2} - k\omega_0^2/2 \tilde{i}_N = \omega^2 \tilde{i}_{N-1}$$
$$(1+k/2)\omega_t^2 \tilde{i}_N - k\omega_0^2/2 \tilde{i}_{N-1} = \omega^2 \tilde{i}_N$$

が得られる. ここで π モードとし, さらに各セルの振幅が等しいという, 加速管全体としてのシャント・インピーダンスが最大となる条件を課す. すなわち

$$\tilde{i}_1 = -\tilde{i}_2 = \tilde{i}_3 = \cdots = (-1)^{N-1}\tilde{i}_N \quad (9.7.22)$$

とする. これで式 (9.7.21) を解けば, k の 1 次近似で

$$\omega_t^2/\omega_0^2 = 1 + k \quad (9.7.23)$$

となり, 端部セルの固有周波数が決まる. また π モードの周波数 ω_π も

$$\omega_\pi^2/\omega_0^2 = 1 + 2k \quad (9.7.24)$$

と求まる. 式 (9.7.21) は N 個の固有値を持ち, その m 番目の固有値を $(\omega_m/\omega_\pi)^2$ と表せば

$$\omega_m/\omega_\pi = \sqrt{1 - 2k\cos^2(m\pi/(2N))}$$
$$\simeq 1 - k\cos^2(m\pi/(2N)) \quad (9.7.25)$$

ただし $m = 1, 2, \cdots, N$

となって, 周期構造加速管の 0 モードは励起されない.

なお式 (9.7.21) は行列形式で表現するのが便利である. 空洞壁損の効果, セル数増加に伴う共振性能の急激な劣化, 外部励振電源の追加, 励振周波数誤差の影響, セル間での固有周波数誤差の影響など実用上重要な問題を, 摂動

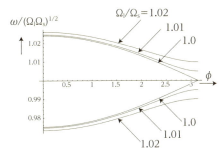

図9.7.8 合流条件付近での分散曲線の振る舞い．曲線は Ω_l と Ω_s の入れ換えに対して不変である．

行列として付加してより直感的な解析が可能になる[3]．

c. 培周期構造と合流条件

上で触れた π モード定在波空洞のセル数 N の実用的上限はもっぱら，$\phi=\pi$ で群速度 v_g が 0 となることによる．これを解決しようと考案されたのが 7.3 節で紹介した SCS, ACS, APS などの培周期構造加速管（bi-periodic structure）である．

これらの加速管では加速セルはほぼ原形を保ちつつ新たに結合専用の小さいセルを付加し，2種類のセルの複合体が基本周期となる．また多くのアルバレ型加速管では，各ドリフト管にポストカップラーと呼ばれる電極棒を間近に置いて加速電場の安定化を図るが，このドリフト管とポストカップラーの1組が基本周期の培周期構造といえる．

基本周期には加速セルに電磁場エネルギーが集中するモードと結合セルに集中するモードが存在し，それらが互いに空間的に独立した固有モードとなっている．これにより，電磁場が定常状態から外れた場合に両モード間でエネルギーの交換を行い，速やかに定常状態に復帰できることが培周期構造の特徴である．

培周期構造の分散曲線の性質を，図9.7.5 を APS 用に書き直した図9.7.8 で調べよう．長短それぞれのセルの回路定数を添字 l, s で区別し，基本周期ごとの位相進みを ϕ としたとき，回路方程式は

$$\left(j\omega L_l + \frac{1}{j\omega C_l} + \frac{2}{j\omega C'}\right)\tilde{i}_l = \frac{e^{j\phi/2}+e^{-j\phi/2}}{j\omega C'}\tilde{i}_s$$

$$\left(j\omega L_s + \frac{1}{j\omega C_s} + \frac{2}{j\omega C'}\right)\tilde{i}_s = \frac{e^{j\phi/2}+e^{-j\phi/2}}{j\omega C'}\tilde{i}_l \quad (9.7.26)$$

となる．ここで共振周波数と結合定数を

$$\omega_l \equiv 1/\sqrt{L_l C_l}, \quad \omega_s \equiv 1/\sqrt{L_s C_s}$$
$$k_l \equiv 2C_l/C', \quad k_s \equiv 2C_s/C' \quad (9.7.27)$$

のように定義し，次のような3個のパラメータ

$$\Omega_l \equiv \sqrt{\omega_l^2 + k_l}, \quad \Omega_s \equiv \sqrt{\omega_s^2 + k_s}, \quad K \equiv \omega_l \omega_s \sqrt{k_l k_s} \quad (9.7.28)$$

を導入する．これらを使えば最終的に式(9.7.26)から

$$(\omega^2 - \Omega_l^2)(\omega^2 - \Omega_s^2) = K^2 \cos^2(\phi/2) \quad (9.7.29)$$

という分散式が導かれる．この分散式で，$\phi=\pi$ での群速度を計算すると通常 0 となる．しかし特に回路定数を

$$\Omega_l = \Omega_s (\equiv \Omega_{\text{confluence}}) \quad (9.7.30)$$

となるように調整すると

$$v_g = \pm Kd/(4\Omega_{\text{confluence}}) \quad (9.7.31)$$

というある大きさの群速度が得られる．培周期構造における式(9.7.30)の特別な関係が合流（confluence）条件と呼ばれたいへん重要なものである．合流条件に近づくときの，$0 \leq \phi \leq \pi$ の区間での分散曲線の変化の模様を図9.7.8 に示す．

周期構造における群速度とエネルギー速度が等しいことの証明は J. S. Bell により1952年に与えられている[5,6]．これを手がかりに合流条件を満たす進行波管（TWT）の研究が早くから行われていた[7]．加速器における APS や SCS などでの合流条件の研究は，これらの情報とは独立に発展してきたようである．文献 8 には，加速管での合流条件の電磁気学解釈がポストカップラーを備えたアルバレ型加速管を例にして詳しく論じられている．

合流条件は直観的解釈があまり容易ではない．一つの理由は同一周波数の二つのモードの間に $\frac{\partial}{\partial \omega}$ というオペレーターを持つ群速度 v_g が関与するからであろう．しかし，v_p と v_g が C に等しい真空中の電磁波についてコメントしておく．真空中では境界条件の制約がないので，二つの正弦定在波，$\sin(\omega t)\sin(\beta z)$ と $\cos(\omega t)\cos(\beta z)$ が同時に存在できる．しかしその和は三角関数の公式で $\cos(\omega t - \beta z)$ という進行波であることがわかる．真空中では任意の周波数で合流条件が成立しているわけである．

d. 結合孔の電磁場理論

電磁場理論からの分散場理論 ここまでは等価回路による多セル加速管の分散特性を導いてきた．以下では結合孔付近の電磁場の解析に基づくやり方を Bevensee の理論[9,10]に沿って解説する．例としては従前どおりピルボックス型セルの TM_{010} モードが中心軸円孔で電場結合している周期構造とする．

Bevensee の理論で基本となるのは結合孔面で，$E_\parallel=0$ および $H_\perp=0$ という電気ショート面の境界条件に従う 0 モードと，$E_\perp=0$ および $H_\parallel=0$ という磁気ショート面の境界条件に従う π モードの電磁場である．

まず各セル内での2乗積分が1となるように規格化した 0 モード電磁場 (e, h) および π モード電磁場 (e', h') を導入する．最も簡単な2セル構造を考え，各セルの体積を V，結合孔面を S，n を外向き法線ベクトル，0 モード周波数を ω_0，とし，π モード周波数を ω_π とする．ここでベクトル恒等式

$$\int_V (\boldsymbol{A} \cdot \nabla \times \nabla \times \boldsymbol{B} - \boldsymbol{B} \cdot \nabla \times \nabla \times \boldsymbol{A}) dV$$
$$= \int_S (\boldsymbol{B} \times \nabla \times \boldsymbol{A} - \boldsymbol{A} \times \nabla \times \boldsymbol{B}) \cdot \boldsymbol{n} dS \quad (9.7.32)$$

に $\boldsymbol{A} \to \boldsymbol{e}$, $\boldsymbol{B} \to \boldsymbol{e}'$ と代入すれば

$$[(\omega_\pi/c)^2 - (\omega_0/c)^2]v_{0\pi} = (\omega_0/c)\int_{\text{結合孔}} (\boldsymbol{e}' \times \boldsymbol{h}) \cdot \boldsymbol{n} dS$$

$$(9.7.33)$$

という式が得られる．ただし左辺の $v_{0\pi}$ は

$$v_{0\pi} \equiv \int_{結合孔} \boldsymbol{e} \cdot \boldsymbol{e}' dV \tag{9.7.34}$$

と定義する．これは固有関数展開の性質から1を超えないが，結合孔が十分に小さければセル内の大部分で $\boldsymbol{e}$ と $\boldsymbol{e}'$ は一致し，$v_{0\pi} \simeq 1$ と見なせる．一方，右辺は結合の強さを表すが，かたちのうえではエネルギー流を表すポインティング・ベクトルに比例している．そこで結合定数として

$$k \equiv (c/\omega_0) \int_{結合孔} (\boldsymbol{e}' \times \boldsymbol{h}) \cdot \boldsymbol{n} dS \tag{9.7.35}$$

を導入する．こうして式(9.7.33)は

$$(\omega_\pi/\omega_0)^2 - 1 = k/v_{0\pi} \tag{9.7.36}$$

と書き直される．

この議論を無限周期構造に拡張するのは容易で，ただ各セルは左と右の二つの結合孔を持つことに注意すればよい．途中の計算は省略するが，結合孔が十分に小さい近似での分散式は，セル間の位相差を ϕ として

$$(\omega/\omega_0)^2 - 1 \simeq c(1-\cos\phi)/\omega_0 \int_{右結合孔} (\boldsymbol{e}' \times \boldsymbol{h}) \cdot \boldsymbol{n} dS$$
$$= k(1-\cos\phi) \tag{9.7.37}$$

と表され，回路論による分散式(9.7.17)と同じかたちとなる[3]．これは等価回路による結果が電磁場方程式による解析に沿ったものであることを示している．

渦なし（irrotational）ベクトル場固有関数 空洞電磁場の固有関数展開において Slater が基底にした固有函数は壁面で電場が垂直，磁場が平行な $\boldsymbol{H}_n \propto \nabla \times \boldsymbol{E}_n$，$\boldsymbol{E}_n \propto \nabla \times \boldsymbol{H}_n$ というかたちのソレノイダル（solenoidal）場モードのみであった．これらは発散（$\nabla \cdot$）がつねに0になるベクトル場である．しかし結合孔平面では電場が平行，磁場が垂直な成分も発生するので，直交関数の完全性のためにはこれらとは直交する渦なし（irrotational）ベクトル場（保存場ともいう）モードも含める必要があることを Teichmann と Wigner が指摘した[11]．このモードは電場，磁場ともスカラー関数の発散であり，回転（$\nabla \times$）がつねに0になる[9]．これも取り入れて Slater 公式を拡張した理論は Borgnis と Papas によって展開されている[12]．

加速管では幸いにも通常は結合孔が十分に小さいので，Slater 式の固有関数展開で十分ではある．しかし進行波管のように広帯域が要求される構造では結合孔が大きくなり，渦なしベクトル場モードが無視できなくなる．これについての詳細な報告が M. A. Allen によってなされている[13]．

e. 導波管との接続

等価回路 UHF 帯あるいはそれ以上の高周波を使う場合，高周波源であるクライストロンなどの電子管と空洞の間は導波管で結ばれる．空洞本体に設けられる結合孔は結合度の調整はもとより，導波管中での反射波の位相，結合孔付近の放電対策の目的で，かたち，大きさ，空洞壁面での位置など様々に変わる．

ある与えられた導波管・空洞システムの基本特性を押さえるには空洞そのもので調べてきたように等価回路表現が不可欠である．ここで問題になるのは導波管の特性インピ

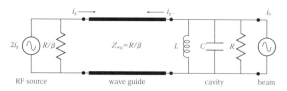

図 9.7.9　高周波源とビームを含む空洞の等価回路

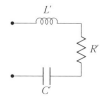

図 9.7.10　直列共振回路

ーダンスをどう決めるかである．同軸ケーブルやレッヘル線と異なり，導波管内電磁波パターンからインピーダンスを一意的に決定できないのは，先に述べた空洞のインピーダンスと同様の理由からである．そこで導波管が接続された空洞とされない空洞とで，空洞内電磁場エネルギー U の減衰率を比較してみる．その結果，壁損の β 倍の電力が結合孔から導波管に逃げていくとする．これは図 9.7.1 の空洞シャント・インピーダンス R に並列にインピーダンス βR が追加されたことに相当する．したがって導波管への電力損失の効果を含めた総合的な Q 値は

$$1/Q_L = (1+\beta)/Q \tag{9.7.38}$$

となる．この Q_L は負荷 Q 値（loaded Q value）と呼ばれ本来の値 Q より小さい．結合強度の指標 β が $0<\beta<1$ では疎結合（under-coupled），$\beta=1$ では整合（matched），$1<\beta$ では密結合（over-coupled）の状態に空洞はあるという．また導波管インピーダンス Z_{wg} は空洞インピーダンス R を単位として R/β となる．

以上の考察をもとに空洞・導波管システムに高周波源とビームを付け加えた図 9.7.9 が 9.8.1 項にも使われている等価回路である．ここで導波管左端の抵抗は空洞からの高周波電力を完全に吸収し，再び空洞側へ反射させないための整合負荷である．これによって空洞への入力は空洞の状態如何にかかわらず一定に保たれる．このような回路構成は enough-padding[1] されたものといわれ，高周波系動作の安定化に重要である．実際にはサーキュレーターなどをもちいて実現される．

なお次小節での議論に応用することになるが，導波管側から見た空洞の等価回路は図 9.7.10 のように直列共振回路としても表現できることに触れておく[3]．そのために空洞と導波管の境界面を管内波長の 1/4 だけ前後させたときの新しい入力インピーダンス Z'_{in} を求めてみる．これともとの入力インピーダンス Z_{in} および導波管伝搬モードの固有インピーダンス Z_g の間には

$$Z'_{in} Z_{in} = Z_g^2$$

というマイクロ波工学上よく知られた関係が成立する［文献 14，Sec. 3-3］．これを利用すれば，L，C，R を

$$L'=CZ_g^2,\ C'=L/Z_g^2,\ R'=Z_g^2/R \tag{9.7.39}$$

のように変換した直列共振回路が得られるわけである．なお Z_g の周波数依存性は極めて緩やかであり，実用上無視できるとしている．

パルス高周波入力への空洞の応答　ほとんどの場合，加速管の駆動はパルス状高周波入力で行われる．したがってパルス入力への加速管の過渡的応答を解析することも重要である．そこで図 9.7.9 において右側のビーム電流源を除いた高周波源，導波管，空洞からなる回路で，階段関数パルスへの応答を定式化してみる．

まず結合孔での高周波源からの入力電流（周波数 ω_s）が

$$\tilde{i}(t)=I_0e^{(j\omega s-\alpha)t}\ (t\geq 0),\ \ \tilde{i}(t)=0\ (t<0) \tag{9.7.40}$$

というかたちであるとき，周波数 ω のフーリエ成分の入力電流，電圧成分 $\tilde{I}_+(\omega)$，$\tilde{V}_+(\omega)$，ならびに反射電流，電圧の成分 $\tilde{I}_-(\omega)$，$\tilde{V}_-(\omega)$ の間の関係を調べる．まず途中の計算が簡単になるように空洞を上述のような直列共振回路で表現することとし，そのアドミッタンスを

$$\tilde{Y}(\omega)=(R'+j\omega L'+1/j\omega C')^{-1} \tag{9.7.41}$$

とおく．また導波管の固有アドミッタンス（インピーダンス）は $Y_{wg}=1/Z_{wg}$ と添字 wg で表し，簡単のために周波数依存性はないものとして議論を進める．

まず次のような空洞パラメーターを導入する．

$$\omega_0\equiv 1/\sqrt{L'C'},\ \ Q\equiv\omega_0L'/R' \tag{9.7.42}$$

なお式(9.7.15)で考えた壁損による共振周波数低減はおり込み済みとする．電力損失は抵抗値に比例するので空洞と導波管の結合度 β および Q_L は

$$\beta=Z_{wg}/R',\ \ Q_L/(1+\beta) \tag{9.7.43}$$

と表される．

結合孔での全電流 $\tilde{I}(\omega)$ は $\tilde{I}_+(\omega)-\tilde{I}_-(\omega)$ であり，全電圧 $\tilde{I}(\omega)$ は $\tilde{V}_+(\omega)+\tilde{V}_-(\omega)$ であるから $\tilde{I}(\omega)$ は

$$\tilde{I}(\omega)=\frac{2\tilde{I}_+(\omega)}{1+\tilde{Y}(\omega)/Y_{wg}}=-j\frac{2\beta\omega\omega_0\tilde{I}_+(\omega)}{Q(\omega-\omega_+)(\omega-\omega_-)} \tag{9.7.44}$$

という式で与えられる．ただしここで

$$\omega_\pm\equiv\pm\omega'+\frac{j}{2Q_L},\ \ \omega'\equiv\omega_0\sqrt{1-\frac{1}{4Q_L^2}} \tag{9.7.45}$$

としている．次に式(9.7.40)のフーリエ変換したものを式(9.7.44)の $\tilde{I}_+(\omega)$ に代入する．それをフーリエ逆変換し，$\alpha\to 0$ の極限をとれば階段関数パルス入力に対する全電流 $\tilde{I}(t)$ が求まることになる［文献 15，p. 136］．

特に興味があるのは鋭い（$Q_L\gg 1$）共振周波数の近傍である．そこで入力周波数の共振周波数からの差を

$$\delta\equiv\omega_s-\omega'\approx\omega_s-\omega_0 \tag{9.7.46}$$

と置いて，δ の絶対値が ω' より十分小さい場合の全電流 $\tilde{I}(t)$ の 1 次近似解を求める．そのために式(9.7.44)のフーリエ逆変換で留数の定理を適用すれば

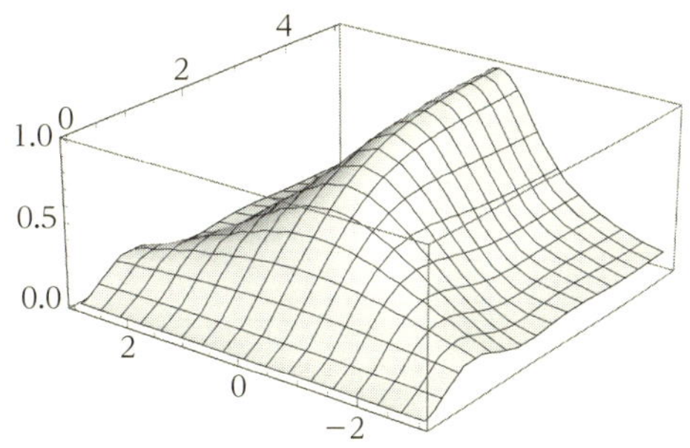

図 9.7.11　周波数 $\omega_s(=\omega_0-\delta)$ の単色高周波の階段関数パルス入力において，ω_s を空洞共振点 ω_0の周りで変えた場合の空洞電磁場エネルギー蓄積の振る舞いの相違

$$I(t)=I_0\frac{2\beta}{1+\beta}\ \frac{\exp(j\omega_st)-\exp\left(j\omega_0t-\dfrac{\omega_0}{2Q_L}t\right)}{1-j2Q_L\delta/\omega_0} \tag{9.7.47}$$

という結果が得られる［文献 15，p. 222］．

この式でまず定常状態 $t\to\infty$ でのかたちを求めると

$$I(t)=I_0\frac{2\beta}{1+\beta}\ \frac{\exp(j\omega_st)-\exp\left(j\omega_0t-\dfrac{\omega_0}{2Q_L}t\right)}{1-j2Q_L\delta/\omega_0} \tag{9.7.48}$$

というよく知られた結果に至る．次に空洞内エネルギー U の立ち上がり方を見る．U は $|I(t)|^2$ に比例するので，式(9.7.47)より

$$U\propto\frac{4\beta^2}{(1+\beta)^2}\cdot\frac{\sin^2(\delta t)+\left[\cos(\delta t)-\exp\left(-\dfrac{\omega_0}{2Q_L}t\right)\right]^2}{1+(2Q_L\delta/\omega_0)^2} \tag{9.7.49}$$

が導かれ，その模様を図 9.7.11 に示す．この図で右下から左上へ向かう座標は $\omega_0/(2Q_L)$ を単位とする周波数誤差 δ，左下から右上に向かう座標は $2Q_L/\omega_0$ を単位とする時間 t，縦軸はエネルギー U をそれぞれ示している．共振点 $\delta=0$ では Slater の教科書どおり

$$U\propto\left[1-\exp\left(-\frac{\omega_0t}{2Q_L}\right)\right]^2 \tag{9.7.50}$$

のように単調増加する［文献 1，p. 100］．

特に注意したいのはパルス入力直後の t が小さい時間帯である．ここでは周波数差が $1/Q_L$ を目安とする空洞の共振幅を十分に超えている電磁場が顕著に励起されていることがわかる．もし加速モードのごく近くに別の共振モードが存在すれば，空洞やビームパラメータの瞬時的変動に対して，加速電場の安定性が損なわれる．これを避けるために西川は合流条件を満たす APS 加速管を考案し，またアルバレ型加速管では入力カプラーを複数個にする提案を行ったのである[16]．

f.　超伝導と高周波電磁場

ここまでは常伝導空洞についての高周波特性を論じてきたが，最後に超伝導空洞に特有な性質をまとめておく．

極低温銅空洞のQ値 超伝導の話に入る前にまず極低温での常伝導状態の概要を説明する．伝導電子の平均自由行程がフォノン散乱で決まるとするモデルでは，常温での抵抗率は絶対温度 T にほぼ比例して低下し，異常表皮効果が現れてくる極低温では T^5 に比例する［文献 17, p. 526］．したがって絶対零度に近づけば超伝導空洞の持つ 10^9 台かそれ以上のQ値が得られる可能性がある．

ところが実際には金属中にどうしても残る不純物が要因となる抵抗が極低温では支配的になり，これは T に依存せず，残留値と呼ばれるある一定値に留まる．この残留値に対する常温での抵抗率の比を残留抵抗比（Residual Resistance Ratio：RRR）といい，高純度ほど大きくなる．純銅については RRR＝6 000 程度までは調べられているが[18]，ここでは工業製品として入手可能な高純度無酸素銅の標準的な値 RRR＝300 をとって極低温での銅空洞のQ値を評価しよう．

常温（300 K）の銅の抵抗率は $\rho=1.68\times10^{-8}$ Ω m である．空洞のQ値はすでに述べたように表皮抵抗 $R_\mathrm{S}=\rho/\delta$（δ：表皮深さ）に比例し，300 K では $R_\mathrm{S}^{300\mathrm{K}}=\rho/\delta=8.14\times10^{-3}$ Ω である．しかし極低温では異常表皮効果によって表皮深さ δ が常温とは異なる振る舞いを示すので，W. Chou・F. Ruggiero の式[19]を使って評価すると ～4K での表面抵抗は結局

$$R_\mathrm{S}^{~4\mathrm{K}}=0.15 R_\mathrm{S}^{300\mathrm{K}} \tag{9.7.51}$$

となる．これは超伝導空洞の表面抵抗には未だ数桁も大きい値である．

超伝導金属の表皮抵抗 上述のような常伝導での抵抗率の限界を破るために超伝導空洞の研究開発が 1960 年代から始まった．空洞の電磁場姿態は常伝導空洞と特に変わるところはない．本質的な問題は超伝導状態と高周波の相互作用に絞られる．まず直流・高周波を問わず磁場は臨界磁場（H_c）以下でなければならないという基本的な制約がある．経験的に H_c は臨界温度 T_c と

$$H_\mathrm{c}(T)\approx H_\mathrm{c}(0)[1-(T/T_\mathrm{c})^2] \tag{9.7.52}$$

の関係が成り立っており，H_c，T_c ともに大きいことが望ましい．また空洞をつくるうえで機械的な剛性と加工性に優れていることも必要である．このような理由から加速器用にはもっぱら $T_\mathrm{c}=9.2$ K および $H_\mathrm{c}=2\,000$ ガウスという値を持つニオブ（Nb）が選ばれてきた．

超伝導状態での電気伝導については BCS 理論やそれを高周波へ拡張した Abrikosov らの厳密な理論があるが，以下ではロンドン方程式[17]を付加条件としてマクスウェル方程式を解く現象論で大要を説明する．超伝導状態での伝導電子の密度 n_tot は Cooper 対をつくる成分 n_s と常伝導電子成分 n_n の和であり，それぞれが担う電流密度 j_s と j_n の和が全電流密度 j_tot

$$n_\mathrm{tot}=n_\mathrm{s}+n_\mathrm{n} \quad および \quad j_\mathrm{tot}=j_\mathrm{s}+j_\mathrm{n} \tag{9.7.53}$$

である．

まず常伝導電流の導電率について述べる．常伝導電子は様々な速度と方向を持って無秩序に運動しているが，その運動量ベクトル $\boldsymbol{p}$ および速度ベクトル $\boldsymbol{v}=\boldsymbol{p}/m$ の平均値 $<\boldsymbol{p}>=m<\boldsymbol{v}>=\boldsymbol{0}$ である．しかし何らかの原因で 0 からずれた場合，電子間の無秩序な衝突により，平均衝突時間に比例したある時定数 τ で 0 に戻るはずである．ここで外部電場 $\boldsymbol{E}$ が印加された場合，相次ぐ衝突の間の自由走行における運動量変化は $d\boldsymbol{p}/dt=e\boldsymbol{E}$ である．この二つの作用の線形和が運動量変化を支配するとするのが Drude モデルであって

$$\frac{d}{dt}<\boldsymbol{p}(t)>=e\boldsymbol{E}-\frac{<\boldsymbol{p}(t)>}{\tau} \tag{9.7.54}$$

という式で表される．この式に従って電流密度と電場の比をとると，直流導電率は

$$\sigma_\mathrm{n}=ne^2\tau/m \tag{9.7.55}$$

となり，電流密度と電場の関係は

$$\boldsymbol{j}_\mathrm{n}=\sigma_\mathrm{n}\boldsymbol{E} \tag{9.7.56}$$

となる．通常の加速周波数では電子の自由走行時間は高周波周期に比べてはるかに短いので，この直流導電率を十分よい精度で適用できる．

一方，超伝導電流は第一ロンドン方程式

$$\frac{\partial\boldsymbol{j}_\mathrm{s}}{\partial t}=\frac{n_\mathrm{s}e^2}{m}\boldsymbol{E} \tag{9.7.57}$$

および第二ロンドン方程式

$$\nabla\times\boldsymbol{j}_\mathrm{s}+\frac{n_\mathrm{s}e^2}{m}\boldsymbol{H}=0 \tag{9.7.58}$$

に従うものとする．この 2 式の条件下でマクスウェル方程式を解くと $\boldsymbol{E}$，$\boldsymbol{H}$，$\boldsymbol{j}_\mathrm{tot}$ のいずれもが

$$\nabla^2(\boldsymbol{j}_\mathrm{tot},\boldsymbol{E},\boldsymbol{H})=$$
$$\lambda_\mathrm{L}^{-2}(1+j\omega\sigma_\mathrm{n}\mu_0\lambda_\mathrm{L}^2-\omega^2\varepsilon_0\mu_0\lambda_\mathrm{L}^2)(\boldsymbol{j}_\mathrm{tot},\boldsymbol{E},\boldsymbol{H}) \tag{9.7.59}$$

という微分方程式を満足することが示される．なお

$$\lambda_\mathrm{L}\equiv\sqrt{\frac{m}{n_\mathrm{s}e^2\mu_0}} \tag{9.7.60}$$

はロンドンの侵入深さと呼ばれるパラメータである．超電導状態でも電磁場はこの程度金属内部にしみ込み，交流では磁束変化に伴う起電力が常伝導電子を動かして壁損が生じるわけである．

リニアコライダーで予定される周波数 1.3 GHz および空洞壁温度 2 K 近辺でのニオブの実測値では $\lambda_\mathrm{L}\sim50$ nm であり，右辺括弧内の第 2 項および第 3 項はそれぞれ ～4×10^{-5}～2×10^{-12} と大変小さくなる［文献 20, ch.4］．そこで第 3 項を無視して表面インピーダンス $Z_\mathrm{S}(\omega)=E_\parallel/H_\parallel=R_\mathrm{S}+jX_\mathrm{S}$ を求めると

$$R_\mathrm{S}\approx\sigma_\mathrm{n}\omega^2\mu_0^2\lambda_\mathrm{L}^3/2 \tag{9.7.61}$$

および

$$X_\mathrm{S}\approx\omega\mu_0\lambda_\mathrm{L} \tag{9.7.62}$$

が得られる．Q値を決める表面抵抗 R_S は式（9.7.61）が示すように導電率 σ_n に比例している．これは式（9.7.55）が示すように常伝導電子密度 n_n に比例するが，n_n はさらにエネルギーギャップを Δ として $\exp[-\Delta/(kT)]$ に比例する．したがって，T/T_c が下がるにつれ急速にQ値は上昇することになる．また R_S は ω^2 にも比例しているので

できるだけ低い周波数を選ぶことが望まれる．

一方 X_s はニオブの超伝導物性値のみで決まる量で常伝導電子の状態量とは独立である．したがって $n_n=0$ であれば表面インピーダンスは jX_s のみとなる．これは空洞表面における電場が磁場に対して90°位相が進んでおり，壁面に垂直なポインティングベクトルの実数成分の時間平均値が0，すなわち $Q=\infty$ であることを意味する．表面抵抗 R_s が現れると表面電場は振幅を変えずに位相角が $\theta\equiv\arctan R_s/X_s$ だけ遅れる．こうしてポインティングベクトルの実数成分の時間平均値は0ではなく，Q値も有限となる．ところで θ は1次近似で R_s に比例するので上に述べたように σ_n に比例するわけである．この状況を常伝導状態での表面インピーダンス式（9.7.6）と比較してみよう．この場合，電場の磁場に対する位相は45°と一定であるが表面インピーダンスの絶対値は $1/\sqrt{\sigma_n}$ に比例する．この大きな相違はロンドン方程式に従うか否かによっている．

空洞電磁場の圧力 超伝導空洞では壁面温度をできる限り一定に保たなければならない．高周波損失に伴う壁温上昇による常伝導電子密度 n_n の増加はさらなる高周波損失をまねくからである．そこで壁の厚さは可能な限り薄くしたいが，問題は空洞内の大強度電場が壁面に与える力である．これによる空洞変形が共振周波数のずれを引き起こすので，多数の空洞からなるリニアックでは機械的な調整機構を各空洞に備えなければならない．

電磁場圧力は壁面に誘起される表皮電流および表皮電荷に作用するローレンツ力［文献20，Ch. 19］で

$$P=\frac{1}{4}(\mu_0\hat{H}_\parallel^2-\varepsilon_0\hat{E}_\perp^2) \tag{9.7.63}$$

と表される．ここで $\hat{H}_\parallel$ は壁面に平行な磁場のピーク値，$\hat{E}_\perp$ は壁面に垂直な電場のピーク値である．このように磁場は外へ向かう圧力であるが，電場は負圧力としてはたらく．具体的には TM_{010} モードで働く直径23 cm，共振周波数1 GHzのピルボックス空洞を例にとると，$\hat{E}_\perp=30$ MV/m の加速電場では電場の負圧力は端板中心部で 2×10^{-2} 気圧になる．最大磁場は円筒表面にあって，$\hat{H}_\perp=520$ Oeに達し，その圧力は 5×10^{-3} 気圧に達する．

9.7.2 電磁場エネルギー貯蔵空洞実用例

a. LEP 常伝導加速空洞

LEP（Large Electron-Positron Storage Ring）は CERN で1984年に完成した周長26.7 kmの電子・陽電子シンクロトロン（コライダー）である．当初は電子と陽電子それぞれ4バンチを50 GeVに加速した．加速には128台の352 MHz空洞が用いられた．バンチの間隔は22 μsも開いており，その間はQ値の高いエネルギー貯蔵空洞に高周波電力を退避させ，全体のエネルギー効率上昇に努めた．

加速空洞と貯蔵空洞の構成を図 9.7.12 に示す．貯蔵空洞は球形で，球座標 TE_{110} で動作する．加速空洞との周波数差がバンチ周回周波数の2倍，90 kHzに調整された．

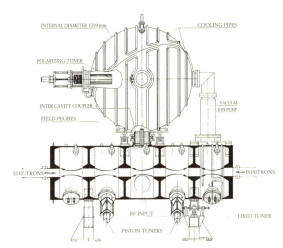

図 9.7.12 LEPの加速空洞とエネルギー貯蔵空洞

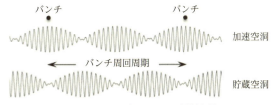

図 9.7.13 LEP空洞における振幅変調

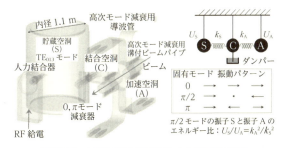

図 9.7.14 ARES空洞（透視図）と3空洞系の原理

これにより加速空洞と貯蔵空洞の合成系の二つの固有モード（0，πモード）の「うなり現象」を利用するわけである[21]．図 9.7.13 で示すように，バンチ通過時のみ加速空洞が励振され，バンチ不在時は高Q値の貯蔵空洞に電磁場エネルギーを退避させる．このような振幅変調技術は，空洞の充填時定数に比べてバンチの周回周期が長い場合に可能であり，高周波加速の電力効率向上に大きな効果が得られた．

b. KEKB 常伝導加速空洞（ARES空洞）

加速空洞に円筒形貯蔵空洞（円筒座標 TE_{013} モード）が結合空洞を間に介して共鳴結合された3空洞系[22]である（図 9.7.14）．KEKBでの大電流ビーム加速用にARES空洞[23]として開発され，実用に供された．加速モードには結合空洞が励振されない固有モード（π/2モード）を使用する．結合空洞に対する加速・貯蔵空洞各々の結合度を調整し，貯蔵空洞に貯えられる電磁場エネルギーを加速空洞の

約9倍とする．その結果，ビーム負荷に対する加速モードの電磁場エネルギーの比は加速空洞単体に比べて1桁増しとなり，加速モードによる結合バンチ不安定は抑制される．加速空洞自体は高次モード減衰式であり，3空洞系の枠組みと整合すべく構造的対称性に配慮した設計となっている．3空洞系の要となる結合空洞の重要な機能を挙げておく．第一に，大電流ビーム負荷の下でも加速モードの電磁場分布（加速・貯蔵空洞の振幅・位相関係）を安定化する．第二に，高次モード同様に結合バンチ不安定の原因となる寄生0モード，πモードに対する選択的減衰（加速モードに影響を与えない）を可能とする．

c. 電子リニアックのパルス圧縮システム

リニアックにおいては，ほとんどの場合，高周波源であるクライストロンの出力は数 μs のパルスである．これは一定の平均電力の下でできるだけ高い加速電場を得ようとするからである．しかしクライストロン出力は管内放電などによる上限があり，よく使われるSバンドクライストロンでは数十MWに止まる．この壁を越えるために開発された技術が，ここで解説するシステムである．これは高いQ値を持つ共振空洞とマイクロ波伝搬に方向性を持つ導波管を組み合わせた回路構成を持ち，クライストロン出力高周波に180°の位相変調をかけてパルス幅を圧縮し，より大きいパルス高を得ようとするものである．最初に開発されたのがSLACのSLED（Stanford Linac Energy Doubler）であって，これによってSLAC 3 km 電子リニアックのビームエネルギーは35 GeVから56 GeVへとほぼ倍増された．

SLEDの原理 SLED回路の基本構成は図9.7.15のようになる．これはZ. D. Farkasによって発明されたが，そのきっかけは非常に高いQ値を持つ超伝導空洞のテストにおいて，マイクロ波入力を切った際に現れる大振幅反射波を観測したことにある[24]．

電力源であるクライストロンと加速管の間に3 dB 方向性結合器と呼ばれる導波管回路を置き，共振空洞一対を接続する．青線で示したクライストロンからの電磁波は方向性結合器の接続口（1）に入り，結合器内で2等分されて接続口（3）および接続口（4）に向かう．ただし（4）の電波の位相は（3）に比べ90°遅れる．この際，接続口（2）へ電波は伝搬しない．このように導波管（1）～（3）に結合された導波管（2）～（4）に電力が50 %分岐されるので3 dB，（2）と（4）のうち（2）のみに伝搬する方向性を持つので3 dB方向性結合器とよばれる．原理については文献25などを参照されたい．赤線で示した空洞からの戻り電波は接続口（3）と接続口（4）にそれぞれ入り，3 dB結合孔で合流し，接続口（2）から加速管へ向かう．このとき接続口（3）からの波は90°遅れるので，接続口（4）からの波と同相となり，接続口（2）の波の振幅は2倍になる．方向性結合器の幾何学的対称性から接続口（1）へ伝搬する波は存在しない．

次にこのような3 dB方向性結合器を介在させた場合に

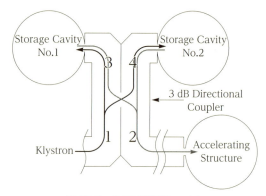

図9.7.15 SLED導波管システム

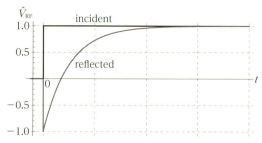

図9.7.16 空洞のQ値を無限大としたときの階段状入力パルスへの応答

どのようにしてピーク電力が増幅されるかを説明する．まず時刻 $t=0$ で高周波振幅が0から+1へ階段関数的に飛躍する入力に対する空洞の応答をみる．その際，簡単のために空洞壁での高周波損失は無視できるとし，また空洞の導波管への結合孔は導波管断面に比べ十分に小さいとする．そうすれば，入力波はほぼ100 %反射され，また電場の向きは反転する，すなわち振幅が+1から−1となって戻る．一方，入力のごく一部は結合孔から空洞に入り蓄積されていく．蓄積された電磁場エネルギーの一部は結合孔から放射され，戻り電波となる．これら二つの戻り電波の線形合成が図9.7.15の灰線で示す電波である．空洞におけるエネルギー保存則と結合孔での電場振幅の境界条件を入れたFarkas論文[24]の式に従って，入力と戻り波の振幅の時間変化を計算すると図9.7.16になる．戻り波の振幅は $t=0$ で0から−1へ飛躍するが，空洞からの放射電力の寄与が次第に増加するので，−1から+1へ

$$1-2\exp[-t/T_c]$$

というかたちで上昇する．ここで $1/T_c$ は空洞と導波管の結合の強さを表す定数である．

次に，クライストロンからの入力が時間幅 T のパルスの場合の応答を考える．これは $t=0$ で+1へ立ち上がる上の階段関数と，$t=T$ で−1へ立ち下がる階段関数の線形和として与えられる．これを計算すると図9.7.17のようになる．入力パルス終端で戻り波振幅が入力のほぼ2倍になっているのがわかる．これがFarkasが超伝導空洞で観測したとする現象に相当する．

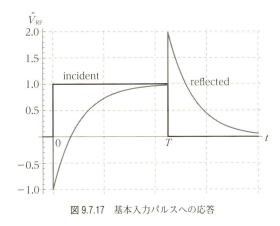

図 9.7.17 基本入力パルスへの応答

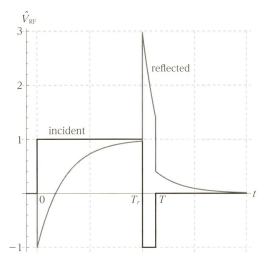

図 9.7.18 180°位相変調がある入力パルスへの応答

これらの結果をふまえて Farkas の SLED 方式の説明に移る．SLED では図 9.7.18 で示すように，パルス終端 T の若干手前の時刻 $t=T_r$ でクライストロン高周波に 180°の位相変調をかける．そうすると $T_r<t<T$ の時間帯では振幅は -1 に転じる．これは振幅 -2 の階段関数を重ね合わせたことになるので，その時点で空洞エネルギーがほぼ飽和に達していると図 9.7.18 のように反射波はほぼ 3 倍に達するわけである．この波形の計算は $t=0$ で始まる $+1$ の階段関数，$t=T_r$ で始まる -2 の階段関数，$t=T$ で始まる $+1$ の階段関数への応答の線形和として容易に求められる．ただ，加速管のなかでは鋭いパルス波形は鈍るので，平均加速電場はほぼ 2 倍程度になる．

SLED 以降の進展 SLED は SLAC 電子リニアックのエネルギー向上に大きく貢献したが，問題は図 9.7.18 で分かるように出力波形が鋭くとがったものになることである．

これをできるだけ矩形状にするために考えられたのがSLED のエネルギー貯蔵空洞を一端がショート面である導波管に置き換える案である．導波管の長さは共振条件であるマイクロ波半波長の整数倍に設定する．そのうえでクライストロン出力の ±1 の位相変調をマイクロ波が導波管を往復する時間幅と同じ周期で行う．この導波管回路を 2 段直列にしたものが SLED II[24] であってシミュレーションでは入力パルスの約 10 倍の電力の矩形状圧縮パルスが得られることが示された．

また 2 台のクライストロン出力を 3 dB 結合器で合成し，二つの出力ポートにそれぞれにパルス幅が 1/2 に圧縮され，1 台のクライストロン出力の 4 倍の電力のパルスをつくる．出力パルスの一つは直近の加速管に送るが，もう一つは長い導波管で，パルス幅の 1/2 の時間に光速 c を乗じた距離にある別の加速管に送る．この方式は DLDS（Delay Line Distribution System）として水野・大竹により提案され[26]，予備実験も行われた[27]．

SLED II や DLDS などのパルス圧縮方式はいずれも，X バンドの高電場加速管を使うリニアコライダーの常伝導リニアックの設計の一環として研究が進められたものであ

る[28]．

9.7.3 大電力 RF 入出力回路

a. 入力結合器

大電力 RF 源からの高周波は，導波管で導かれ，高周波窓を備えた入力結合器を介して，高周波空洞内に導入される．空洞内電磁場との結合は，導波管を空洞開口に接続する開口結合（Aperture Coupling），同軸導波管の内導体を空洞内に突き出すプローブ結合（Probe Coupling），同軸導波管の内導体先端を外導体との間でループ形状として，空洞内に挿入するループ結合（Loop Coupling）などが代表的な方法である（図 9.7.19）．また，高周波窓の構造は，1 GHz 以上の周波数領域の矩形導波管では，Pillbox 型が多く採用されている．比較的低い周波数では，0.5 GHz の 300～750 kW 連続波の大電力用で，同軸平板型高周波窓が選択されている[29]．さらに，矩形導波管から結合部を持つ同軸導波管への変換部分に，円筒形セラミックスを備えた高周波窓も，比較的容易に製造できる構造であるため，0.5 GHz，250 kW の入力結合器で使用されている[30]．矩形導波管から同軸導波管への変換回路では，大電力用として，ドアノブ型同軸導波管変換器が採用される例が多い．設計に際して次の 1)～5) の項目が技術的に重要な点である．1) 結合度とその調整機構，2) インピーダンス整合，3) 高周波電流などによる発熱に対する十分な冷却系，4) 大電力高周波を透過できる高周波窓，5) 真空側部分でのマルチパクタ放電を抑制するための，TiN，TiNO 成膜[31,32]や，溝形状[33]などの対策．これらの構造や技術要素は，大電力クライストロンの出力回路に共通するものが多い[32]．

入力結合器は，RF 窓の破損に代表されるような，重大な故障が発生する要素である．そのため，長年にわたって，様々な改良が積み重ねられている．このような機器を新規に設計する際には，文献などによって，現在までの技術的蓄積を参考にすることが望ましい．

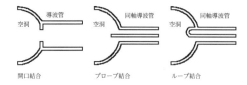

図 9.7.19 空洞内の電磁場との結合方法

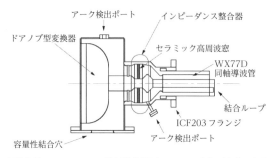

図 9.7.20 SuperKEKB 常伝導空洞用のドアノブ型同軸型入力結合器（509 MHz, 750 kW 連続波）

一例として，図 9.7.20 に，SuperKEKB 常伝導空洞用のドアノブ型同軸型入力結合器（509 MHz, 750 kW 連続波）の概略図を示す[34]．

b. 高調波減衰器

蓄積リング加速器の加速空洞では，バンチ結合不安定性を抑制するために，ビームによって誘起される高次共振モード（HOMs）の Q 値を下げる機能を持った，高調波減衰器が広く用いられている[34-37]．高調波減衰器は，高次モードを取り出す結合部と，高次モードを減衰させるための電波吸収体で構成されている．結合部は，空洞の加速モードと結合しないように設計されており，具体的には，導波管やビームパイプ部分での遮断周波数の性質を利用する方法などがある．真空中での吸収体材料としては，SiC やフェライトが挙げられる（9.4.7 項参照）．

9.7.4 可変周波数空洞・広帯域空洞

シンクロトロンやサイクロトロンなど円形加速器のビーム加速は，ビームの周回周期に同期した高周波電磁場によって行われる．J-PARC に代表される陽子シンクロトロンや陽子・重粒子を加速する医療用シンクロトロンでは，ビームの運動量変化に応じて周回周期が変化するため，加速中に加速周波数を変化させなければならない．したがってこのような加速器では，電子や陽電子の加速器と異なり，可変周波数空洞や広帯域空洞が用いられる．一方，サイクロトロンでは等時性という性質から周波数は加速中一定であるが，陽子から重いイオンまで様々なイオンを，しかも広範囲にわたって加速するため，加速空洞の周波数は加速イオンごとに変えられるようになっている．両者の加速空洞は同じ可変周波数空洞と呼ばれているが，その構造や機能は大きく異なるので別々に記述する．

したがって以下ではシンクロトロン用空洞とサイクロトロン用空洞にわけてそれぞれの持つ特徴を解説する．

a. シンクロトロンの加速空洞

可変周波数空洞は機械的な周波数可変機構を備えた空洞や磁気特性を電気的に変化させる同調型可変周波数空洞が一般的である．

1950 年代から 1980 年代にかけて，欧州，米国そして日本では，数十 GeV のビーム加速を目的にした陽子シンクロトロンの建設が進められたが，Philips 社[38]，東芝，TDK などによる高周波磁芯材料の開発が可変周波数空洞の実用化に大きな役割を担った．フェライト磁性体は直流磁場によりその透磁率を大きく変化させることができる．この性質を利用して，加速周波数がビームの運動量に追従し変化する同調型加速空洞が考えられた．その後，陽子シンクロトロンはより高いエネルギーを目指し，その加速空洞は固定周波数かつ超伝導型へ置き換わっていったが，中間エネルギーをカバーするブースターシンクロトロンや破砕中性子源を利用目的にした RCS（Rapid Cycling Synchrotron）など，磁性体を装荷した大強度ビーム加速のための空洞が求められた．加速器の大強度化に伴い，ビームローディング対策が加速器設計において最重要課題となっている．1990 年代，我が国の大強度陽子加速器施設建設（大型ハドロン計画→後の J-PARC）では，MW クラスの大強度ビーム加速を目指し，従来のフェライト空洞に代わるユニークな金属磁性体[39]を使った高加速電場空洞の研究開発し実用化した．代表的な RCS 加速器の加速空洞について表 9.7.1 にまとめる．

シンクロトロン加速器の産業利用としては医療用シンクロトロンが挙げられる．がん治療用シンクロトロンは陽子のみならず炭素から鉄までの重イオンビームを扱う．カバーされる加速周波数は広帯域で数百 kHz～数十 MHz にわたる．さらには，利用目的が医療用であることからシステムが単純で故障しにくく取り扱いやすいことが求められる．早い時期から医療利用の要求に合致した無同調空洞が使われ，また RF 電力源としてはトランジスターアンプのみの構成が採用されている[40-43]．そこで以前は一般的であった可変周波数の同調加速空洞に使われていたフェライトに代わって，それ以外のコア材の利用が試みられてきた[44-49]．その結果として実際に陽子ビームや炭素イオンビーム加速器に使われている加速空洞の例を表 9.7.2 にまとめておく．

加速空洞の構造 加速空洞の基本構造は図 9.7.21 に示すように，磁性体を装荷した同軸構造である．一端はショートし，他端には加速ギャップがついて，1/4 波長の共振器になっている．この構造の変形として，一つの加速ギャップに対して両側に 1/4 波長の共振器を配置した構造も使われる．空洞は装荷した磁性体のインダクタンス（L），加速ギャップの静電容量（C）と損失抵抗（シャント抵抗 R）で構成される並列共振回路として記述される．そして，同調型空洞の場合，磁性体のインダクタンスを電気的に変化させて共振周波数 $\omega = 1/\sqrt{LC}$ が調整される．磁性

9.7 高周波空洞

表 9.7.1 代表的な RCS 加速器の加速空洞

	AGS booster III	ISIS	J-PARC RCS	Fermilab booster
周波数 [MHz]	1.5-3.5 h=2	1.4-3.1 h=2	1.23-1.67 h=2	37-53 h=84
長さ [m]	4.5	1.2	1.9	2.3
加速電圧	45 kV/2-gap	28 kV/2-gap	45 kV/3-gap	55 kV/2-gap
コア材	Philips 4M2	Philips 4M2	FINEMET (FT-3M)	―
コアサイズ	500×250×27.2	500×300×25	850×375×35	203×127×25
コアの枚数	56	70	18	84
B_{rf} [Gauss]	120 (3 MHz)	103 (2.3 MHz)	300 (1.5 MHz)	―
発熱密度 [W/cc]	0.325	0.3	0.65	―
繰り返し/サイクル	7.5 Hz	50 Hz	25 Hz	15 Hz
水冷却方式	銅板間接水冷	銅板間接水冷	直接水冷	水冷・空冷

表 9.7.2 代表的な医療加速器の加速空洞

	HIMAC	群馬大学/ SAGA-HIMAT	MedAustron	筑波大学
周波数 [MHz]	1-8 h=4	0.87-6.8 h=2	0.46-3.25 h=1	1-8 h=1
長さ [m]	1.5	1.2	2×0.7	0.58
加速電圧 [kV]	4	2	2×2.5	>1.5
コア材	Co アモルファス	Fe アモルファス	FINEMET (FT-3L)	FINEMET (FT-3M)
冷却	水冷	水冷+空冷	水冷+空冷	空冷
アンプ設置場所	遠方（電源室）	リング内	遠方（電源室）	リング内

体のインダクタンスを電気的に変化させるには，図 9.7.21 のように，直流バイアス線を空洞内に導入することになるが，バイアス線は高周波誘導電流を打ち消すように「8の字」に巻かれる．

磁性体コア材の特性 空洞の電磁気的特性は装荷した磁性体コアの特性でほぼ決まる．

一般に磁性体コアの比透磁率は磁化損失の分も含めて，
$$\mu = \mu' - j\mu''$$
と複素数表示し，2項目の μ'' で磁性体コアのロス成分を表す．磁性体を交流磁界で磁化するとき，この磁化損失により磁束密度 B の変化が妨げられて透磁率が低下し，B の変化が交流磁界 $H (=H_0 e^{j\omega t})$ の変化に追従できなくなる．すなわち $B(t) = B_0 e^{j(\omega t - \delta)}$ となるが，この位相遅れを表す δ を磁気余効 (magnetic affer effect) という．μ の定義から $\mu = B_0/H_0 e^{-j\delta}$，損失係数 $\tan\delta = 1/Q = \mu''/\mu'$ が定義される．一般に損失係数は周波数とともに大きくなる．周波数が比較的低い領域ではヒステリシス損，周波数が高くなるにつれて渦電流損が増してくる．

複素比透磁率 μ を持つ磁性体コアのインピーダンス Z は，エアコアのインダクタンスを L_0 として，
$$Z = j\omega\mu L_0 = \mu''\omega L_0 + j\mu'\omega L_0 = R + j\omega L$$
と書ける．このコアが加速ギャップの静電容量と並列共振回路をつくるとして，その共振点でのインピーダンス R_s

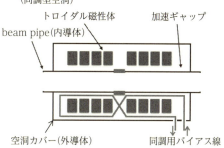

1/4 λ 空洞断面(応用)
(同調型空洞)
トロイダル磁性体
加速ギャップ
beam pipe(内導体)
空洞カバー(外導体)
同調用バイアス線

図 9.7.21 同調型加速空洞

(シャント・インピーダンス) は次の式で与えられる．
$$R_s = \{R^2 + (\omega L)^2\}/R = R(1+Q^2) = 2\pi L_0(\mu_p' Q f) \quad (9.7.65)$$
ここで $Q = \mu'/\mu'' = \omega L/R$, $\mu_p' = \mu''(1/Q+Q)$ を用いた．

$\mu_p' Q f$ 値は並列共振回路のインピーダンスに比例するので，高いインピーダンスの空洞を得るためのコア材の指標に使われる．

コア材の具体例としては表 9.7.3 に示すようなものがあり[50]，Ni-Zn フェライトが同調型，それ以外が無同調，広帯域加速空洞に使われている．

加速器用フェライトとして開発された Ni-Zn フェライ

表 9.7.3　加速器用磁性材料の特性

コア材	占積率	μ'	μ''	Q	μ_p'Qf	Bs(T) *1	Tc *2
Co アモルファス	<1	1900	4300	0.44	5.1E9	0.6～1	210
Fe-Ni アモルファス	0.75	720	1100	0.65	2.7E9	1.56	410
FINEMET（FT-3M）0.75	0.75	2300	4300	0.55	3.8E9	1.23	570
FINEMET（FT-3L）0.7	0.7	5500	7300	0.75	8. E9	1.23	570
Ni-Zn Ferrite（4M2）	1	140	0.4	350	4.9E10	0.31	>200
Mn-Zn Ferrite（3C11）	1	1000	3500	0.28	3.8E9	0.35	>125

*1：Bs 飽和磁束密度（T）20℃，*2：キュリー温度 T_c（deg.）数値は周波数が 1 MHz での値.
参考文献：FT3M 試験成績書，FT3L 試験成績書，hl_fm9_d_a（ファインメットカタログ）
Ferroxcube DATA SHEET

トは比透磁率として数十～1000 程度をカバーし，抵抗率が高く高周波域でも渦電流損は問題にならないが，その周波数特性はスヌーク則[51]に従う．Mn-Zn フェライトは1000 を超える比透磁率が得られ，履歴損失が少ないが電気抵抗率が低く，比誘電率が高いため考慮が必要である[38]．

金属磁性体（Magnetic Alloy：MA）を代表するアモルファス，Fe 系 nano-crystal（ファインメット）は磁性薄膜のロール法で製造され，大型コアの製造も可能である．薄膜表面に絶縁膜がつけられるなどコアにしたときの占積率 0.7～0.8 が存在する．Mn-Zn フェライト同様，医療用加速器の無同調型広帯域加速空洞で応用が始まった[52]．Fe 系 nano-crystal（ファインメット）は磁歪がなく，透磁率，飽和磁束密度が高い．高い高周波磁束密度 B_{rf} の環境における磁気特性の安定性に着目し，J-PARC シンクロトロンの高加速電場勾配高周波空洞を実現するための研究開発が高エネルギー加速器研究機構田無分室で進められた[53]．高周波領域での磁気損失が小さいイットリウム鉄ガーネットフェライト[54]を除いては，10 MHz 以下の周波数領域で金属磁性体やフェライト磁性体は利用される．

フェライト磁性体の非線形現象　フェライト磁性体の磁気履歴（ヒステリシス）曲線の非線形性から，高周波磁化によるマイナーループ特性は振幅依存性を持つ．高周波磁束密度（B_{rf}）に対する透磁率 μ は $\mu=\mu_0(1+\lambda_1 B_{rf}+\lambda_2 B_{rf}^2 \cdots\cdots)$ で書き表され[49]，Ni-Zn フェライトでは $0.01<\lambda_1<0.1$ の値を有し[55]，振幅とともに空洞の共振周波数は低い側にシフトする．

フェライト磁性体の動的損失と高損失効果　同調型フェライト空洞では，バイアス電流による外部磁界を変化させ空洞の共振周波数を運動量に追従させるが，RCS のように繰り返し早くなると磁気余効の影響で磁化に遅れが生じ，動的損失から Q 値の低下が問題になる[56]．静特性で高い Q 値を持つフェライトも運転に即した動的特性を十分測定する必要がある．また，強磁性体であるフェライトを静的な外部磁場の中で高周波磁場（B_{rf}）を与えると B_{rf} が強くなるにつれて内部に磁気異方性が生じ磁気原子の一様な歳差運動がスピン波運動に移行する．このような磁化機構の変化に伴うフェライト Q 値の低下を高損失効果または

Q-loss 効果と呼び[57]，同調型フェライト空洞を周波数一定で数十 ms 以上の長い時間運転するような場合，この効果が問題になる．このようにフェライト磁性体は加速電圧を得るために高周波磁場を強くする場合，動的損失効果や高損失効果のいずれかによる Q 値低下を考える必要がある．キュリー温度，飽和磁束密度が比較的低いフェライト磁性体の利用にあたっては，平均磁束密度を 10 mT または 0.01 T 以下，発熱密度を 0.3 W/cc 以下に抑える設計が推奨されている[58]．

金属磁性体を使った高加速電場勾配高周波空洞　飽和磁束密度が高く，Q 値の低い金属磁性体は，フェライトで見られる非線形現象や動的損失現象が生じにくく，高い高周波磁束密度のもとでも磁気特性が変化しない[47]．我が国の大型ハドロン計画[59]では金属磁性体のこの性質に着目し，高加速電場勾配型空洞の研究開発を進め，加速勾配 20 kV/m を超える空洞の開発し，J-PARC RCS および MR のシンクロトロンに世界で初めて採用した．J-PARC の MA 空洞は RCS，MR シンクロトロンの加速周波数に応じて，空洞の Q 値をそれぞれ $Q=2$ と $Q=25$ に最適化している．MR では金属磁性体本来の Q 値を 0.6 から高くするためにカットコアを採用した[60]．RCS では外部インダクタンス（空芯）の並列結合により $Q=2$ を実現している．MA 空洞の高加速電場勾配化の研究は日立金属の協力のもとファインメット FT-3M で実用化が展開した．KEK と日立金属は加速器用ファインメットの高周波特性を改善するため，FT-3L 材の大型コアの製造を可能にした[50]．

空洞の電磁気的な特性　シンクロトロンで使われる高周波加速装置の周波数は電荷質量比が 1 の陽子であれその比が 0.5 の軽イオンであれ，inductive な磁性体を装荷する場合，加速周波数として数百 kHz から 10 MHz 程度までがカバーされる．

このように広い周波数範囲の無同調加速空洞をつくるには上述のコアの Q 値が 0.5 程度と小さい値のコア材を使う必要がある[44),46)]．一方，同調型空洞の場合，磁性体のインダクタンス（L）とそれに並列に結合した静電容量（C）で決まる空洞の共振周波数 $\omega=\mathrm{sqrt}(1/LC)$ の L を直流バイアス電流による磁界により変化させる．$f_2/f_1=$

$(L_2/L_1)^2 \propto (\mu_2/\mu_1)^2$ の関係から同調型空洞の場合，周波数可変は10倍程度が現実的であろう．

加速空洞を加速ギャップの静電容量と端をショートした同軸線路の並列接続された回路と考える[58]．そうすると空洞のインピーダンス Z は次のように書くことができる．

$Z = 1/[j\omega C_g + 1/\{jZ_0 \tan(\gamma x)\}]$

ここで C_g は加速ギャップの静電容量，Z_0 は同軸線路の特性インピーダンスで，x はその長さ，γ は位相定数である．これらの特性インピーダンスと位相定数は次の式で与えられる．

同様に，同軸線路の単位長さあたりの

$$Z_0 = \sqrt{L_0/C_0}$$
$$\gamma = \omega \sqrt{L_0 C_0} \qquad (9.7.66)$$

L_0 と C_0 はそれぞれ同軸線路の単位長さあたりのインダクタンスと静電容量で，次の式で与えられる．

$$L_0 = (1/2\pi) \mu_{\mathrm{eff}} \mu_0 \ln(d_4/d_3) \qquad (9.7.67)$$
$$C_0 = 2\pi \varepsilon_0 / \ln(d_2/d_1) \qquad (9.7.68)$$

ここで d_1，d_2，d_3，d_4 はそれぞれ内洞体外径，コアフレーム内径，コア材内径，コア材外径である．また，μ_{eff} はコア材の μ と加速空洞の構造から

$$\mu_{\mathrm{eff}} = \mu t_1/(t_1 + t_2) \qquad (9.7.69)$$

と与えられる．ここで t_1，t_2 はコアとそれ以外の部分の厚さである．このような式では空洞を分布定数回路として扱っているが，ここで扱っているような加速空洞では $\gamma x \ll 1$ と考えることができて，この場合

$$jZ_0 \tan(\gamma x) \cong j\omega L \qquad (9.7.70)$$

となり，ギャップの容量とコアのインダクタンスの集中定数回路として扱うことができる．

給電方式　高周波加速によりバンチした荷電粒子が空洞を通過するとき，ビームは加速空洞のインピーダンス（Z_{beam}）を見ることになる．J-PARC のように $10^{13} \sim 10^{14}$ ppp の大強度ビームを加速する場合，ビーム電流は数～数十 A に達し，ビームが加速ギャップに誘起する電圧が無視できなくなる．安定なビーム加速の実現には，ビームローディングの補償をしっかり考えなくてはならない．ビームローディングの補償では，周回ビームの加速周波数成分 I_b と必要な加速電圧を空洞に発生させるのに必要な高周波電流 I_0 をパラメータに設計がなされる．この電流（I_0 と I_b）の比は，relative loading factor（I_b/I_0）と呼ばれ，大強度ビームを扱う高周波加速空洞を設計するうえで重要なパラメータとなっている（9.8.1 項参照）．加速空洞の設計では，ビーム加速中の $I_b/I_0 < 2$ を維持できるように考える．ビーム電流が大きくなると必要な加速電圧を空洞に発生させる電流 I_0 を増やさなければならないが，一方で空洞負荷での電力損失を抑えることも考えなければならない．高周波源の出力インピーダンスの低い電子管や外部抵抗によりビームが見るインピーダンスを下げる工夫がなされる[61]．

粒子線治療を目的としたシンクロトロンではビームローディングの効果はほとんど問題にならないが，むしろ運転

のしやすさが追求され，RF 電力源もトランジスタ増幅器のみで構成される．汎用のトランジスタ増幅器は出力インピーダンスを 50Ω にしているので，加速空洞にパワーを入れるためのインピーダンスマッチングを取る必要があり，設計では空洞のインピーダンスを周波数の関数として正しく求める必要がある．そのため真空ダクトの内洞体とコアとの間の容量も考慮して空洞のインピーダンスを表す．

RF 電力源としてはトランジスタアンプが使われている．アンプの出力インピーダンスは 50Ω であるが，空洞に電力を入れるために伝送線路トランスを使って，空洞のインピーダンスに近い値にインピーダンス変換して給電する必要がある．このようにして RF 電力の反射を小さく抑えて，トランジスタアンプをビーム運転中も立ち入れる離れた場所に設置して，メンテナンス性を向上させることができる．また，空洞に装荷した複数のコア一つひとつにループで RF 電力を入力することもされている．この場合にはインピーダンス整合をとる伝送線路トランスを使う必要はないが，一つのコアのインピーダンスを 50Ω に近い値にする必要がある．

コアの冷却方式　磁性体を装荷した加速空洞の高周波損失はほとんどが磁性体コアの内部発熱となる．フェライト空洞はフェライトのキュリー温度が低いことから発熱密度が 0.3 W/cc を超えないよう設計されてきた[58]．電気的に絶縁体である Ni-Zn フェライトの場合，厚み 5mm 程度の銅製水冷冷却板を両面から挟み込んで密着させる間接冷却方式が用いられる．フェライト・ディスクは旋盤により表面は滑らかに加工し，サーマル・コンパウンドにより密着を向上させる．金属磁性体の場合は，冷媒による直接冷却方式と Ni-Zn フェライト同様の間接冷却方式になる．冷却銅板による間接冷却の場合，銅板が電磁シールドになるため片面冷却になる[62]．また，冷却銅板とコアを電気的に接触させてもコアの特性を維持できる（低下しても 10% 程度）．冷却銅板が付いていない面からの熱放出を無視すれば，コア厚を半分にすれば両面に冷却銅板を取り付けた場合の半分と同じ熱分布になる．実際の取り付けでは，冷却銅板とコアの熱接触をよくするとともに，冷却銅板をコアに取り付けておくために，接着剤が利用される．さらに，接着剤が劣化した場合のことも考えて機械的にも押さえつける．消費電力によっては空冷方式も採用される[45]．冷媒による直接冷却の場合，冷媒としては，オイル，フルオロカーボン，純水が利用される．J-PARC MR では，最も冷却効率のよい，純水を使っている．金属磁性体カットコアを冷却するため脱酸素装置により溶存酸素量を 1 ppb 程度に維持していたが，冷却水中の銅イオンが磁性体コアの腐食を著しく進行させることがわかった[63]．いずれの場合も独立した冷却システムが必須である．金属磁性体を純水で冷却する場合，エポキシなどの樹脂によるコーティングによるコアの防錆処理が必要である．金属磁性体コアは数十 μm のリボンを巻いて製造されるため，ある程度の弾性を有しているが，樹脂による防錆処理は弾性を阻害する

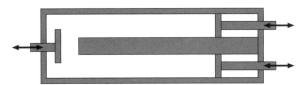

図 9.7.22 1/4 波長同軸空洞共振器における周波数可変機構の概念図. 左はキャパシタンスを変えるチューナ, 右はインダクタンスを変えるショート板. いずれも右方に動かすと共振周波数が下がる.

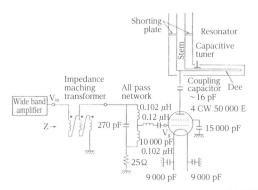

図 9.7.23 理研 AVF サイクロトロンの加速空洞および高周波系[68]

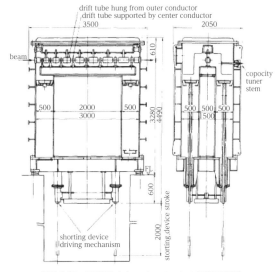

図 9.7.24 理研重イオンリニアックの加速空洞[69]

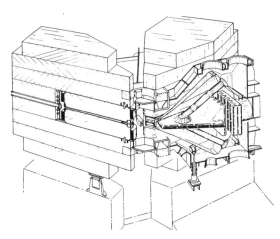

図 9.7.25 GANIL のリングサイクロトロンの加速空洞[73]

反面がある．コアの防錆コーティングでは，熱処理で発生する内部応力や空洞運転時のコア発熱の応力による座屈変形が起こらないようにする工夫が必要である[64]．フルオロカーボンは冷却能率が純水の約半分であるが，オゾン層破壊の問題がないためフロンの代替冷媒として，家電製品など様々なところで使われている．加速器においても，キッカー電磁石やセプタム電磁石の冷媒として使われている[65]．放射線により分解，水分との結合により，有毒物質 HF, PFIB ができる可能性があり，アルミナフィルターによる除去が不可欠である．

b. サイクロトロンの場合

高周波空洞共振器は通常決まった周波数で運転されるが，周波数が大きく変えられる場合もある．その一例がサイクロトロンの加速空洞である．決まった最大磁場のもとで多数のイオンを加速するため，加速イオンの質量電荷比（M/q）に応じて加速周波数を変化させる．また，そのような可変周波数サイクロトロンの入射器としてリニアックを使う場合には，リニアックの周波数も可変にしたほうがよい*2．

可変周波数空洞は，空洞の形状を変えることで共振周波数を変えるものだが，通常は電場の最も強いところ，あるいは磁場の最も強いところに周波数可変機構（チューナやショート板）を設ける．1/4 波長同軸空洞共振器の例を図 9.7.22 に示す．この例でわかるように，空洞共振器を LC 共振回路に置き換えると，前者はキャパシタンスを，後者はインダクタンスを変化させていることに相当する[66]．

以下で，実際に使われている可変周波数空洞の例をいくつか示す．特にサイクロトロンには特徴のある可変周波数空洞が多い[67]．図 9.7.23 は理研 AVF サイクロトロンの高周波系（12〜24 MHz）で，1/4 波長同軸共振器の短絡端側にショート板を設けている[68]．図 9.7.24 は理研重イオンリニアック（17〜45 MHz）のもので，やはり 1/4 波長同軸共振器の短絡端側にショート板を設けている[69]．RFQ リニアックを周波数可変にした例もある[70-72]．図 9.7.25 はフランス GANIL のリングサイクロトロンの空洞（6〜14 MHz）である[73]．1/2 波長同軸共振器の中心部分（電場最大のところ）にブロックチューナを入れて周波数を変える．対向部分の表面積をできるだけ大きくし，周波数可変範囲を広くしている．図 9.7.26 は，旧・東京大学原子核研究所のサイクロトロンの空洞共振器である[74]．対向するディー電極それぞれに 1/4 波長の電磁場を逆位相で立て，

---

*2 リニアックの周波数を可変にすると，ビームのエネルギーを変化させることができる．ビームの性質は運動方程式のスケーリングに従う．

9.7 高周波空洞　257

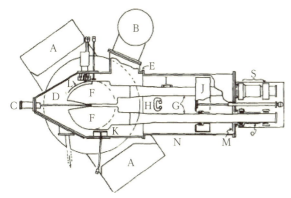

図 9.7.26　旧東大核研のサイクロトロンの加速空洞[74]

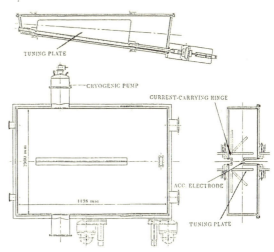

図 9.7.28　大阪大学 RCNP のリングサイクロトロンの加速空洞

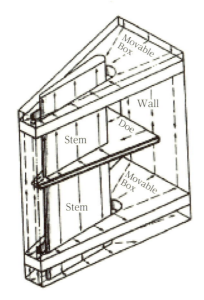

図 9.7.27　理研リングサイクロトロンの加速空洞[75]

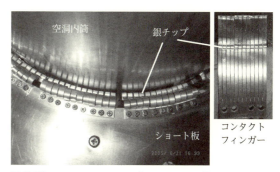

図 9.7.29　コンタクトフィンガーとその取り付け例（理研 RILAC）

電極間に電場を発生させる．同位相の共振モードとの周波数分離をよくするため，ショート板を外筒から離しているのが大きな特徴である．図 9.7.27 は，理研リングサイクロトロンの共振器である[75]．この共振器は，1/2 波長同軸共振器の中に「可動箱」という周波数可変機構を備えている．可動箱は空洞内筒には接しておらず，空洞の外壁にのみ接している．可動箱がディー電極に近づくと，ディー電極との間の容量が増加するとともに，短絡端側のスペースが広くなってインダクタンスが増し，共振周波数が下がる．ディー電極から離れると逆のことが起きて共振周波数が上がる．ショート板方式に比べて空洞の高さを非常に低減でき，実際 18〜45 MHz という可変範囲を，空洞の高さ 2.1 m で実現している（ショート板方式では 7.3 m）．可動箱が表面電流密度の高い内筒に接していないのも大きな利点である．図 9.7.28 は大阪大学 RCNP のリングサイクロトロンの加速空洞の共振器（30〜52 MHz）である[76]．TM_{010} モードの共振器のディー電極両側に可動パネルを設

け，これらをディー電極に近づけると容量が増して周波数が下がる．理研 RIBF のリングサイクロトロン（IRC，SRC）もこの方法を採用し，18〜38.2 MHz の可変範囲を実現している[77]．

周波数可変機構に関する注意点をいくつか述べる．駆動機構の周辺にはコンタクトフィンガーと呼ばれる接触子を用いる．図 9.7.29 に一例を示すが，通常は銀メッキされた短冊形のベリリウム銅の先端に，カーボンを数 % 含有する銀のチップがろう付けされている．コンタクトフィンガーには使用可能な最大電流があり，余裕を持って設計しなければならない．また，電流密度が高いときには，フィンガーを背後から圧縮空気などで相手面にしっかりと押し付けなければならない．チップの当たる相手面は軟らかい無酸素銅であることが多いが，チップによって表面に傷がつくと，摺動によって次第に表面状態が劣化するため，銅の表面をつねに滑らかに保つ必要がある．表面の劣化を防ぐためには，駆動するときにフィンガーを相手面から離すか，ごく軽く接触するようにしておき，所定の位置にセットされたときに空圧でしっかりと押し付けるような機構を設けるのがよい[75]．可変周波数空洞の性能は，フィンガー

や接触子の性能によっているところが大きく，使用可能電流の大きなものを開発することには大きな意義がある．例えば文献 78 には，50 MHz で，200 A/cm（rms）の表面電流で使用可能な球状の接触子が紹介されている．一般的に周波数可変機構は磁場の強いところで用いられることが多い（ショート板など）ため，必然的に表面電流による発熱が大きくなる．したがってコンタクトフィンガーを含め，用いる部品には十分な除熱対策を施さなければならない．駆動機構は周波数変化の大きいところに用いるため，それ自身に十分な機械的剛性が必要であり，また駆動系の位置精度は，周波数変化を正確に評価して決めなければならない．最後に，周波数可変機構は，元々空洞に必要な形状を自然なかたちで利用できるようにすると理想的である（図 9.7.25, 図 9.7.27, 図 9.7.28 のように）．

9.7.5 RFQ

a. RFQ 中の電磁場とビーム力学の基本

まずはじめに，この項では RFQ の議論に必要な電磁場とビーム力学の基本的事項を解説する．次のかたちのポテンシャル（ラプラス方程式の解）を，RFQ の発明者にちなんで KT 電位関数と称する（導出については参考文献 79, 80 などを参照）．

$$U_{KT}(x,y,z) = \frac{V}{2}\left[X\left(\frac{x^2-y^2}{a^2}\right) + AI_0(k\sqrt{x^2+y^2})\cos(kz)\right] \quad (9.7.71)$$

ここで z 軸はイオンの加速軸方向にとっており，V は隣り合うベイン間の電圧，I_0 は 0 次の変形ベッセル関数である．対応するベインの形状を図 9.7.30 に示す．a はベインの山とビーム軸との距離，さらに $k=2\pi/L$ であり，また X, A はベインの形状から決まるパラメータで，

$$X = \frac{I_0(ka) + I_0(mka)}{m^2 I_0(ka) + I_0(mka)} \quad (9.7.72)$$

$$A = \frac{m^2-1}{m^2 I_0(ka) + I_0(mka)} \quad (9.7.73)$$

と表される．ここに ma はベインの山とビーム軸との距離である．あとで用いるため，平均半径

$$r_0 = \frac{a}{\sqrt{X}} \quad (9.7.74)$$

を導入しておく．実はベインの先端部の表面はかなり良い近似で $U_{KT}(x,y,z) = \pm V/2$ を満たすように加工されている（複号は垂直・水平に対応．詳しくは文献 81 参照）．したがって，垂直ベインの電位を $V/2$，水平ベインの電位を $-V/2$ にすれば，ビーム軸近傍の電位はポテンシャルの性質により式 (9.7.71) で表される．

さて，RFQ の空洞共振器は，ビーム軸近傍全体がその開放端になるように設計される．したがって，ビーム軸近傍の電場は非常によい近似的で次のように与えられる[80]．

$$\vec{E}(x,y,z,t) = -\nabla U_{KT} \cdot \sin(\omega t) \quad (9.7.75)$$

ここに共振周波数を f として $\omega = 2\pi f$ である．変形ベッセ

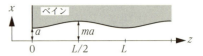

図 9.7.30　ベイン近傍の図．z 軸を加速方向にとっている．

ル関数の近似式 $I_0(u) \approx 1 + u^2/4$ を用い，横方向の電場を計算すると，

$$E_x(x,y,z,t) = -V\left[\frac{X}{a^2} + \frac{Ak^2}{4}\cos(kz)\right]\sin(\omega t)\cdot x \quad (9.7.76)$$

$$E_y(x,y,z,t) = -V\left[-\frac{X}{a^2} + \frac{Ak^2}{4}\cos(kz)\right]\sin(\omega t)\cdot y \quad (9.7.77)$$

を得る．

質量数 M, 価数 Q のイオンの，この電場のもとでの z-x 面内の運動方程式は，したがって

$$Mm_0\frac{d^2x}{dt^2} = -QeV\left[\frac{X}{a^2} + \frac{Ak^2}{4}\cos(kz)\right]\sin(\omega t)\cdot x \quad (9.7.78)$$

と書ける．ここに m_0 と e はそれぞれ原子質量単位と素電荷である．このイオンが縦方向には同期運動（synchronous motion）をしているとする．ドリフトチューブリニアックの場合にならって同期位相を φ_s とし（山谷の中間が加速ギャップに相当することに注意），縦方向の運動を

$$kz(t) = \omega t - \varphi_s \quad (9.7.79)$$

と近似すると，同期粒子の z-x 面内の運動方程式は，式 (9.7.79) を式 (9.7.78) に代入して，

$$Mm_0\frac{d^2x}{dt^2} = -QeV\left[\frac{X}{a^2}\sin(\omega t) + \frac{Ak^2}{8}\{\sin\varphi_s + \sin(2\omega t + \varphi_s)\}\right]x \quad (9.7.80)$$

となる．ここで，$2\omega t$ を含む力による変位は他の項に比べてそもそも小さいうえ，高周波の半周期で平均した運動を考えるとこの項の影響は無視できる．したがって，以上の近似のもとで x 方向の運動方程式は以下のように書ける．

$$\frac{d^2x}{dt^2} + \left[\frac{Q}{M}\frac{eVX}{m_0 a^2}\sin(\omega t) + \frac{Q}{M}\frac{eVAk^2}{8}\sin\varphi_s\right]x = 0 \quad (9.7.81)$$

括弧内の第 1 項は時間的に変化する四重極電場による収束力，第 2 項は加速に伴う高周波発散力を表している．このかたちの線形同次微分方程式をマシュー方程式という[82]．

以下で式 (9.7.81) を変形する．まず独立変数を時間 t から

$$\eta = \frac{1}{2\pi}[kz(t) + \varphi_s] \quad (9.7.82)$$

で定義される η に変換する．ここに $z(t)$ は式 (9.7.73) で与えられるものであり，η はイオンが 1 高周波周期，すなわち $L = \beta_s\lambda$ だけ進むと 1 増えることになる．ただし β_s は同期粒子のスピードを光速 c で割ったもの，また λ は周波数 f に対する自由空間波長 c/f である．これにより式 (9.7.81) は

9.7 高周波空洞   259

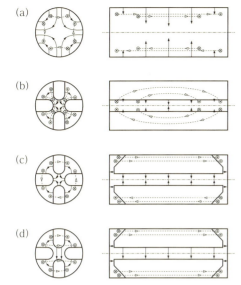

図 9.7.31 (a)円筒空洞共振器における TE$_{211}$ モードの電磁場の様子．(b)円筒空洞共振器にベインを入れた場合．(c)ベインの端部を切り欠いた場合（4ベイン型空洞）．(d)二重極モード．実線は電気力線を，破線は磁力線を表す．

$$\frac{d^2x}{d\eta^2}+[B\sin(2\pi\eta)+\Delta_{\rm rf}]x=0 \qquad (9.7.83)$$

と書ける．ここで

$$B=\frac{Q}{M}\frac{eV\lambda^2}{m_0c^2}\frac{X}{a^2}=\frac{Q}{M}\frac{eV\lambda^2}{m_0c^2}\frac{1}{r_0^2} \qquad (9.7.84)$$

は収束パラメータと呼ばれる量であり，また

$$\Delta_{\rm rf}=\frac{Q}{M}\frac{\pi^2 eV\lambda^2 A}{m_0c^2\beta_s^2}\sin\varphi_s \qquad (9.7.85)$$

は高周波加速に伴う発散力を表す．式(9.7.83)の安定領域は文献 83 を参照されたい．

b. RFQ の空洞共振器：4ベイン型空洞

上で示したような共振電場，すなわち加速軸方向の垂直断面内で四重極対称性を持ち，隣り合うベイン間の電圧[*3]の絶対値が加速軸方向に沿って一定な電場を，目標とする周波数でベイン電極近傍に発生させるのが RFQ の空洞共振器の役割である．

「4ベイン型空洞」という，実際によく使われる空洞を例にとって，どのようにこの共振電場が実現されているかを以下で見てみる．基本となるのは円筒空洞共振器の TE$_{211}$ モードである．このモードの電磁場の様子を図 9.7.31 (a) に示す．電場はビーム軸に垂直な断面内にあって四重極対称性を持っているが，軸方向に沿った電場の変化を見るとそれは空洞の中央部に節を持つ正弦波状になっており，端面ではゼロである．一方，図 9.7.31 (a) には磁力線の様子も示されているが，電磁誘導の法則に照ら

[*3] ベイン間で電場を積分したもの．厳密にいうと，高周波空洞では電磁誘導のため電位差という概念が成り立たないが，開放端の近傍に限れば成立する．

し合わせると，正弦波状の電場分布の生じる理由がわかると思う．ここで図 9.7.31 (b) のように円筒空洞のなかに板状の電極を立て，円筒空洞に 4 つの領域をつくる（この段階では端面が短絡されていることに注意）．ビーム軸方向には断面の形状が一様であるので，電場は相変わらずビーム軸に垂直断面内にあって四重極対称性を持っており，軸方向に沿った電場の変化は空洞の中央部に節を持つ正弦波状になっている．磁力線は中心部を通って隣の領域に侵入している．

さて，ここで図 9.7.31 (c) に示すように板状の電極の端部を切り欠き，空洞端面との間に隙間をつくる．このようにすると，空洞中心部を通っていた磁力線が端部にできた隙間を通って電極の周りを回るようになる（もちろん隙間の形状を最適化する必要がある）．すると軸方向に沿った電場の変化を非常に小さくすることができる．その代わり，端部には大きな軸方向の電場が生じるが，これは断面の一様性が端部で崩れた代償であるともいえる．最後にできた空洞を 4 ベイン型空洞という．

4 ベイン型空洞はベインの機械的精度を出しやすく，またベインを十分に冷却できるため，RFQ の開発初期段階からこの空洞に基づいた多くの RFQ がつくられてきた．実際に使用される周波数は 80 MHz 以上の場合が多く，陽子や $M/q=5$ 程度までの軽いイオンの加速に用いられる．

一般に空洞共振器では，隣り合う共振周波数が近いと，空洞のわずかな変形でそれらの共振モードが混合し，共振電磁場が大きく変化する場合がある．4 ベイン型の RFQ 空洞の場合，2 種類のモード混合の可能性がある．そのうちの一つは二重極モードの混合である（図 9.7.31 (d)）．4 重極対称性を破るような変形があると二重極モードが混合して深刻な影響を及ぼす．これを回避するために様々な工夫が考案されてきた．日本の JHP 計画では，「π-mode Stabilizing Loop (PISL)」という独自の方法が考案された．この方法は，一対のベインを貫くように，一組の金属棒を空洞側壁から挿入するものである[85]．これとは別に，「Dipole Stabilization Rod (DSR)」という，空洞の端部に 4 本の金属ロッドを入れる方法もある[87]．

もう一つのモード混合は，電場分布の加速軸に沿った節の数が異なるモードの混合である．この混合は空洞の長さが共振周波数に対応する自由空間波長よりも長いときに顕著になり，断面形状の変化によって平坦度が悪くなる[*4]．

[*4] 断面形状が一様な，長さ L の空洞共振器（端部の切り欠きを無視する）の TE または TM モードを考える．断面形状から決まる 2 次元モードのカットオフ周波数を ω_n，すなわち 2 次元ベクトルラプラシアンの固有値を $\omega_n^2/c^2\equiv k_n^2$ とする（ここに n は 2 次元モードの番号）．長さ方向の電場の節の数を m とすると，共振周波数（3 次元ベクトルラプラシアンの固有値）ω_{nm} は，$\omega_{nm}^2=c^2(k_n^2+\pi^2m^2/L^2)$ と書ける．したがって，$k_n\gg\pi/L$ のとき，異なる m に属するモードの共振周波数は互いに接近する．この条件はまた，ω_{nm} に対応する自由空間波長 λ_{nm} を用いて，$2L\gg\lambda_{nm}$ と書ける．

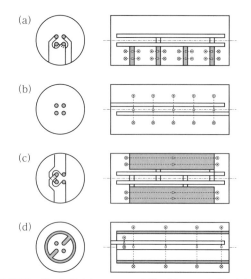

図 9.7.32 様々な重イオン RFQ の空洞. (a) 4 ロッド型. (b) 分割同軸型. (c) インターデジタル型. (d) 折り返し同軸型. 破線は磁力線を表す.

したがって，4 ベイン型の空洞ではチューナ（ブロック型が主）を複数用意して電場分布を平坦にするのが一般的である[86]．一方ベインを非常に長くする場合には，比較的短い空洞に分割し，端部に結合セルを設けて RFQ 全体を結合共振器にする方法もとられる[88]．

c. いろいろな RFQ 空洞

陽子を加速するためには，おもに上で述べた 4 ベイン型の RFQ が用いられる．では一般のイオンではどうであろうか．この項の最初に述べたように，RFQ 中でのイオンの横方向の運動はマシュー方程式で記述され，その収束パラメータ B は，式 (9.7.85) に示したように，ベイン間電圧 V に比例し，イオンの質量電荷比 M/Q と周波数 f の 2 乗に反比例する．重イオン（M/Q の大きいイオン）を加速する場合，電圧 V には限界があるので，共振周波数を低くして B を大きくするのが一般的である．したがってRFQ の高周波空洞は加速イオンの M/q によって様々な形態をとり，実際にこれまで多くの RFQ 空洞が考案されてきた[79,84]．実用化されたものを簡単に紹介する．

図 9.7.32 (a) は，「4 ロッド型」と呼ばれる RFQ 空洞の概念図である．フランクフルト大学の Schempp によって提案されたもので[90]，欧州を中心に数多くの実機がつくられ，陽子や重イオンの加速を行ってきた．2 次元加工されたロッド状の電極が，対向する一対ごと交互に保持電極に支えられており，最小単位はロッドと保持電極の一対で 1/2 波長の共振器を形成している．共振周波数はロッドの高さと間隔で決まり，同じ空洞径の 4 ベイン型空洞に比べて共振周波数を大幅に下げることができる．したがって重イオンの加速にも適している．もう一つの利点は，一対のロッドが保持電極で短絡されているために二重極モードの周波数が大幅に高くなり，モード混合を考慮する必要のないことである．その反面，シャント・インピーダンスは 4 ベイン型より低い．近年では，ロッド状ではなく 3 次元加工されたベインを取り付けて冷却能力を高めたものが一般的になりつつある[91]．

図 9.7.32 (b) に「分割同軸型」RFQ の構造を示す．円筒空洞の両端から一対ずつのベインが突き出し，全体として 1/2 波長の共振モードを実現している．同じ空洞径に対して，4 ロッド型の空洞よりもさらに低い共振周波数を実現することができる．例えば東京大学原子核研究所では，空洞径 0.9 m で 25.5 MHz（ベイン長 8.59 m）の SCRFQ が建設され，$M/q = 30$ の重イオンを 172 keV/u まで加速した[92]．また，米国 ANL では 12.125 MHz の SCRFQ (2.22 m) が建設され，$M/q = 132$ という非常に重いイオンを 11.4 keV/u まで加速している[93]．空洞の対称性も，電場の四重極対称性も非常によい．

図 9.7.32 (c) は「インターデジタル型」と呼ばれるRFQ の構造を示す．ドイツ GSI では 36 MHz，9.35 m の長い RFQ がつくられ，高いベイン間電圧（137 kV）を発生させ，デューティ 2 % で $M/q = 65$ の重イオンを 120 keV/u まで加速している[94]．

図 9.7.32 (d) に「折り返し同軸型」RFQ の構造を示す[95]．1/4 波長の同軸共振器の特性インピーダンスを変化させるとともに開放端を折り返し，開放端側にベインを取り付けることで RFQ を構成する．電場の四重極対称性は非常によい．この RFQ は，分割同軸型に比べてシャント・インピーダンスは低いが，開放端での静電容量が大きいため，より低い周波数を実現することができる．

9.7.6 超伝導空洞

超伝導空洞は空洞壁でのジュール損失が極めて小さくなるため，通常の銅空洞では実現できない高い無負荷 Q 値 (Unloaded Q) と高電磁場の CW (Continuous Wave, 連続波) 運転が実現できる利点がある．超伝導空洞の高周波表面抵抗 R_s は

$$R_s = R_{BCS} + R_{res}$$

で表され，R_{BCS} は BCS 理論から

$$R_{BCS} = A \frac{\omega^2}{T} \exp\left(-\frac{\Delta(0)}{k_B T_c} \cdot \frac{T_c}{T}\right)$$

で与えられる．ω は角周波数，T は温度，k_B はボルツマン定数であり，$\Delta(0)$ は $T = 0$ K での超伝導ギャップエネルギー，T_c は臨界温度，A はコヒーレンス長やフェルミ速度などを含む材料固有の定数を示す．一方 R_{res} は残留表面抵抗と呼ばれ，空洞内表面の不純物や残留磁場，電界放出電子などがもたらす付加的な抵抗を示し，これを数 nΩ にまで下げることが超伝導空洞製作技術の中心である．材料にはこれまで鉛や高い臨界温度を持つ超伝導合金などが試されているが，性能の安定性から実用にはもっぱらニオブ空洞が使われる．表面抵抗が周波数と温度に依存することから，ニオブ空洞では 1 GHz 付近を境界にして低い周波数では 4.2 K，高い周波数では 2 K での動作が通常である．また銅製の常伝導空洞に比べると消費電力が 5~6 桁

小さくなるため，常伝導ではパルス運転にするような高い電磁場でも duty factor が 100 % の CW 運転が可能になる．

a. 性能の制限

電磁場の理論上の上限は空洞内表面の磁場が超伝導臨界磁場 H_c に達することで生じる超伝導破壊によってもたらされるが，現実には不純物や残留磁場，マルチパクタ放電などによる局所的な発熱による超伝導破壊が性能を制限する．このため高い臨界磁場と臨界温度を有し熱伝導率のよい材料を選ぶとともに，電子ビーム溶接の採用，加工応力や欠陥を含む表面層の化学的処理による除去，超純水による高圧水洗，真空焼鈍などを組み合わせた徹底的な表面洗浄，さらには高クリーンルーム内での組み立て作業など表面の厳重な管理が行われる．また，消費電力が小さいとはいえ，それを冷却するためのヘリウム冷凍機が必須であり，その冷却能力もまた性能を制限する要素である．

b. 材料の選択

過去には鉛や超伝導合金，高温超伝導体などが試験されたが均一な表面をつくるのが難しく，臨界温度と磁場が高い単一金属である，加工性，溶接性がよいなどからニオブ空洞の開発が進み，現在ではほとんどがニオブ製である．熱伝導率を高めるために高純度ニオブが使用されるがその純度は RRR（残留抵抗比）で表され，通常は 200 以上が使用される．冷却の観点から薄い圧延板またはニオブインゴットをスライスした板材でつくられるが，銅とニオブのクラッド材や銅空洞内面にニオブをスパッタする手法もある．ニオブ空洞の化学的処理としては化学研磨と呼ばれるフッ酸，硝酸に減速剤としてリン酸を加えた混酸による浸漬研磨と，フッ酸と濃硫酸の混酸のなかで電圧を印加して行う電解研磨がある．

c. 空洞の設計

粒子速度に応じて数十 MHz から 6 GHz 帯までの種々の空洞が利用されるがいずれも定在波型である．基本的にはマルチパクタ放電対策として図 9.7.33 のような楕円型空洞（elliptical cavity）が使われるが，用途に応じてビームアパーチャーや円弧の寸法が最適化される．高電場加速用途では電場強度に対する最大表面磁場の比が小さくなるように選択され，大電流加速用途では有害高調波（HOM）取り出しのためにアパーチャーを大きくとる．いずれにしても化学洗浄や水洗が容易で滑らかな形状が選ばれる．楕円型空洞は電子加速だけでなく陽子加速にも用いられるが，$\beta(=v/c)$ は 0.4 以上である．それ以下の速度に対しては，Spoke Cavity（>0.2），Split Ring Resonator（>0.05），HWR（Half Wave Resonator）（>0.01），QWR（Quarter Wave Resonator）（>0.001）などの空洞を組み合わせて使用する．超伝導加速空洞の構成には空洞本体の他に電力供給をするための入力結合器，HOM 結合器などが装着されるが，マルチパクタ放電を避けるために，空洞部分ではなくビームパイプ部に配置するのが一般的である．空洞の共振周波数調整はモーター駆動式のチューナーで空洞全長を変化させて行うが，ピエゾ素子を併用して高速微調機能を付加した方式もある．空洞が薄板製であるのでヘリウム圧力の変動や周辺の振動による周波数変動を補償するのが目的であるが，空洞やクライオスタットにも機械振動を抑止する設計が必要である．高電磁場が励振されると表面電流が磁場によるローレンツ力を受けて空洞が変形する．パルス運転ではこれによる周波数離調を補償するためフィードフォワード制御が用いられる．これらを収納するクライオスタットには以上の部品の他に，磁気シールド，熱収縮の吸収，さらには冷却後の空洞本体の精密アライメントを可能にする機能が要求される．

d. 歴史と応用

10^{10} に達する高 Q 値を利用した極狭周波数フィルターや周波数基準器などの応用も考えられたが，現在では高電場を利用する粒子加速空洞への応用のみである．1965 年にスタンフォード大学が行った電子加速が超伝導空洞による最初の実験とされる．しかしマルチパクティング放電により所定の電場が得られず撤退したが，これを機に超伝導空洞事態の開発が活発になった．最初の実用はアルゴンヌ国立研究所の ATLAS 加速器であり，1978 年から現在まで稼働している重イオン加速である．CW 運転による精度の高い安定したビームを供給している．高エネルギー実験への本格利用は 1988 年の高エネルギー物理学研究所（現・高エネルギー加速器研究機構，KEK）の TRISTAN 加速器が最初であり，509 MHz，5 セル型球形空洞 32 台で 200 MV を供給した．その後 CERN 研究所が LEP-II 加速器に 352 MHz 空洞をスパッタ法で 300 台製造し 3 GV の加速電圧をつくった．1995 年にはトーマス・ジェファーソン国立加速器施設（米）で 1.5 GHz 空洞 300 台を使った周回型超伝導リニアック（CEBAF）が CW 運転を開始した．いずれも 5 MV/m 程度の電場を目標とした．1997 年には B ファクトリー加速器のためにコーネル大学（米）と KEK がアンペア級電流の加速のために単セル構造の高調波減衰型空洞を開発したが，広く放射光加速器の世界へ応用されるに至っている．一方，2004 年に国際リニアコライダーの技術として超伝導空洞が採用されたのを機に 40 MV/m 級高電場型空洞の開発が進んだ．その技術は Euro-XFEL に適用され 1.3 GHz 空洞を 1 km 並べて 20 GeV をつくる．2007 年にはビームバンチにヨーイングを与える装置としてクラブ空洞が KEKB 加速器に実装された．これは放射光加速器でも短パルス光をつくる技術として注目されている．2006 年に運転を開始したオークリッジ国立研究所（米）の SNS 加速器は超伝導空洞を用いた大強度陽子リニアックによる中性子源であるが，近年はこ

図 9.7.33　ニオブ製 9 セル空洞（$\beta=1$）

れに続く大強度陽子加速器のための低β空洞の開発が進められている[96-98].

9.7.7 超伝導大電力RF技術

超伝導空洞へRF電力を供給する入力結合器には導波管型と同軸アンテナ型（図 9.7.34）があるが，マルチパクタ放電を避けるために，空洞部分ではなくビームパイプ部に配置するのが一般的である．導波管型は冷却が容易であるが1 GHz以下ではサイズが大きくなり熱侵入が増すので不利である．一方，同軸型は内導体の冷却が問題になるが，アンテナの突き出し量を加減して結合度を変えることができる利点がある．また結合器内のマルチパクタ放電を抑止するため，内導体を絶縁して外導体との間にバイアス電圧を印加するものもある．極低温下の空洞へは熱収縮や熱侵入に配慮した構造が必要であり，また結合度が大きく空洞からの全反射にさらされるため，セラミック窓は定在波の位置を配慮して設計される．通常は室温部に置かれるが，装着時に空洞にゴミが侵入するのを防ぐため，空洞を封止する目的で低温側にも窓を配置した二重窓構造を採用することもある．結合度としては 5×10^4 までの Q_{ext}，許容電力としてはパルス，CWともに数百kWのものが実用されている．

インピーダンスが高い超伝導空洞では有害高調波（HOM）の減衰が不可欠であり，種々のモードと結合するために図 9.7.35 左のような結合器がビームパイプに複数個取り付けられる．加速モードが漏れるのを防ぐためチョークフィルター構造になっている．一方，大電流用途ではアパーチャーを大きくしビーム軸方向へHOMを導いて図 9.7.35 右にあるようなフェライト吸収体で減衰させることによって Q_{ext} を100程度まで下げることができるが，全長が長くなるのが欠点である．

図 9.7.34　同軸アンテナ型入力結合器

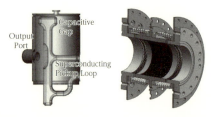

図 9.7.35　HOM結合器（左）とフェライト減衰器（右）

9.7.8 空洞計測

高周波加速空洞では，基本的なパラメータを電磁界コードで精密に計算して設計し製作する．計算精度は通常かなりのよい精度まで実現可能であるが，実際の空洞の持つ製作誤差をふまえて実際の空洞を製作するには，空洞を特徴付けるパラメータを計測し，それを調整する必要がある．この評価を必要とする主パラメータには，周波数，Q値，電磁界分布，外部との結合係数などがある．本項では，これらを実際に計測する方法について述べる．

S パラメータ計測　空洞にはパワーを供給する導波路や，各種空洞から漏れ出てくるパワーを取り出す出力導波路が連結されている．このような空洞の特性を求める最も基本的な方法は，導波路から空洞を含むシステムを励振し，導波路から抜けくるパワーを計測する方法である．具体的には，信号源から精度のよい安定した高周波を導波路のポート j から空洞へ導き，これに対する空洞からの複素反射係数 r を同じ場所（ポート j）で反射波として計測するか，または空洞からの透過波の複素透過係数を別の場所（ポート i）で計測する．これは回路網のネットワーク解析であり，ポート j からポート i へのSパラメータの計測に尽きる．この計測は，空洞に結合された導波路としての同軸や導波管など，一定のインピーダンスで構成される伝送ラインにおける t 進行波と反射波の振幅と位相の計測で行われる．

図 9.7.36 のような空洞を介した導波路間のネットワーク解析を行うと[99]，透過パワーの表式は等価回路で

$$T(f) = \frac{4\beta_1\beta_2}{(1+\beta_1+\beta_2)^2}\frac{1}{(1+4Q_L^2\delta^2)}, \quad \delta \equiv \frac{f-f_0}{f_0}$$
(9.7.86)

と書け，また反射は入力インピーダンスの複素表現を用いて下記のように書け，これがネットワーク解析の出発点になる．

$$r(f) = \frac{Z_{in}-1}{Z_{in}+1}, \quad Z_{in}(f) = \frac{\beta}{1+j2Q_L(1+\beta)(\delta-\delta_0)}$$
(9.7.87)

ネットワークアナライザー　本項に現れる計測はベクトルネットワークアナライザーを用いた計測を想定する．基本は2ポート間の反射，透過特性を計測し，$e^{j(\omega t - kz)}$ を通常定義として表される．ここで，j は虚数単位，ω は角波数，k は伝送ラインの波数，z は計測場所の伝送方向の場所を表す．この計測で重要なのは計測システムの校正である．既知のハードウェアを計測することを通じて，計測

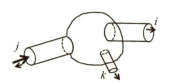

図 9.7.36　空洞と導波路の Schematic

機器と計測場所（ポート i, j）までの計測器を含めた計測側を，測定物として精密に把握することができ，被計測物の S_{ij} だけを精度よく計測することが可能になった．

加速周波数 f ビームとの長期の同期を得るために最も重要な量である．ネットワークアナライザーを用いて，透過波のピーク周波数，または反射波のディップ周波数などで計測する．必要な測定精度は空洞用途により異なるが，通常 $1/Q$ 値程度が指標である．電子加速器では $1～10\,\mathrm{GHz}$ 程度の空洞では Q 値が 10 000 程度であり，10^{-4} の精度を必要とする．周波数は，共振している場所の環境によるが，真空状態で稼働する空洞に対する計測を，空気中で行う場合が多く，空気の誘電率 ε を考慮する必要がある．周波数 $\propto \varepsilon^{-1/2}$ であることに注意するが，特に空気に含まれる水蒸気の ε が大きいことに気を付けなければならない．これを避けるには，窒素ガスを充填して計測を行うことが望ましい．ε は計測時の圧力に比例するので，圧力も計測しておく必要がある．実用的な計算式が文献 100 にあり，これを用いればほぼ足りる．なお，特に大きな空洞を評価するときに注意すべきは，運転状態である真空にしたときの空洞自身の変形有無である．また，パルス圧縮などに用いる蓄積空洞は 10^5 台の Q 値を必要とするため，さらに精密な計測が必要になる．この場合，計測するためにプローブを挿入する場合などは，それ自身の摂動が問題になるため，プローブを共振エリアから遠ざけて摂動を小さくしたときの周波数の変化を計測して，摂動なしの周波数を求める．また，実機空洞でなく，材料が違う試験空洞を用いたときには，計測周波数は $f/2Q$ だけ低く計測されることに注意する[101]．これは，高周波に特有の表皮効果により，空洞が実際より大きく見えることに対応するが，特に実機と違う材料を用いたときには注意が必要である．

Q 値 実際の空洞は外部に結合した状態で用いるので，これらから漏れ出すパワーに対応する Q 値（Q_{ex}）を含めて，負荷 Q 値（Q_{L}）を計測する．透過波のパワーの周波数依存性は式(9.7.80)で表され，$-3\,\mathrm{dB}$ の周波数幅 Δf_{3dB} から，$Q_{\mathrm{L}} = f/\Delta f_{\mathrm{3dB}}$ から求める．ベクトルネットワークアナライザーで計測すると，図 9.7.37 左のように，原点からの円を描くが，図に表したように接近した共振がある場合は，式(9.7.86)のみでなく，複素量としての透過波の計測解析が必要になる．次に空洞からの反射係数からの Q 値計測を示そう．複素平面では図 9.7.37 右のような，点 $(-1, 0)$ を基点に半径 $(1\pm r)/2$ の円を描く．入力インピーダンスを $Z_{\mathrm{in}} = X + jY$ として，等価回路解析を用いて計算すると，点線：$X = 1$ との交点間周波数差 Δf より $Q_{\mathrm{ex}} = f/\Delta f$，同様に破線：$R = X$ より Q_0，直線：$X = R + 1$ より Q_{L}，を計測できる．

他の計測方法 これまで高周波源を空洞に導いてそのレスポンスから周波数や Q 値を計測する最も一般的な方法について述べたが，下記に述べるような特殊な計測方法をとる場合も述べておくことは意味深い．空洞と導波管の結合を表す Q_{ex} は，空洞固有の Q_0 に比べて非常に小さく取る

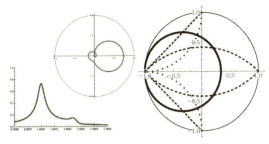

図 9.7.37 透過（左），反射（右）

ことも多く，その場合には先に述べた S パラメータ計測では，非常に広い周波数領域での計測が必要になるので難しい場合が多い．2 空洞間の結合係数（$\sim 1/Q_{\mathrm{ex}}$）は，2 空洞系の二つの共振，0 モードと π モード間周波数の開きから評価可能であるが，同様の考え方を用いて，導波路をショートしたときの閉空洞系の共振周波数をショートする面の位置の関数として計測し，Q_{ex} を計測することができ，この方法を Slater のチューニングカーブ法と呼ぶ[3]．もう一つ別の方法を挙げよう．空洞の励振は高周波源ではなく，空洞を通過する荷電粒子群であることも可能で，バンチ長を σ_z のバンチが空洞を通過すると $1/(2\pi\sigma_z)$ の周波数成分まで励振される．これはウェーク場と呼ばれる電磁波で，

$$W(t) = \sum_{\omega}^{\infty} (a_\omega \cdot e^{\frac{-\omega t}{2Q_{\mathrm{rm}}}} \cdot e^{j\omega t}) \qquad (9.7.88)$$

のように空洞の共振（角周波数 ω，Q_{L} 値）で展開できる．したがってこの電磁場を適当な高周波ピックアップによりサンプリングすれば，そのスペクトルや時間応答より，空洞の周波数や Q_{L} 値を評価することができる．また後続の計測用バンチを通過させてそのエネルギー変動や横方向に受けるキック量を計測できれば，やはり周波数や Q 値を評価することができる[102]．

電磁場分布 空洞内の電磁場分布は，昨今計算によりよい精度で得られることが多いが，それでも実際に計測する必要は多くある．計算の確認のみでなく，計測情報を使って多連結空洞のバランスをチューニングすることなどが行われるからである．さて空洞は進行波，後進波が等量重ね合わされて電磁場を構成する定在波型（SW）と，おもに進行波のみで構成される進行波型（TW）に分けられる．計測にビードと呼ばれる摂動体は波長より十分小さい物体を計測したい場所に挿入し，SW では共振周波数の変化[101,103]，TW では反射率の変化[104]から求める．この際，摂動の感度を知る必要があるが，ビードが波長に対して小さいことから，回転楕円体形状のビードに対する感度なら，一定電場に対する周辺の電場の摂動から計算できる．しかし，現実のビードは円筒形であったり，歪んでいたりすることが多く，計算では評価できないので，分布のわかった空洞に対する計測を通じて感度を計測してから使用する必要がある．

参考文献

1) J. C. Slater : Microwave Electronics, Van Nostrand（1950）.

2) P. M. Lapostolle, A. L. Septier : Linear Accelerators, North-Holland（1970）.

3) 髙田耕治 :『高周波加速の基礎』（改訂版）KEK Report 2003-11（2005）. http://research.kek.jp/people/takata/home.html

4) 山崎良成, ほか : KEK Report 80-8（1980）.

5) J. S. Bell, Group Velocity and Energy Velocity in Periodic Waveguides : AERE Rept. T/R 858, AERE Harwell（1952）.

6) D. A. Watkins : Topics in Electromagnetic Theory, John Wiley and Sons INC.（1958）.

7) G. B. Walker, C. G. Englefield : IRE Trans. Microwave Theory and Techniques **10** 30（1962）.

8) M. Bell : "Particle Accelerators" **8** 71 Gordon and Breach（1978）.

9) R. M. Bevensee : "Electromagnetic Slow Wave Systems" John Wiley and Sons INC.（1964）.

10) R. M. Bevensee : Annals of Physics **12** 222（1961）.

11) T. Teichmann, E. P. Wigner : J.A.P. **24**, 262（1953）.

12) F. E. Borgnis, C. H. Papas : Electromagnetic Waveguides and Resonators. Encyclopedia of Physics Vol. XVI, Springer-Verlag（1958）.

13) M. A. Allen : Coupling of Multiple-Cavity Systems, M. L. Rept. 584, W. W. Hansen Lab., Stanford Unv.（1959）.

14) C. G. Montgomery, *et al.* ed. : Principles of Microwave Circuits, MIT Radiation Laboratory Series **8** MacGraw-Hill（1948）.

15) K. Takata : Introductory Lecture on Waveguides and Cavities, 1996 US-CERN-JAPAN Int. School on Particle Accelerators World Scientific（1999）.

16) T. Nishikawa : Normal Mode Analysis of Standing Wave Linacs, BNL Int. Rep. AADD-87 Brookhaven National Laboratory（1966）.

17) N. Ashcroft, Mermin : "Solid State physics" W. B. Saunders Co.（1976）.

18) Shintomi, *et al* : 低温工学 **46** 421（2011）.

19) W. Chou, F. Ruggiero : LHC Project Note 2（SL/AP）, CERN（1995）.

20) H. Padamsee, *et al.* : "RF Superconductivity for Accelerators" Willey & Sons（1998）.

21) I. Wilson, H. Henke : "The LEP Main Ring Accel-erating Structure" CERN 89-09（1989）.

22) Y. Yamazaki, T. Kageyama : Part. Accel. **44** 107（1994）.

23) T. Kageyama, *et al.* : Proc. PAC 97, 2902（1997）.

24) Z. D. Farkas, *et al.* : Proc. 9th Int. Conf. High Energy Accelerators, 576（1974）.

25) 内藤喜之 著, 電子通信学会 編 :『マイクロ波・ミリ波工学』（電子通信学会大学シリーズ F-9）コロナ社（1986）.

26) H. Mizuno, Y. Otake : Proc. 17th Int. Linac Conf. 463（1994）.

27) F. Tamura, and H. Mizuno : Proc. APAC98, 4d036（1998）

28) H. Mizuno : Proc. 17th Int. Conf. Linac '98, 737（1998）

29) F. Naito, *et al.* : APAC98-6D040. 776.

30) M. Akemoto : PAC1991, 1037.

31) Michizono, *et al.* : J. Vac. Sci. Technol. A **10** 1180（1992）.

32) S. Isagawa, *et al.* : PAC1987, 1934.

33) T. Abe, *et al.* : Phys. Rev. ST Accel. Beams **13** 102001（2010）.

34) T. Kageyama, *et al.* : PASJ2014-SAP044.

35) T. Koseki, *et al.* : PAC95-WPR04, 1791.

36) T. Kageyama, *et al.* : APAC98-6D040, 773.

37) J. Watanabe, *et al.* : EPAC2006-TUPCH132.

38) F. G. Brockman, *et al.* : Philips Technical Review **30** 312.

39) Y. Yoshizawa, *et al.* : J. Appl. Phys. **64** 6044（1988）.

40) K. Saito, *et al.* : Proceedings of the PAC01, 966（2001）.

41) T. Misu, *et al.* : Nucl. Instr. and Meth. A **5557** 383（2006）.

42) M. Kanazawa, *et al.* : NIM A **566** 195（2006）.

43) MedAustron synchrotron RFTech Workshop（2013）.

44) C. Fougeron, *et al.* : Proceedings of the 2ⁿᵈ EPAC, 961（1990）.

45) S. Ninomiya : KEK Report 92-2.

46) P. Ausset, *et al.* : Proceedings of the 4ᵗʰ EPAC, 2128（1994）.

47) Y. Mori, *et al.* : Proceedings of the 6ᵗʰ EPAC, 299（1998）.

48) U. Bigliani, *et al.* : Proceedings of PAC71, 233（1971）.

49) G. Rakowsky, *et al.* : 3rd IEEE Particle Accelerator Conference, 543（1969）.

50) C. Ohmori, *et al.* : Phys. Rev. ST Accel. Beams **16** 112002（2013）.

51) J. L. Snoek : Physica **14** 207（1948）.

52) J. Archambeau, *et al.* : Fermilab-design-1986-01（1986）.

53) 中山仁史, ほか : JHF 加速空洞のための磁性体測定のまとめ（2）KEK Report 98-13.

54) C. C. Friedrichs, *et al.* : "Design of an Accelerating Cavity for the Superconducting Super Collider Low-Energy Booster", Proceedings of the PAC 1991, 1020（1991）.

55) 中山仁史, ほか : JHF 加速空洞のための磁性体測定のまとめ（1）.

56) L. B. Rozenbaum : Soviet Physics Solid State **9**（5）1013（1967）.

57) J. Griffin : IEEE NS-26（3）3965（1979）.

58) I. S. K. Gardner : Proc. CERN School on RF Engineering, Oxford（1991）.

59) Accelerator Technical Design Report for J-PARC（2003）.

60) M. Yoshii, *et al.* : Proceedings of PAC07, 1511（2007）.

61) P. Barratt, *et al.* : Proceedings of EPAC90, 949（1990）.

62) T. Misu, *et al.* : Phys. Rev. ST Accel. Beams **7** 122002（2004）.; the 2ⁿᵈ EPAC, 961（1990）.

63) 佐藤智徳, ほか : 第 59 回材料と環境討論会講演集, 腐食防食学会（2012）.

64) M. Nomura, *et al.* : Nuclear Instruments and Methods in Physics Research A **623** 903（2010）.

65) Y. Arakaki, *et al.* : Proceedings of the 7th Annual Meeting of Particle Accelerator Society of Japan, 377（2010）.

66) 基本は Slater の定理（J. C. Slater : "Microwave Electronics" p. 81 D. Van Nostrand Company, Inc.（1950））である. 微小体積 ΔV の金属を周波数 ω_0 を持つ空洞共振器に挿入すると, 新たな周波数 ω は, $\omega^2 = \omega_0^2 [1 + \int_{\Delta V} (H_a^2 - E_a^2) dv]$ となる. ここに H_a と E_a は, 周波数 ω_0 に対応する共振モードの規格化された磁場および電場である. 共振空洞の短絡端側に挿入すると電場がないので周波数が上がり, 逆に開放端側では磁場がないので周波数が下がる.

67) C. Pagani : CERN 92-03, 501（1992）.

68) A. Goto, *et al* : Proc. CYCLOTRONS89, 51（1988）.

69) M. Odera, *et al* : Nucl. Instrum. Methods A **227** 187（1984）.

70) K. Amemiya, *et al.* : Nucl. Instrum. Methods B **55** 339（1991）.

71) O. Kamigaito, *et al.* : Rev. Sci. Instrum. **70** 4523（1999）.

72) O. Engels, *et al.* : Proc. PAC97. 1078（1997）.

73) C. Bieth, *et al* : IEEE Trans. Nucl. Sci. **NS-26** 4117（1979）.

74) I. Hayashi : Nucl. Instrum. Methods **17** 261 (1962).

75) T. Fujisawa, *et al* : Nucl. Instrum. Methods A **292** 1 (1990).

76) T. Saito, *et al* : Proc. CYCLOTRONS89, 201 (1989).

77) N. Sakamoto, *et al* : Proc. CYCLOTRONS07 455 (2007).

78) C. Pagani : Proc. CYCLOTRONS86, 271 (1986).

79) 徳田　登 : 『RFQ 線形加速器』 高エネルギー加速器セミナー OHO96. http://accwww2.kek.jp/oho/OHOtxt2.html.

80) 近藤恭宏 : 『線形加速器（Ⅰ）-RFQ-』 高エネルギー加速器セミナー OHO01. http://accwww2.kek.jp/oho/OHOtxt3. html.

81) S. Shibuya : KEK Internal Report 92-10 (1992).

82) 森口繁一, ほか : 『特殊函数』（岩波 数学公式 3）§56, 岩波書店 (1987).

83) K. R. Crandall, *et al.* : LA-UR-79-2499, Los Alamos National Laboratory (1979).

84) H. Klein : Proc. PAC83, 3313 (1983).

85) A. Ueno, Y. Yamazaki : Nucl. Instrum. Methods. A **300** 15 (1991).

86) T. P. Wangler : "RF Linear Accelerators" p. 273-274, Wiley (2008).

87) L. M. Young : Proc. LINAC94, 178 (1994).

88) M. J. Browman, L. M. Young : Proc. LINAC90, 70 (1990).

89) L. M. Young : Proc. PAC01, 309 (2001).

90) A. Schempp : Proc. LINAC92, 545 (1993).

91) H. Fujisawa : Nucl. Instrum. Methods. A **345** 23 (1994).

92) S. Arai, *et al.* : Nucl. Instrum. Methods. A **390** 9 (1997).

93) R. A. Kaye, *et al.* : Proc. PAC99, 524 (1999).

94) U. Ratzinger : Proc. Linac96, 288 (1996).

95) O. Kamigaito *et al.* : Rev. Sci. Instrum. **70** 4523 (1999).

96) T. Furuya : Review of Accelerator Science and Technology **1** 211 World Scientific (2008).

97) H. Padamsee, *et al.* : "RF Superconductivity for Accelerators" WILEY-VCH Verlag GmbH & Co. KCaA (2008).

98) H. Padamsee : "RF Superconductivity" WILEY-VCH Verlag GmbH & Co. KCaA (2009).

99) E. L. Ginzton : "Microwave Measurement" International Series in Pure and Applied Physics, MacGrow-Hill Book Company, Inc. (1957).

100) C. Montgomery : "Technique of Microwave Measurement" MIT Radiation Laboratory Series 11 (1947).

101) J. C. Slater : "Microwave Electronics" The Bell Telephone Laboratories Series, D. Van Nostrand Company, Inc. (1951).

102) C. Adolphsen, *et al.* : Phys. Rev. Letters **27** 2475 (1995).

103) L. C. Maier. J. C. Slater : Journal Applied Physics **23** (1) 68 (1952).

104) C. W. Steele : Trans. Microwave Theory and Techniques, MTT-14 (2) 70 (1966).

9.8　ビーム・空洞相互作用と安定加速

9.8.1　シンクロトロンにおけるビームローディング

ビームが加速空洞を通過する際, ビーム自身が減速電場などの電磁場を誘起し, 高周波加速システムに様々な影響を与える. この現象をビームローディングという. 加速ギ

ャップ間に発生する電圧は, 高周波源のつくるものにビームが誘起する電圧が合成されたものであるので, 加速システムはビーム電流の増加とともにこの影響を適切に補償するように設計されている. 高周波源の供給電力, ビームの安定性, ビーム電流の限界などに関連しており, システムの設計段階では十分に検討し対策を講じる必要がある.

円形（リング）加速器を周回する荷電粒子は電磁エネルギーを放射する（シンクロトロン放射）. 放射電力はローレンツ因子 γ $(=1/\sqrt{1-v^2/c^2})$ の 4 乗に比例する. 質量の軽い電子では速度 v が簡単に光速 c に近付き, 放射電力は加速エネルギーとともに急速に増大する. したがって電子リングの高周波加速では, ビームエネルギー一定の状態においても, このシンクロトロン放射によるエネルギー損失を補うことが主要な課題となる. その際, 放射減衰によるバンチ長の短縮など, ビームの性質に与える影響も十分に考慮しなければならない.

一方, 質量が電子の 3 桁以上大きい陽子やイオンのリングでは, これらの影響は非常に小さい. したがって電子リングと陽子リングでは, 高周波加速システムに少なからぬ違いが生じる. また, 陽子リングではビームエネルギーに応じた加速周波数の増大を考慮しなければならない.

円形加速器での安定な高周波加速とは, バンチしたビームに含まれる荷電粒子が安定に加速される高周波位相領域を確立することである.

ここでは典型的な例として, 電子リングと陽子リングをとり, それぞれの持つ高周波安定加速の特徴を解説する. とくに電子リングでは粒子速度は光速 c と一定で, バンチの長さも加速高周波の波長に比べ極めて短く, 見通しのよいビーム・空洞相互作用の数学的定式化が可能である. そこで最初に電子リングについて安定加速の概要を解説する. 次いで, 様々な速度を持つ粒子のバンチで, その幅が高周波波長の半分にも及ぶ陽子リングについての解説に移る. 最後に加速システムをさらに安定化させるための補償システムの紹介を行う. これはビームの様々な情報をモニターで取得して高周波電源にフィードバックし, 高周波の位相と振幅を制御するループ回路で, すべてのリング加速器に欠かせないものである.

a.　電子リング

高周波加速の役割は, 必要なエネルギーを電子に供給することと電子を安定な加速が行える高周波の位相領域に保つことである. 電子リングでは通常, 電子のエネルギーは相対論的であるので, 電子エネルギー γ は遷移エネルギー γ_t より大きいという前提で話を進める.

空洞内の電磁場は高周波源からの電磁波とビームによって誘起される電磁場の線形合成であるが, その大局的な振舞いを図 9.8.1 の等価回路を使って解析する.

図 9.8.1 では, 高周波源と伝送回路の等価インピーダンスは空洞側から見たものに換算されており, β は空洞の伝送回路への結合係数を表す. G_c は空洞のシャント・コンダクタンス, I_g および βG_c は高周波源の電流振幅および

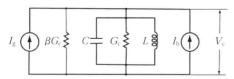

図9.8.1 ビームを含めた高周波システムの等価回路

シャント・コンダクタンス，I_b はビームの加速周波数成分の振幅，V_c は空洞電圧振幅である．高周波源を含めた空洞のインピーダンスと周波数の関係は次の関係式

$$\frac{1}{Z} = \frac{1}{R}(1 - j\tan\phi)$$
$$\frac{1}{R} = \frac{1+\beta}{R_s/2} = (1+\beta)G_c \quad (9.8.1)$$
$$\tan\phi = -Q_L \frac{\omega_{rf}^2 - \omega_r^2}{\omega_{rf}}\omega_r \approx (\omega_r - \omega_{rf})T_f = \Delta\omega\, T_f$$

で表される．ここで，R は高周波源を含めた抵抗，$R_s = 2/G_c$ は空洞のシャント抵抗，$Q_L = Q_0/(1+\beta)$ は負荷 Q 値（Q_0 は無負荷 Q 値），ω_{rf} は加速高周波数，ω_r は無負荷の場合での空洞固有の共振角周波数，ϕ はチューナーによる空洞共振周波数の離調角，$T_f = 2Q_L/\omega_r$ は空洞の filling time を表す．

ビームと空洞の相互作用 空洞を通過する際に誘起される電圧はビーム電流が増加するとともに大きくなりビームを減速する方向に働く．つねに安定加速の領域に保つため，高周波源の電力は増加される．同時にチューナーの働きにより空洞は離調 (detune) される[1,2]．

ここで，ビームと加速システムを概観するために定常状態を仮定する．またバンチ間隔 T_b は空洞の filling time に比べ十分に短い，すなわち $T_b \ll T_f$ とする．

基準エネルギーの電子が高周波に同期（synchronous）して周回するとき，その電子が加速空洞を通過する時刻を t_s，$\phi_s \equiv \omega_{rf} t_s$ として空洞加速電圧を

$$V_a = V_c \sin(\phi_s) = V_c \cos\left(\phi_s - \frac{\pi}{2}\right) \quad (9.8.2)$$

と表す．なお ϕ_s は同期位相と呼ばれる．

実際の電子ビームは基準エネルギーを中心にわずかなエネルギー差を持つ電子の集団である．それぞれの粒子が空洞を通過する位相はエネルギー差に応じてこの同期位相 ϕ_s の周りでわずかに異なる．遷移エネルギー γ_t 以上（以下）では，エネルギーの高い粒子は，周回すると空洞通過の時刻がわずかに遅れる（進む）．したがって電場が時間とともに減少（増大）する領域 $dV_a/dt < 0$ ($dV_a/dt > 0$) で安定な位相振動（シンクロトロン振動）を行う．通常の加速を行うリングでは $\sin\phi_s > 0$ であるので，同期位相は

$$\gamma > \gamma_t \text{ で } \pi/2 < \phi_s < \pi \quad (9.8.3)$$
$$\gamma < \gamma_t \text{ で } 0 < \phi_s < \pi/2 \quad (9.8.4)$$

の範囲に選ばれる．

ビーム電流の増加とともに生じるリアクタンス成分を消去したときの離調角 ϕ と同期位相角 ϕ_s は電流値に応じて

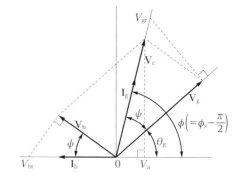

図9.8.2 $\mathbf{I}_{gr}$ と $\mathbf{V}_c$ の両ベクトルの方向が一致する最適離調時の離調角 ϕ，空洞電圧 $\mathbf{V}_c$，高周波電源につくる電圧 $\mathbf{V}_g$，ビーム加速電圧 V_a を示すフェーザー図．$\gamma > \gamma_t$ では $\phi < 0$ であるので $\mathbf{V}_b$ は $\mathbf{I}_b$ から時計回りに $|\phi|$ だけ戻り，第2象限を指すが，$\gamma < \gamma_t$ では $\phi > 0$ であるので反時計回りに $|\phi|$ だけ進み，第3象限を指す．

$$\tan\phi = \frac{V_{br}}{V_c}\cos\phi_s, \quad V_{br} = \frac{I_{av}R_s}{1+\beta} \quad (9.8.5)$$

という関係になる．とくに $\gamma > \gamma_t$ では $\cos\phi_s < 0$ であるので $\phi < 0$，すなわち空洞共振周波数を下げる方向に調整される．このときの離調角周波数 $\Delta\omega$ は

$$\frac{\Delta\omega}{\omega_r} = \frac{1}{2}\frac{R_s}{Q_0}\frac{I_{av}}{V_c}\cos\phi_s \quad (9.8.6)$$

となる．これを最適離調と呼んで，通常はこの状態を保つように制御される．

空洞内電圧は，外部高周波源による電圧 V_g とビームがつくる電圧 V_b の合成である．これは各電圧を複素平面での位相ベクトルとしたときのベクトル和であって，図9.8.2 のように表される．このような表現はフェーザー図と呼ばれ，高周波回路の解析には欠かせないものである．

図9.8.2 では，基準となる位相角0の線を $-\mathbf{I}_b$ の方向に設定している．この便宜上の措置は，ビームのみが存在するときに誘起される電場の位相角は $-\pi$ の減速位相であることを，直観的にわかりやすくするためである．

空洞電圧を一定に保つために供給される高周波電力は

$$P_g = \frac{(1+\beta)^2}{4\beta R_s}\left(V_c + \frac{I_{av}R_s}{1+\beta}\sin\phi_s\right)^2 \quad (9.8.7)$$

となる．空洞の壁損失は

$$P_c = V_c^2/R_s \quad (9.8.8)$$

である．蓄積電流が空洞から受ける電力は

$$P_b = I_{av}V_c\sin\phi_s = I_{av}U_{av}/e \quad (9.8.9)$$

である．ここで U_{av} は1個の電子が1周で失う放射損失エネルギーを表す．また式(9.8.6)ででは空洞高調波モードへの寄生損失（parasitic loss）を無視している．高周波源側への反射電力は $P_r = P_0 - P_c - P_b$ であるが，この反射電力を最小にする結合係数は

$$\beta_{opt} = 1 + \frac{I_{av}R_s\sin\phi_s}{V_c} = 1 + \frac{P_b}{P_c} \quad (9.8.10)$$

であり，最適結合係数と呼ばれる．

シンクロトロン放射により電子のエネルギーはわずかな

量子的揺らぎを伴う．これにより蓄積電流は時間とともに減少するが，その時定数を量子寿命という．大電流を長時間保つ必要がある放射光用電子蓄積リングでは，量子寿命をできるだけ長くしなければならない．そのために，空洞電圧 V_c と放射損失 U_{av} の比 $q=eV_c/U_{av}$ をできるだけ大きくとることになる．なお q は過電圧比（over-voltage ratio）と呼ばれる．

Robinson の安定基準 ビーム電流の増加に伴って空洞に誘起される電圧 V_b は大きくなる．この電圧の位相はバンチが通過する時刻 t に応じて変動し，安定化には寄与しない．それゆえ大電流になると安定条件は式 (9.8.3) および式 (9.8.4) から導かれるところの，$\gamma>\gamma_t$ では $dV_a/dt<0$，$\gamma<\gamma_t$ では $dV_a/dt>0$ という条件よりは複雑になる．高周波源のつくる電圧 V_g のみが復元力として働くようになってくるので，図 9.8.2 で定義した位相角 θ_g を使えば，$\gamma>\gamma_t$ で $d(V_g\cos\theta_g)/dt<0$，$\gamma<\gamma_t$ で $d(V_g\cos\theta_g)/dt>0$ でなければならない．これからビームの動的な安定領域は

$$\gamma>\gamma_t \text{ では } \psi<0 \text{ および } \frac{V_{br}}{V_c}<\frac{2\cos\phi_g}{\sin 2\psi} \quad (9.8.11)$$

$$\gamma<\gamma_t \text{ では } \psi<0 \text{ および } \frac{V_{br}}{V_c}<\frac{2\cos\phi_g}{\sin 2\psi} \quad (9.8.12)$$

として与えられる．フィードバックを使用しない場合，これがビーム電流の上限値を決め，最適離調時には

$$V_c > V_{br}\sin\phi_s \quad (9.8.13)$$

となる．これらの結果は K. W. Robinson により最初に導き出された[3]．

加速モードの Robinson ダンピング 加速周波数では空洞の共鳴は鋭いピークを持ち，バンド幅が狭い．空洞電圧はビーム電流のシンクロトロン位相変動に対する応答を考慮しなければならない．シンクロトロン振動角周波数を ω_{s0} とすれば，シンクロトロン振動の減衰率は

$$\alpha_s \approx \frac{\omega_{s0}I_{av}}{2V_c\cos\phi_s}(Z_R^+ - Z_R^-) \quad (9.8.14)$$

$$\text{ただし } Z_R^\pm = \text{Re}[Z(\omega_{rf}\pm\omega_{s0})]$$

と近似される[4,5]．ビームエネルギーがリングの遷移エネルギー以上となる通常の動作環境では $\cos\phi_s<0$ であり，$(Z_R^+-Z_R^-)<0$ となる．したがって $\alpha_s>0$，すなわちシンクロトロン振動は減衰する．これを Robinson ダンピングという．

結合バンチ不安定性 加速空洞には加速周波数以外にも高いインピーダンスの高次モード共鳴が多くある．電子が通過する際，これらの共鳴により空洞内に発生する電磁場は，後続する電子バンチにも影響を与える．その結果，周回しているバンチは縦および横方向に様々に揺動する．この現象を結合バンチ不安定性といい，結合モードの数の数は周回バンチ数に比例する．この不安定性はビームサイズの増大など，著しく性能を劣化させることになるので，その抑制は重要な課題である．

b. 陽子リング

陽子シンクロトロンにおいても，電子リング同様に空洞

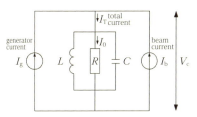

図 9.8.3 陽子シンクロトロンの加速システムの等価回路

でのビームローディングの影響は重要な問題である．その際に考慮しなければならないことの一つに遷移エネルギーの問題がある．

大型の陽子シンクロトロンの場合，通常は加速中に遷移エネルギー γ_t を通過する．その際，位相安定性の原理より，遷移エネルギー以下では電場勾配が正，遷移エネルギー以上では電場勾配が負の領域で加速しなければならない．最近では，この複雑な操作を避けるために，J-PARC Main Ring のように γ_t を虚数にとるラティスを採用する[6]．

次の問題は，陽子は電子より質量が 1 800 倍も大きいために，加速による速度変調が大きく，加速周波数を変調させなければならないことである．そのために，陽子シンクロトロンの高周波源は通常，空洞に近接して置かれる．これは高周波源と空洞の間に，高周波位相が変化する伝送線路が存在しないものとして扱える利点でもある．加速空洞では，周波数変化に対応させるために，フェライトや金属磁性体（Magnetic Alloy：MA）を装荷した空洞（9.7.5 項を参照）が用いられる．なおこの場合，空洞の損失を決めるものは壁損失ではなく，磁性体の損失成分であることに留意されたい．三つ目にはシンクロトロン放射の問題があるが，通常の陽子シンクロトロンでは相対論質量比 γ は大きくても数十程度で，シンクロトロン放射は無視してよい．したがって，電子リングと異なり，陽子リングの高周波システムではビームに適切な加速エネルギーを与えることと，位相振動を安定に保つための RF bucket を形成することが肝心となる．

等価回路を図 9.8.3 に示す．図 9.8.1 とは，伝送線のシャント・コンダクタンスの項が省略されている以外には原理的な差はない．

図中，I_g は真空管の出力電流，I_b はビーム電流，I_T は空洞に流れ込む全電流である．全電流 I_T と空洞のインピーダンス（R, L, C）により空洞電圧 V_c が発生する．

図 9.8.4 の各電流，電圧の関係について，図 9.8.5 のフェーザー図[7]によって解析を行うが，上に述べたように遷移エネルギー以下の場合に限定して進める．

まず $I_0=(V_c/R)$ は，ビームがないときに，空洞共振周波数で電圧 V_c を発生するのに必要な電流である．また ϕ_s はシンクロトロン振動の同期位相，ϕ_b はビーム位相，ψ は空洞の離調角とする．そうすると，シンクロトロン振動のない定常状態では $\phi_b=\phi_s$ であって，図 9.8.4 から読み取れ

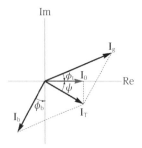

図 9.8.4 フェーザー図（遷移エネルギー以下の場合）

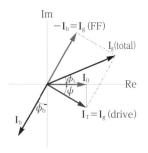

図 9.8.6 ビームローディング補償があるときのフェーザー図

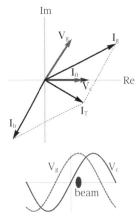

図 9.8.5 $\phi=\pi/6$, $\phi_s=\pi/6$ で, $Y=\sqrt{3}$（安定限界）のときのフェーザー図と，そのときの電圧とビームの位相関係

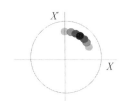

図 9.8.7 位相空間内のビーム

るように

$$I_g = \frac{I_0 + I_b \sin\phi_s}{\cos\phi_L} = \frac{I_0(1+Y\sin\phi_s)}{\cos\phi_L} \tag{9.8.15}$$

の関係が成り立つ．

ここで Y は relative loading factor と呼ばれるパラメータで，$Y \equiv I_b/I_0$ として定義される．Robinson の安定限界（大強度限界）はこれを使って

$$Y < \frac{2\cos\varphi_s}{\sin 2\phi} \tag{9.8.16}$$

と与えられる．安定限界でのフェーザー図の例および電圧とビームの関係を図 9.8.6 に示した．安定限界では I_g によりつくられる電圧 V_g がちょうど，ビーム電流 I_b の反対向きになることがわかる．このとき，図 9.8.6 の下図に示したように，ビームは真空管のつくる電圧の最大値に乗っている．ビームへの収束作用は，空洞電圧のうち，真空管のつくる電圧成分によってのみ生じる．したがって，この条件下ではビームに収束力がはたらかず，不安定となる[8]．不安定限界以下のビーム強度においても，ビームと V_g の位相関係がビームローディングにより変化することから，バンチ重心への収束力はビーム強度により影響を受ける．その結果，重心の周りに存在する rf bucket の領域は低ビーム強度の場合に比べ狭まる[8]．

陽子リングではバンチ長は加速高周波の波長に比べ必ず

しも十分短いとは言えないため，I_b は平均電流 I_{av} の 2 倍には到らない．これは電子リングと異なる点で，正確な I_b を求めるためには，縦方向のシミュレーションを行いビーム形状を求める必要がある．

フェライト空洞では，自動同調により空洞の離調角は最適値に保たれる．一方，共振幅の大きい MA 空洞は無同調で運転されるため，ビーム加速による加速周波数の変化により，入射から取り出しまでの間に離調角が変化していく．すなわち，ビーム加速中に最適離調の条件を維持することはできない．MA 空洞を用いた大強度陽子シンクロトロンの場合は，加速電圧パターンと加速されるビーム電流値から，共振周波数および空洞の Q 値を適切に設計し，ビーム加速サイクル中の真空管の出力電力を見積もることが必要である[9]．

後述する高周波フィードフォワード[10,11]などによるビームローディング補償が存在するときのフェーザー図を，図 9.8.7 に示す．

真空管の発生する電流 I_g (total) を，空洞電圧を発生させるドライブ電流 I_g (drive) とフィードフォワード電流 I_g (FF) の 2 個のベクトル成分に分けると，

$$I_g(\text{total}) = I_g(\text{drive}) + I_g(\text{FF})$$

であり，真空管が出力する全電流はフィードフォワードがないときの I_g と同じになる．一方，フィードフォワードによりビーム電流が相殺されていることから

$$I_g(\text{drive}) = I_T = I_g(\text{no beam})$$

となり，ドライブ成分 I_g (drive) はビームなしのときと同じになる．ビーム電流がキャンセルされることで，relative loading factor Y は小さく（完璧な場合は 0 に）なり，ビームの振動は安定になる．

c. 補償システム概論

空洞と相互作用しているビームが安定に動作するための

条件は，フィードバックを考慮に入れない場合，a. で解説された Robinson の関係式で決まる．これを基礎に，安定に加速できるビーム電流値の増大を図るための様々なフィードバック技術の特徴を以下に概観する．

高周波システム内の制御ループの影響　高周波制御システムは通常，空洞の電圧・位相，共振周波数，バンチ位相，ビーム軌道などのパラメーターについてのフィードバックループのうちのいくつかを備えている．ビーム電流値が増すとビーム誘起電圧の影響で，ループ間にクロスカップリングが生じる．その結果，制御システムの安定動作が損なわれ，ビーム振動にも悪影響を及ぼす．したがって，何らかのビームローディング補償を施さない限り，上記の安定基準は電流値の増加とともに大幅に後退する[12]．特に式(9.8.14) が示す加速電流限界については，若干の余裕をみて $I_b < V_c/R$ 程度と考えねばならない[7]．

バンチ位相フィードバック　ビームバンチと加速高周波の位相差を検出し，低レベル高周波系にフィードバックしてバンチの振動を抑える方法である．放射減衰のある電子リングには基本的に必要ないが，陽子リングでは不可欠なループである．このループはビーム電流値があまり大きくない場合にはダイポール振動を抑制し，第一基準の安定領域を広げる効果がある[7]．しかし静的安定限界である第二基準には影響を与えない．

ビームの安定性と加速電流最大値を増すためのいくつかのビームローディング補償法　以下に記す補償方法の大部分は，ビームの見る実効空洞抵抗を下げる方法であるから，コヒーレント振動を軽減する効果もあるし，制限電流値を押し上げる効果もある．式(9.8.13) が示すように原理的には V_c を上げても制限電流値を上げることができる．しかし V_c はいくつかの要請を満たすように決められるのが一般的であり，また V_c^2 に比例して必要高周波電力が増すので，抵抗値を下げる場合よりも電力的に不利になる．

空洞ディチューニング法　空洞の離調角 ϕ は小節で述べたように，ビームのリアクタンス成分を打ち消して，高周波源から見た空洞が抵抗負荷となるように自動的に調整されるのが一般的である（式(9.8.5)）．このような最適離調により，必要高周波電力を最小値に保つことはできるが，離調角 ϕ が増すため式(9.8.11)，式(9.8.12) からわかるように許容最大電流値は下がる．離調しなければ（$\phi=0$），原理的な静的電流制限はなくなるが，Q 値の大きい空洞の場合には非常に大きな高周波電力の増加を伴うことになる．

離調角 ϕ を最適値（式(9.8.5)）よりやや小さくすることにより，ある程度の電力増加と引き換えに安定限界の電流値を上げることができる[13,14]．これは空洞チューニング系にオフセットを加えるだけで実行できる手軽な方法である．

真の抵抗を下げる方法　ビームが空洞側を見た場合の実効的な抵抗 R は，図 9.8.1 および式(9.8.1) に示すように $1/((1+\beta)G_c)$ であるから，G_c か β を大きくすれば R を下げることができる．G_c を大きくするには，空洞自体の損失を増すか空洞に並列抵抗を接続する．

β を大きくするには，高周波源がクライストロンであれば空洞の結合係数を大きくする．空洞に近接して設置される周波数の低い 3 極管や 4 極管の増幅器の場合は，高周波源が空洞と並列に接続されるので，高周波源自体の出力抵抗が下がる．低出力抵抗を特長とするカソードフォロアー方式を用いる方法[15,16]，ビームローディングの影響が大きい時間帯（例えば空洞電圧が低いビーム入射時）だけ，真空管に DC パルス電流を流して出力抵抗を下げる方法[17] などがある．

なおこの方法と上の方法はいずれも必要高周波電力の増大を伴う．

高周波フィードフォワード　ビームから加速周波数成分を検出し，ビーム誘起電圧を打ち消すように振幅と位相を調整して加速空洞に戻す．最初は加速系とは独立したフィードフォワード系（大電力増幅器を含む）を用いた[18]．そのため，ビーム電流の増加とともにフィードフォワード用電力が増加し，加速用電力と同程度あるいはそれ以上になった．その後，ビーム検出信号を加速信号増幅器の前段に加える方法[19,20] により，高周波電力を節約できるようになった．最近，加速周波数のみならず，その近くのビーム周回高調波成分からの誘起電圧も同時に抑圧できる広帯域フィードフォワードシステムが開発され，電流増加に貢献している[10,11]．フィードフォワードは開ループ系であるから，効果を最大限に発揮させるには，増幅器などの系内素子の非線形性や振幅・位相変動の影響を最小限に抑えねばならない．

高周波フィードバック　空洞電圧を検出し，ビーム誘起電圧が最小になるように振幅と位相を調整した信号を，フィードバックループで増幅器の前段に加える[21]．この結果，フィードバックループの伝達関数を G として，ビームの見る実効空洞インピーダンスは，式(9.8.1) の真のインピーダンス Z から $1/(1+GZ)$ に変化する．こうしてビーム誘起電圧は大幅に下がることになる．

高周波フィードフォワードおよび高周波フィードバックは，高周波制御システム内の各ループ間のクロスカップリングを軽減する．また高周波フィードバックは増幅器などの振幅・位相ノイズの軽減にも役立つ．

広帯域高周波フィードバック　高周波フィードバックの帯域幅を広げるには，増幅器を含むループの群遅延を小さくせねばならない[22]．帯域幅を広げるにおいては，とりあえずビーム周回周波数およびそのいくつかの高調波の近傍の帯域を重視したフィードバックを構築することになる．

それには，フィードバックする周波数帯の数だけ独立した回路を設け，それぞれの回路の利得と位相を調整し，それらを合成してフィードバックする方法がある[23,24]．

もう一つには，加速周波数以外のビーム周回高調波の近傍でのフィードバックを一つの回路で行う方法がある[25,26]．これらのループはデジタルシステムで構成され，

各周波数に合わせた櫛型フィルター，ビーム1周回分の遅延回路，位相調整器などが組み込まれている．加速周波数を除く理由は，通常の加速電圧のフィードバックなどとの干渉を避けるためである．

高周波フィードフォワードおよび高周波フィードバックの大きな利点は，ビームローディング補償のための余分な高周波電力を要求しないことにある．

結合バンチ不安定性の抑止　a.で述べた空洞の高次モードによる結合バンチ不安定性は，空洞に高次モード減衰器を設けることにより大幅に軽減できる．大強度ビームの場合にはさらに，bunch-by-bunchフィードバックという時間領域フィードバックも要請される[27,28]．これによって加速空洞および他の真空素子のインピーダンスに起因する，多数かつ非常に広帯域にわたる不安定性モードが抑制できる．

加速周波数周りの比較的狭い周波数帯で，縦方向の結合バンチ不安定性を抑制する場合，通常，その周波数領域で行われる．さきがけは陽子リング用として開発されたactive damping systemであり[29,30]，バンチ内高次モード不安定性も含めた不安定性が抑制できる．ダイポール（dipole）振動のみを抑制する場合には，結合モードの数だけの独立した回路を用いる．ビームモニターで検出した不安定信号を，それらで適宜処理し，ダンピング専用の空洞[31]あるいは加速空洞自身に戻す[32]．

ビームローディング補償の場合のフィードバックは，ビーム周回高調波近傍の比較的広い帯域で行われるが，不安定性抑制の場合は，周波数をシンクロトロン側波帯に合わせた極めて狭い帯域についてのフィードバックとなる．フィードバックの周波数帯域幅が非常に異なるので，ビームローディング補償ループと不安定性抑制ループは干渉せずに共存できる[24]．

過渡的ビームローディングの補償　ビームの入射時，遷移エネルギー通過時，出射時などでは，非周期的で過渡的なビームローディング現象が起こる．また，どれかのrf bucketに空きがある場合には，周期的に過渡的ビームローディングが起こる．これらの場合にも高周波フィードバックおよび広帯域高周波フィードバックは有効である．ただし，ピーク高周波電力の増加を伴う[33]．

低 *R*/*Q* の選択　大ビーム強度で大型の蓄積リングでは加速空洞の離調が大きくなり，それが強い縦方向結合バンチ不安定性を誘起する[28,34]．式(9.8.3)に示されるように離調周波数は I_{av} と R_s/Q_0 に比例するので，低 R_s/Q_0 空洞を使用すれば不安定性は軽減される．また，低 R_s/Q_0 空洞は過渡的ビームローディングの軽減にも有効である[35]．

低 R_s/Q_0 空洞を実現するには，加速モード電磁場エネルギーの蓄積量を増せばよい．電子リングの空洞では，エネルギー蓄積空洞を併用した3空洞システム（ARES）[36]，あるいは超伝導空洞[28]などが用いられる．

陽子リングの空洞では，磁性体装荷の加速空洞が用いられる．磁性体装荷空洞で蓄積エネルギーを増してQ値を上げる方法には，外部コンデンサー C を加速ギャップに並列につけ，バイアス電流を増してフェライトのインダクタンス L を減らす方法がある[37]．また空洞内の磁性体コアには手を加えず，外部コンデンサー C および外部インダクタンス L をギャップに並列につけて空洞の実効的 L を減らす方法[38]，さらには磁性体コアを切断して L を下げる方法などもある[39]．

遷移エネルギーでのビーム損失低減策　b.で触れたように，通常の大型陽子リングでは，バンチは位相スリップ係数

$$\eta\,(=\alpha_p-(1/\gamma^2))$$

が負から正に変わる遷移エネルギー E_t を通過する．ここで α_p は運動量圧縮係数，γ は粒子の全エネルギーの静止エネルギーに対する比である．E_t 通過後も加速を継続するには，平衡位相角を E_t 通過直前の ϕ_{s1} から通過後の $\phi_{s2}=\pi-\phi_{s1}$ に急速にジャンプさせることが必須である．

E_t 近傍では加速が非断熱的になり，バンチの運動量空間での形はエネルギー方向に長く，位相方向に短くなる．そのためモーメンタム・アパーチャー，空間電荷効果，マイクロ波不安定性などによりビーム損失が生じ，ビーム強度の増加とともに損失率は増大する．

これらの損失を減らす対策として，4極電磁石をパルス的に励磁して E_t を急速に通過させる，いわゆる γ_t ジャンプ法が一般的に用いられている[40]．ここで γ_t は E_t での γ である．

その他の様々な損失低減策　上記以外にも，ビーム損失を減らすために様々な方法が提案され実行されている．

縦方向の容量的または誘導的なリアクティブ・インピーダンスを追加することにより，リング総合のリアクティブ・インピーダンスを下げることである．これにより空間電荷効果を減らし，マイクロ波不安定性を防ぐ[41]．また，加速周波数にその高調波を加えて高周波電圧波形のピークをなだらかにし，位相収束作用を弱めてバンチの運動量幅の増大を防ぐバンチの収束と加速を分離するタイプの加速器では，収束用高周波電圧を断熱的に変化させてバンチの位相幅を広げ，ビーム損失を低減させている[43,44]．

特にJ-PARCの主リングでは γ_t を虚数にすることで，E_t というものが存在しない．これは，一部の偏向電磁石を抜くことにより α_p（虚数の γ_t）を負とすることができ，したがって η がつねに負となって，エネルギー遷移は生じなくなったためである．こうしてエネルギー遷移の問題を回避している[6]．

9.8.2　リニアックでの縦・横ビーム振動

a.　電子リニアック

横振動と位相空間　電子リニアックのビームは多数の短バンチの連なり（バンチトレーン）である．バンチの性質は6次元位相空間内の分布で把握できるが，電子リニアックでは10 MeVにもなるとすでに $\gamma\sim20$ に達し，実用上縦方向（ビーム進行方向）の運動は凍結されている．一方，横

方向の運動は，9.3節で述べる収束系を構成してベータトロン振動をさせることにより発散を抑制する．この収束は通常 Q マグネットを周期的に配置して構成するが，ビームの持つエネルギーに分散があると横方向に受ける収束力に違いが生じ，ベータトロン振動数に分散が生じることを通じて，位相空間内の微小な空間を占めていたビームは次第にぼやけてきてしまう．この現象は，図 9.8.7 に示したような位相空間内の原点から離れた場所にビームがあると生じる．リニアックのようなビームの周辺に多数の構造体が存在するとビームはそれらとの間に電磁的結合を起こし，ウェーク場と呼ばれる電磁場を残していくので，後続のバンチはその電磁場による縦方向，横方向のキックを受けることになる．有名な例を挙げると，SLAC（スタンフォード線形加速器センター）2マイル加速器の初期の運転でビームトレーンの後ろのほうが消失してしまう，いわゆる BBU（Beam Break Up）現象として現れた[45]．

ウェーク場　荷電バンチが加速管などの構造体の中を通過するときには，必ず周辺構造との電磁的な干渉によりウェーク場（航跡場）と呼ばれる電磁場を残していく．この中を後続のバンチが通過すると，残留電磁場との相互作用で，横方向のキックを受けたり，縦方向のエネルギーのやりとりを行ったりする．リニアックでは縦方向ウェーク場は，バンチ内やバンチ間のエネルギー変動につながるので，ビームハンドリングには注意を要する存在である．しかし本項では直接的にビームの性質を劣化させる横方向ウェーク場に関することを述べる．横方向ウェーク場の励起は，バンチが周辺構造の中心からずれて通過するときに，横方向の電磁場モードにエネルギーを付与することにより発生する．横方向モードには対称軸でゼロになり，オフライン分に比例した電場をもつものが存在して，この E_z とビームがエネルギーのやりとりをすることから励起がされる．この関係は，Panofsky-Wenzel の定理[46]

$$\partial W_T/\partial s = -\nabla_T W_L$$

で表される．ここで W_T, W_L は各々横方向，縦方向のウェークである．

長距離ウェーク：　リニアックに用いられる最も一般的な加速構造はディスクロード構造（DLS）と呼ばれ，中心にビームホールと呼ぶビーム通過のための穴をあけたディスク（円板）を周期的に配置した円筒形のチューブである[47]．加速は図 9.8.8 に示したように，周期構造内に高周波電力を投入し生成される電場とビームの位相速度を合わせることにより実現する．この電磁場を加速モードと呼び，図 9.8.8 の周波数の低いほうの TM$_{010}$ モードの曲線の黒点で表されている．

この構造内には他にも多数の高調波モード（HOM）と呼ばれる多くのモードが存在している．これらはビームと位相速度が合うとビームにより大きく励起されることになる．典型的な電子リニアックの場合には，3 GHz の加速モードに対して 4.4 GHz 近傍の周波数に横方向のキックに関係する TM$_{110}$ 型モードがあり，先行するバンチによりこ

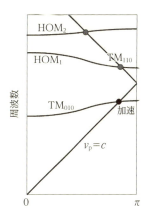

図 9.8.8　加速管ディスク周期ごとの位相の進み

のモードが励起されると，後続のバンチは横方向にキックされる．このモードは先行するバンチが加速管の中心からずれて通るたびに生じるので，バンチのベータトロン振動と同じ周波成分を持つとバンチをキックする方向と位相がそろい，振動の振幅は指数関数的に増大する．最終的にはダクトや加速構造に衝突してビームの消失につながる．これが前節に述べた BBU の機構であり，リニアックが長くなるほど顕著になる．たとえビームが消失しないまでも，図 9.8.7 で示した位相空間の体積増大につながるため，良質のビームを要求される加速器にとっては十分にこのメカニズムを抑制する必要がある．

このウェーク場はバンチトレーンの先頭から後続するすべてのバンチへの関与である．S バンド加速管の例をとれば，ウェーク場の働く距離は最短で高周波の 10 cm から最長で加速管長さ 1 m 程度に及ぶ．そこで長距離ウェーク場と呼んでいる．なお加速管には TM$_{110}$ 型以外にも多くの HOM が存在するので，これらすべてを含めた対処が必要になる．

短距離ウェーク：　上に述べた長距離ウェーク場に比べ，非常に高い周波数成分を持つ，いわゆる短距離ウェーク場がある．これは短いが有限の長さ σ_z を持つバンチの中で，先行する部分から出る電磁波が加速管のビームホールに散乱され，同じバンチの後方部分に影響を与えるメカニズムである．すなわちウェークの長さはバンチの長さ（典型的には数 mm）程度で短距離ウェーク場と呼ぶ．時間スケールでは，$\sigma_z/c \sim 100$ GHz 級以上，10 ps 級以下のメカニズムである．

短距離ウェーク場の計算は 70 年代より精力的に行われ[48,49]，実験的に計測されており，ディスクロード構造に起因する短距離ウェーク場の評価は確立している．最近ではこれらをふまえて，横谷の表式[50]がよく用いられている．これによると，バンチ内程度の短距離ウェーク場は，距離に比例して増大する比較的単純な関数形をもち，その勾配は周辺構造に対しては，ビームホール径の4乗に反比例して大きくなる．

対策 横方向のウェーク場の発生は，加速管のミスアラインメントに比例するので，ビームを加速管の中心に通すことがまず要求される．特にバンチ長に比例する短距離ウェーク場では，バンチ長を短くしておくことも効果がある．バンチ内構造を，前方，後方の2バンチで構成されると見立てた初期の解析[50]があり，基本メカニズムはこれで理解できる．図9.8.7で示したベータトロン振動の振動数の違いによる位相空間の広がりは，振動数を合わせることができれば元の点状のままを維持できる．ウェークにより後続の部分の収束力が弱まる分を相殺する程度にバンチ内の後方に向かってエネルギーを低くするようなスロープをつけることで，これが実現でき，発案者の頭文字をとってBNSダンピング[51]と呼ぶ．しかし究極の対策はなんといってもビームを加速管の中心に通すことであり，良質のビームを要求されるリニアックではアラインメントの重要性が高い．そこで，加速管内に発生する長距離ウェーク場をピックアップしてビーム位置情報を想定し[52]，加速管アラインメントにフィードバックすることが行われる．長距離ウェーク場の主体は加速管のHOMモードであり，これは回転対称性が高い．短距離ウェーク場発生の主要因はビームホールであるが，その中心と長距離ウェーク場の中心は比較的そろうので，後者を抑制するアラインメント改善を通じて自動的に前者も抑制される．

b. 陽子リニアック

陽子は電子のように光速まで加速しやすい粒子ではないため，陽子リニアックが担当する速度範囲はかなり広い．したがって陽子リニアックは，様々な種類の加速空洞[53]に対し，異なる種類のラティス・セルを用いたり，その寸法や周波数などを変えることがある．

加速・収束の要素の基本特性は文献54を参照して欲しい．それぞれのラティス構造やセルなどは，線形近似解により簡単に設計できる[55]．

空間電荷効果[56]はローレンツ因子の2乗に反比例するので，陽子リニアックのダイナミクスにおいて重要である．空間電荷が存在するrmsエンベロープ（包絡線）方程式は現在の基礎理論に基づいている．これは，ほぼ線形な空間電荷効果の枠組みの中で，非線形効果を論じる事を意味しており，シミュレーションにおいては，空間電荷効果としてPoisson方程式を解く事に対応する．最もよく使用されている陽子リニアックのシミュレーション・コードは参考文献57に紹介されている．

縦のビーム振動 ビーム形状が楕円体と仮定し，縦・横方向のエンベロープを (z_m, a)，または $(z_\mathrm{m}; x_\mathrm{m}, y_\mathrm{m})$ と仮定する．ビーム粒子の電荷，質量を q, m とする．安定位相 ϕ_s（負の数），速度 $\beta_0 c$ の安定粒子（添字0で表す）がバンチの縦方向の中心にあると仮定する．安定粒子の単位長さあたりのエネルギー増加量は[58]，

$$\frac{dW_0}{ds} = qE_\mathrm{m}\cos(\phi_\mathrm{s}) \tag{9.8.14}$$

である．その他の粒子に対して，

$$\frac{dW}{ds} = qE_\mathrm{m}\cos(\phi) + qE_\mathrm{zSC} \tag{9.8.15}$$

となる．ここで，E_m は縦方向の有効電場，E_zSC は縦方向の空間電荷力である．安定粒子との位相差の変化率はエネルギーの違いにより，

$$\frac{d}{ds}(\phi - \phi_\mathrm{s}) = \frac{d}{ds}\Delta\phi = -\frac{2\pi}{\lambda\beta_0^3\gamma_0^3}\frac{\Delta W}{mc^2} \tag{9.8.16}$$

と表すことができる．上の式を使い，$\cos$ の2次の項まで展開すると，縦のビーム振動方程式は

$$\frac{1}{\beta_0^3\gamma_0^3}\frac{d}{ds}\left(\beta_0^3\gamma_0^3\frac{d\Delta\phi}{ds}\right) = -k_\mathrm{l}^2\left(1 + \frac{\Delta\phi}{2\Delta\phi_\mathrm{s}} - \mu_\mathrm{l}\right)\Delta\phi \tag{9.8.17}$$

$$k_\mathrm{l}^2 = -\frac{q}{mc^2}\frac{2\pi}{\lambda}\frac{E_\mathrm{m}\sin\phi_\mathrm{s}}{\beta_0^3\gamma_0^3} \tag{9.8.18}$$

$$\mu_\mathrm{l} = \frac{q}{mc^2}\frac{2\pi}{\beta_0^3\gamma_0^3}\frac{\rho_0 M_z}{\varepsilon_0}\frac{1}{k_\mathrm{l}^2} \tag{9.8.19}$$

となる．ここで，k_l は縦方向の波数であり，外からの収束力を表す．μ_l は縦方向のスペースチャージインピーダンス（space charge parameter）と呼ばれ，空間電荷力と外場の比を表している．$M_z \approx \frac{1}{3}\frac{a}{z_\mathrm{m}}$ を楕円 form factor と呼ぶ．縦方向の粒子の位置 z と位相 ϕ の関係は $\Delta z = \beta\lambda\Delta\phi$ であり，λ は加速に使用するRFの波長である．

横のビーム振動 横方向の運動で考慮する力は，高周波発散力，外場による収束力，および空間電荷効果による発散力である．ビームを収束する要素（例えば磁石）を飛び飛びに配置し，収束力によるビーム全体として，周期が長いベータトロン振動と，その上に乗るかたちで収束磁石周期の小さなリップル的振動とが引き起こされる．ここで着目するのは（多くの場合）ベータトロン振動であり，リップルは無視する．これを smooth approximation と呼ぶ[55]．この近似のもとでは，周期的な収束の場合でも，式のかたちは連続的な収束の場合と同形にできる．4極磁石を考え，横のビーム振動方程式は，縦の場合と同様に次のように記述できる[58]．B' は4極磁石の磁場勾配を表す．

$$\frac{1}{\beta_0\gamma_0^2}\frac{d}{ds}\left(\beta_0\gamma_0\frac{dx}{ds}\right) = -k_\mathrm{t}^2(1 - \mu_\mathrm{t})x \tag{9.8.20}$$

$$k_\mathrm{t}^2 = \frac{q}{mc^2}\frac{\pi}{\lambda}\frac{E_\mathrm{m}\sin\phi}{\beta_0^3\gamma_0^3} + \frac{q}{mc^2}\frac{cB'}{\beta_0\gamma_0} \tag{9.8.21}$$

$$\mu_\mathrm{t} = \frac{q}{mc^2}\frac{1}{\beta_0^2\gamma_0^3}\frac{\rho_0 M_z}{\varepsilon_0}\frac{1}{k_\mathrm{t}^2} \tag{9.8.22}$$

エンベロープ方程式 周期的な場合には，式（9.8.17）および式（9.8.20）がヒルの方程式になり，これの一般解を求め[58]，Twiss パラメーター $\alpha\beta\gamma$ とエミッタンス ε を導入する．縦・横のエンベロープ方程式は次のように記述できる．

$$z_\mathrm{m}'' + k_\mathrm{l}^2\left(1 + \frac{\Delta\phi}{2\phi_\mathrm{s}} - \mu_\mathrm{l}\right)z_\mathrm{m} - \frac{\varepsilon_\mathrm{l}^2}{z_\mathrm{m}^3} = 0 \tag{9.8.23}$$

$$a'' + k_\mathrm{t}^2(1 - \mu_\mathrm{t})a - \frac{\varepsilon_\mathrm{t}^2}{a^3} = 0 \tag{9.8.24}$$

matched beam の場合には，$z_\mathrm{m}'' = 0$, $a'' = 0$ となることから，式（9.8.23）および式（9.8.24）より

$$\varepsilon_1 = k_{l0} z_m{}^2 \tag{9.8.25}$$

$$\varepsilon_t = k_{t0} a^2 \tag{9.8.26}$$

であり，$k_{l0}^2 \equiv k_l^2 \left(1 + \dfrac{\Delta\phi}{2\phi_s} - \mu_l\right)$ および $k_{t0}^2 \equiv k_t^2 (1 - \mu_t)$ は，空間電荷効果を含む depressed 波数と呼ぶ．振動の位相進み $\sigma = \displaystyle\int_0^L \dfrac{ds}{\beta}$ は，波数 k より一般的に使用される．smooth approximation の場合，収束周期の長さ L を用いて $k = \sigma/L$ と表すことができる．

収束強さを選ぶ　ビーム電流が小さい場合には，位相進み σ が 0〜180° を選択できるが，通常はエンベロープの最大値が最小になるように σ を選ぶ．ビーム電流が大きい場合には，各方向およびその相互に発生する共鳴を避ける必要がある．共鳴の条件は，

$$l\sigma_x + m\sigma_y + n\sigma_z = p \cdot 360° \tag{9.8.27}$$

付近のある帯域内である．ここで，l, m, n, p は任意の整数を示し，σ は空間電荷効果を含む depressed 位相進みを示す．例えば σ が 90° 共鳴の帯域以内の場合には包絡線不安定性[56] が発生することがある．

しかしながら x, y, z の 3 方向の重心の周りの平均運動エネルギー（温度）を同じに保つ場合には，3 方向間の共鳴がキャンセルする．これを Equipartitioning (EP)[59] と呼ぶ．EP 条件は，

$$\sigma_x \varepsilon_{nx} = \sigma_y \varepsilon_{ny} = \sigma_z \varepsilon_{nz} \tag{9.8.28}$$

である．ここで，ε_n は正規化エミッタンスである．

参考文献

1) P. B. Wilson : 9th Int. Conf. High Energy Acc. 6 (1974).
2) P. B. Wilson : SLAC-PUB-2844 (1982).
3) K. W. Robinson : CEAL-1010 (1964).
4) A. Hofmann : CERN-2005-012, 139 (2005).
5) H. Wiedemann : "Particle Accelerator Physics II" Springer (1995).
6) J-PARC Technical Design Report, JAERI-Tech 2003-044, KEK Report 2002-13 (2003).；町田慎二：「陽子シンクロトロン」，高エネルギー加速器（木村嘉孝 責任編集），共立出版 (2008).
7) D. Boussard : CERN 92-03 II 474 (1992).
8) 田村文彦：OHO 10 セミナー教科書，p. 3-1 (2010).
9) M. Yamamoto, et al. : Proc. EPAC 04, 1318 (2004).
10) F. Tamura, et al. : Phys. Rev. St Accel. Beams **14** 051004 (2011).
11) F. Tamura, et al. : Phys. Rev. St Accel. Beams **16** 051002 (2013).
12) F. Pedersen : Proc. PAC 75, 1906 (1975).
13) M. Sands : LURE Rapport Technique 3-76 (1976).
14) K. Ebihara, et al. : Particle Accelerators **29** 23 (1990).
15) S. Giordano, et al. : Proc. PAC 83, 3408 (1983).
16) Y. Irie, et al. : Nucl. Instrum. Methods, A **346** 17 (1994).
17) G. Gelato, et al. : Proc. PAC 75, 1334 (1975).
18) H. Frischholz, et al. : Proc. PAC 77, 1683 (1977).
19) E. Ezura, et al. : Proc. PAC 79, 3538 (1979).
20) D. Boussard, et al. : Proc. PAC 79, 3568 (1979).
21) D. Boussard, et al. : Proc. PAC 83, 2239 (1983).
22) P. Corredoura, et al. : Proc. EPAC 94, 1954 (1994).
23) D. Boussard, et al. : Proc. EPAC 88, 985 (1988).
24) H. Damerau : presented at Finemet Review Meeting, CERN (2014).
25) D. Boussard : Proc. PAC 85, 1852 (1985).
26) D. Perrelet : presented at LHC Injectors Upgrade Meeting, CERN (2014).
27) J. D. Fox, et al. : Proc. PAC 93, 2076 (1993).
28) KEKB Design Report, KEK Report 95-7 (1995).
29) F. Pedersen, et al. : Proc. PAC 77, 1396 (1977).
30) B. Kriegbaum, et al. : Proc. PAC 77, 1695 (1977).
31) M. A. Allen, et al. : Proc. PAC 79, 3287 (1979).
32) E. Ezura, et al. : KEK Proceedings 96-6, 985 (1996).
33) D. Boussard : Proc. PAC 91, 2447 (1991).
34) PEP-II Conceptual Design Report, LBL-PUB-5303, SLAC-372 (1991).
35) K. Akai, et al. : Nucl. Instrum. Methods A **499** 45 (2003).
36) Y. Yamazaki, et al. : Particle Accelerators **44** 107 (1994).
37) J. M. Brennan : Proc. PAC 95, 1489 (1996).
38) A. Schnase, et al. : Proc. PAC 07, 2131 (2007).
39) M. Yoshii, et al. : Proc. EPAC 08, 385 (2008).
40) A. Sørenssen : Proc. HEAC 67, 474 (1967).
41) R. J. Briggs, et al. : J. Nuclear Energy C **8** 255 (1966).
42) J. E. Griffin : FERMILAB-TM-1734 (1991).
43) K. Takayama, et al. : Nucl. Instrum. Methods A **451** 304 (2000).
44) Y. Shimosaki, et al. : Phys. Rev. Lett. 96, 134801 (2006).
45) R. B. Neal, ed. : "The Stanford two-mile accelerator" W. A. Benjamin Inc. (1968).
46) W. K. H. Panofsky, W. Wenzel : Rev. Sci. Instr. 27, 967 (1956).
47) P. M. Lapostolle, A. L. Septier, ed. : "Linear Accelerators," North-Holland Publishing Co. (1970).
48) P. B. Wilson : "High Energy Electron Liancs : Application to Storage Ring RF System and Linear Collider," SLAC-PUB-2884 (1982).
49) C. Adolphsen, et al. : Physical Review Letters 27 2475 (1995).
50) A. W. Chao : NIM **178** 1 (1980).
51) V. E. Balakin : Int. Conf. on High-Energy Accelerators 119 (1983).
52) C. Adolphsen, et al. : PAC99, 3477 (1999).
53) Maurizio Vretenar : Introduction to RF Linear Accelerators, CERN CAS (2008).
54) K. R. Crandall, D. P. Rusthoi : TRACE 3-D Documentation, Third Edition LA-UR-97-886.
55) Thomas Wangler : "Principles of RF Linear Accelerators 2nd edition" Wiley (2008).
56) Martin Reiser : "Theory and Design of Charged Particle Beams 2nd edition" Wiley-VCH (2008).
57) S. Nath : Comparison of linac simulation codes, PAC2001 Proceedings (2001).
58) 加藤隆夫：大強度陽子リニアック，OHO 96 セミナー教科書.
59) I. Hofmann : Stability of anisotropic beams with space charge, Phys. Rev. E **57** 4713 (1998).

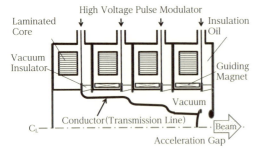

図 9.9.1 誘導電圧重畳型大電流加速器

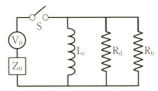

図 9.9.2 誘導加速セルの等価回路

表 9.9.1 誘導加速器に用いられる磁性体の物性

材 質	Ferrite	Laminated	Silicon Steel
ρ [$\Omega \cdot m$]	10^4	125×10^{-8}	45×10^{-8}
μ/μ_0	300–600	1 200	600
B_s [T]	0.4	1.6	1.4
B_r [T]	0.3	1.4	1.2

表 9.9.2 スイッチング素子の特性

	スパーク ギャップ	サイラトロン	パワー半導体
パワー [W]	10^{10}	10^9	10^6
立上がり [s]	10^{-9}	10^{-8}	$10^{-7\text{-}8}$
媒体	CO_2, Air	水素	Si, SiC
最大繰返率	10	10^3	10^6
寿命	$10^{3\text{-}4}$	10^6	—

9.9 誘導加速器の要素技術

非共鳴型の誘導加速器は幅広いパラメータ領域の大電流ビームを加速できるが，用途に応じて様々な加速器技術の開発課題がある[1]．誘導加速空洞の要素技術を概観するために，例として様々な要素技術を必要とする電圧重畳型の加速空洞の概要を図 9.9.1 に，加速セルの等価回路を図 9.9.2 に示す．

9.9.1 電圧重畳型誘導加速空洞の概要

加速セルは複数のパルス高電圧モジュレータで並列に駆動され，誘導電圧は加速空洞で直列に合成される．加速ギャップ（ビーム）を負荷とするセル以外は，中心導体と内壁で構成される空洞のインピーダンスが 2 次負荷となっている．

磁性体材料と加速空洞　磁性体は誘導加速セルの性能を決める重要な因子である．電圧 V_0 を一定とし，パルス幅を t_p とすると，誘導加速セルは次の条件を満たさなくてはならない．

$$V_0 t_p = \Delta B A_c \tag{9.9.1}$$

ここで，A_c はコアの断面積であり，ΔB はパルス動作に伴うコアの磁束密度変化量であり，飽和磁束密度を B_s とすると $\Delta B < 2B_s$ の条件を満たさなくてはならない．

加速空洞に励磁電流を駆動すると，磁性体の内部には表皮厚さ程度の領域に渦電流が誘起され，時間とともに磁化が進行する．したがって，磁性体のパルス応答は静的な磁化曲線とは異なる．渦電流は抵抗損失（発熱）を生ずるとともに実効的な磁化の進行を抑制する．表皮厚さに対して十分に薄い磁性体の場合でも，実効的な透磁率は周波数に対して変化する．したがって，回路的に表現すれば，磁性体は非線形に応答するインダクタンスということになり，

リーク電流や誘導電圧波形精度に直接影響を及ぼす．

高速（短パルス）波形の生成を目的とする場合には，磁性体の選択は特に重要である．大型のリニアックを建設する際には，磁性体に必要なコストの評価も重要な設計因子になる．高い飽和磁束密度 B_s と透磁率 μ を持ち，低保磁力で磁束密度の変化率（dB/dt）に対して，応答が線形で損失の小さい磁性体が望ましいが，最適な磁性体の選択は加速勾配，パルス幅（立ち上がり時間），繰り返し率などの要求に応じていくつかのトレードオフのもとで選択される．表 9.9.1 に誘導加速器に用いられる代表的な磁性材料の物性値の比較を示す．大きな透磁率と動的な影響を少なくするという要請を両立させるために，薄膜状の微細結晶金属製の磁性体と絶縁シートを積層した Laminated Core が開発され，Metglas® [Allied Corporation] やファインメット® [日立金属] という商品名で市販されている．

パルス電圧モジュレータ　磁性体を駆動する高電圧モジュレータには，必要な電圧，電流，パルス幅，に応じて様々な形式が用いられているが，伝送線路やパル形成線路が最も一般的である．エネルギー輸送効率を最適化するためにモジュレータのインピーダンス Z_0 は，線路の空洞インピーダンスと整合をとるように設計される．

図 9.9.2 の等価回路に示すように，一定インピーダンスのモジュレータ電源から誘導加速セルを眺めたとき，セルはビーム R_b とコアのインダクタンス L_c とを並列負荷とする回路と見なせる．一定電圧を維持するには，インダクタンス負荷に起因する電圧低下とビーム負荷に対応するためにさまざまな補償回路が用いられる．例えば，モジュレータと誘導加速セルとの整合をとるためにダンピング抵抗 R_d が加速セルと並列に挿入される．イオン加速の場合のようにビーム電流が小さい（R_b が大きい）ときには，補償回路は特に重要である．

電圧モジュレータの動作電圧，電流，パルス立ち上がり時間，繰り返し能力などの性能は，スイッチング素子 S の能力に大きく依存している．表 9.9.2 に高電圧モジュレー

タに用いられるスイッチング素子の典型的な動作パラメータを示す．従来の大型の誘導加速器のモジュレータには，スパークギャップやサイラトロンなどの放電形式のスイッチが用いられてきたが，磁気スイッチやパワー半導体スイッチを用いた，高繰り返し能力と長寿命を持つモジュレータが開発されつつある．

絶縁材料　短パルスの励磁に対して磁性体は動的な応答をするため，加速空洞セル内部の電界分布の定量的な評価が難しいが，磁性体の冷却も兼ねて通常は，セル内部の絶縁には変圧器用の油が用いられる．誘導加速器の加速勾配は～MV/m程度であり，誘導加速セル内部と真空部の境界沿面の絶縁破壊限界が律速になることが多い．目的に応じて磁気絶縁や積層型の真空沿面が用いられる．加速勾配を大きく取るには真空沿面の絶縁材料の開発も必要である．

9.9.2 イオン誘導加速器システム

慣性核融合のドライバーや高エネルギー密度プラズマを形成する手段として，誘導加速器をベースにした高出力のイオン加速器が検討されている[2]．

大電流イオン加速の課題　空間電場の影響が大きいため，イオン加速には加速スキームそのものに工夫が必要である．高フラックスのイオンを供給できるイオン源をはじめ，大電流を加速するための多重ビームの同時加速，高ビームパワーを得るための飛行時間差を利用したバンチング技術などの実証研究が進行中である．これらのモジュレーションの際にエミッタンスがどのように成長し，必要なパラメータを達成できるかどうかが課題である．

イオン源　十分な量の必要なイオン種を適切な性能で供給できるイオン源は，大電流イオン加速器の重要な要素技術である．数十 mA/cm² 以上のフラックスを供給できるイオン源として，レーザーアブレーションによって供給され，ドリフト運動を行うプラズマが検討されている．

多重ビームの加速　空間電場の影響を抑えるために上流で生成した複数の低電荷数のビームを並列に加速することが提案され，共通の誘導加速セルを用いて4ビーム並列加速の実証実験が行われた．多重ビームの統合（マージング）をはじめとして，必要なモジュレーションの実証が進行中である[2]．

バンチング　重イオンを用いた慣性核融合や高エネルギー密度実験には，GeV-kA級のイオンビームが要求される．加速器最終段で縦方向に速度変調を付与し，飛行時間差を利用してバンチ圧縮する技術が検討されている．縦方向に付与した変調が空間電場を介してビーム断面方向にも影響を与える可能性があり，粒子シミュレーションやスケール実験を行ってバンチングに伴う位相空間上の粒子分布の検討が行われている[2]．

円形誘導加速　パワー半導体をモジュレータのスイッチング素子として用いることによって，誘導加速セルをMHz級の繰り返しで動作させることが可能になりつつある．共鳴条件に束縛されない誘導加速セルの波形制御性を生かすことによって，ビームの閉じ込めと加速の機能を分離し，陽子からクラスターまでの幅広い比電荷の荷電粒子を，円形加速する技術（誘導加速シンクロトロン）の開発が進行している[3]．

参考文献
1) S. Humphries, Jr.: "Principle of Charged Particle Acceleration" Digital Edition (1999). http://www.fieldp.com/cpa.html.
2) 堀岡一彦，ほか：プラズマ・核融合学会誌 89 (2) 87 (2013).
3) K. Takayama, R. J. Briggs, ed.: "Induction Accelerators" Chap. 11, 249-285 Springer (2011).

9.10 大電力高周波技術

9.10.1 クライストロン

加速器の高周波加速に使われる電子管として，VHF帯では多極送信管，UHF帯からマイクロ波領域ではクライストロン，マグネトロンなどが使われる．しかし粒子速度が光速に極めて近くなり，周波数変調が必要ではなくなる高エネルギー加速器では，ほとんどの場合クライストロンが選ばれる．そこで加速器用電子管の代表例としてのクライストロンに焦点を絞り，その原理的側面の紹介を行う．

まず，クライストロンの構造を図9.10.1に示す．

カソードから出る直流電子ビームは図9.10.1で示したように，ウェーネルト電極とアノード電極の間の電場で細く絞られて入力空洞に入る．入力空洞を通過する間にビームは入力高周波の電磁場で速度変調を受ける．この速度変調は下流に向かうにつれ徐々に密度変調に変わってゆく．途中にあるいくつかの増幅空洞では，ビームの密度変調に共鳴した電磁波が発生し，ビーム自身の速度変調が一段と強まる．一連の増幅空洞で十分に密度変調を受けたビーム

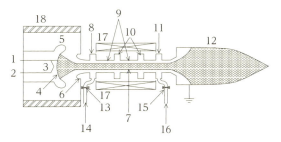

図 9.10.1　クライストロン断面：1. 負高電圧，2. 負高電圧（＋ヒーター電圧），3. ヒーター，4. カソード，5. ウェーネルト電極，6. アノード電極，7. 電子ビーム，8. 入力空洞，9. ドリフト管，10. 増幅空洞，11. 出力空洞，12. コレクター，13. 入力用セラミック窓，14. 高周波入力導波管，15. 出力用セラミック窓，16. 高周波出力導波管，17. 収束コイル，18. 電子銃用高電圧碍子

は最後に出力空洞に入り，入力高周波電力に比べて何桁も大きな高周波電力を発生することになる．この電力は出力空洞に接続された導波管で外部に取り出される．ビームはその電力発生に使った分だけ運動エネルギーを消耗し，速度を落としてコレクターに入るわけである．なお各空洞の電磁場は，7.3 節および 9.7 節で解説した円筒空洞の TM_{010} モードであって，ビームはその軸方向電場と相互作用する．この電場は中心軸から離れるに従い減少するので，図 9.10.1 のような長い収束コイルで一様な軸方向磁場をつくり，ビーム径を細く保って相互作用の低減を防ぐ．

ここまでのクライストロン動作の定性的な説明を，以下では数式も使いながらもう少し掘り下げてみよう．ビーム源となるカソードはアノードに対して負の電位に置かれるが，以下ではカソードの電位を $V=0$，アノードの電位を $V=V(>0)$ とおいて話を進める．ほとんどの場合，アノードおよびそれに続く部分（ボディーと呼ばれる）は接地されている．カソードの径は，図 9.10.1 のように収束コイル中のビーム径に比べ 1 桁ほど大きい．これはカソード単位面積あたりの熱電子放出量を低く抑え，カソードを長時間安定に働かせるためである．カソードはアノード付近を中心とする円錐形であり，アノードとの間の電場は近似的に同心球面ポテンシャル場から導かれる．この電場により，カソードから出た電子ビームは絞られながら中心に向かうわけである．アノード電極付近になると，ビーム自身の空間電荷がつくる発散力で収束は止むが，収束コイルからの漏えい磁場が加わって，下流方向へ一定のビーム径が保たれる．

クライストロンを含めた一般の電子管では，カソード温度をカソード寿命や管内真空度に支障がない範囲で高くとる．これは電子銃の構造が決まれば，ビーム電流 I は印加電圧 V のみの関数となるようにするためである．この運転状態を空間電荷制限領域にあるという．この領域ではカソード表面の電子放出能力が十分にあるので，表面での電場は空間電荷に中和されて自動的に 0 となっている[1]．

アノード・カソード間の電位 $V(x, y, z)$ は，電子の電荷密度を ρ，真空の誘電率を ε_0 として

$$\varepsilon_0 \nabla^2 V = \rho \qquad (9.10.1)$$

というポアソン方程式に従う．まずは簡単のために，無限大の平行平板を $z=0$ にカソードとして，$z=d$ にアノードとして置いた，1 次元モデルで電流と電圧の関係を調べよう．電流密度 $J(z)$ は電子速度 $v(z)$ と $J=\rho v$ の関係にある．空間電荷制限領域では電子の初速度 $v(0)=0$ であるから，電子質量を m として，$mv^2(z)/2 = eV(z)$ である．これらの関係を使えば次のような 1 次元モデルでのポアソン方程式

$$\frac{d^2 V}{dz^2} = \frac{J}{\sqrt{2\eta V} \varepsilon_0} \qquad (9.10.2)$$

が導かれる．ここで η は電子の電荷対質量比 e/m である．$z=0$ において V と dV/dz がともに 0 となる初期条件の

もとに式 (9.10.1.2) を解けば，$V^{3/2}(x)/J(x) \propto x^2$ という形のチャイルド–ラングミュア法則に従う解が得られる．特にカソードおよびアノードの面積を S として，アノードでの電流 $I_a = J(d) A$ を求めると，

$$I_a = P V_a^{3/2} \qquad (9.10.3)$$

である．ここで係数 P はパービアンス（perveance）と呼ばれ

$$P = \frac{9}{4} \varepsilon_0 \sqrt{2\eta} S/d^2 = 2.33 \times 10^{-6} S/d^2 \qquad (9.10.4)$$

と表される．ただし最右辺の電流は A，電圧は V で表すものとする．ところでパービアンス P は印加電圧とは独立に，各電子銃の電極構造・寸法にのみ依存して決まる量で，電子銃の固有値とみなされる．図 9.10.1 のような曲面カソードの場合には，同心球面間のポテンシャル場を使う，より精密な近似法を使って解析されるが，やはり式 (9.10.3) の電流対電圧の 3/2 乗則に従う結果が得られる[2]．実際この 3/2 乗則は，実用される様々な形状の電子銃によく当てはまっている．なお P は表 9.10.1.1 で示すように，10^{-6} A $V^{-3/2}$ 程度の値になるので，10^{-6} の係数だけを取ったマイクロパービアンス μP と呼ばれる単位が多くの場合に使われる．なおアノード電極電位をカソード電位から接地電位の間で独立可変にし，パービアンスを制御する方式のクライストロンも多いが，以下では簡単のために接地電位として議論を進める．

次は空洞とドリフト管が相つづく区間での電子ビームの振舞いについて述べる．まずビームは通常 0.1 T 程度の軸方向磁場中を走らせて，その径を一定に保つ．磁場の発生にはほとんどの場合，電磁コイルが使われている．しかし励磁電力を削減するために，進行波管では普通になっている永久磁石を使用することも，最近では始められている．この場合，強い一様な軸方向磁場をつくるのは無理があり，周期的に極性が反転する永久磁石配列を採用する．この方式を PPM 収束（periodic-permanent-magnet focusing）という．

高周波出力は，直流ビームが空洞で受ける速度変調によってどのようにバンチ（密度変調）してゆくかにかかっている．ビームが自由空間を走行する場合，速度変調 → 密度変調 → 速度変調の繰り返しが次式のプラズマ振動数で繰り返される[3]．

$$\omega_{p0} = \sqrt{\eta \rho / \varepsilon_0} \qquad (9.10.5)$$

（なおこの式では省略したが，電子速度の光速への比 $\beta = v/c$ が目立ってくる場合には，$\gamma = 1/\sqrt{1-\beta^2}$ として，式中の m を $\gamma^3 m$ で置きかえることになる．）しかしクライストロンでは図 9.10.1 のように細い金属パイプ中をビームが走るので，金属壁に誘起される正電荷がプラズマ振動を遅らせる．その角周波数 ω_p は ω_{p0} より小さくなり，これに伴って粗密波の波長 $\lambda_p = 2\pi v(d)/\omega_p$ も長くなる．ω_q/ω_{p0} をプラズマ周波数低減係数（plasma frequency reduction factor）と呼び，ビーム径とパイプ径の比やパイプ内伝搬モード波数をパラメータとした図が，多くの専門書（例え

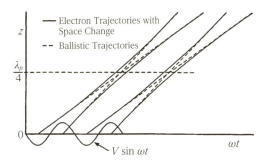

図 9.10.2 アップルゲート (Applegate) 図 [文献 1, p. 239 より転載]：入力空洞を加速電圧が負（正）の位相のときに通過した電子は減速（加速）される様子が示されている．$\lambda_q/4$ までは空間電荷力に抗しながら電子ビーム幅が縮んでゆく様子がわかる．点線は空間電荷力がないときの電子軌道である．

図 9.10.3 12 GHz MBK（多ビームクライストロン）[5]．左図下：白色高電圧碍子の上，直径 12 cm の円周上に 60 度おきに並ぶ 6 個のカソード（直径 77 mm），左図上：6 個のリエントラント型ビーム孔を持つ入力空洞（他の空洞もほぼ同様の形，右図：外観，出力導波管は左右一対にして，出力空洞共振モードの空間対称性を高めている．）

ば文献 1, p. 259）に与えられている．

入力空洞で速度変調を受ける直流ビームは，$\lambda_p = 2\pi v(d)/\omega_p$ として，$\lambda_q/4$ 進んだところで速度変調が消え，バンチ状の密度分布に持つようになる．ここに空洞を置いて，バンチ自身が誘起する電磁波で再度の速度変調を起こさせ，さらに $\lambda_q/4$ 進んだところに次の空洞を置く．これを繰り返して十分にバンチ化が進んだところに出力空洞を置き，効率よく高周波エネルギーを取り出すのがクライストロンの基本的動作である．速度変調から密度変調が進行する様子は，図 9.10.2 のようないわゆるアップルゲート (Applegate) 図で表される．

実際の設計では，中間に置く増幅空洞の数，位置，離調度などのパラメータをいろいろと変え，出力空洞でできるだけ鋭く，電子速度の揃ったバンチが形成されることを目指す．その際に注意しなければならないのは，電子速度が十分に相対論的でないことである．この場合，電子は出力空洞を通過する間に強い電磁場で複雑な速度変化を起こし，それに伴って電流の高周波成分も変化する．したがって高エネルギー加速器の加速空洞のように，ビームを定電流源とした等価回路では取り扱えないわけである．そこで高周波出力効率を最大にするためには，電子ビームの電流分布と高周波電磁場分布が自己無撞着となる解を見つけるための数値シミュレーション計算が不可欠となる．

直流ビームの高周波電力への変換効率はパービアンスが大きくなるにつれて低下する．これは空間電荷の発散力がバンチ形を複雑に変化させるためである．そこで小電流のカソードを複数個使い，同じ電圧でより大きな出力を得る多ビームクライストロン（Multi-Beam Klystron：MBK）の研究が続けられた．しかし安定な出力を得るためには，各ビーム間の特性のばらつきが問題であった．これが解決されたのは，矩形断面の導波管をドーナツ状にした空洞を使うという陳 (KEK) の提案からである[4,5]．それに基づいて製作された 12 GHz クライストロンを図 9.10.3 に，またそのパラメータを表 9.10.1 の第 7 欄に示す．このドーナツ空洞では，高周波出力にかかわるモードとそれ以外のモードの共振周波数が十分に離れており，ビーム間の特性のばらつきによる他モードの励振が十分に抑制されることが，安定出力の決定的要因になっている．現在，このクライストロンはドイツの DESY 研究所 FEL 施設で使用されている．

ここまではクライストロンの主として原理的な側面の概要について説明してきた．より詳細には，例えば SLAC Report[6] などを参照されたい．また日本におけるクライストロン開発の，加速器とともに歩んだ歴史については岡本による文献[7] がある．加速器用クライストロンの最新情報は 2016 年粒子加速器国際会議で湯城により発表された[8]．

しかし電子管として完成させるためには，カソード，無酸素銅の本体，大電力高周波出力窓に使われる高純度セラミックなどに関する材料科学，それらを接合するための特殊ろう付け技術，一体となった電子管を高温で焼き出して真空封止する超高真空技術などが総動員されなければならない．このような広くかつ奥深い技術については，すでにいくつかの場所で引用した Gilmour, Jr. の著書[1] に適切な解説がなされている．この本は進行波管を主題としたものである．しかしクライストロンと進行波管は，ビームと高周波の相互作用が前者ではいくつかの孤立した共振空洞，後者では広い周波数帯を持つ高周波伝送構造という違いがあるだけである．この著書の出版は 1994 年であり，その後の新しい技術発展多々あるが，基本的な事項については優れた入門書として勧められるものである．

最後に表 9.10.1 に UHF からマイクロ波までの周波数帯で，加速器に使われている代表的な国産クライストロンに

表 9.10.1 加速器で使われているおもな国産クライストロン

周波数 [GHz]	0.324	0.509	0.972	1.30	2.87	5.71	12.0
出力 [MW]	3.0	1.2	3.0	10	50	50	6.0
パルス幅 [μs]	620	連続波	620	1 500	4	2.5	5
繰り返し [s^{-1}]	50	連続波	50	10	50	60	400
V [kV]	110	93	110	115	312	360	152
I [A]	50	21	50	132	362	323	16×6
μP [10^{-6}A/V$^{1.5}$]	1.37	0.74	1.37	3.38	2.1	1.50	0.27×6
効率 (%)	55	63	55	66	45	43	41
カソード電流密度 [A/cm^2]	1.2	0.6	1.2	1.8	5.8	6.3	6.0
ビーム半径 [mm]	—	1.0	—	4.5	—	—	—
ドリフト管半径 [mm]	—	25	—	9	—	—	—
集束磁場 [T]	0.03	0.04	0.07	0.11	0.13	0.25	0.33
管内プラズマ波長 [m]	—	4.92	—	1.44	—	—	—
自由空間プラズマ波長 [m]	—	4.92	—	1.44	—	—	—
入力・出力空洞間距離 [m]	—	1.9	—	1.4	—	—	—
重量 [kg]	730	1 250	500	340	140	300	1.0
全長 [m]	4.5	4.4	3.0	2.3	1.4	1.4	0.9
設置場所	J-PARC(東海)	KEK(つくば)	J-PARC(東海)	DESY(ドイツ)	KEK(つくば)	SPring-8(西播磨)	CERN(スイス)

ついて，主要なパラメータをまとめておく[9)].

9.10.2 クライストロン電源

大電力クライストロン用パルス電源（モジュレータ）はピーク出力，パルス幅，繰り返しなどによってかなり異なる形態のものとなる．また長パルスについてはスイッチ素子の進展に合わせその基本形が変遷してきた．ここでは現在実動する代表的なモジュレータの概略を述べる．

a. ラインタイプモジュレータ

電子線形加速器のクライストロンモジュレータとして古くから大小の規模を問わず広く使われてきた．今日おいてもなお短パルス用としては最もスタンダードなものとなっている．

主要な機器構成を図 9.10.4 に示す．原理的には，伝送線を模擬した L および C の梯子（はしご，ladder）型集中定数回路である PFN（Pulse Forming Network）へゆっくりと充電し，C に蓄積されたエネルギーをスイッチであるサイラトロン（thyratron）管の瞬時的閉（on）動作によりパルスを発生させるものである．

通常は部品の耐圧や絶縁空間を考慮して充電電圧は 50 kV 以下に抑える．発生したパルストランスにより昇圧され，図示するように回路が単純で使用部品の大電力化が図られやすく，大電力モジュレータとして優れた方式である．一方，パルス幅に比例して PFN のコンデンサおよびコイルの全容量が増大し，コスト高と巨大化をきたすことが問題になる．そのため長パルス用には適さず，100 μs 以下のパルス幅で使用されるのがほとんどである．

PFN の主要なパラメータは次の関係式によって求め

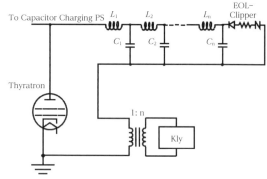

図 9.10.4 ラインタイプモジュレータの基本回路

られる．まず梯子の段数 N が無限大で，PFN が伝送線とみなされる場合の特性インピーダンス Z_0 は，単位梯子（セル）を構成するコイル L_i ($i=1, \cdots, N$) のインダクタンス L およびコンデンサ C_i のキャパシタンス C として

$$Z_0 = \sqrt{L/C} \qquad (9.10.6)$$

である．また N が十分に大きく，かつ L および C が十分に小さい極限での出力パルス幅は

$$\tau = 2\sqrt{L_T C_T} = 2NLC \qquad (9.10.7)$$

に近づく．ここで L_T および C_T はそれぞれ PFN の全インダクタンス NL および全キャパシタンス NC である．

図中の EOL クリッパは負荷短絡時等に起こる負荷からの過剰な反射波を吸収し，サイラトロンを逆電圧から保護するための回路である．通常はバリスタ（ZnO），終端抵抗器（$\sim Z_0$），およびダイオードによって構成される．

パルスの立ち上がり特性を優先するならばパルストラン

9.10 大電力高周波技術

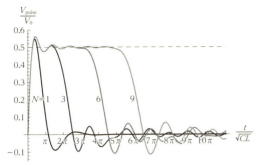

図9.10.5 多段のLC梯子型回路PFNの出力パルス電圧波形のシミュレーション,ただし負荷抵抗は$R=Z_0$,およびスイッチ閉時間$t=0$でのコンデンサーの電圧をV_0と仮定している.

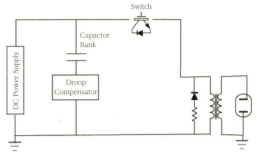

図9.10.6 ハードスイッチモジュレータの基本回路

スの昇圧比は下げてPFNの充電電圧を上げるべきであるが,サイラトロンの耐圧を考慮して45kV以下とするのが一般的である.

この方式は多くのパルス回路の基本となる古典的なもので,パルス波形の性質について付言しておく.梯子が1段の場合はL, C,スイッチ,Rが直列に接続された閉ループ回路である.CはあらかじめV_0に充電されているときに$t=0$でスイッチが閉となったとき,Rの両端に出来る電圧$V(t)=Ri(t)$を求めることは2次方程式で解ける過渡現象の典型的問題である.しかしこれを多段の回路についても拡張するために,電流波形のラプラス変換$I(s)=\int_0^\infty e^{-st}i(t)dt$の回路方程式

$$I(s)=\left[R+\left(L_s+\frac{1}{C_s}\right)\right]=\frac{V_0}{C_s} \quad (9.10.8)$$

を使うことにする.ここで$s=j\omega$であることを考えれば,左辺の丸括弧内は1段梯子の複素インピーダンスである.これをZ_1としよう.そうすれば$N=2$の複素インピーダンスZ_2はC_sを$C_s+1/(L_s+1/C_s)$で置き換えて

$$Z_2=L_s+\cfrac{1}{C_s+\cfrac{1}{L_s+\cfrac{1}{C_s}}}$$

となる.さらにこの連分数の最右下のC_sへ上と同様の置換を続ければ任意のNに対する複素インピーダンスZ_Nが得られる.このZ_Nで式(9.10.8)の丸括弧内を置き換え,逆ラプラス変換を行えば,N段PFNの出力パルス電圧$V_{\text{pulse}}(t)=Ri(t)$が得られる.ただし$s$の$N^2$次方程式を扱うことになるので数値シミュレーションに頼らざるをえない.ここではRが特性インピーダンスZ_0に等しいとしたときの$N=1, 3, 6, 9$に対するMathematicaによる計算結果を図9.10.5に示しておく.この図から,パルスが長くなると電圧振幅が充電電圧の1/2と,周波数分散のないPFNについての理論値に近づくことがわかる.

b. ハードスイッチモジュレータ

基本回路は図9.10.6に示すように至って単純なものである.古くは電子管陽極電源用となる「ハードチューブパルサー」を原型とし,ハードチューブ(電子管)がGTO,IGBTへと発展してきた.本モジュレータは長パルス用として最も幅広く使用されているが,定まった名称がないため,ここでは「ハードスイッチモジュレータ」と称している.構成機器としては高圧直流電源,コンデンサバンク,サグ補償回路,シリーズスイッチ,パルストランスなどからなる.ただし,サグ補償回路およびパルストランスは必須ではない.

現在,ハードスイッチにはIGBT(Insulated Gate Bipolar Transistor)が一般的で,耐圧4.5kV前後の単品またはモジュールを冗長度も含め必要数をスタックして使用する.近年のスイッチング性能(1μs以下のターンオン/ターンオフ時間)の向上により,従来は負荷(クライストロン)短絡時の保護として必須とされていたコンデンサバンクのクローバ回路(高速放電回路)は,ハードスイッチそのものが持つ高速遮断能力により不要となってきた.また,サグ補償については,1994年頃よりFNALによるTTF(TESLA Test Facility)モジュレータで採用されたLC共振によるバウンサー回路が標準となっていたが,近年,より高性能でコンパクトなレギュレータ方式(米国DTI社)が提案されるに至っている[11].

この方式ではすべてが10kV程度の耐圧に収まるため気中での使用となり,メンテナンス性や信頼性のうえで有利となる.しかしながら,より長いパルス幅が求められると,パルストランスが巨大になりすぎ,その実現が難しくなる.現在,DTI社によりESSプロジェクト向けに提案されているモジュレータは出力電圧115kVでパルス幅3.5ms,そのパルストランスは現存する最大クラスの大きさとなっている[12].

c. コンバータモジュレータ

基本的には小型汎用スイッチング電源と同様な構成で直流電源,半導体スイッチ(コンバータ),高周波昇圧トランス,整流器,およびフィルタなどからなる.大規模加速器のモジュレータとしてはSNS(Spallation Neutron Source)のConverter Modulator[13]やESS(European Spallation Source)のSML(Stacked Multi-Level) Modulator[14]などがある.

いずれも長パルス用でコンバータの発信周波数(ほぼ

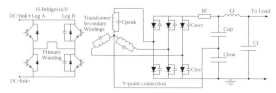

図 9.10.7 コンバータモジュレータの基本回路

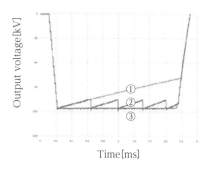

図 9.10.9 SLAC P1 マルクスモジュレータの出力波形．サグ補償がない場合（波形①），11kV 低下ごとに主（遅延）セルを点弧（波形②），主（遅延）セルに加え副セルも点弧（波形③）[15]．

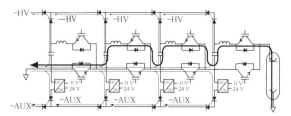

図 9.10.8 SLAC P1 マルクスモジュレータ簡略図（4 セル）．充電電流は実線（上部は HV 電源電流，下部は AUX 電源電流），放電電流は破線で示す[15]．

20 kHz）を制御してパルス幅や振幅を定めている．発信には高周波トランスの漏れインダクタンス利用し，半導体（IGBT，H（型）-Bridge）のソフトスイッチングによる損失低減を図り，さらには負荷短絡時の過電流をデ・キュウイング効果によって制限するなど，実に有効な役割を担っている．また，この方式の大きな利点は，一般的なパルストランス方式と違い，パルス幅の限界が原理的にないことで，1 ms を超えるような長パルスのモジュレータで積極的に採用される傾向にある．

10 年以上の運転実績を持つ SNS の Converter Modulator の模式図を図 9.10.7 に示す．

d． マルクスモジュレータ

高電圧インパルス発生用として考案されたマルクスジェネレータを応用したモジュレータである．多段構成のコンデンサの接続を充電時の並列接続から放電時の直列接続へ切り替えることにより電圧を増大させていく方式である．有限なパルス幅のモジュレータとするには，そのパルス幅を十分に超えたエネルギーを蓄積するコンデンサの他に充放電経路の切り換えを制御するスイッチ素子（IGBT），電流や電圧を阻止するダイオードなどからなる回路ジュールが多数段で必要になる．

近年のマルクスモジュレータは ILC での使用を目標に SLAC を中心に大がかりな開発で進められてきた．開発の初期バージョンとなる SLAC P1 マルクスモジュレータの簡略図を図 9.10.8 に示す．

図では一つのセルを未点弧としている場合を示すが，必要に応じて点弧セル数やそのタイミングを変えることができる．この特性を生かしサグ補償に利用している．以下に示すサグ補償プロセスの進行に沿って出力波形が改善されていく様子を図 9.10.9 に示す．

サグ補償プロセス：1) 最初はフル電圧（11 kV）に充電された 16 セル中の 11 セルのみを点弧（したがって出力電圧は 121 kV），2) セル上のコンデンサの放電により電圧が低下（波形①），3) サグにより電圧が 11 kV 低下したところで次の（12 番目の）セルを点弧，4) これを次々に繰り返していく（波形②）．これら主セルとは別に 1.2 kV に充電された 16 段構成の副セルが用意されており，これを主セルと直列に接続．5) 1.2 kV の刻みでサグを補償開始，11 kV 分の補正値となったところで副セル出力をクリア，6) 同時に次の主セルを点弧，同じようなサグ補償を繰り返していく（波形③）．

SLAC での開発は次世代となる P2 Marx へと進み，よりメインテナンス性や信頼性を高めたものへと進化した．図 9.10.8 で示したマルクスセルの基本形は変わってないが，P2 ではセルそれぞれにサグ補償回路を組み込み，セル単位で平坦な波形出力となった．現在，P2 マルクスの開発は完了し，ILC 以外での応用も検討されているが，本格的な実用化は今後となる．

9.10.3 真空管，IOT，固体増幅器

加速器において，高周波増幅素子としての真空管[17]，インダクション・アウトプット・チューブ（IOT，別名 Klystrode）[18]，トランジスタ[19]などを使用した固体増幅器は，数百 W～数百 kW の中電力高周波の領域を担う．入射器でのバンチ形成のための高周波加速空洞励振用や，クライストロン[20]駆動用などで利用される．ここでは，おもにそれらの素子について概略を説明する．中電力高周波増幅用の真空管は，陰極と，制御用の一つ以上のグリッドおよび陽極で構成され，数 kV 以上の高電圧が印加されて動作する．真空管は，電極の総数によって 3 極管から 5 極管までが存在し，特性の違いによって使い分けられる．IOT は広義の意味では真空管といってよく，クライストロンと 3 極管の両方の構造的な特徴を持ち合わせたもので，陰極とグリッドの集合体，電子と相互作用を行い高周波電力を取り出す高周波空洞，陽極からなる．固体増幅器は，バイポーラトランジスタや電界効果トランジスタ（FET）[19]などで構成され，真空管と比べて低電圧（100 V 以下）で動作し，寿命が長いという特徴がある．ここでは例として

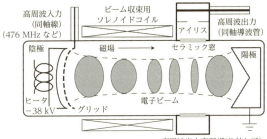

図 9.10.10 IOT の概念図．陰極から出た電子はグリッドで速度変調され，その後のドリフトスペースで密度変調に変換される．電子はグリッドに入力される高周波の波長毎のバンチ構造を持つ．密度変調されバンチ化された電子の高周波エネルギーは，セラミック窓で真空と仕切られた外部取り付け型の出力空洞により取り出される．

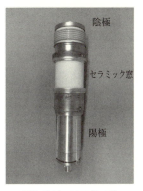

図 9.10.11 IOT 管の例

表 9.10.2 IOT 管の性能表

周波数	470〜860 MHz
高周波利得	21 dB
最大高周波出力（パルス/連続）	140/34 kW
最大入力高周波電力（パルス/連続）	1200/300 W
最大ビーム電圧	38 kV
ビーム電流	2.3 A
出力インピーダンス（同軸）	50 Ω
長さ	0.572 m
直径	0.129 m
重さ	11.4 kg

図 9.10.12 理化学研究所の SACLA に設置された 476 MHz IOT 増幅器．高周波出力は，50 μs のパルスで 100 kW である．図中の丸が IOT の外部高周波出力空洞構造体で，図 9.10.11 の管が交換できるように構造体内に挿入される構造となっている．

IOT の概略構造を図 9.10.10 に，仕様を表 9.10.2 に載せる．以上の増幅素子は，連続波やパルス変調された高周波で動作する．動作周波数帯は，真空管が数〜数百 MHz であり，IOT は数百 MHz〜1 GHz 程度，半導体素子は数 MHz〜10 GHz 程度までである．動作周波数は，真空管や IOT の場合は，陰極とグリッド間の電子の走行時間やインピーダンス，高周波空洞と走行電子との相互作用による制限で決まる．固体増幅器は使用半導体の動作周波数で決まるが，それは非常に広い．それぞれの素子単体の最大許容高周波電力は，連続波で真空管や IOT が 100 kW 程度で固体素子は 1 kW 程度である．この 3 種類の素子は，おもに放送のための電力増幅用として発達したもので，おのずと VHF や UHF 帯のものが多い．それぞれの素子単体の電力効率は，クライストロンや固体化増幅器が 30〜60 ％ であるのに対して，IOT は特徴的で 80 ％ 以上にもなる．また電力利得は，クライストロンが 40〜50 dB で固体増幅器は 20〜30 dB，IOT は 20 dB である．ただ固体増幅器は，小型な素子なので並列および直列接続が容易である．そのため，直・並列接続にすることで，クライストロンや IOT と比べて同等の大きさの増幅装置で 80 dB に近い増幅度が得られる．

以上の中電力高周波増幅器の加速器における具体的な用途としては，数〜数十 MHz 帯では，陽子シンクロトロン用のフェライト装荷型高周波空洞[21]の駆動用高周波源などがある．また数百 MHz 帯では，電子および陽子リニアックの非相対論領域（$\beta \ll 1$）のバンチャー空洞の励振や，陽子加速器のアルバレ型線形加速空洞[22]などの高周波励振用がある．加えて，数百 MHz〜数 GHz 帯において当該用途は，超伝導高周波空洞[23]の励振や大電力クライストロン駆動用がある．このように，真空管や固体増幅器の多くは周波数帯により用途が異なる．図 9.10.11 には，IOT 管の例を示す．また，図 9.10.12 は，IOT 管を使用した理化学研究所の X 線自由電子レーザー施設，SACLA[24]，の入射部に使用されている 476 MHz 空洞ための励振用パルス増幅器である．それは管の挿入されている外部空洞構造体と 38 kV の高電圧電源からなる．この増幅器の最大高周波出力は，50 μs のパルス幅で 100 kW である．

9.10.4 立体回路等

高周波源で発生した RF 電力を加速空洞などの負荷へ伝

表 9.10.3 矩形導波管の規格

EIAJ 規格	旧JIS規格	周波数帯域 [GHz]	内径寸法 [mm]
WRI-32	WRJ-3	2.60〜3.95	72.14×34.04
WRI-40	WRJ-4	3.22〜4.90	58.17×29.083
WRI-48	WRJ-5	3.94〜5.99	47.55×22.149
WRI-58	WRJ-6	4.64〜7.05	40.39×20.193
WRI-70	WRJ-7	5.38〜8.17	34.85×15.799
WRI-84	WRJ-9	6.57〜9.99	28.499×12.624
WRI-100	WRJ-10	8.20〜12.5	22.860×10.160

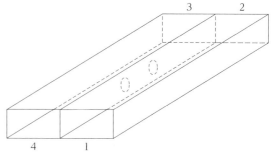

図 9.10.13　3 dB ハイブリッド

搬するには，通常，立体回路（導波管・同軸管）[25,26]が用いられる（小電力であれば，同軸線が用いられる）．

導波管は，矩形断面または，円形断面をした金属（銅・アルミニウムなど）のパイプであり，この中を，マイクロ波が位相速度 v_{phase}，群速度 v_{group}，管内波長 λ_g で伝搬する．矩形導波管の場合，矩形の長辺，短辺の寸法をそれぞれ，a, b とすると，マイクロ波は，

$$f_c = v/2a \tag{9.10.9}$$

で与えられる遮断周波数以下の周波数では伝搬できなくなる．ここで v は，自遊空間におけるマイクロ波媒質中の速度である（媒質が真空なら光速度）．

$$\lambda_c = v/f_c = 2a \tag{9.10.10}$$

を遮断波長と呼ぶ．

自由空間におけるマイクロ波の波長を λ とすると，管内波長と遮断波長の間には，

$$(1/\lambda_g)^2 = (1/\lambda)^2 - (1/\lambda_c)^2 \tag{9.10.11}$$

の関係があり，式(9.10.9)，(9.10.10)を用いると，λ_g は，

$$\lambda_g = \frac{\lambda}{\sqrt{1-\left(\frac{\lambda}{2a}\right)^2}} \tag{9.10.12}$$

となる．位相速度，群速度は，以下の式で与えられる．

$$v_{\text{phase}} = v\lambda_{\text{group}}/\lambda, \tag{9.10.13}$$

$$v_g = v\lambda/\lambda_g. \tag{9.10.14}$$

伝搬する電磁波のモード（姿態）は，高次モードの混入を避けるため，通常，基本モードと呼ばれる最低次の TE_{10} モード（長辺方向の腹の数が 1，短辺方向の腹の数がゼロ）が用いられる．

電子機器工業会規格（EIAJ）が推奨する代表的な矩形導波管に対する使用周波数帯，および内径寸法を表 9.10.3 に示す．

導波管中のマイクロ波は，管壁を流れる電流によるジュール損によって電力を失っていく．減衰定数を α とすると，矩形導波管の TE_{10} モードに対しては，

$$\alpha = \frac{R_s}{Zb}\frac{1+\left(\frac{2b}{a}\right)\left(\frac{\lambda}{2a}\right)^2}{\sqrt{1-\left(\frac{\lambda}{2a}\right)^2}} \quad [\text{Np/m}] \tag{9.10.15}$$

となる．ここで，

$$R_s = \sqrt{\frac{\pi f \mu}{\sigma}}. \tag{9.10.16}$$

を表皮抵抗と呼び，μ は媒質の透磁率，σ は管壁材料の導電率，Z は媒質の特性インピーダンス（真空中では 376.7 Ω）である．

失われた電力は導波管の温度を上昇させるため，伝送電力が大きい場合には，位相長の変化やガス放出率の増大による真空悪化を引き起こすので，導波管の冷却が必要となる．TE_{10} モードの場合は，表面電流密度が最も高いE面中央に冷却水の配管を設置する．

立体回路の中の媒質は，伝送するマイクロ波の電力（電界強度）と周波数で決まる耐圧（放電限界）によって，真空，ガス（SF_6 など），大気が使い分けられる．立体回路の接続用フランジには，高い電気的接触性と気密性（真空，ガス封入の場合）が必要である．

導波管の種類としては，直導波管以外に，進行方向を変えるための E，H ベンドまたは E，H コーナーや，偏波面を回転させるためのねじり（ツイスト）導波管，断面の寸法を変えるためのテーパー導波管，導波管同士の位置関係を微調整するための可とう（flexible）導波管などがある．

また，加速器では必要に応じ，通常の導波管以外に，以下に挙げる各種立体回路が使用される．

分配器（方向性結合器）　一つの高周波源から複数の負荷へ高周波電力を供給する場合には，分配器を用いる．広く使われているのは電力を等分配するもの（3 dB ハイブリッドと呼ばれることがある．図 9.10.13 参照）であり，主導波管（1→2）と副導波管（4→3）を短辺（H面）で接合し，間にあけた 1 個または複数の孔を通してマイクロ波を分配する．

T 分岐　3 本の直導波管を T 字形に接合したもので，電力は等分配される．構造は単純だが，3 dB ハイブリッドよりも耐圧が低い．

移相器（フェーズシフター）　分配器と加速空洞の間などで，マイクロ波の位相を調整するために用いられる．矩形導波管の長辺の長さ（b）を押し引きすることにより位相を変えるスクイーズ型や，E面中央から金属の筒などを出し入れして位相を変えるベイン型などがある．ベイン型は，反射を小さく保ったまま，広い範囲で位相を変化させることができる．

無反射終端器（ダミーロード，模擬負荷）　導波管の終端

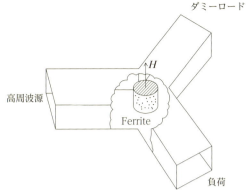

図 9.10.14　サーキュレーター（3ポート）

または側面に反射を起こさない抵抗体（炭化ケイ素など）を接合したもので，進行波型加速管の出口や，サーキュレーター・分配器の反射波吸収ポートなどで用いられる．抵抗体で吸収された熱は，空冷または水冷により除去される．抵抗体の材料に関しては，11.4.8項を参照．

サーキュレーター　磁性体（フェライト）に静磁場を印加した際に生じるファラデー回転を利用した3ポートの立体回路であり，各ポートに高周波源，負荷，ダミーロードが接続されているとすると，高周波源から負荷へは電力を伝えるが，負荷からの反射電力は高周波源へは戻らず，ダミーロードへいかせることができる．これは，フェライトが持つテンソル透磁率に直流磁場を印加することにより，直線偏波のマイクロ波を分解してできる正負二つの円偏波に対し，速さの違いを生じさせ，マイクロ波の方向を変えることにより実現される．フェライトの材料に関しては，11.4.8項を参照．大電力用のサーキュレーターではフェライトの温度特性により透磁率，分離度（アイソレーション），挿入損失の電力依存性がかなり大きいので，冷却を強化するなどの工夫が必要である．マジックティーを使用した4ポートのサーキュレーターも使われている．

整合器（スタブチューナー）　空洞などから高周波源への反射が大きい場合に高周波源を保護するために，整合器を用いる場合がある．

9.10.5　高周波低電力機器

加速器で使用されている高周波低電力機器としては，加速器全体の基準周波数発生・分配系，個々の高周波源の高周波制御系・検出系などが挙げられる．

a.　基準周波数発生・分配系

大きな加速器群では特に高周波信号の同期が必要となる．一般には入射器とリングでは周波数は異なるため，ビームのタイミングを合わせる必要がある．KEKB入射器を例に挙げると，571 MHzを中心とし，入射器で使用する2 856 MHz，5 712 MHzだけでなく，さらにリング周波数（508 MHz）と同期するために，基準周波数を分周した信号が同期している[27]．もう一つの例として，J-PARCリニアックの高周波系を紹介する．ここでは，後で述べる，デジタル高周波フィードバック系を構成しているために，個々の高周波ユニットでは，基準の高周波だけでなく，中間周波数に変換するための局所発振系（Local Oscillator: LO）やデジタル系を動かすためのクロックが必要となる．J-PARCリニアックの安定度要求は，振幅が±1 %以内，位相が±1度以内である．これを満たすためには，高周波フィードバック系だけでなく，長距離伝送が必要となる基準高周波系も高い安定度が求められる．長距離伝送による位相の変化（特に温度ドリフト）が問題となるため，温度特性のよい光ファイバーを用いている．さらに温度安定化を図るために，光ファイバーを冷却水により安定化された水冷ダクト中に入れ，位相安定度が±0.3度程度以内を満たせるように設計されている[28]．より長距離の伝送が必要な場合（例えば，ILCなどの長距離加速器），あるいは，さらに高安定度が要求される場合（XFELなど），光ファイバーの伝送による位相差をフィードバックにより補正するような工夫が必要となる[29,30]．分配された高周波は，各ユニットで変調され，中電力レベル（50～500 W程度）まで増幅され，クライストロンに入力される．SACLAでは，各ユニットでの温度変化による位相ドリフトも抑えるために，さらに高安定度の水冷ラックを用いている[31]．

b.　高周波制御系・検出系

1990年代から，DSP（digital signal processor）を使ったデジタル高周波フィードバック系が，超伝導空洞の高周波制御に適用され始めてきた．超伝導空洞は負荷Q値が高く，このため空洞電界の変化は比較的ゆっくりしている（例えば，1.3 GHz，負荷Q値が3×10^6である場合，時定数は700 μs程度になる．当時はアナログ・デジタル変換（ADC）やDSPへのデジタル値読み込みに時間がかかり，読み取りのADCから出力のDACまで5 μs程度を要するが，超伝導空洞に対しては時定数と比較して演算時間は無視できたため最初に適用された）．その後，DSPに代わり，高速の論理回路であるFPGA（Field-Programmable Gate Array）を採用することで，パルス幅のやや長い常伝導空洞にもデジタルフィードバック系が適用されるようになってきた．J-PARCリニアックでは，12 MHzのリングからの基準信号を基にLOである312 MHzを各ユニットに伝送している．この312 MHzを基に，ADCのクロックとなる48 MHz，RF周波数である324 MHzなどを各ユニットで生成し，IQ変調器[*1]で変調して高周波アンプを経由してクライストロンを励振する．クライストロンからの高周波出力は空洞に投入され，空洞からの高周波ピックアップ信号はダウンコンバータで中間周波数である12 MHzに変換される．この信号を中間周波数の4倍の周波数である48 MHzで動作するADCで取り込むと，IQ成分に分離することができる．IQ成分ごとに設定値と比較

---

*1　IQ Modulation. IはIn Phase，QはQuadrature（またはComplex）Phaseの意味．

して比例積分（PI）制御を行い，フィードフォワードを足して DAC から IQ モジュレータを駆動する．J-PARC リニアックでのフィードバック系の安定度は，ビーム運転時も振幅，位相の安定度が ±0.2％，±0.2 度となっており，常伝導空洞の安定度としては世界最高水準となっている[32].

超伝導空洞の高周波フィードバック系では，例えば，DESY の XFEL 試験施設である FLASH のものが有名である．ハードウェアとしては FPGA を中心としたデジタル系を構成しているが，その先進性はむしろ，FPGA 内部のソフトウェアにある．すなわち，デジタル系の利点である柔軟性を生かして，FPGA 内部に MIMO（複数入力複数出力）制御や，ビームタイミング制御などを含めており，これにより高周波安定度だけでなく，ビームのエネルギー安定度などを向上させている．特に XFEL の発振のためには，ビームタイミングの制御は重要であり，ビーム到達時間のモニターを使ってビームタイミングを LLRFから制御することで安定化を行っている[33]．近年は，このようにデジタル系ハードを導入するというだけではなく，デジタル系の内部アルゴリズムを改良することで，ビーム性能の向上に結びつく，よりインテリジェントな機能（ビーム安定化や，空洞の離調安定化など）がデジタル LLRFに生かされつつある．

参考文献

1) A. S. Gilmour, Jr. : "Principles of Traveling Wave Tubes" Artech House, Inc. (1994).
2) I. Langmuir, K. B. Blodgett : Phys. Rev. **24** 49 (1924).
3) M. Reiser : "Theory and Design of Charged Particle Beams" John Wiley & Sons (1994).
4) Y. H. Chin : Toshiba/KEK MBK for Tesla. http://tesla.desy.de/new_pages/hamburg_meeting_9_2003/pdf/monday_plenary/Toshiba_KEK_MBK.pdf.
5) Y. H. Chin, et al. : Proceedings of PAC07, 2098 (2007).
6) G. Caryotakis : SLAC-PUB 10620, SLAC (2005).
7) 岡本　正：『電子管技術の系統化調査』かはく技術史大系（技術の系統化調査報告書）第 8 集（産業技術史資料情報センター，2007）．http://sts.kahaku.go.jp/diversity/document/system/pdf/030.pdf.
8) O. Yushiro : Proceedings of IPAC2016, weib04 (2016). http://accelconf.web.cern.ch/AccelConf/ipac2016/talks/weib04_talk.pdf.
9) 東芝電子管デバイス『MICROWAVE TUBES マイクロ波管』16-04KF（MT）-1.0K（2016）．および同社湯城氏による追加情報にもとづく．
10) H. Pfeffer, et al. : Long Pulse Modulator for Reduced Size and Cost, FERMILAB-Conf-94 (1994).
11) Ian Roth, et al. : Regulator/Hard Switch Modulator, proceedings of PAC (2013).
12) Ian Roth, et al. : Pulsed Power Systems for ESS Klystron, proceedings of IPAC2016 (2016).
13) W. A. Reass, et al. : Design, Status, and First Operations of the Spallation Neutron Source Polyphase Resonant Converter Modulator System, proceedings of PAC' 03 (2003).
14) C. Martins, et al. : Development of a Long Pulse High Power

Klystron Modulator for the ESS Linac Based on the Stack Multi-level Topology, proceedings of IPAC2016 (2016).
15) C. Burkhart, et al. : ILC Marx Modulator Development Program Status, proceedings of IPAC' 10 (2010).
16) M. A. Kemp, et al., Final Design of the SLAC P2 Marx Klystron Modulator, SLAC-PUB-14537 (2011).
17) A. S. Gilmour, Jr. : "MICROWAVE TUBES" 191, ARTEC HOUSE INC. (1986).
18) A. S. Gilmour, Jr. : "MICROWAVE TUBES" 196, ARTEC HOUSE INC. (1986).
19) P. Horowitz, W. Hill "THE ART OF ELECTRONICS" 2nd Ed., 61 for transistors, 113 for FET, Cambridge Univ. Press (1994).
20) A. S. Gilmour, Jr. : "Microwave Tubes" 201, ARTEC HOUSE INC. (1986).
21) 山本昌亘：「大強度陽子加速器技術」OHO 加速器セミナー，11-6 (2001).
22) 福本貞義，田中治郎：『加速器』（実験物理学講座 28）9 章・線型加速器，197 共立出版（1975）．
23) 古屋貴章：「超伝導リニア-コライダー」OHO 加速器セミナー，6-1 (2006).
24) 田中　均，ほか「X 線自由電子レーザー～SACAL～」OHO 加速器セミナー（2013）．
25) N. Marcuvits ed. : "Waveguide Handbook" New York Dover Pub., Inc. (1951).
26) The Microwave Engineers' Handbook and buyers' guide, horizon house (1966).
27) I. Abe, et al. : Nuclear Instruments and Methods in Physics Research Section A **499** 167 (2003).
28) T. Kobayashi, et al. : Nuclear Instruments and Methods in Physics Research Section A **585** 12 (2008).
29) "The International Linear Collider Technical Design Report" CERN, FNAL, KEK (2013). http://www.linearcollider.org/ILC/Publications/Technical-Design-Report
30) K. Czuba, et al. : Proc. IPAC2013, 3001 (WEPME035) (2013).
31) Y. Otake, et al. : Nuclear Instruments and Methods in Physics Research Section A **696** 151 (2012).
32) 道園真一郎，ほか：加速器学会誌 **5** 127 (2008).
33) C. Schmidt, et al. : Proc. FEL' 11 531 (THPA26) (2011).

9.11 加速器の真空

9.11.1 加速器における真空の課題

ビーム寿命の確保（残留気体との衝突）　加速器のビームは進行中に残留する気体分子と衝突し，徐々にその粒子数が減少する．加速器の目的により，要求される単位時間のビームの減少量の許容値が異なり，それに応じて目標とされる運転時の圧力が決まる．単位時間のビームの減少量の目安としてビーム寿命が用いられる．ビーム寿命 τ はビーム電流を I として

$$\frac{1}{\tau} = \frac{1}{I}\frac{dI}{dt} \tag{9.11.1}$$

と定義される．

電子ビームの場合，残留気体との衝突によるビーム寿命

τ は電子の速度を v, 残留気体分子を構成する原子の原子番号を Z_i 密度を n_i として

$$\frac{1}{\tau} = v\sum_i \Big[\sigma_B(Z_i) + Z_i\sigma_M + \sigma_R(Z_i)\Big]n_i \qquad (9.11.2)$$

と与えられる[1]. $\sigma_B(Z_i)$, σ_M, $\sigma_R(Z_i)$ はそれぞれ制動輻射（Bremsstrahlung）, 残留気体分子の核外電子との衝突（メラー散乱）, 残留気体分子の核との衝突（ラザフォード散乱）の散乱断面積で, 具体的には

$$\sigma_B(Z_i) = 4\alpha r_0^2 Z_i(Z_i+1)\left(\frac{4}{3}\ln\frac{\gamma}{\gamma_c} - \frac{5}{6}\right)\ln(183 Z_i^{-1/3}) \qquad (9.11.3)$$

$$\sigma_M(Z_i) = 2\pi r_0^2 \frac{1}{\gamma\gamma_c} \qquad (9.11.4)$$

$$\sigma_R(Z_i) = 4\pi r_0^2 Z_i^2 \frac{1}{\gamma^2\theta_c^2} \qquad (9.11.5)$$

で表される. ここで, α は微細構造定数, r_0 は古典電子半径, γ はローレンツ因子, θ_c は粒子が失われる最小の散乱角, γ_c は粒子が失われる最小のエネルギーロスを静止エネルギーで割った値である. 蓄積リングにおいて 10 時間以上のビーム寿命を得るには 10^{-7} Pa 以下の圧力（気体分子密度 n [個/cm³] $= 2.4\times10^7$ 以下）が必要となる. 核外電子との衝突や核との衝突の散乱断面積はビームのエネルギーが高くなるにつれ減少するので, 電子ビームのエネルギーが GeV 以上になると制動輻射の散乱断面積が最も大きくなりビーム寿命は近似的に

$$\frac{1}{\tau} \approx v\sum_i \sigma_B(Z_i)n_i \propto Z_i(Z_i+1)n_i \qquad (9.11.6)$$

となる. すなわちビーム寿命は残留気体分子密度 n_i および $Z_i(Z_i+1)$ に反比例して短くなる. 残留気体成分として H_2 が 100 % の場合と CO が 100 % の場合の τ を比べれば, 同じ圧力であっても後者の τ は前者の τ に比べ約 1/50 にまで短くなる. したがって電子ストーレジリング真空系では, 残留気体圧力を低くするだけでなく Z_i の大きな成分を少なくすることも求められる.

陽子ビームの場合は, 陽子が残留気体分子の核との衝突を繰り返しながら次第に中心軌道から外れ, ダクト壁に衝突することでビーム寿命が決まる. ビームダクト断面の半径を R, ベータトロン振動の波長を λ とすると, その寿命 τ は, 残留気体を圧力 p [Pa] の窒素と仮定して

$$\tau[s] = 6.39\times10^{-3}\beta^2\gamma^2\frac{R^2}{\lambda^2}\frac{1}{p} \qquad (9.11.7)$$

と与えられる. ただし, $\beta = v/c$ である. KEK の陽子シンクロトロン（PS）のように入射・加速・出射を約 0.5 Hz で繰り返す場合は, 一つのサイクルの間にビームが失われないことが求められるだけで, 残留気体との衝突によるロスを避けるためには 10^{-4} Pa 以下の真空であれば実用上の問題は少ない[2].

ビームの安定維持（不安定性の抑制） 陽電子リングではビームダクト壁から放出される電子が, 周回ビームと相互作用して壁面との衝突を繰り返し増幅される. その結果生成される電子雲（electron cloud）との影響で陽電子ビー

ムは不安定になる（electron-cloud instability）. 電子雲の形成を抑制するには, ダクト壁からの光子や電子衝撃による二次電子放出を低減することが重要である. ダクト壁は超高真空条件を満たす清浄さと二次電子放出低減を満たす処理された表面であることが必要である.

また電子リングでは, ビームによってイオン化された残留気体がビームのポテンシャルにトラップされてビーム不安定を引き起こす（beam-ion instability）. これを避けるにはイオンの生成を減らさなければならず, 目標の蓄積電流に応じた低い圧力が必要とされる.

測定器のバックグラウンド低減（衝突リングの場合） 衝突リングの場合, 衝突点前後の圧力が高い場合には残留気体との衝突によって正規の軌道から外れた粒子がビームダクトにあたりシャワーを発生する. これは測定器のバックグラウンドを上げ, 測定器の検出精度を下げるなどの影響を及ぼす.

放射化の低減 1 MW 級のビーム強度を目標としている J-PARC 主リングシンクロトンでは, 残留放射能の線量は 30 年間運転すると 100 MGy に達すると考えられている. 真空系の立ち上げやメンテナンスでの被ばくを抑えるには, 現場ベーキングや真空部品の交換頻度に注意を払った設計・材料選択が必須である. 残留放射線の影響を小さくするために多くのビームダクト, ベローズ, フランジにチタン合金 Ti-6Al-4V 材が採用されている[3].

9.11.2 真空と表面：気体放出

真空容器の圧力 P は,（加速器を含め）容器壁から単位時間に放出される気体の量（気体放出量）Q と, 容器から単位時間に真空ポンプに向かって移動する気体の量のバランスによって決定される. 真空工学では, 圧力の単位として Pa を用い, 気体の量は「圧力」×「体積」(pV 値）で表すので, 気体放出量の単位は Pa m³ s⁻¹ となる. pV 値を分子数になおすときには変換係数 K（20℃のとき, 2.47×10^{20} [molecule Pa⁻¹ m⁻³]）を使用する. 単位時間に真空ポンプに向かって移動する気体の量は圧力に比例するので PS_e と表すことができ, S_e を実効排気速度という. Q と PS_e は同じ単位なので, 実効排気速度の単位は m³ s⁻¹ である. 初めの文章を具体的に式で表すと

$$Q = PS_e \rightarrow P = \frac{Q}{S_e} \qquad (9.11.8)$$

となる.

圧力を低くするには気体放出量 Q の低減と実効排気速度 S_e の確保という二つの条件を追及することが必要である. 現実の加速器においては各種の電磁石列のため位置と空間の両面において厳しい制限があり, 大きな実効排気速度の実現は極めて難しい. したがってビームダクト内の圧力を必要とされる値までに低くするには, 気体放出量を桁違いに小さくする努力と工夫が要求される.

気体放出の種類 高エネルギー粒子を扱わない真空装置における気体放出は「熱的気体放出」が主であり, 熱脱離と

呼ばれる過程に基づく. 加速器でも粒子加速を行わない状態では, 熱的気体放出が主である. 一方, 粒子加速器運転中に特有な気体放出は, ビームに起因する発熱による熱的気体放出に加えて, 熱エネルギーより高いエネルギー粒子がビームダクト壁に入射することによる非熱的脱離 (電子衝撃脱離, 光脱離, イオン衝撃脱離) に起因する「非熱的な気体放出」が起こる. 熱脱離の活性化エネルギーが数十meV であるのに対し, 非熱的脱離に関するエネルギーは数 eV から 100 eV 以上と大きく, ベーキングでは除くことができなかった表面層残留分子がエネルギーの高い粒子の入射によって脱離する.

a. 気体放出の種類；熱的気体放出

主要な熱的気体放出には, 真空装置壁などの表面に吸着している分子の脱離と, 表面下から拡散してくる分子の脱離がある. 表面に吸着している分子は排気されるまでに脱離と再吸着を繰り返すので, 気体放出量は単位時間の脱離量と単位時間の吸着量の差である. また排気しない状態では脱離と吸着がつり合って気体放出量はゼロであり, 排気することにより気体放出が起こる. このような振る舞いをする典型的な分子は「水」である. 排気によって, 表面に吸着している分子は脱離の活性化エネルギー E_d の小さいものから減少し, 分子の圧力 P とその圧力のときの気体放出量に主に関与している E_d とは

$$P \propto \exp(-E_d/kT) \qquad (9.11.9)$$

の関係がある.

表面温度を高くすることで表面吸着分子数を早く減少させる標準的手法は「ベーキング」として知られている. 加速器ダクト組み立て直後の残留気体の主成分は各部材表面に吸着している水分子である. 水の活性化エネルギーは $10 \sim 12$ kcal mol^{-1} と知られているが, その活性化エネルギーの分子を排気中の圧力を 250 ℃ ベーキング中と室温とで比較すると

$$\frac{P(250\,℃)}{P(27\,℃)} \approx 1.3 \times 10^3 \sim 5 \times 10^3 \qquad (9.11.10)$$

となり 250 ℃ ベーキング中の場合が何桁も高くなるので, ベーキングを行うことにより単位時間により多くの水分子を排気できる.

表面下から拡散して脱離する分子としては「水素」がよく知られている. 水素の気体放出は排気と無関係に起こり, 脱離した水素は再吸着しないので, 脱離量がそのまま気体放出量となる[4]. 水素の気体放出もベーキングによって減少する.

加速器運転中に発生する熱脱離 リングを周回する電子から放射されるシンクロトロン放射 (Synchrotron Radiation：SR) は, 放射光とも呼ばれる. 放射光の詳細については文献[5,6]を参照してもらうことにして, 真空系に関する内容に絞って記すことにする. 放射スペクトルは連続光である. スペクトル特性を表すのに臨界エネルギー (critical energy) E_c が用いられ, 電子ビームエネルギーを E_B [GeV], 偏向電磁石内の軌道半径を ρ [m] とするとき

$$E_c\,[\mathrm{eV}] = 2.218 \times 10^3 \times \frac{E_B{}^3}{\rho} \qquad (9.11.11)$$

と与えられる.

リング 1 周あたりの放射光のパワー P [W] は電子ビーム電流を I_B [mA] とするとき

$$P\,[\mathrm{W}] = 88.5 \times \frac{E_B{}^4 I_B}{\rho} \qquad (9.11.12)$$

である[5].

2.5 GeV, 500 mA の KEK の放射光リング (PF) ではビームダクトに照射される単位長さあたりのパワーは 3.6 kW m^{-1}, KEK B-ファクトリー (KEKB) の LER (e$^+$；3.5 GeV, 2.6 A) では 14.8 kW m^{-1} にもなる. 熱伝導の悪いステンレス鋼では照射部の外側を水冷してもこの放射光パワーを受け止めることはできず, 表面温度は溶融するまでになる. アルミ合金ダクトの外周部に冷却水路を設ければ溶融には至らないが, アルミ合金ダクトの機械的温度特性から $150 \sim 180\,℃$ 以上に温度が上がることは避けなければならない. KEKB ではこの放射光のパワーを受け止めるために, 熱伝導と高温特性がアルミ合金よりも優れている無酸素純銅をダクト素材に採用している.

ウェーク場による発熱 ビームダクトの断面形状が不連続に変わる箇所をバンチした電子が通過する際には, ウェーク場という電磁場が誘起される. 具体的にはビームダクトにベローズやゲートバルブなどが接続されている場所や, ビームダクトの断面の大きさが変化する場所である. 多くの場合, ウェーク場はダクトを通って拡散していくが, 部品の構造によっては発生した電磁場のエネルギーが定在波として停留することもある. ウェーク場を発生することによるビームのエネルギーロス P_{loss} [W] は, バンチ内の電荷 q [C], 電流 I [A], およびロスファクター k [V C^{-1}] により

$$P_{loss} = kqI \qquad (9.11.13)$$

と表せる. ロスファクター k は幾何学的構造の不連続が大きく, またバンチ長が短くなるほど急速に大きくなるので, 小さな k 値となるような構造上の工夫が求められる.

ウェーク場の影響が特に深刻なのが, 可動機構を持つベローズとゲートバルブである. ベローズの場合, ウェーク場の底流を避けるために, ビームから見える内部にダクトの断面形状を維持しつつベローズの変形に対応できる RF ブリッジと称される構造を組み込む. 図 9.11.1 に KEKB LER で使用されたベローズの構造を示す. 図におけるコンタクトフィンガーがフレキシブルな RF ブリッジを形成している.

ゲートバルブの開口部にも RF ブリッジに相当する同種の構造を取りいれる. このような対策は多くの電子加速器で行われてきている. ウェーク場が RF ブリッジのフィンガーの隙間からベローズ内に漏れ出すと, ベローズを発熱させ真空リークに至ることがある.

バンチ長が 10 mm 以下になるとダクト同士を接合するフランジ間の隙間でもウェーク場がトラップされることに

図 9.11.1 KEKB LER の標準ベローズ．コンタクトフィンガー（Contact finger）が RF ブリッジを形成し，スプリングフィンガー（Spring finger）は，コンタクトフィンガー接触部の圧力を保証している．

よる発熱が問題となる．超高真空領域で一般的に用いられているナイフエッジ型 ICF フランジと銅ガスケットの組み合わせでは 2 mm 強の隙間がフランジ間にあり，この点で不適切である．ガスケット内法寸法とダクト内法寸法が同一でかつ超高真空やベーキングに耐えるシール方式（MO 型フランジ・ガスケット）[7]が KEKB で試験され，実用に供されている．

b．気体放出の種類；非熱的気体放出

非熱的脱離には，放射光によって引き起こされる光脱離，光電子や残留気体のイオン化によって生じた電子による電子衝撃脱離，イオン化された残留気体がダクト壁に入射して起こるイオン衝撃脱離などがある．非熱的脱離により放出される気体は，水素，一酸化炭素，二酸化炭素，メタンがおもな成分であり，水はほとんど放出されない．一酸化炭素，二酸化炭素，メタンがダクト壁に吸着する確率は小さいので，非熱的脱離の場合，脱離量を気体放出量と考えることができる．

放射光子数と光脱離　残留気体分子や吸蔵気体分子が存在する表面に放射光が入射すると光脱離（photo-desorption）と称される気体放出が起こる．放射光の全光子数 N_p^* [photons s^{-1}] はリング 1 周あたり

$$N_p^* = 8.08 \times 10^{17} E_B I_B \qquad (9.11.14)$$

と与えられる[4]．リング内のダクト表面に入射する光子数はビーム軌道とダクト表面の位置関係によって決まり，一般に一様ではない．光子照射による脱離量は，光脱離係数 η [molecules photon^{-1}] を用いて評価される．光脱離係数はダクトの材質，表面の清浄度，放射光のエネルギーや入射角などに依存する．ダクト単位長さあたりの気体放出量 q_p [Pa m^3 s^{-1} m^{-1}] は，光脱離係数，ダクトの単位長さあたりの照射光子数 N_p [photons s^{-1} m^{-1}]，前述の変換係数 K を用いて

$$q_p = \frac{1}{K} \eta N_p \qquad (9.11.15)$$

となる．N_p は I_B に比例するので，光脱離がある場合，リングの圧力は蓄積電流に比例して変化する．

加速器での光脱離は，光子による直接の脱離よりはむしろ放射光照射によって発生した光電子よる脱離が主であると考えられている．したがって単位長さあたりの気体放出量は

$$q_p = \frac{1}{K} Y_e \sigma N_s N_p \qquad (9.11.16)$$

と書き直すことができる．ここで Y_e [photoelectron photon^{-1}] は光電子イールド，σ [m^2] は電子衝撃脱離の脱離断面積である．N_s [molecules m^{-2}] は光子照射領域に存在する単位面積あたりの分子数であり，照射表面の吸着分子だけでなく光の侵入深さに応じた表面層内に存在する分子数である．式（9.11.15）と比較すると光脱離係数 η を

$$\eta = Y_e \sigma N_s \qquad (9.11.17)$$

と表すことができる．Y_e や σ は物性として定まる量である．加速器の運転において光脱離係数 η は光照射の積算量に応じて小さくなるが，その理由は上式から明らかなように「表面層内の分子 N_s が減少し表面層が清浄になる」と理解できる．

リングダクト内部の光脱離　リングダクトに放射光が入射すると一部は入射点でダクト素材中に侵入し光電子を発生させ光脱離を引き起こすが，残りは入射表面で反射し入射点以外の位置で光脱離を引き起こす．反射率はダクトへの入射角，入射光のエネルギー，材料に依存する．ダクト断面で見ると，軌道面（の片側）は直射光にさらされるが，それ以外は反射光にさらされることになる．η は照射光子数 N_p の積分値 $D = \int N_p dt$ に

$$\eta \propto D^{-0.5 \sim -1.0} \qquad (9.11.18)$$

のように依存して減少することが多くの電子加速器で経験されている．ダクト断面の η が初めは一様であったとしても軌道面にある直射部は速やかに涸れるのに対し，反射光入射範囲では光子数もエネルギーもともに小さいため涸れは緩やかとなる．リングダクトで圧力上昇から評価される光脱離係数 η の減少は反射光領域の清浄化（N_s の減少）も反映していると考えてよい[8]．

図 9.11.2 に実際の加速器における光脱離係数の変化を示す．この図における光脱離係数はいわばリングにおける平均値で，リングの圧力上昇の平均 ΔP_{AV} から

$$\eta = K \Delta P_{AV} \frac{\langle S_d \rangle}{\langle N_p \rangle} \qquad (9.11.19)$$

によって評価したものである．ここで，$\langle S_d \rangle$ は分布排気速度の平均，$\langle N_p \rangle$ は単位長さあたりの光子数の平均である（式（9.11.33）参照）．運転初期には KEKB で $P_{AV}/I_B = 10^{-2}$ Pa A^{-1}，PF で $P_{AV}/I_B = 10^{-3}$ Pa A^{-1} と大きな圧力上昇があるが，運転とともに減少し運転電流の積分値が 10^4 A h に達するとどちらも $P_{AV}/I_B = 10^{-7}$ Pa A^{-1} にまで減少し，η の値も 10^{-7} に達している．

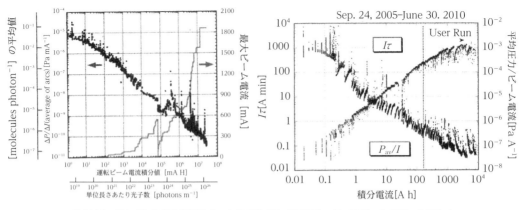

図9.11.2 リングにおける光脱離イールドの例(左:KEKB[9],右:PF[10],I_τはビーム寿命.)

極低温コールドボアでの光脱離(LHC, SSC) 光脱離はおもに電子リングで問題となるが,エネルギーの高い陽子リングでも問題になることがある.そのような大型陽子加速器としては,1993年に建設中止となった米国のSuperconducting Super Collider(SSC)計画,2010年からCERNで稼動しているLarge Hadron Collider(LHC)計画がある.いずれも超伝導電磁石を用いた加速器で,ビームダクトはヘリウム温度のコールドボアとなっている.

SSCでは陽子を20TeVまで加速すると数百eVの臨界エネルギーを持つ放射光が発生し,アルミ合金製ビームダクト内を照射して内壁全面が光脱離の対象となるが,クライオ面から光脱離した気体分子をクライオ面が排気すると考えられた.一方,LHCではコールドボアの内部に同芯状にスリーブを挿入し,スリーブに排気孔となるスリットを多数開けた.放射光はスリーブを照射して光脱離を起こすが脱離気体はスリットを通過してその外側にあるコールドボア表面に吸着凝縮する.凝縮層を放射光が照射することはなく凝縮空間と放射光照射空間を分離したことによってビームクリーニング過程は室温の加速器の場合と同様に進行すると考えた[11].

試料からの光脱離 光脱離を詳細に測定する場合に,処理条件などを明らかにした試料を真空容器に収め,放射光を導いて光脱離を測定する実験が行われる.試料からの光脱離と反射した放射光による容器などからの光脱離を区別した測定が不可欠であるが,各種材料の表面処理および入射角によって光脱離係数 η の値が異なることが明らかとなった[12,13].いずれの試料でも η の積分照射光量 D に対する変化は $D^{-0.5} \sim D^{-1.0}$ に比例する例が多い(図9.11.3).

電子衝撃脱離 電子がダクト表面に入射した際,表面に吸着している気体分子がイオンとして脱離するイオン化脱離断面積は分子の種類に依存するが,$10^{-24} \sim 10^{-22}\,\mathrm{m}^2$ であるのに対し,中性気体として脱離する脱離断面積は $10^{-22} \sim 10^{-20}\,\mathrm{m}^2$ とおよそ2桁大きい.

イオン衝撃脱離 ダクト表面にイオンが入射するとイオン衝撃脱離(ion bombardment desorption)が起こる.イオ

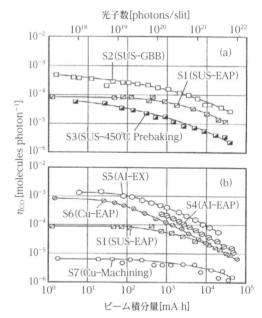

図9.11.3 照射試料として各種金属材料およびそれらの表面処理による一酸化炭素COの光脱離係数 η_{CO}

ンの入射エネルギーによって引き起こされる現象は大きく異なったものとなる.イオン衝撃によってダクト壁を構成する原子が弾き飛ばされる現象はスパッタリング(sputtering)と呼ばれる.希ガスイオン衝撃によるスパッタリング収率は50eVで 10^{-3},100eVで 0.7×10^{-1} 程度である.500eVでの Ar^+ のスパッタリング収率はおよそ1.0になり,数keVまでの範囲で緩やかに増加する傾向を示す.スパッタリングは気体放出も伴う.

加速器でのイオン衝撃脱離は,CERNのIntersecting Storage Ring(ISR)の例が知られている.ISRのリングの圧力はビームがない状態で 10^{-9}Pa半ばに達していたが,リングに数Aを超える陽子ビームを蓄積しようとしたところ,pressure bumpと呼ばれる異常圧力上昇

（～10^{-4} Pa）が起こった．この現象は，大電流陽子ビームが残留気体と衝突してイオンを生成し，そのイオンがビームの電位に反発されてダクト表面に入射するイオン衝撃脱離が原因であると理解された．この過程によるダクト単位長さあたりの気体放出量 q_i [Pa m^3 s^{-1} m^{-1}] はビーム電流を I [A] 圧力を P [Pa] として

$$q_i = \frac{I}{e}\sigma_i\eta_i P \tag{9.11.20}$$

と表すことができる．ここで e は単位電荷 [C]，σ_i はイオン化の断面積で典型的な値は 10^{-22} m^2，η_i はイオン1個あたりの放出分子数を表す．イオン衝撃脱離による気体放出量が，その場所の排気できる気体の量（その場所の分布排気速度を S_d [m^3 s^{-1} m^{-1}] として $S_d P$）に近づくと pressure bump が起こる．その閾値をビーム電流 I に対して表すと

$$I = \frac{eS_d}{\eta_i\sigma_i} \tag{9.11.21}$$

となる．超高真空が得られたダクトであってもダクト表面に多量の気体が吸着・吸蔵されているので，表面だけでなく表面層までも清浄にする必要性が認識され，放電洗浄（希ガスイオン衝突による表面層不純物原子の除去）を施すこと（つまり η_i の値を下げること）で pressure bump の発生する電流の閾値を上げ，pressure bump を逃れることに成功した[14]．

J-PARC 主リングでは，軌道から外れた陽子がダクト壁を貫通する際に発生する熱による熱的気体放出のほかに，ISR と同様のメカニズムによるイオン衝撃脱離，ビームロスなどにより生成された二次電子が陽子バンチに捕獲され，バンチ通過後にダクト壁に入射する電子衝撃脱離等の非熱的気体放出がある．1年間の運転における電流あたりの圧力上昇 $\Delta P/I$ を，総電荷量（通過電荷量）[C] に対してプロットしその減少傾向を見ると，運転初期の 10^5 C 以下の領域では総電荷量の $-1/2$ 乗で減少しているが，安定した大出力運転が継続している 10^6 C を超えた領域では -1 乗で減少している．$\Delta P/I$ の大きさとこの傾向は各年度とも再現性がある．将来ビーム強度を3倍に増強しても同様であると想定できる．また pressure bump に関しては，運転電流が将来にわたって pressure bump の発生する条件を満たすことはないと考えられている[15]．

9.11.3　真空を達成する方法

a. 実効排気速度の確保

多くの加速器は，ビームダクトが連なる真空系である．そのような系内の任意の位置での実効排気速度 S_e は取り付けられたポンプの排気速度 S_0 とその位置までのダクトのコンダクタンス C に依存する．

配管のコンダクタンス　配管のコンダクタンス C は気体流量 Q，配管の両端の圧力差 ΔP から $C = Q/\Delta P$ と定義されている．気体の流れは平均自由行程 λ と管の代表的寸法（ここでは管径 D）で決まるクヌーセン数（$Kn = \lambda/D$）

の大小によって流れの性質が変わり，粘性流（$Kn < 0.02$），中間流（$0.02 < Kn < 0.3$），分子流（$0.3 < Kn$）と区分されている．大気圧からの排気が進み，加速器内部が分子流領域になっているときのコンダクタンスについて説明する．分子流領域での一様な断面を持つ長いダクトのコンダクタンス C は管の断面積を A [m^2]，気体分子の熱運動の平均速度を $\bar{v}$ [m s^{-1}] とすると

$$C = \frac{1}{4}\bar{v}A\alpha \tag{9.11.22}$$

と与えられる．α はビームダクトの形状と長さ L [m] に依存する．具体的に例を示すと

円形断面（半径 a [m]）：

$$\alpha = \frac{8}{3}\frac{a}{L} \tag{9.11.23}$$

楕円断面（短径 a [m]，長径 b [m]）：

$$\alpha \cong 0.856\frac{a}{L}\ln\left(4\frac{b}{a} + \frac{3}{4}\frac{a}{b}\right) \tag{9.11.24}$$

矩形断面（幅 w [m]，高さ h [m]，$h < w$）：

$$\alpha \cong \frac{16}{3\pi^{3/2}}\frac{h}{L}\ln\left(4\frac{w}{h} + \frac{3}{4}\frac{h}{w}\right) \tag{9.11.25}$$

などである[16]．コンダクタンスは配管の長さに反比例する．定義からわかるようにコンダクタンスの単位は，排気速度の単位と同じである．

実効排気速度　ダクトの各位置 x での実効排気速度 $S_e(x)$ は，ポンプ固有の排気速度 S_0 とポンプからその位置までのコンダクタンス $C(x)$ に

$$\frac{1}{S_e} = \frac{1}{C} + \frac{1}{S_0} \tag{9.11.26}$$

と関係付けられ，

$$S_e = \frac{S_0 C}{S_0 + C} < S_0, C \tag{9.11.27}$$

と定まる．これを応用して，長さ L の配管の両端と配管途中の位置 x（$0 < x < L$）にポンプが付いている場合の x における実効排気速度 $S_e(x)$ を求める．位置 $x=0$ のポンプの排気速度を S_0，このポンプから x までのコンダクタンスを $C(x)$，$x=L$ のポンプの排気速度を S_1，x からそのポンプまでのコンダクタンスを $C(L-x)$，位置 x のポンプの排気速度を S_x とすると実効排気速度は

$$S_e(x) = \frac{S_0 C(x)}{S_0 + C(x)} + \frac{S_1 C(L-x)}{S_1 + C(L-x)} + S_x \tag{9.11.28}$$

となる．両端のポンプの排気速度に比べて，両端までのコンダクタンスが十分小さいときには，上式は

$$S_e(x) \approx C(x) + C(L-x) + S(x) \tag{9.11.29}$$

と近似される．

局在ポンプ　加速器のビームダクトは断面を電磁石の口径で制限されるため，ダクトのコンダクタンスは小さくならざるを得ない．式（9.11.27）からわかるようにポンプが局在している場合，ポンプから離れた場所での実効排気速度 S_e は，ポンプからの距離に反比例して小さくなるコンダクタンスによって制限される．

局在ポンプのなかで粗排気用ポンプとして用いられる気

体移送式ポンプとしては，ターボ分子ポンプ，ドライポンプ，油回転ポンプなどがある．主排気ポンプの多くは気体溜め込み式ポンプであり，クライオポンプ（CP），チタンサブリメーションポンプ（TSP）（チタンゲッタポンプともいう），スパッタイオンポンプ（SIP）などが用いられる．

SIP の放電電流は圧力と排気速度の積で決まるので，圧力が高い領域での SIP の使用は電源の放電電流容量によって制限される．KEK-PS では粗排気ポンプ近傍の SIP をまず立ち上げ圧力が下がるのを待ち，次々とその隣の SIP を動作させる方式を編み出し，排気を行った[17]．

分布排気ポンプ 式 (9.11.29) からわかるように，比較的小さな排気速度を持つポンプであっても，ダクトに沿って多数配置すれば，コンダクタンスが小さいことは無視でき，ダクトに沿っての実効排気速度をポンプ排気速度の値に近づけることが可能となる．

DIP: 偏向電磁石の磁場を利用した分布排気イオンポンプ（Distributed Ion Pump: DIP）が分布排気に用いられることがある．偏向電磁石部ダクト内部に陽極（円筒形が多い）を上下に挟むように陰極（チタン板）を配置し，5～7 kV を印加するとダクトに沿ってイオンポンプを配置した状態となる．単位長さあたりの排気速度は $0.1\,\mathrm{m^3\,s^{-1}\,m^{-1}}$ 程度が得られる．

NEG ストリップ: 蒸着膜のような活性な膜をつくらなくても真空中で排気作用のある物質を NEG（non-evaporable getter）という．NEG を金属リボンにコートしたものは NEG ストリップと呼ばれ，ダクトに沿って配置することで分布排気ポンプが構成される．NEG ストリップは SAES Getters 社から，Zr-Al 合金を使用したもの (St-101) と Zr-V-Fe 合金を使用したもの (St-707) が商品として供給されている．ベースの金属リボンは幅 30 mm 厚さ 0.2 mm のニッケルまたはコンスタンタン（非磁性）である．このリボンの両面に約 70 μm の厚さに粉末状の NEG を圧接する．使用にあたって活性化処理（St-101 型では 750 ℃，30 min，St-707 型では 350～400 ℃，30 min）を施す．気体の吸着量増加に伴い排気速度が減少するので，必要に応じて再活性化が必要となる．CERN の Large Electron Positron Collider（LEP）の偏向電磁石ダクトでは，磁場が弱く DIP を組み込めないので代わりに St-101 を使用した．活性化直後の St-101 の排気速度は CO，CO_2 に対して $2\,\mathrm{m^3\,s^{-1}\,m^{-1}}$，$H_2$ に対して $0.8\,\mathrm{m^3\,s^{-1}\,m^{-1}}$，$N_2$ に対して $0.5\,\mathrm{m^3\,s^{-1}\,m^{-1}}$ であったと報告されている[18]．

ビームダクト内面に直接 NEG（Ti-Zr-V 合金）をスパッタリングによりコートすることも行われている[19]．

b. 気体放出機構に応じた放出気体低減手法

ダクト構造による光脱離の影響の低減 エネルギーの高い電子から放射される放射光は，軌道面垂直方向への角度ひろがりが小さいという特性がある[6]．ビームスペース内の光脱離量を小さくする方策として，放射光をビームスペー

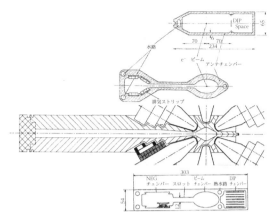

図 9.11.4 ビームダクト断面．上：PF（偏向電磁石部），中段上：APS，中段下：ALS（6極電磁石部）[20]，下：SPring-8（偏向電磁石部）[21]．

スの外に導き，アンテチェンバー（Antechamber，側室）というスペースを設けて放射光による気体放出に対処する構造が，1986年に Lawrence Berkeley National Laboratory（LBNL，旧 LBL）1～2 GeV 放射光リング Advanced Light Source（ALS）の設計のなかで提案された．図 9.11.4 中段の下に ALS の 6 極電磁石部のダクト断面を示す[20]．

ALS に続いて建設された Argonne National Laboratory（ANL）の 7 GeV 大型放射光リング Advanced Photon Source（APS）のビームダクトの場合，開口コンダクタンスの小さい並行平板でビームダクトとアンテチェンバーを接続し，かつアンテチェンバー内部には NEG を配置して放出気体を排気し，ダクト冷却水路も配置して発熱に対応した設計とした（図 9.11.4 中段上）．APS とほぼ同時期に建設された理研の SPring-8（8 GeV）においても類似のアンテチェンバー構造が採用された（図 9.11.4 下段）[21]．図 9.11.4 上段には比較のために，DIP を内蔵しているがアンテチェンバーを持たないダクトの例として PF リング（2.5 GeV）の偏向電磁石部ダクト断面を示した．

表面層の清浄化方法 気体放出の種類に応じた表面清浄化方法が選ばれる．熱脱離に対してはビームダクトの据付前ベーキングによる吸着分子の除去，現場（据付後）ベーキングによる除去が行われる．非熱脱離に対してはイオン照射による表面不純物原子のスパッタリングによる除去がある．しかし，この方法で除去される表面は表面層数原子から 10 原子層に限られる．それ以上の深さまで清浄にしようとするとスパッタされた金属原子が周囲の絶縁物表面に付着することもあるので注意が必要である．より深い表面層の清浄化には（同じエネルギーなら）イオンよりも侵入深さの大きい電子衝撃脱離，さらにそれ以上の表面深さまで清浄にするにはエネルギーの高い放射光（keV 領域）を用いることが考えられるが，除去できる表面層が少ないので，事前の清浄化は期待できない．

c. 加速器ビームダクト内の圧力分布と圧力測定

気体放出が圧力に依存しないときのダクト内部の圧力 気体放出が圧力に依存しないとき,例えば光脱離による気体放出の場合,ダクト単位長さあたりの気体放出量 q [Pa m³ m⁻¹] が与えられたときのビームダクト内の圧力分布は以下のような考えで求めることができる.いまダクト内の微小区間 $y \sim y+\Delta y$ にのみ気体放出 $q(y)\Delta y$ があり,他の箇所での気体放出はゼロとすると,位置 x でのこの気体放出による圧力上昇 $\Delta P(x)$ は一般に

$$\Delta P(x) = F(x,y) q(y) \Delta y \qquad (9.11.29)$$

と表すことができる.$F(x,y)$ は,x と y の間の真空ポンプの配置とダクトのコンダクタンスの分布によって決まる関数である.この関数が決定できればダクト内の圧力分布は

$$P(x) = \int F(x,y) q(y) dy \qquad (9.11.30)$$

と求められる.ここで積分は原則としてリング全周にわたって行う.

ダクトの分布排気速度 $S_d(x)$ [m³ s⁻¹ m⁻¹] を「単位量のダクト単位長あたりの気体放出 q_0 があるときの圧力の逆数」と定義すると

$$\frac{1}{S_d(x)} \equiv \frac{P(x)}{q_0} = \int F(x,y) dy \qquad (9.11.31)$$

と $F(x,y)$ によって求めることができる.平均圧力 P_{AV} は

$$\begin{aligned}P_{AV} &= \frac{1}{C_R}\int p(x)dx = \frac{1}{C_R}\iint F(x,y) dx\, q(y) dy \\ &= \frac{1}{C_R}\int \frac{q(y)}{S_d(y)} dy \\ &= \left\langle \frac{q(y)}{S_d(y)} \right\rangle \approx \frac{\langle q \rangle}{\langle S_d \rangle} \end{aligned} \qquad (9.11.32)$$

と表される.ここで C_R はリングの周長,〈 〉は平均値を表す.平均圧力は,ダクト単位長さあたりの気体放出量と分布排気速度の比の平均である.

現実のダクト内部の幾何学的条件を取り入れ,ダクト各点の有効排気速度 $S_e(x)$ を用いて1次元有限要素法により $F(x,y)$ を定め圧力分布を得るのは少々煩雑でもある[22].これに対し,昨今コンピュータの性能が高まったこともあり,ダクト内圧力を求める手法としてモンテカルロ法を加速器要素内の気体分子の運動に適用するプログラムがCERNのホームページで公開されている[23].ダクト内部の幾何学的構造をCADデータから直接取り入れることにより,複雑な形状や条件でも計算可能である.

図9.11.5にはPFリングのノーマルセルダクトについて行った光脱離気体放出による圧力分布の計算例を示す.負荷(照射光子数)および排気速度が場所ごとに異なる分布をとることから,ダクト内の圧力 $P(x)$ も複雑な分布となる.図に示した規格化した圧力 P の平均にダクト内部の光脱離イールド η の値とビーム電流値を乗ずればリング内の平均圧力 P_{AV} を求めることができる.

ビームエネルギーと蓄積電流の値が異なる各種の電子ストレージリング光源真空系の性能を評価する手法として,

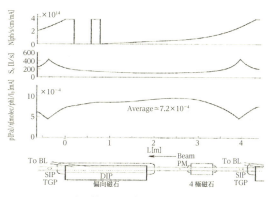

図9.11.5 p_h は光子数,I_B はビーム電流.molec は分子数である.圧力分布の計算例[22] 上段:負荷分布,中段:実効排気速度分布,下段:圧力分布.

ビーム寿命 τ が式(9.11.2)に示したように

$$\tau \propto 1/P_{AV} \sim \langle S_d \rangle / \langle q \rangle \propto \langle S_d \rangle / \eta I_B \qquad (9.11.34)$$

であるので,

$$I_B \tau \propto \langle S_d \rangle / \eta \qquad (9.11.35)$$

の大小を比較すれば,リング真空系の排気速度設計の適正さと,光脱離の大きさを決めているダクト材料・処理・構造の違いについて理解し評価できる.$I_B\tau$ の値の例を挙げると,十分な運転時間の後,PFでは20 A h,National Synchrotron Radiation Research Center (NSRRC) のTaiwan Light Source (TLS) では4 A h,などが得られている.しかし,衝突型リングや低エミッタンスリングではビーム寿命が真空だけの条件で決まるわけではないので,$I_B\tau$ によって真空系の特性を評価するのは適切でない.

加速器真空系の圧力計測 通常の真空装置の圧力計測に比べ,加速器のビームダクト内の圧力計測には課題が多い.すなわち

1) 真空計取り付け位置の確保
2) イオン電流検出への電磁場の影響
3) 光電子が真空計ヘッドに飛び込み誤信号となること
4) 真空計ヘッドと真空計回路との距離が長くなりノイズを拾いやすいこと
5) 数十〜数百個の真空計からの圧力信号を読み取り経時変化を表示・記録し続けること

などに対応しなければならない.加速器真空の状態を監視し記録する真空計の取り付け位置は,気体放出の大きな場所近くが望ましいが,各種電磁石配置などによって取り付ける空間を確保できない例が多い.また,真空計の圧力からビームダクト内部の圧力を求めるには,真空系からビームダクトまでのコンダクタンスを考慮した補正が不可欠である.

10^{-7} Pa以下の真空を信頼性高く測定するには熱陰極真空計(Bayard-Alpert gauge, Extractor gauge など)が適しているが,少なくとも3種類のケーブルが必要であり,制御・イオン電流検出回路を真空計ヘッドの近くに置く必要がある.冷陰極真空計(逆マグネトロン型)ではイオン

電流を読み出す高圧ケーブルが1本あればよいので大型真空系での真空計測に適している．しかし，放電モードにより放電電流と圧力の関係が線形でない特性があることや，炭素系の気体分子の吸着・解離による汚染があると圧力とは無関係の放電電流が流れることもあり，超高真空領域での計測には不確かさが伴う．真空計の較正と制御回路に工夫が必要である[24]．冷陰極真空計の汚染を避けるため，現場ベーキングを行い圧力が高くなる際には，ダクトに取り付けた冷陰極真空計の電源を切って，粗排気系に取り付けた真空計で圧力監視を行うことが勧められる．

放射光に起因する光電子や高電界による放射電子，さらにはウェーク場の一部が取り付けた真空計に侵入し，実際の圧力とは異なる値が示されることがある．このような事態は，L型の配管（エルボ）を二つ組み合わせて配置し，ビームから直接見えない位置に真空計を配置する，あるいはさらに，真空計までの配管の途中に小孔を多数空けた銅板を挟むことなどで改善できる．

洩れが発生した場合，洩れ箇所およびその周辺の真空が悪化するが，洩れ箇所を中心にして各真空計取り付け位置が遠ざかるにつれ圧力が減少するので，洩れのおおよその箇所の特定ができる．洩れが疑われる箇所がおおよそ特定できたとしても，ヘリウムリークディテクタをすぐに接続してよいとは限らない．ヘリウムリークディテクタの接続用の配管やバルブが超高真空条件を満たして保管・接続されないことが多く，リングへの接続に際して加速器本体を汚染してしまうことがある．このような懸念があるときは，ブタン気体およびヘリウム気体を疑わしい箇所に吹き付け，最寄の真空計の示度の変化を観察する．ブタンは比感度係数が大きく，ヘリウムは小さいので，真空計の示度の増大・減少の変化から（洩れ量の絶対値はわからないが）洩れ箇所を特定できる．

9.11.4 加速器に固有な真空関連技術（材料，構造など）

加速器に用いられてきた各種材料にはステンレス鋼（SUS），アルミ合金，無酸素銅，チタン，セラミックスなどがある．陽子シンクロトロンではステンレス鋼を用いることが多い．例としてはKEKの陽子シンクロトロン（PS），大阪大学核物理研究センター（RCNP）のK400リングサイクロトロン，J-PARCの主リング（MR），CERNのIntersecting Storage Ring（ISR）などがある．J-PARCのブースターリング（RCS）のように繰り返しの速いシンクロトロンではセラミックスダクトが採用されている．また小形の電子リングにおいてもステンレス鋼が用いられている．中規模以上の電子リング（ストレージ型，衝突型）では放射光パワーに対する冷却という観点から熱伝導に優れたアルミ合金や無酸素銅を用いる．アルミ合金を用いた例としてPF，KEKのTRISTAN，SPring-8，LEPなどがあり，無酸素銅を用いた例にはKEKのPF-AR，KEKB，SuperKEKBなどがある．

a. ステンレス鋼

ステンレス鋼SUS304が多くの加速器のビームダクトだけでなく，各種の真空コンポーネントに用いられている．非磁性を要求する箇所にはSUS316Lが用いられる．板材を丸めてパイプ状に溶接したもの，引き抜き加工のものがある．

ISR ISRではステンレス鋼のビームダクトを使用し，直径300mの大きなリング二つにおいて10^{-9} Pa半ばという当時としては驚くべき超高真空を達成させた．また900℃ベーキングによってステンレス鋼が軟化し，フランジの硬度が不足することを避けるため，窒素をドープしたステンレス鋼（SUS316LN）を開発し対応した．このステンレス鋼は現在では加速器以外でも広く用いられている．

K400リングサイクロトロン K400リングサイクロトロンの真空チェンバーは6個の扇形電磁石の真空槽とそれらの間を埋める3台の高周波空洞，3台のバレー箱（Valley Chamber, 低磁場に置かれる真空チェンバー）から構成され，直径は3mに及ぶ．真空槽はSUS316厚板製で高周波空洞はA1070製である．ビーム通路として3m×0.2mの開口を確保して各容器を接続する必要がある．特徴的な構造として，3台の高周波空洞と3台のバレー箱を半径方向に引き出せる構造とするという要求を満たすため，長さ約3m，高さ0.5m，一山の二重ベローズ構造（空圧式エクスバンションシール）を扇形電磁石の真空槽と高周波空洞およびバレー箱の間に挿入することでそれぞれを連結し，全体を真空一体構造となるようにした．大気圧から約10時間の排気でビーム加速が可能となる．ステンレス鋼製の大口径二重真空ベローズも含め健全な運転を維持している[25]．

J-PARCのMR MRは50 GeVシンクロトロンで120°アーク3ヵ所を3ヵ所の直線部で結ぶ配置構成で周長1 567mの大型真空系である．内径130 mmの円形断面（ほぼ円形も含む）のステンレス鋼SUS316L製ビームダクトによって周長の約95％を構成している．残りは磁性積層構造が真空内に収められたパルス電磁石真空槽からなる[26]．主排気は15～35 m間隔で配置されたイオンポンプで，排気ポート部での圧力はビームがない状態で$1×10^{-7}$ Pa以下となっている[26-28]．

b. アルミ合金

放射光を発生する電子リング真空システムに熱伝導に優れたアルミ合金がダクト材として使用されている．リングの直線部ダクトはA6063を用いて押し出し加工によって，要求されるダクト断面に合わせて成型される．必要に応じて，押し出し加工後熱処理で硬度を高める（例えばA6063-T5またはT6）．偏向電磁石部ダクトは，軌道半径ρが大きなリングでは押し出されたダクトを押し曲げ加工あるいは引っ張り曲げ加工によって整形し製作する．一方ρが小さいリングではアルミ合金板材A5052またはA5083を用い，切削溶接加工によって製作される．

PFリング，TRISTANリング アルミ合金製ダクトは

Stanford Linear Accelerator Center（SLAC）や Deutshes Elektronen-Synchrotron（DESY）など海外で用いられていたが，我が国では PF リング（周長 187 m）の約 65 % のダクトがアルミ合金で製作されたのが最初である．残りの範囲にあるダクトおよびフランジ，ベローズ，ビーム位置モニター（Beam Position Monitor : BPM）などは信頼性を考慮してステンレス鋼製とし，市販の真空部品を採用することにした．このような材料選択により，年間故障率は 2 % 以下に抑えた安定なユーザー運転を実現した[29]．PF 建設後，アルミ合金 A6063 を $Ar+O_2$ 雰囲気中で押し出すことにより熱的気体放出量をステンレス鋼と同等あるいはそれ以下にできる技術が開発され，ほとんどすべてがアルミ合金製という大規模アルミ合金真空システムが TRISTAN の入射リング（AR）および主リング（MR）に採用された[30]．

熱的気体放出という視点からはアルミ合金は適材であるが，アルミ合金真空系には漏洩放射線とアルミ合金製部品の信頼性に関して課題が生じた．TRISTAN の MR は最終的にはビームを 1.4 mA，30 GeV に加速した後，衝突実験を行っていたが，アルミ合金ダクトを透過する X 線・γ線がステンレス鋼製の真空系に比べ大きく，ケーブルなどに放射線損傷を引き起こした．

ダクトの肉厚は，大気圧による潰れ変形を無視できる厚さが必要で，横幅が 150 mm 程度のアルミ合金ダクトでは 6 mm 厚程度，径が小さい円形断面ダクトでは 4 mm 厚のダクトが用いられる．高輝度光源用電子ビームダクトでは，四極磁・6 極電磁石の磁極を電子ビームに近づけるためビームスペース断面は細いダクトになる．図 9.11.3 に示したようなアンテチェンバーダクトの横幅は必然的に広くなるため，大気圧によるダクトの潰れ変形量は大きく，ダクトの機械構造設計・製造に困難が生じ，工夫が不可欠である[31,32]．

c. 無酸素銅

無酸素銅の場合には押し出し時に接合界面が酸化し酸化層の厚みも厚くなりアルミ合金のように界面が接合しないため，ビームスペースだけの単室断面のダクトとして押し出し成型する．あるいは板材をダクト断面の半周分形状に押し出し成型して切削仕上げの後，それらを電子ビームで溶接してダクト形状につくり上げる[34]．いずれも冷却水路はダクト側面に U 字型断面の材を電子ビーム溶接して仕上げる．熱伝導率がアルミ合金の倍であり，耐熱温度はアルミ合金（＜200 ℃）より高く（～400 ℃），放射線シールド能力も高いことから，PF-AR[35]，KEKB とその発展型である SuperKEKB でダクト素材として大規模に採用されている．9.11.5 c「SuperKEKB 大電流リング」に具体的に記す．

d. チタン

チタンの単位面積あたり気体放出量については，従来のステンレス鋼やアルミ合金など真空材料に比べ 1～2 桁ほど小さい 5×10^{-13}（$Pa\ m^3/s$）/m^2 を得たという報告があ

る．チタン表面を精密化学研磨処理することによってチタン表面に数 nm の緻密なアモルファス酸化層を形成し，チタン材内部に溶融している水素が表面へ向かって拡散することに対してバリヤーの働きをさせたため，未処理のチタン表面からの気体放出量の 1/4～1/2 になったと説明されている[38]．

チタン材料は J-PARC の線形加速器，総延長数百 m のビーム輸送路ダクトなどに用いられている．Ti-6Al-4V 材は機械的特性がステンレス鋼以上に優れていて低放射化材料としての特性も有するので，ビームダクト，ベローズ，フランジに採用された[39-41]．また純チタン JIS class 1 はヤング率がステンレス鋼 SUS316 より小さいがベローズなどにも適用可能である．

e. セラミックス

J-PARC 主リングへの入射器である 3 GeV シンクロトロンは，加速・減速の繰り返しが 25 Hz の Rapid Cycle Synchrotron（RCS）であり，ダクトの渦電流の影響を避けるためにアルミナセラミックスをダクト素材に採用した．アルミナセラミックスは，抗折強度が 300 MPa 以上，純度 99.6 % 以上，密度 3.9 g cm^{-3} 以上の物性値を持つ．

ダクトへの製造工程は，焼成，研磨，アニール，メタライズ，Ni メッキ，洗浄，TiN コーティング，ろう付け，フランジ溶接という行程を経て行われ，アルミナセラミックスとろう付けされるフランジにはチタンを用いた．チタンフランジを付けたセラミックスダクトは，長さおおよそ 1500 mm の直線部ダクト（φ260 mm および φ377 mm）と長さ 3500 mm の偏向電磁石部ダクト（幅 245 mm×高さ 187 mm，偏向角 15°）である．偏向電磁石部ダクトは，長さ 1 m のセラミックスダクトの寸法精度を確保できる焼成方法を開発し，このユニットダクト端部を正確に研磨して 4 本を接合することで 1 本に仕上げた．ダクト全長にわたってビームのウェーク場のシールドとして銅板（幅 5～6 mm，厚さ 0.5～0.7 mm）を Mo-Mn 下地の上に付け，それらの端部はチタンフランジにコンデンサ経由で接続した．ダクト内部には TiN 被膜を 12 nm 以下の厚さに付け，50 時間の排気後の気体放出量は 1.2×10^{-8} Pa m^3 s^{-1} m^{-2} となった[36,37]．

なお，クライストロンと高周波導管との間にはセラミックスの窓が使用されるが，材料の詳細と製作方法，放電特性などは 10 章に記載されているので，ここでは省略する．

f. 使用に適さない材料など

加速器では放射線が発生するので，有機物は原則として使用できないと考えるのが正しい．特にポリ塩化ビニルやテフロンは周辺の腐蝕の原因となる．

フェライトは多孔質であるため吸蔵気体が多く，そのままでは真空装置に持ち込むことは避けなければならない．しかし，高電圧パルスを使用するフェライトは真空中に据付せざるを得ない．そのようなフェライトからの気体放出を減らすために，据付前に 450 ℃，48 時間の真空脱ガスを行い，据付後も 200 ℃ のベーキングを可能にすること

で対処する考えが試みられている[42].

9.11.5　加速器に特徴的な真空関連技術と性能

a.　ダクトの位置決め

ラティス設計図にしたがって正確に設置される各種電磁石に対して，ビームダクトも精度よく設置される必要がある．なぜならビームダクトは加速器全体にかかわる重要な要素であるからである．設置の基準点は，四重極および6極電磁石とそれらの近傍のBPMであり，さらには直線部に配置されている入射用パルス電磁石，高周波加速空洞，挿入光源である．

PFリング真空システムの設計にあたっては，位置決めを最初の要求事項に挙げてダクトの設計が行われた．放射光照射領域に含まれるステンレス鋼製のダクト，ベローズ，フランジへの直接の放射光照射を防止する放射光吸収体や，放射光を取り出すビームチャネルへの光取り出し窓は正確な位置に据付けられる必要がある．リング外周部光チャネル接合部での位置ずれや，ベローズを持たないセラミックスダクトのストレスによる破損事故はビームダクトが正確な位置に設置されることにより回避できる．ダクトの設置精度は，当初 ±1 mm 程度であったが，現在では精度～0.1 mm である．排気とベーキング，さらには運転中にダクト内壁を照射する放射光によるダクトの不均一な熱膨張に対しても，位置決め精度を維持できる方法を織り込んで設計・製作することが求められる．高輝度化の要求によって磁極とダクトの間の隙間は，現在では 0.5～1.5 mm 程度にまで小さくなり，工作および溶接精度だけでなく熱膨張の吸収対応が必須である．

b.　長尺ダクトの製造・据付精度

第3世代放射光源用リングでは DBA（Double Bend Achromat）あるいは TBA（Multi Bend Achromat）ラティスを採用している．DBA ラティスを採用する，台湾 NSRRC の Taiwan Photon Source（TPS）を例にとると，直線部，偏向部，直線部，偏向部それぞれのダクトを製作した後，溶接によって接合して長さ 14 m のダクト1式とした．ダクト材はアルミ合金である．偏向電磁石部ダクトは厚板切削加工と溶接によって，また4極と6極電磁石部，および挿入光源部ダクトは押し出し加工によって製造した．偏向電磁石，四重極電磁石，6極電磁石用ではそれぞれの磁極形状と配置位置に合わせてアルミ合金板材の外側を切削加工した．その精度は 0.05 mm 以下である．上側と下側の厚板同士の溶接は，溶接直後 0.8 mm，冷えた状態で 0.3 mm 以下に誤差を収めることを目標とした．14 m の長さに一体化されたダクトは，イオンポンプ，ゲッタポンプ，真空計，ゲートバルブを取り付けて排気し，真空性能を確かめる．その後のダクトを変形させないように移動し，真空状態を保ったまま電磁石に設置するために特殊な吊り下げジグを開発した．工作精度，溶接精度，搬入設置精度いずれもがこれまでにない高い精度である[43].

c.　SuperKEKB 大電流リング

KEKB 計画は陽電子 3.5 GeV，2.6 A，電子 8.0 GeV，1.2 A というエネルギーの異なるビーム同士の衝突実験を行う計画である．そのための衝突用加速器は B ファクトリーと呼ばれ，陽電子リング（LER），電子リング（HER）の二つのリングから構成される．系の排気速度としてそれぞれのリングで 0.1 m^3 s^{-1} m^{-1} 程度を確保できる排気系が要求される．LER ではカートリッジ型 ST 707 NEG ポンプ 0.2 m^3 s^{-1} を約 1 m ごとに 3000 台を配置している．HER ではカートリッジ型 NEG ポンプを配置できない 6 m の偏向電磁石部ダクトに 30 mm 幅の NEG ストリップを挿入している．両リングとも排気速度 0.2 m^3 s^{-1} のスパッタイオンポンプが約 10 m ごとに配置されている．これらのポンプにより，目標値に近い排気速度 0.07 m^3 s^{-1} m^{-1}（LER），0.06 m^3 s^{-1} m^{-1}（HER）を確保した．ダクトは現場でのベーキングは行わず，スパッタイオンポンプのみで 250℃，数時間のベーキング，また NEG については 450℃ で 1 時間の活性化を 10^{-3} Pa 以下の雰囲気で行い，ビーム入射前の圧力は 10^{-8} Pa を得た．真空系の性能として，電流あたりの圧力上昇 $\Delta P/I_\mathrm{B}$ および光脱離イールド η の結果は図 9.11.2 に示してある．

大電流運転では RF bridge を持つベローズやゲート弁にウェーク場侵入による発熱が見られた．また，ダクトの固定が十分でない箇所では，大パワーの放射光によってダクトが水平方向に変位し，近傍の BPM の設置位置が 10～100 μm ずれた．LER では，電子雲の発生抑制（放射光による光電子のビーム通路への侵入抑制，電子刺激脱離 ESD の抑制）が光脱離対策に加えての課題である[44,45].

KEKB のさらなる性能向上を目指した SuperKEKB ではいくつかの改善策が採用されている[46]．SuperKEKB のパラメータを表 9.11.1 に示す．KEKB の LER で用いられていた無酸素銅製のダクト（円形断面，単一ビーム空間）を大電流に耐えるダクトとして新設計のアンテチェンバー断面に変更した．バンチあたり 1.0～1.4 mA という高密度と 5～6 mm という短いバンチ長に対応するために，接合フランジもアンテチェンバー断面に合致させ MO フランジを採用し，接合面でのウェーク場発生を最少化した[47]．ベローズの RF bridge は新たに開発した「櫛の歯」構造の非接触型を採用する[48]．電子雲による LER でのビーム不安定性を抑制するため，二次電子イールドの小さい表面として 200 nm 厚の TiN 膜を LER のダクト内面に生成する．有効性が KEKB の LER で確認済みである[49]．LER ダクトは断面の両側にアンテチェンバーを設け，その一方は放射光をビームスペースの外で受けるために使い，他方を分布排気用の NEG を挿入する空間とした．HER ダクトは KEKB の再利用で，断面はレーストラックである．

d.　SPring-8

SPring-8 の蓄積リングは第3世代高輝度光源のなかでも 8 GeV，100 mA と世界最強の高輝度放射光源加速器である．周長 1436 m，セル数 48 からなり，セルは偏向電

9.11 加速器の真空

表 9.11.1[46] SuperKEKB のパラメータ

	LER（positron）	HER（electron）	Unit
ビームエネルギー	4.0	7.0	GeV
ビーム電流	3.6	2.6	A
周 長	3016		m
バンチ電流	1.44	1.06	mA
バンチ長	6.0	5.0	mm
軌道曲率半径（Arc）	74.68（arc）	105.98（arc）	m
ビームパイプ材質	Al-alloy（arc） OFC（wiggler）	OFC（arc）， OFC（wiggler）	
アーク部ビームパイプ半径（Arc）	ϕ 90＋Antechambers	Racetrack（50＋104） ϕ 50＋Antechambers	
主ポンプ（Arc）	NEG（strip）	NEG（strip＋cartridge）	
放射光全出力[a, b]	1.1（arc：2 200 m） 6.3（wiggler：300 m）	5.2（arc：2 200 m） 1.1（wiggler：100 m）	MW
放射光臨界エネルギー	1.9（arc） 9.2（wiggler）	7.2（arc） 17（wiggler）	keV
単位長さあたりの最大放射光電力	2.6（arc） 13（wiggler）	7.7（arc） 9（wiggler）	kW m^{-1}
単位長さあたりの最大平均光電力	0.56（arc）	2.6（arc）	kW m^{-1}
全光子数量	1.2×10^{22}（arc） 1.4×10^{22}（wiggler）	1.5×10^{22}（arc） 1.3×10^{21}（wiggler）	photons s^{-1}
平均光子数量	$\sim 5.5 \times 10^{18}$（arc） $\sim 4.7 \times 10^{19}$（wiggler）	$\sim 6.8 \times 10^{18}$（arc） $\sim 1.3 \times 10^{19}$（wiggler）	photons s^{-1} m^{-1}
単位長さあたり排気速度	~ 0.1（arc）	~ 0.06（arc）	m^3 s^{-1} m^{-1}
ビーム運転時の平均圧力[c]	$\sim 10^{-7}$		Pa
ビームなしのときの圧力	$\sim 10^{-8}$		Pa
静的脱離率	$< 10^{-8}$		Pa m^3 s^{-1} m^{-2}

a) Synchrotron Radiation
b) Wiggler parameters：LER：$\rho=15.48$ m，$\theta=11.2$ mrad，Total number＝672，HER：$\rho=45.52$ m，$\theta=7.6$ mrad，Total number＝72
c) η は 1×10^{-6} molecules photon^{-1} を仮定．

磁石2台，四重極電磁石10台，6極電磁石7台を基本構成とする．30 m の長直線部には，SPring-8 の特徴である挿入光源用アンジュレータが多数台配置される．標準的なアンジュレータ長は約 4.5 m であるが 25 m 長のアンジュレータも設置稼動している．真空封止型アンジュレータでは，ギャップの狭いアンジュレータ内部をリング真空と同等の圧力とするため，Nd Fe 系永久磁石材の表面に Ti N 処理を 5 μm 施して気体放出を低減し，排気には 0.125 m^3 s^{-1} の SIP を6台，0.5 m^3 s^{-1} のカートリッジ NEG を 12 台使用している[50]．

リングの真空ダクトはアルミ合金製（A6063-T5）で，真空封止アンジュレータの真空槽，排気系およびゲートバルブなどはステンレス鋼製である．偏向電磁石部ダクト（幅 305 mm，高さ 54 mm）はアンテチェンバー構造とし，リング内周側に DIP を，アンテチェンバー内に NEG ストリップを配置し，冷却水路をビーム路内側に2ヵ所とアンテチェンバー内に2ヵ所設けた．NEG ストリップは脱気体 200℃ と活性化 450℃ を施し，ビームなしの状態で系全体の圧力は 1×10^{-8} Pa 以下になった．ビーム電流で規

格化した圧力は，当初 $1 \sim 8 \times 10^{-4}$ Pa A^{-1} であったが，積分電流値が 10 A h の時点では $0.4 \sim 3 \times 10^{-5}$ Pa A^{-1} になった．放射光は，アンテチェンバーに取り付けた大口径ベローズを通してリング外に取り出し，リングダクトとは独立設置した銅合金製の光アブソーバーで受け止め，アブソーバーを収納する真空槽を大排気速度のポンプで排気している[33]．

e. 放射線損傷

放射線損傷 TRISTAN のアルミ合金製ダクトを透過した放射線は電磁石コイルやケーブルに損傷を与えた．また，トンネル内の空気を放射化して多量のオゾンを発生させ，対策が課題となった．放射線損傷軽減対策としてアルミ合金ダクト，ベローズ，バルブには鉛の薄板が巻かれたが，薄板の合わせ目からの放射線洩れを防ぎきれなかった[51]．一方，CERN の LEP では漏えい放射線を予測して，アルミ合金製ダクトにフランジなど溶接した後，ダクトを溶融鉛のプールに浸けて鉛を融着する方法で漏えい放射線対策を取り入れた．鉛融着の後，ダクトの加熱脱気体排気処理を行い，リング内に設置した．SPring-8 でも散乱 X 線な

どによる放射線損傷を経験し[52]，電子ビーム廃棄時にも放射線損傷が報告されている[53]．

アルミナセラミックスダクトの耐放射線性能についてのテストでは，陽子照射（12 GeV，10^{17} proton m^{-2}）では大きな影響はないが，ヘリウム照射（10^{20} He m^{-2}）ではアルミナ酸素欠陥中の電子状態に変化が認められた．2.5 GeV 電子線を 1 000 MGy 照射したテストでは強度に大きな変化は認められなかった[37]．チタン合金の放射線に対する特性については文献[54]を参照してほしい．

透過放射光による腐蝕　ステンレス鋼，アルミ合金，無酸素銅は加速器で用いられる主要な材料であるが，エネルギーの高い光子は材料の吸収係数によってはこれら金属材料を透過し，放射線損傷を引き起こす．ステンレス鋼は熱伝導が悪いため，水冷されたステンレス鋼配管でも照射面温度が高くなり，3 元合金中に含まれる炭素や硫黄の拡散移動や元素構成比が変化し，ついには表面から溶融して水漏れ事故となった例がある[55]．水冷されたアルミ合金や無酸素銅では照射面が溶融することはないが，エネルギーの高い光子は材料を透過し冷却水側にまで達する．透過光子と冷却水との化学反応により透過した軸上の金属に腐蝕が起こって材料の肉厚が減じ，冷却水の漏えい事故になった例がある[56]．高エネルギー光子を受ける部品では，材料の光子吸収係数および肉厚に注意を払うだけでなく，透過軸上には冷却水を配さず軸の側面からの熱伝導で冷却するなどの注意が必要である．

f. ERL の極高真空電子銃

エネルギー回収型リニアック（Energy Recovery Linac：ERL）は，時間幅がサブピコ秒領域の放射光を供給できる新世代の加速器である．

ERL 加速器の電子銃は，時間幅の極短い高輝度の電子を連続して発生させることが必須であり，カソード面はNEA 表面（負の電子親和力を持つ表面）の採用が予定されている[57]．カソードから飛び出した高密度に圧縮された電子群の通過によって残留気体分子がイオン化され，カソード面に衝突してデリケートな NEA 表面に損傷を与えカソード寿命を決めてしまう．しかも必要とされる電子電流が 10 mA と大きいためカソード損傷も大きく深刻である．イオン衝撃によるカソード損傷を少なくするには 10^{-10} Pa 以下の真空が必要と見積もられている．さらに 500 kV の加速電圧を印加しても放電しない材料とその表面仕上げの達成が不可欠であり，ERL 加速器電子銃にとって「極高真空」環境は必須である．チタン合金製電子銃容器，ベーキング可能なクライオポンプ，大容量 NEG ポンプ，気体放出の小さな真空計を採用することによって 10^{-10} Pa 以下の真空を得た．

高輝度大電流を発生させる ERL 用電子銃の真空条件は電子ストーレジリング真空系の真空条件とは本質的に異なり，材料・表面処理，排気ポンプ，圧力計測のすべてにおいて最新の極高真空技術が不可欠である[58-60]．

参考文献

1) 鎌田　進：KEK Report 79-28 (1979).
2) 堀越源一：真空 16 51 (1973).
3) 斉藤芳男：真空 49 453 (2006).
4) F. Watanabe：J. Vac. Sci. Technol. A 19 640 (2001).
5) O. Gröbner, et al.：Vacuum 33 397 (1983).
6) A. A. Sokolov, I. M. Ternov："Synchrotron Radiation" Pergamon Press Ltd. (1968).
7) Y. Suetsugu, et al.：J. Vac. Soc. Japan 58 150 (2015).
8) M. Kobayashi, et al.：J. Vac. Sci. Technol. A 5 2417 (1987).
9) Y. Suetsugu, et al.：J. Vac. Soc. Japan 49 739 (2006).
10) Photon Factory News 28 (2) 5 (2010).
11) J. M. Jimenez：Vacuum 84 2 (2009).
12) S. Ueda, et al.：Vacuum 41 1928 (1990).
13) Y. Hori, et al.：Vacuum 44 531 (1993).
14) R. S. Calder.：Vacuum 24 437 (1974).
15) M. Uota, et al.：J. Vac. Soc. Japan 57 111 (2014).
16) J. M. Lafferty ed.："Foundations of Vacuum Science and Technology" John Wiley and Sons (1998).
17) 堀越源一：真空 16 51 (1973).
18) LEP Vacuum group："Proc. IX IVC-V ICS" 273, Madrid (1983).
19) C. Benvenuti：J. Vac. Sci. Technol. A 19 2925 (2001).
20) "1-2 GeV Synchrotron Radiation Source, Conceptual Design Report" 79 LBL (1986).
21) 渡邊　剛，ほか：真空 40 861 (1997).
22) M. Kobayashi："Proc. Asian Accelerator School (Beijing, Nov. 1999)" 150-169. World Scientific (2002).
23) http://test-molflow.web.cern.ch/
24) 谷本育律，ほか：J. Vac. Soc. Japan 46 437 (2003).
25) 清水　昭：真空 32 145 (1989).
26) M. Uota, et al.：Proc. Particle Accelerator Society Meeting. 974 (2009).
27) Y. Saito, et al.：Vacuum 86 817 (2012).
28) 魚田雅彦，ほか：J. Vac. Soc. Japan 57 111 (2014).
29) PF Activity Report 2003, Accelerators PF Ring, p96.
30) 石丸　肇，ほか：真空 28 867 (1985).
31) J-R. Chen, et al.：J. Vac. Soc. Japan 49 748 (2006).
32) H-C. Hseuh, et al.：J. Vac. Soc. Japan 52 265 (2008).
33) 森本佳秀，ほか：真空 33 261 (1990).
34) Y. Hori, et al.：J. Vac. Sci. Technol. A 12 1664 (1994).
35) 谷本育律，ほか：J. Vac. Soc. Japan 46 437 (2003).
36) 壁谷善三郎，ほか：J. Vac. Soc. Japan 49 343 (2006).
37) M. Kinsho, et al.：J. Vac. Soc. Japan 49 728 (2006).
38) 栗巣普揮，ほか：真空 50 41 (2007).
39) 森本佳秀，ほか：真空 47 375 (2004).
40) 斉藤芳男：J. Vac. Soc. Japan 49 453 (2006).
41) 神谷潤一郎，ほか：真空 48 321 (2005).
42) 荻原徳男，ほか：J. Vac. Soc. Japan 56 159 (2013).
43) "Taiwan Photon Source Design Handbook" 3.7-1, 3.7-32 (2009).
44) Y. Suetsugu, et al.：Rev. Sci. Instrm. 67 2796 (1996).
45) Y. Suetsugu, et al.：J. Vac. Soc. Japan 49 739 (2006).
46) SKEKB Design Report (2014), chap. 9, unpublished.
47) 末次祐介，ほか：J. Vac. Soc. Japan 48, 106 (2005).；49 135 (2005).；53 144 (2010).
48) 末次祐介：J. Vac. Soc. Japan 54 79 (2011).
49) 柴田　恭：J. Vac. Soc. Japan 52 99 (2009).
50) 北村英男：真空 48 97 (2005).

51) 百瀬　丘, ほか：真空 32 136 (1989).
52) 大石真也, ほか：真空 49 132 (2006).
53) 依田哲彦, ほか：真空 48 103 (2005).
54) 神谷潤一郎：J. Vac. Soc. Japan 56 167 (2013).
55) PF Activity Report, 99 (2006).
56) M. Shoji, *et al.*：Vacuum 84 738 (2009).
57) 山本将博：J. Vac. Soc. Japan 55 37 (2012).
58) B. Dunham, et al.：Appl. Phys. Lett. 102 034105 (2013).
59) N. Nishimori, *et al.*：Appl. Phys. Lett. 102 234103 (2013).
60) 山本将博, ほか：第 11 回日本加速器学会年会プロシーディングス, 555-559 (2014).

9.12　ビーム診断技術

9.12.1　概論

　目的に応じて最適化, 細分化された様々な診断方法および診断装置があり, また日々進歩している. 測定対象となるビームは, 電子・陽電子, 陽子, イオン, μ粒子, 光, 中性子などが挙げられる. ビーム・エネルギーは, eV から TeV にまで及ぶ. 粒子数は, 1 個から 10^{14} 個を超える領域まで及ぶ. 測定の目的である物理過程により, 1) ビームとの電磁気的な相互作用 (DC からマイクロ波程度まで. X 線, γ 線は後述 2 に含める) を利用する方法, 2) ビームと物質との相互作用を利用する方法に大別される. 後者の検出器の詳細は 18 章「量子検出器とその応用」を参照のこと. また, 測定対象であるビームにほとんど影響を与えない非破壊測定, 測定後にビームの物理量を大きく変えてしまう破壊的測定という観点もある.

　一般的な診断装置としては, おもな測定対象によって, ビーム電流モニター, ビーム位置モニター, ビーム損失モニター, プロファイルモニター, バンチ形状モニターと呼ばれる測定装置がある. 設計上の重要な条件は以下の事項である：

・破壊的診断か, 非破壊的診断か,
・測定したい時間構造 (バンチ内構造・バンチごと・周回ごと・DC 的構造),
・測定範囲 (dynamic range), 確度 (accuracy)・精度 (precision).

診断装置は概ね, 検出器 (センサー), 信号処理回路, 制御装置 (遠隔操作, データ保存・処理など) からなる.

　ビームのチューン測定では, キッカーによりビーム振動を引き起こし, その振動を BPM (Beam Position Monitor) で測定する (高感度検出ではキックなしの場合もある). 必要に応じて, 検出器・アクチュエーター (キッカー)・コントローラーからなるフィードバック系を構築し, ビーム不安定性抑制を図る. また, 人員安全確保のためのシステム (Personel Protection System：PPS), 機器保護システム (Machine Protection System：MPS) に検出器が組み込まれる場合は, 必要に応じて 2 重化されたシステ

ムを構築, 定期的な較正が必要となる. さらには *in situ* の較正方法も重要である.

　ビーム診断で扱う信号のパワーは通常, 数 nW ～数十 mW であるが, 加速器で使用される大電力機器の扱うパワーは数百 kW ～数 MW に及ぶ. ビーム自身のパワーも数百 kW ～数 MW になる場合がある. それらの 1ppm の漏えいでも 0.1 ～ 1 W 程度となり, 診断系に重大な悪影響を及ぼす. これらのいわゆる Electromagnetic Compatibility (EMC) や Electromagnetic Interference (EMI) の問題も, 加速器の建設段階から考慮することが望ましい. また必要に応じてノイズ対策を施すことが重要である (10.5「各種シールド技術」参照).

　ビームに伴う電磁波を検出するモニターは, 通常, 真空ダクトの導波管モードのカットオフ以下の周波数で使う. しかし, パイプの段差によって発生する HOM が信号に悪影響を及ぼすことがあるので注意を要する.

　検出器, 前置信号処理回路, 信号伝送系は, 放射線環境下に置かれるので, 耐放射線性を考慮することも重要になる. また, 超伝導電磁石などのクライオスタット内の低温環境下の診断装置については, 使用材料・温度変化に関する特段の考慮が必要になる.

　詳細については, ビーム診断装置に関する国際会議[1-3], 加速器スクール[4-6]での発表, ハンドブック[7]およびそれらの References が参考になる.

　診断装置の入手方法は, 自ら設計・製作する場合から, 検出器・処理回路の専門のメーカーから市販品を購入する場合まで, 状況に応じて決められる.

　施設, 国, 地域で, 装置の名称・略称が異なることがある. また, 同じ「Fast Current Transformer (FCT)」であっても, 加速器のビーム時間構造によって, 例えば加速高周波が数 MHz の加速器で, 数十 MHz の帯域周波数の FCT が, 加速高周波が数百 MHz の加速器では, 「Slow Current Transformer」ということもある. 文献の参照, 他者とのコミュニケーションでは, 上記の点にも配慮が必要である.

9.12.2　モニター

ビーム電流モニター

破壊的測定器のファラデーカップ, 非破壊的測定器の ACT (Alternating Current Transformer, 交流トランス), DCCT (Direct Current Current Transformer, 直流変流器), 壁電流モニター (Wall Current Monitor：WCM), 静電モニター (Electrostatic Monitor：ESM) が一般的に使用される. 超高感度が要求される用途では, SQUID (Superconducting Quantum Interference Device) を利用した電流モニターも使われる. また, 遅い取り出し用のビーム輸送ラインでは, 二次電子放出モニター (Secondary (electron) Emission Monitor：SEM) も使用される.

　ファラデーカップは, 荷電粒子ビームを金属あるいはグ

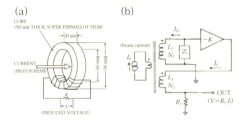

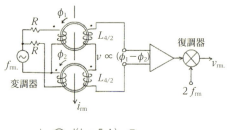

図 9.12.1 (a) ACT の構成，(b) 帰還型 CT の等価回路

ラファイト製の「カップ」で受け止めて，積分された電荷を電流計によって測定するものである．ビームをカップ内ですべて受け止めて，さらに二次電子が逃げるのを阻止することが必要である．そのために，電子を閉じ込める形状を採用し，さらに，カップにバイアス電圧を印加する．ビームパワーが大きい場合は，冷却が必要である．測定の周波数帯域を広げるためには同軸構造を取る．ビームパワー 1 kW 程度，周波数 1 GHz 程度までの実例がある．

ACT は，一次巻線をビーム，二次巻線を検出コイルとする変流器 (Current Transformer : CT) である (図 9.12.1 (a))．コア材としては，フェライトあるいはアモルファス合金などの強磁性体が使用される．全系を受動素子のみから構成する場合と，能動素子を付加して周波数帯域幅を広げる場合がある．コアのインダクタンス L と負荷抵抗 R が，システムの周波数特性を決定付ける．

$$V(\omega)=\frac{j\omega/\omega_L}{1+j\omega/\omega_L}\frac{R}{N}I_B(\omega)$$

ここで $\omega_L=(R/L)$ は低域遮断周波数である．高周波では分布定数的扱いが必要になる．

低域遮断周波数を下げてサグを小さくするためには，帰還を施す (図 9.12.1 (b))．出力は，M を相互インダクタンス，増幅率を K として

$$V(\omega)=R_\mathrm{f}I_\mathrm{f}$$
$$=-\frac{j\omega(KM/R_\mathrm{f}+L_2/R_\mathrm{f})}{1+j\omega(KM/R_\mathrm{f}+L_1/Z_1+L_2/R_\mathrm{f})}\frac{R_\mathrm{f}I_B}{N_2}$$

となる．帰還のゲインが十分大きければ，低域遮断周波数は $\omega_L=R_\mathrm{f}/KM$ で

$$V(\omega)=-\frac{j\omega KM/R_\mathrm{f}}{1+j\omega KM/R_\mathrm{f}}\frac{R_\mathrm{f}I_B}{N_2}$$

となる．ピーク電流が大きい場合には，コアが飽和しないことを確認する必要がある．また，検出コイルが磁場のみを検出し，電場を感じないように静電シールドを施す．低域遮断周波数は $f_L<$ 数 mHz (帰還型)，高域遮断周波数は $f_H>1$ GHz が実現している．ただし左記の値を 1 台で両立するは困難である．

直流電流を測定するには，DCCT と呼ばれる特殊な CT を用いる (図 9.12.2)．磁気パラメトリック変調による 2 倍高調波を検出し，L/R (積分器，integrator) (前出の帰還型 CT) と組み合わせることで，直流から MHz オーダー

---

* サグ (sag)；本来，矩形である波形が回路特性にあり時間的に垂れ下がる形となること．

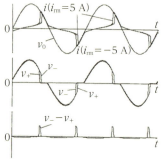

図 9.12.2 DCCT の構成と動作原理

にわたる広帯域動作可能な CT コイルを実現している．高域遮断周波数 ～数十 kHz，電流分解能 10 μA 以下，ダイナミックレンジ 10 A 以上のものが市販でも入手できる．

WCM は，ビームパイプの一部を切って，壁電流が抵抗 R を流れるようにし，その両端の電圧を測定するものである．実際の構造は図 9.12.3 のようなものである．低域遮断周波数は抵抗 R とそのバイパス電流回路のインダクタンス L によって $f_L=R/L$ と表される．L を増加させるフェライトコアを用い $f_L<$ 数十 Hz まで下げられる．高域遮断周波数はギャップ部などの浮遊静電容量 C によって $f_L=1/RC$ と表される．$f_H>10$ GHz まで高いものがある．ただし左記双方の値の両立は困難である．

ESM は，ビームダクト内に，ビームを取り囲むように電極導体を配置し，誘導された電荷を負荷抵抗に流して電圧を測定するものである．電極に荷電粒子が直接入ると誤差を生む．低域遮断周波数は，電極とビームパイプの静電容量 C と負荷抵抗 R によって $f_L=1/RC$ となる．

電流値の較正は，設置前と in situ (現場) の方法がある．同軸テーパー管に接続された検出器に，ダミーのビーム信号を加え，入力電流 (I_B) と検出器の出力電圧 (V_OUT) を測定し，変換インピーダンス $Z_\mathrm{t}=V_\mathrm{OUT}/I_B$ を得る．「現場」法では，ACT においては較正用の巻線をあらかじめ用意しておき，現場でダミーのビーム信号を加えて較正する．WCM など較正用巻線が不可能な場合は，ファラデーカップ，DCCT などの他の検出器との相互較正も行われる．誤差 $\ll 1\%$ が必要な場合は，検出器・処理回路などの温度依存性，回路部品の特性などに特段の配慮をする必要がある．

ビーム位置モニター 検出器は，破壊的測定としては，スクリーン，SSEM (Segmented SEM)，OTR (Optical Transition Radiation) など (後出) により，ビームのプ

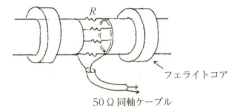

図 9.12.3 壁電流モニター (WCM) の構成

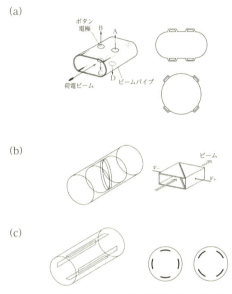

図 9.12.4 ビーム位置モニターの電極形状の例. (a) ボタン型 (button), (b) 対角線カット型 (diagonal-cut), (c) ストリップライン型 (striplinetype, directional coupler).

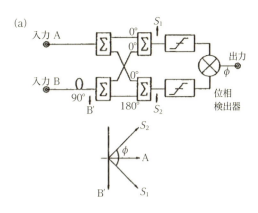

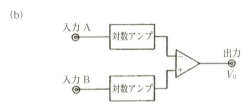

図 9.12.5 BPM の信号処理方式. (a) AM-PM 方式, (b) 対数比方式.

ロファイルと同時に位置検出をすることができる.

非破壊的測定としては, ESM の原理を用いたもの (図 9.12.4(a), (b)), WCM の原理を用いたもの, 方向性結合器 (図 9.12.4(c)), 空洞 BPM などが一般的に使用される.

BPM 検出器は, ビームの位置を (r, ϕ) としてビームが真空ダクト近傍に誘導する電荷分布 $\sigma(a, \theta, r, \phi)$, あるいは, 電流分布 $I_W(a, \theta, r, \phi) = v \times \sigma(a, \theta, r, \phi)$ を利用する. 真空ダクトが円形断面の場合,

$$\sigma(a, \theta, r, \phi) = \frac{\lambda}{2\pi a} \frac{a^2 - r^2}{a^2 + r^2 - 2ar\cos(\theta - \phi)}$$
$$= \frac{\lambda}{2\pi a}\left[1 + \sum_{n=1}^{\infty} 2\left(\frac{r}{a}\right)^n \cos n(\theta - \phi)\right]$$
$$= \frac{\lambda}{2\pi a}\left[1 + 2\left(\frac{x}{a}\cos\theta + \frac{y}{a}\sin\theta\right) + \cdots\right]$$

となる. 左右の 2 ヵ所に置かれた幅 θ のセンサー部 (pick-up) では, 電荷

$$Q_{x+} = \int_{-\theta/2}^{\theta/2} \sigma(a, \theta', r, \phi) a d\theta'$$

$$\approx \lambda \frac{\theta}{2\pi}\left[1 + 2\frac{x}{a}\frac{\sin(\theta/2)}{\theta/2} + \cdots\right]$$
$$Q_{x-} = \int_{\pi-\theta/2}^{\pi+\theta/2} \sigma(a, \theta', r, \phi) a d\theta'$$
$$\approx \lambda \frac{\theta}{2\pi}\left[1 - 2\frac{x}{a}\frac{\sin(\theta/2)}{\theta/2} + \cdots\right]$$

が発生し, それらを使って水平位置 x が得られる:

$$x \approx \kappa \frac{Q_{x+} - Q_{x-}}{Q_{x+} + Q_{x-}}, \quad \text{ただし } \kappa = \frac{a}{2}\frac{\theta/2}{\sin(\theta/2)}$$

垂直位置 y も同様に得られる. κ は感度係数と呼ばれることもある. 水平面上に放射されるシンクロトロン光や, 水平・垂直偏向電磁石の誤動作によるビームの直撃を避けるために, ビーム軸周りに 45° 回転させて置く場合もある. 45° 回転させた配置では, 各電極の出力: V_1, V_2, V_3, V_4 を使って

$$x \approx \kappa \frac{V_1 - V_2 - V_3 + V_4}{V_1 + V_2 + V_3 + V_4}, \quad y \approx \kappa \frac{V_1 + V_2 - V_3 - V_4}{V_1 + V_2 + V_3 + V_4}$$

を得る. 検出方式は用途に応じて種々のものが考案されている. κ もそれに応じて異なる値を取る.

信号伝送系は, 信号に応じて, 同軸ケーブル, あるいは, 前置処理回路でデジタル化される場合, 光ファイバーが使用されることもある. 信号処理は, Δ/Σ 方式, AM-PM 方式, 対数比 (Log-ratio) 方式, デジタル変換, Wideband Time Normalizer などが使われている. Δ/Σ 方式では, ダイオードによる振幅検波 (エンベロープ検波), 同期検波, スーパーヘテロダイン方式などにより求めた信号を位置に変換するものである. AM-PM 方式 (図 9.12.5 (a)) では, 対向する 2 電極の信号 $V_A \cos\omega t$, $V_B \cos\omega t$ について, V_B を 90° シフトさせ, 和と差を取り, それらの位相差から電圧比を得て, 位置

$$x = \kappa \frac{V_B - V_A}{V_B + V_A} = \kappa \tan\left(\phi - \frac{\pi}{4}\right)$$

を得る．対数比方式（図 9.12.5 (b)）では，2 電極の信号を高周波対数増幅器で処理後，差を取り，

$$x = \frac{\kappa}{2} \ln \frac{V_B}{V_A} = \kappa \tanh^{-1}\left(\frac{V_B - V_A}{V_B + V_A}\right)$$

を得る．

近年のデジタル回路技術の進歩により，アナログ信号，あるいはダウンコンバート後の信号をデジタル変換し，FFT により S/N 比を改善することも行われている．

検出器・伝送系・処理回路を含めて，BPM 半径位置を R として，相対位置精度 $\Delta x/R$，$\Delta y/R < 0.1$ % が実現されている．

較正は，設置前と in situ の方法がある．後者は特に 9.12.7 項で詳述する．ワイヤー，アンテナによるテストベンチでの較正が一般に行われている．BPM の機械的中心に，励振されたワイヤー，またはアンテナを置いて，各電極からの信号を測定する．それらの差が BPM 検出器の誤差を示す．また，ワイヤー，またはアンテナの位置を移動させて，ビーム位置による BPM の位置応答を測定することができる．

ビームプロファイルモニター　ビーム分布は，位相空間内の座標：$(\boldsymbol{r}, \boldsymbol{r}') = (x, y, z, x', y', z)$ における密度分布 $\rho(\boldsymbol{r}, \boldsymbol{r}')$ で表される．ビームプロファイルモニターは，この分布 $\rho(\boldsymbol{r}, \boldsymbol{r}')$ の x, y 軸への 1 次元射影 $\rho_x(x)$, $\rho_y(y)$ を測定するタイプ，x-y 面への 2 次元射影 $\rho_{xy}(x, y)$ を測定するタイプがある．それぞれ破壊的，非破壊的なモニターがある．加速方向の軸：z (or t) 軸への射影の測定は次項で述べる．1 次元または 2 次元分布を細かい時間分解能（Δt）で測定するタイプも開発されており 3 次元分布モニターといえる．また，移動式スリットとプロファイルモニターを組み合わせることで，エミッタンス評価の元になる 1 次元位相空間分布 $\rho_{xx'}(x, x')$, $\rho_{yy'}(y, y')$ を測定することができる．

破壊的モニターとしては，ワイヤーモニター，二次電子放出モニター，イオンチェンバー，蛍光板，OTR (Optical Transition Radiation) モニターがある．非破壊的モニターとしては，フライング・ワイヤーモニター，Ionization Profile Monitor，SR モニター，レーザーモニター（後述）がある．

バンチ形状モニター　Wall current Monitor（前出），SR (Synchrotron Radiation) をストリークカメラで観測する方法，Bunch Shape Monitor などがある．

9.12.3 フィードバックシステム

ビーム強度が増えてくると，ビーム不安定性のためにベータトロン振動振幅が増大し，エミッタンスの増大，ビーム損失を引き起こすことがある（8.6 節「集団運動」）．これを安定化する方法のうちで最も有効なものとしてフィードバック系によるダンパーがある．

ビームの縦，横振動不安定性の抑制のための非常に有効

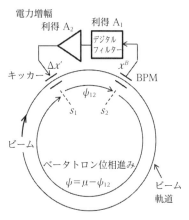

図 9.12.6　フィードバックの概念図

な方法として，シンクロトロンなどの円形加速器では，数周回遅れ以内の速いフィードバックが使用される．8 極電磁石などの非線形磁場による Landau damping の導入，オペレーティング・ポイントの最適化，などと，ノイズによるエミッタンス増大に気を付ける限り効果が大きい．

Bunch-by-bunch feedback system は，おもに結合バンチ不安定性の安定化に広く使用されている．縦方向の場合は，BPM（ボタン型）により，バンチ重心の同期位相からのずれ Δt を測定し，縦方向キッカーにより補正する．最大エネルギー変位 ΔE でシンクロトロン振動しているバンチを減衰時間 τ で減衰させるには概算で

$$V_{FB} = 2\frac{1}{\tau} T_0 (\Delta E/e)$$

のフィードバック電圧が必要になる．

横方向の場合は，BPM でバンチの重心（$\langle x \rangle$ または $\langle y \rangle$）を測定し，横方向キッカーにより補正する．最大振幅 x_{max} で振動しているバンチ振動を時定数 τ_x で減衰させるには，概算で

$$V_{FB} = 2\frac{1}{\tau_x} T_0 (E/e) \frac{1}{\sqrt{\beta_{PU}\beta_k}} x_{max}$$

のフィードバック電圧が必要になる．

最近は，位置信号をデジタル変換後に，FPGA により FIR（または IIR）フィルターにより信号処理した後に，電力増幅しキッカーにより補正する方法が主流となっている．

バンチ内（intra-bunch）振動のフィードバックによる抑制も最近試みられており，数十〜数百 ns のバンチ長の横方向フィードバックで成功例がある．

図 9.12.6 にフィードバックの概念図を示す．基本的な信号の流れは，縦方向，横方向ともに同じである．

キッカーは，横方向にキックする場合は，広帯域のストリップラインがよく使われる．対向する二つの電極に逆位相の RF を印加する．RF は TEM 波で進行し，ビームはこの RF によって以下のようなローレンツ力 $F_\perp$ を受ける．

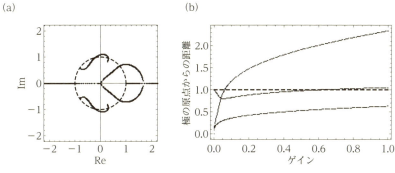

図 9.12.7　フィードバックの安定性

$$F_\perp = e(E_{RF} + v_B \times B_{RF})$$

この式からRFの進行方向 ($E_{RF} = -c \times B_{RF}$) とビームの進行方向は対向させる必要があることがわかる．シャントインピーダンスは

$$R_\perp T^2 = 2Z_L \left(g_\perp \frac{2\ell}{h} \frac{\sin k\ell}{k\ell}\right)^2$$

となり，数 kΩ が実現できる．

縦方向の場合は，「DAΦNE」タイプと呼ばれるオーバーカップリングした空洞が広く使用されている．シャントインピーダンスは 700 Ω 程度が実現可能である．

高周波パワーアンプは，時間応答，変調応答に優れるA級アンプが望ましい．500 W・250 MHz，3 kW・100 MHz などが入手可能である．

制御装置は，近年のデジタル技術の進歩により，デジタルフィルターによるものが一般的になっている．

ここでは，水平面内のベータトロン振動のフィードバックについての解析結果を示す．キッカー，BPM が，それぞれ軌道に沿っての s_1, s_2 にあるとする．ベータトロン位相差は ϕ_{12} とする．n ターン目にキック $\Delta x'_n$ を与えるとすると，$n+1$ ターン目の x_{n+1}, x'_{n+1} は

$$\begin{pmatrix} x_{n+1} \\ x'_{n+1} \end{pmatrix} = e^{-\frac{T_0}{\tau}} M \left\{ \begin{pmatrix} x_n \\ x'_n \end{pmatrix} + \begin{pmatrix} 0 \\ \Delta x'_n \end{pmatrix} \right\}$$

$$= e^{-\frac{nT_0}{\tau}} M^n \begin{pmatrix} x_0 \\ x'_0 \end{pmatrix} + \sum_{k=0}^{n} e^{-\frac{(n-k)T_0}{\tau}} M^{n-k} \begin{pmatrix} 0 \\ \Delta x'_k \end{pmatrix}$$

となる．ここで，M はリング1周の転送行列，

$$M = \begin{pmatrix} \cos\mu + \alpha\sin\mu & \beta\sin\mu \\ -\gamma\sin\mu & \cos\mu - \alpha\sin\mu \end{pmatrix}$$

T_{11}, T_{12} は s_1 から s_2 への転送行列 T の要素，

$$T_{11} = \sqrt{\frac{\beta_1}{\beta_2}}(\cos\phi_{12} + \alpha_2\sin\phi_{12})$$

$$T_{12} = \sqrt{\beta_1\beta_2}\sin\phi_{12}$$

$\Delta x'_n$ は，以下のように

$$\Delta x'_n = g\sum_{j=1}^{N_{tap}} h_j(T_{11}x_{n-j} + T_{12}x'_{n-j}) + \delta_n$$

フィードバック用キッカーの動作（第1項）と，ビーム位置，BPM測定，信号処理・増幅など，系に混入する外乱 (δ_n) であるとする．δ_n はビーム不安定性によるキックも含む．β, α, γ は Twiss パラメーターである．系の安定性を調べるために，初期値 $x_n = 0, x'_0 = 0$ とし，z 変換すると，キッカーの場所でのビーム位置 $x(z) = \sum_{k=0}^{\infty} x_k z^{-k}$（$z$ 変換）の外乱 $\delta(z) = \sum_{k=0}^{\infty} \delta_k z^{-k}$（$z$ 変換）に対する伝達関数

$$\frac{x(z)}{\delta(z)} = \frac{zg\beta_1\sin\mu}{1 + z^2 - 2z\cos\mu + zg\sqrt{\beta_1\beta_2}(\sin(\mu-\phi_{12}) + z\sin\phi_{12})\sum_{j=1}^{N_{tap}}\frac{h[j]}{z^j}}$$

が得られる．上式のすべての極が z 平面の単位円内にあれば，安定性が確保される．J-PARC MR のイントラバンチの場合の解析例を図 9.12.7 に示す．4 タップフィルター $N_{tap} = 4$，係数は $h_j = \sin\left(\frac{2\pi j}{N_{tap}} + \Delta\phi\right)$

で，入力に対する出力

$$w_n = \sum_{j=1}^{4} h_j v_{n-j}$$

を使用した場合，伝達関数 $\frac{x(z)}{\delta(z)}$ が無限大になる z，すなわち

$$1 + z^2 - 2z\cos\mu + zg\sqrt{\beta_1\beta_2}(\sin(\mu-\phi_{12}) + z\sin\phi_{12})\sum_{j=1}^{N_{tap}}\frac{h[j]}{z^j} = 0$$

の解が極である．これを数値的に解いて，ゲインの増大とともに変化する軌跡をプロットしたものが図 9.12.7 である．

$g \geq 0$ を変化させたときの極の軌跡を，図 9.12.7 (a) には z 平面で，(b) には各極の原点からの距離を示した．原点からの距離が最大の極が系の安定性を決める．この例では $g \approx 0.04$ で減衰率が最大になる．

9.12.4 ビーム損失モニター

ビームは，通常真空容器内を走行するが，機器の異常により真空容器壁あるいはセプタムなどの構造体に衝突（ビーム損失）し，強い γ 線や多くの二次粒子からなる放射線が発生する．

・オプティクスエラー，加速器機器エラーによる真空容器壁衝突

表 9.12.1 ビーム損失モニターの種類と特性

測定器	測定原理	検出器の感度，応答時間	測定範囲	コメント
電離箱	ガス電離による電子イオン対の量を測定	$g_{circuit} \times$ 数十 $[\mu C/Gy]$，電子～μs 陽イオン，陰イオン～ms	下限：漏れ電流～1～10 pA 程度 再結合による上限～数百 μA 10^4～10^6 程度	耐放射線性：構成部品の選択により対応可能
比例管	ガス電離による電子イオン対をガス増幅して測定	$g_{circuit}\,g_{PMT} \times$ 数十 $[\mu C/Gy]$，電子～100 ns	上限～アノード付近での陽イオンシース形成（空間電荷効果）によるゲイン低下 固定ゲイン～10^3～10^4，ゲイン可変幅＝1～10^4 程度	耐放射線性：構成部品の選択により対応可能
シンチレーター	励起・電離による蛍光	$g_{circuit}\,g_{gas} \times 1.8$ $[mC/Gy/l]$（シンチレータ NE102），1～100 ns	上限：光電子増倍管の光電面 直線性＜0.1～1 μA（平均電流），陽極直線性＜数十～数百 mA	長期使用には以下の難点：放射線損傷によるシンチレータ内の光透過率の劣化．光電子増倍管ダイノードの二次電子放出比の経年減少．
半導体検出器（PIN, Diamond など）	空乏層における電子正孔対の量を測定	1 cm^2 PIN diode：～900 $[MHz/Gy]$（count mode）～$g_{circuit} \times$ 数 $[\mu C/Gy]$（current mode），数 ns	PIN diode：～10^8（計数モード）～10^8（アナログモード）Diamond：～10^9，数～数十 ns	耐放射線性：構成部品の選択により対応可能
二次電子放出箱（SEM）	二次電子放出を測定	$g_{circuit} \times$ 数百 $[pC/Gy]$（8 cm^2），数 ns	10^4～10^5，数十 ns	耐放射線性：構成部品の選択により対応可能

・ビームハローのコリメータ，真空容器壁への衝突

これら以外にも下記のような原因により放射線が発生する．

・残留ガスとの衝突
・残留ガスストリッピング（H$^-$ ビーム）
・磁場ストリッピング（H$^-$ ビーム）
・真空容器内への異物の混入
・破壊型ビーム診断装置の挿入
・シンクロトロン放射
・高周波空洞からの X 線

これらの放射線は下記のような悪影響を引き起こす．

項目	内容
装置の損傷	過熱，熱歪み，放射線損傷
超伝導システム	熱過負荷，クエンチ
光学機器	光の透過率の悪化
半導体電子機器：デジタル アナログ	Single Event Upset 長期損傷（トータルドーズ効果，変位損傷効果）
機器の放射化	保守要員の被ばく
即発放射	実験におけるバックグラウンド

したがって，多数の放射線検出器（ビーム損失モニター）を配置して，時間的・空間的に放射線を観測することが，加速器の安定運転には重要である．特に大電流を加速・蓄積する近年の加速器では，インターロック（Machine Protection System）に用いられるなど，必要不可欠となっている．測定には，ビーム損失によって発生する電離放射線を検出する放射線測定器を使用する．測定器では，入射した電離放射線による吸収線量 [Gy] に比例する出力電荷 [C] が得られる．ただし，損失粒子数に対する絶対感度の較正は，放射線発生のビームエネルギーやタ

ーゲット物質に対する依存性，ビーム損失位置に対する検出器の立体角，その間の遮蔽物の影響を考慮し，モンテカルロ法による放射線の輸送計算コード（MCNPX，FLUKA，MARS，PHITS，GEANT4）を用いて計算される．

使用される測定器は表 9.12.1 のようなものがある．それぞれの測定器の測定原理，典型的な感度・応答時間，ダイナミックレンジを表 9.12.1 にまとめる．検出方法の選択には以下のような要素を考慮する必要がある：

・検出器モード（アナログ/計数）
・検出器の放射線種，エネルギー，吸収線量に対する感度
・検出器・信号処理回路のダイナミックレンジ，ゲイン
・外乱に対する感度
（高周波空洞からの X 線，シンクロトロン放射光，バイアス HV 変動，磁石漏れ磁場，電磁ノイズ）
・高線量時の飽和特性
・周波数帯域幅（時間分解能）
・較正係数の経年変化（定期的較正の必要性）
・信頼性・可用性・保守性・検査性（オンライン試験）
・頑健性（加速器環境内での使用：放射線，磁場など）
・機器の寸法
・価格

なお 18 章「量子検出器とその応用」も参考にされたい．ただし，高エネルギー・原子核実験における使用方法と異なる点は，多くの場合が計数モードではなく，電流積分モードであることである．これは，ビーム損失により発生する放射線量が大きいことによる．

具体例として，J-PARC Main Ring（MR）の BLM について述べる．陽子ビーム強度 10^{11}～数 10^{14} 個/cycle に対して，≤0.1 % のビーム損失を観測している．位置情報は全周の各 4 極電磁石に測定器を配置し，損失分布を測定し

表 9.12.2 蓄積型線量計

測定器	測定原理	測定範囲
蓄積型ルミネッセンス検出器	光刺激ルミネッセンス (OSL)，熱刺激ルミネッセンス (TL) などを測定	$1\mu \sim 10$ Gy 程度
放射化検出器	放射線との核反応による物質の放射化を測定（金，アルミニウムなど）	>10 neutron cm^{-2} s^{-1}（イメージングプレート 10 分露光）
アラニン線量計	吸収線量に比例して生じるラジカルの相対濃度を電子スピン共鳴を用いて測定	$1 \sim 10^5$ Gy

ている．検出器は，Ar（Ar 99%，CO$_2$ 1%，1.1 気圧）を封入した同軸型比例管（有効体積 290 cm^3：内導体外径 50 μm，外導体内径 2.3 cm，長さ 70 cm）を使用している．荷電粒子が Ar ガス中で 1 対の電子イオン対をつくるのに必要な平均エネルギー～26 eV，Ar ガスの 1 気圧 20 ℃での比重～1.7×10^{-6} kg/cm^3 を使うと，吸収線量 1 Gy（= 1 J/kg）あたりの電子イオン対の生成感度は，

$$S_{Ar} = \frac{1 \text{ J}}{\text{kg}}$$
$$= \frac{1 e^-}{26 \text{ eV}} \frac{1.7 \times 10^{-6} \text{ kg}}{\text{cm}^3} 290 \text{ cm}^3 \frac{1.6 \times 10^{-19} \text{ C}}{e^-}$$
$$= 19 \, \mu\text{C/Gy}$$

となり，これにガス増幅率 g_{gas} を掛けたものが検出器感度になる．システム全体の感度は，さらに信号処理回路のゲイン $g_{circuit}$ を掛け合わせたものとなる．

$$S_{total} = g_{circuit} \, g_{gas} \, S_{Ar}$$

また，同軸ケーブル（有効体積 280 cm^3/m：内導体外径 0.9 cm，外導体内径 2.1 cm）を使った空気電離箱の場合，荷電粒子の空気中で 1 対の電子イオン対をつくるのに必要な平均エネルギー～34 eV，空気の 1 気圧 20 ℃での比重～1.2×10^{-6} kg/cm^3 を使うと，吸収線量 1 Gy のときに得られる電子イオン対の生成感度は，長さ 1 m あたり，

$$S_{Air} = \frac{1 \text{ J}}{\text{kg}} \frac{1 e^-}{34 \text{ eV}} \frac{1.2 \times 10^{-6} \text{ kg}}{\text{cm}^3} 110 \text{ cm}^3 \frac{1.6 \times 10^{-19} \text{ C}}{e^-}$$
$$= 10 \, \mu\text{C/Gy}$$

となる．信号処理回路は，入力インピーダンス 10 kΩ で受信し増幅した信号を，「生信号」と「積分信号」の二つに分ける．前者は瞬時ビーム損失のインターロック信号に，後者は，積算ビーム損失のインターロック信号に使用される．それぞれの信号はデジタルに変換されて数値情報としても利用される．

その他に，大きなダイナミックレンジを実現できる回路方式として，ログアンプを使った回路，電流周波数変換器（CFC）を使った回路がある．

比例管はガス増幅率 $g_{gas} \approx 20 \sim 20\,000$ を含めると，ダイナミックレンジ～10^5，ケーブル空気電離箱は～10^4 となる．これら 2 種類のビーム損失モニターを併用することにより全体で 10^8 の範囲を測定する．

また，簡便な手法として，種々の蓄積型線量計が用いら れることもある（表 9.12.2）．サンプルを測定したい場所に設置した後，ビーム運転を行い，その後回収し吸収線量を測定する．サンプルの大きさは 1～数 cm 程度なので，簡便かつ位置分解能がよい．

9.12.5 レーザーモニター

a. レーザーワイヤー・スキャナー

リニアコライダーや高輝度放射光リングのような，ビーム強度が大きくビームサイズが μm 程度と小さな加速器のビームサイズを測定するには，通常のワイヤースキャナーでは，ワイヤーの溶融やワイヤーサイズをビームサイズより細くすることが困難なためレーザーワイヤーが使用される[8-10]．図 9.12.8 のようにレーザー光をビームサイズより細く絞ったレーザーワイヤーを電子ビームを横切ってスキャンし，コンプトン散乱により発生する γ 線の強度変化を検出することでビームサイズを測定する．

高エネルギー加速器研究機構の ATF ダンピングリングでの周回電子ビームのサイズ測定のために開発されたレーザーワイヤー・スキャナーでは，YAG レーザー（シングルモード CW レーザー，波長 532 nm，出力 300 mW）を用い，レーザーワイヤーは図 9.12.9 に示すような 2 枚の凹面鏡からなる Fabry-Perot 光共振器によってつくられている[9]．共振器のフィネスは水平ワイヤー用が 620，垂直ワイヤー用が 1 700，蓄積されるレーザーパワーはそれぞれ 79 W および 156 W である．

レーザー光はガウスモードとし，2σ の広がりで定義されるスポットサイズ W が最小になるウエストのサイズを W_0 とする．電子ビームとの衝突点はウエストに合わせるものとする．ワイヤー方向の電子ビームサイズは Ray-

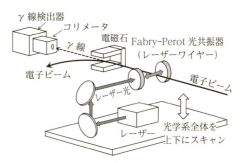

図 9.12.8 レーザーワイヤー・スキャナーの概念図

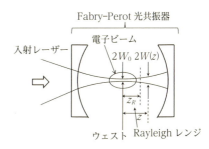

図 9.12.9 光共振器によるレーザーワイヤー

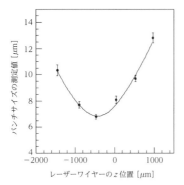

図 9.12.10　レーザーウェストスキャン[9]

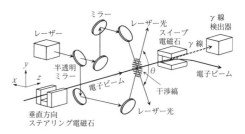

図 9.12.11　レーザー干渉計によるビームサイズ測定

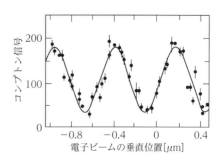

図 9.12.12　レーザー干渉計におけるγ線の発生頻度[11]

leigh レンジ Z_R の 2 倍より十分小さいことが必要である。波長 λ=532 nm では W_0=10 μm に対して $2Z_R \cong 1.2$ mm 程度である。ワイヤーを細くすると W_0^2 に比例して Rayleigh レンジが短くなるので注意が必要である。

電子ビームを横切ってレーザーワイヤーをスキャンし、観測されるγ線検出器の計数率からレーザーオフで観測されるバックグラウンドを差し引くと、ワイヤー中心がビーム中心に一致するところでピークを持つガウス分布になる。ピークの標準偏差すなわち見かけのビームサイズの観測値は

$$\sigma_{obs}=\sqrt{\sigma_e^2+(W_0/2)^2}$$

で与えられ、W_0 がわかっていれば σ_{obs} より電子ビームサイズ σ_e を求めることができる。通常はレーザービームの観測によりあらかじめ W_0 を知っておくが、光学系の再現性と安定性に不安を残す。そこで ATF では光学系全体をレーザー軸方向に移動して、電子ビームとの衝突点をウェスト位置から外すことで図 9.12.10 のように見かけのサイズが変化することを利用して σ_{obs} から W_0、σ_e を同時に求めている。

電子ビームとの衝突点とウェストの間の距離を Z とすると衝突点のワイヤーサイズは

$$W(z)=W_0\sqrt{1+(\lambda z/\pi W_0^2)^2}$$

となるため観測値 σ_{obs} は図 9.12.10 に示すように z に対し

$$\sigma_{obs}=\sqrt{\sigma_e^2+(W(z)/2)^2}$$

に従って変化する。これをフィッティングすることで σ_e と W_0 を同時に求めることができ、光学系の安定性のチェックも同時に行うことができる。図の例では σ_e=3.92 μm、$W_0/2$=5.6 μm が得られている。

加速器からビーム輸送系に取り出された電子ビームの場合はγ線の計数率が極端に小さくなるため、ピークパワー数十 MW 以上のパルスレーザーが用いられる[8,10]。この場合はパワーが大きすぎて光共振器は使用できず、レンズ系で収束することで細いレーザーワイヤーを実現している。

b. レーザー干渉計

これはリニアコライダーの衝突点における nm オーダーの極めて小さな垂直方向ビームサイズを観測することができる唯一の方法であり[11,12]、発明者にちなんで Shintake monitor と呼ばれる。図 9.12.11 に示すようにレーザー光を 2 本に分け、ビームを横切るように通して干渉させ、ビームが通過する領域に定常的な干渉縞を発生させる。電子ビームとレーザー光のコンプトン散乱によるγ線の発生頻度は光子密度に比例するので、ビームを y 方向にスイープするとγ線の発生頻度が干渉縞の周期で変化する。

2 本のレーザーの交差角を θ、干渉縞のピッチを d とし、ビームの y 方向の密度分布を rms ビームサイズが σ_y であるようなガウス分布、y 方向のビーム中心を $y=0$ とすると、γ線の発生頻度 N は

$$N \propto 1+|\cos\theta|e^{-2\pi^2\sigma_y^2/d^2}\cos(2\pi y/d)$$

となる。ここで $d=(\lambda/2)/\sin(\theta/2)$ は干渉縞のピッチである。これよりステアリング電磁石でビームを y 方向にスキャンするとともに周期的に変化する N の最大値を N_{max}、最小値を N_{min} とすると

$$M=(N_{max}-N_{min})/(N_{max}+N_{min})$$

として y 方向のビームサイズが次式で求まる。

$$\sigma_y=(d/2\pi)\sqrt{2\ln(|\cos\theta|/M)}$$

図 9.12.12 は SLAC の最終収束試験用ビームライン FFTB における電子ビームの y 方向サイズをレーザー干渉計で測定した例であり、波長 1.064 μm の Nd:YAG レーザーを用い、干渉縞のピッチは 533 nm に設定された。測定データを最小二乗フィットすることで σ_y=66 nm が得られている。

9.12.6　ビーム観測による信号検出誤差の較正（BBC）

ビーム位置モニター（BPM）においては信号検出器の

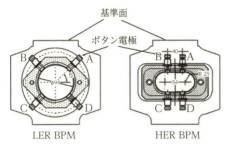

図 9.12.13 4ボタン電極型 BPM (KEKB)

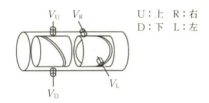

図 9.12.14 対角線カット円筒電極型 BPM (J-PARC)[13]

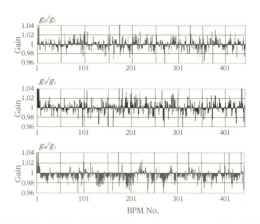

図 9.12.15 BBC により求めた KEKB/HER BPM のボタン電極の感度[13]

製作誤差，信号ケーブルインピーダンス誤差，コネクタ類の接触抵抗のばらつきおよび信号検出電子回路系の誤差などにより，各信号検出電極の検出感度がばらつきビーム位置の検出誤差を生ずる．ビームの観測によってこのような BPM システムの誤差を校正することを Beam Based Calibration (BBC) と呼ぶことにする．次節に述べる Beam Based Alignment (BBA) とセットになってシステムの校正が完結するものである．電子リングで多用される4-ボタン電極型 BPM (図 9.12.13)[15,16]，およびハドロンリングなどでよく用いられる対角線カット円筒電極型 BPM (図 9.12.14) について解説する．

a. 4-ボタン電極型 BPM の BBC

BPM の中心座標を $(x, y)=(0,0)$ として，BPM 中心に対する信号検出電極の内面上の点の座標を $(X, Y)=(R\cos\phi, R\sin\phi)$ とする．ビームをペンシルビームとし BPM を通過するときの位置を $(x, y)=(r\cos\theta, r\sin\theta)$ とすると，電極 i に生ずる信号電圧 U_i は電極に誘起される電荷に比例することから

$$U_i = \frac{qg_i}{S_i}\int_{S_i} f(r,\theta;R,\phi;a_1,a_2,\cdots)dS \quad (9.12.1)$$

となる．ここで q はビーム電荷に比例する係数，S_i および g_i は電極 i の面積および感度係数であり，$f(\cdots)$ は

$$f(r,\theta;R,\phi;a_1,a_2,\cdots)=1+2\sum_{n=1}^{\infty}a_n\left(\frac{r}{R}\right)^n\cos n(\phi-\theta) \quad (9.12.2)$$

で与えられる．$(a_1,a_2,\cdots)$ は BPM の形状で決まる展開係数である．

そこで毎回異なるビーム軌道を m 回測定するものとして，k 回目の電極信号電圧の測定値を $V_{i,k}$ とし，式 (9.12.2) を次数 N で打ち切った U_i をモデル関数として最小二乗法を適用する，すなわち

$$J=\sum_{k=1}^{m}\sum_{i=1}^{4}\{V_{i,k}-U_i(r_k,\theta_k;q_k,g_i;a_1,a_2,\cdots,a_N)\}^2 \quad (9.12.3)$$

とおき，J が最小となる

$$r_k, \theta_k; q_k, g_i, \cdots, g_4; a_1, a_2, \cdots, a_N \quad (k=1,\cdots,m)$$

の近似解を求める．未知数の個数は $3m+N+4$ 個であることから，$m\geq N+4$ を満たす回数の測定することで未知数をすべて求めることができる．$f(r,\theta;R,\phi;a_1,a_2,\cdots)$ の展開の打ち切り次数 N は，N を増加していったときに J の残差が停留値となる次数で打ち切ればよい．

図 9.12.15 は KEK の KEKB リングの BPM について以上の方法で求めた電極感度 g_i の例である[13]．最大 ±4% 程度の感度のばらつきが認められ，常時 2～3 μm 以下のビーム位置検出誤差を維持するためには 9.12.7 項で述べる BBA とともに定期的な BBC の実施が不可欠であった．

b. 対角線カット円筒電極型 BPM の BBC

図 9.12.14 に示す対角線カット円筒型電極を持つ BPM の場合は，電極信号電圧はビーム位置の変位 x または y に線形応答するため，前節 a のようなフィッティングはできない．そこで J-PARC のシンクロトロンのように x 方向と y 方向のビーム変位を同時に測定できるように，2組の電極対を互いに 90° 回転して隣接して設置している場合を考える．

円筒境界条件 $(a_n=1)$ のもとで前項 a の式 (9.12.1) の積分を実行することで，BPM 中心からのビームの変位 (x,y) に対して各検出電極の信号電圧は

$$\begin{aligned}V_L&=\lambda(1+x/a), & V_R&=g_R\lambda(1-x/a)\\ V_U&=g_U\lambda(1+y/a), & V_D&=g_D\lambda(1-y/a)\end{aligned} \quad (9.12.4)$$

で与えられることがわかる．ここで a は電極の半径，λ はビーム電荷に比例する係数，(g_U, g_R, g_D) は各電極の相対的感度係数である．これより

$$V_L=-(1/g_R)V_R+(1/g_U)V_U+(1/g_D)V_D \quad (9.12.5)$$

が成立する．ビーム位置を変えながら m 回の測定を行

表 9.12.3 LS と TLS で求めた BPM 電極感度の比較[13]

BPM0001	g_2	g_3	g_4
TLS	1.006 2	1.002 4	0.987 3
LS	1.010 3	1.004 5	0.989 2
BPM002	g_2	g_3	g_4
TLS	0.956 8	0.981 1	0.946 3
LS	0.961 7	0.983 8	0.948 7

い，k 番目の測定値を $(V_{\mathrm{L},k}, V_{\mathrm{R},k}, V_{\mathrm{U},k}, V_{\mathrm{D},k})$ とおくと

$$A = \begin{pmatrix} -V_{\mathrm{R},1} & V_{\mathrm{U},1} & V_{\mathrm{D},1} \\ & \vdots & \\ -V_{\mathrm{R},k} & V_{\mathrm{U},k} & V_{\mathrm{D},k} \\ & \vdots & \\ -V_{\mathrm{R},m} & V_{\mathrm{U},m} & V_{\mathrm{D},m} \end{pmatrix} \quad (9.12.6)$$

$$x = \begin{pmatrix} 1/g_L \\ \\ 1/g_U \\ \\ 1/g_D \end{pmatrix}, \quad b = \begin{pmatrix} V_{\mathrm{L},1} \\ \vdots \\ V_{\mathrm{L},k} \\ \vdots \\ V_{\mathrm{L},m} \end{pmatrix} \quad (9.12.7)$$

として，式(9.12.5)は

$$Ax = b \quad (9.12.8)$$

と書ける．x が求めるべき未知数である．このような線形応答系における近似解は，係数行列 A が誤差を持たない場合は通常の最小二乗法（least suares method：LS method）により求めることができ，

$$x_{\mathrm{LS}} = (A^T A)^{-1} A^T b \quad (9.12.9)$$

で与えられるが，式(9.12.6)のように A が測定値で構成されていて誤差を含む場合の最適近似解は全最小二乗法（total least squares method：TLS method）により次のように与えられる[14]．

$$x_{\mathrm{TLS}} = (A^T A - \sigma_{n+1}^2 I)^{-1} A^T b \quad (9.12.10)$$

ここで n は行列 A のランク，σ_{n+1} は行列 $[A\ b]$ の最小特異値（smallest singular value）である．TLS はフィット直線と各データ点の間の最短距離の自乗和が最小となる近似解を与えるもので，係数行列自身が誤差を含む場合に最適解を与えるものである．

表 9.12.3 は J-PARC メインリングの BPM において通常の最小自乗法 LS で求めた BPM 検出電極の感度と TLS で求めた感度であり 0.5 % 程度の食い違いが認められる[13]．

9.12.7 ビーム・ベースド・アライメント

ビーム位置モニター（BPM）の測定値には BPM の設置誤差によるオフセット誤差が必ず存在する．ビーム測定に基づいて BPM のオフセット誤差を補正することを Beam Based Alignment（BBA）という．9.12.6 項で述べている BBC とともに BPM の測定精度向上にとって欠かすことのできない補正である．以下ビームが周回する円形加速器の BBA について解説する．

4 極電磁石の中心を通る軌道をデザイン軌道として，閉軌道歪み（COD）$x(s)$ は

$$x''(s) + K(s)x(s) = -\Delta B/(B\rho) \quad (9.12.11)$$

の解で与えられる．これより 4 極電磁石の収束力 $K(s)$ を $K(s) + \Delta K(s)$ に変えたときの閉軌道を $x(s) + \Delta x(s)$ とすると次式を得る．

$$\Delta x''(s) + K(s)\Delta x(s) = -\Delta K(s)(\Delta x(s) + x(s)) \quad (9.12.12)$$

式 (9.12.12) は式 (9.12.11) の $\Delta B/(B\rho)$ を $\Delta K(s)(\Delta x(s) + x(s))$ に置き換えたものと同形である．したがって s_n を n 番目の 4 極電磁石の中心座標とし，$s = s_n$ における値を $x(s_n) = x_n$ などと書くものとすると Δx_n は

$$\Delta x_n = -\sum_m a_{nm} \Delta K_m (\Delta x_m + x_m) \quad (9.12.13)$$

となる[17, 18]．ここで

$$a_{nm} = \frac{\sqrt{\beta_n \beta_m}}{2 \sin \pi v} \cos(\pi v - |\phi_n - \phi_m|) \quad (9.12.14)$$

である．そこで

$$X = \begin{pmatrix} x_1 \\ \vdots \\ x_N \end{pmatrix}, \quad \Delta X = \begin{pmatrix} \Delta x_1 \\ \vdots \\ \Delta x_N \end{pmatrix}$$

$$\Delta K = \begin{pmatrix} \Delta K_1 & \cdots & 0 \\ \vdots & \ddots & \vdots \\ 0 & \cdots \Delta K_N \end{pmatrix}, \quad A = \begin{pmatrix} a_{11} & \cdots & a_{1N} \\ \vdots & \ddots & \vdots \\ a_{N1} & \cdots & a_{NN} \end{pmatrix}$$

とおくと式(9.12.13)は

$$(1 + A\Delta K)\Delta X = -A\Delta K\, X$$

と書けることから ΔX は

$$\Delta X = -(1 + A\Delta K)^{-1} A\Delta K\, X \quad (9.12.15)$$

と求まる．

$\Delta K(s)$ は $K(s)$ に対して十分小さいものとして $\Delta K(s)\Delta x(s)$ の項を無視すると

$$\Delta X = -A\Delta K\, X \quad (9.12.16)$$

となる．これは $\theta = \Delta K\, X$ を二極キックとする COD の式と同じである．$X = 0$ すなわち X が 4 極電磁石の中心に一致しているときは K を変化させても X は変化しない，すなわち $\Delta x_n / \Delta K_m = 0$ である．

4 極電磁石の励磁は 1 台ずつ独立に制御できるものとして，m 番目の電磁石の収束力を ΔK_m 変化させたとき閉軌道が変化しない x_m を見つければ，それが m 番目の電磁石の中心であり，当該電磁石に設置している BPM の測定値は BPM のオフセットを表している．それに基づいて BPM 測定値を補正すればよい．この方法では加速器のビーム光学モデルに依存する誤差を含まないのが利点である．図 9.12.16 は以上の方法で実施された KEKB LER の COD に対する BBA の効果である[19]．

4 極電磁石の励磁を 1 台ずつ独立に制御できない場合には式(9.12.15)より 4 極電磁石を通る COD は

$$X = -(A\Delta K)^{-1} \Delta X \quad (9.12.17)$$

で与えられるので，この X と各 BPM の測定値との差を BPM オフセットと考えることができる．またはシミュレーションにて ΔX の測定値を再現するダイポールキック

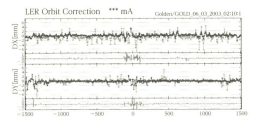

図 9.12.16 KEKB LER の COD 測定例. 灰点は BBA 前, 黒点は BBA 後の COD. 上は x 方向, 下は y 方向.

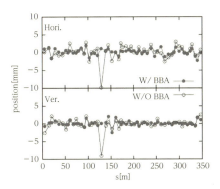

図 9.12.17 J-PARC RCS の COD 測定例[18]

θ を求め, $X=(\Delta K)^{-1}\theta$ にて X を求める. ただし A に付随するビーム光学モデルに基づく誤差を含むことになる. 図 9.12.17 はこの方法で実施された BBA の例である[17,18].

ΔK_m に対して Δx_n が直線的に変化する場合は以上の方法でよいが, 曲線になる場合は $\Delta K(s)\Delta x(s)$ の項を無視することができない. この場合は式 (9.12.15) より得られる

$$X=-\{1+(A\Delta K)^{-1}\}\Delta X \qquad (9.12.18)$$

と各 BPM の測定値との差を評価しなければならない.

参考文献

1) IBIC, International Beam Instrumentation Conference.
2) BIW, Beam Instrumentation Workshop.
3) DIPAC, European Workshop on Beam Diagnostics and Instrumentation for Particle Accelerators.
4) OHO, 高エネルギー加速器セミナー. http://accwww2.kek.jp/oho/
5) CAS, CERN Accelerator School.
6) USPAS, http://uspas.fnal.gov/index.shtml.
7) Handbook of Accelerator Physics and Engineering.
8) R. Alley, et al.: Nucl. Instruments and Methods in Physics Resarch A **379** 363 (1996).
9) Y. Honda, et al.: Nuclear Instruments and Methods in Physics Research A **538** 100 (2005).
10) S. T. Boogert, et al.: Phys. Rev. Special Topics-Accelerator and Beams **13** 122801 (2010).
11) T. Shintake : AIP Conference Proceedings **390** 130 (1996).
12) J. Yan, et al.: Proceedings of IBIC2012, 310 (2012).
13) M. Tejima, T. Toyama : Proceedings of the 10th European Workshop on Beam Diagnostics and Instrumentation for Particle Accelerators, 92 (2011).
14) I. Markovsky, S. V. Huffel : Signal Processing **87** 2283 (2007).
15) K. Satoh, M. Tejima : Proceedings of the 1995 Particle Accelerator Conference, 2482 (1995).
16) K. Satoh, M. Tejima : Proceedings of the 1997 Particle Accelerator Conference, 2087 (1997).
17) N. Hayashi, et al.: Proceedings of IPAC' 10, 1005 (2010).
18) 林 直樹 : OHO' 13 高エネルギー加速器セミナー, 5-1, 高エネルギー加速器科学研究奨励会 (2010).
19) M. Masuzawa, et al.: Proceedings of EPAC2000, 1780 (2000).

9.13 制御システム

9.13.1 概論

　加速器施設の目的には, 素粒子物理学研究, 放射光科学研究などがあり, その利用形態・運転形態に合う制御系を設計する必要がある. 全体設計では, 高速制御性, 実時間制御性, 平行・並列制御性など, 加速器運転に求められる必要な要件定義を行うことが肝要である. また, 運転の継続性に必要な信頼性, 加速器建設後に求められる発展性, 高度な運転への適応性はもとより, 日々の保守性と将来への持続性も考慮する. 加えて, インターネット時代での施設内外とのアクセス制御・セキュリティも考慮すべきである. 加速器には, 線型, リング型, 衝突型など各種の様式があるが, 加速器施設の脳と神経にあたる制御系には共通性や普遍性があり, 制御系が施設の運転制御性を決している. 今日の加速器施設は一般に大型であり, 被制御機器は施設内に広く分散配置されている. その結果, 遠隔制御は必然であり, 手足直結型ではなく IT 技術を活用した分散制御環境の形態となる.

　加速器制御システム構築の理想は, すべての装置が同じ接続方法で制御システムに接続可能であることだが, 加速器制御システムに接続されるすべての装置の要求を満たすインターフェースは今のところ存在しない. 一方で, 制御アプリケーションからは統一的な手法ですべての装置を制御・監視できることが必要である. そこでこのギャップを埋めるような加速器制御ソフトウェアのフレームワークがいくつか開発されてきた. 今日の先進的加速器制御系は, プレゼンテーション層, ミドルウェア層, 機器インターフェース層からなる, 「3 階層標準制御モデル」に基づいて構築される. 標準制御モデルを容易に実装できる「フレームワーク」が世界で広く利用されている. そのようなフレームワークには, SPring-8 が開発した MADOCA, 米国で開発が開始された EPICS, 欧州で開発された TANGO などがある. フレームワークを選択し, その制御プロトコルに従って運転アプリケーションを構築する. 代表的フレームワークは, 小型加速器から大型加速器まで高い適応性を有している. またこれらのフレームワークは加速器の制御にとどまらず, 実験施設の制御等にも応用が広まっている.

加速器制御系は，最新の電子・情報技術を利活用して構築され，IT 技術に大きく依存している．情報・ネットワークの技術進歩は速く，今日の最新要素技術はいずれ時代に置いていかれる．しかしながら，制御の設計思想には時代を越える普遍性がある．

9.13.2 全系制御

全系制御という言葉はなじみが薄いかもしれない．今日の加速器施設は，加速器，ビームライン，実験装置，安全管理系，施設管理系といった各々の制御系から構成され，これらを中央制御系で統合的に運用させる，この全体像を「全系制御」という．例えば放射線モニター値や安全インターロック状態は，運転中の加速器にとって死活的に重要であるので，加速器の制御系でも参照可能とする．冷却水温度の安定度や電源変動などの施設系情報も，その変動がビーム性能に影響するので同様に参照可能とする．このように運転にとって重要な施設系制御点は，加速器系から直接に設定変更（Proportional-Integral-Differential Controller：PID 制御など）を可能とする．これらの参照データはデータベース化して，全系制御を取りまとめる中央制御室で，情報の集中と共有が実現されるシステムでなければならない．

加速器制御システムの最終的な目標は，加速器システムがつくり出すビームをユーザーの要求する条件（エネルギー，ビームサイズ，ビーム位置など）に適合させることである．この目標を達成するためには，加速器内のビーム状態を測定・把握し，それに基づいて加速器を構成する機器を適切に動作させることが肝要である．ユーザーがビーム利用する際に，タイミングやビーム識別番号など加速器側と取り合う必要がある．このために，ビームライン制御系や実験制御系を，適切なアクセス管理のもとに加速器制御系と相互接続できるように設計しておく．利用系ユーザーは，一般に外部ユーザーであることが多いので，所外からの遠隔実験制御も，放射線安全，一般安全，セキュリティを確保したうえで安全に実施できると利便性がよい．実験データをオンラインで所外に伝送することは今日一般的な要請であるので，大量データを高速に伝送できる広帯域ネットワークを当初から想定しておく．

9.13.3 機器制御

加速器を構成する要素は，空調システムや真空システムのような比較的遅いシステムから，μs 程度の速さで応答するフィードバックシステムまで多岐にわたる．加速器制御システムはこれらの多様な装置を統合的に制御・監視することが求められる．

a. 様々な機器接続技術

加速器制御システムに要求される広範囲の要求を，実施可能な予算の中で実現するために，様々な機器接続技術が使われている．少数の点数を制御する場合は，DeviceNet のような省配線システムを利用するとよい．Power over Ethernet（PoE）対応の安価でコンパクトな計測機器を用いると，PoE ネットワークスイッチから Ethernet ケーブル経由で給電する事が可能で，省配線で Ethernet 自身を制御用通信路として用いることができ，利便性が高い．Ethernet を伝送媒体とするものに，FA（Factory Automation）分野でオープンな規格として用いられている FL-net（FA LINK Protocol Network），EtherCAT（Ethernet for Control Automation Technology）などがある．特殊な配線を必要としないので，目的に合わせて使用するとよい．ただし，規格といえども異機種間の互換性には留意する必要がある．

b. PLC（Programable Logic Controller）

産業用製造装置などで一般的に利用される PLC は国内外の複数のメーカーが供給している．PLC 制御は，電子計算機による制御が普及する以前に一般的であったリレーによる制御の流れを受け継いでおり，ラダープログラムと呼ばれる方式のプログラムを実行する CPU モジュールと，各種の入出力モジュールが，回路基板であるバックプレーン（共有高速データバス）で相互接続される形態が一般的である．ラダープログラム言語については，IEC 61131-3 という国際標準規格が定められているが，実際の現場においては，各社固有の言語とツールが使われている．PLC では信頼性が重要な性能の一つであり，動作速度は比較的低速であった．現在では動作速度も向上し，通常は ms 程度の応答速度と考えてよい．近年では産業装置においても，制御の高度化，高速化，複雑化および産業装置以外の IT 機器との連携といった要求に応えるために，伝統的なラダーコントローラに加えて，汎用的な CPU を備えたコントローラが提供されている．これらの CPU では Linux などの汎用的な OS と（制御システムフレームワークを含む）一般的なアプリケーションを動作させることができる．これにより，PLC ベースの機器制御を加速器制御に取り入れることがより一般的になっている．

c. 標準的な計測装置

市場で調達可能なオシロスコープ，任意波形発生装置，標準的な電圧・電流源などの計測/電源装置などでは，装置をシステムに組み込むためのインターフェースを標準あるいはオプションで搭載していることが普通である．これらのインターフェースは，以前は低速な GP-IB（General Purpose Interface Bus）（IEEE488-2）あるいは RS-232C によるシリアル通信が一般的であったが，現在ではこれらの規格に代わり Ethernet や USB（Universal Serial Bus）を搭載することが一般的になっている．Ethernet では，FTP, HTTP, VXI-11, telnet などの標準的なプロトコルの他に，大量データを効率よく転送するためにプロトコルによるカプセル化の影響を受けない Raw socket の通信などが使われる．この場合には，装置ごとに制御プログラムを開発する必要がある．USB には計測装置などの制御のための規格 USBTMC が定義されているが，稀にこの規格に準拠していない場合もある．装置によっては GP-IB,

Ethernet, あるいは USB などが複数利用可能な場合がある. これらのインターフェースの最速のものは, 機種ごとに異なっており, それぞれ検証が必要である.

d. 高速データバックプレーン

加速器制御システムでは, PLC などの比較的低速な制御で十分な場合も多いが, ビーム診断装置などでは高速, 大容量, 高精度の制御が求められる. このような場合には, VME/VXI, PCI/Compact PCI/PCIe, TCA/micro TCA などのバックプレーン (高速データ通信バス) をもったプラットフォームを使用する. 各種の入出力モジュールがあり, 目的に合うモジュールを任意に組み合わせて使用する. バックプレーンにコントローラ (CPU ボードなど) を挿入して, 上位制御系と制御フレームワークを介して接続する. プラットフォーム選択では, バックプレーンの伝送帯域が要求性能を満たしているかに留意しなければならない. しかし FPGA や組み込み CPU の高性能化により, インテリジェント化が進み, 多種多様な装置が利用できるようになった. インテリジェントな装置は一般にネットワークポートを有しており, 直接に上位系と接続することもできる. 高速シリアル通信機能を有するコンパクトで高機能な FMC, AMC などの拡張ボード (メザニンカード) を, キャリアボードに搭載して使用する形態もあり, このような傾向は今後も拡大していくものと思われる.

9.13.4 タイミング

大型の加速器では複数の機器を同期させて動作させることが必要になる. 同期は大きく分けて二つの種類がある. 一つは, ビームに同期して入出射装置などのパルス動作マグネットやビーム観測装置などを制御する場合である. この場合, ビームバケット幅程度以下の時間精度で同期を行う必要があり, 速い同期と呼ばれる. もう一つは加速器全体に分散して設置されている装置群を同期的に動作させる場合であって, 遅い同期システムと呼ばれる. 遅い同期システムは後で述べるようにイベント ID 通知を使う方法が主流であり, イベント同期システムとも呼ばれる.

速い同期システムでは, 通常高周波加速装置の基本周波数あるいは, その整数分の 1 の周波数の基準信号を加速器システムに分配する. 高精度の安定性を持った発信器と, 位相安定化ケーブルや温度制御された配線路を用いて, 位相的にも安定な信号を送り出すように設計される. また, この基準信号はデジタル遅延回路のクロックとして使われる場合もある.

遅い同期システムは, イベント発生器 (EVG) と呼ばれる装置とそのイベント発生器から送られてきたイベントコードを解釈し, 同期パルスあるいはゲート信号を出力するイベント受信機 (EVR) および信号配布系から構成される. イベント発生は上記の高周波基準信号と位相的に同期したタイミングで送信される. EVR-EVG は大型加速器においては, それぞれの加速器のニーズに合わせて独自の装置が開発されることが一般的であった. しかし, 近年

では, イベント同期手法の一般化, それをサポートするソフトウェアのフレームワークの広がり, FPGA による機能の拡張性などの理由から, 複数の加速器システムにおいて同一の EVR-EVG 回路が使われる例が増えている. 今後もこの傾向は強まると考えられる.

9.13.5 安全・インターロック

加速器施設は高エネルギー粒子ビームを取り扱うので, 放射線に関する法規の適用を受け, 運転にあたっては安全を担保することが求められる. 加速器施設のインターロックには, 人的保護を目的とする放射線安全インターロック (Personal Protection System : PPS) と, 機器保護を目的とする機器保護インターロック (Machine Protection System : MPS) がある. また, 地震・火災などの一般安全もあり, 全停止動作などを含めて包括的に全体設計すべきである. ここでは PPS に関して述べる. PPS の構築には, 設計製作, 管理運営, 動作試験の段階があり, 安全管理室と制御担当者とで適切な役割分担が必要である. 安全管理室は PPS の設計を照査し, 完成後は試験によってその動作を定期的に確認する. 制御担当者は設計製作とシステム管理運営の実務を担当し, 動作試験に協力する.

放射線発生装置である加速器は, マシン収納部, 放射線管理区域内の人的安全確保がなされて, ビーム運転が可能となる. ビーム伝送経路上の安全を担保すべきインターロックの構成は, 以下に述べるような「エリア管理」方式にするとよい. 一般に大型加速器施設は大きく区分すると, 入射器, ブースター, 蓄積リングなどの各種加速器と, それらの間をつなぐビーム輸送路から構成される. これら各部分を一つのエリアと定義し, それぞれのエリア内の安全を担保するインターロックを 1 単位として構築する. 各単位を全系インターロックが統括することで, 見通しのよい拡張性を有する構成となる. 人的安全が確保されたエリアにはビーム出射が可能となり, 加速器の組み合わせを選びながら多様なモードでの運転ができる. ビーム輸送経路の事前確認, 積算輸送電荷量など規制条件内でのビーム運転なども管理・監視するとよい.

安全システムの製作はその性格上, 信頼性を重視して構築する. ハードウェアはディスクなどの機械的動作機構を有しないものを用い, 電源を二重化し別系統から取ることも考慮する. 加速器施設では, 一般に PLC (Programmable Logic Controller) で構築される. ソフトウェアの信頼性確保はつねに課題となる. 潜在的な不具合 (バグなど) は実行時エラーとなって, システムを停止させる. これを防ぐ (減らす) には定期的にシステム試験を行い, 動作確認する (コード変更時はつねに試験) 必要がある. 堅牢なソフトウェアを目指すには, 使用するプログラム言語を C 言語のような実行時エラーを起こしやすい言語ではなく, ラダー言語のようにロジックの組み合わせで記述できる言語を使用するとよい. PLC システム構成は, 機器故障などに対する耐障害性を向上させるために二重化 (主

系と副系の冗長構成）とすることが望ましい．PPS を二重化する場合，同様の機器で二重化する方法もあるが，高い信頼性を求める場合は，各々別技術（別機種）を用いて二重化してもよい．PPS の信号取り合いは，異常発報時（許可信号 OFF），機器故障などシステム異常時に安全側に状態遷移するフェイルセイフ（Fail Safe）ようにノーマルクローズ（Normally Close：NC）仕様とする．なお，人が関与するインターフェース部や，押しボタンなどにはフールプルーフを考慮した設計とするとよい．

安全インターロックの発報時には，一般に粒子源と RF は停止し，蓄積ビームは廃棄されている．同時に運転員を始め加速器要員には，状況を速やかに把握することが求められる．これには情報の共有と集中が重要であり，データベースが大変有効となる．インターロック関連機器の動作状態と異常発報記録を適時データベースに記録し，これを参照する表示系と組み合わせることは健全な動作確認と迅速な状況把握に有効である．なお，放射線モニター（環境モニター）値もデータベース化して適時記録し，オンラインで参照可能にしておくとよい．

9.13.6 計算機・ネットワーク

今日の加速器施設のネットワークは，機器制御系のみを考えて設計することはできない．加速器施設にとって必要な LAN（Local Area Network）は，施設運営に必要な情報インフラとしての業務用 LAN，外部への情報公開用 LAN，来所する外部ユーザー用 LAN，そして加速器の神経を担う機器制御 LAN，ビームライン（実験検出器）を担う機器制御 LAN と広帯域データ伝送 LAN など多様であり，これらが複雑に相互接続されてできている．忘れがちであるが，機器開発・試験を行うための R ＆ D テスト LAN も考慮し設計する．ネットワーク構成（アーキテクチャ）を設計する際は，これらの各種 LAN に求められる自由度（利便性とアクセス制御），不正侵入やウイルスに対するセキュリティ，必要な伝送帯域，遅延時間，相互接続の必要性，保守性を考えて設計する．設計の要点はセグメント（ネットワークゾーン）化と相互配置である．上述の各 LAN は，それぞれの目的が明確であるので，これを単位としてセグメント化する．各セグメントの相互接続にはファイアウォールを設置して，適切なアクセスコントロールを行う．セグメント内外の通信経路制御には別途スイッチ（L3SW）を用いる．配線の物理的構成でゾーン構成の自由度が制限される場合は，Virtual LAN 技術を導入して自由度を回復する．セグメントには IP（Local Area Network）アドレス空間を割り当てる．ローカル IP として外部ネットワークと直接に通信しないプライベート空間を使用して潤沢に割り振ることもできるが，注意すべき点は範囲が広すぎるとブロードキャストパケットの増加で機器の誤動作があり得るので，規模に応じて適切に区分する．サブドメインを適宜定義しておくと，セグメント間の運用の柔軟性が向上する．ファイアウォールには通信経路制御機能を有するものがあり，この機能を使いたくなるが，ファイアウォールのルール設定が複雑になるうえに，機器故障時には代替機への交換などで運用上困難をきたすことがある．接続形態は Ethernet ベースで，光ファイバーを用いたスター型が一般的である．通信プロトコルは TCP/IP（速度重視でまれに UDP）で実績があるが，最適に使用するには伝送状況を解析して TCP パラメータをチューンしてもよい．基幹ネットワークは冗長性を確保するために機材・伝送路ともに二重化し，重要基幹部が 1 ヵ所に集中し耐障害性の弱点となるような「単一障害点」を極力避けるように接続する．無線 LAN は利便性が高く，可搬型端末を用いた保守作業などに有効である．認証とアクセス制限を適切に運用することで安全性を確保する．

機器制御系ネットワークはファイアウォールによって守られた「閉鎖型」とするのがよい．ここに接続するネットワーク機器（計算機，計測器など）は，事前にウイルスなどの検疫を受けて問題のないことを確認する．可搬型メモリも同様である．制御担当者はこれらの管理に責任を持つ必要がある．接続機器の名前解決（ドメインネームの IP アドレスの変換）には DNS（Domain Name Server）方式が標準的でよい．NIS（Network Information Service）方式もあるが，管理性が低く，異種 OS 間の互換性に問題があり拡張性に乏しい．時間合わせには NTP（Network Time Protocol）を用いる．GPS 基準の NTP サーバーを施設内に必要に応じて複数台設置してもよい．機器制御系に発生した障害に所外からアクセスして対処することが求められる場合があり得る．そのような事態を想定し，事前認証済み（公開鍵による認証など）の端末を用いて VPN でアクセスするなどの方法を考えておくとよい．ネットワーク監視の目をくぐり抜けるようなトンネリングソフトウェアなどでファイアウォールをバイパスする方法は，一時的に利用できたとしてもセキュリティ上の問題があり，IT 部署は通常禁止する．

計算機群は，プログラム開発環境，運転実行環境，基幹サーバーなどと個別に管理することが望ましい．開発系と実行系を同一環境にしてしまうと，試作プログラムの試験で誤ってビーム運転に悪影響を及ぼす場合があり得る．開発系と実行系は各々別系として構築し，ファイアウォールで適切に接続すべきである．運転端末計算機の機種（OS）は，Linux（UNIX 系 OS）のように市場から調達可能なオープンで堅牢なものを選択する．オープンであるので広くサポートが得られ，技術情報にも適宜アクセスでき，適切なライセンスを取得することで利用できる．実験系では Windows が利用されることが多いので，フレームワークを介して UNIX 系と相互接続させる．計算機本体は性能上市場標準品で問題はないが，台数が多数になり保守上問題となる場合は，1 台の計算機上に複数（<10）の仮想計算機を構築するとよい．重要なサーバー計算機（データベースサーバーなど）は冗長クラスター化するか，耐障害性計算機を用いてディスクも冗長化する．プログラム言語の

選択は，専門性を有する制御担当者が担う基幹ソフトウェア部分と，IT 非専門家の機器担当者が担うアプリケーション制作を考慮して選択する．難解な言語は生産性を低下させ，ソフトウェアの相互運用性を低下させるだろう．一般には標準的言語（C 言語など）で一元的に制作するが，保守は若干手間ではあるが別言語で実装したソフトウェアを組み合わせることも可能である．その場合，制御担当者は，関数ライブラリとして Application Program Interface を提供する．Python などのスクリプト言語は生産性が高いので，Tool や簡易な GUI を短時間で作成することができる．バージョンなどの互換性に留意する．このためにも，GIT，Mercurial，Subversion などのバージョン管理ツールを使った開発ソフトウェアの管理が重要となる．

データベースシステムは，今日の加速器施設では必須の機能である．制御フレームワークが標準的に提供している場合はそれを，そうでない場合は別途実装する．データベースには，運転中の加速器の機器状態を周期的に保存し，必要な信号・時間間隔にてログデータとして恒久保存する．運転に必要な固定パラメータ，ビーム軌道データや軌道補正設定値なども保存し，管理するとよい．トラブル発生時のアラームデータベースは，状況を把握・分析する点で強力なツールとなる．固定データ管理には標準的な SQL（Structural Query Language）言語を用いてデータ操作可能なリレーショナルデータベース（RDBMS）が有用であるが，ログデータなどの時系列データの保存には，リレーショナル機能を用いない NoSQL 型データベース管理系（「Key（キー）」と「Value（値）」の対をデータモデルとする Key Value Store 型）を用いてもよい．データの閲覧には，端末の機種依存性が問題にならない web ブラウザを用いると利便性が高く汎用性もある．

9.14 入射，取り出し

加速器は加速された粒子を獲得するための装置である．加速器で加速するためには，まず粒子を加速器のなかに入射しなければならない．また，加速された粒子を加速器の外部で利用する場合には，粒子を加速器から取り出さなければならない．このように入射および取り出しは加速器の性能を左右する最も重要な機能の一つである．さらに大強度の加速器では，維持保守の観点で入射・取り出しの際のビーム損失が課題となりうる．このため入射・取り出しは加速器の概念設計当初から考慮すべき課題である．

9.14.1 入射の概論

まずはじめに，入射・取り出しの説明に必要な項目の復習として，簡単のためシンクロトロンへの入射を考えてみる．粒子の軌道は三つの自由度があり，進行方向に沿って左右と上下の二つの自由度（横方向）と，進行方向の自由度（縦方向）がある．加速器において三自由度のそれぞれ

での粒子の運動は，設計軌道を通過し加速平衡位相に乗った理想粒子の軌道を原点とした，位相平面で表すことができる．加速器にとって受け入れ可能な粒子には，理想粒子からのずれがどこまで許容されるかがアクセプタンス（acceptance）である．このためアクセプタンスは三つの位相平面での中心領域，多くの場合は楕円領域，とモデル化されて示される．一方，入射されるビームはビームを構成する粒子の軌道要素の分布として表すことができ，アクセプタンスの場合と同様に，三つの位相平面上でのエミッタンス（emittance）と呼ばれる量として表すことができる．

位相平面を使ってアクセプタンスとエミッタンスを表すことの利点は，入射や取り出しの過程において粒子軌道がリウヴィルの定理に従っていることが自動的に取り入れられるからである．すなわちアクセプタンスとエミッタンスは力学の保存量であり，また粒子軌道が位相平面上で重なることはない．二つの項目アクセプタンス，エミッタンスは元々それぞれ一つの値であるが，入射・取り出しの説明では位相平面でのかたちも重要なので，かたちも含めて意味するものとする．

結局入射とはある有限な領域であるアクセプタンスにエミッタンスを持ったビームをいかに入れるかという課題である．ただし，ここでは縦方向のアクセプタンスは十分に広いと想定して考慮しない．また通常は水平方向に入射や取り出しをすると想定して，水平方向の位相平面を扱うことにする．垂直方向のアクセプタンスも十分広いとして考慮しない．

加速器のアクセプタンスと入射ビームのエミッタンスの最適な入射条件を達成するための操作をマッチングという．入射された粒子は設計軌道を中心としてベータトロン振動をしながら加速器を周回する．簡単のために，アクセプタンスおよびエミッタンスは位相平面において Twiss パラメータを用いた楕円で表せるものとする．さらに入射部での位相平面で，入射の瞬間においてアクセプタンスとエミッタンスは同心ではあるが相似ではない楕円で表されるものとする．入射ビームが 1 周して入射部に戻ってくると，リング 1 周のベータトロン振動の位相差に対応した楕円のエミッタンスとなる．さらにその後の周回ごとの入射ビームのエミッタンスは，アクセプタンスに相似なある楕円を包絡線とする楕円群となる．すなわち入射されたビームは実効的にこの包絡線で表されるエミッタンスに広がってしまうことになる．入射によるエミッタンス増大を避けるためには，入射ビームのエミッタンスをアクセプタンスと相似にしておくことが求められる．いうまでもないが，エミッタンス増大を避けるために，入射ビームの中心をアクセプタンスの中心に合わせておくことが求められる．

9.14.2 入射方式

a．シングルターン（single-turn）入射

基本となるこの入射方式を説明することは，位相平面での表示の理解の助けになり，また入射に特有の機器の導入

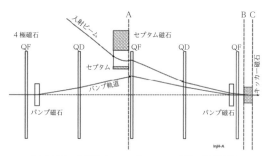

図 9.14.1 典型的なシングルターン入射の機器配置

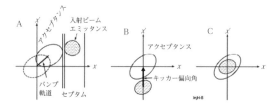

図 9.14.2 図 9.14.1 で示した 3 ヵ所での位相平面

にもなっている．また入射ビームの長さは加速器 1 周の長さよりも短いと想定する．

図 9.14.1 はシンクロトロンへの典型的な入射方式を示している．入射路からやってきたビームはまずセプタム磁石で偏向され，その先のキッカー磁石でさらに偏向され，加速器の周回軌道に乗ることになる．入射を成功させるには，キッカー磁石による偏向が入射の瞬間のみに行われ，ビームが 1 周して戻ってきたときには偏向が消滅していなければならない．時間的に急速に変動する磁場を発生することがキッカー磁石と呼ばれる理由である．

セプタム磁石はキッカー磁石による偏向を補助する役割を果たす．キッカー磁石が補助を必要とするのは，瞬間的に強い磁場を発生させることが困難であるからである．セプタム磁石は，セプタムと呼ばれる薄い電極に電流を流すことによって周回軌道上には磁場を発生させず，入射軌道上のみに偏向磁場を発生させる機能を持ち，入射ビームのみを偏向することが可能である．さらには入射の期間にバンプ磁石系を用いると周回軌道をセプタム電極へできるだけ近づけられ，キッカー磁石の偏向角をさらに小さくできる．キッカー磁石とバンプ磁石はどちらも時間変動する磁場を発生するが，リング 1 周と同程度かそれより短い時間幅の磁場を発生するものがキッカー磁石と呼ばれるのが一般的である．キッカー磁石，セプタム磁石は入射，取り出しに必要な特殊な機器であるので，後ほど詳細な説明がなされる．

シングルターン入射の過程を，図 9.14.1 の破線で示したセプタム磁石の下流，キッカー磁石の上流と下流の 3 ヵ所の位相平面を使って，図 9.14.2 で順に見てみる．

セプタム磁石の下流では，アクセプタンスはバンプ軌道によってセプタム電極に接するまでずらされ，入射ビーム

のエミッタンスもセプタム電極に当たらない範囲で，セプタム磁石の偏向によりできるだけアクセプタンスに近づけられる．次にキッカー磁石の上流では，ビームの位置はほぼリング中心にあるが，角度のずれが残っている．この角度だけキッカー磁石によって偏向され，キッカー磁石の下流ではアクセプタンスの中心にビームが入射される．

シングルターン入射では，アクセプタンスの中心にエミッタンスを入れることが可能であることから，入射ビームのエミッタンスに比べてアクセプタンスに余裕が十分にない場合に使用される．ほとんどの陽子シンクロトロンや，加速器の調整立ち上げなどでアクセプタンスが十分に確保されていない場合にも使われる．

なお，リング 1 周に複数個の加速位相（バケット）があって，それぞれのバケットへは 1 回の入射で終了するが，リング全体へは複数回の入射を要する場合もシングルターン入射と見なせる．

b．マルチターン（multi-turn）入射

同一バケットへの入射を複数回行う方式はマルチターン入射と呼ばれる．この入射が可能となる条件はバケットにすでに入っているビームと入射ビームとが入射部の位相平面において干渉しないことである．具体的には三つの場合が想定される．

一番目は，アクセプタンスが入射ビームのエミッタンスよりかなり大きくて，複数個のビームのエミッタンスが互いに重ならないように入射が可能となる場合である．ただし，この方式は原理的には可能であるが，最近では高エネルギーの加速器で使われていないようで，これ以上扱わない．

次は，入射されたビームのエミッタンスが入射後に徐々に変化して，ある時間が経過すると再度入射することが可能となる場合である．後で詳細に述べる重要な例は電子入射で，入射後に放射冷却によりエミッタンスが減少し，入射部でのアクセプタンスに余裕ができて再度入射ビームを受け入れることが可能となる．極めて特殊な別例に，入射されたビームのエネルギーを徐々に変えて蓄積軌道へ移し，余裕ができたアクセプタンスへさらに入射するという RF stacking（高周波スタッキング）方式がある．これを取り入れた交差衝突型大強度陽子蓄積リング Intersecting Storage Rings（ISR）がかつて CERN に存在したが，ここではこの方式には触れない．

もう一つは，入射されたビームと入射直前のビームの種類が異なるためにリウヴィルの定理の制限を受けず，位相平面の同じ場所に両方のビームが存在できる場合である．この重要な例は陽子加速器でよく採用される荷電変換入射方式で，後ほど扱うことにする．

c．電子蓄積リングへの入射

電子蓄積リングでは，入射されたビームのエミッタンスが放射光の放出により徐々に平衡エミッタンスまで減少するという放射減衰の効果があり，長い時間間隔ではリウヴィルの定理が成り立たない．このことを利用するとリング

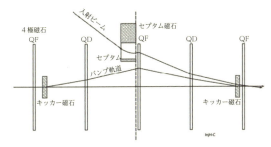

図9.14.3　典型的な電子入射の機器配置

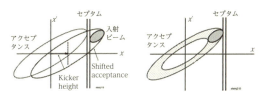

図9.14.4(a)　入射の瞬間と入射の直後のセプタム磁石出口での位相平面

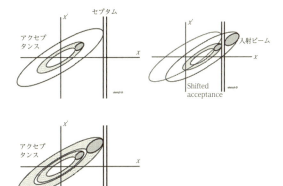

図9.14.4(b)　次回入射の直前，入射の瞬間，入射の直後の位相平面

のアクセプタンスのなかに繰り返しビームを入射することが可能となる．

　代表的な入射部の機器構成を図9.14.3に示す．マルチターン入射ではすでにバケットに入っているビームを周回させるために入射部のリング上流にもキッカー磁石を置き，入射の瞬間にアクセプタンスを確保しながら入射部で閉軌道をずらす必要がある．また一般的にビームは中心軌道に入射されない．

　この方式の入射過程をセプタムの出口での水平方向の位相平面の図9.14.4を用いて説明する．入射の瞬間に周回軌道が上下流のキッカー磁石によってセプタムの方向にずらされ，それに伴いリングのアクセプタンスもずれて入射ビームのエミッタンスを含むようになる．入射の直後では周回軌道とアクセプタンスは元に戻り，入射されたビームはアクセプタンスと相似な二つの楕円に囲まれた領域内にベータトロン振動をしながら存在する．ここまではリウヴィルの定理が成立しているが，時間の経過とともに放射減衰によって入射されたビームの存在する領域が中心に向かって収縮する．

　次の入射の直前には図9.14.4(b)で示すように，前回に入射されたビームは収縮した二つの楕円で挟まれた領域に閉じ込められている．入射の瞬間に前回と全く同様にキッカー磁石によってアクセプタンスを入射ビームが含まれるようにずらす．周回軌道がずれているためにアクセプタンスは実際にはセプタムが障害となり，セプタムに接する楕円領域に制限されてしまうが，入射にとって重要なことは，前回に入射されたビームが十分に放射減衰してこの制限されたアクセプタンスに入っていて，前回入射されたビームが失われないことである．このように，放射減衰によって十分収縮するように入射繰り返しの時間間隔をとると，同じバケットに繰り返し入射が可能となり，平衡エミッタンスを持った周回ビームが位相平面の中心に蓄積される．

　電子入射の新しいアイデアとして，原理的には1台の多極磁場のキッカー磁石で可能な方式がKEK PFで提案されている[1]．入射ビームは多極磁場の中心から離れたところを通過することによって偏向されるが，蓄積ビームは中心を通過して偏向されにくいため入射時の蓄積ビームへの影響を小さくできるという利点がある．

d. 荷電変換（charge exchange）入射

　代表的な例は，陽子を周回ビームとし，負水素イオン（H⁻）を入射ビームとした組み合わせである．図9.14.5の原理図で入射の説明をする．入射の期間の周回軌道を4台の主バンプ磁石系でずらしておいて，入射ビームを2台目の磁石の直前に入れ，2, 3台目の間で二つの軌道が一致するように調整しておく．すると負水素イオンは電荷が反対なのでリウヴィルの定理の制限を受けず，この間では周回する陽子ビームと全く同じ軌道をとる．さらに2台目の後に，負水素イオンの2個の電子をはぎ取り陽子に変換するためのstripping foil（ストリップ用フォイル）を挿入する．もしfoilが十分に薄くビームが通過しても軌道やエネルギーがほとんど変化しないならば，周回する陽子ビームに負水素イオンから変換された陽子を加えることが可能となる．その結果，入射ビームのエミッタンスと同程度の周回ビームが得られ，多数回入射によって大強度の陽子ビームが得られる．

　しかしながら実際にはビーム電流の増加により空間電荷効果による陽子の間の反発が大きくなり，ビームの品質が悪化したり，ビーム損失が問題となったりする．そこで入射部での周回軌道を徐々にずらすことによって，アクセプタンスのなかで入射ビームの場所を徐々にずらし，周回ビームのエミッタンスを広げて空間電荷効果を緩和させる（ペイント）操作を行う．このため，主バンプ磁石系の他に，水平方向と垂直方向で独立にペイント操作を行う磁石系が追加される．両方向のペイント磁石系が加速器側に設

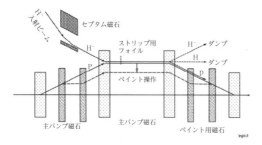

図 9.14.5 荷電変換入射方式の概念図

置されていると，蓄積ビームが stripping foil から離れるようにペイント操作をすることが可能になる．また stripping foil を小さくでき，その支持も容易になる．入射器側の軌道の角度を変えてペイント操作をすることも可能であるが，蓄積ビームが stripping foil から離れにくく，foil の支持部による散乱に配慮する必要がある．

Stripping foil の厚さは，荷電変換効率と周回ビームの散乱による損失という二つの相反する条件に妥協して決められる．このため，負水素イオンがすべて陽子へ変換されるわけではなく，一部は負水素のままであり，他の一部は電子を1個失い中性水素となる．入射部の設計では，これらの粒子を適切にビームダンプへ導き，入射部での残留放射能が問題とならないようにしなければならない．また周回ビームの foil 散乱はビーム損失の主原因になりうるので，散乱を極力避けるために，foil 形状，支持方法，ペイント方式の慎重な考慮が求められる．

負水素イオンビームを輸送する際に注意すべきことは，磁場強度に制限があり，しかもエネルギーが高くなるほど磁場の許容値が下がることである．その理由は，負水素イオンに乗った静止系では，イオンの速度に応じて磁場がローレンツ変換されて電場として感じることによる．負水素イオンの1個の電子は弱く結合されているため，電場が強くなると容易にされ，中性水素になる．特にセプタム磁石の設計では配慮が必要である．

荷電変換入射で stripping foil は重要な要素である．これには foil 散乱による周回ビーム損失をできるだけ減らすように薄さが求められる一方，一様に荷電変換がなされるようにピンホール（pinhole）を持たず，さらに長期間の運転に耐えられる強度が求められる．薄くても強度のある foil の開発については別のところで記述される．

e．サイクロトロン

内部イオン源による入射　放射性同位元素を製造する小型サイクロトロンのようにコンパクト性が求められる場合には，サイクロトロンの中心部に（cold cathode）PIG イオン源などを直に設置して H^+，H^-，D^+，$^4He^{2+}$ などの軽イオンを加速している．内部イオン源は複雑な入射システムが不要で簡便かつ低コストである反面，加速粒子の種類やビーム強度が限られる，中心領域のスペースの制約からビームの集束やセンタリング，バンチングなどが容易ではない，保守のためにサイクロトロンを止めざるを得ないといった難点も抱えている．

外部イオン源からのビーム入射方法　外部イオン源の場合には保守性が向上するとともにイオン源自体の性能やサイクロトロンとの整合性を向上させるための自由度があり，ビームの大強度化・高品質化に必須である．外部イオン源から数～数十 kV の加速電圧で引き出したビームはアインツェルレンズやソレノイドレンズ，四極レンズなどを用いてサイクロトロンへ輸送する．ビームを外部からサイクロトロンに入射させる方法には，大別して，加速平面に対して垂直な方向から入射させる方法と，加速平面に沿って平行に入射させる方法がある．前者は一体型電磁石を有する AVF サイクロトロン，後者は分離型セクター電磁石から構成されるリングサイクロトロンに採用されている．

AVF サイクロトロンへのビーム入射　AVF サイクロトロンの場合，入射ビームをサイクロトロン電磁石の中心軸に沿って入射させ，中心部に設置した電極間に発生する静電場とサイクロトロン電磁石の静磁場をうまく組み合わせて加速平面内へ導く．現在ではほとんど使われていないが，最も簡易的なのは，入射軸に対して45°傾いた平板の電極とそれに平行に張られたグリッド電極によって形成された静電場で強引に90°偏向する静電ミラー型入射方式である．軸方向の減速と水平方向の加速のために加速イオン源と同様の高電圧が必要なこと，入射ビームが通過するグリッド電極でのビーム損失率が30～40％と大きいことなどの課題がある．今日では，入射イオンの進行方向に対してつねに垂直な方向にクーロン力を作用させ，サイクロトロン電磁石の磁場によるローレンツ力によって回転しながら徐々に鉛直方向から水平方向へイオンを偏向していくインフレクター電極が主流になっており，スパイラル状のビーム軌道に適合させた形状の電極を製作することにより90％以上のビーム透過効率を達成しうる．スパイラル型インフレクター電極を通過する入射粒子の軌道は，Belmont と Pabot によって次式のように求められている[2]．

$$x = \frac{R_e}{2}\left[\frac{2}{1-4k^2} + \frac{\cos((2k-1)b)}{2k-1} - \frac{\cos((2k+1)b)}{2k+1}\right]$$

$$y = \frac{R_e}{2}\left[\frac{\sin((2k+1)b)}{2k+1} - \frac{\sin((2k-1)b)}{2k-1}\right]$$

$$z = -R_e \sin b \tag{9.14.1}$$

ここで，R_e は電場半径，b は偏向軌道長 $s = R_e \times b$ で定義される電場偏向角，k は磁場半径 R_m を用いて定義される半径比 $k = R_e/(2R_m)$ である．ビーム軌道の k 値依存性は文献3に示されている．

これと類似した軌道を描かせて入射させるハイパーボロイド型インフレクターも提唱されたが，電極形状を決定するパラメータが加速条件に応じてユニークに決まってしまうため，汎用性の点から普及はしていない．

外部イオン源で加速されたイオンはエネルギーが低い（keV オーダー）ため，0.1～数 T の高磁場が発生している AVF サイクロトロン電磁石の加速平面上へ外側から水

平入射させると入射粒子はらせん軌道を描きながら中心領域へ輸送される．これを荷電変換と組み合わせたり，初段加速器でエネルギーを MeV 級まで増やしたりして入射軌道を初期加速軌道と整合させることは不可能ではない．しかし，加速粒子とエネルギーを固定する場合でない限り，安定した入射ビーム軌道を汎用的に得ることは簡単ではない．

リングサイクロトロンへのビーム入射 セクター電磁石が分離しているため，隣り合う電磁石の間の磁場を十分に下げられるリングサイクロトロンの場合には入射ビームライン用の電磁石やビーム診断機器などを設置するスペースも確保できることから，加速平面と平行に外側から入射させる方式が採用されている．加速軌道と交差するようにリングサイクロトロンの中心に向かって輸送されたビームは，中心部分のスペースに設置された小型の偏向電磁石や集束電磁石を用いて入射軌道半径へと導かれ，静電デフレクターや磁気チャネルを介して最初の加速軌道と整合される[4]．リングサイクロトロンの空間的な自由度の高さは，空間電荷効果対策が必須の大強度ビームの入射・加速においても有利である[5]．

9.14.3 取り出し方式

加速器で加速された，蓄積された，あるいは「冷却」された粒子を取り出すことは，加速器の性能を最終的に決定する重要な機能である．このため，入射と同様に加速器の設計開始の当初から取り出し方式や機器の設計を並列に行い，期待される加速器性能を満たす合理的な機器配置を追求することが求められる．特にビーム利用を目的とする場合においては，ある程度の挑戦的な設計が許されるにしても，低故障率，維持保守の容易さ，ビーム損失低減などを重要視することが必須である．

a. 速い取り出し

バケットに入っているビームをすべて1周の間に取り出すことは，速い取り出し（fast extraction）といわれ，加速器からビームを取り出す方式の主流である．リング全体のすべてのバケットのビームを1周で取り出す場合もあれば，個々のバケットごとに取り出す場合もある．原理的には，速い取り出しはシングルターン入射の逆過程そのものであり，機器の配置も入射とは逆の配置で対応できる．

図 9.14.6 で示す典型的な配置を想定して取り出し過程の説明をしてみる．取り出すバケットのバンチがキッカー磁石を通過する時間の間のみ，キッカー磁石に磁場を発生させる．バンチはキッカーによってまず偏向され，さらに4極磁石による偏向も加わり，バンチは周回軌道から離れセプタム磁石のなかへ送られる．セプタム磁石では外向きに強く偏向され，加速器からバンチの取り出しが完了する．セプタム磁石の詳細は別の項で扱われる．キッカー磁石の磁場は，取り出すバンチのみを偏向し，他のバンチへの作用を避けなければならないため，時間的に急速に立ち上がることがまず要求され，場合によっては急速に消滅す

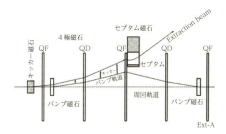

図 9.14.6 速い取り出し方式の概念図

ることを要求されることもある．急速に変化する磁場を発生させることは技術的に容易ではなく，キッカー磁石による偏向を補助する目的で，取り出し過程の間だけ周回軌道をバンプ軌道へずらしておくことが行われる．キッカー磁石による偏向をできるだけ減らすように，バンプ軌道は周回ビームがセプタムに当たらない範囲でできるだけセプタムに近づけるようにする．

この取り出し方式の最重要機器はキッカー磁石であるので，関連する課題をまとめてみる．一部のバンチのみを取り出し他のバンチを周回させる場合には，磁場の立ち上がり部分と比較して急速に磁場を消滅させる部分が技術的に難しいため，残留バンチへの影響をできるだけ避ける工夫が求められる．取り出しのエネルギーが入射よりも高い場合には，取り出し機器の磁場強度が入射と比べて増加するので，磁場強度そのものを増加させる，あるいは磁石の台数を増加させる必要がある．そのぶん，機器の設計だけではなく，磁石を設置する場所の確保も求められることがあり，加速器全体の設計に課題が広がる場合もある．特に，同期した複数台のキッカー磁石が要求される場合には，故障によって同期がずれることは絶対に避けられないため，故障時に発生し得るあらゆる事象への対策を考慮しておくべきである．また電子蓄積リングでは，入射機器の磁場変動のビームへの影響は放射冷却によって消滅するが，取り出し機器の変動は直接取り出されたビームに影響するので，より安定性が求められることがある．大強度ビーム加速器では，ビームによる磁石の放電や発熱，およびビーム安定性への配慮が求められる．

b. 遅い取り出し

シンクロトロンなどのリングに蓄積されたビームのベータトロン振動振幅を徐々に増大させ，振幅の大きくなったビームを電場・磁場により偏向し，リングから徐々に取り出す手法を遅い取り出し（slow extraction）という．前述の速い取り出しにかかる時間はビームの周回時間である μs 程度であるが，遅い取り出しによる典型的な取り出し時間は，0.5 s から数 s である．取り出されたビームを標的に当て放出される二次粒子などを利用する原子核・素粒子実験において検出器の計数率を抑える必要がある場合や，がん治療用のシンクロトロンにおいてビームの取り出し中に照射する患部をスキャンする場合に，遅い取り出しが用いられる．

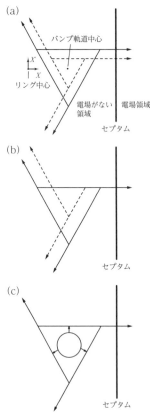

図 9.14.7 三次共鳴を用いた遅い取り出しにおける水平方向位相空間のセパラトリックスの概念図. (a) 通常の取り出しの場合, (b) ダイナミックバンプもしくはハートの条件を用いた場合, (c) RF ノックアウトを用いた場合.

遅い取り出しでは, 共鳴を励起する非線形磁場により形成される位相空間の安定領域と不安定領域の境界であるセパラトリックス (separatrix) に沿ってビームの振幅が増大するメカニズムを利用する. 安定領域からこぼれ, 振幅が増大したビームをリングから取り出すために, 電場・磁場の存在する領域としない領域がセプタム (septum, 隔壁) で仕切られている静電セプタム, 磁場セプタムといわれる装置が使われる. 振幅が大きくなり静電セプタムの電場領域にやってきたビームをわずかに偏向し, その下流に置かれる磁場セプタムにより大きく偏向しリングから取り出す. 通常は他の場所で振幅の大きくなったビームがロス (損失) しないようにバンプ軌道をつくり, 取り出しが行われる直前に周回ビームをセプタムによせておく (図 9.14.7 (a)).

遅い取り出しを行うために, 二次共鳴 ($2Q_x=N$), もしくは三次共鳴 ($3Q_x=N$) が用いられる. ここで Q_x は水平方向のベータトロン振動数 (チューン), N は整数である. 二次共鳴を用いた遅い取り出しは, フェルミ研究所の Main Injector (MI) で採用されており, シャットダウンした KEK 12 GeV PS でも用いられていた. しかしながら現在の主流は三次共鳴を用いた遅い取り出しである. 三次共鳴を用いた遅い取り出しでは, 共鳴を励起する磁場は 6 極磁場のみで, 図 9.14.7 で示すようにセパラトリックスは単純な直線で表される[6,7]. 一方, 二次共鳴を用いた取り出しでは, 4 極磁場と 8 極磁場の組み合わせにより曲線のセパラトリックスが形成されるため[7,8], 機器の構成やビーム調整が三次共鳴のものより複雑である. ただし, ms 程度でビームを取り出す (fast-slow extraction) 必要がある場合, 位相空間の中心付近のビームも確実にリングから取り出すためには, 共鳴が強い二次共鳴の取り出しが有利となる.

セパラトリックス上にビームを導く方法は以下に示すように 3 種類に分類される. 一つ目は, 4 極電磁石の磁場を変化させることにより Q_x を共鳴線に近づけ, セパラトリックスを小さくし取り出す方法である (図 9.14.7 (a)). 二つ目は, 水平方向のクロマティシティを有限な値にセットし, ラティスを形成する偏向磁場, 4 極磁場の強さを一様に変化させる (もしくは取り出し中のビームの運動量を変化させる) 方法である. この方法においても Q_x が共鳴線に近づきセパラトリックスが小さくなる. ただしこの場合リングから取り出されたビームの運動量の中心は取り出し中に変化するため, 取り出し後のビーム輸送系でビーム軌道の補正が必要となる場合がある. クロマティシティと静電セプタムの位置での運動量分散関数をうまく選ぶと (ハートの条件), 取り出し途中で小さくなるセパラトリックスの取り出しアームの角度をつねに一致させることができる[9] (図 9.14.7 (b)). 三つ目は, 取り出し中のセパラトリックスを一定に保ち, 逆に周回ビームのエミッタンスを徐々に大きくし, セパラトリックス上にやってきたビームを取り出す方法である[10]. 周回ビームのエミッタンスを大きくする手段として, ベータトロン振動数に同期させた水平方向の高周波電場をかける方法が用いられている. 放医研のシンクロトロン HIMAC では, 高周波電場に振幅変調, 周波数変調をかけて取り出したビームをがん治療に用いている. 高周波電場の制御により取り出しビームを呼吸に同期させて取り出し照射することが可能となった[11].

大強度ビームの遅い取り出しにおいて, 取り出し時のビームロスを減らす (取り出し効率を上げる) ことが, 装置のダメージ防止やメンテナンス性の観点から最も重要な課題の一つとなる. J-PARC の主リングでは, β 関数が最も大きい場所に静電セプタムが置かれている. この条件のもとでは, 静電セプタムの電場領域に到達するビームのサイズ (ステップサイズ) を大きくすることが可能となり, その結果ビーム密度が薄くなりセプタムにビームが当たる割合を減らすことができる[12]. さらに取り出し角度の広がりを小さくすることもビームロスを減らす有効な手段である. J-PARC のメインリングでは, 静電セプタムが置かれる直線部はラティス設計上運動量分散がない. さらに水平方向のクロマティシティをゼロに近い値に選ぶことにより, セパラトリックスの運動量依存性を十分小さくするこ

とができる．これらの条件のもとで，取り出し途中のセパラトリックスの縮小による取り出し角度の違い（図9.14.7(a)の実線と点線）をバンプ軌道の角度の調整により相殺させている[12]（図9.14.7(b)の実線と点線）．ダイナミックバンプといわれるこの手法により常時99%を越える高い取り出し効率を達成している[13]．静電・磁場セプタムの実効的なセプタム厚を減らす工夫も高い取り出し効率を得るために重要な要素である（10.14.4項参照）．

遅い取り出し中のビーム強度の時間構造$I(t)$は，

$$I(t) = \frac{dN}{dQ} \cdot \frac{dQ_0}{dt}\left(1 + \frac{dQ_r}{dt} \middle/ \frac{dQ_0}{dt}\right) \tag{9.14.2}$$

で表すことができる．ここでdN/dQはチューンが共鳴にdQだけ近づいたときに取り出される粒子数，dQ_r/dtは偏向・4極磁石電源の電流リップルなどによって発生するチューンの時間変化，dQ_0/dtはリップルがない場合のチューンの時間変化である．この式より取り出しビーム強度は電源の電流リップルの大きさと周波数に大きく影響されることがわかる．電流リップルの周波数にもよるが，十分な一様性を得るためには10^{-6}程度に電流リップルを抑える必要がある．しかしながらこの要求を満たす電源を製作することは容易ではない．J-PARCでは，電流リップルによるチューン変動を相殺するための速い応答性を持つ4極磁石をリング内に配置している．リングから取り出されたビーム強度信号から，ビーム強度を一様にするための4極磁石電源への指令値をデジタル信号発生器（DSP）によりリアルタイムで演算している[14]．さらにベータトロン振動数に対応した周波数に対して有限の幅を持つ高周波電場をかけて，ビームの時間構造の緩和を行っている[13]．

c. サイクロトロンからの取り出し

高磁場中からの加速粒子の取り出し　周回する加速粒子の周期を一定に保ち，ディー電極の加速ギャップを通過するタイミングを高周波の加速電圧位相と同期させてつねに同じエネルギー利得で加速するためには等時性磁場の形成が重要である．相対論的効果の考慮が必要な高エネルギーの加速粒子の場合には，半径が大きくなるとともに平衡軌道上の平均磁場は次第に大きくなり，引出半径近傍において最大に達する．例えば，陽子ビームが100 MeVまで加速されて半径1 mに達するとすれば約1.5 Tの平均磁場が必要になる．このような高磁場中を周回する粒子をサイクロトロンの外へ取り出すためには，引出半径の外側で磁場を急激に下げるような工夫が必要であるが，そのようなハードエッジに近い磁場分布を形成することはかなり難しい．そこで，加速粒子が正イオンの場合には，静電デフレクターの電極間で外向きのクーロン力を粒子に作用させて軌道を徐々に外側へずらしていき，内側の加速軌道に影響を与えないところで磁気チャネルコイルにより逆向きの磁場を局所的に発生させてさらにビーム軌道を外側へ向ける手法が一般的に用いられている．簡単のために，デフレクターでの半径方向の運動方程式を

$$m\frac{v^2}{r} = qvB - qE \tag{9.14.3}$$

とすると，ビームの引出軌道の曲率半径は

$$r = \frac{mv^2}{q}\frac{1}{vB - E} \tag{9.14.4}$$

と表され，デフレクター電極間に生成する静電場をできるだけ大きくできれば，磁場の減少とともにビームは取り出しやすくなる．しかしながら，引き出し直前では隣り合うビームの中心軌道の間隔（ターンセパレーション）が小さいうえ，半径方向のビームの広がりがあるため1ターン前のビームと分離しにくく，デフレクター電極でのビーム損失やマルチターン引き出し（ターン数が異なるビームを同時に複数取り出してしまうこと）を引き起こしてしまうという難点も抱えている．これに対して，水素イオンの場合には負イオンH^-を加速し，stripping foilを引き出し半径付近に設置して正イオンH^+に荷電変換することによって高強度のビームをほぼ100%取り出すことができる．

正イオンの引き出し　引き出し直前のターンセパレーションの狭さを克服するために，いくつかの工夫が施されている．サイクロトロンの中心側に設置された静電デフレクターのセプタム電極は接地したうえで電極の厚さを0.1 mm程度に薄くし，さらに方位角方向にくさび状の切り欠きを設けるなどして引き出し前のビームとの衝突を避けるように機械的な細工も行っている．また，ターンセパレーションを極力大きくするために，加速電圧を大きくして1ターンあたりのエネルギー利得を増やす他，引き出し前の磁場分布に局所的なバンプ磁場を設けてファーストハーモニック成分を生成し，ビーム軌道中心を磁場分布の対称軸から故意にずらして半径方向のベータトロン振動を引き起こしてデフレクター入口でのターンセパレーションを大きくする歳差運動的引き出し（precessional extraction）手法が一般的に用いられている．また，磁場分布の不均一性や非対称性などに起因してビーム軌道の不安定性を誘発する共鳴引き出し（resonant extraction）も活用されている．ただし，ビームの質の低下も伴うため，精密なビーム調整が必要とされる．これらの寄与を明示するために，加速粒子の半径方向の運動を次式で表す．

$$r(\theta) = r_0(\theta) + x(\theta)\sin(2\pi n(\nu_r - 1) + \theta_0) \tag{9.14.5}$$

ここで，右辺の第1項は平衡軌道，第2項はその周りのベータトロン振動を示している．この式を微分してターンセパレーションΔrを近似的に求めると，

$$\begin{aligned}\Delta r(\theta) = &\Delta r_0(\theta) + \Delta x(\theta)\sin(2\pi n(\nu_r - 1) + \theta_0) \\ &+ 2\pi(\nu_r - 1)x(\theta)\cos(2\pi n(\nu_r - 1) + \theta_0)\end{aligned} \tag{9.14.6}$$

と表される．第1項は平衡軌道のターンセパレーションで1ターンあたりのエネルギー利得に依存し，第2項は共鳴によるベータトロン振動の振幅変化Δxによる寄与，第3項は歳差運動によるベータトロン振動の位相の進み（phase advance）で得られるセパレーションを示している．

デフレクターによって半径方向に偏向されたビームは，

下流に設置された磁気チャネルで弱められた磁場分布のなかを通過してさらにビーム軌道が外側にずれていき，サイクロトロン電磁石の磁場が急激に降下していく領域を進む．ただし，この領域では半径方向にビームが発散していくため，磁場分布の勾配（グラディエント）を補正して集束力を得るためのグラディエントコレクターがサイクロトロンの出口付近に設置されている．グラディエントコレクターは四重極電磁石を中心軸上で鉛直方向にカットして片側半分にしたような双極の磁極から構成され，サイクロトロン電磁石の漏れ磁束を磁極が吸い込んで磁極間隙の形状とサイズで決まる磁場勾配を生成する．この passive 型グラディエントコレクターの磁極や鉄心にコイルを巻いて通電し，磁場勾配を調整できるようにした active 型のグラディエントコレクターも開発されている．また，引き出し箇所に近い領域の磁極に溝を掘って磁場分布に局所的な凹を設けてビームを引き出しやすくする工夫も小型サイクロトロンで行われている．

リングサイクロトロンは，元々引き出し半径が数 m と大きく，加速空洞に数百 kV の大きな加速電圧を発生できることから 1 ターンあたりのエネルギー利得も大きく，ビーム軌道中心の歳差運動によって引き出し直前のターンセパレーションを数 cm くらいまで拡大することが可能である．さらに，エネルギー利得の均一化を図るフラットトップ加速を適用することによってビームのエネルギー幅を最小化し，半径方向のビームの広がりを抑えて 100 % 近い透過効率のシングルターン引き出しを実現することができる．ビームを引き出すための機器には静電デフレクターと磁気チャネルを組み合わせている場合が多く，セクター電磁石がない領域に磁気チャネルを配置することによってビームの取り出しは比較的容易である．

負イオンの引き出し　負イオンが薄いカーボンフォイルなどを通過すると，ほぼ 100 % 電子が剥がれて正イオンとなる．これをうまく活用すると，stripping foil を設置する半径位置を変えることによって加速エネルギーを変更することができ，さらに荷電変換の位置を最適化することによって，正イオンの引き出し軌道をビーム輸送ラインの固定された位置ですべて収束させることもできる．また，フォイルの位置に応じてビームの取り出し方向を切り替えて複数のビームラインでビームが利用できるようにするなど，サイクロトロンの利用効率を高めることにも役立っている．

9.14.4　入射・取り出し機器

a.　キッカー電磁石

キッカー電磁石のパルス磁場波形はその用途によって，立ち上がり（下がり）時間，幅，かたち，フラットトップの一様性などが決められ，それによって磁石の形式，励磁する電源（パルサー）の形式が決められる．

磁石本体　キッカー磁石は電気回路の要素としては，おもにインダクタンスのみを持つものと，高周波回路の伝送線

（transmission line）のようにある周波数領域で一定のインピーダンスを持つものがある．

インダクタンス型キッカー磁石　インダクタンスのみを持つキッカー電磁石の構造は通常の電磁石と同様に強磁性体をコアにし，それにコイルを巻いたかたち（またはコイルのみ）である．パルス磁場の立ち上がり（下がり）時間を速くするために，コア内部での渦電流を抑える必要がある．そのためにコアとしては，ケイ素鋼板（普通の構造では無方向性ケイ素鋼板）を積層にしたものか，フェライトを使用する．フェライトの飽和磁場は大きくても 2～3 kG 程度なので，強いパルス磁場を発生するのに向いていない．10 MHz 程度の速い立ち上がりが必要なときにはフェライトをコアにする必要がある．ケイ素鋼板はフェライトほど速い周波数には向いていないが，0.1 mm の厚さのものは 0.2 MHz 程度の周波数まで対応できる．

また，速いパルス磁場を得るためには，コイルのインダクタンスを小さくすることが重要であるが，コイルのインダクタンスは近似的に

$$L \approx \frac{\mu_0 w l N^2}{h} \tag{9.14.7}$$

で表される．μ_0, h, w, l, N は真空の透磁率，磁石のギャップ，磁極の幅，磁極の長さ，コイルの巻き数である．インダクタンスはコイルの巻き数の 2 乗に比例するので，巻き数は大きくできない．

この型の磁石とコンデンサを接続して LC 回路をつくる．コンデンサ C を電圧 V_c で充電し，スイッチを入れると，

$$i(t) = V_c \sqrt{\frac{C}{L}} \sin\left(\frac{1}{\sqrt{LC}} t\right) \tag{9.14.8}$$

の正弦波の電流が流れる．逆に流れる電流はこの放電回路と別の大きな時定数を持った回路で戻すか，コンデンサ電圧が逆転した時点から，適当な抵抗を介して放電させるなどの方法でキッカー電磁石に逆転流が流れないようにすれば，正弦半波のパルス磁場を発生できる．

電圧 V_c を充電したインピーダンス z_0 の PFL（Pulse Forming Line）[15] または多段 LC ローパスフィルタよりなる PFN（Pulse Forming Network）[15] に磁石を接続すれば，

$$i(t) = \frac{V_c}{z_0}\left(1 - \exp\left(-\frac{z_0}{L} t\right)\right) \tag{9.14.9}$$

で電流は立ち上がり，PFL（PFN）が発生する電圧パルスが t_0 で終わると，電流は

$$i(t) = \frac{V_c}{z_0} \exp\left(-\frac{z_0}{L}(t - t_0)\right) \tag{9.14.10}$$

で減衰する．この場合，PFN の先頭部からの反射パルスをなくする対策が必要である．$L/z_0 \ll t_0$ ならば，近似的に矩形波になる．

伝送線型キッカー磁石

これは transmission line type または ferrite loaded delay line type [16-18] ともいわれる．

この種のキッカー磁石は PFN[15] の回路のように，多段

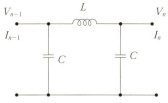

図 9.14.8 伝送線キッカー1段の等価回路

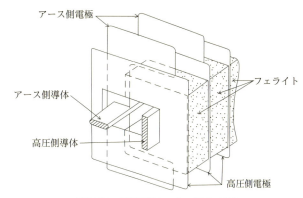

図 9.14.9 伝送線型キッカー磁石の構造

の LCπ 型フィルター構造をしている．1 段の等価回路を図 9.14.8 に示す．

n 段目回路の電圧，入力電流を V_{n-1}, I_{n-1} とし，出力電圧，電流を V_n, I_n とすれば，

$$\begin{pmatrix} V_{n-1} \\ I_{n-1} \end{pmatrix} = F \begin{pmatrix} V_n \\ I_n \end{pmatrix},$$

$$F = \begin{pmatrix} 1 & 0 \\ j\omega C & 1 \end{pmatrix} \begin{pmatrix} 1 & j\omega L \\ 0 & 1 \end{pmatrix} \begin{pmatrix} 1 & 0 \\ j\omega C & 1 \end{pmatrix}$$

$$= \begin{pmatrix} 1-\omega^2 LC & j\omega L \\ j\omega C(2-\omega^2 LC) & 1-\omega^2 LC \end{pmatrix} \quad (9.14.11)$$

で表される[19]．

回路の段数が無限にあるとし，次の関係を持つ周波数 ω の波が存在するものとする．

$$\frac{V_n}{V_{n-1}} = \frac{I_n}{I_{n-1}} = e^{-j\theta}, \quad \frac{V_n}{I_n} = \frac{V_{n-1}}{I_{n-1}} = z \quad (9.14.12)$$

これらから，

$$z = \frac{z_0}{\sqrt{1-\left(\frac{\omega}{\omega_c}\right)^2}}, \quad \sin\frac{\theta}{2} = \frac{\omega}{\omega_c} \quad (9.14.13)$$

の関係が得られる．ここで，

$$z_0 = \sqrt{\frac{L}{2C}}, \quad \omega_c = \sqrt{\frac{2}{LC}}$$

である．$0 < \omega/\omega_c \leq 0.5$ の範囲では $z \approx z_0$ で，特性インピーダンス z_0 を持つ伝送線と考えることができ，1 段あたりの時間の遅れは $\tau \sim \sqrt{2LC}$ で与えられる．これは，単位長さあたりのインダクタンスが L, キャパシタンスが $2C$ の伝送線とみなすことができる．

磁石の周期構造の一部分を図 9.14.9 に示す．電極を持つ 1 回巻きの磁石の構造で，フェライト磁石の部分が L, 電極が C を構成する．磁石のコアは比抵抗が大きく周波数特性のよいフェライトを用いる．

この磁石を特性インピーダンス z_0 の PFN（または PFL）に接続し，磁石の終端部にインピーダンス z_0 の負荷を接続すれば，$T_f = T_d + T_r$ の立ち上がりの磁場が得られる．ここで，T_r は PFN（PFL）がつくるパルス電流の立ち上がり時間で，T_d は磁石のなかのパルスの遅延時間で，キッカー磁石の段数が N のときは，

$$T_d = N\tau = N\sqrt{2LC} = \frac{NL}{z_0} \quad (9.14.14)$$

になる．

パルス電源 立ち上がり時間が数十 ns 程度（またはそれ以上）の高電圧の矩形波パルスを発生するのに PFL, PFN[14] がよく用いられる．これは，高電圧を充電した特性インピーダンス z_0 の同軸ケーブル（PFL）（または多段のローパスフィルタ（PFN））とインピーダンス z_0 のキッカー磁石を同じインピーダンスの伝送線でスイッチを介して接続する．反射波をなくするためにキッカー磁石の終端部をインピーダンス z_0 の負荷に接続する．電圧パルスの時間幅 T_{pulse} は，PFL（PFN）の遅延時間を T_{delay} とすれば，

$$T_{\text{pulse}} = 2T_{\text{delay}} \quad (9.14.15)$$

であり，立ち上がり時間 T_r は，PFL（PFN）の周波数特性，スイッチング素子の di/dt などで決まる．$T_{\text{pulse}} > T_f$ ならば矩形波の磁場が得られる．

PFL（PFN）の充電電圧を V_c とすれば，インピーダンス整合している場合，出力電圧は $V_c/2$ となるので，磁石に流れるピーク電流は，

$$I_{\text{peak}} = \frac{V_c}{2z_0} \quad (9.14.16)$$

である．

磁石の終端部でインピーダンス整合を取らずに短絡させると，入射波と終端部からの反射波が重なり，立ち上がり時間は犠牲になるが倍の強度の磁場を得ることができる．

伝送線型キッカー電磁石系の設計で考慮すべきは，立ち上がり部分では設計どおりの性能が得られやすいが，各所でのインピーダンス不整合などにより立ち下がり部分以降で予期せぬ反射波が発生することである．反射波による磁場がビームに悪影響を与えることがあり得る場合には，十分な対策を準備しておくことが望まれる．

PFN（PFL）にインダクタンスのみの磁石を接続したときは，始めは磁石に電流が流れないので，インピーダンスは無限大であるが次第に電流が流れて，インピーダンスはゼロになる．出力電圧は $V_c \to 0$（反射電圧は $V_c/2 \to -V_c/2$）と変化する．したがって，ピーク電流は，

$$I_{\text{peak}} = \frac{V_c}{z_0} \quad (9.14.17)$$

になる．

スイッチング素子として，耐高電圧性，di/dt, ジッターなどの面から真空管式のサイラトロンがよく使用されて

図 9.14.10　中央に＋と－のカレントシート対を持つ窓枠型電磁石

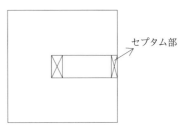

図 9.14.11　上図の対称面左側のみを残したカレントシート型セプタム電磁石

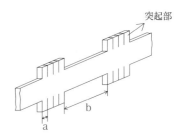

図 9.14.12　一部に突起部を持つセプタム

いるが，最近では半導体素子も使用されるようになってきている．

b. セプタム電磁石

セプタム電磁石は円形加速器でのビームの入出射時に使われ，セプタム部のギャップ側には強い磁場が発生するが反対側にはほとんど磁場が発生しないような構造を持つ電磁石である．すなわちギャップ内を通る入出射ビームは大きく偏向させられるが，セプタム部の反対側を通る周回ビームはほとんど影響を受けないことになる．ちなみに，セプタムとは隔壁のことである．

前述のような機能を持つセプタム電磁石として，おもにカレントシート型とエディーカレント型が用いられている．

カレントシート型　図 9.14.10 に示すように窓枠型電磁石（鉄心の比透磁率は無限大）の中央に無限に薄い一対の導体を設置して，それぞれに反対方向の電流（大きさは主電流と同じ）を流したとしてもこの電磁石の磁場には何ら影響を与えない．そしてこの電磁石を無限に薄い一対の導体を境にして左右に離していくと，ギャップ内には強い磁場が発生するが無限に薄い導体の外には磁場が発生しない状態をつくり出すことができる．この左右に分かれた電磁石の片方（図 9.14.10）を，カレントシート型セプタム電磁石として用いるのである[20]．

実際の製作にあたっては鉄心の比透磁率や中央の導体の厚さは有限であるため中央の導体の外には漏れ磁場が発生するので，それを抑えるために中央の導体の外に磁気シールド板を設置する．電流波形は原理的には直流でもよいが，セプタム部はできるだけ薄くする必要がある（キッカー電磁石の負担を軽減するため）ので，発熱などを考慮してパルス波形が採用されることがほとんどであり，その場合は鉄損対策として鉄心には薄いケイ素鋼板（真空中で使用する場合は絶縁表面からのアウトガスが少ないもの）を積層して使用する．セプタム電磁石（特にセプタム部）は強い放射線下で使用されるので，コイルの絶縁には無機物など放射線に強いものを使用する．セプタム部には電磁力が働くので固定する必要があるが，図 9.14.11 からわかるとおりセプタム部の両側には支える部分がないので固定方法を工夫するなどの考慮が必要である[21]．（例えば「KEK/PS/MR Extraction Septum Magnet」）

前述のように，図 9.14.11 のようなセプタム電磁石の製作では特に「セプタム部の固定方法」が難しい．そこでその改善策としてセプタム部を図 9.14.12 のような一部に突起部がある構造とし，セプタム部全体をギャップの外に出すタイプのセプタム電磁石が考案された．このタイプのセプタム電磁石では突起部以外のセプタム部の高さとギャップの高さが同じであることが重要で，それらに差異が生じると磁場特性（ギャップ内磁場の一様性や漏れ磁場の大きさ）が急激に悪くなるので注意を要する．また，このタイプでは突起部に電流が流れるとともに突起部以外のところでは電磁力に対する固定がなされていないので，突起部に流れる電流の磁場への影響やセプタム部に発生する最大応力，最大たわみなどを考慮して突起部に入れるスリットの間隔（a）や突起部間の距離（b）などを慎重に決定しなければならない[22]．（例えば「KEK/TRISTAN/AR e+ Injection Septum Magnet」）．

一般的に強いギャップ内磁場が要求されるセプタム電磁石ではセプタム部を複数ターンにする事で対応するが，当然発生する電磁力も強くなるので固定方法を十分に検討する必要がある．また，セプタム電磁石は過酷な条件で運転される機器の一つなので，故障時の交換作業をも考慮したうえでの設計を行うべきである．

エディーカレント型[23]　カレントシート型セプタム電磁石では，セプタム部に電流が流れ，電位を持つので，絶縁を施す必要がある．しかしセプタム部は通電時つねに電磁力を受けて変形を繰り返しているので，それが原因での絶縁破壊を起こしやすい．

この欠点を補うために全体を銅板で囲った C 型電磁石

にパルス電流を流すと，漏れ磁場はセプタム部銅板に渦電流が流れることで抑えられるというタイプのエディーカレント型セプタム電磁石（図 9.14.13）が考案された．セプタム部銅板の最小厚み（t）は電流波形の周波数に対する表皮深さを考慮して決められる．また電流波形の周波数よりゆっくりした漏れ磁場を相殺するために，電流波形は正弦全波とすることが望ましい（例えば「KEK/KEKB/MR Injection Septum Magnet」）．

電源 入出射ビームがセプタム電磁石内を通過する時間は非常に短いので要求される平坦度は正弦波の頂上部程度で十分で，また負荷としてのセプタム電磁石は集中定数のインダクタンスであるので，電源の基本構成は LC 共振回路が採用される．このとき電源に要求される最も重要な事項は，充電電圧の変動度であろう．充電電圧の変動度を 0.01 % レベルに抑えるための方法として，「C1 と C2 の間の共振充電回路に deQing 回路を組み込むことによって，まず変動度を 1 % 以下に抑え，その後本体と並列に設置される小容量の高精度充電器で残りを補償する（図 9.14.14）」方式がある（例えば「KEK/SKEKB/MR Injection Septum P.S.」）．

もし要求される平坦部の長さが正弦波の頂上部程度では不十分という場合は，基本波に適当な高調波を重ね合わせることで，要求される平坦部の長さを増す方式もある（例えば「KEK/PS/Booster Extraction P.S.」）．

c. 静電セプタム

静電セプタムは，遅い取り出しの手法（9.14.3 項（b）参照）によってシンクロトロンからビームを取り出す際に，ベータトロン振幅の大きくなったビームを電場により偏向する装置である．通常，静電セプタムでの偏向力は弱いため，その下流に置かれるセプタム磁石でさらに大きく偏向しリングから取り出す構成をとる．ベータトロン共鳴により振幅の大きくなったビームは，空間的に連続的に分布しているため，電場が存在する領域との境界を決めるアース電位のセプタム（隔壁）に必然的にビームの一部があたる．したがってセプタムの水平方向の厚さを薄くしビームがこのセプタムにあたる割合を小さくすることが求められる．

静電セプタムはおもに，セプタムとそれを固定するフレーム（ヨーク），高電圧を印加する電極と高電圧を真空チェンバー内に導入するフィードスルー（feedthrough, 接続端子）から構成される．電極面とセプタムの水平距離は，ビームのステップサイズ（図 9.14.15）の大きさに依存し 10〜25 mm 程度が選ばれる．

静電セプタムは大まかに分けると二つの基本構造があ

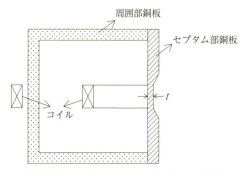

図 9.14.13　エディーカレント型セプタム電磁石

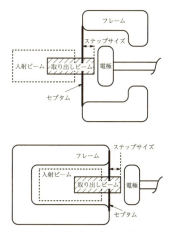

図 9.14.15　静電セプタムの概念図

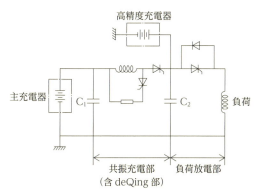

図 9.14.14　電磁石用 LC 共振回路

る．一つ目は，セプタムを固定するフレームの内部に電極を入れ，フレームの外側を周回ビームが通るタイプである（図9.14.15 上）．この方式では，周回側に大きな空間が確保できるが，電極とフレームとの距離の制限から，電極に印加する電圧をあまり大きくすることができない．典型的な印加電圧は，60～100 kV である．シャットダウンしたKEK 12 GeV PS[24]，BNL の AGS[25]はこの方式を採用していた．二つ目は，フレームの外側に電極を配置し，周回ビームはフレームのなかを通るタイプ（図9.14.15 下）で，より高い電圧をかけることができる．CERN の PS[26]，SPS，J-PARC のメインリング[27]などはこの方式を採用しており，100～180 kV 程度の印可電圧で運転されている．

セプタムの構造はビームロスを減らすために最も重要な部分であり，薄板を用いる方法，ワイヤーまたはリボンをビーム方向に多数並べる方法がある．放射線医学総合研究所の重イオンシンクロトロン HIMAC では，周回ビーム側への電場の漏れによるビームへの影響を避けるため，削り出しで製作された厚さ 0.3 mm のタングステン板を用いている[28]．高エネルギー陽子シンクロトロンの場合，漏れ電場のビームへの影響は小さくなるため，ワイヤーもしくはリボンが用いられる場合がある．板と比較すると厚さを薄くすることができ，さらに実効的なセプタムの物質量を少なくすることができるため，発生する放射線量の低減の観点から有利となる．KEK の 12 GeV PS では，直径 100 μm のタングステンワイヤーをを 1.25 mm ピッチでフレームのあたり面に施した溝でかしめることにより張っていた[24]．J-PARC では厚さ約 30 μm，幅 1 mm のレニウムを26 ％含むタングステン合金リボンを 3 mm ピッチで長さ1.5 m のフレームに約 500 本張っている[27]．張力を一様に保つためにリボンはばねを介してフレームに取り付けられている．また，異常なビームによる衝突や放電によりリボンが破断した場合でも運転を可能とするために，破断したもののみ跳ね上げ回避するばね機構を設けている．

ビームロスを減らすために，セプタムのアライメント誤差を極力抑えることが重要である．J-PARC の場合，レーザー干渉計によりアライメントを測定し，よじれや浮きによりアライメントが悪化したリボンは張り直しや交換する作業を行い，アライメントの誤差を 40 μm 以下に抑えている[27]．

電極の材質は，ステンレス，純チタン，特殊なアルミ合金などが使われる．J-PARC では純チタンを用いており，機械加工，バフ研磨後にメカノケミカル研磨（MCP）を施し，さらに安定な酸化被膜をつける処理を行った．

静電セプタムでのビームロスを低減するために，セプタムが張られたフレームをビームロスが最小となる位置に調整するビームベースドアライメントが有効である．J-PARC では，高い遅い取り出し効率を達成するために，約 10 μrad の精度でフレームの傾きの調整を実施している．そのためにフレームの上流・下流それぞれを独立にチェンバー外部からステッピングモーターによって高精度で

位置決めできる構造を採用している．

9.14.5 荷電変換装置（ストリッパー）

イオンの荷電変換装置であるストリッパーには固体のものと気体のものがある．ここでは両者の特徴を対比しつつ解説を行う．

a. 固体ストリッパー

荷電変換効率は気体より固体のほうが高く装備（荷電変換するための装置系）も簡単なので，フォイル（foil）状の固体ストリッパーが多くの加速器に使われている．フォイル中の荷電変換の平衡到達厚さは，イオンの速度が遅くかつ重くなるほど薄くなる．したがって，フォイルには長寿命の他に，低速重イオン用の場合には，フォイルの厚さが薄いことが求められる．

一方，高エネルギーの場合は逆にフォイルの厚いことが求められる．材質としては炭素フォイルが他の元素に比べて低原子番号で融点が高く，大気中で安定であり最も薄くできる唯一の元素として昔から使われている．その製作法は，まず，ガラスや Si 基板上に剥離剤として CsI やLaCl$_3$ 結晶粉末を真空蒸着させたり，あるいは表面活性剤のクリームコートやテイポール溶液を一様に薄く塗りつけ，その上に真空蒸着などの各種製膜法で堆積させる．次に，自立膜として基板から剥離するが，蒸着膜は強い残留応力により巻き付きを起こす．そこで真空中 473±50 K の温度で 5 時間以上焼鈍する．さらに，水に浸して剥離させ，水面表面に浮上させた薄膜をターゲット枠にすくい上げる．

加速器のイオンビーム強度が飛躍的に増大する以前は，炭素フォイルの温度が 1 300 K 以上になることはなく，フォイルの寿命や強度は問題になることはほとんどなかった．しかし，最近，加速器イオン源および関連機器の格段の進歩により大電流ビームが実現し，フォイルの放射線損傷（熱変形，膜厚減少，ピンホール生成など）が顕著となり，フォイルの短寿命化により結果として加速器の稼働率低下が生じている．このため 1 500 K 以上の高耐熱性の長寿命フォイルの開発が強く望まれている．以下に薄い場合と厚い場合の長寿命炭素フォイルの製膜法を記す．長年，世界の標準炭素フォイルとして広く使われているアリゾナカーボンに関しては文献を記す．炭素フォイルの品質（寿命，ピンホール，メカニカルの強さ）と再現性（製膜と寿命の歩留り）は製膜方法によって著しく異なることに留意する必要がある．

薄い（1～30 μg/cm^2）炭素フォイルの製膜法　炭素粒子を基板に付着する方法を列挙する．

1) 高温熱蒸発法（1. 炭素棒の直接加熱法，2. 炭素棒の交直アーク放電法，制御型交直アーク放電法[29]，3. レーザー法，電子ビーム加熱法，4. パルスレーザープラズマ法[30]，5. イオンプレーティング法）
2) 低温スパッター法（1. 軽イオンまたは重イオンによるイオンビームスパッター法，2. マグネトロンスパ

ッター法〈大面積に適する〉）

3）炭化水素系ガスの放電クラッキング法[31]

4）陽極酸化法

厚い（30〜500 μg/cm²）炭素フォイルの製膜法　フォイル温度 1 500 K 以上の高温度環境下でも熱変形と膜厚減少が少ないフォイルとして，米国オークリッジ（ORNL）のSNS（核破砕中性子源）やJ-PARC（大強度陽子加速器）などの荷電変換には次のフォイルが使用されている．

ナノ／マイクロ結晶ダイヤモンドフォイル（SNS/ORNL）：　これは炭化水素系ガスと高濃度の Ar ガスの混合ガスをマイクロウェーブでプラズマ化して Chemical Vapor Deposition 法で得られる[32]．特徴は高純度かつ厚さ数 μm のダイヤモンドフォイル（15 mm×40 mm）の周辺に沿って幾重もの幅 15 μm の縞（corrugation）の溝を設けて熱変形を抑えていることである．欠点として 1 800 K の温度でグラファイト化により劣化する．

ハイブリッドフォイル（J-PARC）：　これは交直アーク放電によるクラスター炭素粒子にボロン粒子をドープして得られるハイブリッドフォイル[33]である．特徴として，ボロンドープにより蒸着基板との高密着性が得られるので例えば 100 mm×500 mm の大面積で厚さ 700 μg/cm² の厚いフォイル製作もできる．フォイルは通常 5〜10 μm のカーボンあるいはシリコンカーバイドのファイバーでその両面が支持されている．欠点はピンホールが多いことである．

b. ガスストリッパー

固定型の固体炭素ストリッパーフォイルには使用可能なイオンビーム強度に限界があり，近年の大強度イオンビームによる炭素フォイルへのダメージは深刻である．ガスストリッパーは固体ストリッパーフォイルに比べ，耐久性（循環性），厚さ均一性と可変性，薄い標的作成の容易さにおいて優れる．しかし，一般に炭素ストリッパーフォイルに比べ密度効果のため[34,35]，到達可能な電荷が低い[36,37]．また，ガスの窓なし蓄積が必要で，厚い標的作成に限界があり，標的長さは固体薄膜に比べ長くなる．

ガス中での電荷変換　ストリッパー中のイオンは電離と電子捕獲，励起，脱励起過程を繰り返しながら電荷を変える[38]．電荷 q を持つイオンの分率 $F(q)$ の物質深さ x に伴う変化は，電荷 q' から q への電荷交換断面積 $\sigma_{q'q}$ を用いて，$F(q)/dx = n \sum_{q' \neq q} (\sigma_{q'q} F(q') - \sigma_{qq'} F(q))$ と書ける．n は標的密度である．$\sigma_{q'q}$ について $q' > q$ なら電子捕獲断面積 σ_c，$q' < q$ なら電子損失断面積 σ_l を表す．平衡状態では $F_{eq}(q)/dx = 0$ である．ガス中では残留励起衝突を無視してよいので $\sigma_{q'q}$ が x によらず，上式で非平衡状態も記述できる．電荷交換においては一般に，$|q'-q|=1$ の 1 電子移行が主である．

ガスストリッパーの開発では，ストリッパー通過後の平均電荷 $\bar{q} = \sum_q qF(q)$ と必要厚さ t（または平衡厚さ t_{eq}）の評価が重要である．σ_l と σ_c には様々な理論式やスケーリング式がある[39-41]．Schlahiter らのスケーリング式[40]，

$\sigma_c = 1.1 \times 10^{-8} q^{3.9} Z_2^{4.2} / E^{4.8}$，は Z_2 依存性を考慮する際に使用できる．また，ガスに限らず利用可能な計算コードとして，CHARGE（3 電荷モデル），GLOBAL（電子 28 個，80 MeV/u GeV/u）[42]，ETACHA（電子 28 個，<30 MeV/u）[43]，ETACHA4（電子 60 個）[44]，などがある．平衡厚さ t_{eq} は $1/n(\sigma_l + \sigma_c)$ と関連付くと考えられるが，同条件であればガスのほうが固体より薄くなることが知られている．

ガスの低い価数を補うため，低速度領域ではフロン蒸気を用いて密度効果を高めた例[45]，高速度領域（$v \gg Z_2 \alpha c$）では Z_2 の小さいガス（Low-Z ガス）を用いた例がある[46,47]．後者に関し，電子捕獲率は始状態と終状態が相対速度 v で走っているときの運動量分布の重なりで決まり，内殻電子からの捕獲がドミナントとなる．よって，定性的には Z_2 が小さいほど運動量マッチングが悪くなり電子捕獲過程が抑制され価数が上がる．

エネルギーが高くなり $\bar{q}/Z_1$ が 1 に近付かない限りは，ガス中での電荷は有限の分布幅 $d = \{\sum_q (q-\bar{q})^2\}^{1/2}$ を持つ．σ_l と σ_c はイオンの殻で飛びを持つため，電荷分布の幅も殻構造の影響を受ける[47]．また，Low-Z ガスにおいて幅が狭くなる効果が観測されており，多電子移行過程抑制の寄与があると考えられている[48,49]．実際のストリッパー使用において，荷電分布が狭くなるような条件を積極的に利用することは重要である．分布によらず欲しい価数が得られるまでガスストリッパーに再突入させるという荷電変換リングのアイデアが最近出されている[50]．

ビームとの相互作用　ガスストリッパーの利用に際し，ビームエネルギー変化と広がり（ストラグリング），多重散乱[51,52]，などによるエミッタンス増大を正確に見積もる必要がある．

裸の点電荷 q において，H. Bethe の阻止能公式より dE/dx は q^2 に比例する．重イオンに対しては束縛電子の遮蔽効果，荷電変換に伴うエネルギー損失を考慮する必要がある[53]．重イオンのエネルギー損失計算コードとして，例えば ATIMA が利用できる[54]．

エネルギー広がりについて，衝突ストラグリング[55]，荷電交換ストラグリング，ストリッパー厚さの非均一性からの寄与がある．荷電変換ストラグリングは電荷ゆらぎにより生じるもので，重イオンで特に重要となる[56]．その大きさは電荷分布幅と関係付けられる．エネルギーストラグリングの計算にはスケーリング式を利用することができる[57]．一般にガスストリッパーは厚さの非均一性が少ないが，ビーム強度が上がると熱負荷により厚さが減少するだけでなく，ガス流れとビーム強度分布（すなわち熱負荷分布）のつり合いによって定常的な密度分布が生じ，通過後のビームにエネルギー分布を生む可能性がある．ガス流れを対向流にすることでこの効果を打ち消す方法が検討されている[31]．また，エネルギーの一部が真空紫外光などになって，照射領域内から持ち出される可能性があり，その積

極的な利用も検討されている[58].

ガスストリッパーの技術的側面　ガスストリッパーの実現にはビームライン真空と繋ぐための，ガスの窓なし蓄積技術が必須であり，幅広い科学分野と共通の技術といえる.

　窓なし蓄積技術を駆使したガスストリッパーの例として，GSI ではガスジェット標的と 3 段階の差動排気系を組み合わせることで口径 ϕ22 mm 以上，厚さ数十 μg/cm^2 までのガスストリッパーが実現されている. 近年，ビームに同期したパルス運転（$\Delta t \sim 400\,\mu$s）による真空負荷の軽減に成功している. これにより，水素ガスでの運転が実用化され，1.4 MeV/u の ^{238}U^{28+} ビームの強度増強に成功している[60]. 理研 RIBF では 5 段階の大規模差動排気系により口径 ϕ12 mm 以上，厚さ 1 mg/cm^2 までのヘリウムガスストリッパーが実現され，10.8 MeV/u の ^{238}U^{64+} ビームが取り出されている[61]. 粘性流領域でのオリフィス間の連結を乱すための邪魔板の設置やガスジェットを用いたガス封止技術を用いている. 約 300 STL/min のヘリウムガス循環は，多段式のメカニカルブースターポンプを用いて行われている. また，同様の差動排気系で口径 ϕ8.5 mm 以上，厚さ 20 mg/cm^2 までの無循環型空気ストリッパーも実用化されており，46 MeV/u の ^{124}Xe^{52+} ビームが生成されている[62]. いずれもガス圧力の安定性やビームによる熱負荷と放射能生成などに注意が払われている.

　次世代ガス封止技術としてプラズマウィンドウの研究も進んでいる[63]. 高温アークプラズマによって粘性を高め，圧力つり合いを保つものであり，差動排気能力を向上させることが実証されている[64].

参考文献

1) K. Harada, *et al.*: Phys. Rev. ST Accel. Beams **10** 123501 (2007).
2) J. L. Belmont, J. L. Pabot: IEEE Trans. Nucl. Sci. NS-13 191 (1966).
3) J. L. Belmont: Nukleonika **48** S13 (2003).
4) H. A. Willax: Proc. Int. Conf. on Sector-Focussed Cyclotrons 1963, CERN 63-19, 386 (1963).
5) U. Schryber, *et al.*: Proc. 14th Int. Conf. on Cyclotrons and their Applications, 32 (1995).
6) L. C. Teng: FNAL-TM-271 (1970).
7) Y. Kobayashi: Nucl. Instr. Meth. **83** 77 (1970).
8) L. C. Teng: FNAL-TM-375 (1972).
9) W. Hardt: CERN/PS/DL/LEAR Note 81-6 (1981).
10) M. Tomizawa, *et al.*: Nucl. Instr. Meth. A **326** 399 (1993).
11) K. Noda, *et al.*: Nucl. Instr. Meth. A **374** 269 (1996).
12) M. Tomizawa, *et al.*: Proc. of EPAC2002, 1053.
13) M. Tomizawa, *et al.*: Proc. IPAC2012, 481.
14) A. Kiyomichi, *et al.*: Proc. IPAC2010, 3933.
15) 例えば，原　雅則，秋山秀典：『高電圧パルスパワー工学』p. 163，森北出版（1994）.
16) E. B. Forsyth, M. Fruitman: Particle Accelerators **1** 27 (1970).
17) D. Fiander: CERN Report CERN/MPS/SR 71-5 (1971).
18) K. Takata, *et al.*: KEK Report KEK-76-21 (1977).
19) 例えば，尾崎　弘，黒田一之：『回路網理論 1』p. 153，共立出版（1972）.

20) T. Kawakubo: OHO '96, XI (1996).
21) Y. Sakamoto, S. Mitsunobu: KEK Report 94-4 (1994).
22) Y. Sakamoto, *et al.*: KEK Report 94-6 (1994).
23) K. Kumagai, *et al.*: The 8th Symp. on Accelerator Science and Technology (1991).
24) 徳田　登，ほか：2000 遅い取り出し研究会報告集，KEK Proc. 2002-15, 33.
25) J. Hock, *et al.*: Proc. of PAC2003, 3422.
26) J. Borburgh, *et al.*: Proc. of PAC2003, 1643.
27) Y. Arakaki, ほか，Proc. of the IPAC10, 3990.
28) 野田耕司，私信.
29) I. Sugai, *et al.*: Nucl. Instr. and Meth. A **265** 376 (1988).
30) G. Dollinger, P. Maier-Komor: Nucl. Instr. and Meth. A **303** 50 (1991).
31) N. R. S. Tait, *et al.*: Nucl. Instr. and Meth. **167** 21 (1979).
32) R. W. Shaw, C. S. Feigerle: proceedings of the 2005 Particle Accelerator Conference (2005).
33) I. Sugai, *et al.*: Nucl. Instr. and Meth. B **328** 70 (2014).
34) N. Bohr, J. Lindhard: Dan. Vid. Selsk. Mat. Phys. Medd. **28** (7) (1954).
35) H. D. Betz, Grodzins: Phys. Rev. Lett. **25** 211 (1970).
36) N. O. Lassen: Phys. Rev. **79** 1016 (1950).
37) R. Bimbot, *et al.*: Nucl. Instrum. Methods B **44** 19 (1989).
38) H. -D. Betz: Rev. Mod. Phys. **44** 465 (1972).
39) I. D Kaganovich, *et al.*: New J. Phys. **8** 278 (2006).
40) A. S. Schlachter, *et al.*: Phys. Rev. A **27** 3372 (1983).
41) K. R. Cornelius: Phys. Rev. A **73** 032710 (2006).
42) C. Scheidenberger, *et al.*: Nucl. Instrum. Methods Phys. Res. B **142** 441 (1998).
43) J. P. Rozet, *et al.*: Nucl. Instrum. Methods Phys. Res. B **107** 67 (1996).
44) E. Lamour, *et al.*: Phys. Rev. A **92** 042703 (2015).
45) G. Ryding, *et al.*: Phys. Rev. **184** 93 (1969).
46) H. Okuno, *et al*: Phys. Rev. ST Accel. Beams **14** 033503 (2011).
47) H. Imao, *et al.*: Phys. Rev. ST Accel. Beams **15** 123501 (2012).
48) H. Kuboki, *et al.*: Phys. Rev. ST Accel. Beams **17** 123501 (2014).
49) P. Scharrer, *et al.*: Phys. Rev. ST Accel. Beams **20** 043503 (2017).
50) H. Imao, *et al.*: Proceedings of Cyclotrons 2016 (2016).
51) G. Molière: Z. Naturforsch. **3a** 78 (1948).
52) R. Anne, *et al.*: Nucl. Instrum. Methods Phys. Res. B **34** 295 (1988).
53) H. Geissel, *et al.*: Nucl. Instrum. Methods B **195** 3 (2002).
54) https://web-docs.gsi.de/~weick/atima/
55) N. Bohr, K. Dan. Vidensk. Selsk.: Mat. -Fys. Medd. **18** (8) (1948).
56) H. Weick, *et al.*: Phys. Rev. Lett. **85** 2725 (2000).
57) Q. Yang, *et al.*: Nucl. Instrum. Methods Res. B **61** 149 (1991).
58) J. A. Nolen, F. Marti: Review of Accelerator Science and Technology **6** 221 (World Scientific, 2013).
59) H. Imao, *et al.*: RIKEN Accel. Prog. Rep. **48** 191 (2015).
60) W. Barth, *et al.*: Phys. Rev. ST Accel. Beams **18** 040101 (2015).
61) H. Imao, *et al.*: Proceedings of IPAC2013, (2013).
62) H. Imao, *et al.*: Proceedings of the 11th annual meeting of PASJ (2014).

63) A. Hershcovitch : J. Appl. Phys. 79 5283（1995）.
64) H. Kuboki, et al. : J. Rad. Nucl. Chem. 299-2 1029（2014）.

9.15　ビームダンプ，コリメータ

9.15.1　ビームダンプ

ビームダンプは，衝突実験後に役割を終えた一次粒子（電子・陽子・原子核・イオン）ビームや，反応により生成された二次粒子群を安全に処理するためビーム輸送系の下流端に設置される装置である．また蓄積電流が漸減する衝突型ストレージリングや放射光リングなどでも，一定電流値を下回ったビームをビームダンプへ廃棄した後，新たにビームを入射，蓄積する．さらに加速器や実験装置にトラブルが発生した場合は機器保護のため，蓄積された周回ビームのすべてを同様に廃棄しなければならない．これら不要になったビームを受け入れるビームダンプはビームエネルギーを吸収冷却するとともに，入射ビームの反応に伴い発生した放射線を遮蔽しなければならない．なおこのビーム輸送系をビームダンプラインまたはビームアボート（abort）ラインという．

今日の高エネルギー・大強度フロンティア加速器において，ビームダンプが処理すべき熱量は膨大である．例えばCERN LHC の周回リングに最大強度で蓄積された 7 TeV のビームをアボートする場合，グラファイト製ビームダンプ[1]が全エネルギー 362 MJ（絶対零度近くに冷却された銅 500 kg を溶解させてしまう熱量）を瞬間的に受け入れる．固定標的実験やリニアックではビームダンプに定常的に MW クラスの熱処理能力が求められる場合がある．J-PARC ニュートリノビームラインのグラファイト製ビームダンプ[2]は 1 MW，ILC 計画で提案されているビームダンプ[3]では水をコア材として用い 18 MW もの冷却機能を得る計画である．

a.　概要

ビームダンプにはグラファイト・アルミニウム・銅・鉄・鉛・タングステンなどの固体材料が素材としてよく用いられる．通常ビームダンプが受け入れるビームパルスの時間幅は物質内での熱拡散速度に比べて十分短い．このため強く収束された一次ビームが物質に入射すると，その通過に伴う熱損失により局所的な温度上昇と熱膨張が起こる．使用する素材の選定にあたっては，この温度上昇によってビームダンプの材料の溶融が起こらないか，熱衝撃により破壊されないかをまず検討しなければならない[*1]．これらのおそれがある場合，上流のビームダンプラインに散乱材を設置しビームを拡散させる．キッカー・セプタムな

どの電磁石系を専用に設けてビームを掃引し，熱負荷を分散させるなどの対策を講じる．また機器保護のため，入射ビームを蛍光板やプロファイルモニターで監視する．

最初の高密度発熱部に続く放射長／相互作用長の 10 倍程度内の領域では，ビームと材質との相互作用によって電磁シャワーやハドロニックカスケードが大きく発達する[*2]．これらによる熱負荷を分散するため，この部分にグラファイトやアルミニウムなど密度の小さい材質を配置し，さらにその下流に熱伝導率が高く効率的に冷却できるアルミニウムや銅を配置する．熱応力を分散させるためにはこれらの材料を分割することが効果的である．また J-PARC ハドロン実験施設のビームダンプ[4]のように，銅や鉄ブロックのビームが照射される部分に円錐状に穴を空け入射ビームの負荷をビーム軸方向に分散させる場合がある．

固定標的実験用ラインなど定常的に大きな熱負荷があるビームダンプのコア部分は冷却水によって除熱される．ストレージリングのアボート用ダンプなど入射頻度が少ない場合には瞬間的な熱衝撃に耐えられればよいので，特に水冷系を設けず熱拡散と空冷に任せる例も多い．

コア周縁の放射線遮蔽には鉄やコンクリートが用いられる．多量の材料が必要となるため，鉄ブロックとして通常の圧延材以外に比較的安価な鋳造スラブ材も用いられる．大型電磁石用の鉄ヨークを再利用した例もある．通常これら遮蔽用の鉄やコンクリートに生じる熱負荷は小さいので空冷・対流による冷却に任せる．

ビームダンプコア部の冷却水中には ^{16}O を起源とする放射性核種が生成される．ビーム運転中は，冷却水系を $^{15}O \cdot ^{13}N \cdot ^{11}C$ といった短寿命の γ 線を放出する核種が飽和した状態で循環するため，冷却水設備は運転中に人が入域出来ない隔離遮蔽した室内に設置する必要がある．より長寿命の核種，例えば ^{7}Be が発生する場合はイオン交換樹脂で除去，同様に ^{3}H では冷却水を置換し希釈排水するなどの方法を講じる．

b.　電子加速器での用例

KEK-B の周回ビームに蓄積される全エネルギーは 90 kJ 程度（設計値）で，アボート周期は 2 時間に 1 回程度である．アボート系は 1 μs で立ち上がる水平キッカー・10 μs で立ち上がる鉛直キッカー・セプタム磁石・ビームダンプで構成されている．ビームは水平方向に太く，鉛直方向に細いため，取り出す周回ビームの時間幅（約 10 μs）に合わせて鉛直キッカーで掃引することで効果的に拡散することができる．ビームダンプは鉄，鉛とコンクリートからなる[5]．

LEP（CERN）の周回ビームの全エネルギーは 120 kJ 程度で，アボート系はキッカー・Q 磁石・炭化ホウ素

---

*1　ビームダンプとビームライン真空系の間を仕切る「ビーム窓」についてもビーム通過時の負荷に対する十分な健全性が求められる．

*2　ビームダンプ内部での素粒子の通過や反応に伴う熱負荷の計算と放射線の遮蔽設計のためには，FLUKA[13] やMARS[14] といったモンテカルロコードが用いられる．

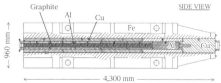

図 9.15.1　CERN-SPS の水冷式ビームダンプ（450GeV-214 kW）[11]

(B_4C) を用いた散乱材（スポイラ）と，その下流に設置された 2.1 m 長さのアルミ合金とさらに下流の真鍮からなるビームダンプからなる．アルミブロックの中央でシャワーの発達する部分に溝を設けて熱衝撃を緩和している．アボート周期は 30 分に 1 回ほどであるが，頻度の上がる場合に備え水冷系を設けている[6]．

CEBAF（J-Lab）では連続負荷 100 kW 程度に耐える加速器調整用ダンプと 1 MW もの負荷に耐える実験ホール用ダンプが使用される．前者はビーム拡散用の中空領域をもつアルミニウムと銅からなる．1 MW 実験ホール用ダンプはアルミニウム製の圧力容器内に冷却水に浸したアルミ板を熱交換器のように並べた構造（水・アルミの容積比は半々）で，アルミ材が入熱の 70 % を吸収する[7]．

SLC（SLAC）では連続負荷 2.2 MW 対応の水をコアとして用いるビームダンプが 1960 年代に開発された[8]．1.5 mϕ-3.5 m 長のステンレス容器内で，ビームに向かって冷却水を鉛直方向に渦巻くように噴射して熱負荷を拡散させる．なお，この先駆的な概念は ILC の設計案にも採用されている[3]．コア材である水から放射線分解により水素が発生する[9]ので，爆発を防ぐために触媒を用いた再結合器を付置する．

c.　陽子加速器での用例

CERN の陽子ブースター（PSB）では，その増強後に 1×10^{14} protons per pulse（ppp），2 GeV の陽子ビーム（32 kJ）が 1.2 s 周期で取り出される（27 kW）．コミッショニング期間中の連続取り出しに備え，13 kW 程度の入熱に耐えるビームダンプが設計された．400 mm$\phi\times$1.5 m 長の銅合金コアの周囲に空隙を設け，下流からダクトで空気を導入し強制空冷する[10]．

CERN の SPS では，LHC への輸送ラインに，450 GeV-5×10^{13} rm（3.6 MJ）対応のシングルショット用ダンプと取り出し周期 16.8 秒の連続負荷用ダンプ（214 kW）が設置されている．後者は水冷式で，80 mmϕ のグラファイト材を外径 160 mmϕ のアルミチューブに焼き嵌めしたコア部が，さらに銅と鉄のヨークのなかに組み込まれている（図 9.15.1 参照）．シングルショット用ダンプは内側よりグラファイト・アルミ・鉄からなり冷却系のない単純な構成である[11]．

LHC のビームダンピング系は取り出しキッカー（15 台）・セプタム・希釈用キッカー（水平 4・鉛直 6 の計 10 台）・グラファイト製ビームダンプからなる[1]．7 TeV-3.2×10^{14} ppp（362 MJ）のビームを希釈用キッカーで円状に掃引して入射陽子ビームの面密度を 10^{11} 個/mm^2 程度に低減する．ビームダンプは 700 mmϕ で総長 7.7 m のセグメント化されたグラファイト材で，厚さ 12 mm のステンレス圧力容器内に焼きばめされている．圧力容器には 1.2 気圧の窒素が充填されており，万が一容器の損傷などにより空気が流入しても高温のグラファイトが焼損する事態を防ぐ．なお 1 ショットを受け入れた場合，グラファイトコアの最高温度は通常 760 ℃ まで昇温する．希釈用キッカー 10 台がすべて動作しなかった場合には，最高温度が 3 700 ℃ を超えて気化してしまう[12]．

9.15.2　コリメータ

a.　コリメータとは

コリメータはビーム外縁部の不要な部分をカットし，ビーム品質の向上を図るための装置である．ビーム輸送路やリング型加速器のビームライン上に設置し，ビームの中心軸に垂直な方向の位相空間内におけるビーム分布を整形する．

ビームを形成する粒子の運動は，ビーム進行方向（s）および，それと垂直な水平方向（x）と鉛直方向（y）についての位置と運動量の 6 次元位相空間における点の軌跡として記述される．特にコリメータの場合は，水平方向（x）あるいは鉛直方向（y），それぞれの 2 次元位相空間内での粒子運動を注視することになる．位相空間では横軸に位置，縦軸に運動量をとるが，通常運動量の代わりにビーム中心軸に対する傾き角 $x'=dx/ds$（あるいは $y'=dy/ds$）で代用する．各 2 次元空間での粒子の軌跡は楕円または円であり，ビームを構成する粒子群が描く楕円の面積をビームのエミッタンスという．

図 9.15.2 にリング型加速器内のある 1 点における，2 次元位相空間内を運動する二つの粒子の例を示す．粒子はそれぞれのエミッタンスに対応した大きさの楕円上にあり，リングを 1 周するごとにチューンの端数に応じて楕円上を移動していく．ここで，$a\leq x\leq b$ の範囲に障害物がある場合を考えよう．この障害物は，位相空間上では縦軸方向に無限に延びた領域として表現される．大きなエミッタンスを持つ粒子はいずれ障害物（コリメータでは，jaw と呼ぶ）に当たって失われ，小さなエミッタンスを持つ粒子だけが生き残る．こうしてビームをある大きさのエミッタンス以下に制限するのが，コリメータの働きである．

ビームを位相空間で見ると多数の粒子が楕円状に分布し

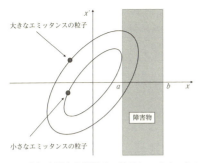

図 9.15.2　位相空間内を運動する粒子とコリメータの原理

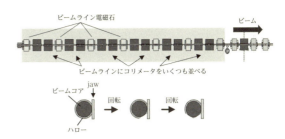

図 9.15.4　直接除去型コリメータの例．何台ものコリメータを用いて，位相空間内を回転するビームの外周全体を取り去る．位相がひと回りするには，ある程度の距離が必要となる．

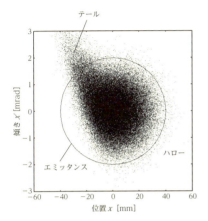

図 9.15.3　位相空間内でテールとハローを持つビームの例

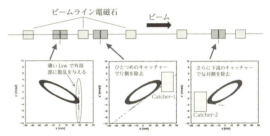

図 9.15.5　散乱-捕獲型コリメータの例．ビーム分布は，中心部分を抜いたモデル（ホロービームと呼ばれる）で描いている．1台目で散乱を与え，下流の2台（キャッチャー）で回収する．一回の通過で除去できるハローの量は少ないが，何度も周回することにより，外周部全体を取り除く．

ているが，一般的に中心付近ほど分布が濃く，良質なビームほどビーム端がはっきりしている．ビームエミッタンスとして定義されたビーム端の外側にも粒子は分布しており，これらはハローとかテールと呼ばれる．ハローはビーム外辺部にぼんやりと分布しているが，光学系の非線形成分などにより生成されたテールは，ある方向にそれなりの強度を持って伸びている．図 9.15.3 に，ハローとテールを持つビームの例を示す．粒子分布は中心部は濃く，周辺部は薄い．ある大きさのエミッタンス（図 9.15.3 では円）が与えられたとき，その外側にぱらぱらと存在する粒子が，ハローである．また，位相空間の左下に分布していた粒子が比較的濃い密度のまま左上に伸びたテールを形成している．これらはいずれもビームロスの素であり，機器を放射化する原因となるためコリメータで取り除く．ビームの整形過程においてビームロスを発生させるため，コリメータ周辺は強い放射線にさらされることになる．そのため，適切な放射線遮蔽体の配置が必要となる．

b．直接除去型と散乱-捕獲型

図 9.15.4 に，直接除去型コリメータの例を示す．ビーム輸送路に置くコリメータでは，ビームが一度だけ通過する．タングステンや銅などの密度の高い金属を用いて直接ビームを削るが，位相空間で見ると実は外周部の一部分しか取り除いていない．例えば，ビームの右側を削った直後では右側が欠けたビームをつくることができるが，位相が進むと元の大きさまで戻ってしまう．その後左側が欠けたビームが現れ，また元の大きさに戻り，再び右側が欠けたビームが現れる，ということを繰り返す．ビームを望むエミッタンスの大きさに削るためには，位相空間において外周部をすべて取り除かなければならない．これは，ビームが位相空間内を1周するだけの長さに何台ものコリメータを並べることで実現する[15]．ビームライン内にコリメータとしてあまり長い距離を取れない場合には，位相進みの速い領域を設けることで必要な距離を短縮する．ビームが直接当たる jaw 表面ではビームの散乱，二次粒子の発生が起きるので，下流の適当な場所にこれらを回収する遮蔽体を設置して，電磁石などの機器を保護する．

直接除去型のコリメータは，リング内でも使用される．ただし，周回ビームによるコリメータへのエネルギー流入量が大きいため，放熱・徐熱には十分注意を払う必要がある．このため，リングに設置するコリメータでは，散乱-捕獲方式を取ることも多い．リング型加速器で直接除去型を使用している例には，CERN LHC でグラファイト jaw を使ったものがある．除去するビームエネルギーが大きいので，三次粒子まで回収する構成となっている．また，J-PARC MR でもリング用コリメータを 2012 年以降は直接除去型へ変更[16]している．

図 9.15.5 に，散乱-捕獲型コリメータの例を示す．散乱-捕獲型コリメータはリング型加速器内に置かれ，ビー

ムは少しずつ位相を変えながら何万回と通過する．その際，位相空間内で少しずつ回転するビームを徐々に削るため，1台のコリメータでビームをかつらむきにできる．ビームハローを削る爪（jaw）を0.5～2mm程度に薄くして，単に粒子の運動に散乱を与えるだけにし，散乱された粒子を下流の体積の大きな物質（キャッチャーと呼ぶ）で捕獲吸収するという方式である．薄いjawで散乱された粒子は，位置はそのままで方向のみを変えられるので，図9.15.5の左のグラフのように位相空間で傾き角（縦軸）方向に直線状に伸びた分布をつくる．この散乱された粒子群の伸びの長さは，jawの厚さで任意に設定できる．この分布が下流に行くに従って回転するので，実空間に出てきたところを下流のキャッチャーで捕獲する．キャッチャーは2台あればよく，削る必要のないビーム本体には直接触れないように配置する．高エネルギーの粒子は，jawが薄ければほとんどエネルギーを落とすことなく通過するので，散乱体には熱の問題が発生しない．取り除かれたビームの持つエネルギーはキャッチャーですべて吸収され，これを冷却することは容易である．また，キャッチャーからの二次粒子発生は比較的少ない．散乱-捕獲型コリメータはRAL ISIS，J-PARC RCS，ORNL SNSなどで採用されており，散乱体にはタングステン，捕獲体には銅合金が多く使用されている．

c. 運動量コリメータ

ビームは進行方向についても位置と運動量の広がりを持つが，運動量分布を左右や上下方向の位置分布に置き換えて，ビーム進行方向の分布を整形することも可能である．これを運動量コリメータと呼ぶ．偏向電磁石によりビームの進行方向を曲げると，分散関数 η（dispersion）が発生する．粒子の基準運動量 p からのずれを Δp とすると，ビーム垂直方向の変位 Δx は $\Delta x = \eta(\Delta p/p)$ と表せる．つまり，ビームライン上に分散関数 η の大きいところを設け，そこにコリメータを置けば，運動量のずれの大きな粒子のみを除去することができる．

参考文献

1) LHC Design Report, Ch. 17, CERN-2004-003-V-1 (2004).
2) T. Ishida : Talk at NBI2010 (2010).
3) The ILC Technical Design Report, Ch. 8.8.1, 3 Ⅱ (2013).
4) K. Agari, et al. : In Proc. of IPAC2011, TUPS034 (2011).
5) N. Iida, et al. : In Proc. of EPAC2000, THP1A09 (2000).
6) E. Carlier, et al. : In Proc. of EPAC94, CERN-SL-94-49-BT (1994).
7) M. Wiseman, et al. : In Proc. of PAC1997, 3 3761 (1997).
8) D. R. Waltz, et al. : IEEE Trans. Nucl. Sci. 14 923 (1967).
9) D. R. Waltz, E. J. Seppi : SLAC-TN-67-029 (1967).
10) A. Perillo-Marcone, et al. : CERN-ACC-2013-0274 (2013).
11) S. Peraire, P. R. Sala : LHC Project Report 465 (2001).
12) B. Goddard : Talk at LHC Risk Review, CERN, March 2009.
13) A. Ferrari, et al. : CERN-2005-10 (2005).
14) N. Mokhov : Fermilab-FN-628 (1995).
15) M. J. Shirakata, et al. : Proceedings of EPAC06, Edinburgh,

Scotland, TUPCE 060, 1148-1150 (2006).
16) M. J. Shirakata, et al. : Proceedings of HB2016, THAM4Y01, 543-547 (2016).

9.16 加速器による二次ビームとしての粒子源

9.16.1 陽電子源

P.A.M. Diracは，1928年に，4個の解を持つ相対論的な波動方程式を導き，1931年にそのなかの負のエネルギーを持つ解が電子の反粒子（陽電子）を表しているという解釈を与えた．翌1932年には，C.D. Andersonによって実際に陽電子が発見された．このように陽電子は最初に見出された反粒子であるが，以来，最もよく利用されている反粒子でもある．陽電子は，β^+ 崩壊をする放射性アイソトープから得ることができる（β^+ 線）が，高強度の陽電子ビームをつくるためには高エネルギー光子からの電子・陽電子対生成を利用する．実用化されている方法としては，原子炉からの中性子とカドミウムの反応 $^{113}\mathrm{Cd}(n,\gamma)\,^{114}\mathrm{Cd}$ によって生じる γ 線を用いる方法と，加速器を利用して生成した高エネルギー光子を利用する方法とがある．

a. 電子陽電子対生成による陽電子ビーム

加速器利用の陽電子生成法で実用化されているのは，電子リニアックで加速した電子をタングステン，タンタルなどの融点の高い重金属に入射したときに生じる制動輻射を用いる方法である．健康診断用のX線の生成と同じ原理である．数十MeV以上に加速した電子を入射することにより，高いエネルギーの制動輻射X線が生じて，効率よく対生成が起きる．原理的には，電子の静止質量のエネルギー mc^2（511 keV）の2倍以上のエネルギーがあれば対生成が可能であるが，10 MeV程度以下では，反応断面積が小さいために熱に変わってしまうエネルギーが多く，放熱の問題の解決が難しい．

高エネルギー加速器研究機構（KEK）物質構造科学研究所では，55 MeVリニアックを600 Wで運転して高強度の陽電子ビームを得ている．産業技術総合研究研の低速陽電子ビームも同様の強度を持っている．同程度の仕様のリニアックは国内のいくつかの大学が所有しており，陽電子生成用に利用されれば同程度の強度が期待できる．

レーザー光と加速電子のコンプトン散乱で生じる高エネルギー光子を電子陽電子対生成に使うことも検討されている．この方式で偏光レーザーを使えばスピン偏極陽電子ビームをつくることもできる．また，リニアックのカソードとして，偏光レーザーによるフォトカソードを使っても，スピン偏極陽電子ビームをつくることができる．

b. 低速陽電子の生成

放射性同位元素の β^+ 崩壊から得られる陽電子も，対生成から得られる陽電子も，0から高エネルギー（β^+ 線は1

MeV のオーダー，対生成の陽電子はリニアックの加速エネルギーで決まる高エネルギー）まで広がったエネルギー分布をしている．これは，フィラメントから得られる熱エネルギー程度の電子から出発できる電子ビームとは大きく異なる．

幸い，高エネルギーの陽電子を，エミッタンスを向上させながら減速する陽電子独特の方法が開発されている[1,2]．それは，タングステン，ニッケル，銅などのいくつかの金属では，陽電子に対する仕事関数が負であるという性質を利用する．物質中に入射された陽電子は ps 程度のうちに物質と熱平衡に達してから，電子と消滅する．なかには，熱化後拡散して表面まで戻ってくる陽電子もある．物質がたまたま，陽電子に対する仕事関数が負の金属であると，表面から自発的に，熱エネルギー程度の幅，仕事関数の絶対値のエネルギーで放出される．これを減速材による減速という．これによって，放出面積が大きいことを除けば，電子のフィラメントに相当するものが得られたことになる．空間分解能を気にしない測定ではこのビームを様々なエネルギーに加速して，試料の深さ方向の性質の分布を消滅 γ 線のドップラー広がりを用いて測定するために用いる[1,2]．パルス化すれば，陽電子寿命による同様の測定も可能である[3]．

c. 再減速によるビーム質の向上

さらにビームの質を向上させるためには，ビームの規格化エミッタンス

$$\varepsilon_{\mathrm{norm}} = d\theta\sqrt{E}$$

を小さくする必要がある（d：ビーム径，θ：ビームの広がり角，E：ビームエネルギー）が，電場や磁場を用いただけでは不可能である（リウヴィルの定理）．絞りを使えば可能であるがビーム強度の損失が大きい．陽電子ビーム実験はカウント蓄積型の測定が多いので，ビームの質は，エミッタンスよりも，ビーム強度を考慮した量である輝度

$$B = \frac{I}{\varepsilon_{\mathrm{norm}}^2}$$

（I はビーム強度）で考えるほうが実際的である．輝度は大きいほどよい．輝度増強も，負の仕事関数を持つ減速材に入射して再放出した陽電子を用いる[1,4]．例えば，5 keV 程度に加速した陽電子を，レンズで絞って d を小さくして減速材に入射する．厚い減速材を用いて入射側に再放出される陽電子を用いる反射型と，100 nm 程度の薄膜減速材を用いて裏面に再放出される陽電子を用いる透過型とがある．いずれの場合も，再放出陽電子の d は変わらず，エネルギーは 1000 分の 1 以下になり，角度広がりも小さくなるので，$\varepsilon_{\mathrm{norm}}^2$ は 1 万分の 1 程度になる．一方，減速材中で電子と対消滅するために再放出するのは入射強度の 10 分の 1 程度なので，輝度増強は 1000 倍程度になる．

この方法によって直径 d の点状でエネルギーのそろった陽電子源が得られる．これを用いて，電子ビームと同じ発想で，マイクロビーム化して透過型陽電子顕微鏡[5]や陽電子プローブマイクロアナライザ（PPMA）[6]をつくるこ

とや，平行ビーム化して陽電子回折[7,8]の実験を行うことが可能になる．

また，通常陽電子ビームは真空中で試料に入射するので，動作環境での分析はできない．しかし，マイクロビーム化すれば，30 nm の厚さの SiN 薄膜で真空を保つことができる 0.5 mm×0.5 mm の窓を通して陽電子真空槽外に取り出すことができ[9]，実用状態の試料の計測が可能になる．

d. エネルギー可変ポジトロニウムビーム

陽電子は，気体中や絶縁体中，あるいは金属表面で電子との水素原子様束縛状態であるポジトロニウムをつくることがある．ポジトロニウムは中性なので，エネルギー可変ビームをつくるには，加速した陽電子を希薄気体中に入射して，気体との反応で生成したポジトロニウムのエネルギーが入射陽電子のエネルギーに依存することを利用していた[10]．最近，タングステンの表面にアルカリ金属を蒸発するとポジトロニウム負イオン（電子 2 個と陽電子の束縛状態）が効率よく生成されることが発見され，このイオンの任意のエネルギーに加速した後で，レーザー光を当てて電子を 1 個はぎ取り中性のポジトロニウムにすることで，エネルギー可変ポジトロニウムビームがつくられるようになった[11]．

9.16.2 反陽子源

本項では，反陽子 p̄ は，陽子の反粒子で負の電荷，バリオン数 −1 を持つ．1955 年 Bevatron 加速器を用いて発見され[12]，Chamberlain と Segrè に 1959 年のノーベル物理学賞が授与された．CERN の反陽子施設（1981～），FNAL の反陽子源（1985～2011），FAIR の反陽子施設（2025 年完成予定）について概説する．

a. CERN AA/AC と Sp̄pS

1976 年，C. Rubbia らが，弱ボソン発見のために SPS で陽子・反陽子衝突を実現しようと提案[13]した．これは，S. van der Meer による確率冷却の発明[14]を受けてのことである．

ただちに 2 GeV の蓄積リング ICE にて陽子の冷却実験が行われ[15]，その成功に基づき，1979 年に反陽子蓄積リング AA（周長 157 m）の建設が開始された．AA は CERN PS の 26 GeV のビームでタングステンなどの金属標的を照射し，生成した p̄ を，磁気ホーンないしはリチウムレンズによって収束し，3.5 GeV/c で捕獲，2.4 s ごとに確率冷却とスタッキングを繰り返して 1 日あたり～1.7×10^{11} の p̄ を蓄積し．これを PS に戻して 26 GeV に加速し，SPS に入射した．

1981 年に陽子・反陽子衝突（Sp̄pS）が実現し，1983 年に W，Z ボソンが発見され，Rubbia と van der Meer に 1984 年のノーベル物理学賞が授与された．

1986 年に AA リングの外側に反陽子コレクターリング AC（周長 187 m）が建設され，1 日あたりの p̄ 蓄積数は～1.1×10^{12} へと増大した．Sp̄pS は 1991 年まで運転され

た.

b. CERN LEAR, AD, ELENA

一方,ビーム冷却しつつp̄を減速すれば,低エネルギーp̄の収量が大幅に増大するとの提案[16]を受け,1980年に低エネルギー反陽子蓄積リングLEAR(周長78 m)の建設が開始され,1983年に完成した.AA,ACから取り出されたp̄はPSで609 MeV/cに減速され,~5×10^{10}個がLEARに入射された.LEARは確率冷却と電子冷却を行いながらp̄を100 MeV/cまで減速,ないしは2 GeV/cまで加速できた.LEARでは通常1時間,最大14時間の極めて遅い「確率」取り出しが可能であった.LEARはSp̄pS閉鎖後も1996年まで運転され,1995年には反水素原子の生成に成功した.

1997年にLEARの後継の低速反陽子リングとして反陽子減速器AD[17]の建設が開始され,2000年に運転を開始した.ADはACを改造したもので,p̄を約100 sかけて3.5 GeV/cから100 MeV/cに減速する.3.5 GeV/cと2 GeV/cでは確率冷却を,300 MeV/cと100 MeV/c(5.3 MeV)では電子冷却を行い,~3×10^7個のp̄を100 ns幅のパルスで取り出す.エミッタンスは$\epsilon_{x,y}$~1π mm mrad,$\Delta p/p$は~10^{-4}である.

ASACUSA実験グループは,p̄を5.3 MeVから100 keVに減速する200 MHzの線型減速器RFQDを建設した[18].RFQDによるp̄の減速は,反水素原子生成率の増大などに大きな効果があるが,減速効率は約25%で,エミッタンスは100 π mm mradに増大する.

そこでCERNは2011年に超低エネルギー反陽子リングELENA(円周30 m)の建設を開始した.ELENAはADから取り出された5.3 MeVのp̄を電子冷却しながら100 keVに効率60%で減速する.エミッタンスは$\epsilon_{x,y}$~4π mm mrad,$\Delta p/p$は~2×10^{-3}とされ,2021年運転開始の予定である.

c. FNAL TEVATRON

Tevatron[19]は1981年に建設を開始,1986年に2×900 GeVでの陽子・反陽子衝突実験が開始され,1995年にトップ・クォークが発見された.さらにMain InjectorとRecyclerの建設でルミノシティーを増強し,2001年から2011年まで運転された.

p̄はMain Injectorの120 GeV陽子で生成され,リチウムレンズで収束され,8 GeV/cでDebuncher(周長505 mの三角形)に入射され,バンチ回転と確率冷却を行った後,Accumulator(周長474 mの三角形)に蓄積され,その後Tevatronに打ち込まれた.

Recyclerは8 GeV/cでのp̄の蓄積数増強の目的でMain Injectorのトンネル内につくられた永久磁石のリングで,確率冷却と電子冷却(4.3 MeVのペレトロンを用いる)により,6×10^{12}個のp̄の蓄積を可能にした.

d. FAIR

ドイツに建設中のFAIR[20]は,重イオンと反陽子の施設である.p̄はSIS100加速器の29 GeVの陽子で生成し,

3.8 GeV/cでCollector Ring(CR)にて確率冷却し,蓄積される.その後,高エネルギー反陽子蓄積リングHESR(円周575 m)において1.5~15 GeV/cでの反陽子・静止標的(ガスジェットなど)実験が計画されている.また,反陽子を減速する計画FLAIRも提案されているが,現時点ではその詳細は固まっていない.

9.16.3 中性子源

物質研究に用いる中性子は,熱外中性子($E>300$ meV),熱中性子($5<E<300$ meV),冷中性子($0.1<E<5$ meV),極冷中性子($0.5<E<100$ μeV),超冷中性子($E<0.5$ μeV),のようにエネルギー別に分類されるが,なかでも熱中性子と冷中性子が多く用いられる.研究の推進のため,中性子を供給する中性子源について高強度(輝度)化の開発がなされてきた.中性子源としては,中性子1個をつくり出すために必要なエネルギーコストが低いほどよい.表9.16.1に示すように,加速器で高エネルギーに加速した陽子による核破砕反応を用いる方法(核破砕中性子源)が最も効率的で,総発熱量を一定とした場合に最多の中性子を発生できる.核破砕中性子源は,原子炉の定常中性子源と比べてパルス化が比較的容易で,ピーク中性子強度を高めることができる.1990年代には,英国の核破砕中性子源(ISIS,800 MeV,160 kW)が最高の強度であったが,2000年代になると,米国のSNS[21],日本のJ-PARCで1 MWの陽子を入射する核破砕中性子源が建設され,稼働を始めた[*1].MW級の核破砕中性子源では平均中性子強度が定常中性子源に迫る性能を得ることができる.

核破砕中性子源では,ターゲットに陽子ビームを入射し原子核反応により中性子を発生させるが,発生した中性子は15 MeV以上の高エネルギー成分を伴い,平均エネルギーはMeVのオーダーであるので,これをmeVまで約9桁落とす(減速する)必要がある.減速の役割を果たすものが減速材で,中性子源の性能を左右する重要な構成要素である.陽子ビームをターゲットに水平入射する場合,減

表9.16.1　中性子発生反応の発生効率とエネルギーコスト

反応	入射粒子	入射粒子1個あたりの中性子収量	中性子1個あたりのエネルギー生成
d-t 核融合	重陽子 0.35 MeV	3×10^{-5}	10 000 MeV
d-Be ストリッピング	重陽子 15 MeV	1.2×10^{-2}	1 200 MeV
W ターゲット光核反応	電子線 35 MeV	1.7×10^{-2}	2 000 MeV
水銀ターゲット核破砕	陽子 3 GeV	75	35 MeV

＊1　J-PARCでは2015年4月に500 kWの入射陽子強度で運転.

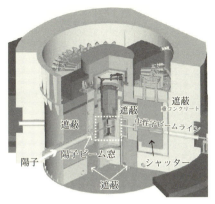
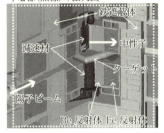

図 9.16.1 大強度陽子加速器計画（J-PARC）の核破砕中性子源の概要図．ターゲットは幅 20 cm，高さ 10 cm，総長 2 m，減速材は標的下側に直径 15 cm の円筒型が 1 台，標的上側に幅 13 cm，厚さ 6.2 cm，高さ 12 cm の鼓型が 2 台配置．中心部からシャッター外側まで 4.8 m，外周の重コンクリートは厚さ[22]．

表 9.16.2 各種ターゲット材料の特性

材料	原子量 [g/mol]	密度 [g/cm³]	中性子吸収断面積 [b]	熱伝導率 [W/m K]	融点 [K]
Ta	180.9	16.6	21	54	3 270
W	183.9	19.1	19	180	3 382
Hg	200.6	13.5	372	7.8	234
U	238.0	18.7	7.59	25	1 406

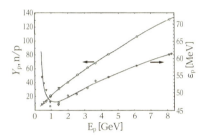

図 9.16.2 直径 20 cm，長さ 60 cm の鉛標的からの中性子収量の入射陽子エネルギー依存性（実験値）と 1 個の中性子をつくるのに必要な陽子エネルギー[25]

速材はその上下に配置され，これらの外周には反射体を配置して中性子の散逸を防ぎ，減速材に戻し，減速材から得られる中性子強度を増加させる．減速材の中性子ビーム取り出し面は 10 cm×10 cm 程度の断面であり，この面を見込むように中性子ビーム孔が設けられる．一例として，J-PARC の核破砕中性子源[22,23]の概要図を図 9.16.1 に示す．反射体の周囲には，高エネルギー中性子や γ 線の遮蔽に有効な鉄遮蔽体を配置する．鉄遮蔽体の一部は中性子ビーム孔を内包し，これを上下駆動できる構造とし，実験でビームを使用しない間はビーム孔が遮断され，実験室側に対して遮蔽能力を有する．この可動部をシャッターと呼ぶ．最外周部は低エネルギー中性子の遮蔽に有効なコンクリート構造であり，その外表面の線量率が基準値以下になる位置が実験室との境界である．

a. 核破砕中性子源用ターゲット

ターゲットで高い中性子収量を得るために，その材料には，一般に原子量が大きく，数密度が高く，中性子吸収断面積の小さい，熱伝導率と融点が高い物質が優れており固体ではタンタル（Ta），タングステン（W），ウラン（U）などが用いられている（表 9.16.2）．ターゲットにおける中性子収量は入射陽子のエネルギーにほぼ比例して増加するが，中性子 1 個を生成するために投入するエネルギーコストは 1～5 GeV で極小となり，このエネルギー範囲が入射エネルギーとして選ばれる（図 9.16.2）．高エネルギー側でエネルギーコストが上昇するのは，π 中間子などの他

の粒子の生成にエネルギーが消費されるためである．U ターゲットでは核破砕反応に加えて核分裂反応も起こるので中性子収量が高く，ISIS で使用されたが，被覆（ジルカロイ 2）が予想より短い寿命で破損したことや遅発中性子が中性子散乱実験の S/N 比を劣化させる欠点があるため，その後は Ta ターゲットに変更された経緯がある．入射陽子強度が MW 級になると，固体ターゲットではその半分程度が局所的に付与され，熱除去が困難になるため，SNS や J-PARC では，自身が冷却材としても機能する液体金属（水銀（Hg））をターゲット材に採用した．液体金属にパルス状の高強度陽子ビームが入射するとその局所的な発熱に伴い圧力波が発生し，これが容器壁に伝播し，そこでキャビテーション損傷を引き起こして容器の寿命の低下要因となるので，この軽減対策を施す必要がある．固体ターゲットを回転体として発熱部位を分散させる提案があるが，まだ開発段階にある．

Ta や Hg など重い金属に対する 1 GeV 陽子の飛程は 60 cm 程度であるので，ターゲットの長さは飛程よりも長くなるよう選択する．ターゲット側面から漏えいする中性子束強度は入射面から増加し，数 cm の位置が最大となり，それ以降では減少するので，強度が最大となる位置に減速材を配置する．ターゲットの形状は扁平型の断面形状と

表 9.16.3 各種材料の中性子減速特性

材料	密度 [g/cm³]	原子数密度 [n/cm³]	熱中性子散乱断面積 [b]	散乱回数 (2 MeV→0.4 eV)	低エネルギー交換モード [eV]
H₂ (20 K)	0.07	4.2×10²²	20.5	15	0.015
CH₄ (20 K)	0.51	7.7×10²²	20.5	15	0.001
H₂O (300 K)	1.00	6.7×10²²	20.5	15	なし
Be	1.84	12.3×10²²	6.2	75	なし
C (黒鉛)	1.80	9.0×10²²	4.7	98	なし

注）H₂, H₂O, CH₄の原子数密度と熱中性子散乱断面積の値は、¹Hの値で代表．

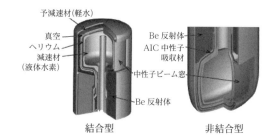

図 9.16.3 結合型減速材と非結合型減速材の概要
（文献 22 図より改変）

し，減速材をできるだけ近づけて中性子収率を高めるようにするのがよい．また，入射陽子のビーム形状をターゲットの断面形状に合わせると，減速材からの中性子収率を高める効果がある．

核破砕反応では，標的の原子核以下ほとんどすべての質量数の核種が生成され，特にトリチウム，ヘリウムの生成量が多いことは留意すべき特徴である．

b. 減速材

表 9.16.3 におもな減速材の中性子減速特性を示す．中性子は減速材の原子核との弾性散乱を通じてそのエネルギーを相手の原子核に与えて減速するので，減速材には水素を含む材料が適している．2 MeV から 0.4 eV まで減速するのに，水素，軽水，メタンは 15 回の散乱でよいが，ベリリウムは 75 回を要する．散乱回数が多いと，中性子発生点から周囲に散逸し強度低下の原因となるだけでなく減速に要する時間も増加するので，パルス中性子源ではパルス幅が広がる欠点を生む．また，熱化の始まるエネルギーまで減速してくる中性子の強度はモデレータの水素密度にほぼ比例して高くなるが，冷中性子強度は数密度だけは決まらない．低エネルギーに有効な熱交換メカニズム，すなわち，低いエネルギー領域に十分密度の高い振動数分布を有していることが必要になる．固体メタンの回転モードのエネルギー準位の差は約 1 meV で，冷中性子の減速にも適しているが，高放射線場で分解するという欠点がある．ISIS では，液体メタンを循環させて固化した物質を連続的に取り除く努力を行っても，次第に減速材容器内に固化物が蓄積する問題が生じた．この理由から MW 級の核破砕中性子源では約 20 K の液体水素が減速材に採用されている．水素は陽子スピンのそろったオルソ水素とスピンが反平行なパラ水素の二つの状態を有するが，オルソ水素のエネルギー準位の方がパラ水素よりも 14.7 meV も高い．パラ水素を用いれば，中性子が相互作用するときにパラ水素からオルソ水素へのエネルギー変換で効率よく冷中性子化される．反面，水素は数密度が低いことが欠点である．

この欠点を補う方法として，水素減速材の周囲に軽水の層（予減速材）を配置し，ここで中性子を適度に減速させることが有効であり，J-PARC では予減速材の厚さと水素減速材の大きさを最適化することによって，中性子強度が高められている．図 9.16.3 に減速材の概要図を示す．

減速材で得られる中性子強度は反射体の影響を強く受ける．反射体の材料にはベリリウムのように質量数が小さく減速しやすいものが用いられる．ベリリウムは中性子吸収断面積が非常に小さいため，減速された中性子は反射体のなかで長時間動き回ることができ，これによって減速材に中性子を供給し続ける．このため，減速材からの中性子強度は時間積分すると反射体の利用によって数倍の利得を得ることができる．熱化した中性子から見て，反射体と減速材の間を自由に往来できることから「結合型」ともいう．

一方で，減速材からの中性子パルスは 1 000 μs 経過しても十分に減衰せずにテイル部分が残るので，非常に高い時間分解能を必要とする実験に適した，立ち下がりが速く鋭いパルスを得ることが困難である．しかし，減速材容器の中性子取り出し面以外を適当な遮断エネルギー E_c の中性子吸収材で覆うと，反射体内を遠回りし，熱化した中性子が減速材に流入することを遮断でき，中性子強度はある程度低下するものの，パルス幅を狭くすることができる．典型的な中性子吸収材はカドミウム（$E_c=0.4$ eV）である．J-PARC では中性子吸収材に Ag-In-Cd 合金を採用し，遮断エネルギーを 1 eV に高め，より狭いパルス化（高い時間分解能化）を行っている．熱化した中性子から見て，反射体と減速材の間が中性子吸収材で遮断されるので，このような減速材を「非結合型」という．

c. 最適化設計

核破砕中性子源を設計では，ターゲット・減速材・反射体システムの概念をつくり，システムパラメータの最適化を行う．図 9.16.1 に示すように，中性子源は非対称で複雑な形状を有するので，最適化設計には粒子・重イオン輸送コード PHITS (Particle and Heavy Ion Transport Code)[24]に代表される，モンテカルロ法に基づく 3 次元粒子輸送計算コードが用いられる．J-PARC の設計の場合，3 GHz の CPU で 64 並列を構成した計算機システムを用いて，幾何形状を精密にモデル化し，減速材からの中性子

パルス形状について，12時間程度の計算時間で結果を得ることができる．

さらに，粒子輸送計算で得られる発熱分布を初期値として，熱応力，熱流動解析によりターゲット容器，減速材容器等の構造設計を行い，その製作性や保守交換性をも加味して機器・設備の仕様決定に至る．最適化すべきパラメータが多いのが特徴であり，各機器の材料，形状，さらには配置方法において，実験室に対する遮蔽性能を保ちながら，いかに中性子を損失なく取り出すかという視点を持つことが極めて大切である．仮に一つの要素での中性子損失が10％であっても7個の要素で損失があれば効率は50％以下に低下するので，最適化の成否はコストにも直結する．

核破砕中性子源に関する詳しい解説は文献25にまとめられているので，理解を深めたい方は参照されたい．

9.16.4 ミュオン源

パイオンは，陽子を光速近くまで加速し，黒鉛（グラファイト）製のミュオン標的にぶつけることで人工的につくり出すことができる．ミュオン標的として，J-PARC MUSE，TRIUMF研究所や英国ISISミュオン施設では，グラファイト板を，銅製のフレームで「周り」から冷却するという，いわゆるエッジ冷却方式のグラファイト固定標的が採用されている．一方，PSI研究所，ならびにJ-PARCの次世代標的では，照射面積を増やし，寿命を伸ばすために，ディスク状のグラファイトを回転させる，いわゆる，回転グラファイト標的が採用されている．

パイオン（π^+，π^-，π^0）は，陽子加速器で得られる高エネルギー陽子と，標的原子核の陽子あるいは中性子との原子核反応で生まれる．その生成断面積は，10〜40 mbarn程度である．パイオン生成の陽子ビームの閾エネルギーは，300 MeV程度なので，通常，パイオン・ミュオン実験施設では，500 MeV以上の陽子加速器が用いられている．π^+，ならびに，π^-が崩壊（平均寿命は26 ns）して生まれるのが，ミュオンである．

$\pi^+ \rightarrow \mu^+ + \nu_\mu$ 崩壊
$\pi^- \rightarrow \mu^- + \bar{\nu}_\mu$ 崩壊

a. 低速（表面），高速（崩壊）ミュオンビーム

世界に点在するミュオン施設では，低速（表面）ミュオン（4 MeV）と高速（崩壊）ミュオン（2〜55 MeV）という2種類のミュオンが得られる．前者は，陽子ビームライン上に設置されたミュオン標的にいったん止まった正パイオン（π^+）から生まれる．静止したπ^+から生まれるので，π^+の運動エネルギーを背負うことなく，比較的に低いエネルギーの低速ミュオン（μ^+）が得られる．この低速μ^+は，打ち込み深さ（飛程）が0.1〜1 mm程度と短く，実験を遂行するにあたって，少量の試料で済むことができる．ユーザーフレンドリーなミュオンビームとして，これまでも様々な物質研究に多用されてきた．残念ながら，ミュオン標的にいったん止まったπ^-は原子に捕獲されるので，正の低速μ^+しか取り出すことができない．後者は，ミュオン標的で生まれたパイオン（π^+，π^-）を取り込み，長尺の超伝導ソレノイド中で効率よく閉じこめながら飛行させ，飛行中に崩壊させることで得られる比較的エネルギーの高い$\mu^\pm$ビームである．ビームラインの極性を反転させるだけでμ^+あるいは，μ^-ビームのどちらかを選択的に取り出すことができる（図9.16.4）．

b. 超低速ミュオンビーム（50 eV〜30 keV）

超低速μ^+ビームを得るためには，第一ステップとして，ミュオン標的から引き出された大強度低速μ^+を，高温に熱したタングステン箔に打ち込む．第二ステップでは，熱エネルギーのミュオニウム（Mu：μ^+e^-）を，タングステン表面から真空中に蒸発させる．これまでの研究から，打ち込んだ低速μ^+の4％が真空中に熱エネルギーMuとして蒸発することがわかっている．第三ステップでは，Muから電子を剥ぎ取るのに，パルス状レーザーを用いた共鳴イオン化（1s-2p-非束縛状態）法を用いる．結果として，高輝度の超低速μ^+が得られる（図9.16.5）[26]．これまで理研RALで行われてきた開発研究では，1sあたり1×10^6個の低速μ^+から20個の超低速μ^+を生み出すことに成功している．レーザーの繰り返し周波数（25 Hz）と陽子ビームの繰り返し周波数（理研RAL 50 Hz，J-PARC 25 Hz）の同期，ならびに，パルス低速μ^+強度増強を考慮するとJ-PARCでは，1sあたり1×10^4個もの大強度超低速μ^+ビームが得られる運びとなる．さらに，レーザーの改良，ならびに低速ミュオンの収束などの

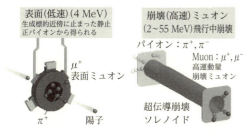

図9.16.4 低速（表面），高速（崩壊）ミュオンビーム

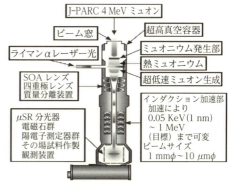

図9.16.5 超低速ミュオンの生成とミュオン顕微鏡

技術開発により1sあたり10^6個もの大強度・高輝度超低速μ^+ビームが生み出される．大強度超低速μ^+ビームラインが完成した暁には，パルス幅0.5～1 ns，サイズ$\phi 2$ mmの微小ビームが実現され，これまで不可能とされた高時間分解能で，微小な単結晶・薄膜試料をも対象とすることができる．nmスケールのμ^+SR測定時間が飛躍的に短縮され，過渡現象をs単位で捉えるような革新的な測定法の実現が期待される．

9.16.5 不安定核ビーム

不安定核（RI）とは，ある時間（寿命）で崩壊する原子核の総称である．図9.16.6に示すように，二次ビームとしてRIを供給する施設は，ビーム生成法の違いによりISOL法とIN-FLIGHT法の2種類に大別される．ISOL法では，厚い（数十～数百 g/cm²）標的で生成したRIを加速器で再加速するため，必要エネルギーでの比較的高強度のRIビームが，小さなエミッタンスで得られる．ただし標的からの生成核の離脱・イオン化の過程に時間がかかるためms以下の半減期を持つRI利用が困難になる場合があり，イオン源によっては加速可能元素が制限される．IN-FLIGHT法は，元素の化学的特性の影響を受けずあらゆる種類の元素に適用でき，RIビーム製造に要する時間が極めて短いため（数百 ns），短寿命のβ崩壊核を含む広範なRIビームを供給できる．ただし比較的大きなエミッタンスのビームとなる．両者は相補的であり，互いの長所を生かして図9.16.6の実線のように，IN-FLIGHT法で生成したRIをガスストッパーで減速後，再加速し，良質のRIビームを生成する方法が開発されている．また，破線のように，RIを再加速しIN-FLIGHT法でさらにエキゾチックなRIビームを生成することも検討されている．

両施設は新同位体発見による各図表の拡大や，不安定核の特異性の発見および物質科学や医療に寄与している．

a．ISOL法

ISOL法は，1960年代に開発された原子核反応生成物のオンライン質量分離技術（Isotope Separator On-Line：ISOL）を元に発展した[27]．RIの生成には陽子，電子，中性子などの一次ビームと生成標的による核破砕反応や核分裂反応などを利用する．核分裂線源を生成源として使う場合もある．

生成後，熱拡散などにより標的から放出されたRIは表面電離型，FEBIAD（Forced Electron Beam Induced Arc Discharge）型，ECR（Electron Cyclotron Resonance）型，レーザー照射型イオン源などによりイオン化される（通常1価イオン）．その後，双極電磁石などによる質量分離を経て，リニアック，タンデム加速器，サイクロトロンなどの重イオン加速器で加速，不安定核ビームとして利用される．リニアックなど後段加速器の種類によっては，質量-電荷比の入射条件を満たすようイオンの価数を増大させる荷電増幅器（Charge Breeder）を組み込む．これまでにECR型とEBIT（Electron Beam Ion Trap）型装置

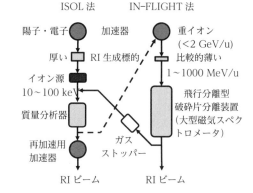

図9.16.6 RIビーム生成法の概念図．左はISOL法，右はIN-FLIGHT法を示す．

が実用化された．

ISOL法の最初の施設はベルギー・新ルーヴァン大学に設置され，原子核実験に用いられた[28]．平行して一次ビームのパワー（エネルギーとビーム電流の積）がKW未満の第1世代と呼ばれる施設が，東大原子核研究所（後に高エネルギー加速器研究機構，図9.16.7），米国・オークリッジ国立研究所のHRIBFなどに設置された．RIビームによる研究領域が広汎であることを反映してMW未満のビームパワーを有する第2世代の施設がカナダ・トライアンフ研究所のISAC，欧州・原子核共同研究所（CERN）のISOLDE，フランス・国立重イオン研究所（GANIL）のSPIRALで稼働しており，イタリア，中国，インド，フランス，韓国で建設中，米国で設置計画中である．MWクラスの第3世代施設についての検討も進んでいる（稼働施設の一覧は文献29を参照）．

b．IN-FLIGHT法

この方法では，生成したRIを飛行したまま収集・分離・識別し，ビームとして実験装置に供給する．製造に用いる破砕片分離装置は，多数の電磁石からなる複数の焦点面をもった，ビーム分析・輸送システムである．装置はRIビームを効率よく収集するため，通常大きな角度・運動量アクセプタンスを持っており，電磁石には大口径で強い磁場を持った超電導電磁石などが用いられる．

RIの生成には，加速器からの重イオンビームと破砕片分離装置の始点に置かれたベリリウムや鉛などの標的との原子核反応を用いる．多種多様なRIに対して生成断面積が大きい入射核破砕反応，ウランの飛行核分裂反応がよく用いられるが，核子移行反応を用いる場合もある．

RIビームの分離は，生成される多種多様なRIから核種を選び，高純度のビームを製造するために行われる．これには二つの偏向電磁石とその間に置いたエネルギー減衰板を用いる．前段ではRIの質量数（A）と荷電状態（Q）の比，A/Qの選別がなされ，後段では減衰版でのエネルギー損失が原子番号Zに依存することを利用し，Zの選別がなされ，指定されたA/QとZに近い値を持ったRI

9.16 加速器による二次ビームとしての粒子源   335

図 9.16.7 国内初の ISOL 法による RI ビーム共同利用を行った第 1 世代施設 TRIAC（Tokai Radioactive Ion Accelerator Complex）. 東大原子核研究所で開発された E アレナ開拓施設の設備を元に日本原子力研究開発機構のタンデム加速器施設に設置された. ウラン標的で生成される核分裂片ビームは放射線遮蔽された ISOL 室で質量分離され, 左側のビームラインから電荷増幅器を経て加速器に入射される. その後分割同軸型 RFQ, IH 型リニアックによって 1.15 MeV/核子まで加速され多様な実験に供された.

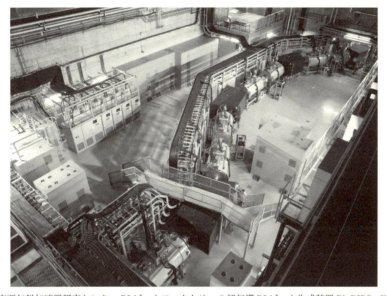

図 9.16.8 理化学研究所仁科加速器研究センター RI ビームファクトリーの超伝導 RI ビーム生成装置 BigRIPS. IN-FLIGHT 法に基づく飛行分離型生成装置で, 多数の大口径超電導四重極電磁石と偏向電磁石から構成される.

のみがビームとして輸送される. 製造された RI ビームは, 粒子ごとに Z と A/Q が決定・識別され供給される. 識別には, 各焦点面に置かれた検出器からの, エネルギー損失や粒子の飛行時間および軌道の情報を用いる.

最初の施設は 1980 年代に米国 LBNL に設置され, 本格的施設としてフランス・GANIL で LISE が建設された. 1990 年代からは, 理化学研究所の RIPS, 米国・ミシガン州立大学（MSU）の A1200, ドイツ・重イオン研究所（GSI）の FRS, GANIL の LISE3 と SISSI, MSU の A1900 などの第 2 世代施設から高強度・広範囲の RI ビームが供給されている. 2000 年代後半からは理化学研究所の BigRIPS（図 9.16.8）という次世代大型施設が建設され, 安定核からより遠く離れた RI ビームの供給を行っている. MSU や GSI では BigRIPS と同規模の施設が建設中である[30]).

9.16.6 ニュートリノビーム

加速器により生成されるニュートリノビームを用いた実験は, ニュートリノとその相互作用自体の研究にとどまらず, 新しい世代の発見や電弱相互作用から標準模型の確立

に至る物理学の発展においてその根幹にかかわる重要な役割を担ってきた．近年ニュートリノが微小な質量を持つことにより起こる世代間の量子力学的な振動現象が発見され，加速器を用いた数百 km 規模の長基線実験によってニュートリノの質量と世代間混合の詳細を研究し，さらにはレプトンにおける CP 非保存効果までもが検証できる可能性が明らかとなった．このため加速器によるニュートリノビームの生成技術はさらなる大強度化・高精度化を目指して，世界の研究施設において様々な工夫や発展がなされている状況である[31]*1．

a. ニュートリノビーム生成法の概要

加速器を用いたニュートリノビーム実験の可能性は，Pontecorvo[32]と Schwartz[33]によって独立に提案された．最初の実験は 1962 年 Lederman, Schwartz, Steinberger らによって BNL の AGS 加速器を用いて行われ，ニュートリノに異なる世代が存在することを明らかにした[34]．ニュートリノは高エネルギー一次陽子ビームを標的に当て荷電 π・K 中間子を多重生成し，それらが崩壊領域（decay volume）を飛行中に崩壊することでつくりだされる．

$\pi^{\pm} \to \mu + \nu_\mu$（分岐比：100 %）

$K^{\pm} \to \mu + \nu_\mu$ (63.6 %)・$K^L \to \pi + \mu + \nu_\mu$ (27.0 %)

このためおもにミュー型ニュートリノが生成されるが，以下の反応を通じ電子型ニュートリノが混入する．

$\mu \to e + \nu_e + \nu_\mu$ (100 %)

$K^{\pm} \to \pi^0 + e^{\pm} + \nu_e$ (5.1 %)・$K^L \to \pi^{\pm} + e^{\mp} + \nu_e$ (40.5 %)

Lederman らの実験は，AGS 加速器直線部の下流端に露わに置かれたベリリウム標的に陽子を当て，陽子軌道から一定の方向に生成された 2 次粒子を起源とするニュートリノを厚い鉄遮蔽越しに設置された測定器で観測するという構成であった．他方，1963 年に始まった CERN の実験[35]においては，加速器からの速い取り出しと，S. van der Meer 考案になる「電磁ホーン」と呼ばれる二次荷電粒子収束用の特殊な電磁石が初めて使用された．速い取り出しでは通常数 s 周期で数 μs 幅のビームパルスが取り出される．このためビームと同期したゲート内の信号のみ選択することで，反応断面積の小さいニュートリノ反応事象を宇宙線などの背景事象から効率的に選び出すことができる．また高運動量の荷電 π・K 中間子の崩壊で生成されるニュートリノは親粒子の運動方向にブーストされるため，電磁ホーンによって親粒子を崩壊前に収束することで，ニュートリノビームの強度を 1 桁以上も高めることができる．電磁ホーンは軸対称の形状を持つ長さ数 m の内部・外部導体 2 層から構成される．取り出しと同期した数百 kA のパルス状電流を同軸方向に周回させることによって，導体間に数 T のトロイダル磁場を発生させ，標的で生成される様々な運動量・散乱角の二次粒子を一括して収束し，エネ

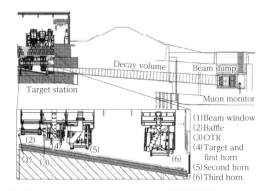

図 9.16.9 J-PARC ニュートリノビーム実験施設[42]．ヘリウム冷却式のグラファイト標的と 3 台の電磁ホーンが用いられている．Decay volume は約 100 m の長さで内部にヘリウムが充填されている．

ルギーの広がったニュートリノビーム（Wide Band Beam：WBB）を生成する．収量をより高めるため 2〜4 台の電磁ホーンを用いる例が一般的である．電流の向きによって電荷の選択が可能であり，したがってニュートリノ・反ニュートリノを選択的に収束生成することができる（完全ではない）．一方，スペクトルの狭い Narrow Band Beam（NBB）をつくるためには標的の下流に置いたダイポール磁石で親中間子の荷電と運動量を選択し，スペクトルに π・K 中間子の崩壊に相当する 2 ピークを持つ「di-chromatic ビーム」を生成する方法[36]や，ホーンを用いて生成したビームの中心軸からわずかにずれた方向に放出されるスペクトルのより狭いニュートリノビームを利用する Off-Axis 法[37]が実用化されている．

電子型ニュートリノビームは前述のとおりミュー型ニュートリノにバックグラウンドとして数 % 混入している成分を用いる．タウ型ニュートリノビームは高エネルギー陽子ビームを直接ビームダンプに入射し生成したチャーム粒子の崩壊（$D_S \to \tau + \nu_\tau$）からつくり出される[38]*2．

b. 長基線実験のための大強度ニュートリノビーム生成

加速器ニュートリノビームは今日長基線ニューリノ振動実験のために広く用いられ，K2K 実験[39]のため KEK-PS に建設されたビームラインを嚆矢として，CERN-SPS から Gran Sasso 研究所に向けた CNGS[40]や FNAL の Main Injector を用いた NuMI[41]，さらに T2K 実験のため J-PARC に建設されたニュートリノ実験施設[42]が運用されている．J-PARC の施設ではビーム中心と遠方の主検出器（スーパーカミオカンデ）の方向とをわずかに（2.5°）離した Off-Axis ビームを初めて実用化した．KEK-PS で標的に導かれた一次陽子ビームのエネルギー強度（6 kW）

---

*1 陽子シンクロトロンを使ったニュートリノビーム生成施設の一覧やビーム生成法についての詳しい解説は文献 45, 46 を参照のこと．

*2 このようにニュートリノなど透過力の強い二次粒子を直接ビームダンプでつくり出し観測する実験を「ビームダンプ実験」と呼ぶ．電子型ニュートリノもおもにビームダンプ実験で利用される．

に比べ，CNGS は 510 kW，NuMI は 350 kW，J-PARC は 750 kW（設計値）と2桁大きくなっている．このためビーム軸上の主要機器であるビーム窓・標的・電磁ホーン・ビームダンプなどの開発にあたっては，ビームパルスごとに発生する熱衝撃，放射線損傷・繰り返し疲労・酸化による材料の強度低下，ビームにより発生する熱の冷却（水冷・空冷・ヘリウムガス冷却）などを検討する必要がある．さらには施設の放射線遮蔽・放射化した機器のリモートメンテナンスの方法・放射化冷却水の排水・放射化気体の排気などについても十分な対策が必要である．今後 J-PARC-将来計画[43]や LBNE 計画[44]などにおいて数 MW のビームライン建設や運用が検討されている．

参考文献

1) A. P. Mills, Jr.: "Positron Solid State Physics" W. Brandt, A. Dupasquier, ed., 432, Elsevier (1983).
2) P. J. Schultz, K. G. Lynn: Reviews of Modern Physics 60 701 (1988).
3) R. Suzuki, et al.: Japanese Journal of Applied Physics 30 L532 (1991).
4) M. Maekawa, et al.: European Physics Journal D 68 165 (2014).
5) M. Matsuya, et al.: Nuclear Instruments and Methods in Physics Research A 645, 102 (2011).
6) N. Oshima, et al.: Applied Physics Letters 94 194104 (2009).
7) S. Y. Tong: Surface Science 457 L432 (2000).
8) Y. Fukaya, et al.: Applied Physics Express 7 056601 (2014).
9) W. Zhou, et al.: Applied Physics Letters 101 014102 (2012).
10) N. Zafar, et al.: Journal of Physics B: Atomic, Molecular and Optical Physics 24 4461 (1991).
11) K. Michishio, et al.: Applied Physics Letters 100 254102 (2012).
12) O. Chamberlain, et al.: Phys. Rev. 100 947 (1955).
13) C. Rubbia, et al.: Proc. Int. Neutrino Conf., Aachen, 1976 (Vieweg Verlag, Braunschweig, 1977), p. 683.
14) S. van der Meer, CERN Int. Report ISR-PO/72-31 (1972).
15) G. Carron, et al.: Phys. Lett. B 77 174 (1978).
16) K. Kilian, et al.: Proc. 10th Int. Conf. on High-energy accelerators, Serpukov, 1977, Yu. M. Ado, et al. ed. 179.
17) S. Baird, et al.: CERN-PS-96-043-AR.
18) A. M. Lombardi, et al.: Proceedings of the PAC 2001, p. 585.
19) S. Holmes, et al.: JINST 6 T08001 (2011).
20) http://www.fair-center.eu last accessed, 2017.12.25.
21) J. R. Haines, et al.: Nucl. Instrum. Methods. Phys. Res. A 764 94 (2014).
22) Neutron Source Section, JAEA-Technology 2011-035 (2012).
23) H. Takada, et al.: Quantum Beam Science 1(2) 8 (2017).
24) T. Sato, et al.: J. Nucl. Sci. Technol. 50 913 (2013).
25) 渡辺 昇：JAERI-Review 2000-031 (2001).
26) 三宅康博，ほか：固体物理 44 (11) 855-863 (139-147) (2009).
27) H. Ravn, B. W. Allardyce: Treaties on Heavy-Ion Science, 8 (5) 361 Plenum Press (1989).
28) D. Darquennes, et al.: Physical Review C 42 R804 (1990).
29) IUPAP WG. 9 Report 41 (2012). http://www.triumf.info/hosted/iupap/icnp/Report41-8-2012.pdf
30) T. Kubo: Nucl. Instrum. Meth. B 204 102 (2016).
31) International Workshop on Neutrino Beams and Instrumentation (NBI), International Workshop on Neutrino Factories and Superbeams (NuFact) などの国際研究集会が開催されている．
32) B. Pontecorvo: J. Exp. Theor. Phys. (U.S.S.R.) 37 1751 (1959) [translation: Sov. Phys. -JETP, 10, 1236 (1960)].
33) M. Schwartz: Phys. Rev. Lett. 4 306 (1960).
34) G. Danby, et al.: Phys. Rev. Lett. 9 36 (1962).
35) M. Giesch, et al.: Nucl. Instr. Meth. 20 58 (1963).
36) P. Limon, et al.: Nucl. Instr. Meth. 116 317 (1974).
37) D. Beavis, et al.: BNL-52459 (1995).
38) K. Kodama, et al: Phys. Lett. B 504 218 (2001).
39) M. H. Ahn, et al.: Phys. Rev. D 74 072003 (2006).
40) K. Elsner, et al: CERN98-02 (1998).; R. Bailey, et al: CERN-SL/99-034 (DI) (1999).
41) K. Anderson, et al: FERMILAB-DESIGN-1998-01 (1998).
42) K. Abe, et al.: Nucl. Instr. Meth. A 659 106 (2011).
43) K. Abe, et al.: arXiv: 1109.3262 (2011).
44) C. Adams, et al: arXiv: 1307.7335 (2013).
45) S. E. Kopp: Phys. Rep. 439 101 (2007).
46) 29. Neutrino beam lines at high-energy proton synchrotrons, Particle Data Group, Phys. Rev. D 86 010001 (2012).

9.17 イオンビーム技術

9.17.1 マイクロビーム，シングルイオンヒット

ビーム径を μm レベル以下に収束させたイオンビームとして，微細加工に広く用いられているエネルギーが数十〜数百 keV の低エネルギーの収束イオンビーム（Focused Ion Beam : FIB）に対し，エネルギーが MeV 級のものを（高エネルギー）イオンマイクロビームと呼ぶ．図 9.17.1 のように，イオンビームを完全に遮断できる板状の材料に空けたピンホールやスリットなどのアパーチャーの下流に磁気あるいは静電レンズを設置し，アパーチャーを通過して発散したビームを収束させて，マイクロビームを形成する．

アパーチャーからレンズまでの距離とレンズからターゲットまでの距離をそれぞれ l_o, l_i とすると，縮小率は l_i/l_o となるので，より小さなビーム径を得るためには，l_o を長くする一方 l_i を短くする．しかし，縮小率が小さくなる

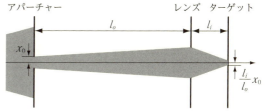

図 9.17.1　高エネルギーイオンマイクロビームの収束レンズ系模式図

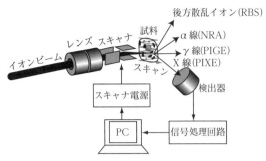

図 9.17.2　高エネルギーイオンマイクロビームを用いた分析の模式図

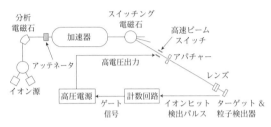

図 9.17.3　シングルイオンヒットシステムの模式図

ほどビームの発散成分やイオンビームのエネルギー幅に起因する収差が問題となるので，極小のビーム径を得るには，高輝度のイオン源とともに高いエネルギー安定度を持つ加速器が求められる．静電型の加速器が多く用いられるが，サイクロトロンなどの高周波加速器でも，フラットトップ加速などの技術によりエネルギー幅を小さくし $1\,\mu m$ 以下のビーム径を得ることが可能である[1]．

a.　高エネルギーイオンマイクロビームの応用例

マイクロ PIXE/PIGE/NRA　イオンビームは，物質との相互作用によって生じる二次放射線の生成断面積が大きいことから元素の高感度定量分析が可能である．測定する二次放射線の種類によって，PIXE/PIGE（Particle Induced X/Gamma-ray Emission），RBS（Rutherford Back Scattering），核反応分析（Nuclear Reaction Analysis：NRA）といったものがある．マイクロビームを用いてそれらを測定することで，局所分析のプローブとして利用できる．図 9.17.2 に示すように，ビームを試料上で走査しながら二次放射線を測定し，ビームの照射位置と二次放射線のエネルギーや量を関連付けて収集することで，ビームの径の空間分解能で元素ごとの空間分布を得ることができる．

シングルイオンヒット技術　半導体素子や生物細胞は，放射線の入射，特に高エネルギーイオンの 1 個の入射によっても顕著な影響を受ける場合があるので，このような現象を正確に検証するには，狙った部位に正確にイオンを照射する技術が求められる．このため，イオンマイクロビーム技術に加えて，イオンを 1 個 1 個ターゲットの狙った位置に照射するシングルイオンヒット技術が開発された．図 9.17.3 にタンデム加速器に構築されたシステム構成例を示す．加速器および収束レンズ系に加えて，ビーム電流を低減するアッテネータ，高速ビームスイッチ，イオン入射を一つひとつ検出する粒子検出器などで構成される．マイクロビーム形成後，イオン源と加速器の間に設置したアッテネータで数千 cps にビーム量を低減し，アパーチャーの上流に設置した高速ビームスイッチでビームの ON/OFF を行い，イオンを 1 個 1 個照射する．粒子の検出器には，試料が培養細胞などで十分に薄い場合は試料の下流に設置した半導体やシンチレータ検出器を，試料が半導体素子の場合は半導体素子に発生するイオンビーム誘起電流（Ion Beam Induced Current：IBIC）自身が検出信号となる．

9.17.2　シングルパルスビーム

サイクロトロンから取り出される高エネルギーイオンビームの時間構造は，数〜数十 MHz の加速周波数に応じた連続パルスである．ビームパルスの繰り返し周期が数十〜百 ns 程度と短いため，中性子の飛行時間計測や，放射線化学におけるパルスラジオリシスの実験では，この短い繰り返し周期が計測上の問題となる．そこで，ビームパルスの数を大幅に間引き，繰り返し周期が μs から ms に制御された「シングルパルスビーム」を形成するためにビームチョッパー装置が使用される．

a.　ビームチョッパー装置

ビームチョッパー装置は，高速・高繰り返しの高電圧源，ビーム偏向用の電極およびその下流に設置されるスリットにより構成される．不要なイオンビームは，電極を通過する際に電場による偏向を受けてスリットにより間引かれる．サイクロトロンからビームを取り出す方法として，ビームバンチを一度に取り出すシングルターン取り出し，もしくは複数回に分けて取り出すマルチターン取り出しがある（9.14.3 項（c）参照）．入射するビームバンチと取り出されるビームバンチが 1 対 1 に対応している場合，つまりシングルターン取り出しが可能な場合は，ビーム入射ラインにパルス電圧を発生するチョッパーを設置し，加速 1 周期分の時間幅に制限したパルスビームを入射することでシングルパルスビームを形成できる．一方，マルチターン取り出しの場合は，サイクロトロン下流にチョッパーを追加し，複数個に分かれたビームバンチから 1 バンチのみをさらに選別する必要がある．チョッパー装置の一例として，マルチターン取り出しを行う量子技術研究開発機構高崎量子応用研究所のサイクロトロンについて説明する．入射ラインにはパルス電圧型の P チョッパー（最小時間幅 60 ns，最大電圧 1.5 kV）が，サイクロトロン下流にはビームバンチの個数を $1/N$（N：3〜7 の整数）に間引く正弦波電圧型の S チョッパー（最大電圧 40 kV）が取り付けられている[2]．S チョッパー電圧の周波数はサイクロトロンの加速周波数の $1/(2N)$ であり，電圧がゼロのときに電極を通過するビームバンチのみが下流へ通過し，前後の不要なビームバンチは高電圧により偏向されるため，1 ビ

ームバンチのみが選別される．

b. サイクロトロンの技術開発とパルスビーム形成例

量子科学技術研究開発機構高崎量子応用研究所サイクロトロンにおけるシングルパルスビーム形成について記す．上記のとおり形成手法そのものは単純であるが，マルチターン取り出しの回数を数回程度まで減らし，Sチョッパーによる1バンチ選別を可能とするためには，ビームのエネルギー幅を小さくする必要がある．そのためには，ビームバンチの時間幅を狭めるとともに，加速位相をエネルギー利得の時間的変化が小さい正弦波の頂点に制御するなど，サイクロトロンの高度な調整，技術開発が必要となる．また，磁場強度が変動すると加速位相が変化し，マルチターン取り出しの回数が増加するため，$\Delta B/B \approx 10^{-5}$ の極めて安定した磁場[3]も必要である．図9.17.4はサイクロトロン下流において計測した 100 MeV ^{16}O^{4+} ビームの時間構造である．同図(a)のチョッパー不使用は加速周期ごとにビームバンチが並んでいるが，同図(b)のPチョッパーを単独使用して1バンチ分のビームを入射した場合は三つのビームバンチが確認される．マルチターン取り出しの回数は十分に少ないため，Sチョッパーを併用してシングルパルスビームが得られる（図9.17.4(c)）．量子科学技術研究開発機構では，この他にも 65 MeV H$^+$，220 MeV ^{12}C^{5+}，350 MeV ^{20}Ne^{8+} など様々なシングルパルスビームを実験者へ提供している．

9.17.3 カクテルビーム

核物理や核化学など従来の基礎研究に加え，宇宙用半導体の耐放射線性の評価や突然変異の誘発による植物の品種改良など材料開発やバイオ技術の分野にもイオンビームが用いられるようになり，数分～数時間という比較的短時間の照射実験が行われる．これらの実験では，線エネルギー付与（Linear Energy Transfer : LET）による照射効果の違いを調べるため，エネルギーやイオン種の異なる複数のイオンビームが必要になる．加速するビームの変更には，イオン源で生成するイオン種の変更，サイクロトロンの主磁場・等時性磁場の形成，ビーム輸送の調整などが含まれ，例えば量子科学技術研究開発機構高崎量子応用研究所のサイクロトロンでは3時間程度を要する．このため，複数のイオンビームを一度の実験において照射する場合，マシンタイムの大半をサイクロトロンの調整に費やすことになる．そこで，特定のイオンビームに限定されるが，ビームを短時間で変更することが可能なカクテルビーム加速技術が重要になる．

a. サイクロトロンの質量分解能力

サイクロトロンは，下式のように静磁場 B 中を一定の周波数 f_{ion} で周回運動するイオンを，それと一致もしくは整数 h 倍の周波数 f_{RF} の電場により繰り返し加速を行う装置である．

$$f_{\mathrm{ion}} \propto \frac{Q}{M}B, \quad f_{\mathrm{RF}} = hf_{\mathrm{ion}}$$

Q，M はそれぞれイオンの電荷数と質量（原子質量単位）である．この条件を満たさないイオンを入射しても，周回のたびに加速位相が徐々にずれてエネルギー利得は低下し，減速されてしまうため，サイクロトロンから取り出すことはできない．このように，サイクロトロンは質量分析器としての側面も持つ．取り出しまでの加速周回数が数百を超える大型AVFサイクロトロン，例えば量子科学技術研究開発機構のサイクロトロンの質量分解能は約3 300と優れており，カクテルビーム加速技術は，この高い質量分解能を応用してビームのイオン種の短時間変更を行う[4,5]．

b. カクテルイオンの加速

イオン源において，例えば表9.17.1に示すような質量電荷比 M/Q のほぼ等しい，$\Delta(M/Q)/(M/Q)$ が1％以下

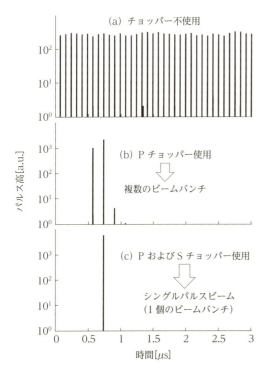

図 9.17.4 サイクロトロン下流においてプラスチックシンチレータと光電子増倍管で計測した 100 MeV ^{16}O^{4+} ビームの時間構造．サイクロトロンの加速周期，PチョッパーおよびSチョッパーの間引き率はそれぞれ 84 ns，1/80 および 1/4 である．

表 9.17.1 $M/Q \approx 5$ でエネルギーが 3.75 MeV/u のカクテルイオンビームの例．M/Q の基準は ^{40}Ar^{8+} である．

イオン	M/Q	$\dfrac{\Delta(M/Q)}{(M/Q)}$	加速周波数 [MHz]	LET in Si [MeV/(mg/cm^2)]
^{15}N^{3+}	4.9995	9.4×10^{-4}	13.867	3.3
^{20}Ne^{4+}	4.9976	5.6×10^{-4}	13.873	6.1
^{40}Ar^{8+}	4.9948	0	13.881	15
^{84}Kr^{17+}	4.9354	-1.2×10^{-2}	14.047	40
^{129}Xe^{25+}	5.1556	3.2×10^{-2}	13.448	69

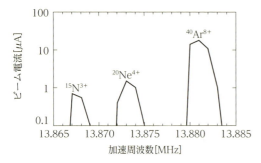

図 9.17.5 カクテルイオンをサイクロトロンへ入射し，加速周波数を変更した場合の取り出しビーム電流の変化

の $^{15}N^{3+}$，$^{20}Ne^{4+}$，$^{40}Ar^{8+}$ を同時に生成した場合，イオン源に付属する分析電磁石の能力では選別できないため，異種イオンが混じり合った「カクテルイオン」としてサイクロトロンに入射される．ここで，サイクロトロンの加速周波数 f_{RF} が $^{40}Ar^{8+}$ 用の 13.881 MHz に調整されていた場合，$\Delta(M/Q)/(M/Q)$ が 3×10^{-4}（$= 1/3300$）以上の異種イオン，すなわち他の二つのイオンは排除されるため，取り出されるイオンビームは $^{40}Ar^{8+}$ のみである．次に，加速周波数を $^{20}Ne^{4+}$ 用の 13.873 MHz へと変更した場合は $^{20}Ne^{4+}$ のみが取り出される．$^{15}N^{3+}$ の場合も同様である．このように，カクテルイオンを入射し，等時性磁場は一定のまま，加速周波数のみを変更してビームのイオン種を短時間で切り換える手法をカクテルビーム加速技術という．加速周波数と取り出されるビーム電流の関係を図 9.17.5 に示すが，これら三つのイオンはサイクロトロンにより完全に分離されることがわかる．$\Delta(M/Q)/(M/Q)$ が 1 % 以上の $^{84}Kr^{17+}$，$^{129}Xe^{25+}$ についても分離と取り出しが可能であるが，多価イオンであるために別途イオン源の再調整が必要となる．カクテルビーム加速では，イオンビームの核子当たりのエネルギーはほぼ等しく，磁気剛性は同じであるため，ビーム変更に伴う輸送ライン電磁石の再調整は不要である．異なるイオン種への変更時間は数～15 分程度であり，従来の 3 時間から大幅に短縮されるため，短い実験時間内においても表 9.17.1 に示すような幅広い LET の範囲をカバーするイオンビーム照射が可能である．

9.17.4 クラスタービーム

クラスターは一般的には，花やブドウなどの房を指す言葉である．そこから，同種のものが複数集まっているものを様々な分野でクラスターと表現しているが，ここでは，数個から数千個程度の原子が集まり，房の体をなすものをクラスターと呼ぶ．クラスターは，ミクロな原子・分子とマクロなバルクを繋ぐメゾスコピック系として独特な性質を示すため，クラスター自身の構造および物性研究[6-8]が行われてきた．さらに，それらのイオンを生成・加速して，クラスターイオンビームとしての研究も行われている．単原子イオンビームと同様にクラスターイオンビームも核的阻止能と電子的阻止能が同等程度になるまでの低エネルギー領域（ボーア速度以下）と電子的阻止能が支配的な高エネルギー領域（ボーア速度以上）で，その照射による効果や用途が異なる．

低エネルギー領域では，原子 1 個あたりのエネルギーにするとさらに低くなることを利用した極薄領域のイオン注入[9]などが産業利用される段階まできている．また，低速クラスターイオン特有の現象として，標的に衝突したクラスターイオンの構成原子が標的表面に拡散していくマイグレーション効果，標的表面の凸凹がスパッタにより平坦化していくスムージング効果，二次イオンの増加効果などが，成膜，表面加工，二次イオン質量分析（SIMS）[10,11]などに利用されている．これらは，数 kV から数十 kV の高電圧上に設置されたクラスターイオン源からイオンを引き出せばよいので，目的とする性能を満たすクラスターイオン源の開発が重要となる．

一方，高エネルギー領域のクラスターイオンの特徴は，複数のイオンが同時に原子サイズの微小領域に，電子励起が支配的になるエネルギーをもって衝突することにより，局所的に高密度の電子励起を起こすことにある．さらに，電子的阻止能がほぼ同じとなる数 GeV のウランと数十 MeV のフラーレン（C_{60}：電子的阻止能を同速度の炭素イオン 1 原子あたりの 60 倍と仮定する）を標的に照射したときに，C_{60} のみにイオントラックが観測されたとの報告[12]もあり，複数個の原子が集まったことによる近接効果も期待される．このような効果については未解明なものが多く，クラスターイオン照射時の二次電子量や二次イオン量の単原子イオン照射との比較など様々な研究が行われている[13-16]．

高エネルギー領域のクラスターイオンは，1993 年にフランス，オルセーの原子核研究所（IPN）でタンデム加速器を用いた C_{60} の加速に成功[17]して以来，様々な大学や研究所で使われるようになった[18-20]．これは，タンデム加速器で外部イオン源として一般的に用いられている，セシウムスパッタ型負イオン源で，比較的容易に様々な負クラスターイオンが生成されることを利用したものである．例えば炭素の場合，カソード試料としてグラファイトを用いると，C^- に加えて C_n^-（n：構成原子数，2～10 程度）が生成される．分析電磁石によりこれらから目的のクラスターサイズを選別し，タンデム加速器に入射させればよい．一方，不利な点は，入射クラスター負イオンが高電圧ターミナル内での荷電変換ガスとの衝突により，クラスターが解離せずに正イオンとなる割合が，その構成原子数にも依存するが，数 % 以下となることである．そこで，クラスターイオンを効率よく加速するための手段として，荷電変換ガスとして一般的に使用されている窒素ガスをヘリウムにする方法がある．これによりクラスターが解離する割合を数十 % 程度改善できるが[21]，ヘリウムは耐電圧性が低いため，そのボンベを高電圧ターミナル上に設置するなどの工夫が必要となる．

参考文献

1) M. Oikawa, *et al.*: Applied Radiation and Isotopes **67** 484 (2009).

2) S. kurashima, *et al.*: Rev. Sci. Instrum. **86** 073311 (2015).

3) S. Okumura, *et al.*: Rev. Sci. Instrum. **76** 033301 (2005).

4) M. Fukuda, *et al.*: Proc. 1999 Particle Accelerator Conference **4** 2259 (1999).

5) M. A. McMahan, *et al.*: Nucl. Instr. and Meth. A **253** 1 (1986).

6) 例えば K. Raghavachari, J. B. Anderson: *J. Phys. Chem.*, **100**, 12960 (1996).

7) 例えば P. C. Redfern, *et al.*: J. Phys. Chem. A **104** 5850 (2000).

8) 例えば W. Weltner, Jr. *et al.*: Chem. Rev. **89**(8) 1713 (1989).

9) I. Yamada, N. Toyoda: Nucl. Instrum. Methods B **241** 589 (2005).

10) 例えば S. Rabbani, *et al.*: Anal. Chem. **83** 3793 (2011).

11) 例えば J. Cheng, *et al.*: J Am Soc Mass Spectrom **18**(3) 406 (2007).

12) H. Dammak, *et al.*: Phys. Rev. Lett. **74**(7) 1135 (1995).

13) P. Sigmund, *et al.*: Nucl. Instrum. Methods B **112** 1 (1996).

14) D. Jacquet, Y. Le Beyec: Nucl. Instrum. Methods B **193** 227 (2002).

15) H. Kudo, *et al.*: Jpn. J. Appl. Phys. **45** Part 2 (20-23) L565 (2006).

16) K. Hirata, *et al.*: Appl. Phys. Express **4**(11) 116202 (2011).

17) S. Della-Negra, *et al.*: Nucl. Instrum. Methods B **74** 453 (1993).

18) Ch. Tomaschko, *et al.*: Nucl. Instrum. Methods B **117** 199 (1996).

19) B. Waast, *et al.*: Nucl. Instrum. Methods A **382**(1, 2) 348 (1996).

20) Y. Saitoh, *et al.*: Rev. Sci. Instrum. **80**(10) 106104 (2009).

21) Y. Saitoh, *et al.*: Nucl. Instrum. Methods A **452**(1, 2) 61 (2000).

10章

加速器の関連技術

10.1 レーザー

レーザー（Laser）とは，光を増幅しコヒーレント光を発生させる装置の総称であり，一般にその増幅光の周波数（波長）分布，時間分布，空間分布をそれぞれの目的に応じて制御する機能まで含んだシステム全体を指す場合が多い．それを最初に今日のかたちで実現したのは，T. H. Maiman のルビーレーザー[1]で，光学レーザーの三つの基本構成要素である，利得（活性）媒質，励起源，光共振器を備えた固体レーザーであった．Laser の語源は，Light Amplification by Stimulated Emission of Radiation（輻射の誘導放出による光増幅）の頭文字から命名された[2]．

利得媒質が熱平衡を超えて反転分布を形成するためには，三準位や四準位系などのエネルギー準位構造を有する必要があり，各準位間の自然放出寿命の差が反転分布を形成する要件の一つとなる．媒質中のレーザー活性原子に束縛された電子のエネルギー準位を利用して，励起源により特定の励起準位間の反転分布を形成させた状態を持つ媒質を利得媒質と呼ぶ．利得媒質は，共振器損失を考慮して利得を上回る散乱損失などがない限りレーザー発振が可能である．物質の三つの状態，液体，気体（プラズマ），固体のすべての相でレーザー発振可能な利得媒質が見つかっている．例えば，結晶，ガラスやファイバーを母材とするものやセラミックスなどでも良好なレーザー発振をしている．これらの利得媒質を光共振器内に閉じ込め，自然放出などの種光に起因する誘導放射に帰還を掛けることでレーザー発振させる．誘導放出した光子は，周波数，位相，偏光，進行方向が揃っているので，レーザーの特徴として発現する単色性，可干渉性（コヒーレンス），偏光特性，高指向性の起源の一つになっている．代表的なレーザーの媒質と特徴について表 10.1.1 にまとめる．連続（CW）発振だけでなく，原理的にパルス発振するものなどがある．それぞれの特徴を生かしたレーザー装置が開発されており，高品質化，高出力化，超短パルス化（広帯域化），広帯域にわたる波長可変性（選択性）などの点で発展が著しい．

真空紫外線や X 線などのより短い波長では，発振線と直接に相互作用する利得媒質や光共振器を用いない SASE（Self-Amplified Stimulated Emission）型[3]の自由電子レーザー（Free Electron Laser：FEL）がある．共振器型の FEL は 18 μm 以上の高出力赤外線レーザーとして有用である．束縛電子準位を用いるレーザーでは発振波長が離散的なのに対し，FEL 装置では設計により波長選択が自由であるという特徴がある．近年では，非線形結晶を用いた和差周波を含む波長（高調波）変換や光パラメトリック発生により，複合レーザー装置は発振波長域を深紫外から中赤外まで連続して広げている．ミリ波より波長が長い電磁波で発振するものはメーザーと呼び，コヒーレント光源の発生装置という意味では旧ソ連の N. Basov, A. Prokhorov と米国の C. H. Townes のアンモニアメーザーが最初である[4,5]．現在では，このミリ波から遠赤外を含む電波と赤外線の間に位置するテラヘルツ領域でも波長選択が可能なレーザー装置ができている[6]．超短パルスレーザーによる光整流効果を利用して，ピークパワーが 100 MW 級のモノサイクルのテラヘルツ波発生も可能になっている[7]．ここでは，各種あるレーザー装置のうち，FEL を除いたものを光学レーザーと定義する．図 10.1.1 に示すように，可視光領域に留まらず各種の光学レーザーが開発されており，その発振波長域を拡大させている．

実用的な光学レーザーの発展史は，一貫して全固体化という方向性を持って進化してきている．全固体化とは，励起光源と利得媒質，および波長変換をすべて固体媒質で行うということである．BBO 結晶などで波長変換すれば，単一のレーザー光源で数種類の波長を必要に応じて容易に選択することが可能なため，盛んに研究開発が行われた．近年の非線形光学の発展により，全固体で紫外域から赤外域までの広い波長領域で連続可変できるようになっている．また，最近のモード同期・固体レーザー発振器はエレクトロニクス技術と高度に融合し，高精度な外部同期だけでなく超短パルスレーザーの光波位相同期も可能なため，ポンプ・プローブ実験などのサイエンスの基本ツールとして利用されている．このレーザー発振器を用いた増幅装置で高強度電場の記録を更新し続けているチタンサファイアレーザーは，MOPA（Master Oscillator Power Amplifier）方式の代表例といえる．この固体レーザーは理化学用途では最も普及しており，図 10.1.2 に示した SPring-8 のフォトカソード RF 電子銃用の励起光源レーザーシステムもその応用例の一つである．図 10.1.2 に示した加速器への応

10.1 レーザー

表 10.1.1 代表的な光学レーザーの利得媒質と発振形態の特徴

	レーザーの種類 (利得媒質母材と形態)	波長 [nm]	発振形態	レーザー出力(最大級)	効率
固相	結晶・非晶質	サファイア結晶(Ti^{3+}) (YAGレーザーのSHG励起時)	700～1100	CW発振,パルス発振(モード同期発振時;CPA増幅時)	CPAで～10 PW(～200 J/pulse, 20 fs [FWHM])	20～30%
		YAG結晶(NG^{3+}) (半導体レーザー励起時)	1064 (SHG:532)	Qスイッチ・パルス発振 (繰り返し:数十 kHzまで)	～100 mJ/pulse(～100 ns) SHGへの変換効率:～80%	15～20%
		ガラス(NG^{3+}) (フラッシュランプ励起時)	1050～1060	Qスイッチ・パルス発振 (単発パルス)	～1 kJ/pulse (～10 ns)	2～3%
	光ファイバー	Yb^{3+}ドープ (ピッグテール接合・半導体レーザー励起時)	1050～1060	基本的にCW発振 Qスイッチ・パルス発振 (繰り返し:～100 kHz)	バンドル化で～100 kW Qスイッチで10 mJ/pulse (～1 ns)	30～50%
		Er^{3+}ドープ (ピッグテール接合・半導体レーザー励起時)	1530～1620	非線形偏波回転などを利用したモード同期・パルス発振	CW平均出力で～100 W Qスイッチで1 mJ/pulse (～200 ns)	20～30%
	半導体	AlGaAs(活性層/クラッド層) GaAs(基板)	650～950	基本的にCW発振 QCWでパルス化	CW平均出力で～100 W アレイ化で～10 kW	50%
液相		有機蛍光色素をアルコールなどの有機溶媒に溶解して光励起 (例:ローダミン色素系)	550～700	CW発振,パルス発振 (モード同期発振時)	～100 kW (サブナノ秒)	20～30%
気相		エキシマ(例:KrF;数気圧)	248	パルス発振 (～500 Hz)	10 J/pulse (数十 ns)	1～2%
		Arイオン(放電励起時)	488;515	CW発振	CW平均出力:～100 W	0.1%
		He-Ne (放電励起時の混合希ガス)	633	CW発振	CW平均出力:～100 mW	0.01～0.1%

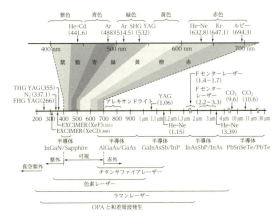

図 10.1.1 光学レーザーの代表的な発振波長・帯域の全体像

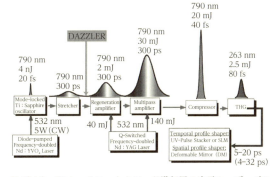

図 10.1.2 SPring-8 フォトカソード励起用 3 次元レーザーパルス整形 UV 光源システム(チタンサファイアレーザー光源ベース)

用例を用いて,この増幅方式を説明する.サファイア結晶母材に Ti^{3+} をドープしたチタンサファイア結晶は,スペクトル帯域が 400 nm(700～1100 nm)と広く,超短(フーリエ限界)パルス生成に最も適している.数十 fs の超短パルス生成においては,10 nm を超す広帯域のスペクトル成分間の相対位相を揃えることで,フーリエ限界の時間幅を実現する必要があるからである.発振器(Oscillator)からの種光パルスを増幅中は,尖頭強度を低く抑えておくためにパルス伸長しておき,増幅後にパルス圧縮を行う.この増幅方式を CPA (Chirped-Pulse Amplification)[8] という.これにより,高ピーク強度化が一気に進展した.最近は,偏光回転波発生(Cross polarized wave(XPW)

generation)[9] などの非線形光学技術の援用により,高パルス・コントラストを有したペタワット(PW)レーザーが可能になっている[10].

他によく使われる増幅方式としては,光パラメトリック増幅(Optical Parametric Amplifier:OPA)[11] がある.光パラメトリック発生は和周波発生の逆の現象であり,紫外域から赤外域まで色素レーザーや波長可変固体レーザーよりもずっと広い波長域で連続波長可変の光源として実用化されている.この発生原理は以下のようである.非線形結晶に高強度レーザー光をポンプ光として入射すると,振動数の和がポンプ光の振動数に等しくなるような二つの異なる波長の光波が発生するが,ポンプ光とともにこれより低

い振動数の微弱な信号光を入力すれば，それらの振動数の差周波数の分極が結晶内に生じ，これによって差周波数の光波が発生する．信号光をシグナル波，差周波光をアイドラ波と呼ぶ．アイドラ波が発生すると，今度はポンプ光とアイドラ波の差周波数の分極が生まれ，これは最初のアイドラ波と同じ位相で重ねられることにより，強いポンプ光のもとでシグナル波とアイドラ波が互いに増幅されることになる．OPA には，超広帯域にわたる連続的な波長選択性だけでなく，パルスコントラストを増幅過程で改善する効果もある．この OPA を CPA 増幅機構に組み込んだ方式を OPCPA といい，10 PW 級のレーザーシステムにおいて，ps の裾領域で 11 桁を超える高パルスコントラストを達成する必須の技術となっている[12]．

ファイバーレーザーはガラスレーザーの一種であるが，通常のレーザー装置のように機械共振器を持たないという特徴があるので区別されている．理想的な導波路である光ファイバーで構成されて冷却効率も高いため，超高繰り返し（~GHz）が可能な増幅器として有用である[13]．また，その光共振器に単一モードファイバーを用いるので，空間強度分布は理想的なガウス分布になるという優れた性質も併せ持つ．このファイバーレーザー技術は光通信用として発展しており，電気ノイズの影響を受けにくいという特徴のため，加速器のタイミング信号通信用として 1980 年代から使用されていた．しかし，安定でメンテナンスフリーな産業用途向きのファイバーレーザーは，加工分野への応用を通じて，2000 年以降に高出力化が劇的に進展した．これはファイバーという低損失の光共振器の特徴を生かし，高利得である半導体レーザーを励起源として高いプラグイン効率を実現したからである．半導体レーザーは電気・光変換効率が高いだけでなく，小型なためにアレイ化による高出力化も容易であるため，高繰り返しの全固体レーザー励起源として活用されている．また，透過率が光強度依存性を持つカーボンナノチューブなどの過飽和吸収体を用いて，受動モード同期により超短パルスを生成するファイバーレーザーの装置開発も進んでいる．さらに特殊ファイバーと組み合わせることで，超広帯域のファイバーレーザーも実現している．具体的には，コヒーレントで低雑音な高精度スーパーコンティニューム光の生成や，光周波数コムなどによる高機能化により，高分解能光断層計測やタイミングシステムへの高度利用が進展している．

このような固体レーザーと非線形光学の進展を受けて，光学レーザーの用途は広がっており，特に制御性という点で優れた光源であるため，偏光や波面制御などを通じてその可干渉性を利用した精密計測で応用されることも多い．この制御性に着目して，光学レーザーは加速器構成要素の一つとして広く用いられているだけでなく，その高度な性能要求ゆえにレーザー技術の進化を促進している面もある．その一例を挙げると，レーザーパルスの空間および時間強度分布を整形制御する技術は独立に開発されており，1990 年代には音響光学位相変調器の DAZZLER など時間

パルス整形技術が完成の域に達していた[14]．最終的に両方を同時に整形する技術は，図 10.1.2 に示したフォトカソード RF 電子銃の励起光源レーザーにおいて初めて実現された[15]．これはレーザーの制御性を高度に利用した加速器応用例である．また，超短パルスもアト秒領域に達しており[16]，図 10.1.1 に示した範囲を超えた Water Window の波長まで達する高次高調波発生（Higher Harmonic Generation：HHG）も光源として完成の域に達している[17]．しかし，HHG のパルスエネルギーではユーザー利用光源として足りない実験もあるため，これを種光として FEL でフルコヒーレント増幅する MOPA 方式のシード型 FEL が開発されている[18]．光源加速器における他のレーザー利用には，レーザーコンプトン光源などもある．10 MeV 以上の指向性の高い偏光した γ 線を広いエネルギー範囲にわたって生成可能で，さらに核物理実験などで重要となる低エネルギーバックグラウンドが低いという特質も有した光源である[19]．また，レーザーは非破壊または準非破壊な電子ビーム診断の計測プローブ光として優れている．例えば，電気光学（EO）サンプリングでは，レーザーパルスを搬送波とすることで，電子バンチを高時間分解能でシングルショット非破壊計測する．分散制御された 1 オクターブの超広帯域 EO プローブレーザー光を用い，高時間分解能化の試みや 3 次元バンチ電荷分布のシングルショット非破壊計測などの研究が行われている[20]．また，従来の RF を駆動源とした荷電粒子加速ではなく，超短パルス・高強度レーザー電場を駆動源として応用する研究も盛んに行われている．レーザー加速には大きく分けて，レーザー電場で真空中において直接荷電粒子加速する方式[21]とプラズマ中にレーザーパルスによって誘起された航跡場で加速する方式[22]があるが，いずれも駆動レーザー光源の高繰り返し（~kHz）化が今後の課題である．

参考文献

1) T. H. Maiman : Nature 187 493 (1960).
2) G. R. Gordon : The Ann Arbor Conference on Optical Pumping, the University of Michigan, p. 128 (1959).
3) R. Bonifacio, *et al.* : Physical Review Letters 74 7073 (1994).
4) J. Hecht : "Beam" Oxford University Press (2005).
5) C. H. Townes : Nobel Lecture (1964).
6) 冨澤宏光 : 光学 43 巻 9 号 p. 432 (2014).
7) J. Hebling : IEEE Journal of Selected Topics in Quantum Electronics 14 No. 2 p. 345 (2008).
8) D. Strickland, G. Mourou : Opt. Commun. 56, 1985, p. 219 (1985).
9) V. Chvykov, *et al.* : Opt. Lett. 31, p. 1456 (2006).
10) Rovert F. Service : Science 301 154 (2003).
11) S. A. Akhmanov, *et al.* : JETP Lett. 2 191 (1965).
12) C. Hernandez-Gomez, *et al.* : Journal of Physics : Conference Series 244 032006 (2010).
13) 冨澤宏光 : 日本加速器学会誌 3(3) 251 (2006).
14) P. Tournois : Optics Communications 140(4-6) 245 (1997).
15) H. Tomizawa, *et al.* : Russian Journal of Quantum Electronics 697 (2007).

16) T. Popmintchev, *et al.*: Science **336** 1287 (2009).
17) E. J. Takahashi, *et al.*: Appl. Phys. Lett. **84** 4 (2004).
18) T. Togashi, *et al.*: Opt. Express **19** 317 (2011).
19) N. Muramatsu, *et al.*: Nuclear Instruments and Methods in Physics Research A **737** 184 (2014).
20) 南出泰亜：電気情報通信学会誌 97 巻 11 号 p. 924（2014）.
21) K. Shimoda, *et al.*: Appl. Optics 1 33 (1962).
22) T. Tajima, J. M. Dawson: Phys. Rev. Lett. **43**(4) 267 (1979).

10.2 放電とその対策

10.2.1 概論

真空容器に電圧を印加する場合，大気側，真空側いずれでも放電が起きうる．大気側については，放電電圧は定式化されている（パッシェンの式[1]）が，真空側では，多くの要因が関係するため，放電電圧の定式化は困難である．ここでは，真空中の放電現象について説明する．

図 10.2.1 に，真空側の放電箇所として電極間（ギャップ放電），および絶縁物表面（沿面放電）が示されている．高電圧印加後に何らかの機構で電極表面，あるいは誘電体表面から供給された粒子がイオン化し増殖することで，真空中の放電が発生すると考えられている．以下では，これまでに提唱されている放電の機構と対策について述べる．また，参考文献 2～5 に成書や文献の代表的なものを挙げた．

10.2.2 静電場

a. ギャップ放電

直流高電圧印加により，電極表面で起こると考えられる現象を図 10.2.2 に示す．大別すると，電界電子放出，陰極・陽極の溶融・気化に伴う現象，およびクランプの離脱である．提唱されている放電開始機構はこれらの現象を基にしている．

陰極開始説[6]と陽極開始説[7] 電極間への高電圧印加により，陰極表面の微小突起あるいは異物などにおいて電界電子放出現象が発生し，電子放出点の温度が上昇する．電子放出点での電子電流密度が高くなると，電子放出点が溶融・気化して電極間に粒子が供給される．これら陰極から供給された粒子が，イオン化して放電に至ると考える機構が陰極開始説である．

一方，電界放出された電子は，電子放出点を加熱するだけでなく，電界からエネルギーを得て陽極に入射し，電子の入射領域を加熱する．この加熱により陽極からガスの脱離，電極の溶融・気化が生じ，電極間に粒子が供給される．陽極から供給されたこれらの粒子が，イオン化して放電に至ると考える機構が陽極開始説である．

多くの研究報告において，電界放出電子電流特性から求められる電界強度（実効電界）は概ね 10^{10} V/m 程度であり，印加電圧 V とギャップ長 d で決まる巨視的電界強度

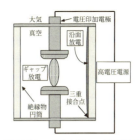

図 10.2.1 真空容器内の放電箇所

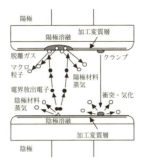

図 10.2.2 電極表面で発生する現象

との間には，大きな差が見られる．そこで，電界電子放出現象について，電極表面の微小な突起による電界増倍効果[8]，表面に存在する不純物が介在した電子放出機構[9]などが考えられている．陰極開始型となるか陽極開始型となるかは，各種の条件により決まる[10,11]．どちらの開始説も，放電の開始は電子放出点の電界強度で決まるので，放電電圧 V_S はギャップ長 d に比例することになる．

クランプ開始説[12] 電極表面に緩く付着した異物（クランプ）は，電界印加により帯電，離脱し対向電極に衝突して気化する．クランプが対向電極に入射するときのエネルギー W は，$W=kEV$（k：定数）となる．$W=W_C$ を放電発生の閾値として，そのときの電界強度を $E=V_S/d$ とすると，

$$V_S = Cd^{1/2} \quad (C：定数) \tag{10.2.1}$$

が得られる．この関係は，放電電圧がギャップ長の約 1/2 乗に比例する多くの実験結果をよく説明している．

b. 沿面放電

絶縁体表面を放電路とする沿面放電は，同じ距離のギャップ放電よりも低い電圧で発生する．図 10.2.3 は，沿面放電の二次電子雪崩理論を模式的に示している．陰極側の三重接合点での電界電子放出に始まり，絶縁体表面への電子の入射に起因する二次電子放出・表面帯電および吸着ガスの脱離，そして，表面近傍の脱離ガスの密度が気体の絶縁破壊が生ずる条件に達して，沿面放電に至る[13]．この他に，沿面放電の機構を説明する理論として，絶縁体最表面での電子雪崩理論[14]，二次電子多重発生理論[15]などが挙げられる．

c. コンディショニング現象と放電対策

真空中の放電現象には顕著なコンディショニング効果が

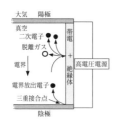

図 10.2.3 沿面放電の過程

見られ，コンディショニング処理を行うことで高い放電電圧が得られる．コンディショニング処理の手法として，繰り返し絶縁破壊[16]，微小電流の連続通電[17]などがある．

放電対策として，電界電子放出が真空中の放電発生原因と考えられることから，電界分布のシミュレーションによる電極形状の決定[18]，電子放出点となる部分が生じないよう平滑・清浄な電極表面とする加工・処理，吸蔵ガス量の少ない素材の使用など，様々な手法が採用される[19]．また，三重接合点の電界強度緩和用遮蔽電極の設置[20]，絶縁体形状[21]や絶縁体表面への導電性物質のコーティング[22]などの考慮が払われる．

10.2.3　高周波電場

高周波 (RF) 加速を実現するには，電磁場を加速空洞内に閉じ込める必要があるが，閉じ込められた電磁場の強度が増大すると，金属と真空との境界部で真空放電が生じることがあり，安定な運転を妨げるのでこれを抑制する必要がある．本節で述べる「放電」は，空洞内に蓄積された電磁エネルギーが内部に発生した電子やイオンの運動エネルギーに1μs以下の短い時間内に変換され，空洞内の電磁波モード崩壊を伴って多数の低エネルギー電子やイオン，それらにより発生する光や熱などに変換されていく現象を指す．念頭に置くのはおもにGHz帯リニアック用空洞で，1μs級のパルス運転，数十MV/m級の加速電界である．

蓄積リングに多く用いられているUHF帯の空洞は数MV/mの加速電界であるがCW（連続波）運転であり，巨視的，微視的な熱発生の関与する現象が多いが，本節で述べる放電メカニズムも関係して大放電に至り，その理解と対処が望まれる．また，超伝導空洞でよく議論される「マルチパクター現象」は常温での加速空洞でも現れるが，超伝導での考え方と対策が当てはまり，本節では触れない．

さて，製作された空洞はそのままでは定格の高電力は受けつけない．実際には，定格電力の1/1000～1/100くらいから徐々に上げていく「プロセシング過程」を経て，加速器としての安定運転に至る．この過程では多数回の放電が発生するが，最後は100万～1000万パルスに1回程度の放電頻度にまで減少してくる．この状態では，放電がなく非常に多くのパルスを過ごし，最後の1パルスで突然の大放電に至るので，ほとんどの時間を占める正常運転の間に空洞の何かが徐々に変化してきて，最終パルス内で放電がトリガーされ，一気に大放電に発展すると考えられる．CW運転でも，1～数十日に1回程度の放電頻度にまでプロセシングを進めてから実用運転に入るが，正常な運転時間スケールに対して放電の発生は瞬時であり，パルス運転での放電と共通のメカニズムが想定される．特筆すべきは，この放電頻度は加速電界に非常に敏感で，100 MV/m級では E^{30} もの依存性が観測されている[23]．したがって，定格を少しオーバーするレベルまでプロセシングを進めたあとに定格運転に戻すことにより，安定な状態を実現するのが常套手段である．

真空放電の引き金の一つであり，放電メカニズムの重要な一端を担うのは，電界放出 (FE) 電子である．これは金属表面に高電界が印加されているときの，金属内自由電子の仕事関数 ϕ と電界に応じたトンネル電流で，暗電流と呼ばれるものである．量子力学的な計算は1928年Fowler-Northeim[24]の論文に表されている．表面電界 E_s [MV/m] に対して単位表面積あたりの電流 J_{DC} (A/m^2) は，

$$J_{DC} = (E_s^2/\phi) \times \exp(-a\phi^{3/2}/E_s)$$
$$a = 6.53 \times 10^9$$

と表される．ここで，ϕ [eV] は，金属の仕事関数である．高周波ではこれを1周期に対して積分することにより，単位面積あたりの平均電流値 J_{RF} (A/m^2) が得られ[25]，

$$J_{RF} = \frac{bE^{2.5}}{\phi^{1.75}} \times \exp\left(-\frac{a\phi^{3/2}}{E_s}\right)$$
$$b = 5.7 \times 10^{-12} \times 10^{4.52\phi^{-(1/2)}}$$

となる．実用上は，表面電界 E_s は局所的な電界の増倍を受けて係数 β 倍された値 βE_s を適用することになる．定常的な暗電流自体は，金属への衝突による真空悪化や二次電子増倍などにつながらず，加速粒子への混入が問題にならない程度であれば許容される．しかしこの電流は β の大きな場所に集中するので，付随するジュール熱で局所的に表面の吸着ガスや内部の固溶水素が真空中に取り出され，これが放出電子でイオン化されると，表面付近の電界で加速されて金属表面に衝突し，さらに電子やイオンをたたき出す，という連鎖反応を起こし，放電に発展する可能性がある．

この機構を念頭にFE面に対向する表面 (anode) からのイオン放出に起因する放電メカニズムを仮定して評価され，真空放電の限界に関する指標が W. D. Kilpatrick により1950年代に示された[26]．これは後年，LANLで実用的な形式

$$f = 1.64 \times E_s^2 \exp(-8.5/E_s)$$

に表されている[27]．ここで E_s は電界 [MV/m]，f は周波数 [MHz] である．これは，真空表面技術の未熟な時代のデータから得られたものであり，現在では通常これよりある程度高い E_s 値を設計指針としてよい．例えば11.4 GHzでは $E_s = 87$ MV/mとなるが，高電界運転されるRF

電子銃のカソード電界[28]やCLIC主加速器用試験加速管では，すでにその倍以上に相当する運転が実現している[29]．

表面の突起からのFE電流が発生しているときには，FE電流のつくる回転磁場とFE電流の元になる電場により形成されるポインティングベクトルにより突起周辺の電磁場から突起へ向かってエネルギー充填が行われる．供給RFパワーがジュール熱となり，表面温度上昇を伴って先端の破壊につながり，これが放電の引き金になると考えた．A. Grudievらは，この突起へのエネルギー充填を行う複素ポインティングベクトル$\bar{S}$を，RF周期で積分することにより得られるパラメータ，

$$S_c = \text{Re}\{\bar{S}\} + g_c \cdot \text{Im}\{\bar{S}\}$$

が放電を決めるパラメータになるであろうと考えた[23]．ここで，右辺の第1項は局所場における進行波（TW）成分であり，第2項は定在波（SW）成分を表している．TWでは電場と磁場が同位相でありFE電流チップへ$\vec{E} \times \vec{H}$の積分でエネルギー供給ができるが，SWでは電場磁場の位相が90°ずれていることにより，FEチップへのエネルギー充填への寄与が異なることを繰り込んでいる．実際には，g_cは電界により決まる定数で，現実的な数MV/mを含む広い範囲で0.2±0.05程度の数値をとる．このパラメータを最近の多くの高電界試験と比較することにより，$S_c < 4 \text{MW/mm}^2$という指標を得ている．この値が大きくならないよう設計することが重要である．

放電にはFEが大きくかかわっているが，放電をトリガーするものは単なる安定なFEではなく，長いゆっくりした時間的な発展を伴うメカニズムが関与しているはずで，それが放電発生頻度の統計的な性質に現れている．J. Noremらは，金属表面の割れ部分の局所的FE増大や，金属表面に弱く結合している各種物質・物体からのFEや，それが電界に起因するマクスウェル応力（引力）で金属表面から剥離して放電に発展していく可能性を示し，これが空洞の放電限界を決めているのではないかとの議論を展開している[30]．ここで注目すべきは，FEから出発して数RFサイクルの時間で母材金属原子がイオン化され，そのプラズマが指数関数的に増大されるシミュレーションが示されており，FEサイト（カソード）近傍でのみで起きる，いわゆる「unipolar arc」での放電である．この考え方からすると，まずは放電の種になりうる粒子・突起状の小物体の混入を避けることが重要であり，先に述べた製造過程でのゴミなどを極力避ける手立てが重要である．これに関しては，製造後でもSバンド空洞内を適度な圧力の超純水で洗浄することにより，定格電界までの放電回数を減らすことに成功した例がある[31]．同様に，プロセシング過程を経ても表面の荒れが少ないことも重要で，パルス運転の場合に避けられない表面温度上昇による金属疲労を起こしにくく，機械的に高強度の金属で空洞表面を形成することも重要になる．この意味で，高温処理した無酸素銅に比べて処理なしの無酸素銅は機械的強度が高く，プロセシングの初期に非常によい性質を得たとのV. Dolgashevらの報告[32]がある．しかし運転を継続するに従い，その差は顕著でなくなってくることも経験し，放電による表面の改質が関係していると思われる．このように製作時点のみでなく，プロセシングを経てよい特性を実現，または維持できる表面が必要である．さらに長期運転中に増大してくる金属疲労的な劣化を加速器の寿命以上にすべく，設計，材料選択，製造時の処理方法などに反映しておく必要もある．

さて，ここまでの話では，電荷放出電子がすべて放電現象を決めているかに思われる．しかし最近の高電界加速管試験から，閉じ込める電磁波の電場プロファイルがほとんど同じでも，高周波を導入する口やHOM（高次モード）取り出し口を持った加速空洞では，それを持たない空洞に対して放電頻度が大きいことがわかってきた[29]．電界強度には違いがなく，空洞外周の開口部で磁場の集中増大があり，磁場は表面電流を伴うため，特にパルス運転の空洞ではパルス内での表面温度上昇が数十℃にもなって，10℃程度で済んでいる開口部のない空洞との違いが顕著である．特に開口部を滑らかに開けないと，磁場（電流）の集中度が大きくなり，100 MV/m級の空洞では表面電流1 MA/m（電流密度～1 A/μm²）にも達する．この量は半導体のパターンの細密化に関連して問題になったElectromigration現象も生じるはずで，運転時間の経過に伴い空洞表面の細部破壊につながり次第に劣化してくる．また大きな表面電流を横切るギャップがあると，そこに微少放電を起こし大放電のトリガーになり得るので，スライスしたセルを積み重ねて組み立てる加速管の場合には接合に注意を要することになる．100 MV/m級の加速電界で運転した加速管の内部を調べてみると，図10.2.4のような本来電場の生じない場所に放電のピットらしき痕跡が見えており[33]，これを形成させる現象が放電のトリガーになっていることが想像できる．

暗電流を抑えて，結果的に放電を抑制するには，加速電界に対する表面電界を抑える電気設計を行うとともに，ミクロな形状因子としてのβを低く抑えるよう，製造時の表面形成への配慮が重要である．具体的には，機械加工で形成された表面の加工変質層やミクロなばりを化学研磨や電解研磨で取り除いたり，雰囲気中の熱処理で表面形状を

図10.2.4　磁場集中のみの場所の放電様痕跡

改善したりする．これらの処理は表面汚染や酸化膜形成の抑制につながり，表面の仕事関数を下げることに寄与する．表面クリーニングがもはや不可能になる製造の最終段階では，特に金属粉や誘電体粒子が表面に付着・残留しないように，クリーンルームに準じた清浄環境と作業要領を考慮することが望ましい．

材料に含まれる格子欠陥が表面下に存在すると，表面の熱歪みによる活性化エネルギーで移動しボイド状の空間を形成して，それが表面直下まで移動すると，表面電界で引き出され，開口されて大きなFE源を形成することがシミュレーションでも示されている[34]．また通常の無酸素銅材料には多結晶の粒界にピット状の隙間が存在し，これもFEの源になり得る．これらを抑制するためには，材料の結晶構造の健全性を確保することが必要であり，そのためには，例えばHIP（Hot Isotropic Press）や水素炉など雰囲気炉での高温処理により実現できる．ただし，これら高温処理は材料の硬さを犠牲にするので，前出の硬い材料による金属表面の劣化抑制に対しては逆効果になる．このように，高電界の実現に対して，材料選択や必要とする材料特性に関する単純な解が得られていないのが現状といわざるを得ない．

現状では空洞形成材料としては，半世紀以上前から使われてきている銅，特に低いアウトガス特性を持つ無酸素銅を使うのが一般的である．これは，高い電気・熱伝導率と，加工・組立のしやすさから，総合的な選択である．放電しても破壊されにくい材料としてMoやWなどを用いて空洞を製作し高電界試験を行ってみると，確かに高い電界まで到達するが，到達するまでに非常に多くの放電を必要とすることがわかり[35]，また得られた高い電界での安定性に関する評価も，今後の試験を待たねばならない状態であり，特殊な応用以外はまだ時期尚早であろう．パルスDC放電試験[36]で最大の高電圧印加が可能なステンレスを電界の高い部分に用いた加速管も試験されてよい結果が得られ[37]，この手法も実用化に向けて有望であろう．

これまで高電界のパルス運転を基本とするリニアコライダーを目指した開発に沿って得られた知見を紹介してきたが，現時点ではこれにより80 MV/m級のTW加速電界は，無酸素銅を用いた製造技術として確立されている[38]．この技術を簡単に述べると，無酸素銅を超精密ダイヤモンド加工で成形し，サブミクロンのエッチング，1040℃の水素炉内拡散接合，800～1000℃級のろう付け，最後に650℃の真空ベーキングを1週間以上で製作し，数百時間，1億パルス程度のプロセシング過程を経て運転可能な状態に仕上げる．ただしこのすべての製造過程の必然性は未検証である．さらに高電界を必要とする空洞に対しては開発途上であり，材料選択や製法の他，本項では具体的に述べなかったが，長い加速空洞に対しても本項でおもに参照してきた進行波（TW）型でなく，定在波（SW）型の設計を用いることにより放電による破壊を抑制し，高加速電界の安定性を実現できる可能性が議論されている[39]．

参考文献

1) 中野義映 編：『大学課程 高電圧工学（改訂第2版）』p. 20, オーム社（1995）.

2) Rod Latham ed.：High Voltage Vacuum Insulation：Basic Concepts and Technological Practice, Academic Press (1995).

3) H. C. Miller：IEEE Trans. Electr. Insul. EI-25 765 (1990).

4) H. C. Miller：IEEE Trans. Electr. Insul. EI-26 949 (1991).

5) 熊谷寛夫，ほか：真空の物理と応用（物理学選書11 復刊）pp. 208-240, 裳華房（2001）.

6) W. P. Dyke, J. K. Trolan：Phys. Rev. 89 799 (1953).

7) D. K. Davies：J. Vac. Sci. Technol. 10 115 (1973).

8) D. Alpert, et al.：J. Vac. Sci. Technol. 1 35 (1964).

9) 参考文献2, p. 115.

10) P. A. Chatterton：Proc. Phys. Soc. London 88 231 (1966).

11) T. Utsumi：J. Appl. Phys. 38 2989 (1967).

12) L. Cranberg：J. Appl. Phys. 23 518 (1952).

13) R. A. Anderson, J. P. Brainard：J. Appl. Phys. 51 (3) 1414 (1980).

14) N. C. Jaitly, T. S. Sudarshan：J. Appl. Phys. 64 (7) 3411 (1988).

15) J. D. Cross：IEEE Trans. Electr. Insul. EI-13 145 (1978).

16) G. A. Farrall, H. C. Miller：J. Appl. Phys. 36 2966 (1965).

17) 参考文献2, p. 33.

18) H. Takahashi, et al.：IEEE Trans. Electr. Insul. EI-20 769 (1985).

19) S. Kobayashi：IEEE Trans. Dielec. Electr. Insul. 4 841 (1997).

20) Yu. A. Kotov, et al.：Instrum. Exp. Tech. 29 415 (1986).

21) J. M. Wetzer, P. A. A. F. Wouters：IEEE Trans. Dielec. Electr. Insul. 2 681 (1995).

22) Y. Saito：IEEE Trans. Dielec. Electr. Insul. 2 243 (1995).

23) A. Grudiev, et al.：PRST-AB 12 102001 (2009).

24) R. H. Fowler, L. W. Nordheim：Proc. R. Soc. A 119 173 (1928).

25) J. Wang：PhD Thesis, SLAC-Report-339 (1989).

26) W. D. Kilpatrick：Rev. Sci. Inst. 28 824 (1957).

27) T. J. Boyd："Kilpatrick criterion", Los Alamos Group AT-1 Report AT-1：82-28, (1982).

28) A. Vlieks, et al.："Initial Testing of the Mark-0 X-band RF Gun at SLAC", WEEPPB007, IPAC2012, USA.

29) T. Higo, et al.："Advances in X-band TW Accelerator Structure Operating in the 100 MV/m Regime", THPEA013, IPAC10, Kyoto, (2010).

30) Z. Insepov, J. Norem：Journal of Vacuum Science & Technology, A 31 011302 (2013).

31) 五十嵐康仁，ほか：「KEKB入射器用Sバンド2m加速管の高電界試験」，WP-37, LAM28, 東海村, Japan, (2003).

32) V. Dolgashev, et al.：1507 76 (2012).；doi：10.1063/1.4773679

33) M. Aicheler：EDMS 1096980, CERN (2011).

34) V. Zadin, et al.：PRST-AB, 17 103501 (2014).

35) CERN Courier, 1 March 2003.

36) A. Descoeudres, et al.：PRST-AB 12, 032001.

37) J. Haimson, B. Mecklenburg："A 17 GHz High Gradient Linac Having Stainless Steel Surfaces in the High Intensity Magnetic and Electric Field Regions of the Structure", PAC07, USA, 2007.

38) J. Wang, T. Higo：ICFA Beam Dynamics News Letter 32 27 (2003).

39) S. Tantawi: "Research and Development for Ultra High Gradient Accelerator Structures at SLAC", https://portal.slac.stanford.edu/sites/ad_public/events/5th_collab-meet_xband_accel/Pages/default.aspx

10.3 先端加工技術

10.3.1 精密加工

a. 超精密加工

1990年頃からリニアック加速管を中心に実験機器の小型化，高精度化が要求されるようになった．これに伴って従来よりはるかに高精度な加工技術の確立が必要となる．

リニアック加速管を例にとると，広く普及しているSバンド加速管（周波数 2.86 GHz，波長 105 mm）に比べて，新たな目標となった X バンド加速管は周波数が4倍，波長が1/4である．加速管の必要加工精度は波長に比例するので，Sバンド加速管での経験を外挿すれば，$\pm 1\,\mu m$ の寸法精度と形状精度が，よく焼鈍された超高純度無酸素銅の加工において必要となる．同時に加速電場もSバンド以上を仕様とするので，暗電流や放電を抑えるために，加速管内面の表面粗さ* を $0.1\,\mu m$ とする必要がある．また通常では加速管部品同士の接合にはろう付け法が用いられる．しかし純銅表面にろう材からの異種金属原子が付着し，高周波性能をわずかながら劣化させることを防ぐために，10.3.2項（f）で解説する拡散接合法を用いることが望ましい．これらの目標達成のために特に開発された機械加工技術を以下では超精密加工として解説する．

X バンド加速管のための超精密加工では，単結晶ダイヤモンドを $0.01\,\mu m$ まで研磨した鋭利な刃先のバイトと高精度な動作性能を持つ超精密旋盤により旋削加工を行う（図 10.3.1）．加工精度を $0.1\,\mu m$ 以下にするとき，超精密旋盤はそれ以下の動作精度を持つ必要がある．そのため旋盤主軸には，空気圧により軸を浮上させて高精度で安定な回転が得られるエアースピンドルを搭載する．スライドテーブルはニードルローラーを用いたV字型溝案内を持ち，高剛性で高精度な真直度を達成する．このような高性能な動作精度を持つ旋盤によって，上述したダイヤモンドバイトの刃先輪郭度精度が加工物表面に再現され，平均表面粗さで $0.1\,\mu m$ 以下という鏡面仕上が達成されるわけである（図 10.3.2）．部品の拡散接合で仕上がった X バンドリニアック加速管を図 10.3.3 に示す．

一般の加工機については，繰り返し位置決め精度 $0.1\,\mu m$ 以下，平均加工表面粗さ 3 nm が達成されている．現在開発が進み，市販もされている加工機では，静油圧案内のスライドテーブルとリニアガイドを備えるものが主流で，最高水準のものでは，位置決め精度，表面粗さともに数 nm が達成されている．

---
* 本項で，表面粗さとは Ra（算術平均粗さ）のことである．

超精密加工を行ううえで大きな問題となるのが，温度や振動など外乱の影響を抑えることである．特に加工機類と人体からの発熱，室外からの熱の流入などによる加工環境の温度変化は加工機，加工物に熱変形を発生させ，精度を低下させる要因となる．そのため温度変化の小さい環境をつくり出すことが重要である[1]．さらに，加工後の物体の表面保護にも細心の注意を払わなければならない．特に加速管部品素材は，上述のように無酸素銅材を用いた部品が多いため，加工液や空気中の水分による表面の汚染や酸化などが生じやすい．したがって加工後すぐにこれらへの対策を行う必要がある．油などの保存液に浸漬させておく方法もあるが，その後の工程を考慮すれば，有機溶剤洗浄後，デシケーター内での保管方法が有効である[2,3]．

加速管部品の高精度化に伴い，3次元形状の超精密加工のへの要求が日増しに高まっている．今後は単結晶ダイヤモンド切削工具を用いたミーリングでの超精密加工技術の開発が必要となろう．

超精密加工を行ううえで測定は非常に重要である．詳細は 10.3.1項（c）に譲るが，ここでは要点をまとめておく．

図 10.3.1　超精密旋盤による加速管部品の加工

図 10.3.2　加工後の仕上がり状態，外径 61 mm，厚み 13 mm

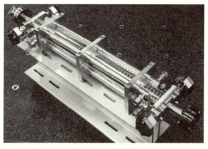

図 10.3.3　同部品 60 枚をスタックし，拡散接合により一体となった X バンドリニアック加速管，全長 60 cm

超精密加工においては上述のようにサブミクロンの精度での測定が不可欠である．ところで加速管のほとんどの部品は十分に焼鈍された極めて軟らかい無酸素銅でつくられる．したがって測定子による接触測定では圧痕や擦り傷の発生を防げず，測定精度の低下を招く．また，加工寸法精度を決定する加工機の座標系についても，簡易方法で高精度に測定する必要がある．しかし，これらの要求を満たす適切な測定器がなかったため，KEK機械工学センターでは独自に測定器の開発を行った[4,5]．

測定方法は図10.3.4のように，固定された二つの静電容量型変位センサーを用い，被測定物と基準位置（レファレンス）の比較測定を行うものである．静電容量型変位センサーを用いることで，非接触で分解能10 nmの計測が可能となった．測定を自動化し，かつ温度補正も行った結果，繰り返し測定の精度も $0.2\,\mu m$ まで向上した．これにより，加速管のなかで最も厳しい精度が要求される部位の精密加工が実現された．

これ以外の通常の寸法測定には，10.3.1項（c）に図示した3次元測定器（ZEISS UPMC 850 CARAT）を使用している．測定子による圧痕を極小に抑えるための測定手順や設定条件の最適化を行っている．加速管内部の形状ならびに表面粗さの評価にはミツトヨのフォームトレーサーを使用している．

超精密加工に求められる精度は3次元測定器などの測定限界を超えるところまできている．そのため，加工の評価には測定の種類と方法を絶えず吟味し，最適な測定がなされるように努めなければならない．

b．RFQ

RFQ（Radio-Frequency Quadrupole）は高周波電場でビームの加速と収束を同時に行うという特殊な機能を持つリニアックであって，その概要ならびに原理は7.3.8項および9.7.6項に解説されている．この二つの役割を果たす中枢部分が図10.3.5のように，筒状の空洞から中心に向かって突き出ている4枚の長い羽根形電極（vane，ベイン）であって，本項目では特にその加工法について解説する．

ベインが90°おきに取り付けられた円あるいは多角形の筒状空洞では，互いに向かい合う2枚のベインが電気的に同相になるような共振モードで運転される．このモードは中心軸にそって四重極電場成分を持ち，走行中のイオンにつねに収束力を与える．ここで同時に加速電場も発生させるためにベイン先端部は図10.3.6に示すように波型曲面に成形されるが，そのパターン周期（ピッチ）は下流に向かうほど増大するイオン速度に比例して長くする．このような二重の役割を持つ高周波電場を正確に発生させるために，ベイン先端部の形状には極めて高精度の3次元曲面加工が要求される．さらにベイン先端は互いに接近しており，表面電場が極めて高くなるので放電対策も重要である．そのために10.3.1項（a）で述べた手法で表面を十分滑らかに仕上げる必要がある．これらの理由からベインの

図10.3.4 新たに開発した非接触型測定器による部品外径の測定

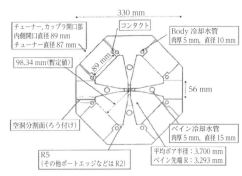

図10.3.5 RFQ共振空洞の断面形状の一例[6]

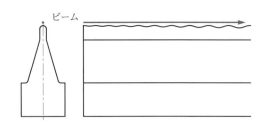

図10.3.6 上図例のベイン側面（高さ10 cm）．ビーム下流に向かうほど山の間隔は長く，谷は深くなる．ビーム中心と山の頂上との間隔はこの例では3.5 mm．

図10.3.7 ベイン先端の加工に使われる総形カッター加工法の原理図

加工手法の選択がRFQ性能を左右する中心課題となる．

電極形状は理論的には3次元数値解に従うものである．しかしこれを実現するには非常に困難な加工作業が必要で，現在，実用化されているほとんどのRFQのベインは2次元加工法による近似的な切削仕上げとなっている．具体的には図10.3.7に示したような，円筒型回転ドリルの側面を円弧で切り欠いた鞍形の総形カッター（formed

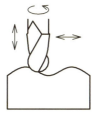

図 10.3.8　ボールエンドミル（ball end mill）の形状と動作原理

cutter）を高速回転で横に滑らしながら加工する．こうしてベイン長軸方向に沿ってうねりが形成され，加速電場成分も発生することになる．この近似的加工では，長軸に垂直な断面でのベイン先端形状は，長軸方向のどの点においても同じになる．この特徴が理論計算の 2 次元近似加工法といわれる所以である．なお近似形状では四重極電場以外の誤差成分も生じるが，これはうねりの形を微小にずらして対処する[7]．

この近似加工法に対して，近年では性能の優れた多軸 NC（Numerically Controlled, 数値制御）加工機に図 10.3.8 に示すボールエンドミル（ball end mill）を取り付けての 3 次元加工法が確立されてきた．これらの NC 加工機による 3 次元加工では理論計算どおりの電極形状を，機械の制御単位の精度で演算し，加工工具に指令として与えることが可能となる．表面むしれや機械系の誤差をあらかじめ取り入れたうえでの製作もできる．これは理想的な方法ではあるが加工に手間がかかりすぎ普及が進まなかった．しかし近年の多軸加工機の性能向上に伴って状況は変わってきた．大強度陽子加速器 J-PARC 用の RFQ を例にとれば，1 号機（ピーク電流 30 mA で設計）では総形カッターを用いた 2 次元加工でベインが製作された．しかし，より高いピーク電流 50 mA を目標とした後継の RFQ では，2 次元加工ではあるがボールエンドミルによる切削を採用した[8]．

ここで総形カッターとボールエンドミル多軸加工の比較を行おう．総形カッターの利点は，
　1）加工時間が短い
　2）NC プログラムが簡単で済む
などであるが，欠点は，
　1）側面加工法のドリル剛性の限界から形状精度の追い込みができない
　2）工具が特注になるため，工具製作の時間と費用がかかる
などとなる．一方，ボールエンドミルを装着した多軸の加工機による場合の利点は，
　1）理想の電極形状ができる
　2）形状精度の追い込みができる
　3）工具の入手が容易である
などであるが，欠点は，
　1）加工時間が長時間になる
　2）NC プログラムが複雑になる

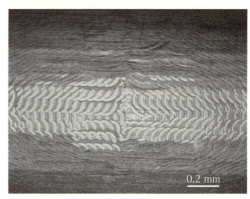

図 10.3.9　ベイン先端部の拡大写真．φ6 mm のボールエンドミルを用い，毎分 1 万回転，最終仕上げ代 0.1 mm で切削した例．ボールエンドミル切削方向に残る突起の線が目立っている．

などとなる．

これらの長所，短所を勘案したうえで J-PARC 後継 RFQ では多軸加工機によるボールエンドミル切削を採用したが，非常に手間のかかる 3 次元加工は避け，2 次元近似加工にとどめた．これは電場誤差補正のための工作精度が上がったためである．図 10.3.9 はボールエンドミルで加工した表面の拡大写真である．なお当然ながら切削条件（ボールエンドミルの先端半径，回転数，送りの速度と方向，工具の交換条件など）は，試作段階で最適化しておく．

次にベイン先端での放電対策についてまとめる．ベインの素材には通常の加速空洞と同じく電気伝導率と熱伝導率が高く，また真空特性のよい無酸素銅が使われる．電子リニアックの円板装荷型空洞では形状が回転対称であり，ダイヤモンドバイトを用いれば表面加工精度をサブミクロンのレベルまで追い込める．この場合，表面粗度は非常に小さく，耐放電性は十分となる．しかし総形カッターやボールエンドミルで加工されるベインでは表面粗度ははるかに大きい．そこで機械加工後の表面をさらに研磨することが求められる．その方法としては
　1）電解研磨（Electro Polishing：EP）
　2）化学研磨（Chemical Polishing：CP）
　3）機械研磨
などが挙げられる．

高電圧で運転される空洞の表面に応用されるのは，通常，電解研磨か化学研磨である．機械研磨は，使用する研磨材が洗浄後も金属表面に残り，放電原因となり得るため，加速器の空洞内面の最終仕上げには通常使われない．

一方，電解研磨は，金属表面の尖った部分に電場が集中して研磨が進むため，高電場運転での放電抑制という意味では好ましい方法である．超伝導空洞や銅メッキを施した大きめの空洞などで放電開始電圧を上げるには，もっぱら電解研摩が用いられている[9]．しかし RFQ のベインのように電極形状が複雑な場合，電場を均一にして研磨量のばらつきを抑えるような電極の製作には多大の労力と費用が

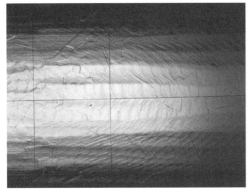

図 10.3.10 ベイン先端加工後に 3～5 μm の化学研磨を施した面．切削方向に残る突起の線がぼやける．

図 10.3.12 ダンベル（亜鈴）形状のニオブ（Nb）超伝導空洞単位セル（φ210 mm×*l* 120 mm）の外観

図 10.3.11 3 次元測定器 ZEISS UPMC 850 CARAT

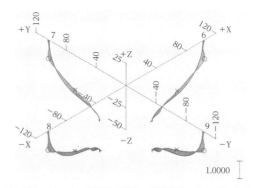

図 10.3.13 ダンベル形状測定結果．設計形状からのずれを詳細に調べるため，法線方向の誤差を 10 倍に拡大表示している．目盛りの単位は mm.

必要となる．

化学研磨では電解研磨のように放電の原因となる尖った部分を選択的に取り除くことはできず，全体が均一に研磨される．しかし研磨溶液を満たし槽に一定時間浸すだけでよいので，複雑な形状の電極の研磨には応用しやすい．このため J-PARC の RFQ ではベインの最終仕上げを化学研磨で行った[6]．その際，研磨液の種類や研磨量などの最適化に十分な実験的検討を行った．それらの最適な条件のもとで，ボールエンドミル加工したベインの化学研磨後の結果を図 10.3.10 に示す．研磨量は 3～5 μm である．ボールエンドミルによる切削方向に残る突起の線（図 10.3.9）が溶けて，ぼやけたのが観察される．

c．寸法測定

精密加工された部品は，要求精度を満足していることを寸法測定により確認する必要がある．超伝導加速空洞では mm 以下，常伝導加速空洞では μm 程度の寸法精度が要求される．加速空洞に代表される加速器部品は複雑な形状を持つため，寸法測定には，図 10.3.11 のような 3 次元測定機（Coordinate Measuring Machine : CMM）が用いられる．3 次元測定機は，測定対象物の 3 次元形状を μm の精度で測定する装置である．門型の構造を持ち，接触式プローブを 3 次元移動させて工作物（ワーク）に接触させ，接触箇所の座標を取得することで 3 次元的に形状を測定する．板状部品の平面度，円筒形部品の真円度・円筒度といった幾何学量や，多項式などで表される設計値からの誤差といった複雑な値の測定も可能である．

精密な寸法測定のためには様々な注意をはらう必要がある．ワークの熱膨張による誤差を防ぐため，測定は恒温室内でおこなう．また，ジグ（治具，jig）については，プローブが正しく測定箇所にアクセスできる向きにワークを設置し，チャックによる変形を防ぐような構成を工夫する必要がある．無酸素銅のような軟らかい材料の場合，プローブの測定力を十分小さくしないと圧痕がつくおそれがある[10]．3 次元計測の例として 7.3.5 項および 9.7.7 項で解説されている超伝導空洞の測定状況を図 10.3.12 に示す．この空洞は超電導金属であるニオブの薄板をプレスで椀状に絞り，溶接で数個のセルからなる構造に仕上げる．この図で示したのは，溶接直前の一つのユニットである．測定のポイントは，プレス後の形状戻り等に起因する誤差や，溶接後では溶接で発生するひずみの測定などを行うことである．図 10.3.13 は測定結果の例で，設計形状からの法線方向誤差を拡大して示している．

図 10.3.14　X バンドリニアック加速管のユニット加速セルの測定（外径 61 mm，厚み 13 mm）

図 10.3.15　X バンドリニアック加速管全体の外径，直線度などの測定

次の例として，本項（a）超精密加工で解説した X バンド常伝導リニアック加速管の測定状況を図 10.3.14 および図 10.3.15 に示す．ここでは切削加工の加工誤差や組立誤差の測定などを行っている．

プローブ接触による傷や圧痕の解消や測定時間短縮・精度の向上を目的として，現在はレーザや静電容量センサを用いた非接触測定も用いられている[5]．常伝導加速空洞ディスクの外径を μm 以下の精度で測定する場合には，項目（a）「超精密加工」の図 10.3.14 に示したような静電容量センサーによる非接触自動測定装置が使用される．

10.3.2　接合技術

a. ろう付け

ろう付け（brazing）とは母材の融点より低い融点を持つ金属（溶加材）を用いて銅，ステンレス，チタン，セラミックなどを接合する方法で，加速器ではよく使用される技術である．溶加材の融点が 450 ℃ より高い場合をろう付け，低い場合は半田付けという．ろう付けは大きく分けてトーチ（torch）ろう付けと炉内ろう付けの 2 通りがある．

トーチろう付けは，ろう剤とろう付け部近傍をガスバーナーにて大気中で加熱・溶融させて接合する方法である．銅や銅合金製で，大気または六フッ化硫黄などの絶縁ガス封入で使われる導波管の接合によく使用される．金属表面の酸化被膜を取り除き，ろう剤の濡れ性を向上させるために使われるフラックス（flux）やトーチろう付け用のろう剤には，蒸気圧の高い成分が含まれることが多く，超高真空機器には適さない．

炉内ろう付けは真空または水素還元性雰囲気や不活性ガス雰囲気中で，母材全体とろう剤を同時に加熱し，ろう剤を溶融させて接合する方法である．炉内ろう付けは母材の酸化がなく，低歪みで接合可能なため，超高真空機器の接合に適用される．一方，母材も同時に加熱するため，母材を軟化させてしまうという欠点もある．ろう剤の材質は銅，金，銀，パラジウム，ニッケルが主で，ろう剤の形状には箔，ワイヤー，パウダーなどがある．超高真空機器のろう付け時には，蒸気圧の高いリン，亜鉛，カドミウム，鉛などを含まないろう剤を選択すべきである．

b. 電鋳

電鋳（electroforming）は，電気鋳造法とも称され，電気メッキ法による金属製品の製造・補修または複製を行うための技術に分類される．

電鋳は，型取り母型から剥離して利用する剥離電鋳法と母型と一体化させて利用する密着電鋳法の 2 種類がある．表面の処理を目的とする電気メッキと比べ，メッキ層を厚くすることが多い（10.3.3 項（b）メッキ（鍍金）参照）．母型と一体化させて利用する場合には，電鋳層の厚さによって電気メッキと区別することが多い．すなわち電鋳の場合には，おおよそ 25 μm～25 mm 程度の厚さのものを指し，一般の装飾，防食のための電気メッキでは 1～50 μm 程度のものを指す．電鋳法に利用する金属種としてはニッケルが一般的であるが，銅，鉄，ニッケル系合金や，稀には粒子を分散させた分散電鋳もある．電鋳法の利点は一体化した状態で超精密加工ができるところにある．また，精密な複写ができることも挙げられる．しかし，一般的に製作時間が長くなることが問題である．

電鋳法が加速器に利用される場合には，その必要とされる特性から銅材が圧倒的に多い．なお電気メッキを使う接合加工の利点は，トーチなどの高熱を利用する接合法に比較して，常温接合であるので加速器パーツ自体への被熱の影響が極めて小さいことである．また，銅メッキ浴は電着応力が小さいという特徴も見逃せない．

銅を得るための液（表面処理の分野ではしばしば浴といわれる）は，環境問題，浴の価格などから硫酸銅浴，シアン化銅浴，ピロリン酸銅浴の 3 種に限定される（表 10.3.1）．

複写精度の精密さを特徴とする電鋳法は，コンパクトディスク，レーザーディスクなどの電子部品製造用の金型などを含めて，精密な金型の製造にも用いられている．

応用例としては，KEK において 1970 年代初めから建設

が始まった12 GeV陽子シンクロトロンの入射器であるアルバレ型陽子リニアック加速管，1980年代半ばから建設が始まったトリスタン電子・陽電子貯蔵リングとその後継となるKEKB電子・陽電子貯蔵リングの入射器であるSバンド電子リニアック加速管，さらにはJ-PARC陽子加速器の入射器であるアルバレ型陽子リニアック加速管などがある．図10.3.16はJ-PARCの加速管であるが，電鋳だけで十分に光沢を持つ表面に仕上がっていることがわかる．高周波における表面電気伝導度も純銅のそれに極めて近い値が得られている．

c. TIG（ティグ）溶接とMIG（ミグ）溶接

はじめに 高エネルギー物理実験に必要不可欠な超高真空チェンバー，ビームパイプ，液体ヘリウムや液体窒素のトランスファーライン，また超伝導加速空洞・電磁石などの性能試験用クライオスタットの材質はほとんどが，ステンレス鋼またはアルミニウム合金を使用したものである．それらの製作にあたってTIG（Tungsten Inert Gas）溶接の占める割合は非常に大きなものである．

溶接方法の系統的分類は図10.3.17に示すようにまとめられるが，ここではTIG溶接を中心にステンレス鋼，アルミニウム合金の溶接方法の紹介，解説をする．

TIG溶接とMIG溶接とは TIG溶接はアーク溶接の一種で，強烈な光とともに高熱を発生させ母材を溶融接合する．電極棒が溶けて消耗する消耗電極式アーク溶接と違い，TIG溶接ではタングステン電極と母材間にアークを発生させ，ノズルより不活性（inert，イナート）ガス（アルゴン，ヘリウム）を流し溶接部の酸化を防ぎながら溶接する．消耗電極式アーク溶接などの接合部に比べ機械的強度，気密性，耐食性に優れているので，ステンレス鋼，アルミニウム合金，チタン合金などの多くの金属の溶接に利用できる．

電極にタングステンを用いるのは，溶融点が3 410℃と高いので溶けにくく，また丈夫であり，先端形状の整形がグラインダーなどで容易に行えるからである．これまで，タングステン電極には酸化トリウム（ThO_2）を1～2%含んだトリタンが広く用いられてきた．これは純タングステンに比べ，電極からの熱電子放出特性がよいので，アーク放電電極としての性能向上が図られるからである．ただ，トリウム（Th）は放射性物質のため，その取り扱いは法的規制に従う必要がある．そこで，人体の安全面から，それに代わる電極棒として，非放射性元素のジルタン（ZrO_2），ランタン（LaO_2），セリタン（CeO_2）入りの電極棒などが開発されている．

不活性ガスで，溶接部を保護しながら溶接するもう一つの方法がMIG（Metal Inert Gas）溶接である．この方法では母材と同じような材質を電極ワイヤーに使う．電極ワイヤーと母材の間にアークを発生させ，その熱により電極ワイヤーを溶かして溶着させるが，電極ワイヤーは溶融速度と同じ速度でドラムから供給されるように調整される．

ステンレス鋼とアルミニウム合金の溶接 ステンレス鋼のなかでも，実験装置の材質として使用するものは，SUS304，SUS316（SUS304L，SUS316L）などがあげられる．これらの溶接は直流で行う．特に超伝導電磁石などの冷媒を保持する圧力容器は，高圧ガス保安法の厳しい管理下のもとに溶接方法が定められている．その代表的な例として，板厚方向の表面から裏面まで全厚を溶接する完全溶け込みが求められる．構造上，片側からのみしかアクセスできないもの，パイプなどは裏波ビード（裏波溶接）を形成するために，バックシールドガス（アルゴンガス）を流し，残存酸素濃度を管理しながら溶接することにより，金属光沢を持った裏波ビードを形成することができる．アルミニウム合金の実験装置の材質としては，板材，パイプ，形材などで，純アルミニウム系の1 000番台，Al-Mg系合金の5 000番台がおもなものである．アルミニウム合金は大気中の酸素と結合して酸化アルミニウム（Al_2O_3）を表面につくる．この酸化被膜が銀白色の光沢を持ち，耐食性を保つ役割をする．この酸化被膜は緻密で硬く，しかも溶融点が約2 020℃で純アルミニウムの約660℃に比べ非常に高く溶接の妨げとなっている．この酸化被膜を交流アークの特長を利用し，アルゴンイオン（Ar^+）の衝撃で除去（クリーニング）することで，気密性の高い，安定した溶接が可能となる．

将来 今後，TIG溶接は自動化が進みパイプ形状のものは，それぞれの径の大きさに合わせた専用ホルダーで，溶接品質の均一な安定した周溶接が行われることが期待できる．多数の超伝導加速空洞で構成されるILC計画では，

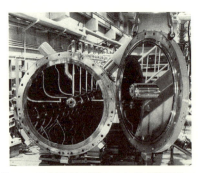

図10.3.16 J-PARC陽子加速器のアルバレ型陽子リニアック加速管

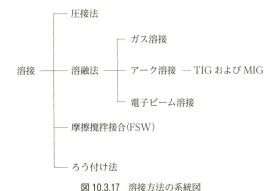

図10.3.17 溶接方法の系統図

空洞冷却用液体ヘリウムジャケットのチタン（Ti）合金溶接にも TIG 溶接機が使われるが，自動化による安定した溶接技術の開発が特に望まれる．そのための冶具が溶接品質の向上に重要な役割を持つようになるが，個々の形状に合わせた冶具の開発が必要である．

d. レーザー溶接と電子ビーム溶接

レーザー溶接　加速器の製造で用いられるレーザーは CO_2 レーザーまたは YAG レーザーであり，波長は前者で約 $10\,\mu m$，後者で約 $1\,\mu m$ となっている．近年 YAG と同様の媒質を用いたファイバーレーザーの躍進が著しく，加速器の製造にも用いられている．レーザー溶接（Laser Beam Welding：LBW）はアーク溶接に比べ，次に述べる電子ビーム溶接と同様，入熱領域をより狭く絞ることが出きるとともに，入熱量も抑制できるため，製品の変形を抑制することができる．また，ワンパス溶接（single pass welding）で深溶け込みの溶接が可能である．

レーザー溶接は一般的には大気圧下で施工される．しかし加速器装置の場合，高周波面，真空面の酸化防止，溶接線の健全性確保のため，アルゴン（Ar）ガス雰囲気などで溶接する．レーザー発振器からの出力は光学レンズで集光され，入熱密度を高める．この際，光学レンズが結ぶ焦点位置を溶接対象物よりやや手前あるいは後方にずらしてぼかし，低スパッタの溶接ビードが得られるように調節する．また，通常の溶接法と同様に，溶接の送り速度を最適化することも必要である．

レーザー溶接の場合，溶接棒の供給も可能で，溶接開先（かいさき；溶接を行う母材間に設ける V 字形などの溝のこと）の条件によって，選択することができる．溶接姿勢は，光が上から当たる下向きが一般的である．加速器装置では，ステンレス，銅，チタン，アルミニウム，ニオブなどに広くレーザー溶接が用いられる．しかし，銅の場合は，反射率が高いため，反射光によって発振器が損傷することに注意する必要がある．

電子ビーム溶接　電子ビーム溶接（Electron Beam Welding：EBW）は，熱陰極から発生した電子ビームを高電圧で加速し，その運動エネルギーを溶接に用いる．真空雰囲気中で溶接するので，むらのない健全な溶接線が確保できる手法である．電子ビーム溶接では，レーザー溶接の光学レンズに代わり，電磁石でビーム収束することで入熱密度を高めている．レーザー溶接と同様に入熱領域を絞るとともに，入熱量を抑制することで製品の変形が抑制され，また酸化も防止される．ただし，製品全体を真空雰囲気に置く必要があるので，真空チェンバーの大きさによって施工可能な製品の大きさが制限される．電子銃には固定式，1 軸駆動式，ロボットハンドによる駆動式などがあり，その特性に応じて溶接施工可能な範囲が変わる．電子銃の溶接姿勢は下向き，水平向きが一般的で，水平向きの場合，製品の移動方向によって下進，上進，水平進がある．加速器で電子ビーム溶接が用いられる材質としては銅，ニオブなどがある．一般的な溶接パラメータは加速電圧，加速電流，焦点位置，溶接速度，ビーム偏向（形状，周波数）となる．

e. 金属とセラミックの接合

金属とセラミックを接合する方法として，1943 年にドイツで開発されたモリブデン（Mo）-マンガン（Mn）法を取り上げる．なお以下ではセラミックは原料を，セラミックスはセラミックを焼結してでき上がった製品を指すものとする．セラミックス表面にろう付け用の金属層（メタライズ面）を形成するため，セラミックスのろう付け部に Mo-Mn 粉などとバインダー（binder）を混合したペーストを塗布し焼成する．こうして成長した Mo-Mn メタライズ面にニッケルなどのメッキを行う．通常，セラミックスに接合したい金属部品の熱膨張係数はセラミックスと異なるので，高温になればずれが生じる．そこで熱膨張係数がセラミックスに近く，かつ高温強度が低い（加熱で軟化する金属）金属（封着金属）の中間層を準備しなければならない．封着金属としては，コバール（Kovar：FeNiCo）や鉄・ニッケル合金が一般的である．基本的にはこの表面にもニッケルなどのメッキを施しておく．その後，銀ろう，金ろうなどにより，セラミックスと封着金属を真空，水素ガスなどの雰囲気中でろう付けする．最後に SUS 製のフランジ（コーンフラット，クイックカップリングなど）を溶接し，加速器部品として完成する．なお溶接法として TIG 溶接が一般的であるが，その他の接合プロセスとして，同時焼成法，活性金属法などがある．活性金属法は，非酸化系セラミックの接合に用いられている．

f. 拡散接合

高性能な X バンドリニアック加速管を実現するためには，超精密加工された数十〜数百枚のディスクを，その精度を損なわずに接合し，ビーム加速運転時に $10^{-6}\,Pa$ 以下の圧力（高真空）が達成されねばならない[11]．

まず試みられたのは，通常の S バンド加速管製作に広く使われているろう付け法である．しかし液相にあるろう材と固相の銅が常温に戻ったとき，線膨張率の相違による歪みが大きすぎることがわかった[12]．X バンド加速管は S バンド加速管に比べ寸法が数分の 1 と小さく，精度管理への要求が数倍厳しくなるからである．

そこで拡散接合法の開発が行われた．これは二つの金属の表面同士が原子間距離のオーダーで接触しているとき，拡散現象により固相状態のままで接合させる方法である．すでに無酸素銅の超精密加工技術が完成していたので，その極めて平坦かつ滑らかな表面を生かすことにより，無酸素銅ブロック同士の精密な固相拡散接合が実用化されたわけである[14,15]．具体的な数値で示せば，平面度 $50\,nm$ で仕上げられたディスクを，接合温度 $700\,℃$ 前後，加圧力（軸力）$0.05\,MPa$，炉内保持時間 1 時間で接合する．炉としては，真空炉や水素炉が利用される．

なお銅ブロック表面に金や銀を蒸着し，かつ固相状態を維持した上での拡散接合法でも良好な結果が得られている[14]．しかし工程が複雑すぎ，実際の加速管製作には使われていない．

この精密な拡散接合法を用いて，現在までに60 cm，1.3 m，1.8 m長の加速管がそれぞれ複数台製作され，機械的寸法精度を満たしていることが実証されている．また大電力高周波テストも行われ，良好な結果が得られている[16,17]．図10.3.18に拡散接合を用いて製作されたXバンド加速管の一例を示す．

10.3.3 表面処理技術

a. 超高真空対応

真空容器を排気して超高真空を実現するためには，目的の圧力領域まで排気能力を維持できる真空ポンプ系を用いて一定量の気体を排気しなければならない．現実的な時間内に超高真空に到達するためには，容器内面および真空中の部品に吸蔵されている分子を事前に可能な限り除去し，超高真空排気過程におけるポンプへの負荷を軽減するための前処理が必要である．

放出ガスのほとんどは軽元素H，C，Oの組み合わせからなる分子である．加速器でよく使用されるステンレス鋼，無酸素銅，アルミ合金などの工業材料について，表面からの深さ方向に元素分析を行うと，これらの元素の大部分は表面酸化層の厚さ程度の範囲に局在していることがわかる．そこで酸やアルカリを使って表面層を溶かし，新たな薄く緻密な酸化層に転換し，表面の吸着分子や酸化層内のH，C，Oをあらかじめ大幅に減らすことが，前処理の実際である．それに加えて，熱的ガス放出低減のために真空炉を用いた加熱脱ガス処理，さらには高エネルギー粒子の衝突による壁面からの二次粒子放出低減のために真空容器を陰極としたAr放電洗浄を行うこともある[18]．

真空装置用の表面処理としては，アルバックテクノ[19]や三愛プラント工業[20]で行われているALpika®，SUSpika®，日造精密研磨[21]で開発した電解複合研磨（Electro-Chemical Buffing : ECB）などが知られている．KEK B-factoryの無酸素銅真空チェンバーにはネオス[22]によって開発された処方が採用された[23]．この表面処理による表面の変化の様子を図10.3.19 (a) と (b) に示す．

工業的に行われている表面処理は，参考文献24～26などにまとめられている．それらを超高真空材料に適応するときには，薄く緻密な酸化層をつくるという観点からの注意が必要である．表面処理をむらなく行うために，最初に表面の油脂が完全に取り除かれなければならない．すなわちアルカリ系洗浄剤でよく洗浄し，最後に表面が一様に水で濡れるかどうか確認する．次に酸またはアルカリを用いた化学処理を行う．金属の場合，この工程でいったんは表面酸化層が取られるので，表面が活性になる．したがって，処理液から出るときに表面が大気に触れ，再び酸化される．その際の急激な酸化を避けるためには，表面が大気に触れる前に薄い酸化層が成長する処理が勧められる．炭素を取り除く工夫も必要である．長いパイプなどの内面を処理する場合では，全表面でできるだけ一様処理が行えるようにしなければならない．そこで反応速度を抑制し，清浄にしたい面につねに新鮮な処理液が行きわたるようにする．反応速度を控えめにすることは，引き続き異なった薬剤による処理や薬剤除去の際，処理むらを避けるためにも有効である．乾燥前には完全に薬剤を取り除く必要があり，最後の純水（イオン交換水）洗浄は必須である．乾燥時に水滴が残っていると部分変色を生じるので，乾燥前に乾燥窒素で水滴を吹き落すことが必要である．また表面の微粒子が問題になる場合は，溶液や雰囲気の適切な管理も必要になる．

真空装置製作工程全体のなかでの表面処理のタイミングも重要で，機械加工の後，組み立て・溶接前に行うのが理

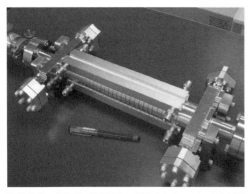

図10.3.18 高精度の拡散接合で製作されたXバンド加速管

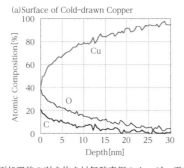
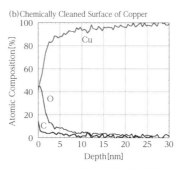

図10.3.19 (a) 表面処理前の引き抜き材無酸素銅のオージェ電子分光による深さ方向の元素分析，(b) 表面処理後の分析，酸化層が薄くなり，炭素の量が減少している（両図とも西脇みちる氏，加藤茂樹氏 提供）

想である．溶接による多少の変色は気にしなくてもよい．また，真空装置の製作中のある時点で，部品表面の真空特性をよく管理された状態に置くことは，超高真空を実現するうえで重要なことである．組み立て後の化学薬品を用いた洗浄は，狭い隙間に薬剤が残る可能性があるので，行わないのが原則である．加速器のような放射線環境下では腐食が促進されやすい．やむを得ず化学薬品による洗浄を行うときは，薬剤の除去に十分注意を払う必要がある．

b. メッキ（鍍金）[28-30]

メッキ（plating）と電鋳（electroforming）は，10.3.2項（b）に述べられているように，その層の厚さが数十 μm を境に実用上分類されることが多いが，処理工程および形成された層の物性の点で本質的な差はなく，以下の解説は電鋳にも通用するものである．

メッキには，電気メッキ，電気を使用しない無電解メッキ，溶融メッキがあるが，加速器装置に利用されるメッキは電気メッキが多い．加速器で高周波に関係する装置類では，電気伝導度の高い銅の表面を持つものが圧倒的に多い．

電子リニアックのように，波長の短いマイクロ波を使う加速管は全体が銅そのものでつくられる．しかし陽子リニアックのように，波長の長い UHF 帯電波を使う場合は，機械強度と製造コストの点から構造体は鉄とし，表皮深さよりは十分大きいが，mm オーダーを越えない薄い銅層で内表面を覆うことが多い．そして，この銅表面を形成するために電気メッキが採用される．

電気メッキは常温で行われるので，高温を必要とする他の接合法に比べ優れた特徴を持っている．それは銅メッキ浴での電着応力は本来小さく，また常温での接合でもあり，加工部品の熱歪みも無視できるからである．

銅を得るための液（表面処理の分野ではしばしば浴という）には，硫酸銅浴，ホウフッ化銅浴，シアン化銅浴，ピロリン酸銅浴，アルカノールスルホン酸浴などが知られて

いる．しかし，実際には環境問題，浴の価格などから硫酸銅浴，ピロリン酸銅浴，シアン化銅浴の3種に限定されている（表10.3.1）[30,31]．

ここで，電気メッキ施工側から見た加速空洞の特殊性を考えてみる．加速空洞自体とその付属部品は，高周波設計上の要求から，電気メッキを使ううえでは，必ずしも単純な構造ではない．具体的にいえば，空洞には種々のポート・真空フランジが取り付けられていること，メッキ被覆部と非被覆部とが共存すること，異種金属が共存（例えば，鉄材とステンレス材）していること，などである．その結果，それぞれの部品に完全密着した銅を被覆すること，ならびにその膜厚分布を制御することなど，難しい問題が生じる．とりわけ膜厚制御は高度な電場シールド技術が要求され，電気メッキの最大の難点となる．

銅メッキでは浴種と条件，また添加剤の有無により，銅層の硬度が変えられ，また外観（平坦性）を制御して光沢面を有する外観に仕上げることも容易である．特に加速空洞の場合には，高周波加速を行うことから十分な純度・平坦性が要求される．そこでよりよい浴種と条件への開発が進められた．一般に添加剤を併用すると平坦性は改善されるが，銅の純度は低下し，空洞高周波性能の目安である Q 値も下がる．

添加剤を併用しない場合，一般的に表面平坦性が消失する．しかし，PR（Periodic Reverse）法を用いると，添加剤無添加の硫酸銅浴での銅電鋳で，表面平坦性が達成できることが知られていた[32]．そこで J-PARC の陽子リニアックにこの方法を使ったところ，良好な光沢表面とともに，純銅の電気伝導率から算出される理論値と同じ Q 値が得られている．さらには高周波高電場による放電開始の電圧も上昇している．

c. ニオブ表面の化学研磨と電解研磨

ニオブ（Nb）超伝導空洞の最終表面研磨には，おもに化学研磨（Chemical Polishing：CP）と電解研磨（Electro

表 10.3.1 代表的な銅メッキ浴の比較

No	比較項目 ＼ 浴種		硫酸銅	ピロリン酸銅	シアン化銅
1	液性		強酸性	弱アルカリ性	強アルカリ性
2	均一膜厚性		一般浴は悪い．高硫酸型とするとよくなる	シアン化銅と比べるとやや劣る	非常によい
3	添加剤無添加	光沢・平滑性	極めて悪い	悪い	よい
		硬度 [Hv]	$60 \sim 90$	$50 \sim 80$	$100 \sim 160$
		伸び	$30 \sim 50\%$	$40 \sim 50\%$	―
4	添加剤併用時	光沢・平滑性	非常によい	よい	やや劣る
		硬度 [Hv]	$100 \sim 200$	$150 \sim 200$	$150 \sim 250$
		伸び	$5 \sim 20\%$	$3 \sim 10\%$	―
5	素材の選択性	鉄	ストライクメッキ要	ストライクメッキ要	ストライクメッキ不要
		ステンレス	ストライクメッキ要	ストライクメッキ要	ストライクメッキ要
6	環境への影響		負荷少ない	やや負荷大	負荷大（毒性）
7	排水処理		容易	やや困難	困難

Polishing：EP）が行われている．この結果が空洞の Q 値および加速電場の上限を左右するので，両研磨法は大変重要な技術である．

化学研磨 化学研磨（以下 CP と略称）処理では，ニオブ表面を硝酸（HNO_3）で酸化してできる酸化ニオブ（Nb_2O_5）層をフッ化水素酸（HF）で溶解し表面を研磨する．酸化処理においては反応速度の緩衝剤としてリン酸を加えた化学研磨（Buffered Chemical Polishing：BCP）法が一般的である．CP 液としては 68 重量％硝酸：47 重量％フッ化水素酸：85 重量％リン酸の容積比を 1：1：1 あるいは 1：1：2 とした配合比が一般的である．硝酸により酸化された酸化ニオブは下記のような反応式により溶解され表面が研磨される．

(1) $Nb_2O_5 + 10\,HF \longrightarrow 2\,H_2NbOF_5 + 3\,H_2O$

または

(2) $Nb_2O_5 + 12\,F^- + 10\,H^+ \longrightarrow 2\,NbF_6^- + 5\,H_2O$

CP の長所と短所を列挙すれば，

（長所）
1) 研磨速度が大きい
    ・反応速度を抑えるためにはリン酸の割合を増やす
2) 装置が簡単である

（短所）
1) 研磨速度，研磨量の制御が難しい
    ・反応速度を抑えるためにはリン酸の割合を増やす
    ・反応熱により液温が上昇し，研磨速度が急激に上昇する
2) 表面に粒界の凹凸が現れる（図 10.3.20）
3) 研磨の際，有毒な NO_2 ガスを発生するが，このガスの除去は難しい（図 10.3.21），

などである．

電解研磨 電解研磨（以下 EP と略称）処理では，ニオブを陽極，純アルミニウムを陰極として直流電流を流す．電解液は 98 重量％硫酸と 47 重量％フッ化水素酸の容積比 9：1 の混合溶液が一般に使用される．陽極のニオブは酸化され酸化ニオブ（Nb_2O_5）となる．これが電解液中のフッ化水素酸（HF），あるいはフルオロ硫酸（$HFSO_3$）により下記の反応で溶解され，表面が研磨される．

(1) $Nb_2O_5 + 10\,HF \longrightarrow 2\,H_2NbOF_5 + 3\,H_2O$
(2) $Nb_2O_5 + 12\,SO_3F^- + 7\,H_2O + 10\,H^+$
    $\longrightarrow 2\,NbF_6^- + 12\,H_2SO_4$
(3) $Nb_2O_5 + 12\,F^- + 10\,H^+$
    $\longrightarrow 2\,NbF_6^- + 5\,H_2O$

一般には (1) の反応式が用いられ，(2)，(3) の反応は開発途上にある．

EP 装置は図 10.3.22 のように横置き型が一般的である．電解液は空洞内を循環し，ニオブ（陽極）と空洞内に挿入された純アルミニウム電極（陰極）間に直流電圧をかけ，電流を流す（図 10.3.23）．研磨速度は電流密度，研磨量は積算電流値により制御される（図 10.3.24）．

EP の長所と短所を列挙すれば，

図 10.3.21　CP で発生する NO_2（褐色ガス）

図 10.3.22　EP ベッドに装着した 1.3 GHz 9 セル空洞．上部ダクトは空冷用ダクト，EP は空洞を毎分 1 回転させながら行う．

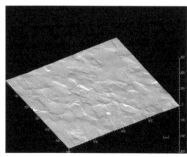

図 10.3.20　CP 後の Nb 表面．粒界の凹凸が顕著に現れている．

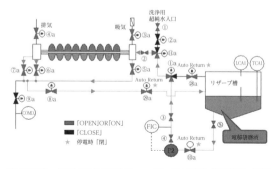

図 10.3.23　横型 EP 装置のフロー図．EP 面積（浸漬面）は空洞の約 60％である．

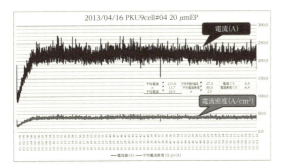

図 10.3.24　EP における電流と電流密度．EP 電流は振動する．

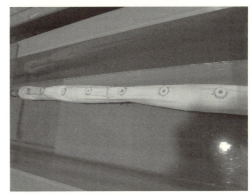

図 10.3.25　9 セル空洞用のアルミ電極と発生した水素ガスを外へ逃がす目的のカソードバッグ．穴は EP 液の噴出口．

(長所)
1) 研磨量は積算電流値に比例することから，研磨量や研磨速度の制御が容易である
2) 電解研磨した表面は鏡面性に優れる．これは空洞性能に大きな好影響を及ぼす

(短所)
1) 装置が大掛かりになるため，設備コストがかかる
2) CP に比較して研磨速度が遅い
3) 陰極で硫酸の還元により水素が発生する
    ・これはニオブの水素吸蔵の原因となる
    ・水素爆発の危険性があり，十分な注意が必要である（図 10.3.25）
4) 陰極で硫酸が還元され硫黄が生成する
    ・この硫黄がニオブ表面に付着し汚染の原因となることがある

などである．電解研磨で仕上げたニオブ表面で粒界の凸凹が消失した模様を図 10.3.26 に示す．

d. 高周波高電場対応[33]

常伝導加速空洞では，高周波壁損による表面発熱が極力抑えられ，また発生した熱が効率的に除去されなければならない．そこで導電率の大きな無酸素銅でつくられるか，大型のものでは鉄構造の内表を 10.3.3 項（d）で紹介したような良質な銅メッキが施される．一般に複雑な形状をとる空洞を水素炉で組立可能とするために，そして空洞内部を高真空（～10^{-7} Pa）に保って運転する必要から，ガス放出量の少ないクラス 1 材質の無酸素銅を用いることが多い．

電子リニアックで多用される DLS（Disk Loaded Structure，円板装荷型構造）は，穴あきディスクとその間に挿入してセルを形成するシリンダーで構成される（図 7.3.3 参照）．加速モード以外の高周波モードの特性も考慮する必要がある場合には，ディスクやシリンダーの構造が二重の周期構造（図 7.3.5 および図 7.3.6 参照）となるなど複雑になる．これを形成するためには，通常輪切りにしたユニットを数 μm オーダで高精度に製作し，これらをスタックしてビーム軸方向に長く一体化した構造にする．

各部品は，鋳塊ビレットを鍛造，引抜き，押出しなどで成形した無酸素銅ブロックから，ダイヤモンド切削工具を用いた旋盤やミリングによる超精密加工で仕上げられる．

図 10.3.26　EP 後のニオブ表面．粒界の凹凸は現れない．

これは，10.3.1 項で述べられているように，加速管では寸法精度と表面の滑らかさが必要とされるからである．

各部品はその後，アルカリ洗浄および石油系の蒸気洗浄が施される．一体構造作業に入るまでは，表面に残存する洗浄剤をアルコールやアセトンで置換した後，窒素雰囲気中または真空中で保管される．

一体構造とするには，10.3.2 項で紹介されたろう付け，拡散接合などの技術が使われる．水素を用いる場合，900～1 000 ℃の高温過程を経ることにより，銅表面の酸化膜 CuO，Cu_2O や水酸化化合物，油脂など炭素由来の物質が分解，クリーニングされる．同時に表面の銅原子が昇華・再付着され，光沢に富む滑らかな表面が形成される（図 10.3.27（左））．

一方，ろう付け工程を真空雰囲気炉で進めると，昇華した銅原子の平均自由行程が炉壁までの距離（≦1 m）を超えることになり，銅原子の再付着がほとんどなく，粒界構造が明瞭な表面に仕上がる（図 10.3.27（右））．また，真空炉では無酸素銅への水素ガスなどの拡散過程がないため，表面からのアウトガスが，水素炉で処理した場合に比べて少ない．これによって，クライストロンなど電子管の封じきり直前に行われる高温ベーキング工程が省略できる．

 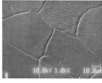

図 10.3.27 高温処理後の無酸素銅表面．(左) 水素炉処理，滑らかな表面となっている．(右) 真空炉処理．

 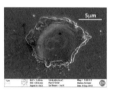

図 10.3.28 高電場運転後の表面．(左) 電気力線が集中する円板の円孔（アイリス）付近に見られる多くの放電痕，(右) 一つの放電痕の拡大図．

　このような表面処理技術は加速電場 10～30 MV/m の加速管に多用され，十分に性能が達成されている．しかし 50～100 MV/m，あるいはそれ以上を目指す場合，真空放電の問題が顕在化する．図 10.3.28 に放電痕の様子を示す．真空放電は，パルス運転で 100 万パルスに 1 回の頻度を十分に下回ることが望まれる．そこで加工変質層をエッチングにより除去することがまず行われる．超精密加工した面にはサブ μm のエッチングを，そしてミリング仕上げ面には 1～2 μm 級のエッチングを施すことで，50～80 MV/m 程度の電場では放電頻度が改善することが実証されている．しかし，100 MV/m 程度では 100 万パルスに 1 回程度の放電は発生し，これを超える電場に対しては，高温処理を伴わない硬い銅材のほうが，よい放電特性を示す実験的知見もある．

参考文献
1) 高富俊和，ほか：「超精密加工中に使用する切削液の温度と寸法誤差に関する研究」，精密工学会大会学術講演会講演論文集（1993）．
2) 東　保男，ほか：「超精密加工による X-バンド加速管の製作」，日本機械学会・材料加工技術講演会講演論文集（1998）．
3) 上野健治，ほか：「X バンド加速管に必要なディスクの加工」，日本機械学会生産加工・工作機械部門講演会講演論文集（2004）．
4) 高富俊和，ほか：「切削加工した半球の真円度測定によるバイト刃先半径の決定法」，精密工学会大会学術講演会講演論文集（1999）．
5) 江並和宏，ほか：「X バンド加速管用 HDDS ディスクの外径自動測定」，精密工学会大会秋期学術講演会講演論文集（2004）．
6) T. Morishita, et al : Proceedings of the 6th Annual Meeting of Particle Accelerator Society of Japan, p. 1047 (2009).
7) A. Ueno, et al. : Proceedings of LINAC1990, p. 60 (1990).
8) T. Morishita, et al : Proceedings of LINAC2010, p. 518 (2010).
9) Y. Matsubara, et al : Proceedings of LINAC1998, p. 606 (1998).
10) 渡辺勇一，ほか：「三次元測定器を使用した加速管ディスクの測定」，平成 13 年度核融合科学研究所技術研究会，講演論文集，pp. 37-40 (2001).
11) 肥後寿泰：OHO'95 講義録「主ライナック」，6-34（高エネルギー加速器科学研究奨励会，KEK (1995).
12) T. Higo, et al. : KEK Preprint 93-57 (1993).
13) T. Higo, et al. : KEK Preprint 95-22 (1995).
14) 深谷保博，ほか：溶接学会論文集第 15 巻第 3 号，pp. 467-475 溶接学会 (1997).
15) Y. Higashi et al. : KEK Report 2000-2 KEK (2000).
16) H. Higo, et al. : Proc. of APAC 98, p. 169 PAC (1998).
17) J. Wang, et al. : Proc. of PAC 99, p. 34 PAC (1999).
18) アルバック 編：『新版　真空ハンドブック』オーム社 (2002).
19) http://www.ulvac-techno.co.jp/index.html.
20) http://www.san-ai-plant.co.jp/.
21) http://www.uft.co.jp/index.html.
22) http://www.neos.co.jp/.
23) K. Kanazawa, et al. : Appl. Surf. Sci., 715 169 (2001).
24) ASM Handbook Volume 05, Surface Engineering, ASM International (1994).
25) 表面技術協会 編：『表面技術便覧』日刊工業新聞社 (1998).
26) アルミニウム表面技術便覧編集委員会 編：「アルミニウム表面技術便覧」カロス出版 (1980).
27) 日本工業標準調査会 編：JIS H 0400『電気めっき及び関連処理用語』日本工業標準調査会 (1998).
28) 丸山　清・毛利秀明：『図解めっき用語辞典』日刊工業新聞社 (1994).
29) 伊勢秀夫：『電鋳技術と応用』槇書店 (1996).
30) 電気鍍金研究会 編：『めっき教本』日刊工業新聞社，(1986).
31) W. H. Safranek : Properties of Electrodeposited Metals and Alloys : A Handbook Elsevier Science Ltd, (1974).
32) 田尻桂介，ほか：「粒子加速器製造技術の開発」三菱重工技報 37 142 三菱重工 (2000). ; T. Sugimura, et al. : Proc. 4th Annual Meeting of PASJ and 32nd Linac Meeting in Japan, 440 (2007).
33) 阿部哲郎，ほか：加速器 8, 155 (2011).

10.4　先端材料技術

10.4.1　セラミックス材料

a.　加速器におけるセラミックス材料の役割

　加速器では，真空中のビームと外部との間で電気的なエネルギー交換を行うため，真空容器と外部装置との接続部分で必ず絶縁体が必要となる．絶縁体のなかでもセラミックスは，樹脂に比べ機械的強度が強いこと，耐熱性が高いためベーキングが可能であることなどの観点から，加速器に最も頻繁に使用される材料の一つとして位置付けられる．その具体的な用途は，真空容器中への電源の導入といった単純なものだけでなく，高周波空洞による電磁エネ

表10.4.1 セラミックス材料の特性（代表値）

	強度[*1] [MPa]	絶縁耐圧 [MV/m]	誘電損失[*2]	コスト	金具 ろう付け性
アルミナ	300〜400	15	$1〜10×10^{-4}$	低	容易
サファイア	700	50	$<1×10^{-4}$	高	可能
炭化ケイ素	400〜500	—	—	中	可能
窒化ケイ素	500〜1 000	10〜13	$20×10^{-4}$	中	可能
ダイヤモンド	500〜1 000	1 000	$<0.2×10^{-4}$	非常に高	可能
石英ガラス	50〜100	32	$<10×10^{-4}$	低	困難

*1 ダイヤモンドは引張強度，その他は3点曲げ強度（JIS R 1601）
*2 ダイヤモンドの測定周波数は140 GHz，その他は1 MHz

ギーのビームへの輸送，マイクロ波源における電子ビームの加速やマイクロ波エネルギーの取り出し・監視・調整，あるいはビーム診断における微小ビーム信号の外部への取り出し，各種電磁場によるビームのキックといった高度なものを含め多岐にわたる．

b. 要求性能と各種セラミックス材料の特性

このような様々な用途に共通の要求性能としては，金属と十分な強度と緻密性を持って接合が可能であること，ガス放出が少ないなどの真空特性が優れていること，沿面放電，貫通放電などができるだけ起きにくいことを，挙げることができる．

一般的なセラミックスにはアルミナ（Al_2O_3）やサファイア（単結晶 Al_2O_3），炭化ケイ素（SiC），窒化ケイ素（Si_3N_4）があり材料ごとに特性は異なる．材料選定においては，前述した共通の要求性能に加え用途ごとの必要性能に対して最適な材料の検討がなされる．これらセラミックスに加え絶縁体として使用されることのあるダイヤモンドと石英ガラスの材料特性を表10.4.1にまとめた[1-4]．

この表からセラミックス材料のなかでもアルミナは比較的低コストで強度や絶縁耐圧が高く，低誘電損失であるだけでなく金具ろう付け性にも優れるといった点でバランスのとれた材料であることがわかる．一方，ダイヤモンドやサファイアは誘電損失が非常に低いため，RF窓用材料として適している．しかしコストが高いというデメリットがあるため適用箇所が限られている．また窒化ケイ素は高い強度を持つことを特長とし，なかには $1×10^{-4}$ 以下（3 GHz）と低い誘電損失を有する材料が開発され，一部のRF窓用材料として用いられている．

アルミナ材料については，電気特性や機械的強度に関して多数の報告が行われている．Kingery[5]は他のセラミックスと比較した結果，アルミナの絶縁抵抗が高いことを報告している．また，Watanabe[6]はアルミナの添加物による絶縁抵抗に与える影響，上山[7]はアルミナ純度や焼成温度による誘電損失に与える影響などを報告している．一般的にアルミナ純度が高いほど誘電損失は低下する傾向があり，Nakayama[8]はアルミナ純度と誘電損失の関係を3〜10 GHz領域で測定し，報告している．

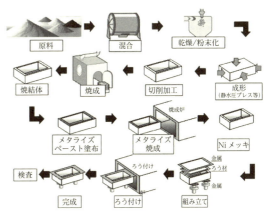

図10.4.1 金具付セラミックスの製造工程

c. 製造プロセス[9-11]

製造プロセスのフローを図10.4.1に示す．まず各種原料粉末と溶媒，有機バインダーなどを混合し乾燥，粉末化し，それを型に入れて静水圧プレスなどで成形体を得る．成形体は粉末が押し固められた状態であり，容易に加工可能なため，この時点で製品形状に切削加工しておくのが好ましい．そして次に焼成（高温処理）することでセラミックス焼結体を得る．この焼成温度は材質によって異なり，一般的にアルミナの場合は約1 400〜1 700 ℃，窒化ケイ素では約1 700 ℃，炭化ケイ素は1 700〜2 200 ℃といわれるが，組成によって焼成温度は変化する．

こうして得られたセラミックスに，メタライズペースト塗布，メタライズ焼成，メッキ，組み立て，ろう付けを経て，金具付セラミックスを得ることができる．

d. メタライゼーション，ろう付け[11,12]

加速器で用いられるセラミックス部品のほとんどは金具が接合された製品であり，使用上の観点から高真空での気密信頼性が求められる．気密を維持したうえでセラミックスと金具を接合するため，その間に金属製のろう材を使用する．このろう材とセラミックスを接合するためには，セラミックス側の表面に金属膜の形成が必要である．この金属膜をメタライズ層と呼ぶ．代表的なメタライズ層の形成方法を表10.4.2に示すが，これらのうち金具付が可能，

表 10.4.2　各種メタライズの特徴

メタライズ層の形成方法	接合強度	金具付可否	高真空気密信頼性
高融点金属法（Mo-Mn）	高	ろう付け可 半田付け可	有
活性金属法（Ag-Cu-Ti など）	高	ろう付け可 半田付け可	有
厚膜法（Ag 系）	中	半田付け可	無
直接メッキ	弱～中	対応不可	無

かつ加速器用途に耐え得る高真空での気密信頼性，高接合強度が得られるのは，高融点金属法と活性金属法の2種類に限られる．なかでも高融点金属法は活性金属法に比べて高い接合強度が得られ，高真空用部材に一般的に用いられており多くの実績がある．

これらメタライズ層の形成方法については文献で報告されており，金属-アルミナ接合部における元素分析といった拡散状態に関する議論が行われている[13-15]．

e.　品質管理[10]

d. で述べた気密信頼性を維持するために必要な品質管理項目としては，図10.4.1に示した金具付セラミックスの製造工程において，塗布するメタライズペーストの厚み，メタライズ焼成温度や焼成時間などを例として挙げることができる．その後のメッキにおいてはメッキ厚み，ろう付けにおいてはろう付け温度の管理などを行い，完成後の製品については気密性の検査を行っている．

f.　今後の展開

近年，加速器物理学の分野では高エネルギー実験への要望が高く，荷電粒子用加速電圧の高電圧化が必要とされている．そのため，絶縁体であるセラミックスには，沿面・貫通ともに耐電圧の向上やリーク電流の低減が求められている．その要求に応じた材料開発が行われ，一部の加速器で開発材料が採用された例もある[16]．

材料開発の例としては，材料自体の二次電子放出係数を低減したものを挙げることができる．一般的に真空中での沿面放電発生メカニズムとしては，カソードトリプルジャンクションからの電界電子放出に端を発し，セラミックス表面での二次電子増倍によって沿面放電に至るというものが通説とされている[17]．先の材料は，従来のコーティングとは異なり，材料自体の二次電子放出係数を低減させたもので，今後の用途拡大が期待される．

10.4.2　常伝導電磁石材料

常伝導電磁石の構成材料は主として鉄心用の電磁軟鉄と励磁コイル用の銅導体である．電磁軟鉄はパルス励磁か直流励磁かによってそれぞれ薄板か厚板に，コイルは発生するジュール熱による温度上昇の程度によって冷却に適した形状が選ばれる．この他に，コイルを絶縁する耐放射線性の絶縁材料，薄板（ラミネーション）鋼板の両端を機械的に拘束する非磁性鋼板や側面を拘束する鋼板，パルス励磁に伴って薄板鋼板間を横切って流れる渦電流を防ぐ耐放射線性絶縁材料などがある．ここでは最も重要な電磁石用の電磁鋼板を主題とする．

高エネルギー物理学の発展とともに，より高いビームエネルギーが要求され，シンクロトロン加速器の発明によって加速エネルギーは飛躍的に向上し，電磁石に使用される電磁用軟鉄の重量もそれに伴って増加した．この鉄材料の重量を削減するため電磁石の構造も弱収束から強収束のオプティックスへの変更，さらには機能結合型から機能分離型への変更に伴って変化した．この転換は加速ビームに許される軌道幅が狭まることを意味し，それによって狭い範囲にビーム軌道を閉じ込めるために，より高い精度の磁場が要求されることになった．達成できるビームエネルギーと磁場強度の間には比例関係が成り立ち，より少ない材料で高いエネルギーを発生するために，飽和磁場の高い高性能の鉄材が要求される．

日本における高エネルギー加速器開発が東京大学原子核研究所に併設された素粒子研究所準備室で行われていた1960年代初期「高磁束密度一方向性珪素鋼板の製造法（特許 493331 号）」で1973年の恩賜発明賞に輝いた当時の八幡製鉄技術研究所はシンクロトロン電磁石用の鉄心材料の開発に欠かせない存在であった．それは高磁場特性に優れた低炭素鋼板（Oriented-Proton Synchrotron Magnet：O-PSM，低ケイ素一方向性プロトンシンクロトロン用鋼板）の開発である．当時モーターや変圧器など工業製品用に3％程度のケイ素を含む無方向性または方向性ケイ素鋼板はほぼ開発が終わっていたが，ケイ素の含有量の増加とともに鉄の高磁場特性（飽和磁化特性）が低下することが高エネルギー加速器用には大きな問題であった．高性能の方向性ケイ素鋼板開発の元々の動機は本多，茅の鉄単結晶の磁化特性が結晶軸方向によって異なることに端を発したもので[18]，鋼板製造の二段冷間圧延工程により容易磁化方向（110）[001]（圧延面を（110）面とし [001] 軸を圧延方向に揃えること）を二次再結晶粒成長の過程で硫化マンガン（MnS）の促進効果を利用して一方向に揃える方法が1934年 N. P. Goss によって開発された[19]．Armco（Armco Steel Corporation，現・AK Steel Holding）はいち早く Goss の特許を取得し，世界をその支配下に収めることに成功した[20]．しかし，ゴス組織と呼ばれる方向性結晶構造の平均分散が10度程度であるのに比べ新日鐵による3度近傍に揃える技術は世界的に評価され，Armco もその技術導入を余儀なくされている．この背景には当時の日本製鉄八幡製鉄所における茅らによる地道な研究があった．二次再結晶の様子がアルミニウム（Al）含有量の影響を受け，それが0.02％くらいのところで一段冷間圧延でも方向性がよくなることが発見された[21,22]．さらに仕上焼鈍における窒化アルミニウム（AlN）の析出方向性を生かして二次再結晶の選択成長へ寄与させることで，一段強冷延法と組み合わせた高磁束密度方向性ケイ素鋼板が得られることが判明した[23]．二次再結晶は一次再結晶粒成長の

延長ではなく，この成長を抑制するインヒビター（阻害物質）としての AlN や MnS またはセレン化マンガン（MnSe）の微細析出物の役割が重要である．一次再結晶のおもな方位は一段強冷延で（111）[112] であり，二段冷延でも累積的にこの方位が現れ一次再結晶の集合組織として発現する．一次再結晶で（110）[001] 方位も発現するが，冷延圧下率が大きいほど（110）[001] 方位からのずれは小さくなり，高温に耐えるインヒビター AlN の下で二次再結晶させることにより安定的に成長する[24]．この技術はケイ素 1% 以下の O-PSM にも生かされ，20 kG における透磁率は 700〜1 100（3% Si 一方向性ケイ素鋼板で 200，普通鋼で 100 以下）の製品が KEK-12 GeV PS に採用されてその性能向上につながった．KEK-PS の主リング電磁石に採用された 1 mm 厚 O-PSM の B-H 特性を図 10.4.2 に示す．

図 10.4.2 の特性に基づき KEK-PS について C 型と H 型の偏向電磁石の磁場性能を比較した結果を図 10.4.3 に示す．積層する鋼板の圧延方向が磁極対称面に直交するように選び，μ_L は圧延方向の透磁率を用いて計算した磁場分布，$\bar{\mu}$ は $1/\bar{\mu}=1/\mu_L+1/\mu_C$ として μ_L と圧延方向に直角方向の透磁率 μ_C を平均化して方向性を持たないと仮定した磁場分布である．4 極，6 極および 8 極磁場成分の比較からも方向性を生かした電磁石の性能向上がうかがえる[25]．

ケイ素鋼板は JIS 規格に沿って板厚，方向性/無方向性，鉄損の大きさで分類されているので，絶縁被膜と合わせて電磁石の設計に応じた選択ができる．しかし無方向性ケイ素鋼板にも圧延処理による若干の方向性がある．ケイ素の含有量が下がればそれだけ純鉄に近づき高磁場特性もよくなるが，低磁場領域における透磁率は低下する．

直流電磁石には主として厚板の電磁鋼板（低炭素鋼）が

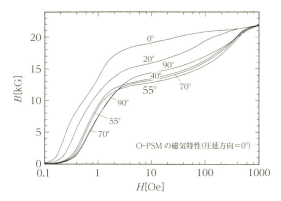

図 10.4.2 KEK-PS 主リング電磁石に採用された O-PSM の B-H 特性の方向依存性（0° が圧延方向）．

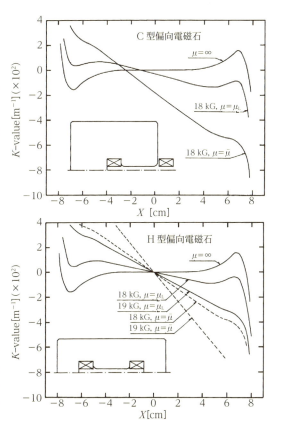
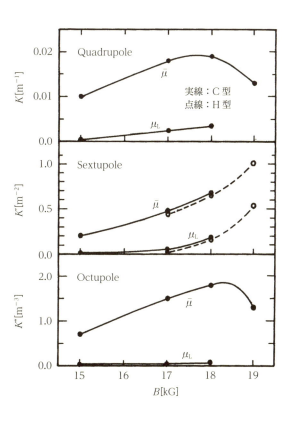

図 10.4.3 KEK-PS 主リング偏向電磁石について O-PSM 珪素鋼板の方向性を考慮した磁場計算の結果．μ_L は方向性を考慮した場合，$\bar{\mu}$ は方向性を考慮しない場合である．

採用され脱炭鋼板に近い化学組成を持つ．ケイ素鋼板にも同じことがいえるが，炭素の含有量が多いものは経年的変化として保磁力の増加や透磁率の低下が現れるので，炭素の含有量は 0.003 % 以下が望ましい．

1 % の各種不純物によって純鉄の磁束密度は図 10.4.4 に示すように低下する．炭素や窒素などの非金属性不純物は格子間に入り込み Fe 格子に歪みを与えるため特に有害であり，どちらも保持力に影響する．1 % 以下の不純物量と磁束密度の低下 ΔB は比例関係にあるので，不純物組成から磁束密度への影響が推定できる[26]．

電磁石の小型化に伴う磁極形状の最適化は素粒子研究所準備室における焦眉の急であり，計算コードを実行できるコンピューターのない当時，実物大モデルまたはアナログシミュレーションによる電界解析法に頼るほかなかった．アナログ的に精度の得られる抵抗ネットワーク法が素研準備室で精力的に進められ，精度を上げるため実験室空間の大半を占めるまでにメッシュサイズを増やして行われた[27]．透磁率無限大の場合に対応する成果が得られ，実物大モデルの製造に生かされた．前後して LBNL から計算コードが導入され，原子力産業会議所有の CDC コンピューターによる数値計算が主流になった．高エネルギー物理学研究所（現・高エネルギー加速器研究機構）発足によって大型計算機 HITAC-8700 が設置されて，コード変換がただちに行われ国産コンピューターによる磁場計算が可能になった．

アナログシミュレーションと同時期に行われた当時提案中の 40 GeV 陽子シンクロトロン用に川崎製鉄（現・JFE スチール）製の方向性ケイ素鋼板で試作された同じ磁極形状を持つ 2 台の機能結合型電磁石実物大モデルによる測定結果においても図 10.4.5 に示すように性能の向上が見られる[28]．図中の L，C はそれぞれ中心軌道面に圧延方向を垂直，平行に揃えて製作した電磁石を表す．Mark Ⅲ (L) と Mark Ⅲ (C) は全長 2.5 m の左右半分ずつがそれぞれ L と C に相当する．Mark Ⅳ (L) は全長 2.5 m にわたり L である．2 T における鋼板の透磁率は Mark Ⅲ の L 方向（圧延方向）が約 200，C 方向（圧延の直角方向）が約 65，Mark Ⅳ の L 方向が約 400，C 方向が約 60 である．ここで使われた方向性珪素鋼板製造時のインヒビターは製鋼段階の元素組成から MnS と判断される．

10.4.3 高周波用磁性材料

インバータ，スイッチング電源，レーザー電源や加速器などの磁心（コア）に使用されている高周波用磁性材料には，比初透磁率 (μ_{ri}) が数十程度以上，保磁力 (H_c) が 1 kA m^{-1} 程度以下の特性を示す軟磁性材料（ソフト磁性材料）が使用されている．磁性材料の磁化曲線（B-H 曲線）の模式図を示したのが図 10.4.6 である．軟磁性材料は，

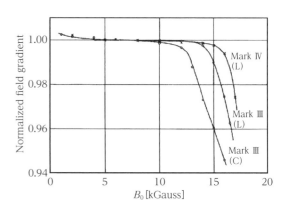

図 10.4.5 機能結合型電磁石の中心軌道における磁場勾配の励磁曲線（8 kG で規格化）

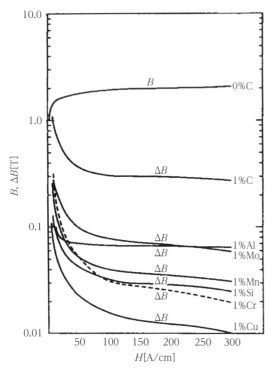

図 10.4.4 純鉄の B-H 特性と 1 % の不純物添加による ΔB-H 特性

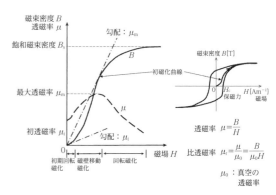

図 10.4.6 磁性材料の磁化曲線（B-H 曲線）の模式図

表 10.4.3 おもな軟磁性材料の特性

材料 [at %]	t [μm]	B_s [T]	H_c [A m^{-1}]	μ_{ri}	λ_s [10^{-6}]	T_c [K]	ρ [$\mu\Omega$ m]
電磁軟鉄	—	2.12	4.0	5 000	−7	1 043	0.10
方向性電磁鋼板	230	2.03	8.0	1 500	−0.8	1 013	0.48
無方向性電磁鋼板	350	1.96	40	500	+7.8	1 003	0.57
6.5 mass % Si 電磁鋼板	100	1.80	45	1 200	+0.1	973	0.82
センダスト(Fe-Al-Si)	—	1.00	1.6	30 000	<+1	773	0.80
スーパーマロイ（Ni-Fe+α）	—	0.79	0.16	100 000	<+1	673	0.60
Mn-Zn フェライト	—	0.42	3.2	12 000	—	398	2.0×10^4
Ni-Zn フェライト	—	0.41	22	800	—	443	1.0×10^{12}
アモルファス Fe$_{78}$Si$_9$B$_{13}$	25	1.56	1.7	5 000	+27	688	1.3
アモルファス CoFeNiSiB	25	0.54	0.16	120 000	∼0	483	1.3
ナノ結晶 Fe$_{73.5}$Cu$_1$Nb$_3$Si$_{13.5}$B$_9$	18	1.24	0.5	100 000	+2.1	843	1.2
ナノ結晶 Fe$_{73.5}$Cu$_1$Nb$_3$Si$_{15.5}$B$_7$	21	1.23	0.4	110 000	∼0	843	1.2
ナノ結晶 Fe$_{80.6}$Cu$_{1.4}$Si$_5$B$_{13}$	21	1.80	5.7	7 000	+12	>873	0.80
ナノ結晶 Fe$_{86}$Cu$_1$Zr$_7$B$_6$	20	1.52	3.2	41 000	∼0		0.56

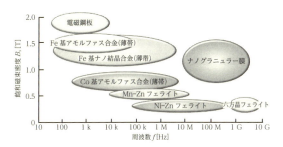

図 10.4.7 高周波で使用される軟磁性材料の飽和磁束密度と使用周波数

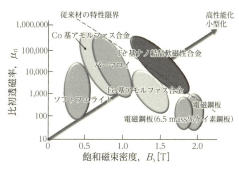

図 10.4.8 各種軟磁性材料の比初透磁率と飽和磁束密度

弱い磁場の印加で高い磁化（磁束密度）を示し, 磁化曲線のヒステリシスが小さく初透磁率 μ_i が高く H_c が低い. 軟磁性材料としては, 電磁鋼板, パーマロイ, ソフトフェライト, アモルファス軟磁性材料やナノ結晶軟磁性材料などが知られている. これらの軟磁性材料の特性を表 10.4.3 に示す. これらの材料のなかで, Mn-Zn フェライト, Ni-Zn フェライトなどのソフトフェライト, アモルファス合金やナノ結晶軟磁性合金などの金属系軟磁性材料が高周波の用途に使用されている. それらの飽和磁束密度 B_s と使用周波数の関係を模式的に示したのが図 10.4.7 である. ソフトフェライトは酸化鉄を主成分とする複合酸化物であり, 電気抵抗率が高いため, 金属系の軟磁性材料に比べ渦電流の影響を受けにくく, 高周波特性に優れており, 小型の高周波部品におもに使用されている[29]. しかし, ソフトフェライトは B_s が低いため, 高い電磁場エネルギー密度が要求されるようなものに使用される場合には, コアサイズが大きくなる欠点を有している. また, キュリー温度 T_c が, 金属系軟磁性材料の T_c よりも低いため, 温度が上昇すると B_s の低下が大きいなど, 磁気特性の変化が大きいという欠点がある. 一方, 金属系軟磁性材料は, フェライトに比べ B_s は高い. しかし, 比抵抗 ρ が低いため,

高周波で使用する場合には, 渦電流損失が増加する. これを抑制するため, 高周波領域で使用する場合には, これらの材料の薄帯を巻コアや積層コアにしている. 近年, 一般高周波装置への応用においても, さらなる小型高性能化の要求が強く, ソフトフェライトに代わり, 高周波特性に優れ, ソフトフェライトより高 B_s のアモルファス材料やナノ結晶軟磁性材料などの金属系の材料が使用されている. ナノ結晶軟磁性材料は 1980 年代後半に発見され開発が始まった材料で, 従来の結晶質軟磁性材料とは異なるナノスケールの超微細な結晶粒からなる比較的新しい軟磁性材料である. 代表的なナノ結晶軟磁性材料は, 微量の Cu や Nb を添加した Fe-Si-B 系アモルファス合金を熱処理し結晶化させたもので, 結晶粒径が 10〜20 nm 程度と従来の結晶質材料に比べて著しく小さく, 優れた軟磁性を示す[30,31]. 結晶粒サイズがナノスケールまで小さくなると, 実効的な磁気異方性が減少するため, 従来の結晶材料とは異なる挙動を示し, 結晶粒径が小さくなるほど H_c が減少し軟磁性が発現する[32]. 図 10.4.8 に軟磁性材料の μ_{ri} と B_s の関係を示す. 一般に, B_s が高い材料ほど μ_{ri} が低く軟磁性が劣る傾向がある. しかしナノ結晶軟磁性材料は従来材

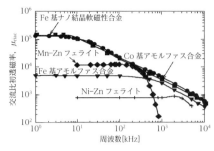

図 10.4.9 各種軟磁性材料の交流比初透磁率の周波数依存性

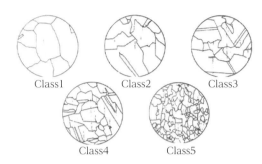

図 10.4.11 OFC の結晶組織判定チャート（水素ガス雰囲気中で加熱処理後）

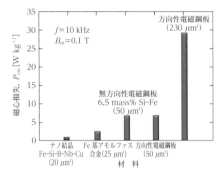

図 10.4.10 各種 Fe 基軟磁性材料の磁心損失（10 kHz, 0.1 T）

料の特性限界を超える特性が実現されていることがわかる．図 10.4.9 に軟磁性材料の交流比初透磁率 μ_{riac} の周波数依存性を示す．アモルファス軟磁性合金やナノ結晶軟磁性合金は，金属系軟磁性材料のなかでは優れた高周波特性を示す．特に Co 基アモルファス合金材料や Fe 基ナノ結晶軟磁性合金材料は低周波から 10 MHz の範囲で高い μ_{riac} を示し，ノイズ対策用のコモンモードチョークコイルのコア材料として高周波の用途に使用されている[33]．図 10.4.10 に Fe 基軟磁性材料の 10 kHz, 0.1 T における単位重量あたりの磁心損失 P_{cm} を示す．代表的な Fe 基軟磁性材料である電磁鋼板に比べ，Fe 基アモルファス合金や Fe 基ナノ結晶合金は低損失である．特に，ナノ結晶軟磁性合金材料は磁心損失が低く温度特性が良好，磁界中熱処理により B-H ループ形状を制御できるなどの特長も兼ね備えており，高周波の用途に適している[33]．

以上説明したように，アモルファス軟磁性材料やナノ結晶軟磁性材料などの先端軟磁性材料は，その優れた高周波特性から，レーザー電源，誘導型線形加速空洞や陽子シンクロトロン高周波加速空洞のコア材料として使用され，今日の先端加速器の発展に重要な役割を果たしている．

10.4.4 常伝導加速管材料（無酸素銅）

粒子加速器を構成する加速管や高周波空洞は電気伝導性，熱伝導性に優れているばかりでなく真空度劣化や放電の原因となるガス放出の少ないことが要求される．また，小型で周波数の高いバンド帯域の加速管を製作するため，非常に高精度な仕上げ精度が必要となり，そのため冷間加工性のよいことが求められる．さらには，接合に拡散接合やろう付けなどの手法が用いられるため接合性のよい材料であることも必要である．

このような要件を満足する材料として，不純物や結晶組織の欠陥が少ない電子管用無酸素銅（Oxygen Free Copper : OFC）（日本規格 ; JIS H 3510, 米国規格 ; ASTMF68）が多用されている．無酸素銅は酸素をほとんど含まない純銅で，そのなかでも銅中のガスを極限にまで低減させた高純度の無酸素銅が加速管製作に使用される．無酸素銅の規格では純度 99.99 % 以上で酸素の成分量は 5 ppm 以下となっているが，加速管では酸素の成分量が 2 ppm の高純度の無酸素銅が用いられている．導電率は 101 % IACS（International Annealed Copper Standard）である．

ASTMF68 では結晶組織中に見られるピンホールなどの欠陥（ASTMF68 ではコンタミネーションと規定）の程度により Class1 から 5 までに分類している．図 10.4.11 に結晶組織判定用の比較チャートを示す．

溶融状態にある銅は凝固の際に吸蔵していたガスを放出するが，凝固速度などの影響で固体中に残存したものが図 10.4.11 に見られるコンタミネーションの主要因である．したがって Class1 が最もガス成分の少ない無酸素銅材料といえる．

銅中のガスを低減させる方法のなかで最も効果的なのは真空脱ガス法である．図 10.4.12 に真空脱ガス処理の原理を示す．溶融銅を溜める炉の上に脱ガス槽を設置し真空ポンプで溶融銅を引き上げ脱ガス処理を行う．この装置を連続溶解鋳造設備へ導入することにより，銅中のガス成分を著しく低減させた OFC-Class1 の量産化が可能になっている．

表 10.4.4 に真空脱ガス処理された OFC-Class1（ASTMF68 OFC-Class1 合格品）の化学的組成の分析値例を示す．図 10.4.13 に真空脱ガス処理した OFC-Class1 と脱ガス処理していない OFC（Class3 相当）の結晶組織例を示す．試料は水素ガス雰囲気中で 850 ℃, 30 分加熱したものである．OFC-Class1 にはほとんどコンタミネーションが見られず，脱ガス効果が顕著である．

10.4 先端材料技術

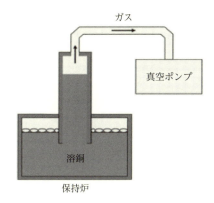

図 10.4.12 真空脱ガス処理の原理図

表 10.4.4 OFC-Class1 の分析値例

元素	ASTM F68	分析値例
銅（Cu）	99.99 % 以上	99.996 %
鉛（Pb）	5 ppm 以下	2 ppm
酸素（O）	5 ppm 以下	2 ppm
マンガン（Mn）	0.5 メッキ ppm 以下	0.1 メッキ ppm
ヒ素（As）	5 メッキ ppm 以下	1 メッキ ppm 以下
ニッケル（Ni）	10 メッキ ppm 以下	1 メッキ ppm
アンチモン（Sb）	4 ppm 以下	1 メッキ ppm 以下
セレン（Se）	3 ppm 以下	1 ppm 以下
リン（P）	3 ppm 以下	2 ppm
銀（Ag）	25 ppm 以下	10 ppm
テルル（Te）	2 ppm 以下	1 ppm 以下
硫黄（S）	15 ppm 以下	5 ppm
ビスマス（Bi）	1 ppm 以下	1 ppm 以下
スズ（Sn）	2 ppm 以下	1 ppm 以下
カドミウム（Cd）	1 ppm 以下	1 ppm 以下
亜鉛（Zn）	規定なし	1 ppm 以下
鉄（Fe）	10 ppm 以下	3 ppm
水銀（Hg）	1 ppm 以下	1 ppm 以下

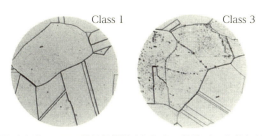

図 10.4.13 OFC の結晶組織例（水素ガス雰囲気中で加熱処理後）。左は Class1，右は Class3．

昇温時のガス放出特性として，図 10.4.14 に OFC-Class1，脱ガス処理をしない OFC（Class3 相当）およびアルミニウム（A1100）の各材料を真空チェンバー内で

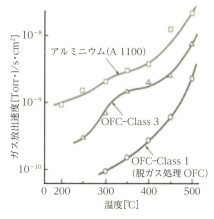

図 10.4.14 OFC の昇温時ガス放出特性

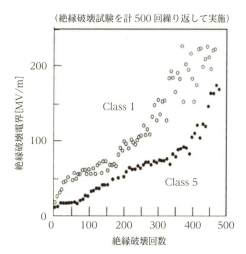

図 10.4.15 OFC の絶縁破壊特性

200～500 ℃ までの温度で加熱したときのガス放出速度を示す．OFC-Class1 のガス放出速度は極めて小さいことがわかる[34]．

さらに絶縁破壊特性については，絶縁破壊電界が高いという特性も得られている．OFC-Class1 と脱ガス処理をしない OFC（Class5 相当）で電極を製作して真空中での繰り返し絶縁破壊試験を行った結果を図 10.4.15 に示す．コンディショニング効果により破壊電界は向上していくが OFC-Class1 は少ない放電回数で破壊電界が顕著に向上するといえる[35]．

また，磁場の発生に伴う発熱サイクルによる金属疲労対策として，硬度化を目的とした Zr や Ag を添加物として加えた無酸素銅を使用する加速管材料も開発されている．

無酸素銅材を加工するには，銅との親和性が弱い（銅が付着しにくい）ため摩耗も少なく高精度加工が可能であるダイヤモンド工具を用いる．加工された無酸素銅を空気中で保管すると，空気中の水分や酸化により表面が腐食される．そのため真空および窒素置換された容器内で保管する

のが望ましい．短時間の保管ではアルコールや油に浸け空気と遮断する方法も取られている．

無酸素銅の接合に関しては，接合面を高精度に仕上げることで拡散接合が可能であり，またろう材との相性もよくろう付けも容易である．電子ビーム溶接機による溶接も多く用いられている．

以上のような特性を有するOFC-Class1は国内外の粒子加速器用加速管，高周波空洞，ビームダクト，クライストロン電極等に使用されている．今後さらに加速器の高エネルギー化が予想されOFC-Class1のような材料の重要度が増すものと考えられる．

10.4.5 超伝導加速空洞材料（高RRRニオブ）

超伝導加速空洞の製造方法として，ニオブの圧延材を成型し電子ビーム溶接によって空洞にする方法，ニオブと銅のクラッド材から，内壁をニオブで，外壁を銅でつくり，レアメタルであるニオブの使用量を減らし，銅による熱伝導率向上の効果を狙う方法[36]，銅製の空洞内面にニオブをスパッタリングさせてニオブ薄膜をつくる方法[37]が挙げられる．かつては，銅に鉛をメッキした超伝導空洞が開発されたが[38]，現在の主流はニオブを使ったものである．本項ではその超伝導加速管の材料であるニオブについて記述する．

超伝導加速空洞の加速電界を制限する因子のうち，最も大きなものは熱的超伝導破壊によるものである．これは何らかの原因で空洞内壁に発熱があった際の温度上昇によりニオブの超伝導が壊れその影響が空洞全体に広がることをいう．これを防ぐために熱伝導率の高いニオブ材が求められている．熱伝導率を高めることにより，仮に部分的な発熱があったとしてもその熱をすばやく液体ヘリウム中に逃がすことができ，超伝導破壊を部分的に抑えるためである．熱伝導率の測定には，対流伝熱を防ぐため真空中にサンプルを置き，サンプルの一端に熱源を，もう一端にサーマルアンカーを置き，サンプルに二つの温度計を設けその温度差から温度勾配を測る方法がとられるが，超伝導空洞が運転される極低温での熱伝導率測定には手間がかかる．極低温における金属の熱伝導率と残留抵抗比（Residual Resistivity Ratio：RRR）は比例関係にあるため，測定の簡単なRRRでニオブの品位を評価している．TRISTAN計画の508MHz超伝導空洞開発時には一度のクールダウンで100本の試料のRRRを測定できる装置が活躍した．

ニオブ展伸材の工業規格としてASTM B393[39]がありCommercial grade, Reactor grade, RRR gradeの順に純度が高くなる．超伝導空洞の材料にはRRR gradeニオブが該当するが，これは最低限の仕様にすぎず，実際の空洞にはさらに250以上や300以上といったRRRの最低値を指定して使われる．ニオブのRRRはその純度に比例する．すなわち，高いRRRのニオブには高い純度のニオブが必要になる．ニオブの純度は金属不純分と酸素，窒素，炭素，水素といった格子間不純分に分けられる．ニオブの融点は大気圧中で2468℃と高く，かつ高温では活性な金属であるため，真空溶解が不可欠で高純度品の精製には電子ビーム溶解法が用いられる．図10.4.16に電子ビーム溶解炉で溶解中のニオブの写真を示す．ニオブよりも融点の低い（蒸気圧の高い）金属不純分は真空中での溶解により蒸発除去される．一方，タンタルやタングステンといったニオブよりも融点の高い金属は電子ビーム溶解では除去されないため，溶解前の原料の段階で化学的に除去されていることが必要となる．格子間不純分についてはメカニズムが異なり，例えば酸素は単体では蒸発できず，NbOやNbO$_2$といった亜酸化物の蒸気圧がNbよりも高いためそれらが優先的に蒸発するためニオブの脱酸が進む．炭素はニオブ中の酸素と結びつきCO，CO$_2$となって蒸発する．窒素と水素はN$_2$，H$_2$ガスとなって蒸発する[40]．図10.4.17にRRRと各種ガス不純分の関係を示す．Schulzeはそれぞれの不純分1ppmがRRRに及ぼす影響を計算した[40,41]．

$$\frac{1}{RRR} = \frac{O}{5\,000} + \frac{N}{3\,900} + \frac{C}{4\,100} + \frac{H}{1\,550} + \frac{Ta}{550\,000} + \cdots$$

この式より，格子間不純分の因子がタンタルに比べて100倍ほど大きいことがわかる．しかし，ニオブの鉱石はタンタルと共存しているため，電子ビーム溶解前の粗ニオブに通常数百ppmのタンタルが含まれている．前述のように電子ビーム溶解ではタンタルを除去できないため，素材の厳選が必要になっている．経験上，RRR300以上のニオブを精製するにはタンタルが500ppm以下であることが望

図10.4.16　電子ビーム溶解中のニオブインゴット

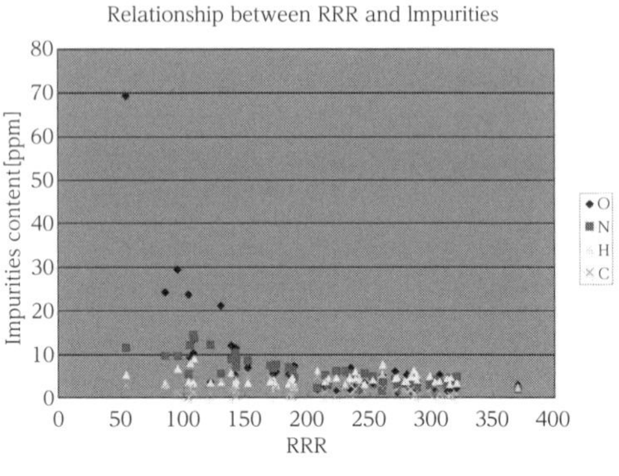

図10.4.17　RRRと各格子間不純分の関係

ましい.

2014年現在，超伝導加速空洞用高純度ニオブを扱っているメーカーは以下のとおり．ATI Speciality Alloys & Components[42]，Ningxia OTIC[43]，東京電解，Heraeus[44]．他にもタンタルの展伸材をつくるメーカーはニオブの展伸材をつくる能力を有するが，高純度ニオブの市場が小さいため参入していない.

10.4.6　カソード材料（熱陰極）

固体を加熱すると内部電子の運動は活発になり，その一部は固体の表面から飛び出す．この現象を熱電子放出と呼び，電子管では熱陰極として広く利用されている.

熱陰極からの電子放出量 J は，リチャードソンの方程式

$$J = AT^2 \exp(-e\phi/kT)$$

で与えられる.

ϕ は仕事関数であって電子1個を固体外に取り出すエネルギーを示し，陰極の性能を表す尺度として用いられる.

熱陰極は，材料，用途，特性によって，表10.4.5に示したような種類に大別される.

a. 高融点金属陰極

X線管や電子顕微鏡のフィラメントに直接電流を流す直熱型陰極として多く用いられ，W，Ta，W-Re などの高融点金属線が用いられている．仕事関数は4.1 eV 以上と大きいが高温動作可能なため電子放射量を高めることができる．2 500 K 付近における W の電子放出密度は0.1～0.7 A/cm² である[45].

b. 単原子層陰極

代表的な陰極は，W に ThO_2 を1～2％含有したトリエテッド・タングステン線を用いた直熱型陰極であり，おもに送信管に使用されている[46]．これに20～50 μm 程度の炭化層を設けることで，Th の還元を促進させ表面に Th の単原子層を形成する．これにより表面に正電荷と負電荷による電気二重層が形成され W の電子を引き出す．電気二重層の形成とその端部に生じる電界の作用により仕事関数は減少し，W の 4.5 eV，Th の 3.4 eV より低く 2.6 eV となり，熱電子がより多く得られるようになる[45].

電子放出密度は，高融点金属陰極の2倍程度向上する.

傍熱型陰極としては，多孔質 W に Th を含浸させた陰極や，$BaCO_3$ を貯蔵した L 陰極が使用されていたが，現在では使用されていない.

c. 酸化物陰極

Ba や Sr などの希土類酸化物の層を Ni や W からなる基体金属表面に形成させた傍熱型陰極で，仕事関数が1.0～1.3 eV と小さく，動作温度が1 050 K 程度と低いことが特徴である.

例えば，(Ba, Sr, Ca)CO_3 よりなる炭酸塩を Mg や Si などの還元剤を微量含む Ni 基体金属上に吹き付け法により塗布後，1 200～1 300 K 程度で分解し，(Ba, Sr)O の酸化物層を形成する．この層は半導体であり，熱電子放出の機構は金属と異なる.

これを加熱すると，BaO が基体金属中の還元剤の作用により Ba を生成，表面に拡散し，電子放射を提供する.

ただし，0.5 A/cm² を超えると酸化物層でジュール熱を発生し寿命が著しく低下する.

この改良として酸化物に Sc_2O_3 を添加した陰極などがある[47].

d. 含浸型陰極

クライストロンなどの高電流密度，長寿命の高信頼性を要求される電子管に適合する陰極として使用されている.

多孔質 W 基体に電子放射に寄与する BaO を含浸剤の BaO＋CaO＋Al_2O_3 のかたちで溶融含浸させた傍熱型陰極である.

含浸型陰極の動作メカニズムは単原子層陰極と同じである．陰極が真空中で加熱されると，BaO が W によって還元されて生成した Ba が空孔部を通って W 表面に拡散し，電荷交換により電気二重層を形成し W の電子を引き出す.

現在主流となっているのが，単原子層の質と Ba 被覆率を改善させ電子放射能力を高めた M タイプおよびスカン

表10.4.5　熱陰極の種類，材料例，用途など

種　類	陰極材料例	必要真空度* [Pa]	動作温度* [K]	仕事関数* [eV]	電子放出密度* [A/cm²]	用途
高融点金属 陰極	W，Ta，W-Re	10^{-2}	2 400～2 600	4.1～4.7	～1	X線管 SEM
単原子層 陰極	W-ThO_2	10^{-3}	1 800～2 000	2.6～2.9	～2	送信管 マグネトロン
酸化物 陰極	(Ba, Sr, Ca) O を Ni 基体に形成	10^{-5}	1 000～1 150	1.0～1.3	パルス：50 DC：<1	CRT マグネトロン
含浸型 陰極	(BaO, CaO,Al_2O_3) を Porous-W に含浸	10^{-5}	1 150～1 400	1.5～2.2	パルス：10～100 DC：>3	クライストロン ジャイロトロン 進行波管 加速器電子銃
化合物 陰極	LaB_6，CeB_6	10^{-6}	1 600～1 900	2.2～3.3	10～100	TEM, SEM 電子線描画装置

* 数値はおおよその目安

デートである．Mタイプは，陰極表面に Os-Ru, Ir など の金属薄膜が形成されている．スカンデートの場合は，上記含浸剤に Sc_2O_3 が添加されている．金属酸化膜の形成および Sc_2O_3 の添加の目的は仕事関数を低下させるためである．

含浸型陰極の構成材料である W, Ir, Ba の仕事関数はそれぞれ 4.5 eV, 5.4 eV, 2.5 eV である．これに対し，Mタイプは 1.9 eV であり，構成材料よりも低くなる[46]．

これにより，2 A/cm^2（DC）の電流密度を得るのに動作温度は 1 300 K 程度必要であったものを，1 200 K 程度と約 100 K 低減している．

e. 化合物陰極

陰極材料は，ランタノイド金属のホウ化物，炭化物，窒化物で，高融点金属陰極に比べて高い電子放射が得られる．活性が高いため良好な真空度での動作が求められる．ピーク電流が高く，低エミッタンスであることが特徴である．

LaB_6, CeB_6 は，単結晶の製造技術が進んだことにより，電子源として使用され，単結晶のチップを W-Re 線で取りつけた直熱型陰極に代表されるように高輝度の電子ビームが要求される電子顕微鏡用のカソードとして利用されている．

10.4.7　立体回路用材料

立体回路そのものは，Cu, Al などの金属を材料としているが，真空と大気の隔壁や RF の吸収体としてはセラミックスなどの特殊材料が使われている．近年，加速器の高性能化に伴って，これらの材料の電気的・機械的性能に対する要求はますます厳しくなってきている．ここでは，代表的な立体回路用特殊材料について，使用されている機器ごとに紹介する．

a.　RF 窓

RF 窓は，クライストロン出力窓，空洞入力窓，水負荷などにおいて，真空や冷却水は遮断し，RF は通過させるために使用される．材料としては，おもに高純度アルミナ（Al_2O_3，純度は，95 %～99.7 % 程度）が用いられる．アルミナは非常に強く化学結合しているため，化学的・物理的安定性に優れており，以下のような特性を有している．

・高融点（2 050 ℃）
・高熱伝導率（～0.1 cal/cm/s/K＝42 W/m/K）
・高抵抗率（10^{12} Ωm）
・高硬度（モース硬度＝9）

RF 窓の形状としては，円筒型，円盤型などがあるが，電気的整合をとるために，円筒型の場合は円筒の長さを半波長とし，円盤型の場合は，ピルボックス構造として，周波数帯域ができるだけ広くなるように寸法を調整する．円筒型はセラミックスでの発熱を均一にすることが容易ではないので，大電力用には円盤型ピルボックス窓が用いられ，必要があれば円盤の外周部を冷却する．

RF 窓（アルミナ）では，誘電損失による発熱を低く押さえる必要があるため，誘電正接（tan δ）の小さな（～4×10^{-5}）高純度の材質が選択される．また，アルミナの二次電子放出係数は 1 よりも大きいので，マルチパクター（RF の交番電場に同期して二次電子が増殖する現象）を防止するため，セラミックス上に窒化チタン（TiN，二次電子放出係数が 1 よりも小さい）の薄膜をコーティングすることが多い．この場合，膜厚が薄すぎると二次電子放出の抑制効果が小さいし，厚すぎると損失による発熱をまねくので，適正な膜厚を選択する必要がある．立体回路とアルミナの接合に関しては，10.4.1 項を参照されたい．

なお，核融合炉用 RF 源として用いられるジャイラトロンでは RF 窓の材料として，高い熱伝導率を有し，熱的破壊が起きにくい，ベリリアや人工ダイヤモンドが使われている．

b.　模擬負荷

粒子を加速した後，残った RF 電力は，模擬負荷（ダミーロード）で吸収される．材料としては，おもにエンジニアリング・セラミックスとして広く使われている炭化ケイ素（SiC）が用いられる．

SiC は，シリコンと炭素が共有結合した結晶であり，結晶構造には，六方晶系の α 型と立方晶系の β 型の 2 種類がある．国内の加速器では，α 型，β 型両者とも使われている．

模擬負荷の構造は，導波管の終端部に吸収体としての SiC を配置するが，SiC の形状としては，砲弾型，ボタン型，タイル型などがある．電気的特性，すなわち，誘電率，tan δ のばらつきが問題となる場合があるが，その場合は，単体の電気的特性を測定して選別するなどの対応が必要である．大電力を吸収する場合は冷却が必要であり，砲弾型では直接水冷，ボタン型，タイル型では間接水冷が採用されている．ボタン型，タイル型の場合，導波管との接合にはろう付けが用いられるが，接合後に割れが生じることがあるので SiC とベース金属との間に緩衝材を挿入するなどの工夫が必要である．

少数の例であるが，模擬負荷として導波管の内面にカンタル（Kanthal，鉄を主成分とする合金）を溶射したものもある（例えば SLAC の加速管用模擬負荷）．

c.　HOM 吸収体

加速空洞の近傍に設け，加速粒子の短いバンチが発生する有害な高次モード（Higher Order Mode：HOM）を吸収，減衰させることを目的とする．吸収体としては，上記の SiC や，フェライトが用いられる．製造上問題となるのは，加速空洞あるいはビームパイプへの接合が容易ではないことである．SiC の場合はろう付け，フェライトの場合は HIP（Hot Isostatic Pressing，熱間等方加圧）法を用いた焼結により接合される．

d.　サーキュレーター

サーキュレーターでは，RF の進行方向を曲げるために，フェライト（ガーネット系）の持つ透磁率の異方性が利用される．透過率が大きく（かつ，その周波数帯域が広

く），また，その特性が入力電力によらないことが求められるが，サーキュレーターを大電力，特にCW運転で用いる場合は，フェライトの発熱により低電力のときと特性が変わり，反射率が増大する（透過率が減少する）ので，フェライトを薄くしたり，冷却を強化するなどの工夫が必要である．

参考文献

1) 京セラ HP：材料特性カタログ，http://www.kyocera.com
2) 東ソー・クォーツ HP：石英ガラスの特性データ，http://www.tqgj.co.jp/silicaglass/mechanical.html
3) 神戸製鋼所 HP：ダイヤモンドの基礎物性，http://www.kobelco.co.jp/products/r-d/tdg/erl/diamond/base/index.html
4) Diamond Materials GmbH HP：Properties of CVD Diamond, http://www.diamond-materials.com
5) W. D. Kingery, et al.：『セラミックス材料科学入門 応用編』p. 870 内田老鶴圃新社（1981）．
6) T. Watanabe, T. Kitabayashi：J. Ceramic Society of Japan 100 No. 1 p. 1（1992）．
7) 上山 守，ほか：粉体及び粉末冶金 35 No. 8 p. 793.
8) A. Nakayama：IEICE Trans. Electron., E77-C, No. 6 p. 894（1994）．
9) 素木洋一：『セラミック製造プロセスII』技報堂出版（1978）．；『セラミック製造プロセスIII』（1979）．
10) D. W. Richerson：『ハイテク・セラミックス工学』内田老鶴圃（1985）．
11) 日本セラミックス協会：『セラミックスの製造プロセス』技報堂（1984）．
12) ニューケラスシリーズ編集委員会：『セラミックス基板とその応用』学献社（1988）．
13) 高塩治男：窯業協会誌 79（9）330（1971）．
14) G. Elssner, G. Petzow：ISIJ International 30 1011（1990）．
15) 大塚健治，ほか：素材物性学雑誌 12（1-2）3（1999）．
16) 三原修司，ほか：「高沿面耐電圧セラミックスの開発研究」第9回（2012），第10回日本加速器学会（2013）．
17) Rod Ratham："High Voltage Vacuum Insulation" p. 300 ACADEMIC PRESS（1995）．
18) K. Honda, S. Kaya：Science Reports 15 721 東北帝国大学（1926）．；金属の研究 4 1 東北帝国大学（1927）．
19) N. P. Goss："Electrical Sheet and Method and Apparatus for its Manufacture and Test" USP1965559（1934）．
20) M. F. Littman, et al.："Process of Increasing the Permeability of Oriented Silicon Steels" USP2599340（1952）．
21) 田口 悟，坂倉 昭：「方向性を有する珪素鋼帯を製造する方法」日本特許 公昭 33-4710（1958）．
22) 田口 悟：日本金属学会 会報 13 pp. 49-57（1974）．
23) 田口 悟，ほか：「高磁束密度一方向性珪素鋼板の製法」日本特許 公昭 40-15644（1965）．
24) 高橋延幸：鉄と鋼 80 59（1994）．
25) K. Endo, M. Kihara：Proc. 4th Int. Conf. Magnet Technoloy, MT-4, pp. 275-286（1972）．
26) H. Brechna：Proc. 2nd Int. Conf. on Magnet Technology, MT-2, pp. 305-329（1967）．
27) T. Doke, et al.：Jpn. J. Appl. Phys. 6 403（1967）．
28) T. Doke, et al.：Nucl. Instrum. Methods 83 300（1970）．
29) 本間基文，日口 章 編著：『磁性材料読本』p. 69 工業調査会（1998）．
30) Y. Yoshizawa, et al.：J. Appl. Phys. 64 6044（1988）．
31) Y. Yoshizawa, K. Yamauchi：Mater. Trans., JIM, 31 307（1990）．
32) G. Herzer：IEEE Trans. Man. 25 3327（1989）．
33) 吉沢克仁：まぐね，8 80（2013）．
34) 酒井修二，ほか：日立電線 7 pp. 83-88（1998）．
35) 小林信一，ほか：電気学会論文誌 A114 pp. 91-99（1988）．
36) S. Takeuchi, et al：Nuclear Instruments and Methods in Physics Research Section A 287 1-2 pp. 257-262.
37) C. Benvenuti, et al：CERN/EF 89-13, August（1989）．
38) M. Kuntze, ed.：Karlsure, KfK 3019 Germany, Jul. 2-4（1980）．
39) ASTM B393 1.1.5 R04220-Type 5-RRR grade pure niobium.
40) K. K. Schulze：J. Metals, 33 33-41（1981）．
41) H. Padamsee："The Technology of Nb Production and Purification" Proceeding of 2nd Workshop on RF Superconductivity, pp. 339-376 CERN（1984）．
42) http://www.atimetals.com/
43) http://en.otic.com.cr
44) http://www.heraeus.com
45) 桜庭一郎：『電子管工学（第2版）』pp. 35-36，森北出版（1989）．
46) 林 健一，ほか：プラズマ・核融合学会誌 86 No. 10 pp. 567-575（2010）．
47) 樋口敏春：『月刊ディスプレイ'99 3月号』pp. 30-33（1999）．

10.5 各種シールド技術

10.5.1 電磁ノイズ

電磁ノイズには，電界や磁界あるいは電磁波として空間を伝搬するノイズが信号線などに誘導電圧を生じノイズとして電子回路などに侵入するもの（ノーマルモードノイズ）と，機器間のグランド電位差のゆらぎによってグランド電流がゆらぎノイズ電圧として発生するもの（コモンモードノイズ）とがある．ノーマルモードノイズの低減には，信号線のホット側とコールド側の線を互いに撚り合わせる，または同軸ケーブル（シールド線）を用いて誘導を避けるなどの対策が有効である．長い距離にわたって信号を伝送するときにはグランド電位差によるコモンモードノイズが発生する．このような場合には三線式平衡伝送が有効である．また周波数が kHz 以下程度と低い場合には電流伝送方式も有効であり広く用いられている．高周波ではコモンモードチョークが用いられる．

空間を伝搬してくるノイズの機器への侵入を遮蔽するためには電磁シールドが行われる．図 10.5.1 のように導体で囲った閉空間をつくると，導体が等電位となるため内部は外部電界の影響を受けない．これをファラデー・チェンバーといい静電シールドの原理である．一方，パーマロイなどの十分大きな透磁率を持つ磁性体を用いて閉空間を構成すると，図 10.5.2 のように磁界は磁性体内に閉じ込められ磁界の侵入を阻止することができる．これを磁気シー

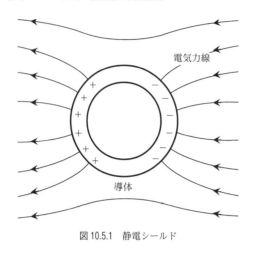

図 10.5.1 静電シールド

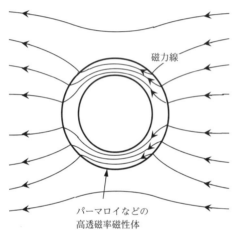

図 10.5.2 磁気シールド

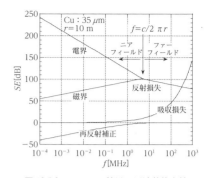

図 10.5.3 シールド効果の周波数依存性

ルドという.

　時間的に変化する電磁場の場合はシールド材表面に誘導される電流によって電磁場が反射され，内部への侵入が遮られることになる．シールド性能 SE (Shielding Effectiveness) は外部から入射される電磁場の強度 E_i または H_i と内部へ透過した電磁場の強度 E_t または H_t との比をとって dB で表される：$SE = 20 \log(E_i/E_t)$（または $20 \log(H_i/H_t)$）．電磁場が導体板表面に入射するとほとんどが反射される．これを反射損失 R といい板厚に依存しない．一部は導体内に侵入して減衰しながら裏面に達しシールド内部に放射される．これを吸収損失 A という．導体内部では裏面と表面の間で反射を繰り返し一部が裏面を透過する．これを再反射補正 B といい，$SE[\mathrm{dB}] = R + A + B$ と表される．板厚の効果は A，B に取り込まれる．SE の基準として以下の目安が与えられている[1]．

　10 dB 以下：ほとんど効果なし
　10～30 dB：最小限のシールド効果あり
　30～60 dB：平均的シールド効果あり
　60～90 dB：平均以上の効果あり
　90 dB 以上：高度のシールド効果あり

　波源からの距離が $\lambda/2\pi$ 以下での電磁場はニアフィールド（近接場）といい電場または磁場が主成分となる．$\lambda/2\pi$ 以上の遠方ではファーフィールド（遠隔場）いわゆる電磁波となる．λ は電磁場の波長である．導体板の SE は反射損失が主となり空間と導体の波動インピーダンスの比で与えられる[2,3]．例として波源からの距離 r を 10 m とした場合の，プリント基板に用いられる 35 μm 厚の銅の薄板の SE を求めると図 10.5.3 のようになる．電界および磁界に対する反射損失が交わるところがニアフィールドとファーフィールドの境界である．電界に対しては反射によりごく薄い銅板で十分なシールド効果が得られるが，ニアフィールドの磁界に対しては低い周波数で SE が減少し，図の例では板厚が薄いため再反射補正が大きく 100 Hz 以下ではシールド効果がなくなる．周波数の低い磁界に対しては吸収損失を大きくする必要があり，なるべく表皮の深さの 3 倍以上の厚さの高透磁率の磁性体を用い，さらに図 10.5.2 のように構造体が形成する磁気回路により磁界をバイパスすることが有効である．

　シールド構造の基本は穴や隙間がない密閉構造であるが，電力線や信号線の引き込みや通風などのため開口が必要である．開口面の電磁場は周囲の金属部に流れる誘導電流による反射で減衰しているが，開口からの電磁場の侵入のためシールド効果が減少する．電磁場の侵入を遮るには開口径 a は $a \ll \lambda/2$ であることが必要であり，a が小さいほど SE は大きくなる．開口部における電磁場の減衰が不十分な場合は，開口部を長さ t のパイプで延長し遮断周波数領域の減衰を利用して電磁場を減衰する方法が用いられる．円形開口では $SE[\mathrm{dB}] = 32t/a$ だけの減衰が期待でき，$t > 3a$ とすることで 96 dB 以上の減衰を期待できる．これは静電界や静磁界に対するシールドの場合にも極めて有効である．

　通風孔などの大きな開口は小さな穴を多数あけたパンチングメタルなどでシールドする必要がある．$\ell_1 \times \ell_2$ の範囲に直径 a の穴を規則的に配列した厚さ t の金属板の SE は，穴間のピッチ d を $\lambda/2\pi$ 以下として

$$SE[\mathrm{dB}] = 20 \log\{d^2(\ell_1\ell_2)^{1/2}/a^3\} + 32(t/a) + 3.8$$

と与えられている[4]．例えば 20 cm × 20 cm の範囲に 10

mm 間隔で 5 mm 径の穴を規則的に開けた 0.5 mm 厚の金属板では $SE = 51$ dB となり，穴がない場合に比べて著しくシールド性能が劣化するが，この例では開口率が小さい（20 %）ため，さほど悪くないシールド効果が得られる．開口率が同じならば径の小さい穴を多数開けたほうが SE は大きくなる．金網の場合は開口率が大きいために SE は比較的小さく，2.5〜8 mm 程度の網目寸法では $SE = 30$〜20 dB 程度であり[5]，網目の細かいほうが SE は大きい．金網によるシールドは簡易的な対策と考えるべきである．また金網の縦線と横線の電気的接触が悪いと網目の周囲を流れる誘導電流が遮られシールド効果が大きく減少する．シールド材として目の細かいプラスチック繊維製の網に金属コーティングしたものや電波吸収体を積層したシートなどがあり，40〜60 dB 以上の比較的高い SE を有するものが市販されている．

10.5.2 磁気シールド

磁気シールド技術を必要とする分野は，基礎物理実験から生体磁気，電子機器，強磁場機器まで非常に多岐にわたる．そこで扱われる磁場も超伝導磁石が発生するテスラ（T）オーダーの磁場から SQUID 磁束計での測定が可能となってきた 10^{-13} T あるいはそれ以下の磁場と非常に広範囲に及び，その周波数帯域も直流から高周波（マイクロ波）領域までと非常に幅広いものである[6]．このため磁気シールド技術[7]はその応用分野や，対象とする磁場により大きく異なるが，シールド方法で分類すると，1）シールドしたい空間をシールド材料で覆う方法（パッシブシールド）と，2）シールドしたい空間に存在する磁場を打ち消すコイルの励磁によりシールドする方法（アクティブシールド）がある．1）のパッシブシールドの考えは非常に古く，19 世紀から研究されてきたものである．この方法はシールド空間が大きくなると重量が増すという問題はあるが，シールド材料をシールド空間に配置するだけでよく，残留磁場を 100 nT オーダーに抑えることも比較的容易である．これに対して，2）のアクティブシールドはシールド重量を抑えることができ，また，強磁場のシールドにも適用できる．ただし，残留磁場を 10^{-4} T オーダー以下に抑えるにはコイル形状の詳細な設計検討が必要である．この方法は医療用超伝導 MRI 装置の洩れ磁場低減のために多く用いられている．

パッシブシールドの場合，使用する材料によりさらに分類することができ，1）高透磁率磁性材料を用いるシールドと，2）超伝導材料を用いるシールドに分けられる．1）では磁場をシールドしたい空間を磁性材料で囲い，空間内部の磁束を磁性材料に吸収して，空間内の残留磁場を低減するものである．したがって，あらかじめ存在する磁場（例えば地磁気など）を低減できる特徴を持つ．2）は超伝導材料の特性の一つであるマイスナー効果と呼ばれる磁場を排除する完全反磁性現象を利用するものであり，原理的には静磁場からマイクロ波領域まで完全な磁気シールドが可能なものである．しかしながら，この超伝導シールドでは，シールド空間を完全に超伝導体で囲うことができればよいシールド効果が期待されるが，シールド空間を超伝導体で完全に覆うことができず磁束が貫通する穴がある場合には，超伝導材料が超伝導状態に転移する以前に存在する磁場をシールドすることは困難である．原理的には有望と思えるシールド材料であるが，現実の超伝導材料の使用にあたっては，その特性（臨界磁場，磁気特性，臨界温度など）や，使用方法（冷却と外部磁場印加の手順）などに十分な検討が必要である．

磁気シールドの設計にあたり，どの方式を選ぶかは，シールドすべき磁場の強さと許容残留磁場，シールドに求められる形状，使用法と使いやすさ，製作費など種々の点を考慮して決める必要があるが，一般には，T オーダーの強磁場磁気シールドにはパッシブな超伝導シールドや，超伝導コイルを用いたアクティブシールドが適し，地磁気オーダーの磁気シールドには高透磁率磁性材料を用いたパッシブシールドが適しているといえる．さらに微小な 100〜0.1 nT オーダーの磁気シールドには高純度の超伝導材料を用いたパッシブシールドとならざるを得ないと思われる．

加速器分野における磁気シールド技術のおもな使用例としては，低運動量ビームを反応粒子の運動量分析スペクトロメータなどに導くビームラインやビーム蓄積リングへのビーム入射磁石など T オーダーの磁場をシールドするものと超伝導加速空洞にかかる外場（地磁気：〜50 000 nT）をシールドするものが挙げられる．前者ではパッシブな超伝導磁気シールド[8-11]や特殊なコイル形状を採用して磁場フリーの空間と磁場が存在する空間を隣り合わせに存在させるアクティブシールド[12]が使われている．後者の超伝導加速空洞用磁気シールドでは，おもに高透磁率材料を用いたパッシブシールドが使われる．

常温地磁気環境下での磁気シールドによく使われるパッシブシールド材料にパーマロイ（permeability＋alloy）がある．パーマロイはニッケルを重量比で 35〜80 % 含むニッケルと鉄の合金で，ニッケルの含有量によりさらに分類されている．磁気シールドとしてよく出回っているものは PB 材（ニッケル成分の重量比 40〜50 %）や PC 材（ニッケル成分の重量比 70〜85 %）で，ミューメタルもパーマロイ PC 材の一種である．これらの，通常常温で使用される磁気シールド材料は液体ヘリウム温度では磁気特性が劣化することが知られている．劣化の度合いは材料によるが常温時に比べて初期透磁率や最大透磁率が半分以下になるものもある．したがって超伝導加速空洞用の磁気シールドを設計する場合には透磁率の温度依存性を考慮する必要がある．

低温用に開発された磁気シールド材は何種類か市場に出回っているが，それらに共通する特徴はニッケル成分の重量比が〜80 % と高く，他にモリブデンや銅が数 %，残りの〜15 % が鉄という成分比になっている点である．また

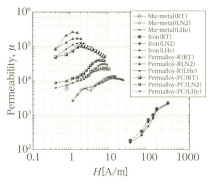

図10.5.4　各種磁気シールド材の常温および低温における透磁率

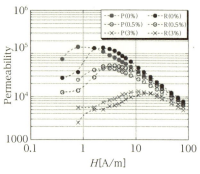

図10.5.5　歪みが生じた場合の常温での透磁率劣化〔（　）内の数字が歪み度を表す〕

熱処理温度も1150℃程度とパーマロイ材の処理に比べてやや高めである．低温での磁気特性は初期透磁率で～60000，最大透磁率で～100000が期待できる．低温用磁気シールド材は常温用のものより少し高価である．

図10.5.4にミューメタル，パーマロイおよび鉄の室温，液体窒素温度および液体ヘリウム温度における透磁率測定結果を示す．最大透磁率がパーマロイ系では100000を越えるのに対し鉄ではそれより2桁ほど落ちる．また透磁率が最大となる外場もパーマロイ系は数A/mであるのに対して鉄では数百A/mと2桁違う．したがって地磁気程度のシールドにはパーマロイ系が適しており，鉄はそれよりも強い磁場のシールドに適しているといえる．

図中にあるパーマロイRはいわゆる低温用材料であり，他に比べて低温での劣化の割合が少なく液体ヘリウム温度でも最大透磁率が100000を越えている．

低温用磁気シールド材の磁気特性は機械的歪みに非常に敏感であるので加工後の熱処理が重要であり，熱処理後には余計な歪みが生じないよう慎重に取り扱う必要がある．歪みが生じた場合の透磁率測定データを2種類のパーマロイ材について示したのが図10.5.5である．歪みなしの場合と歪みの割合を変えた場合についてプロットしてある[13]．例えばサンプルに歪みが生じ，3％の歪みが発生した場合には最大透磁率で1桁も劣化してしまう．低温特性のよい材料を選んだとしても実際の磁気シールド組み立て工程のなかで歪みが生じるとせっかくの高性能材料も台無しになってしまう．

最後に磁気シールドを設計する際に目安となる磁気シールド率について述べる．簡単にいってしまうと磁気シールド率は，外部磁場とシールド内磁場の比である．例えば地磁気環境下に置かれた加速空洞の許容残留磁場が数百nTの場合には目標とするシールド率Sは100のオーダーになる．

Sは無限長円筒シェルの場合，円筒に垂直な外場に対するシールド率は円筒の厚みをd，直径をD，比透磁率をμとした場合に

$$S = \mu d / D$$

で表すことができる[14]．例えば透磁率50000の材料でつくられた直径500mm，厚み1mmの円筒の垂直磁場に対するシールド率は100となる．平行磁場の場合のシールド率の評価については文献14を参照のこと．実際の磁気シールドは端部にふたがついていたりして単純な円筒形ではないので設計の際には磁場計算をし，でき上がったものについては磁場測定をして確認することが望ましい．

参考文献
1) 伊藤健一 監，ノイズ対策研究会 編：『ノイズ対策ハンドブック』p.193 日刊工業新聞社（1994）．
2) H. W. Ott：『Noise Reduction Techniques in Electronic Systems』2nd ed., p.159, John Wiley & Sons（1988）．
3) 岡村迪夫：『解析ノイズ・メカニズム』p.302, CQ出版（1987）．
4) J. P. Quine：『Proceedings of the 3rd Conf. on Radio Interference Reduction』p.315, Armour Research Foun-dation（1957）．
5) http://www.amichu.com/denjiha-shield.html
6) 川西健次，ほか 編：『磁気工学ハンドブック』朝倉書店．
7) 小笠原武，Ludwing Boesten：『磁気遮蔽』低温工学 8（4）1（1973）．
8) F. Martin, et.al.：Nucl. Instrum. Methods 103 503（1972）．
9) F. Martin, S. J. St. Lorant：J. Appl. Phys. 44（1）460（1973）．
10) M. Firth, et al.："Performance of the superconducting field shielding tube for the CERN 2 meter hydrogen bubble chamber" Proc. Int. Conf. on Instrum. for High Energy Physics, Frascati pp.79-84（1973）．
11) E. U. Haebel, W. Witzeling："A superconducting mult-ribbon shielding tube," Proc. Sixth Int. Conf. on Magnet Technology, Bratislava pp.949-954（1977）．
12) F. KRIENEN, et al.：Nucl. Instrum. Methods A 283 5（1989）．
13) M. Masuzawa, et al.：IEEE Trans. Appl. Superconductivity 22（3）3500104（2012）．
14) A. J. Mager："Magneitc Shields," IEEE Trans. on Magn. MAG-6 p.67（1970）．

10.6 冷凍装置[1)]

10.6.1 概論

超伝導機器を安定して運転するためには，超伝導材料の臨界温度より十分低い温度に保たなければならない．今日，加速器用大型超伝導機器で使われているおもな超伝導材料はNbTi，Nb_3SnとNbであり，それらの臨界温度は約10 K（Nb_3Snは18 K）である．そのため，これら機器の冷媒となり得るものはヘリウムのみである．

図10.6.1にヘリウムの状態図と超伝導機器の冷却に使われる代表的冷却域を示す．一番簡便な冷却方法は飽和液体ヘリウムを使うものである．この場合，蒸発潜熱を利用して一定の温度に保つことができるという長所を持つが，液面の制御や配管中を流す場合には2相流の流量制御が必要となり，流量の不安定性などの問題が生じる．このため，この方法は冷却機器の数が少ない場合に多く使われる[2)]．加速器トンネル内に設置された多数の超伝導磁石を冷却するような場合には，超臨界ヘリウム[3,4)]や，5 K以下の過冷却液体ヘリウム[5,6)]による強制循環方式が使われる．この場合，熱は循環ヘリウムの温度上昇により除去されるため比較的大流量が必要となるが，単相流であるため，流れの不安定性の問題はなくなる．

超伝導機器の運転温度を下げると，その特性を向上させることができる．超伝導磁石の場合にはコイル電流密度を上げることができ，より高磁場を発生させることが可能となり，また，超伝導空洞の場合には表面抵抗を下げることができ，冷却系への熱負荷を減らすことが可能となる．液体ヘリウムの温度を2.2 K以下まで下げると，粘性が低く，高い熱伝達率をもつ超流動ヘリウムとなる．このため，超伝導機器の安定性をより一層向上させることが可能となる．飽和超流動ヘリウムの生成は減圧により（<5 kPa）比較的簡単にできるが，電気絶縁耐圧が低く，冷却システムとしてはリークや不純物ガス（空気）の混入の危険性が高いものとなる．このため，大型の超伝導磁石システムでは加圧超流動ヘリウムによる冷却が採用されることが多い[7)]．

今日では，冷媒となるヘリウムの低温域における熱力学的，熱物性的特性データは図表やPC用の計算コードとして入手可能である[8-10)]．

大型超伝導機器の冷凍システムは，低温ヘリウムを生成するヘリウム冷凍機，超伝導機器を低温に保つための低温容器（クライオスタット），冷凍機でつくられた低温ヘリウムをクライオスタットまで輸送するトランスファーラインなどで構成される．冷凍機に関しては，メーカーにより，そのサイズや内部構成は規格化が進んでおり，冷凍システムの設計検討では規格品をベースに進められることが多い．しかしながら，その他のものは，超伝導機器の運転条件や周囲の空間的制約がその時々で異なることから，システム特有の設計がなされることが多い．

近年，小型の超伝導磁石では小型冷凍機（GM冷凍機やパルス管冷凍機）を用いた冷却方式が使われ始めている[11)]．この場合には，超伝導磁石を収納するクライオスタット内に直接小型冷凍機が取り付けられるため，トランスファーラインなどが不要で，システムがコンパクトとなり，磁石の設置作業が容易となる．しかし，大型冷凍機に比べ小型冷凍機の冷却効率は低く，多数の磁石を冷却する場合には，運転・維持費が増大するなどの欠点を持つ．

10.6.2 ヘリウム液化冷凍機

a. ヘリウム液化機

超伝導機器などの冷却用に液化ヘリウムを生成する典型的なヘリウム液化システムの概略フローを図10.6.2に示す．通常，このようなシステムでは超伝導機器を冷却するための液化ヘリウムを供給するヘリウム液化装置の他に，高価で貴重な資源である蒸発したヘリウムガスを回収して液化し，再利用するための回収・精製装置が必要となる．ヘリウム液化機では循環圧縮機により約1.2 MPaに圧縮されたヘリウムガスは，室温の配管でヘリウム液化機のコールドボックス内の高圧ラインへ送られて，熱交換器により予冷用の液化窒素や冷たい戻りの低圧ガスと熱交換することにより冷却されて温度を下げられる．その後，一部のガスは膨張タービンで温度を下げられ，低圧の戻りガスに

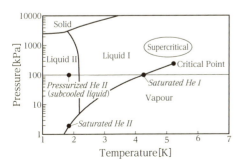

図10.6.1 ヘリウムの状態図（超伝導機器の冷却に使われる代表的領域も示す）

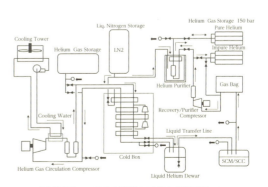

図10.6.2 ヘリウム液化システムの概略フロー

なり高圧ラインを流れるガスの冷却に利用される．残りのガスはさらに熱交換器で冷却され，最終的にジュール・トムソン弁で断熱自由膨張（J-T膨張）することで温度を下げられる．その結果，J-T膨張したガスの一部は液化して液体ヘリウム容器に液化ヘリウムとして貯められる．一方，J-T膨張で液化されなかったヘリウムガスは低温の低圧戻りガスとなり，熱交換器で高圧ラインガスの冷却に寒冷として利用される．

ヘリウムの圧縮には，通常，信頼性・保守性がよい油潤滑式のスクリュー型圧縮機が使用される．単原子分子であるヘリウムは圧縮時の等温効率は50%以下と低く，実用化されているヘリウム冷凍機では100 L/hr の液化に必要な電力は約200 kW と大きくなる．この圧縮過程での発熱は，一部は潤滑油により取り除かれるが，最終的には，圧縮ヘリウムガスの出口に取り付けられた熱交換器で水冷される．そのためにクーリングタワーを持つ冷却水の循環装置が必要となる．油潤滑式のスクリュー型圧縮機では圧縮過程で油成分がヘリウムガス中に混入することになり，それがコールドボックス内の熱交換器の伝熱面へ付着し伝熱性能を著しく劣化させ，液化不能に陥る恐れがある．これを防止するために圧縮機出口には多段の油分離器が取り付けられ，最終的には活性炭フィルターで油分や油ミストが取り除かれる．

超伝導機器の冷却に使用され，蒸発した大気圧のヘリウムガスはガスバッグに回収され，その後，圧縮機で回収用の高圧ボンベに充填・貯蔵される．また，超伝導機器の冷却・回収時にヘリウムガスに混入した空気などの不純ガスは液化窒素冷却の低温精製器などにより取り除かれた後，液化に使われる．

b. ヘリウム冷凍機

液化ヘリウム貯槽に貯められた液体ヘリウムはトランスファーラインにより超伝導機器に分配・輸送されて冷却に利用されることになるが，一般に，冷凍機のコールドボックスと隣接して設置されるヘリウム貯槽は運転・保守性を考慮して，放射線管理区域外の常時入域が可能な場所に設置される．これに対して加速器の構成要素である超伝導機器は放射線遮蔽された管理区域に設置される．そのため加速器応用のヘリウム冷凍システムには長距離の液化ヘリウム輸送が必要となる．

超伝導機器の最も簡単な冷却方式は，液化機を利用して液体ヘリウムを生成，貯蔵して，それをトランスファーラインで超伝導機器へ送り，その気化潜熱を利用して超伝導機器を冷却する方法である．この場合，発生した蒸発ガスは回収されて，室温のガスとして循環圧縮機の吸入側に戻される．この方式は構成が単純であるが蒸発ガスの寒冷が有効に利用されないため冷却システムとしての運転効率はよくない．これに対して，以下の議論で明らかなように，低温の蒸発ガスをヘリウム冷凍機の冷温戻りガスとして利用し，その顕熱を熱交換器で寒冷として回収することにより，大幅な運転効率の改善が可能となる．

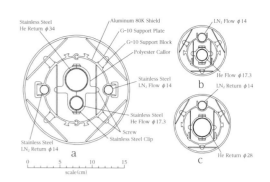

図10.6.3 高性能トランスファーライン（真空断熱多重配管）

液化能力が100～300 L/h クラスのヘリウム液化機は標準機種として販売されている．これらの高性能な液化機として設計・製作された装置を冷凍機として運転する．すなわち，液化ヘリウム貯槽内にヒーターで熱負荷を与えて液体ヘリウムを蒸発させ，それを低温ガスとしてすべて冷凍機の低温ラインへ戻して寒冷を回収する，いわゆる冷凍機モードで運転する場合には，例えば100 L/h の液化機の場合には300 W の冷凍能力が得られることが知られている．このことは1 L/h の液化能力が3 W の冷凍能力に対応することになり，液化モードで運転した場合の1 L/h の液体ヘリウムの冷却能力が，その気化潜熱による0.7 W に相当することと比較すると，冷凍モード運転の優位性が理解できる．このことは，蒸発潜熱が小さいヘリウムでは，蒸発した低温のヘリウムガスの顕熱を寒冷として有効利用することが冷却特性の向上に重要であることを示唆している．

10.6.3 トランスファーライン

上記の冷凍モード運転を実現するには，超伝導機器などの冷却で蒸発したヘリウムガスを低温に保ったまま冷凍機の低温戻りラインへ回収することが重要であり，断熱特性に優れたトランスファーライン（断熱真空配管）が必須となる．図10.6.3 は，これを実現するためにKEK で開発された高性能トランスファーライン（真空断熱多重配管）で，図10.6.3 (a) は液体ヘリウムの供給と低温戻りガスの往復配管が同じトランスファーラインに配置されたもので，半割構造の液体窒素（LN$_2$）冷却のアルミニウム製輻射シールドを有するものである．この構造により，室温部から液化ヘリウムや蒸発ヘリウムガス配管への侵入熱を大幅に低減すると同時に，組み立て時の作業性の向上を図っている．押出成形で製造されるアルミニウム製の80 K 輻射シールドには側面に精度よく成形された円形断面の溝があり，冷却のための液化窒素配管が熱接触よく嵌め込まれるようになっている．ヘリウム配管や80 K 輻射シールドの支持材には熱伝導率が小さいG-10 の板を採用し，また，ヘリウム配管と80 K 輻射シールド表面には各30層のMLI（Multi-Layer Insulation）を巻きつけて，熱伝導

や熱輻射による熱侵入量を極力抑えるように設計されており，ヘリウム配管部への熱侵入量を直線部で 0.05 W/m に低減できることが実験的に確かめられている[12]．図 10.6.3 (b)，(c) は (a) の主配管と超伝導機器を接続するための副配管で，主配管と同様に液化窒素冷却のアルミニウム製 80 K 輻射シールドを採用することで高性能化が図られている．

10.6.4 クライオスタット

クライオスタットとは超伝導機器を冷却し，運転温度（通常は 5 K 程度以下）に保つための断熱低温容器である．物質の比熱は，大まかには T^3 に比例するため，低温での比熱は非常に小さくなり，わずかな熱でも容易にその温度を上昇させてしまう．このため，クライオスタットでは，低温部への熱侵入量を極力抑えることが要求される．さらに，加速器用機器としてビームラインに高い精度で安定に設置されなければならず，低温部の支持機構は強固であることが要求される．実際のクライオスタットでは，さらに設置場所の制約や他の機器との接続も考慮しなければならず，その設計においては機械工学，伝熱工学[13]，低温工学[14]，真空技術など多岐にわたる知識や技術が必要となる．

図 10.6.4 に超伝導磁石用クライオスタットの一例として LHC 超伝導磁石のクライオスタット[7]を示す．その主要構成機器は，断熱真空容器，ヘリウム容器，輻射シールド，支持機構，低温配管などである．

a． 断熱真空容器

この容器はクライオスタットの最外部に位置し，真空容器として機能する．通常，クライオスタットの真空断熱を有効にするためには真空度は 10^{-2} Pa 以下でなければならない．このレベルの真空度では真空層内の残留ガス分子の平均自由行程は壁間距離よりも長く，この場合には伝熱量は真空度に比例する．一般に，容器の材料としては SUS や鉄材などが使われる．鉄材を用いた場合，内面の防錆が必要となるが，磁気シールドの効果が期待でき，かつSUS よりも安価となる．ただし，クライオスタット内部で低温部破損などのトラブルが発生した場合を考えると，使用材としては，純鉄ではなく，ある程度の低温強度を持つ鋼材が望ましい．

b． ヘリウム容器

超伝導機器を収納する容器であるとともに，液体ヘリウムを流す配管でもある．この容器は，超伝導機器のトラブル時における内圧上昇に耐えることが必要であり，その材料としては，低温においても十分な強度と靱性値を持つ SUS304L や SUS316L が選ばれるのが一般的である．しかしながら，超伝導空洞のヘリウム容器では，空洞材料である Nb に近い熱収縮率を持つという理由から，Ti が使われることもある[15]．

c． 輻射シールド

ステファン-ボルツマンの輻射法則によると，温度 T の物体表面は T^4 に比例するエネルギーを放射している．また一方で，他の温度の物体より放射されるエネルギーを吸収している．この結果，温度の異なる二つの面があると高温側（温度：T_1，放射率：ε_1）から低温側（温度：T_2，放射率：ε_2）へ輻射により運ばれる熱エネルギーは毎秒

$$\dot{Q} = \frac{\sigma A(T_1^4 - T_2^4)\varepsilon_1\varepsilon_2}{(\varepsilon_1 + \varepsilon_2 - \varepsilon_1\varepsilon_2)}$$

となる．

ε は通常 0.01 から 1 の値をとり，σ はステファン-ボルツマン定数で（5.67×10^{-8} W/m²/K⁴）である．例えば 300 K から 4 K への輻射伝熱は $\varepsilon_1 = \varepsilon_2 = 0.1$ とすると 24 W/m² 程度となる．

輻射伝熱を減らすには放射率を小さくすればよい．電気伝導度の大きい物質（Au，Cu，Al など）の放射率は一般に小さい．また，表面が汚れている場合や気体が凝縮している場合は放射率が大きくなる．

超伝導機器用クライオスタットでは，熱負荷を減らすため，常温真空容器壁とヘリウム容器の間に 80～50 K レベルの輻射シールド板が配置されるのが一般的である．さらに，熱負荷を減らすために MLI が使われる．MLI は Al を表面に蒸着したポリエステルフィルムと熱伝導率の小さいポリエステルやガラス繊維のネットを交互に 10～40 層重ねたもので，輻射シールドやヘリウム容器表面に軽く巻きつけられる．この MLI を液体窒素温度のシールド表面につけると，常温部からの輻射熱侵入量は 1～2 W/m² 程度に，ヘリウム容器表面に巻くと，液体窒素温度のシールド板からの輻射熱侵入量は ~0.1 W/m² 程度に抑えられる．

d． 支持機構

超伝導磁石や超伝導空洞が入ったヘリウム容器は常温である真空容器から支持されなければならない．しかしながら，この支持材を通じて熱がヘリウム容器に侵入することになり，この熱量をいかに小さく抑えるかが課題となる．一般に，支持棒に沿った固体伝熱を考えると，熱伝導率を $\kappa(T)$，長さを L，断面積を A，棒の両端温度を T_1，T_2 とすると，単位時間に

$$\dot{Q} = \frac{A}{L} \int_{T_1}^{T_2} \kappa(T) dT$$

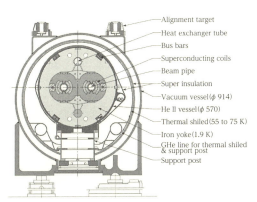

図 10.6.4　LHC 超伝導 2 極磁石用クライオスタットの断面

の熱が伝わることになる.

この伝熱量を減らすには熱伝導率の温度積分が小さく,機械強度の高い材料を用いることが必要である.

クライオスタットの支持方法としては種々の方法が考案されてきたが,大別すると1) 支持ポスト方式[16,17]と2) つり下げ棒方式となる.1) では機械強度を強くできるが,熱侵入が多くなる傾向にあり,支持ポストにサーマルアンカーをつけて熱侵入量を減らす工夫が必要となる.2) は熱侵入を減らすという点では有利であるが,機械強度を上げることが難しいという欠点を持つ.今日,加速器用超伝導機器のクライオスタットでは,1) の支持ポスト方式が採用されることが多い.

e. 低温配管など

クライオスタット内部には超伝導機器を冷却するための各種冷却配管が設置される.低温ヘリウム用配管にはSUS304L や SUS316L が,輻射シールドの冷却用配管にはSUS や Al 合金が使われる.Al 合金の配管を使った場合には,他の冷却配管と接続するために Al 合金-SUS の異材継ぎ手が使われる.

また,これら配管や容器の取り付けでは,材料の熱収縮に関して十分な注意を払うことが必要である.各種材料の熱収縮データは文献10に見られる.

参考文献

1) Text Book : R. Barron : "Cryogenic Systems" Oxford University Press (1985).; T. M. Flynn : "Cryogenic Engineering", Marcel Dekker, Inc (2004).; S. W. Van Sciver : "Helium Cryogenics" Springer (2012).; 基礎講座Ⅳ「冷凍・冷却技術」低温工学 28 (2-11) (1993).

2) Y. Doi, et al. : "Cryogenic system for the TOPAZ thin superconducting solenoid" Proc. of ICEC-11 pp. 424-428 (1986).

3) 永嶺謙忠 : 低温工学 20 (4) 187 (1985).

4) 槙田康博, ほか :「J-PARC ニュートリノビームライン超伝導 磁石システム—冷却系の設計・性能—」低温工学 45 (4) 155 (2010).

5) J. C. Theilacker, et al. : Adv. Cryo. Eng. 29 437 (1984).

6) K. Tsuchiya et al. : Adv. in Cryog. Eng. 37A 667 (1991).

7) LHC Design Report Vol. Ⅰ : http://ab-div.web.cern.ch/ab-div/Publications/LHC-DesignReport.html

8) D. Arp, R. D. McCarty : Thermophysical Properties of Helium-4 from 0.8 to 15 000 K with pressures to 2 000 MPa, NIST Technical Note 1334 (1989).

9) HEPAK Code by Cryodata Inc. Niwot, Co (USA).

10) Handbook on Materials for Superconducting Machinery : Metals and Ceramics Information Center, BATTELLE, Columbus Laboratories (1977).

11) K. Kusaka, et al. : IEEE Trans. Appl. Supercond. 14 (2) 310 (2004).

12) K. Hosoyama, et al. : Adv. Cryog. Eng. 45 1395 (2000).

13) J. P. ホールマン :『伝熱工学』ブレイン図書出版 (1982).

14) 低温工学協会 編 :『超伝導・低温工学ハンドブック』オーム社 (1993).

15) TESLA Technical Design Report, PART Ⅱ (2001).

16) M. Mathieu, et al. : Adv. Cryo. Eng. 43A 427 (1998).

17) T. H. Nicol : "TESLA test cell cryostat support post thermal and structural analysis" FERMILAB-TM-1794.

10.7 アライメント

アライメント (alignment) とは,機器を決められた位置に,決められた精度で調整することをいう.

従来の方法,つまり水平位置はセオドライト,垂直位置はレベル望遠鏡,距離はインバール線もしくはレーザー測距儀,水平度は水準器を使って行うアライメントについては,日本加速器学会誌に詳しく述べられているので,そちらを参照のこと[1].また,垂直位置をモニターするのに便利な水管傾斜計 (Hydraulic Leveling System : HLS),水平位置をモニターするワイヤー位置検出法 (Wire Positioning System : WPS) についても,同じ文献に詳しく書かれているので参照のこと.

ここでは,まずアライメント一般について簡単に補足し,そして近年発達してきたデジタル機器を使ったアライメントについて述べる.つまり,3次元座標を測るレーザートラッカーおよびトータルステーション,垂直位置を測るデジタルレベル,写真を撮るようにして風景の3次元座標を取り込むレーザースキャナー,そして広範囲な施設内での地上基準点を構築するのに便利な GNSS システムについて説明する.さらに,近年高精度アライメントと深いかかわりを持ってきた,地盤変位および地盤振動について述べる.最後に,環境とアライメントについて,SPring-8 での実際の例をとりながら解説する.

10.7.1 概要

従来の方法については,文献1を参照していただくことにするが,この文献に対する補足という意味で,アライメント測量の仕方,および測量データの解析について述べておく.

ここでは円形加速器の場合を考える.線形でも要領は同じであるが,円形の場合は最後の点が最初の点に重なるので,最後の測量結果と最初のそれとの差 Δ から,1周の測量の精度がわかる.1周するのに N 回の測量を行ったとすると,1回測量の誤差を σ として,予測される合計誤差は $\sqrt{N}\,\sigma$ である.したがって Δ が $\sqrt{N}\,\sigma$ 程度であればよいが,もし Δ が $\sqrt{N}\,\sigma$ よりもずっと大きければ,測量の途中に何らかの誤りがある,ということを意味する.線形加速器の場合は片道ではなく,往復測量することを勧める.そうすれば円形加速器と同様,最初と最後の測量結果を比べることにより,その測量の精度を知ることができる.Δ を我々は閉合誤差と呼び,これが1回測量の誤差 σ の積み重ねと理解できるので,周長を C として,$a=\Delta/C$ を求め,ある測量点の開始点からの周に沿った距離を L として,aL の量を補正している.こうすれば,閉合誤差

をある程度補正できる．ここではレーザートラッカーを使った水平面での測量を考えてみる．トラッカーは 3 次元測量器であるので，垂直方向のデータも入れて，3 次元で解析することもできるが，垂直方向はトラッカーの水平度が 1 次で効くので，垂直方向はレベル望遠鏡にまかせることにして，トラッカーでは水平面での測定に限ることとする．トラッカーで測量する場合，トラッカーを中心に置いて，20〜30 m の領域を測量し，次に測量範囲を半分ずらして，半分の領域をオーバーラップさせて，次の 20〜30 m の領域を測量する．こうして周長に沿って 1 周測量する．周長が，例えば CERN の LHC リングのように長大であれば，測量モニュメントと呼ばれる測量基準点を設け，全周測量およびエラー解析はこの測量モニュメントについて行う．機器のアライメントは，これらの測量基準点をもとにしてローカルに行う．周長がそれほど長大でなければ，全周測量およびエラー解析は直接電磁石などの機器について行う．そうすれば，機器のアライメントエラーが直接求まるし，電磁石などの機器は，それ自身がよい測量モニュメントになっている．

次にデータの解析であるが，市販のソフトがあるので，それを使うのもよいが，なかなかソフトの中身がわからず，まだるっこしい思いをする．ここでは自分でできる簡単な方法を紹介する．まずはオーバーラップした部分のデータを使って，次々に座標変換を行い，第一測量の座標系にすべてのデータを変換する．こうして一つの座標系で表された測量データを，ラティスと呼ばれる予定された座標群にフィットさせて，各機器のアライメント誤差を求める．

このフィットの方法であるが，水平面での 2 次元座標の場合は簡単である．第一測量データに第二測量データをフィットすることを考える．まずは両データを重心系に変換する．こうすればあとは回転して，二つのデータを重ねればよい．適当にどれか一つの点を選び，第二測定座標が第一測定座標に重なる回転角 Θ を求める．第二測定の全データを Θ だけ回転する．こうすればあとは，第二測定の全データが第一測定データに均等に重なるよう，微調のための微小角 ε を，最小二乗法で求めればよい．ここで ε は微小なので，$\sin(\varepsilon)=\varepsilon$，$\cos(\varepsilon)=1$ とできる．こうすれば，最小二乗法の解は 1 変数の線形方程式で求まる．こうして求まった ε のぶんだけ，第二測定データを再度回転する．そうして第一測定データと第二測定データの差を取れば，これが測量（またはアライメント）誤差である．こうして求まった誤差を $(\Theta+\varepsilon)$ だけ逆回転させれば，第一測定系での座標系（重心系）での誤差が求まる．これをさらに実験室系に戻したければ，初めに重心系にするために行った平行移動を，逆方向にしてやればよい．

垂直方向のアライメント測量をレベル望遠鏡で行う場合は，やはり一度に 20〜30 m の領域を測量するが，次の測量は最後の 1 ないし 2 点をオーバーラップさせるよう，20〜30 m 移動して行う．したがってレベル測量の場合は，水平位置測量の半分の測量回数で済むし，データ解析も，オーバーラップした点を重ねればよいので，面倒な最小二乗法を使う必要もない．

最後にアライメント誤差に対する許容値について述べる．加速器の場合，全周（または全長）に対する精度は普通必要ない．周回するビームは，進行方向に対して直角方向にベータトロン振動しながら進行する．このときのベータトロン波長のなかで，アライメントがある許容値に入っていることを求めればよい．後は全周にわたって，アライメントがスムーズであればよい．例えば CERN では，周長の任意の場所をベータトロン波長の長さで切って，そのなかでアライメント誤差が許容値以内であるようにしている，ということである．

10.7.2　デジタル機器

a.　レーザートラッカーおよびトータルステーション

レーザートラッカー（Laser Tracker, 以下 LT と略す）は，レーザー光を飛ばして，これをコーナーキューブと呼ばれる鏡面標的で反射させ，つねにこの標的の中心にレーザー光が当たるように垂直・水平角を調整し，同時に標的中心までの距離を干渉計または ADM 法（レーザー測距儀と同じ方法）で測り，これらの極座標から，標的の 3 次元座標を求めるものである．メーカーは Leica，FARO そして API の 3 社に限られている．距離測定に IFM（Inter-Ferometer Measurement, レーザー干渉計）と ADM（Absolute Distance Measurement, 絶対距離計）の両方の機能を持つものと，ADM のみのものとがある．ADMのみのもののほうが，距離の測定精度では劣るものの，価格が IFM/ADM 両機能を備えたもののほぼ半額なので，購入しやすい．距離の測定精度が悪いとはいうものの，例えば 10 m の距離を測ったとき，FARO の Vantage の場合，距離精度は 96 μm，ビーム軸と直角方向の座標精度は 70 μm と，IFM/ADM 両機能を備えた ION とほとんど遜色がない．ただ，年数が経ってきて，ADM の劣化を心配しなければならなくなったとき，自分で IFM 機能を持っていないので，他の IFM を持った機種を使って検査しなければならない．

さて，近年トータルステーション（Total Station, 以下 TS と略す）という機種で，精度がそこそこのものが出てきた．TS メーカーでは統合が進んでおり，例えば Topcon＋Sokkia そして Nikon＋Trimble といった具合である．測定原理は LT とほぼ同じであるが，1 km を越す遠距離を測るよう，レーザー光は数十 mm の直径を持った平行ビームとなっている．ちなみに LT のビームは直径数 mm の光点であり，遠距離では広がってしまう．TS の一番の魅力は価格の安さである．だいたい ADM のみの LT の約 1/3 の価格で購入できる．要は，TS の場合，長距離を一気に測れるが，距離の精度が悪い．現在最もよいもので，距離精度が 0.8 mm＋1 ppm×距離である．しかし角度精度は LT に比べて遜色はなく，むしろ TS のほうがや

やよいくらいである．したがって，例えば100m程度の長距離をアライメントするのであれば，LTが10m程度の短距離測定をつないでいくのに比べて，TSでは一気に測ることができるという利点がある．TSを機器をつないだ線上に置いて，測定角を大きく取らなければ，レーザービームに直角な面での座標の誤差で，距離測定の悪い精度からくる部分を小さくでき，この精度はLTと比べて同程度となる．ただしレーザービーム軸方向では，悪い距離測定精度がそのまま効くので，0.9mmと，LTに比べてかなり悪い．しかし加速器の場合，加速器ビームの走行方向の要求精度は普通それほど厳しくないので，0.9mm/100mという精度は許容範囲であることが多い．以上述べたように，100mを越す長い直線でのアライメントでは，TSでも十分に使える場合があるので，よく検討するべきである．

b．デジタルレベル

標的にはバーコードの標尺を使う．精度のよいものはインバール製である．これを望遠鏡内のCCDで捉えて，パターンを解析し，標尺の高さを求めるものである．測定レンジは1.5～100m程度．精度は最もよいもので，1kmの往復測定での誤差0.3mm，これを20m程度の測定時の誤差にすると0.05mm程度となる．価格は前項で挙げたTSの半分程度である．この最大の特徴（欠点）は，1測定に2～3秒の時間がかかることである．したがって，測量によってアライメント精度を確認する作業には適するが，少しずつ機器の位置を調節していくアライメント作業には向かない．

c．レーザースキャナー

近年，大規模な機器の据え付け，配管，配線の工事記録として使われるようになったものにレーザースキャナーがある．写真を撮る感覚で，風景の3次元座標を取り込んでくれる．撮像時間は記録密度にもよるが，大雑把に1mm程度の分解能で60分，2mm程度の分解能で15分くらいのようである．測定レンジは0.4～120m程度である．なかにはGSI社のV-STAR/Nのように，数m四方という小領域を，25μmという高精度で測るものもある．これなどは，機器単体のアライメント記録として，十分使えると思われる．

10.7.3 GNSS

日本で呼ばれているGPS（Global Positioning System）とは正確には米国の衛星のシステムの名前で，ロシアのものはGLONASSという．このような衛星を用いた測位システムの総称がGNSS（Global Navigation Satellite System）である．これらの衛星は高度2万kmの上空を11～12時間で1周しており，周波数帯はLバンドで1.2～1.6GHzである．測量用受信機1台でも位置はわかるが，2台あれば搬送波の位相差を測定し，衛星の方角から地上の相対距離を計算できる．二つの衛星から同時に受信することで，受信機が別で同期していなくても，時間差をキャ

ンセルできる（二重位相差）．サイト内での基準点の相対位置がわかれば十分な場合が多いので，この相対測位の方法を使うことができる[2]．

マイクロ波の技術の進歩で，位相の測定分解能を距離にすると0.1mmが実現されている．狭い範囲で条件と時間があればカタログ性能（3mm＋0.5ppm×距離）よりよい結果を得ることができる．例えば水平方向で100m～1kmの距離を，1日間測定して平均すれば，距離計ME5000と比較して差は0.3mm以内に収まっている．周囲に建物が建ち，直接の見通しがふさがれても，この方法で地盤の長期間の変位を測定することができる[3]．

垂直方向は，衛星が上空にしかないために，精度は水平方向に比べて倍程度落ちる．それでも，地上でレベルを測量しながら繋いでいくよりは，便利で精度も十分な場合も多い．受信機は，2台あれば基本的には測量は可能であるが，3台使えると能率と精度が向上する．この周波数帯は，水の影響を受けやすいが，降雨時でも1km程度の範囲では大きな影響は見られない．夜間のほうが電離層の擾乱が少なく，より安定している．最近は中国の「北斗」（Compass）や欧州のGalileo，日本の準天頂衛星システム（QZSS）も加わり，今後精度の向上が望める．

10.7.4 地盤変位および地盤振動

近年，特に電子・陽電子衝突型加速器では，エネルギーが上がるとともにビーム寸法も小さくなり，例えばKEKB[4]では垂直方向のビーム寸法が2μmであったものが，次世代のSuperKEKB[5]ではそれが50nmとなる．さらに国際協力のもとに検討されている直線型電子・陽電子衝突型加速器ILC[6]では，垂直方向のビーム寸法が6nmといわれている．このような微小なビームを衝突させようとすると，地盤の変位および常微動が妨げとなる．

地盤の変位については，1991年にロシアの研究者グループによって提唱されたATL則という有名な法則がある[7-9]．つまり，「地盤の相対的な変位Xの二乗平均が2点間の距離Lおよび時間Tに比例する」というものである．これを式で表すと

$$\Delta X^2 = ATL \quad (\mu m^2)$$

となる．ここで，Aは比例定数で$10^{-5\pm2}\,\mu m^2/(s\cdot m)$程度，$L$と$T$の単位はmおよびsecである．

また，地盤常微動についてもいろいろ研究がされており，振動のPSD（Power Spectral Density）が周波数fとともに$1/f^4$で落ちていくことが知られている[10]．PSDを周波数無限大から，ある周波数まで積分して，その平方根を取れば，それがその周波数での振幅xであるから，これを数式で表すと

$$x \propto 1/f^{3/2}$$

となる．

地盤常微動の例として，国内のいくつかの地点での昼間の地盤常微動のスペクトルを図11.7.1に示す[11]．これは昼間の垂直方向の振動であるが，水平方向も似たようなもの

10.7 アライメント

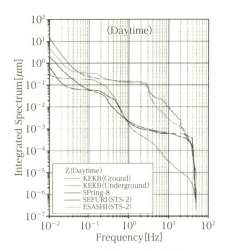

図 10.7.1 日本各地での地盤常微動

である．縦軸は PSD を無限大周波数から積分したものの平方根を取って求めた振動の振幅であり，単位は μm．センサーの感度は，30 Hz 程度までである．KEKB と記したものは KEK での振動で，軟弱地盤での振動の例である．SPring-8，SEFURI（北九州の背振山地），ESASHI（岩手県江刺の山地：高周波数領域で最も小さい）はいずれも岩盤地帯で，KEK の軟弱地盤に比べると，1 Hz 以上では 1/100 程度に振動振幅が小さいことがわかる．こういった地盤常微動の特徴として，軟弱地盤では必ず 3 Hz 近傍での振動がある．これは交通や各種モーターなどによって誘起された，軟弱地盤の固有振動といわれている．さらにすべての地域で，0.3 Hz 近傍でのピークがある．これは海岸に打ち寄せる波の衝撃が伝わってつくる振動といわれている．

先にも書いたように，SuperKEKB での垂直方向のビーム寸法が 50 nm であるので，10 Hz 以下での振動振幅が障害となることが予想され，何らかの手立てを考えておく必要があると思われている．ILC では，ビーム寸法が垂直方向に 6 nm とさらに小さいので，その建設地では地盤の常微動が極微小である必要がある．北九州の背振山地，岩手県の北上山地が ILC 建設候補地になったのは，こういったことも重要な要因となっている．

このような地盤振動への対処法として，一つにはモーターなどの振動源や，振動を気にする精密計器の下に，防振ゴムや空気バネなどを敷いて，振動を軽減する受動的方法（passive mode）と，フィードバックやフィードフォワードを使って低減させる積極的方法（active mode）がある．これらの対処法についてはここでは述べないので，興味のある方は文献 12〜14 を参照のこと．

10.7.5 SPring-8，SACLA の例

a. 蓄積リング建設

・蓄積リングの 1/4 は谷や脆弱岩だったので中硬岩まで掘削し，周囲の岩部と同程度の物性値の人工岩盤で 85 000 m^3 置換した[15,16]．20 年間でレベルは，切土部での上昇含め ±2 mm 以内で，再アライメントはしていない．地盤が悪い施設では動的なアライメントを用意し，定期的な再アライメントや架台の下に台を挿入し対応している[17]．

・多極電磁石の載る架台両端に球のターゲット台を用意し，架台内はレーザー＋CCD カメラで[18]，架台間は LT でと，2 ステップでアライメントした[19]．従来のインバールワイヤとオフセット測定（Ecartometer）によるスムージングは距離測定のよさを生かせば LT の測量のみで可能なことを示した[20,21]．

・要求精度が高かったので高額な測量機器を購入し，スタッフによる屋外の測量，計算，基準点づくりなどを経験した．この経験は機器も含め後のアライメントに役立った．LT で得た加速器用の基準は収納部壁の建設にも用いられた．

・建設時の壁のレベルは沈下するので適当な時期に，繰り返し閉じた測量が必要である．

・支点は 3 点でなく磁石 4 点，架台 6 点（振動からは多いほうがよい）でも問題ない．摺動面に低摩擦係数の材質（オイレス）を使うと調整は容易で歪みは減少する．固定時の変化を最小限に抑える設計が重要である．

・架台上の全電磁石に通電したときは両端に比べ中央の磁石上面で 30 μm の上昇だったのでよしとした．

・地球の丸みのため機器を傾け軌道面を平面にする作業は SPring-8 では計算により不要となった．

・レベル測量で長短の距離で重ねればその場でチェックでき，必要なら再測定をしている．

・光のビームライン用基準に架台両端の電磁石の基準座を用い LT で床にシールを貼った．これらと 4 極電磁石上基準を用いフロントエンド機器はアライメントされた[22]．

b. XFEL（SACLA）建設

・光源棟地盤の軟らかいエリアは前例のない高品質な砕石置換を実施した[23]．

・建設直後およびその後も床は地盤の硬さや温度で大きく伸縮する[24,25]．

・短い距離で多くの機器が並ぶ低エネルギーエリアでは，ステンレス製に比べ熱容量，重量で大きく加工性もよい 0.7〜3 m（1〜3 t）の石製定盤を用い，加工した段差を基準にした[24]．

・LT の鉛直エンコーダはヘッドとともに回転するためモニュメント間（30 m）の中央付近で高さエラーが最大になる（エラー 10 μrad で 0.15 mm）ので壁にレベルのみの基準を追加した[26]．水平方向はもう少し小さい．

・LT も TS と同様，正反の平均値を用いると多くの誤差がキャンセルされる[26]．

・磨いた床上は架台の振動は小さく，実験系では交換しやすい．現在は流すと水平になるエポキシ樹脂を用い，13×5.6 m では高さの差 0.25 mm 以下である[26]．

・アライメント方法の検討前に機器が製作される場合も多

い．（C，L バンド）加速管は基準は設けたが曲がりもあり塗装厚は薄く，外形の円筒を用いても問題なかった．

c． 網平均計算

　水平面の位置計算には測量の教科書にある観測方程式からシュライバーの消去法を用いる最小二乗法の BASIC プログラムを使用している[27]．誤差楕円[28]や特に加速器に重要な相対的な誤差楕円，一軸のみ固定する計算ができ同時に図示するプログラムも加えた．最近 Excel で計算できる VBA に書き換えた[29]．実測値と計算結果からの推定値との差で，入力ミスや測量の不良場所を特定できる．また，計画段階で必要になるモニュメントの位置，得られる精度，短時間で済む最適な網もシミュレーションで求められる．レベル計算はプログラム集のものを使っている[30]．

d． 直線基準

アライメント望遠鏡（テーラーホブソン製：最近合焦点距離 25 mm）　前面の平行平板を傾け視線を上下左右に ±1.2 mm（1 目盛 20 μm）ずらせる．筒を自由に回転できるので，焦点距離を変えたときの軸ずれを補正できる．目視確認に多用した[31]．

レーザー　受光は短距離なら CCD の保護ガラスを外すか[30]反射防止のコーティングで干渉縞を除けばフォトダイオードと異なり像が見え安心できる．平行なレーザー径は距離の平方根で大きくなり受光素子も得にくく，台を含めたポインティング不安定，大気中なら屈折があるので，長距離ではフレネルレンズ，フィードバック[32]，真空が使われる．

ワイヤー　水平方向の直線をつくることができる．カーボン製の撚り線を 100 m，15 kgf で張れば垂れは 2 cm で済む．2 本のワイヤーの間隔測定でキンクなしを確認でき，130 m で LT 測量との差は 50 μm 以内であった[33]．上下方向は重力を使えるので HLS を用いて校正することができる[34]．

Vibrating Wire　架台上の多極電磁石を貫く金属ワイヤーを張り，流す交流の周波数を掃引し整数個の腹ができる振幅を足し合わせ磁場中心を揃える方法で，基準を移すエラーが入らない[35]．

BBA XFEL　XFEL 用の 20 台ほどの ID 間の 4 極電磁石と BPM の精度は数 μm のため移動台上に設置され，各 ID からの光をガイドにする BBA[36]，LCLS ではエネルギーを変える BBA で調整している．

空気による屈折　光は密度の大きいところでは速度が落ちるため，蜃気楼や逃げ水のように温度に勾配ができると曲がる．可視光の赤の波長領域では 1℃/1 m の温度勾配があると曲率半径は 1 000 km（20 m で 0.2 mm）となり，距離の二乗で増大する．レベル測定時重要で，ときには水平方向にも曲がる．ゆらぎ防止に長い段ボールパイプを使ったが上下に曲がった[31]．2 色による補正の試みは実用化に至っていない．

e． 道具，治具

ターゲットの形状とアダプター　ターゲットやアダプター挿入用の孔は，抜けなくなる危険と，はめ合いのエラーが生じる．ボールケージのアダプターなら脱着は容易で再現性もよい（ヒライ製）[19]．

　欧米では球を円錐面で受け調整後固定する再現性の優れた方式も多い（CERN socket）．LT のターゲットは最近は直径 1.5 インチの球の CCR（Corner Cube Reflector）なので硬球を購入・加工しターゲットパターンをつけたガラス板を入れ目視用を製作した．

水準器　単純な気泡管式，気泡合致ねじ式（カール・ツァイス：レンジ ±10 mm/m，一目盛 10 μm/m，底面 V 字溝），電子式で 1 μrad 読み（ワイラー/±20 mm/m 平面，テーラーホブソン/±3 mm/m 平面，ライカ/±1.5 mm/m 2 軸 3 点）などがある．水準器の位置は通常，磁場中心から距離があり，腕の長さぶんエラーが増幅される．面上に置く場合は面の粗さやゴミの影響，位置の確定など再現が難しい．DESY では二つの小さな球と V 溝[37]など工夫されている．0 点は移動できるセラミック定盤またはオプティカルフラット，ゲインはツァイスの水準器や水準器検査器（ダイアルゲージ付き 50 cm の台）で校正している．電磁石の分割，復元のチェックに使える．また，粗い据付けには垂直も測ることができ，小型で本体にデジタル表示（0.01 mm/m）されるクリノトロニック（ワイラー：0.01 mm/m/水平，垂直 ±10°）などが便利である．

鉛直器　内部のプリズムで横から真下が高倍率（×24）で見える．床基準の真上に測量器やターゲット台設置，床へのシール貼り，また上面の円錐は頂点を見たり，ターゲット球用台を載せたりなど多用しているが（ライカ製 NL），現在ライカ製は入手困難である[38]．

三脚，床塗装　三脚のねじはゆるむので忘れずチェックすることが必要である．屋内の測量用に製作した移動架台（100 kg）で安定度は改善された．エレベータ式の米国製 QuickSet は高価だが便利である．床に設置後安定まで少し時間がかかる場合があるので特性の把握が望ましい[39]．床の塗装は硬いほうがよい．

f． 振動

　振動は実質のエミッタンス増加をまねくので，許容値には静的なアライメントの値だけでなくビーム振動を起こす機器の振動振幅も含める必要がある．SACLA では実際の機械室など加振源ができていない段階で床と加速管架台の加振実験から振動を推定し床面の研削度合いと架台を決定した[40]．架台の固定の際シムはばねの効果を示す．そこで，流すと表面が水平になり硬化するエポキシ樹脂を用い面タッチを実現し振動の抑制を達成している[41]．耐放射線性テストでは 10 MGy でも劣化は確認されていない[42]．

　リングの電子ビーム振動の主要原因が電磁石ではなく 4 極電磁石中のアルミチェンバーの振動によるうず電流と判明しサポートを追加し，冷却水の流量減やバルブの変更を実施した．

　振動は機械室から床を伝搬し収納部躯体に達する．さらに水平半径方向の振動は高さ 5 m の躯体が伝搬してい

表 10.7.1　環境測定の項目とセンサーの設置場所や特徴など

項目	センサー（分解能/レンジ）の設置場所や特徴
温度	Pt100（4 線式）．収納部内 10m 間隔，給排気口付近，機器貼付け，壁や床下に埋込み，地下（0.5, 1, 3, 5, 10, 20, 30, 50m），異常の発見や相関を調べるのに使用．
気圧	シリコン振動子式（0.01hPa）．埋立て地は上下変化 3μm/hPa，水平変化 3μm/hPa（120m）の場所もある．台風時，周長など軌道へ影響する[46]．
レベル	連通管（HLS）（0.1μm 以下/2.5mm）（フォーガル社製）．リング（200m×3），SACLA（400+200m）球を載せるとレベルの準基準にできる．水面が落ち着く減衰時間は配管径，長さ，ループの有無による[47,48]．
横変位	WPS（0.1μm 以下/2.5mm）．SACLA（120m×5+110m）[49]．
傾斜	電解液式気泡管（スペクトロン社製（0.01μrad 以下/±0.25°），1×1×5cm，温度係数 1μrad/℃程度[49]．専用のアンプ使用．床や石常磐のそり，降雨や気圧の影響，潮汐（全幅 10^{-7}rad）の測定．設置は容易だが局所的．
亀裂	π 型変位センサー（歪みゲージ 4 つで長期安定度良）．安価なブリッジ測定回路＋DC 出力アンプで（0.1μm 程度/±2mm）．構造や工期の境界，床下の金属フレームで発生する．季節変化あり[50]．
伸縮	10m ほどのスーパーインバーのワイヤー＋クリープメーターとブリッジ回路 DC 出力アンプ．SACLA 加速器棟と光源棟の境界部[49]．
雨量	転倒ます型雨量計 0.5mm/1 パルス．屋根上．
水位	圧力式や浮き式．収納部の床や屋外の井戸．もと沢筋の所など降雨で床も上昇し軌道補正電磁石の電流との相関あり．大規模な排水工事後，COD や HLS の変動はともに減少した[51]．
湿度	湿度センサー（HIOKI Z2000）．光ファイバーダクトの内外．ファイバーの伸縮と関係があり RF 位相のずれと相関あり．
風速	熱式風速計＋変換器（DC 出力）．加速器棟光源棟境界部窓付近，給気口付近．
照度	照度センサーのダイオードの出力をそのまま測定．SACLA 収納部蛍光灯の点灯で室温が変化する．
電源電圧	7 時半や 12 時で変動しファンの風速変化でキックが発生する．場所ごとのエラーキック量を計算し時間-場所の 2 次元グラフで示すとわかりやすい[52]．
磁場	フラックスゲート磁力計（～10^{-6}G/±1G）．SACLA 電子銃付近磁場キャンセルコイル内＊．レーザー発振に影響したクレーン移動の磁場変化が見えた[53]．～10G（DC～1kHz）程度ならホール素子より高精度，ハンディタイプ（10^{-5}G/1G）も便利である．
常微動，地震	STS2（ストレッカイゼン社）．保守通路床上．ITK002（エーラボ製）．床と架台上で測定し補強が必要かどうかを判断するための調査に使用．

＊　電子銃付近の消磁鉄筋が磁化しキャンセルが難しかったので消磁を行った．コンデンサーに高電圧で充電しコイルに放電する消磁機（東洋磁気工業製）で高さ 0.8m 長さ 10m の変動を ±0.03G 内に抑えた[54]．真空機器からの磁場は鋼板で遮蔽した[55]．最初から考慮できた超伝導磁石設置のエリアには非磁性ステンレス鉄筋と非磁性高マンガン鉄筋を使用した．

長いドリフトスペースや低エネルギーの加速管にはミューメタルを巻いている．

表 10.7.2　蓄積リングの周期別の床面や軌道の変動と対策

時間	床面や軌道の変動
5 秒	波浪起源の表面波による変動[56]は 1 秒毎のフィードバックでスペクトルでは見えなくなった．
20 秒	遠くの大きな地震による大きな変動はかなり抑制されている．
12 時間	潮汐による最大 40μm ほどの周長変動は RF 周波数を 5 分に 1 回微調整し安定にしている[57]．
1 日	建屋の二重構造と収納部の厚いコンクリートのため 1 日の外気温の変化は収納部のなかには入らない．
半年	床下の自動車道路や排水パイプのため季節で上下するが軌道への悪影響はない．ただ，春と秋の外気温が一方向に変化する時期に問題になる場合がある．
10 年	放射光リングで数年で 2～3mm の沈下は珍しくないが SPring-8 は 20 年で ±2mm で，岩のカット部は上昇，盛ったエリアは沈下した．

た[44]．したがって機械室から収納部までは，できれば距離をとること．振動源や伝播経路の特定にはハンディタイプと多チャンネル FFT が便利で，放射光とミラーなど機器とのコヒーレンスも測定できる．通常問題になる機械的な振動は数 Hz 以上なので安価な動コイルタイプ（速度出力，例えばジオフォン）で 1kine（cm/s）/1V 程度のセンサーだとアンプ不要で直接 AD 変換できスペクトルを見ることができる[44]．また，1 回の積分で変位になる．DC から測定できるサーボ型の高級な加速度センサーより壊れにくい．静電容量変位計（レンジ 50μm/10V 出力，1kHz）で校正している．

フィードバックで電子ビームの振動を抑制する以外に，欧米では振動エネルギーを吸収する材質 VEM（Visco Elastic Material）などが架台に使われている[45]．

g.　環境測定

環境変化はアライメントなどの変動をもたらしビームに影響を与える．その安定化のため，いろいろな測定をしている．

データベース　加速器系と施設系で当初分かれていたが後に統合された．欠かせないツールである．

測定器　スキャナー付きマルチメーターなら温度や多くの項目が DC 電圧で同時に 6.5 桁の高精度で測定でき便利である（Keithley2701 や Agilent34972A）．温度センサーは 4 線式 Pt100（3 線式は不可）なら分解能～0.001℃ が得られ，他に熱電対やアナログの DC 電圧など測定できる．

測定項目とセンサー　表 10.7.1 に環境測定の項目とセンサーの設置場所や特徴などについて記す．1 分ごとに取り込む．

周期別変動　表 10.7.2 に蓄積リングの周期別床面や軌道の変動と対策について記す．

h.　他施設との交流 IWAA（International Workshop on Accelerator Alignment）

加速器のアライメントに特化した国際会議で 1989 年に SLAC で第 1 回が開かれその後ほぼ 2 年ごとに欧州，米国，日本，と回って

いる（2014 年は初めて中国）．規模は 100 人程度で，世界の加速器のアライメントの現状や課題を鳥瞰できる．Website が SLAC で立てられていて，過去のプロシーディングを見ることができる．

http://www-conf.slac.stanford.edu/iwaa/default.html

参考文献

1) 菅原龍平：「加速器における電磁石アライメント」，日本加速器学会誌 3 巻 4 号，p.364（2006）.

2) 日本測量協会 編著：「GPS 人工衛星による精密測位システム新訂版」p.151（1989）.

3) S. Matsui, *et al.*：第 5 回加速器学会 183（2008）.

4) KEKB Group：“KEKB B-Factory Design Report” KEK Report 95-7（1995）.

5) Y. Ohnishi, *et al.*：“Accelerator design at SuperKEKB” Prog. Theor. Exp. Phys. 03A011（2013）.

6) “ILC Technical Design Report”, to be published；http://www.linearcollider.org/ILC/Publications/Technical-Design-Report

7) B. Baklakov, *et al.*：“Investigation of Correlation and Power Characteristics of Earth Surface Motion in the UNK Site” Preprint INP 91-15, Novosibirsk, 1991.

8) B. Baklakov, *et al.*：“Investigation of Seismic Vibration and Relative Displacements of Linear Collider VLEPP Elements”, Proc. 1991 IEEE Part. Acccel. Conf., San Francisco（1991）.

9) V. Shiltsev：“Space-Time Ground Diffusion：The ATL Law for Accelerators”, Proc. 4th International Workshop on Accelerator Alignment, KEK（1995）.

10) A. Sery, O. Napoly：“Influence of ground motion on the time evolution of beams in linear colliders”, Phys. Rev. E53 (5) P5323（1996）.

11) R. Sugahara, *et al.*：“Ground Motion at Various Sites in Japan”, Proc. 10th International Workshop on Accelerator Alignment, KEK, 2008；KEK Preprint 2007-83, February（2008）.

12) 杉江俊治，藤田政之：『フィードバック理論』システム制御工学シリーズ 3，コロナ社（1999）.

13) R. Sugahara, *et al.*：“Performance of an Active Vibration Isolation System” Proc. 8th International Workshop on Accelerator Alignment, CERN（2004）；KEK-PREPRINT-2004-64,（2004）.

14) Y. Morita, *et al.*：“Development of a mover having one nanometer precision and 4 mm moving range” Proc. 9th International Workshop on Accelerator Alignment, pp TH003,（2006）.；KEK-PREPRINT-2006-42（2006）.

15) 日笠山徹己，ほか：土と基礎，44 (5) 24（1996）.

16) S. Matsui, *et al*：Proc. 4th Int. Workshop on Accel. Align. 174（1996）.

17) D. Martin, *et al*：Proc. 6th Int. Workshop on Accel. Align.（1999）.

18) Y. Chida, *et al.*：Proc. 4th Int. Workshop on Accel. Align. 194（1996）.

19) 松井佐久夫：放射光，9 150（1996）.

20) M. Mayoud：Proc. CERN. Acc. School, 87-01, 233（1987）.

21) C. Zhang, *et al*：Proc. 4th Int. Workshop on Accel. Align. 185（1996）.

22) H. Aoyagi, *et al.*：Proc. 7th Int. Workshop on Accel. Align.

280（2002）.

23) C. Arakawa, *et al.*：第 7 回加速器学会，265（2010）.

24) 木村洋昭：OHO ’13 高エネルギー加速器セミナー「X 線自由電子レーザー」p12-1（2013）.

25) Y. Maeda, *et al.*：第 7 回加速器学会，1151（2010）.

26) Y. Maeda, *et al.*：第 8 回加速器学会，798（2011）.

27) 細野武庸，ほか：『測量叢書 第 1 巻 改訂版 基準点測量』日本測量協会（1992）.

28) 原田健久：『わかりやすい測量厳密計算法』鹿島出版会（1992）.

29) S. Matsui, *et al.*：第 12 回加速器学会 140（2015）.

30) 石川甲子男，ほか：『パーソナルコンピュータによる測量計算プログラム』山海堂（1991）.

31) S. Matsui, *et al.*：Proc. 7th Int. Workshop. on Accel. Align. 127（2002）.

32) 諏訪田剛：日本加速器学会，10 巻 4 号，226（2013）.

33) S. Matsui, *et al.*：第 8 回加速器学会，806（2011）.

34) S. Matsui, *et al.*：第 13 回加速器学会，790（2016）.

35) A. Temnykh：Nucl. Instr. and Meth. A 399 185（1997）.

36) T. Tanaka, *et al*：Phys. Rev. ST Accel. Beams, 15 110701（2012）.

37) F. Loffer：Proc. 1st Int. Workshop on Accel. Align. 69（1990）.

38) 日本測量機器工業会 編：『最新 測量機器便覧』山海堂（2003）.

39) A. Eichhorn, *et al.*：Deformation Analysis of Tripods under Static and Dynamic Loads, http://www.fig.net/pub/fig2009/papers/ts08c/ts08c_eichhorn_etal_3208.pdf

40) S. Matsui, *et al.*：第 9 回加速器学会，296（2012）.

41) H. Kimura, *et al.*：第 9 回加速器学会，814（2012）.

42) H. Kimura, *et al.*：第 11 回加速器学会，908（2014）.

43) S. Matsui, *et al.*：Jpn. J. Appl. Phys. 42 L338（2003）.

44) S. Matsui：第 11 回日本加速器学会，302（2013）.

45) D. Mangra, *et al*：Rev. Sci. Instrum. 67 (9)（1996）.

46) M. Masuzawa, *et al.*：Proc. 7th Int. Workshop on Accel. Align. 288（2002）.

47) C. Zhang, *et al.*：Proc. 7th Int. Workshop on Accel. Align. 297（2002）.

48) T. Morishita, *et al.*：Nucl. Instr. and Meth. A 602 364（2009）.

49) S. Matsui：第 10 回日本加速器学会，（2013）.

50) S. Matsui：第 4 回日本加速器学会，856（2007）.

51) K. Tsumaki, *et al.*：第 3 回加速器学会，947（2006）.

52) S. Matsui, *et al.*：第 3 回加速器学会，245（2006）.

53) T. Sakurai, *et al.*：第 9 回加速器学会，829（2012）.

54) S. Matsui, *et al.*：第 7 回加速器学会，268（2010）.

55) T. Hasegawa, *et al.*：第 8 回加速器学会，997（2011）.

56) 松井佐久夫：日本加速器学会 3 巻 4 号，379（2006）.

57) S. Date, *et al.*：Nucl. Instr. and Meth. A 421, 417（1999）.

10.8 放射線安全管理

10.8.1 概論

　加速器は，高エネルギーの放射線を発生させる放射線発生装置として，その使用が法律で規制されている．現在，「放射性同位元素等による放射線障害の防止に関する法

10.8 放射線安全管理　385

表 10.8.1　放射線障害防止法で規制されている放射線発生装置

1	サイクロトロン	5	ベータトロン
2	シンクロトロン	6	バンデグラフ型加速装置
3	シンクロサイクロトロン	7	コッククロフト-ウォルトン型加速装置
4	直線加速装置	8	その他*

* その他の荷電粒子を加速することにより放射線を発生させる装置で，放射線障害の防止のため必要と認めて原子力規制委員会が指定するもの．〔原子力規制委員会が指定したものとして，変圧器型加速装置，マイクロトロンおよびプラズマ発生装置（重水素とトリチウムとの核反応における臨界プラズマ条件を達成する能力を持つ装置であって，もっぱら重水素と重水素との核反応を行うものに限る）がある．〕

表 10.8.2　放射線業務従事者の線量限度

実効線量限度	全身	1. 50 mSv/年で，かつ 100 mSv/5年 2. 女子*　5 mSv/3ヵ月 3. 妊娠中の女子…使用者などが妊娠の事実を知ったときから出産までの間につき， ・内部被ばく　1 mSv
等価線量限度	・目の水晶体 ・皮膚 ・妊娠中である女子の腹部表面	150 mSv/年 500 mSv/年 使用者などが妊娠の事実を知ったときから出産までの間につき，2 mSv
緊急作業に係る線量限度（女子を除く）		(1) 実効線量　100 mSv (2) 等価線量 ・目の水晶体　300 mSv ・皮膚　1 Sv

* 妊娠不能と診断された者，妊娠の意思のない旨を使用者などに書面で申し出た者および 3. で規定する者を除く．

律」[1]（以下，「放射線障害防止法」という）によって加速型式等の異なる 8 種類（表 10.8.1 参照）の加速器について使用規制が行われている．放射線障害防止法による規制は，加速器をはじめとする放射線施設で作業する者のみならず，施設周辺の一般公衆の放射線安全確保を目的につくられており，放射線安全確保のために様々な安全基準などが定められている．加速器施設はこれらの安全基準に基づいて設計・建設が行われる．加速器施設の放射線安全は，放射線発生源である加速器施設の安全運転・維持管理を適切に行い，施設周辺環境の放射線場が安全基準を満たしていることを監視することによって，作業者などの被ばくが**表 10.8.2** に示す線量限度を逸脱しないようにすることである．

以下に，加速器の放射線安全を理解するうえで重要な加速器性能などに依存する放射線場の特徴，放射線の測定などの基礎的な事項や，実際の加速器の放射線安全設計などに直接かかわる放射線遮蔽，安全管理設備などについて概説するとともに，放射化物の安全取り扱い，ならびに放射線安全管理体制などの概要について述べる．

10.8.2　放射線場の特徴と放射線の測定

a.　放射線場の特徴

加速器施設における放射線には，加速ビームである一次粒子の他に，ビームの加速・輸送の過程で二次的に発生する制動放射線や γ 線，荷電粒子および中性子などがある．二次放射線の発生は加速粒子の種類やエネルギーに依存する．例えば，電子加速器の場合には散乱電子や制動放射線が主たる放射線で，エネルギーが高くなると光核反応（γ, xn）で中性子が発生する．粒子加速器においては，加速粒子や二次中性子による核反応による中性子や γ 線が主となり，粒子エネルギーが高くなると核破砕反応が起こり種々の粒子が発生する．これらの二次放射線のうち，制動放射線はビーム方向に強い指向性を持つ．光核反応や核反応による中性子の発生は比較的等方的で，核破砕反応では高エネルギー成分が前方に指向性を持つが，大部分が等方的な発生を示す[3,4]．

加速器施設において形成される放射線場は，種々の放射線が存在する混合場である．加速器運転時の放射線は，その運転の繰り返し周波数に同期した極めて短い時間幅のパルス状となり，ビームと構造体の相互作用の状況に応じて微細な時間構造を持つ．一次および二次粒子により放射性核種が生成（放射化）する場合には，これらの核種から γ 線や β 線が放出されるため，加速器停止後においても放射線場が形成される．

b.　放射線の測定

放射線の測定原理と検出器の種類[2,5-7]　放射線安全のためにはその放射線場の特徴を反映した放射線測定が求められる．ここでは，放射線測定に関する基礎的な事項について述べる．放射線の測定には，放射線が物質中で起こす電離および励起過程を利用する．間接電離放射線に対しては，光子の場合は光電子やコンプトン電子など，中性子では反跳や核反応による荷電粒子が利用される．

1) **電離現象を利用する検出器**　この範疇の検出器には，気体検出器と固体（半導体）検出器がある．気体検出器には，電離箱，比例計数管，ガイガーミュラー（GM）計数管などがある．放射線のエネルギーと生成電荷量は比例関係にあり，W 値（1 組の電子・イオン対生成に必要なエネルギー（eV））によって結びつけられる．電離箱としては，通例イオンの誘導電流を測定する直流電離箱が用いられ，電離電流を精度よく直接測定できるため，照射線量や吸収線量の測定器として利用される．比例計数管は入射放射線のエネルギー測定が可能で，充填ガスに自由度があるので多くの応用がある．例えば，中性子計測のための ^{3}He (n, p) ^{3}H 反応による He-3 比例計数管，放射能絶対測定用のガスフロー計数管，および放射線入射位置検出に用いるマルチワイヤ比例計数管などがある．GM 計数管は放電を利用するため放射線の計数しかできないが，回路は簡単で安価に製造できる．GM 管では，放電が終わり次の信号の

計数が開始されるまでの時間（分解時間）が～1 ms と長く，高計数率測定が困難であり，パルス放射線場では数え落としに注意が必要である．

Si や Ge などの高純度半導体結晶に逆バイアスを印加して空乏層を形成すると，放射線により電子・正孔対が生成される．半導体検出器は電子および正孔を収集し信号とする電離箱と同じ動作原理を持つ．半導体では W 値が気体の約 1/10 となり，その分信号出力が大きく分解能も優れた検出器となる．高純度 Ge 検出器は，原子番号が大きく光電効果が顕著に現れるという特性を生かして γ 線スペクトロメトリーに不可欠な測定器である．

2）発光現象を利用する検出器[8,9]　物質が放射線エネルギーを吸収し発光する現象をシンチレーション，その物質をシンチレータと呼ぶ．発光量と吸収エネルギーは比例関係にある．シンチレータには無機および有機シンチレータがある．

無機シンチレータは実効原子番号ならびに密度が大きく光子検出効率が高く，エネルギー測定に適する．NaI(Tl) は最も広く使用されているシンチレータで，発光量が大きく比較的安価に製作できる．サーベイメータにも多用される．潮解性があるため光学窓付き容器に密封して使用する．近年 LaBr$_3$(Ce) 等の高い発光効率を持った高分解能シンチレータが開発され普及が進んでいる．

有機シンチレータには，アントラセンなどの有機結晶，プラスチックシンチレータおよび液体シンチレータがある．無機シンチレータは固体結晶でのみ発光し[9]，有機シンチレータは分子構造に発光の由来があり相形態によらず発光する[10]．有機シンチレータは実効原子番号が小さく光子エネルギーの測定には不適だが，発光減衰時間が短く高計数率測定やタイミング測定に適する．液体シンチレータは試料を溶かし測定できるので，^{3}H や ^{14}C などからの低エネルギー β 線の測定に使用される．また，多量の水素を含むため高速中性子エネルギースペクトロメータとして利用される．

3）物理，化学的変化を利用する検出器　放射線により物質内で起こる物理・化学的変化を利用するもので，積算型線量計として利用される．霧箱，固体飛跡検出器，化学線量計，イメージングプレート（IP），熱ルミネセンス線量計（TLD），蛍光ガラス線量計などがこれに分類される．この他，温度変化から吸収線量を求めるカロリメータ，核反応を利用し誘導放射能の測定から中性子のフルエンスを求める放射化検出器などがある．

放射線に関する量と単位[2,4,10,11]　放射線に関する量には，物理的に明確に定義される「物理量」，放射線防護の目的だけに使用され放射線のリスクにより定められる「防護量」，ならびに実測できない防護量の推定のために用いる「実用量」がある．

物理量のうち，放射線場の特徴を表す量として重要なものに粒子（エネルギー）フルエンスがあり，単位面積を通過する粒子数（エネルギー）をいい，単位は [m^{-2}]

（[J/m^2]）である．物質へのエネルギー付与に関連する量のうち，吸収線量 D は単位質量の物質中に吸収されたエネルギーと定義され，放射線と物質の種類によらない．単位は [J/kg] で特別単位として「グレイ（Gy）」が用いられる．照射線量 X は光子により空気の単位質量あたりに発生する電荷量を表し，単位は [C/kg] である．

防護量には，等価線量および実効線量などがある．同一の吸収線量であっても線質により人体に対する影響は異なる．等価線量 H_T は，被ばくの影響を同一尺度で表すために，放射線 R による臓器 T の平均吸収線量 D_{TR} に線質について補正した放射線荷重係数 w_R を乗じた $H_T = w_R \times D_{TR}$ と定義される．w_R は，国際放射線防護委員会（ICRP）により，各放射線に対して値が与えられる．単位は吸収線量と同じ [J/kg] であるが，区別するため「シーベルト（Sv）」が用いられる．一方，全身に被ばくした場合，体内の臓器組織が受ける発がんなどの確率的影響のリスクは異なる．実効線量 E は，臓器 T の等価線量 H_T にその臓器の組織荷重係数 w_T を乗じて合算した $E = \Sigma (w_T \times H_T)$ と定義される．単位は [J/kg] および [Sv] を用いる．w_T は ICRP により各臓器に対して値が与えられる．

実用量には，場のモニタリングのための周辺線量当量 $H^*(d)$，および個人モニタリングのための個人線量当量 $H_p(d)$（d は対象の深さ）などがあり単位は [Sv] である．場と個人のモニタリングを区別するのは後者の場合に人体による遮蔽などの影響を考慮するためである．我が国の放射線防護関連法令で規定される 1 cm 線量当量ならびに 70 μm 線量当量は，$H^*(10)$ と $H_p(10)$，および $H_p(0.07)$ に対応する．

c.　放射線測定の方法[4-7]

エネルギーの計測　光子エネルギーの測定器として，シンチレーション検出器ならびに半導体検出器が使用される．前者の場合は，シンチレータを光電子増倍管などの光電変換素子と組み合わせ，信号波高を前置および比例増幅器で増幅，波高分析器を用いて波高分布を得る．波高分布と検出器の応答関数からエネルギースペクトルが求まる．後者の手法も同様である．波高分析器では，入力波高をデジタル化し対応するチャネルにパルス数を記憶させてヒストグラムを作成する．

中性子エネルギーの計測には，1）飛行時間（TOF）分析法により既知の距離を飛来する中性子の飛行時間を測定し中性子のエネルギーを決定，2）アンフォールディング法により反跳陽子比例計数管や液体シンチレータを用いて測定した波高分布を検出器の応答関数を用いてエネルギースペクトルに変換，3）カウンターテレスコープ法により2個以上の検出器を用いて核反応により放出された荷電粒子のエネルギーを同時測定しそのエネルギーと放出角から入射中性子のエネルギーを求める，などの方法がある．この他，放射化検出器やボナボールを用いる方法[5]などが開発されている．

放射能の測定　放射能の測定は，試料から放出される放射線の計測から崩壊率の絶対値を求めるもので，絶対測定法と相対測定法がある．絶対測定法は，定義に基づき単位時間あたりの崩壊数を計数し放射能を決定する方法であり，低立体角測定法，$2\pi(4\pi)$ガスフロー計数管，β-γ同時計数法などがある[5, 7]．相対測定法では放射能が既知の基準試料と測定試料の測定値の比較から放射能を決定する．効率が既知の Ge 検出器を用いてγ線スペクトルを測定し光電ピークから放射能を決定する方法や，液体シンチレーションカウンタを用いて試料の計数率を求め放射能を決定する方法がある．後者は，特に低エネルギーβ線測定に適しておりトリチウム測定に用いられる．

線量の測定　照射線量 X の測定には，空気に近い原子番号を持つ物質で壁を構成した空気等価壁電離箱が通例用いられる．空気密度を$\rho[kg/m^3]$，容積 $V[m^3]$ の電離箱において，測定時間 $T[s]$ の間に電流 $I[A]$ が流れたとき，$X=IT/\rho V[C/kg]$ となる．

吸収線量 D を求める最も一般的方法では，ブラッグ・グレイの空洞原理に基づく電離箱を使用する．物質と同じ材質でつくられた電離箱（空洞）気体中で生じる単位質量あたりのイオン対数を$I[kg^{-1}]$，W 値を$W[J/eV]$，気体に対する物質の平均質量阻止能の比をS_m/S_gとして，$D=(S_m/S_g)IW[Gy]$ と求まる．

1 cm 線量当量は，その場所における空気吸収線量に 1 cm 線量当量変換係数を掛けて算出するが，放射線のエネルギーを知る必要があり，通常は 1 cm 線量当量に対するエネルギー特性が広い範囲において一定となるような線量計を用いる．

d.　放射線モニタリングシステムとインターロック[3, 4, 12]

加速器が稼働するとその周辺には種々の放射線場が形成され，発生装置室内には空気，冷却水および構造体の放射化により放射能が生成し，一部は環境中へ放出される．放射線（能）モニタリングでは，事業所の境界および居住区域，管理区域の境界および作業場所にはエリアモニタを，また排気・排水設備などには放射能モニタを設置し監視する．放射線安全上重要なモニタには，レベル超過の際に加速器を自動停止させる機能（インターロック）を組み込み，あるいは警報機能を持たせる．

加速器からの漏えい放射線は透過力の大きい中性子や光子でありパルス状に発生するため，光子測定用モニタとしては，数え落としがなくエネルギー特性が良好な電離箱が用いられる．中性子は広いエネルギー分布を持つため，中性子測定には減速材付き比例計数管がよく使用される．レムレスポンスを持つ検出器の場合，20 MeV 以上の中性子に対する線量が過小評価になるので注意が必要である．空気中放射能濃度測定用モニタとしては，主として短寿命陽電子放出核などからのγ線を測定する場合は遮蔽容器付きシンチレーション検出器が，β線などを測定する場合は通気型電離箱が使用される．

10.8.3　放射線遮蔽

a.　遮蔽設計に関する基礎的事項

電子加速器　電子は原子核と直接にはほとんど相互作用しないため，遮蔽を考えた場合は生成される制動放射線が出発点となる[4, 13-16]．電子のエネルギーが制動放射によって$1/e$（$e\approx2.72$）に減ずる長さを放射長（radiation length）と呼び，電子のエネルギーに依存しない値である．例えば酸素では約 $34 g/cm^2$，鉛では約 $6 g/cm^2$ である．エネルギーの高い電子は物質中で制動放射線を生成して急速に止まる．2 MeV 程度までの制動放射線は比較的容易に遮蔽される．しかしエネルギーの高い制動放射線はおもに電子対生成を生じ，さらにその電子によって制動放射線が生成され，電磁カスケードによってねずみ算式に放射線の数が増加する．この現象をビルドアップと呼び，遮蔽体表面よりも少し内部で線量が最大になる．鉛で遮蔽した場合，光子に対する減弱係数は約 4 MeV で最小値（Compton minimum）を示すため，4 MeV 付近の光子が最も深くまで透過する．

加速エネルギーが 10 MeV を超えると，制動放射線によって生成される光中性子が重要になる．加速エネルギーが GeV 領域以上では，π中間子やそれを介して生成されるμ粒子にも注意が必要になる．特にレプトンであるμ粒子は核反応によっては遮蔽されず，また質量が大きいため制動放射も無視できる．したがって衝突阻止能による減速だけでしか遮蔽されないため，エネルギーが高い場合は非常に透過力が大きい．問題となるのは極めて狭い前方向だけであるが，荷電粒子であるため被ばくへの影響は大きい．

放射光施設や衝突型リング施設では，入射器と入射中の蓄積リングでのビーム損失（ビームロス）は通常の加速器と同様に扱う必要があるが，入射終了後の蓄積リングでのビーム損失は極めて小さいため，概して遮蔽の問題は小さい．ただし蓄積リングに直線部があると，真空ダクト中の残留ガスによって，直線部の延長上の狭い範囲ではあるが高エネルギーの X 線（gas bremsstrahlung）を生じるので注意が必要である．この生成量は真空度に依存する．

イオン加速器　中性子を発生させる目的で，重水素（D）や三重水素（T）のターゲットを重陽子（d）照射する場合は，ほぼ単色の中性子の遮蔽になる[16]．d を加速する場合，ビーム損失などで d が蓄積すると，そこでのビーム損失で D(d, n)^{3}He 反応が生じて中性子が発生するため注意が必要である．

加速エネルギーが核子あたり 2 から 3 MeV を超えると，大半の物質でクーロン障壁を超えるために核反応が起こり，ターゲットやビームダンプ，ビーム損失点において発生する二次中性子，γ線が顕著になり，特別な遮蔽が必要になってくる[4, 13, 17, 18]．コンクリートや鉄による遮蔽では，γ線よりも中性子の透過力が大きいため，ビームによる二次γ線は無視できることが多いが，遮蔽体の外では中性子

の核反応で生じる γ 線が混在する.

核子あたりのエネルギーが GeV 領域になると, 加速粒子や二次中性子の核反応で高いエネルギーの中性子や陽子などが発生し, さらにこれらが次々と核反応を起こす核外カスケードを示すようになる. そのため高エネルギー加速器では, 遮蔽体の内側表面よりも少し内部で線量率が高くなる. また遮蔽体の外側では, 中性子, γ 線による線量の他に, 陽子などの荷電粒子による被ばくも無視できなくなる. 核反応によって π 中間子や μ 粒子も生成されるため, 電子線加速器と同様, 前方の狭い領域ではあるが μ 粒子のために極めて厚い遮蔽体が必要になる.

ビーム損失と放射線源 加速器の遮蔽設計では, 加速粒子がターゲットやビームダンプ, ビーム損失点において発生する二次放射線をまず評価し, それを線源とした遮蔽計算を行うのが一般的である.

一般にビーム損失については, 場所と量を特定することが困難である. ビームのエミッタンス, ハローなどを考慮し, 可能な限り精度のよい評価を行うことが好ましいが, 特に追加で遮蔽を設置することが困難な場合は, 合理的な範囲で安全側 (大きめ) に見積もるべきである.

電子による制動放射線の生成は適切な理論式があり[4], また EGS[19] などのモンテカルロコードも整備されているため, 比較的簡便に, また高い精度で評価可能である. しかし光中性子の生成は様々な核反応が寄与することから複雑であり簡便な方法はなく, JENDL/PD-2004[20] のような核データファイルを用いるか, 適切な実験データに頼ることになる.

イオンによる二次中性子の生成過程も同様に複雑である. 特に遮蔽評価のために必要なのは, 物質に入射したイオンが止まるまでの間に生成する全中性子のエネルギー・角度二重微分生成量 (Thick Target Yield : TTY) である. いくつかの実験データはまとめられている[21]. 適切なものがない場合は PHITS コード[22] などを用いて計算することも可能である. ただし核子あたりのエネルギーが数十 MeV 以下での計算精度は高くはない.

核子あたり数十 MeV を超えるイオンによる二次中性子線源スペクトルは, 数 MeV 程度に蒸発過程でつくられる大きなピークがあり, 高エネルギー側に裾を引く. 裾の上端は陽子加速器ではほぼ加速エネルギーまで, 重イオン加速器では核子あたりのエネルギーの 2 倍程度まで伸びる. 中性子の減弱距離 (線量が 1/e に減衰する遮蔽体の厚さ) は一般にエネルギーとともに増加する. そのため蒸発成分の中性子は急速に減衰するのに対し, 高エネルギー中性子は遮蔽されにくい. 核子あたり数百 MeV 以上の加速器では, 100 MeV 以下の中性子の遮蔽体外側に対する寄与は 1 割程度以下である. 生成量は少ないが, 100 MeV 以上の中性子が必要な遮蔽体厚さを決める.

線量換算係数と裕度 遮蔽体外側の中性子, γ 線スペクトルが計算によって得られた場合, 実効線量への換算が必要である. γ 線では 10 MeV まで, 中性子では 20 MeV まで

の換算係数は法令によって与えられているが, それ以上のエネルギーについては, 日本原子力学会が与える標準[23] を利用できる.

遮蔽計算は実効線量について行うが, 施設完成後の法に基づく検査は 1 cm 線量当量を測定する機器を用いて行われる. 1 cm 線量当量は実効線量より最大 1.8 倍程度大きいことがあるため, 計算によって評価された値は法で定める線量限度に比べ, 少なくとも半分以下になるよう余裕を持っている必要がある.

遮蔽材料 ポリエチレンなどの水素含有量の大きい物質は, 15 MeV 程度までの中性子に対する遮蔽能力は大きいが, γ 線に対する効果は小さい. そのため遮蔽体の外側では, ビーム損失による二次 γ 線, 中性子による捕獲 γ 線 (2.2 MeV) が, 線量のほとんどを占める場合がある. ポリエチレンに 1 % 程度のホウ素を混入させることにより, 捕獲 γ 線の寄与を小さくすることができる. 水素の全断面積は中性子エネルギーが 15 MeV を超えると小さくなるため, 高エネルギー加速器での遮蔽能力は低い.

鉄は比較的安価な材料であり, γ 線や高エネルギー中性子に対して高い遮蔽性能を示す. しかし鉄の中性子に対する断面積は keV 領域に極めて小さくなる「窓」を有するため, 鉄単独で厚い遮蔽体を構成すると, keV 領域の低エネルギー中性子の漏えいが顕著になり, 線量の減衰性能は極めて低くなる. そのため, 鉄の背後に低エネルギー中性子とそれによる捕獲 γ 線を遮蔽する物質が不可欠であり, 数十 cm のコンクリートがよく用いられる.

b. 簡易計算手法

バルク遮蔽 エネルギー E_0 の加速粒子が I の強度で損失する点線源から, 距離 r, ビームに対して θ の方向にある評価点に与える実効線量率 (H) の簡易評価は, 一般に次式で行われる.

$$H = H_0(E_0, I, \theta)\frac{e^{-t/\lambda}}{r^2} \tag{10.8.1}$$

ここで, t は線源と評価点を結ぶ線分が遮蔽体を横切る厚さ, λ は減弱距離である. H_0 は, 線源から単位長さの距離における線量率であるが, 単純に線源から放出される二次放射線による値ではない. 表面に近い遮蔽体中では, ビルドアップ現象によって線量率は一般に上に凸の減衰曲線を示す. 遮蔽体の深い場所では線量率は指数関数に従って減衰し, H_0 はその指数関数と y 軸 (厚さゼロ) との交点になるため, 線源から放出される二次放射線から計算した値よりも H_0 は一般に大きい.

H_0 や λ については, 医療用電子加速器については文献 15, 16 に, その他の比較的高エネルギーの加速器については文献 4 や 13 などに詳しく解説されている. 文献 4 には式 (10.8.1) をさらにパラメータ化した Moyer の式やビームラインなどによって生じる線状の線源などについても詳しい.

ストリーミング, スカイシャイン 遮蔽壁には人や物品のアクセス通路, 給排気や電力供給のための貫通孔などが設

けられることが多い．通路は迷路構造にして放射線の漏えいを少なくするのが普通である．これらの迷路，ダクト，スリットなどからの放射線漏えいをストリーミングという．ストリーミングの評価には様々な簡易手法が提案されており，文献 4 や 16，32 などに紹介されている．

厚い遮蔽壁によって水平方向の直接線の漏えいは十分防いでも，天井が薄い場合，上空に向かった放射線が空気によって散乱されて地上の線量率が高くなる場合があり，この現象をスカイシャインと呼ぶ．簡易評価には Thomas の式，中村-小佐古の式などが使われるが，これらも文献 4 に紹介されている．

c. 詳細計算手法

決定論的方法　標的，ビームダンプ，ビーム損失点などの線源における中性子，γ線生成スペクトルが得られている場合，これらの遮蔽体内の透過はボルツマン輸送方程式を近似的に解いて求めることが可能である．これは次のモンテカルロ法に比較して計算時間は比較的短い．遮蔽体が無限に広い平板，あるいは無限に長い円柱または球に近似できる場合は，1 次元コードである ANISN を用いることができ，計算時間は極めて短い．無限に長い角柱，あるいは有限長さの円柱の場合は 2 次元コードの DORT，3 次元のコードには TORT があり，これらを統合した DOORS コードシステム[24]が用意されている．これらの計算には断面積からつくられる群定数データが必要であり，例えば 400 MeV までの中性子では HILO86R[25]が利用できる．これらの計算コード，データは高度情報科学技術研究機構・原子力コードセンターから入手可能である．

モンテカルロ計算　PHITS[26]，MCNP[27]，FLUKA[28]，MARS[29]，GEANT[30]などのモンテカルロコードは，磁場中の加速粒子の運動から遮蔽体外側の実効線量率までを一貫して計算できる．このうち PHITS は日本で開発されたコードであり，特に重イオンの計算も可能であるのが特徴である．PHITS，MCNP では，高エネルギー領域の原子核反応を核内カスケードなどの方法で計算し，低エネルギー領域では評価済み核データから準備された断面積を用いるため，低エネルギー領域の精度が高い．FLUKA などのコードはパラメータ化された核反応データを用いる．しかし，いずれのコードも様々な計算オプションが急速に整備されているため，最新の情報はホームページなどで得てほしい．

d. 加速器施設設計に係る施設基準

放射線障害防止法では表 10.8.3 に示すように放射線施設に係るおもな基準（外部線量）が定められており，加速器施設の遮蔽設計にあたっては，これらの施設基準を満たすように遮蔽体の配置や，厚さなどが決められる．

10.8.4　管理設備と放射化物の取り扱い

a. 安全管理設備

加速器運転中は室内の空間線量率は非常に高くなることから，誤って立ち入ることのないようにすることが安全管

表 10.8.3　施設に係るおもな線量限度（外部線量）

管理区域	1.3 mSv/3ヵ月を超える場所
使用施設内の人が常時立ち入る場所	1 mSv/週以下
排水，排気設備の出口など	1 mSv/年以下（事業所等の境界）
工場または事業所の境界など	250 μSv/3ヵ月以下 ただし，病院または診療所の病室においては 3ヵ月間につき 1.3 mSv 以下

理上最も重要である．このため放射線障害防止法ではインターロックおよび自動表示装置の設置が義務付けられている．さらに，施設特有の使用形態に応じた様々な設備が付加されている．

インターロック設備　運転中に出入口扉や搬入口を開けると加速器の運転は自動停止することになっている．また，作業者が加速器室内で作業中に誤って加速器を運転することがないように，作業者は出入口に設置された個人キーを抜いて入室する．作業中に加速器の運転のアナウンスや，警告灯の点灯が始まったときには，加速器室内の非常停止スイッチを押すことで加速器の運転を防止できることになっている．これらはインターロック設備と呼ばれる．

この他，加速器運転にかかわる安全装置として，電磁石電源，真空装置，冷却水装置の異常を検知して停止する装置もある．さらに，許可条件に加速エネルギー，出力，運転時間が決められている場合には条件を変えた運転ができないような監視装置や放射線モニタなども含まれる場合もある．

自動表示装置　加速器の運転状況を把握するため，出入口に運転中であることを自動表示することが義務付けられている．

その他の安全管理装置　加速器の制御室には様々なモニタや表示装置があるが，室内の監視カメラ，入室者の有無，扉の開閉状況，放送設備などで安全を確保する必要がある．

b. 放射化物の安全管理[31]

機器の維持や管理のために加速器室内へ立ち入る際，加速器本体や様々な周辺機器が放射化していることがあるので作業時の被ばくに注意する必要がある．近年，加速器の加速エネルギーや出力が増加してきたことから，加速器の設計にあたっても放射化についての考慮が必要になってきている．また，放射化の問題は周辺機器のみならず，空気や水にも関係してくる．放射化物の管理はこれまで各施設で自主的に行われてきたが，2011 年の放射線障害防止法改正で初めて法令に取り入れられたのでそれらを合わせて紹介する．

放射化の特徴　1）加速粒子による放射化の違い　電子加速器では加速された電子が標的などに照射されると制動放射線が発生する．制動放射線は透過性があり，その進行方

向に沿って放射化が生じるが，放射化の程度は距離とともに減衰する．一方，陽子加速器や粒子加速器は荷電粒子が標的に照射され放射化が生じる．例えば，核子あたり数十MeV程度に加速された荷電粒子では飛程が短く，放射化はごく狭い範囲に限定され，照射された箇所に非常に強い放射能が生成するという特徴がある．直接照射されたところは高線量率となっていることがあり，作業時の被ばくに注意する必要がある．発生した中性子は次第に減速し熱中性子となるため，周辺部の放射化では中性子捕獲反応で生成する核種が顕著となる．中性子による放射化は，生成量は低く被ばくの原因とはならないが，放射化の範囲が広くなるために，施設の廃止などの際に放射性廃棄物として大量に発生することが問題となってくる．

2）加速エネルギーによる放射化の特徴　一般に，低エネルギーで生じる核反応は単純であり，中性子や陽子が1ないし2個程度放出される．加速エネルギーが高くなるとともに放出される粒子数が増加し，生成する放射性核種の種類も増加することになる．

光核反応は10〜20 MeVのエネルギー領域で巨大共鳴反応があり，原子番号の大きい元素（金など）では10 MeV程度，原子番号の小さい元素（炭素など）では20 MeV程度で反応が生じる．50 MeV以上になると直接反応が起きるが，その反応断面積は巨大共鳴反応に比べて小さい．

荷電粒子はエネルギーが低い場合には，標的的原子番号が高くなるとクーロン障壁のため核反応自体が起きない．しかし，エネルギーが高くなると反応の断面積は大きくなるとともに，多粒子放出反応が生じる．加速粒子のエネルギーが高くなるとともに粒子の飛程が長くなり，放射化の範囲は広がる．さらに，高いエネルギーの中性子が前方向に発生することになる．加速器の用途や加速エネルギーな

どによって，放射化の範囲は大きく依存する．

3）材料による放射化の特徴　加速器本体や周辺機器では，鉄，ステンレス鋼，アルミニウム，黄銅（真鍮）など様々な材質が用いられている．さらに，遮蔽体や建物構造物では普通コンクリート，重コンクリート，鉄，鉛などが用いられる．中性子による放射化では主要成分ではなく，鉄中のコバルトやコンクリート中のユーロピウムなど不純物として含まれている元素から生成する核種が問題となる場合がある．表10.8.4は高エネルギー加速器施設で生成するおもな核種について材料ごとに示したものである．様々な半減期の核種が生成することがわかる．半減期の短いものは，運転が短期間で生成放射能は飽和してしまいそれ以上増加しないが，半減期の長いものは長期間にわたって放射能が増加していく．また，一般に運転終了後は短半減期の核種の放射能が強いが速やかに減衰し，時間が経つにつれて長半減期の核種が残ることになる．このように，発生装置室内にどの程度の期間置かれていたものか，取り外し後どの程度の期間が経過したかによって，放射化物中の主要核種は異なってくる．

放射化物の取り扱い　加速器が放射化していても表面汚染は無いものが多い．しかし，腐食などによって表面汚染が生じることがあるので室内の空調管理に注意する必要がある．また，切断などの加工作業を行う際には，汚染を広げないこと，内部被ばくを起こさないように周到な準備が必要である．あわせて，放射化物の紛失や想定されない場所からの発見などに注意する必要がある．このため，放射化した機器を不用意に持ち出したりすることのないよう注意が必要であり，物品がトレースできるようにしておく必要がある．

1）放射線障害防止法で定められた放射化物の管理　放射

表10.8.4　高エネルギー加速器施設で生成する主要放射性核種

物質	生成核種（半減期）
プラスチック，オイル	^{7}Be（53.22 d），^{11}C（20.3 m）
アルミニウム	上記に加えて ^{18}F（109.8 m），^{22}Na（2.602 y），^{24}Na（14.96 h）
鉄	上記に加えて ^{42}K（12.36 h），^{43}K（22.3 h） ^{44}Sc（3.97 h），^{44m}Sc（58.61 h），^{46}Sc（83.79 d）， ^{47}Sc（3.349 d），^{48}Sc（43.67 h），^{48}V（15.97 d） ^{51}Cr（27.70 d），^{52}Mn（5.59 d），^{52m}Mn（21.1 m） ^{54}Mn（312 d），^{56}Co（77.23 d），^{57}Co（271.7 d） ^{58}Co（70.86 d），^{55}Fe（2.737 y），^{59}Fe（44.495 d）
ステンレス鋼	上記に加えて ^{60}Co（5.271 y），^{57}Ni（35.6 h）
銅	上記に加えて ^{60}Cu（23.7 m），^{65}Ni（2.517 h），^{61}Cu（3.333 h） ^{62}Cu（9.673 m），^{64}Cu（12.70 h），^{63}Zn（38.47 m） ^{65}Zn（244.1 d）

半減期の記号（m：分，h：時間，d：日，y：年），半減期の値はアイソトープ手帳第11版によっており，手帳に記載のない核種はTable of Radioactive Isotopes（http://ie.lbl.gov/toi/）によっている．

線障害防止法では放射化物は「放射線発生装置から発生した放射線により生じた放射線を放出する同位元素によって汚染された物」というように定義されている. 固体状の対象物としては, 発生装置から取り外した機器や遮蔽体となっている. したがって, 加速器から取り外していないものは放射化物とはいわない. 放射化物の保管などの安全取り扱いについては文献 31 に述べられている. 放射化物のうち再使用する予定のものは保管設備で保管し, 廃棄するものは保管廃棄設備に入れて管理する. 保管設備は区画と施錠できることが条件となっている. 保管の際には耐火性の容器に入れて保管することになっているが, 容器に収納できない場合には, 汚染の広がりを防止するように養生して保管する. 保管容器には放射化物の表示を行うことになっている.

固体の放射化物にかかわる記帳の義務として, 保管廃棄設備や放射化物保管設備における放射化物の種類と数量, 保管の期間, 方法, 場所, 保管に従事するものの氏名の記録が必要となる. 加速器施設では種類は電磁石など, 数量は台数のほうが実際上の管理ではわかりやすいが, 放射線管理上は, 種類は核種, 数量は放射能と指定されていることから, 放射線管理担当者と相談する必要がある. また, 他の発生装置使用施設との放射化物の譲渡・譲受や廃棄業者への引き渡しの際にも記帳が必要である.

2) 放射化の範囲　放射化物を管理しなくてもよい発生装置としては, 核子あたり最大加速エネルギーが 2.5 MeV 未満のイオン加速器や最大加速エネルギー 6 MeV 以下の電子加速器がある. また, 医療用直線加速装置のうち, 6 MeV を超えるものについては放射化物として管理すべき部品が 10 MeV 以下の場合と 15 MeV 以下の場合について特定されている. 医療用直線加速装置について, 2012 年 3 月に出された「放射性同位元素等による放射線障害防止に関する法律の一部を改正する法律並びに関係政令, 省令および告示の施行について」(事務連絡) には参考としてメーカーごとに示されている. 自己遮蔽体がある PET 診断薬製造用のサイクロトロンの場合, 遮蔽体の内側にあるサイクロトロン本体など, 周辺機器, 遮蔽体, 床材は放射化物として管理するが, 遮蔽体の外側にあるものについては放射化物としての管理は必要ないとされている.

空気や水の放射化　固体のものが放射化すると同様, 水や空気も放射化する場合がある. 多くの粒子加速器では加速粒子が直接空気中に引き出されることはない. 二次的に発生する中性子による放射化を検討する必要がある. 電子加速器では制動放射線が空気中を透過することから, 光核反応による放射化が発生する.

このため, 放射線障害防止法では室内の空気中放射能が空気中濃度限度の 1/10 を超える場合に排気設備を設けること, 放射化した水が発生する場合には排水設備の設置が必要とされている.

10.8.5　安全管理体制[31]

a.　放射線障害予防規程と安全管理体制整備

加速器施設の使用に先立って, 事業所主 (使用者) は, 国に対し使用許可申請をし, 使用の許可を得なければならない. また, 実際の使用に先立って, 申請内容の確認のために行われる施設検査に合格する必要がある. このような施設などのハード面にかかわる法的手続きに先立って, 事業所ごとに, 実際の加速器施設を安全に運転・維持管理するために必要な具体的な内容について定めた放射線障害予防規程などのソフト面の整備をする必要がある. 放射線障害予防規程のなかで規定すべき事項は定められているが, なかでも重要なことは放射線安全管理の体制の整備がある. 事業者の安全管理体制は最高責任者である事業所の長を頂点とする放射線安全の施策に関与する組織と放射線安全管理の実務を担当する組織によって構成される. 放射線安全の施策に関与する組織には各部門の長, 放射線取扱主任者, 加速器施設管理責任者, 設備管理責任者などが入り, 加速器施設の安全運転の責任を担う. なかでも法的に位置付けられている放射線取扱主任者の役割は重要で, 放射線障害予防規程で定められた内容が確実に実施されるよう, 必要な命令・指示などを行い, 誠実にその職務を遂行しなければならない. 放射線取扱主任者は施設全体の放射線安全管理システムの健全性に目を光らせ, 問題があれば事業所の長にシステムの改善などについて意見を具申することになっている. 当然, 事業所の長はその意見を尊重し, また, 加速器施設で作業を行う放射線業務従事者は放射線取扱主任者の命令や指示に従わなければならない.

b.　放射線管理の実務

施設にかかわる安全基準に基づいて建設された加速器施設の放射線安全は, マニュアルに基づいた加速器施設の安全運転・維持管理を適切に行い, 放射線管理の実務として行われる施設周辺環境の放射線・放射能などの場の測定・管理や作業者などの被ばく管理を通じて担保される.

この個人線量管理, 放射線場の測定などの放射線安全管理の実務を担当する組織は, 施設規模や作業内容などによって異なるが, 比較的大きな施設では, 管理の実務を担当する独立した部門を設けている. 第三者的な立場で, 施設側が行う放射線作業に必要な手続きや加速器運転に伴う放射線レベルなどの作業環境に関する情報を提供するものである. 一方, 小規模施設などで独立した管理部門の設置が難しい場合では, 放射線管理の実務担当者の業務の内容を理解し, 事業所として全面的な支援を行うことが重要である.

c.　運転マニュアルなどの整備

加速器装置や設備などの管理責任者などは, 加速器や装置などの安全運転に必要なマニュアルなどを定め, 関係者への周知徹底を図らなければならない. これら責任者はマニュアルに定められた内容に則り運転を行うことになるが, 安全運転に重要な安全装置や設備, 遮蔽やインターロ

ックなどの保守・維持管理の責任を担い，これらの使用・管理状況などについて把握し，放射線安全に努めなければならない．いわゆる装置などのハード面の安全運転の責任は部門長などをはじめとする施設側にあるということである．過去に加速器施設において発生した多くの事故やトラブルは，この運転マニュアルなどの内容や，周知徹底の不備によるものが非常に多い．

参考文献

1) 日本アイソトープ協会：『アイソトープ法令集（Ⅰ）放射線障害防止法関係法令』（2014）．
2) 原子力ハンドブック編集委員会：『原子力ハンドブック』第3章，オーム社（2007）．
3) H. W. Patterson, H. Thomas : "Accelerator Health Physics" Academic Press（1973）.
4) 中村尚司：『放射線物理と加速器安全の工学 第2版』地人書館（2001）．
5) G. F. Knoll : "Radiation Detection and Measurement (4th ed.)" John Wiley Sons（2010）.
6) 西谷源展，ほか：『放射線計測学』オーム社（2003）．
7) 富永 洋，野口正安：『放射線応用計測―基礎から実用まで―』日刊工業社（2004）．
8) J. B. Birks : "Theory and Practice of Scintillation Counting" Pergamon Press（1964）.
9) P. A. Rodnyi : "Physical Processed in Inorganic Scintillators" CRC Press（1997）.
10) 森内和之・高田信久 訳：『放射線量計測の基礎』地人書館（1985）．
11) ICRP Publications 103（2007）．
12) 佐々木慎一：「加速器環境のモニタリング」放射線 Vol. 26, No. 3, 11-22（2000）．
13) A. H. Sullivan : "A Guide to Radiation and Radioactivity Levels Near High Energy Particle Accelerators" Nuclear Technology Publishing（1992）.
14) W. P. Swanson : "Radiological Safety Aspects of the Operation of Electron Accelerators" Technical Report Series No. 188, International Atomic Energy Agency, Vienna（1979）.
15) "Structural Shielding Design and Evaluation for Megavoltage X-and Gamma-Ray Radiotherapy Facilities" NCRP Rep. 151, National Council on Radiation Protection and Measurements, Bethesda, MD（2005）.
16) 『放射線施設のしゃへい計算実務マニュアル2015』原子力安全技術センター（2007），データについては『放射線施設の遮蔽計算実務（放射線）データ集』（2015）も参照．
17) R. H. Thomas, G. R. Stevenson : "Radiological Safety Aspects of the Operation of Proton Accelerators" Technical Report Series No. 283, International Atomic Energy Agency（1988）.
18) N. E. Ipe, et al. : "Shielding Design and Radiation Safety of Charged Particle Therapy Facilities" PTCOG（2010）. http://ptcog.web.psi.ch/archive_reports.html
19) H. Hirayama, et al. : "The EGS5 Code System" KEK Report 2005-8, SLAC-R-730（2005）. http://ccdb5fs.kek.jp/tiff/2005/0524/0524008.pdf
20) N. Kishida, et al. : "JENDL Photonuclear Data File" Proc. Int. Conf. on Nuclear Data for Science and Technology, USA, Vol. 1, p. 199（2004）. http://wwwndc.jaea.go.jp/ftpnd/jendl/jendl-pd-2004.html
21) T. Nakamura, L. Heibronn : "Handbook on Secondary Particle Production and Transport by High-Energy Heavy Ions" World Scientific（2006）.
22) T. Sato, et al. : "Particle and Heavy Ion Transport Code System PHITS, Version 2.52" J. Nucl. Sci. Technol. 50 913（2013）. http://phits.jaea.go.jp/indexj.html
23) 日本原子力学会 標準委員会放射線遮蔽分科会：『放射線遮へい計算のための線量換算係数』AESJ-SC-R002：2010，日本原子力学会（2010）．
24) Oak Ridge National Laboratory : "DOORS3.2a : One, Two- and Three-Dimensional Discrete Ordinates Neutron/Photon Transport Code System" CCC-650, ORNL, RSICC（2007）.
25) H. Kotegawa, et al. : "Neutron-photon multigroup cross sections for neutron energies up to 400 MeV : HILO86R ; Revision of HILO86 library" JAERI-M 93-020, JAEA（1993）.
26) T. Sato, et al. : "Particle and Heavy Ion Transport Code System PHITS, Version 2.52" J. Nucl. Sci. Technol. 50 913（2013）. http://phits.jaea.go.jp/indexj.html]
27) https://mcnp.lanl.gov/
28) http://www.fluka.org/fluka.php
29) http://www-ap.fnal.gov/MARS/
30) http://geant4.web.cern.ch/geant4/
31) 日本アイソトープ協会 編：『放射線安全管理の実際 第3版』丸善出版（2013）．
32) 日本原子力学会「遮蔽ハンドブック」研究専門委員会：『放射線遮蔽ハンドブック―基礎編―』日本原子力学会（2015）．

10.9 放射光利用技術

ビームラインは，偏向電磁石や挿入光源を光源とするシンクロトロン放射光に対して，光子エネルギー・エネルギー幅の選択，空間・角度の切り出しなどをして，必要な放射光を実験装置に導く装置である．X線回折・散乱，分光，イメージングなど目的に応じて適切な光源と光学系が選択される．一方，必要としない大半の放射パワーは途中で熱として処理される．また，高エネルギーX線やγ線を伴うため放射線安全上も重要な装置である．

10.9.1 ビームラインの基本構成[1]

図10.9.1にビームラインの構成例を示す．トンネル内のフロントエンドと実験ホールの輸送チャンネルに分けられる．利用者は末端の実験ステーションにおいて実験を行う．高エネルギーX線ビームラインでは，輸送チャンネ

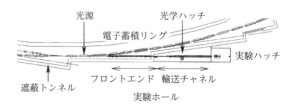

図10.9.1　ビームライン構成

ル機器は遮蔽ハッチ内に収納される. 軟 X 線ビームライ
ンは, 光学系により低エネルギー成分のみになった段階か
ら遮蔽ハッチの外に並べられる.

10.9.2 ビームラインの真空[2]

放射光の吸収や散乱を避けるなどの目的で真空に保たれ
る. 途中, ゲートバルブによりいくつかのセクションに区
切られ, 各々必要な圧力に真空排気される.

フロントエンド 蓄積リングと直結されるため超高真空に
保たれる. イオンポンプなどで 10^{-7} Pa 以下程度の圧力に
維持される. アブソーバなど白色の放射光を受光する機器
は, 光焼き出しを十分に行う必要がある.

輸送チャネル 硬 X 線ビームラインでは, フロントエン
ドと輸送チャネルの間は Be 窓などの真空隔壁を設けるこ
とが多く, その下流は高真空で十分なことが多い. この場
合, ターボ分子ポンプと油フリーのスクロールポンプなど
が用いられる. 光学素子と残留ガスが放射光照射により光
化学反応を起こし, 表面汚染につながることがあるので,
光学素子周辺は超高真空が要求される場合もある. 一方,
軟 X 線ビームラインでは, X 線吸収を避けるため真空隔
壁がなく蓄積リングと直結される. 基本的に超高真空雰囲
気が要求され, イオンポンプなどが用いられる.

10.9.3 ビームラインコンポーネント[1,3]

基本要素は真空機器であり, 前節の真空排気ポンプによ
り真空が保たれ, 真空計により圧力が監視される. 加え
て, ビームシャッター, スリットなどにより構成される.
分光器より上流では, 次節に示す高熱負荷機器が用いられ
る. 以下におもな機器の概要を示す.

ビームシャッター W や Pb のブロックを光軸上に挿入/
退避させることにより放射光の遮断/導入を行う. 駆動に
はエアシリンダが用いられ, 開閉状態はリミットスイッチ
により監視される. 遮蔽ブロックの厚さや断面積は, 蓄積
リング, 光源, および光学系の条件を考慮して遮蔽計算に
基づいて決定される. 例えば, SPring-8 のビームシャッ
ターでは, 厚さ 400 mm の W が用いられている.

γストッパ, エンドストッパ 蓄積リングの残留ガスによ
る制動放射 (高エネルギーの γ 線) の一部はビームライン
に沿って伝わるため, γストッパを設置し遮蔽する. 例え
ば, SPring-8 では厚さ 300 mm の Pb ブロックが用いられ
ている. また, ビームライン末端にエンドストッパ (Pb
ブロック) を設置し, 直接光を止める. これらの厚さや断
面積は, 蓄積リング, 光源, および光学系の条件を考慮し
て遮蔽計算に基づいて決定される.

スリット ブレードには Ta などの金属を用いる. エッジ
はテーパをつけ研磨するなど散乱を低減するための工夫が
なされる. 通常, 駆動にはステッピングモーターと送りね
じを用いた併進ステージが用いられる. 白色光は, まず水
冷された無酸素銅ブロックなどにより受光される.

X 取り出し窓 厚さ 0.2 mm 程度の Be や, CVD ダイヤモ

表 10.9.5 シリコンの低次反射における基本パラメータ
(実効バンド幅は二結晶分光器の場合であり, 吸収は無視した)

反射指数	$2d$ [nm]	実効バンド幅
111	0.6271	1.4×10^{-4}
220	0.3840	6.1×10^{-5}
311	0.3275	2.9×10^{-5}
400	0.2715	2.6×10^{-5}
333, 511	0.2090	9.1×10^{-6}

ンドの薄膜が真空隔壁として用いられる. X 線吸収と機
械的強度などの観点から厚さと開口面積が最適化される.
X 線光学的にはボイドなど内部欠陥が少ないこと, 表面
粗さが小さいこと ($0.1~\mu$m rms 以下) などが要求される.
白色用は, 無酸素銅などの水冷ブロックに接合され冷却さ
れる.

10.9.4 高熱負荷機器[3]

白色光を受ける機器は, 基本的に水冷された受光部を有
する. 受光部のおもな材料は, 無酸素銅もしくはアルミナ
分散強化銅である.

アンジュレータのように出力が 10 kW を超え, 0.1
mrad 程度の狭い領域にパワーが集中する場合, 受光部を
1° 程度の斜入射にして熱負荷を分散させる. 受光ブロッ
クには流路が加工され, 冷却水を流すことにより冷却す
る. 受光ブロックにおける熱伝導と流路における熱伝達を
よくする必要がある. 詳細設計には有限要素法などの計算
を適用する. アルミナ分散強化銅における斜入射でのパワ
ー密度の目安は 15 W/mm^2 であり, 長さ 1 m あたりで処
理できるパワーは 10 kW である.

10.9.5 分光器

分光器は, 白色放射光を所定のエネルギー幅に単色化す
る目的で用いられる.

軟 X 線:回折格子分光器[2,3] 刻線密度 600〜1 200 本/
mm 程度の回折格子によりおよそ 2 000 eV 以下の軟 X 線
領域の分光が可能になる. 分解能とスループットの関係
で, スリットやミラーとの組み合わせにはいくつかのタイ
プがある.

硬 X 線:結晶分光器[1,2,3] 原理は結晶のブラッグ反射で
ある. 格子面間隔 d, 入射ビームと格子面となす角 θ, X
線の波長 λ として $2d \sin\theta = \lambda$ を満たすとき反射が生じ
る. おもに完全で大きな単結晶が得られる FZ シリコンが
用いられる. **表 10.9.1** によく使われる反射面, 面間隔,
実効バンド幅を示す. 通常, 放射光強度は 0.1 % バンド幅
あたりで表されるので, このバンド幅を用い, 分光後の強
度に換算できる.

角度 θ を変え, 取り出す光子エネルギーを変えても出射
するビームの位置, 方向を一定に保つ二結晶分光器がおも
に用いられる. 二つの結晶は同じ面間隔でなければならな
い. 基本動作にはいくつかのタイプがあるが, 併進と回転

の計3軸が必要となる.

分光結晶に入る放射光パワーは数百Wに及ぶことがある.結晶の冷却は,結晶中に流路を設け冷媒を流す直接冷却と,冷却されたCuブロックなどに熱接触させる間接冷却がある.性能指数(熱伝導率/熱膨張係数)が高いことが重要である.数百Wの高熱負荷に対応するためにはシリコンを液体窒素温度に冷却する方法が主流である.

10.9.6 全反射ミラー[1,2,3]

X線領域では屈折率は1よりわずかに小さい.屈折率の1からの差δを用い臨界角$\theta_c \approx \sqrt{2\delta}$が得られ,それ以下の表面すれすれの入射により全反射が生じ,高い反射率が得られる.光子エネルギーや媒質によるが,X線領域ではmradのオーダーとなる.具体的な屈折率や反射率はWeb上で計算できる[4,5].反射は表面の影響を受けやすく,表面粗さは0.1 nmのオーダー,また,形状誤差は1 nm以下が要求される.

母材としてはシリコン,石英などが,表面はAu,Pt,Rh,Niなどの金属コートが用いられる.斜入射条件で使用されるため,長さは100 mm〜1 m程度になる.光子エネルギー領域,臨界角,元素固有のX線吸収端を考慮して材料が選ばれる.白色光を受ける場合には水冷,場合によっては液体窒素冷却が行われる.

臨界エネルギーよりも高エネルギー領域で反射率が急激に低くなるため,高次光の除去に用いられ,また,湾曲面(円筒面,楕円面,放物面など)への精密研磨加工や機械的な曲げにより,ビームを集光するために用いられる.

10.9.7 遮蔽ハッチ[3]

低エネルギーのビームラインでは厚さ数mmの鋼板を,また,SPring-8のような高エネルギーのビームラインでは数〜数十mmの鉛板を鋼板で挟み補強したパネルにより遮蔽ハッチが構成される.遮蔽体の材料,厚さは,光源性能,光学系などの散乱体の配置,遮蔽ハッチの寸法などを考慮して,遮蔽計算に基づいて評価される.遮蔽を効果的,経済的にするため散乱体周辺に局所遮蔽が併用される.

遮蔽ハッチは,入退扉,ケーブルダクト,各種ユーティリティを備える.

10.9.8 インターロック[3]

インターロックシステムは,シャッターの開閉制御と状態監視,遮蔽ハッチの扉の開閉制御と状態監視,真空の監視,冷却・圧縮空気などユーティリティの状態監視などを行う.また,利用者がシャッターを操作しビームを導入/遮断することを可能にする.加速器系・安全系とリンクされ,機器故障,誤操作により放射線安全が確保できない場合や,速やかに機器を保護する必要がある場合には,蓄積リングの運転を緊急停止させる.ビームラインに複数配置された緊急停止ボタンにより,利用者が緊急停止すること

ができる.軽微な故障では,ビームシャッターを閉じて放射光を遮断し警報を発する場合もある.

人の安全確保を最優先に,起こりうる様々なケースを想定したうえでインターロック動作が決められる.

参考文献
1) 後藤俊治:加速器7 250 (2010).
2) 大柳宏之 編:「シンクロトロン放射光の基礎」丸善 (1996).
3) 大橋治彦,平野馨一 編:「放射光ビームライン光学技術入門」日本放射光学会 (2013).
4) http://henke.lbl.gov/optical_constants/index.html
5) http://physics.nist.gov/PhysRefData/FFast/html/form.html

10.10 中性子利用技術

10.10.1 中性子を制御する技術

中性子は,質量$m = 1.67 \times 10^{-27}$ kg,スピン1/2とそれに起因する磁気モーメント($\mu_n = -9.65 \times 10^{-27}$ J/T)を有し電荷を持たない.また低速中性子は顕著な波動性を示し反射・屈折・回折・干渉現象を起こす.このようなユニークな性質を持つ中性子は,X線などと相補的に固体物理,高分子化学,生命科学,基礎物理から,産業利用,環境・文化財研究などにわたる広範な分野で利用されている.

本項では,中性子源で発生した熱中性子や冷中性子などを中性子回折・散乱実験や基礎物理実験など様々な実験に利用するため,効率よく実験装置に輸送し,速度(波長)を弁別し,実験目的によっては収束・偏極する技術について述べる.

中性子は電荷がないため荷電粒子のように電場で制御することができない.そこで中性子の制御には,低速中性子が示す全反射やブラッグ反射などの波動性を利用した中性子反射ミラーや結晶モノクロメータをはじめ,スピン,磁気モーメントと磁場との相互作用を利用した中性子磁気レンズ,スピンフリッパーなどの光学デバイスが用いられる.また,中性子がBなどの原子核によって捕獲吸収される反応を利用して中性子の波長を弁別する中性子チョッパーや,偏極した^{3}He原子核が中性子スピン状態に依存して選択的に中性子を吸収する反応を利用した偏極フィルターなども重要なデバイスとして利用されている.

10.10.2 中性子の全反射と中性子導管[1,2]

低速中性子は,滑らかな物質表面に入射すると反射・屈折現象を示す.このとき中性子は,光に類似して屈折率nの一様媒質中を伝播するように振る舞い,その際の屈折率は,中性子の吸収が小さい場合に近似的に下記のように表される.

$$n_{\pm} = 1 - \lambda^2 \left(\frac{Nb}{2\pi} \pm \frac{m\mu_n B}{h^2} \right)$$

ここで，λ は中性子波長，N は原子数密度，b は中性子散乱長である．中性子散乱長 b と散乱断面積 σ_s には $\sigma_s = 4\pi|b|^2$ の関係がある．B は物質中の磁気誘導で，中性子のスピンが B に平行の場合（＋），反平行の場合（－）に屈折率の符号が変化する．中性子の入射角が大きく運動エネルギーの垂直成分が大きいと屈折して透過するが，ある値より小さいときに全反射が起こり，その臨界角 θ_c は $\theta_c = [2(1-n)]^{\frac{1}{2}}$ と表される．波長 1 Å の熱中性子の全反射臨界角は Ni 表面で 0.97° となる．また，磁化鉄の表面に偏極中性子が入射した場合，波長 1 Å の中性子の全反射臨界角は，中性子のスピン方向によって異なり，磁場に平行の場合 1.20°，反平行の場合 0.57° となり，偏極中性子を選別することができる．

中性子導管は，中性子の全反射現象を用いて中性子源で発生した低速中性子を遠方の実験装置まで，数十 m から長いものでは数百 m にわたって輸送するデバイスである．中空矩形のガラス管の内表面に中性子を反射する Ni や後述するスーパーミラーを成膜したものが利用される．中性子導管の特徴は，曲導管にすることで線源の直視を避け，高エネルギー中性子線や γ 線を除去することができることである．また，中性子回折・散乱実験などの際には中性子飛行時間（TOF）法によって中性子の波長を決定するが，中性子導管を用いることによって強度を落とすことなく飛行距離を延ばすことで高分解能の実験が可能となる．曲導管は形状で決まる特性波長 λ^* よりも長い波長の中性子を透過させる特徴があり，内周反射面に外接する行路の外周反射面における反射角，すなわち特性臨界角 θ^* が全反射条件を満たすように最も利用する λ^* は下記のように設定される（図 10.10.1 参照）．

$$\theta^* = \sqrt{\frac{2a}{\rho}} = \theta_c = \lambda^* \sqrt{\frac{Nb}{\pi}}$$

ここで ρ は外周反射面の曲率半径，a は導管幅．例えば，$\rho = 3340$ m，$a = 2$ cm のガイド管で Ni 単層膜ミラーを用いる場合，λ^* は 0.18 nm となる．

一方スーパーミラーは，中性子散乱長が正と負の 2 種の物質を対層とする人工多層膜ミラーである．各対層の厚さを d として中性子がブラッグ条件（$2d \sin \theta_B = \lambda$）を満たす場合に選択的に反射される．この多層膜の間隔を規則的に変化させ，幅広い波長および角度の中性子を反射させ，単層膜ミラーとともに積層することで全反射臨界角 θ_c を拡大できる．通常多層膜の材料には Ni/Ti が使用され，その性能は Ni 単層膜ミラーの全反射臨界角に対するスーパーミラーの有効全反射臨界角の比 m で表される．スーパーミラーを用いることによって θ_c は m 倍増加し，導管に用いることで幾何学的には強度を m^2 倍にでき，また特性波長を短波長化できる．さらに非球面ミラーに応用することで高性能収束ミラーが実現されている．

10.10.3 中性子チョッパーと波長弁別[3]

熱中性子の速度は波長 1.8 Å の場合 2200 m/s（22 cm/

図 10.10.1 中性子導管

100 μs）と遅く，このような速度領域では機械的な中性子チョッパーが可能となる．中性子回折・散乱実験などでは，実験試料の結晶構造などを解明するため，中性子入射前後の波長を精度よく決定することが不可欠で TOF 法による波長測定が行われる．中性子が線源から検出器までの距離 L_0 を時間 t_0 で飛行する場合，中性子の波長は $\lambda = t_0 h / mL_0$ と表されるが，線源で発生する中性子のパルス時間幅や中性子チョッパーの開口時間幅分の波長偏差が $\delta \lambda = \delta t h / mL_0$ として生じる．ここで h はプランク定数，m は中性子質量である．その際，波長の高分解能測定やバックグラウンドの低減のため様々な中性子チョッパーが利用される．

図 10.10.2（a）はダブルディスクチョッパーで，最初のチョッパーで多色の中性子が透過し，それらが 2 番目のチョッパーに異なる時間で到達し単色化される．この二つの組み合わせによって，線源で発生した高強度の中性子パルスの一部のみを取り出すことができ，高強度で高分解能の実験を行うことができる．当該チョッパーのスリット幅が w で速度 v_p のとき，パルス幅（FWHM）は $\delta t = w / v_p$ となる．一方，図 10.10.2（b）はフェルミチョッパーで，円形状の中性子透過部と中性子吸収部から構成される．線源での中性子発生に位相を合わせて回転し，スリットがビームラインに平行になった時刻にのみ中性子を透過させる．広い波長の単色化に適しており，μs 程度のパルス時間幅も可能で，熱外中性子を用いた高分解能実験にも利用される．中性子チョッパーの材質には比較的高いエネルギーの中性子に有効な B と，低エネルギーに有効な Gd が用いられる．この他，中性子源で発生する高エネルギー中性子や γ 線を除去するための T0 チョッパーや，TOF 測定の際に前に発生した遅い中性子と重ならないようにするテイルカッターなどが用いられる．

10.10.4 中性子偏極技術

非偏極の中性子が静磁場中に入ると磁場方向を量子化軸としてスピンの磁気量子数が量子化され，磁場に平行成分と反平行成分の半分ずつの確率の重ね合わせ状態となる．これを偏極子によって偏極させ，物質中に照射することで物質内に局在する原子磁気モーメントからの回折やイメージング実験ができる．

^{3}He 原子核のスピンが中性子スピンと反平行の場合に大

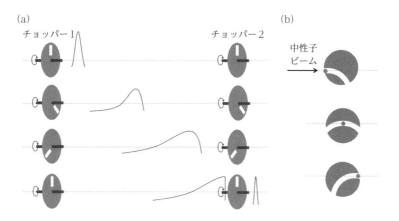

図10.10.2 (a) ダブルディスクチョッパー，(b) フェルミチョッパー

きな捕獲吸収断面積（波長1.8 Åで約10 000 barn）を持つため中性子スピン偏極フィルター[4]が可能となる．^{3}He原子核の偏極にはスピン交換（SEOP）法および準安定（MEOP）法といったレーザーによる光ポンピング法が用いられ，偏極した^{3}Heガスはガラスセル内に封入され利用される．吸収断面積が波長に比例するため幅広い波長の偏極が可能で，利用する中性子波長に応じてセル内の^{3}Heガスの圧力と厚さを最適化する．

また磁気スーパーミラーはFe/GeやFe/Siなど片方の膜に強磁性体を用いた偏極子で，磁場に平行なスピン状態の中性子のみが周期的なポテンシャルを感じて反射され，反平行な中性子は透過する．高偏極率が得られるが斜め入射で中性子を反射するため比較的低エネルギー中性子の偏極に利用される．

参考文献
1) 阿知波紀郎，ほか：『中性子スピン光学』九州大学出版会 (2003)．
2) 宇津呂雄彦：「中性子光学：—実験による量子力学の探求と応用—」吉岡書店 (2007)．
3) C. G. Windsor : "Pulsed Neutron Scattering" Taylor & Francis Ltd. (1981)．
4) 猪野 隆：「^{3}He偏極型中性子スピンフィルターの開発」波紋 14 (4) 中性子科学会 (2004)．

10.11 施設関連技術

10.11.1 土木・建築

加速器施設には，大型の衝突型加速器から放射光や中性子などのビーム利用実験，および小型から中型医療用加速器に至るまで，それぞれの用途や規模に対応した様々な施設形態がある．また，構造的にも，加速器トンネルなどの地下構造物，おもに地上に建設される建築構造物，およびそれらが複合した実験施設など多様な形態がある．本節では，これらの加速器施設に共通の特性に着目しながら，新たな施設の建設や既存施設の改造などを計画する際の留意事項，ならびに設計にあたって参考となる技術情報を要約する．

a. 構造物の計画・設計

地下構造物　加速器施設のなかには，加速器の特性や実験機能の制約から，土木構造物として地下に建設する事例も多い．これは，地下にビームラインを構築することで放射線を遮蔽すると同時に，外気温や気圧変動および振動などの影響を軽減できるからである．このため，トンネルの設置深度は，ビームの種類や強度などに対応した要求条件と施設の安定性を考慮して，総合的に決定されることになる．

加速器トンネルの構造計画　これまでに国内で建設された加速器トンネルは，地上から地盤を掘削して構造体をつくり，躯体構築後に土砂で埋め戻す「開削工法」が一般に採用されている．設計にあたっては，トンネルの設置深度，周辺の地盤条件などに応じて，「法つき開削工法」や「土留め開削工法」が選択される．一般に，トンネルを比較的浅い位置に建設し地盤が安定している場合には，法つき開削工法が選択される．一方，敷地が狭小な場合や，地下水位が高く地盤が軟弱な場合には，シートパイルや連続地中壁などを用いた土留め開削工法が採用される．さらに，深度や施工条件によっては，これらの工法が併用される事例も見られる．

トンネルの深度がさらに深く開削工法が困難な場合には，最初から閉空間のトンネルをつくる工法として，都市部で主流の「シールド工法」や山間部特有の「山岳トンネル工法」など，いわゆるトンネル工法が採用される．現在，計画が進んでいる国際リニアコライダー施設では，日本の山岳地域に広く分布している硬質で新鮮な花崗岩帯での施工を想定し，「山岳トンネル工法」による計画案が検討されている．

基礎構造　ビームラインを構成する電磁石や加速空洞などの主要機器はトンネル底盤に固定されることから，トンネ

ル構造物自体の微細な変位や振動が，ビーム軌道の安定に大きな影響を及ぼすことが経験的に知られている．そのため基礎構造形式の選定は，加速器の基本性能を確保するためにも極めて重要な設計課題の一つとなっている．

　地上もしくは地表面に近い構造物の基礎構造は，通常，1) 直接基礎（ベタ基礎），2) 杭基礎（支持杭，摩擦杭），3) パイルド・ラフト基礎の 3 種に分類される．

　「直接基礎」は，トンネル自重や積載荷重などのすべての荷重を，トンネル底盤を通じて地盤に直接伝える形式で，浅い深度に地耐力の高い良好な地層が分布する場合に採用され，他の工法に比べて経済的な施工が可能となる．一方，「杭基礎」は，地耐力の高い支持層の深度が深く，直接基礎の適用が困難な場合に採用される．近年の杭基礎工法は，騒音・振動などを抑制する観点から，あらかじめ所定の位置に杭穴を削孔した後に既製杭を設置する「埋込杭」，現場でコンクリート杭を築造する「場所打杭」が主流となっている．「パイルド・ラフト基礎」は，全荷重を直接基礎と杭基礎が複合（分担）して支持する新しい工法で，従来の杭基礎と同等の性能を確保しながら，工事費の低減を図ることができる画期的な工法として注目されている．

躯体構造・各種コンクリート　加速器施設は，主としてコンクリート構造で構成される．なかでも，加速器トンネルなどの地下構造物では，土圧や水圧などの荷重に耐えるとともに，放射線遮蔽性を持たせるため厚いコンクリート（マスコンクリート）が必要となるケースが多い．さらに，重量コンクリートや低放射化コンクリートなどの特殊コンクリートの適用が必要となる事例もある．

　「マスコンクリート」の施工では，打設後のコンクリートの水和熱によって多大な温度応力が発生し，有害なひび割れ発生の主要因となる．コンクリートの耐久性や水密性を高めるために，設計段階から温度応力解析を行うとともに，適切なセメントや混和剤などの選定，配合，施工計画など，ひび割れを抑制する入念な対策が求められる．

　「重量コンクリート」は，加速器施設のなかでも，特に高い放射線遮蔽性を要求される構造体や部位に適用される．これは，一般に使用される砂や砂利などの骨材に替えて，鉄鉱石など比重の大きい特殊な重量骨材を用いて製造したコンクリートで，比重 3.0～3.5 t/m³ のものの使用事例が多い．

　「低放射化コンクリート」は，近年の加速器の大型化や大強度化に伴い，ビーム実験時の強い放射線が加速器施設の躯体コンクリートを放射化し，トンネル内作業時における研究者や技術者の被ばくが懸念されることから，放射化しにくいコンクリートとして開発されたものである．この低放射化コンクリートは，放射化の主要因となる Na などの含有量の少ない石灰岩を主材料として用いるもので，大強度陽子加速器施設（J-PARC）において，国内で初めて本格的に適用された．その結果，トンネル内での作業時の被ばく線量を，従来の 1/10 以下に低減できることが実証

された．また，デコミッショニング時における環境負荷の軽減も期待されることからも，今後のさらなる活用が期待される．

コンクリート改質防水　大強度の加速器施設では，構造物の耐久性確保とともに，放射線管理上の観点から高い水密性が要求される．そのため，地下水面下に埋設されるビームトンネルや実験施設の防水性確保は，設計にあたっての重要課題の一つとなる．J-PARC の 50 GeV シンクロトロンやハドロン・ニュートリノ実験施設では，無機質セメント結晶増殖材による外防水工法が採用され，コンクリートの緻密化と，ひび割れ部や施工継手での自己修復作用により，防水性の向上に大きく寄与した．

b. 地下構造物の防災計画

　加速器施設を地下構造物として設計する際に，現行では適用される法令や基準類がないため，防災設備の計画・設計にあたっては，事業者が自主的に防災基準を策定することになる．そのなかで，加速器施設に特有の防災リスクとして，ケーブル火災やヘリウムなど高圧ガスの漏えい，雨水や地下水の浸水，地震などが挙げられる．特に，放射線管理区域での火災などに関しては，消防活動に一定の制限があるため，防火・防炎設備や初期消火設備とともに，避難路の確保などを重視した防災設計が重要となる．

c. 地質調査

　近年の加速器科学の進展に伴い，先端加速器の分野においては，ナノサイズのビーム制御が必須条件となっている．このような超高精度のビーム安定性を確保するためには，周辺の人工的な振動の排除だけでは不十分であり，加速器が設置される地盤自体の変位や振動までも考慮して，必要な対策を実施しなければならない．

　設計段階でのおもな調査事項としては，計画地点の地質断面や地質データを収集するためのボーリング調査，および広域での地層分布や地盤性状を把握するための各種の物理探査が主となる．また，将来の先端加速器の技術進展に伴う，さらなる高度化に対応するため，新たな調査手法や解析技術の導入に取り組む必要がある．

10.11.2　電気設備

　加速器にエネルギーを供給する電気設備の計画は，加速器の規模や特性に応じた需要電力に基づいて策定される．本項では，主として大型加速器における電源設備の計画に際し直面する受電方式，交流電圧の安定化および高調波対策など，加速器特有の技術課題について要約する．

a. 電源設備

受電設備　電源設備の計画は，加速器施設の設置形態に則した受電システムや電力供給計画の策定が基本となる．

　加速器施設の設置形態：
・加速器施設専用のキャンパス新設
・既存キャンパスでの加速器施設の新増設

　加速器施設の建設のためキャンパスの新設を計画する場合には，キャンパス全体の需用電力に応じた受電施設を設

け地域の商用電力からの受電が基本となる．受電は，超高圧送電線網からの直接分岐，もしくは最寄りの一次変電所からの受電が想定される．その際，受電システムの詳細は，当該キャンパスの立地条件や将来計画などに基づいて電力会社と協議のうえ策定することになる．

一方，大学や研究所などの既存キャンパスに加速器施設を新増設する場合，サブ変電所を新設し，既設の構内主変電所から送電された電圧を所要電圧に降圧して配電する方式が通例である．小規模な加速器の場合には，当該施設内にローカル変電所（室）を設け機器へ配電する事例が多い．特高受電設備の計画に際しては，非常時および定期のメンテナンス業務に対応するため，電源設備の冗長性確保が必須となる．

主変圧器の構成 主変圧器の構成に関しては，同規模のトランスを複数台設置する方式が一般的であるが，加速器の受電設備においては特殊な構成事例もある．KEK の大型加速器建設時（TRISTAN 計画）において，当初計画では標準的に 80 MVA トランス 2 台構成で計画されたが，最終設計では 25 MVA＋150 MVA の変則的なトランス構成が採用された．これは，既存加速器（PS）の大電力パルス運転に伴う電圧フリッカーによるビームへの影響を考慮し，同一トランスの併用を避けた特殊な事例である．図 10.11.1 に KEK の中央変電所を示す．

交流電圧の安定化 加速器施設の電気設備計画で，特に留意すべき課題の一つが交流電圧の安定化である．特に蓄積型シンクロトロンの電磁石電源には，極めて安定した定電圧電源が求められる．前述の TRISTAN 計画時に一次側の 15 万 V 電力供給ラインで詳細な電圧測定を行った結果，短周期での細かい電圧変動が確認された．そのため高感度の電圧測定器の開発とともに，高性能コンデンサ設備の設置により，長・短周期の変動に対し安定した電圧制御が可能とした．

高調波対策 大型の加速器施設においては，冷却系機械設備を除き大半の負荷設備が直流電源で動作しているが，需要電力の大部分を占める電磁石や高周波電源など，AC-DC コンバータを有する機器から多量の高調波電流が流出する．この高調波電流の流出は，受電設備の焼損や制御機器の誤作動などの障害を引き起こす懸念があるため，受電点（分界点）での高調波抑制の対策が厳しく求められる．

高調波対策は，国が制定した「高調波抑制対策ガイドライン」に基づいて高調波流出電流を算出し，電力会社と協議のうえ，必要な抑制対策を実施する手順となる．おもな対策は，従来，主として特高変電所に設置される受動型の高調波フィルターにより行われてきた．ただし，近年の加速器電源は，高速スイッチング素子とデジタル制御技術をベースとしたインバータ・コンバータを多用しており，従来の技術と比較して高調波やフリッカーなどの事情は，大幅に変化していることに留意する必要がある．図 10.11.2 に J-PARC の高周波フィルター設備を示す．

図 10.11.1　KEK 中央変電所（15 万 V 受電施設）

図 10.11.2　J-PARC 50 GeV 特高変電所（高調波フィルター）

b. 非常電源設備

非常用発電機設備は，火災停電などの非常時に必要な防災負荷，一般施設の機能維持に必要な最小限の負荷を対象として設置する．超伝導加速装置を設置する施設では，ヘリウム漏えい事故や圧縮機の瞬時停止に伴う昇温防止を想定し，応急的に必要な負荷も対象とする必要がある．

受変電設備の制御および非常照明用の予備電源として，直流電源装置の設置が不可欠である．さらに，機械設備や電源設備などの基幹設備監視に加え，加速器制御システムおよび計算機や放射線管理システムなどをバックアップする無停電電源装置も，加速器特有の重要設備である．さらに，今後，発送電分離や電力自由化が進むことも想定し，非常用発電装置と商用グリッドの連携については，新たな発想での取り組みが求められる．

c. 電熱併給設備・省エネルギーシステム

電熱併給設備は，通称コージェネレーションシステム（CGS）と呼ばれる．エンジンやタービンなどの運転により，発電と同時に排熱を利用して蒸気や冷温水をつくり，冷暖房や給湯に活用するシステムである．理化学研究所の RI ビームファクトリー施設における天然ガス利用の CGS は，加速器施設における先進的事例として注目される．また，将来の加速器計画を見据えて，省エネルギーや自然エネルギー活用の観点から，電力のハイブリッドシステムや各種の電力貯蔵システムの開発研究の進展に注視していく必要がある．特に，従来は冷却塔にて捨てられていた温水からの低品位エネルギー回収も注目すべき重要な技術課題の一つである．

d. 防災設備・機器

加速器施設をトンネルなどの地下構造物として計画する

場合，防災上で最も懸念されるのがケーブル火災である．しかし，加速器トンネル内は，運転中に常時放射線にさらされることから弱い放射線を利用している標準的な煙感知器を使用することができず，火災の早期発見が困難となる．そこで，火災を早期に検知する手段として，ケーブルラック上での熱感知線の敷設や監視カメラによる点検とともに，吸引サンプリング方式（トンネル内の空気を機械室へ吸引し煙検出チェンバーで感知するシステム）の採用などで対応している．熱や煙感知に関しては，このような従来の手法だけでなく，全く新しい発想での技術導入が求められる．

10.11.3 機械設備

加速器のビーム実験に投入された電力は，最終的にはその大半が，冷却水負荷および空調負荷として冷却塔から放出される．機械設備の計画では，実験装置を安定的に冷却するとともに，施設内を一定の温湿度に保持することが主要課題となる．本項では，実験冷却水や空調設備などの計画にあたって直面する技術課題について要約する．

a. 実験冷却水設備

純水冷却水システム 実験中の冷却水温度の変化は，実験性能の安定に関係するため，常時一定の送水温度としなければならない．加速器科学の進展に伴い先端加速器の分野では，さらに良質なビーム運転を目指し，装置への冷却水供給温度について系統によっては，±0.1℃レベルでの制御が求められている．また，電磁石などの冷却水には，電気的な絶縁性の確保とともに放射化防止の観点から，不純物が含まれる市水や井水を冷却用に使用することができないため，電気抵抗の高い純水を用いた冷却水システムが採用される．

冷却水システムの設計事例として，表10.11.1にKEKの各種加速器での経緯を年代順に示す．初期のPS（陽子シンクロトロン）実験では冷凍機のみによる冷却システムが採用されたが，PF（電子蓄積リング）では，冷却塔を組み合わせることで冷凍機の容量を削減している．それらに続く，大型加速器KEKB（電子・陽電子蓄積リング，創設時TRISTAN）では，冷却水の循環量が膨大であることから冷凍機を使用しない方式が模索された．同時に，装置への供給温度を従来よりも高く設定することによって空冷式冷却塔のみの冷却方式が可能となり，建設費や運転経費の大幅な節減に寄与した．

冷却塔形式 冷却塔形式には水冷式（密閉水冷式と開放水冷式）と空冷式があり，それぞれ一長一短がある．一般的には，水冷式は冷却効率が高いが補給水の確保・供給が必須要件となる他，水処理などが必要となりシステムの維持管理には手間がかかる．空冷式は一般的に大きな設置面積を要し，初期コストが高い．また外気温が高くなると運転に支障をきたす怖れがあり，夏季の運転期間に制約を受けるが，保守の観点からは優位性がある．冷却システムの選定にあたっては，装置側の要求条件を踏まえたうえで，初期コストや維持管理費などの経済性や計画サイトの気候条件などを考慮した，総合的な比較検討が重要である．図10.11.3にKEKの空冷式冷却塔を示す．

表10.11.1 KEKにおける冷却水システム

加速器名	供給温度	冷凍機	冷却塔
PS	20℃	◎	なし
PF	25℃	○	水冷（密閉型）
KEKB	30℃	×	空冷（開放型）
J-PARC	32℃	×	水冷（開放型）

図10.11.3 KEKの空冷式冷却塔（KEKB）

b. 空調設備

加速器トンネルや実験室の空調は，実験性能を安定的に維持するために，年間にわたって一定の温度・湿度を保持する必要がある．特に，電磁石や加速空洞などが設置されるビームトンネル内の温湿度は，可能な限り均一にすることが求められるため，高度な空調システムの導入が必要となる．また，空調設備のシステム設計にあたっては，机上での負荷計算に留まらず，開発段階での機器の放出熱量測定結果や類似施設での実績データなどを活用し，より精度の高い負荷計算に基づいて検討することが望まれる．なお，大規模加速器においては，施設内空気温度の時間変動を起こさないことが重要で，時間変化が小さければ，施設内の温度勾配はある程度許容されることに留意すべきである．

c. 換気・排気設備，RI排水設備

ビームラインなどの放射線管理区域，非密封線源取り扱い施設の第一種管理区域などでは，原則として室内をつねに負圧状態に保つことが要求される．そのため，必要な換気量分の外気を取り入れて給気し，ダクトなどで機械室に回収した後，RIフィルターを通して外部へ排出するシステムが一般的に採用される．また，液体ヘリウムや窒素などの特殊ガスを使用するエリアでは，緊急時の対策として，外気による強制排気装置を備える必要がある．

排水設備に関しては，放射化した汚染水処理が最大の課題となる．管理区域内で発生した水は，すべて区域内の一時貯留槽（DPタンク）に保管された後，RI排水として厳重に管理される．

参考文献

1) 土木学会：『トンネル標準示方書』（開削工法・同解説）（シールド工法）（山岳工法・同解説）（2006）.
2) 日本建築学会：『建築基礎構造設計指針』（2001）.
3) 地盤工学会：『地質調査の方法と解説』（2013）.
4) 土木学会：『コンクリート標準示方書』（基準編）（施工編）（設計編）（2007）.
5) 土木学会：『地下構造物の耐震性能照査と地震対策ガイドライン（案）土木学会（2011）.
6) 国土交通省監修：『公共建築工事標準仕様書（電気設備工事編）』（平成25年版）.
7) 国土交通省 監：『建築設備設計基準』（平成25年版）.
8) 国土交通省 監：『公共建築工事標準仕様書（機械設備工事編）』（平成25年版）.
9) 国土交通省 監：『建築設備設計基準』（平成25年版）.

11章

粒子と電磁場との相互作用

本章では粒子（おもに電子・陽電子）と電磁場との真空中での相互作用について述べる。荷電粒子は，真空中を等速度運動するときは輻射（放射）を出さないが，電磁場によって加速度を受けたときに輻射を出す。軌道上あるいは近傍に物質がある場合の輻射についても本章で必要に応じて触れる。単位系は MKSA を使うが，本章の領域では cgs 系もしばしば使われるので，可能な限り古典電子半径 r_e，微細構造定数 α などを使って，単位系による混乱を避ける（$r_e m_e$ は実は電子質量 m_e によらないことに注意）。

11.1 輻射の一般論

11.1.1 点電荷からの輻射

真空中の点電荷 e のつくる輻射場は遅延ポテンシャル（retarded potential）で表せる。観測の位置・時刻を $(\boldsymbol{r}, t)$ とすると，電荷が輻射を出した位置・時刻（$\boldsymbol{r}_R, t_R$）の間には，$t_R = t - |\boldsymbol{r} - \boldsymbol{r}_R|/c$ の関係がある。輻射の vector potential は

$$\begin{pmatrix} A^0 \\ \boldsymbol{A} \end{pmatrix}_{(r,t)} = \frac{e}{4\pi\epsilon_0} \frac{1}{R} \frac{1}{1 - \boldsymbol{n} \cdot \boldsymbol{\beta}} \begin{pmatrix} 1 \\ \boldsymbol{\beta} \end{pmatrix}$$

である。ここで，$\boldsymbol{\beta}$ は電荷の速度 $\boldsymbol{v}$ を光速で割ったもの，$R = |\boldsymbol{r} - \boldsymbol{r}_R|$，$\boldsymbol{n} = (\boldsymbol{r} - \boldsymbol{r}_R)/R$ である。右辺は retarded time t_R で評価する。電磁場は $\boldsymbol{E} = -\nabla A^0 - \partial \boldsymbol{A}/\partial t$，$\boldsymbol{B} = \nabla \times \boldsymbol{A}$ から求められるが，場合によっては次式のほうが便利である[1]。

$$\boldsymbol{E} = \frac{e}{4\pi\epsilon_0}\left[\frac{\boldsymbol{n}}{R^2} + \frac{R}{c}\frac{d}{dt}\left(\frac{\boldsymbol{n}}{R^2}\right) + \frac{1}{c^2}\frac{d^2\boldsymbol{n}}{dt^2} \right]$$

$$\boldsymbol{B} = \frac{\boldsymbol{n} \times \boldsymbol{E}}{c}$$

電場の式で輻射に寄与する（すなわち遠方まで到達する）のは [ ] 内第 3 項のみである。ポインティングベクトルは $\boldsymbol{S} = \boldsymbol{E} \times \boldsymbol{B}/\mu_0 = \epsilon_0 c^2 |\boldsymbol{E}|^2 (1 - \boldsymbol{\beta} \cdot \boldsymbol{n})\boldsymbol{n}$ である。瞬時に立体角 $d\Omega$ に放出される電力は

$$\frac{dP}{d\Omega} = \boldsymbol{n} \cdot \boldsymbol{S}R^2 = \frac{r_e m_e c}{4\pi}\frac{1}{(1 - \boldsymbol{n} \cdot \boldsymbol{\beta})^5}|\boldsymbol{n} \times [(\boldsymbol{n} - \boldsymbol{\beta}) \times \dot{\boldsymbol{\beta}}]|^2$$

（m_e は粒子の質量，$r_e = e^2/(4\pi\epsilon_0 m_e c^2)$ はその粒子の古典半径。）右辺は retarded time t_R で評価する。P を全行程

で積分したものを W とすると，その角度・周波数スペクトルは次式で与えられる。

$$\frac{d^2W}{d\omega d\Omega} = \frac{r_e m_e c \omega^2}{4\pi^2}\left| \int_{-\infty}^{\infty} dt_R[\boldsymbol{n} \times (\boldsymbol{n} \times \boldsymbol{\beta})]e^{-i\omega(t_R + R/c)} \right|^2$$

(11.1.1)

周波数スペクトルは速度 $\boldsymbol{v}(t)$ の詳細によるが，瞬時の全輻射電力は

$$P = \frac{2}{3}r_e m_e c\gamma^6[\dot{\boldsymbol{\beta}}^2 - (\boldsymbol{\beta} \times \dot{\boldsymbol{\beta}})^2] \quad (\,\dot{} \equiv \partial/\partial t)$$

$$= \frac{2}{3}r_e m_e c\gamma^2\left[\left(\frac{d\gamma\boldsymbol{\beta}}{dt}\right)^2 - \left(\frac{d\gamma}{dt}\right)^2\right]$$

で与えられる。特に加速 $d\boldsymbol{\beta}/dt$ が速度に平行な場合は

$$P = \frac{2}{3}r_e m_e c^3\left(\frac{d\gamma}{ds}\right)^2$$

（s は走る距離）。磁場によって横方向に力を受ける場合は，軌道の曲率半径を ρ とすると

$$P = \frac{2}{3}r_e m_e c^3\frac{\beta^4\gamma^4}{\rho^2}$$

(11.1.2)

この式は，ρ が時間による場合（たとえば，アンジュレータでの輻射，磁石端での輻射）でも正しい。

以上の式はマクスウェル方程式から導かれる古典的なものであるが，輻射を光子として扱うには，パワースペクトルの式(11.1.1)を光子のエネルギー $\hbar\omega$ で割って，光子の角度・エネルギースペクトルと見なせばよい。すなわち，単位立体角・単位エネルギー幅に放出される光子の数は

$$\frac{d^2n_\gamma}{d\omega d\Omega} = \frac{1}{\hbar\omega}\frac{d^2W}{d\omega d\Omega}$$

で与えられる。単位時間の光子数については，式(11.1.2)のような一般的な簡単な式は得られない。

11.1.2 輻射の偏極

電磁波は横波であり，実際の応用においては，その電場・磁場の向きが問題になることが多い。輻射の伝播方向に垂直な面上に直交軸 $\boldsymbol{e}^{(1)}$，$\boldsymbol{e}^{(2)}$ を定義する。（$\boldsymbol{e}^{(1)}, \boldsymbol{e}^{(2)}, \boldsymbol{k}/|\boldsymbol{k}|$）は正規直交右手系になる。電場のフーリエ変換 $\widehat{\boldsymbol{E}}(\omega) = \int \boldsymbol{E}(t)e^{i\omega t}dt$ の向きを偏極ベクトル $\boldsymbol{\epsilon}$ という（複素数，$|\boldsymbol{\epsilon}|^2 = \boldsymbol{\epsilon}^* \cdot \boldsymbol{\epsilon} = 1$ に規格化）。多数の光子の集団平均を

$$\rho_{i,j} = \langle(\boldsymbol{\epsilon} \cdot \boldsymbol{e}^{(i)})(\boldsymbol{\epsilon}^* \cdot \boldsymbol{e}^{(j)})\rangle \qquad (i, j = 1, 2)$$

とすると, $\rho_{i,j}$ はトレース 1 のエルミート行列であるから, パウリ行列 $\boldsymbol{\sigma}=(\sigma_1,\sigma_2,\sigma_3)$ で展開できて

$$\rho=\frac{1}{2}(1+\boldsymbol{\xi}\cdot\boldsymbol{\sigma}), \qquad \boldsymbol{\xi}=\mathrm{Trace}(\rho\boldsymbol{\sigma})$$

この 3 次元ベクトル $\boldsymbol{\xi}$ を Stokes parameter と呼ぶ. パウリ行列の標準的な表示

$$\sigma_1=\begin{pmatrix}0 & 1\\ 1 & 0\end{pmatrix}, \quad \sigma_2=\begin{pmatrix}0 & -i\\ i & 0\end{pmatrix}, \quad \sigma_1=\begin{pmatrix}1 & 0\\ 0 & -1\end{pmatrix}$$

を使うと, $\boldsymbol{\xi}$ の 3 成分の意味は

ξ_1 $(\boldsymbol{e}^{(1)}+\boldsymbol{e}^{(2)})/\sqrt{2}/(\xi_1>0)$, あるいは $(\boldsymbol{e}^{(1)}-\boldsymbol{e}^{(2)})/\sqrt{2}$ $(\xi_1<0)$ の方向の線偏光

ξ_2 円偏光

ξ_3 $\boldsymbol{e}^{(1)}(\xi_3>0)$), あるいは $\boldsymbol{e}^{(2)}(\xi_3<0)$ の方向の線偏光

となる (別のパウリ行列表示により, ここでの (ξ_1,ξ_2,ξ_3) を (ξ_2,ξ_3,ξ_1) とする場合も多いので注意). Stokes parameter ξ_3 の光子を観測した場合, $\boldsymbol{e}^{(1)}$ の方向に偏光している確率は $(1+\xi_3)/2$, $\boldsymbol{e}^{(2)}$ の方向に偏光している確率は $(1-\xi_3)/2$ である. ξ_2 と右偏光, 左偏光の関係も同様である.

完全偏極の場合 $\xi_1^2+\xi_2^2+\xi_3^2=1$ であるが, 一般には ≤ 1 である.

次節で述べるシンクロトロン輻射の場合, $\boldsymbol{e}^{(1)}$ を軌道面にとると, 軌道面内の輻射は電場が軌道面にあり, $\xi_3>0$ である. これを σ-mode ($\xi_3<0$ は π-mode) と呼ぶ.

参考文献

1) R. P. Feynman, *et al.*: "The Feynman Lectures on Physics", vol. II, Addison Wesley (1965, 1989), 日本語版「ファインマン物理学」岩波書店 (1990).

11.2 一様磁場での輻射

11.2.1 シンクロトロン輻射の原理とその特性

電磁場中での輻射のうち最も基本となるのは, 一様な磁場中での輻射である. 軌道は円軌道で厳密に周期的であるから, 輻射スペクトルは円軌道の周波数の整数倍の離散スペクトルになるが, 粒子エネルギーが高い ($\gamma \gg 1$) 場合, 高次 (円軌道の周波数の $\sim \gamma^3$ 倍) のモードがおもな成分になるので, 事実上連続スペクトルになる. この場合を, シンクロトロン輻射と呼ぶ. 以下の公式は, $\gamma \gg 1$ を仮定する. 粒子は電子 (陽電子) とするが, 他の粒子の場合でも, $m_e \cdot r_e$ をその質量・古典半径に置き換えれば, 数値を入れた式以外は成り立つ. 電子のエネルギーを $E=\gamma m_e c^2$, 磁場の強さを B, 軌道の曲率半径を ρ とする. なお, 電子のビーム力学への影響については 8.5 節を参照.

輻射の主要部分は $\gamma \gg 1$ の場合前方の角度 $1/\gamma$ 内に放出

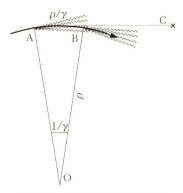

図 11.2.1 輻射の生成と臨界周波数

される. したがって, 遠方の点 C (図 11.2.1) で観測される電磁波は, 電子が軌道上の弧 AB (角 AOB $\sim 1/\gamma$) 付近で放出したものである. この距離 ρ/γ (radiation formation length) で出した輻射はコヒーレントに足し合わされる. 観測される電磁場の継続時間は, AB 間の電子と光の時間差からくる $\sim \rho/c\gamma^3$ である. したがって, 主要な周波数成分はこの逆数 $\sim c\gamma^3/\rho$ である. 正確には, 臨界角周波数を

$$\omega_c=\frac{3}{2}\frac{c\gamma^3}{\rho}$$

で定義する[*1]. 臨界波長は

$$\lambda_c=\frac{2\pi c}{\omega_c}=\frac{4\pi}{3}\frac{\rho}{\gamma^3}=0.55894\frac{\rho_{\mathrm{[m]}}}{E^3_{\mathrm{[GeV]}}} \quad [\mathrm{nm}]$$

輻射電力 式 (11.1.2) により, 1 粒子による輻射電力は

$$P_\gamma = -\frac{dE}{dt}=\frac{2}{3}\frac{r_e c}{(m_e c^2)^3}\frac{E^4}{\rho^2}$$

$$=6.077\times 10^{-8} B^2_{\mathrm{[T]}} E^2_{\mathrm{[GeV]}} \quad [\mathrm{W}]$$

$$=6.762\times 10^{-7}\frac{E^4_{\mathrm{[GeV]}}}{\rho^2_{\mathrm{[m]}}} \quad [\mathrm{W}] \qquad (11.2.1)$$

で与えられる.

周波数分布 周波数分布すなわち, 角周波数 $(\omega,\omega+d\omega)$ の範囲に, 単位時間に放出されるエネルギーは,

$$dP_\gamma = P_\gamma S(\omega/\omega_c)d(\omega/\omega_c) \qquad (11.2.2)$$

スペクトル関数 $S(x)$ は,

$$S(x)=\frac{9\sqrt{3}}{8\pi}x\int_x^\infty K_{5/3}(x)dx \left(\int_0^\infty S(x)dx=1\right)$$

$$=\begin{cases}1.33323 x^{1/3}-1.125x+O(x^{7/3}) & (x\to 0)\\ 0.77736\sqrt{x}e^{-x}(1+O(1/x)) & (x\to\infty)\end{cases}$$

$$(11.2.3)$$

で与えられる. $K_{5/3}$ は変形ベッセル関数である. 図 11.2.2 に $S(x)$ およびその漸近形をプロットした.

放出されるエネルギーの角分布は次式で表される (θ_y は軌道面に対する角).

$$\frac{dP_\gamma}{d(\gamma\theta_y)}=\frac{21}{16}P_\gamma\left[\frac{1}{(1+\gamma^2\theta_y^2)^{5/2}}+\frac{5}{7}\frac{\gamma^2\theta_y^2}{(1+\gamma^2\theta_y^2)^{7/2}}\right]$$

[*1] ω_c の式は因子 3/2 を除いて定義することもある.

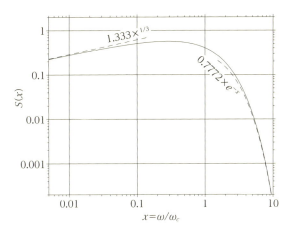

図11.2.2 シンクロトロン輻射のスペクトル関数 $S(x)$（実線）とその漸近形（破線）

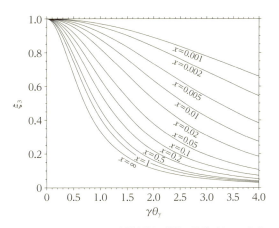

図11.2.3 シンクロトロン輻射偏極．横軸は軌道面からの角度，縦軸は軌道面への偏極 ξ_3．各曲線は異なる光子エネルギー $x=\omega/\omega_c$ に対応する．

この [ ] 内第 1 項は σ-mode（電場が軌道面内にあるモード），第 2 項は π-mode（電場が軌道面に垂直なモード）の寄与である．積分するとそれぞれ $(7/8)P_\gamma$, $(1/8)P_\gamma$ となる．軌道面内では完全に σ-mode である．

光子 単位時間の光子の数スペクトルは
$$d\dot n_\gamma = \frac{P_\gamma}{\hbar\omega} S(\omega/\omega_c) d(\omega/\omega_c)$$
であり，低エネルギー部分は $\omega^{-2/3}$ で発散する．光子の臨界エネルギーは
$$u_c = \hbar\omega_c = 2.218 \frac{E^3_{[\text{GeV}]}}{\rho_{[\text{m}]}} [\text{keV}]$$
単位時間の光子の数は
$$\dot n_\gamma = \frac{5}{2\sqrt{3}} \frac{\alpha\gamma c}{\rho}$$
である．これは磁場の強さだけで決まり，エネルギーによらない．軌道長 1 m あたりの光子数 $d n_\gamma/ds$ は電子の場合 $6.18B$ [T] である．

光子の，エネルギー・角分布は
$$d\dot n_\gamma = \frac{3}{4\pi^2} \frac{\alpha\gamma c}{\rho} d(\gamma\theta_y) \frac{\omega}{\omega_c} \frac{d\omega}{\omega_c} [F_1^2 + F_2^2]$$
$$F_1 = (1+\gamma^2\theta_y^2)K_{2/3}, \quad F_2 = \gamma\theta_y\sqrt{1+\gamma^2\theta_y^2}K_{1/3} \quad (11.2.4)$$
ここで変形ベッセル関数 K_ν の引数は $\frac{\omega}{2\omega_c}(1+\gamma^2\theta_y^2)^{3/2}$ である．[ ] 内の 2 項はそれぞれ σ-mode, π-mode の寄与である（全光子数の比は 4:1）．

光子の偏極 軌道面内に輻射された光子は，軌道面に偏光している．軌道面から上下にずれた方向では円偏光の成分も持つ．Stokes parameter（11.1.2 項に定義，$e^{(1)}$ を軌道面内，$e^{(2)}$ を軌道面に垂直にとる）で表すと，
$$\xi_3 = \frac{F_1^2 - F_2^2}{F_1^2 + F_2^2}$$
$$\xi_2 = \frac{2F_1 F_2}{F_1^2 + F_2^2}$$
$$\xi_1 = 0$$
である．F_1, F_2 は式 (11.2.4) に定義した．図 11.2.3 に ξ_3 を $\gamma\theta_y$ の関数としてプロットした（$\gamma\theta_y$ の偶関数）．(ω,θ_y) の全領域で $\xi_3 \geq 0$ であり，したがって σ モードが，π モードより強い．円偏光成分は $\xi_2 = \pm\sqrt{1-\xi_3^2}$ である（複号は θ_y の符号）．軌道面の上下で右・左偏光が逆である．

11.2.2 CSR（Coherent Synchrotron Radiation）

前節は単一粒子による輻射を考えたが，多数の粒子がバンチしている場合の輻射は単純に粒子数 N を掛けただけでは得られない．単一粒子の輻射電力が電荷の 2 乗に比例することからわかるように，多数の粒子が十分近接していれば輻射電力は N^2 に比例する[*2]．

一般に，単一粒子からの輻射電力のうち，波数範囲 dk にある電力を $p(k)dk$ とすると，全粒子からの電力は
$$P(k) = p(k)[N + N(N-1)g(k)]$$
となる．$g(k)$ は，バンチの進行方向 z についての分布関数 $f(z)\left(\int f(z)dz = 1\right)$ のフーリエ変換の絶対値 2 乗，すなわち
$$g(k) = \left|\int_{-\infty}^{\infty} f(z) e^{ikz} dz\right|^2$$
$$g(0) = 1$$
である．長さ σ のガウス型分布 $f(z) \propto e^{-z^2/2\sigma^2}$ の場合は $g = e^{-k^2\sigma^2}$ である．$1/k \gg \sigma$ のような長波長の輻射成分に対しては，$g \approx g(0) = 1$ であるから $P(k) \approx N^2 p(k)$ となり，全電荷が一つの電荷になったように振る舞う．この領域のシンクロトロン輻射を，coherent synchrotron radiation (CSR) と呼ぶ．この現象は最初に東北大学で観測された[1]．

---

*2 ここでの「コヒーレンス」は異なる粒子の出す輻射間のコヒーレンスであり，11.3 節に説明する，アンジュレータの異なる磁極から出す輻射間のコヒーレンスとは違う．前者の電力は粒子数 2 乗，後者は磁極数 2 乗に比例する．

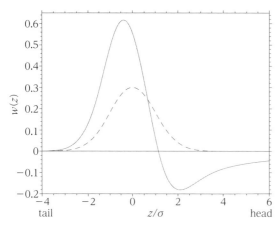

図 11.2.4 CSR による縦方向ウェーク関数．横軸は進行方向位置（右がバンチ先頭）, 縦軸（実線）は CSR によるエネルギー損失（負の部分はエネルギーゲイン）, 点線は電荷分布（ガウス型を仮定）．

長さ σ のガウス型バンチが曲率半径 ρ の軌道上で輻射する CSR の電力は, 自由空間の場合

$$\frac{4^{1/3}\sqrt{\pi}}{2^{1/3}\Gamma(1/6)}\frac{r_e m_e c^3 N^2}{\rho^{2/3}\sigma^{4/3}} = 2.42\times 10^{-20}\frac{N^2}{\rho_{[m]}^{2/3}\sigma_{[m]}^{4/3}}\ [\mathrm{W}]$$

であるが, ビームパイプ中ではパイプのカットオフ波長以上の波長成分は抑制される. この効果はビームとパイプ壁の距離 h が $\lesssim (\sigma^2\rho)^{1/3}$ のとき顕著である.

CSR は N^2 に比例するので, ビーム力学上はインピーダンスと同等である. 縦方向のインピーダンス（単位長さあたり）は[*3]

$$Z_\parallel(k) = \frac{Z_0}{2\pi}\frac{\Gamma(2/3)}{3^{1/3}}\frac{(e^{\pi i/2}k)^{1/3}}{\rho^{2/3}} \quad (11.2.5)$$

で表せる. $Z_0 = 377\Omega$ は真空のインピーダンス. 線密度 $\lambda(z)$（ここではバンチの前方を $z>0$ とする. $\int \lambda(z)dz = 1$ に規格化）のバンチがつくる CSR による, 単一電子が受けるエネルギー変化は次式で表される（式 (11.2.5) と $\lambda(z)$ の convolution であるが $k\to\infty$ での発散に注意が必要）.

$$\frac{dE}{ds} = -\frac{2Nr_e m_e c^2}{3^{1/3}\rho^{2/3}}\int_{-\infty}^{z}dz'\frac{\lambda'(z')}{(z-z')^{1/3}}$$

$$\lambda'(z) \equiv \frac{d\lambda}{dz}$$

図 11.2.4 はこれらから求めた, ガウス分布電荷に対する縦方向ウェーク関数である. この図の $W(z)$ の値に $2Nr_e m_e c^2/\rho^{2/3}\sigma^{4/3}$ を乗ずると $-dE/ds$ になる. CSR はバンチ先端を加速し, 後端を減速する.

ただし, 式 (11.2.5) の成り立つ領域は, L を磁石の長さとすると $\max(1/\rho,\sqrt{\rho/h^3},\rho^2/L^3)\ll k\ll \omega_c/c$ である. $\max$ の 3 項のうち, 中央はビームパイプの遮蔽が効かないこ

[*3] CSR は普通のウェーク場と異なり, 後方の粒子が前方に影響する. 式の上では複素 k 平面上で虚数上半 ($k=i\times$ 正数) にカットが現れていることに対応している.

と, 右は磁石が radiation formation length (11.2.3 項) より十分長いことを意味する. 逆に, パイプの遮蔽が強い場合として, 2 枚の平行平板で上下から遮蔽される場合のインピーダンスは[2)]

$$Z_\parallel(k) = \frac{\pi Z_0}{kh^2}\left[e^{-2b/3}\left(1+O\left(\frac{1}{b}\right)\right)-\frac{3i}{2b^2}\left(1+O\left(\frac{1}{b^2}\right)\right)\right]$$

$$b \equiv \pi^3\rho/k^2h^3 \gg 1$$

ここでは h は平行平板間の距離である. 実部は指数関数的に抑えられるが, 虚部の遮蔽は弱いことがわかる. これは, パイプ内面での反射光の遅れが完全な相殺を妨げるからである.

CSR はリング中の短いバンチに対して不安定性（マイクロ波不安定性）の原因となり得る[3)].

なお, CSR は加速・減速だけでなく, 横方向に収束・発散する成分も持つが, その効果は実際の応用では, 加速・減速とディスパージョン関数の相乗効果に比べて小さいようである.

11.2.3 短い磁石および磁石端からの輻射

実際の磁石は長さが有限であるから厳密には 11.2.1 項の式は成り立たないが, 磁石が輻射生成長 radiation formation length ρ/γ ($\omega\ll\omega_c$ の長波長領域では $(c\rho^2/\omega)^{1/3}$) より十分長ければ近似的に成り立つ. これより磁石が短い場合, あるいは磁石の始端・終端付近などの磁場が急激に変化する場所では一般的な式（式 (11.1.1) など）に戻らなければならない. ただしその場合でも, 全輻射電力は式 (11.1.2)（の時間積分）で与えられる.

光子スペクトルを得るには 11.4 節の式 (11.4.1) を使うのが最も容易であろう. ローレンツ力が短時間（その間の偏向角 $\ll 1/\gamma$, その場合式 (11.4.1) の指数部を下せる）に働く場合, 加速度のフーリエ変換を

$$\boldsymbol{a}(\omega) = \frac{1}{2\pi}\frac{e}{m_e c}\int_{-\infty}^{\infty}(\boldsymbol{E}(t)+\boldsymbol{v}\times\boldsymbol{B}(t))e^{i\omega t}dt$$

で定義すると ($\boldsymbol{a}$ は無次元), 輻射光子の角度・周波数スペクトルは

$$\frac{dn_\gamma}{d\Omega d\omega} = \frac{2\gamma\gamma'\alpha}{\omega(1+\gamma^2\theta^2)^2}\left[\left(\frac{\gamma'}{\gamma}+\frac{\gamma}{\gamma'}\right)|\boldsymbol{a}(\omega_1)|^2\right.$$

$$\left.-\frac{8\gamma^2\theta^2|\boldsymbol{e}\cdot\boldsymbol{a}(\omega_1)|^2}{(1+\gamma^2\theta^2)^2}\right]$$

$$\omega_1 \equiv \frac{\omega}{2\gamma\gamma'}(1+\gamma^2\theta^2)$$

ここで, γ' は輻射後の電子のローレンツ因子, θ は輻射方向 $\boldsymbol{n}$ と軌道方向 $\boldsymbol{e}_v$ のなす角, $\boldsymbol{e}$ は $\boldsymbol{n}-\boldsymbol{e}_v$ 方向の単位ベクトル, α は微細構造定数である. 角度積分を行うと, 周波数スペクトルは

$$\frac{dn_\gamma}{d\omega} = \frac{\pi\alpha}{\gamma^2}\int_{\omega_0}^{\infty}d\omega'\left[\frac{\gamma'}{\gamma}+\frac{\gamma}{\gamma'}-4\frac{\omega_0}{\omega'}\left(1-\frac{\omega_0}{\omega'}\right)\right]\left|\frac{\boldsymbol{a}(\omega')}{\omega'}\right|^2$$

$$\omega_0 \equiv \omega/2\gamma\gamma'$$

[ ] 内はコンプトン散乱に現れる組み合わせである（式 (11.7.1) の 1 行目). 実際, この式は電磁波中で電子が周波

数 ω' で振動する場合に出す輻射の重ね合わせになっている．

以上の式は，電子が原子核のクーロン場を通過するような場合（制動輻射）にも使えるが，磁石で曲げられる場合は，光子のエネルギーは低いから $\gamma'=\gamma$ として十分である．

参考文献

1) T. Nakazato, *et al.* : PRL. **63** 1245, 2433 (1989).
2) T. Agoh, K. Yokoya : Phys. Rev. ST-AB **7** 054403 (2004).
3) G. Stupakov, S. Heifets : PRST-AB **5** 054402 (2002).

11.3 周期的磁場での輻射

周期的な電磁場（以下磁場とする）中で電子が蛇行運動する場合の輻射を考える．蛇行運動の周期を λ_W とし，電子が (x, z)（z は電子の運動方向）平面内で正弦運動するとする場合，

$$x = \frac{K}{\gamma \lambda_W} \cos(k_W z)$$

$$k_W = \frac{2\pi}{\lambda_W}$$

これと同時に y 方向にも

$$y = \frac{K}{\gamma \lambda_W} \sin(k_W z),$$

のように運動してらせん状軌道になる場合もある．前者は平面（planar）アンジュレータ，後者はヘリカルアンジュレータの場合である．以下の式で，ϵ_W は，前者の場合 1/2，後者の場合 1 とする．

図 11.3.1 の点 A と点 B で放出した光を，遠方の角度 θ の場所で観測する場合，この二つの波の波長 λ の成分が干渉によって強め合う条件は

$$c \frac{\lambda_W}{v_z} - \lambda_W \cos\theta = n\lambda \quad (n=1, 2, ...)$$

である．ここで v_z は z 方向の平均速度で，

$$v_z = \sqrt{v^2 - \langle v_x^2 \rangle} = c\sqrt{1 - \frac{1}{\gamma^2} - \epsilon_W \frac{K^2}{\gamma^2}}$$

したがって，

$$\lambda = \frac{\lambda_W}{2n\gamma^2}(1 + \epsilon_W K^2 + \gamma^2 \theta^2) \tag{11.3.1}$$

周期的磁場を与える磁石をアンジュレータ，またはウィグラーと呼ぶ．$K \lesssim 1$ のものをアンジュレータ，$K \gg 1$ のものをウィグラーと呼ぶことが多い．K を磁場の振幅 B_0 で表すと

$$K = \frac{eB_0}{m_e c k_W} = 93.4 B_{0[T]} \lambda_{W[m]}$$

ここには，電子の静止質量が現れるが，電子のエネルギーは現れない．K は磁石のパラメータだけで決まる．

実際のアンジュレータ（ウィグラー）の長さは有限なので厳密には周期的でない．このためスペクトル線には

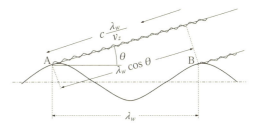

図 11.3.1 アンジュレータ輻射の原理．電子は右向きに走る．

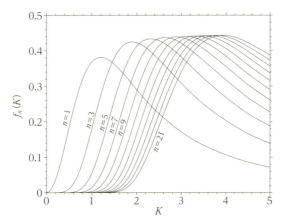

図 11.3.2 平面アンジュレータの輻射の関数 $f_n(K)$

$$\frac{\Delta \lambda}{\lambda} = \frac{1}{nN_p}$$

の幅ができる．N_p はアンジュレータの周期の数である．磁石が完全であれば，$N_p \to \infty$ とともに式(11.3.1)で表される線スペクトルに近づく．

長さ L のアンジュレータを通過する際の電子のエネルギー損失は

$$-\Delta E = \frac{2}{3} r_e m_e c^2 \gamma^2 \epsilon_W K^2 k_W^2 L$$

これは，一様磁場での輻射電力式(11.2.1)を L で積分したものと同じである（planar undulator の場合，磁場の強さが $\cos k_W z$ のように変化していることに注意）．

スペクトルの式は（特に planar undulator の場合）極めて複雑である．ここには，planar undulator の場合の，前方（$\theta=0$）での，n 次共鳴線（式(11.3.1)）上の周波数幅 $\Delta\omega/\omega$ 内の，電子1個からくる光子の数のみ与える（α は微細構造定数，n は奇数．偶数の場合前方ではゼロ）．

$$\frac{dn_\gamma}{d\Omega} = \alpha \gamma^2 N_p^2 \frac{\Delta\omega}{\omega} f_n(K)$$

$$f_n(K) = \frac{n^2 K^2}{(1+K^2/2)^2} \Big[J_{(n-1)/2}(x_n) - J_{(n+1)/2}(x_n) \Big]^2$$

$$x_n = \frac{nK^2}{4(1+K^2/2)} \tag{11.3.2}$$

f_n を図 11.3.2 にプロットした．式(11.3.2)は N_p^2 に比例しているが，スペクトル線の幅は $1/N_p$ に比例するので，一つのスペクトル線内の周波数で積分した光子数は N_p に比

例する.

なお，ヘリカルアンジュレータについては，非線形コンプトン散乱（11.7.2 項）の公式を参照のこと.

アンジュレータ中での輻射は，レーザー光のなかでの電子の輻射（レーザー光子とのコンプトン散乱）に極めて近く，$\gamma \gg 1$ の場合は物理的に同じものと考えてよい. 実用的観点からの相違は，レーザー光の波長が，アンジュレータのピッチよりはるかに小さいこと，コンプトン散乱の場合はパラメータによっては光子エネルギーが初めの電子のエネルギーと同程度になり得るが，アンジュレータ輻射の場合ははるかに低いこと，などが挙げられる.

したがって，11.7.2 項に挙げた非線形コンプトン散乱に関する式（式(11.7.2)など）はアンジュレータ輻射にも使える. その場合，$\xi \to K$, $\lambda_L \to 2\lambda_w$,

$$x = \frac{4E\hbar\omega_L}{m_e c^2} \to \frac{2E\hbar c k_w}{m_e c^2}$$

と置き換えればよい. λ_L と λ_w の関係式に因子 2 が現れるのはレーザーが電子に向かって走っているからである.

11.4 量子論的輻射公式

前節までの式は，光子のエネルギー $\hbar\omega$ が元の粒子のエネルギー E に比べて十分小さいことを仮定している. これが無視できない領域では，反跳を含む量子力学的取扱いによる修正が必要である. はじめ Sokolov-Ternov[1]により一様磁場でのディラック方程式の厳密解を使って求められたが，非一様磁場の場合も含めて，Baier-Katkov による準量子論的公式が便利である[2]. 「準」の意味は，電子の離散的エネルギーレベルは無視する（電子演算子同士の交換関係は無視する）が，反跳は無視しない（電子演算子と光子演算子の交換関係は保持する），ということである. 与えられた電磁場の下での粒子の古典的な軌道速度を $c\boldsymbol{\beta}(t)$（以下の式では $|\boldsymbol{\beta}|$ の変化の効果は小さいので無視してよい. $\boldsymbol{\beta}$ の向きの変化のみ重要である），エネルギーを $E = \gamma m_e c^2 (\gamma \gg 1)$，輻射後の粒子のエネルギーを $E' = E - \hbar\omega = \gamma' m_e c^2$ とする. 単位時間にエネルギー幅 $d(\hbar\omega)$，立体角 $d\Omega$ に放出される光子の確率 $d\dot{n}_\gamma$ は

$$\frac{d^2\dot{n}_\gamma(t)}{d\omega d\Omega} = \frac{-\alpha}{(2\pi)^2}\frac{\omega}{\gamma\gamma'}\int_{-\infty}^{\infty}d\tau\left[1 + \frac{\gamma^2 + \gamma'^2}{4\gamma\gamma'}\gamma^2(\boldsymbol{\beta}_2 - \boldsymbol{\beta}_1)^2\right]$$
$$\times \exp\left\{-i\frac{\omega}{2\gamma\gamma'}\int_{t_1}^{t_2}dt'[1 + \gamma^2(\boldsymbol{n} - \boldsymbol{\beta}(t'))^2]\right\}$$
$$(t_1 = t - \tau/2, t_2 = t + \tau/2, \boldsymbol{\beta}_i = \boldsymbol{\beta}(t_i)) \quad (11.4.1)$$

ここで α は微細構造定数，$\boldsymbol{n}$ は輻射方向の単位ベクトルで，$\boldsymbol{v}$ の方向の周りの角度 $O(1/\gamma)$ の領域を考えている. ここではすでに $\gamma \gg 1$ が仮定されている. 角度積分を行うと[*1]

$$\frac{d\dot{n}_\gamma(t)}{d\omega} = \frac{i\alpha}{2\pi\gamma^2}\int_{-\infty}^{\infty}\frac{d\tau}{\tau - i0}\left[1 + \frac{\gamma^2 + \gamma'^2}{4\gamma\gamma'}\gamma^2(\boldsymbol{\beta}_2 - \boldsymbol{\beta}_1)^2\right]$$

$$\times \exp\left\{-i\frac{\omega\tau}{2\gamma\gamma'}[1 + \gamma^2\beta_{rms}^2(t, \tau)]\right\}$$
$$\beta_{rms}^2(t, \tau) = \frac{1}{\tau}\int_{t_1}^{t_2}dt'|\boldsymbol{\beta}(t') - \boldsymbol{\beta}_{avr}(t, \tau)|^2$$
$$\beta_{avr}(t, \tau) = \frac{1}{\tau}\int_{t_1}^{t_2}dt'\boldsymbol{\beta}(t')$$

これらの式では粒子のスピン，光子の偏極の和がとられている. これらの情報が必要な場合は原典を参照.

以上の量子論的公式で，反跳を無視すれば（すなわち，$\hbar\omega \ll E$, $\gamma' \to \gamma$）とすれば古典的な場合に帰着し，一般的な輻射公式として使える.

以下では一様磁場を扱い，周期的磁場の場合は 11.7.2 節に記述する.

一様磁場の場合の量子論的公式　式(11.2.1)は光子のエネルギー $\hbar\omega$ が元の粒子のエネルギー E を越えるような非物理的部分を含む. 臨界エネルギー $u_c = \hbar\omega_c$ が，E に比べて無視できない領域では式(11.4.1)による扱いが必要になる. その場合，一様磁場での輻射の記述には u_c と E の比

$$\Upsilon \equiv \frac{2}{3}\frac{\hbar\omega_c}{E} = \frac{\lambda_e\gamma^2}{\rho} = \frac{eh}{m_e^3 c^5}\sqrt{|(F_{\mu\nu}p^\nu)^2|}$$

が必要になる. （λ_e はコンプトン波長，p^ν は粒子の 4 元運動量，$F_{\mu\nu}$ は電磁場のテンソル）輻射光子のスペクトルは

$$\frac{d\dot{n}_\gamma}{d\omega} = \frac{\alpha}{\sqrt{3}\pi\gamma^2}F(y, \Upsilon), \quad \left(y = \frac{\hbar\omega}{E} = \frac{\omega}{2\omega_c/3}\Upsilon\right)$$
$$F(y, \Upsilon) = \int_{2\zeta/3}^{\infty}K_{5/3}(z)dz + \frac{y^2}{1-y}K_{2/3}\left(\frac{2\zeta}{3}\right) \quad (11.4.2)$$
$$\zeta \equiv \frac{E}{E'}\frac{\omega}{2\omega_c/3} = \frac{1}{\Upsilon}\frac{y}{1-y} \quad (11.4.3)$$

古典的なスペクトル式(11.2.2)と異なる点は，式(11.4.2)に第 2 項があること，式(11.4.3)の分母に $1 - y$ があること（これにより $\hbar\omega > E$ にならない）である（式(11.2.3)の $S(x)$ とは，$\lim_{\Upsilon \to 0}F\left(\frac{3}{2}\Upsilon x, \Upsilon\right) = (8\pi/9\sqrt{3})S(x)/x$ の関係がある）.

単位時間の輻射光子数は

$$\dot{n}_\gamma = \frac{5}{2\sqrt{3}}\frac{\alpha\Upsilon c}{\lambda_e\gamma}U_0(\Upsilon)$$
$$U_0(\Upsilon) = \begin{cases} 1 - \frac{8}{5\sqrt{3}}\Upsilon + \frac{7}{2}\Upsilon^2 + O(\Upsilon^3) & (\Upsilon \to 0) \\ 1.012\Upsilon^{-1/3} + O(1/\Upsilon) & (\Upsilon \to \infty) \end{cases}$$
$$\approx (1 + \Upsilon^{2/3})^{-1/2}$$

1 粒子の平均輻射電力は

$$P_\gamma = \frac{2}{3}\frac{\alpha\Upsilon^2}{\lambda_e\gamma}U_1(\Upsilon)$$
$$U_1(\Upsilon) = \begin{cases} 1 - \frac{55\sqrt{3}}{16}\Upsilon + 48\Upsilon^2 + O(\Upsilon^3) & (\Upsilon \to 0) \\ 0.556\Upsilon^{-4/3} + O(1/\Upsilon^2) & (\Upsilon \to \infty) \end{cases}$$

[*1] 分母の $\tau - i0$ は，τ の複素平面上で積分路が $\tau = 0$ の下側を通ることを意味する.

$$\approx [1+(1.5\Upsilon)^{2/3}]^{-2}$$

である.

なお, 8.5 節に記述されたように, 電子（陽電子）貯蔵リングではビームは自発的に偏極する. これは量子論的シンクロトロン輻射のスピン依存性によるものである. また, スピンの向きにより, 輻射電力もわずかに異なる. これは偏極度測定に使われている.

参考文献

1) A. A. Sokolov, I. M. Ternov : "Synchrotron Radiation" Moscow (1966).
2) V. N. Baier, V. M. Katkov : Zh. Eksp. Teor. Fiz. **53** 1478 (1967). （英訳 Sov. Phys. JETP **26** 854 (1968). 読みやすい説明としては文献 3 の 90 節 (p.376) がよい.
3) V. B. Berestetskii, *et al.* : "Quantum Electrodynamics" 2nd ed., Pergamon Press (1980).

11.5 自由電子レーザー

自由電子レーザー（Free Electron Laser : FEL）は, 電子ビームと同期してアンジュレータに入射された光（シード光）が, 電子との相互作用を介して増幅される, 従来とは異なる原理で発振するレーザーであり, 7.10.3 項ではその発振機構について定性的に解説した. 一方, レーザーの増幅利得や帯域幅などを定量的に評価するためには, 増幅の各過程を記述するための方程式（FEL 方程式）を導出し, これを解く必要がある. 本来は, 増幅過程に影響を及ぼす可能性のあるすべての要因を厳密に考慮する必要があるが, その場合, 解析的に解くことは一般的には不可能であり, 数値計算に頼らざるを得ない. これまでに, そのような数値計算を行うためのシミュレーションコードは多数開発されており, FEL に関する理論的な知識が無くとも, その増幅利得や光源性能を計算することは可能である. しかしながらそのような場合には, 数値計算に隠れた FEL の物理的な背景を理解することはできない. そこで本節では, 1 次元近似に基づく FEL 方程式を導出し, 特殊な条件でこれを解くことによって FEL における増幅過程を議論する.

なお, 1 次元 FEL 理論の参考文献として 1~5 を挙げる. またこれらの文献を読み解くためには, 電磁気学および特殊相対性理論の知識が必要であるが, このために有名かつ有用なテキストが多数存在するので適宜参照されたい.

11.5.1 1 次元近似と光電場の仮定

1 次元 FEL 理論では, 以下で述べる仮定を行う.
1) シード光は z 軸に沿って伝播する単色平面波である.
2) アンジュレータ入口において電子ビームはすべての方向へ一様に分布している.

3) 電子ビームに含まれるすべての電子は, 互いに平行に運動を行う.

また, 光のパワーはレーザー増幅作用によって z とともに緩やかに（少なくともアンジュレータの周期よりも長いスケールで）増大すると仮定する. すなわち, 光の電場を以下の形式で表す.

$$E(z,t) = \widetilde{E}(z)e^{-i(\omega t - kz)} + \text{c.c.} \tag{11.5.1}$$

ここで, ω は光の振動数, $k = \omega/c$ は光の波数, c.c. は複素共役を表し, また光は水平方向に偏光していると仮定する. すなわち光電場の複素振幅 $\widetilde{E}(z)$ はスカラーである.

FEL 方程式の目的は, 関数 $\widetilde{E}(z)$ を求めることによってレーザー増幅の過程を記述することにある. そして, 上記 1)~3) の仮定に基づく 1 次元 FEL 理論から導出される FEL 方程式は, ある条件のもとで解析的に解くことができ, レーザーの増幅利得や帯域幅などの光源性能を定量的に計算できるため, 非常に有用である.

11.5.2 電子の運動方程式

周期 λ_u の正弦波磁場を垂直方向に発生するアンジュレータに入射された電子を考える. 電子の相対エネルギー（ローレンツ因子）を γ と仮定すると, 相対速度ベクトル β は次式で与えられる.

$$\beta = (K\gamma^{-1}\cos k_u z, 0, \beta_z)$$

ここで, K はアンジュレータの偏向定数であり, また $k_u = 2\pi/\lambda_u$ を定義した. β_z は電子の z 方向への相対速度を意味し, 次式で与えられる.

$$\beta_z = 1 - \frac{1}{2\gamma^2}(1 + K^2\cos^2 k_u z)$$

1 次元近似では, 上式で定義される $\beta(\gamma)$ のみが電子の軌道を決定し, ベータトロン振動は考慮しないことに注意されたい.

さて, 上記で決定される軌道に沿って移動する電子の運動を記述するために, ある座標 z におけるエネルギー γ と, 次式で定義される位相 ψ という二つの座標変数を用いる.

$$\psi(z) = k_1 z + k_u z - \omega_1 \bar{t}(z, \gamma)$$

ここで, γ_0 は電子ビームの平均エネルギー, ω_1 は γ_0 に対応するアンジュレータの基本振動数である. また $\bar{t}(z, \gamma)$ はエネルギー γ を持つ電子が座標 z に到着する時刻のアンジュレータ一周期での平均値であり, 以下で与えられる.

$$\frac{d\bar{t}(z, \gamma)}{dz} = \frac{1}{c}\left(1 + \frac{1 + K^2/2}{2\gamma^2}\right)$$

これを用いると, 位相 ψ を以下のように書き換えることができる.

$$\frac{d\psi}{dz} = \omega_1 \frac{d}{dz}[\bar{t}(z, \gamma_0) - \bar{t}(z, \gamma)]$$

すなわち, 平均エネルギー γ_0 を持つ電子（基準電子）からの相対位置を, 振動数 ω_1 の光の位相として表したものが ψ である. さらに, 電子エネルギーの平均値からの偏

差は小さい，すなわち $|\gamma - \gamma_0|/\gamma_0 \ll 1$ と仮定すれば，位相に関する次の方程式を得る．

$$\frac{d\psi}{dz} = 2k_u \frac{\gamma - \gamma_0}{\gamma_0} \tag{11.5.2}$$

次にエネルギー γ の変化を記述する方程式を導出する．相対論的電子のエネルギー変化は，

$$mc^2 \frac{d\gamma}{dt} = \boldsymbol{v} \cdot \frac{d\boldsymbol{p}}{dt}$$

と表される．一方，電場 $\boldsymbol{E}$，磁場 $\boldsymbol{B}$ を運動する電子の運動方程式は

$$\frac{d\boldsymbol{p}}{dt} = -e(v \times \boldsymbol{B} + \boldsymbol{E})$$

であるから，上式に代入することにより，座標 z を用いて

$$\frac{d\gamma}{dz} = \frac{d\gamma}{cdt} = -\frac{e}{mc^2}\boldsymbol{\beta} \cdot \boldsymbol{E}$$

と書き直すことができる．すなわち，二つのベクトル $\boldsymbol{\beta}$ と $\boldsymbol{E}$ の内積が電子のエネルギー変化を表す．

$\boldsymbol{\beta}$ の表式と光の電場 $\boldsymbol{E} = (E, 0, 0)$ を代入し，アンジュレータの1周期で平均すれば次式が得られる．

$$\frac{d\gamma}{dz} = -\frac{eK\bar{\kappa}}{2mc^2\gamma_0}\widetilde{E}(z)e^{-i\nu k_u z}e^{i\psi} + \text{c.c.} \tag{11.5.3}$$

ここで，$\nu = (\omega - \omega_1)/\omega_1$ はシード光の波長偏差を表す．また，$\bar{\kappa}$ は次式で定義される関数

$$\kappa(z) = (1 + e^{2ik_u z})\exp\left(\frac{\omega_1 K^2}{8\gamma_0^2 k_u c}\sin 2k_u z\right)$$

のアンジュレータ1周期にわたる平均値であり，次式で与えられる．

$$\bar{\kappa} = J_0\left(\frac{K^2/2}{2+K^2}\right) - J_1\left(\frac{K^2/2}{2+K^2}\right)$$

11.5.3　マイクロバンチによる光電場の成長

電子ビームに含まれる個々の電子は，前節で導出した2つの方程式（11.5.2）および式（11.5.3）に従って，位相空間 (ϕ, γ) において運動する．より具体的には，光との相互作用によって γ が周期的に変調された後，ある位相に集群化しマイクロバンチを形成する．次に，そのようなマイクロバンチによって光電場が成長する様子について考察する．

マクスウェル方程式を変形することによって得られる，電場に関する波動方程式から出発する．

$$\nabla^2 \boldsymbol{E} - \frac{1}{c^2}\frac{\partial \boldsymbol{E}}{\partial t} = \mu_0 \frac{\partial \boldsymbol{j}}{\partial t} + \frac{1}{\varepsilon_0}\nabla \rho_e$$

ここで，μ_0 および ε_0 は真空の透磁率と誘電率，$\boldsymbol{j}$ および ρ_e は電子ビームの電流密度および電荷密度を表す．現在想定している1次元近似では光は平面波であるので，x および y に関する微分を省くことができる．式（11.5.1）を代入し，整理すると次式が得られる．

$$2i\frac{\omega}{c}\frac{d\widetilde{E}(z)}{dz}e^{-i\omega(t-z/c)} + \text{c.c.} = \mu_0 \frac{\partial j_x}{\partial t}$$

ただし，$\widetilde{E}(z)$ が z に対して緩やかに変化することを仮定し，z に対する二階微分の項を省いた．また，電流密度

は

$$j_x = -e\sum_k \beta_{xk}\delta(x - x_k)\delta(y - y_k)\delta(t - t_k)$$

で与えられる．ここで添え字 k は，電子ビームに含まれる k 番目の電子の位置座標，時刻，および相対速度を意味する．両辺に $e^{i\omega(t-z/c)}$ を掛けて，1波長に相当する時間 $T = 2\pi/\omega$ で平均し，さらに電子が x および y 方向へ一様に分布していることを考慮すると次式が得られる．

$$2i\frac{\omega}{c}\frac{d\widetilde{E}(z)}{dz} = \frac{ie\mu_0\omega}{T}\sum_k^{N(z,t)}\beta_{xj}e^{i\omega(t_k - z/c)}$$

ここで $N(z,t)$ は，時間 $(t - T/2, t + T/2)$ の間に座標 z に到達する電子の単位面積あたりの数を表す．アンジュレータの1周期で平均すれば，光電場の成長を記述する次の方程式が得られる．

$$\frac{d\widetilde{E}(z)}{dz} = \frac{\mu_0 \bar{\kappa}ec^2 n_0 K}{4\gamma_0}e^{i\nu k_u z}\langle e^{-i\psi}\rangle \tag{11.5.4}$$

ここで，n_0 は電子ビームの空間密度，またブラ・ケット記号は上記で説明した意味での時間平均操作を表す．

11.5.4　FEL 微分方程式の導出

方程式（11.5.2）～（11.5.4）が1次元における FEL 方程式であり，これらを解くことによってレーザー増幅の過程を記述することができる．まず，以下のパラメータ $E_{1,2}$ を定義する．

$$E_1 = \frac{mc^2 k_u}{\bar{\kappa}eK}, \quad E_2 = \frac{\mu_0 \bar{\kappa}ec^2 n_0 K}{4k_u}$$

さらに，電子のエネルギー偏差を表す変数 $\eta = (\gamma - \gamma_0)/\gamma_0$ を定義する．すると，方程式（11.5.3）および（11.5.4）は

$$\frac{1}{k_u}\frac{d\eta}{dz} = -\frac{\widetilde{E}}{2\gamma_0^2 E_1}e^{-i\nu k_u z}e^{i\psi} + \text{c.c.} \tag{11.5.5}$$

$$\frac{1}{k_u}\frac{d\widetilde{E}}{dz} = \frac{E_2}{\gamma_0}e^{i\nu k_u z}\langle e^{-i\psi}\rangle \tag{11.5.6}$$

と簡略化される．一般的な条件のもとでこれらの方程式を解析的に解く手法は存在しないが，1）初期状態における電子のエネルギー広がりが小さい（コールドビーム近似），2）増幅過程が飽和に到達する前の段階であり，光との相互作用によって誘起される電子のエネルギー変調やエネルギー損失が小さい，という二つの条件のもとでは，以下に示す手法によって解析的に解くことができる．

まず電場複素振幅 $\widetilde{D} = \widetilde{E}e^{-i\nu k_u z}$ を導入し，式（11.5.6）に代入すると次式が得られる．

$$\frac{1}{k_u}\frac{d\widetilde{D}}{dz} + i\nu \widetilde{D} = \frac{E_2}{\gamma_0}\langle e^{-i\psi}\rangle$$

これを z で2回微分し，式（11.5.2）と式（11.5.5）を適宜利用すれば，以下の三階微分方程式が得られる．

$$\frac{1}{k_u^3}\frac{d^3\widetilde{D}}{dz^3} + i\nu\frac{1}{k_u^2}\frac{d^2\widetilde{D}}{dz^2} = i\frac{E_2}{\gamma_0^3 E_1}\widetilde{D} - 4\frac{E_2}{\gamma_0}\langle \eta^2 e^{-i\psi}\rangle$$

先に述べた二つの条件1）と2）が満たされる場合，ブラケットの中に η^2 を含む右辺第2項は無視することができる．その上で，$\widetilde{E}$ に関する方程式に戻すと，以下で定義される FEL 微分方程式が得られる．

$$\frac{1}{k_u^3}\frac{d^3\widetilde{E}}{dz^3} - 2i\nu\frac{1}{k_u^2}\frac{d^2\widetilde{E}}{dz^2} - \nu^2\frac{1}{k_u}\frac{d\widetilde{E}}{dz} = i\frac{E_2}{\gamma_0^3 E_1}\widetilde{E}$$

ここで，次式で定義されるパラメータ ρ を導入する．

$$(2\rho\gamma_0)^3 = \frac{E_2}{E_1}$$

ρ は FEL におけるレーザー増幅利得や光源性能に深く関連する重要な物理量であって，Pierce パラメータあるいは FEL パラメータと呼ばれる．$E_{1,2}$ の定義式から，

$$\rho = \left(\frac{\pi\bar{\kappa}^2 K^2}{8\gamma_0^3 k_u^2}\frac{j_0}{I_A}\right)^{1/3}$$

が得られる．ここで I_A は Alfvén 電流と呼ばれる電流の次元を持つ定数で，次式で定義される．

$$I_A = \frac{4\pi\varepsilon_0 mc^3}{e}$$

次に，導入した FEL パラメータ ρ を用いて，以下の規格化を行う．

$$\hat{z} = 2\rho k_u z$$
$$\hat{\nu} = (2\rho)^{-1}\nu$$

以上の操作により，規格化座標 $\hat{z}$ を変数とする FEL 微分方程式が得られる．

$$\widetilde{E}''' - 2i\hat{\nu}\widetilde{E}'' - \hat{\nu}^2\widetilde{E}' = i\widetilde{E} \qquad (11.5.7)$$

ここで，プライム（′）は $\hat{z}$ に関する微分を意味する．

11.5.5 FEL 微分方程式の解法と光源性能

前項で導出した FEL 微分方程式(11.5.7)の解は，未知のパラメータ Λ を用いて一般的に

$$\widetilde{E} \propto e^{\Lambda\hat{z}}$$

と仮定することができる．代入して整理すると，Λ に関する以下の方程式が得られる．

$$\Lambda^3 - 2i\hat{\nu}\Lambda^2 - \hat{\nu}^2\Lambda = i \qquad (11.5.8)$$

相対振動数 $\hat{\nu}$ の光が z 方向へ進むときの波数を Λ と考えると，方程式(11.5.8)はこれらの分散関係を表す．このため式(11.5.8)は FEL 分散関係式などと呼ばれる．そしてこれは三次方程式であるから，一般的に三つの解 $\Lambda_{1,2,3}$ が存在し，これらを用いて電場の複素振幅を次の形式で書くことができる．

$$\widetilde{E}(\hat{z}) = \sum_{j}^{3} E_j e^{\Lambda_j \hat{z}}$$

ここで，E_j はシード光の初期条件によって決まる定数である．

それでは実際に FEL 微分方程式を解くことによって，レーザー増幅の様子を調べてみよう．このため初期条件として以下を仮定する．

$$\widetilde{E}(0) = E_0, \widetilde{E}'(0) = \widetilde{E}''(0) = 0 \qquad (11.5.9)$$

1 番目の条件は，シード光の複素振幅が E_0 であることを意味する．また，2 および 3 番目の条件は，初期状態において電子ビームにはマイクロバンチおよびエネルギー変調のどちらも誘起されていないことを意味している．以下，波長偏差 $\hat{\nu}$ の値に応じて議論を進める．

1) $\hat{\nu} = 0$ のとき

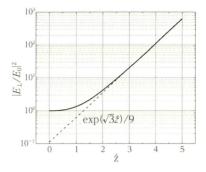

図 11.5.1 $\hat{\nu}=0$ のときのゲイン曲線

この条件は，シード光の波長がアンジュレータの基本波長と一致する場合に対応する．分散関係式は

$$\Lambda^3 = i$$

と簡略化され，その解は次式で与えられる．

$$\Lambda = \frac{\sqrt{3}+i}{2}, \frac{-\sqrt{3}+i}{2}, -i$$

また，初期条件(11.5.9)に適合する電場として次式が得られる．

$$\widetilde{E}(\hat{z}) = \frac{E_0}{3}\left[\exp\left(\frac{\sqrt{3}+i}{2}\hat{z}\right) + \exp\left(\frac{-\sqrt{3}+i}{2}\hat{z}\right) + \exp(-i\hat{z})\right]$$
$$(11.5.10)$$

図 11.5.1 に，規格化した光のパワー $|\widetilde{E}|^2/|E_0|^2$ を $\hat{z}$ の関数として示した．この図のように，光のパワーをアンジュレータ軸に沿った座標の関数としてプロットしたグラフを FEL におけるゲイン曲線と呼ぶ．この例のように，FEL における光のパワーは増幅率が高い領域（高ゲイン領域）において，$\hat{z}$ に対して，指数的に増大する関数となる．式(11.5.10)を見れば明らかなように，この増大に寄与する項は第 1 項のみであって，実効的な入力パワーは $|E_0|^2/9$ である．すなわち，シード光のパワーのうちの 1/9 のみが増幅に寄与する．これ以外の第 2 項は指数的減衰，第 3 項は定常的な光の伝搬を表す．

高ゲイン領域では

$$|\widetilde{E}|^2 = \frac{1}{9}|E_0|^2 e^{z/L_g}$$

と書くことができる．ここで導入された L_g はゲイン長と呼ばれ，光のパワーが自然対数の底，e 倍に増幅されるために必要なアンジュレータ長を表す．$\hat{z}$ の定義式から，ゲイン長は次式で定義されることがわかる．

$$L_g = \frac{\lambda_u}{4\pi\sqrt{3}\rho}$$

このように，ゲイン長は FEL パラメータ ρ の逆数に比例する．言い換えると，ρ は FEL の増幅率を決定するパラメータである．

2) $0 < |\hat{\nu}| \ll 1$ のとき

この条件は，シード光の波長がアンジュレータの基本波長とわずかに異なる場合に対応する．条件 $|\hat{\nu}| \ll 1$ を利用

して，解を以下のように $\bar{\nu}$ のべきで展開する．

$$\Lambda = \Lambda_0 + a_1 \bar{\nu} + a_2 \bar{\nu}^2$$

ここで，Λ_0 は先ほど求めた，$\bar{\nu}=0$ のときの解であり，$\Lambda_0{}^3 = i$ を満たす．これを三次方程式 (11.5.8) に代入し $\bar{\nu}$ のべきで整理すると，それぞれ容易に解くことができて以下の結果を得る．

$$a_1 = \frac{2i}{3}, \quad a_2 = -\frac{1}{9}\frac{\sqrt{3}-i}{2}$$

指数的増幅項に注目すると以下の解が得られる．

$$\Lambda \sim \frac{\sqrt{3}}{2}\left(1-\frac{\bar{\nu}^2}{9}\right) + \frac{1}{2}\left(1+\frac{4}{3}\bar{\nu}\right)$$

高ゲイン領域では

$$|\tilde{E}|^2 = \frac{1}{9}|E_0|^2 e^{z/L_g} \exp\left[-\frac{(\omega-\omega_1)^2}{2\sigma_\omega{}^2}\right]$$

が得られる．ここで，σ_ω は次式で定義される．

$$\sigma_\omega = 3\sqrt{\frac{2L_g}{z}}\,\rho$$

このように，振動数が ω_1 からずれるに伴って増幅利得は低下する．また，その帯域幅は FEL パラメータ ρ に比例するとともに，増幅が進むに従って $z^{-1/2}$ という依存性をもって狭くなる．

3) $|\bar{\nu}| \gg 1$ のとき

$\bar{\nu}$ の定義式を考えると，この条件は

$$\rho \ll \left|\frac{\omega-\omega_1}{\omega_1}\right|$$

であることを意味する．すなわち，FEL パラメータ ρ が相対的波長のずれに比べて小さい，言い換えると増幅利得が小さいということを意味する．このような条件における増幅利得は小信号利得と呼ばれ，分散関係式の三つの解は近似的に

$$\Lambda_1 = -\frac{i}{\bar{\nu}^2}, \Lambda_{2,3} = i\bar{\nu} \pm \frac{1}{\sqrt{\bar{\nu}}}$$

と表すことができる．そして，初期条件 (11.5.8) に適合する電場として次式が得られる．

$$\frac{\tilde{E}}{E_0} \sim 1 - \frac{2}{\bar{\nu}^3} + e^{i\bar{\nu}\bar{z}}\left(\frac{2}{\bar{\nu}^3}\cosh\frac{\bar{z}}{\sqrt{\bar{\nu}}} - \frac{i}{\bar{\nu}^{3/2}}\sinh\frac{\bar{z}}{\sqrt{\bar{\nu}}}\right)$$

さらに，$1/\bar{\nu}$ の四次以上の項を無視すると

$$\left|\frac{\tilde{E}}{E_0}\right|^2 - 1 = \frac{4}{\bar{\nu}^3}\left(-1 + \cos\bar{\nu}\bar{z} + \frac{\bar{\nu}\bar{z}}{2}\sin\bar{\nu}\bar{z}\right)$$

$$= \frac{\bar{z}^3}{2}\frac{d}{dx}\left(\frac{\sin^2 x}{x^2}\right)\bigg|_{x=\bar{\nu}\bar{z}/2}$$

が得られる．ここで，アンジュレータの周期数を N とおくと，

$$\frac{\bar{\nu}\bar{z}}{2} = \pi N\frac{\omega-\omega_1}{\omega_1}$$

であるが，これを引数とする関数 $\sin^2 x/x^2$ がアンジュレータ自発放射光のスペクトルを表すことはよく知られている．すなわち，小信号利得領域における増幅利得は，自発放射光スペクトルの微分で与えられる．これは FEL の考案者である J. M. J. Madey によって最初に導き出された定理である．ちなみにこの場合は，$\omega=\omega_1$ においてゲイン

はない，すなわち増幅は起こらない．これは，先に述べた高ゲイン領域における状況と大きく異なることに注意されたい．

参考文献

1) K. J. Kim : in Physics of Particle Accelerators, AIP Conf. Proc. 184, p. 565 (Am. Inst. Phys., New York) (1989).
2) E. L. Saldin, et al. : The Physics of Free Electron Lasers, SPringer-Verlag, Berlin (1999).
3) E. L. Saldin, et al. : Phys. Rep. 260 187 (1995).
4) Z. Huang and K. J. Kim : Phys. Rev. ST-AB 10 034801 (2007).
5) R. Bonifacio, et al. : Opt. Commun. 50 373 (1984).

11.6 その他の輻射過程

11.6.1 制動輻射 (Bremsstrahlung)

荷電粒子（おもに電子・陽電子）が他の粒子との散乱，あるいは物質中での減速などによって速度が変わるときに放出される輻射を制動輻射と呼ぶ．電子（陽電子）の場合，エネルギーが数 10 MeV 以上では他の過程（イオン化，メラー散乱，バーバ散乱など）より制動輻射によるエネルギー損失のほうが大きい（μ 粒子の場合は数百 GeV 以上）．損失はほぼエネルギーに比例する．したがって，物質中を距離 x だけ走ったときの電子エネルギーは $E_0 e^{-x/X_0}$ のように指数関数的に減少する．X_0 は輻射長（radiation length）と呼ばれ，物質によって決まる定数である．原子番号 Z，質量数 A (g/mol) の物質中では[1]，

$$X_0 = CA\left\{Z^2\left[\log\frac{184.15}{Z^{1/3}} - f(Z)\right] + Z\log\frac{1194}{Z^{2/3}}\right\}$$

$$f(Z) = a^2[(1+a^2)^{-1} + 0.20206 - 0.369a^2 + 0.0083a^4 - 0.002a^6] \quad (a=\alpha Z)$$

$$C = \frac{1}{4\pi a r_e^2 N_A} = 716.4 \text{ g/cm}^2$$

で与えられる．A は物質の質量数 (g/mol)，N_A はアボガドロ数，X_0 の単位は g/cm^2 である．（$Z \geq 5$ では誤差 0.1 % 程度以内，$Z=1$ でも 10 % 程度）．

微分断面積のエネルギースペクトルは，近似的に

$$\frac{d\sigma}{d\omega} = \frac{A}{X_0 N_A \omega}\left(\frac{4}{3} - \frac{4}{3}y + y^2\right)$$

$$y \equiv \frac{\omega}{E} \tag{11.6.1}$$

（E は電子のエネルギー，ω は光子のエネルギー）で与えられる．ただし，この式は $y=0$ および $y=1$ の近傍では補正が必要である．

11.6.2 Optical Transition Radiation

誘電率の異なる二つの物質の境界を通過するときに荷電粒子が放出する輻射を transition radiation という．加速器で典型的なものは，ビームが薄い金属膜を通過するときの輻射であり，スペクトル領域は金属のプラズマ周波数

（$\sim 10^{16}$ Hz）まで広がっている．このうち光学的な領域の成分を optical transition radiation（OTR）と呼び，transverse beam profile monitor に利用されている．

最も簡単な，真空中から金属（$\varepsilon = \infty$）に垂直に入射する際の，1 粒子による輻射エネルギーの角度・周波数分布は

$$\frac{dE}{d\Omega d\omega} = \frac{r_e m_e c \beta^2 \sin^2 \theta}{\pi^2 (1 - \beta^2 \cos^2 \theta)^2}$$

である（β は電子の速度，θ は輻射方向と電子方向のなす角）．

多数粒子に対しては，シンクロトロン輻射の場合と同様，バンチ長より長い波長成分の輻射強度は粒子数の 2 乗に比例する（Coherent transition radiation）．

11.6.3 Optical Diffraction Radiation

荷電粒子が金属などの輻射体の近傍を通過する際に，荷電粒子のクーロン場が輻射体に電流を誘起することにより発生する輻射を，diffraction radiation と呼ぶ．これに関する教科書として文献 2 がある．

金属板上の半径 r の円型の穴を荷電粒子が通過するとき，観測する波長を λ，粒子の速度を βc とすると，transition radiation と同程度の輻射を diffraction radiation で得るためには，$r \lesssim \gamma \lambda / 2\pi$（$\gamma = 1/\sqrt{1-\beta^2}$）でなければならない．したがって，荷電粒子は十分高エネルギーでなければならない（数百 MeV 以上の電子）．

モニター技術の観点からは，ODR は OTR に比べてビームに（ほとんど）影響を与えないという利点がある．

11.6.4 チェレンコフ輻射

荷電粒子（電荷 Ze）が，媒質内での光速 c/n（n はその媒質の屈折率）を越える速度 $v = \beta c$ で通過するときに放出される輻射．粒子方向に対して $\cos \theta = 1/\beta n$ で表される角度 θ を開き角とする円錐状に放出される．これは粒子の軌跡上に物質の分極が起こり，これが消滅する際に発光するものである．距離 dx を走る間に放出される光子数 n_γ の周波数スペクトルは

$$\frac{d^2 n_\gamma}{dx d\omega} = \frac{Ze^2 \alpha}{c} \sin^2 \theta \qquad (11.6.2)$$

で与えられる．α は微細構造定数．

チェレンコフ輻射は，荷電粒子の検出・同定に使われる．

11.6.5 スミス-パーセル輻射

回折格子表面近傍を格子の刻線と垂直に荷電粒子が通過する際の輻射[3]．格子定数を a，粒子速度を βc とすると，輻射角度 θ と輻射波長 λ の間には，

$$\lambda = \frac{a}{n}\left(\frac{1}{\beta} - \cos \theta\right) \quad (n = 1, 2, \ldots)$$

の関係がある．$\gamma \gg 1$ の場合でも，粒子軌道と回折格子との距離 h が十分小さければ（$h \lesssim \gamma \lambda / 4\pi$），$\theta \gg 1/\gamma$ の方向

への輻射がある．

近年では，いくつかの波長でこれを観測して，スペクトル関数（の絶対値）を求めることにより，数十 μm の長さのバンチ長プロファイルが測定されている[4]．

11.6.6 Channeling Radiation

荷電粒子が結晶中を，結晶格子の軸（あるいは面）に対して小さな角度で通過するときに放出する輻射を channeling radiation と呼ぶ．基準となる角度は Lindhard 角と呼ばれ $\theta_L = (2U/pv)^{1/2}$ で表される．p, v は粒子の運動量と速度，U は結晶軸に沿ったポテンシャルの平均の深さである．Channeling radiation は，この進行方向に平均化されたポテンシャル中での荷電粒子の振動によるものである（これに対して，原子との遭遇で放射される制動輻射が，粒子進行方向の結晶周期性によってコヒーレントに足し合わされる現象を Coherent Bremsstrahlung と呼ぶ．Channeling radiation と似ているが，振動数は格子定数で決まり，ずっと高い）．

陽電子の場合，ポテンシャルの極小は隣り合う原子の間にあるので，調和振動子のような運動になるが，電子の場合は原子列状に極小があるため，調和振動子からはほど遠く，原子とのハードな衝突の確率が高い．

低エネルギー領域 $\gamma \theta_L \lesssim 1$ では電子の運動はシュレーディンガー方程式で記述され，輻射は結晶ポテンシャル中でのエネルギーレベル間の遷移として表される．

一方，高エネルギー領域 $\gamma \theta_L \gtrsim 1$（電子エネルギー数百 MeV 以上）では，対応するエネルギーレベルが非常に多く，輻射はアンジュレータ中のような双極輻射になる．この場合，n-th harmonics の最大光子エネルギーは，アンジュレータの場合のように，$\omega_{max} = 2n\gamma^2 \omega_0$ となる（ω_0 は電子の振動周期．アンジュレータの場合 ω_0 がアンジュレータ周期で決まるのに対し，channeling の場合は与えられたポテンシャル中での振動周期であるから，相対論的質量のため $\omega_0 \propto \gamma^{-1/2}$ であり，したがって，$\omega_{max} \propto \gamma^{3/2}$ となる）．結晶の厚さ（アンジュレータの長さに相当），結晶原子の熱運動による decoherence，検出器が捕える角度広がりなどのため，スペクトル線は，幅の広いものとなる．

Channeling radiation は結晶の構造解析に用いられるが，輻射そのものの利用（例えば陽電子生成）も考えられている．

なお，これは輻射を利用するものではないが，Channeling は，曲げられた結晶によって荷電粒子（特に陽子）の軌道を曲げるのに応用されている．磁場に換算して 1 000T のオーダーにも及ぶので，ビームの取り出し・コリメーション・収束などに使える．

参考文献

1) Particle Data Group. http://pdg.lbl.gov/
2) A. P. Potylitsyn, *et al.* : "Diffraction Radiation from Relativistic Particles" Springer Tracts in Modern Physics 239

(Elementary Particle Physics).
3) S. J. Smith, E. M. Purcell : Phys. Rev. **92** 1069 (1953).
4) H. L. Andrews, *et al.* : Phys. Rev. ST-AB **17** 052802 (2014).

11.7 電磁波と電子との相互作用

11.7.1 コンプトン散乱

コンプトン散乱は電子と光子の弾性散乱である．加速器への応用としては，レーザーワイヤ（あるいはレーザー干渉計）による電子ビームの横方向プロファイルモニター，電子の偏極モニターなどに使われてきた．最近ではレーザーの大強度化および光学空洞技術の進歩に伴い，電子ビームとレーザーによってγ線を生成する方法として使われるようになった．レーザー波長がアンジュレータ周期よりはるかに短いので，アンジュレータを用いる方法に比べて，比較的低エネルギーの電子ですむ利点がある．（レーザーが非常に強い場合は 11.7.2 項を参照）．

電子・光子の始状態・終状態の 4 元運動量を $p^\mu, k^\mu, p'^\mu, k'^\mu$ とする ($p^0 = E, k^0 = \omega, k'^0 = \omega'$)．本項では $c = \hbar = 1$ の単位系を用いる．

最も重要なパラメータは，重心エネルギーに関係した
$$x \equiv \frac{(p+k)^2 - m_e^2}{m_e^2} = \frac{2pk}{m_e^2} = \frac{2p'k'}{m_e^2} \approx \frac{4E\omega}{m_e^2}$$
である．以下の公式で，$\approx$ の後は，collinear frame（電子と光子が正面衝突する座標系）で，$E \gg m_e$ の場合の近似式である．

偏極を含む一般的な公式は複雑であるが，ここでは始状態の電子・光子縦偏極（ヘリシティ）P_e, P_L のみ考慮する．

全散乱断面積は次式で与えられる．
$$\sigma = \frac{2\pi r_e^2}{x}(f_0 + P_L P_e f_1)$$
$$f_0 = \left(1 - \frac{4}{x} - \frac{8}{x^2}\right)\log(1+x) + \frac{1}{2} + \frac{8}{x} - \frac{1}{2(1+x)^2}$$
$$f_1 = \left(1 + \frac{2}{x}\right)\log(1+x) - \frac{5}{2} + \frac{1}{1+x} - \frac{1}{2(1+x)^2}$$

$x \to 0$（トムソン散乱）では
$$f_0 = \frac{4}{3}(x - x^2) + O(x^3)$$
$$f_1 = -\frac{1}{3}x^2 + O(x^3)$$

（特に，$x=0$ での全断面積は $\sigma = 8\pi r_e^2/3 = 0.665$ barn），$x \to \infty$ の漸近形は
$$f_0 \sim \log x + \frac{1}{2}$$
$$f_1 \sim \log x - \frac{5}{2}$$
である．図 11.7.1 に全断面積を x の関数としてプロットした．

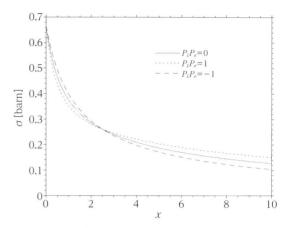

図 11.7.1 コンプトン散乱の全断面積．実線・点線・破線はそれぞれ $P_L P_e = 0, 1, -1$ の場合に相当する．

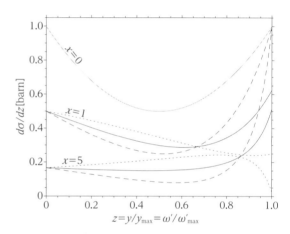

図 11.7.2 コンプトン散乱の微分断面積．横軸は $z = y/y_{max}$．三つのグループは，x の三つの値 (0, 1, 5) に対応する．実線・点線・破線はそれぞれ $P_L P_e = 0, 1, -1$ の場合に相当する（$x=0$ に対しては偏極によらない）．

微分断面積は
$$\frac{d\sigma}{dz} = \frac{2\pi r_e^2}{1+x}\left[\frac{1}{1-y} + 1 - y - \frac{4y}{x(1-y)}\left(1 - \frac{y}{x(1-y)}\right)\right.$$
$$\left. + P_L P_e \frac{y(2-y)}{1-y}\left(1 - \frac{2y}{x(1-y)}\right)\right] \quad (11.7.1)$$

ここで
$$z \equiv \frac{y}{y_{max}}$$
$$y = \frac{kk'}{pk} \approx \frac{\omega'}{E}$$
$$0 < y < y_{max} = \frac{x}{1+x}$$

Collinear frame で，終状態光子の最大エネルギーは $\omega'_{max} = y_{max}E = Ex/(1+x)$ である．$P_L P_e = -1$ に対する微分断面積は，特に x が大きい場合，最大エネルギー付近に鋭いピークを持つ．

終状態光子のエネルギーと角度 θ（終状態光子と始状態

電子の間の角）には
$$\omega' = \frac{\omega'_{\max}}{1+(\gamma\theta)^2/(1+x)}$$
の関係がある.

11.7.2 非線形コンプトン散乱

レーザー強度が非常に大きい場合，電子との散乱は単純なコンプトン散乱ではなくなり，電子が多数のレーザー光子を同時に吸収して，$e^- + n\gamma \to e^- + \gamma$ のような反応が起こる．これを非線形コンプトン散乱と呼ぶ（同じレーザー光のなかでの多数回のコンプトン散乱とは異なる）．本項では $c=\hbar=1$ の単位系を用いる．

レーザー（単色平面波とする）の強度を表すローレンツ不変なパラメータは
$$\xi \equiv \frac{e}{m_e}\sqrt{-A_\mu A^\mu}$$
である．A_μ はベクトルポテンシャル．円偏光の場合 $A_\mu A^\mu$ は定数であるが，直線偏光の場合は振動する．その場合その振幅をとって ξ を定義するのが習慣である．ξ は高エネルギー物理での記法で，レーザー物理・プラズマ物理の世界では a と書くのが普通である．後述のように非線形コンプトン散乱は，アンジュレータ（ウィグラー）における輻射と，物理的にはほとんど同じ現象であり，加速器では K と書く習慣がある．

レーザー波長を λ_L (μm)，レーザー電力密度を I (W/cm^2) とすると
$$\xi = 6.045(8.549) \times 10^{-10} \lambda_L I^{1/2}$$
（括弧内は直線偏光，外は円偏光の場合）．

電子と光子の間のローレンツ不変量はもう一つある．
$$\Upsilon \equiv \frac{e}{m_e^3}\sqrt{|(F_{\mu\nu}p^\nu)^2|}$$
ここで $F_{\mu\nu}$ はレーザー電磁場のテンソル．ξ, x, Υ の間には $2\Upsilon = \xi x$ の関係がある．これを図11.7.3に表現した．

$x \ll 1$ かつ $\Upsilon \ll 1$ の領域（図11.7.3の下部）は古典的であり，$\xi \ll 1$ なら，トムソン散乱，$\xi \gtrsim 1$ はウィグラー輻射の世界である．$x \gtrsim 1$ のときは，$\Upsilon \ll 1$ なら弱い場での量子力学的散乱（コンプトン散乱）（上部左），$\Upsilon \gtrsim 1$ なら強い場での量子力学（上部右）となる．

強い電磁波中での電子は進行方向の周りに蛇行運動をするため，進行方向速度が見かけ上小さくなり，あたかも質量が大きくなったように振る舞う．
$$m_{e,\text{eff}} = m_e\sqrt{1+\xi^2}$$
4元運動量は，"quasi-momentum"
$$q^\mu = p^\mu + \frac{\xi^2 m_e^2}{2kp}k^\mu$$
$$q^2 = m_{e,\text{eff}}^2$$
で記述でき，散乱の kinematics は $q^\mu + nk^\mu = q'^\mu + k'^\mu$ を満たす．ここで $n=1, 2, \ldots$ はレーザーから吸収される光子の

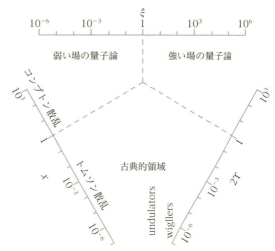

図11.7.3 非線形コンプトン散乱のパラメータ x, Υ, ξ

数である．

以下は，円偏光の場合に限り，かつ偏極は始状態の電子の縦偏極 P_e およびレーザーの円偏光 P_L のみ考慮する．レーザーパルスは，その波長に比べて十分長く，かつパルス内の強度は一様とする．

単位時間に輻射される光子の数は（x, y は 11.7.1 項に定義してある），
$$\dot{n}_\gamma = \frac{\alpha m_e^2 \xi^2}{4q^0}\sum_{n=1}^{\infty}\int_0^{y_n}dy\,[F_{1n} + P_e P_L F_{2n}] \quad (11.7.2)$$
$$y_n = \frac{nx}{1+\xi^2+nx} \quad (11.7.3)$$
$$F_{1n} = -\frac{1}{\xi^2}J_n^2 + \frac{1}{2}\left[1 + \frac{y^2}{2(1-y)}\right](J_{n-1}^2 + J_{n+1}^2 - 2J_n^2)$$
$$F_{2n} = \left(\frac{1}{2} - \frac{1+\xi^2}{nx}\frac{y}{1-y}\right)\frac{y(2-y)}{2(1-y)}(J_{n-1}^2 - J_{n+1}^2)$$
ここで J_n はベッセル関数で，その引数はいずれも
$$z_n = \frac{2n\xi}{\sqrt{1+\xi^2}}\sqrt{y'(1-y')}, \quad y' \equiv \frac{(1+\xi^2)y}{nx(1-y)}$$
である．ξ が大きいときはこの級数の収束は遅く，$n \sim O(\xi^3)$ までとらなければならない．

与えられた吸収光子数 n，光子エネルギー $\omega = yE$ に対する散乱角（始めの電子の方向と放出光子の方向の間の角）は
$$\theta = \frac{\sqrt{1+\xi^2}}{\gamma}\sqrt{\frac{nx}{1+\xi^2}\frac{1-y}{y}-1}$$
である．

式(11.7.3)からわかるように，非線形性の結果として，光子の最大エネルギーは，分母に ξ^2 があることで下がるが，一方 $n>1$ によりエネルギーの高いものも発生するようになる．

12章

粒子と物質との相互作用

12.1 概論

　標的（原子，分子，クラスター，固体，液体など）に，適当なエネルギーを持った粒子（以下，光子を含む）が衝突すると，標的はある確率で電離される．このような粒子は「電離放射線」，あるいは「放射線」と呼ばれる．以下で述べるように，電離には，入射粒子が標的電子とのクーロン相互作用を介して直接電離する一次的な過程と，入射粒子が標的に吸収，あるいは散乱され，それに伴って放出される二次粒子により電離される二次的な過程がある．なお，標的を電離するには一定のエネルギーが必要（吸熱反応）で，通常，一次的な過程にはエネルギー閾値がある．一方，中性子は電気的に中性で，直接電離を起こすことはないが，原子核の種類によってはエネルギー閾値無しに吸収されて（発熱反応），励起状態を生成し，γ 線などを放出する二次的な過程がある．

　なお，電離作用の強さは，標的の種類ばかりでなく，標的の密度にも依存し，一般に「密度効果」と呼ばれる．密度効果には，現象を支配する有効衝突径数が標的の原子間距離を越えるために生じる場合，入射粒子が内部構造を持っていて，標的の密度が高く，励起された粒子が脱励起する前に次の衝突を起こす場合などがある．相対論的速度領域での阻止能の振る舞いは前者（12.4.3 項参照）であり，重イオンの平均平衡電荷が固体標的と気体標的で大きく異なるのは後者の典型的な例である．密度効果は入射粒子の側にも見られ，分子イオンやクラスターイオンが標的に与える効果は，同じ速さの単原子イオンが順次入射した場合とは異なることが知られている．近接効果と呼ばれる．

　生体への放射線量を表す代表的単位としてグレイ（Gy）とシーベルト（Sv）が，物質の損傷を議論するときはフルエンス（単位面積あたりの照射粒子数）がよく用いられる．1 Gy は標的 1 kg あたり 1 J のエネルギーを付与する放射線量で，吸収線量と呼ばれる．同量のエネルギーを付与する場合でも，例えば，X 線はおもに光電効果により 1 個の電子に変換され，標的内の比較的広い領域にエネルギーを付与するのに対して，重イオンはエネルギーの低い二次電子をイオンの軌跡に沿って高密度で生成するといった顕著な違いがある．このような放射線の種類によるエネルギー付与の違いに由来する照射効果の違いを考慮したものが線量等量（単位：Sv）で，1 Sv は 1 Gy×線質係数×（その他の修正係数）で定義される．線質係数は，β 線と γ 線では 1，中性子や陽子線では 10，α 線や重粒子線では 20 とされている．生体への損傷の程度が線質係数でどの程度正確に表現できるかは注意を要する．さらに，致死被ばく線量は 10 Gy 程度とされているが，水の比熱は 4 kJ/K kg 程度であって，10 Gy のエネルギー付与による標的の温度上昇は 2〜3 mK しかない．そのようにごくわずかなエネルギー付与が大きな放射線効果を持つこと，また，線質係数が一桁以上も幅を持つことは，被ばく量を付与エネルギーで評価することの難しさを示唆している．様々な粒子線の放射線効果の研究を進めることで，さらに適切な放射線量の評価方法が明らかになると期待される．

　ところで，物性科学の研究が広い意味での放射線をプローブとし，放射線の振る舞いを既知として標的の物理的性質を探ろうとするのに対して，放射線に注目する立場は，放射線と物質の相互作用そのものに焦点を当てて現象を眺めている．新しい放射線が手に入ると，それまで困難であったある種の物性測定が可能になったり，それまで知られていなかった物性が明らかになったりする．粒子線強度が増し，対象物質が改変を受けて本来の物性を維持できなくなると，上に述べたようなプローブとしての粒子線という描像はあまり有効ではなくなる．むしろ，新物質開発を進めるためのツールになるといった側面が出てくる．

12.2 原子の性質と粒子の散乱

12.2.1 原子の性質

　原子の大きさは，元素によらずおよそボーア半径（$a_B = \hbar/m_e \alpha c \sim 5 \times 10^{-11}$ m）程度，電子の静止エネルギーは $m_e c^2 \sim 500$ keV である．水素原子中の電子の束縛エネルギーは $\varepsilon_R = m_e (\alpha c)^2/2 \sim 13.6$ eV，対応する電子の速さは $v_B = \alpha c \sim 2 \times 10^6$ m/s，典型的な時間スケールは，$a_B/v_B = \hbar/m_e (\alpha c)^2 \sim 2 \times 10^{-17}$ s である．ここで α は微細構造定数（$\sim 1/137$），$\hbar$ はプランク定数 h を 2π で除したもの，m_e は電子の静止質量，c は光速である．水素原子に束縛され

ている電子にかかっている電場の強さは〜5×10^{11} V/m，電子の周回運動やスピン磁気モーメントにより原子核上につくられる磁場の大きさは〜10 T である．このように関与する系のおおよその物理量を把握しておくと，粒子と物質の相互作用で何が起こるかを考えるうえでたいへん参考になる．電場$\vec{E}$と磁場$\vec{B}$があるとき，荷電粒子に働く力はそれぞれ，$q\vec{E}$と$q\vec{v}\times\vec{B}$である．ここで荷電粒子の速度を$\vec{v}$とした．比較的容易に達成される電場E（〜10^6 V/m），および磁場B（〜1 T）を考えると，この二つの力が同程度になる粒子の速さvは〜10^6 m/s である．したがって，これより速い粒子を制御するには磁場がより有効であるといえる．

12.2.2 二体衝突の運動学

粒子と物質の相互作用の基本は粒子2個の衝突である．そこで，図12.2.1 のように静止している質量m_tの粒子に左から質量m_pの粒子が運動量p_p（ローレンツ因子$\gamma_p=(1-\beta_p^2)^{-1/2}$, $\beta_p=v_p/c$）で衝突する場合を考える．散乱後の運動量をp'_p（相対論ファクターγ'_p）などとすると，エネルギー保存則，および，運動量保存則から，

$$m_p c^2 \gamma_p + m_t c^2 = m_p c^2 \gamma'_p + m_t c^2 \gamma'_t$$
$$p_p = p'_p \cos\theta_p + p'_t \cos\theta_t$$
$$p'_p \sin\theta_p = p'_t \sin\theta_t$$

である．$\xi = m_t/m_p$とおき，γ'_t, θ_tを消去すると，

$$\gamma'_p = \frac{(\gamma_p+\xi)(\xi\gamma_p+1)\pm(\gamma_p^2-1)\cos\theta_p\Lambda(\theta_p)}{(\gamma_p+\xi)^2-(\gamma_p^2-1)\cos^2\theta_p} \quad (12.2.1)$$

が得られる．ただし，$\Lambda(\theta_p)\equiv(\xi^2-\sin^2\theta_p)^{1/2}$である．複合の「−」は，$\xi<1$のときのみ意味がある．同様に$\gamma'_p$, θ_pを消去すると，

$$\gamma'_t = \frac{(\gamma_p+\xi)^2+(\gamma_p^2-1)\cos^2\theta_t}{(\gamma_p+\xi)^2-(\gamma_p^2-1)\cos^2\theta_t} \quad (12.2.2)$$

γ'_t, γ'_pを消去すると，

$$\tan\theta_p = \frac{2\xi(\gamma_p+\xi)\cos\theta_t\sin\theta_t}{(\gamma_p+\xi)^2-\{(\gamma_p+\xi)^2+\xi^2-1\}\cos^2\theta_t} \quad (12.2.3)$$

が得られる．ここで非相対論的極限（$\beta_p\ll1$）をとると，式(12.2.1)，(12.2.2)，(12.2.3)はそれぞれ，

$$\beta'^2_p = \frac{\{\Lambda(\theta_p)\pm\cos\theta_p\}^2}{(1+\xi)^2}\beta_p^2 \quad (12.2.4)$$

$$\beta'^2_t = \left(\frac{2\cos\theta_t}{1+\xi}\right)^2\beta_p^2 \quad (12.2.5)$$

$$\tan\theta_p = \frac{\xi\sin2\theta_t}{1-\xi\cos2\theta_t} \quad (12.2.6)$$

となる．

以上の議論から明らかなように，式(12.2.1)〜(12.2.6)の関係は，入射粒子と標的粒子の相互作用の詳細（クーロン力，核力など）には依存しない．

核種とその入射エネルギーがわかっている場合，散乱された粒子のエネルギーと角度，あるいは標的粒子の反跳エネルギーと放出角度を測定すると，標的に含まれる元素の分析をすることができる．前者を RBS (Rutherford Back

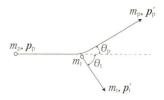

図 12.2.1 質量m_p，運動量p_pの粒子と静止している質量m_tの粒子の衝突．

Scattering Spectrometry) 法，後者を ERDA (Elastic Recoil Detection Analysis) 法と呼ぶ．

12.2.3 散乱断面積

ハミルトニアンH_0の固有状態ϕ_iにある系が，摂動H'により，やはりH_0の固有状態ϕ_fに散乱される場合，単位時間あたりの遷移確率は，

$$dw_{fi} = 2\pi\hbar^{-1}|T_{fi}|^2\delta(E_f-E_i)d\varsigma \quad (12.2.7)$$

で与えられる．これはフェルミの黄金則（golden rule）と呼ばれる．ここで，$E_{i(f)}$は始（終）状態の全エネルギー，$d\varsigma$は終状態の状態数である．T_{fi}は遷移行列と呼ばれ，ηを正の微小量として，

$$T_{fi} = H'_{fi} + \sum_{n\neq i}\frac{H'_{fn}H'_{ni}}{E_i-E_n+i\eta} + \cdots \quad (12.2.8)$$

で与えられる．ただし，$H'_{fi} = \langle f|H'|i\rangle$である．単位面積，単位時間あたりに入射する粒子の数をN_p，散乱断面積を$d\sigma_{fi}$とすると，$N_p d\sigma_{fi} = dw_{fi}$の関係があり，始状態の波動関数$\phi_i$を体積$V$の空間に1個と規格化しておくと，$N_p = v_i/V$である．また，終状態$\phi_f$が運動量空間で占める体積を$dV_p$と書くと，終状態数は，放出粒子1個あたり，$d\varsigma = VdV_p/(2\pi\hbar)^3$である．したがって，終状態に$n$個の粒子が存在する場合，

$$d\sigma_{fi} = \frac{|T_{fi}|^2}{(2\pi)^{3n-1}\hbar^{3n+1}v_i}\delta(E_f-E_i)V^{n+1}dV_{p1}\cdots dV_{pn} \quad (12.2.9)$$

となる．例えば，終状態で質量mの粒子が1個存在する場合，$dV_p = p_f^2 dp_f d\Omega_f$を用いて，

$$d\sigma_{fi} = \frac{\left(\frac{p_f^2}{c^2}+m^2\right)^{1/2}p_f|T_{fi}|^2}{(2\pi)^2\hbar^4 v_i}V^2 d\Omega_f \quad (12.2.10)$$

が得られる．これから$p_f\ll mc$の場合と$m=0$の場合を比べると，終状態数にかかわる部分からの寄与はそれぞれ，$\varepsilon^{1/2}$とε^2となる．この単純な考察から，例えば，電子放出と光放出の競合があり，終状態で放出されるエネルギーが小さい場合，おもな放出粒子は電子になると予想される．実際，原子番号が小さい原子からのオージェ電子放出はX線放出を上回ることが知られている．

12.3 光と物質の相互作用

光子が原子にエネルギーを付与する過程には，1) 光子

が吸収されることにより原子内電子を励起，あるいは電離する（光電効果），2) 標的内電子との非弾性散乱によりエネルギーの一部を電子に付与する（コンプトン散乱），3) 電子と陽電子の対に変換される（電子対生成），を挙げることができる．光電効果や電子対生成は，入射した光子が吸収され，粒子と空孔の対，あるいは粒子と反粒子の対が生成されるという意味で，いずれも一次の過程である．したがって，エネルギー的に許される場合，主要なエネルギー付与過程となる．すなわち，電子の束縛エネルギーの数倍程度までの光子に対しては光電効果が，また，電子対生成の閾値（$2m_ec^2 \sim 1\,\mathrm{MeV}$）の数倍を越える光子に対しては電子対生成過程が，重要になると考えられる．一方，コンプトン効果は入射光子が衝突により電子をキックアウトし仮想的に吸収された後，再度放出されるという意味で二次の過程であって，上記二つの効果の谷間にあたる 0.1～1 MeV 程度の領域で重要になると予想される．なお，荷電粒子（特に軽い電子や陽電子）が原子核の強い電場で散乱され光子を放出する現象は，やはり一次の過程である．制動輻射と呼ばれ，荷電粒子の加速度運動に伴って光が放射されることに対応している．

図 12.3.1 に，光電効果とコンプトン効果の断面積，およびコンプトン効果と電子対生成の断面積がそれぞれ等しくなる条件を，光子エネルギーと原子番号をパラメータとして示した．上記の極めて直感的な予想が比較的妥当であることがわかる．

図 12.3.2(a)，(b) には，原子番号が比較的小さい場合と，比較的大きい場合の質量吸収係数の例を Al と Pb について示す．質量吸収係数は光子強度が e^{-1} になる標的の厚さの逆数を，単位面積あたりの標的質量の逆数で測った量で，光子の吸収断面積に比例している．単位体積あたりの標的質量は，原子番号に強くはよらず，単位面積あたりの電子数にほぼ比例する．図 12.3.2(a) と (b) を比較すると，光電効果が主要な寄与をする低エネルギー領域では Pb の吸収が一桁近く大きく，対生成過程がおもな寄与をする高エネルギー領域でも Pb の吸収が Al の数倍に達している．一方，コンプトン効果が主要な寄与をする 1 MeV 付近では両者に大きな違いはなく，ほぼ標的内電子数に比例すると予想されるコンプトン散乱の特徴を備えている．なお，Pb では 15 keV と 90 keV 付近に急峻な吸収

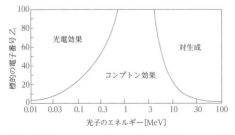

図 12.3.1　光電効果，コンプトン効果，電子対生成の相対的重要性の標的原子番号と入射光子エネルギー依存性

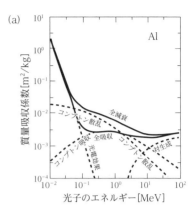

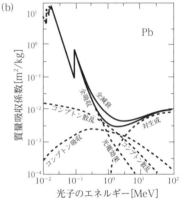

図 12.3.2　(a) Al，(b) Pb に対する質量吸収係数（光子強度が $1/e$ になる標的の厚さ）

の増加が見られる．これは L 殻および K 殻の励起チャネルが開くためである．

12.3.1　光子吸収による原子の励起，電離

光の吸収による電子の励起，および電離を非相対論のレベルで考察する．このとき，対応する電子のハミルトニアンは，

$$H = \frac{(\vec{p}+e\vec{A})^2}{2m_e} - eW + H_{\mathrm{rad}} \quad (12.3.1)$$

である．ここで，W は問題にしている電子を束縛している原子のポテンシャル，e は素電荷，$\vec{A}$ は電磁場のベクトルポテンシャル，H_{rad} は電磁場のハミルトニアンである．議論を簡単にするためクーロンゲージ（$\mathrm{div}\,\vec{A}=0$）をとり，ハミルトニアンを

$$H_0 = \frac{\vec{p}^2}{2m_e} - eW + H_{\mathrm{rad}} \quad (12.3.2)$$

$$H' = \frac{e}{m_e}\vec{A}\cdot\vec{p} + \frac{e^2}{2m_e}\vec{A}^2 \quad (12.3.3)$$

と，孤立した原子系と電磁場を表す H_0，および電磁場と電子の相互作用を表す H' に分ける．H' により，励起状態にある原子は一定の寿命で光を放出してより低いエネルギー準位に遷移し，また，光を吸収して励起状態に遷移する．

ここで運動量 $\vec{p}_{\text{ph}}$, 偏光方向 $\vec{e}_{\text{ph}}$ の光子に対応するベクトルポテンシャル $\vec{A}$ は,

$$\vec{A} = \frac{\hbar \vec{e}_{\text{ph}}}{(2\varepsilon_0 c\, p_{\text{ph}} V)^{1/2}} \left[a \exp \frac{i \vec{p}_{\text{ph}} \cdot \vec{r}}{\hbar} + a^\dagger \exp \frac{-i \vec{p}_{\text{ph}} \cdot \vec{r}}{\hbar} \right]$$

(12.3.4)

と書ける. $\vec{e}_{\text{ph}}$ と $\vec{p}_{\text{ph}}$ はそれぞれ光子の偏光方向と光の運動量ベクトル, a と a^+ はそれぞれ光子の消滅演算子と生成演算子である. また, $p_{\text{ph}} = |\vec{p}_{\text{ph}}|$ である. したがって, $\vec{e}_{\text{ph}}$ 方向に偏光し, 運動量 $\vec{p}_{\text{ph}}$ の光子 1 個が存在する状態と光子のない状態を, それぞれ $|\vec{p}_{\text{ph}}, \vec{e}_{\text{ph}}\rangle$, $|0\rangle$ と書くと,

$$\langle \vec{p}_{\text{ph}}, \vec{e}_{\text{ph}} | \vec{A} | 0 \rangle = \frac{\hbar \vec{e}_{\text{ph}}}{(2\varepsilon_0 c\, p_{\text{ph}} V)^{1/2}} \exp \frac{-i \vec{p}_{\text{ph}} \cdot \vec{r}}{\hbar}$$

(12.3.5)

となる. 電荷 Z_{t} の原子核に束縛されている K 殻電子の存在する領域は $\vec{r} \sim a_{\text{B}}/Z_{\text{t}}$ 程度, 励起に要する光子のエネルギーは $c p_{\text{ph}} \sim Z_{\text{t}}^2 \varepsilon_{\text{R}}$ 程度なので, 式 (12.3.5) の exp のなかの引数は $\sim Z_{\text{t}}\alpha$ となる. $\alpha \sim 1/137$ なので, Z_{t} がそれほど大きくないときには $\exp \dfrac{-i \vec{p}_{\text{ph}} \cdot \vec{r}}{\hbar} \sim 1$ とおくことができる. これを電気双極子近似と呼ぶ.

さて, 光子吸収の場合, 式 (12.2.9) で $n=0$ とおいて, 式 (12.3.5) を代入し, 電気双極子近似を用いると,

$$\sigma_{\text{fi}} = 4\pi^2 \alpha |\vec{e}_{\text{ph}} \cdot \vec{r}_{\text{fi}}|^2 \varepsilon_{\text{fi}} \delta(E_{\text{f}} - E_{\text{i}})$$

(12.3.6)

が得られる. ここで $\vec{r}_{\text{fi}} = \langle f | \vec{r} | i \rangle$, $\varepsilon_{\text{fi}} = \varepsilon_{\text{f}} - \varepsilon_{\text{i}}$ である. $\vec{r}_{\text{fi}}$ は例えば, 始状態と終状態のパリティが同じ場合, 状態の詳細によらずに 0 となる. このように一次の摂動で遷移強度が 0 になる場合を禁止遷移と呼ぶ.

光の吸収に伴って, 束縛電子が電離 (光電効果) されると, 終状態に粒子が 1 個あるので, 式 (12.2.10) を評価すればよい. 簡単のため, K 殻にある電子 ($\phi_{\text{i}}(\vec{r}) = \{\pi(a_{\text{B}}/Z_{\text{t}})^3\}^{-1/2} \exp(-Z_{\text{t}}r/a_{\text{B}})$) がエネルギーの高い光子 ($\varepsilon_{\text{f}} \gg |\varepsilon_{\text{i}}|$) で電離される場合を考える. このとき光電子の波動関数は平面波 ($\phi_{\text{f}}(\vec{r}) = V^{-1/2} \exp(i\vec{p}_{\text{f}} \cdot \vec{r}/\hbar)$) で近似でき,

$$d\sigma_{\text{fi}} = \frac{2^5 \pi^2 \hbar a_{\text{B}} p_{\text{f}} (\hbar Z_{\text{t}}/a_{\text{B}})^5 (\vec{p}_{\text{f}} \cdot \vec{e}_{\text{i}})^2}{p_{\text{i}} \left\{ \left(\frac{\hbar Z_{\text{t}}}{a_{\text{B}}}\right)^2 + (\vec{p}_{\text{i}} - \vec{p}_{\text{f}})^2 \right\}^4} d\Omega_{\text{f}}$$

(12.3.7)

が得られる. 光電子の運動量ベクトルを $\vec{p}_{\text{f}} = (p_{\text{f}}, \theta_{\text{f}}, \varphi_{\text{f}})$ とおき, x 方向に偏光している光子が z 方向に入射する ($\vec{p}_{\text{i}} = (0, 0, p_{\text{i}})$, $\vec{e}_{\text{i}} = (1, 0, 0)$) 場合を考えると, 式 (12.3.7) は,

$$d\sigma_{\text{fi}} \approx \frac{2 Z_{\text{t}}^5 \alpha^8 (m_e c)^3 p_{\text{f}}^3 a_{\text{B}}^2 \sin^2 \theta_{\text{f}} \cos^2 \varphi_{\text{f}}}{p_{\text{i}}^5 \left(1 - \frac{p_{\text{f}}}{m_e c} \cos \theta_{\text{f}}\right)^4} d\Omega_{\text{f}}$$

(12.3.8)

となる. ここで $p_{\text{i}} \ll m_e c$ を仮定した. これから光電子は入射光子の偏光方向を中心に放出され, かつ光電子エネルギーが高くなると前方に偏ってくることがわかる. これは入射光子の運動量が無視できなくなるためである. より定量的な議論をするには, 系全体を相対論的に扱う必要がある. 式 (12.3.8) から, 光吸収の全断面積は非常に大まかには, $p_{\text{i}}^3 / p_{\text{i}}^5 \sim p_{\text{i}}^{-3.5}$ に比例して減少することがわかる. 図 12.3.2(b) で L 殻エッジ (〜15 keV) や K 殻エッジ (〜90

keV) の高エネルギー側で吸収断面積が急激に減少するのはこのためである.

12.3.2 コンプトン散乱

入射光子が非弾性散乱される場合, 特にコンプトン散乱について簡単に考察する. 図 12.3.2(a), (b) で見たように, コンプトン散乱は電子対生成断面積が大きくなる数 MeV までのエネルギー領域で重要な役割を果たす. したがって, 系の記述は相対論的にする必要がある. 以下では結果のみを記す. 光子が自由電子と非弾性散乱をする断面積は,

$$d\sigma_{\text{KN}} = (\alpha^2 a_{\text{B}})^2 \frac{p_{\text{f}}^2}{4 p_{\text{i}}^2} \left(\frac{p_{\text{i}}}{p_{\text{f}}} + \frac{p_{\text{f}}}{p_{\text{i}}} - 2 + 4 \cos^2 \Theta \right) d\Omega_{\text{ph}}$$

(12.3.9)

で与えられ, クライン-仁科の式と呼ばれる. ここで Θ は散乱前後の光子の偏光ベクトルを $\vec{e}_{\text{i}}$, $\vec{e}_{\text{f}}$ として, $\cos \Theta = \vec{e}_{\text{i}} \cdot \vec{e}_{\text{f}}$ である. また, $\alpha^2 a_{\text{B}} = e^2 / 4\pi\varepsilon_0 m_e c^2$ は, 電子の古典半径と呼ばれる量で, 電子の静止質量の起源が電子のクーロン場に伴う場のエネルギーであるとして得られる電子の半径である. これには $\hbar$ が含まれておらず, 電子の古典半径は, 文字どおり古典的な物理量であることに注意する. なお, 散乱後の光子の運動量 (あるいはエネルギー) と散乱角は運動学的に決まり, 光子の散乱角を θ_{ph} として,

$$p_{\text{f}} = \frac{p_{\text{i}}}{\zeta(1 - \cos \theta_{\text{ph}}) + 1}$$

(12.3.10)

で与えられる. ここで, $\zeta = p_{\text{i}}/m_e c$ である. 光子エネルギーが電子の静止質量に比して小さいとき, すなわち ζ が小さいとき, ほぼ弾性散乱になり, 式 (12.3.9) は

$$d\sigma_{\text{Th}} = (\alpha^2 a_{\text{B}})^2 \cos^2 \Theta\, d\Omega_{\text{ph}}$$

(12.3.11)

となる. これはトムソン散乱と呼ばれる. このとき, 散乱断面積は光子エネルギーには依存しない. 逆に高エネルギー極限では, コンプトン散乱はほぼ ζ^{-1} に比例して減少する. ただし, 前方 ($\theta_{\text{ph}} \ll 1$) への散乱は弾性的で, 断面積も ζ にかかわらず一定で, トムソン散乱の値に近づく. 一方, $\zeta \gg 1$ の場合の後方への散乱は $p_{\text{f}} \sim p_{\text{i}}/\zeta$ で, 散乱断面積もほぼ $\ln \zeta / \zeta$ に比例して減少する.

全断面積は,

$$\sigma_{\text{KN}} = 2\pi (\alpha^2 a_{\text{B}})^2 \left[\frac{1+\zeta}{\zeta^3} \left\{ \frac{2\zeta(1+\zeta)}{1+2\zeta} - \ln(1+2\zeta) \right\} \right.$$
$$\left. + \frac{\ln(1+2\zeta)}{2\zeta} - \frac{1+3\zeta}{(1+2\zeta)^2} \right]$$

(12.3.12)

で与えられる.

12.3.3 電子-陽電子対生成

光子のエネルギーが $2m_e c^2$ (〜1 MeV) を超えると, ディラックの負の海からの「電子励起」がエネルギー的には可能になる. すなわち, 入射光子が吸収され, 電子と陽電子の対が生成される. ただし, エネルギーと運動量の両方が保存される必要があるため, 光子の電子対への変換は自由空間では生じず, 核近傍の強い電場領域で起きる. 対生成

断面積は, 標的の原子番号の自乗に比例し, 大まかには, $Z_t^2 \alpha (\alpha^2 a_B)^2 \ln(\zeta/\zeta_0)$ で与えられる ($\zeta_0 \sim 13$). また, 電子対の放出方向は $\theta \lesssim \zeta^{-1}$ を満たす領域に限られ, ζ が大きくなると, 強く前方に偏る.

12.4 荷電粒子と物質の相互作用

荷電粒子が静止している原子に速さ v_i で衝突する場合を考える. 原子のなかでは電子は束縛運動をしている. その典型的な速さを $\bar{v}_a$ とおいて, もし $\bar{v}_a \gg v_i$ であれば, 束縛電子は, 荷電粒子が近づくにつれてそのポテンシャルを摂動として取り入れつつ, 準定常的に状態が変化すると予想される. 一方, $\bar{v}_a \ll v_i$ であれば, 束縛電子の状態は入射粒子に応答することなく, ほぼ初期状態にあるものが短い電磁パルスを受けて励起, あるいは電離されることになる. それぞれ「遅い衝突」, および「速い衝突」と呼ばれる. このように, 「速い」, 「遅い」は物理的に意味のある表現で, ある衝突が遅いか速いかは, 入射粒子の速さや標的だけでなく, 標的中のどの電子に注目するかに依存する. 容易に想像されるように, $\bar{v}_a \approx v_i$ の場合, 現象は複雑になり, 単純なモデルで現象を記述することは容易ではなくなる. 以下では, おもに速い衝突に注目して議論を進める.

荷電粒子が電子と原子核からなる通常の標的に衝突すると, 1) 弾性散乱：入射粒子, 標的いずれの内部状態も変更を受けない散乱, 2) 非弾性散乱：入射粒子, 標的のいずれか, あるいは双方の内部状態が変更を受ける散乱 (励起, 電離, 解離など) が, 引き起こされる. なお, 標的から入射粒子への電荷移行を伴う散乱は, 移行する電子にとっては始状態と終状態のハミルトニアンが異なるため, 原子衝突過程としてはたいへん興味深い. しかし, ここで考えているような速い衝突では標的へのエネルギー付与過程という意味では必ずしも重要ではない.

12.4.1 高速粒子による弾性散乱

12.2.2 項と同様, 質量が m_p の入射粒子と m_t の標的粒子の弾性散乱を考える (図 12.2.1). 重心系での散乱角を θ とおくと, 実験室系と重心系は,

$$\tan \theta_p = \frac{\sin \theta}{\xi + \cos \theta} \qquad \theta_t = \frac{\pi - \theta}{2}$$

の関係がある. ただし, $\xi = m_t / m_p$ である. $\vec{r} = \vec{r}_p - \vec{r}_t$ とおき, 中心力型の相互作用ポテンシャル $U(r)$ を摂動として式 (12.2.10) から散乱断面積を評価する. このとき, 始状態と終状態はそれぞれ,

$$\phi_i(\vec{r}) = V^{-1/2} \exp(i\vec{p}_i \cdot \vec{r}/\hbar) \tag{12.4.1}$$
$$\phi_f(\vec{r}) = V^{-1/2} \exp(i\vec{p}_f \cdot \vec{r}/\hbar) \tag{12.4.2}$$

と書けるので, $\hbar \vec{K} = \vec{p}_i - \vec{p}_f$ とおくと

$$d\sigma = \frac{\mu^2}{4\pi^2 \hbar^4} \frac{p_f}{p_i} |\tilde{U}(\vec{K})|^2 d\Omega \tag{12.4.3}$$

が得られる. ここで, $\tilde{U}(\vec{K}) \equiv V^{-1} \int \exp(i\vec{K} \cdot \vec{r}) U(r) dV$ である. クーロン力の場合, これは解析的に計算でき, それを実験室系に変換すると, 入射粒子, 標的粒子それぞれについて,

$$d\sigma_p = \frac{(Z_p Z_t a_B)^2}{\left\{2 \left(\frac{\varepsilon}{\varepsilon_R}\right) \sin^2 \left(\frac{\theta_p}{2}\right)\right\}^2} \frac{\{(\xi^2 - \sin^2 \theta_p)^{\frac{1}{2}} + \cos \theta_p\}^2}{\xi (\xi^2 - \sin^2 \theta_p)^{1/2}} d\Omega_p$$

$$\tag{12.4.4}$$

$$d\sigma_t = \left\{ \frac{Z_p Z_t a_B (1 + \xi)}{\xi (\varepsilon/\varepsilon_R)} \right\}^2 \cos^{-3} \theta_t d\Omega_t \tag{12.4.5}$$

が得られる.

12.4.2 高速粒子による非弾性散乱と一般化振動子強度

構造を持たない荷電粒子が原子と相互作用し, 標的内の束縛電子を電離する過程を考える. 基本となるハミルトニアンは,

$$H = \frac{\vec{p}_p^2}{2m_p} + H_A + \frac{Z_p Z_t e^2}{4\pi\varepsilon_0 |\vec{r}_p - \vec{r}_t|} - \sum_m \frac{Z_p e^2}{4\pi\varepsilon_0 |\vec{r}_p - \vec{r}_m|}$$

$$\tag{12.4.6}$$

である. ここで, H_A は標的原子のハミルトニアンである.

入射粒子が十分高速で, 始状態, 終状態とも平面波で近似できる場合は ($V^{-1/2} \exp(i\vec{p}_{i(f)} \cdot \vec{r}_p/\hbar)$, これから非摂動ハミルトニアン H_0 と摂動ハミルトニアン H' をそれぞれ,

$$H_0 = \frac{\vec{p}_p^2}{2m_p} + H_A \tag{12.4.7}$$

$$H' = \frac{Z_p Z_t e^2}{4\pi\varepsilon_0 |\vec{r}_p - \vec{r}_t|} - \sum_m \frac{Z_p e^2}{4\pi\varepsilon_0 |\vec{r}_p - \vec{r}_m|} \tag{12.4.8}$$

ととることができる. 簡単のため, n 番目の電子のみが遷移し ($\phi_i(\vec{r}_n) \to \phi_f(\vec{r}_n)$), 他の電子は衝突の前後で状態に変化がなかったと仮定する. 入射粒子への運動量移行が $\hbar \vec{K} = \vec{p}_i - \vec{p}_f$ のとき, 遷移断面積は式 (12.2.10) から,

$$d\sigma_{fi} = 4Z_p^2 \left(\frac{m_p}{m_e}\right)^2 a_B^2 \frac{p_f}{p_i} \frac{|\epsilon_{fi}(\vec{K})|^2}{(K a_B)^4} d\Omega_f \tag{12.4.9}$$

となる.

この変形で, 公式 $r^{-1} = (2\pi^2)^{-1} \int K^{-2} \exp(-i\vec{K} \cdot \vec{r}) dV_K$ を使った. また, $\epsilon_{fi}(\vec{K})$ は

$$\epsilon_{fi}(\vec{K}) = \langle \phi_f(\vec{r}_n) | \exp(i\vec{K} \cdot \vec{r}_n) | \phi_i(\vec{r}_n) \rangle \tag{12.4.10}$$

で与えられ, 原子行列要素と呼ばれる.

ここで, $(\hbar K)^2 = p_i^2 + p_f^2 - 2p_i p_f \cos \theta_f$ を用い, 方位角 φ_f 方向の積分を済ませ, 変数を θ_f から K に変換すると式 (12.4.9) は,

$$d\sigma_{fi} = 4\pi Z_p^2 \frac{\varepsilon_R}{m_e v_i^2/2} \frac{|\epsilon_{fi}(\vec{K})|^2}{K^4} d(K^2) \tag{12.4.11}$$

となる. ここで, $\varepsilon_R (= 13.6 \text{ eV})$ は水素 1s 軌道の束縛エネルギーである. たいへん興味深いことに, 式 (12.4.6) で表される非弾性散乱断面積は, 入射粒子の性質のみにかかわる前半部と, 標的の性質のみにかかわる後半部 (原子行列

要素）の積からなっている．特に，入射粒子のパラメータで重要なのは電荷と入射速度で，質量は陽には表れず，散乱断面積の運動量移行依存性は標的電子の始状態と終状態でユニークに決まり，入射粒子の電荷や速度は断面積のサイズをスケールするだけである．ところで，式(12.4.10)から原子行列要素は，始状態 ϕ_i と終状態 ϕ_f^* の積をフーリエ変換したものである．すなわち，衝突前後の電子状態についてある種平均化された運動量分布を反映する量である．実際，原子行列要素を 1 とおくと，式(12.4.11)は，質量 m_p の粒子が運動量 p_i で静止している質量 m_e の質点に衝突し，運動量 $\hbar K$ をやり取りする場合の散乱断面積に一致する（式(12.4.5)参照）．

このように散乱断面積が入射粒子に由来する部分と標的原子に由来する部分の積で書けるのは，入射粒子と散乱粒子を平面波近似し，一次の摂動で散乱断面積を評価する場合（一次ボルン近似）の著しい特徴で，速い衝突で何がどう起こるかについてたいへん有用な描像を与える．

上の議論をさらに整理するため，

$$f_{fi}(K) \equiv \frac{\varepsilon_{fi}}{\varepsilon_R} \frac{|\epsilon_{fi}(K)|^2}{(Ka_B)^2} \qquad (12.4.12)$$

で定義される一般化振動子強度（Generalized Oscillator Strength: GOS）を導入する．ここで終状態の完全性 ($\sum|f\rangle\langle f|=1$) を用いると，$\sum f_{fi}(K)=1$ が導かれる．したがって，原子 1 個あたりでは Z_t，単位体積あたりでは $\rho_{tn}Z_t$ となる．ここで ρ_{tn} は原子数密度である．これはベーテの総和則と呼ばれ，遷移に寄与する「振動子」の総数が，運動量移行 K によらず，つねに問題とする電子の数に等しいことを示している．一般化振動子強度を用いると，励起断面積は

$$\sigma_{fi} = \frac{4\pi Z_p^2 a_B^2}{\left(\dfrac{m_e v_i^2}{2\varepsilon_R}\right)\left(\dfrac{\varepsilon_{fi}}{\varepsilon_R}\right)} \int_{K_{min}}^{K_{max}} f_{fi}(K) d(\ln K^2) \qquad (12.4.13)$$

と書くことができる．ここで，積分の下限と上限は $\hbar K_{min}=p_i-p_f$，$\hbar K_{max}=p_i+p_f$，および，$(p_i^2-p_f^2)/2m_p=\varepsilon_{fi}$ から求めることができる．ボルン近似の成立条件，$\varepsilon_{fi} \ll p_i^2/2m_p$，を考慮すると積分の下限と上限はそれぞれ，

$$\hbar K_{min} \sim \varepsilon_{fi}/v_i \qquad (12.4.14)$$
$$\hbar K_{max} \sim 2m_p v_i \qquad (12.4.15)$$

となる．ところで，入射粒子が衝突径数 b で標的に近付いてくるとき，相互作用時間 $\approx b/v_i$，したがって，この衝突に伴うエネルギーの不確定性は $\sim \hbar/(b/v_i)$ と評価できる．原子に遷移を起こすには，遷移エネルギー程度の不確定性が必要であると考えると，衝突径数は $b \sim \hbar v_i/\varepsilon_{fi}$ となる．衝突径数がこれより大きいと衝突は断熱的で，励起は起こりにくくなる．この衝突径数に対応する運動量移行を評価すると式(12.4.14)と一致することがわかる．すなわち，励起に必要な最低運動量移行は，衝突が断熱的にならないという条件に対応している．

一般化振動子強度が K の関数としてどのように振る舞うかを考察する．原子行列要素は $|\vec{K}|\to 0$ の極限で

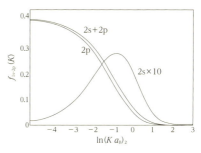

図 12.4.1 水素原子の 1s→2p および 1s→2s 遷移の一般化振動子強度

$$\epsilon_{fi}(\vec{K}) \sim \langle f|1+i\vec{K}\cdot\vec{r}_n|i\rangle = \delta_{fi}+i\vec{K}\cdot\langle f|\vec{r}|i\rangle$$
$$\qquad (12.4.16)$$

となるので，一般化振動子強度は，状態 i から f への遷移が光学的許容である場合，$|\vec{K}|\to 0$ で有限値に，光学的禁止遷移の場合，0 に近づく．典型例として水素原子の 1s→2p 遷移，および，1s→2s 遷移の一般化振動子強度の K 依存性を図 12.4.1 に示す．

また，自由電子に移行可能な最大運動量は，イオンの場合 $K_{BC}=2m_e v_i$ 程度，電子や陽電子入射の場合 $K_{BC}=m_e v_i$ であり，断面積はおおよそ $K_{min}<K<K_{BC}$ の領域で決まると考えられる．したがって，光学的許容遷移の場合には

$$\sigma_{fi} \sim \frac{4\pi Z_p^2 a_B^2 f_{fi}(0)}{\left(\dfrac{m_e v_i^2}{2\varepsilon_R}\right)\left(\dfrac{\varepsilon_{fi}}{\varepsilon_R}\right)} \ln \frac{K_{BC}^2}{K_{min}^2} = \frac{4\pi Z_p^2 a_B^2 f_{fi}(0)}{\left(\dfrac{m_e v_i^2}{2\varepsilon_R}\right)\left(\dfrac{\varepsilon_{fi}}{\varepsilon_R}\right)} \ln \frac{\hbar^2 v_i^2 K_{BC}^2}{\varepsilon_{fi}^2}$$
$$\qquad (12.4.17)$$

となる．一方，光学的禁止遷移の場合は

$$\sigma_{fi} = \frac{4\pi Z_p^2 a_{BC}^2 c_{fi}}{\left(\dfrac{m_e v_i^2}{2\varepsilon_R}\right)\left(\dfrac{\varepsilon_{fi}}{\varepsilon_R}\right)} \qquad (12.4.18)$$

が得られる．このように励起断面積は，それが光学的許容か禁止かによって，入射エネルギー依存性が異なり，それぞれ $\propto \ln(E_i/\varepsilon_{fi})/\varepsilon_{fi}E_i$，および $\propto 1/\varepsilon_{fi}E_i$ となっている．ただし，$E_i=m_e v_i^2/2$ である．

なお，電子が Z_t の大きな標的で散乱されるときは注意を要する．入射エネルギーにかかわらず，原子核の近くを通過する電子は高い運動エネルギーを持っており，必然的に現象が相対論的になり，また，標的の電場による強い歪みを受けるためである．このとき平面波ボルン近似は有効でなくなる．

12.4.3 阻止能

荷電粒子が物質中を通過すると，その種類，状態，厚さ，また，入射粒子の速さ，電荷などに依存したエネルギー損失を被る．標的が，気体，液体，あるいは非晶質の固体であるとき，衝突はランダムに起こり，薄い標的では，エネルギー損失は標的の厚さに比例する．荷電粒子が単位長さあたりに失う平均的エネルギーを阻止能（Stopping Power）と呼ぶ．阻止能は力の次元を持つ．荷電粒子がエ

ネルギーを失う素過程としては，標的原子核との弾性散乱，および標的内電子の励起，電離などの非弾性散乱がある．前者を核的阻止能，後者を電子の阻止能と呼ぶ．

電子的阻止能 S_e は，式(12.4.13)を用いて

$$S_e = \rho_t \sum_f \varepsilon_{fi} \sigma_{fi} = \rho_t \frac{4\pi Z_p^2 a_B^2 \varepsilon_R}{\left(\frac{m_e v_1^2}{2\varepsilon_R}\right)} \int_{K_{\min}}^{K_{BC}} \sum_f f_{fi}(K) d(\ln K^2)$$

で与えられるので，これにベーテの総和則を適用すると，

$$S_e = \rho_t \frac{4\pi Z_p^2 Z_t a_B^2 \varepsilon_R f_{fi}(0)}{\left(\frac{m_e v_1^2}{2\varepsilon_R}\right)} \ln \frac{\hbar^2 v_1^2 \bar{K}_{BC}^2}{\bar{\varepsilon}^2} \quad (12.4.19)$$

が，得られる．ただし，$\bar{K}_{\min} = \bar{\varepsilon}/\hbar v_1$ として平均励起エネルギー $\bar{\varepsilon}$ を導入した．

式(12.4.19)は非相対論的に導いた電子的阻止能であるが，衝突エネルギーが高くなり，また標的の原子番号が大きくなってくると，系を相対論的に扱い，Z_p に関する高次補正をする必要が生じる．詳しい計算によれば，

$$S_e = \rho_{tn} \frac{16\pi Z_p^2 Z_t a_B^2 \varepsilon_R}{\left(\frac{m_e v_1^2}{2\varepsilon_R}\right)} (L_0 + Z_p L_1 + Z_p^2 L_2 + \cdots) \quad (12.4.20)$$

と書き，$m_p \gg m_e$ の場合，L_0 は

$$L_0 = \ln\left(\frac{2m_e \gamma^2 v_1^2}{\bar{\varepsilon}}\right) - (1-\gamma^{-2}) - \frac{\delta}{2} - Z_t^{-1} \sum C_n \quad (12.4.21)$$

となる．ここで対数項に現れた $\gamma^2 (\equiv (1-\beta^2)^{-1})$ は，1) ローレンツ収縮のため電場が γ 倍になるため，標的電子を励起（電離）できる最大衝突径数が γ 倍になり，さらに，2) 最大エネルギー移行が γ 倍になることによる．相対論的効果が古典的，および量子論的起源を持つことがわかる．この項があるため，入射粒子エネルギーとともに減少していた阻止能はゆっくりとではあるが，再び増加に転じる．

さらに入射粒子エネルギーが上がると，有効衝突径数内に多くの原子が存在するようになる．これらの原子は分極することにより入射粒子の電場を遮蔽し，結果として阻止能の増加率を下げる．これを密度効果と呼ぶ．式(12.4.21)の δ がこの効果に対応する．

図 12.4.2 に Al 標的に対する阻止能の入射イオンエネルギー依存性を何種類かのイオンについて示す．横軸は核子あたりのエネルギー，縦軸は阻止能を Z_p^2 でスケールしてある．イオンの原子番号が大きくなると，内殻電子の束縛エネルギーが大きくなり，イオンの速さによっては標的中でも多数の電子を束縛している．そのため実質的なイオンの価数 Z_p^* は Z_p より小さくなり，それに伴って阻止能も小さくなる．図 12.4.2 で原子番号の大きなイオンほど Z_p^2 でスケールされた阻止能が小さくなっているのはこの事情による．エネルギーが高くなると束縛電子がなくなり，Z_p^2 スケーリングが回復する．図 12.4.2 を見ると 1 GeV/u 付近ではすべてのカーブが一致していることがわかる．また，それ以上のエネルギーで阻止能がゆっくりと増加しているのは，式(12.4.21)の対数項にある γ の寄与である．なお，図 12.4.2 でも見られるように，阻止能は 100 keV/u から 1 MeV/u の領域で最大値をとる．最大値より低エネ

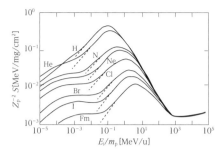

図 12.4.2 Al 標的中での核種イオンの阻止能．縦軸は Z_p^2 でスケールした．図中の波線は電子阻止能の寄与を示す．低エネルギー側での電子阻止能からのずれは核阻止能の寄与による．

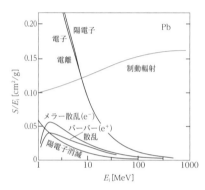

図 12.4.3 電子，陽電子の Pb 標的中における阻止能のエネルギー依存性．縦軸は入射エネルギーで規格化されている．

ルギー側では，電子的阻止能はほぼイオンの速さに比例している．さらに低エネルギー側の特に重イオンの場合には，核的阻止能が大きな寄与をするようになる．

入射粒子が軽い場合，制動輻射も阻止能に寄与する．制動輻射は Z_t^2 に比例し，電子的阻止能は Z_t に比例する．入射粒子が電子あるいは陽電子の場合，その相対的重要性は，S_B を制動放射による阻止能として，$S_B/S_e \sim Z_t \gamma$ に比例する．図 12.4.3 に電子と陽電子の Pb 中における阻止能を示す．縦軸は入射エネルギーで規格化してある．興味深いことに，すでに 10 MeV 程度で $S_B > S_e$ となっている．

ところで，物質中における光速は $c/\sqrt{\varepsilon(\omega)/\varepsilon_0}$ で与えられる．ただし，$\varepsilon(\omega)$ はその物質の誘電率である．このとき，入射粒子の速さは媒質中での光速を越えることがあり ($v_1 > c/\sqrt{\varepsilon(\omega)}$)，ある種の衝撃波が放射される．チェレンコフ光と呼ばれる．可視光で透明な物質は多くの場合紫外線領域に励起準位を持っており，したがって，その付近で誘電率も大きくなる．チェレンコフ放射に伴う阻止能は 2 keV/cm の程度であって，電子的阻止能の主要項の最小値 2 MeV/cm に比べても無視できるが，媒質中の光速を越える粒子のみ選択的にチェレンコフ光を出すので，高速粒子の選別に用いられる．

12.5 中性子と物質の相互作用

ここでは中性子と物質の相互作用を考察する．荷電粒子は，原子に束縛されている電子と直接相互作用し，これを励起，あるいは電離するが，中性子は電荷がゼロであり，電子とは磁気双極子間相互作用しかなく，電離や励起を直接引き起こすことはない．一方，中性であるため標的の原子番号にかかわらず，原子核に近づくことができ，強い相互作用により原子核反応を引き起こす．強い相互作用は短距離力で，したがって，散乱断面積も核の大きさ程度（barn＝10^{-28} m^2）と小さいが，いったん相互作用領域に入ると，強く散乱され，あるいは吸収され，その際，原子核を励起してγ線を発生したり，中性子のエネルギーが十分高い場合には，陽子をキックアウトしたりする．これらの二次粒子が標的を励起・電離する．

図 12.5.1(a) に中性子と ^{12}C の散乱断面積を示す．数 MeV より低エネルギー側では弾性散乱が支配的で，しかも 100 keV 程度より低エネルギー側では数桁にわたって一定であることがわかる．〜2 MeV より高エネルギー側ではいくつか鋭いピークが現れ，核の仮想的な励起を伴う共鳴弾性散乱が起こることがわかっている．5 MeV を越えると原子核の励起チャネルが開き，非弾性散乱が急激に立ち上がっている．さらに中性子のエネルギーが高くなると，核子（陽子，あるいは中性子）を放出させることができるようになる．一方，中性子捕獲断面積は弾性散乱より数桁小さく〜10 keV より低エネルギー側ではほぼ速さに反比例している．

図 12.5.1(b) には中性子と ^{235}U の散乱断面積を示す．弾性散乱断面積は，やはり広いエネルギー領域にわたって一定，かつ〜10^{-27} m^2 で ^{12}C と同程度の大きさである．一方，核分裂断面積が 1 eV 程度以下のエネルギー領域で主要な過程になり，ほぼ中性子の速さに反比例した依存性を示している．熱エネルギー領域では 10^{-25} m^2 と原子衝突並みの大きな値を示す．中性子吸収断面積は核分裂断面積にほぼ比例しているが，1 桁近く小さい．

このように熱エネルギー領域の中性子捕獲（吸収）断面積は ^{12}C の場合も ^{235}U の場合も $\varepsilon_i^{-1}(v_i^{-1})$ に比例している．これは，光子吸収の時と同様，式(12.2.9)で，$n=0$ とおき，

$$\sigma_c = \frac{2\pi |T_{\mathrm{fi}}|^2}{\hbar v_i} \delta(E_\mathrm{f} - E_\mathrm{i}) V \qquad (12.5.1)$$

から説明できる．低エネルギー極限では入射中性子の波動関数は原子核のある領域では大きくは変化せず，T_{fi} にエネルギー依存性がほとんどなくなる．したがって，吸収断面積は v_i に反比例する．核分裂反応は中性子吸収が引き金になって引き起こされるので，やはり同じ速さ依存性を持つ．

一方，弾性散乱の場合，式(12.2.10)で，$p_\mathrm{f} \ll m_\mathrm{n} c$ を考慮すると，

$$d\sigma_{\mathrm{fi}} = \frac{m_\mathrm{n}^2 |T_{\mathrm{fi}}|^2}{(2\pi)^2 \hbar^4} V^2 d\Omega_\mathrm{f} \qquad (12.5.2)$$

が得られる．ただし，m_n は中性子の質量である．吸収の場合と同様，T_{fi} にエネルギー依存性がほとんどないことから，弾性散乱断面積は低エネルギー極限でエネルギーに依存せずほぼ一定になる．

図 12.5.2 に示したように，核子あたりの束縛エネルギーは，質量数 50 の鉄付近で最低になる．すなわち，恒星のなかで進む発熱的元素合成反応では，鉄より重い元素を生成することはできない．鉄より重い元素は，超新星爆発や連星中性子星の合体などの非熱平衡過程を通じて生成されると考えられている．このようにして生成される鉄より重い元素は，高い内部エネルギーを持っており，きっかけ

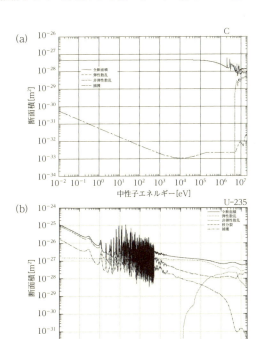

図 12.5.1　中性子と(a) ^{12}C および(b) ^{235}U との衝突断面積

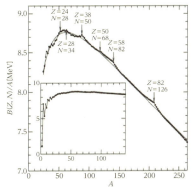

図 12.5.2　核子あたりの束縛エネルギーの原子核質量数依存性

があればその余剰エネルギーを放出する．その典型的な例が ^{235}U などの核分裂核で，中性子を捕獲した後，高い確率で核分裂反応を起こし，例えば ^{235}U が 1 個分裂すると ～200 MeV のエネルギーを放出する．^{235}U は核分裂と同時に複数個の中性子を発生するため，必要な元素を適切に配置すると，発生した中性子を用いて近くにある別の ^{235}U 原子を分裂させるといった核分裂の連鎖反応を起こすことができる．

第3編　加速器の具体的応用

概要

　本編は，おもに加速器研究者・技術者の視点から，加速器の具体的応用をまとめた．原子力・核融合・量子の分野の視点で，分野別に整理した事典の第Ⅳ分冊[1]があるので，こちらと相補的であり，両者を参照していただけるとこの分野を総合的に理解できるであろう．ここでは，そのような参考書があるため，あえて分野で総合的に分類せず，加速器研究者・技術者の視点から，印象に強いものを優先的に取り上げて，編集した．その趣旨をまずご理解いただきたい．したがって本節では，加速器応用の全体像を俯瞰できる内容としたい．

　まず，図1に平成9年度文部科学省にて実施された加速器を含む放射線応用の経済規模の内容を示す．当時，総電力の25％を占めていた原子力発電の経済規模と同等以上，約9兆円である．そのうち，約80％が工業利用，さらにその約7割が半導体関連である．つまり，半導体製造のための電子ビームリソグラフィー用電子源，イオン注入用イオンビーム源などである．これはあまり知られていることでなく，ビームが1MeV以下の低エネルギーであるため加速器と認識されていないのかもしれない．また車両用タイヤの品質向上にも電子線・X線照射による材料改質が不可欠な技術となっていることも，自動車が我が国での主要産業となっていることから，重要なことである．その意味で第3編が材料工学，イオン注入，材料改質から始まっていることは当を得ている．医療応用が第二の応用分野である．一般的印象では，がん治療用粒子線加速器を思い浮かべる方がいいと思う．しかし，実際の内訳は圧倒的にX線透視・CT・核医学RIのような検査応用である．平成9年度はまだ粒子線治療が始まったばかりの時期であったので，このデータより優位であるが，年間数百億円以

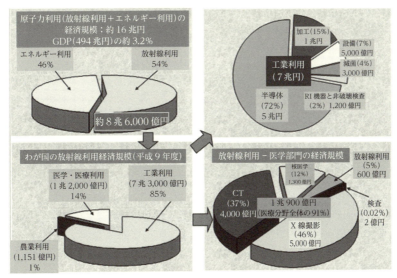

図1　加速器利用の市場規模と内訳[1]

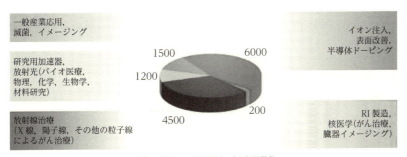

図2　世界での用途別の加速器数[2]

下である.

重要事項をまとめると以下のようになる.

1. 我が国では原子力発電の比率が 20〜22 % を想定した場合, その経済規模相当以上が加速器の産業・医療応用である.
2. 産業応用の内訳は約 7 割は半導体製造である.
3. 医療医用の進展が期待できるが, 当面 X 線検査・RI 関連が主である.

一方, 世界での科学・産業・医療で稼働中の加速器台数の 2008 年での統計を図 2 に示す. 基礎科学研究用加速器は高エネルギー物理用・大型放射光施設のようにその規模が大きく, その総数以上に印象は大きい. また, 世界レベルでもイオン注入加速器の数が圧倒していることがわかる. この図ではがん治療加速器, そのほとんどは電子リニアック X 線源であるが, 相当数あることもわかる. その数字が, 図 1 に見えないのは, 15 年程前に日本企業ががん治療用電子リニアック X 線源の製造と医療サービスか

ら撤退したためである. 日本企業は X 線透視 CT/MRI (Magnetic Resonance Imaging) に専念している.

最後では, 最近の可搬型小型加速器による産業・社会インフラ健全性診断や分散型 RI 製造供給の開発の動向にも言及した. これらは新しい, 暮らしに役に立つ, 身近な加速器の応用として, その認知度の向上に貢献できると期待したい.

以上, その経済規模, 内訳, 我が国の事情をまず頭に入れて, 本編を読んでいただき, あわせて文献 1 を参照していただけると, 全体像が見えてくるだろう.

参考文献

1) 原子力・量子・核融合事典編集委員会 編:『原子力・量子・核融合事典』, 第 IV 分冊 量子ビームと放射線医療, 丸善出版 (2014).
2) R. W. Hamm : Reviews of Accelerator Science and Technology, Vol. 1, (2008).

13 章 材料工学

13.1 概要 ／ 13.2 ナノ加工 ／ 13.3 イオン注入 ／ 13.4 材料改質（金属）／ 13.5 材料改質（高分子材料）／ 13.6 耐放射線性半導体

14 章 物質分析

14.1 概要 ／ 14.2 放射光を用いた分析 ／ 14.3 イオンビーム分析 ／ 14.4 中性子を用いた分析 ／ 14.5 ミュオンを用いた分析 ／ 14.6 陽電子を用いた分析 ／ 14.7 電子線マイクロアナライザ, 超高圧電子顕微鏡 ／ 14.8 放射光 X 線と中性子による残留応力測定 ／ 14.9 文化財の分析 ／ 14.10 法科学への適用

15 章 加速器質量分析法（AMS）

15.1 概要 ／ 15.2 加速器質量分析法 ／ 15.3 文化財の年代研究 ／ 15.4 人類進化研究への応用 ／ 15.5 創薬への貢献 ／ 15.6 法科学鑑定 ／ 15.7 地形・防災科学への適用 ／ 15.8 古環境・古気候研究 ／ 15.9 宇宙環境研究 ／ 15.10 放射性物質の環境影響評価

16 章 生命科学

16.1 概要 ／ 16.2 生命への影響・粒子線の生物効果 ／ 16.3 生物学的効果比と酸素効果 ／ 16.4 放射線抵抗性の機構 ／ 16.5 マイクロビームによる細胞局部照射 ／ 16.6 バ

イスタンダー効果 ／ 16.7 イオンビーム育種 ／ 16.8 放射光を用いた放射線生物影響研究 ／ 16.9 中性子照射

17 章 医学利用

17.1 概要 ／ 17.2 ラジオアイソトープ製造 ／ 17.3 放射性医薬品の開発 ／ 17.4 医用画像診断 ／ 17.5 光子線治療 ／ 17.6 粒子線治療 ／ 17.7 粒子線がん治療施設

18 章 量子検出器とその応用

18.1 概要 ／ 18.2 素粒子原子核実験における検出器の開発と応用 ／ 18.3 X 線検出器 ／ 18.4 γ 線検出器 ／ 18.5 光検出器 ／ 18.6 中性子検出器 ／ 18.7 荷電粒子検出器（ガス検出器, シンチレータ検出器）／ 18.8 荷電粒子検出器（半導体位置検出器）／ 18.9 超伝導検出器

19 章 原子力・核融合

19.1 概要 ／ 19.2 原子力 ／ 19.3 核融合

20 章 宇宙科学

20.1 概要 ／ 20.2 宇宙放射線環境の検出 ／ 20.3 宇宙線の影響 ／ 20.4 宇宙線と生命の起源 ／ 20.5 宇宙物質・隕石の起源 ／ 20.6 微粒子加速器

21 章 暮らしに役立つ加速器技術

21.1 概要 ／ 21.2 安全・セキュリティ ／ 21.3 環境保全 ／ 21.4 食品・農業・医用工業 ／ 21.5 化学工業・工業技術

13章

材 料 工 学

13.1 概要

　材料微細加工用加速装置としては，電子ビーム描画装置，収束イオンビームを含むイオン加速器，放射光などがあり，これらに関して以下に紹介する．なお半導体微細加工という観点から，加速器以外の手法ではエキシマレーザーを用いた液浸法がすでに実用化されており，また次世代の極端紫外（EUV）光源の開発や，DSA（Direct Self Assembly）といった高分子化学技術も着実に進展していることもつけ加えておく．

　電子ビーム描画装置は，半導体微細加工用のマスク作製法として一般的に用いられており，収束させた電子ビームを一筆書きのように照射していく装置である．エネルギーが低く，侵入深さも浅いために，電子ビーム露光用レジストを感光，現像してレジストパターンを形成する．レジスト材料はポリメチルメタクリレート（PMMA）などが代表的原材料である．例えば100 kV，直径2 nm以下のビームの発生により，最小で5 nmのレジスト加工精度が達成されている．図13.1.1(a)ではレジストに40 nmの孔が形成されていることがわかる．このパターンを500ミクロン角で形成するのに5時間かかっており，この方法は任意の極微細パターンが描けるが，スループットの悪いプロセスといえる．図13.1.1(a)表面に金を蒸着させて，レジストを溶解させる手法をLift offと呼んでいる．Lift off後の表面写真を図13.1.1(b)に示した．直径40 nmの金ナノ粒子が，(a)と同じパターンで並んで形成できている．電子ビーム描画のスループットの悪さを改善するために，電子ビームを遮蔽する部分と透過する部分をパターニングしたマスク（ステンシルマスク）の開発が数十年前より行われてきたが，現状では実用化に至っていない．これはステンシルマスクの製作が極めて難しいことによる．

　収束プロトンビーム描画（Proton Beam Writing : PBW）とは，収束したMeV（百万電子ボルト）オーダーのエネルギーのプロトンビームで描画加工する技術であり，シンガポール大学のF. Wattらにより開発されてきた．電子ビーム描画に比べて高エネルギーであることから，数十 μm の厚膜加工を得意とするが，加工精度はミクロン～サブミクロン程度となっている．国内では量子科学技術研究開発機構高崎量子応用研究所イオン照射研究施設（TIARA）で，加工の微細化・高精度化とともに加工面積の広範囲化に必要な技術開発が行われている．また数MeVオーダーの軽イオン（水素およびヘリウム）により最高で250 nmのビーム径を達成し，高分解能イオンビーム分析（PIXE分析，RBS分析など）にも応用されている．

　収束イオンビーム（Focused Ion Beam，以下FIB）はPBWよりもはるかに普及しており，市販装置も多数販売されている．ガリウムイオンビームを磁場により収束させて試料面に照射すると，試料を構成する原子をスパッタリングによりはじき出し，加工を行うことが可能である．またはじき出しの過程で同時に，試料表面から二次電子が発生する．したがってこの二次電子の2次元分布を観察することにより，電子顕微鏡と同様に表面状態を観察することが可能である．これはSIM（Scanning Ion Microscopy）像観察とも呼ばれる．FIBでは表面を観察しながら，同時に表面加工を行うことが可能である．特に，透過型電子顕微鏡の試料作製は，FIBが普及するまでイオンミリングなどの手法が取られてきたが，FIBの登場により，観察したい部分に狙いを定めて加工することが可能となったことは画期的である．また，化合物ガスをイオンビーム照射領域近傍に導入させると，局所的なCVD（Chemical Vapor Deposition）を行うことができ，マイクロサイズの造形が可能となった．

　イオンビーム照射装置は，加速されたイオンを試料に照射する装置である．半導体のドーピングに欠かせぬプロセ

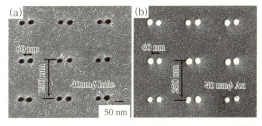

図13.1.1　(a)電子ビーム描画装置で形成したレジストを現像して観察したパターン．黒い部分に穴が形成されている．(b)(a)上に金を蒸着させた後，Lift offしたもの．設計どおりの金のナノドットがシリコン基板上に形成されていることがわかる[1]．

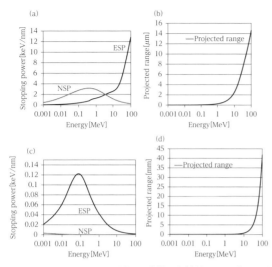

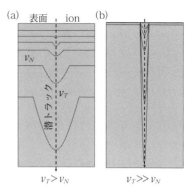

図 13.1.2 TRIM コードを用いて計算した結果．ターゲット固体は SiO₂ ガラスとした．(a) Au イオンの電子的阻止能 (ESP) と核的阻止能 (NSP)，(b) Au イオンの projected range，(c) H イオンの電子的阻止能 (ESP) と核的阻止能 (NSP)，(d) H イオンの projected range．

図 13.1.3 高速重イオンによる etched track 形成のメカニズムイメージ．図は固体断面で，点線矢印がイオンの侵入方向である．潜トラックのエッチング速度が非照射部分のエッチング速度の数倍であれば，(a) のような形状になる．また，潜トラックのエッチング速度が非照射部分のエッチング速度よりもはるかに大きければ，(b) のような高アスペクト比の孔が形成される．

スとなっている．東日本大震災で半導体のサプライチェーンが途絶え大きな影響が出たが，その原因の一つはイオン加速器が被災してドーピングプロセスが停止したことによる．試料のなかでイオンは，弾性衝突と非弾性衝突を起こしてエネルギーを失っていき，最終的には固体内で停止する．弾性衝突過程では，固体中で標的原子核との相互作用から振動や回転励起を引き起こす．また非弾性衝突過程では，標的電子との相互作用から電子励起やイオン化を引き起こす．それぞれ核的阻止能（nuclear stopping power），電子的阻止能（electronic stopping power）と呼ばれ，通常，阻止能とは核的阻止能と電子的阻止能の和である．単位は，keV/nm のように単位長さあたりの失うエネルギーで表現する．また，イオンが固体のどの深さで停止するかを表す尺度に projected range がある．イオンは二つの阻止能により停止するが，「運のよい」イオンは深い位置まで到達し，「運の悪い」イオンは浅い位置で停止してしまい，結果として停止深さには分布ができる．確率的に最も多くのイオンが停止するまでの位置を projected range という．

図 13.1.2 に SiO₂ ガラス（密度 2.2 g/cm³）中での電子的阻止能，核的阻止能および projected range を計算コード TRIM[2] により求めた結果を示した．(a) は金イオンの電子的阻止能と核的阻止能，(b) は金イオンの projected range である．金のような重イオンの場合，低エネルギー領域で，核的阻止能が電子的阻止能より支配的であるが，高エネルギー領域では逆転していることがわかる．また (b) の projected range のエネルギー依存性からエネルギーが高いほどイオンは深い位置まで到達していることがわかる．(c) は H イオンの電子的阻止能と核的阻止能，(d) は H イオンの projected range である．水素のような軽元素の場合，電子的阻止能が核的阻止能より圧倒的に支配的であること，projected range も 100 MeV で 41 mm に達することなどがわかる．

高速重イオンが絶縁体を通過するときの飛程には，非晶質化などの欠陥が発生する．これを潜トラック（latent track）と呼ぶ．適切なエッチング液を用いると，潜トラック部分のエッチング速度（v_T）が，ダメージを受けていない部分のエッチング速度（v_N）よりも大きいので，孔を形成することができる．これは etched track と呼ばれる．このメカニズムを図 13.1.3 に示した．例えば (a) のように $v_T > v_N$ の場合，潜トラックのみでなく，非ダメージ部分もエッチングを受けるため，最表面全体がエッチングされ，また etched track も横方向にエッチングされる．結果として，図のような円錐形の孔が形成される．一方，(b) のように $v_T \gg v_N$ の場合，非ダメージ部分のエッチングが極めて小さい場合，etched track は横方向にエッチングをほとんど受けないために，高いアスペクト比の孔が形成される．

etched track は，イオンのエネルギーが均一であるために，極めて均一な大きさかつアスペクト比の大きな孔となる．ポリカーボネートの薄膜であれば貫通するので，均一の貫通孔が形成されたフィルターとして市販されている．照射量が，例えば 10⁸/cm² と極めて少量で済むので，安価で高性能なフィルターとなる．

イオン加速器や放射光は大型かつ高額な施設であることから，全国の大学や研究機関などにおいて，研究施設の共用化が進んでいる．例えば筑波大学では，大面積での潜トラック形成ビームラインが共用化されている．

参考文献

1) K. Awazu, *et al.*: Nanotechnology. **20** 325303 (2009).

2) 計算コード TRIM ; http://www.srim.org

13.2 ナノ加工

半導体集積化のための微細化というニーズから，電子ビーム描画やエキシマレーザーリソグラフィーは発展してきた．ところが半導体素子の微細化と，マイクロマシンやマイクロ光学に求められるスペックはかなり異なってくる．前者は，レジストをひたすら微細に加工することが重要であったのに対して，後者は，形状自身はマイクロ，場合によってはミリの単位である一方，高いアスペクト比が要求される．さらにマイクロ光学の場合，加工面の精度が光散乱に効いてくるのでナノオーダーの表面平滑性が求められる．このため高アスペクト比加工や加工側面の平滑度が必要な場合，半導体微細加工手法は使えないことが多い．その点，これから紹介する微細加工は加速器を用いて高アスペクト比を達成できる手法といえる．

イオンビームを用いた微細加工手法として，13.1節の概要でも触れたが，潜トラック法が有効である．図 13.2.1 に示したとおり，固体が SiO_2 ガラスの場合，フッ化水素酸蒸気にさらすことにより，高アスペクト比加工が可能である．(a)は蒸気エッチングに用いた実験系で，簡単に製作可能である．ただしエッチング速度は温度に敏感であるので，温度制御は重要である．(b)48％フッ化水素酸水溶液で直接エッチングを行うと，図 13.1.1(a)のように直径 200 nm の円錐形の孔が形成されていることがわかる．写真は左下部分を破断して断面を観察したものである．これに対して，蒸気でエッチングを行うと，図 13.1.1(b)のように高アスペクト比の加工となる．(c)は表面を観察したもので，均一の孔が空いていることがわかる．(d)は(c)の試料を破断して断面観察したもので，イオン照射方向を白い矢印で示した．この場所に etched track が見られる．etched track 部分を拡大したのが，(e)で直径 45 nm，深さ 1.9 μm の孔であることがわかる．

イオンビーム以外のナノ加工手法として，以下に放射光を紹介しておく．放射光は，学術用や計測用に整備されてきたが，1981年には産業用放射光として当時の電子技術総合研究所（電総研）に 750 MeV の放射光施設が開設された．これは次世代リソグラフィー光源として放射光が注目されたからである．その後，電総研と住友電工と共同で産業用放射光として NIJI-I 号からⅢ号が運転を開始し，また自由電子レーザー施設として川崎重工と共同で NIJI-Ⅳ号が運転を始めた．放射光の特徴は，厚いレジスト内でも散乱を受けにくく，直進性が高いことから，表面の平滑性に優れた高アスペクト比の加工が可能であることである．また，レジストとX線マスクを光軸方向から傾けて，3回照射することにより，3次元のナノ加工も可能である．図 13.3.2 は厚膜レジストに放射光を照射した後，現像を行ったレジスト構造体である．またその後，液相析出法に

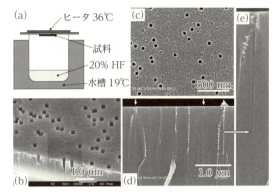

図 13.2.1 SiO_2 ガラスに 137 MeV Au^{30+} イオンを 1.4×10^9 cm^{-2} 照射し，その後エッチングを行った．(a)蒸気エッチングのための実験セット，(b)フッ化水素酸溶液に浸漬してエッチングを行った試料．下部は破断して断面が観察できるようにした．(c)(a)の実験系を用いて蒸気エッチングを行い，表面を観察したもの．(d)(c)の試料の断面観察．白い矢印のところにイオン通過により etched track が見られる．(e)(d)の etched track 部分の拡大図．直径 45 nm，長さ 1.9 μm の孔であることがわかる．

図 13.2.2 X線マスクを介して，レジストを 44.5°に傾けて照射を行った．その後，120°回転させて合計3回照射を行い現像した SEM 像．酸化チタンを液相析出法により析出させてレジストを除去したものを白枠内に示した．

より室温で酸化チタンをレジスト構造体に充填して，レジストを溶解除去したものを白枠内に示した．スケールは同じにしてある．直径 400 nm の波消ブロック状の構造体が得られていることがわかった．

このサイズで高アスペクト比の微細加工は，半導体微細加工で用いられる電子ビーム描画法や，ArF エキシマレーザーを用いた液浸リソグラフィー法，極端紫外線リソグラフィー法のいずれでも達成できないものである．

参考文献
1) K. Awazu, et al. : Phys. Rev. B (2000).; K. Awazu, et al. : J. Appl. Phys. **94** 6243 (2003).
2) K. Awazu, et al. : Opt. Express **15** 2592 (2007).
3) K. Awazu, et al. : J. Vac. Sci. Technol. B **23** 934 (2005).

13.3 イオン注入

半導体素子への不純物導入法としてのイオン注入は，トランジスタの発明者の一人である W. B. Shockley Jr. が取得した 1954 年の特許に始まるが，実際に量産に導入されたのは 1970 年代になってからである．1980 年代後半にはそれ以前の熱拡散法はほぼ駆逐され，不純物導入の主力はイオン注入になった．市場規模は，ここ 10 年では世界で年平均 300 台程度が出荷されている．累積では 10 000 台を優に超え 15 000 台に迫ろうとしており，イオン加速器の応用としては最も成功した例の一つになっている．

イオン注入される不純物の半導体表面からの深さは数 nm から数 μm に及び，これは注入されるイオンの加速エネルギーで制御される．そのエネルギー範囲は全エネルギーで 100 eV から数 MeV になる．イオン注入ではデバイス設計の自由度確保の観点から，全エネルギー帯にわたって連続可変であることが要求される．

注入されるイオンの量はその目的によって大幅に変わるが，$10^{10}/cm^2$ 台後半から $10^{16}/cm^2$ 前半に分布する．処理されるシリコンウェハは，300 mm 径のもので毎時数十枚から 500 枚程度であるので，照射されるイオンの電流は粒子数換算で 1 μA から数十 mA になる．

このような広い範囲のエネルギーと電流値を 1 台の装置でカバーするのは，加速器およびビームライン設計上の困難とともにコスト的にも不利になる．そこで，実際の注入機は大きく 3 種類に分けてその領域をカバーしている．すなわち，高電流装置，中電流装置，そして高エネルギー装置である．そのカバー領域の代表的な数値を挙げると，高電流装置はエネルギーが 100 eV～200 keV，電流値が 100 μA～数十 mA であり，中電流装置は数 keV～1 MeV，数百 nA～数 mA になる．高エネルギー装置は 100 keV～数 MeV，数百 nA～数 mA となる．

図 13.3.1 は実際の高エネルギーイオン注入機の外観写真である．本体は放射線を自己シールドしているため，外観上はビームラインやウェハ処理室などを見ることができない．その結果，一見してイオン注入機であることを判別することは難しい．

注入するイオンの種類はIV（14）族元素に対して電子のドナーとなるV（15）族元素（P, As, Sb など）と，アクセプタとなるIII（13）族元素（B, In など）が主たる元素である．その他に，基盤結晶を非晶質にする目的のために注入される Ge, Si や注入後のアニール時のドーパント拡散を抑制する目的で C など，IV（14）族元素の注入も一般的手法として用いられている．特殊な注入としては深部に結晶欠陥をつくるために H や He 注入も行われている．

イオン注入が利用される製品は，半導体応用製品のほとんどすべてにわたるが，基板の点で見ると高周波を扱う一部の製品で GaAs を使う以外，半導体メモリー，ロジックデバイス，アナログ・パワーデバイスなど，ほとんどすべ

図 13.3.1　高エネルギーイオン注入機の外観．装置サイズは 4.5 m（幅）×8.4 m（奥行）×3.0 m（高さ）．13.56 MHz で駆動されるダブルギャップの加速管を 18 段重ねた加速部を有し，最大加速エネルギーは B^{3+} でトータルエネルギー 5 MeV である．これは Si 中での飛程 6.2 μm に相当する．

てがシリコンウェハ上に回路を形成している．最近ではスマートフォンの普及などからモバイル製品にカメラが組み込まれるのが必須となり，上記デジタル素子とほぼ同等のプロセスでつくられる CMOS イメージセンサの需要が爆発的に増加し，製品群の一角を占めるに至っている．トランジスタの微細化により，深さ方向にも縮小するに伴って激減した高エネルギー装置が，フォトダイオードの深さが可視光の波長で決まっている CMOS イメージセンサの生産増大で，再び注目を集めている．さらに，監視カメラや自動車の安全および自動走行に必須となる近赤外の感度を高めるためにより深い注入が必要となり，より高エネルギーを発生できる装置が求められている．

トランジスタの微細化は，ここにきていよいよその物理限界に直面しつつある．将来にわたる半導体技術の方向性を示す ITRS（International Technology Roadmap for Semiconductor）ではその 2011 年版[1]でシリコンの限界が議論され，微細化よりも材料の変更でより速いトランジスタの実現を目指すことが示されている．すなわち，トランジスタのチャネル材料としてシリコンより高い電子または正孔移動度を持つゲルマニウムやIII-V（13-15）族化合物半導体に注目が集まっている．新材料ではこれまで膨大に蓄積されたシリコンへの注入ノウハウが全く通用しない場面も想定され，イオン種を含めてイオン注入技術に大きな転換期が訪れようとしている．パワーデバイスも SiC や GaN などの新基板を採用する動きが加速されており，こちらも従来のIII-V（13-15）族にとらわれない，II-VII（12-17）族にわたる広い範囲のなかから注入原子が選ばれている．

もう一つのデバイスの流れとして，プラナー型のトランジスタから 3 次元構造を持つ FinFET やナノワイヤー型の提案があり，FinFET はすでに 22 nn ノードから製品化され，ロジックデバイスはすべてこの型に置き換わっており，7 nm ノードまではこの構造が主流になるであろう．このため極浅接合のための極低エネルギー注入の用途はほぼなくなり，3 次元構造に適合して，注入の均一性を保つためや結晶を壊さないような新しい注入法が求められている．

ちなみに，イオン注入関係の最新の研究開発成果は 2 年

ごとに行われる IIT (International Conference on Ion Implantation Technology) で発表され，最新は 2016 年[2]である．また，このカンファレンス中に開催されるスクール教材[3]が入手可能であり，注入技術の大半を網羅しているので入門書として適している．

参考文献
1) 2011-edition of the ITRS Roadmap, http://www.itrs.net/links/2011ITRS/Home2011.html
2) Wen-Hsi Lee, et al. ed.: Proceedings of the 21st International Conference on Ion Implantation Technology, IEEE (2016).
3) James Ziegler, ed.: "Ion Implantation Applications, Science and Technology", Ion Implantation Technology Co. (2016).

13.4 材料改質（金属）

イオン加速器による材料改質法で多く使われるのはイオン注入法である．イオン注入法は，半導体改質の手段としてよく知られているが，金属材料の表面硬度を制御する方法としても，例えば窒素イオンを大量に注入して窒化物を生成し，硬い表面を得ることなどがすでに実用化されている[1]．一方，加速器によって得られた高速イオンは，ターゲットに対して高密度なエネルギーを付与することができる．このエネルギーを有効に利用する，いわば「エネルギー注入法」としてのイオン加速器利用が考えられる．ここでは，エネルギー注入法を金属材料の表面硬度制御に用いた例を紹介する．

図 13.4.1 は，16 MeV 金イオン，10 MeV ヨウ素イオン，5.4 MeV アルミニウムイオンを照射したアルミニウム実用合金 JIS2017（ジュラルミン）の表面ビッカース硬度が，イオンとターゲットの弾性的相互作用によって付与されるエネルギー密度に対して変化していく様子を示している[2]．ジュラルミン中に不純物として蓄積しない自己イオンであるアルミニウムイオン照射でも，硬度が他のイオン照射と同じような付与エネルギー密度依存性を示すことから，この現象は異種イオン注入効果ではなく，まさにイオンビームによるエネルギー注入効果であるといえる．図 13.4.2 に，10 MeV ヨウ素イオン照射したジュラルミンの 3 次元アトムプローブ（APT）像を示す[2]．試料中，一様に直径 2 nm 程度の析出が照射によって分散している．このように，放射線照射によって物質内に添加元素の析出・偏析が起こる現象を「照射促進偏析」と呼び，これまでは，長期間，高エネルギー放射線にさらされる原子力材料において，多くの研究がなされてきた．これは，放射線照射によるエネルギー付与によって，原子空孔や格子間原子などの格子欠陥が生成され，これら格子欠陥の熱拡散に伴って添加元素も拡散し偏析・析出する現象である．その照射促進偏析の特徴は，一般の熱時効による偏析・析出に比べてはるかに低温で起こること，得られた析出物の大きさが熱時効によるものに比べ小さく，ナノメートルサイズであることである．金属中に高濃度で分散したナノメートルサイズの析出物は，硬度を増加させるのに有効であることが知られている．図 13.4.3 は，ジュラルミンを室温で 10 MeV のヨウ素イオン照射した場合と，423 K（150 ℃），453 K（180 ℃）の温度で熱時効した場合の硬度変化を処理時間の関数として示す．ここで，処理時間とは，熱時効の場合は時効時間，イオン照射の場合は照射時間である．4 日間の熱時効で達成する硬度を，イオン照射では室温による処理にもかかわらず，たった 2 時間程度で得ることができる．MeV 領域のエネルギーのイオンは，その飛程が数 μm 程度なので，イオン照射によるエネルギー注入を用いた硬度改質は，金属材料の表面処理として有望であると考えられる．ジュラルミンと同様なイオン照射による表面硬度改質は，他のアルミニウム系実用合金（JIS 6061, JIS

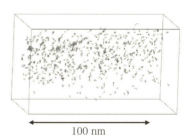

図 13.4.2 10 MeV ヨウ素イオン照射したジュラルミンの APT 像

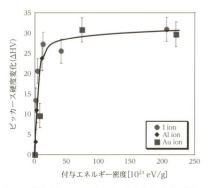

図 13.4.1 各種イオン照射したジュラルミンの硬度のエネルギー付与密度依存性

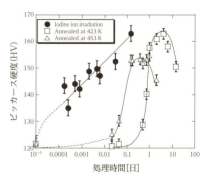

図 13.4.3 イオン照射，熱時効による硬度変化の処理時依存性

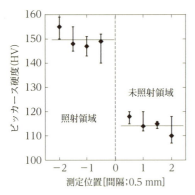

図 13.4.4 10 MeV のヨウ素イオンを照射したジュラルミンの硬さ分布．照射量は $3\times10^{15}/cm^2$．

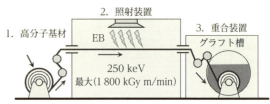

図 13.5.1 放射線グラフト重合プロセス例：1. 高分子基材（不織布やフィルム），2. 照射装置（数百 keV の電子加速器：非管理区域での使用可），3. グラフト重合装置（照射された高分子基材を重合モノマー溶液に浸漬）．

7075, JIS 6101) などにおいても確認されている[3,4]．

イオン照射のエネルギー注入を用いた硬度改質のさらなる特徴として，イオンビームの照射されたところだけの硬度を改質できることである．図 13.4.4 は，10 MeV のヨウ素イオンをジュラルミン試料の左半分だけに照射し，硬度を位置の関数として測定した結果を示す[2]．確かに，照射領域のみの硬度が増加していることがわかる．最近は，イオンビームのサイズをマイクロメートルやそれ以下に制御する技術も開発されており，イオンビームによるエネルギー注入法を用いて，微細領域における硬度制御も可能となり，マイクロマシン（MEMS）などへの応用が期待される．

参考文献

1) 藤本文範，小牧研一郎 編：『イオンビームによる物質分析・改質』内田老鶴圃（2000）．
2) T. Mitsuda, et al.: J. Nucl. Mater. 408 201 (2011).
3) 光田智昭，ほか：軽金属，62 170 (2012).
4) D. Uchiyama, et al.: Nucl. Instr. Meth. B 314 107 (2013).

13.5 材料改質（高分子材料）

13.5.1 改質に用いられる加速器と照射効果[1]

高分子材料の改質には，放射線として電子線，γ 線がおもに用いられている．それぞれの高分子への照射効果にほとんど差はないことから，放射性物質（おもにコバルト60）を用いる γ 線に対して，加速器により簡便に利用できる電子線が広く産業界に利用されている．高分子材料の改質はおもに高分子の繊維，微粉末やフィルム形状で行っており，放射線管理の観点から，高分子への透過が数ミリになる低エネルギー電子線（加速電圧：200 keV～1 MeV）が特に広く利用されている．表 13.5.1 に高分子材料改質に用いられる照射効果とその利用分野を示す．

繊維，不織布やフィルム状態の高分子固体に電子線が照射されると，高分子中の電子が電子線からエネルギーを受け取って電離や励起が起こる．この不安定な化学状態からエネルギー移動や種々の反応が進行し，おもにラジカルと呼ばれる化学反応性に富んだ活性種が生成する．この状態から高分子の結合が切れることで分解反応，ラジカル同士が結合することで架橋反応が進行する．

13.5.2 架橋反応の利用例[2]

高分子改質のなかで，1952 年に英国で発見されたポリエチレンの放射線架橋を元に，放射線の最初の産業利用がなされた．現在でも，絶縁材料として広く使用されているポリエチレンやポリ塩化ビニルを電子線架橋することで，パソコンなどの電子機器や自動車用の耐熱性電線として展開されている．自動車に用いられるラジアルタイヤのゴム強度を上げるために，国内の多くのタイヤメーカーが電子線を照射している．タイヤを構成する各素材シートの強度や寸法制度が不十分な場合，一部のシート状ゴムについては放射線照射により事前に架橋して，強度を上げている．ポリエチレンチューブを室温で電子線架橋することで熱収縮チューブが得られる．この架橋ポリエチレンチューブを軟化温度以上に加熱して延伸した状態から急激に冷却すると，室温でも伸びた状態を保つ．この状態で電線の接続部

表 13.5.1 高分子材料改質に用いられる照射効果と利用分野

照射効果	利用分野
架橋反応	耐熱性電線，ラジアルタイヤ，熱収縮チューブ，発泡ポリオレフィン，放射線加硫ゴム，損傷被覆材
硬化（キュアリング）	塗装，木製品，タイル，鋼板等の表面処理，オフセット印刷，フレキソ印刷
グラフト重合	電池用隔膜，ウラン捕集材，空気浄化フィルタ，脱臭剤，金属イオン捕集材

図 13.5.2 電子加速装置（250 keV，量子科学技術研究開発機構 高崎量子応用研究所 所有）

分や配管の継ぎ目部分を被覆した後に再加熱すると形状記憶効果により収縮し，接続部を簡便な方法で保護できる．さらに，ポリエチレン，ポリプロピレンなどに発泡剤を均一に分散した発泡ポリオレフィンは，成型加工後に加熱することで発泡剤の分解により生じたガスにより形状が数倍から数十倍に膨張する．この発泡ポリオレフィンでは成型後に電子線により架橋を導入することで，加熱時に形状保持されるため発泡体が得られる．クッション性能や耐水性に優れるため，自動車内装用クッション，断熱材，救命胴衣，風呂マットなど幅広く利用されている．

電子線架橋を応用した技術として，架橋とグラフト重合を同時に行う電子線硬化（キュアリング）が広く利用されている．この場合，純粋な高分子固体を用いるのではなく，樹脂溶液に混合された電子線で硬化するモノマーやオリゴマー（モノマーが数個連結した低分子量の高分子）が主成分となる．電子線硬化性樹脂に顔料などを混合させた塗料の硬化，木工ボード，石膏タイル，鋼材などの表面処理や，オフセット，フレキソなどの印刷分野で幅広く利用されている（詳細は，21.5.3 項参照）．

13.5.3　グラフト重合の利用例[3]

電子線，γ線を高分子固体に照射すると，高分子鎖の一部に重合開始点となるラジカルが生じる．ここで別の機能を持ったモノマーが共存すると開始点からモノマーが次々に結合することで新たな機能性高分子鎖（グラフト鎖）が生成する．高分子の種類によらず放射線によってラジカルが生じることから，多くの高分子基材に機能性を接木のように付加することが可能である．繊維，不織布，フィルム，中空紙などいろいろな形態の固体高分子に利用できる．

放射線グラフト重合の最初の産業利用として，1980年代にフィルム状のポリエチレンにアクリル酸をグラフト重合することでアルカリボタン電池など電池用隔膜が製造された．この技術は，耐熱性，耐薬品性の高いテフロンなどのフッ素系フィルムや芳香族炭化水素高分子フィルムなどの基材にポリスチレンスルホン酸誘導体をグラフト重合することで，家庭用や自動車用電源となる燃料電池用の高分子電解質膜の開発に展開されている．ポリエチレン不織布にアクリロニトリルをグラフト重合後，グラフト鎖をアミドキシム基に変換することで，海水中のウランイオンを選択的に吸着できるウラン捕集材が開発されている．実海域での試験で1kg以上のイエローケーキが捕集できることを実証している．一方，ポリエチレンやポリプロピレン繊維に強酸性および強塩基性側鎖を持つ高分子を放射線グラフト重合することで，アニオン／カチオン交換型の不織布が合成できる．これらを組み合わせることで，酸性ガス，塩基性ガスがともに吸着除去できることから，半導体など精密電子機器工場で使用される空気浄化フィルタとして利用されている．

参考文献
1) 幕内恵三：『ポリマーの放射線加工』p.239，ラバーダイジェスト社（2000）．
2) 日本原子力学会 編：『原子力がひらく世紀 第3版』p.124，日本原子力学会（2011）．
3) 日本放射線化学会 編：『放射線化学のすすめ』p.48 学会出版センター（2006）．

13.6　耐放射線性半導体

宇宙や原子力・加速器施設といった放射線環境で用いる半導体デバイスは，一般の半導体デバイスに要求される温度，雰囲気，動作電圧や電流，機械的な振動や衝撃などに対する耐性に加えて，放射線に対する耐性を有する必要がある．

13.6.1　半導体の放射線照射効果

半導体デバイスの放射線照射効果としては，放射線と半導体結晶の弾性衝突により結晶を構成する元素がその格子位置から変位することで特性劣化が生ずる「はじき出し損傷効果」，放射線の持つ電離作用により金属―絶縁膜（多くの場合は酸化膜）―半導体（MISまたはMOS）構造を有する半導体デバイス中の絶縁膜（酸化膜）中に発生した電荷（おもに正孔が影響）が原因で特性が劣化していく「トータルドーズ効果」および，電離作用により半導体中に発生する（電子，正孔の）電荷が引き金となり誤動作や破壊へとつながる「シングルイベント効果」が知られている[1,2]．はじき出し損傷効果とトータルドーズ効果は，入射する放射線の量に応じて半導体デバイスの特性が劣化するが，シングルイベント効果は1個の高エネルギー粒子でも，そのエネルギー付与の大きさによっては発生する．

13.6.2　耐放射線性半導体の開発

炭化ケイ素（SiC）半導体といった新材料半導体を用いることで，宇宙や原子力・加速器施設でも高信頼性，長寿命な半導体デバイスを開発する試みがなされている[3]．図

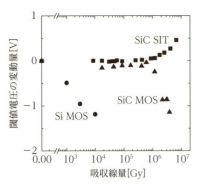

図13.6.1 γ線照射によるSiC MOSFETおよびSITの閾値電圧の変化. 比較としてSi MOSFETの報告値をあわせて示した[4].

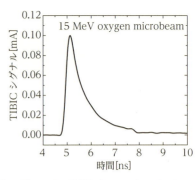

図13.6.2 n型SiC上に作製したMOSキャパシタのTIBICシグナル. プローブイオンは15 MeV酸素イオンを用いた. TIBIC測定中にMOSキャパシタには-15 Vのバイアスを印加している.

13.6.1にSiC MOS電界効果トランジスタ（FET）および静電誘導型トランジスタ（SIT）のγ線照射による閾値電圧（V_T）の変動を示す. 図には比較のためのSi MOSFETの報告値も示している[4]. 図からわかるように, SiCはSiと比べV_Tの変動が小さくMGyレベルまで安定した特性を示すことがわかる. SiCで比べると酸化膜を有するMOSFETのV_Tの変動がMESFETやSITに比べて大きく, トータルドーズ効果の観点からは, 酸化膜がデバイスの弱点となっていることがうかがえる.

13.6.3 加速器を用いた半導体の耐放射線性評価

シングルイベント効果は放射線によって半導体中に発生する電荷が引き金となることから, 半導体デバイス中に重イオンビームが入射した際に誘起される過渡電流を評価することで電荷の伝播挙動を把握し, シングルイベント耐性強化へ役立てる研究が行われている[5]. 図13.6.2にn型SiC上に作製したMOSキャパシタのイオンビーム誘起過渡電流（Transient Ion Beam Induced Current：TIBIC）シグナルを示す. 15 MeV酸素イオンの入射により発生したnsオーダーの過渡電流シグナルを時間積分することで電荷量を, また立ち上がりや立ち下がりの振る舞いから発生電荷の伝播挙動を評価することができる.

参考文献

1) T. Ohshima, *et al.*: "Charged Particle and Photon Interactions with Matters, Recent Advances, Applications and Interfaces" Y. Hatano, *et al.* ed., p. 841 CRC Press, Taylor & Francis Group (2010).
2) 大島 武, 小野田忍:『放射線利用（原子力教科書）』p. 75 オーム社 (2011).
3) T. Ohshima, *et al.*: "Physics and Technology of Silicon Carbide Devices" p. 379, InTech (2012).
4) P. J. McWhorter, P. S. Winokur: Appl. Phys. Lett. 48 133 (1986).
5) J. S. Laird, *et al.*: Nucl. Instr. and Meth. B 181 87 (2001).

14章

物 質 分 析

14.1 概要

　X 線，中性子線，電子線，イオン線などは総称して量子ビーム[1]と呼ばれる．14 章ではこれらを使った分析法の原理を紹介するとともに，工学的応用の例として残留応力測定を，また考古学への応用の例や文化財の分析についても紹介する．さらに，量子ビーム，特に X 線を用いた犯罪物証の鑑定，すなわち法科学への適用についても述べる．

　分析とは測定対象から自然に放出される電磁波（γ 線，X 線，紫外線，可視光，赤外線）や電子線，α 線を検出する受動的な（Passive）分析法と，測定対象に量子ビームを照射し，対象原子と量子ビームとの相互作用によって放出される二次の量子ビームを検出する能動的な（Active）分析法がある．宇宙の様子を調べる天体観測や放射能計測は Passive な分析にあたり，高感度分析，高分解能分析を行うには高感度検出器の開発と光学系の改良に頼るしかない．宇宙から降り注ぐミュオンを利用し，原子炉や火山を通過するミュオンを 2 次元検出器でイメージングを行うことで中の様子を調べるミュオンラジオグラフィー（透視イメージング），また宇宙から降り注ぐニュートリノを検出するスーパーカミオカンデも Passive な分析に分類され，検出器の開発が極めて重要である．

　一方，Active な分析では入射する量子ビームの強度（毎秒あたりのフラックス）あるいは輝度（毎秒あたり，単位面積あたり，単位発散角あたりのフラックス）を大きくすることで検出系の改良と相まって超高感度分析，超高分解能分析が可能になる．

　入射する量子ビームをパルス化し，同時照射するフェムト秒レーザーと同期させることで高い時間分解能の測定が可能になっている．X 線自由電子レーザーでは，数十 fs という超短パルス X 線を試料に照射し，チタンサファイアレーザー照射とのタイミングをずらすことで時間分解構造解析が可能になっている．一方，入射ビームを細く絞って試料上を走査することで，2 次元的な解析，すなわちイメージングが可能になる．電子レンズで収束された電子線を走査する走査型透過電子顕微鏡（Scanning Transmission Electron Microscope：STEM）では 0.04 nm 程度の空間分解能でイメージングが実現している．また，入射 X 線のエネルギーを極限まで選別（分解）して試料に照射することで，試料のエネルギー状態を数百 μeV のエネルギー分解能で識別する分光法や，特殊な X 線分光器と核ブラッグ反射を用いてバンド幅を約 10 neV にした超高エネルギー分解能のメスバウアー分光法が実現している．

　しかし，対象試料に超高輝度の量子ビームを照射すると試料が破壊されてしまう，という事態を引き起こす点に留意する必要が出てくる．つまり，測定自体が対象を変えてしまう，という問題である．例えば，放射光による解析では通常毎秒 10^{11} 個の光子を試料に照射し，試料から放出される X 線，二次電子などを検出するが，X 線自由電子レーザーでは数十 fs のパルスのなかに 10^{12} 個もの X 線光子が入っているため，超分子など放射線損傷を受けやすい試料は壊れてしまうが，「壊れる前に測り終える（probe-before-destroy）」[2]という考え方で実験が進められている．これは STEM による解析においても重要な課題であり，そのため，量子ビームを用いた測定では，測定対象によって入射ビーム強度と検出器の感度，分解能をどのように折り合わせるかを決める，ということが重要になってくる．

　放射光による物質解析については，電子蓄積リングの高輝度化が進むにつれて放出される放射光の輝度が向上し，これまで見えなかったものが見えてきている．すなわち，高感度な分析，ナノビームを用いた局所分析・構造解析，化学反応などや構造相転移のダイナミクスを調べる時間分解解析，さらにコヒーレントな X 線を用いた単分子構造解析などが実現しつつある．

　イオンビーム分析（Ion Beam Analysis：IBA）については，高エネルギーのイオンビームを用いることによってラザフォード後方散乱分光法（Rutherford Backscattering Spectrometry：RBS）で試料中の不純物原子の種類，深さ方向分布や密度を求めることが可能になる．また，反跳粒子検出法（Elastic Recoil Detection Analysis：ERDA）で深さ分布や元素密度を求めることができる．さらに，核反応法（Nuclear Reaction Analysis：NRA）を用いると軽元素の面密度深さ方向分布や格子内位置の決定が可能になる．一方，粒子線励起 X 線分析法（Particle Induced X-ray Emission Spectroscopy：PIXE）を用いると，内殻電離衝突に伴う特性 X 線を検出することで重元素の濃度測

定が可能になる.

中性子による分析・解析については，中性子回折を利用した結晶構造解析，特に磁性材料の解析に大きな威力を発揮している．また，非破壊検査の一種である中性子ラジオグラフィー，中性子を試料に照射した際に放出される即発γ線を検出して多元素同時分析を行う即発γ線分析法（Prompt Induced Gamma-ray Analysis：PGA）は，他の分析手法では検出できない軽元素の分析や極めて高い透過性を利用したバルク分析に大きな特徴がある.

ミュオンビームを用いた分析，特にミュオンスピン回転（Muon Spin Rotation：μSR）法については，正の電荷を持つミュオンを探針とする超伝導体や磁性の研究に応用され，他の手法では得られない情報を提供している．また，半導体における水素同位体の電子状態の研究，水素同位体の化学反応の研究，負電荷を持つミュオンが触媒する核融合の研究などが行われている.

陽電子ビームを用いた分析については，材料の特性を支配する材料中欠陥（原子サイズから nm サイズの空孔やクラスター）の解析に威力を発揮している．特に陽電子が電子と対消滅して放出するγ線を検出することで陽電子の寿命を測定する方法，消滅γ線のドップラー広がりを検出する方法，2光子を位置敏感検出器で検出して角度から運動量分布を求める方法などが行われている．また，陽電子ビームを用いた反射型高速陽電子線回折（Refrection High Energy Positron Diffraction：RHEPD）では試料最表面の構造解析が可能になり，また陽電子消滅励起オージェ電子分光法では最表面の組成分析が可能になる.

電子線は電子レンズでサブナノメートルにまで絞って，さらに偏向電極によって走査することが容易であるため，最も広く分析に用いられている量子ビームである．電子線を試料に入射すると，1）反射電子や二次電子，2）オージェ電子，3）特性 X 線，4）光（ルミネッセンス），5）透過電子，6）回折電子，7）非弾性散乱電子などが放出される．これらを用いた分析法は，それぞれ1）走査電子顕微鏡（SEM），2）オージェ電子分光法（Auger Electron Spectroscopy：AES），3）電子線マイクロアナライザ（Electron Probe Micro Analysis：EPMA），4）カソードルミネッセンス（Cathodoluminescence：CL），5）透過電子顕微鏡（Transmission Electron Microscope：TEM），6）低速および高速電子線回折（Low Energy Electron Diffraction：LEED, High Energy Electron Diffraction：HEED），7）電子エネルギー損失分光法（Electron Energy Loss Spectroscopy：EELS）があり，産業界においても新素材・材料やナノデバイスの開発に不可欠なツールになっている.

これらの量子ビームを用いた分析・解析では前述のように量子ビームの性質が分析の感度，分解能や精度を決定するといっても過言ではない．近年の加速器技術の急速な進展によって量子ビームの品質が向上し，検出器の進歩と相まってこれまで見えなかった微細な構造や電子状態，磁気

状態が明らかになっており，新しい物質科学が切り拓かれようとしている.

参考文献
1) 門野良典，ほか：『量子ビーム物質科学』（KEK 物理学シリーズ第6巻）共立出版（2013）.
2) R. Neutze, *et al.*：Nature **406** 752（2000）.

14.2 放射光を用いた分析

放射光の持つ，1）高輝度性，2）波長連続性，3）パルス性，4）偏光性，5）コヒーレンス性を利用することで，従来の実験室 X 線源を利用した解析に比べて，格段に優れた高感度解析，ナノビーム解析，局所構造解析，時間分解析，磁気構造解析，そして単分子構造解析などが可能になる.

放射光の高輝度性，すなわち高い指向性を利用すると，回折格子を用いた軟 X 線や真空紫外領域の分光特性が格段に向上し，高いエネルギー分解能（$E/\Delta E > 10\,000$）の分光が可能になる．光電子分光法に適用すると，数十〜数 meV のエネルギー分解能で，化学結合や電子状態（超伝導ギャップや様々な素励起）を解析することができる．角度分解光電子分光（Angle-Resolved Photoelectron Spectroscopy：ARPES）によって結晶のバンド構造（エネルギー-波数（運動量）分散）を決定し，理論計算との比較で様々な物性のメカニズムを解明することが可能になる．具体的には真空紫外線や軟 X 線を用いた ARPES により，電子相関が強いためにユニークな物性を示す強相関酸化物の代表選手である Cu 系超伝導体が d-波超伝導であること，また Fe 系超伝導体が s-波超伝導であることが解明され，さらに，巨大磁気抵抗効果を示す Mn 系酸化物の物性起源を解明するのに大きな威力を発揮してきた．一方，高い指向性（平行ビーム）を利用して結晶分光器を2段で使うことにより，50 meV 程度の高分解能を示す硬 X 線光電子分光の測定が可能になり，実デバイスの界面電子状態をそのまま解析できるようになり，電気特性，光学物性，磁気特性などとの相関が明らかになってきた.

さらに，放射光を全反射ミラーの組み合わせ（Kirkpatrick-Baez mirror）や透過型円形回折格子（Fresnel zone plate）を用いることで，軟 X 線〜硬 X 線領域で直径10数〜7 nm のナノビームが実現しており，ナノ領域の X 線回折，X 線吸収微細構造（X-ray Absorption Fine Structure：XAFS），光電子分光など様々なナノ解析法に応用されている.

二つ目の特徴である放射光の波長（エネルギー）連続性を活用すると，X 線吸収分光測定によって元素特有の吸収端から元素分析が可能になる．また，吸収端近傍の吸収スペクトルを詳しく解析することで化学状態分析が可能になり，酸化還元反応の解析に使われている．例えば，リチ

ウムイオン二次電池の特性を大きく支配している正極活物質として，$LiCoO_2$ が実用化されているが，充電によって CoO_2 になるため Co は +4 価に酸化される．放電とともに +3 価に還元される様子が Co K 吸収端の XAFS によって明瞭に捉えられている．さらに吸収端から約 1 keV にわたって吸収スペクトルを測定し，その振動成分（χ）の光電子の波数（k）依存性，すなわち χ-k 曲線をフーリエ変換することで原子間距離，配位数に関する情報が得られる．これを拡張 X 線吸収微細構造（Extended XAFS：EXAFS）と呼ぶ．EXAFS は結晶になっていない物質の局所構造を解析する非常に有効な手段で，放射光による分析の最も大きな特徴の一つである波長可変性を活用している．

さらに，波長可変性を利用すれば共鳴非弾性 X 線散乱法（Resonant Inelastic X-ray Scattering：RIXS）が可能になる．これは，1s 軌道から np 非占有軌道への遷移（おもに硬 X 線を利用），あるいは 2p 軌道から 3d 非占有軌道への遷移（軟 X 線利用）を引き起こす共鳴吸収エネルギーに相当する X 線を照射し，生じた励起状態が緩和する過程で放出する X 線を分光（エネルギー分析）する方法であり，対象とする元素に特有の構造や電子状態を解明するのに最適な手法である．

三つ目の特徴であるパルス性を利用すると，時間分解測定が可能になる．ポンププローブ法は放射光の特徴をうまく活用した手法で，化学反応や構造変化を追うダイナミクスの研究が可能になる．X 線自由電子レーザー（XFEL）は極めて短い発光時間のなかに約 1 兆個もの X 線光子を生成する．この X 線ビームは，空間的な特性がよく揃っているため（高コヒーレンス），効率よく集光したり，X 線回折像に位相を付加することが可能となる．X 線レーザーのパルス幅は 10 fs 程度と見積もられており，放射光の約 50 ps と比べて 3 桁以上も短い．これは物質中で原子が揺動する速度よりも十分速いため，原子を「止めた」状態で観測することができる．

四つ目の特徴である偏光性には，直線偏光（垂直偏光，水平偏光）と円偏光がある．直線偏光を利用することで，表面に吸着した分子の結合姿勢を明らかにすることができる．例えば，Si(111) 表面に吸着した Cl 原子に Cl 1s 軌道の結合エネルギーに相当する直線偏光放射光を Si 結晶に垂直入射させると，1s 電子は np 非占有軌道に励起され，Si-Cl 結合方向に広がる波動関数に遷移する．入射 X 線の電場ベクトルがこの結合軸に対して垂直である場合には，遷移確率はほとんどゼロになり，X 線吸収は抑制されるのに対して，Si-Cl 軸と平行な電場ベクトルを持つ直線偏光を入射すると大きな吸収が得られ，分子配向に関する情報が得られる．また円偏光を利用することで，磁気構造が明らかになる．具体的には，磁気分極（磁化）した材料（例えば，遷移金属化合物）に右円偏光と左円偏光の放射光を照射し，試料中 2p 軌道から 3d への遷移確率が異なることを利用すれば，軌道磁気モーメントとスピン磁気モ

ーメントを分離して求めることができる．これを X 線磁気円二色性（X-ray Magnetic Circular Dichroism：XMCD）という．顕微法と組み合わせることによって磁区構造の磁気イメージングが可能になり，さらにポンププローブ法と組み合わせることで，磁壁の超高速移動（速度は新幹線並み）の観察も可能になり，高速磁気記録デバイス開発に有用な情報が得られる．

また五つ目の特徴であるコヒーレンス（空間コヒーレンスと時間コヒーレンス）を利用することで，従来の解析では不可能であった構造情報が得られる．XFEL は米国スタンフォード大学，および理化学研究所 SPring-8 サイトに建設され，X 線レーザーの高コヒーレンス特性を活かした新しい回折顕微法や X 線光子相関法が実現している．これは単一分子（粒子）の構造の決定や，非晶質状態や液体の局所構造の決定が可能となる．これによって，結晶になりにくい膜タンパク質など，従来解析が困難だった機能物質の構造解析が実現する．今後レーザー光で誘導放射させた seeded XFEL の開発によって，X 線レーザーの質が向上し，物質科学，生命科学に飛躍的進歩をもたらすものと期待されている．

14.3 イオンビーム分析

小型の静電加速器から得られる MeV 領域の指向性かつエネルギー単色性に優れたイオンビームは，あらゆる分野の物質分析（表面における元素の面密度の深さ分布測定）に用いられている．高速イオンビームの利用は，イオンの物質中での軌道が高い直進性を有することから，入射・散乱方向や散乱・反跳粒子のエネルギーを精度よく決定でき，また，物質中でのエネルギー損失が比較的大きいことから高精度の深さ分布分析を可能とする．定量評価を行う際には，二体衝突モデルから得られる運動学的因子（K 因子），相互作用断面積，阻止能，エネルギー損失のストラグリング，表面粗さなどの知識が必要となる．このため分析から得られるスペクトルの解析には，数多くの汎用ソフトが整備されている．

分析ビームには，H，He などの軽イオンおよび重イオンが用いられる．これらを試料に入射し（スポットサイズ：直径数 mm，電流量：数十 nA 程度），試料の原子との衝突相互作用により生じた 1）散乱粒子，2）反跳粒子，3）核反応により放出される粒子（おもに p, α）や γ 線，4）特性 X 線を検出しそのエネルギーを測定する．これら検出されるものにより，それぞれ順に 1）ラザフォード後方散乱分光法（RBS），2）反跳粒子検出法（ERDA），3）核反応法（NRA），4）粒子線励起 X 線分析法（PIXE）と呼ばれている．図 14.3.1 に各分析の概要を示す．これら分析法を用いて精度のよい深さ分布の情報を得るには，まず加速器からのビームを輸送する際に，ビームの指向性とエネルギー単色性を保つ必要がある．典型的な方法とし

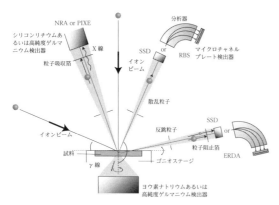

図 14.3.1 各分析法の概要

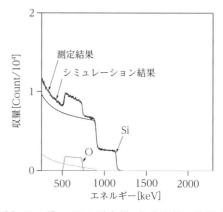

図 14.3.2 SiO$_2$ 膜の RBS 測定例.組成解析の結果は O/Si=2.00±0.08.測定条件は,入射ビーム:2.0 MeV の He^{2+},入射角:8°,散乱角:160°,照射量:80 μC(提供 東レリサーチセンター).

て,入射ビームを 2 対のスリット(1~2 m 程度隔てた数 mm 径のもの)で切り出すことで指向性を高め,これらのスリットのエッジ部分で散乱したビーム(エネルギーを失ったもの)を除去するため,バッフルスリットを試料直前に設置することで単色性を保つことができる.さらに,ビーム径を μm 程度に収束したマイクロビームを用いることで,元素の 3 次元分布の情報を得ることができる.

以下に,各分析法の概略を述べる.

14.3.1 RBS 法

【用途】元素の面密度の深さ分布測定,チャネリング法による結晶性の評価.【入射ビーム】おもに 0.5~2.0 MeV 程度の He イオン.【測定方法】散乱粒子のエネルギー測定(散乱角:165~170° 程度)により,K 因子から元素の質量,散乱粒子のエネルギー損失と強度からそれぞれ深さ分布と密度の情報が得られる.散乱粒子のエネルギー測定には,一般に半導体検出器(空乏層厚 100 μm 程度)を用いる.アニュラー型半導体検出器を用いると散乱角,立体角ともに大きくすることが可能である.スペクトルの質量分解能を向上させるためには,磁場型エネルギー分析器を用いる方法や入射ビームに重イオンを用いる(この際,試料の照射損傷に注意する必要がある)方法がある.また,自己支持型の薄膜試料の分析では,試料を透過した入射イオンを磁場などで偏向して,チェンバー壁で散乱した粒子が検出器に入らないような工夫が必要である.

図 14.3.2 は,単結晶 Si 基板上の SiO$_2$ 膜の組成分析例を示す.分析ビームの He イオンが試料中の Si および O と衝突し,160° 方向に散乱した He イオンのエネルギーを半導体検出器で測定する.この測定では,結晶試料におけるチャネリング現象を避けるため,He ビームの入射方向は,試料面法線に対して 7° ずらしている.スペクトルの形状は階段状になっており,Si 成分は横軸が 900~1 200 keV の段の部分(酸化膜中の Si)と 900 keV 以下の部分(基板の Si)からなり,O 成分は横軸が 500~750 keV の台形の部分(酸化膜中の O)である.スペクトルの各成分の収量を,解析ソフトを使って求め,組成比を決定する.図の例では,SiO$_2$ 膜の組成比は,O/Si=2.00±0.08 と

精度よく決定でき,本手法の有用性を示している.

14.3.2 ERDA 法

【用途】RBS 法で測定不可能な重元素からなる試料に含まれる軽元素(おもに水素)の面密度の深さ分布測定.【入射ビーム】数~数十 MeV 程度の He および重イオン.【測定方法】反跳粒子のエネルギー測定(反跳角:30° 程度)により,K 因子から元素の質量,反跳粒子のエネルギー損失から深さ分布および強度から元素密度が得られる.反跳粒子の検出に半導体検出器を用いる場合,検出器の前に粒子阻止箔(飛程の違いによって粒子の透過を妨げる箔)を設置し散乱粒子が検出器に入らないようにする.深さ分解能を向上するには,反跳粒子のエネルギー測定において,飛行時間法や磁場型エネルギー分析器が用いられる.

14.3.3 NRA 法

【用途】軽元素やその同位元素の面密度の深さ分布測定およびチャネリング・ブロッキング法との組み合わせによる軽元素の格子内位置の決定.【入射ビーム】数 MeV の H,重水素,He イオン.【測定方法】核反応によって放出される粒子(p, α)および γ 線のエネルギーを測定する.核反応には(p, α)や重水素,^{3}He および α 粒子誘起反応が利用され,放出される粒子のエネルギー分布測定から深さ分布を得る.また,エミッションチャネリング法により格子内位置も決定できる.粒子の検出には半導体検出器を用いる.他方,共鳴型の核反応で生じる γ 線の測定によって深さ分布を得るには,イオンのエネルギーを核反応が起こるエネルギー(共鳴エネルギー)より高いエネルギーで試料に入射し,γ 線の収量を測定する.深さ情報は,試料物質中での入射イオンのエネルギーが阻止能に応じて失われ,共鳴エネルギーになる入射イオンの侵入深さに対応する.入射イオンのエネルギーを変えると侵入深さが変わるため,γ 線収量の入射エネルギー依存性を測定し,深さ分

布を得る．このγ線放出分析法は，粒子線誘起γ線分光法（Particle Induced Gamma-ray Emission：PIGE）と呼ばれており，原子番号 Z≤30 の元素の分析に用いられる．γ線の検出には，NaI（Tl）シンチレーターや HP Ge 半導体検出器が用いられる．この測定の精度は入射イオンのエネルギーに依存するが，エネルギー較正（静電加速器の加速電圧測定器（GVM）の較正）を行う際は，1 MeV 以下のエネルギー領域において ^{27}Al あるいは ^{7}Li の薄い試料に対する（p, γ）共鳴反応を利用するとよい．

14.3.4 PIXE 法

【用途】重元素の濃度測定．【入射ビーム】おもに数 MeV の H イオン．【測定方法】内殻電離衝突に伴う特性 X 線のエネルギー測定により，元素の原子番号とその強度から濃度が得られる．特性 X 線の検出には，測定時間の短縮のため半導体検出器（Si(Li)，HPGe）を用いる．このとき検出器の前に吸収箔を設置して散乱粒子が検出器に入らないようにする．この吸収箔の使用により，低エネルギーの X 線の減衰が顕著になり軽元素（原子番号 Z≤13）の分析が困難になる．これを克服する方法として，入射イオンに飛程の短い重イオンを用いることで箔の厚みを薄くでき，低エネルギーの X 線の減衰を減少させることができる．

以上の分析法は，おもに試料を真空散乱槽に入れて行うが，その制限を取り除く方法として，ビームを大気中に取り出す外部ビーム照射法がある．この方法により，真空中で分析できない試料（真空散乱槽に入れることが困難な考古学試料や絵画，揮発性の液体試料など）の分析が可能となり，上記の分析法のなかで，光子の検出を行う PIXE 法や PIGE 法で有用である．このとき，大気に取り出したビームのエネルギー減衰を避けるため，He ガス雰囲気中で行うとよい．

図 14.3.3 は，考古学試料における大気 PIXE 分析例を示す．イオンビームは真空のビームラインから真空窓（カプトン膜，厚さ 10 μm）を透過後大気中に取り出し，試料に入射する．試料からの特性 X 線を Si(Li) 半導体検出器でエネルギー分析する．ビームの取出し口，試料および X 線検出器の周辺は 1 気圧の He ガスで置換している．この分析では，試料に含まれる重元素の分析感度を上げるため，X 線検出器の入り口に吸収箔（Al，厚さ 100 μm を使用）を置いている．これにより，低エネルギーの X 線の検出感度を下げる効果がある．PIXE 分析において検出できる X 線のエネルギー領域は 2〜30 keV 程度であり，軽元素分析では K 殻空孔に伴う X 線（K-X 線）を，重元素の分析では L-X 線を検出する．図の例は，赤色顔料の元素分析を行ったもので，スペクトルには Hg の L-X 線が検出されており，この結果から，顔料に水銀朱が用いられていることが特定できる．

上記の 4 つの分析法で得られたスペクトルを解析するのに用いるおもな汎用ソフトを，表 14.3.1 にまとめる．な

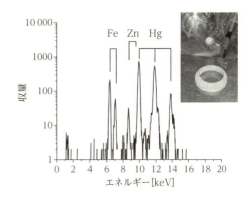

図 14.3.3 出土文化財の大気圧 PIXE の測定例．試料は，古墳出土の石釧（4 世紀）に付着した赤色顔料（協力 奈良国立博物館）．測定条件は，入射ビーム：2.0 MeV の H$^+$，吸収箔：Al，厚さ 100 μm．

表 14.3.1 イオンビーム分析のおもな解析ソフト

名称	用途	入手先
RUMP	RBS, ERDA	http://genplot.com/
SIMNRA	RBS ERDA NRA	http://home.rzg.mpq.de/~mam/
MEISwin	RBS	http://www.ionbeam.hosei.ac.jp/software.html
GeoPIXE	PIXE	http://www.nmp.csiro.au/GeoPIXE.html

お，この他にも多くの解析ソフトがあり，それらソフトの特徴の詳細は参考文献[1,2]を参照されたい．

イオンビーム分析法は，その方法の簡便さから表面分析ツールとして多くの研究開発に用いられている一方で，加速器工学の応用分野を学ぶ人材育成教育などにも有用なものである．今日，イオン源の安定性の向上や大電流化，加速器本体の小型化，加速器の制御や計測システムの自動化などの技術開発が行われており，さらなる汎用性の向上が図られている．

参考文献
1) N. P. Barrada, *et al.*: Nucl. Instrum. Meth. B **262** 282 (2007).
2) IAEA-TECDOC-1342 (2003).

14.4　中性子を用いた分析

中性子ビームを利用した分析・解析技術は，散乱を利用した中性子回折による結晶構造解析，透過を利用した中性子ラジオグラフィー，中性子照射に伴う即発γ線放出を利用する即発γ線分析などに大きく分けられ，様々な研究分野で利用されている．中性子は波の性質を示すことから，ブラッグ散乱の原理を用いた構造解析が可能で，特に電子が少ない元素，水素，リチウム，窒素，酸素などを含む結晶構造の解析に有効であり，リチウムイオン電池内のリチ

ウムや燃料電池内の水の挙動の観察，さらには，水和物を多く含むタンパク質の構造解析などの研究で利用されている[1]．J-PARC物質生命科学実験施設（MLF）には，多数の中性子実験装置が設置され幅広く研究に利用されている．詳細は参考文献に記載のホームページを参照されたい[2]．

14.4.1 中性子ラジオグラフィー[3]

中性子ラジオグラフィーは非破壊検査技術の一手法であり，医療診断あるいは工業分野の検査で用いられるX線ラジオグラフィーと類似した放射線透過検査法である．X線は物質内の核外電子との相互作用により減衰を受けるのに対し，中性子は物質を構成する元素の核そのものと相互作用を起こして減衰する．このため，中性子を用いることにより，X線の減衰が小さい水素，ホウ素，炭素などを含む物質の減衰像が得られる一方で，中性子はX線が透過しにくい鉄，鉛，ウランなどの金属をよく透過することから，これらの金属で構成された物の内部を可視化できる．応用範囲は工学から農学まで及び，ジェットエンジンのタービンブレード，ロケット用火工品の非破壊検査から，コンクリート内のひび割れ部における水の浸透過程（図14.4.1参照）[4]，自動車エンジン内部の潤滑油挙動，植物（根，茎，花，果実）中の水分移動，稼働中の燃料電池内で発生した水分布の可視化など極めて広範囲に利用されている．中性子ラジオグラフィー用の中性子源としては，放射性同位元素，加速器，研究用原子炉などがあり，その中性子ビーム強度，線源の取り扱いやすさなども様々である．J-PARC MLF の核破砕中性子源の登場により高強度のパルス中性子ビームの利用が可能となり，このパルス中性子ビームと中性子飛行時間法を組み合わせることにより，高エネルギーから低エネルギーまでの幅広い中性子エネルギー領域での透過撮影が可能となった．高エネルギーの共鳴領域を使用して撮影することにより，元素識別イメージング，材料内の温度分布の可視化・計測が可能となる一方，低エネルギー領域の中性子を利用して，金属の組成識別イメージングも可能になると期待される．J-PARC MLF の BL22 にエネルギー分析型中性子イメージング装置 RADEN（螺鈿）が建設され，2015年4月から一般利用者への共用が開始された．本装置の利用開始により，上記のエネルギー分析型中性子イメージングを利用した研究が本格的に可能となった．

14.4.2 即発γ線分析[5]

中性子誘起即発γ線分析（PGA）は中性子を試料に照射した際に放出される即発γ線を測定することにより，非破壊で多元素同時分析を行う分析法である．分析法としてよく知られる蛍光X線分析（X-ray Fluorescence：XRF）や粒子線励起X線分析（PIXE）と異なり，使用する中性子の透過力が高く，さらに高エネルギーの即発γ線を検出に利用することから，比較的大きな試料でも試料全体の正確な分析が可能である．特にPGAは，水素，ホウ素，ケイ素，塩素，カドミウム，水銀などの他の分析法では分析困難な軽元素や有害元素のバルク分析に利用されている．

参考文献

1) 社団法人日本アイソトープ協会 編：「中性子回折の基礎と応用」（2009）．
2) J-PARC HP：物質・生命科学実験施設, http://j-parc.jp/researcher/MatLife/ja/instrumentation/ns_spec.html
3) 社団法人日本アイソトープ協会 編：「中性子イメージング技術の基礎と応用」（2009）．
4) 兼松 学，ほか：日本コンクリート工学協会年次論文集 29 (1) 981 (2007)．
5) JRR-3 実験装置・設備一覧 即発γ線分析装置：http://jrr3uo.jaea.go.jp/about/institution/pga.htm

14.5 ミュオンを用いた分析

14.5.1 ミュオンとは

ミュオンは，電子と同じレプトン（軽粒子）の仲間に属する不安定素粒子である．質量は，陽子の1/9，電子の200倍程度で，正と負の電荷を持つ正ミュオン（μ^+），負ミュオン（μ^-）が存在する．世界中に点在するミュオン工場では，低速（表面）ミュオンと高速（崩壊）ミュオンという2種類のミュオンビームが得られる．前者は，陽子ビームライン上に設置された生成標的にいったん止まった正パイオン（π^+）から生まれる．静止したπ^+から生まれ

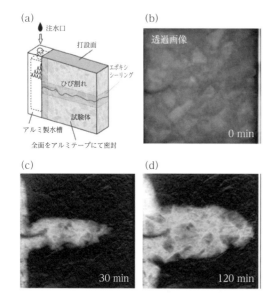

図14.4.1 コンクリートのひび割れ部の水分挙動の可視化．(a)試験体概要，(b)注水直前（0分）の透過画像，(c)注水30分後の透過画像，(d)注水120分後の透過画像．出典：兼松 学，ほか：日本コンクリート工学協会年次論文集：29, 1, pp. 981-986（2007）を改変．

るので，π^+ の運動エネルギーを背負うことなく，最大 4 MeV 程度の低速正ミュオン（μ^+）が得られる．この低速 μ^+ は，打ち込み深さ（飛程）が 0.1～1 mm 程度と短く，実験を行う際に，少量の試料を用意するだけでよいというメリットがある．ユーザーフレンドリーなミュオンビームとして，これまでも様々な物質科学研究に使われてきた．一方，生成標的にいったん止まってしまった π^- は，すぐに原子核に捕獲されるので，残念ながら，負の表面（低速）μ^- は，取り出すことができない．後者は，ミュオン標的で生まれたパイオン（π^+, π^-）を効率よく電磁石で取り込み，エネルギーを選択した後，長尺の超伝導ソレノイド中で効率よく閉じ込めながら飛行させ，崩壊させることで得られる．パイオンの進行方向に放出されたミュオンをフォーワードミュオン，逆向きに放出されたミュオンのバックワードミュオンと呼ぶ．低速（表面）ミュオンと比べて，エネルギーの高いミュオンビーム（μ^+, μ^-）が得られる．図 14.5.1 に低速（表面）ミュオンと高速（崩壊）ミュオンという 2 種類のミュオンの発生の原理図を示す．

14.5.2 ミュオンビームによる各種分析

ミュオンビームを用いて，物性材料研究，ミュオン触媒核融合などの先端的な研究をはじめ，素粒子物理学，原子核物理学，原子分子物理等の基礎的研究，化学，生物学，医学，産業利用への応用と幅広い学際領域にわたる科学研究，分析を展開することができる．

a. 正ミュオン（μ^+）スピン探針として

低速（表面）ミュオンや高速（崩壊）ミュオンビームは 100％ スピン偏極している．これは，パイオンからミュオンとニュートリノへの 2 体崩壊する際に，ニュートリノがヘリシティ（右回りか，左回り）を持つためである．物質中に注入されたとき，ミュオンは 100 万分の 2 秒で崩壊し，ミュオンのスピンの方向に選択的に，陽電子（μ^+ の場合）あるいは電子（μ^- の場合）を放出する．ミュオンのスピンは，止まった場所の微視的な磁場を感じて，独楽のように首振り運動（ラーモア歳差運動）を始める．微視的な磁場によってスピンの向きが回転する振る舞いは，スピンの向きに非対称に放出される電子/陽電子の時間発展を測定することにより観測することができる．これが「原子スケールの方位磁石」の性質を利用した μSR 法と呼ばれる研究手法の原理である（図 14.5.2）．局所磁場とそのゆらぎを研究するための鋭敏なプローブで，1 ボーア磁子の常磁性スピンのゆらぎを観測する典型的な時間スケールは 10^{-9}～10^{-5} s 程度である．この測定レンジは中性子散乱（10^{-9} s<）と NMR（10^{-5} s>）の間に位置している．補完的でユニークな時間スケールの情報を知ることができる微視的プローブとして，μSR 法は磁性，高温超伝導，臨界現象におけるゆらぎなど，様々な研究分野に応用されてきた[1]．特に，J-PARC MUSE では，パルス状の大強度ミュオン（25 Hz）が得られるので，海外の他のミュオン施設では難しいゆっくりとした緩和や，より微少な磁場の観測，さらには微少な試料での実験が短時間で可能である．図 14.5.2 に，パイオン崩壊とミュオンの偏極，μSR 法の基本原理を示す．

b. 正ミュオン（μ^+）水素の同位体プローブとして

正ミュオンは，物質のなかでは，ユニークな電子状態，正のミュオンが電子と結合したミュオニウム（μ^+e$^-$；記号 Mu）を形成することがある．Mu は，ボーア半径もイオン化ポテンシャルも水素原子とほとんど変わらない．正ミュオンの質量が陽子の 1/9 であっても換算質量がほとんど変わらないからである．水素の軽い同位体である Mu の物質中での挙動を研究することにより，ミクロな視点で，孤立した水素のダイナミクスを調べることができる．その代表的な研究例が，半導体試料中に含まれる水素不純物の電子状態の研究である．ZnO や GaN などの II-VI および III-V 半導体は，経験的に n 型電導を示すことが知られていた．その起源が，浅い準位の水素であることが，初めてミュオンの研究で明らかにされた（図 14.5.3[2]）．ZnO 中では，ボーア半径の 20 倍以上の半径を持つ，浅い準位の Mu が存在することを実験的に発見されたことがきっかけであった．

c. 負ミュオン（μ^-）による研究，非破壊分析法として

負の電荷を持つ μ^- は，電子より 200 倍も重いので，原子に捕獲・束縛される過程で，電子の場合に比べて 200 倍もの高いエネルギーの特性 X 線を放出する．この特性 X

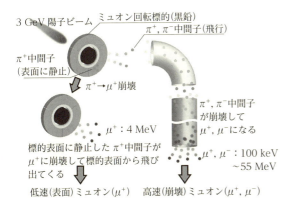

図 14.5.1　低速（表面）ミュオンと高速（崩壊）ミュオンの発生原理

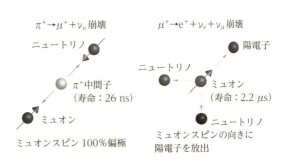

図 14.5.2　パイオン崩壊とミュオンの偏極，μSR 法原理

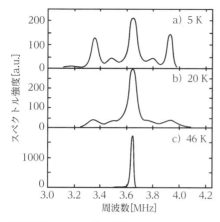

図 14.5.3 ZnO での浅い準位のミュオニウム信号

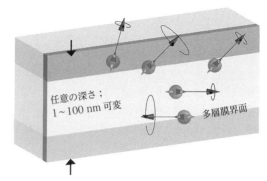

図 14.5.5 超低速ミュオンが拓く表面,界面の研究

図 14.5.4 負ミュオン非破壊測定の基本原理

線は物質の奥深くで発生した場合でも,エネルギーが高いゆえに,透過力が高く,外部で検出しやすいという,自己吸収効果フリーなユニークな特徴を有している.蛍光分析では感度が悪いナトリウムより軽い元素も容易に検出することができる所以である.本手法の第一の特徴は,軽い元素から重い元素に至るまで,非破壊で同時に調べることができることだといえる.第二の特徴は,物質内部の 3 次元的元素分析が可能であるということだ.μ^- の入射エネルギーを調節することによって,深さ方向の元素の分布を調べることができる.J-PARC MUSE では,ミュオン原子X線法の非破壊分析手法としての性能を調べるために,天保小判や青銅銭の非破壊元素分析の試験研究[3]などが始められている.また,隕石や,考古学上,壊すことができない貴重な遺物の非破壊元素分析としてユーザー実験が行われつつある.図 14.5.4 に,負ミュオン非破壊測定の基本原理を示す.

d. **超低速ミュオン 表面・界面スピンプローブ**

超低速 μ^+ は,深さ 1 nm の極々表面近傍から深さ 200~300 nm に至る物質内部(バルク)まで,任意の深さに打ち込むことができる.表面近傍から固体内部まで連続的に電子状態を調べるスピンプローブとして,表面近傍の磁性や,超伝導体の磁場侵入長等を調べることができる(図 14.5.5).しかも,スピンの向きをスピンローテータで任意の向きに揃わせることができるので,スピントロニクス研究にも多大の貢献が期待されている[4].

e. **超低速ミュオン 微少試料のプローブ**

超低速 μ^+ は元々,2 000 ℃(=0.2 eV)のタングステンから蒸発してくる熱エネルギー Mu から得られるので,横方向のエネルギーが 0.2 eV でしかなく,エミッタンスが極めて小さいという特徴を持っている.それゆえに,ビームサイズも,30 kV の加速で,ϕ2 mm,10 MV の加速で,ϕ 数 μm くらいまでは絞ることができる.したがって,これまではミュオンでは調べ得なかった μg 程度の微小単結晶試料を研究対象とすることが可能となるだけでなく,試料をピンポイントで観察する顕微鏡的な使い方も期待される.

参考文献

1) A. Schenck : "Muon Spin Rotation Spectroscopy" Adam Hilger Press (1985).
2) K. Shimomura, et al. : Phys. Rev. Lett. **92** 135505 (2004).
3) K. Ninomiya, et al. : Bull. Chem. Soc. Jpn. **85**(2) 228 (2012).
4) 三宅康博,ほか:固体物理 **44**(11) 855 (139) (2009).

14.6 陽電子を用いた分析

14.6.1 陽電子による材料分析[1-3]

陽電子は,材料の微小欠陥・空隙の高感度プローブとして利用されている.材料中の原子~nm サイズの微小空隙(金属や半導体中の原子空孔・空孔クラスタ・ボイド,高分子中の自由体積空孔など)は,材料の特性や機能性に影響を与えるため,材料開発ではこれらの評価が重要である.微小空隙のサイズと濃度は,陽電子寿命や消滅 γ 線エネルギー分布を測定することで評価できる.陽電子は,消滅 γ 線角度相関法による高精度電子運動量分布分析,ビーム回折法による表面構造分析,スピン偏極法による電子スピン状態分析,陽電子消滅誘起オージェ電子分光法による表面組成分析などにも利用されている.

14.6.2 陽電子生成と材料への入射[1,2]

陽電子は，放射性同位元素（RI）のβ^+崩壊や，高エネルギーX線の対生成反応で生成する．生成直後の陽電子は，~1 MeV程度のエネルギー広がりを持ち，材料に入射すると0.1～1 mmの深さに到達するので，バルク材の分析に利用できる．

減速材によりエネルギー広がりを数eV程度にした陽電子を低速陽電子と呼び，低エネルギービームとして試料に入射することで，表面近傍（表面～数μm）・界面・薄膜の分析ができる．低速陽電子ビームは~10 μm程度の径に収束することで，微小試料の分析にも利用できる．

また，透過力の高いX線を材料に照射して，陽電子を内部に生成することで，材料深部（数十 mm）の分析が可能である．

14.6.3 陽電子生成のための加速器

a. イオン加速器[1,2]

陽電子放出核の生成に，イオン加速器が利用される．サイクロトロンで陽子や重陽子を10～数十 MeVに加速し，核反応によりRIを生成する．代表的なRIには^{11}C，^{22}Na，^{21}Al，^{27}Si，^{68}Geなどがある．陽電子源にRIを利用することの利点は，加速器のない施設においても，RIを持ち込むと小さな装置でも実験できること，またスピン偏極法の実験が容易に行えることである．

b. 電子加速器[4,5]

対生成反応による陽電子発生には，電子加速器（直線加速器・小型加速器・マイクロトロン・超伝導加速器・放射光施設）を利用する．図14.6.1に，電子加速エネルギーと発生できる低速陽電子ビーム強度の関係を示す[4]．電子加速エネルギー数十 MeV・照射パワー数百 kWの電子加速器を用いれば，RIを用いる場合と比べ~100倍強度の大きな低速陽電子ビーム（~$10^7 s^{-1}$）を発生できる．10 MeV以下の低エネルギー電子加速器は，陽電子生成効率は低いが，装置が放射化しないなどの利点がある．なお，生成する陽電子の時間構造（パルス幅・パルス間隔）は，電子ビームの時間構造とほぼ同じである．

図14.6.2は，電子加速器を用いた低速陽電子ビーム利用装置の典型的な概略図である[5]．陽電子発生部周辺は，バックグラウンド放射線量が高く計測には向かないため，低速陽電子をソレノイド磁場などで線量が十分低い測定室まで輸送し利用する．陽電子ビームラインは，実験時に用いる光学系（パルス化装置・収束レンズ・静電加速管など）を備えている．

参考文献

1) 日本アイソトープ協会 編：陽電子の科学（1993）．
2) 陽電子科学会 編：陽電子科学（2013年9月より年2回発刊）．
3) 産業技術総合研究所：産総研TODAY，特集「陽電子をプローブとしたナノ材料評価技術」14-9（2014）．
4) B. E. O'Rourke, et al.: Rev. Sci. Instr. 82 063302 (2011).
5) N. Oshima, et al.: Rad. Phys. Chem. 78 1096 (2009).

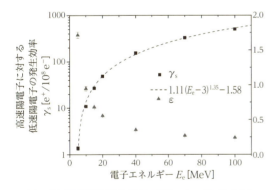

図14.6.1 低速陽電子発生効率の電子エネルギー依存性[4]

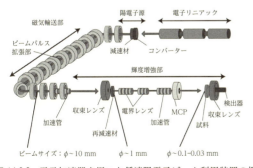

図14.6.2 電子加速器を用いた低速陽電子ビーム利用装置の概略図[5]

14.7 電子線マイクロアナライザ，超高圧電子顕微鏡

電子線を用いた分析法は，電子線が試料に入射されたときに発生する情報媒体としての信号をどのように検出するかによって分類される．図14.7.1に示すように，これらの信号には，電子，X線，光子などがあり，形態や原子構造に関連する信号と化学組成や化学結合に関連する信号に分けられる．どの信号を検出するかによって入射する電

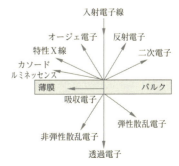

図14.7.1 電子線が試料に入射したときに発生する情報媒体としての信号

子線のエネルギーも異なる．

以下に，代表的な電子顕微鏡，電子エネルギー分光，電子回折，X線分光，電子線マイクロアナライザ（Electron Probe Micro Analyzer：EPMA）を例に挙げて，検出信号の種類とその発生に必要な入射電子のエネルギーについて概説する．

透過電子顕微鏡（Transmission Electron Microscope：TEM）は，薄膜試料に電子線を入射し，透過電子，弾性散乱電子をレンズにより結像して，内部微細組織・構造を観察する手法である．入射電子のエネルギーは100～300 keVが一般的であるが，それが500 keV以上のTEMを超高圧電子顕微鏡（High Voltage Electron Microscope：HVEM）という．走査電子顕微鏡（Scanning Electron Microscope：SEM）は，収束した電子線を走査し，試料表面近傍から発生する二次電子や反射電子を検出器により測定して，試料表面近傍の形態や構成元素の違いを結像観察する手法である．入射電子のエネルギーは100 eV～30 keVが一般的である．電子エネルギー損失分光（Electron Energy Loss Spectroscopy：EELS）は，入射電子線が薄膜試料を透過，あるいは試料表面から反射するときにエネルギー損失した非弾性散乱電子をエネルギー分析器により測定して，元素，化学状態や分子の振動状態を分析する手法である．電子回折（electron diffraction）は，入射電子線が薄膜試料を透過，あるいは試料表面から反射するときに回折した弾性散乱電子，あるいは非弾性散乱電子の分布を測定して，結晶の構造解析をする手法である．透過電子による電子回折は，TEMの一つの手法として結晶内部の構造解析に用いられる．一方，反射電子による電子回折には，低速電子回折（Low Energy Electron Diffraction：LEED）や反射高速電子回折（Reflection High Energy Electron Diffraction：RHEED）があり，いずれも結晶最表面の構造解析に用いられ，入射電子のエネルギーは，前者においては20～200 eV，後者においては10～30 keV程度が一般的である．

エネルギー分散型X線分光（Energy Dispersive X-ray Spectroscopy：EDS）は，入射電子線によって励起される特性X線を半導体X線分光器により測定して，元素分析する手法である．同様に，波長分散型X線分光（Wavelength Dispersive X-ray Spectroscopy：WDS）は，特性X線を分光結晶と気体電離を利用した比例計数管により高い分解能で測定して，元素分析する手法である．これらの手法は，電子顕微鏡の分析器として用いられ，入射電子のエネルギーは，組み合わせる装置による．EPMAは，光学顕微鏡に加えて，SEMとWDSを複合化して，試料表面近傍の形態観察と元素分析や化学状態分析する手法である．

本節では，このなかでも元素分析に多方面で利用されているEPMA，および薄膜中の微細構造解析に有効な超高圧電子顕微鏡を取り上げて，以下に詳細に解説する．

14.7.1 電子線マイクロアナライザ（EPMA）

各種分析法の中で，汎用的に試料の情報を得る代表的な手法の一つがEPMAである．分析においては，試料をマクロからミクロなスケールにまで遡って情報を得ることが重要である．図14.7.2に模式的に示すように，EPMAは光学顕微鏡，SEM，WDSを複合化した装置であり，試料表面近傍の形態観察と各場所に対応した化学組成分析を，高い精度で行うことができる．電子銃から放出された電子は加速され，電子線は収束レンズや対物レンズにより，nmオーダーのサイズで試料に照射される．SEM像を得るために，電子線を2次元的に走査する走査コイルが内蔵されている．二次電子検出器の構成はSEMと類似している．また，光学顕微鏡の視野中心と電子線の照射位置が同一になるように設計されており，光学顕微鏡の観察視野と同一箇所を分析できる．

図14.7.3に示すように，WDSで用いられる分光結晶は，結晶面の曲率をローランド円の直径で湾曲させ，結晶表面をローランド円の半径で研磨したヨハンソン型結晶である．分光結晶に入射した特性X線は，ブラッグ回折条件により反射されて検出器に入る．検出器は，キセノンやクリプトンを封入したガス封入型と，アルゴンとメタンの混合ガスを流すガスフロー型の気体電離を利用した比例計数管である．

入射電子線は1段の直流加速によって発生される．観察や分析の条件に応じて，入射電子線のエネルギーを変化させることが必要である．像観察に用いる二次電子のエネ

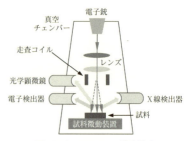

図14.7.2　EPMAの基本構成

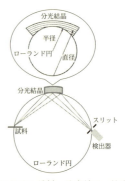

図14.7.3　WDSにおける試料，分光結晶，検出器の配置とヨハンソン型分光結晶

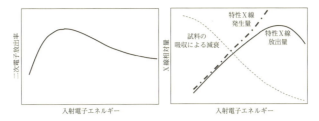

図 14.7.4 二次電子放出率と特性 X 線放出量における入射電子エネルギー依存性

ギーは約 50 eV 以下であり，その試料表面からの脱出可能な深さは，入射電子のエネルギーや構成される元素の種類によって異なるが，数 nm 以下である．図 14.7.4 に模式的に示すように，二次電子の放出率は入射電子エネルギーに依存して変化し，100～2 000 eV に最大値をとる．しかし，二次電子の放出率は原子番号により大きくは変化しない．一方，元素分析に用いる特性 X 線の発生量は，入射電子エネルギーが大きくなるとともに増大する．しかし，入射電子はエネルギーが大きくなると試料内部への侵入深さが増えるために，内部で発生した X 線が表面から脱出するまでの過程で吸収されて減衰する効果により，あるエネルギーで最大値をとる傾向にある．特に軽元素に関しては，この効果が顕著である．

14.7.2 超高圧電子顕微鏡（HVEM）

TEM の中で世界最高加速電圧の装置は 3 MV の HVEM である．図 14.7.5 に大阪大学に設置されている HVEM の外観を示す．上部のタンク中には高電圧発生装置と加速管が収納されており，絶縁ガスによって封入されている．高電圧発生装置は，コッククロフト-ウォルトン回路からなり，35 段の直流加速の多段加速管により，高エネルギー電子線を発生する．下部には収束レンズ，対物レンズ，試料室，中間・投射レンズを配置し，シンチレータを CCD カメラによって撮影して像検出する．

HVEM は開発当初，空間分解能向上に貢献してきた．TEM の分解能限界 d は，$d = 0.65 C_s^{1/4} \lambda^{3/4}$（ここで，$\lambda$ は電子線の波長，C_s は球面収差係数）によって表され，加速電圧を上げて電子線の波長を短くすることで分解能を向上させて利用されてきた．しかし，近年，収差補正レンズが開発されて，球面収差係数を小さくすることが可能になったため，その重要性は従来に比べて低くなった．分解能の低下は，高電圧発生装置における電子のエネルギー変動や，試料を透過した電子がエネルギーの一部を損失することにより生じる電子線のエネルギー変動も，原因として挙げられる．こうした効果による分解能の低下を色収差という．色収差による円盤状のぼやけの半径 Δr_c は，$\Delta r_c = C_c \alpha \Delta E/E$（ここで，$C_c$ は色収差係数，α は散乱角，E は加速電圧，ΔE は電子のエネルギー変動）によって表される．HVEM においては，加速電圧 E が汎用 TEM に比べて数倍以上大きいため，同一の試料においても，色収差によるぼやけを少なくすることができ，この効果は試料が厚

図 14.7.5 加速電圧 3 MV の超高圧電子顕微鏡の外観

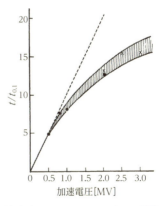

図 14.7.6 加速電圧 100 kV の TEM によって観察できる試料厚さ $t_{0.1}$ に対して観察可能な試料最大厚さ t の加速電圧依存性

くなると顕著になる．

試料に対する電子線の高い透過能は，HVEM の最大の特徴である．図 14.7.6 は加速電圧 100 kV の TEM によって観察できる試料厚さ $t_{0.1}$ に対して，観察可能な試料最大厚さ t の加速電圧依存性を示している．加速電圧 2～3 MV においては，加速電圧 100 kV の TEM に比べて，10～15 倍の厚さの試料を観察することが可能になる．

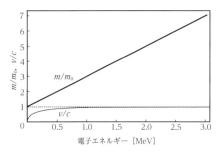

図 14.7.7 電子のエネルギーを関数とした光速 c に対する電子の運動速度 v の比,ならびに電子の静止質量 m_0 に対する運動時の質量 m の比

電子の持つ波動性は,エネルギーが増大するとともに粒子性を帯び,2 MeV 以上のエネルギーでは粒子性の特徴が顕著となる.図 14.7.7 は,光速 c に対する電子の運動速度 v の比,ならびに電子の静止質量 m_0 に対する運動時の質量 m の比をエネルギーの関数として示す.これによると,3 MV クラスの HVEM においては,光速に近い電子の質量は,相対論効果により静止質量の 7 倍程度にまで増大する.この性質を利用すると,電子照射により個々の原子を変位させることができ,このはじき出し効果により物質と電子の相互作用を研究することが可能である.

参考文献
1) 日本電子顕微鏡学会関東支部 編:「走査電子顕微鏡」共立出版(2000).
2) 保田英洋:顕微鏡 46 1 (2011).
3) H. Fujita, et al.: Jpn. J. Appl. Phys. 11 1522 (1972).

14.8 放射光 X 線と中性子による残留応力測定

残留応力は疲労強度や応力腐食割れなどの材料の強度特性に影響するため,その評価・制御は機械・構造物の強度信頼性確保に極めて重要である.結晶質材料における残留応力測定には,X 線回折に基づく X 線応力測定法が広く用いられている.基本原理はこれと同じながら,測定プローブとして実験室 X 線の代わりに放射光 X 線あるいは中性子を用いると,実験室 X 線では実現困難な種々の条件下での残留応力測定が可能となる.ここでは,放射光 X 線および中性子による応力測定の基本原理と,特徴および応用例を述べる.

14.8.1 応力測定原理

放射光 X 線および中性子による応力測定の基本原理は,結晶における回折現象に基づいている.回折条件は式(14.8.1)に示すブラッグの式で与えられ,これを利用して結晶格子面間隔 d を求める.

$$n\lambda = 2d\sin\theta \tag{14.8.1}$$

ただし,λ は波長,θ はブラッグ散乱角である.結晶格子面の垂直ひずみ ε は,基準となる格子面間隔を d_0 として式(14.8.2)で定義される.なお,ひずみ ε は弾性ひずみであり,その方向は散乱ベクトル方向である.

$$\varepsilon = \frac{d-d_0}{d_0} \tag{14.8.2}$$

測定対象が多結晶体でかつ結晶方位がランダムであれば,巨視的には等方弾性体と仮定でき,その応力-ひずみ関係は式(14.8.3)で表される.

$$\sigma_x = \frac{E}{(1+\nu)(1-2\nu)}[(1-\nu)\varepsilon_x + \nu(\varepsilon_y+\varepsilon_z)]$$
$$\sigma_y = \frac{E}{(1+\nu)(1-2\nu)}[(1-\nu)\varepsilon_y + \nu(\varepsilon_x+\varepsilon_z)]$$
$$\sigma_z = \frac{E}{(1+\nu)(1-2\nu)}[(1-\nu)\varepsilon_z + \nu(\varepsilon_x+\varepsilon_y)]$$
$$\tau_{xy} = \frac{E}{2(1+\nu)}\gamma_{xy},\quad \tau_{yz} = \frac{E}{2(1+\nu)}\gamma_{yz},\quad \tau_{zx} = \frac{E}{2(1+\nu)}\gamma_{zx}$$
$$\tag{14.8.3}$$

強度評価上重要な応力は主応力であり,主軸方向があらかじめ決定できれば,その直交三方向の垂直ひずみを測定することで,式(14.8.3)の初めの三つの式より主応力成分が求められる.式(14.8.3)のヤング率 E とポアソン比 ν は,結晶の弾性異方性に起因して回折面ごとに異なり,機械的試験で求まるバルク平均値とは一般に異なる.なお,回折法では,測定原理上明らかなように,残留応力のみならず,熱負荷や機械的外力などによって発生する負荷応力も同様に測定可能である.

14.8.2 放射光 X 線応力測定

放射光 X 線を用いて,式(14.8.1)から結晶格子面間隔 d を求める実験方法には次の 2 種類がある.一つは,白色ビームを分光器で単色化して試料に入射し,回折角 2θ を測定して式(14.8.1)から d を求める角度分散法である.もう一つは,白色ビームをそのまま用いる方法であり,2θ を固定して,回折するビームの波長(実際には波長と対応するエネルギー)を測定して d を求める.こちらはエネルギー分散法と称されている.図 14.8.1 に,角度分散法による放射光 X 線回折装置のレイアウトを示す.入射スリットと受光スリットとで測定領域を制限し,試料ステージで試料を走査することで,試料内のひずみ分布が測定できる.

SPring-8 などの大型放射光施設で得られる放射光 X 線は,輝度が実験室 X 線の約 8 桁高く,また,高エネルギー,高平行性という特徴も有する.これを生かして微小部や内部(例えば,鉄鋼材料では表面から数 mm くらいの深さまで)の測定ができ,また,時分割測定にも適している.具体的には,炭素繊維におけるサブミクロン領域のひずみ測定[1],き裂先端近傍の応力分布測定[2],ピーニングなど表面処理材の残留応力深さ分布測定[3],溶接進行中の応力形成過程のその場測定[4]などが実施されている.さらに,放射光ビームを結晶粒径以下まで細く絞り,多結晶中

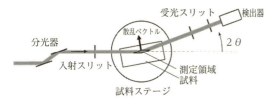

図14.8.1 放射光X線回折測定装置のレイアウト例（角度分散法）

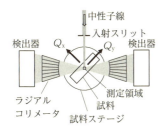

図14.8.2 応力測定用パルス中性子回折装置のレイアウト例

の各結晶粒あるいは結晶粒内のひずみ分布測定も実施されている[5].

14.8.3 中性子応力測定

中性子応力測定でも放射光の場合と同様に，白色ビームを単色化して用いる角度分散法と，白色ビームを用いる方法（飛行時間法）とがある．前者は原子炉で発生する定常中性子を用い，後者では加速器により発生するパルス中性子を用いる．図14.8.2 は，応力測定用のパルス中性子回折装置のレイアウト例である．回折角90°に設置した左右の検出器により，二つの散乱ベクトル方向（Q_x, Q_y）のひずみを同時に測定できる．測定領域は入射スリットと検出器前面のラジアルコリメーターとで制限する．

パルス中性子を用いた飛行時間法では，中性子が発生してから試料に到達して回折線が検出されるまでの飛行時間 t（Time of Flight：TOF）を測定する．ある中性子の飛行速度はその中性子のエネルギー，したがってまた波長と対応するため，式(14.8.1)から d が求められる．ただし，ひずみは式(14.8.4)のように t でも表されるので，実際には波長に変換する必要はない．

$$\varepsilon = \frac{d-d_0}{d_0} = \frac{t-t_0}{t_0} \qquad (14.8.4)$$

中性子は物質透過能が高く，放射光X線よりもさらに材料深くまで侵入する．例えば50 mm厚さの鉄鋼材料内部の応力分布測定ができる[6]．ただし，輝度が比較的低いため，$1 \sim 10$ mm^{3}程度の測定体積が必要である．このことから，中性子応力測定は，比較的大型の機械・構造物の内部残留応力分布測定に広く利用されており，プラント配管溶接部[7]，自動車や航空・宇宙機のエンジン部品[8,9]などに適用されている．また，回折法では，複合材料の各相のひずみ測定が可能[10]で，また，ひずみに限らず相変態や集合組織[11]など結晶学的パラメータが容易に得られることから，各種構造材料の微視組織形成機構の検討にも用いられている[12]．

参考文献

1) D. Loidl, et al.：Phys. Rev. Lett. 95 225501（2005）.
2) A. Steuwer, et al.：Nuclear Instruments and Methods in Physics Research Section B 238 200（2005）.
3) 菖蒲敬久, ほか：材料 58 588-95（2005）.
4) 辻 明宏, ほか：材料 65(9) 665（2016）.
5) W. Pantleon, et al.：Poulsen Materials Science and Engineering A 524 55（2009）.
6) H. Suzuki, et al.：Nucl. Instrum. and Methods A 715 28（2013）.
7) 鈴木裕士, ほか：溶接学会論文集 29(4) 294（2011）.
8) 林 眞琴, ほか：材料 60(7) 624（2011）.
9) 升岡 正, ほか：日本航空宇宙学会論文集 58(680) 254（2010）.
10) M. Ojima, et al.：Scripta Materialia 66 139（2012）.
11) P. G. Xu, et al.：Materials Transactions 53 1831（2012）.
12) M. Koo, et al.：Scr. Mater. 61 797（2009）.

14.9 文化財の分析

放射光や粒子線は，非破壊で様々な分析に利用できることから，考古遺物や文化財資料（以下，一括して「文化財」と表記）の研究にも広く応用されている[1]．文化財は基本的に固体試料であるが，その材質は無機物から有機物まで，あるいは結晶質から非晶質まで多種多様であり，さらにその研究目的もまた様々である．そのため，今日までに放射光・粒子線を用いたあらゆる分析法が文化財へと利用されてきたといっても過言ではない．また指向性の高い放射光・粒子線ビームは1 μmレベル，あるいはそれ以下に収束させることができ，マイクロビームとして微小領域の分析が可能となる．顔料1粒子の同定や，元素分布の可視化など，文化財中のミクロな領域の情報を非破壊で分析するためには，放射光・粒子線の利用が不可欠である．

まず粒子線を用いた物質分析法のなかでは，もっぱら粒子線励起X線分析法（PIXE）および中性子放射化分析法（Instrumental Neutron Activation Analysis：INAA）による化学組成分析が，文化財への研究に利用されている．PIXEとINAAは，加速器を用いた数ある分析のなかでも非常に早い段階から，文化財の研究へと応用されてきた．文化財の持つ化学組成情報は使用された原料の種類や産地を反映するため，その起源や製法などを推定するうえで極めて重要な知見となる．また一般的に主成分・副成分元素よりも，原料の不純物として含まれる微量元素のほうが特性化に有効な指標となるため，文化財のPIXEおよびINAAによる研究では，実験室系分析装置では非破壊での検出が困難な微量重元素に着目することが多い．特にPIXEは，イメージング分析により化学組成の2次元分布情報を可視化したり，ラザフォード後方散乱分光法

(RBS) と組み合せたりと，文化財研究における応用幅が広い．しかしながら，粒子線を用いた分析は一般的に真空中で行われるため，文化財の材質や大きさによっては，非破壊での適用が困難な場合もある．

放射光の文化財への応用例は枚挙にいとまがない．なかでも放射光硬 X 線は，大気中で非接触の分析に利用できることから自由度が高く，文化財の研究において非常に強力なツールとなる．特に蛍光 X 線分析（XRF）による化学組成分析に，X 線回折分析（XRD）による結晶相同定や X 線吸収微細構造分析（XAFS）による化学状態分析を組み合わせた複合的な分析を行うことで，文化財を壊すことなく非常に多くの情報を得ることが可能となる．またマイクロビーム X 線を用いることで，先述した PIXE と同様にイメージング分析を行うことも可能である．X 線領域に限らず，放射光赤外分析による古代繊維の研究など，さまざまな波長領域の光が文化財研究へと利用されており，もはや「放射光考古学」という一学問分野が形成されつつあると言っても過言ではないだろう．

こうした物質分析の他にも，透過 X 線 CT や中性子線透過撮影などの内部構造分析も，文化財の研究に利用されている．また，放射光や粒子線を用いた分析によって文化財の劣化や変質の原因を突き止め，保存修復へと還元するといった研究も行われている．

実際の文化財研究への応用例として，19 世紀の著名な画家であるゴッホにより描かれた絵画の研究を紹介する．Dik ら[2]は，ゴッホの描いた風景画を放射光施設へと持ち込んで，非破壊でマイクロビーム XRF イメージング分析を行い，その下地に現在の絵と全く異なる人物画が描かれていたことを明らかにした．さらに XRF による組成情報に，X 線吸収端近傍構造分析（X-ray Absorption Near Edge Structure：XANES）から推定した各元素の化学状態の情報を複合して，使用された顔料の種類を推定し，絵画を壊すことなく下地の人物画を再現することに成功している（図 14.9.1）．

このように放射光や粒子線は，その応用幅の広さも相まって，今日の文化財研究における重要な分析ツールの一つとなりつつある．また一般市民にとって，最先端の加速器技術の重要性および有用性を等身大で理解できる格好の実例でもある．その一方で，貴重な文化財を実験施設まで持ち込むことは容易ではなく，考古学者を始めとする文系研究者らとの協力関係が必要不可欠な，まさしく文理融合型の研究である．しかしながら，実験操作や解析は文系研究者にとって敷居が高く，文化財は，放射光・粒子線ユーザーにとっては分析対象の一つとして認識されているものの，文化財を扱う研究者側から見た場合に，放射光・粒子線が研究手法として普及しているとは必ずしもいえないのが現状である．双方向的な理解を目指した協力体制の構築と，さらなる応用が期待される．

参考文献
1) 中井 泉：放射光 15 234（2002）．
2) J. Dik, *et al.*: Analytical Chemistry 80 6436（2008）．

14.10 法科学への適用

犯罪は，人間が過去におこした行動的事実であり，犯罪には必ず犯人がいて，一つの真実が存在する．したがってその解明は「科学」である．刑事裁判で，加害者を特定し刑罰を与えるためには，加害者の犯罪行動を立証することが必要である．犯罪現場に残された証拠物質から犯罪をだれが，いつどこでどのように犯したかを科学的に解明するのが科学捜査である．法科学は法医学などの広汎な分野を含むので，ここでは物質分析の対象となる法化学を扱う．物質には歴史（物質史と呼ぶ）があり，その起源と履歴に関する物質史の情報が，主成分，微量成分，結晶構造，化学状態，分子構造，同位体組成などとして物質に内在しており，その情報を高感度な分析により読み解くことが可能である[1]．このとき，主成分組成，微量成分組成は蛍光 X 線分析で，結晶構造情報は X 線回折法，化学状態は XAFS，分子構造は赤外分光法等で得られることから，放射光が分析の優れたプローブとなる．同位体組成は質量分析により得られるので，加速器の応用分野の一つである．

14.10.1 何を分析するのか（異同識別）

犯罪現場に残された物質 A と犯人が所有していた物質 B との同一性を示すことができれば，犯罪と犯人との関係を立証する鍵となる．そのためには，証拠物質の微量元素組成などの物質史の情報が A=B であること示す必要があり，これを異同識別という．

a. 実例 1

自動車によるひき逃げ事件で，例えば被害者の自転車に付着した自動車の塗膜と，犯行車両と考えられる傷がある車の塗膜が同一組成であれば有力な証拠となる．このような塗膜の分析には図 14.10.1 に示す高エネルギー放射光蛍光 X 線分析（HE-SR-XRF）が有用で，116 keV の X 線で蛍光 X 線分析すると，U までのすべての重元素を高感度に分析できる[2]．車の白色塗膜には，主成分の二酸化チタンの原料鉱石由来の不純物や添加剤，製造法に由来する元素として Nb, Ta, W, Zn, Sn, Ba, Hf などが含ま

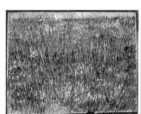

図 14.9.1 ゴッホ作「Patch of Grass」（左）と，放射光 X 線分析により再現した下地の人物画（右）[2]

図 14.10.1　高エネルギー放射光蛍光 X 線分析システム

れ，塗膜を特性化するための重要な指標となり，この組成の一致を見ることで異同識別が可能である[3]．

b. 実例 2

家の窓ガラスを割って強盗が侵入したとき，容疑者の着衣に付着したガラス粉末が，窓ガラスと同一であると立証できれば有力な証拠となる．ガラスの特性化には，屈折率が従来使われていたが，HE-SR-XRF でガラスの微量重元素組成を分析すれば，容易に異同識別が可能であり，屈折率と併用すればさらに有効である[4]．

c. 実例 3

和歌山毒カレー事件は，夏祭りに供されたカレーに何者かが亜ヒ酸（As_2O_3）を入れたため急性ヒ素中毒で 4 名の死者と 60 余名のヒ素中毒患者が発生した痛ましい事件である．事件の証拠試料は，カレーのなかの亜ヒ酸，祭りの会場に廃棄されていた紙コップ付着の亜ヒ酸，被告の台所にあったプラスチック容器付着の亜ヒ酸，そして被告の夫がシロアリの駆除のために購入した中国製の亜ヒ酸が親族の家に分散して置かれていた．SPring-8 の HE-SR-XRF と PF の SR-XRF によりこれらの亜ヒ酸を分析したところ，亜ヒ酸製造時に含まれる微量不純物重元素として Sb，Bi，Sn，Mo の 4 元素の存在パターンが一致したので，一連の亜ヒ酸が被告の夫が購入した亜ヒ酸と同一起源であることが立証され，有力な科学的証拠となって事件解決に貢献した[1,5]．

14.10.2　放射光 X 線分析の利点

科学捜査では，犯罪現場に残された微物を発見することが重要で，微量でも見つかれば，感度のよい放射光 X 線分析が適用可能である．また，非破壊で分析できるので，証拠試料が残り再鑑定が可能な点も法科学に適した手法である．ただ，分析は放射光施設という特殊な施設が必要で，未経験者に敷居が高いという印象があった．ところが近年 SPring-8 では，試料の郵送による依頼分析も可能となり，自動化も進み，1 日に 100 試料の蛍光 X 線スペクトルや粉末回折データを測定でき，以下のようなデータベースの構築を可能にした．

14.10.3　土砂データベース

殺人事件で，被害者の靴についた土砂は，犯行現場を推定するうえで重要証拠となる．土砂の重鉱物組成と重元素組成はその地質を反映する．産地が既知の比較試料のデータベースをつくれば，比較により産地を推定することができる．鉱物組成の分析は，粉末 X 線回折法が有力だが，実験室系の装置では分解能が不足し微量試料の分析も難しい．一方，高輝度単色 X 線の放射光を使えば，キャピラリーにつめた微量試料から高分解能の回折データが得られ，複雑な鉱物組成の土砂の分析に適している．また，HE-SR-XRF を使えば非破壊で重元素を分析できる．そこで産業技術総合研究所が「日本の地球化学図」のために収集した 3 024 試料の河川堆積物について，重元素と重鉱物組成を測定し，データベースを作成した[6]．本データベースを活用すると，未知試料の重鉱物・重元素組成から，迅速な産地推定が可能となり，犯罪の広域化が進むなかで，迅速な初動捜査を可能にすると期待されている．なお，本データベースの重元素組成と重鉱物組成は日本地図上にカラーマップ化され，JRS-DB として公開されている[7]．

参考文献
1) 中井　泉（日本分析化学会近畿支部編）:『はかってなんぼ社会編』p. 49, 丸善（2004）.
2) I. Nakai（K. Tsuji, *et al.* ed.）: 5.5 "High Energy X-ray Fluorescence" in X-ray Spectrometry : Recent Technological Advances, p. 355, John Wiley（2004）.
3) Y. Nishiwaki, *et al.* : J. Forensic Sci. 54(2) 564（2009）.
4) Y. Nishiwaki, *et al.*, : Forensic Sci. Int. 175 227（2008）.
5) 中井　泉，寺田靖子 : 現代化学 8 25（2013）.
6) 前田一誠，ほか : 分析化学 63 171（2014）.
7) http://www.rs.tus.ac.jp/jrs-db/

15章

加速器質量分析法（AMS）

15.1 概要

加速器質量分析法（Accelerator Mass Spectrometry：AMS）は，近年において自然界に存在する極微量の放射性同位体検出法として，その利用が急速に進展している分析手法である．1977年に R. A. Müller により AMS の原案が Science に掲載された[1]．壊変によって放出される γ 線や β 線を計測して定量する放射線計測法と異なり，対象核種を加速器により高エネルギー（核子あたり 0.5 MeV 程度）に加速して，妨害となる同重体を分離識別して，粒子検出器で直接的に計数する手法である．AMS は通常の質量分析法では，妨害となる同重体の影響により検出が困難となる同位体比 $10^{-11}\sim 10^{-16}$ レベルの極微量放射性同位体の検出を得意としている．AMS の測定対象核種は，^{14}C（半減期 $T_{1/2}=5730$ y）が最もよく知られているが，その他にも ^{10}Be（$T_{1/2}=1.36\times 10^6$ y），^{26}Al（$T_{1/2}=7.17\times 10^5$ y），^{36}Cl（$T_{1/2}=3.01\times 10^5$ y），^{41}Ca（$T_{1/2}=1.03\times 10^5$ y），^{129}I（$T_{1/2}=1.57\times 10^7$ y）などが一般的な測定対象核種となっている．

AMS では，通常はタンデム型静電加速器（タンデム加速器）を用いる（7.2節「静電加速器」参照）．タンデム加速器を用いた AMS は，測定対象核種の最適な負イオン生成のための試料化学処理，負イオン化と低エネルギー前段加速による質量分析，高エネルギー加速と荷電変換による同重体分子イオンの解離と正イオン加速，運動量・エネルギー識別と検出器による粒子識別から成り立っている．図15.1.1 に AMS 装置の構成要素を示す．

現在，世界では120台以上の AMS 装置が普及している．また，国内では稼働準備中も含めて11機関で14台の AMS 装置がある（図15.1.2）．図15.1.3 に ^{14}C 専用 AMS 装置として，東京大学総合研究博物館のコンパクト AMS（500 kV）の写真を示す．なお，AMS 装置の現状や測定手法の開発および応用研究については，3年ごとに開催されている AMS 国際会議の報告集に詳しく出ている[2]．

現在，AMS は炭素14（^{14}C）年代測定の手法として認知されており，考古学・文化財の年代測定に利用される他に，宇宙・地球科学，環境科学，医学生物学，原子力学などの幅広い分野に適用されている．15章では，15.2節「加速器質量分析法」において AMS の特徴と手法を解説した後で，15.3節「文化財の年代研究」と15.4節「人類進化研究への応用」で ^{14}C 年代測定の最新の研究成果を示す．また，15.5節「創薬への貢献」と15.6節「法科学鑑定」では，^{14}C-AMS 測定による創薬および法科学分野への適用例を示す．最近の AMS 測定法の進展により，地球環境科学分野において様々な放射性同位体の AMS 測定が利用されている．15.7節以降において，AMS 測定法の地球環境科学分野での適用例について解説を行う．

参考文献

1) R. A. Müller : Science **201** 489（1977）.
2) Proceedings of the Thirteenth Accelerator Mass Spectrometry Conference, Nuclear Instruments and Methods in Physics Research Section B **361**（2015）.

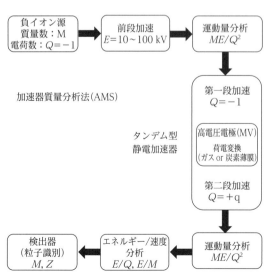

図15.1.1 加速器質量分析装置の構成

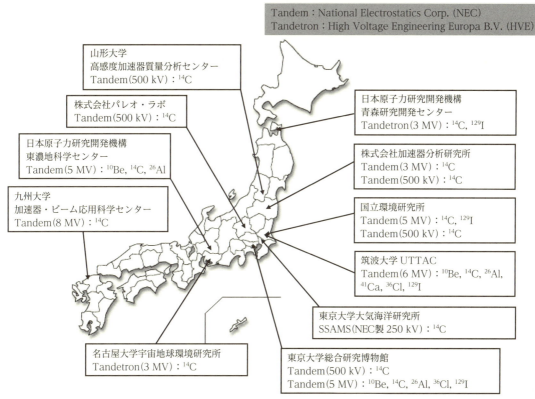

図 15.1.2　日本国内の AMS 装置

図 15.1.3　東京大学総合研究博物館の ^{14}C 専用 AMS 装置（AMS 公開ラボとして研究現場展示されている）

15.2　加速器質量分析法

15.2.1　加速器質量分析法とは

加速器質量分析法（AMS）は，粒子イオンを静電的に加速する加速器，その質量を識別する質量分析電磁石，さらに入射粒子の飛程やエネルギー損失率などから入射粒子原子番号を決定する重イオン検出器などを組み合わせて天然に存在する極微量の放射性同位体とその安定同位体の存在比を高感度かつ高精度に定量する測定法である．主として，^{10}Be，^{14}C，^{26}Al，^{36}Cl，^{41}Ca，^{129}I などの中・長寿命の宇宙線生成核種を高感度で検出し，それらの安定同位体との比（^{10}Be/^{9}Be，^{14}C/^{12}C，^{26}Al/^{27}Al，^{36}Cl/^{35}Cl，^{41}Ca/^{40}Ca，^{129}I/^{127}I など）を $10^{-11} \sim 10^{-16}$ レベルで測定できる．

15.2.2　AMS の特徴

AMS の出現以前は，放射性同位体が放射性壊変する際

に放出される放射線を検出して放射性同位体の個数を定量したが，中・長寿命の放射性同位体では壊変率が小さく定量には多大な労力を要した．^{14}C 測定においては，Libby（1955年）[1] により 1940 年代末から開発された放射能測定法，すなわち，^{14}C の壊変により放出される β 線を測定する方法が広く用いられてきた．β 線測定法では，現代炭素 1 g を用いて 24 時間計測の場合，^{14}C 測定の誤差は ±1 % 程度である．一方，AMS では試料炭素 1 mg で，1〜2 時間程度の計測により，試料の炭素同位体組成比 ^{14}C/^{12}C および ^{13}C/^{12}C 比を，それぞれ ±0.3 % および ±0.1 % 程度の精度で測定できる[2]．また，存在比 ^{10}Be/^{9}Be=3.1×10^{-11} のベリリウム試料の放射能測定では，試料 1 g を用いて 24 時間計測の場合，^{10}Be の計数誤差は ±2 % 程度である．一方，AMS ではベリリウム試料 1 mg で，1 時間計測により ±0.4 % 程度の計数誤差で測定できる[2]．このように，極微量の試料を用いて，短時間の測定により高い精度が得られることが，AMS の特徴である．

また，放射能測定では，放射線検出器の周囲に存在する放射性物質からの放射線や宇宙線などに起因するバックグラウンド計数を低減することが難しく，ごく低い放射性同位体濃度の正確な測定は難しい．AMS では，同位体イオンのエネルギーは加速器の電圧に依存して一定値に固定されており，周囲の放射線を誤計数することはないため，ごく低い放射性同位体濃度の正確な測定が可能である[3]．AMS による低い同位体比測定の限界は，表 15.2.1 に示すように 10^{-16} のレベルに達する．

AMS による ^{14}C 測定は，1977 年に実証された[4,5]．1980 年代の初期に ^{14}C と ^{10}Be の測定が実用化され，その後，表 15.2.1 に挙げる放射性同位体の測定が順次実用化された．AMS の利用は急速に発展し，2016 年現在では全世界で 120 を超える施設，我が国では 11 施設が稼働中である．AMS は，地質学・考古学試料の年代測定，ならびに宇宙線生成核種トレーサーを用いた物質循環解析など環境科学への応用研究に利用されている．

15.2.3　^{14}C，^{13}C，^{12}C の測定法

^{14}C の定量に用いられる AMS 装置の概略を図 15.2.1 に示す．採取された試料から調製したグラファイトをイオン源のターゲットとして ^{14}C 分析に用いる．AMS で一般的に用いられるセシウム（Cs）スパッタ負イオン源では，

表 15.2.1　AMS により測定できるおもな宇宙線生成放射性同位体とその理化学的特徴

放射性同位体	半減期（年）	安定同位体	妨害同重体	イオン源試料の化学形	負イオン	測定感度
^{10}Be	1.36×10^6	^{9}Be	^{10}B	BeO（Ag）	BeO$^-$，Be$^-$	3×10^{-15}
^{14}C	5 730	^{12}C，^{13}C	^{14}N	C，CO$_2$	C$^-$	3×10^{-16}
^{26}Al	7.1×10^5	^{27}Al	^{26}Mg	Al，Al$_2$O$_3$（Ag）	Al$^-$	1×10^{-15}
^{32}Si	101〜172	^{28}Si	^{32}S	SiO$_2$（Ag）	Si$^-$	4×10^{-15}
^{36}Cl	3.0×10^5	^{35}Cl，^{37}Cl	^{36}Ar，^{36}S	AgCl	Cl$^-$	1×10^{-16}
^{41}Ca	1.0×10^5	^{40}Ca	^{41}K	CaH$_2$，CaF$_2$	CaH$_3^-$，CaF$_3^-$	2×10^{-15}
^{53}Mn	3.7×10^6	^{55}Mn	^{53}Cr	MnO$_2$（Ag）	Mn$^-$	—
^{129}I	1.57×10^7	^{127}I	^{129}Xe	AgI	I$^-$	1×10^{-14}

3 番目から 7 番目のコラムは，放射性同位体の測定に際して比較される安定同位体，放射性同位体と同じ質量数を持つため妨害となる同位体，イオン源に用いられる試料の化学形，イオン源で出力される負イオンの化学形，測定可能な同位体存在比の限界を示す．

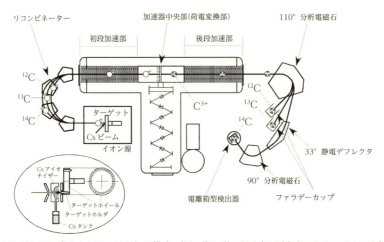

図 15.2.1　HVE 製のタンデトロン（Model 4130-AMS）の構成．^{14}C，^{13}C，^{14}C を同時に測定するためにイオン入射部にリコンビネーターシステムが備わっている．

グラファイトの表面を Cs^+ で照射して C^- を発生する．AMS では負イオン源を用いることで，定量したい放射性同位体と同じ質量を持つ同位体（同重体）が負イオンをつくらないことを利用して同重体を排除する．例えば，^{14}C の同重体である ^{14}N の負イオンは不安定であり，^{14}C の検出において ^{14}N の干渉はない．タンデム加速器を用いることにより，前段部で加速した C^- を，アルゴンガス・ストリッパーを用いて正イオンへ荷電変換する．この際に，炭素の原子イオン（$^{12}C^-$, $^{13}C^-$, $^{14}C^-$）と同時にイオン源でつくられる分子イオン（$^{12}CH^-$, $^{13}CH^-$ など）を原子イオンに分解する．すなわち，^{14}C と同じ質量数を持つ ^{13}CH 分子を ^{13}C と H 原子に分解し，後段の質量分析電磁石や電離箱型検出器による ^{14}C の選別や識別を妨害しないようにする．生成された $^{12}C^{3+}$, $^{13}C^{3+}$, $^{14}C^{3+}$ は，タンデム加速器の後段部で再加速された後，質量分析電磁石により，それぞれの軌道に分けられ，$^{12}C^{3+}$, $^{13}C^{3+}$ はそれぞれのファラデーカップで電流値として定量される．$^{14}C^{3+}$ は，重イオン検出器（電離箱，表面電離型質量分析計など）へ導かれ，飛程やエネルギー損失率の違いにより，他のバックグラウンドイオンから識別され，計数率として定量される．

15.2.4 ^{14}C 測定の標準体とブランク試料

AMS では，未知試料の同位体比（$^{14}C/^{12}C$, $^{13}C/^{12}C$）と，同位体比が既知の標準体炭素を，同一の条件のもとに測定することにより未知試料の同位体比が高精度に求まる．^{14}C 測定の標準体として，米国国立標準技術研究所（NIST）から提供されるシュウ酸（SRM4990C，HOxII と略称）が一般的に用いられる．また，国際原子力機関（IAEA）から，^{14}C 濃度（$^{14}C/^{12}C$ 比）の異なる9種類の比較標準物質が提供されている．^{14}C 年代算出の基点となる西暦 1950 年に相当する基準 ^{14}C 濃度は，HOxII について測定される比放射能に，1950 年から測定年までの減衰量を補正し，炭素同位体比（$\delta^{13}C$）を -25‰ に規格化し，さらに 0.7459 倍した値で定義される[2,6]．試料の ^{14}C 濃度は，試料採取年から測定年までの減衰補正をした後，AMS 装置で同時に測定される $^{13}C/^{12}C$ 比（$\delta^{13}C$）を用いて，この値が -25‰ になるように $^{14}C/^{12}C$ 比に補正を行う．この操作は，炭素同位体分別の補正と呼ばれ，試料の ^{14}C 濃度（あるいは ^{14}C 年代）を正確に決めるうえで極めて重要な作業の一つである．

試料調製操作における外来炭素による汚染を補正するために，通常，試料と同じ物質で，かつ ^{14}C を全く含まないはずのものを試料と同様な操作で調製して同一のサイクルで測定して ^{14}C ブランク計数率を見積もり，試料の計数率から差し引く．また，同時に ^{14}C を全く含まないはずの天然グラファイトを用いて，分析装置の ^{14}C ブランク計数率を推定する．

15.2.5 市販の AMS 装置

AMS 装置は，1980 年代の初めから既製品が市販された[7]．これまでは，オランダの HVE 社と米国の NEC 社からの市販品が主となっていた．最近ではスイスの Ionplus 社が，スイス連邦工科大学（ETH Zürich）が開発した超小型 AMS 装置（通称 MICADAS）を取り扱って販売しており，3社を中心に AMS 装置の研究開発および販売が活発に進められている．現在，$^{14}C/^{12}C$ 比測定専用機として，加速電圧 0.2 MV，0.25 MV のシングルエンド加速器，また 0.5 MV のタンデム加速器をベースにした AMS 装置がある．また，加速電圧 1 MV，3 MV，5 MV，6 MV の AMS 装置では複数種類の放射性同位体の測定が可能であり，1 MV-AMS では $^{14}C/^{12}C$, $^{10}Be/^9Be$, $^{26}Al/^{27}Al$ の定量が保証され，3 MV-AMS では $^{129}I/^{127}I$ が，5 MV-AMS では $^{36}Cl/^{35}Cl$, $^{41}Ca/^{40}Ca$ が追加される．^{10}Be, ^{26}Al, ^{36}Cl, ^{129}I を検出し，定量するために様々な工夫が施される．1）重イオン検出器の直前にガス充填分析電磁石を置いて妨害イオンを効率的に除去する（^{36}Cl 測定），2）飛行時間型検出器でイオン質量選別能を上げる（^{129}I），3）炭素薄膜エネルギー吸収体と多電極式電離箱検出器を組み合わせる（^{10}Be, ^{26}Al, ^{129}I），4）多段式の荷電変換薄膜を用いてイオンの電子の大半を剥ぎ取ってバックグラウンドイオンを排除する（$^{36}Cl^{14+}$），などの方法である．さらに最近では，加速電圧 0.25 MV のシングルエンド加速器を用いた $^{14}C/^{12}C$ 比測定専用の AMS 装置が実用化されている[8]．タンデム加速器とは異なり，シングルエンド加速器では加速管は一つしかなく，負イオンが加速されて加速器を出た後すぐに負イオンから正イオンへの変換を行い，このとき分子イオンは原子イオンに分解される．$^{12}C^+$ および $^{13}C^+$ は分析電磁石とファラデーカップを用いて定量され，さらに $^{14}C^+$ は重イオン検出器で計数される．この装置では，イオン源部は試料交換が容易となるようにアース電位にし，加速器を含めて装置の後段部はプラスの電位にある．

15.2.6 ^{14}C 測定における最近の動向

最近の ^{14}C 測定では，測定誤差 ± 20 年はあたり前になってきているが，スイス連邦工科大学では MICADAS を用いて，± 10 年以下の誤差で樹木の1年輪ごとの ^{14}C 測定を進めている．1年の分解能で，さらに誤差が小さくなれば，新たな環境変動をとらえることが期待される．また，^{14}C 測定では，医学・薬学利用の進展が相まって試料調製方法の改良が進められ，特に多数の試料をいかに効率よく処理するかを目的として開発が進められている．試料を元素分析計を用いて燃焼したガスについて，自動で CO_2 を精製し，さらにグラファイト合成までを行う装置が開発されている[15]．我が国でも，自動 CO_2 精製装置が開発，市販され，すでに4台が実用に供されている．また，スイスの Ionplus 社は，元素分析計を用いて燃焼したガスを受けて，自動でグラファイトを合成する装置を市販

しており，我が国にも2台導入されている．

一時期は，CO_2ガスの開発は，直前に測定した試料による汚染の問題から停滞していたが，正確度を多少犠牲にしても，測定数をこなすこと，極微量の炭素でも定量が可能である長所を生かすことを優先して，すでに実用化されている．実際，大気エアロゾルの研究では，炭素質エアロゾルの起源を検討するうえで ^{14}C が利用されているが，エアロゾル試料では極微量の炭素しか回収できないことから，CO_2ガスイオン源が極めて有効に利用されている[16]．利用範囲が幅広い ^{14}C 測定では，今後ますます AMS 装置の小型化，試料の少量化，測定精度の向上が進み，応用範囲がさらに拡大するものと期待される．

参考文献

1) W. F. Libby : "Radiocarbon dating" p. 175 Univ. of Chicago Press (1955).
2) 中村俊夫 : Radioisotopes **52** 145 (2003).
3) 中村俊夫 : 第四紀研究 **40** 445 (2001).
4) D. E. Nelson, *et al.* : Science **198** 507 (1977).
5) C. L. Bennett, *et al.* : Science **198** 508 (1977).
6) W. G. Mook, J. van der Plicht : Radiocarbon **41** 227 (1999).
7) K. H. Purser, *et al.* : "Proc. Symp. on Accelerator Mass Spectrometry", ANL/PHY-81-1, p. 431–440, Argonne National Laboratory, IL (1981).
8) G. Skog : Nucl. Instr. and Meth. B **259** 1 (2007).
9) S. Xu, *et al.* : Nucl. Instr. and Meth. B **259** 76 (2007).
10) 中村俊夫 : 『考古学のための年代測定学入門』 p. 1–36，古今書院 (1999).
11) C. P. Kohl, K. Nishiizumi : Geochim. Cosmochim. Acta **56** 3583 (1992).
12) K. Horiuchi, *et al.* : Nucl. Instr. and Meth. B **223/224** 633 (2004).
13) R. Seki, *et al.* : Nucl. Instr. and Meth. B **259** 486 (2007).
14) T. Suzuki, *et al.* : Nucl. Instr. and Meth. B **259** 370 (2007).
15) Hong, *et al.* : 2010.
16) Wacker, *et al.* : 2013.

中村俊夫 : 『加速器質量分析 (AMS) による環境中およびトレーサ放射性同位体の高感度測定』 : Radioisotopes **52** (3) 144 (2003a).
L. Wacker, *et al.* : Nucl. Instrum. Meth. B **294** 315 (2013).

15.3 文化財の年代研究

歴史学・考古学において，時間軸の設定は最も基本的な操作である．例えば，日本考古学は遺物包含層の層序や土器型式の分類などによる精緻な新旧関係の追究を行っている．ただしこれは「相対年代」であり，暦上の数値年代を得るには至らない．Libby らによって実用化された炭素14年代法（AMS-^{14}C 法）[1]は，考古遺物に「数値年代」を与える画期的な方法として日本でも早くから受容が進んだ．しかしながら，考古学の想定した年代と齟齬をきたしたこともあり，必ずしもこの測定法に対する理解は十分で

はなかった．測定に大量の試料を必要とし，β 線の計数に時間を要したことも，普及を阻害した要因であろう．

加速器質量分析による炭素14年代法は，従来の β 線計数法に比べ大幅な試料の僅少化と測定時間の短縮をもたらした．1 mg に満たない炭素量での測定は，試料の選択肢を大幅に増やすことになる．年輪1層，炭化米1粒といった微少試料の年代測定が可能になり，これまでバルクで測定されることもあった試料よりも時間分解能の高い結果が得られるようになった．また測定の効率化は多くの試料の年代を比較・検討することを可能にし，より具体的な年代観の議論に直結する．炭素14年代法における加速器の導入は単なる測定法の変更にとどまらず，歴史学・考古学における年代研究の推進に重要な役割を担うこととなった．

15.3.1 弥生時代の開始年代

国立歴史民俗博物館（歴博）では，1990年代後半から東京大学タンデム加速器研究施設（現・総合研究博物館），名古屋大学年代測定総合研究センター（現・宇宙地球環境研究所）などと共同で，AMS-^{14}C 法による歴史資料・考古資料の年代測定を実施してきた．そこで注目されたのが，土器の使用に伴って付着した炭化物である．土器は文様や形によって型式ごとに細かく分類され，相対的な新旧関係が調べられている．食材や燃料材に由来する付着炭化物は土器の使用年代を示し，相対的な土器型式に数値年代を付すことができる．その可能性はすでに中村ら[2]によって示されていたが，歴博ではまず縄文時代の年代測定を蓄積し[3]，付着物の数値年代が土器型式による相対年代を覆すものではないことを確認した．さらに，これまで一様と考えられてきた土器型式の存続期間が様々に異なっていたことも明らかにした[4]．前者は考古学的な手法の確からしさを証明し，後者は数値年代が考古学に新たな知見をもたらすこととなった．

その成果を受け，年代測定の対象を弥生時代に広げるのは自然な流れではあったが，炭素14年代を暦年代に修正する際に用いられる「較正曲線」には紀元前7〜前5世紀に平坦な時期があり，弥生時代の較正年代は絞り込みが難しいとの懸念があった．ところが福岡市の雀居遺跡や橋本一丁田遺跡など，九州北部の初期水田を伴う遺跡から出土した土器の付着炭化物の年代は，較正曲線の平坦な時期よりも古い紀元前900〜前750年という値を示した．水田稲作の開始をもって弥生時代が始まったとする考え方によれば，その開始年代は従来の考え方よりも500年遡ることになった．その後，もう一段階古い型式の土器（図15.3.1）が紀元前10世紀の年代を示したことから，九州北部における水田稲作の開始は紀元前10世紀後半と考えられる．

新しい時間軸の設定は，年代観のみならず考古学的な考え方の転換を迫ることになる．歴博は AMS-^{14}C 法による5000件あまりの年代測定を実施し，日本列島における水田稲作の広がりを数値年代で表した[5]．その過程で，日本列島には水田稲作を行う地域と，縄文的な要素を残した地

15.3 文化財の年代研究　　453

図 15.3.1　福岡市橋本一丁田遺跡出土の最古の弥生土器
(福岡市埋蔵文化財センター所蔵, 藤尾慎一郎氏撮影・提供)

図 15.3.2　鑁阿寺本堂（足立佳代氏撮影・提供）

域が同時期に存在することが明らかになってきた．それらを弥生文化の地域性とするか，弥生文化とは別の文化とするか，考古学からの再検討が進められている[6]．

15.3.2　文化財建造物の建築年代

較正曲線は，年輪年代法で暦年代の確定した樹木年輪などの炭素14年代を集成したものである．ところが銀河宇宙線の作用による大気圏上層での^{14}C の生成速度が変動しているので，較正曲線には大気中^{14}C 濃度の変動を反映した細かな凹凸（ウィグル）が見られる．すなわち複数の時期の試料が同じ^{14}C 濃度を示す可能性があり，炭素14年代法による年代の絞り込みを困難にしている．一方で文字資料の登場する歴史時代は，より精度の高い時間軸が要求される．従前から炭素14年代法は考古学のものという認識もあり，歴史学への積極的な応用例は少なかった．

しかしながらこのウィグルを逆手に取り，ある間隔で採取した樹木年輪の炭素14年代のパターンを較正曲線と照合する「炭素14-ウィグルマッチ法」を用いることで，歴史資料への応用の可能性が拓けてきた．有効に機能する例の一つが，炭素14年代法による文化財建造物の建築年代推定である．

建築史学では，文献や文字資料による数値年代を定点におき，建物の様式に基づいた相対的な編年を行う．ところが類例が少なく，文字資料の乏しい民家などの建物の建築年代は不明であることが多い．そこで最初の建築の際に用いられた「当初材」を選び，複数の年輪を測定して炭素14-ウィグルマッチ法で部材の最外年輪の年代を絞り込む．当初材の選定には，部材に残されたほぞ穴などの痕跡から建物を元の姿に復原する「痕跡復原法」という日本建築史学の方法論が用いられる．部材は製材に伴い外側が削られていることが多く，樹種や平均年輪幅，辺材の有無を手掛かりに伐採年の推定を行い，痕跡復原などを合わせた総合的な解釈を行う．年輪層のような微量試料の年代測定にはAMS-^{14}C 法が有効であり，測定誤差や再現性も十分なものになりつつある．

栃木県足利市の鑁阿寺本堂（図 15.3.2）は禅宗様の建築様式を持ち，当初は本来の様式から崩れた室町時代以降の建物と考えられていた．ところが修理工事に伴う部材のAMS-^{14}C 法による年代測定を実施したところ，本堂が鎌倉時代後期の造営であることが判明した．建物の規模や組物の様式からも，本堂はむしろ禅宗様確立以前の初期形態であることが明らかとなり，東日本で最も古い中世仏堂と位置付けられた[7]．年代測定をはじめとした調査結果を受け，鑁阿寺本堂は2013年夏に重要文化財から国宝に格上げされた．

微量試料で年代測定を可能にするAMS-^{14}C 法は，破壊を最小限にとどめたい歴史資料にこそ有効な測定法であろう．今後，歴史学への応用も進むことが期待される．

15.3.3　較正曲線にかかる課題

較正曲線は，限られた地域に産した樹木年輪やサンゴ，年縞堆積物などの炭素14年代に基づいて作成されている．例えば北半球用の較正曲線IntCal[8]（図 15.3.3）は，欧米の比較的高緯度の地域に生育する樹木が用いられている．これは大気成分が東西方向に短時間で撹拌され，半球内では大気中^{14}C 濃度がほぼ均一であるとの前提による．しかしながらAMS-^{14}C 法の測定精度が向上し，測定例が蓄積されるなかで，これまで誤差に隠されてきた較正曲線の「地域効果」が明らかになってきた．

2003年に報告された箱根埋没スギの炭素14年代[9]は，1～2世紀にIntCal からの系統的なずれが認められていたが，測定誤差の範囲とされ，火山噴気の影響の可能性を指摘されるにとどまっていた．ところが同時期の長野県の埋没ヒノキの炭素14年代が同様な挙動を示し[10]，このずれが日本列島の広い地域に共通していたことが示された．

IntCal，ならびに南半球に適用されるSHCal[11]が2013年に改訂されるにあたり，AMS-^{14}C 法によるオーストラリア・タスマニア島[12]やニュージーランド産[13]の樹木年輪の炭素14年代が報告された．興味深いことに，それらの紀元前後の挙動は日本産樹木年輪の示す傾向に類似していた[14]（図 15.3.3）．これは当時，南半球の大気が日本列島周辺に進入していた可能性を示すもので，アジアモンスー

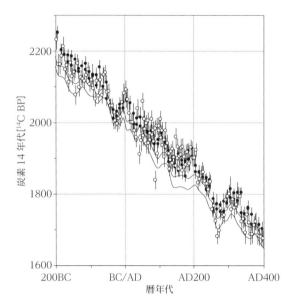

図15.3.3 日本産樹木年輪の炭素14年代（○）．1～2世紀の挙動はIntCal（実線範囲）よりも南半球産樹木年輪の炭素14年代（●）に類似する．

ンの影響を指摘し得る[15]．

1～2世紀のみならず他の時期でも，日本産樹木年輪の炭素14年代がIntCalからずれていた可能性がある．文化財建造物の年代測定でも，西日本や南日本を中心に，部材の炭素14年代の変動パターンがIntCalよりもSHCalに整合する例が認められている[16]．炭素14年代法によるより高い精度での年代測定を実現するため，日本版ともいうべき較正曲線の整備が急務であるが，その実現には各地・各時期の樹木年輪の炭素14年代の蓄積が必要である．測定は膨大な数にのぼることが予想され，AMS-^{14}C法をはじめとした組織的な取り組みが求められている．

参考文献

1) J. R. Arnold, W. F. Libby: Science **110** 678（1949）．
2) 中村俊夫，ほか：第四紀研究 **28** 389（1990）．
3) 今村峯雄 編：『縄文時代・弥生時代の高精度編年体系の構築』平成13～15年度文部科学省科学研究費補助金研究成果報告書 330（2004）．
4) 小林謙一：『縄文社会研究の新視点—炭素14年代測定の利用—』p. 276 六一書房（2004）．
5) 西本豊弘 編：『弥生農耕の起源と東アジア—炭素年代測定による高精度編年体系の構築—』平成16～20年度文部科学省科学研究費補助金研究成果報告書 524（2009）．
6) 藤尾慎一郎 編：『農耕社会の成立と展開—弥生時代像の再構築—』国立歴史民俗博物館研究報告，**185** 530 国立歴史民俗博物館（2014）．
7) 上野勝久，中尾七重：日本建築学会計画系論文集 **77** 1939（2012）．
8) P. J. Reimer, et al.: Radiocarbon **51** 1111（2009）．
9) M. Sakamoto, et al.: Radiocarbon **45** 81（2003）．
10) 尾嵜大真，ほか：日本文化財科学会第25回大会，鹿児島国際大学（2008）．
11) F. G. McCormac, et al.: Radiocarbon **46** 1087（2004）．
12) S. Zimmerman, et al.: Radiocarbon **52** 887（2010）．
13) A. Hogg, et al.: Radiocarbon **53** 529（2011）．
14) 尾嵜大真，ほか：2011年度日本地球化学会第59回年会，北海道大学（2011）．
15) M. Imamura, et al.: 21nd International Radiocarbon Conference, UNESCO Headquarters, Paris（2012）．
16) M. Sakamoto, et al.: AMS-13, Aix-Marseille University, Aix en Provence（2014）．

15.4　人類進化研究への応用

過去の人々の生物学的な特徴を研究する人類学では，おもな研究対象は地中から回収された人骨である．骨組織は，結晶性の悪いハイドロキシアパタイトからなる無機成分と繊維状のタンパク質コラーゲンから構成される．無機成分は堆積中で結晶成長や同位体交換の影響を受け，年代測定には適さない．一方，コラーゲンは生体の骨組織では25％程度の重量を占めるが，遺跡から出土する資料ではその量は1％以下にまで減少することもある．加速器質量分析法（AMS）では通常1 mg炭素で年代測定が可能なので，骨重量の1％コラーゲンが残存していれば250 mgの骨片で年代決定が可能となる．骨の比重は約2なので，0.125 ccの骨組織で直接的に年代決定が可能であり，肋骨など形態学的な情報が少ない部位を選べば，貴重な古人骨化石でも年代測定が行えるようになった．少量でも生体由来のタンパク質であるか評価が可能であり，信頼性が高い点も重要である．

例えば，沖縄県石垣市白保竿根田原洞穴遺跡で発見された更新世の人骨は，水によって流されかく乱された堆積物から回収されたが，状態のよいコラーゲンが保存されており，約2万4000年前に沖縄諸島に何らかの方法で海を渡ってヒトが拡散したことを明らかにした[1]．これまでにも，沖縄島の港川フィッシャー遺跡や宮古島のピンザアブ洞穴などで，人骨に伴う木炭やカニ殻などで更新世に遡る放射性炭素年代が報告されてきたが，沖縄諸島では縄文時代に先立つ後期旧石器文化が全く見つからなかったため，人骨の年代について疑問視されていた．AMSによって古人骨を直接年代測定できたので，沖縄諸島における更新世人の存在が確認できた．

放射性炭素年代における年代較正曲線 IntCal13[2]が測定下限の5万年まで拡大したことは，人類進化の研究にとっても大きな意義を持つ．ヒトに最も近縁とされるネアンデルタール人（ホモ・ネアンデルターレンシス）は，最終氷期の欧州から西アジアに生息したが，およそ4万年前に後期旧石器という新しい文化を持ったヒトの欧州拡散と前後して絶滅した．ネアンデルタール人の絶滅は，気候変動の影響なのか，あるいはヒトとの生存競争なのか，鍵となるのは正確な年代と前後関係だ．オックスフォード大学を中心とする国際チームは，骨コラーゲンについてより厳密な

精製方法である限外ろ過を系統的に実施して，ネアンデルタール終末期とヒト最初期の40遺跡について詳しく調べた．その結果，後期旧石器遺跡の登場は4万5000年前頃で，中期旧石器遺跡がなくなる4万年より2000〜5000年ほど先立っている（図15.4.1）．後者の年代は海洋堆積物や氷床コアから復元された寒冷化イベントとも対応しないことから，ヒトの拡散がネアンデルタール人の絶滅に影響したと著者らは結論している．

ネアンデルタール人絶滅年代の一連の研究では，重液分離によって貝殻のアラゴナイトを単離するなど，より厳密な前処理方法を応用することで信頼性の高い年代測定を実施した点がポイントだ．貴重な古人骨を研究対象とする人類学研究では，より少ない炭素での測定がさらなる応用拡大には重要である．例えば，コラーゲンが残存していない資料でも，コラーゲンに特異的に含まれているアミノ酸，ヒドロキシプロリンを抽出できれば信頼性の高い年代が得られる[4]．

ただし，古人骨の放射性炭素年代では注意点がある．ヒトは海産物を積極的に利用するので，大気とは隔絶した海洋深層水に起因する海洋リザーバ効果を「部分的」に受ける．例えば縄文前期の北黄金貝塚では，同じ地層から出土したシカ骨よりも，人骨は見かけ上の放射性炭素年代で680年古くなった．海洋生物であるオットセイ骨では860年古いので，人骨では約80%の炭素が海産物由来と推定された[5]．較正曲線には，大気と陸上生物に適応できるIntCal13と海洋表層水に適応できるMarine13が準備されており，人骨の場合は炭素・窒素安定同位体比などから海産物寄与率を推定し，それに応じて二つの較正曲線を合成して暦年較正を行うことが必要となる．また，海洋リザーバ年代は海域によって深層水と大気との交換速度が異なるので，地域補正値を考慮することも必要なので[6,7]，人骨の年代測定は必ずしも容易ではない．同様の問題は，考古学で応用が拡がっている土器付着炭化物の放射性炭素年代にも存在するので注意が必要である．

放射性炭素年代はAMSによる測定でも測定下限が約5万年であり，それよりも古い年代については，火山灰におけるカリウム・アルゴン法などが用いられている．近年注目されている手法が，AMSを用いた^{10}Beと^{26}Alによる堆積年代推定法である．両者は放射性炭素と同様に宇宙線生成核種であるが，二酸化炭素のような地球規模での拡散要因がないので地域的に存在率が異なり，初期濃度からの減衰で年代を推定することが難しい．しかし，地表面の露出した結晶中では，宇宙線照射によって両者は平衡状態になっており，その初期比（6.8）からのずれを計算すれば宇宙線の影響を受けなくなってからの時間，すなわち埋没年代を推定できる．この方法は年代測定に適した火山灰がない地域でも応用可能であり，有名な北京原人化石の産地である周口店洞穴の堆積年代が77万年と報告された[8]．北京原人は従来50〜60万年前と推定されていたので，ずっと古い年代に原人が東アジアに生息したことになる．今後，ユーラシア東部の人類進化研究において，AMSによる年代決定はますます重要になるだろう．

参考文献

1) R. Nakagawa, et al.: Anthropological Science 118 (3) 173 (2010).
2) P. J. Reimer, et al.: Radiocarbon 55 (4) 1869 (2013).
3) T. Higham, et al.: Nature 512 306 (2014).
4) A. Marom, et al.: Proceedings of the National Academy of Sciences 109 (18) 6878 (2012).
5) M. Yoneda, et al.: Journal of Archaeological Science 29 (5) 529 (2002).
6) M. Yoneda, et al.: Nuclear Instruments and Methods in Physics Research B 259 432 (2007).
7) K. Yoshida, et al.: Radiocarbon 52 1197 (2010).
8) Shen, et al.: Nature 458 198 (2009).

15.5　創薬への貢献

現在，医薬品開発における臨床試験の第1相試験（フェーズ1）に入った新薬候補化合物のうち，実際に医薬品として認可される割合は低く，また，新薬承認までにかかる開発費用は年々膨大になっている．これは，薬のもととなる物質の発見から承認に至るまでの新薬開発研究のなかで，前臨床試験段階で行う動物実験のデータから，ヒトでの結果を正確に予測されないことが一つの要因である．図15.5.1はヒトにおける種々の薬物の生物学的利用率を実験動物における値に対してプロットした図で，この結果は，動物の薬物動態のデータからヒトにおける生物学的利用能，ひいては薬効（薬の効き具合）を予測することが困難であることを示している[1]．

臨床試験における新薬開発の成功確率を上げるためには，あらかじめヒトで良好な薬物動態特性を示し，標的臓器に効率よく到達できる化合物を新薬候補化合物に選択する必要がある．すなわち，本格的な臨床試験段階に移行する前に，探索的な臨床試験を実施し，薬物動態や薬理活性を確認しておくべきであると考えられるようになってきた．そこで，臨床試験の前段階で，ヒトにおける薬物動態（血中濃度，尿糞中排泄率，血漿中および尿中代謝物）を調べ，その結果を薬物開発の効率化および開発コストの低減化にフィードバックする「マイクロドーズ臨床試験法」

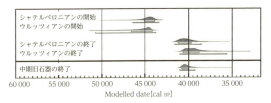

図15.4.1　欧州における交替劇にかかわるヒトの文化（シャテルペロン，ウルツィアン）とネアンデルタール人の文化（中期旧石器）の年代を比較（文献1を改変）．

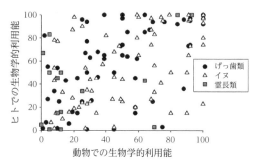

図 15.5.1　ヒトと実験動物の生物学的利用率[1]

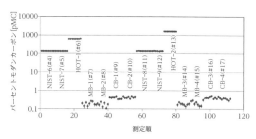

図 15.5.2　[14]C 濃度の高い試料を測定したときのマシンバックグラウンドの影響[5]

が世界的に注目されている．加速器質量分析（AMS）装置を用いたマイクロドーズ臨床試験法とは，候補薬物を [14]C で標識し，薬理作用を発現すると推定される投与量の 1/100 以下，または 100 μg のいずれか少ない用量でヒトに投与し，体内の [14]C 濃度を高精度に AMS 測定し，体内での薬物動態を評価する方法である．マイクロドーズ臨床試験は 2003 年に欧州連合で最初に実施が承認され[2]，続いて 2005 年に米国で認可された[3]早期探索臨床試験の一つである．欧米に遅れること 5 年，国内では 2008 年 6 月に厚生労働省からマイクロドーズ臨床試験のガイダンスが発令され[4]，国内での実施基盤がようやく整った．

AMS 測定で用いられるマイクロドーズ臨床試験の試料は，血液，尿，糞，および生体組織などであり，その試料中には一定量のバックグラウンド [14]C が含まれている．この原因は，大気圏上層中に存在する窒素原子が宇宙線由来の中性子との反応によって [14]C に変化し，これが酸素と結合して二酸化炭素（$^{14}CO_2$）となり，大気循環と食物連鎖を経て生体内に取り込まれるからである．現在，大気中の [14]C 濃度は 105 pMC 程度と考えられる．pMC は Percent Modern Carbon（パーセントモダンカーボン）の略で，サンプル中の [14]C 濃度を示す値として用いられ，100 pMC は 13.56 dpm（decay per minute）/g carbon に相当する．マイクロドーズ臨床試験のように [14]C で標識した薬を体内に投与し，血液や尿中の [14]C 濃度の増減から体内の薬物動態を調べる場合，投与前の生体中の [14]C 濃度はバックグラウンドとなる．また，AMS 測定の安定性と精度を得るためには，これらの試料中に含まれる [14]C 濃度を調整する必要がある．図 15.5.2 は，600 および 1 600 pMC の [14]C 濃度を持つ試料を，その重量が炭素量 1 mg になるように調整してグラファイト化した後，0.5 MeV のコンパクト AMS を用いて [14]C 濃度を測定した結果である．このとき，AMS の低エネルギー側で測定した [12]C の電流値が約 40 μA となるようにビーム量は調整されている．いずれの高濃度 [14]C 試料の後に測定された評価用バックグラウンド試料も，その [14]C 濃度に変化はなく，高濃度 [14]C 試料の後に AMS 測定される試料の [14]C 濃度を変化させてしまうメモリー効果の影響が 1 600 pMC 程度の濃度ではほとんど無視できることが示された．しかしながら，1 600 pMC の試料では，[14]C のエネルギースペクトル解析からパイルアッ

プによる影響が見え始めており，AMS を用いてマイクロドーズ臨床試験を高精度に実施するためには，試料中の [14]C 濃度を 1 500 pMC 程度に制限する必要がある．この場合，生体試料の高いバックグラウンド値（〜105 pMC）は，測定のダイナミックレンジに制限を与えることになる．したがって，マイクロドーズ臨床試験の生体サンプルを扱う場合，あらかじめサンプルを十分に希釈する必要がある．希釈のために不足する炭素量は，例えば安息香酸ナトリウムなどのデットカーボン試料で補い[6]，AMS 測定に必要なグラファイト量を確保する必要がある．

参考文献

1) G. M. Grass, P. J. Sinko : Adv Drug Deliv Rev **54** 433 (2002).
2) Position paper on non-clinical safety studies to support clinical trials for a single microdose, European Agency for the Evaluation of Medicinal Products (EMEA) (2003).
3) FDA. Guidance for Industry, Investigators, and Reviewers : Exploratory IND Studies, Center for Drug Evaluation Research (CDER), Food and Drug Administration (2006).
4) MHLW. Ministry of Health, Labour and Welfare Guidance. Tokyo, Japan : Microdose clinical studies, Ministry of Health, Labour and Welfare, Pharmaceutical and Medical Safety Bureau (2008).
5) T. Fuyuki, et al. : Radiocarbon **55** 251 (2012).
6) 野口英世 : Radioisotope **52** 195 (2003).

15.6　法科学鑑定

加速器質量分析により測定可能な種々の天然微量放射性同位体をトレーサーに用いて法科学鑑定が今後可能になるであろう．ここでは，現在実用化されている放射性炭素（[14]C）を用いる鑑定に限って述べる[1-4]．1) 遺棄死体などの犯罪捜査のための死亡年と生年の推定，2) ワシントン条約に関連しての象牙の年代鑑定，3) 太平洋戦争戦没者の遺骨の鑑定，4) 法的な証文や古文化財の真贋判定などが挙げられる．これらの法科学鑑定には，1950 年代後半から 1960 年代の初めにかけて行われた米ソの核兵器実験競争において副産物として生成された [14]C の濃度経年変動が利用される．

15.6.1 核実験起源¹⁴C の濃度経年変動

地球上の ¹⁴C は，二次宇宙線である中性子と大気中の窒素の核反応により定常的に生成されるが，大気圏内の核兵器実験においても ¹⁴C がつくられた．原子爆弾による ²³⁵U の核分裂や水素爆弾による水素の熱核融合反応により過剰の中性子がつくられて大気中に放出され，窒素との核反応により ¹⁴C が生成された．これは核実験起源 ¹⁴C と呼ばれる．核実験のキノコ雲は成層圏まで達し，¹⁴C は対流圏だけでなく成層圏内でも生成された．また，大気-海洋間の炭素交換により，核実験起源 ¹⁴C は海水中にも移行している．

Hua らによってまとめられた核実験起源 ¹⁴C による大気中 CO_2 の ¹⁴C 濃度の経年変化のうち，北半球中緯度帯に対応するデータを図 15.6.3 に示す（1950～2010 年）．縦軸の ¹⁴C 濃度は，試料の ¹⁴C 濃度を標準初期 ¹⁴C 濃度で除した比の値である．大気圏内の核実験により ¹⁴C 濃度は 1955 年頃から急増し，1963 年には最大値（平常時の約 2 倍の濃度に到達）を示した．大気圏内の核実験は，1963 年に米ソ間の部分的核実験停止条約の締結により中止され，1963 年以降，対流圏内の ¹⁴C は，海洋との CO_2 交換により大気から海洋へと移行してその ¹⁴C 濃度は単調に減少した．図 15.6.3 に示される ¹⁴C 濃度変動のトレンドはほぼ全球的なものであり，西暦年と ¹⁴C 濃度がほぼ 1 対 1 の対応を示す．したがってこの期間については，グローバルな変動パターンを用いて試料の ¹⁴C 濃度値から試料の西暦年を推定することができる．核実験起源 ¹⁴C は，大気中の CO_2 を光合成で固定する草本や木本に取り込まれ，植物組織や樹木年輪組織などに記録されるとともに，食物連鎖により人間や動物体内に取り込まれ，それぞれの部分で炭素固定の時期に応じて特異的な ¹⁴C 濃度を示す．この ¹⁴C 濃度を利用して試料の形成年が推定できるのである．

15.6.2 人体試料への適用

人体でも毛髪や爪の成長は特に早いため，これらは新しく摂取された炭素からつくられている．そこで，人の毛髪や爪の ¹⁴C 濃度は，その毛髪や爪が形成された（生えてきた）年にその人体が摂取した食料の ¹⁴C 濃度にほぼ等しいと考えられる．食料の主要部が米であるとすれば，その前年に収穫された米の ¹⁴C 濃度にほぼ等しいはずである．こうして，毛髪や爪の ¹⁴C 濃度と大気 CO_2 の ¹⁴C 濃度を比較することにより，人が生きていた年代が推定できる．また，歯はいったん形成されると外部との物質交換はしない．人の歯の歯冠部のエナメル質や歯根部の象牙質の形成年齢の解析データは蓄積されており，それらの ¹⁴C 濃度から形成年がわかるとその人の生誕年が高い精度で推定できる．図 15.6.3 に示されるようにエナメル質の ¹⁴C 濃度から，濃度のピーク（1963 年）の前と後に二つの形成年が対応するが，さらに歯根部の ¹⁴C 濃度を測定し，歯根部のほうが形成年が遅いことを利用してエナメル質の形成年を

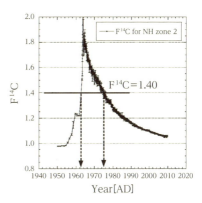

図 15.6.3 核実験起源 ¹⁴C による大気中 CO_2 の ¹⁴C 濃度の経年変化のうち，北半球中緯度帯（NH zone2）に対応するデータ[5]．試料の F ¹⁴C 値が 1.40 のとき，その形成年代は 1962～1963 年と 1974～1976 年の二つの期間の可能性を持つ．

一つに絞り込むことができる．由来が既知の歯を用いた解析により ±2 年程度の誤差で，生年が決定できることが示されている[6,7]．

15.6.3 象牙の形成年

象牙は，先端部と外縁部が先につくられ，その後，次第に根部が形成されていき中心部が充填される[8]．したがって，根部や中心部の ¹⁴C 濃度は，象の死亡年に近い年代を示す．日本がワシントン条約の締約国となった年が 1980 年であることから，これより新しければ密輸品の可能性が示唆される．

15.6.4 戦没者の遺骨の判定

太平洋戦争の戦没者の遺骨が南方の諸島に残存しており，遺骨回収が進められている．日本人戦死者とそれ以外のものをどのように区別するのか．骨は，食料から摂取した有機物を蓄え，また交換するため，骨の ¹⁴C 年代の解釈は難しい[3]．¹⁴C 年代が明らかに古いもの，また，¹⁴C 濃度が核実験起源 ¹⁴C を含むと判断されると，戦死者の遺骨から排除できる．

15.6.5 法的な証文や古文化財の真贋判定

証文や文書が書かれた和紙の ¹⁴C 年代や ¹⁴C 濃度から，ほぼその試料が形成された年代が得られる．古文化財についても，炭素を含む部位があれば ¹⁴C 年代が測定できる．試料の ¹⁴C 年代や ¹⁴C 濃度の値に応じて形成された年代を解析し，真贋判定が下される．

参考文献

1) 中村俊夫，ほか：「¹⁴C 年代測定の法医学的応用」名古屋大学加速器質量分析計業績報告書 XIV 83（2003）．
2) 中村俊夫，ほか：「¹⁴C 年代測定の法医学的応用」名古屋大学加速器質量分析計業績報告書 XVI 120（2005）．

3) L. Calcagnile, *et al.*: Radiocarbon 55 (2-3) 1845 (2013).

4) G. T. Cook, A. B. MacKenzie: "Radioactive isotope analyses of skeletal materials in forensic science: a review of uses and potential uses" Int. Legal Med (2014).

5) Q. Hua, *et al.*: Radiocarbon 55 2059 (2013).

6) K. L. Spalding, *et al.*: Nature 437 333 (2005).

7) K. Alkass, *et al.*: PLOS ONE 8 (7) e69597 (2013).

8) T. Nakamura, *et al.*: Nucl. Instr. Meth. B 361 496 (2015).

15.7 地形・防災科学への適用

　宇宙線と地球物質との相互作用によって生成する宇宙線生成核種は，加速器質量分析によって定量可能であり，地形学や水文学といった地球表層プロセスを扱う分野において盛んに応用されている．利用される天然の核種はその生成過程から2種に大別される．一つは二次宇宙線に含まれる陽子，中性子，ミューオン（ミュオン）と，大気を構成する窒素，酸素，アルゴンなどとの核反応により生成し，成層圏および対流圏を通じて拡散あるいは地表へと降下する大気生成（meteoric）核種で，代表的なものは ^{10}Be，^{14}C，^{36}Cl などである．もう一つは，地表に到達した宇宙線と，地表近傍の岩石を構成するケイ素，酸素，カルシウムなどとの反応によって，造岩鉱物中に生成・蓄積する地表生成（terrestrial）核種で，代表的なものは ^{10}Be，^{26}Al，^{36}Cl などである．これらの核種は，1980年代以降，種々の応用方法が提案され，加速器質量分析の感度・精度の向上とともに，地球表層プロセスの理解に大きく貢献した．これらの天然核種の他，現在の地球表層環境には，1950年代以降の原水爆実験や核燃料の再処理により，人為的に発生した核種が存在する．それらのうち ^{14}C，^{36}Cl，^{129}I などが加速器質量分析の対象となっている．

　大気中で生成された天然 ^{14}C（半減期：5730年）は，いわゆる放射性炭素年代測定法により，動植物遺骸を含む堆積物の年代測定に用いられる．地球表層科学において，^{14}C を用いた年代測定の対象は，生物遺骸を含む砂礫や泥炭などの堆積物，炭化物を含む火山砕屑物，石灰質の沈殿固結物など多岐にわたり，得られる絶対年代値を利用して，河成・海成段丘などの地形面の編年や，低地の埋積過程の復元，山間地での斜面変動の発生年代の推定，断層運動の履歴解明などが行われる．

　大気中で生成し，地表に降下する核種は，地形構成物および陸水の動態を研究するためのトレーサーとなる．大気由来の ^{10}Be（半減期：138.7万年）は地表に降下後，粘土鉱物などの細粒分に吸着するため，それらを豊富に含む表層土壌中に蓄積する．これを利用して土壌の形成に要した時間や斜面における土壌匍行（それこう）の速度の推定が行われている[1]．大気由来の ^{36}Cl（半減期：30.1万年）は，その可溶性の高さから溶存物質として振る舞うため，水文学的トレーサーとして用いられる．原水爆実験に由来する環境への ^{36}Cl 放出量の増大を追跡することで，数十年スケールでの

地下水の移動速度・滞留時間の推定が行われる他，天然に生成した ^{36}Cl の放射壊変を利用して，数十万年以上の時間スケールでの地下水動態が研究されている[2]．

　地表近傍の造岩鉱物中に直接生成・蓄積する宇宙線生成核種は，数千年から数十万年スケールでの地表面の露出年代測定や削剥速度の決定に応用される．特に核種の生成率が計算可能であること，鉱物が地表に遍在することなどから，石英中に生成する ^{10}Be および ^{26}Al（半減期：71.7万年）と，長石類や方解石中に生成する ^{36}Cl がしばしば用いられる．1990年代以降，この手法を用いて，多くの地形学的研究が行われたことで，地形発達史や岩石の風化速度・地表の削剥速度の定量的理解が進み，地形学・防災科学の発展に寄与している．

　地表面が形成された後，顕著な地形変化を受けていない場合，地表近傍鉱物中の宇宙線生成核種の濃度は，宇宙線へのばく露時間，すなわち地形の形成された年代（露出年代）を反映する．この年代決定法の適用範囲は，核種の検出限界と核種の寿命によってそれぞれ下限と上限が規定され，一般に精度よい年代推定が可能となるのは1000年以上，100万年以下の範囲である．この手法を用いて，隕石衝突孔の形成年代，岩盤段丘や堆積段丘面の形成年代，大規模な斜面変動の発生年代，溶岩の噴出年代などの決定が行われてきた．またモレーンなどの氷河性堆積物や，羊背岩など氷食を受けた基盤岩の露出年代測定により，氷河の伸長・後退の履歴が復元されている[3]．

　地表面が定常的な侵食を受けている場合，鉱物中の宇宙線生成核種の濃度は，その鉱物粒子の地表近傍での滞留時間，すなわち地形変化の速度（削剥速度）を反映する．この手法に基づく削剥速度が代表している期間は，宇宙線が地下に貫入し，顕著に核種を生成する深度（通常1～2m程度）が更新されるのに要する時間である．また，得られる削剥速度の値は，化学的過程（溶出）と物理的過程（侵食）による物質移動の総和である．この手法を用いて，露岩の削剥速度やカルスト地形の発達速度，基盤岩石の風化による土層の形成速度[4]などが推定されている．また，山地の斜面から生産され，河川に供給された土砂に含まれる宇宙線生成核種を定量することで，流域の空間平均削剥速度の決定が行われる[5]．これらの情報は，山地における斜面変動の再現周期や土砂災害ポテンシャルの空間分布の理解にとって重要である．

　同一鉱物中に蓄積する複数核種の量比（例えば，石英中の ^{26}Al／^{10}Be 比）に基づく年代測定も行われている．対象となる鉱物が地表近傍での宇宙線照射の影響下にあるときには，核種の量比は各核種の生成率と壊変定数を反映した一定値を取るが，地下への埋没などによって鉱物粒子が宇宙線から遮蔽されると，壊変定数の差異を反映して核種の量比が変化する．これを利用して，100万年スケールでの堆積物の埋没年代測定が行われる．この手法により，洞窟堆積物の年代測定が行われ，カルスト地形の発達過程や河川の下刻史が求められる他，人類化石を含む堆積物の年代

決定により初期人類史の解明にも貢献している[6].

参考文献

1) J. A. Graly, *et al.*: Geochimica et Cosmochimica Acta **74** 6814 (2010).
2) F. M. Phillips: Chlorine-36. In P.G. Cook, A. L. Herczeg ed.: "Environmental Tracers in Subsurface Hydrology" 299-348, Kluwer Academic (2000).
3) J.C. Gosse, F. M. Phillips: Quaternary Science Reviews **20** 1475 (2001).
4) A. M. Heimsath, *et al.*: Nature **388** 358 (1997).
5) D. E. Granger, *et al.*: Journal of Geology **104** 249 (1996).
6) D. Granger: A review of burial dating methods using ^{26}Al and ^{10}Be. In L.L. Siame, *et al.* ed.: "In Situ-Produced Cosmogenic Nuclides and Quantification of Geological Processes", Geological Society of America Special Paper **415** 1 (2006).

15.8 古環境・古気候研究

　加速器質量分析は，地球環境科学や古気候学の研究に頻繁に利用されている．なかでも，過去から現在に向かって「環境や気候がどのように変遷してきたのか」について解明するための学問分野，すなわち古環境学や古気候学において，特に重要な役割を果たしている．これらの学問分野では，アーカイブと呼ばれる環境や気候の自然記録庫（湖底・海底堆積物，年輪，アイスコア，洞窟生成物など）を対象に，そこに含まれるプロキシと呼ばれる代理指標（微化石や同位体など）を分析することで，環境や気候の変遷史を復元する．加速器質量分析は，その復元結果に精密な年代軸を挿入するための手段（年代決定手段）や，プロキシそのものを得るため手段として，用いられている．具体的には，以下に示すような目的で，^{14}C や ^{10}Be などの宇宙線生成核種が，適当な試料処理[1]の後に分析されている．

15.8.1 炭素 14 年代の高密度測定

　アーカイブに基づいた古環境・古気候の研究は，何らかの手段でその年代軸を定めない限りは遂行できない．樹木の年輪，または限られた堆積物・アイスコアに認められる年層など，数を数えることによって詳細な年代を知ることができるアーカイブは限られている．したがって，放射年代決定法の一種である炭素 14 年代法が，過去数万年間を対象として，頻繁に用いられている（15.3 節や 15.4 節も参照）．コア試料などの現代的なアーカイブに含まれる炭素の量は，一般に極微量である．そのため，極微量の試料でも分析が可能な加速器質量分析が，現代の主流となっている（15.2 節も参照）．

　近年の加速器質量分析計の小型化・一般化とスループットの向上に伴って，アーカイブに対して，従来より高密度に正確な年代を挿入する試みがなされている．放射年代としての炭素 14 年代は大気中の炭素 14 濃度が一定であるこ

とを条件とするが，宇宙線変動による生成率の変動と全球炭素循環の影響により，厳密にはこれは経年変化することが知られている．その補正のために用いられる炭素 14 濃度標準曲線（炭素 14 年代較正曲線）は，あくまで年輪などの分析結果に基づいており，分析値に由来する誤差をもつ．層序などから明らかな試料の新旧関係を制約条件にして，多数の炭素 14 年代測定値と標準曲線の誤差を双方とも考慮し，統計的に最大限もっともらしい年代モデルをアーカイブに構築する[2]ことで，高精度の環境・気候変遷史の復元が可能になりつつある．

15.8.2 宇宙線イベントの高精度対比（宇宙線層序）

　^{14}C や ^{10}Be などの宇宙線生成核種は，宇宙線変動という共通の全球現象にてその生成率を変化させるだけでなく，年輪や堆積物およびアイスコアなど全く異なる種類のアーカイブ中に保存されている（15.9 節も参照）．このことは，異なるアーカイブ中の宇宙線生成核種をそれぞれ分析し，その変動のパターン合わせを行うことで，異なるアーカイブにも共通する同時間面を特定できる可能性があることを意味する．こうした試みは，古環境学や古気候学の世界では対比や同期と呼ばれ，他にも様々な手段が考案されてきた．しかし，宇宙線生成核種の変動のように，気候変動に依存せず，多種類のアーカイブ間を共通のメカニズムに基づいて全球規模で対比が可能な手段は極めて貴重である．よって，加速器質量分析計を用いた宇宙線イベントの高精度対比（宇宙線層序）は，気候変動の地域差などを議論するために有効なツールとして，期待されている[3].

15.8.3 全球または地域スケールの炭素挙動の解明

　すでに述べたように，^{14}C を変動させる原因には，全球炭素循環の変化などの炭素の挙動も挙げられる．これは，炭素 14 年代決定や宇宙線層序への障害にもなり得るが，見方を変えれば，^{14}C が炭素の挙動を解明するための手段として有効であることを示す．全球炭素循環は海洋の大循環により支配されており，これに伴い海洋深部に十分な時間（数千年の単位で）隔離され，その結果低い炭素 14 濃度を持つようになった炭素が，最終的に一定の割合でつねに大気に放出されている．この割合が，海洋大循環の弱化（ないしは強化）によって変化すると，^{14}C の変動としてアーカイブに記録される．一方で，この変化は ^{10}Be には反映されないので，相互の比較により海洋大循環の強弱が評価できる[4].　また，化石燃料などの ^{14}C を含まない炭素が地域的に激しく放出された場合には，その地域のアーカイブにて ^{14}C の濃度低下が検出され得る．放出の程度は，^{14}C の標準曲線との比較により，定量的に推定することができる．

15.8.4 ¹⁰Be による古環境変動の解析

¹⁴C ほど頻繁ではないものの，¹⁰Be もまた，古環境・古気候のプロキシやアーカイブの年代決定手段として利用されている．例えば，湖底堆積物中の ¹⁰Be フラックスの大規模な変化は，生成率の変動ではなく，集水域の変化を示すよい指標となる[5]．また，海面が棚氷に覆われた海の底では，大気から降下する ¹⁰Be がほとんど堆積しないことから，これを棚氷の発達を推定する手段と見なすこともある．深海底に分布する成長の極めて遅い（100 万年オーダーの）鉄マンガン団塊やクラストなどの化学沈殿物では，古くからほぼ唯一の年代決定手段として，¹⁰Be が用いられてきた．これらは，過去の海洋の元素組成を明らかにするためのアーカイブとして優れている．また，大気を起源とする ¹⁰Be とは異なり，その唯一の安定同位体である ⁹Be は，風化や侵食により陸地から海に運ばれる．このことから，海底堆積物や化学沈殿物に含まれるベリリウム同位体の量比を，大陸規模での風化・侵食のプロキシとする試みもなされている[6]．

参考文献
1) 堀内一穂：ぶんせき 570 (2013).
2) 大森貴之：月刊地球 35 509 (2013).
3) 堀内一穂：月刊地球号外 63 31 (2013).
4) R. Muscheler, *et al.*：Nature, 408 567 (2000).
5) K. Horiuchi, *et al.*：Geophysical Research Letters 30 1602 (2003).
6) J. K. Willenbring, F. von Blanckenburg：Nature 465 211 (2010).

15.9 宇宙環境研究

15.9.1 宇宙線生成核種の分析

地球に降り注ぐ宇宙線はおもに銀河系内における超新星残骸に起源を持ち，銀河宇宙線と呼ばれる．銀河宇宙線は，地球に飛来する過程で，太陽系全体を包含する太陽圏の磁場により減衰される他，地磁気による強い遮蔽を受ける．そのため，銀河宇宙線と地球大気との相互作用によって生成される宇宙線生成核種の生成率は，太陽系周辺における超新星残骸の増減や，太陽圏の状態，そして地磁気強度の変動を反映したものとなる．宇宙線生成核種は，大気循環等の物質循環を経た後に樹木年輪や氷床等の年層に取り込まれる．宇宙線量の復元の際には，樹木と氷床の年層の年代をあらかじめ決定しておく．樹木の年層は年輪年代学を用いて，また氷床の年層は火山砕屑物の検出による年代決定法などに基づいて年代を決定する．おもに ¹⁴C，¹⁰Be，³⁶Cl などの分析により宇宙線飛来量の時間変動が復元される．銀河宇宙線の変動は数日から数十億年まで及び，概ね現象ごとに時間スケールが異なるが，シグナルの分離や変動原因の特定が難しい場合もある．以下に宇宙線生成核種の分析によって復元可能な現象とその時間スケールを述べる．

15.9.2 太陽系周辺の宇宙環境の変動

太陽系周辺の宇宙空間における銀河宇宙線のフラックスは，太陽系周辺での超新星残骸の生成率に応じて数千万年から数十億年のスケールで変動する．これは，太陽系が天の川銀河内を公転する際に，周期的に銀河の腕などの超新星残骸の密集域を通過することに起因する．加えて，太陽系が銀河面に垂直な方向に対して単振動運動することによって，おとめ座銀河団方向に形成されている衝撃波（宇宙線加速源）に周期的に接近する影響も考えられている．スターバーストと呼ばれる爆発的な恒星の生成が起こった場合には，銀河系における超新星爆発の発生率自体が変化する．太陽圏のごく近傍で超新星爆発が起こった場合には，1000 年スケールの宇宙線量の増加が起こる．

15.9.3 太陽活動と太陽圏環境の変動

太陽圏に侵入した銀河宇宙線は，太陽風による減衰を受ける．太陽圏には，太陽表面から放出される磁場とプラズマの風（太陽風）が広がっており，荷電粒子の軌道に影響するなどして侵入を妨げている．太陽活動には基本周期である約 11 年の周期性の他，200 年周期，1000 年周期などの長期的な変動があり，宇宙線生成核種の分析によりその詳細な振る舞いが復元可能である（図 15.9.1）．基本周期の変化は，太陽活動の変動メカニズムの究明に役立てられている．また，太陽圏内における宇宙線の伝搬軌道が太陽圏磁場の構造の影響を受けるため，宇宙線の時系列に含まれる約 22 年周期の変動の特性から太陽圏磁場の大規模構造に関する情報も得られる．これらは，太陽圏環境の復元や，太陽圏内における宇宙線伝搬の物理の解明に役立てられている．

その他，宇宙線生成核種の短期的な増加の検出によって太陽フレアイベントを復元する試みも行われている．大規模な太陽フレアが起こると，惑星間空間に形成される衝撃波で数 GeV 程度までの宇宙線が生成されることがあり（太陽宇宙線），宇宙線生成核種の生成率が増加する．

宇宙線生成核種のデータから太陽活動の情報を読み解く際は，地磁気強度の永年変化の影響を除去する必要がある．補正には，堆積物などから復元された地磁気強度データが用いられる．また，気候変動に伴って大気中や海洋中での宇宙線生成核種の循環が影響を受け，年輪中や氷床中の濃度に影響が出るため，気候変動の影響も除去する必要がある．異なる地域の氷床コアから取得されたデータを比較したり，異なる核種のデータから共通成分を抽出するなどの対策が取られている[1]．

15.9.4 宇宙気候学分野への応用

宇宙環境や太陽活動の復元データは，地球の気候変動へ

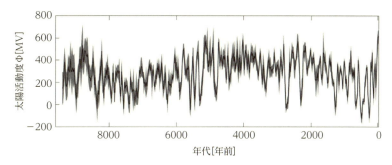

図 15.9.1　^{10}Be と ^{14}C を併用して復元された過去 9400 年間の太陽活動[1]

の影響を探る観点から重要性を増してきている[2]．宇宙環境が地球に影響する経路の一つとして，宇宙線が大気中での化学反応や雲形成を促進している可能性が考えられており，その過程についても加速器を用いた研究が進められている（詳細については，20.3.2 項を参照）．

参考文献

1) F. Steinhilber, et al.: Proceedings of the National Academy of Sciences 109 5967 (2012).
2) 宮原ひろ子：『地球の変動は宇宙で解明できるか』化学同人 (2014).

15.10　放射性物質の環境影響評価

15.10.1　人為的起源の放射性核種

環境影響評価研究とは，広くは，人間にとって有害な物質の存在状態や分布を調べることをいうが，原子力関係では，人為的に生成された放射性核種の移行挙動や沈着状況を明らかにすることを目的とした研究を指す．その究極の目的は，人間に対する外部被ばく・内部被ばくの正しい評価に資することである．

人為的な放射性核種の環境中での挙動が問題となるケースとして，

1) チェルノブイリ，福島などの原子力発電所事故
2) 使用済み核燃料再処理施設
3) 埋設処理された放射性廃棄物
4) 核実験

が挙げられる．1)は短時間に高濃度の放射性核種が環境中に漏えいし，局所的には住民への被ばくの影響が大きいケースとなる．2)は，原子炉で使用済みの燃料を再処理して，プルトニウムなどを精製して再び原子炉で使用しようとする施設であるが，付随して様々なレベルの放射性廃棄物が出る．また，処理の過程で揮発性の放射性核種が環境中に漏えいする．3)は 2)などで出た放射性廃棄物を埋設処理する場合，短期的には堅牢な隔離システム（ガラス固化体・ベントナイト・自然地層の多重隔離システムなど）が構築されたとしても，長期的な未来には，隔離システム

から漏えいし，人間の生活圏に接近すると考えられている．4)は 1950 年代から 60 年代にかけて，米ソを中心とする大国が競って核兵器開発のために洋上や砂漠上での大気圏核実験を行い，結果として大量の放射性核種が環境中にばらまかれたものである．

1)～3)で放出される放射性核種は，いずれも核分裂生成物（Fission Products：FP）および，中性子により生成する核種である．4)については，核融合反応をメインとする水爆実験もあるが，その場合でも，起爆剤として原子爆弾（核分裂反応）を用いており，核分裂生成物が生成される他，強大な中性子フラックスにより，多量の放射性核種が生成する．

15.10.2　環境影響評価に用いる核種

チェルノブイリ原発事故で放出されたおもな放射性核種を表 15.10.1 に挙げる[1]．希ガス（noble gases）は放射能としては高いが，大気中に拡散し，半減期も短いので，環境への影響は小さいと考えられる．揮発性の核種は，広範な領域に拡散し，沈着するので，環境影響評価上重要である．^{134}Cs および ^{137}Cs は半減期も比較的長いため，環境中に長くとどまり，人間の被ばくに大きく寄与する．^{134}Cs/^{137}Cs は γ 線を放出するため，検出は容易であり，ゲルマニウム半導体検出器で高感度に測定することができる．次いで重要なのは ^{90}Sr であるが，^{90}Sr は β 線しか放出しないため，検出には，化学的な精製を要し，定量測定が困難である．^{131}I は，半減期が 8 日と短いが，原発事故直後に体内に取り込むと甲状腺に蓄積し，甲状腺がんの原因となり得るため，重要な核種である．^{131}I が甲状腺がんの原因として要注意核種であるという認識は，チェルノブイリ事故後の疫学的調査研究から生まれた．^{131}I の検出は，事故直後は，ゲルマニウム半導体検出器で高感度に測定することができるが，事故後数ヵ月で測定できなくなってしまうことから，沈着状況の遡及的測定のために，長半減期同位体である ^{129}I（半減期：1570 万年）の測定が有効である．^{129}I は ^{131}I と同様に核分裂生成物であるため，^{131}I の分布を再現するためには最適の核種である[2]．^{129}I の測定には加速器質量分析が用いられる．非揮発性（refractory）の放射性核種には，α 放出核種である，プルトニウムの同位体が含まれる．これらは人間にとって有毒な核種

表 15.10.1 チェルノブイリ原発事故で放出されたおもな放射性核種

	核種	半減期	[Bq]
希ガス	^{85}Kr	10.72a	3.30×10^{16}
	^{133}Xe	5.25d	6.50×10^{18}
揮発性	^{129m}Te	33.6d	2.40×10^{17}
	^{132}Te (^{132}I)	3.26d (2.3h)	1.15×10^{18}
	^{131}I	8.04d	1.76×10^{18}
	^{133}I	20.8h	9.10×10^{17}
	^{134}Cs	2.06a	4.70×10^{16}
	^{136}Cs	13.1d	3.60×10^{16}
	^{137}Cs	30a	8.50×10^{16}
中程度の揮発性	^{89}Sr	50.5d	1.15×10^{17}
	^{90}Sr	29.12a	1.00×10^{16}
	^{103}Ru	39.3d	1.68×10^{17}
	^{106}Ru	368d	7.30×10^{16}
	^{140}Ba	12.7d	2.40×10^{17}
非揮発性	^{95}Zr	64d	8.40×10^{16}
	^{99}Mo	2.75d	7.20×10^{16}
	^{141}Ce	32.5d	8.40×10^{16}
	^{144}Ce	284d	5.00×10^{16}
	^{239}Np	2.35d	4.00×10^{17}
	^{238}Pu	87.74a	1.50×10^{13}
	^{239}Pu	24 065a	1.30×10^{13}
	^{240}Pu	6 537a	1.80×10^{13}
	^{241}Pu	14.4a	2.60×10^{15}
	^{242}Pu	376 000a	4.00×10^{10}
	^{242}Cu	18.1a	4.00×10^{14}

a：year，d：day，h：hour

であるが，非揮発性であるため，環境への流出は，原発事故などにおいては，事故サイトの近傍に限られる．しかし，核実験では，爆発のストリームが成層圏にまで達する．それにより全地球的に拡散し，次第に地上へと沈着している（グローバルフォールアウト）ため，現代では，土壌中にわずかながらプルトニウムが存在している[3]．

15.10.3　加速器質量分析の活用

　放射能の高い核種は放射線計測が有利であるが，長半減期の核種は，加速器質量分析が有効である．加速器質量分析では，イオン化された核種に，核子あたり MeV 程度のエネルギーが付与され，物質との相互作用を利用した同重体干渉回避技術が活用できるので，検出感度が高い．また接線方向の加速により，実質的な質量分解能が大きく向上するため，存在比感度（abundance sensitivity）が極めて高いのが特徴である．現状では，核分裂生成物としては，^{129}I の検出に最も高い性能を示している．^{129}I は核分裂生成物であるから，大気圏核実験でも大量に生成されたが，1960 年代以降も，使用済み核燃料再処理工場から莫大な量が環境中に漏えいしている．ある推計では，核実験で生成された ^{129}I の総量は 57 kg であるのに対して，欧州の核燃料再処理工場から 2007 年までに海洋に放出された ^{129}I は 5 200 kg，大気への放出は 440 kg であるという．また，米国のハンフォード再処理施設から大気中に放出された ^{129}I は 275 kg であるという[4]．元素としてのヨウ素自体

は，環境中に普遍的に存在している元素であり，地球表層環境の物質循環に重要な役割を果たしている．したがって，人為的に注入された ^{129}I，もしくは，安定同位体 ^{127}I と形成する同位体システムは，環境中の物質動態トレーサーとして有意義な研究対象である．また，使用済み核燃料の TRU（超ウラン元素）廃棄物の地層処分においては，^{129}I は長期にわたって，住環境への放射線源として最も高い値を示す核種となっており，地下環境における ^{129}I の長期的移行挙動の解明は重要な研究課題である[5]．

　原子核反応に伴って発生した中性子により生成する核種として，加速器質量分析の測定対象核種となるのは，^{14}C，^{36}Cl，^{41}Ca，^{236}U などである．これらの核種はいずれも環境影響評価上重要な核種であるとともに，ある境界条件の下では，年代測定にも利用できる（^{14}C，^{36}Cl など）．また，^{236}U は原子炉内では ^{235}U の核反応に伴い，17 ％の割合で生成するため，^{236}U/^{238}U 比は燃焼度を正確に表す指標となるため，原子力災害時や廃止措置などにおいて，その起源を推定するために有用である．

　^{90}Sr は，環境影響評価上重要な核種であるが，難測定核種として知られている．従来法では，時間のかかる前処理法を経て，β 線計測の手法が取られる．近年迅速測定法を目指して，ICP-MS による方法なども開発されているが，より感度の高い方法として AMS による測定も試みられている．

　原子力にかかわる環境影響評価上重要な核種の測定にお

いて，放射能の高い核種は放射線計測法が有利である．長半減期など，放射線の計測が困難な核種については，核種自体を計測の対象とする質量分析が有利になってくる．近年通常の質量分析においても測定感度は著しく向上してきているが，同位体の存在比感度（abundance sensitivity）においては依然として加速器質量分析が有利である．質量分析の手法によって，試料の前処理方法も異なるため，測定の目的（迅速な測定，高精度分析，高感度分析）によって，測定手段を選ぶことになるだろう．

参考文献

1) UNSCEAR 2008 report："Source and Effects of Ionizing Radiation", United nations.
2) Y. Muramatsu, *et al.*：J. Environ. Rad. **139** 344（2015）.
3) M. E. Kretterer, S. C. Szechenyi：Spectrochim. Acta B **63** 719（2008）.
4) X. Hou, *et al.*：Anal. Chim. Acta **632** 181（2009）.
5) 電気事業連合会・核燃料サイクル開発機構『TRU 廃棄物処分技術検討書—第 2 次 TRU 廃棄物処分研究開発取りまとめ』（2005）.

16章

生 命 科 学

16.1 概要

　生命科学は，物質の構造や性質・反応や法則を探求する物質科学で明らかにされる基本的な側面に加え，生物学を中心とした融合領域を示す．このうち加速器と深い関連を持つ領域は放射線生物学が中心となる．放射線生物学で研究される非電離の低エネルギー領域では低周波電磁波までも研究の対象となり，高圧送電線の直下の電磁波による健康影響，携帯電話の電波や MRI（磁気共鳴診断装置）・リニアモーターカーなどからの漏えい電磁場，さらには太陽光なども対象となる．電離放射線領域では電磁場のエネルギーが高くなると紫外線から真空紫外線，さらに軟 X 線へと移る．軟 X 線量域では放射光などの軌道放射からのビームが研究に利用され，比較的エネルギーの高い領域では治療用にリニアックが利用される．これとは別に電磁放射線と対をなす粒子線も生命科学領域で用いられ，陽子線や重粒子線あるいは中性子線などががん治療に用いられると，その基礎研究としての生物応答の研究も行われている．一方，放射線の突然変異作用などを利用した植物の品種改良など育種領域でもこれらが利用されている．

　国内で加速器を用いて行われている放射線生物学の研究はシンクロトロン放射光による真空紫外線（＞数 eV もしくは波長＜250 nm）を用いた研究[1]が旧・東京大学原子核研究所（旧・田無市）で始まり，超軟 X 線（数 keV～10 数 keV）の領域[2]に拡大していった．これらはモノクロメータを用いた分光学的生物応答の研究である．エネルギー吸収過程が非電離から電離モードに変わる領域であって，放射光を用いた生物学的研究は国外の追従を許していない．

　従来，放射線生物学では細胞集団の放射線に対する応答は，その集団の生物応答の平均値として扱われていた．放射線の生物学的効果を，細胞集団のなかから一つひとつの細胞を選び出して照射することを可能にしたマイクロビーム細胞照射技術[3]が出現し，照射細胞と非照射細胞の応答，あるいはそれらの相互作用を独立して解析できるようになり，バイスタンダー効果（照射された細胞の周囲にある非照射細胞で見られる放射線の効果など）の研究を行い得るようになった．この分野でも国内では軟 X 線，陽子線，重粒子線のマイクロビームが用いられ，先導的地位を占めている．

　荷電粒子線によるがん治療は，1946 年に R. R. Wilson によって提唱[4]され，1954 年から陽子線により，1975 年からは Ne ビームを用いて LBNL（Lawrence Berkeley National Laboratory）で開始されたが 1992 年に中止された．1994 年に放射線医学総合研究所で HIMAC（Heavy-Ion Medical Accelerator in Chiba）シンクロトロンを用いた炭素線による重粒子線がん治療[5]がよい成績を収めると，陽子線を含めて粒子線治療が国内で非常な勢いで広がりを見せ，これに追随して国外でも粒子線治療の広がりが見られる．2017 年には，世界で 50 施設以上が稼働中[6]である．HIMAC の 20 年の重粒子線治療経験の詳細[7]が辻井らによってまとめられている．

　中性子線は，光子線や荷電粒子線と異なり，それ自体は電荷を持たないので，媒質を直接電離・励起しないが，原子核反応を起こしてその結果放出される反跳陽子がおもな放射線の本体となる．がんの放射線治療にも用いられてきた一方，健康影響リスク因子としての研究[8]も重要である．その放射線の生物効果比（RBE）は光子線に比べて高く，中性子のエネルギーは広範に及び，生物効果にエネルギー依存性があることはわかっているが，十分なデータに欠ける．

　イオンビーム育種は，植物の品種改良などにイオンビームを用いる研究[9]であり日本で開始された．高崎量子応用研究所で始まり理化学研究所，放射線医学総合研究所，若狭湾エネルギー研究センターなど複数の重粒子線加速装置を持つ研究機関に広がっている．γ線を用いた突然変異誘発とは生成される変異のスペクトルが異なり，その効率も高いことから，海外からも注目されている．

参考文献

1) T. Sasaki : Proc 6th international congress of radiation research. Tokyo : Japanese Association for Radiation Research, 999-1003 (1979).
2) K. Kobayashi : J. Radiat. Res. **28**(4) 243 (1987).
3) Y. Kobayashi : J. Radiat. Res. **50** (SupA), A29-A47 (2009).
4) R. R. Wilson : Radiology **47** 487 (1946).
5) T. Kamada : Lancet Oncol. **16**(2), e93 (2015).
6) Particle Therapy Co-Oparative Group : Facilities in opration, http://www.ptcog.ch/index.php/facilities-in-opera-

7) H. Tsuji ed.: Carbon-Ion Radiotherapy, Springer (2014).
8) ICRP Publication 103: Annals of the ICRP (2007).
9) A. Tanaka: J. Radiat. Res. 51(3) 223 (2010).

16.2 生命への影響・粒子線の生物効果

生体を構成する心臓や肺などの「器官」は，それぞれの目的に適った機能を持つ細胞の集団である「組織」から構成されているが，放射線の人体に対する影響はその最も小さい単位である「細胞」から始まる．細胞は外界との境界となる細胞膜の内側に，細胞が生存に必要な「細胞内小器官」とその個体の全遺伝情報を蓄えた「核」が存在する．これらのうち放射線の影響に対して最も大きな影響力を示すものが，この核を構成している遺伝子，遺伝情報の並べられた化学物質としてのDNAである．放射線の電離作用によって，タンパク質やそれを構成するアミノ酸も遺伝子の本体であるDNAも損傷を受ける．タンパク質の損傷は遺伝子が健在であるならば，これに代わる新しいタンパク質が再び細胞内で生合成されて，機能を回復する．DNAの損傷は遺伝情報の損傷となり，これが修復できない場合には，細胞の増殖が困難になり突然変異などの異常な事態に陥る．この細胞の障害が組織の障害となり器官の働きを妨げて，最終的にその「個体」に影響をもたらす．

高LET放射線の生物効果を評価する場合，放射線の線質を表すパラメータとして一般に線エネルギー付与（Linear Energy Transfer: LET）が用いられる．このLETによって放射線の生物効果の大きさも異なるが，どのような生物効果を指標に着目するかによっても異なる．生物効果はLETだけでなく，放射線の線量率，生体内での微視的・巨視的な電離密度分布やその時間構造などの物理学的因子によっても左右される．また化学的因子として酸素濃度，水素イオン濃度，栄養状態，温度など細胞が置かれる微小環境によって左右される．生物学的因子として，巨視的には種や齢，また微視的には細胞周期，代謝状態，修復・回復機構など，ありとあらゆる因子が最終効果に影響を及ぼす．

加速器を用いた生命科学研究ではおもに放射光を用いた低エネルギーのX線，リニアックの高エネルギーX線，あるいは粒子線を用いた研究が国内では盛んで，放射光や粒子線を用いた生命科学研究は我が国が先導的地位を占めている．

16.2.1 生物効果の基礎過程

放射線の生命への影響の初期過程は，光子線あるいは粒子線のようなエネルギーの実体の違いによって，あるいはそのエネルギー付与の分布などによって異なる．非電離放射線である紫外線などの場合には，特定の分子あるいは特定の元素の結合部位に選択的にエネルギーが吸収され，そ

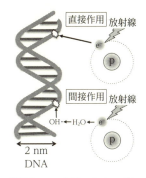

図16.2.1　放射線DNA損傷における直接・間接作用

の原子・分子の励起を起点にして生物効果が始まる．電離放射線のうち光子線では，ターゲット中での電離が分散的で密度が低い一方，粒子線では粒子飛跡に沿って局所的な高密度の電離が発生する．こういった初期過程の違いが，最終効果としての生物学的影響の違いに結びついている．

生物影響の起点は主としてDNAの損傷であり，照射された細胞内ではその初期過程としてピコ秒以前の物理的過程（電離・励起など）に引き続きピコ～マイクロ秒オーダーの化学的過程（ラジカル形成，分子変化）を経由して生物学的過程（損傷の生成・固定，修復または効果の増強）へと移行する．ここではDNA損傷や染色体切断などに始まり，損傷修復や機能回復が試みられ，これができない場合には細胞死から臓器不全をもたらし，個体死または発がんや突然変異などの遺伝的異常へと続く．これには長いものでは数ヵ月または年単位の時間を要し世代を超えた損傷の伝達（遺伝病）もあり得る．

物理・化学過程は，図16.2.1に示すように直接作用と間接作用に分けられる．低LET放射線において，直接作用はDNA分子がエネルギーを直接吸収することにより起こり，生物効果全体の約1/3を占めていると考えられ，残りの2/3はDNA周辺に存在する水分子の電離などを経由してそのラジカル種がDNAに作用する間接作用である．この配分比はLETや細胞周辺の微小環境によっても異なり，高LETや低酸素状態では直接作用が多くなると考えられている．

1 Gyの放射線を被ばくすると，一つの細胞のDNAあたり約1000個もの電離事象が生成され，同数のDNA損傷が発生する可能性がある．しかしこの程度の被ばくではほとんどの細胞は生存的で，放射線による損傷が生物学的過程で効率よく修復されていることが示唆される．またアポトーシスと呼ばれる能動的細胞死（プログラム細胞死）も観察される．これは損傷細胞が自身を能動的排除により地理的空間をつくり，周囲の健常細胞の裂増殖を促し組織としての機能を保つ回復のプログラムと考えられている．他方，この線量でも優位な突然変異や染色体異常が観測され，細胞の持つ生存能に対する修復能の大きさと修復過程での遺伝情報の誤り生成（誤修復）が放射線の影響に大きく関与することも示唆される．

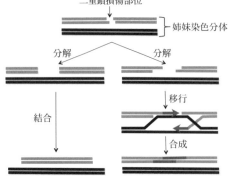

図 16.2.2　DNA 二本鎖切断の修復機構

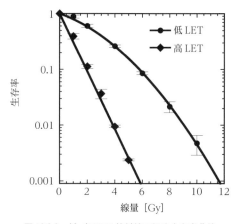

図 16.2.3　低-高 LET 放射線の細胞生存率曲線

細胞の損傷は致死損傷（Lethal Damage：LD）の他，潜在的致死損傷（Potentially Lethal Damage：PLD；本来致死的であるが操作を加えることで生存的にも変化し得る損傷），亜致死損傷（Sub-lethal Damage：SLD；本来生存的であるが修復完了前に損傷部位周辺に別の損傷が加わると致死的となる損傷），に分類されそれぞれの修復を PLDR（PLD Repair），SLDR（SLD Repair）と呼ぶ．

DNA 二本鎖切断の修復機構として，図 16.2.2 に示すように相同組換修復（Homologous Recombination Repair：HRR）と非相同末端結合（Non-Homologous End-Joining：NHEJ）が知られている．DNA 鎖切断が発生した場合，前者は細胞周期が DNA 複製期を過ぎて細胞分裂期の間にあれば，二本一対の相同染色体の健常側の遺伝情報を基にして修復を行うので誤修復を起こさない．後者は単に切断端を繋ぎ合わせるものであって断端の遺伝情報を読み取らないで行われるため，誤修復を容認する再結合である．

16.2.2　生存率曲線とモデル

生命科学領域で，放射線効果の評価に生存率曲線を用いることは一つの基本的方法である．放射線の線量-効果関係は通常，片対数グラフにプロットし，曲線にモデル式を当てはめる．線形自乗曲線モデル（LQ モデル，Linear Quadratic Model）が常用されるが，ヒット説による古典論も用いられる．

ヒット説は「細胞中に生命維持に必須な放射線感受性部位が存在」する仮定のうえで，「この標的が放射線によってヒットされると機能を失いその結果細胞は不活化（死）する」と考える．その確率を統計学的に扱い標的サイズと標的数に相当する 2 定数（D_0 と m）を導入すると生存率 S は放射線量を D として

$$S = 1 - (1 - \exp(-D/D_0))^m$$

で表せる．しかしこの曲線は，低線量領域で実験データのフィットに問題がある．

LQ モデルは DNA の二本鎖構造を踏まえ，その片方の一本鎖切断（Single Strand Break：SSB）では致死に結びつかず二本鎖切断（Double Strand Break：DSB）が起こったときに致死損傷となり得ると考える．放射線が DNA の近傍を通過する 1 回の事象で二本の鎖切断が起こる確率は線量（D）の 1 次項に比例し，最初の放射線で片方の DNA に SSB が起き，2 回目の事象で対をなす DNA 鎖がさらに切断されて DSB となる複合事象の確率は，線量の 2 乗に比例する．この 2 組の原因による細胞の致死効果は 1 次と 2 次項の二つの比例定数 α, β を導入して

$$S = \exp(-\alpha D - \beta D^2)$$

として生存率曲線が表現される．モデルの解釈については提唱されたときの説明と異なる説もあり，どの説が真の放射線生物学的な作用を説明するかについては意見の分かれるところである．しかし，ヒット論による式よりも実験値のフィットがよいので，実験データの解析に LQ モデルの式が使われる場合が多い．

図 16.2.3 に細胞の生存率曲線の例を示す．低 LET の放射線に対しては肩のある曲線が得られるが，高 LET 放射線では肩のない直線的な生存率曲線が特徴的である．

16.2.3　粒子線の生物効果と修飾

粒子線の生物効果を評価する場合，その効果修飾因子としてまず線質の違いが挙げられ，線エネルギー付与（LET）が指標となる．効果の強さを表す指標として生物学的効果比（RBE）が用いられ，放射線の種類や観測対象によって異なるが，平均的なヒトの細胞が炭素線で照射された場合，細胞死で観ると LET によって 3 倍以上の差がある．また化学的因子としては酸素が最も大きく，酸素増感比（OER）として評価され，低 LET 領域では酸素の有無で 3 倍の効率の違いが見られる．一方，この化学的因子については，高 LET では標的生体分子へのエネルギー付与が，ラジカルなどによる化学的過程を介さない物理的過程の割合が増える．このため化学的過程を経由した生物効果は，その寄与が少なくなると考えられている．また高酸素分圧の細胞が選択的に傷害されるが，組織中では酸素の分布は複雑かつ動的で安定なものではない．

生物学的因子についてはLETが上昇すると，エネルギー付与がDNA上で局所に集中し，密で複雑な損傷を生成するために修復が困難となり強い効果が見られる．染色体レベルでは広範囲な遺伝子の欠失が起こり，遺伝情報が抜け落ちて機能が損なわれる．どのような遺伝情報が欠損したかなどにより複雑な生物応答を引き起こすので，生物学的応答を評価することは困難であることが多い．

また分裂を繰り返す細胞は細胞周期（DNA合成期，細胞分裂期，休止期など）によっても放射線に対する感受性が異なるが，高LET放射線に対しては周期の違いによる感受性の差が小さく，どの周期にあっても大きいことも知られている．

参考文献
1) Y. Furusawa (H. Tsujii, ed.): "Carbon-Ion Radiotherapy" pp. 25-37 Springer（2014）．

16.3 生物学的効果比と酸素効果

生物学的効果比（RBE）と酸素増感比（OER）は高LET放射線の生物効果を評価するうえで重要なパラメータであり，線質によって変化する．線質には通常線エネルギー付与（LET）が用いられる．X線やγ線などの光子放射線は数keV/μm以下であり，陽子線のLETも同程度である．一方，重粒子線ではLETが高い．

16.3.1 生物学的効果比

放射線生物学では，ある種の放射線が基準放射線に比べてどれだけ強い効果を示すかを評価する場合には，この違いをRBEで表す．同じ条件下で同じ生物学的効果を生じさせるのに必要な線量（D）の比で，RBE＝D_{ref}/D_{test}と定義される．RBEをLETの関数として捉えると，一般に釣り鐘型のグラフとなり，LETの上昇とともにRBEが上昇し，特定のLET（100〜200 keV/μm）で最大値を示し，それ以上の領域では降下に転じる（図16.3.1）．基準放射線には通常X線が用いられるが，実験室の環境によって異なる場合も多く問題を複雑にしている．

図には示さないが詳細に見ると，加速粒子の種類によってRBEのLET依存性にずれ（重い核種ではピークが右下に遷移）が生じており一義的でない．この細胞生存率を指標に見たRBEは，損傷の修復など多くの生物学的応答を含めた最終効果としての依存性である．損傷修復の効率は高LET放射線（高密度電離放射線）では低く，粒子種によって生物効果が異なるのはそのビームのトラック構造，もしくは電離密度分布に強く関連していると考えられる．光子放射線では低LETで離散的全細胞的な電離事象の分布が見られるのに対して，重粒子線では飛跡に沿った限局領域に高密度の電離が起こり，DNA損傷もまた局所に集中したかたちで多数の損傷が生成されると考えられ，クラスター損傷と呼ばれている．

治療用陽子線のRBEはおよそ1.1であり，炭素線ビームの治療領域では2〜3の大きな値を示す．しかもRBEの値は着目する生物効果（細胞致死，突然変異，染色体異常など）によってその大きさが異なる．例えば，細胞致死の線量-効果関係は相似形ではないため（図16.2.3），細胞生存率レベルでも細胞の種類や標準放射線の選び方で異なってくる．

16.3.2 酸素増感比

酸素濃度によって細胞の放射線感受性が異なるため，酸素効果は放射線治療において重要な要素である．その大きさは酸素増感比（Oxygen Enhancement Ratio: OER）として表される．OERは酸素の有無による条件下で同じ生物学的効果を生じさせるのに必要な線量（D）の比で，OER＝D_{anoxic}/D_{oxic}と定義される．OERもRBE同様にLETの関数となり，30 keV/μm以下では大きく変化せずその値は約3で，高LETでは1に漸近する．さらに，酸素濃度によっても変化し，生物効果は微量の酸素の添加で急激に大きくなり，ヒトの末梢組織相当の酸素分圧（20〜30 mmHg）以上では約3となり，それ以上では大気中（160 mmHg）でも変わらない．さらにRBEと同様に着目点や細胞種によっても変化する．

放射線治療では，腫瘍組織における大RBEおよび小OERが望まれ，正常組織においては小RBEが重要である．炭素線治療では線量分布のよさを考慮すると，正常組織への障害を最小限にし，腫瘍組織で生物学的線量（物理線量×RBE）を最大にすることができ，さらに腫瘍内に低酸素領域が存在しても，光子放射線に比べ効果的な治療ができることで，炭素線の優位性が示唆される．

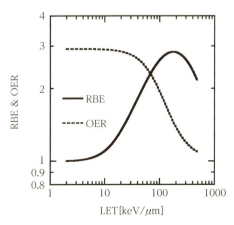

図16.3.1 RBEならびにOERのLET依存性

16.4 放射線抵抗性の機構

生物の放射線耐性は，生物種によって大きく異なるが，

放射線による致死効果に対して，生物のなかで最も耐性を示す細菌群が知られており，放射線抵抗性細菌と呼ばれている．現在では，放射線抵抗性細菌がバクテリアの進化系統樹のなかで多岐にわたって存在することが知られているが，これらのなかでも長年研究されているのが，照射された牛肉の缶詰のなかから 1956 年に分離された *Deinococcus radiodurans* である．*D. radiodurans* は，非運動性で非病原性の球菌である．紫外線や乾燥などで生じる DNA 損傷による致死効果に高い耐性を持ち，なかでも特に電離放射線に対する著しい耐性に特徴がある．この高い抵抗性は，*D. radiodurans* が持つ独特な DNA 修復機構と受動的な DNA 防御機構に依存していることが，最近の分子生物学的な研究によって，遺伝子レベルで徐々に明らかになりつつある．本節では，これまでに加速器を用いて行われた *D. radiodurans* の放射線耐性試験に関するおもな研究を概説する．

16.4.1 イオンビームによる DNA 損傷と致死効果

量子科学技術研究開発機構高崎量子応用研究所イオン照射研究施設 TIARA の AVF サイクロトロンおよびドイツ・ダルムシュタットの重イオン研究所 GSI の UNILAC で，*D. radiodurans* の凍結乾燥菌体に，各種エネルギーの重イオンを照射した後の生存率測定が行われた．イオンビーム照射による *D. radiodurans* の生存曲線は，γ 線を照射した場合のものと同様に，大きな肩を持つ．多くの生物において，10% 生存率を指標にした生物学的効果比（RBE）は，線エネルギー付与（LET）が 100〜200 keV/μm 付近でピークに達することが知られているが，*D. radiodurans* は，0.2〜2 000 keV/μm の範囲において，LET に依存した RBE のピークを持たなかった．また，照射菌体ゲノムのパルスフィールドゲル電気泳動解析によって，同じ線量の低 LET 放射線と高 LET 放射線で生じる DNA 二本鎖切断の修復に要する時間に差がないことが示された．このことから，*D. radiodurans* は，低 LET 放射線で起こる DNA 二本鎖切断損傷だけではなく，高 LET 放射線で起こるクラスター損傷をも効率的に修復する機構を持つことが示唆されている．

D. radiodurans において，DNA 二本鎖切断を効率的に修復する際に機能する重要な機構に，相同組換え修復（HRR）と非相同末端結合（NHEJ）がある．HRR にかかわる主要遺伝子 *recA* および NHEJ にかかわる主要遺伝子 *pprA* を欠損した *D. radiodurans* 変異株について，イオンビームによる致死効果が調べられた．その結果，高 LET 放射線で起こるクラスター損傷の修復にも HRR と NHEJ が重要であることが示されたが，野生株と同様に，これらの変異株でも LET に依存した RBE のピークを示すことはなかった．

16.4.2 イオンビームによる突然変異誘発効果

TIARA の AVF サイクロトロンを用いて，突然変異育種研究で利用されているイオンビームを *D. radiodurans* に照射した後に誘発される突然変異についての研究がなされている．*D. radiodurans* の凍結乾燥菌体に ^{12}C^{+5}（220 MeV，121.8 keV/μm）を照射後，抗生物質ストレプトマイシンあるいはリファンピシンに対する耐性を持つ変異株の出現頻度を調べたところ，生存率が 10 % から 1 % 程度に低下する線量のイオンビームを照射した際に，耐性変異株の出現頻度がピークに達することが示された．また，^{4}He^{2+}（50 MeV，19.4 keV/μm），^{12}C^{+6}（320 MeV，86.2 keV/μm），^{20}Ne^{8+}（350 MeV，440.8 keV/μm），^{40}Ar^{13+}（460 MeV，1 649.6 keV/μm）および γ 線（0.2 keV/μm）においても同様の傾向があることが報告されており，このことから，*D. radiodurans* が持つ DNA 修復機構は，必ずしも完璧ではないことが示唆されている．

16.4.3 宇宙ばく露実験のための地上予備試験

紫外線や電離放射線などに極めて高い耐性を持つ *Deinococcus* 属細菌は，過酷な宇宙環境でも生き残り，惑星間移動が可能な微生物の候補と考えられており，枯草菌や地衣類などとともに，近年，宇宙生物学者の注目を集めている．日本では，国際宇宙ステーション ISS の日本実験棟きぼうのばく露部を用いて，微生物を宇宙環境にばく露する実験が計画されている（たんぽぽ計画）．この計画の地上予備試験として，*D. radiodurans* に加えて，日本の高度大気中から分離された *Deinococcus* 属の新菌種 *D. aerius* および *D. aetherius* の乾燥菌体の照射実験が，放射線医学総合研究所の HIMAC で行われた（使用核種は，2.2 keV/μm の He イオンや 90 keV/μm の Ar イオン）．その結果，供試された 3 菌種とも，ISS 軌道上で 1 年間ばく露した場合に受ける宇宙放射線の線量と同等のイオンビームを照射されても，生存率が 100 % に近いことが示された．

16.4.4 放射光を用いた軟 X 線顕微鏡での菌体観察

D. radiodurans は，テルルを細胞内に蓄積する能力を持っている．細胞内での蓄積状態を明らかにするために，テルルの L 吸収端の前後の波長での軟 X 線顕微鏡観察が，立命館 SR センターの Aurora を用いて行われた．その結果，テルルは *D. radiodurans* の細胞質中で特異的な顆粒状構造体，あるいはポリリン酸に捕捉された状態で存在することが示唆されている．ただし，高分解能での顕微鏡観察には高線量の軟 X 線による細胞損傷が伴うため，生きたままの正常な生体の反応を正確に反映しているのかどうかを，今後検証していくことが必要とされる．

16.5 マイクロビームによる細胞局部照射

細く絞り込まれた放射線，すなわちマイクロビームを用いて生物試料を局部照射し，その影響を観察する実験は，20 世紀初頭から行われてきた．当初は顕微鏡の光学系を用いて集光した紫外線による局部照射や，適当な遮蔽材を介しての α 線や X 線の局部照射が試みられ，20 世紀後半に加速器の利用が可能になると，陽子や He イオン，重イオンなどの粒子線マイクロビームや放射光 X 線マイクロビームによる局部照射が実現した．

その目的は，当初は細胞内で放射線感受性が高い部位を特定する実験，生体内の特定の細胞あるいは細胞構造の一部を破壊してその機能を調べる実験に用いられ，後には低線量放射線影響の解明に必須の素線量影響解析，線質依存性の解明に必須であるトラック構造の影響解析，さらにはバイスタンダー効果（非標的効果）など従来のランダムな照射方法では解析困難だった細胞群全体としての放射線応答の解析手段へと発展してきた．

16.5.1 生体機能プローブとしての利用

早くも 1920 年には，2 細胞期のウニ受精卵の片方の核に一定時間 UV マイクロビームを照射するとその後の細胞分裂が完全に阻害されるが，細胞質に対して 2 倍の時間照射してもそのような作用が全くないことが報告された．1929 年にはカエルの卵の細胞質だけを X 線で照射しても発生異常はほとんど誘発されないのに，核を照射した場合には受精卵の全体を照射した場合と同様の効果があったとの報告がある．1937 年にはウニ卵の各部分を UV マイクロビームで照射し，核への照射が酸素の消費量にほとんど影響しないのに対し，細胞質だけに照射すると照射範囲が大きい場合には酸素消費が著しく減少することが報告されており，興味深い．

第二次世界大戦後はレーザーを光源とする UV マイクロビームの技術が進歩し，細胞分裂中の細胞の染色体や紡錘体への局部照射による細胞分裂への影響が盛んに調べられた．また，ショウジョウバエやカイコの初期胚を局部照射し，その後，幼虫や成虫に生じた器官の欠失などから組織原基分布図（細胞運命予定図）を作成することが試みられた．しかし，紫外線ではタンパク質の変成による影響が避けられないため，この実験の本来の目的は 1990 年代に日本原子力研究所・高崎研究所（当時）の TIARA で，タンパク質や細胞膜には特に影響を与えず細胞分裂のみを阻害できる炭素線マイクロビームによるカイコ初期胚への局部照射の実現によって達成された．TIARA では，サイクロトロンで加速された炭素イオンの飛程の長さを生かして，植物の根の重力屈性や水分屈性の機能解析も行われ，現在は線虫やメダカなど小型実験動物への局部照射による全身運動への影響や発生過程への影響解析が進められている．

16.5.2 単一粒子照射による影響解析

マイクロビームを用いて任意の標的細胞に対して，任意の個数の粒子（線量）を照射することによって，従来のランダムな照射方法で余儀なくされていた「平均値としての照射効果」の解析から脱却し，個々の細胞に対する真の照射効果を追求することができる．また，特定の細胞への照準照射により，照射細胞への直接の照射効果と非照射細胞に対するバイスタンダー効果などの非標的効果を明確に区別して解析することが可能となる．

この目的で，細胞への単一粒子照射を 1990 年に最初に実現したのはドイツ GSI で，UNILAC の水平ビームラインの末端にイオン飛跡をエッチングして穿孔した雲母箔を取り付けたマイクロビーム装置で，炭素からウランまでの様々な重イオンで枯草菌芽胞への照準照射が試みられた．

低線量放射線の人体影響解明に重要である哺乳動物細胞に対する単一粒子照射を最初に実現したのは 1990 年代前半，米国 PNL 国立研究所の 2 MV タンデム型静電加速器から得られる陽子，重陽子，He イオンによるマイクロビームであり，続いて 90 年代後半には英国グレイ研究所（当時）と米国コロンビア大学で，4 MV バンデグラフ型加速器から得られる陽子および He イオンによるマイクロビームが開発された．これらを用いて，特にラドンの α 線の影響解明を念頭に，He イオンによる照射効果とバイスタンダー効果の研究が進められた．高崎量子応用研究所の TIARA でも，1990 年代末には C，Ne，Ar などの重イオンによる哺乳動物細胞に対する単一粒子照射実験が可能となり，陽子線や放射光 X 線マイクロビームとの比較によるバイスタンダー効果の線質依存性の解析や，バイスタンダー効果を媒介する細胞間情報伝達物質の解析などの研究が進められている．

16.5.3 今後の展望と技術開発のポイント

マイクロビームを用いたラジオマイクロサージャリ技術は，体外から特定の組織，器官，細胞を狙っての不活性化や遺伝子発現誘導などによる新しい生体機能解析法となる．マイクロビームを用いた特定細胞への狙い撃ち照射実験と照射効果の時間空間解析によって，生体内での細胞応答・生体応答のネットワークが明らかとなる．これらの研究を通じて，より少ない線量で効くがん治療法の開発，宇宙放射線の生物影響の解明，イオンビーム育種技術の高度化，放射線を用いた革新的遺伝子改変技術の開発など，イオンビーム・放射線を利用した生命科学・医学・バイオ工学への応用が期待される．

そのためには，培養細胞系を用いた現在の照射実験から脱却し，個体の組織や器官にできるだけ近い状態での照射実験を実現することが重要である．厚みのある試料を照射するために，また生物試料に最適な雰囲気（温度，湿度，O_2・CO_2 濃度など）中で照射するために，より飛程の長い（高エネルギーの）マイクロビームによる正確かつ迅速

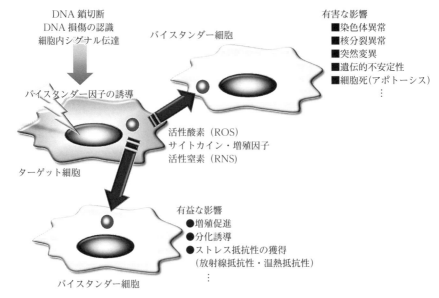

図 16.6.1　放射線誘発バイスタンダー効果がもたらす生物影響

な局部照射が必要となる．このとき標的の位置を正確に把握して照射するために，試料観察系とビーム制御系の連動が極めて重要となる．さらに，照射試料における3次元的な局所エネルギー付与分布を計測・推定する技術の開発が求められる．

16.6 バイスタンダー効果

放射線を被ばくした標的（ターゲット）細胞から放射線を被ばくしていない非標的（バイスタンダー）細胞への細胞間シグナル伝達による影響（放射線誘発バイスタンダー効果）が放射線による生物影響を理解するうえで近年非常に注目されている（図 16.6.1）[1]．

16.6.1 放射線誘発バイスタンダー効果の仕組み

放射線誘発バイスタンダー効果の仕組みのすべては明らかにされていないが，シグナル伝達の仕組みとして4つのモデルが提唱されている[2]．
1) ターゲット細胞とバイスタンダー細胞間のギャップ結合を介した細胞間シグナル伝達：ギャップ結合を介して，イオン，アミノ酸，ヌクレオチドなどの分子量2 000 ダルトン（統一原子質量単位）以下の低分子物質が伝達される．
2) ターゲット細胞のリガンドとバイスタンダー細胞の受容体間のシグナル伝達
3) ターゲット細胞から分泌される高分子物質とバイスタンダー細胞の受容体間でのシグナル伝達：シグナル伝達物質の候補として TNF-α（Tumor Necrosis Factor-α），TGF-β1（Transforming Growth Factor-β1），IL-8（In-terleukin-8）などが報告されている．
4) ターゲット細胞から分泌される低分子可溶性分泌物質を介したシグナル伝達：シグナル伝達物質の候補として活性酸素種（Reactive Oxygen Species：ROS）および活性窒素種（Reactive Nitrogen Species：RNS）が報告されている．活性酸素種の分子種は同定されていないが，活性窒素種の中では一酸化窒素（NO）が重要なバイスタンダー効果を誘発する重要なシグナル伝達物質であることが明らかにされている[3]．

16.6.2 放射線誘発バイスタンダー効果による生物影響

現在までに報告されている放射線誘発バイスタンダー効果による生物影響には，姉妹染色分体交換，細胞死の亢進，染色体（遺伝的）不安定性，突然変異などのバイスタンダー細胞の生存を脅かす現象が多い．しかしながら近年，放射線誘発バイスタンダー効果による生物影響は，細胞の生存を脅かす有害な生物影響ばかりではなく，細胞増殖の亢進，細胞分化の促進，放射線抵抗性の誘導などのバイスタンダー細胞の生存を促す有益な，あるいは防護的な生物影響も見出されてきている（図 16.6.1）．特に，バイスタンダー効果による放射線適応応答の誘導，放射線超感受性の誘導および突然変異誘発の抑制が最新の知見である[4,5]．

引用文献
1) H. Matsumoto, et al.：J. Radiat. Res. 48 97（2007）.
2) H. Matsumoto, et al.：J. Radiat. Res. 50 Suppl., A67（2009）.
3) H. Matsumoto, et al.：Curr. Mol. Pharmacol., 4, 126（2011）.
4) H. Matsumoto, et al.：Cellular Response to Physical Stress and Therapeutic Applications.；T. Shimizu, T. Kondo, ed.：p. 15-36, NOVA publishers（2013）.

5) M. Maeda, et al. : J. Radiat. Res. 54 1043 (2013).

16.7 イオンビーム育種

イオンビームが植物の突然変異誘発に効果的であることは以前から知られていたが，γ線などとどのように異なるのか，また，品種改良にどのように役立つのかは，全く不明であった．そこで，日本原子力研究所（現・量子科学技術研究開発機構）と静岡大学，京都府立大学，農業生物資源研究所などとの研究が開始され，また，民間・公的試験研究機関・大学などの協力を得て，世界に先駆けてイオンビームによる植物突然変異誘発の特徴が解明されるとともに，品種改良に役立つことが示された．現在，理化学研究所，若狭湾エネルギー研究センター，放射線医学総合研究所の施設でもイオンビーム照射が行われ，国内では，数多くのプロジェクトが進められているとともに，海外からも注目を集めている[1]．

16.7.1 イオンビームで誘発される突然変異誘発の特徴

a. 突然変異誘発率

イオンビームによる突然変異率を明らかにするため，形質が明確でかつ遺伝子座が明確なシロイヌナズナの種皮色素欠損と毛茸欠損の変異について，数万以上にも及ぶ照射後の個体を調査した結果，炭素イオン（LET：113 keV/μm）による突然変異率は，対照とした電子線（γ線と等価）に比べて，線量あたり細胞（2倍体）あたり遺伝子座あたりで，約20倍高いことが明らかにされた（電子線のほうが5倍線量が必要なことから，実際には，炭素イオンビームが4倍多く変異体が得られる）．なお，炭素イオンビーム150 Gy照射による突然変異誘発率は，線量あたり染色体対あたり遺伝子座あたり，1.9×10^{-6} であることから，シロイヌナズナの遺伝子の数を25 000と仮定すると，概ねゲノム全体で平均7つの遺伝子に変異が生じている計算となる．

b. 突然変異スペクトル

桃色花弁の輪ギク品種「大平」の組織培養にイオンビームやγ線を照射し，得られた再分化個体の花色が調査された．γ線では，桃色から薄い桃色と濃い桃色への花色変異が高頻度で生じるのに対して，イオンビームでは白や黄，橙色など，γ線では得にくい花色が高頻度で生じた．また，通常のγ線照射では全く得られない，複色や条斑の花色が高頻度で誘発され，イオンビームで誘発される突然変異の種類の幅は広く，γ線で得られるものと異なった．この特徴は，カーネーションの花色・花形でも詳細に研究され（21.4.5項参照），イオンビームはγ線や他の変異原に比べて誘発変異のスペクトルが広いことが明らかとなった．

c. 分子レベルでの特徴

シロイヌナズナの突然変異体をDNAレベルで調べた結果，電子線では遺伝子内の点様突然変異が多く（約75％）生じたのに対して，炭素イオンでは大きな欠失や逆位などの大きな構造変化と点様突然変異がほぼ50％ずつ生じ，炭素イオンは大きな構造変化を生じやすいことがわかった．この特徴は，最近の研究により，イオンビームのエネルギー付与の分布やLETに依存すると考えられ，LETが大きくなるに従って，欠失の大きさや染色体再構成の頻度

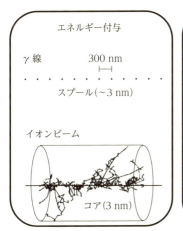
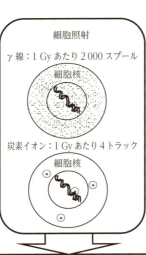
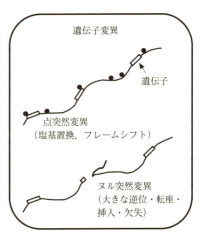

図 16.7.1　イオンビーム育種の特徴

が増加する傾向があることが見出されつつある.

これらのことから, イオンビーム育種の特徴は, 原品種の特性を損なうことなく, ワンポイントの形質改良を高効率に行えることであると考えられる (図 16.7.1).

d. 品種改良への利用 植物から微生物まで

イオンビーム育種への利用は多岐にわたっている. キク, バーベナ, カーネーションなど, 花色・花形への利用をはじめとして, 白葉枯病抵抗性イネなど, 作物の耐病性獲得, また, 果樹や樹木の特性改質にも利用されている. 最近では, 親株よりも二酸化窒素を 40〜80 % 以上吸収する, 環境浄化能が向上したオオイタビや, 土壌汚染物質であるカドミウムをほとんど吸収しないコシヒカリなど, 利用範囲は多岐にわたっている. 一方, イオンビーム育種は植物だけでなく, 酵母や根粒菌などの産業微生物にも利用されている. 吟醸酒用の新品種酵母や高機能性成分やアルコール発酵能力が改善された微生物の作出が精力的に進められており, イオンビーム育種は, 21 世紀の食糧問題や環境・エネルギー問題の解決に我が国初のバイオ技術として大きく貢献するものと思われる. 具体例の詳細は, 21.4.4〜6 項を参照されたい.

参考文献

1) A. Tanaka, *et al.*: Journal of Radiation Research 51 223 (2010).

16.8 放射光を用いた放射線生物影響研究

16.8.1 概要

放射線の生物影響研究は, 現代社会において大きな関心が寄せられている. 放射光は, 紫外線から X 線領域までの強力な連続光源である. 適切な分光器を利用することにより, 広いエネルギー領域で強力な単色光子ビームを利用できることに放射光利用の特徴がある. X 線領域においても可視・紫外領域と同様に, 原子・分子による吸収にエネルギー依存性 (吸収スペクトル) があるので, それを利用した放射光の医学への応用研究が進められている. この領域で吸収スペクトルが見られる原因は, 生体に含まれる元素の内殻吸収端によるものである. 生体にごく普通に見られる元素は軽元素であり, その K 殻吸収端は数 keV 以下であるが, ごく微量に含まれる金属元素の K 殻吸収端は 10 keV 前後となり, 空気中でのハンドリングが容易であり医療応用が可能となる. さらに重元素を含む薬剤を投与することによって, 着目する元素の種類を増やすことができるので, 医療への応用も視野に入れることができる. 吸収端で大きくなる X 線の吸収を利用して, 放射線量を局所的に高めようとするものである. 組織ごとの X 線のエネルギー吸収に差をつけることができれば, 正常組織への損傷を少なくしてがん組織への放射線量を高めることができるので, がんの放射線治療の成績が向上すると期待できる.

放射光には指向性が非常に高いという特徴もある. 高エネルギー電子が蓄積された加速器内の発光点で発生した放射光 X 線は指向性が高いので, 適当なスリットを使っていろいろな形状, 特に小さい X 線ビームをつくることができる. 10 μm 程度に整形された X 線ビームを用いると, 特定の細胞を狙って照射する一方で, その隣の細胞には放射線を照射しないことができる. ヒトのような多細胞生物系では, 細胞間の情報伝達が個体の照射影響発現に重要な役割を果たす (バイスタンダー効果, アブスコパル効果) ことが知られているので, 放射線照射された組織・個体の影響を理解するには, 上記のような, 照射された細胞とされていない細胞を区別できるマイクロビーム細胞照射システムを用いた生物影響の研究を進める必要がある.

16.8.2 研究の現状と今後の展望

a. がん治療への応用

体内深く発生したがんを治療するためには, 体内まで透過する X 線が必要となる. そのためのエネルギーとしては数十 keV 以上が必要となる. 研究が開始された当初は, 細胞内で生死に決定的役割を果たす DNA 分子にチミン塩基の代わりに取り込まれるハロゲン化ウラシルが着目され, 細胞レベルでは明らかに内殻吸収による細胞致死効果が増強されることが確認された. このメカニズムには内殻電離によるオージェ効果が関与していると考えられている. 最近, がんの化学療法剤として白金を含むシスプラチンという化合物が臨床で使われている. この薬剤は, 細胞レベルでは DNA と結合することによって制がん効果を示すことが知られている. この薬剤のような重金属を含む各種化合物の増感剤としての可能性の検証が進んでいる. 一方, 近年のナノテクノロジーの発展により, 白金などの重金属の数 nm〜100 nm 程度のナノ粒子が利用できるようになった. このようなナノ粒子の生体への影響はまだ不明の部分があるが, 粒子の表面処理によって細胞あるいは組織への取り込まれる場所を制御できると, 局所的に放射線エネルギーの吸収を増大させることができるので, 治療効果を高められる可能性がある. この手法 (光子活性化療法) を臨床に適用するには, がん組織に特異的に集まる薬剤, あるいはドラッグデリバリーシステムの開発が必要となる. そのためには臨床医あるいは薬学研究者との協力が必要となる.

b. マイクロビーム細胞照射

放射光 X 線は指向性がよいので, マイクロメートルレベルの位置精度で細胞あるいは組織に対する放射線量を制御できる. 高エネルギー加速器研究機構・放射光科学研究施設では, 最小 5 μm 角の微小なビームを, 特定の細胞に照射し, その影響を細胞ごとに観察できるシステムが開発され, 放射線照射された情報が周辺の照射されていない細

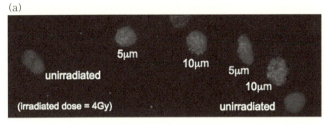
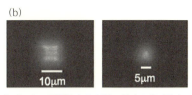

図 16.8.1 マイクロビーム細胞照射の実験例．(a) 5 μm 角，あるいは 10 μm 角の X 線ビームで照射された細胞の核内に生成した DNA 損傷（緑色）の分布．照射されていない細胞，5 μm 角のビームで照射された細胞，10 μm 角の X 線ビームで照射された細胞の 3 種での分布の差が明瞭に見える．細胞核は別の色素によって赤く染められている．(b) シンチレータで観察した 5 μm 角，あるいは 10 μm 角の X 線ビーム．(a) と同じ顕微鏡で観察しており，縮尺も同じである．

胞に伝達されるメカニズムが研究されている．開発されたマイクロビーム細胞照射装置を用いた実験結果の例を図 16.8.1 に示す．

一方，動物を用いた個体レベルでのモデル治療実験から，がん組織を不均一な放射線場で照射すると，治療成績が向上したという報告がなされ，そのメカニズムの研究が進んでいる．兵庫県にある SPring-8 では，放射光の指向性を用いてがん組織をスリット状のビーム（一例として，ビーム幅 0.2 mm，ビーム間隔 0.6 mm）を照射して個体組織あるいは細胞レベルでの生物効果を調べる研究が進んでいる．この現象のメカニズムの解明が進むと新しい放射線照射法（治療のプロトコル）となり得ると期待されている．

16.9 中性子照射

高 LET 放射線である中性子線は，その高い生物学的効果比（RBE）という性質を利用し，過去には医用サイクロトロンを用いたがん治療に用いられ，治療に関連した腫瘍や正常組織に対する効果について細胞組織レベルおよび動物個体レベルで調べる照射実験が行われた．また，中性子のヒトの健康影響リスク研究として，発がんや染色体異常をはじめ様々な生物影響研究がこれまでに行われてきている．

16.9.1 生物影響研究への加速器の利用

中性子のヒトへの影響を考えるうえでは，評価対象となる中性子には核分裂中性子，宇宙中性子線，医用加速器から発生するものなど様々なエネルギーのものがあり，対象とする中性子のエネルギー範囲は広い．

中性子の生物影響にはエネルギー依存性があることがわかっており，国際放射線防護委員会は，中性子の放射線加重係数（W_R）として 1 MeV 付近が最大となる関数を勧告している[1]．W_R の設定には，生物実験から得られた RBE の値が一部考慮されてはいるものの，基本的には線質係数の解析に基づくものである．エネルギー依存性に関する実証データは依然として少なく，中性子の W_R が実際の生物影響の程度とどれほど整合するのかについては未解明な部分が多い．このエネルギー依存性について調べるためには，同じ照射施設で種々のエネルギーの中性子を生物に照射できることが望ましく，加速器を用いた照射システムが第一選択となる．

16.9.2 速中性子生物照射の実験

生物影響の指標には様々なものがあるが，1999 年の東海村 JCO 臨界事故でも改めて認識されたように，代表的なものとして発がんと染色体異常が挙げられる[2]．

実験動物を用いた発がん実験について，同じ実験システムでエネルギー依存性を検討した研究は極めて少ない[3]．Broerse らはバンデグラフ型加速器より発生させた 0.5，4，15 MeV の中性子をラットに照射し乳腺腫瘍の RBE を解析した．広島大学では，3 MV イオン加速器を用いて p-Li 反応により，0.1～1.3 MeV の単色中性子を発生させ，Watanabe らがマウス照射を行い腫瘍発生のエネルギー依存性を検討した[4,5]．エネルギー依存性について過去の研究報告を見渡すと，430 keV 以下のエネルギーの発がんデータがないことがわかる．これは，生物照射が可能な準単色の低エネルギー中性子発生装置が未開発であることが挙げられている[3]．

染色体異常に関しては，Schmid らがドイツ連邦物理工学研究所（PTB）の中性子標準場において，36 keV～14.6 MeV の様々な単色中性子について，ヒトリンパ球の生じる染色体異常の RBE について検討している[6]．標準場は広いエネルギー範囲で単色中性子を発生できるが，低線量率であることや照射野が限られている．動物照射実験では，アクリル製の照射ケージに複数の動物を入れた状態で行うため，照射時間や照射匹数の関係から標準場の動物照射の利用には限界がある．

上述の影響研究における照射線量は，低線量から高くても数 Gy であるが，中性子による放射線障害の治療を目的とした生物照射実験では，致死性の急性放射線障害を誘発する高線量域（10 Gy～）の照射が必要となる．

加速器を用いた中性子の生物照射実験に必要な条件としては，上述のように，低線量から数十 Gy といった高線量を照射するため高線量率で照射が可能であること，線量分布が平坦で適切な広さの照射野が確保できることの他に，

γ線のノイズが少ないことも挙げられる．生物は温湿度などの環境条件や拘束によるストレスにより影響を受けてしまうため，長時間にわたる照射の場合，動物や細胞に適した温湿度管理が必要になるなど，照射システム以外にも施設として満たす要件が加わる．

放射線医学総合研究所では，インラインタンデム型加速器を導入し，生物照射施設を構築した[7]．本システムでは特定病原菌無感染環境（SPF）下で実験動物の照射が可能であり，同環境下で照射室と動物飼育室を行き来できるようになっている．これまでに，d-Be 反応により発生させた平均エネルギー 2 MeV の中性子をマウスやラットに照射する実験等を行ってきている．より低エネルギーの中性子線の生物影響を調べるために，現在 Li ターゲットの開発を進めている．

中性子の生物影響や障害治療について研究すべき課題は未だ多く，また，生物照射のための高線量率の確保や単色エネルギー照射システムなど未開発な部分もある．今後も加速器やターゲットの開発に対する期待が大きい．

参考文献
1) ICRP Publication 103 : Annals of the ICRP, 2007.
2) 荻生俊昭：NIRS-M-155, 74 （2002）.
3) 大町 康：放射線科学 46 331 （2003）.
4) S. Endo : J Radiat Res. 36 91 （1995）.
5) H. Watanabe : J Radiat Res. 48 205 （2007）.
6) E. Schmid E : Radiat Environ Biophys. 42 87 （2003）.
7) 須田 充：放射線化学 87 38 （2009）.

17章

医学利用

17.1 概要

加速器応用の重要な成功例の一つに加速器を用いたがん診断，がん治療装置がある．放射線はその発見当初から強い透過力を利用した医学への応用などが注目され，低エネルギーのX線発生装置は「レントゲン装置」の名で知られる強力な診断機器として普及している．その直接的な発展形態としては小型のX線発生装置と受光器を人体の周囲に回転させ，数 mm から 1 mm 未満の幅の断面画像を撮影し，それを重ね合わせることにより立体的な人体内部の透視画像を得るX線CT（X-ray Computed Tomography）装置が開発され精密診断に威力を発揮している．このように診断の高精度化，精密化を目指す方向以外に，X線を直接治療に応用する研究も古くから行われており，その典型的な成功例が「リニアック」と通称される電子加速装置である．X線は可視光と同様の性質を持っているため，照射されたX線は人体中を進むに従い，その強度（放射線量あるいは単に線量と呼ばれる）が減衰してゆく．これは体内深部に病巣がある肺がんや肝臓がんなどの場合，病巣に照射される線量よりも体表面の線量が大きくなることを意味しており，病巣までの正常細胞に対する有害事象が予想される．これを避けるためにX線照射装置全体を回転させ異なる角度から病巣を照射することにより体表面の線量を下げる「多門照射」を行うのが一般的である．

X線による治療は，前立腺がんや子宮頸がんなど多くのがんに効果を発揮してはいるが，多門照射を使用しても，がん病巣近傍の正常細胞に対する影響を避けることは難しい場合がある．特に眼球や消化管など放射線感受性が高い臓器周辺のがんに対して治療が制限されることも多い．このような難点を克服するには荷電粒子そのものを利用することが考えられる．特に陽子線や重粒子線（炭素やネオンなど）の物質内部での線量分布はX線とは著しく異なっているため，粒子線のこの特性を利用した治療が有効である．これらの粒子線は物質内部を通過しつつ徐々にエネルギーを失ってゆくが，ある程度減速されると狭い範囲内で急激にエネルギーを失い停止することが知られている．このエネルギー付与特性，いわゆるブラッグピークを形成するため，体内深部のがん治療にはこれら粒子線が極

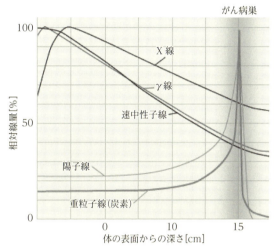

図 17.1.1　各種放射線の生体内における深部線量分布
（資料提供　国立研究開発法人 量子科学技術研究開発機構）

めて有利であることが予想できる．現在までに陽子線による治療は世界中で数万例が行われ，その有効性が実証されている．国内では 10 を超える施設が稼動している他，複数の施設が導入を計画しているなど，日本国内の陽子線治療施設はブームといってよいほどの状況となっている．一方，炭素やネオンなどの重粒子線は陽子線に比べて重いため，人体に照射された場合，陽子線に比べて直進性が高く，より鋭いブラッグピークを示すが，ブラッグピーク以深ではテールを引いた線量分布を示す（図 17.1.1 参照）．また，電荷を多く持っているぶん，細胞内原子とのクーロン相互作用が強いため DNA を切断する能力が高い．DNA は二本鎖で構成されており，紫外線やX線では一本の鎖のみが切断される場合が多く，完全に修復されてしまい影響を残さない場合が多い．しかし，重粒子線の場合，DNA は二重鎖切断されることが多く，修復が困難であり細胞死を招く割合が高い．このような特徴を持った重粒子線治療の臨床試行は放医研において 1994 年から開始され，すでに 9 000 例の治療実績を重ね治療効果が確認されている．2016 年現在，国内の重粒子線がん治療施設は，放射線医学総合研究所をはじめとする 5 施設で稼働しており，その他，2 施設が建設中，1 施設が導入を計画している．

先に述べた X 線 CT は病巣の形状を診断する方法であるが，機能を診断する方法に PET（Positron Emission Tomography）診断がある．この特徴は，生化学的・生理学的に重要な物質，例えば，水，酸素，ブドウ糖，アミノ酸などなど数多くの物質に ^{11}C のような陽電子放出核を組み込んで人体内部での挙動を定量的に調べることができることである．PET 診断の有用性は感度と分解能が高いこと，定量性が高いことなどが挙げられるが，具体的な応用例としてはがんの診断などが挙げられる．陽電子（ポジトロン）は自然界には安定な状態では存在できない「反物質」であり，通常の電子と質量は同じで正の電荷を持っている．この陽電子はすぐに通常の電子と結合して消滅するが（対消滅），電子と陽電子の質量に対応するエネルギーは 2 本の γ 線の形で放出される．この際 2 本の γ 線は運動量保存の法則に従い，およそ 180°反対の方向に進む．この 1 対の γ 線を測定することにより陽電子が消滅した場所すなわち ^{11}C が存在した場所を特定することができる．この原理をもとにしてつくられたのが PET 診断装置である．^{11}C 以外にも 10 分の半減期を持つ ^{13}N，2 分の ^{15}O や 110 分の ^{18}F などがその化学的特性に応じて使い分けられている．PET 診断システムは，陽電子放出核生産のために陽子ビームなどを供給する加速器（おもにサイクロトロン），標識薬剤を合成する自動合成装置，画像診断を行う PET 診断装置からなり，すでに市販されている．

この他，PET と同様に機能診断する方法の一つに γ 線を計測して機能診断を行う SPECT（Single Photon Emission Computed Tomography）も広く普及している．

17.2 ラジオアイソトープ製造

様々なラジオアイソトープ（以下 RI と表記）が医療現場で腫瘍や認知症など，様々な病気の診断や治療に広く利用されている．それらの RI は，利用目的に応じて半減期，放出粒子・光子の種類，エネルギーなどを考慮して選択される．例えば，診断用 RI は，被験者の放射線被ばくやデータ精度の観点などから，半減期は必要十分に短く，放出する γ 線のエネルギーは測定に最適で，検査に役立たない β 線や α 線は放出しないものが選ばれる．これに対し，治療用には，α 線，β 線，オージェ電子などを放出し，半減期も半日～60 日程度のものが選択される．核医学分野で利用されているおもな RI を表 17.2.1 に記載する．

RI は，ほとんど原子炉や粒子加速器を用いて製造されるが，原子炉による RI 製造では，^{235}U の核分裂生成物から目的の RI を取り出す方法と，そこで得られる熱中性子を使った（n, γ）反応による方法がおもに利用される．前者は極めて比放射能の高い多種多様な RI が同時に得られるが，その回収には大きな困難が伴う．他方，後者は RI の回収は容易であるが，生成 RI とターゲットの元素が同じため比放射能が極めて低く，放射性医薬品として利用

表 17.2.1 核医学で利用されるおもな放射性核種

核種	半減期	崩壊形式	$E_{\beta max}$ [MeV]	おもな γ 線 [keV]	おもな製造核反応
^{11}C	20.4m	β^+	0.96	511	^{14}N(p, α)^{11}C
^{18}F	110m	β^+	0.635	511	^{18}O(p, n)^{18}F
^{67}Ga	3.2d	EC		93, 185	^{68}Zn(p, 2n)^{67}Ga
^{68}Ga	68h	β^+	1.9	511	^{69}Ga(p, 2n)^{68}Ge→^{68}Ga
^{81m}Kr	13s	IT		190	^{79}Br(α, 2n)^{81}Rb→^{81m}Kr
^{89}Sr	50.5d	β^-	1.5		^{88}Sr(n, γ)^{89}Sr
^{90}Y	2.7d	β^-	2.3		^{235}U(n, f)^{90}Sr→^{90}Y
^{99m}Tc	6.0h	IT		141	^{235}U(n, f)^{99}Mo→^{99m}Tc
^{111}In	2.81d	EC		171, 245	^{111}Cd(p, n)^{111}In
^{123}I	13h	EC		159	^{124}Xe(p, 2n)^{123}Cs→^{123}Xe→^{123}I
^{131}I	8.02d	β^-	0.606	365	^{130}Te(n, γ)^{131}Te→^{131}I
^{133}Xe	5.25d	β^-	0.346	81	^{235}U(n, f)^{133}Xe
^{201}Tl	73.6h	EC		167	^{203}Tl(p, 3n)^{201}Pb→^{201}Tl

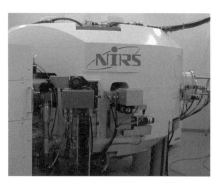

図 17.2.1 自動合成装置の一例

するには注意が必要である．

一方，サイクロトロンなどの粒子加速器を利用する RI 製造では，加速粒子の種類やエネルギー，ターゲットの種類とその厚さを選ぶことにより，様々な種類の RI を無担体・高純度で得ることが可能である．また，核反応の際に発生する速中性子を利用した RI 製造も試みられている．荷電粒子照射では，局所的に激しい発熱が起こるため，大電流で大量の RI を製造する場合には，十分な冷却能力を備えた照射システムが不可欠である．

PET で利用される超短半減期 RI，^{11}C（20.4 分），^{13}N（10.0 分），^{15}O（122 秒），^{18}F（110 分）などは，低エネルギー荷電粒子での製造が可能で，専門家のいない病院などの利用施設でも超小型サイクロトロンを用いた製造が行われている（図 17.2.1）．

核反応は，一般的に A+b→c+D または A（b, c）D のように表される．ここで A は標的核，b は入射粒子，c は放出粒子，D は生成核を表す．反応の前後では熱の出入りを伴い，その値は反応系と生成系の質量の差から計算される（Q 値）．$Q>0$ の場合は発熱反応となるが，$Q<0$ の場合は外部からエネルギーを供給する必要がある．実際

に核反応を起こすには，さらに運動量保存の法則を考慮した補正が必要で，Q値にその補正を加えた最小エネルギー（閾エネルギーまたは閾値）が必要である．通常，bは陽イオンであり，原子核は陽電荷を帯びているため，電気的な反発（クーロン障壁）を乗り越える必要がある．実用規模でのRI製造には，入射粒子はこの閾値やクーロン障壁以上のエネルギーを持つ必要がある．

無限に薄いターゲットを照射する場合，特定のRIの生成速度は以下のように表される．

$$dN/dt = \sigma Inx - \lambda N,$$

ただし，N：生成RIの数（個），I：単位時間あたりの入射粒子数（個/秒），n：単位体積あたりの標的核の数（個/cm^3）x：ターゲットの厚さ（cm），σ：核反応断面積（cm^2），λ：生成RIの崩壊定数（1/秒），t：照射時間（秒）である．

核反応断面積 σ は核反応の起こりやすさを表す指標であり，標的核の幾何学的な断面積と関連するので，10^{-24} cm^2 を基本単位としてバーン（b）と表される．σInx を一定，$t=0$ で $N=0$ として上式を積分すると，$\lambda N = \sigma Inx(1-e^{-\lambda t})$ となる．左辺は生成したRIの1秒あたりの壊変数を表し，放射能（Bq）に相当する．λt が十分に大きい場合，λN は飽和収率 σInx に近づき，反対に小さい場合，$\sigma Inx\lambda t$ で近似され，RI生成量は照射時間に比例する．厚いターゲットを用いる実際のRI製造では，入射粒子のエネルギーはターゲット中で減衰し，また，σ も変化するため，全収率は，それぞれのエネルギーでの薄収率をターゲット入口から出口までのエネルギー範囲にわたって積分する必要がある．物質中での荷電粒子のエネルギー計算は，コンピュータソフト（Stopping and Range of Ions in Matter：SRIM）[1] などの利用が便利である．また，医学的に有用なRIの製造核反応や核反応断面積，核反応収率がIAEAなどから報告されている[2]．入射粒子エネルギーと核反応断面積 σ の関係は励起関数と呼ばれ，それを実験的に求めるには，均質な薄板を多数並べ，そこに加速粒子を入射して核反応を起こし，生成したRIをGe半導体検出器などで定量し，上式を用いて各薄板（エネルギー）での σ を計算することにより行われる（Stacked Foil Method）．

参考文献
1) http://www.srim.org
2) http://www-nds.iaea.org/medical

17.3 放射性医薬品の開発

放射性医薬品は，μg程度の極微量で，非侵襲的に薬物の生体内動態を体外計測することが可能であり，また，腫瘍などに特異的に集まる薬物に α 線や β 線を出すRIを標識することにより腫瘍細胞を死滅させることも可能なため，様々な病気の診断，治療，薬剤開発などに利用されている．

17.3.1 ^{11}C, ^{18}F, ^{68}Ge/^{68}Ga

^{11}C（$T_{1/2}=20$分，β^+），^{18}F（$T_{1/2}=110$分，β^+）は，アミノ酸や核酸塩基などの生体分子や医薬品をその化学的性質をほとんど変えることなく標識することが可能で，極微量でも安全に生体内動態を調べることが可能なため，PETを利用した核医学診断や創薬分野で広く利用されている．他方，半減期が短く，また透過力の強い消滅γ線（511 keV）を放出し，さらに医薬品としての安全性も求められるため，その製造には非常に多くの困難を伴う．現在では，このような問題を解決した多様な自動合成装置（図17.3.1）が開発され，化学や薬学の専門家でなくとも ^{11}C, ^{18}F 標識放射性医薬品を安全に製造できるようになっている．

^{11}Cは窒素に10～18 MeV程度のプロトンを照射することにより製造される．窒素に少量の酸素（～1%）や水素（5～10%）を混入すると，生成した ^{11}C は，それらと反応し，^{11}CO$_2$ や ^{11}CH$_4$ などに変化する．これらを反応性が高く応用範囲の広い反応中間体に変換した後，様々な反応基質と反応させることにより目的とする ^{11}C標識化合物を得る方法が一般的に行われている．最も頻繁に用いられている反応は，反応中間体として[^{11}C]CH$_3$I または[^{11}C]CH$_3$OTf（Tfはトリフレート基）を用い，-NH$_2$, -NH, -OH, -SH などの官能基を有する反応基質と反応させ，Hと ^{11}CH$_3$ を置換する方法である．

^{11}Cの場合，^{11}CO$_2$ や ^{11}CO，^{11}C-酢酸やパルミチン酸などのような単純な化学形でも多く利用されてきたが，精神神経疾患の病態解明やその治療薬の薬効評価などを目的とした脳内神経受容体イメージング剤の開発・利用が特に精力的に行われてきた．ベンゾジアゼピン受容体用 ^{11}C-フルマゼニル，ドーパミンD$_2$受容体用 ^{11}C-ラクロプライドなど，非常に多くの薬剤が開発されている．この他，認知症の早期診断薬として，^{11}C-MP4A，^{11}C-PIB，^{11}C-PBB3，^{11}C-THK-951 など，腫瘍のイメージング剤としては ^{11}C-メチオニンや ^{11}C-チオチミジンなど，多種多様な薬剤が開発されている．

^{18}Fは，現在ではほとんど ^{18}O(p, n)^{18}F 反応により製造

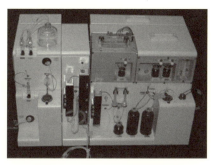

図17.3.1 小型サイクロトロンの一例

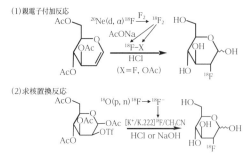

図 17.3.2 [^{18}F-FDG] の合成

され，^{20}Ne(d, α)^{18}F 反応は，反応性が高い ^{18}F 標識フッ素ガスや新電子付加反応などが必要な場合に利用されている．

^{18}F は F$^-$ として骨のイメージングに利用されるが，ほとんどの場合有機化合物に標識して利用される．その代表例は，図 17.3.2 に示す 2-deoxy-2-[^{18}F]-fluoro-D-glucose (^{18}F-FDG) で，腫瘍のイメージング剤などとして PET 用放射性医薬品のなかでは最も多く利用されている．^{18}F-FDG は，上の新電子付加反応により初めて合成されたが，この方法は，収率が低く，危険なフッ素ガスを必要とし，比放射能も低いことなどから，現在ではほとんど下の ^{18}F$^-$ を用いる求核置換反応が利用されている．

一般的に，^{18}F 標識反応では ^{18}F$_2$ や CH$_3$COO^{18}F を用いる新電子付加反応，ニトロ基やトリフレート基と ^{18}F$^-$ を直接置換する求核置換反応，いったん，^{18}F$^-$ を I-R-I (R はアルキル基) や TfO-R-OTf などと反応させ応用範囲の広い ^{18}F-R-I や ^{18}F-R-Tf などの反応中間体に変換し，^{11}CH$_3$I と同様の反応で目的物を得る方法，穏和な反応条件を必要とするペプチドやタンパク質の標識には，^{18}F-SiFB を用いる方法などが開発されている．

放射性医薬品としては，^{18}F$^-$ や ^{18}F-FDG の他に，腫瘍関連では，ヌクレオシドの ^{18}F-FLT，アミノ酸の ^{18}F-FET などが，神経科学の領域では，ドーパミン合成能測定用 ^{18}F-FDOPA，ベンゾジアゼピン受容体計測用 ^{18}F-フルマゼニルなどが，認知症関連では ^{18}F-FDDNP，^{18}F-THK-523 など，非常に多くのものが開発されている．

ガリウムの RI では，^{67}Ga ($T_{1/2}$=3.3 日，E_γ=93 185 keV) がクエン酸塩のかたちで以前より腫瘍診断薬として利用されてきた．^{68}Ga ($T_{1/2}$=68.3 分，β^+) は半減期が短いため，受容体などのターゲットに迅速に到達できる選択性・親和性の高い薬剤の開発が必要である．^{68}Ga の親核種である ^{68}Ge ($T_{1/2}$=271 日，EC (Electron Capture, 電子捕獲)) は多くの場合，^{69}Ga(p, 2n)^{68}Ge 反応で製造され，ジェネレータとして市販されている．いったん購入すれば 1 年以上にわたり β^+ 放出核種 ^{68}Ga を随時利用できるため，多くの PET 施設で ^{68}Ga-放射性医薬品の開発が精力的に行われている．

金属核種は，タンパク質やペプチドに標識して腫瘍のイメージングに利用されることが多いが，直接結合させることは困難なため，分子内にタンパク質との結合部位と金属イオンとの錯体形成部位をあわせ持つ二官能性キレート試薬を用いて標識されることが多い．多くの内分泌性腫瘍細胞にはソマトスタチン受容体が過剰発現していることが知られているため，その受容体に選択的に結合する化合物がいろいろ開発されている．その代表的なものが，一方に ^{68}Ga と強く結合する 1,4,7,10-テトラアザシクロデカン-1,4,7,10-四酢酸 (DOTA) を，他方にソマトスタチン受容体と親和性の強いオクトレオタイドのアナログペプチド TATE や TOC を有する DOTA-TATE や DOTA-TOC であり，これらの化合物は，Ga 以外にも ^{90}Y，^{177}Lu，^{111}In などにも結合するため，内分泌性腫瘍の診断や治療に広く用いられている．

17.3.2　^{99}Mo/^{99m}Tc

^{99m}Tc は半減期が 6.0 時間，放出 γ 線のエネルギーが 142.6 keV と γ 線カメラなどによるイメージングに適していること，半減期 66 時間の ^{99}Mo の娘核種として加速器を持たなくても利用できるなどの優位点があるため，核医学分野で世界的に最も利用されている RI である．親核種の ^{99}Mo は，おもに ^{235}U の核分裂生成物として得られる．この方法で得られる ^{99}Mo は比放射能が極めて高く，小型のジェネレータ製作が可能で，高濃度 ^{99m}Tc が得られるため医学利用に適している．その反面，この方法は，様々な高濃度放射性物質を含む核分裂生成物から目的物を回収・精製する必要があり，高度な施設設備・技術を必要とする．近年，原子炉の老朽化などにより，^{99}Mo の供給が世界的に不安定になり，その代替製造法が模索されている．^{98}Mo(n, γ)^{99}Mo 反応は，製造が容易な反面，比放射能が極めて低く高濃度の ^{99m}Tc を得るのに工夫を必要とする．一方，加速器を利用する，^{100}Mo(p, x)^{99}Mo 反応や，核反応で発生する速中性子を利用した ^{100}Mo(n, 2n)^{99}Mo 反応，^{99m}Tc を直接 ^{100}Mo(p, 2n)^{99m}Tc 反応で製造する方法なども開発されている．

製造された ^{99}Mo は，充填剤に吸着してジェネレータとし，生成する ^{99m}Tc を生理食塩水などで適時溶出して安定な ^{99m}TcO$_4^-$ を繰り返し回収するのに利用される．

^{99m}TcO$_4^-$ は，このままのかたちで甲状腺などの核医学診断にも利用されるが，塩化スズ(II)SnCl$_2$ などにより還元して反応性を高め，種々の配位子と結合させ錯体を形成し利用されることが多い．Tc に結合しにくいペプチドやタンパク質などは二官能性キレート化合物を利用して合成される．いままでに，脳血流測定剤 ^{99m}T-HM-PAO，腎血流測定剤 ^{99m}T-MAG3，骨シンチグラフィー用 ^{99m}T-MDP，腫瘍診断用 ^{99m}T(V)-DMS など，非常に多くの放射性医薬品が開発され，医療現場で広く利用されている．

17.3.3　^{123}I

核医学分野で利用されているヨウ素は，^{123}I ($T_{1/2}$=13 時間，E_γ=159 keV)，^{125}I ($T_{1/2}$=59.4 日，E_γ=35.5 keV)，

表 17.4.1　放射線を使う画像診断法の比較

	X 線 CT	SPECT	PET
方式	Transmission 型	Emission 型	
放射線源	X 線管	放射性同位体 （単光子放出核種）	放射性同位体 （陽電子放出核種）
コリメータ	なし	あり	なし
診断情報	形態的診断	機能的診断	

^{131}I（$T_{1/2}$=8.0 日，E_γ=364 keV，E_β=606 keV）などであるが，^{125}I はインビトロ放射性医薬品，^{131}I はおもに内用放射線治療に利用されているのに対し，^{123}I は ^{99m}T 同様，その放出 γ 線エネルギーが撮像に適しているため，画像診断用に用いられている。

^{123}I の製造には多くの核反応が利用されているが，その代表的なものは，^{123}Te (p, n) ^{123}I，^{127}I (p, 5n) ^{123}Xe→^{123}I，^{124}Xe (p, 2n) ^{123}Cs→^{123}Xe→^{123}I である。最初の反応では，混入安定同位体 ^{124}Te などの影響で，不純物として ^{124}I の混入が避けられないが，他の反応ではいったん ^{123}Xe を経由するため，^{124}I を含まない ^{123}I が得られる（^{124}Xe は安定同位体）。しかし，2 番目の核反応には 60 MeV 以上のプロトンを必要とし，3 番目の核反応では高価な濃縮 ^{124}Xe ガスを必要とする難点がある。

放射性ヨウ素の標識には求核置換反応，親電子置換反応，ハロゲン交換反応，有機金属置換反応などが利用される。親電子置換反応ではクロラミン T などの酸化剤を用いて I$^-$ を I$^+$ に変換する必要がある。タンパク質などの生理活性物質の標識にはタンパク質のチロシン残基やヒスチジン残基に I$^+$ を直接標識する方法とフェニルプロピオン酸サクシンイミドのような活性エステルにいったんヨウ素を標識し，それをタンパク質のアミノ基に標識する間接的な方法がある。このような方法で，脳神経受容体計測用に ^{123}I-イオマゼニル，脳血流量計測用に ^{123}I-IMP，心臓の交感神経機能や腫瘍診断用に ^{123}I-MIBG，心臓のエネルギー代謝計測用に ^{123}I-BMIPP など，多くの放射性医薬品が製造され利用されている。

17.3.4　その他

以上の他にも多くの放射性核種の製造法や利用法が開発され，核医学分野で利用されている。特に，^{64}Cu（$T_{1/2}$=12.7 日，E_β^-=0.6 MeV，E_β^+=0.7 MeV），^{67}Cu（$T_{1/2}$=2.6 日，E_β^-=0.6 MeV），^{124}I（$T_{1/2}$=4.2 日，E_β^+=0.7 MeV），^{177}Lu（$T_{1/2}$=6.7 日，E_β^-=0.50 MeV），^{186}Re（$T_{1/2}$=3.7 日，E_β^-=1.07 MeV），^{211}At（$T_{1/2}$=7.2 時間，E_α=5.87 MeV）などは，腫瘍に特異的に結合するペプチドやタンパク質に標識することにより，腫瘍を選択的に死滅させることが期待され，非常に精力的な研究開発が行われている。

17.4　医用画像診断

17.4.1　概要

現在医用画像診断法として実用化している断層撮影法として，X 線 Computed Tomography (CT)，Single Photon Emission Computed Tomography (SPECT)，Positron Emission Tomography (PET)，Magnetic Resonance Imaging (MRI) が挙げられる。これらは，がんや脳血管障害の診断など，様々な診断に用いられる。前者三つは，放射線を使うものであり，そのおもな違いを表 17.4.1 にまとめる。SPECT や PET は，直前あるいは 1 時間ほど前に投与した診断薬の体内分布を画像化することで，脳や臓器の機能的情報を得る診断法である。一方，X 線 CT と MRI は，おもに形態的情報を得る診断法である。多くの診断では，機能的診断と形態的診断の組み合わせが有効であることから，SPECT 検査や PET 検査は，X 線 CT 検査や MRI 検査を伴って行うことが多い。最近では，X 線 CT 装置が合体した SPECT/CT 装置や PET/CT 装置が主流となっている。PET/CT を例にとって説明すると，ベッドを少しずつスライドしながら PET と CT をほぼ同時に撮影できるため，位置ずれなく短時間で 2 種類の検査ができる他，PET の定量性確保に不可欠な放射線の吸収補正と散乱補正を，X 線 CT 画像を用いて実施できるメリットがある。PET/CT 検査の一例を図 17.4.1 に示す。

17.4.2　X 線 CT

X 線の利用方法自体は，いわゆるレントゲン撮影（単純 X 線撮影）と同じ X 線の影の撮影であるが，あらゆる角度から測定した投影データ（サイノグラム）から画像再構成することで，X 線の吸収率の違いを断層像として画像化する点が単純 X 線撮影と大きく異なる点である。X 線管と X 線検出器のペアが，被検者の周りを 1 秒間に 2 回から 3 回の周期で高速回転する。X 線管の管電圧は 120 keV が標準的である。本来はエネルギーが単一の単色 X 線が理想的であるが，X 線量の制約から，エネルギースペクトルの広い多色 X 線をほぼそのまま用いる。X 線検出器は，シンチレータで X 線を微弱なシンチレーション光に変えてから光センサーで検出するシンチレーション検出器が主流であり，タングステン酸カドミウム（CdWO$_4$）とフォトダイオードの組み合わせが一般的である。X 線

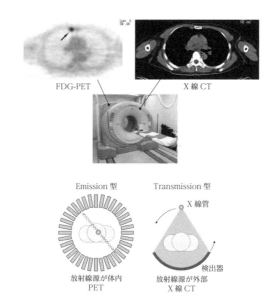

図 17.4.1　PET/CT 装置の一例（中央）と，X 線 CT 画像と PET 画像（^{18}F-FDG 検査）の一例（上）．➡は腫瘍を示す．

検出器は，通常 16 列や 64 列など，体軸方向に多列化されている（マルチスライス CT）．列数が多いほど，細かいスライスピッチで，かつ 1 回転でカバーできる撮影範囲を広げることができる．

サイノグラム（投影）から断層像を計算する逆推定法である画像再構成法については，投影を物体の線積分値として解析的にモデル化し，フーリエ空間の情報を埋めるという考え方から導かれた Filtered Backprojection（FBP）法が主流である．

X 線 CT は，外部から放射線を照射してその投影を得ることから，transmission 方式と呼ばれる．X 線は人工的に生成するため，量やエネルギー，照射方向を制御できるが，X 線を人体に吸収させることによって初めて情報が得られる（コントラストがつく）ため，本質的に被ばく量を下げることが難しい．照射線量を下げると，画像のノイズが増え，コントラストが低下してしまう．近年，被ばく量削減に対する意識の高まりを受け，統計的手法に基づいて逐次近似的に画像ノイズを下げる画像処理技術の開発が進み，照射線量を抑えた low dose CT が各社より製品化されている．

17.4.3　SPECT

SPECT や PET は，事前に投与した診断薬の体内分布や時間変化を測定する核医学検査法である．診断薬は，放射性同位元素で標識されており，体内から放射される放射線を体外の放射線検出器で計測することから，emission 方式と呼ばれる．診断薬の種類は様々あり，がん診断のほか循環器系疾患の診断など多種多様な検査に用いられる．

SPECT イメージング法の特徴は，1）単光子放出核種で標識した診断薬の利用，2）1 台もしくは複数台の γ 線カメラを体の周りに回転させる放射線計測法，3）画像再構成による断層撮影の 3 点である．単光子放出核種としては，^{99m}Tc（半減期約 6 時間，140 keV γ 線放出）など，半減期が数時間と短く，なるべく単一の 100～300 keV くらいのエネルギー範囲の γ 線を放出する核種が好まれる．

γ 線カメラは，シンチレーション検出器から構成される 2 次元のイメージング装置である．シンチレータには，発光量が高く，十分な γ 線の検出効率を持ち，コストにも優れるヨウ化ナトリウム（NaI(Tl)）が多用される．光センサーには，直径 2 インチ程度の円筒型の光電子増倍管を並べて使う．NaI(Tl) シンチレータはピクセル化されていない板状のものを使うが，1 回の γ 線入射により生じる数万光子のシンチレーション光が，直下の光電子増倍管だけでなく，周囲の光電子増倍管にも広がって検出されるようになっており，発光の重心点を計算するアルゴリズム（Anger 法）によって，光電子増倍管のサイズよりもはるかに小さい数 mm の位置分解能を実現する．放射線入射方向の情報を得るために，コリメータを用いて，特定の角度からの γ 線のみ検出できるようにする．コリメータは鉛でつくられるが，γ 線のエネルギーが高くなるほど，遮蔽壁を厚くする必要があり，その分感度を失う．並行な孔が格子状に並んでいるパラレルホールコリメータや，焦点から拡大するようにして放射線を計測する（視野を狭くして解像度を高めた）ファンビームコリメータなどがあり，検査によってコリメータを取り替えて使う．SPECT は，コリメータで γ 線をそぎ落とすことによって位置情報が得られるため，つねに解像度と感度がトレードオフの関係にある．

画像再構成は，基本的な原理は X 線 CT と同様であるが，放射線計測カウント数の制限やコリメータによる複雑なぼけの影響により，FBP 法では十分な画質が得られないことが多い．そこで，サイノグラムと体内核種分布の関

係をシステムマトリクスと呼ばれる行列でモデル化し，逐次近似型アルゴリズムにより再構成画像を計算する統計的画像再構成手法が多用される．代表的なものは，サイノグラムを部分サイノグラムに分割することで収束速度を高める工夫を施した Ordered-Subset Expectation-Maximization（OS-EM）法である．

17.4.4 PET

PET が SPECT と大きく異なる点は，1）陽電子放出核種で標識した診断薬の利用，2）同時計数によるコリメータレスの放射線計測の2点である．陽電子放出核種は，壊変に伴って陽電子を放出する核種であり，半減期約2時間の ^{18}F や半減期約20分の ^{11}C が多用される．どちらも，元々の生体構成元素の同位体であるため，標識しやすい（標識によって薬の挙動が変わりにくい）メリットがある．PET の原理を図 17.4.2 に示す．飛び出た陽電子は周囲の電子と速やかに対消滅し，エネルギー保存則と運動量保存則により，2本の 511 keV の消滅 γ 線が同時にほぼ 180°反対方向に向かって発生する．この消滅 γ 線のペアを数 ns 程度の短い時間内にとらえて（同時計数），対消滅の位置を検出器ペアを結ぶ線分上に特定する．

最も広く普及している PET 診断は，^{18}F 標識のフルオロデオキシグルコース（FDG）を用いた糖代謝検査である．これにより，エネルギー消費の激しいがん細胞を画像化できる．185 MBq 程度の ^{18}F-FDG を静脈投与し，1時間ほど安静にすると，がん細胞に正常細胞の数倍の FDG が取り込まれた状態になる．毎秒 100 万本以上を超えることもある同時計数線の計測により，サイノグラムが得られ，X 線 CT と同様に，画像再構成により対消滅の位置を画像化する．

SPECT と大きく異なるのは，物理的なコリメータを使うことなく放射線の入射方向を特定できる点である．そのため，原理的に感度に優れる．最新の PET 装置では，直径 80 cm 程度，体軸長 20 cm 程度のリング状に検出器を隙間なく並べることにより，最大で 5% 程度の絶対感度が得られる．放射線の高い計測効率に加えて，対象核種の半減期が短いため，体内の pmol 程度の微量物質でも画像化できる．よって，PET は最も感度の高い生体計測方法といわれる．

PET の解像度に理論限界を与える要因としては，陽電子飛程（飛び出た陽電子が対消滅するまでに動く直線距離）と角度揺動（511 keV の消滅 γ 線ペアの 180°からのずれ）の二つがある．前者は，核種依存であり，^{18}F なら半値幅で 0.1 mm 程度なので影響は少ない．後者は核種に依存せず，検出器リング径によって決まる．角度揺動による解像度劣化は，直径 80 cm の検出器リングなら 2 mm 程度であるが，例えば頭部専用など検出器リング直径を半分にすると 1 mm 程度に抑えることができる．

PET の放射線検出器もシンチレーション検出器であるが，診断用としては比較的エネルギーの高い 511 keV の γ

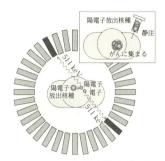

図 17.4.2　PET の原理．陽電子放出核種で標識した診断薬がターゲットに集積したあと，陽電子と電子の対消滅によって約 180°正反対方向の同時に発生する 511 keV の消滅 γ 線を同時計数の原理で計測する．

線の検出効率を高めるため，ゲルマニウム酸ビスマス（BGO）やケイ酸ルテチウム（LSO）など，NaI(Tl) よりも密度の高いシンチレータが用いられる．光センサーは光電子増倍管が主流であるが，次世代デバイスとして，半導体の光センサーであるシリコン PM（SiPM）の利用も始まっている．

PET 装置は，未だに技術革新が活発に行われている．近年では，同時計数における放射線の飛行時間差情報 Time of Flight（TOF）を画像再構成に活用する方式が標準技術になりつつある．複合装置については，CT の代わりに MRI と合体させた PET/MRI の製品化も行われている．また，検査対象としては，がん診断に次いで，PET による認知症早期診断・定量診断が注目されている．すでに，アルツハイマー病の原因タンパク質と考えられているアミロイド β や τ をターゲットにした PET 診断薬の実用化が進んでおり，頭部専用の PET 装置の開発が注目されている．

17.4.5　臨床 MRI の発展と超伝導電磁石

a. MRI（Magnetic Resonance Imaging）の歴史

MRI の基礎となる核磁気共鳴（Nuclear Magnetic Resonance：NMR）の歴史は長く，この物理現象の測定に初めて成功したのは 1930 年代のことである．すでに現在では，その根本的な理論は確定しているといえる．この現象は有機物構造解析などに応用され，いまもって重要な解析ツールである．

この NMR の原理は簡潔に平易にまとめると，以下のようになる．

磁性を持つ原子核は，静磁場下でその磁場方向に向かって，磁場の強さに比例した周波数で回転運動（歳差運動）を行う．このような静磁場下で同じ周波数の磁場変動を外部から加えると，歳差運動している原子核が励起状態となる．この現象を核磁気共鳴という．NMR では，励起状態の原子核が発する信号（磁場変動）を測定することにより，情報を得ることが可能になるのである．回転周波数は，原子核によって異なっており，一般に共鳴周波数と呼ぶものだが，原子核を取り巻く環境（例えば電子雲）の変

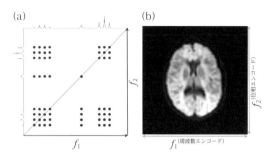

図17.4.3 2次元NMR (a) とMRI (b). 2次元NMRでは原子核同士のカップリングを利用して詳細な周波数解析を行い分子構造解析を行う．MRIでは傾斜磁場により位置に依存する周波数変化を生じさせ，これを解析することで位置情報を得る．

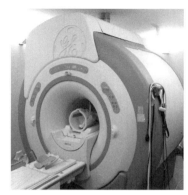

図17.4.4 3 T MRI装置．内部に超伝導マグネット・傾斜磁場コイルが装備されている．一般臨床ではすでに3 T MRIが数多く使用されるようになった．より一層の高磁場化・小型化・ヘリウムレスなどが今後の課題として挙げられる．

化によりわずかに変動することが知られている．（ケミカルシフト）つまり一つの有機物内にある，同じ水素原子核（プロトン）でも，その存在する部位により共鳴周波数はわずかにずれてくるのである．これを利用して，NMRでは様々な環境下の原子核からの信号を周波数解析することにより，有機物の構造を解明することができる．

1970年代には，この技術は複数の核種のカップリング現象なども利用して（いわゆる2次元NMR）複雑な分子の構造解析を実現してきた．この2次元NMRの発想はMRIに通じるものであり，実際，MRIのアイデアはこの頃に提案された．

b. MRIの原理

2次元に展開したNMR情報を表す図はあたかも一枚の絵のように見える（図17.4.3 (a)）．この情報は先ほど述べたように，原子核を取り巻く環境で変わる周波数成分の分布を示しており，解析試料にあるそれぞれの原子核からの信号が，周波数特性によりこの絵の上に分布する．一方，プロトンのNMRにおける水からの信号は圧倒的で，水以外の分子についているプロトンの微弱な信号を測定するためには，水からのプロトン信号を選択的に抑制するなどの工夫が必要となる．MRIの発明者らは，この通常のNMR解析では不要な水プロトンの信号を利用して2次元の絵を描けないかと考えた．水だけのプロトン信号は何もしなければ一つの大きなピークとなり，全く面白味のない信号である．しかし，これを2次元で位置に依存して周波数を変えることができれば，位置情報を反映した2次元NMRができると考えたのである．共鳴周波数は磁場に比例するので，傾斜磁場コイルという，磁場を位置によって線形に変化させるシステムが，この位置情報を加味するという要求に見事に応えることになった．これによりMRIが誕生した（図17.4.3 (b)）．最初の頃の画像はお世辞にもきれいなものとはいえなかったが，わずか30年余りで，形態のみならず生体機能情報など，様々な領域でCTを凌駕するレベルにまで達している．多くのイメージング技術が提案されるなか，MRIが生き残り，ここまで発展・普及するとはその発明者たちも想像していなかったかもしれない．

c. 超伝導マグネットの貢献

このMRIの発展・普及に大きく関与したのが超伝導コイルの技術である．MRIの信号強度は静磁場強度の2乗に比例する．生体からの雑音も磁場に比例して増加するので，実際に得られる信号雑音比は概ね静磁場に比例することが知られている．すなわち，静磁場の増加がストレートに（少なくとも現在までは）画質向上に結びついてきた．現在の臨床MRI静磁場の主流は1.5 Tであるが，すでに，3 T装置も広く用いられている（図17.4.4）．人を対象とする大きさのコイルでこの磁場を発生させるには超伝導技術が不可欠である．さらに7 Tの臨床MRIも，研究用ではあるが日本ですでに3台稼働している．世界的には，10 Tを超える臨床MRIのトライアルが始まっているが，超伝導マグネットの安定性などの課題も多いようである．

これらの超高磁場化は，MRI分野での超伝導マグネット技術開発における一つの課題であるが，他にも一般臨床に向けた課題がいくつか挙げられる．その一つは小型化である．これは単純に小さくするということでなく，被験者のスペースをより大きく確保しつつ，全体としての超伝導コイルの容積を下げることを意味する．より一層の普及と被験者の負担軽減に向けて，超伝導コイルの小型化は是非とも実現してほしい目標である．また，ヘリウム不足が実際の臨床MRI稼働に影響を与え始めている現在の状況を考えると，高温超伝導などのようなヘリウムレスの静磁場コイルの開発も待ち望まれる．

現在もなお，MRIの測定技術は日々進歩しており，最新の超伝導マグネット技術との一層の融合が期待されている．

17.5 光子線治療

17.5.1 放射線治療とは

病巣への放射線照射により病気を治療する方法の総称で，対象の99％はがんである．日本人の2人に1人以上ががんに罹患し，3人に1人はがんで死亡する現在，有効で有害事象が少ないがん治療がますます必要になっている．

がん治療の3本の柱は，手術，放射線治療，薬物療法で，これらを組み合わせて行う集学的治療が一般的である．がんの集学的治療において放射線治療の果たす役割は大きく，WHOのWorld Cancer Reportには世界のがん患者の半数以上が放射線治療を何らかのかたちで利用していると書かれている．欧米先進国では6割以上の患者に利用されているが，我が国では放射線被ばくに関する過去の不幸な歴史があることなどにより利用率が低く，がん患者の3割以下に使われているにすぎない．我が国ではいままで，胃がん，大腸がん，肝臓がんなど手術に適したがんが多く，これらの消化器がんでは，放射線治療や薬物療法の有効性が低かったこともそれに拍車をかけている．日本人が持っている「がんは切らないと治らない」という誤解はここから生まれているといえる．しかし近年，がん患者数の増加のみならず，日本人が罹患するがんが変化して，前立腺がん，乳がん，肺がんなど放射線治療が重要な役割を果たすがんが増えてきた．さらに手術不能な高齢者のがんが増加しており，多様ながんにおける放射線治療成績の向上とも相まって，今後日本でも放射線治療患者が増加してきている．

手術に対する放射線治療の利点は，次の2点に集約される．
1) 機能と形態の温存
2) 低侵襲

例えば，喉頭がんで手術を受ければ声は出なくなるか，かなり質が低下するが，放射線治療では，ほぼ元の声のままで手術と同等の治癒率が期待できる．しかも治療は外来通院で施行できる．体に対する負担も少なく，高齢者で合併症があっても安全に施行できる．

放射線治療の方法は次の三つに大別される．
1) 外部照射：体外から病巣に放射線を照射する．
2) 小線源治療：密封小線源を病巣に挿入または刺入して治療する．
3) 内用療法：病巣集積性のある放射線同位元素を内服あるいは注射する．

このうち加速器を使うのは外部照射である．おもな外部照射の分類を図17.5.1に示す．

現在の放射線治療の主軸は光子線治療であり，主として高エネルギーX線が用いられている．外部照射に使う放射線の線質と代表的装置を表17.5.1に示した．

17.5.2 放射線治療の歴史

放射線治療の歴史は1895年にレントゲンがX線を発見

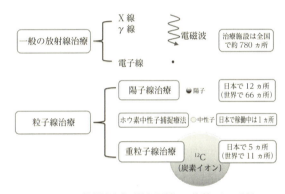

図17.5.1 放射線治療（外部照射）の線質による分類

表17.5.1 外部照射に用いる放射線と装置

	放射線の種類	装置の名前	照射方法の名前	方法の細分類	装置の商品名
外部照射	X線 電子線	医療用直線加速器（リニアック）	一般の高エネルギー放射線治療		トゥルービーム クリニック ハルシオン ノバリス バーサDH シナジー ラディザクト トモセラピー サイバーナイフ
			強度変調放射線治療（IMRT）	トモセラピー VMAT など	
			定位放射線照射（STI）	SRS, SRT	サイバーナイフ
	γ線				ガンマナイフ
	陽子線	陽子線治療装置	陽子線治療		
	重粒子線	重粒子線治療装置	重粒子線治療		HIMAC HYOMAC i-ROC
	α線		ホウ素中性子補足療法		

した翌年に始まっている．当時の治療に用いられたX線管はガス管球で，X線の透過力が低く皮膚結核，母斑，皮膚がんなどの表在性疾患に対して多く試された．1896年に有毛性色素性母斑に放射線を照射して脱毛に成功した記録が残っており，1899年には皮膚がんがX線治療で治癒したと記録されている．一方，1898年にCurie夫妻によりラジウムが発見され，1901年からラジウムを使って治療する試みが始まった．最初は皮膚病変にラジウム封入器を貼付することから始まったが，数年後には腔内照射や組織内照射も始まっている．

1913年にはCoolidgeにより熱陰極型X線管が開発され，ガス管球に比べ高圧で安定なX線が得られるようになり，子宮がんなどの深部腫瘍への低エネルギー放射線治療が始まった．深部線量率の測定が行われ，分割照射により正常組織の有害事象が軽減できることがわかったのもこの時代である．

超高圧X線発生装置の開発は，1930年代から始まり，1940年にはイリノイ大学でベータトロンが開発され，1942年には製造販売が始まっている．1951年にはカナダで「コバルト60遠隔治療装置」による治療が始まった．この装置は，人工的に製造した放射線同位元素から発生する1.17 MeVと1.33 MeVのγ線を放射線源とするもので，これにより皮膚障害を起こさずに深部臓器を治療することが可能になった．現在，先進国では医療用直線加速器（リニアック）に取って代わられているが，維持費が安価で故障も少ないことなどから，一部の発展途上国では未だにコバルト装置が使われている．

医療用リニアックの開発は1940年代から始まっている．第二次世界大戦でのレーダーの技術開発で，マグネトロンやクライストロンの開発が進み，電子加速が可能となったことが契機となり，1946年に最初のマイクロ波リニアックが英国で完成した．1953年にはロンドンのハマースミス病院でマグネトロンを用いた8 MVの医療用リニアックでの治療が開始され，1954年には米国スタンフォード大学でクライストロンを使った6 MVリニアックによる治療が始まっている．

今日，一般的なガントリーが患者の周囲を回って360°のどの方向からもビームを打てるリニアックが最初に導入されたのは，1962年にスタンフォード大学においてである．この装置は，パルスマイクロ波を進行波加速管で加速しベンドマグネットを使って90°ビームを曲げて金属ターゲットに当ててX線を出すシステムであった．その後，加速管が改良され1968年に加速効率のよいサイドカップル型定常波加速管が開発されると偏向電磁石のないアイソセントリックのリニアックが開発された．1970年代後半になるとエネルギー可変の加速管が開発され1台の装置で深部と表在臓器の治療が可能となった．

これら高エネルギー治療装置の普及により，体のどの部位にでも十分な線量を照射することが可能となり，放射線療法ががんの根治的治療法として確立した．

照射範囲を病変部に集中させる方法としては，1957年の梅垣，高橋による原体照射法の開発，1991年の強度変調放射線療法（Intensity Modulated Radiation Therapy：IMRT）の開発などがあり，それに対応する特殊型リニアックも開発され実用化されている．

17.5.3 医療用リニアックの現状

図17.5.2に最も一般的なリニアックの写真を示す．患者は右手前に写っている寝台に横たわり治療を受ける．このリニアックの内部構造を図17.5.3に示す．電子を電子銃で打ち，加速管で加速し，タングステンなどの重金属のターゲットに衝突させることによってX線を発生させる．エネルギースイッチの切り替えで最大エネルギーが4〜18 MeVの複数のエネルギーのX線を得ることができるとともに，電子を加速しているためそのまま打てば複数のエネルギーの電子線を得ることができる．X線のエネルギーは病変の局在によって使い分け，電子線はおもに表在病変の治療に用いられる．

通常のリニアックの最大照射野は100 cmの距離で40 cm×40 cmである．照射野内におけるX線の均一性を得るためにフラットニングフィルタが用いられる．フラットニングフィルタは，発生させるX線のエネルギーによって形状が異なることから，エネルギーに応じてリボルバー式にフラットニングフィルタを変更できるようになってい

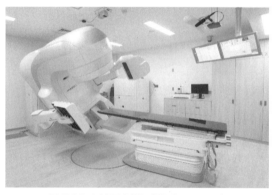

図17.5.2　医療用直線加速器（リニアック）

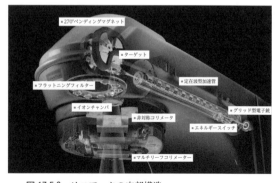

図17.5.3　リニアックの内部構造
（画像提供　バリアンメディカルシステムズ）

る．イオンチェンバーはビームの対称性，線量，線量率などをモニターしている．照射範囲の広さは多重のジョーコリメータにより1 cm×1 cmから最大照射野まで自由な長方形形状に成形される．ジョーコリメータはタングステンなどの重金属でX線を遮蔽して，照射野外への漏えい線量を照射野中心に比べて0.1％以下に下げる働きをしている．さらに，病変に合わせたかたちの照射野をつくる目的で，5 mm（装置により3～10 mm）幅のマルチリーフコリメータ（Multi-Leaf Collimator：MLC）がビーム出口に装備されている．

17.5.4 高精度放射線治療の現状

強度変調放射線治療（Intensity Modulated Radiotherapy：IMRT）はこのMLCをコンピュータ制御により移動させることにより照射範囲とビーム強度を変えながら照射して最適な線量分布を得る方法である（図17.5.4）．IMRTでは，正常組織の線量を従来の外部照射よりも抑えつつ，腫瘍に投与する線量を増加させることが可能であり，これにより前立腺がんなどでは治療成績が飛躍的に向上し，頭頸部領域の照射では口腔乾燥などの有害事象が減少した．高度の計算と検証を行う医学物理業務が不可欠であり，実際の線量分布が患者の動きに敏感であるため，精密な照射位置精度が必要である．

精密な照射位置精度に有用なのが，画像誘導放射線治療（Image Guided Radiation Therapy：IGRT）である．IGRTとは，各種画像技術と放射線治療を組み合わせ，治療時に腫瘍位置を画像上で確認してから放射線の照射を行う新しい技術で，さらにIMRTとIGRTを併用（Image Guided Intensity Modulated Radiation Therapy：IGIMRT）すれば，より高精度な治療が可能である．今後IGRTの治療技術向上によって，呼吸や腸管運動による腫瘍の移動が大きい腫瘍での治療成績向上が期待されている．

定位放射線療法は，脳や体幹部の限局性の病変に対して，限局して放射線を照射する技術であり，病巣部に十分な線量を照射し，周囲正常組織への被ばくを抑えることが可能となったため，1回の線量を多くすることが可能となった．定位照射の技術を応用すれば，過分割照射が可能となり，治療期間の短縮が実現すると期待される．

17.5.5 特殊型リニアック

リニアックには通常型の他に，IMRTや定位照射に重点を置いた特殊型の装置がつくられている．例えば，トモセラピー®（図17.5.5）は，CTと放射線治療システムが一体になった装置で，CTで正確な位置合わせを行った後，リニアックがリング型ガントリー内を連続回転し，患者寝台を移動させながら回転照射を行う．線量集中性，線量均一性が優れた3次元画像誘導による強度変調放射線治療を行うことができる．サイバーナイフ®（図17.5.6）はコンピュータ制御のロボットに超小型リニアックを取り付けた装置である．6軸のロボットアームによる100ヵ所以上の静止位置より，12方向へX線を照射できるため，複雑な形状の腫瘍でも高い線量集中性，線量均一性が実現できる．さらに，巡行ミサイルのナビゲーション技術を利用した患者位置認識システムが装備されており，照射前に患者の位置のずれを補正するため，侵襲的な固定具などを用いずに，呼吸性移動を伴う腫瘍にも自動的に呼吸追尾照射が可能である．

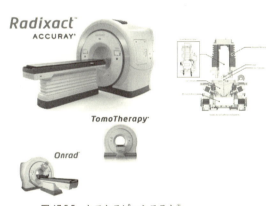

図17.5.5　トモセラピーシステム®
（画像提供　日本アキュレイ株式会社）

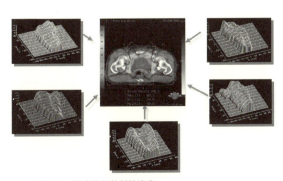

図17.5.4　強度変調放射線治療
（画像提供　バリアンメディカルシステムズ）

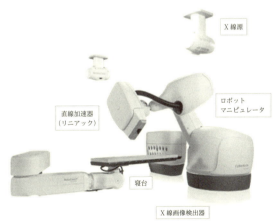

図17.5.6　サイバーナイフ®
（画像提供　日本アキュレイ株式会社）

17.6 粒子線治療

17.6.1 陽子線治療

レントゲンによる X 線発見から 120 年以上経ったいま，放射線はがん治療においてなくてはならない存在になっている．我が国で放射線治療患者数は推定約 24 万人であるが，これはがん患者の約 3 人に 1 人に相当し，今後さらに増加すると考えられている[1]．放射線治療の原則は，放射線をできるだけ病巣部に集中し，かつ周辺正常組織の線量を低くすることである．その意味で，放射線治療の歴史はいわば線量分布改善のための歴史であった．最近はコンピュータ技術を駆使した治療装置およびその関連機器の進歩は目覚ましく，定位放射線治療（SRT）や強度変調放射線治療（IMRT）および粒子線治療といった最先端治療法が普及し，治療成績は飛躍的に高まっている．このなかで粒子線治療はすでに 70 年以上の歴史がある．最初が速中性子線治療，次いで，陽子線，ヘリウムイオン線，π 中間子線，重イオン線（ネオンイオン線や炭素イオン線など）の順で用いられたが，いずれの粒子線もその臨床応用は米国でスタートした．現在，世界の主流は陽子線と炭素イオン線になっている．線量分布の優劣は治療装置（特に加速器）および治療計画装置の性能と直結している．

a. 陽子線治療の歴史

陽子（原子核）の歴史は古い．1900 年代初頭，E. Rutherford は窒素ガスを α 線で照射することにより，酸素原子と水素原子の原子核が生成されることを発見し，ギリシャ語で第一を意味する「PROTOS」にちなんで Proton と名付けた．電荷を有した陽子や軽イオンなどの荷電粒子が物質に入射するとクーロン相互作用が連続的に生じる．付与されるエネルギー量（線量）は粒子の速度が遅くなるほど大きくなり，ある深さに達すると線量ピークを形成して停止する．この特徴的な振る舞いは発見した英国の物理学者 W. H. Bragg にちなんでブラッグカーブと呼ばれる．一方，放射線治療の主流である X 線は，おもに確率的に生じる光電効果によって光子数を失いつつエネルギーを付与することから，線量は物質の表面近くで最大となり，体深部に向かって光子数の減少に伴って指数関数的に減弱する．このため X 線治療では，体深部の標的を治療する際に，いかに周囲の正常組織へのダメージを低くするかが問題となる．その点荷電粒子では，ブラッグピークの周囲に与える線量が大幅に低減することから，より安全な放射線治療に繋がると考えられた．

実際に陽子線で放射線治療を行うためには，陽子を体深部まで到達させることのできる高性能な加速器装置の出現を待つ必要があった．1930 年に米国の E. O. Lawrence はサイクロトロンを発明したが，それを受けて，1946 年に R. R. Wilson は陽子線の臨床応用を提唱した．そして 1954 年，米国ローレンス・バークレー研究所（Lawrence Ber-

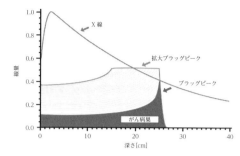

図 17.6.1　粒子線と光子線の深部線量分布

keley Laboratory：LBL）の Bevatron 陽子シンクロトロンで，初の陽子線治療として，転移性乳がん治療の一環としての下垂体への照射が行われた．その後，1957 年にスウェーデン・ウプサラ大学の Gustav Werner Institute の 185 MeV サイクロトロン，1959 年には米国ハーバード・サイクロトロン研究所（Harvard Cyclotron Laboratory：HCL）など，高エネルギー加速器を用いた陽子線の臨床応用が続々と開始された．

初期の頃の陽子線治療は，もっぱら下垂体腫瘍や脳動静脈奇形（AVM）などの良性疾患が対象で，悪性腫瘍は対象外であった．これは，同じ加速器を用いて行われた速中性子線治療の晩期障害が予想以上に強かったため，陽子線でも同じ過ちを繰り返してはならないという反省に基づくものである．当時は，粒子線の特長である鋭いブラッグピークを標的に合わせるために必要な，体内での線量分布予測手法が確立されていなかったため，おもにプラトー部での対向照射が行われていた．この状況を変えたのが，1973 年に G. N. Hounsfield によって発明された X 線 CT である．X 線 CT により初めて，体内の解剖学的情報の取得とこれを利用した高精度な線量分布計算が可能になり，陽子線治療の最大の魅力であるブラッグピーク特性を生かすことができるようになったのである．

陽子線による悪性腫瘍の治療は，1970 年代にまず脈絡膜悪性黒色腫が，次いで頭蓋底腫瘍など，より大きな腫瘍に対して分割照射が行われるようになったが，疾患の種類は限られていた．我が国では，1979 年に放射線医学総合研究所の 70 MeV 医用サイクロトロンで初の陽子線治療が開始され，次いで 1983 年に，高エネルギー物理学研究所（現・高エネルギー加速器研究機構：KEK）に設置された，12 GeV 陽子シンクロトロンの 500 MeV ブースターシンクロトロンを利用して，筑波大学粒子線医科学センター（現・筑波大学陽子線医学利用研究センター）での陽子線治療が開始された．1980 年代の世界の陽子線治療は，70 ％以上が脈絡膜悪性黒色腫と頭蓋底・上頸椎腫瘍で占められ，その他の腫瘍に対する治療はあまり行われていなかった．こういった潮流の中で，筑波大学が唯一，体幹部腫瘍に適用して世界の注目を集めた．表 17.6.1 に現在稼働中の粒子線治療施設を示す．近年世界の陽子線治療施設数は指数関数的に増え，2016 年 3 月現在，53 施設が稼働し

17.6 粒子線治療

表 17.6.1 世界で稼働中の粒子線治療施設（2016/3/8 時点，PTCOG website より）

国	組織	粒子種	加速器（S/C/SC）最大エネルギー [MeV]	ポート	治療開始
Canada	TRIUMF, Vancouver	p	C 72	1 horiz.	1995
Czech Republic	PTC Czech r.s.o., Prague	p	C 230	3 gantries**, 1 horiz.	2012
China	WPTC, Wanjie, Zi-Bo	p	C 230	2 gantries, 1 horiz.	2004
China	IMP-CAS, Lanzhou	C-ion	S 400/u	1 horiz.	2006
China	SPHIC, Shanghai	p	S 250	3 horiz.**	2014
China	SPHIC, Shanghai	C-ion	S 430/u	3 horiz.**	2014
England	Clatterbridge	p	C 62	1 horiz.	1989
France	CAL, Nice	p	C165	1 horiz.	1991
France	CPO, Orsay	p	S 250	1 gantry, 2 horiz.	1991
Germany	HZB, Berlin	p	C 250	1 horiz.	1998
Germany	RPTC, Munich	p	C 250	4 gantries**, 1 horiz.	2009
Germany	HIT, Heidelberg	p	S 250	2 horiz., 1 gantry**	2009, 2012
Germany	HIT, Heidelberg	C-ion	S 430/u	2 horiz., 1 gantry**	2009, 2012
Germany	WPE, Essen	p	C 230	4 gantries***, 1 horiz.	2013
Germany	PTC, Uniklinikum Dresden	p	C 230	1 gantry**	2014
Germany	MIT, Marburg	p	S 250	3 horiz., 1 45deg.**	2015
Germany	MIT, Marburg	C-ion	S 430/u	3 horiz., 1 45deg.**	2015
Italy	INFN-LNS, Catania	p	C 60	1 horiz.	2002
Italy	CNAO, Pavia	p	S 250	3 horiz., 1 vertical	2011
Italy	CNAO, Pavia	C-ion	S 480/u	3 horiz., 1 vertical	2012
Italy	APSS, Trento	p	C 230	2 gantries**, 1 horiz.	2014
Japan	HIMAC, Chiba	C-ion	S 800/u	horiz.***, vertical***	1994
Japan	NCC, Kashiwa	p	C 235	2 gantries***	1998
Japan	HIBMC, Hyogo	p	S 230	1 gantry	2001
Japan	HIBMC, Hyogo	C-ion	S 320/u	horiz., vertical	2002
Japan	PMRC 2, Tsukuba	p	S 250	2 gantries***	2001
Japan	Shizuoka Cancer Center	p	S 235	3 gantries, 1 horiz.	2003
Japan	STPTC, Koriyama-City	p	S 235	2 gantries**, 1 horiz.	2008
Japan	GHMC, Gunma	C-ion	S 400/u	3 horiz., 1 vertical	2010
Japan	MPTRC, Ibusuki	p	S 250	3 gantries***	2011
Japan	Fukui Prefectural Hospital PTC, Fukui City	p	S 235	2 gantries***, 1 horiz.	2011
Japan	Nagoya PTC, Nagoya City, Aichi	p	S 250	2 gantries***, 1 horiz.	2013
Japan	SAGA-HIMAT, Tosu	C-ion	S 400/u	3 horiz., vertical, 45 deg.	2013
Japan	Aizawa Hospital PTC, Nagano	p	C 235	1 gantry	2014
Japan	i-Rock Kanagawa Cancer Center, Yokohama	C-ion	S 430/u	4 horiz., 2 vertical	2015
Poland	IFJ PAN, Krakow	p	C 60	1 horiz.	2011
Russia	ITEP, Moscow	p	S 250	1 horiz.	1969
Russia	St. Petersburg	p	S 1000	1 horiz.	1975
Russia	JINR 2, Dubna	p	C 200****	1 horiz.	1999
South Africa	NRF-iThemba Labs	p	C 200	1 horiz.	1993
South Korea	KNCC, Ilsan	p	C 230	2 gantries, 1 horiz.	2007
Sweden	The Skandion Clinic, Uppsala	p	C 230	2 gantries**	2015
Switzerland	CPT, PSI, Villigen	p	C 250	2 gantries*****, 1 horiz.	1984, 1996, 2013

488 17章 医学利用

表 17.6.1　世界で稼働中の粒子線治療施設（続き）

国	組織	粒子種	加速器（S/C/SC）最大エネルギー[MeV]	ポート	治療開始
Taiwan	Chang Gung Memorial Hospital, Taipei	p	C 230	4 gantries***, 1 horiz. exp.	2015
USA, CA.	J. Slater PTC, Loma Linda	p	S 250	3 gantries, 1 horiz.	1990
USA, CA.	UCSF-CNL, San Francisco	p	C 60	1 horiz.	1994
USA, MA.	MGH Francis H. Burr PTC, Boston	p	C 235	2 gantries***, 1 horiz.	2001
USA, TX.	MD Anderson Cancer Center, Houston	p	S 250	3 gantries***, 1 horiz.	2006
USA, FL.	UFPTI, Jacksonville	p	C 230	3 gantries, 1 horiz.	2006
USA, OK.	ProCure PTC, Oklahoma City	p	C 230	1 gantry, 1 horiz, 2 horiz/60 deg.	2009
USA, PA.	Roberts PTC, UPenn, Philadelphia	p	C 230	4 gantries***, 1 horiz.	2010
USA, IL.	Chicago Proton Center, Warrenville	p	C 230	1 gantry, 1 horiz, 2 horiz/60 deg.	2010
USA, VA.	HUPTI, Hampton	p	C 230	4 gantries, 1 horiz.	2010
USA, NY.	ProCure Proton Therapy Center, New Jersey	p	C 230	4 gantries***	2012
USA, WA.	SCCA ProCure Proton Therapy Center, Seattle	p	C 230	4 gantries***	2013
USA, MO.	S. Lee Kling PTC, Barnes Jewish Hospital, St. Louis	p	SC 250	1 gantry	2013
USA, TN.	Provision Center for Proton Therapy, Knoxville	p	C 230	3 gantries**	2014
USA, CA.	Scripps Proton Therapy Center, San Diego	p	C 250	3 gantries**, 2 horiz.**	2014
USA, LA.	Willis Knighton Proton Therapy Cancer Center, Shreveport	p	C 230	1 gantry**	2014
USA, FL.	Ackerman Cancer Center, Jacksonville	p	SC 250	1 gantry	2015
USA, TX.	Texas Center for Proton Therapy, Irving	p	C 230	2 gantries**, 1 horiz.	2015
USA, TN.	St. Jude Red Frog Events Proton Therapy Center, Memphis	p	S 220	2 gantries**, 1 horiz.	2015
USA, MD.	Maryland Proton Treatment Center, Baltimore	p	C 250	3 gantries**, 2 horiz.**	2016

陽子線施設は「粒子種」欄 p の施設を指す.
* S/C＝シンクロトロン（S）サイクロトロン（C）またはシンクロサイクロトロン（SC）
** with beam scanning
*** with spread beam and beam scanning
**** degraded beam

ている. このうち 34 施設はサイクロトロン, 27 施設はシンクロトロン, 2 施設はシンクロサイクロトロンを運用している. さらに 20 数ヵ所が建設中あるいは導入を計画している.

b.　陽子線治療の概要

　現在, 陽子線治療の臨床効果を示す指標である生物学的効果比（Relative Biological Effectiveness：RBE）は, ICRU レポート[2] に従い, 1.1 が広く受け入れられている. これは, 基準となる X 線に比べたとき, 約 10 ％（1/1.1）少ない吸収線量で等価な臨床効果が得られることを意味し, 陽子のエネルギーにはよらない一定値である. 加速器で加速されたビームを 3 次元的な大きさを持った標的に正しく照射するため, 様々な照射システムが用いられている. まず, 標的の厚さ, つまり「縦」方向については, 異なるエネルギーのビームを重ね合わせて飛程を変調し, ブラッグピークを拡大した, 拡大ブラッグピーク（Spread-Out Bragg Peak：SOBP）ビームが形成される. その手法として, 不均等な厚みを持ったプロペラの羽根をビーム軸内に挿入し, 回転させることで時間的にブラッグピークを拡大する回転ホイール法や, ビームサイズよりも細かくさび型のエネルギー吸収体を並べ, 散乱によって空間的に拡大するリッジフィルタ法がある. 近年では加速器技術や制御技術の高まりとともに, ビームのエネルギーを直接制御する方法も用いられるようになった. その手法として, ビーム軸に挿入したエネルギー吸収体の厚さを高速に変化させるレンジシフタスキャン法や, さらには加速器からの出射エネルギー自体をダイナミックに変化させるエネルギースキャン法がある.

標的の側方，つまり「横」方向への広がりには，図17.6.2に示すように，大別して，いったん大きな照射野を形成しその後ビームを標的形状に整形して照射するブロードビーム法と，加速器から出射される細いビームを電磁石で走査するスキャニング法がある．ブロードビーム法では，一対の偏向電磁石（ワブラー電磁石）で円またはらせん形に走査したビームを適当な厚さの金属板で散乱させることで一様な照射野を得るワブラー法や，ワブラー電磁石の代わりに2種類の異なる散乱体の組み合わせによって静的にビームの照射野を拡大する二重散乱体法などがある．

現在の陽子線施設では，このような縦方向と横方向の照射技術を組み合せて運用されている．ブロードビーム法では回転ホイール法もしくはリッジフィルタ法と組み合わせていったん3次元的に一様な大きな照射野を形成し，これを患者個々の標的の形状に合わせて彫り込んだ補償フィルタ（ボーラス）や，断面形状に合致した開口を有するコリメータを通過させることによって標的の形状に合わせた照射が行われる．一方のスキャニング法では，縦横ともにスキャニングすることで標的形状に即した柔軟な照射野を形成できることや，ボーラスやコリメータが不要になる利点がある．また，ボーラスやコリメータなどビームが透過する機器が少ないことから，加速されたビームの利用効率が高いと同時に，晩発障害の原因となる中性子をはじめとする二次放射線の発生量が少ないなどの利点も有し，最近の陽子線施設では主流になりつつある．同時に，照射ポートについてみると，従来の照射機器は水平または垂直の固定ポートに備え付けられることが多かったが，近年ではX線治療装置と同様，ポートが回転することで任意の角度からの照射を可能とする回転ガントリーを備える施設が増えてきた．

最近の放射線治療の技術進歩は目覚ましい．ことに20世紀後半に開発された定位照射法やIMRTなどの3次元高精度照射法は，放射線治療の適応と可能性を飛躍的に高めてくれた．これらが革命的開発といわれる所以である．一方，これまではごく一部の施設でしか行われていなかった陽子線は，いまでは脳や頭蓋底，頭頸部から胸部，腹部，骨盤部などに生じたいろいろな腫瘍や小児がん治療に用いられ，良好な成績が報告されている[3]．2014年時点で，全世界で粒子線治療を受けた患者数は137 000名に上り，そのうち80％以上が陽子線である．我が国においては，先進医療を経て2016年度からは小児がんに対する陽子線治療が保険適用の対象となるまでに成長した．今後よりいっそうの普及化に向けて小型加速器の開発が進められている．

17.6.2 重粒子線治療

現在，粒子線治療に用いられているおもな粒子は陽子と炭素イオンであり，それぞれ陽子線治療，重粒子線治療（炭素線治療，炭素イオン線治療）と呼ばれる．最近の大きなニュースは，2016年の診療報酬改定で重粒子線治療が切除非適応の骨軟部腫瘍に対して保険適用が認められたことである．ここでは，重粒子線を用いたがん治療の歴史，特徴，治療の現状，今後の展望などについて述べる．

a. 重粒子線がん治療の歴史

重粒子線の臨床応用は，1977年に核物理研究施設であるローレンス・バークレー研究所で行われたネオン線治療に始まる．医用専用加速器による本格的な臨床応用は，1994年に放射線医学総合研究所（放医研，現在の量子科学技術研究開発機構）で開始された炭素イオン線治療である．多分野のがん治療医で構成された臓器別検討班にて実施された第I/II相臨床試験の成果は，2003年の高度先進医療（現在の先進医療）承認に結びついた[2]．その後，兵庫県立粒子線医療センター，群馬大学，九州国際重粒子線がん治療センター，神奈川県立がんセンターが重粒子線治療を開始し，国内の稼働施設は5つとなった．稼働施設の増加に伴い，2014年4月にはJapan Carbon-Ion Radiation Oncology Study Group（J-CROS）が組織され，多施設共同研究を行う体制が整備されている．J-CROSの初期の活動として，様々な疾患で施設横断的な治療成績が後ろ向き観察研究として取りまとめられた．根治的切除非適応の骨軟部腫瘍に対する保険適用が2016年の診療報酬改定で認められたことは，国内の重粒子線がん治療の歴史において大きな節目となっている．先進医療Aは，2016年度から新たな施設基準（訪問調査の受け入れ・施設間で統一された治療方針・説明同意文書・全症例登録など）でレジストリーにて実施されている．また，重点的な評価が必要とされる臓器や病態については，先進医療Bとして医療経済評価も含めた多施設共同前向き試験が開始されている．

国外では，ドイツのハイデルベルク大学とマールブルグ治療センター，イタリアの重粒子線治療センター，中国の近代物理研究所と上海陽子線重粒子線センターの5施設が稼働しており，世界の重粒子線治療施設の半数が日本に存在することになる．また，オーストリア，韓国，米国などでも重粒子線治療プロジェクトが進行中である．これまで重粒子線治療を受けた患者数は，2014年時点で15 000名を超えているが，その多くは日本で行われてきた．

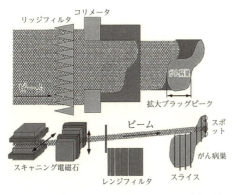

図17.6.2　ブロードビーム法とスキャニング法の例

b. 重粒子線治療の特徴

炭素イオン線では、停止直前に線量が最大（ブラッグピーク）となり、深部への線量寄与はほとんどない。腫瘍の形状に合わせてこのブラッグピーク部分を拡大して照射することにより標的への線量集中性は高まり、周囲の正常組織の線量は低く抑えることが期待できる（図17.6.3）。さらに、このブラッグピーク領域では高密度にエネルギーが付与されるため（高 LET 放射線）、X 線に比して高い生物効果が生み出される。高 LET 放射線は、1) 酸素の有無により照射効果があまり変わらず、低酸素細胞（X 線抵抗性の原因と考えられている）に対しても有効、2) 細胞周期による放射線感受性の差が小さい、3) 照射後における放射線損傷からの回復が少なく、分割照射の影響が小さい、などの利点が明らかにされている。また、遺伝子変異を有する場合や幹細胞様の X 線抵抗性腫瘍であっても高い抗腫瘍効果が発揮されることが多くの基礎研究により示されている。つまり、重粒子線治療の最大の長所は標的に対して生物学的線量分布が優れていることである[4,5]。

一般の根治的な放射線治療では 6～7 週間の治療期間を要するのに対して、重粒子線治療のプロトコールでは、前立腺がん 3 週間、骨軟部腫瘍 4 週間、膵臓がん 3 週間など、多くが 4 週間以内の短期照射であり、特に肺や肝臓では 1～2 回の照射が可能である。照射期間が短いことは、患者にとってはより早く社会復帰ができることを示し、治療施設にとってはより多くの患者を治療できるという利点につながる。

c. 治療の現状

重粒子線治療では、これまで前向きな臨床試験に基づく治療成績が放医研から数多く報告されてきた。特に頭頸部や頭蓋底以外の体幹部腫瘍に対する治療成績は、国際的にも放医研の報告が唯一であったといっても過言ではない。これまでの放医研の 10 000 名以上の治療成果によれば、1) 疾患別には、頭頸部がん（眼を含む）、頭蓋底腫瘍、肺がん、肝臓がん、膵がん、前立腺がん、骨・軟部腫瘍、直腸がん術後骨盤内再発に対して有効、2) X 線に抵抗性の組織型である腺がん系（高分化型腺がん、腺様嚢胞がんなど）や肉腫系（骨肉腫、軟骨肉腫、脊索腫など）の腫瘍にも効果が高い、との知見が得られている[6,7]。

骨軟部肉腫は骨や筋肉、脂肪、皮下組織などに発生する腫瘍で多くは X 線に抵抗性であるため、治療の第 1 選択肢は手術療法である。しかし、脊椎近傍、骨盤などに発生した腫瘍では根治的切除が困難な場合が多く、重粒子線治療のよい適応となる。J-CROS の多施設後向き観察研究では、切除不能もしくは機能損失が大きく切除が勧められないなどの理由で重粒子線治療を受けた 764 例の骨軟部腫瘍の治療成績が解析された。疾患別の 5 年全生存率は、仙尾骨の脊索腫 83 ％、骨盤骨肉腫 39 ％、骨盤軟骨肉腫 43 ％、後腹膜肉腫 40 ％と難治性腫瘍としては良好な成績であった。

脊索腫や軟骨肉腫などの骨軟部腫瘍は頭蓋底にも発生する。頭蓋底の深部で周辺の神経や血管を巻き込んで腫瘍が進展するため、通常は全摘が困難であり放射線治療が追加されることが多い。重粒子線治療では、5 年生存率 90 ％、局所制御率 81 ％と良好な成績が報告されている[8]。

頭頸部に発生する腫瘍には組織学的に扁平上皮がんと非扁平上皮がんがあり、後者には腺がん、腺様嚢胞がん、肉腫、悪性黒色腫など X 線抵抗性腫瘍が含まれる。J-CROS による治療成績の報告によれば、845 例の頭頸部腫瘍の組織型別の 5 年全生存率は、腺様嚢胞がん 74 ％、悪性黒色腫 49 ％、腺がん 60 ％、粘表皮がん 89 ％、嗅神経芽細胞腫 88 ％であった。

手術適応とならない初期肺がんや手術・ラジオ波などの局所療法が適応とならない肝細胞がんでは、X 線による定位放射線治療が行われることもある。しかし、治療計画を両者で比較すると、重粒子線は定位放射線治療に比べて健常肺や健常肝に照射される範囲や線量が明らかに少ない。元々肺機能や肝機能低下した患者が多いことを考えると、重粒子線治療はより体に優しい治療といえる。J-CROS の I 期非小細胞肺がんの多施設後向き観察研究の結果では、3 年全生存率は IA 期 86 ％、IB 期 76 ％で Grade 3 以上の有害事象は肺 0.6 ％、皮膚 0.6 ％であった。また肝細胞がんについては、初回初発かつ単発の肝細胞がん 89 例の 3 年全生存率は 82 ％であり、切除あるいは穿刺局所療法と比較して遜色のない成績であった（図17.6.4）。

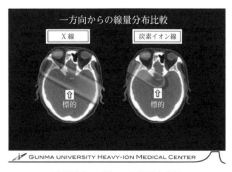

図 17.6.3　1 門での線量分布比較

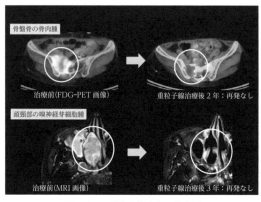

図 17.6.4　重粒子線治療の治療例

膵臓がんは難治性がんとして知られる．手術可能例では手術前に重粒子線治療を行うことで局所再発を減らせることが期待できる．また，手術適応とならない局所進行例では，化学療法との併用により2年生存率が48％と良好な成績が得られている[9]．

直腸がんの治療では手術が第1選択となる．しかし，直腸がんは腺がんでX線抵抗性腫瘍であるため，手術適応とならない限局性再発病変では重粒子線治療がよい適応となる．放医研で行われた前向き臨床試験によれば，5年局所制御率は95％，5年全生存率が42％と報告されている．

前立腺がんでは，再発リスク分類が中から高リスク群の症例が重粒子線治療のおもな適応となっている．J-CROSにおける前立腺がん2157例の解析では，5年と10年の生化学的非再発生存率は，低リスク群92％と77％，中リスク群89％と70％，高リスク群92％と79％で，特に高リスク群で良好と考えられた．尿路および直腸におけるGrade 2の晩期有害事象は4.6％と0.4％であり，Grade 3以上の反応は認められなかった[7]．また，治療期間が3週間と短いことは，仕事をはじめ社会生活の継続性の点で大きな利点となる．

d. 今後の展望

重粒子線治療の多施設共同研究は先進医療の枠組みにて進行中で，既存治療法と比較可能な前向きデータが集積されつつある．重粒子線治療は未だ発展途上にあり，免疫療法をはじめとする新たな集学的治療法の開発などに期待が集まっている．

治療技術面では，スキャニング照射法が実用化され，放医研では回転ガントリーも建設された[7]．また，照射期間中の腫瘍と体内臓器の変化を線量容積ヒストグラムとして定量的に評価する研究も始まっている[10]．これらの治療技術の高度化により，さらに効果的で安全な治療を実現させることが求められる．

国内外の重粒子線治療への関心の高まりと施設数の増加に伴い，その人材育成は非常に重要となっている．短期研修の「国際重粒子線がん治療研修コース」が2013年から放医研と群馬大学などを中心に行われており，アジアや欧米から受講生を数多く受け入れている．また，群馬大学では，「重粒子線医工学グローバルリーダー養成プログラム」が2011年より開始され，博士課程リーディングプログラムとして，重粒子線治療にかかわる放射線腫瘍学，医学物理学，放射線生物学などの教育を行っている．将来の粒子線治療の発展をけん引する世界的なリーダーを養成することを目的としており，国内はもとより，世界各国から大学院生を受け入れて，研究教育の拠点となっている．このように，本邦は重粒子治療の指導的役割を果たしており，今後のさらなる発展や普及ならびに人材育成を期待されている．

17.6.3　BNCT（ホウ素中性子捕捉療法）

未だ治療法が確立できていない難治性がんや再発がんに対する治療法として，近年，ホウ素中性子捕捉療法（Boron Neutron Capture Therapy：BNCT）が注目されている．BNCTは，がん細胞に選択的に集まるホウ素（B-10）薬剤を治療前に患者に投与し，病巣部に中性子線を照射することによって，^{10}Bと中性子が^{10}B(n, α)^{7}Li反応を起こして放出されるα線とリチウム原子核によってがん細胞を選択的に破壊する治療法である[11]．放出される粒子の飛程は10 μm弱と短く，この距離はちょうどがん細胞径と同等であることから，発生した粒子はがん細胞のみを破壊して止まり，隣接する正常細胞には届かない．発生する粒子は殺細胞効果の高い重粒子であることから，BNCTは「がん細胞選択的重粒子線治療」とも呼ばれている．またBNCTは，治療を30分〜1時間程度の1回照射で完了できることも大きな特徴である．このようにBNCTは，X線治療や粒子線治療とは線量率特性も対象となるがんも異なることから，従来の放射線治療と相補的な治療法として確立，普及することが期待されている．

a. 原子炉ベースBNCT

治療に大強度の中性子が必要となるBNCTは，これまで研究用原子炉を使って臨床研究が行われてきた．国内では京都大学原子炉実験所のKURや武蔵工業大学のMuITR，日本原子力研究開発機構のJRR-2，JRR-4などに医療照射施設が整備され，悪性脳腫瘍や頭頸部がん，皮膚がんの一種である悪性黒色腫などに対する臨床研究が実施されてきた．しかし，これらの原子炉の多くは老朽化やトラブルなどで停止，廃炉となっており，現在，国内でBNCTを実施できるのはKURのみとなっている．昨今の日本の原子力事情から新しい原子炉を新設することは困難であり，さらにこの原子炉を薬事法による医療機器として登録することも不可能であることから，BNCTは優れた治療成績が示されているにもかかわらず，医療（先進医療，保険医療）として確立することができなかった．

b. 加速器ベースBNCT治療装置

現状の原子炉ベースでのBNCTに対して，近年の加速器技術の進展により，小型の加速器を使って大強度の中性子を発生することが可能となり，いわゆる「加速器ベースBNCT」が現実的となってきた．この加速器ベースBNCTが実現すれば，治療装置を病院内に設置してBNCTを病院内で実施できるようになる．また，加速器は従来のX線治療，粒子線治療と同様に医療機器として薬事登録することができるため，BNCTを医療として確立して先進医療にステップアップすることもできる．

c. BNCT用加速器中性子源に対する要求事項

図17.6.4に加速器ベースBNCT装置の概略を示す．現在開発されているBNCT用加速器中性子源は，すべて陽子を加速して中性子発生標的材（以下，標的材）に入射して中性子を二次的に発生させる方式である．加速器の形式

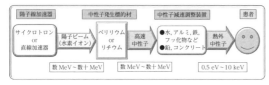

図 17.6.4 加速器ベース BNCT 装置の概略

としては，直線加速器（リニアック）もしくはサイクロトロンが用いられている．サイクロトロンは比較的小型で高エネルギーの陽子を発生することが可能であるが，大電流化が不得意である．一方リニアックは，加速する陽子エネルギーが大きくなるほど，加速管の長さが長くなってしまう．しかしサイクロトロンよりも大電流化が可能である．したがって一般的に，低エネルギーかつ大電流によって中性子を発生させる場合はリニアックを，高エネルギーかつ低電流で中性子を発生させる場合は，サイクロトロンを用いる．

陽子との反応で中性子を発生させる標的材にはベリリウムもしくはリチウムが用いられている．ベリリウムは融点が 1287 ℃ と比較的高いため，固体のまま用いることができる．リチウムは，融点が約 180 ℃ と低いため，固体リチウムを用いる方法と液体リチウムを用いる方法がある．リチウムと陽子は約 2.5 MeV に中性子発生の共鳴ピークがあるため，標的材にリチウムを用いる場合は，陽子の加速エネルギーは 2.5 MeV 前後に設定する．一方ベリリウムは，陽子エネルギーに比例して中性子発生効率も増加する傾向がある．このように，BNCT 用中性子源を製作する場合，標的材と加速器の組み合わせを決定し，さらに適切なビーム条件，陽子エネルギーおよび電流値を設定して中性子を発生させることになる．

BNCT 用中性子ビームに求められる要件は多数あるが，治療を成立できるだけの大強度中性子を発生できることが必須条件である[12]．治療を 30 分〜1 時間程度の 1 回照射で完了するためには，ビーム孔位置で 1×10^9 (n/cm²/s) 以上の熱外中性子（0.5 eV〜10 keV）を発生しなければならない．この強度の熱外中性子ビームを得るためには標的材位置で 1×10^{12} (n/cm²/s) 以上の中性子を発生させる必要がある．さらに治療効果に悪影響となる高速中性子（>10 keV）の混入割合も可能な限り抑える必要があるため，標的材に入射する陽子ビームのエネルギーも数〜数十 MeV 以下に設定する必要がある．このエネルギー領域の陽子とベリリウムもしくはリチウムとの反応によって，目的強度の中性子を発生させるためには，平均電流で 1〜数十 mA の陽子を標的材に入射させなければならない．

この前提条件を踏まえて，BNCT 用加速器中性子源の製作で課題となるのは，まず mA 規模の大電流陽子を発生，加速できる陽子線加速器の製作である．さらにこの加速器以上に課題となるのが中性子を発生する標的技術である．前述のとおり，標的材には数十 kW の陽子ビームが入射することから，この大熱負荷に耐えられる標的装置

図 17.6.5 筑波大学グループの BNCT 用リニアック（RFQ 部）

（標的材＋冷却機構）が必要である．さらにこの熱負荷対策と並んで課題となるのが，ブリスタリング対策である．ブリスタリングとは標的材に入射した陽子が材質中の電子と結合して水素化し，これが蓄積，膨張して標的材を破損する現象である．この耐ブリスタリング性は標的材の交換寿命にかかわるため，できるだけブリスタリングの生じにくい構造の標的装置を製作する必要がある．

このように BNCT 用加速器中性子源の設計，製作では，上流側の加速器ありきで検討するのではなく，まず，ベリリウムとリチウムの特性を把握して標的材を選択する．続いて，この標的材に入射する陽子のエネルギーと平均電流値を設定し，最後にこの陽子ビームを効率的に発生できる加速方式を選定する流れとなる．

e．実際の加速器ベース BNCT 治療装置

BNCT 用加速器中性子源の開発で最も先行しているのは京都大学グループであり，サイクロトロンベースの治療装置 C-BENS を京都大学原子炉実験所内に開発整備し，2012 年から同装置を用いて世界初の加速器ベース BNCT が実施されている．C-BENS は直径 5 m 以下のサイクロトロンで平均電流 1 mA の陽子を 30 MeV まで加速し，この 30 kW の陽子ビームをベリリウムに入射して中性子を発生させる．標的部分で発生した高エネルギー中性子（〜28 MeV）を鉄やフッ化カルシウムなどの減速材を通過させて熱外中性子ビームに減速調整し，ビーム孔位置で 1.2×10^9 (n/cm²/s) 以上の熱外中性子を発生させている[13]．この C-BENS 形式の治療装置は，福島県の総合南東北病院にも整備されている．京都大学，南東北病院以外の治療装置には，すべて直線加速器が用いられている．筑波大学グループは，RFQ＋DTL 形式リニアックを採用し，陽子を RFQ で 3 MeV まで加速し，続いて DTL で 8 MeV まで加速する．標的材にはベリリウムを採用し，平均電流 5 mA 以上（最大 10 mA）の陽子ビームを厚さ 0.5 mm のベリリウムに入射して中性子を発生させる[14]．図 17.6.5 に筑波大学グループの BNCT 用リニアック（RFQ 部）を示す．また，国立がん研究センター中央病院は標的材として固体リチウムを採用している．したがって，入射する陽子エネルギーは 2.5 MeV 程度でよいため，加速器には RFQ 単体型のリニアックを採用している．また東京

工業大学グループや大阪大学は，液体リチウムを用いた中性子発生標的装置の開発を行っている．

国外では，英国バーミンガム大学はダイナミトロン型加速器とリチウムを組み合わせた BNCT 用研究施設を開発整備している．アルゼンチン CNEA ではタンデム型加速器とリチウムを組み合わせた装置開発を行っている．イタリア INFN は，加速器として RFQ 単独型リニアックを採用し，陽子エネルギー 5 MeV，平均電流値 30 mA の大パワー陽子ビームをベリリウムに入射して大強度の中性子を発生することを計画している．この他にもロシア，イスラエルなどでも直線加速器をベースにした BNCT 用治療装置の開発が計画されている．

f. 今後の展望

BNCT 用の加速器中性子源はまだ開発途上の段階であり，装置の最適化はされていない．今後も様々な陽子エネルギーと電流値による加速器と，熱負荷対策とブリスタリング対策を施した標的装置が提案，開発されると考えられる．最終的に医療現場で安全，安定的で，かつ医療スタッフでも使いやすい方式の BNCT 用加速器中性子源技術が確立することを期待する．

参考文献

1) 日本放射線腫瘍学会・データベース委員会：全国放射線治療施設の 2010 年定期構造調査結果，日放腫会誌 15 51 (2003).
2) ICRU レポート 78「陽子線治療の処方，記録，報告」(ICRU Report 78, Prescribing, Recording, and Reporting Proton-Beam Therapy, Journal of the ICRU 7(2) (2007)).
3) D. Schulz-Ertner, *et al.*：J Clin Oncol. 25 953 (2007).
4) T. Ohno：The EPMA Journal 4 9 (2013).
5) Held KD：Front Oncol. 12 23 (2016).
6) T. Kamada T：Lancet Oncol. 16 e93 (2015).
7) 放射線科学 59 32-49 (2016).
8) 第 37 回先進医療会議資料(http://www.mhlw.go.jp/file/05-Shingikai-12401000-Hokenkyoku-Soumuka/0000105984.pdf)
9) Shinoto M：Int J Radiat Oncol Biol Phys 93 (2015).
10) Houweling AC：Radiother Oncol, in press (2016).
11) G. L. Locher：American Journal of Roentgenology 36 (1936).
12) International Atomic Energy Agency：IAEA-TECDOC-1223, IAEA in Austria (2001).
13) H. Tanaka, *et al.*：Appl. Radiat. Isot. 69 1642 (2011).
14) H. Kumada, *et al.*：Appl. Radiat. Isot. 88 211 (2014).

17.7　粒子線がん治療施設

17.7.1　概要

17 章では加速器の応用として医療診断，がん治療について紹介してきた．本節では，そのなかから近年急速に施設数が増えている粒子線がん治療施設について紹介する．

17.6 節に示すように，粒子線がん治療としては治療ビームとして陽子を用いるもの，重イオン（おもに炭素イオン）を用いるもの，加速器を用いて発生した中性子を用いる加速器利用 BNCT などがあるが，日本には世界で唯一そのすべての施設が存在する．

表 17.7.1 に国内の粒子線がん治療施設の一覧を示す．2017 年 6 月時点で治療運用中，治験中，試験中，建設中の施設を示している．陽子線施設は 11 施設が治療運用中，6 施設が建設中または試験中である．重イオン施設は 4 施設が治療運用中，2 施設が建設中または試験中である．また，1 施設で陽子と重イオンの両方を用いて治療を行っている．加速器利用 BNCT は 2 施設で治験中，2 施設で試験調整中，1 施設が建設中で，本格的な治療運用が目前の状況にある．

17.7.2 項ではこれら施設のなかから具体例として，国内で唯一陽子と炭素イオンの両方を用いて治療を実施している，兵庫県立粒子線医療センターについて詳細を紹介しているので参照いただきたい．

17.7.2　施設の例（兵庫県立粒子線医療センター）

兵庫県立粒子線医療センターは陽子線と炭素イオン線，両方の治療が行える世界初の粒子線施設である．装置の構成は図 17.7.1 に示すとおり，2 台のイオン源，入射系，シンクロトロン系，ビーム輸送系，および 5 室の治療室からなる．

回転ガントリー（直径 10.4 m，長さ 11.7 m，重さ 145 t）を有する部屋は 2 室あり，ここでは陽子線のみ使用できる．他に 45° 照射室，水平・垂直照射室，水平照射室の 3 室があり，ここでは 0°，45°，90° のビームが使用できる．この 3 室では陽子線と炭素イオン線の両方を使用できる．患者は基本的に臥位（仰向けかうつ伏せ）で治療される．座位治療台があったが，患者固定において使い勝手が悪かったために廃止された．陽子線では回転ガントリーが使えるため，360° いかなる方向からでも照射できる．炭素イオン線では，0°・45°・90° のビームを組み合わせて 45° 刻みで様々な方向から照射する．

ビーム輸送ラインの電磁石は，パルスごとにエネルギーを変更するパルス-パルス運転ができるよう，すべて積層タイプである．おかげで治療室から治療室へのビーム切り替え時間を短縮することができる．

シンクロトロン（周長 93.6 m）（図 17.7.2）では，陽子を 230 MeV まで，炭素イオンを 320 MeV/n まで加速する．加速周期は陽子線で 1～4 s，炭素イオン線で 2～4 s の間で任意に選ぶことができる．ビーム取り出し方法は，RF-KO（RF-ノックアウト）方式を使っている．これにより，任意のタイミングでビームを止めることができ，呼吸に合わせたビームの取り出しが可能となる（呼吸同期照射）．

リニアックは RFQ（長さ 3.9 m）とアルバレ型の DTL

表 17.7.1　日本国内の粒子線がん治療施設一覧

*陽子線，重粒子線（炭素イオン線）による治療施設，および中性子線を用いる加速器型 BNCT 施設について 2017 年 6 月時点で治療運営中または試験調整中，建設中の状況.

*陽子線，重粒子線（炭素イオン線），加速器型 BNCT 別に施設名の五十音順で記載.

施設名	都道府県	治療に用いる粒子線	主加速器	治療室の数など	HP URL	治療状況など
相澤病院陽子線治療センター	長野県	陽子線	サイクロトロン	回転ガントリー　1 室	http://w3.ai-hosp.or.jp/ptc/proton_therapy_center.html	治療中
大阪陽子線クリニック	大阪府	陽子線	シンクロトロン	回転ガントリー　1 室	https://hakuho.or.jp/opc/	2018 年治療開始予定
岡山大学・津山中央病院共同運用がん陽子線治療センター	岡山県	陽子線	シンクロトロン	回転ガントリー　1 室	http://top.tch.or.jp/	治療中
国立がん研究センター東病院	千葉県	陽子線	サイクロトロン	水平固定照射　1 室 回転ガントリー　2 室	http://www.ncc.go.jp/jp/ncce/consultation/pbt.html	治療中
札幌禎心会病院陽子線治療センター	北海道	陽子線	サイクロトロン	回転ガントリー　1 室	http://www.teishinkai.jp/thp/yousisen/	治療中
静岡県立静岡がんセンター	静岡県	陽子線	シンクロトロン	水平固定照射　1 室 回転ガントリー　2 室	http://www.scchr.jp/division/rtpt_center/guidance.html	治療中
兵庫県立粒子線医療センター附属神戸陽子線センター	兵庫県	陽子線	シンクロトロン	回転ガントリー　2 室	https://www.kobe-pc.jp	2017 年治療開始
高井病院陽子線治療センター	奈良県	陽子線	サイクロトロン	回転ガントリー　1 室	http://www.takai-hp.com/housha/proton/center.html	2018 年治療開始予定
筑波大学附属病院陽子線医学利用研究センター	茨城県	陽子線	シンクロトロン	回転ガントリー　2 室	http://www.pmrc.tsukuba.ac.jp/	治療中
永守記念最先端がん治療研究センター	京都府	陽子線	シンクロトロン	回転ガントリー　2 室	https：//www.kpu-m.ac.jp/doc/news/2014/kifu261118.html	2019 年治療開始予定
名古屋陽子線治療センター	愛知県	陽子線	シンクロトロン	水平固定照射　1 室 回転ガントリー　2 室	http://www.nptc.city.nagoya.jp/	治療中
成田記念陽子線センター	愛知県	陽子線	超伝導サイクロトロン	回転ガントリー　1 室	http://pro.meiyokai.or.jp/proton/index.html	2018 年治療開始予定
福井県立病院陽子線がん治療センター	福井県	陽子線	シンクロトロン	水平固定照射　1 室 回転ガントリー　2 室	http://fph.pref.fukui.lg.jp/yosisen/	治療中
北海道大野記念病院	北海道	陽子線	超伝導サイクロトロン	回転ガントリー　1 室	http://ohno-kinen.jp/contents/traits/details/post_1.html	2018 年治療開始予定
北海道大学病院陽子線治療センター	北海道	陽子線	シンクロトロン	回転ガントリー　1 室	http://www.huhp.hokudai.ac.jp/proton/	治療中
南東北がん陽子線治療センター	福島県	陽子線	シンクロトロン	水平固定照射　1 室 回転ガントリー　2 室	http://www.southerntohoku-proton.com/	治療中
メディポリス国際陽子線治療センター	鹿児島県	陽子線	シンクロトロン	回転ガントリー　3 室	http://www.medipolis-ptrc.org/	治療中
兵庫県立粒子線医療センター	兵庫県	陽子線および炭素イオン線	シンクロトロン	水平・垂直固定照射 1 室 斜め 45 度照射　1 室 座位照射　1 室 回転ガントリー　2 室 ※	http://www.hibmc.shingu.hyogo.jp/	治療中 ※回転ガントリーは陽子線治療のみ
大阪重粒子線センター	大阪府	炭素イオン線	シンクロトロン	水平・垂直固定照射 2 室 水平・斜 45 度照射 1 室	https://www.osaka-himak.or.jp/	2018 年治療開始予定
神奈川県立がんセンター重粒子線治療施設	神奈川県	炭素イオン線	シンクロトロン	水平固定照射　2 室 水平・垂直固定照射 2 室	http://kcch.kanagawa-pho.jp/i-rock/index.html	治療中

17.7 粒子線がん治療施設

表 17.7.1 日本国内の粒子線がん治療施設一覧（続き）

施設名	都道府県	治療に用いる粒子線	主加速器	治療室の数など	HP URL	治療状況など
九州国際重粒子線がん治療センター	佐賀県	炭素イオン線	シンクロトロン	水平・斜45度照射 1室 水平・垂直固定照射 1室	http://www.saga-himat.jp/	治療中 もう1室増設予定
群馬大学重粒子線医学研究センター	群馬県	炭素イオン線	シンクロトロン	水平固定照射 1室 垂直固定照射 1室 水平・垂直固定照射 1室	http://heavy-ion.showa.gunma-u.ac.jp/	治療中
放射線医学総合研究所重粒子医科学センター	千葉県	炭素イオン線	シンクロトロン	水平固定照射 1室 垂直固定照射 1室 水平・垂直固定照射 3室 回転ガントリー 1室	http://www.nirs.go.jp/rd/structure/rccpt/index.shtml	治療中
山形大学医学部附属病院次世代重粒子線治療装置	山形県	炭素イオン線	シンクロトロン	水平・垂直固定照射 1室 回転ガントリー 1室	http://www1.id.yamagata-u.ac.jp/MIDINFO/nhpb/	2019年度治療開始予定
関西BNCT医療研究センター	大阪府	中性子線→α線, Liイオン線	サイクロトロン	水平照射 1室	http://www.pref.osaka.lg.jp/jigyochosei/bnct-jituyouka/	建設中
京都大学原子炉実験所粒子線腫瘍学研究センター	大阪府	中性子線→α線, Liイオン線	サイクロトロン	水平照射 1室	http://www.rri.kyoto-u.ac.jp/research/div/rls/prorc	治験中
国立がん研究センター中央病院	東京都	中性子線→α線, Liイオン線	リニアック	垂直照射 1室	http://www.ncc.go.jp/jp/ncch/clinic/radiation_oncology_bnct.html	装置調整試験中
筑波大学附属病院陽子線医学利用研究センター	茨城県	中性子線→α線, Liイオン線	リニアック	水平照射 1室	http://www.tsukuba-sogotokku.jp/project/project1/	装置調整試験中
南東北BNCT研究センター	福島県	中性子線→α線, Liイオン線	サイクロトロン	水平照射 2室	http://southerntohoku-bnct.com/	治験中

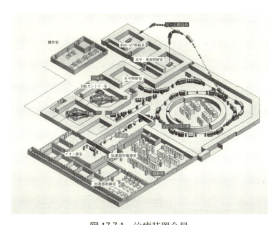

図 17.7.1 治療装置全景

（長さ 6.5 m）からなる．RFQ はビームを 1 MeV/n まで，DTL はさらに 5 MeV/n まで加速する．陽子は H_2^+ で，炭素イオンは C^{5+} の状態で加速される．イオンはストリッパーでフルストリップされ，シンクロトロンに入射される．このリニアック一つで陽子と炭素イオンの両方を加速する．当初，炭素イオンは C^{4+} で加速するよう設計されていたが，長期間安定して所定の加速電圧を得ることが困難であったため，C^{5+} として加速電圧を下げている．

図 17.7.2 230 MeV 陽子シンクロトロン

イオン源は 10 GHz の ECR イオン源であり，同じものが二つある．通常は一方を陽子線，片方を炭素イオン線に固定して使用している．イオン源の放電チェンバーなどの汚れによるビームへの影響が異なるからである．ただし一方が故障した場合は，片方から陽子線と炭素イオン線の両方を生成する．陽子線は水素ガスから炭素イオン線はメタンガスから生成される．イオン源は C^{4+} を効率よく生成できるよう設計されているが，リニアックの不具合により，C^{5+} を生成している．

粒子線装置は非常に高額になるため，得てして計画段階から年間 1000 人規模の治療人数で計画されることが多い．年間 1000 人治療するためには，1日約 100 照射以上

496   17章　医学利用

表 17.7.2　ビームの切替時間（単位は分）の変遷

年	2001	2006	2011	2014
核種	18	10	1.7	→
エネルギー	11	3	1.5	1
ビームライン	2.7	1	→	→

治療する必要がある．そのため，加速器には効率性が求められる．すなわち，治療開始の要求が来てからビームが出せるようになるまで短い時間でなければならない．また，治療している時間も短いほうがよいので，ビーム強度も高いほうがよい．当センターでは，ビームライン・エネルギー・核種の切り替え時間を短縮している．表 17.7.2 にその歴史を示す．時間を短縮できたのは，積層電磁石であったことと，それを想定した切替になっていなかったからである．

ビーム強度をアップする一つの方法としては運転周期を短くすることが挙げられる．当初，陽子は 1.6 s，炭素は 3.3 s 周期であった．現在は，それぞれ最も短い周期で，陽子が 1 s，炭素が 2 s 周期である．呼吸同期照射に対しても当初は，パルス幅が長いほうがよいのではないかということでパルス幅を長くしていたが，短いほうが強度もアップし，ヒット率も上がるので照射時間も短くなっている．

粒子線治療装置は実験装置ではなく，放射線医療機器である．がん治療は，放射線による臓器へのダメージを軽減するため，1 回ではなく複数回に分割して行われる．治療はできるだけ毎日行われるのがよく，長期に中断されると治療が不完全で終わってしまう．したがって，粒子線治療装置は長期間停止するようなトラブルは絶対に避けなければならず，日々安定して稼働することが求められる．当センターにおいても，治療が 1 日以上停止するトラブルに数回襲われている．しかし，幸いなことに 2 日以上停止したことはなかった．トラブルの原因としては，落雷による電源の故障，リニアックで加速電圧不足，シンクロトロン制御の異常，トランスの焼損であった．トランスの焼損が最も恐ろしく，これまで何度も長期間の停止を覚悟したが，何とか乗り切った．粒子線治療装置の設計においては，装置をどれだけ安定に稼働させるかという視点が重要である．

18章

量子検出器とその応用

18.1 概要

　量子検出器は，加速器を利用する研究・応用において，ビームがもたらす様々な反応を観測/記録するためになくてはならない「カメラ」である．

　例えば，放射光や中性子をプローブとする物性研究においては，加速器から生成される高品質ビームを試料に照射して，その散乱像を時間・空間的に高精度に計測することにより，物質の構造や機能のメカニズムを解明するものである．また素粒子・原子核物理学においては，加速器でつくり出された高エネルギー量子（光子，電子，陽子，中間子あるいはニュートリノなど）を素粒子・原子核に衝突させることにより，宇宙の誕生の瞬間に迫る高エネルギー状態をつくり出し，発生してくる粒子群の観測から自然界の基本的な相互作用とその原理を明らかにする．

　こうした基礎科学の研究以外でも，加速器からのX線や中性子線は，非破壊的に物体の内部を観測するための有用なプローブとなり得るため，医療診断における体内の撮像から絵画や遺物の研究，建造物の健全性の確認などにも使われるが，こうした内部情報を効率よく可視化するためにも，透過，散乱してきた量子（あるいは放射線）をとらえる高性能のカメラ（検出器）は不可欠である．

18.1.1 量子（放射線）の計測の基本

　一般に量子（放射線）の測定は，以下のようなステップをたどる．
1) 量子が物質中を横切り，何らかの相互作用が起こる．
2) 相互作用の結果，自由電子や光の放出が起こる．
3) 外部から印加された電場により集められた自由電子が，電気信号として検出される，あるいは放出された光が外部の光センサにより電気信号として検出される．

　測定の基本となる量子と物質との相互作用には，12章「粒子と物質との相互作用」に述べられるとおり，以下のようなものがある．
（A）荷電粒子の相互作用
1) 電離：気体や半導体中で自由電子とイオン/空孔を生成する．
2) 結晶や分子において励起状態を経てシンチレーショ

ン光を生成する．
3) 閾値を越える屈折率の媒質からチェレンコフ光を発生する．
4) 誘電率の異なる物質界面で遷移放射を発生する．
（B）γ線・X線・光子の相互作用
1) 光電効果により光電子を放出，（A）に至る．
2) コンプトン効果により電子を反跳，（A）に至る．
3) 対生成により電子陽電子対を生成，（A）に至る．
（C）中性子の相互作用
1) 原子核に吸収され核反応によりγ線を放出，（B）に至る．
2) 原子核に吸収され核反応により荷電粒子を放出，（A）に至る．
3) 水素原子核（陽子）が弾性散乱され，（A）に至る．
（D）ニュートリノの相互作用
1) 荷電カレント反応により荷電レプトンが生成，（A）に至る．
2) 中性カレント反応により電子や荷電粒子が反跳され，（A）に至る．

　こうした相互作用を生かして実用的な検出器媒質となり得るのは，適当な電場を印加することで信号電荷を外部に取り出すことが可能な，高純度のガスや液化ガスや空乏化されたシリコン，ゲルマニウム，III–V（13-15）族化合物などの半導体結晶であり，あるいは外部に光を取り出すことができる良好な透明度を持つ，有機・無機のシンチレータ物質，チェレンコフ輻射体（水，ガラス，気体などあらゆる透明な媒質）などである．ただし（B）–（D）のケースでは，最初のステップとしてγ線，中性子，ニュートリノなどをまず荷電粒子に変換することが必要であり，それぞれに適した変換材（コンバータ）が併用される．一般的に（B）では原子番号の大きな物質が，（C）では ^{3}He，^{6}Li，^{10}B などの中性子反応断面積の高い元素，（D）ならば鉄のような重量単価の低い物質が選ばれることも多い．

18.1.2 センサとフロントエンドエレクトロニクス（FE）

　一般に放射線の計測を考えるとき，大別して次の二つのケースがある．
1) 持続して放出される放射「線量」の単位時間あたりの

積分量を測定する．これは発生した収集電荷の時間平均，つまり電流として計測される．
2) 量子を単独個別に計測する．応用により各量子のエネルギー，位置，時間が測定記録される．

前者は放射線場の測定や加速器のビームモニターなど，高強度の量子線束を測定するための標準的な手法として用いられる．量子ビームの回折などによる試料の静的な構造解析では，散乱量子の積分線量の2次元分布を計測するイメージングの手法も用いられ，古くは写真乾板，現代ではデジカメにも使われるCCDがその役を担う．一方，素粒子・原子核実験の観測装置として使われるのはもっぱら後者であり，パルス測定と呼ばれることもある．検出器から取り出された「信号」は，持続時間が短く極めて微弱である．通常ガス検出器内で生成される電離電子の総量は100個程度，またチェレンコフ光をとらえる光センサ内の生成光電子は，単独である．そのため熱雑音の大きい通常のエレクトロニクスによる増幅に先駆けて，極低雑音の初段増幅機構が絶対的に必要である．こうした増幅機構の基本となるのは，様々な雪崩（avalanche）的な電子増殖現象である．例えばガス検出器においては，ガス中に印加された高電場により最初の電離電子が加速され，自らもまた電離を引き起こす速度に達し，次々と電離電子の生成を繰り返す過程（電子雪崩増殖）を使うことで，10万から100万程度の増幅率を低ノイズで実現する．また代表的な光センサである光電子増倍管では，印加された高電圧で加速された電子が電極（ダイノード）から叩き出す二次電子の放出を多段に繰り返すことで，ここでも指数関数的な雪崩増殖となり10^8もの増幅率を極めて低ノイズで実現している．このような増幅機構は半導体検出器においても実現されており，Avalanche Photo Diode（APD）と呼ばれる光センサでは，デバイス内部に発生する高電場領域において加速されたキャリアが雪崩的に増殖されることで，信号の増幅を達成している．

こうした内部増殖機構で増幅された信号は，さらなる増幅と目的に応じたパルス波形に整形をされて信号処理が行われる[1]．これは検出器に直結したFEにおいて行われ，近年ではLSI技術を活用した高集積の専用チップ（Application Specific Integrated Circuit：ASIC）が使われることが多い．図18.1.1に半導体検出器（センサピッチが50μmのシリコンストリップ検出器）にワイヤボンディングで接合されたLSIチップの写真を示す．中央に4つある1cm足らずのチップそれぞれが128チャネルのセンサからの信号を独立に処理する．

18.1.3 デジタル変換，データ収集システムと事象測定

FEで整形された信号は，最終的に計測の目的に合わせたデジタル変換がなされ，それらの波高情報や時間情報が記録される．時間情報は，複数のセンサに現れる信号や現象のきっかけとなった量子ビーム入射との同期や，素粒子の飛行する時間（Time of Flight：TOF）あるいは反応の時間特性などの測定に利用される．波高情報は検出器中でのエネルギー損失に比例することから，検出された量子のエネルギー，電荷，速さなどについての情報をもたらす．またこうした時間・波高情報は，複数のチャネル間で演算を行うことにより，量子の空間情報などの精度をさらに高めることに利用されることもある（隣接チャネル間の電荷分割法，電離電子のドリフト時間による座標補間などがそれにあたる）．

信号をデジタル変換しその結果を記録する一連の動作を起動するためには，対象となる事象が発生したことを判定（トリガー）しなければならない．事象（イベント）の観測を個別に行う素粒子・原子核の実験においては，そのスケールの大小によらず，こうした事象起動（event driven）型のデータ収集システム（図18.1.2）が基本となり，先にも述べた散乱像を積分イメージとして採集する物質科学などでの手法とは大きく異なる点である．

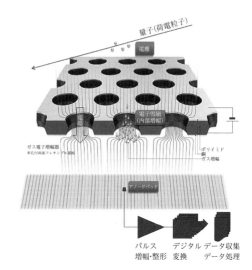

図18.1.2　量子計測システムのフロー．量子による素過程とそれに続く内部増幅過程を経て取り扱える大きさの電気信号（パルス）とした後，アナログ・デジタルの信号処理が施される．

図18.1.1　シリコンストリップ検出器にワイヤ接合された信号処理ASICチップ

参考文献
1) H. Spieler: Nucl. Instr. and Meth., A 666 197 (2012).

18.2 素粒子原子核実験における検出器の開発と応用

量子検出器そのものが与えるのは，検出の時間・空間の情報であるが，素粒子・原子核実験における観測では対象となる物理反応全体の運動学を決定する必要がある．すなわち反応にかかわった粒子の運動量，エネルギー，速度そしてその質量（種別）などの物理量を可能な限りすべて測定することを目指す．ここではそういった物理量を測定する代表的な方法を簡単に紹介する[1]．

18.2.1 運動量の測定

荷電粒子は，一様な磁場中を横切るときローレンツ力により以下の式で与えられる半径を持つ円弧軌道を描く．

$$R = \frac{p_t}{0.3zB}$$

ここで，R は軌道半径（m），p_t は運動量の磁場に垂直な成分（GeV/c），z は粒子の電荷（e），B は磁束密度（T）である．

これを利用すれば，与えられた磁場中での軌道半径を測定することで，運動量の測定が可能となる．必要な強度の磁場空間をもたらすため，実験条件に合わせた様々なタイプの磁石が使われる[2]．伝統的な固定標的の実験では垂直磁場を発生するダイポール型が，衝突型加速器の実験では衝突点を囲むソレノイド型の磁石が使われることが多い．いずれの場合でも，荷電粒子の軌跡を磁場に垂直な平面に投影し，その軌道の半径を測定することとなり，古くは霧箱・泡箱が，現代では様々な粒子トラッキングの手法が使われる．その代表的なものは，ガスを使ったドリフトチェンバーや Time Projection Chamber（TPC）であるが，より高精度・高密度な測定のためにマイクロストリップやピクセル型のシリコン検出器も使われ始めた．図 18.2.1 は，衝突型実験でソレノイド磁場と円筒形ドリフトチェンバーを使って運動量分析を行う例である．

18.2.2 崩壊点測定

チャームクォークやボトムクォークなどの重いクォークの同定は，ヒッグス粒子の研究をはじめ，様々な研究テーマにおいて重要な手法である．そこでは一般にこれらのクォークを含む粒子が比較的長寿命（～ps）であることを利用する．光速のオーダーで放出される粒子は崩壊するまでに，実験室系で $l=c\beta\gamma\tau$（$c\beta$ は粒子の速さ，γ は粒子のローレンツファクター，τ は粒子の寿命）の距離を飛行する．これは，重いクォークを含む粒子では $O(100\,\mu m)$ のマクロな大きさであり，崩壊点を $10\,\mu m$ の精度で決定することでその同定が可能である．衝突型加速器の実験ではこの崩壊もまたビームパイプの内部にとどまり，崩壊で生成された複数の安定粒子だけがビームパイプの外部で軌跡として観測され，こうした軌跡群を精度よく測定しビームパイプ内へ外挿しその交点を崩壊点と同定する．崩壊点測定の精度は，1) 軌跡測定の精度と，2) ビームパイプや測定器自身の物質がもたらす多重散乱で決まる．1) の向上のためビームパイプ近傍に置かれる軌跡検出器には，マイクロエレクトロニクスの技術により微細な電極を形成したシリコンストリップ検出器やシリコンピクセル検出器が使われ，$10\,\mu m$ 以下の荷電粒子位置決定精度を与える[3]．2) の多重散乱を低減するために，薄いベリリウム円筒によるビームパイプの製作や，シリコン検出器の薄型化（thinning）が進められている．散乱の影響を減らすためには，衝突点／崩壊点により近づくことも有用であり，ビームパイプの小径化も課題となるが，それに伴うビームバックグラウンドの増大や発熱が懸念材料である．高いバックグラウンドの克服にはセンサーエレメントの微細化が有効であり，また検出器の薄型化にはエレクトロニクスとセンサが一体化した集積回路のモノリシック化が課題となる．こうした要求を満たすものとして，SOI（Silicon-on-Insulator）技術を活用した SOI ピクセルセンサ（図18.2.2）が今後の崩壊点検出器として世界的に注目されて

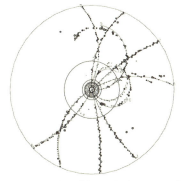

図 18.2.1 ソレノイド磁場（紙面に垂直）中で弧を描く荷電粒子を円筒形ドリフトチェンバーにより観測したデータ（提供　Belle 実験）

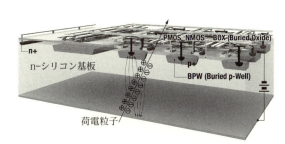

図 18.2.2 SOI ピクセルセンサの概念．SOI 技術を適用することで，量子センサとして働く高抵抗シリコン層（下側）と高機能信号処理エレクトロニクスとして働く集積回路層（上側）が SiO_2 の絶縁層を挟んで一体化しており，理想的な量子検出器システムが実現する．

いる[4]．

18.2.3 粒子識別装置

　粒子識別は，素粒子・原子核実験の測定器システムにとって欠くことができない重要な機能である．電荷の有無や物質との相互作用のパターン（電磁相互作用，強い相互作用，弱い相互作用の組み合わせ）による明白な識別を除けば，最も有用な情報は素粒子の固有の静止質量 m_0 である．相対論的運動学においては，質量は速度 v，運動量 p，エネルギー E のいずれか二つを決定することで一意的に算出することができるので，結局粒子識別はこれらの力学変数を測定することに帰着する．通常 18.2.1 項で述べた方法により，運動量の測定は独立になされることが多く，もう一つの力学変数としては速度が使われるのが一般的である．相対論的な粒子の速度は，真空中の光速で規格化して，$\beta=v/c$ として表されることが多い．これを運動量 p と組み合わせれば，質量は $m_0=p\sqrt{\beta^2-1}/\beta c$ と求められる．最も直接的な速度の測定方法は，飛行時間（TOF）測定法であり，文字どおり決まった距離を通過する時間から速度を求めるものである．最新のシステムで実現される飛行時間測定の精度は O（50 ps）である．

　物質と荷電粒子の電磁相互作用には粒子の速さの関数になっているものがあり，それらも速度測定の原理として利用できる．代表的なものには，1）電離作用，2）チェレンコフ放射，3）遷移放射がある．電離による荷電粒子の物質中でのエネルギー損失は，速さだけの関数として図 18.2.3 のように変化する（図中で横軸は $\beta\gamma=c/\sqrt{c^2-v^2}$）ことが知られており，逆にエネルギー損失の測定により，速さの推定が可能となる．チェレンコフ放射はその放射角 θ が媒質の屈折率と荷電粒子の β の関数として $\cos\theta=1/n\beta$ と表される．したがって閾値速度 $\beta>1/n$ 以上で放射が発生し，しかもその放出角（Cherenkov angle）から速度が一意的に定まることから，放射を進行方向垂直な平面に投影してリングとして観測し放出角を測定する装置（Ring Imaging Cherenkov detector：RICH）も実用されて

いる．遷移放射は荷電粒子が物質の界面を通過する際に発生するが，その強度は $I=\alpha z^2\gamma\hbar\omega_p/3$ で表される．ここで α は微細構造定数，z は荷電粒子の電荷，$\gamma=1/\sqrt{1-\beta^2}$ はローレンツ因子，ω_p は媒質に固有のプラズマ周波数である．したがって，ここでも原理的には放射の強度を測定することで粒子の速度を測定することになるが，一般には γ が飛び抜けて大きい電子を識別することに用いられることが多い．

18.2.4 エネルギーの測定（カロリメータ）

　粒子のエネルギーは，通常それをすべて媒質中に損失させてその総和を電気信号として測定される．そのため，しばしばそうした測定器をカロリメータ（calorimeter）と呼ぶ．高エネルギー粒子においては，効率的な測定を実現するため，媒質中で発生するカスケードシャワー（電磁シャワーやハドロンシャワー）現象を利用して多数粒子を発生させ，それぞれに分け与えられたエネルギーをまとめて測定する方法が使われる．カスケードシャワーのサイズを抑えシステムをコンパクトにするため，媒質としては密度の高いものが用いられる．

　シャワーを起こす媒質自身が発生する粒子のエネルギーを信号として測定できるものを全吸収型カロリメータと呼び，様々な無機シンチレータ結晶（表 18.2.1 参照）や鉛ガラスブロックが，γ 線や電子線のエネルギー測定に使われる．いずれも信号は光として取り出され，光電子増倍管やフォトダイオードなどの光センサーによりエネルギーに比例した電気信号に変換される．医療診断用 PET カメラなどで γ 線の高効率検出を実現するために，媒質のより高い密度，より速い発光減衰時間，より高い発光量・透明度，より大型で安価であることなどが絶えず求められており，新しいシンチレータの開発研究が各地で活発に続けられている．

　より高エネルギーの γ 線や，中間子，陽子，中性子などのハドロン粒子に対しては，全吸収型カロリメータではなく，シャワー変換層とカスケード粒子検出層を交互に多重

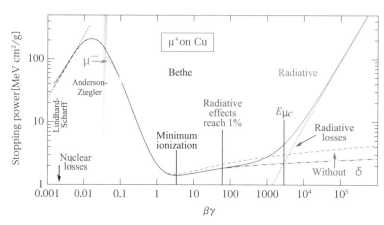

図 18.2.3　単位長さあたりのエネルギー損失[1]

表18.2.1 代表的な無機シンチレータ結晶とその典型的な諸元[5]

シンチレータ	密度 [g/cm³]	屈折率	発光波長 [nm]	発光減衰時間 [ns]	絶対発光量 [photons/MeV]
NaI（Tl）	3.67	1.85	410	245	38 000
CsI（Tl）	4.51	1.80	550	1 220	65 000
CaF₂（Eu）	3.19	1.47	435	940	24 000
BGO	7.13	2.15	480	300	8 200
PbWO₄	8.28	2.20	425	30	114
GSO	6.7	1.85	440	56	9 000
LaBr₃（Ce）	5.29	1.90	356	20	49 400
LSO/LYSO	7.4	1.82	420	47	25 000

積層したサンプリング型カロリメータが用いられる．シャワー変換層として密度の高い金属を使えば，高エネルギーの粒子のエネルギーを限られた全長で効率よく吸収測定できるが，サンプリングによるゆらぎのため，エネルギーの測定精度は全吸収型に比べると劣る．こうした測定の統計的な性格からその精度は，$\Delta E/E \propto 1/\sqrt{E}$（$E$ はエネルギー）と表すことができるため，高エネルギーの量子では，カロリメータによる測定精度は相対的には向上し，運動量の測定の精度（$\Delta p/p \propto p$）とは好対照をなす．

こうした事情もあり，LHCのような高エネルギー衝突型ハドロン加速器における実験装置では，カロリメータの信号からクォーク・グルーオンがもたらすジェットを再構成する解析方法が一般的であり，カロリメータの役割は極めて大きい．

18.2.5 ミュオン検出器

素粒子・原子核現象においては，重いクォークやゲージボソン，ヒッグス粒子などが関与する重要な事象中に高運動量の電子やミュオンなどのレプトンが含まれる可能性が高く，それらの識別は特別の意味を持つ．電子は先のカロリメータの情報から，大きなエネルギー損失が局在する荷電粒子として同定できる．一方，ミュオンはカスケードシャワーを起こさないため，カロリメータなどに使われる厚い物質を最小のエネルギー損失で貫通する．逆にこの貫通性を利用して，測定器システムの再外層に数cm以上の厚い鉄板（ミュオンフィルター）と荷電粒子検出器を多重に積層したシステムをミュオン検出器として用いる．ミュオンだけがこのシステムを貫通する軌跡を残すため，その同定が可能となる．

18.2.6 現代の素粒子・原子核実験観測システム

現代の素粒子・原子核実験では以上に述べた機能を持つ様々なsub detector system を反応点を多重に取り囲むように配置することで，発生した事象をつぶさにとらえるように設計される[6]．

高エネルギー加速器研究機構の衝突型加速器 Super-KEKBの衝突点に置かれる Belle II 測定器システムの例を

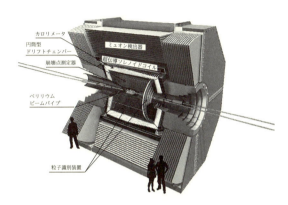

図18.2.4 Belle II 測定器システム

図18.2.4 に示す．こうしたシステム全体は総重量 1 400 t で，量子検出器エレメントとして組み込まれたセンサーチャネルの総数は，100万を超える．

参考文献

1) J. Beringer, et al.（Particle Data Group）: Phys. Rev. D 86 010001（2012）.
2) A. Gaddi: Nucl. Instr. and Meth. A 666 10（2012）.
3) F. Hartmann: Nucl. Instr. and Meth. A 666 25（2012）.
4) Y. Arai, et al.: Nucl. Instr. and Meth. A 623 186（2010）.; T. Miyoshi: Nucl. Instr. and Meth. A 732 530（2013）.
5) J. Beringer, et al.（Particle Data Group）: Phys. Rev. D 86 010001（2012）.; G. F. Knoll: "Radiation Detection and Measurement" Third Edition, John Wiley & Sons, Inc.（2000）.
6) F. Hartmann, A. Sharma: Nucl. Instr. and Meth. A 666 1（2012）.

18.3 X線検出器

X線は電磁波の一種であり，量子として光子数（強度），光子エネルギー（波長），偏光，運動量で特徴付けられる[*]．最も広く利用されているのは強度計測である．

歴史的にはX線フィルムで撮像されていたが，イメー

---

[*] 偏光・運動量計測はここでは触れない．

ジングプレートに置き換わり[1]，現在では用途に応じて様々な手法が用いられる．なかでも間接型と呼ばれる検出方法は一般的な検出方法である．この場合，X線をシンチレータにより可視光へ変換し，これをシリコン半導体素子で検出するという構成をとる．X線を減衰させる能力の高い原子番号の大きなシンチレータを用いて，効果的にX線を吸収できる．放射光や実験室計測用途として，シンチレータとCMOSセンサの間にレンズ系，あるいはファイバ・オプティックスを設け，効率よくCCDセンサに導く方式が一般的に用いられている[2]．また医療用途でも間接型CMOS検出器が歯科検診用として，またアモルファスTFTパネルを利用した大面積の間接型センサ（フラットパネル検出器）が幅広く用いられている[3]．間接型は，ノイズが数光子以上であるために微弱X線の計測に限界があること，およびX線から変換された可視光が空間的に四方に広がるために，強いX線信号と共存する微弱信号が強い信号の裾に埋もれてしまう，という2点の課題がある．これらを原理的に解決可能な手法として，ハイブリッド検出器が近年急速に利用されるようになってきた．この検出器ではシリコンセンサによって空間広がりを押さえながら信号電荷に変換し，ピクセル内のCMOS回路によって光子を電気的に数える方式となっている（計数型）[2]．半導体集積回路技術を利用できることから高度な機能が可能である．例えば，先端放射光計測では，連続10 kframe/s以上，バーストモードで5 Mframe/sの高速計測が可能となっている．

元素およびその価数情報を与えるX線の光子エネルギー（波長）計測は，X線天文学，物質分析などの分野で極めて重要な役割を果たしている．検出器単体で波長分析を行うには，光子エネルギーを精度よく電荷に変換する必要がある．このため半導体センサーが必須で，シリコンドリフト検出器，ゲルマニウム検出器などの単一素子検出器が幅広く活用されている[2]．撮像可能な検出器としては，X線を直接CCDセンサで検出する直接型CCD検出器[4]が宇宙X線天文学の標準検出器となっている．

強度計測・波長計測いずれの場合も，20 keV以上の光子エネルギー領域では，シリコンセンサは感度が低い．このため，おもに医療用途をターゲットに原子番号の高いCdTeなどのセンサ材料開発が精力的に行われている．

参考文献
1) Y. Amemiya, J. Miyahara : Nature **336** (6194) 89 (1988).
2) 日本放射光学会 監：『放射光ユーザーのための検出器ガイド：原理と使い方』講談社 (2011).
3) J. Beutel, et al. : "Handbook of Medical Imaging : Physics and Psychophysics" SPIE Press (2000).
4) Y. Tanaka, et al. : Publications of the Astronomical Society of Japan **46** (3) L37 (1994).

18.4　γ線検出器

γ線が物質と相互作用した結果生ずる電子のエネルギー損失を検出することにより，γ線の位置やエネルギーを測定する検出器である．γ線と物質の相互作用は，光電効果，コンプトン散乱，電子陽電子対生成が主となるが，光電効果の反応断面積はエネルギーの3.5乗で減衰し，電子陽電子対生成には数MeVのエネルギーが必要となる．一方，コンプトン散乱の断面積はエネルギーにほとんど依存しないため，図18.4.1に示すように低エネルギー側から順に光電効果，コンプトン散乱，電子・陽電子対生成が主となる相互作用となる．光電効果や電子・陽電子対生成の断面積は原子番号に強く依存するため，それぞれの相互作用が主となる境界は原子番号によって異なる．一般に光電効果とコンプトン散乱の境界は，20～300 keV，コンプトン散乱と電子陽電子対生成の境界は，7～30 MeVとなるため，γ線のエネルギーに依存して，検出器に適した物質が異なる．

γ線検出器には，小さな体積で高い検出効率を実現できる固体検出器であるシンチレータや半導体検出器が利用される．シンチレータで光子を発生し光電子増倍管などで光電子に変換するのに要するエネルギーは，光電子あたり40 eV以上であるのに対し，半導体検出器では4 eV程度で電子・正孔対を生成でき，さらに半導体技術を利用した小さな電極の形成が可能なことから，エネルギー分解能や位置分解能を重視する用途では半導体検出器を利用する．一方で，シンチレータは大型の検出器が比較的容易に実現できるのが特徴である．代表的なシンチレータには，原子番号が大きく発光量が多いヨウ化セシウムがあるが発光時間が長い傾向がある．最近では，同程度の発光量を保ちながら発光時間が10倍以上短い臭化ランタンやGd$_3$Al$_2$Ga$_3$O$_{12}$などが開発されている．代表的な半導体検出器であるシリコン検出器には，量産技術が使用可能で開発が活発である利点があるが，原子番号が小さく検出器の厚さが限定

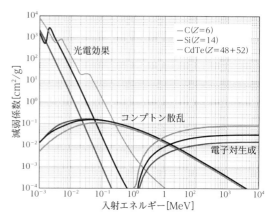

図18.4.1　異なる物質に対する光電効果，コンプトン散乱，電子・陽電子対生成の減衰係数のエネルギー依存性[1]

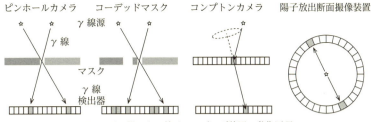
図 18.4.2　様々なγ線イメージング装置の動作原理

される．原子番号が大きなゲルマニウムやテルル化カドミウム検出器も多く利用されている．最近では，シンチレータや半導体検出器の他に大面積でγ線相互作用の位置を3次元で高分解能に測定することを可能にするガスや液化希ガスを媒体としたタイムプロジェクションチェンバー(TPC)の開発も進められている．

γ線源の空間分布を測定する最も単純な方法は，小さな穴を通過するγ線の位置分布をγ線検出器で測定するピンホールカメラ（図18.4.2）である．小さな穴を通過したγ線のみ利用できるため，効率が悪いという欠点がある．ピンホールカメラを発展させ，小さな穴を一定のパターンの穴に置き換えた装置がコーデッドマスクイメージング装置である．γ線源があるとマスクの影ができるため，そのパターンをデコードしてγ線の強度分布を推定する．γ線の検出効率は高まるが，複数のγ線源や拡散したγ線源があると影のパターンが重なるため，デコードが困難になる欠点がある．ピンホールカメラやコーデッドマスクでは，マスクと検出器の距離を長くすることで角度分解能を改善できるが，視野が限定される．γ線検出器にはエネルギー分解能と位置分解能がよいゲルマニウムやテルル化カドミウムの半導体検出器が利用されることが多い．数百keV以上のγ線はマスクを透過してしまうためマスクを利用するイメージングには適さない．

100 keV付近以上のエネルギー領域では，コンプトン散乱がおもな相互作用となるため，その運動学を利用するコンプトンカメラが適している．コンプトンカメラでは，コンプトン散乱の反跳電子の位置とエネルギー，散乱されたγ線の光電効果で検出される位置とエネルギーを測定する．コンプトン運動学を利用すると反跳電子と散乱されたγ線のエネルギーから入射γ線と散乱されたγ線のなす天頂角を計算できるため，二つの相互作用の位置から決定できる散乱されたγ線の方向から円錐上にγ線の入射方向を制限できる．この方法では，個々のγ線の到来方向は決定できないが，多数のγ線のコンプトン散乱から得られる円錐の制約を組み合わせることで，γ線の到来方向の強度分布を推定することが可能となる．散乱角の決定精度は相互作用のエネルギー分解能に依存するため，エネルギー分解能の高い半導体検出器が利用されることが多いが，角度分解能が要求されない用途の場合，常温で使用可能で扱いが容易なシンチレータも利用される．反跳電子の進行方向を測定できると入射γ線の方位角を制限できるため，位置分

解能の高い半導体検出器やTPCを利用したコンプトンカメラ開発が進められている．

特殊ではあるが，広く医療用に使用されているγ線イメージング装置に陽電子放出断層撮影（PET）装置がある．PETでは放射性同位体から放出された陽電子が電子と対消滅して対生成する510 keVのエネルギーを持った二つの消滅γ線を検出する．γ線源の位置は二つのγ線検出位置を内挿した直線上に制限されるが，多数の陽電子・電子対消滅を様々な角度から測定することで，γ線源すなわち放射性同位体の位置分布を3次元的に再構成できる．検出器には510 keVのγ線を効率よく検出できるシンチレータがよく利用されている．

γ線イメージング装置は，主として医療用や宇宙観測に多数利用されている．医療用にはPETとそれを応用したSPECTやMRI-PETなどが代表例として挙げられ，早期がんの診断に利用されている．宇宙観測用には，角度分解能のよいコーデッドマスクや100 keV付近以上で有効なコンプトンカメラが利用されている．最近では，放射性物質固有のγ線を検出・イメージングすることで，放射性物質の空間分布の可視化にもコンプトンカメラが利用されている．

参考文献
1) http://www.nist.gov/pml/data/index.cfm

18.5　光検出器

荷電粒子の持つ物理量は，様々な現象を介して光に変換されるので，これを正確に計測する光検出器は，物理実験で重要な役割を果たす．この節では入射した光に応じた電気信号を出力する光検出器について解説する．

光検出器を説明するにあたり，検出すべき光の最小単位が光子であり，光子1個のエネルギー E [J]は式(18.5.1)で表されるところからスタートする．

$$E = hc/\lambda \tag{18.5.1}$$

ここで λ [m]は光子の波長，h はプランク定数 $(6.6\times10^{-34}$ J/s$)$，c は光速 $(3.0\times10^{8}$ m/s$)$ である．この光子が物質に吸収されると，光子の持つエネルギーは物質中の電子に与えられ，半導体であれば価電子帯の電子を伝導帯に励起する．このような現象を内部光電効果と呼ぶ．

そして励起された電子を外部回路に導くと，入射した光に応じた電気信号を出力する光検出器となる．一方，光子のエネルギーを吸収して物質中で励起した電子が真空中に放出される現象は外部光電効果として知られている．このような物質（光電面）を内蔵した真空管も光検出器として動作する．

内部光電効果を利用した光検出器の最も基本的な構成はフォトダイオード（PD）である[1]．PDは半導体であるシリコンを主成分として図18.5.1(a)に示すように，n型の基板にp型の不純物層をドーピングしたpnジャンクションを有する．ここで光の入射によって励起された電子，あるいは正孔が拡散してpnジャンクションに至ると，図18.5.1(b)に示したポテンシャルによって電子はn側に，ホールはp側に引かれ，外部回路には光量に依存した電流が流れる．ここで，シリコンの伝導帯と価電子帯のエネルギーギャップは1.1 eV（1.8×10^{-19} J）なので，シリコンはこれよりもエネルギーの大きな光子（波長では1100 nm以下）に感度を有する．このとき，感度の評価基準として光子を電子に変換して検出する効率（量子効率）を用いる．シリコンPDの場合，光子を吸収する割合は極めて高く，また，発生した電子が再結合してロスする確率は低いので，量子効率は全波長域にわたって70%以上と高い．

シリコンPDで応答速度を決めるのはpnジャンクションの容量である．この容量を減らすために，逆バイアスを印加して一部を空乏化して使用することが多い．さらなる高速化のために，pn間に高抵抗の層（Intrinsic層）を挿入し，100 V以下の電圧で厚さ100 μmほどの基板を全空乏化させて使用するPIN型PDが実現されている[1]．また，pnジャンクション付近の不純物濃度を上げてアバランシェ増倍層を配したAvalanche PD（APD）や，さらにゲインを上げて単一光子レベルの微弱光を検出可能にしたMulti-Pixel Photon Counter（MPPC）が実現されている．内部光電効果を利用したこれらの半導体光検出器は，シンチレータと組み合わせて荷電粒子のトラッキング，カロリメータとして用いられることが多い[2,3]．半導体は高磁場中で動作可能なことも利点である．

外部光電効果を利用した光検出器として広く利用されているのは，光電面とダイノードを真空管に封じた光電子増倍管（PMT）[4]である．光電面から放出された電子は，図18.5.2に示すように，各ダイノードにて5倍ほどに増倍されるので，8〜10段のダイノードで10^6ほどのゲインに達する．これは光子1個1個を検出するのに十分なゲインである．電子を真空へ放出する過程が追加されるため，光電面の量子効率は30〜50%と内部光電効果より劣るが，直径500 mmほどの大面積を容易に実現でき，また，単位面積あたりの暗電流も1×10^{-21} A/mm^{2}と極めて小さいので，水チェレンコフ実験，ダークマター検出などの物理実験に利用されている[5,6]．

大きな光電面から放出された電子を小さな半導体デバイスに収束させ，大きな有効エリアとPMT以上の高速応答

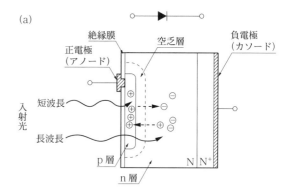

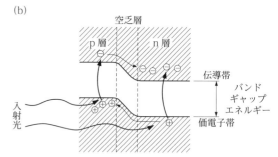

図18.5.1　(a)Si-PDの断面図[1]．Si-PDはn基板上にp型不純物層をドープしてなるpnジャンクションを有する．(b)pnジャンクション付近のバンド図．光子を吸収して発生した電子–正孔対はn層，あるいはp層に拡散することで外部回路に電流が発生する．

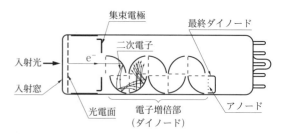

図18.5.2　PMTの断面図[4]．光の入射に応じて光電面から放出された電子は，ダイノードで約10^6倍に増倍されてアノードより出力される．

性を実現したHybrid Photo-Detector（HPD）も物理実験に利用されつつある[7,8]．半導体であるAPDに8 keVに加速した電子を照射すると10^5ほどのゲインが得られるので，HPDでも単一光子の検出が可能である．

物理実験においては，これらの光検出器のなかから最も要求仕様に近いものが選ばれ，さらに改良を加えて利用されることが多い．

参考文献

1) 浜松ホトニクス：セレクションガイド，Siフォトダイオード（2013）．
2) A. Karar, *et al.*: Nucl. Instr. and Meth. A **428** 413 (1999).

3) K. Abe, *et al.*: Nucl. Instr. and Meth. A **659** 106 (2011).

4) 袴田敏一 編：『光電子増倍管 その基礎と応用 第3版』, 浜松ホトニクス (2005).

5) A. Suzuki, *et al.*: Nucl. Instr. and Meth. A **329** 299 (1993).

6) 小林兼一：高エネルギーニュース **31** (4) 279 (2013).

7) S. Hirota, *et al.*: Nucl. Instr. and Meth. A **732** 303 (2013).

8) I. Adachi, *et al.*: Nucl. Instr. and Meth. A **639** 103 (2011).

18.6　中性子検出器

中性子には電荷がない．中性子の電子による散乱は核散乱に比べて3桁ほど弱く，同じように電荷を持たないX線やγ線に比べてコンプトン散乱も起こさない粒子のため，物体に対しての透過力が高いことが特徴である．この透過力の高さをうまく利用することで，物体の内部を探ることができる一方で，遮蔽や放射線検出器作製の難しさという問題も発生している．放射線検出器は，荷電粒子が物質中を通過する際に周辺の物質を電離する性質を利用して電気信号を得るものである．電気的に中性である中性子は，このような電離反応が起きにくいため，検出が難しいのである．加速器で加速された荷電粒子はその一部が加速管や周辺のダクトなどに衝突し，散乱や核反応により高速の中性子を発生させる．この際の中性子の運動エネルギーはMeV以上のものが大半であるが，発生した中性子は周辺の遮蔽体などと衝突を繰り返してエネルギーを失い，最終的には物質の室温での熱運動エネルギー（～25 meV）で平衡状態となる．このエネルギー領域の中性子は熱中性子と呼ばれる．熱中性子のド・ブロイ波長が 0.18 nm であることから，物性研究ではこの波長帯あるいはもう少し波長の長い冷中性子がよく利用されている．この際には減速体を用いて中性子の運動エネルギーを熱中性子，あるいは冷中性子領域まで下げたうえで中性子ビームを取り出す．

中性子検出器を分類するにあたってはいくつかの要素があり，例えば以下のように分類できる．

・中性子入射エネルギーによる検出方法の違い

・検出素子による分類

・積分型検出器とパルス計測型検出器

中性子の検出においてはその入射エネルギーの違いにより，大きく2通りの方法に分けられる．運動エネルギーが1 MeV 程度より大きな場合は，荷電粒子の反跳現象を利用して検出を行う．中性子のエネルギーがeV程度まで下がると中性子は特定の原子核に吸収されやすくなり，核反応を利用した検出が可能となってくる．

中性子の反跳を利用した測定においては，水素成分の多い液体シンチレータやプラスチックシンチレータがおもに利用される．シンチレータ内で中性子との弾性散乱によって反跳される荷電粒子によって，シンチレータが発光する仕組みであるため，中性子の運動エネルギーが下がるとシンチレータの発光量も小さくなるという特徴がある．入射中性子の運動エネルギーを E_n，反跳を受ける粒子の質量

をA，重心系での散乱角をθとすると，非相対論で扱える程度のエネルギーであれば，反跳粒子の運動エネルギー E_r は次のように記述される．

$$E_r = \frac{4A}{(1+A)^2} E_n \cos^2 \theta \tag{18.6.1}$$

この式からわかるように，反跳粒子のエネルギーは散乱角によって一意に決まるものである．反跳される粒子が水素の場合 $A=1$ となり，反跳のエネルギーは最大となりシンチレーション発光量も大きくなる．

$$E_r = E_n \cos^2 \theta \tag{18.6.2}$$

特に入射エネルギーが 10 MeV 程度以下の場合はS波による散乱が支配的となり，重心系でほぼ等方的に散乱されるので，反跳粒子のエネルギー分布も一様であることが期待される．このように反跳型の検出器においてはその最大発光量が中性子のエネルギーに相当するが，分布が連続的になるために一般的には中性子のエネルギーを測定することはできない．

熱中性子以下の運動エネルギーでの検出においては，表18.6.1 のような核反応が用いられる．ここで断面積は 25 meV での反応断面積の値を記述しており，このエネルギー領域においては中性子の入射エネルギーとともに $1/v$（v：中性子の速さ）に比例して変化していく．つまり，高エネルギーになるほど断面積が小さくなって検出効率が低下する．これらの反応のうち，^{3}He に関しては希ガスであるため，おもに単体のガス検出器として利用され，^{6}Li や ^{10}B，^{157}Gd はシンチレータやガス検出器の中性子コンバータとして利用される．反応によって生じるエネルギーは入射エネルギーよりも数桁大きなエネルギーで，荷電粒子の運動エネルギーとして放出される．中性子を検出する環境下ではたいてい γ 線が伴うため，中性子と γ 線弁別は中性子検出にとって重要な項目である．核反応を使うことで数桁高いエネルギーを得ることにより γ 線弁別が容易になる．^{157}Gd の場合は他の反応と異なり，γ 線が発生しその内部転換電子として，30〜180 keV 程度の電子が放出される．γ 線弁別は困難となるが，吸収断面積が非常に大きいという特徴を利用する検出器に使われる．

中性子の検出にあたっては，反跳現象を利用する場合も核反応を利用する場合も，ともに中性子の運動エネルギーの情報が失われる．そこで検出される中性子の運動エネルギーを測定するためには，一般的に飛行時間（TOF）分析を行う．加速器駆動中性子源においては加速器の入射タイミングで中性子発生時刻を決めて，検出器到達時間との

表 18.6.1 熱中性子による反応の断面積とQ値（反応時吸収・放出される全エネルギー）

反応	断面積 [b]	Q値 [keV]
^{3}He(n, p)^{3}H	5 328	764
^{6}Li(n, α)^{3}H	940	4 783
^{10}B(n, α)^{7}Li	3 838	2 790
^{157}Gd(n, γ)^{158}Gd	253 300	7 937

時間差から中性子のエネルギーを求める．エネルギーを正確に求めるためには長い飛行距離が必要となり，大阪大学 RCNP や J-PARC においては 100 m の中性子飛行距離をとるビームラインがつくられている．TOF 分析を行うためにはパルス計測型の検出器を利用する必要がある．イメージングプレートなどの積分型の検出器では中性子のエネルギー計測が難しいが，高速 CCD を利用してフレームごとの画像で TOF 分析する例もある．

以下におもな中性子検出器に関して記述する．

18.6.1 核反跳検出器

おもに 1 MeV 以上の中性子に対して用いられる．中性子による反跳荷電粒子をシンチレータで検出するため，シンチレータとしてはなるべく水素成分の多いものがよいとされ，液体シンチレータかプラスチックシンチレータが使われる．両者はともに中性子検出器としては発光時定数が短いのも特徴であり，飛行時間分析をするうえでは有利である．プラスチックシンチレータは取り扱いが容易であるが，中性子と γ 線の弁別を行うには液体シンチレータを使用する必要がある．近年の実験装置大型化に伴って可燃性のある液体を大量に使用することの危険性から，引火点がなるべく高い材質が選択される傾向にある．また中性子と γ 線の弁別が可能なプラスチックシンチレータも開発されるなど新たな展開も見られる．

18.6.2 中性子イメージングプレートと原子核乾板

イメージングプレートは BaFBr：Eu^{2+} などの輝尽性発光体をプラスチック板などに塗布したものであり，放射線を照射後にレーザー光などを照射すると輝尽発光するので専用スキャナーでその情報を読み取るものである．中性子用には，Gd_2O_3 などの中性子コンバータを蛍光体層に混ぜ込むことで利用可能となる．リアルタイム測定はできない積分型検出器であるが，2 次元画像としては位置分解能 100 μm 程度を達成でき，5 桁程度のダイナミックレンジが得られるため，中性子イメージングや結晶散乱などの場面で利用される．中性子コンバータとして Gd を使って内部転換電子を発生させているため γ 線弁別を行うことができない欠点があり，γ 線バックグラウンドの大きな環境下では，鉛の遮蔽ジャケットを被せて利用することもある．

CR-39 と呼ばれるプラスチック板による飛跡検出器は古くから利用されているもので，エッチングを行うことで通常の顕微鏡でも観察できるような飛跡を得ることができる．おもに線量測定などの場面で利用されることが多いようである．

臭化銀が含まれる乳剤を塗布した原子核乾板は，荷電粒子の飛跡を観測できる装置として宇宙線や原子核素粒子実験において使用されるものであるが，中性子コンバータを混入させた乳剤を使用することで非常によい位置分解能の中性子検出器を作製することができ，現在も開発が続けられている．

18.6.3 放射化分析による中性子検出

中性子照射により物質が放射化する現象を利用して中性子強度を求める方法である．中性子施設などで中性子ビームの強度などを評価するためには，金箔などを使用する．金は同位体が 1 種類だけであり，純度の高い薄膜が入手しやすく，熱中性子吸収断面積が 99 b，半減期が 2.70 日と測定しやすい条件が整っている材質である．中性子ビーム照射後に β 崩壊とともに発生する 412 keV の γ 線を Ge 検出器で測定することで，照射された中性子ビームの強度を知ることができる．中性子のエネルギーは取得できないので，エネルギー分布を仮定したり Cd などの中性子遮蔽体と組み合わせて評価することになる．

18.6.4 ガス検出器

a. ^{3}He ガス検出器

比例計数管のなかに ^{3}He ガスを封じ込めた検出器である．中性子コンバータとしての役割と，ガス増幅の役割を ^{3}He が行う．検出効率，γ 線弁別能力，計数率，長期安定性などでバランスのとれた汎用的な検出器として広範囲に利用されている．^{3}He (n, p) 反応の Q 値は 764 keV であり，このエネルギーが反応後の陽子とトリトンに分配され正反対の方向に飛行する．計数管の壁近くで反応した際には，発生した粒子は壁に衝突してガス内に十分なエネルギーを落とさなくなる現象が見られる．これは壁効果といわれ，ガス圧の低い検出器（飛程が長い）や逆に ^{3}He ガス圧が高すぎる検出器（壁近くで中性子が反応）で起こりやすい．図 18.6.1 は ^{3}He 検出器の典型的な出力パルス波高スペクトルである．パルス波高 2700 ch 付近で見られるピークは，陽子とトリトンの両方がガス中で停止して検出器に全エネルギーを落としたイベントに相当する．その一方で 700 ch および 1200 ch 付近にもピークが見えるが，これは陽子あるいはトリトンが計数管壁面に衝突したために，どちらか一方の粒子のエネルギーしか検出できなかったイベントがつくるピークとなっている．400 ch 以下は主として γ 線の検出によるバックグラウンドイベントが計測されており，壁効果の少ない検出器を選択することで検

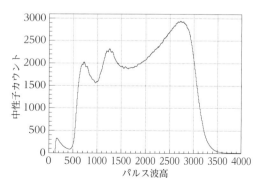

図 18.6.1 ^{3}He 比例計数管のパルス波高スペクトル

出器の S/N 比をよくすることができる.

通常の比例計数管タイプに加えて, 管の両端から信号を取り出して1次元情報を得るタイプがあり, 中性子散乱の分野においては Position Sensitive Detector (PSD) として知られている. 芯線に抵抗線を用いることで, 両端子からの電流比で中性子の反応点を求めている. この手法では陽子とトリトンの質量が違うことから, 中性子吸収点と発生する電子雪崩の重心が異なってしまう欠点があり, 位置分解能の低下を引き起こす. 一般的な PSD でおおよそ5 mm から1 cm 程度の位置分解能となっている. 位置分解能を改善するためには封入ガス圧を上げればよく, 壁効果の影響を考慮してアルゴンガスなどを混入させる場合もある. さらにこの PSD を複数本並べることで (PSD 1本でX 軸方向を検出する場合, 管を Y 軸方向に並べることで), 2次元検出器として機能させることができる. 中性子散乱実験においては, このようにして数百〜数千本のPSD を試料周辺に敷き詰めて計測を行っている. 管の太さがそのまま位置分解能となるために, 1インチ径以下のPSD 管を利用することが多く, 検出効率を得るために10気圧や20気圧の ^{3}He を封入する検出器が開発されてきている.

他の比例計数管でも同様であるが, 管内に不純物が存在すると検出器の性能が劣化する. また高圧の検出器となっているため, 長期間の利用によるガス漏れで検出効率の低下が心配されるが, 適切に利用していれば20年以上安定して機能しているようであり, 極めて安定性の高い検出器といえる.

近年において ^{3}He ガスの供給問題が発生しており, 価格上昇および大量購入に困難さが発生している. 代替検出器の開発が世界中で進められているが, 汎用検出器としての ^{3}HePSD を超えるものはまだ開発されていない.

b. BF$_3$ ガス検出器

^{10}BF$_3$ ガスを金属円筒型の比例計数管に充填した検出器である. ^{3}He ガス検出器と同様の使用法が可能であり, 反応の Q 値の差から γ 線弁別に関しては ^{3}He よりよい. その一方で, 有毒性ガスであること, ^{3}He 検出器と比べて高い印加電圧が必要であり, ガス圧を上げた際に特に動作が不安定になりやすいなどの理由から, 現在はあまり使われていない.

また BF$_3$ 比例計数管の改良型として, 計数管の内壁面に個体のホウ素を塗布した比例計数管が開発されている. ガス増幅用のガスとして選択の幅が広がり有毒性の BF$_3$ ガスを使わなくてよいこと, 印加電圧の困難性からも回避できることなどの利点がある反面, 発生した α 粒子がホウ素内で止まらないようにするためにホウ素材の厚さに制限があること, 発生粒子の片方は必ず壁に衝突するため常に壁効果の影響が見えて信号が小さくなること, などから検出効率や γ 線弁別効果があまりよくならず, 利用は広がっていない.

c. 中性子 GEM 検出器

素粒子原子核分野で使われている Gas Electron Multiplier (GEM) 検出器に中性子コンバータを取り付けて中性子検出感度を持たせたものである. 中性子コンバータと電子増幅用ガスが役割分担されていて, 高価な ^{3}He ガスを使用しなくてよいガス検出器である. また読み出し系もガス増幅機構 (GEM) と独立になっており, 目的に応じて自由に選択できるなど検出器としての自由度が高いのが特徴である. 中性子コンバータとしては ^{10}B が使われ, これを GEM 表面に蒸着させる手法が取られる. 中性子吸収により発生する α 線がホウ素蒸着面から放出される必要があり, あまり蒸着面が厚くできないのが欠点である. 複数の ^{10}B-GEM 層を重ねることで検出効率の上昇が可能であるが, 現状ではおおよそ熱中性子に対して10 % 程度の検出器となっている. 日本およびドイツで開発が進められ実用化されており, 位置分解能は約1 mm 程度のものが市販されている.

18.6.5 シンチレーション検出器

中性子シンチレータは Li や B からなる材質のシンチレータを作製するか, あるいは中性子コンバータを既存のシンチレータに混入させて使用するものである. 核反跳検出器も含まれるが, ここではおもに熱中性子領域の検出器に関して触れておく. おもに利用される中性子コンバータは ^{6}Li と ^{10}B であり, 断面積と Q 値の関係により ^{10}B を利用したほうが検出効率が高くなる一方で, ^{6}Li を利用したほうが光量が大きくなる特性がある. 発光量自体には中性子の運動エネルギーの情報は持っていないが, γ 線弁別の点で光量が大きなほうが有利となる. 表 18.6.2 に中性子検出器でよく使われるシンチレータの特性に関してまとめておく. 組成などを微調整することで各種パラメータは変化するため, 典型的な値を記載しておく. シンチレーション光を受ける光センサとしては光電子増倍管が一般的であるが, 近年は Multi-Pixel Photon Counter (MPPC) の利用も増えてきている. また中性子イメージング用には, CCD や CMOS がおもに使われる. 中性子検出用としては現状では CMOS のほうが放射線耐性が高いといわれ, CCD のほうが高感度測定や高速撮影に有利とされているが, この評価は素子の開発に伴って変化していくと思われる.

^{6}LiF/ZnS (Ag) は中性子散乱やイメージングでよく使

表 18.6.2 中性子検出器によく使われるシンチレーターと典型的な値

シンチレータ	最大発光波長 [nm]	発光量 (光子数)	時定数 [ns]	密度 [g/cm^3]
^{6}LiF/ZnS (Ag)	450	16 000	1 000	2.6
^{6}Li ガラス	395	6 000	18, 57, 98	2.5
^{6}LiI (Eu)	470	50 000	1 300	4.1
LiCAlF$_6$ (Ce)	285	5 000	40	3.0
LiCAlF$_6$ (Eu)	375	40 000	1 600	3.0

われるシンチレータである．ZnS (Ag) はブラウン管の発光体としても利用されていたもので，大きな光量が特徴である．ZnS (Ag) および ^{6}LiF の粉体を糊材とともに混ぜて固めたもののため，大面積シート状のものが作製可能である．白濁したシートであるためシンチレーション光が分散してしまい，厚い材質のものを使用すると検出できる光量が下がってしまう．そのため検出効率を上げることが難しく，光電子増倍管などで光を受けても連続的な発光分布となり閾値設定が難しい．γ線感度は他のシンチレータと比較して低いが，^{3}He 検出器に比べると高い．長時間照射によって残光 (afterglow) が発生するため，CT (Computed Tomography) 計測などを行う際にはバックグラウンドの補正が重要となる．^{6}LiF の代わりに ^{10}B$_2$O$_3$ を中性子コンバータとして利用するタイプもあり，検出効率の改善が図られている．

^{6}Li ガラスシンチレータは，^{6}LiF/ZnS (Ag) とともによく使われるシンチレータである．無色透明な材質であるため厚いシンチレータの利用も可能である．また時定数も比較的短く，^{6}LiF/ZnS (Ag) よりも高計数での計測が可能であるなど，^{6}LiF/ZnS (Ag) と相補的な性質を持ち用途に応じて使い分けをすることができる．γ線感度が高く，発光波形での弁別もできないため，光量による弁別が行われる．薄板形状のシンチレータを用いて中性子2次元検出器として利用する場合もあるが大面積薄板の製造が難しく，計数だけの測定に利用するのが一般的である．

近年，日本の企業によって LiCaAlF$_6$ に希土類イオン（Eu^{2+}, Ce^{3+}）を添加するシンチレータの開発が進んでおり，LiCAF シンチレータといわれている．また，このシンチレータを利用した中性子検出器がいくつかの検出器開発チームから提案されている．添加する物質を変えることで発光量や時定数を調整でき，Li ガラスシンチレータと同程度かよりよい性能を示しており，今後の応用範囲の広がりが期待できる．

参考文献
1) G. F. Knoll 著，木村逸郎，阪井英次 訳：『放射線計測ハンドブック』日刊工業新聞社．
2) W. R. Leo : "Techniques for Nuclear and Particle Physics Experiments", Springer-Verlag (1994).
3) 小林正明：『シンチレータを用いる放射線計測』ブイツーソリューション (2014).
4) 野口正安，富永 洋：『放射線応用計測 基礎から応用まで』日刊工業新聞社 (2004).
5) 『アイソトープ手帳』日本アイソトープ協会．

18.7 荷電粒子検出器（ガス検出器，シンチレータ検出器）

18.7.1 ガス検出器

荷電粒子がガス中を通過するとガス分子との相互作用により電子とイオンが荷電粒子の経路に沿って発生する（電離，イオン化）．これを種にして荷電粒子を検出するのがガス検出器である．その多くは，アルゴンなどの希ガスに少量の炭化水素系のガスを充填した容器内に金属細線を張り，そこに高電圧を印加してその周りに形成される高電場を利用して，最初に発生した電子の数を1万倍以上にも増やしてから（ガス増幅），電気信号を取り出す方式をとっている．多数の金属細線を配置した多線式比例計数管，荷電粒子の通過から電気信号が発生するまでの時間（発生した電子が金属細線まで移動する時間）を計測して正確な通過位置情報を得ることができるドリフトチェンバー，さらに電場を整形してドリフト距離を長くした大型の検出器などの様々な形態のものが用いられている．このようなガス検出器は，比較的安価に大面積をカバーして，荷電粒子の通過位置を測定することができる．また，荷電粒子を高磁場内を通過させて，その軌道の曲がり具合を計測することによって，荷電粒子の運動量を測定することができる．発生した電気信号の大きさ（ガス増幅がそれほど大きくない場合は最初にできる電子の数に比例する）を計測することによって，荷電粒子のエネルギー損失が測定でき，それから荷電粒子の種類に関する情報を得ることも可能である．図 18.7.1 に Belle II 実験で使用予定の典型的な円筒形のガスワイヤー検出器の写真を示す．近年，微細加工技術を利用して，金属細線以外で高電場を形成するマイクロパターンガスディテクタも開発されてきていて，実際の実験にも使われ始めている．これらの検出器は，高計数率に耐えられ，2次元的に一様な性能が得られる特徴を持っている．

18.7.2 シンチレータ検出器

荷電粒子は物質内を通過する際に物質内の電子を励起す

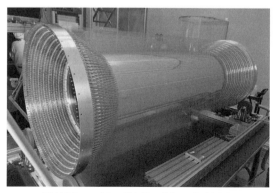

図 18.7.1　ワイヤー張り終了直後のガス検出器

図 18.7.2　プラスチックシンチレーションカウンター

図 18.8.1　LHC の ATLAS 測定器内部飛跡測定器に使用されたストリップ型シリコンセンサを用いた測定器モジュール

る．励起状態から基底状態に戻る際に光（シンチレーション光）を発する．この光の量が多くて，その波長が適切で，しかも発光時間が比較的短いものをシンチレータ放射線検出器として利用している．光を利用することから物質は透明である必要があり，光電子増倍管などの光検出器と組み合わせることによって電気信号を取り出している．多くの種類のシンチレータのなかで荷電粒子検出器としてよく用いられているものは，発光するシンチレータ物質をプラスチック材料に溶かし込んで整形したプラスチックシンチレータである．これは，比較的安価で加工性もよく，目的に合った形状を容易に作成することが可能である．光電子増倍管と組み合わせることによって，簡便で確実に動作することから多くの場所で用いられている．特に，荷電粒子の飛行時間を測定して粒子識別に利用したり，必要な事象を選び出すトリガーカウンタとして利用することが多い．図 18.7.2 に一般的によく使われている光電子増倍管を付けた典型的なプラスチックシンチレーション検出器の写真を示す．最近では，短冊状のプラスチックシンチレータ内に波長変換ファイバーを組み込んで読み出す方式やシンチレータをファーバー状にするなどして細かな位置情報を得ることを可能にしたものもある．

18.8　荷電粒子検出器（半導体位置検出器）

近年，特にシリコン半導体電子回路の高集積化の進展とともに，半導体位置測定器が荷電粒子位置検出器として利用されている．シリコン基材の半導体位置測定器（シリコンセンサ）では，シリコンの密度および小さなバンドギャップより，100～300 μm 厚の有感層で，7 000～22 000 電子の電荷量を 10 ns 程度の時間で収集することができる．また，半導体プロセスの微細さから高位置分解能が達成でき，反応点近傍の測定器（バーテックス測定器）から開発が始まり，近年は 6～8 インチ口径（直径 15～20 cm）の大径ウェハを利用し，大面積を覆う荷電粒子位置検出器（飛跡測定器）も製作されつつある（図 18.8.1）．また，大量粒子通過環境での応用を目指し，放射線耐性も高度化されている．

18.8.1　半導体素材

荷電粒子は，半導体基材中に電子・正孔対を生成する．電子・正孔対を生成する吸収エネルギーは，シリコンセンサではシリコン結晶の特性より運動量保存のために格子振動を要し，300 μm 厚のシリコンセンサの最尤値（E_i）は，約 3.5 fC（22 000 電子数）である．

シリコン半導体では，逆バイアスダイオード構造（pn ジャンクション）が必須となる．シリコン半導体基材の抵抗率は 3～10 kΩ cm 程度であり，pn ジャンクションなしでは 30 V のバイアス電圧で数百 mA の電流が流れ，信号電流がマスクされるとともに，数 W の発熱をする．pn ジャンクションにより，電流値を熱励起による微小暗電流に制限でき，シリコンセンサは，放射線損傷前では室温で使用することができる（ゲルマニウム（Ge）半導体では，典型的に液体窒素温度（77 K）を必要とする）．

高放射線量下ではダイヤモンド素材も候補である．ダイヤモンドは，大きなバンドギャップより絶縁型センサとして機能し，逆バイアスダイオード構造を必要としない（図 18.8.2）．しかしながら，信号生成量，素材（単結晶・CVD 成長）の価格，素材によるキャリアトラップなどの課題もある．

18.8.2　センサの構成

シリコンセンサの構成は，電子・正孔対を生成するシリコン基材（疑似 intrinsic 領域）を中心とし，pn ジャンクションは一般的に非対称構造でつくられる．例えば，低濃度の n 領域（疑似 intrinsic 領域）に高濃度にドープされ

図 18.8.2　シリコンおよびダイヤモンド半導体測定器

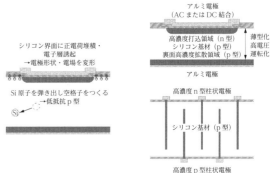

図 18.8.3　放射線損傷および耐性化

た p 電極（p$^+$）をつくる．裏面には接続電極として高濃度の n 電極（n$^+$）をつくり，センサ全体として p-i-n 構造をつくり込む．空乏化領域は p$^+$ 電極から疑似 intrisic 領域に伸びていく．

並行平板構成では，空乏化領域の厚み W は，
$$W = \gamma \times \sqrt{\rho(V+V_{bi})}$$
で与えられる．上式で，$\gamma=0.5$（n 型シリコン）または 0.3（p 型シリコン），V は外部印加バイアス電圧（V），V_{bi} はビルトイン電圧（シリコンで一般的に用いられる抵抗率では約 0.5 V），ρ は抵抗率（Ω cm）．一般的に，300 μm を 100 V 前後で空乏化するため 3～10 kΩ cm の高抵抗シリコンを使用する．

18.8.3　信号生成

信号のパルス波形は，キャリアの速度 $v(x)=\mu E$ と，誘起電荷分布を決定する電極の配置による（Ramo の定理）．μ はキャリア移動度，E は電場．収集時間は高電場での飽和速度（シリコンでは，$E>10^4$ V/cm で 10^7 cm/s）で制限され，300 μm 厚の全空乏化された測定器では，電子は約 10 ns，ホールは約 25 ns で収集される．位置分解能は，電荷収集中の横方向の拡散（一般的に 300 μm の厚みで約 5 μm）と knock-on 電子の効果で制限され，2～4 μm（rms）の位置分解能がビームテストなどで得られている．

18.8.4　放射線損傷

放射線損傷は，格子から構成原子をはじき出すことによって発生する基材損傷と，表面層に蓄積する電荷による表面損傷に分けられる．基材損傷は，バンドギャップ内にエネルギー準位を生成し，非イオン化エネルギー損失（NIEL）と反跳原子核の運動エネルギーに依存する．反跳原子核はさらに基材損傷を引き起こし，例えば損傷クラスタを生成する．表面損傷は，表面電流の増加をもたらすとともに，n$^+$ 型電極面では，n$^+$ 電極間分離に影響をもたらす．損傷は吸収されたエネルギーに比例し飽和するので，線量は Gy で表記され，粒子の種類にはよらない．

シリコン中の基材損傷による暗電流増加は，バンドギャップの中間付近に生成されるエネルギー準位で決定される．基材特性の変化は，優勢的に生成された禁制帯の下端付近のアクセプタ様のエネルギー準位による．これらの準位は，電子を捕獲し負の空間電荷をつくり出し，大量粒子通過下では，シリコン基材は初期状態によらず p 型半導体になる．全空乏化電圧は空間電荷に比例して増加する．シリコン半導体測定器は，10^{15} cm^{-2} 以上の粒子通過数でも稼働する．この損傷レベルでは，再結合およびキャリア捕獲によるキャリア寿命減少による信号減少が顕著になる．

放射線耐性の高度化は，移動度の差からキャリア寿命に有利な電子を収集し，また基材特性が p 型になることから，初期から p 型の疑似 intrinsic 基材を使用し，n$^+$ 収集電極を有する構成を基本に開発されている．暗電流の増加は検出器を低温（マイナス数十℃）に冷却し暗電流を減少，空乏化電圧の上昇は高電圧（数百 V）でも運転可能な構造や，空乏化厚を減少する構造（薄型化，あるいは空乏化方向を厚み方向と分離）で対応している（図 18.8.3）．

現在のところ，測定器システムはセンサの寿命で決定されている．読み出し電子回路は，μm 以下の極微 CMOS プロセスを使用し，最適化された回路設計を行うことにより，10^{16} cm^{-2} 以上に対する耐性を持っている．

参考文献
1) S. Ramo : Proceedings of the IRE 27 (9) 584 (1939).

18.9　超伝導検出器

本節では，硬 X 線・γ 線から紫外・可視・赤外光を経てミリ波・サブミリ波に至る 9 桁もの波長域の電磁波やエネルギー粒子に対し，半導体等既存検出器を凌駕する低雑音性が実証された超伝導検出器の概要を述べる．この領域では，1) 直接検出（連続波の振幅のみ），2) 光子計数（到来光子の数とエネルギー），3) ヘテロダイン検波（連続波の振幅と周波数））の 3 通りの検出法があるが，各々において超伝導体の特質を生かした高性能検出器が開発されている．

18.9.1　超伝導転移端検出器[1-3]（TES）

超伝導から常伝導への転移温度近傍（$T \approx T_C$）におけ

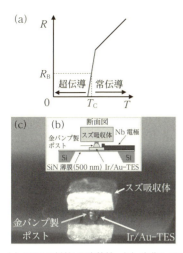

図 18.9.1 (a) TES の抵抗-温度特性．(b) 窒化シリコン (SiN) メンブレンとスズバルク吸収体を持つ TES の断面模式図．((c) (b) の写真提供　大野雅史氏（東京大学大学院工学研究科））

る抵抗の急峻な温度 T 依存性（図 18.9.1(a)）を利用する熱型検出器で，ミリ波・サブミリ波帯ボロメータや中赤外光～硬 X 線・γ 線のカロリメータとして，既存半導体検出器に比べ，低雑音性と高速応答性に各段に優れている．入射光子による熱を超伝導体内に溜め込み感度向上を図るため，超伝導体下の薄いメンブレン薄膜（Si_3N_4 など）を残し基板を除去（図 18.9.1(b)）するか，あるいは超伝導体を中空に浮かせた素子構造を採る場合が多い．エネルギー 10 keV 程度以下の光子検出には，TES に集積された薄膜吸収体を用いるが，透過率の高い数十 keV 以上の硬 X 線・γ 線に対しては，TES に熱接触を持たせたバルク吸収体を装荷（図 18.9.1(c)）[4]する．ミリ波・サブミリ波帯では，波長に比べ 2 桁小さな TES との高効率結合のため，基板エッチングによりチップ上に集積可能な共振器構造の電磁波吸収体や薄膜アンテナなどが開発された．一例として，南米チリでの電波望遠鏡用に，周波数領域での多重読み出し技術を含む 280 画素ミリ波アレイが開発・運用[5]されている．また，近赤外での量子効率約 100 % かつ応答速度 190 ns の実証[6]や，X 線吸収分光用[7]，核管理用[8]の 200 画素規模アレイの開発が報告されている．さらに，超伝導体内の格子温度一定のまま，応答時間の短い電子温度変化のみを読み出す Hot Electron Bolometer 型[9]もあり，ミリ波・サブミリ波領域で高い周波数分解能を持つヘテロダイン分光器の心臓部である受信のミキサにも適用[10]される．

18.9.2 超伝導ストリップライン検出器[11]（SNSPD, SSPD）

臨界電流（それ以上流すと超伝導が破れ常伝導になる）I_c に近いバイアス電流を流した超伝導ストリップ細線の一部に光子や粒子が入射すると，常伝導転移領域（Hotspot）が発生する．バイアス電流は Hotspot を迂回し超伝導状態を維持している部分に集中するので，この部分を流れる電流が臨界電流を越え，常伝導に転移する．このようにしてストリップ細線の幅方向に常伝導転移領域が拡張した結果，光子（粒子）入射点近傍に生じた常伝導領域の帯により細線は分断され，電圧が発生する．すると，電圧降下によりバイアス電流が減少し，I_c を下回るので，常伝導転移領域は再び超伝導状態に復帰する．すなわち，細線両端にパルス電圧が発生する．受光面積増大による検出効率向上のため，基板上の受光面一杯に，つづら折れ細線を敷き詰める．現状，中赤外より短波長（高エネルギー）の光子・粒子の光子計数，特に，化合物半導体アバランシェフォトダイオードより高量子効率，低ジッタ，高速応答の特長を活かせる光通信波長帯での量子暗号通信[12]と，分子量に依存しない検出効率を持つ質量分析[13]への応用研究が進展している．

18.9.3 超伝導マイクロ波力学インダクタンス検出器[14,16]（MKIDs）

超伝導体に電流を流すと，発生磁場による磁気エネルギーと超伝導電子の運動エネルギーが蓄積される．電気回路上，前者を磁気インダクタンス L_M，後者をカイネティックインダクタンス L_K と呼ぶ．超伝導体に，ギャップエネルギー Δ より大きなエネルギー E の光子を照射すると，半導体の量子型検出器同様の原理で，超伝導電極内で基底状態にある超伝導電子が E を受け取り，伝導帯に励起される．励起電子は準粒子と呼ばれ，超伝導特有の性質（零抵抗，完全反磁性）を担わず，常伝導電子同様に振る舞う．励起準粒子数は $N \approx E/\Delta$ で与えられるため，半導体検出器（$\Delta \approx 1$ eV）に比べ超伝導検出器（$\Delta \approx 1$ meV）では，N が 3 桁大きいことによる高感度化が図れる．光子入射による準粒子数増大に伴い L_K は増大する．すなわち，$L_K + L_M$ とキャパシタからなる共振回路の共振周波数 f_R は入射光子の数やエネルギーの関数となるので，画素ごとに f_R の異なる共振器群を S 個用意し 1 本の読出線に結合キャパシタ C_c を介して接続する（図 18.9.2 (a)）とともに，各 f_R に相当する S 個の周波数からなるマイクロ波信号（図 18.9.2 (b)）を室温に置く周波数コム発生器から極低温のチップに与えることで，多画素信号を読出線の透過率の変化として周波数軸上で同時に得る（図 18.9.2 (c)）．励起準粒子は物質固有の緩和時間を経て超伝導電子に戻り，それに伴い f_R の無照射時からのずれは時間とともに 0 に落ち着く．超伝導電極のマイクロ波帯での損失は，77 K 冷却の銅などの良導体に比べ 2 桁以上低く，高 Q 値（共振の品質係数；$Q \approx 10^6$）の共振回路を構成できるため，画素間クロストークを抑え帯域あたりの f_R の多重化数を稼ぐのに都合がよい．動作温度 $T \leq T_c/5$ により，無入射時の熱励起準粒子数低減と非平衡準粒子の長寿命化による高感度化を図る．天文・宇宙背景放射などのミリ波・サブミリ波観測用数千画素検出器として研究開発が

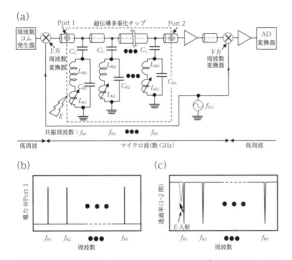
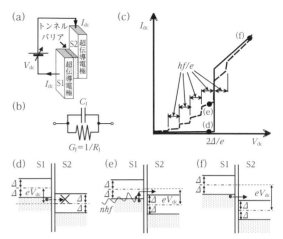

図 18.9.2 (a) MKIDsの回路構成．(b) チップ入力端（Port 1）における周波数コムのスペクトル．(c) Port 1-Port 2間の透過率の周波数依存性；エネルギー $E>\Delta$ の光子が入射した画素は，無照射時（実線）に比べ，L_K 増大による f_R 減少と共振 Q 値低下によるディップ鈍化（点線）が発生する．

図 18.9.3 ミリ波・サブミリ波帯 STJ (SIS) の (a) 構造，(b) 等価回路，(c) 無照射時（実線）と電磁波照射時（破線）の電流 (I_{dc})-電圧 (V_{dc}) 特性，(d) $0 < V_{dc} < 2\Delta/e$ における無照射時のエネルギーバンド，(e) $0 < V_{dc} < 2\Delta/e$ における電磁波照射時のエネルギーバンド，(f) $V_{dc} > 2\Delta/e$ におけるエネルギーバンド[25]．

精力的に行われるとともに，紫外・X線領域の光子計数分光の研究も途上にある．

18.9.4 超伝導トンネル接合素子（STJ，SIS）

極薄（≈1 nm）障壁を2枚の超伝導電極で挟んだトンネル接合構造を持ち，波長に応じ2通りの検出原理がある．ともに，熱的な励起準粒子のトンネルに伴うショット雑音が検出感度を決めるので，低い暗電流の素子作製技術が確立されたニオブ（Nb）またはアルミ（Al）を電極材料とし，動作温度を通常 $T_C/5$ 以下に設定する．

a. 赤外～X線（$E>2\Delta$：STJのギャップエネルギー）

MKIDs同様の原理に基づき光子入射に伴い励起した非平衡準粒子を，超伝導電子に戻る前にトンネル電流（出力）として取り出す．トンネル電流への寄与度と光子吸収効率の向上のため，光子吸収体用超伝導材料（ギャップエネルギー $\Delta_A > \Delta$）で接合電極を挟む構造[17,18]とする．この構造において，吸収体内での励起準粒子は，一度接合電極に入ると，ギャップエネルギーの差により再び吸収体には戻れなくなるので，トンネル電流への寄与度が増す．応答時間は，励起準粒子が電極内拡散・トンネルに要する時間の逆数で決まる約1 μs である．開発された100画素アレイX線吸収分光[19]，飛行時間型質量分析[19]，および走査型電子顕微鏡における電子線励起蛍光X線分光[20]への応用が研究されている．

b. ミリ波・サブミリ波（$E<2\Delta$）

E と STJ のバイアス電圧エネルギー eV_{dc} の和が 2Δ に達したときに生じる Photon-Assisted Tunneling 電流（図18.9.3）を出力として読み出す[21]．STJ は，トンネル接合を構成する超伝導電極が，電子の存在が許されず，かつ $\Delta > k_B T$ のエネルギーギャップ（k_B はボルツマン定数，T は動作温度）を持つ（図18.9.3）ことにより，ショットキーダイオードに比べ暗電流が小さく非線形性の強い電流電圧特性を示すため，ショット雑音が低く光子から電気への変換効率が高い．原理的に超伝導ギャップ周波数 $2\Delta/h$（Nb: 700 GHz，h は Planck 定数）の2倍の周波数までしか応答しないが，TESのような低雑音性と高速応答性のトレードオフはなく，双方が要求される応用に向く．特に，0.1～1.2 THz 領域のヘテロダイン分光法において最も低雑音のミキサ[22]として，電波天文観測[23]と地球大気観測[24]における高波長分解能分光に役立っている．なお，ヘテロダインミキサとしての動作時には，局部発振器励起により無励起時に比べ増大する暗電流がショット雑音値を決めるため，暗電流低減への要求度が，ヘテロダイン検波ではなくフーリエ分光などに利用される直接（ビデオ）検出時よりも大幅に緩和される．それゆえ，STJ 直接（ビデオ）検出器とは異なり，STJ ミキサの動作温度は一般に $T<T_C/2$ を満たせばよく，極低温冷却系の仕様は緩和される．

参考文献
1) K. Irwin : Appl. Phys. Lett. **69** 1945 (1996).
2) K. D. Irwin, G. C. Hilton : "Cryogenic Particle Detection", Topics Appl. Phys. **99** 63 Springer-Verlag (2005).
3) J. N. Ullom, D. A. Bennett : Supercond. Sci. Technol. **28** 084003 (2015).
4) M. Ohno, et al. : IEICE Trans. Electron. **E100-C** 283 (2017).
5) D. Schwan, et al. : Rev. Sci. Instrum. **82** 091301 (2011).
6) D. Fukuda, et al. : Opt. Exp. **19** 870 (2011).
7) J. Uhlig, et al. : Phys. Rev. Lett. **110** 138302 (2013).

8) D. A. Bennett, *et al.*: Rev. Sci. Instrum. **83** 093113 (2012).

9) B. S. Karasik, *et al.*: Proc. SPIE **7741** 774119 (2010).

10) J. Baselmans, *et al.*: IEEE Trans. Appl. Supercond. **15** 484 (2005).

11) G. Gol' tsman, *et al.*: Appl. Phys. Lett. **79** 705 (2001).

12) M. Sasaki, *et al.*: Opt. Exp. **19** 10387 (2011).

13) N. Zen, *et al.*: Appl. Phys. Lett. **95** 172508 (2009).

14) P. K. Day, *et al.*: Nature **425** 817 (2003).

15) J. Zmuidzinas: Annu. Rev. Cond. Matt. Phys. **3** 169 (2012).

16) J. Baselmans: J. Low Temp. Phys. **167** 292 (2012).

17) G. Angloher, *et al.*: J. Appl. Phys. **89** 1425 (2001).

18) L. Li, *et al.*: J. Appl. Phys. **90** 3645 (2001).

19) M. Ukibe, *et al.*: Jpn. J. Appl. Phys. **51** 010115 (2012).

20) G. Fujii, *et al.*: X-Ray Spect. **46** 325 (2017).

21) J. R. Tucker, M. J. Feldman: Rev. Mod. Phys. **57** 1055 (1985).

22) Y. Uzawa, *et al.*: Physica C **494** 189 (2013).

23) J. Zmuidzinas, P. L. Richards: Proc. IEEE **92** 1597 (2004).

24) K. Kikuchi, *et al.*: J. Geophy. Res. **115** D 23306 (2010).

25) 中井直正, ほか 編:『宇宙の観測 II』（シリーズ現代の天文学 第 16 巻）日本評論社 (2009).

19章

原子力・核融合

19.1 概要

原子炉施設や核融合研究施設などは，幅広い科学技術を取り込んだ大きな複合システムであるが，そこでは加速器自体が利用されたり，加速器技術が活用されており，加速器が重要な役割を果たしている．本章では，原子力分野での加速器利用例や，核融合分野で活用されている加速器技術などを紹介する．

放射線の強度を知るためには，その放射線に適した各種測定器を用いることになるが，誰が測っても，使用する測定器が違っていても，測定結果が同じ値を示さなければ，安心して測定結果を使うことができない．その測定の信頼性を確保するためには測定器の較正が必要となる．加速器が標準線源として用いられ，数多くの測定器を能率よく較正するのに使われている．

我々の身の周りの多くのもの，機器類は，時間とともに性能の低下する経年劣化と呼ばれる現象が起こるが，原子炉内部や宇宙空間のように放射線の多い環境では，通常の経年劣化に加えて放射線による性能の劣化が起こる．原子炉の圧力容器などの材料は，中性子を浴びて中性子照射脆化と呼ばれる特性劣化を引き起こす．原子炉の安全性確保や信頼性維持の観点で，材料劣化の程度や，電子部品，ケーブル，機器類の放射線耐久性を事前に知っておく必要がある．原子炉内部の放射線環境を模擬する方法として加速器を利用し，照射する放射線の種類や線量をモニターしつつ，ケーブル，半導体，材料などの放射線劣化の程度を観測する試験を行っている．短時間で材料特性劣化を予測するために，実際使用状況より放射線を過度に照射する加速劣化試験なども行われている．これらの試験を通して，放射線に対する性能を理解し，耐放射線機器を効率よく開発するようにしている．

人間が活動をするとその後にはごみ，すなわち廃棄物が残ることになるが，原子力の利用においても同様のことが起こる．放射性物質は基本的にはすべてを管理していくことになっているが，放射性廃棄物のうち，基準値以下の線量しか含まない廃棄物は一般廃棄物として処分できるようになった．この放射性廃棄物のうち，一般廃棄物として処分してよいとすることをクリアランスと呼び，そのために線量を測定し判定することをクリアランス検認という．クリアランス検認の技術としては，通常の放射線測定器を使うことが多いが，特に微量物質を精度よく測定するときや廃棄体内部に含まれる放射性物質を外部から同定するときには加速器の利用も考えられている．

核燃料物質の使用，保管，移動は，厳重な管理の下で行われることになっている．核燃料物質の盗難や紛失，秘密裏の移動や使用などは完璧に防がなくてはならない．核セキュリティとは，「核燃料物質，その他の放射性物質，その関連施設及び輸送を含む関連活動を対象にした犯罪行為又は故意の違反防止，検知及び対応」と原子力委員会報告書「核セキュリティの確保に対する基本的考え方」（平成23年9月13日）において定義されたものである．この核セキュリティを実現するために，特に秘密裏に移動させようとしている核燃料物質を発見する方法として，加速器を利用した新たな検知技術の開発が行われている．原子力分野としてこれら4項目を詳述する．

核融合とは，軽い原子核同士が融合してより重い原子核になる反応を意味しているが，この反応で発生するエネルギーを有効に利用するため核融合の研究開発が行われている．人為的に原子核を融合させるには，原子をイオン化させプラズマ状態にし，それらを加熱することによって各イオンを高速で飛び回らせ，互いに衝突させることが必要になる．

高温プラズマが散逸しないように狭い空間に閉じ込める方式として，いくつかの方法が考案されているが，現在主流となっているのは，磁場でドーナツ状のかごを形成するトカマク方式である．トカマク方式では，プラズマ発生と同時にトランスの二次巻線と同じ原理でプラズマ内に電流を発生させ，そのときにプラズマ自身が保持している抵抗性を利用してプラズマを温めるジュール加熱を行う．加速器においてはミクロ粒子の加速となっているが，ベータトロン加速の原理と類似している．

このジュール加熱だけではプラズマ温度は不十分であり，その後中性粒子加熱や，高周波加熱を第二段階の加熱方法として用いる．中性粒子加熱は，高速に加速された粒子を中性化してプラズマへ入射し，プラズマと衝突するときに中性粒子が持っている進行方向の運動エネルギーをプラズマに与えて加速する方式である．高周波加熱は，プラ

ズマを構成しているイオンや電子に共鳴する高周波を入射することで，プラズマに運動エネルギーを与える方式である．共鳴加熱させるプラズマ内の粒子や利用する共鳴原理によって，入射させる高周波の周波数が異なってくる．

慣性核融合は，前述の高温プラズマを磁場で閉じ込めて核融合を起こさせる方式とは全く原理が異なっており，核融合させようとする燃料粒子を球状に成形し，それに周囲から大出力レーザーや高速粒子を当てることによって，球状の燃料を圧縮し内部で核融合反応を起こさせようとするものである．周囲からの圧縮に使うものが粒子の場合には，高速粒子を発生させる技術はまさに加速器技術であるといえる．

核融合装置では，プラズマ周辺に真空容器や磁場発生用の機器，燃料となるトリチウムを増殖するブランケットや中性子を外部に漏らさない反射体など，各種構成物が存在する．それらの機器類は，中性子をはじめとする多くの放射線にさらされることになり，衝突してくる粒子のエネルギーも高い．核融合炉における厳しい使用環境に耐え得る新たな各種材料が求められており，それらの性能をよく理解することが不可欠である．核融合で発生する中性子はエネルギーが高いことから，新規に開発する材料の試験評価には加速器の活用が不可欠となっており，国際協力で材料開発用に大出力加速器試験装置を建設しようというプロジェクトが進められている．

核融合の実現に向けて一番先行している装置はトカマク方式であるが，既存のトカマク装置の研究成果を踏まえて，次期装置は国際協力によって世界で一つ製作することとなり，現在，フランスのカダラッシュにおいて国際熱核融合実験炉 ITER の建設が進められている．このプロジェクトには，欧州連合，米国，ロシア，中国，韓国，インドおよび日本の世界7極が参加している．日本は，閉じ込め磁場を発生させる超伝導電磁石など主要部分の製作を分担している．仕様の異なる各種超伝導コイルが必要となっており，大きい寸法にしては要求される製作精度が厳しいことなど，超伝導コイルの技術革新を促す大規模な開発が進んでいる．核融合分野では，加速器技術に関連が深い7項目を詳述する．

19.2 原子力

19.2.1 放射線・放射能の標準

a. 放射線測定のトレーサビリティと信頼性確保

加速器を用いて様々な実験を実施し放射線安全管理を適切に行ううえで，放射線や放射能を正しく測定評価する技術は不可欠である．ある量をそのつど定義どおりに正確に測定評価することは極めて難しい．そこで通常は，その量の信頼できる標準に定量的に関係付けられた測定器を用いて測定を行うことにより，標準との比較という方法で正し

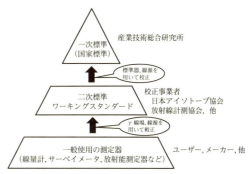

図 19.2.1 放射線・放射能に関するトレーサビリティの体系概念

い評価値を得ている．測定器をこの標準に関係付ける行為を較正という．放射線・放射能に関する日本における最も上位の標準（国家標準，一次標準）は，産業技術総合研究所によって開発・維持されている．この一次標準に基づき，較正事業者の基準とする測定器や線源を較正して二次標準とし，さらにこの二次標準を用いた較正によりワーキングスタンダードが設定される．一般に，実験や管理に使われている線量計や放射能測定器は，このワーキングスタンダードで較正されるので，その測定値や評価値は最終的には国家標準にまで関係付けられていることになり，このことを測定のトレーサビリティといい，信頼性確保の証となる．図 19.2.1 に，放射線・放射能に関するトレーサビリティの体系概念を示す．

以上のことを法的に保証するものとして，JCSS（Japan Calibration Service System）制度がある．この制度では，製品評価技術基盤機構（NITE）によって較正事業者が較正を行う能力があると認定されると登録事業者と法的に位置付けられ，計量法に基づく JCSS 較正サービスを実施し較正証明書を発行できるようになる．

b. 放射線量測定のトレーサビリティ

放射線の国家標準として，X（γ）線に関する線量である空気カーマ（Gy）[*1] が用いられている．産業技術総合研究所において[1)]，X 線に対しては平行平板型自由空気電離箱を，γ線に対してはグラファイト壁空洞電離箱を用いて空気カーマの絶対測定を行い，この値との比較により標準移行用測定器（電離箱）を較正する．次に，較正事業者はこの標準移行用測定器を用いて自身の二次標準を設定し，さらにこれを用いてワーキングスタンダードの照射場を構築して，一般に使用される線量計などを較正する．

一般に広く利用されているサーベイメータや線量計は，空気カーマの Gy ではなく人体の被ばく線量の単位である

[*1] カーマは，X（γ）線や中性子線のような間接電離放射線に関する線量の一つである．間接電離放射線が物質に入射した際に，物質の単位質量あたりに生成される荷電粒子の初期運動エネルギーの合計と定義され，単位は Gy（グレイ）である．X（γ）線に対しては物質として空気を用いることから，空気カーマと呼ばれる．

Sv（シーベルト）で表示されている．実験や管理の現場で，測定した空気カーマをそのつど人体の被ばく線量のSvに換算する手間を省くために，空気カーマに換算係数を掛けた結果が表示されるようになっている．したがって，測定結果をそのまま人体の被ばく線量と解釈でき，被ばく管理を効率的に行える．いろいろな放射線に対する換算係数が，ファントムの数値モデルを用いた粒子輸送シミュレーションで計算され，数値データ[2]として提供されている．

空間線量を測定するサーベイメータなどの線量計の較正は，周りの物体からの散乱線が少ない空間に測定器を設置して行う．しかし，個人の被ばく線量を測定する線量計は，人体に着用して使用することが原則であるので，体幹部を模擬したファントム上に線量計を装着して較正する．較正方法や較正装置に関して日本工業規格 JIS Z 4511[3]などが制定され，通常はこれに基づき測定器が較正されているので，一定の品質が担保されている．

c. 放射能測定のトレーサビリティ

放射能の国家標準は，産業技術総合研究所[1]が標準器として維持管理しているいくつかの放射能測定装置であり，この測定装置を用いた線源の放射能（Bq）評価値として提供される．おもな例として，β 線とγ 線をほぼ同時に放出する核種に関しては $4\pi\beta$-γ 同時計数装置を用いた絶対測定，面線源からの α 線や β 線の放出率の測定にはマルチワイヤー式荷電粒子測定装置が使われている．次に，較正事業者は，この線源を仲介として自身が保有する放射能測定装置（二次標準器）やワーキングスタンダードを較正し，さらに一般のユーザーの放射能測定装置を較正するための標準線源を作製・供給する．

一般に広く利用されている鉛遮蔽体付き Ge 半導体検出器の測定効率は，γ 線のエネルギーや測定試料の性状によって大きく変わる．そこで，検出器を適切に較正するために，異なるエネルギーの γ 線を放出する複数の核種を混合した線源や，試料容器の充填率などを変えた複数からなる体積線源セットなどが販売されている．また，測定者が測定の妥当性を自ら確認するために，測定対象と類似の物質で同程度の放射能を持つ認証標準物質が開発された．現在，放射性セシウムを含む玄米の認証標準物質が普及している．

d. 加速器を利用した放射線較正場

加速器を利用した放射線較正場が国内で開発されており[4]，日本原子力研究開発機構（原子力機構）原子力科学研究所で二次標準場が供用されている[5]．図 19.2.2 に，単色中性子および高エネルギーγ 線の較正場の概略を示す．

加速器施設や原子力施設内の中性子場は，熱エネルギーから数 MeV 以上の領域まで幅広く分布している．また，中性子測定器の線量応答感度はエネルギーによって大きく変化する．このため，適切なエネルギー点において測定器の較正を行うために，加速した荷電粒子をターゲットに当て核反応で発生する単色の（エネルギーが揃っている）中

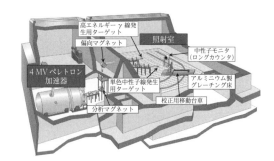

図 19.2.2 単色中性子および高エネルギーγ線の較正場の概略

表 19.2.1 単色中性子較正場の利用可能エネルギー点

中性子エネルギー	利用核反応	国家標準とのトレーサビリティ
8 keV	^{45}Sc (p, n)	
27 keV	^{45}Sc (p, n)	
144 keV	^{7}Li (p, n)	○
250 keV	^{7}Li (p, n)	
565 keV	^{7}Li (p, n)	○
1.2 MeV	T (p, n)	
2.5 MeV	T (p, n)	
5.0 MeV	D (d, n)	○
14.8 MeV	T (d, n)	○
19 MeV	T (d, n)	

性子を用いた較正場が開発された[6]．表 19.2.1 に示すように，8 keV～19 MeV の 10 エネルギー点（4 点が国家標準とのトレーサビリティが確保されている）の利用が可能である．

放射性核種を用いて 2 MeV 以上の γ 線較正場を整備することは難しい．そこで，加速された陽子の ^{19}F(p, $\alpha\gamma$)^{16}N 反応を利用した 6～7 MeV の高エネルギーγ 線較正場が開発された[7]．医療や工業分野での電子加速器利用や沸騰水型原子炉施設における作業者や公衆の被ばく管理の観点からこの較正場は有意義であるが，国家標準とのトレーサビリティはない．

19.2.2 原子力施設用放射線機器の開発

a. 加速器で使用される高耐放射線性高分子材料

加速器は，各種ケーブル，真空系機器，冷却系機器，電子機器の他，電磁石などの各種機器類から構成される．これらの機器類には，電気絶縁材料，パッキン，塗料などとして高分子材料が用いられている．高分子材料に放射線を照射すると，励起や分子鎖切断によって活性種が生成する．この活性種が反応することで分解ガスの発生や分子構造の変化が起こり，電気的特性や機械的特性が劣化する．

耐放射線性の観点から，高分子材料は金属材料やセラミックス材料と比較して劣るため，使用される高分子材料の耐放射線性は機器の性能を左右する重要な因子となる．したがって，加速器の安全かつ安定な運転を維持するために

は，十分高い耐放射線性を有する高分子材料を選択することが不可欠である．例えば，高エネルギー加速器研究機構と日本原子力研究開発機構が協同運営している大強度陽子加速器施設（Japan Proton Accelerator Research Complex：J-PARC）では，従来加速器の10倍以上のビーム強度である1MWの陽子ビームを扱うため，高分子材料にはその使用環境に応じて1～10MGyの耐放射線性が要求されていた．そこで，塗料，接着剤，潤滑剤，電力ケーブル，通信ケーブル，真空および低温用機器類，CCDカメラなどの電子機器類など，数多くの材料や機器について耐放射線性評価試験が行われるとともに，その結果をもとに，材料の面では使用する高分子材料や安定剤などの添加剤，機器の面ではシステム構成などが工夫され，耐放射線性が向上した材料・機器が開発された[8-10]．

J-PARCニュートリノビームラインでは，陽子ビームをターゲットに導くための超伝導磁石システムが設置されている．図19.2.3は，超伝導磁石システムの一部を切り出したものであるが，超伝導コイル絶縁材料としてポリイミドフィルム／エポキシ樹脂，コイルを支えるウェッジとしてガラス繊維強化エポキシ樹脂，構造全体を支えるスペーサーとしてガラス繊維強化フェノール樹脂が検討された．これらの材料は低温（5K以下），およびビームロスにより発生する中性子・γ線の放射線場（10年間の運転で約0.3MGyの積算吸収線量）にさらされる．そこで，できる限り実環境を模擬する観点から77Kの低温において5MGyまでの耐放射線性評価試験を行った結果，強度などの特性の劣化が見られず，十分な耐放射線性を有することが明らかにされた．その後，超伝導磁石システムはビームラインに設置され，2010年1月からニュートリノビーム生成が本格的に開始されている．

b. 加速器で使用される電子機器

電子機器は高分子材料よりもさらに耐放射線性に劣る．その原因は，半導体デバイスを用いた電源・通信・制御回路が低線量域においてその機能を失うためである．一般的に，半導体デバイスに放射線が入射すると，トータルドーズ効果（おもにγ線による積算線量効果），はじき出し損傷効果（おもに電子線や陽子線による照射損傷効果），シングルイベント効果（おもに単一イオン入射による高密度電離効果）が発生する．

トータルドーズ効果は，半導体デバイスを構成する絶縁材料において発生する．宇宙環境では，1kGyの耐放射線性があればよいと考えられてきたため，kGyレベルの耐放射線性半導体デバイスが各宇宙機器メーカーにおいて開発・販売されている．しかし，積算吸収線量がMGyレベルに達したときのトータルドーズ効果については未解明な点が多く，高線量下での動作が必要な加速器・原子力用としての電子機器開発には課題が多く残されている．はじき出し損傷効果は，放射線と半導体デバイスを構成するシリコン原子が相互作用することで，原子空孔および格子間原子が形成されることにより引き起こされる．一般的に，トータルドーズ効果よりも高い放射線量域において発生することが知られている．半導体デバイスの活性層に絶縁材料が不要なバイポーラデバイスや太陽電池においては，トータルドーズ効果ではなく，はじき出し損傷効果の影響を考慮しなければならない．シングルイベント効果は，単一のイオン入射によって引き起こされる．単一イオンだけでなく，中性子が半導体素子近傍で核反応を引き起こし，その結果として発生した核生成物がシングルイベント効果を引き起こすことも知られている．近年の電子回路・機器は動作電圧レベルが低くなり続けており，核生成物に対しても影響が懸念されている．

上述した半導体デバイスの放射線影響の研究は，加速器・原子力用としてよりもむしろ，宇宙用の電子機器に対して広く行われてきた．そのため，宇宙用としては耐放射線性評価標準として各国の宇宙機関独自の規格や米国のMIL-STD-883G[11]規格が広く知られている．一方，原子力用の評価標準は世界に広く知られていないのが実状である．高エネルギー加速器や原子力施設では，それぞれの施設や装置で独自に耐放射線性や耐放射線性試験方法が決められている．例えば，欧州原子核研究機構が建設した大型ハドロン衝突型加速器（Large Hadron Collider：LHC）のアトラス実験（A Toroidal LHC ApparatuS：ATLAS）では，加速器施設内の放射線環境に加えて，トータルドーズ効果，はじき出し損傷効果，シングルイベント効果に関する試験法などがホームページで公開されている[12]．アトラス実験の利用者は，電子機器が置かれる状況を考慮して耐放射線性の許容度を決めている．

耐放射線性の評価は，量子科学技術研究開発機構高崎量子応用研究所のイオン照射研究施設をはじめ，放射線医学総合研究所の重粒子線がん治療装置，理化学研究所のRIビームファクトリー，若狭湾エネルギー研究センターの多目的シンクロトロン・タンデム加速器，大阪大学の核物理研究センター，東北大学のサイクロトロン・ラジオアイソトープセンターなどで行われている．一般的な試験方法は次のとおりである．まず，γ線，電子線，陽子線，重粒子線，中性子線のブロードビームを試料全体に照射する．トータルドーズ効果およびはじき出し損傷効果の評価では，吸収線量およびはじき出し損傷線量に対する半導体デバイスの電気特性の劣化量を調べる．シングルイベント効果では，一つのメモリ状態が反転してエラーとなる確率を調べる．劣化量が少なく，エラー確率が低くなるような対策を

①超伝導コイル絶縁材料
　ポリイミドフィルム／エポキシ樹脂
②ウェッジ
　ガラス繊維強化エポキシ樹脂
③スペーサー
　ガラス繊維強化フェノール樹脂

図19.2.3　J-PARCニュートリノビームライン用超伝導磁石システムに使用されている高分子材料

施すことで，半導体デバイス，ひいては電子機器全体の耐放射線性強化がなされている．

19.2.3 クリアランス検認

a. クリアランス概念と経緯

原子力，放射性同位元素，放射線発生装置の利用に伴って，放射性物質を含んだ廃棄物などが発生してくる．これらのなかには，含まれている放射性物質の量がごくわずかで，処分，再利用などを行ってもそれらの行為に関与する者の被ばく線量が無視できるようなものも存在している．このようなものまでも厳重に管理することは，必ずしも合理的とはいえない．

これまで国際原子力機関（IAEA）などにおいては，これらを規制対象から取り除くための概念，基準などについての検討が行われてきており，1996年にIAEA技術文書TECDOC-855[13]が出版されて以降は，すでに規制の対象となっているものを規制から外すことをクリアランス（clearance），その際の判断基準として使用される放射性物質の濃度などをクリアランスレベルと呼んでいる．

我が国においては，1997年5月から，原子力安全委員会においてクリアランスレベルに関する検討が開始され，その後，経済産業省原子力安全・保安院および文部科学省における制度面の検討[14,15]を経て，2005年5月に「核原料物質，核燃料物質及び原子炉の規制に関する法律」が改正され，クリアランス制度が導入された．現在では，原子炉施設，核燃料物質使用施設，ウラン取扱施設についてクリアランス制度が定められている．さらに，文部科学省において2004年10月から放射性同位元素や放射線発生装置の使用などに伴って発生する廃棄物に係るクリアランスレベルや制度面の検討が開始され[16,17]，2010年5月には「放射性同位元素等による放射線障害の防止に関する法律」が改正され，放射性同位元素の使用，放射線発生装置についてもクリアランス制度が導入されている．

クリアランスした物は，有用資源として再生利用するかまたは通常の産業廃棄物として処分することが可能であり，合理的な廃棄物管理が可能となるとともに，資源の有効利用など我が国が目指す循環型社会の形成に資するものとされている．

b. クリアランス検認の概要

我が国のクリアランス制度は，図19.2.4に示すように，規制当局による放射能濃度の測定・評価方法の認可および規制当局による放射能濃度の測定・評価結果の確認という2段階のシステムとなっている．このように，事業者がクリアランスレベル以下であると判断したものについて，規制当局が適切な関与を行うことをクリアランス検認と呼んでいる．

具体的には，事業者は，以下の手順で検認を行うこととなる．

1) クリアランスレベル検認対象物（以下「対象物」という）の汚染状況（放射化汚染および二次的汚染の有無やそのレベル）や物量を把握し，クリアランスの対象となる範囲の設定や測定・判断条件を的確に行うための情報を収集する．

2) 事前の評価結果に基づき対象物を選定するとともに，後段で行われる測定などを効率的に実施するために，対象物を発生場所，材質，汚染形態，解体工程などに応じて分類する．また，必要に応じ，除染やはつりなどにより，対象物から放射廃棄物を分離する．

3) 放射線測定装置の選定・測定条件の設定，測定点の選定，濃度の決定方法などの対象物に含まれる放射性物質の濃度を測定・評価するための手法などを設定するとともに，その設定の妥当性について規制当局の認可を受ける．

4) 対象物の性状などに応じた解体工程を選択し，その工程に従って規制当局の認可を受けた測定・評価方法に基づき放射性物質の濃度を測定し，クリアランスレベル以下であることを判断する．また，その測定・評価の記録を作成し保管する．さらには，規制当局による測定・評価結果の確認を受ける．

5) クリアランスレベル以下であることが確認された物を事業所外に搬出するまでの間，異物や汚染の混入などがないように適切に保管・管理する．

なお，クリアランスの対象核種は多岐にわたり，「放射性同位元素等による放射線障害の防止に関する法律」では，放射線発生装置の利用に伴い発生する放射化物について37核種が定められているが，測定・評価方法の検討の段階で重要核種が絞り込まれることとなり，合理的な測定・評価が行われる．

c. クリアランス検認と加速器

我が国でのクリアランス実施例は，日本原子力発電東海発電所の廃止措置で発生する金属くず（総量約2 000 t）が最初であり，2006年9月に測定・評価方法の認可を受け，2007年5月に第1回目の確認証が交付された．現在もクリアランス作業が進められている状況である．また，原子力機構原子力科学研究所は，JRR-3（Japan Research Reactor-3）の過去の改造工事で発生したコンクリートがら（総量約4 000 t）について，2008年11月に測定・評価

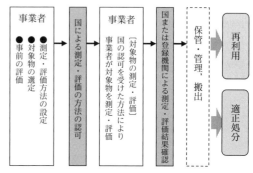

図19.2.4　放射線障害防止法のクリアランス検認のための手順

方法の認可を受け，2010年5月に第1回目の確認証が交付された．その後もクリアランス作業が進められ，2013年2月に約4000 tのすべてのコンクリートからのクリアランス作業が終了した．

これまでのクリアランス検認において，実際のクリアランス対象物の測定は，半導体検出器，液体シンチレーションカウンターなど通常の放射能測定手法が用いられている．一方，検討段階では，AMSを使った ^{36}Cl，^{129}I の測定など加速器の利用も行われたことがある．

一般的に加速器を用いた分析は，サンプルが微量で済み，長半減期核種の測定に威力を発揮するが，多数サンプルの分析には向かない，試料調整に手間がかかるなどの課題もある．また，装置が高額であることも問題の一つである．これらの課題を克服すれば，クリアランス検認の分野での利用も拡大できると思われる．

19.2.4　核セキュリティ分野への応用

原子力エネルギーの平和利用は，国際原子力機関（IAEA）を中心とした核不拡散の監視体制の下で進められている．ここでいう核不拡散は，これまでは国家によって行われる秘密裏の核兵器開発を抑止することに主眼が置かれてきた．ところが，2001年9月11日の米国同時多発テロ以降，国際テロリスト集団による核物質を用いたテロの可能性が否定できない状況となり，核物質の不正な盗取，移動を監視するための措置として核セキュリティの重要性が国際社会に広く認識されるようになった[18]．

国境をはじめとした幹線道路の検問所を通過する貨物，また，港湾，飛行場において積み込み・積み下ろしされる貨物について，核物質を非破壊で検知する装置は，核セキュリティの重要なツールである．検知の対象は，核爆弾の原料となる同位体，^{235}U，^{239}Pu などである．

核種を識別したうえで，貨物中の物質を非破壊で検知する目的に利用可能な原子核反応として，原子核共鳴蛍光散乱（Nuclear Resonance Fluorescence : NRF）がある（図19.2.5）．それぞれの核種は，原子核の構造（陽子，中性子の数）に応じて固有の励起準位を持っている．測定したい核種の励起準位のエネルギーに等しいγ線を入射すると，共鳴散乱が起こり，散乱γ線スペクトルに共鳴ピークが現れることから，この核種の検知が可能となる．^{235}U，^{239}Pu をはじめとしたアクチノイド核種は2 MeV近辺に強い共鳴準位があることがわかっている．

米国パスポート・システムズ社では，図19.2.6に示すような電子線加速器からの制動輻射によるγ線を使った後方散乱とNRFによる貨物中の核物質の検知システムを開発中である[19]．貨物からの後方散乱線は，貨物中の物質の原子番号に依存した強度を持つことから，原子番号の大きな核物質の疑いのある貨物中の部位を特定できる．これに加えてNRFを用いることで物体中の核物質を同定するシステムである．

制動輻射によるγ線は幅広いスペクトルを持つため，

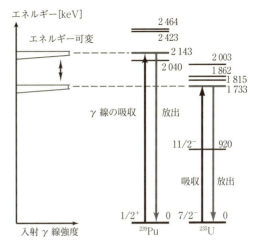

図19.2.5　原子核共鳴蛍光散乱の原理[18]

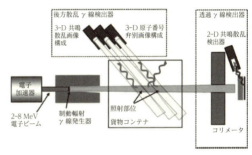

図19.2.6　制動輻射によるγ線を用いた核物質検知システムの概念図[19]

NRFの測定においてバックグラウンド信号（おもに測定対象物からの散乱線）が測定の妨げとなる．レーザー・コンプトン散乱を用いて単色に近いγ線を発生すれば，NRF測定を良好なS/N比で行うことができる．

米国ローレンス・リバモア研究所では，Xバンド電子加速器を使ったレーザー・コンプトン散乱γ線発生とNRFを組み合わせた核物質検知システムを提案し，実証機の開発を行っている．将来は，加速器をトレーラーに載せて移動し，検問での利用を目指している[20]．

NRFに基づく核物質の非破壊検知システムは，国内においても開発中である．港湾に設置してコンテナ貨物中の核物質を検知することを目的とした，レーストラック・マイクロトロンを用いたレーザー・コンプトン散乱γ線源が京都大学と原子力機構により開発中である．毎秒 3×10^5 光子のγ線を発生し，貨物コンテナ中に隠蔽された数 kgのUを10分で検知することが目標である[21]．

さらに，原子力機構では，エネルギー回収型リニアック（Energy-Recovery Linac : ERL）を用いたレーザー・コンプトン散乱γ線源が提案され，要素技術開発が進められている．毎秒 10^{13} 光子のγ線を発生し，原子炉使用済燃料中の核物質の非破壊定量を可能にする装置であるが，貨物

中の核物質検知にも利用可能である[22].

なお，これらのレーザー・コンプトン散乱γ線源において核物質の検知に必要な2MeV領域のγ線は，波長1μmのレーザーと350MeV電子，または波長500nmのレーザーと250MeV電子の組み合わせで発生できる.

参考文献

1) 齋藤則生，柚木 彰：計測標準と計量管理 **63**（3）68（2013）.
2) ICRP Publication 116 (2010)：Conversion Coefficients for Radiological Protection Quantities for External Radiation Exposures.
3) JIS Z 4511 (2005)：照射線量測定器，空気カーマ測定器，空気吸収線量測定器及び線量当量測定器の較正方法.
4) H. Harano, *et al.*：Radiation Measurement **45** 1076 (2010).
5) 日本原子力研究開発機構 HP
   http://www.jaea.go.jp/04/ntokai/facilities/frs.html
6) Y. Tanimura, *et al.*：Radiat. Prot. Dosim. **110** (1-4) 85 (2004).
7) M. Kowatari, *et al.*：Radiat. Prot. Dosim., doi：10.1093/rpd/nct366, 1 (2014).
8) 『高分子系材料の耐放射線特性とデータ集』：JAERI-Data/Code 2003-015（2003）.
9) 『高放射線環境で使用される機器・材料類の耐放射線特性データベース』：JAEA-Review 2008-012（2008）.
10) 『J-PARC 使用予定材料・機器の耐放射線特性試験報告集』：JAEA-Review 2008-022（2008）.
11) Department of defense test method standard microcircuits, MIL-STD-883G, 28 February (2006).
12) ATLAS Radiation Hard Electronics Web Page. http://atlas.web.cern.ch/Atlas/GROUPS/FRONTEND/radhard.htm
13) IAEA：International Basic Safety Standards for Protection against Ionizing Radiation and for the Safety of Radiation Sources, Safety Series No. 115 (1996).
14) 総合資源エネルギー調査会原子力安全・保安部会廃棄物安全小委員会：原子力施設におけるクリアランス制度の整備について（2004）.
15) 文部科学省研究炉等安全規制検討会：試験研究用原子炉施設等の安全規制にあり方について（2005）.
16) 文部科学省放射線安全規制検討会クリアランス技術検討ワーキンググループ：放射線障害防止法におけるクリアランス制度の整備に係る技術的検討について（2006）.
17) 文部科学省放射線安全規制検討会：放射線障害防止法に規定するクリアランスレベルについて（2010）.
18) 早川岳人，藤原 守：日本原子力学会誌 **56** 448 (2014).
19) W. Bertozzi, *et al.*：Nucl. Instr. Meth. B **261** 331 (2007).
20) S. G. Anderson, *et al.*：Nucl. Instr. Meth. A **657** 140 (2011).
21) H. Ohgaki, *et al.*：*J.* Korean Phys. Soc. **59** 3155 (2011).
22) R. Hajima, *et al.*：Eur. Phys. J. Special Topics **223** 1229 (2014).

19.3 核融合

19.3.1 概要

核融合反応とは，軽い原子核（水素同位体など）同士が融合してエネルギーを放出する原子核反応である. 例えば，太陽表面からは $\sim 4 \times 10^{26}$ W という膨大なエネルギーが放出されているが，その源は太陽の内部で起こっている軽水素同士の核融合反応である. そのごく一部が地球に届き地上の生命のエネルギー源となっている.

人工的に核融合反応を制御する方式には，磁場核融合方式（magnetic confinement fusion）と，慣性核融合方式（inertial confinement fusion）がある. 反応を起こすためには数億℃の高温状態にする必要があり，物質は原子核と電子がばらばらになった「プラズマ」状態になる.

磁場核融合方式では，磁場で閉曲面を形成し漏れなくプラズマを覆うためにそのトポロジーはトーラスとなる. またそのような高温プラズマを常温構造物から隔離する必要があり，磁場を横切る熱拡散を抑制する必要がある. その尺度としてエネルギー閉じ込め時間（熱の保持時間に相当する）が使われる. その代表格は，旧ソ連で発明されたトカマク方式と米国で発明されたヘリカル方式がある.

トカマクは，プラズマ中にトロイダル電流を流すことで磁場構造にトロイダル対称性を持っており，JT-60 などの大型トカマク装置によって高温プラズマの閉じ込めにおいて最も優れた性能が示されている. これまでの研究成果を踏まえ，トカマク方式を用いて欧州連合，米国，ロシア，中国，インド，韓国，日本の7極は国際核融合実験炉 ITER を国際共同プロジェクトとして建設を進めている. ITER では，重水素と三重水素の核融合反応によって約 5×10^8 W の熱エネルギーを取り出すことが試験される（図 21.3.1）. ITER を支援しつつ，原型炉に向けて先進的な研究開発を進めるために，量子科学技術研究開発機構那珂核融合研究所では，日欧間の幅広いアプローチ計画（BA 計画）に基づくサテライトトカマク計画によって，JT-60 施設を有効利用した ITER に次いで世界第二の大型超伝導トカマクである JT-60SA 装置の建設が進んでいる（図 19.3.2）.

ヘリカル方式は，トロイダル電流を用いずに閉じ込め磁場を外部コイルで形成することから，トロイダル対称性はないものの，原理的に連続運転が可能であるという特長を持っている. 現在稼働中の LHD（核融合科学研究所）が代表的な装置である. ドイツでも Wendelstein 7-X という先進的な超伝導ヘリカル装置の完成が間近である.

慣性核融合方式では，短パルス（数十 ns）レーザーを固体ペレットに照射して 1000 倍程度に圧縮し高温化するレーザー方式がある. 現在稼働中の米国の NIF（国立点火装置）が代表的な装置である. 爆縮直後に超短パルス（10 ps 程度）レーザーを重畳して着火を促進し，所用の

19.3 核融合

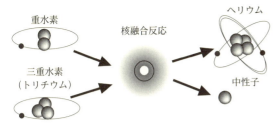

図 19.3.1 重水素と三重水素の核融合反応

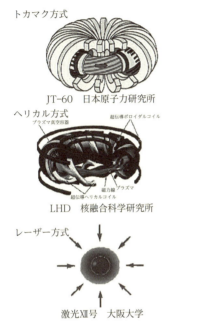

図 19.3.2 核融合プラズマ閉じ込めの3方式（トカマク，ヘリカル，レーザー方式）

図 19.3.3 超伝導トカマク装置 JT-60SA

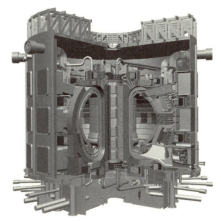

図 19.3.4 国際核融合実験炉 ITER

レーザーエネルギーを大幅に削減することを狙った高速点火方式もあり，大阪大学レーザーエネルギー学研究センターの FIREX が代表的な装置である．

核融合炉の条件に最も近いトカマク型閉じ込め方式に基礎をおいた核融合炉の概念は，1990 年代に原子力機構が概念設計を行ったプラズマ圧力勾配によってプラズマ中に自発的に流れるブートストラップ電流を活用した定常トカマク型核融合炉（SSTR）などがあり，ITER による核融合燃焼制御実証の後に，発電炉を建設すべく研究開発が進められている．核融合では，高エネルギー中性粒子入射加熱装置や磁場コイルなど多くの技術が加速器分野と共通である．

19.3.2 トカマク方式

トカマクはプラズマ中に電流を流すことにより，閉じ込め磁場となるポロイダル磁場とジュール加熱によるプラズマ加熱を同時に実現しており，比較的容易に 1 000 万℃クラスの高温プラズマを発生させることが可能である．また，100 keV 前後のエネルギーを持った中性粒子や 100 GHz 前後の周波数を持った電子サイクロトロン波などの高周波を入射することにより，数億℃までプラズマを加熱することができる．

ITER を支援しつつ，原型炉に向けて先進的な研究開発を進めるために，世界各国にトカマク装置が建設・運転されており各国がしのぎを削って研究開発を進めている．ITER の建設と並行して建設が進められている JT-60SA 装置の鳥瞰図を図 19.3.3 に示す．

トカマクにおける研究開発としてはトカマク装置の建設を通じた工学技術の開発はもとより，既存のトカマク装置や完成後の装置で以下のような研究が進められる．

運転領域の開発 密度や圧力に関する運転限界の同定，制御裕度の確保，プラズマ応答の同定，制御ロジックの決定．プラズマ擾乱からの回復制御，壁飽和条件下での粒子制御法の確立，自発電流割合が高いプラズマにおける電流分布制御法の確立．ITER や原型炉に望まれるプラズマ閉じ込め性能，安定性，低不純物，高放射冷却・粒子排気などの統合性能の同時達成．ITER の運転シナリオ（誘導運転と非誘導運転を組み合わせたハイブリッド運転など）の実証．連続運転で高い出力密度の原型炉の実現に向けて必要となるプラズマ統合性能を維持できる運転法の実証．これらを実現するには，電磁流体力学的な安定性，エネルギ

ーや粒子の閉じ込めと輸送，高エネルギー粒子挙動，境界プラズマ・ダイバータプラズマ・プラズマ壁相互作用などといった基礎的なプラズマ物理の実験および理論・シミュレーション研究の一層の進歩が不可欠となっている．

一方，ITER は JT-60SA の倍のプラズマ主半径となり，実燃料である重水素と三重水素を核融合反応させ 500 MW という，分裂炉でいえば原型炉レベルの熱出力を実現する（図 19.3.4）．また，核融合反応で発生する α 粒子による自己加熱が外部加熱の 10 倍になる（エネルギー増倍率 10）条件で数億℃の高温プラズマをうまく制御できるかという挑戦的課題に取り組むことになる．

ITER は様々な困難を乗り越えて，フランスのカダラッシュで建設が進められており，完成すれば人類が核融合エネルギーを制御できることを実証することになる．

トカマクは，プラズマ中に電流を流すことで配位の対称性が確保され優れた閉じ込め性能を示すが，プラズマの持つ自由エネルギーも大きくなっており，中性粒子加熱装置や電子サイクロトロン加熱装置，燃料となる固体水素ペレット入射装置などの制御機器を駆使して高温プラズマの安定維持を図る必要がある．

核融合研究の近年の進捗と課題の詳細については，参考文献 1 および 2 を参照されたい．

19.3.3 中性粒子入射加熱

中性粒子入射（Neutral Beam Injection：NBI）は，重水素イオンを数百 keV～1 MeV 程度のエネルギーまで加速し，これをガスセル（中性化セル）中で中性粒子ビームに変換した後プラズマに入射し，1) 粒子ビームの運動エネルギーをプラズマの熱エネルギーに変換してプラズマを加熱し，2) イオン化したビーム粒子がトカマクプラズマ中で旋回して電流となり，そのつくる磁場でプラズマの閉じ込め磁場を補助するものである．NBI は高効率のプラズマ加熱と電流駆動のために，ドーナツ状のプラズマに接線方向から入射するように設置される．図 19.3.5 に ITER NBI[3] の概略図を示す．イオン源で 40 A の重水素負イオンを発生し，これを 1 MV の直流高電圧を印加した静電加速器で加速して 1 MeV の大電流のイオンビームとする．このイオンビームをガスセル中で中性化し，ビームを直進させてトカマクプラズマに入射する．中性化されなかった残留イオンは静電偏向されて，イオンダンプに衝突する．またプラズマへの入射前後に中性粒子ビームのパワーを測定するため，NBI 装置の出口付近にはカロリメータが設置されている．

プラズマ電流の駆動効率はビームエネルギーとともに向上するため，より高い加速電圧が望ましい．しかし，エネルギーが高すぎるとビームがプラズマを突き抜けてしまうため，NBI のビームエネルギーは，必要なプラズマ電流，プラズマの大きさと密度を勘案して選択される．一方，トカマクプラズマの閉じ込め改善には一定以上の加熱パワーが必要なため，中性化効率や NBI 内でのビーム損失を考慮してイオンビーム電流が決定される．JT-60 や JET といった従来の臨界プラズマ実験用大型トカマクの NBI では，加速電圧 100～160 kV，（正イオン）ビーム電流 数十 A であったが，核融合実験炉である ITER ではプラズマがさらに大型化・高密度化し，1 MeV，40 A を発生する大電流負イオン源と加速器が必要とされている．このように，NBI は比較的低エネルギー（100 keV～1 MeV）ながら大電流（～数十 A）の加速器である．

100 keV/核子以上のエネルギーでは，水素同位体の正イオンのガス中性化効率はほぼゼロとなってしまう．そこで最近の大型核融合装置では，高エネルギーでも 60% 程度の中性化が得られる負イオンを一次ビームとする NBI が開発されている．数十 A に及ぶ負イオンビームを生成する大型負イオン源には，1～5 g ほどのセシウムを添加して，引き出し電極表面の仕事関数を 1～1.5 eV まで低下させ，電極に入射した水素原子，分子，正イオンが表面で余剰電子を獲得して負イオンとなる表面生成反応を用いている．

NBI は大口径ダクトを介してトカマク真空容器と接続され，ビームを入射する．このため運転中は核融合反応で

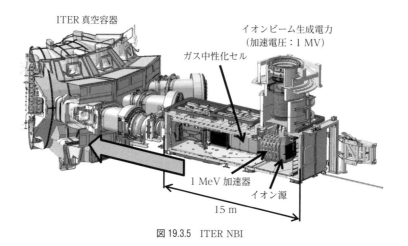

図 19.3.5　ITER NBI

図19.3.6 ITERに向けたR&D加速器

発生した中性子やγ線が、ダクトを通してNBI内に流入する。通常、静電加速器では高電圧絶縁に高気圧のSF$_6$ガスを利用するが、NBIでは放射線による誘起伝導（radiation induced conductivity）によりSF$_6$ガス中にAレベルの電流が流れてしまう。このためITER加速器は真空中に設置され、真空容器との間の真空を対地絶縁に利用（直流1MV高電圧の真空絶縁[4]）し、電力・冷却水などの供給には世界最大（直径1.56 m）のセラミックリングを用いた高電圧ブッシングを開発した。図19.3.6に示すITERに向けたR&D加速器では、これまでに0.97 MeV、H$^-$イオン密度190 A/m^2、60 s（ITER要求性能：1 MeV、200 A/m^2 D$^-$、3600 s）のイオンビームを得ている[5]。

19.3.4 高周波加熱

高周波加熱は、磁場中に閉じ込められたプラズマに高周波（以下RF）を入射し、共鳴的に電子あるいはイオンに吸収させ、プラズマを加熱するものである。トーラス方向に非対称に入射することにより、電流駆動手法の一つとしても用いられる。一般に、プラズマの遠方に置かれた発振源より出力されたRFを、導波管で長距離伝送し、入射系（アンテナ）よりプラズマに入射される。使用する周波数に応じ、1) 電子サイクロトロン共鳴（EC）、2) イオンサイクロトロン共鳴（IC）、3) 低域混成波（LH）、などがありそれぞれ特長を有する。ITERではEC、ICによる加熱が計画されており、それぞれ20 MWのRF電力がプラズマに入射される。また、LHはオプションとしてその検討が行われている。以下に、これら三つの周波数帯の高周波加熱システムについて記述する。

a. 電子サイクロトロン共鳴（EC）

EC波は、プラズマ中でドップラーシフトを考慮した共鳴条件 $\omega = \omega_{ce} + k_{//} v_{//}$ を満たす位置で電子に共鳴的に吸収される。ω はRFの角周波数、ω_{ce} はサイクロトロン周波数、$k_{//}$、$v_{//}$ はそれぞれプラズマ中の磁場方向のRFの波数、電子の速度である。トロイダル磁場強度はトーラスの大半径に反比例しているため、プラズマ中の限られた領域でのみ共鳴条件を満たす。このため、プラズマの局所加熱・電流駆動、不安定制御が可能である。発振源はジャイ

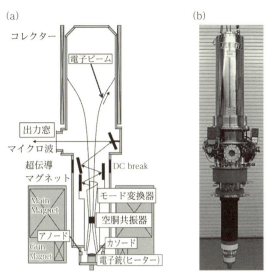

図19.3.7 (a) ジャイロトロン概念図．(b) 170 GHzジャイロトロン．

ロトロンで、図19.3.7にその概念図(a)とITER用ジャイロトロンの写真(b)を示す。高さ3 mの大型の真空管で、内部は超高真空に保たれ、超伝導のソレノイドコイルに挿入される。電子銃より、60～90 kVの印加電圧で円筒状の電子ビームが引き出され、磁場に沿って空胴共振器部〔発振部〕に打ち込まれる。各電子は磁場の周りに回転しており、この回転エネルギーが電子サイクロトロン共鳴メーザー機構によりミリ波帯RFのエネルギーに変換される。通常30％台の変換効率が得られる。エネルギーを失った電子はさらにDC電圧で減速される。この減速されたパワーは電源に回収されることになり、総合変換効率は30％台から50％台に上昇する。発振したRFはモード変換器でガウス型ビームに変換され、出力窓より放出される。窓の材質には、誘電損失の小さい人工ダイヤディスクが用いられる。RF出力は導波管を用いて長距離伝送後、ミラーで構成された入射系よりガウス型ビームとして光学的にプラズマに放射される。入射系はプラズマ表面から離せるため、プラズマからの影響も少ない、RF電力密度が高い、中性子の遮蔽も比較的容易などの特長がある。

b. イオンサイクロトロン共鳴（IC）

発振源は放送用に開発された4極管で、ITERでは40～55 MHzが使用される。周波数を調整して小数イオン加熱、第二高調波加熱、速波電流駆動などが計画されている。1本あたり2.5 MWの連続出力が可能で、伝送系も確立した同軸導波管が使用でき、既存の技術が利用できるメリットがある。課題は入射系で、トーラス磁場方向に垂直に置かれた金属ループ型アンテナ（アンテナストラップ）がトーラス方向に4本、ポロイダル方向に6本並べられ、一つのポートプラグに収められる。プラズマとの結合特性を上げるため、アンテナ表面をプラズマにできるだけ近づける必要があり、プラズマからの影響を最小限に抑える必

要がある．また，プラズマからの中性子対策および電磁力対策として全金属型の同軸導体支持構造が計画されている．

c. 低域混成波（LH）

LH の RF 源は 1 MW 5 GHz クライストロンで，矩形導波管で入射系まで伝送される．入射系は矩形導波管を RF 電界方向に並べた位相制御型導波管アレイで，磁場方向に電界を持つ．プラズマ中にも磁場方向に電界を持ついわゆる遅波（slow wave）を励起するため，入射系先端面とプラズマ間はカットオフとなりトンネル構造を利用して入射するため，アンテナ先端はできるだけプラズマと接する構造になる．そのため先端部の放電防止，冷却が重要となる．プラズマ中では，ランダウ減衰で RF のパワーが波の位相速度近傍の速度を持つ電子に吸収される．電子は磁場方向に加速されるため，電流駆動効率はよい．ITER のプラズマパラメータでは，中心部に電力が透過できないため，周辺電流駆動源と想定されている．

19.3.5 超伝導コイル

a. 核融合炉用超伝導コイルの特徴

核融合炉では磁場を用いて真空容器のなかでプラズマを宙に浮かせ，核融合反応を起こし持続する．この磁場を長時間または定常的に生成するために超伝導コイルが不可欠である．核融合炉用超伝導コイルの特徴は，1) 大型（10〜数十 m）で，2) 強磁場（13 T）中で直流およびパルス的に運転され，3) 中性子環境にさらされることである．1) および 2) から，超伝導導体には大電流化（数十 kA）と交流損失の低減が求められ，さらに，強大な電磁力を支持するためのコイル構造や高強度の大型ステンレス構造物が必要となる．3) では，耐放射線性に優れた超伝導線材や電気絶縁物などが必要となるだけではなく，核発熱によるコイルの温度上昇を引き起こすため，冷凍機の容量が増大する要因となる．

b. 超伝導コイルの機能

国際熱核融合実験炉 ITER を例として説明する[5]．図 19.3.8 は ITER 超伝導コイルシステムで，数種類の機能が異なるコイルで構成される[6]．これらの主要諸元を表 19.3.1 に示す．トロイダル磁場（TF）コイルは D 型断面を有し，周方向（トロイダル方向）に 18 個配置され，直流運転されてプラズマ閉じ込めに必要な磁場を定常的に発生する．中心ソレノイド（CS）は円筒形状でトカマク中心部に配置され，プラズマの立ち上げでは急峻なパルス動作を行うとともに，長時間にわたって（数百秒）磁場を変化させ，プラズマの加熱・維持のための磁束を供給する．ポロイダル磁場（PF）コイルは大口径のリング状コイルで，プラズマの形状や位置制御のための非定常磁場を生成する．コイルシステムの上下部にはフィーダが配置され，コイルに電流やヘリウム冷媒を供給する．コイルの冷凍には，圧力約 0.6 MPa，温度 4〜5 K の超臨界ヘリウムが供給される（入口条件）．

ITER 超伝導コイルシステムの技術要求事項として，1) 3 万回の標準的なプラズマ運転（プラズマ電流 15 MA，

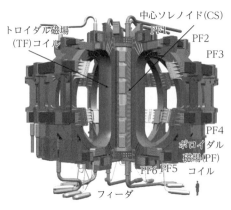

図 19.3.8　ITER 超伝導コイルシステム

CS 用導体

TF コイル用導体

直径 4 m にスプールされた単長 760 m の TF コイル用導体

図 19.3.9　ITER 超伝導導体

表 19.3.1　ITER 超伝導コイルの主要諸元

	TF コイル	CS	PF コイル
コイル個数	18 個	6 モジュール	6 個（PF1〜6）
大きさ	高さ 14 m，幅 9 m	外径 4 m，高さ 12.5 m	外径 9〜25 m
超伝導線材	Nb_3Sn	Nb_3Sn	NbTi
最大磁場	11.8 T	13 T	4〜6 T
運転電流	68 kA	40 kA（13 T） 45 kA（12.6 T）	45 kA（最大）
重量	334 t/個	954 t	304 t（PF3）

表19.3.2　ITER超伝導導体の主要諸元

	TFコイル用導体	CS用導体	PFコイル用導体
形状	薄肉コンジット 円形断面	厚肉コンジット 正方形断面	厚肉コンジット 正方形断面
大きさ	外径43.7 mm	49 mm角	51.9～53.8 mm角
素線径	0.82 mm	0.83 mm	0.72～0.73 mm
超伝導素線/銅線本数	900/522	576/288	864/30～1 440/0
導体単長（最大）	760 m	918 m	894 m
全導体長，重量	88 km, 826 t	43 km, 745 t	65 km, 1 224 t

図19.3.10　TFコイルの巻線試作．(a) TF導体（図19.3.9）を横14 m，幅9 mのD型に巻線した試作品，(b) 巻線の部分拡大．

燃焼時間400 s，核融合出力500 MW，繰り返し時間1 800 s）が行えること，2) プラズマからの外乱などで超伝導コイルはクエンチしないこと，3) コイル系に重大な故障が発生しても，放射性物質の障壁である真空容器を壊さないこと，などが挙げられる．

c. 超伝導導体

ITERで使用される超伝導導体は，図19.3.9に示すように，高強度と高耐電圧特性を有し，交流損失を低減できるケーブル・イン・コンジット（CIC）型導体である．その構造は，直径0.8 mm程度のNb$_3$SnやNbTiの超伝導素線を5段階によって約1 000本を束ねてより線とし，これをコンジットと呼ぶ金属製の管に封入したものである．主要諸元を表19.3.2に示す．ITERではこのような導体を単長で最大1 km程度まで量産する技術を確立した[7]．

d. コイル構造と全体支持構造

ITER超伝導コイルシステムの総重量は10 000 tに及ぶ．TFコイルはトカマク装置の骨格を構成する重要な構造物であり，コイルシステムに作用する様々な電磁力（数百MN）と重量を支持する．TFコイルの荷重は，内側（インボード側）ではウェッジ部の摩擦力と上下曲線部に配置されたせん断キーで，外側（アウトボード側）では四つのコイル間支持構造物がトロイダル方向のリングを構成して支持される．CSは6個の独立したモジュールで構成され，中心軸方向の一体化を維持するための構造物が配置され，CS全体に作用する荷重はTFコイルが支持する．PFコイルでは，径方向荷重は自己支持し垂直方向荷重はTFコイルで支持される．これら大型コイルの製作手法の確立や構造物に使用される極低温用の高強度構造材料の開発は重要な技術開発となっている[8,9]．図19.3.10にTFコイルの巻線試作を示す．

19.3.6　核融合材料照射試験

核融合炉は，重水素-三重水素核反応により生成する14 MeV中性子の運動エネルギーを熱エネルギーに変換し発電するシステムであり，発電炉として成立するには，大量の中性子照射にさらされる炉内の材料特性（機械的強度，硬さ，寸法など）が一定期間，健全に保持される必要がある．原子炉材料における照射損傷との違いは中性子の平均エネルギーの差によっており，損傷を特徴付ける因子としてはじき出し損傷量（Displacement Per Atom : dpa）と気体原子生成量（Helium/Hydrogen Atom Parts Per Million : He/H appm）の二つが重要である．

核融合材料のなかで最も大量の中性子照射を受けるのは，プラズマに面し最前列にある増殖ブランケット第一壁構造材であり，その第一候補として低放射化フェライト鋼（Reduced Activation Ferritic/Martensitic steel : RAFM），あるいは先進材料としてSiC/SiC複合材などの開発が進められている．これまで，既存の原子炉やイオン加速器などの照射場を用いた材料試験データが蓄積されてきている一方，核融合炉中性子環境に合致するdpaおよびHe/H appmを再現できる照射場は存在せず，材料特性の劣化と照射量との関係を定量的に見極める決め手がないのが現状である．

その他の材料，例えば増殖ブランケット内の増殖・増倍材やプラズマ対向ダイバータ材なども同様の問題を抱えて

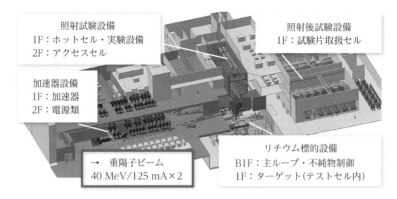

図 19.3.11　IFMIF 施設

おり，できるだけ早期に核融合中性子を模擬する照射ができる施設の建設が望まれている．

試験施設の中核となるのは，大強度 14 MeV 中性子源であり，核融合原型炉第一壁における照射環境を再現するには，10^{18} 個/m^2（20 dpa/年相当）以上の領域を 500 cm^3 以上確保する必要がある．また，照射される中性子のエネルギーは，He/H appm と dpa の比が約 10 となるよう調整される必要がある．この要求を満たす中性子源の概念は国際協力のもとで検討され，1990 年代前半に，重陽子とリチウムとの反応を用いる中性子源が選択された．その呼称は国際核融合材料照射施設（International Fusion Materials Irradiation Facility: IFMIF）とされ，基本仕様はビームエネルギー 40 MeV/電流 250 mA，ターゲットは平均流速 15 m/s の液体金属リチウム，ビームフットプリントは 20 cm×5 cm である．図 19.3.11 に IFMIF 施設の全体構成を示す．

IFMIF の建設に向けた活動は国際協力の下で実施されてきており，2000 年代初めまで概念設計および要素技術開発が行われ，2003 年末に統合設計報告書を完成し，概念設計活動が完了した．設計報告書には IFMIF の建設判断の前段階として，システムとしての工学実証試験を行うべきとの提言があり，これを受けて 2007 年 6 月以降は，日欧協力の幅広いアプローチ（BA）活動のもとの 1 事業として IFMIF 工学実証・工学設計活動（IFMIF/EVEDA）を実施中であり[10]，本活動の実証項目の一つとして，重陽子ビーム加速器のプロトタイプが建設される．名称は LIPAc（Linear IFMIF Prototype Accelerator）であり，IFMIF 加速器（40 MeV/125 mA CW リニアック 2 式を並列運転）の 1 号機主加速器初段部（9 MeV/125 mA）までを性能実証することが目的である．その他の試験，液体金属リチウムループの流動試験や中性子照射試験用各種照射モジュールの試作・原子炉照射なども実施する．また，EVEDA のもう一つの目標である建設判断に必要な工学設計および計画スケジュールの策定については，当初の予定どおり 2013 年に中間 IFMIF 工学設計書（実証試験結果を後に追記するという意味で中間とした）が完成した．

LIPAc は青森県六ヶ所村に建設中であり，入射器試験（100 keV/140 mA，ECR イオン源，2 ソレノイド収束方式），RFQ 試験（5 MeV/125 mA CW，4 ベーン型常温無酸素銅製空洞，全長 10 m），超伝導加速器試験（9 MeV/125 mA CW，半波長型ニオブ製空洞，超伝導ソレノイド収束，8 セット）の 3 フェーズに分けて順次実施する．

19.3.7　慣性核融合

慣性核融合は重水素，三重水素燃料（以下 DT）を直径数 mm のカプセルに入れ，炉のなかに投入し，レーザーまたは重イオンビーム（以下ビーム）を照射し，固体密度の 1 000 倍以上の高密度と 5 keV 程度の温度に加熱し，圧縮された燃料が飛散する前に核融合点火，燃焼を行う方法である．魅力ある核融合発電システムにするには，電気からビームエネルギーへの変換効率とターゲット利得（核融合エネルギー／ビームエネルギー）の積が 10 以上，毎秒 10 回程度の繰り返しが必要である．レーザーを照射する場合，レーザー波長で決まるカットオフ密度までレーザー光は進入し，熱伝導でアブレーション面までエネルギーが伝えられる．発生した推進力で燃料を中心に向け加速し，加熱，圧縮する．レーザーから爆縮コアへのエネルギー変換効率としては 10 % 程度が予想され，ターゲット利得 100 が必要となる．一方，イオンビームは通常，レーザーよりも深い飛程（進入長）を持ち，このため 20～30 % の結合効率が得られ，結果として相対的に高いターゲット利得が期待されている．

点火燃焼に導くためのビーム照射法としては，燃料球に直接照射する直接照射法，燃料球が中心に据えられた中空小円筒の内面をビーム照射し，そこで発生する X 線で燃料球を加熱する間接照射方式がある．さらに，圧縮加熱のプロセスにおいても球対称を保ったまま圧縮する中心点火方式，比較的低温高密度の爆縮コアをつくっておき，超高強度レーザーで追加熱して燃焼させる高速点火，球対称爆縮末期にレーザー強度を上げ球心衝撃波で点火させる衝撃波点火方式，燃料小片を 1 000 km/s 以上に加速し主燃料と激突させることにより点火に導く衝撃点火方式などが研

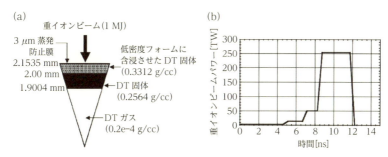

図 19.3.12 (a)直接照射重イオンビームターゲット層構成，(b)50 MeV アルゴンビームパワー．利得50をLASNEXコードで予想．

究されている．

重イオンビーム直接照射中心点火方式における設計例を図19.3.12(a)に，そのときの重イオンビームのパワーを図19.3.12(b)に示す[11]．燃料球は外側より蒸発防止膜，低密度フォームに液体DTを含浸させ凍らせたアブレータ，固体DTからなる主燃料により構成されている．中心部は，ターゲットの温度で決まる蒸気圧のDTが含まれている．理論的には80％の質量が噴出（アブレーション）されたとき，最も効率よく爆縮コアにエネルギーを付与することができる．爆縮は，球対称を保ったまま進める必要があり，これを妨げる最大の課題は，有限ビームによる加熱の不均一性と流体力学的不安定性（Rayleigh-Taylor instabilities）である．これは軽い流体で重い流体を押すときに境界面に発生する不安定性で，加速時にはアブレーション面で発生し，中心部に到達して減速するときには爆縮コアと周辺の高密度プラズマの間に発生する．慣性核融合はこの流体力学的不安定性を克服して，いかに少ないエネルギーで点火燃焼を実現できるか，米国ローレンス・リバモア研究所の国立点火施設（NIF）を使って実験的に原理検証を進めている段階である．

ビーム照射時の流体力学的不安定性の成長を少なくするため，燃料球の表面は極めて平滑であることが要求される．その成長率は

$$\gamma = \sqrt{\frac{Ak_m\alpha}{1+k_mL_a}} - \beta k_m V_{abl} \quad (19.3.1)$$

で与えられる[12]．ここで A はアトウッド数と呼ばれ

$$A = \frac{\rho_H - \rho_L}{\rho_H + \rho_L} \quad (19.3.2)$$

で与えられる．k_m は不安定性の波数であり，α は加速度，L_a は密度勾配のスケール長，V_{abl} はアブレーション速度である．ρ_H，ρ_L はそれぞれ重たい流体と軽い流体の質量密度である．式(19.3.1)右辺第1項は古典論による成長率で，第2項はレーザーなどの照射で駆動されるアブレーション（剝離）による安定化効果を表し，定数 β は直接照射の場合3程度，間接照射で1程度である．X線照射による間接駆動ではアブレーション速度が10倍程度直接照射よりも速くなるため，都合，流体力学的不安定性の点では有利とされている．

イオンビームによる直接照射の場合，爆縮が進むにつ

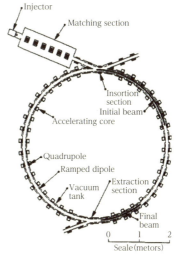

図 19.3.13 インダクション型加速器

れ，吹き飛ばされた物質とビームの相互作用があるため，ターゲット中のビーム到達点とアブレーションフロントの距離が離れてしまう．そのため，図19.3.12の設計の場合，爆縮中に2～6 mg/cm² の面密度領域を4段階に変化させることを提案して，最終的な結合効率を18％と1次元シミュレーションで予想している．

重イオンビームの間接照射の場合，ホーラム（空洞）内のX線輻射加熱による高次不均一性の平滑効果は非常に高く，したがってモード数が2～4の低次モードがおもな制御対象となる．ビーム導入のための開口部を持つ間接照射ターゲットでは，従来，幾何学的考察から投入エネルギーから燃料ペレットへのエネルギー結合効率は2～4％と低く見積もられていたが，村上らは二重構造のフットボール型の閉じたホーラム構造を提案し，20％まで結合効率を上げられるとしている[13]．

ビーム発生装置であるが，レーザー核融合の場合，単ショットマシンとしてはローレンス・リバモア研究所のNIF装置が現在世界最大で，192本のレーザービームから3倍高調波で1.8 MJのエネルギーを放出する．これは将来のレーザー核融合発電所の1ショット分のエネルギーに相当する．レーザー核融合発電を実現するためには10 Hzで運転する必要があるが，半導体励起の冷却 Yb:YAG セ

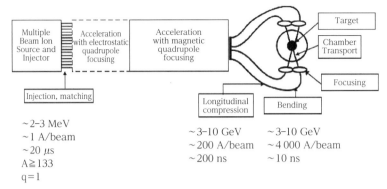

図 19.3.14　重イオンビームによる慣性核融合ドライバーの構成

ラミックレーザーを用いれば冷却に必要な電力も込みで必要な効率と繰り返しが達成可能と考えられている[14]．他にエキシマレーザーも有力な炉用レーザーと考えられている．

重イオンビームの場合，高周波キャビティを並べた直線型のRF-linacとトランスの原理を利用した円形のインダクション型の加速器が提案されている．前者は高インピーダンス型で，大電流を取り扱うのが難しく，大電流を必要とするイオンビーム核融合には不利と考えられている．図19.3.13は米国ローレンス・バークレー国立研究所で考えられた初期の周回型のインダクション加速器の構成である[15]．基本原理は1回巻きのトランスであり，ビーム源の投入，抽出のセクション，広がりを防止する四重極で構成されている．この設計の場合，Kイオンを15回の周回で80 keVから320 keVに加速している．

図19.3.14は最終的な炉用重イオンビームドライバーの構成で，ビームあたりの電流値は4 kAに達する[16]．

大型の施設としては，ローレンス・バークレー国立研究所にNDCX-II (Neutralized Drift compression experiment) が2012年の3月に完成している．この装置はLi^+イオンを1.2 MeVにまで加速し，電流値36 A，パルス幅0.6 nsが出力されていて，イオンビームによる高エネルギー密度科学の研究，慣性核融合の研究に利用されている．

参考文献

1) M. Kikuchi, *et al.* ed. : Fusion Physics, IAEA, Vienna (2012). http://www-pub.iaea.org/books/IAEABooks/8879/Fusion-Physics
2) 田中　知，ほか編著：『初学者のための原子力・量子・核融合の事典』第1巻，丸善出版株式会社 (2014).
3) R. Hemsworth, *et al.* : Nucl. Fusion **49** (4) 045006 (2009).
4) N. Umeda, *et al.* : AIP Conf. Proc. **1869** 030008 (2017).
5) 下村安夫：プラズマ・核融合学会誌 78 Supplement (2002).
6) A. Devred, *et al.* : IEEE Trans on Applied Superconductivity **22** (3) (2012).
7) N. Mitchell : IEEE Trans on Applied Superconductivity **24** (2014).
8) K. Matsui, *et al.* : IEEE Trans on Applied Superconductivity **24** (2014).
9) 中嶋秀夫，ほか：低温工学 **48**(10) 508 (2013).
10) J. Knaster, *et al.* : Nucl. Fusion **57** 102016 (2017).
11) B. G. Logan, *et al.* : Phys. Plasmas **15** 072701 (2008).
12) H. Takabe, *et al.* : Phys. Fluids **28** 3676 (1985).
13) M. Murakami, *et al.* : Nucl. Fusion **31** 1315 (1991).
14) N. Miyanaga, *et al.* : J. Plasma Fusion Res. **83** 3 (2007).
15) A. Friedman, *et al.* : Fusion ENg. Des. **32** 235 (1996).
16) P. A. Seudl, *et al.* : Nucl. Instrum. Meth. Phys. Res. A. **733** 193 (2014).

20章

宇 宙 科 学

20.1 概要

　宇宙科学の研究では，低エネルギーから高エネルギーまでのあらゆる加速器が，ビッグバンに始まる宇宙の歴史の様々な場面で用いられている．加速される対象は素粒子，原子核，原子，分子・クラスター，微粒子などの多岐にわたり，二次的に発生する光子や粒子も宇宙における物理現象の解明，宇宙での物質の生成，地球環境のシミュレーション，生命の起源や生命物質の化学進化などの研究に利用されている．その他，惑星探査機や天文衛星などに搭載される荷電粒子・中性粒子，中性子，X線，γ線，宇宙塵などの検出器の開発や機器較正にも様々な加速器が利用されている．

　本章では広範な宇宙科学の分野のなかから，加速器の宇宙科学への応用という観点で，おもに天の川銀河や太陽系の宇宙環境における放射線（宇宙線）に関する話題について解説する．

　まず20.2節「宇宙環境放射線の検出」では，宇宙環境において様々な物質の反応に関与する放射線，そして人類の活動や様々な観測に対して妨げとなる放射線の検出について述べる．その種類，エネルギー分布，方向分布や強度の計測を行うために地球周回軌道衛星に搭載されるテレスコープ型検出器の較正方法について20.2.1項で解説する．超高エネルギー宇宙線が地球大気に突入すると二次粒子シャワーを生成するので，これらのシャワーを地上に設けられた粒子検出器アレイや大気蛍光望遠鏡で観測するが，20.2.2項ではそれらの較正に用いられる加速器について述べる．

　次に20.3節「宇宙線の影響」では，20.3.1項で人工衛星や探査機に搭載される電子機器に用いられる半導体素子（メモリー，CPU，電源，太陽電池など）の宇宙線による損傷過程と放射線耐性試験法について述べる．太陽黒点活動低下と地球寒冷化の関連について長い間議論されているが，原因の仮説として銀河宇宙線が大気中で生成する微粒子・雲の地球環境への影響が考えられており，20.3.2項でその検証実験について述べる．

　20.4節「宇宙線と生命の起源」では，20.4.1項で原始地球において存在したと仮定される大気成分に対して，また20.4.2項では宇宙空間での星間分子雲や星間塵に対して宇宙線の作用で生命にかかわる有機物が生成されることについて，加速器を用いたシミュレーション実験の結果を簡単に述べる．20.4.3項では，有機物から生命への進化について複雑な有機物の反応・生成過程を明らかにする必要性があると述べられている．

　20.5節「宇宙物質・隕石の起源」では，小惑星「イトカワ」から探査機「はやぶさ」が持ち帰った物質（微粒子）の分析について述べる．

　最後に20.6節「微粒子加速器」では，惑星探査機に搭載される宇宙塵計測器の開発や宇宙塵衝突のシミュレーション実験を行うための微粒子加速器について簡単に解説する．

　ここでは紙面の都合上，近年話題になっているいくつかのテーマに限って掲載した．この他，宇宙での物質の年代測定や原子核や原子分子の生成に関する研究にも加速器はおおいに利用されている．

20.2 宇宙放射線環境の検出

20.2.1 観測衛星に搭載される検出器の較正試験

　人工衛星に影響を与える宇宙放射線環境は，電子，陽子，He粒子，重イオンと多種にわたり，計測すべきエネルギー範囲も大きく異なる．宇宙放射線環境計測で必要な情報は，核種ごとの方向分布，エネルギー分布である．

　一般に，エネルギー領域の如何を問わず，荷電粒子の弁別には，その粒子が物質を通過する際のエネルギー損失率が粒子の電荷（原子番号）Zの2乗に比例すること（ベーテ-ブロッホの式）を利用する．その代表的な例が薄い検出器（ΔE検出器）を通過した際のエネルギーの損失率ΔEと厚い検出器（E検出器）で残りのエネルギーを計測して，粒子のZ，質量Mを求めるΔE-Eテレスコープ型検出器である[1,2]．

　図20.2.1の左上に陽子，重陽子，三重陽子，^{3}He，^{4}Heを計測するΔE-Eテレスコープ型検出器を示す．荷電粒子が物質中を通過した場合，電離損失によりそのエネルギ

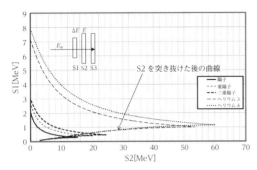

図 20.2.1 各粒子による ΔE-E 曲線の計算結果

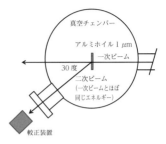

図 20.2.2 散乱線による較正試験（例）

ーの一部を失う．この物質内での粒子のエネルギー損失は，粒子の電荷 Z，質量 M，速さを v とすると，dE/dx は

$$-\frac{dE}{dx}=4\pi\frac{N_A Z_0}{A_0}\cdot\frac{Z^2 e^4}{Mv^2}\left[\ln\left(\frac{2M\beta^2}{(1-\beta^2)I}\right)-2\beta^2-\delta\right] \quad (20.2.1)$$

と表される．ここで，Z_0, A_0 は物質の原子番号および質量数，β は v/c，N_A はアボガドロ数，I は物質の平均励起エネルギー，δ は物質の分極効果を示す係数である．検出器内でのエネルギー損失を ΔE，検出器の厚さを Δx とすると，

$$\Delta E=\int_0^{\Delta x}\left(-\frac{dE}{dx}\right)dx \quad (20.2.2)$$

となる．

図 20.2.1 に示すようにあらかじめ ΔE-E 曲線を計算しておけば，一つの粒子がテレスコープ型検出器に入射したときに得られる ΔE と E の値から図上の 1 点が決まり，それがどの曲線にあるかによりその核種を決定することができる．この例では，ΔE を検出器 1（S1）の出力，E' を検出器 2（S2）の出力で決め，検出器 3（S3）の出力は検出器 2 を粒子が突き抜けたかどうかの判定のみ利用している．入射エネルギーが高く検出器 S2 を突き抜けると S2 の損失エネルギーは，入射エネルギーの増加に伴い減少する．実際の装置では，次に述べるようないろいろな要因により，各々の曲線はあるゆらぎの幅を持っていて，それぞれが隣の核種とどの程度弁別できるか限界を決めることになる．半導体検出器においてのその要因としては，

1) 検出器におけるエネルギー損失のゆらぎ
2) 増幅回路を含めた電気雑音と総生成イオン対の数のゆらぎ
3) 検出器の厚さの非一様性によるゆらぎ

などである．1) のゆらぎは，この方式を採用する以上避けられないもので，ノイズの少ない検出器を採用するしかない．1) 以外のゆらぎをできるだけ小さくして，無視できるようにする必要がある．以上，粒子が垂直入射する場合について述べたが，実際には粒子はいろいろな方向から入射するので，ΔE が粒子の入射方向に依存することになり，無視できるようにコリメータにより入射角を制限するか，位置検出器を用いることにより入射方向の情報を得て，それにより角度補正を行う必要がある．

較正試験は，センサ部を含めた装置の健全性確認，センサの較正データ取得（エネルギー分解能，アンプゲインの直線性など）および軌道上処理で用いる粒子・エネルギー弁別テーブル作成[1,3]に必要なデータ取得を目的とする．

単色エネルギービームによるエネルギー較正方法としては，加速器のビームエネルギーを直接変えて行う方法，ビームの取り出し口と装置間に Al などの吸収材を入れることで，センサに入るエネルギーを変更させる方法および金箔などに照射し，金箔からの発生する散乱線を利用する方法が取られる．いずれの場合も完全な一次ビームでなくビームのエネルギー減衰に関して，ビーム取り出し口の膜，Al などの吸収材や空気層の厚さを厳密に考慮する．一方，ターゲットやアブソーバを用いて，一次ビームが破砕した二次ビームを装置に当てる照射試験もある．この多色二次ビーム試験は，単色ビームではないのでエネルギー較正には適さないが，1 回の照射試験で ΔE-E 曲線を取得することができる．図 20.2.2 に散乱線を用いた較正試験のセットアップ図を示す．

20.2.2 超高エネルギー宇宙線観測用望遠鏡（較正用加速器）

地球に飛来する超高エネルギー宇宙線（超高宇宙線）には，稀に 10^{20} eV に達するものがあり，大気中で巨大な粒子発生のカスケードを起こして多数の二次粒子を生成する．二次粒子のシャワーは，大気頂上からの厚さ 750～850 g/cm^2 で最大数（約 10^{11} 個）になり，それ以降は臨界エネルギー（約 80 MeV）以下の電子・陽電子をおもな成分として，大気中でエネルギーを失いながら地表に到達する．

米国ユタ州の西部砂漠地帯に設置したテレスコープアレイ（TA）では，「地表粒子検出器アレイ（アレイ）」と「大気蛍光望遠鏡（望遠鏡）」で，超高宇宙線のつくる粒子シャワーを観測している．アレイは，面積 3 m^2 のプラスチックシンチレータ検出器 507 台を 1.2 km 間隔の格子にして並べたもので，約 700 km^2 の地表をカバーする．望遠鏡は，口径 3 m の固定反射望遠鏡 38 台を，アレイの周囲 3 ヵ所にまとめて設置したもので，シャワーの二次粒子

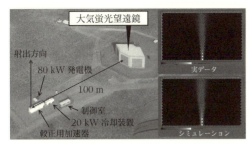

図20.2.3 大気蛍光望遠鏡と較正用加速器の航空写真.右端に望遠鏡で撮像した電子ビームからの発光を示す(上:実際の観測データ,下:GEANT4 シミュレーション).

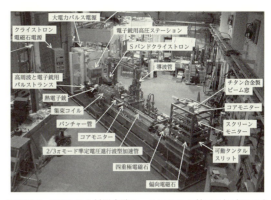

図20.2.4 KEK の入射器実験ホールにおける較正用加速器の全体写真.この後コンテナに収納して観測地まで輸送し設置した.

から発生する紫外の大気蛍光を,光電子増倍管の高速カメラで撮像する.アレイは運用効率が 100% に近く,全天を一様にカバーする高統計の観測ができる.望遠鏡は月のない晴夜のみの運用で効率は 10% 程度であるが,大気中で発達したシャワーのほぼ全体を観測でき,精度のよいエネルギー決定ができる.

超高宇宙線で重要な観測は,そのエネルギースペクトルである.一次宇宙線は $10^9 \sim 10^{20}$ eV の範囲で,エネルギーのほぼ3乗に比例して減少する.高エネルギーの極限では,宇宙背景放射との衝突によるエネルギー損失によって,$10^{19.7}$ eV にスペクトルのカットオフが生じると理論的に予想されていたが,観測的な検証は難しかった.この領域では到来数が極めて少なく($100\,\mathrm{km}^2$ の地表に1年に1イベント以下),エネルギー測定の信頼度も十分でなかったためである(最新の較正に比べて約30%大きく評価).TA ではこれを克服するため,アレイの観測面積をこれまでより1桁大きくした.また観測サイトに専用の較正用加速器を設置して,アレイと同時観測を行う望遠鏡のエネルギー決定精度を 10% の程度に高める方法を考案した[4].

望遠鏡の較正には,望遠鏡の前 100 m で電子ビームを垂直上向きに空中射出し,ビームからの発光を望遠鏡で撮像する(図20.2.3).望遠鏡カメラが記録したビーム信号の強度と,GEANT4 などを用いて計算した空中でのエネルギー損失量を関連付けて,直接的な一括較正が可能になった.10 km 以上の遠方に落ちた超高宇宙線シャワーの信号を模擬するために,ビームのエネルギーは 40 MeV,強度は約 $1\,\mu\mathrm{s}$ に 10^9 個,射出頻度は 0.5 Hz とした.

較正用加速器は,KEK の電子陽電子入射器の要素を再利用して構成した(図20.2.4).再利用した要素は熱電子銃,バンチング用のバンチャー管と,加速用のSバンド $2/3\pi$ モード準定電圧進行波型加速管,高周波源の大電力パルス電源,Sバンドクライストロン,導波管,各種のビームモニターなどの装置である.ビームは偏向電磁石によって垂直方向に曲げ,電磁石出口の可動タンタルスリットで運動量とサイズを制限して大気中に放出する.ビーム窓は $127\,\mu\mathrm{m}$ 厚のチタン合金である.較正精度は,主としてビーム電荷量の測定で決まるため,ビーム窓の直後にファラデーカップを挿入し,クーロンメータおよびオシロスコープで測定したスピル波形の積分という二つの独立した読み出しを比較して,約3%の精度で測定した.その他,ビーム非破壊のコアモニターも併用している.

加速器本体は,海上コンテナに収納して KEK から観測地に輸送して設置した.電源は専用の 80 kW 発電機である.設備全体は,ユタ大学の放射線施設として州政府の認定と管理を受けている.加速器とビームラインは 5 cm 厚の鉛で,本体コンテナは 60 cm 厚のコンクリートで遮蔽しており,ビーム空中射出時の放射線量は,管理区域すぐ外で $1\,\mu\mathrm{Sv/h}$ 以下である.

較正用加速器の設計と建設は,加速器科学総合支援事業の一つとして,東京大学宇宙線研究所と KEK の共同利用研究で行った.2005 年に開発を始め,2010 年から観測地での電子ビーム空中射出を開始した.以降,年3回ほどの射出を行っている.これによる較正で,望遠鏡によるエネルギー決定の系統誤差のうち,大気の発光効率と望遠鏡装置定数による誤差は約6%に圧縮された[5]*.課題であったスペクトルのカットオフは,南米のオージェ観測所($10^{19.6}$ eV)と TA($10^{19.7}$ eV)で観測されている[6].較正用加速器は,この他にシャワーから発生する電波の検出試験などにも使用されている.

参考文献

1) Y. Sasaki, et al. : "Technical Data Acquision Equipment on board Greenhouse Gases Observing Satellite" Proceedings of the 25th ISTS, Hamamatsu.
2) H. Matsumoto, et al. : J. Appl. Phys. 44 (9A) 6870 (2005).
3) H. Matsumoto, et al. : IEEE Trans. Nucl. Sci. 48 (6) 2043 (2001).
4) T. Shibata, et al. : Nucl. Instr. and Meth. A 597 61 (2008).
5) T. Shibata, et al. : Proceedings of the 33rd International

---

* 今後の改良点としては,射出された電子ビームに伴う雑音 γ 線の抑制などが挙げられる.現在の TA の最終的なエネルギー較正の誤差は,シャワーから望遠鏡までの光の散乱損失,シャワー中のニュートリノや μ 粒子が地中へ持ち込むエネルギーの評価などを加えた 16% である[2].

Cosmic Ray Conference (ICRC2013), Rio de Janeiro (2013).
6) K.-H. Kampert, et al. ed.: EPJ Web of Conferences 53 (2013), UHECR2012 symposium, CERN, Geneva, (2012).

20.3 宇宙線の影響

20.3.1 半導体素子の損傷・放射線耐性試験

宇宙には，図20.3.1に示すように銀河宇宙線，太陽フレア粒子（太陽宇宙線），放射線帯（バンアレン帯）の捕捉粒子などによる放射線が存在する．このような放射線環境のなかで，宇宙空間を飛翔する人工衛星に使用されている半導体素子がその影響を受けたと報告されたのは，1962年，米国の高空核実験後に発生した大量の捕捉電子による太陽電池セルの急激な発生電力の劣化と，半導体素子の機能劣化が最初であった．さらに高いエネルギーの粒子（陽子や重イオン）の影響では1975年，インテルサットⅣ号衛星のフリップチップ回路のICの誤動作（シングルイベント）が初めてである．国産の人工衛星で同じ誤動作が観測されたのは，1987年に打ち上げられた海洋観測衛星1号の，コマンド・デコーダ回路に使用されているメモリ集積回路内の記憶ビット内容にビット反転現象が現れたのが初めてである．この現象は一時的なソフトエラー（Single Event Upset：SEU）として識別され，南大西洋異常帯（South Atlantic Anomaly）で多く観測されていた．

半導体素子に対して放射線による新しいシングルイベントが観測されるたびにその対策として，微細化による小型・高集積化・大容量化・高速化・低消費電力化への進化，新しい材料の出現，回路設計の高度化，パッケージによる保護技術，さらにソフトウェアによる対策などが施されてきているが，さらにまた新たな現象が発見されてきている．

a. 半導体素子への三つの放射線影響
1) トータルドーズ効果（Total Ionizing Dose Effect：TID）

トータルドーズ効果はフルエンスの多い放射線帯粒子，太陽フレア粒子の影響が支配的で，電離作用によって引き起こされる半導体素子の諸特性の劣化現象（例えば，リーク電流の増加など）である．評価の指標としては，吸収線量（ドーズ量）が用いられる．

2) シングルイベント効果（Single Event Effect：SEE）

単発粒子（高エネルギーの陽子，Heイオン，重イオンなどの荷電粒子）が半導体素子に入射することによって生じる誤動作（例えば，デジタル情報の反転現象など）や損傷（例えば，大電流が流れ焼損する現象など）などの影響の総称である．シングルイベント効果は，デバイスの種類と発生機構の違いからいくつかの種類に分類される．

一時的なソフトエラーとして，SEU, SET（Single Event Transient），SEFI（Single Event Functional Interrupt）がある．永久故障を引き起こすハードエラーとして，SEL（Single Event Latch-up），SEB（Single Event Burnout），SEGR（Single Event Gate Rupture）がある．評価の指標としては，LET（Linear Energy Transfer）が用いられる．

3) はじき出し損傷効果（Displacement Damage Dose Effect：DDD）

多量の放射線が入射し，半導体結晶を構成する原子がその定常位置からはじき出されることによって引き起こされる．はじき出された原子および空格子点は，欠陥準位を形成し太陽電池セルや光半導体素子やCCD（Charge-Coupled Device）素子の諸特性（例えば，出力など）を劣化させる．バルク損傷（Bulk Damage）とも呼ばれる．評価の指標としては，NIEL（Non-Ionizing Energy Loss）が用いられる．

b. 半導体素子の放射線試験
1) トータルドーズ試験

トータルドーズ試験は，おもに加速器により生成される電子線や，コバルト60（^{60}Co）から放出されるγ線を半導体素子に照射し，電気的挙動を測定する試験である．

2) シングルイベント試験

シングルイベント試験は，加速器により生成される高エネルギー粒子（陽子や重イオン）を半導体素子に照射して様々な現象を測定する試験である．

3) はじき出し損傷試験

はじき出し損傷試験は，加速器により生成される電子線または陽子線を，太陽電池セルや発光・受光半導体素子あるいはイメージセンサなどに照射し，電気的諸特性の変化を測定する試験である．

c. 今後の展望

宇宙用機器の小型・軽量化，低コスト化，開発期間の短縮化といった強い要望に応えるための切り札の一つとして，宇宙転用可能な地上用半導体素子に期待が集まっている．しかし地上用半導体素子を適用する場合の問題点の一つとして，機器設計に必要な放射線データの不足がある．

宇宙利用を通して国民生活の安心・安全の確保に貢献するためにも，放射線データをタイムリーに取得する必要があり，そのためには，シングルイベント試験に必要な高エ

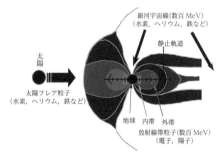

図20.3.1 宇宙空間の放射線環境

ネルギー粒子を生成する技術の開発，半導体素子の測定を容易にする真空チェンバーの設置など，加速器周辺の環境の整備も重要な課題の一つである．

20.3.2 大気微粒子生成と銀河宇宙線

この項では，地球大気中での微粒子生成と銀河宇宙線との関係について，加速器を利用した実験研究の例を紹介する．それらの研究では，加速器から得られる高速荷電粒子ビームを宇宙線の高エネルギー荷電粒子が引き起こす反応を模擬するために利用する．

Svensmark らは，1980 年代から 1990 年代半ばまでの銀河宇宙線と雲の被覆率（地球表面を雲が覆う割合）の時間的変動から，特に高度の低い雲（高度約 3 km 以下）の被覆率の増加が銀河宇宙線の増加と正の相関があることを見出した[1]．地球における銀河宇宙線強度が太陽活動の影響を受けることから，この相関は太陽活動による気候変動メカニズムの一つの可能性を示唆するものとして興味が持たれた．銀河宇宙線強度と雲形成の相関を説明する雲粒子生成のシナリオの一つは，大まかにいうと以下のようになる．銀河宇宙線が大気中の気体分子を電離し，生成されたイオンが大気中の気体分子と化学反応してサイズの小さなクラスターイオンを形成する．そのクラスターイオンがさらに大気中分子などと結合することで凝結核が生成され，水分子が凝結核に付着することで雲粒子が生成される．イオンが気体分子を結合して凝結核[*1]を生成する過程は，「イオン誘発核生成」と呼ばれるものであり，その過程自体についても多くの研究者の関心を集めることとなった．ただし，銀河宇宙線強度が雲形成の増減を支配するという考えについては，他の研究グループから否定的な見解が出されていることを指摘しておく[2]．

イオン誘発核生成に関して，気体中での様々なイオン生成法を用いた実験が数多く行われており，冨田・中井らの研究のように加速器から得られる荷電粒子ビームを用いた研究も含まれる[3]．大気中のイオン誘発核生成過程を主眼に置いた研究では，手法や測定する物理量にはそれぞれの研究による違いはあるものの，概ね次のような実験の形態をとる．水蒸気に加え，オゾン，硫酸もしくは二酸化硫黄，アンモニア，有機分子気体などの微量成分を含む模擬大気をつくる[*2]．その模擬大気が入れられた反応容器中へ荷電粒子ビームを入射して微粒子核を生成させ，その生成率やサイズ分布，化学的構成などを計測する．

それらのうち最大規模といってもよい加速器利用研究が，欧州原子核研究機構（CERN）の陽子シンクロトロン

[*1] ここから下では，大気微粒子を形成する核という意味で微粒子核と書く．
[*2] 微量成分の種類や混合率は，個々の実験の目的に合わせて実験条件として制御される．
[*3] 陽子シンクロトロン施設でつくられる二次粒子ビームである．
[*4] 概ね高度 1 km 程度までの大気の最下層を指す．

施設で行われている CLOUD（Cosmics Leaving OUtdoor Droplets）プロジェクトである[4]．CLOUD プロジェクトでは，銀河宇宙線の高エネルギー荷電粒子が引き起こす反応を模擬するために高エネルギーパイオンビーム[*3]を用いている．26 m³ の大きな容積を持つ反応容器に模擬大気を封入し，多種類の計測装置を用いて，パイオンビームや現実の銀河宇宙線による微粒子核生成の情報を引き出すための多様な測定が行われる．また，模擬大気には紫外線を照射することも可能となっており，気体温度も可変である．このプロジェクト初期の論文では，アンモニアによる微粒子核生成増加の大きな効果やイオン誘発核生成による効果を含めても，大気中の硫酸濃度やアンモニア濃度の条件下では，水，硫酸，アンモニアによる微粒子核生成は大気境界層[*4]での微粒子の生成速度を説明するには足りないことや，硫酸とアンモニアにジメチルアミンが加わることで微粒子核生成が大きく増加して大気での微粒子の生成速度が説明できるものの，このような微量成分が存在する大気下層での銀河宇宙線によるイオン誘発核生成の寄与は小さいと推定されること，が示唆された[5,6]．その後も CLOUD プロジェクトでは精力的に研究が続けられた．例えば最近の論文の一つでは，有機化合物分子から生成された高酸化有機分子によるイオン誘発核生成が中性での微粒子核生成よりも非常に大きな速度で起こり，生物起源物質からのイオン誘発核生成が硫酸濃度の極めて小さい大気環境における大気微粒子の生成源となる可能性があることが示唆された[7]．このように大気中の微粒子核生成は，大気環境の条件によって，その主要な起源物質や生成過程が異なっていると考えられる．微粒子核生成の詳細を明らかにしていくために，今後も加速器を利用したイオン誘発核生成の実験研究が進められるものと考えられる．

参考文献

1) N. D. Marsh, H. Svensmark：Physical Review Letters **85** 5004 (2000).；H. Svensmark, E. Friis-Christensen：Journal of Atmospheric and Solar-Terrestrial Physics **59** 1225 (1997).
2) 例えば，A. D. Erlykin, A. W. Wolfendale：Journal of Atmospheric and Solar-Terrestrial Physics **73** 1681 (2011)；M. Kulmala, *et al*.：Atmospheric Chemistry and Physics **10** 1885 (2010).
3) S. Tomita, *et al*.：Nuclear Instruments and Methods in Physics Research B **365** 616 (2015).；およびその引用文献．
4) CLOUD project HP：The CLOUD project, http://cloud.web.cern.ch.
5) J. Kirkby, *et al*.：Nature **476** 429 (2011).
6) J. Almeida, *et al*.：Nature **502** 359 (2013).
7) J. Kirkby, *et al*.：Nature **533** 521 (2016).

20.4　宇宙線と生命の起源

生命の起源の解明において，アミノ酸などの有機物が生

命誕生前にいかにして生成したかは重要な問題である．1951年，W. M. Garrison らは原始海洋を想定し，二酸化炭素と鉄（II）イオンを溶かした水に，カリフォルニア大学 Crocker Nuclear Laboratory のサイクロトロンからの 40 MeV ヘリウムイオンを照射し，有機物（ギ酸とホルムアルデヒド）の生成を確認している．これは，原始海洋中に溶け込んだ放射性核種からの α 線の効果を模擬したものであった[1]．この2年後の1953年，S. L. Miller による模擬原始大気中での火花放電実験[2]が報告された．

Miller の実験では，原始地球大気がメタン，アンモニア，水素，水蒸気を多く含むものという仮定のもと，そこに雷が落ちた場合の反応を調べたもので，生成した多様な有機物のなかにアミノ酸が含まれていた．この後，同様な混合気体に紫外線（太陽輻射），熱（火山），γ線（放射性核種），衝撃波（隕石衝突）などのエネルギーを与えることにより，アミノ酸が生じたという報告が相次いだ．宇宙線もその候補には挙がるが，フラックスの面で他のエネルギー源ほど重要でないと考えられていた．

20.4.1 宇宙線による原始大気からの有機物生成

Miller は，原始地球大気がメタンやアンモニアを多く含むものという仮定で実験を行ったが，その後，原始大気中にこれらは多く含まれず，むしろ二酸化炭素，一酸化炭素，窒素などが多く含まれる「弱還元型」であった可能性が高いと考えられるようになった．この場合，火花放電や紫外線などではアミノ酸がほとんど生成しない．小林らは，弱還元型大気からの宇宙線による有機物生成の可能性を調べるため，一酸化炭素，窒素，水蒸気の混合気体にバンデグラフ型加速器（東京工業大学）からの 3 MeV 陽子線を照射した．生成物を加水分解すると，多種類のアミノ酸の生成が確認され，特にグリシンの G 値（100 eV あたり生成数）は 0.02 という高い値を示した[3]．この混合気体に二酸化炭素を加えても，一酸化炭素の分圧に比例してアミノ酸が生成した．宇宙線エネルギーを考慮すれば，想定される原始大気中でも図 20.4.1 に示すようにある程度はアミノ酸前駆体が生成し得ることが示唆された．

20.4.2 星間での有機物生成

宇宙科学の発達により，地球外にも様々な有機物が存在し，それらと地球生命の起源との関連が議論されるようになった．炭素を多く含む隕石（炭素質コンドライト）には複雑な高分子態の有機物が含まれ，また，その抽出液中には多種類のアミノ酸が検出された．さらに彗星中にも多様な複雑有機物が存在することが探査により示された[4]．

これらの有機物の起源として，太陽系のできる前の分子雲環境が考えられる．そこには，分子や塵が比較的高濃度に存在し，恒星からの光の入射を妨げているため，極めて低温である．そのため，多くの分子は塵の周りに凍りついて「アイスマントル」を形成している．これに宇宙線や，宇宙線の作用で生じた紫外線が当たると多様な化学反応が起きることが期待され，その模擬実験が多数行われてきた．

笠松らは，模擬アイスマントル（一酸化炭素・アンモニア・水混合物を約 10 K で凍結したもの）にバンデグラフ型加速器からの 3 MeV 陽子線を照射し，照射生成物を加水分解したところ，アミノ酸が検出された[5]．星間環境下でもアミノ酸前駆体が生成することが期待できる．これが太陽系が誕生したときに，隕石や彗星に取り込まれ，地球に有機物をもたらした可能性が考えられる．

なお，アミノ酸には L-アミノ酸と D-アミノ酸という「鏡像異性体」があるが，地球生物は基本的に L 体のみを用いている．しかし，化学的に合成されたアミノ酸は両者が 1 : 1 で混ざったものになってしまう．いかに L-アミノ酸のみを使うことができたかが生命起源の大きな謎であった．種々の説が提案されているが，宇宙空間において円偏光紫外線によりその差異が生じたという説が注目されている．高野らは一酸化炭素・アンモニア・水蒸気に陽子線を照射してつくったアミノ酸前駆体に，シンクロトロンからの円偏光紫外線を照射した後，加水分解して生じたアミノ酸を分析したところ，アミノ酸の D/L 比に偏りが生じることを見出した[6]．つまり図 20.4.2 に示すように，星間で生成したアミノ酸前駆体が隕石などに取り込まれる前に宇宙の円偏光により L-アミノ酸の割合が高まり，この差が増幅してついには L-アミノ酸のみになった可能性が示唆された．

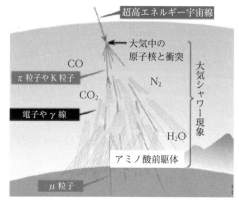

図 20.4.1 原始大気中でのアミノ酸前駆体の生成

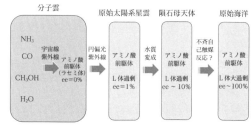

図 20.4.2 宇宙におけるアミノ酸の不斉創生説．ee はエナンチオ過剰（=L(%)-D(%)）

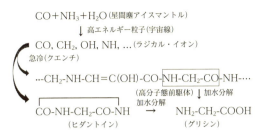

図 20.4.3 星間でのアミノ酸前駆体生成機構モデル

20.4.3 有機物から生命への進化

原始大気や星間で生じるのは，アミノ酸前駆体などの有機物であって，まだ生命ではない．生命への進化過程としては，原始海洋中で，アミノ酸が次々につながってペプチドとなり，それらが機能を持ち，生命になったというのが一般的な説明である．これは，まずアミノ酸が最初に生成することが前提になっている．しかし，模擬大気や模擬星間氷に特に加速器からの高エネルギー粒子線を照射したときに生成するのは，アミノ酸そのものではなく，高分子態のアミノ酸前駆体であることがわかった．複雑な分子が生成する理由としては，図 20.4.3 に示すように粒子線と物質の相互作用により生じた放射線カスケードによりイオンやラジカルが大量に生成し，これが急冷されて再結合するためと考えられる．このような複雑分子を起点とした新たな化学進化の道筋を考える必要がある[7]．

参考文献
1) S. L. Miller : Science 117 528 (1953).
2) W. M. Garrison, et al. : Science 114 416 (1951).
3) K. Kobayashi, et al. : Orig. Life Evol. Biosph. 28 155 (1998).
4) 小林憲正 : ぶんせき 2012 576 (2012).
5) T. Kasamatsu, et al. : Bull. Chem. Soc. Jpn. 70 1021 (1997).
6) Y. Takano, et al. : Earth Planet. Sci. Lett. 254 106 (2007).
7) 小林憲正 :『生命の起源 宇宙・地球における化学進化』講談社 (2013).

20.5 宇宙物質・隕石の起源

地球には様々な宇宙物質が降下してくる．最近の出来事ではロシアにチェリャビンスク隕石が高速度で大気圏に突入し，大閃光と強い衝撃波を伴って地上に落下し甚大な被害をもたらした．このような大きな隕石の落下は非常に稀であるが，過去においては 6500 万年前にメキシコのユカタン半島近辺に巨大な隕石が落下したことがわかっている．これにより舞い上がった粉塵が地球の気候変動をもたらし，恐竜絶滅を引き起こした可能性が指摘されている．一方，小さな宇宙物質は定常的に地球に落下している．0.1 mm 程度の宇宙塵は，地上の 1 m² に 1 年でおよそ 1 個落下していると考えられている．

宇宙物質は大きさによって分類される．直径 1 mm 以上は隕石，それ以下は宇宙塵と分類される．望遠鏡による天体観測と地上での隕石の反射スペクトル測定により，小惑星と隕石の類似性が指摘されていた．しかしながら，小惑星と隕石のスペクトルは完全には一致せず，本当に小惑星から隕石が飛来しているのか確定できずにいた．この隕石と小惑星の関係を確定するために，2003 年に打ち上げられた小惑星探査機「はやぶさ」は S 型小惑星イトカワを目指した．2005 年 9 月に，「はやぶさ」はイトカワに近づいて探査機に搭載された可視・近赤外分光計で反射スペクトルの計測に成功した．さらに探査機は 2 回イトカワに着陸し，表層の微粒子の捕獲に成功した．小惑星イトカワは人類がスペクトル観測し，かつサンプルを採取した最初の小惑星になった．

2010 年 6 月にイトカワ微粒子を乗せたカプセルが地球に帰還した．カプセル内部のサンプル容器に含まれる微粒子を特定し，分離する作業を行った．採取された微粒子は非常に小さく，多くが 50 μm 以下であった．翌年の 2 月から微粒子の分析が始まった．研究グループは，それぞれの微粒子に対して多段階で多手法による分析を計画した．微粒子は小惑星の過去の様々な出来事（例えば天体内部の高温加熱，天体表層での衝撃変成など）を記録している．それぞれの微粒子は天体の異なる場所で形成された可能性があり，一つひとつ別々に分析をする必要がある．

最初に高エネルギー加速器研究機構のフォトンファクトリーのビームライン 3A のアンジュレータ光の放射光 X 線を用いた，X 線回折および蛍光 X 線分析を行うことにした．これら 2 種の分析は，微粒子 1 粒から粉末 X 線回折パターンを得ることができるガンドルフィーカメラに蛍光 X 線分析装置を装着することで，同時に行うことができる．これらの分析により一つひとつの微粒子の構成鉱物組み合わせと，微粒子全体の元素存在度の情報を得ることができる．そもそも X 線を用いた分析は，X 線を試料に照射するだけでデータを取得できる完全非破壊分析であるので，微粒子を損なわない利点がある．放射光を利用する最大の理由は X 線の強度が非常に強いため，大学の実験室にある通常の X 線回折装置では数日から 1 週間かかる微粒子 1 粒の測定を，放射光では 1 時間以内に行うことができ，一度のマシンタイム（数日間）で「数十個」の微粒子を効率よく測定できるからである．また，X 線の波長を自由に選べるため，蛍光 X 線分析と X 線回折実験を別の波長で，しかしサンプル交換せず（サンプル紛失のリスク回避）に連続して行うことも可能になる．したがって，探査機リターンサンプルのような貴重，かつ微小のサンプルが対象の研究で，短期間で成果を求められる場合は，放射光分析は必須の実験手法である[1]．

約 40 微粒子の放射光分析を行った．図 20.5.1 に放射光 X 線回折実験の結果の一例を示す．ほとんどのイトカワ微粒子はケイ酸塩鉱物（Mg に富むカンラン石，Mg に富む輝石，斜長石）と金属鉄，硫化鉄の集合体であった．こ

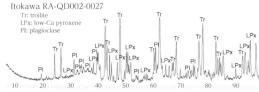

図 20.5.1 小惑星イトカワ微粒子の放射光 X 線回折実験結果

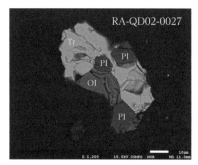

図 20.5.2 イトカワ微粒子の研磨断面の電子顕微鏡写真.
Tr：トロイライト, Ol：カンラン石, Pl：斜長石

の鉱物組み合わせと鉱物化学組成は，S 型小惑星由来の隕石であると考えられていた普通コンドライト隕石と同一であった．これにより長年未解決であった，小惑星は隕石の供給天体であるのかという命題が解決した[2]．また，それぞれの鉱物の回折線は非常にシャープであり結晶性がよいことがわかる．これはイトカワ微粒子が高温熱変成を受けていたことを示す．斜長石を主成分として含む微粒子は，回折パターンから対称性の指標である三斜度を決定し，イトカワの熱変成時に斜長石がどれくらいの温度で結晶化したかを見積もった．結果は約 600～800 ℃ であった．

放射光分析の後にイトカワ微粒子の研磨断面に対し，電子顕微鏡による局所化学組成分析を行った．図 20.5.1 で放射光分析を行った微粒子の研磨断面の電子顕微鏡写真を図 20.5.2 に示す．図 20.5.2 の微粒子では硫化物トロイライトが主成分であり，その他にカンラン石と斜長石が含まれている．カンラン石，輝石の化学組成とその均一性から，イトカワ微粒子は普通コンドライトのうち，熱平衡に達した LL タイプの隕石と同一物質であることがわかった．Ca に富む輝石と Ca に乏しい輝石の 2 種の輝石の Ca の分配から，イトカワ微粒子の経験した熱変成の温度は約 800 ℃ であったことが判明した．小惑星イトカワは太陽系形成期に誕生し，天体に含まれる短寿命核種の崩壊熱で天体内部は昇温し熱変成が起こった．熱変成温度が約 800 ℃ に到達するには，少なくとも直径 20 km が必要である．このことは誕生時のイトカワは現在のイトカワ（直径 0.5 km）よりもかなり大きく，大きな衝突現象により破壊されてしまったことを示唆する．

参考文献
1) T. Nakamura, et al.: Science 321 1664 (2008).
2) T. Nakamura, et al.: Science 333 1113 (2011).

20.6 微粒子加速器

「宇宙塵（cosmic dust）シミュレーション用微粒子加速器」について簡単に述べる．宇宙塵（直径数 nm～数十 μm で，成分はケイ酸塩やグラファイトなど）は星間ガスとともに主要な星間物質であり，星雲や分子雲を形成し宇宙物質の反応環境を提供するだけでなく，星や惑星形成の初期過程において重要な役割を担っている．宇宙物質の生成過程を調べるには宇宙塵の空間分布，質量，速さ，電荷，構成物質などを知る必要があり，銀河系では地上や地球周回衛星からの観測で，太陽系内では地上観測だけでなく，気球，航空機，ロケットによる宇宙塵の捕獲回収が，また惑星探査機による直接測定が 1960 年代から行われている．以来，多くの惑星探査機に宇宙塵測定器が搭載されていて，最近では 1997 年打ち上げの土星探査機「カッシーニ」に搭載された宇宙塵測定器は 2017 年にミッションが終了するまで多くの重要な成果をもたらしている．2018 年打ち上げの日欧共同水星探査ミッション「BepiColombo」の MMO（Mercury Magnetospheric Orbiter）には，日本で開発した宇宙塵計測器が搭載される．

このような探査機に搭載する測定装置の開発や較正実験のために帯電微粒子の加速法が 1960 年代に考案された[1]．微粒子を加速する方法として，おもにシングルエンド型バンデグラフ静電加速器が用いられている．宇宙塵の速さは 1～100 km/s であり，MV 級の加速器で 10 nm～10 μm の微粒子（金属，グラファイト，導電性ポリマーなど）を加速するとちょうどこのくらいの速さになるので，宇宙塵のシミュレーション用加速器として利用できる．ただし 1 個の微粒子の電荷量を 1 fC～0.1 pC 程度に帯電させることが必要なので，イオン源がかなり特殊なものになり，今後とも開発すべき要素が多い．図 20.6.1 に加速された微粒子の質量と速度の相関（左）および質量と加速された粒子の比電荷の相関（右）について一例を示す．帯電する電荷量は直径約 1 μm（粒子の種類で違うがおおよそ 10^{-15} kg）の微粒子で約 5×10^{-14} C（価数 3×10^5）である．例えばこのような条件の銀粒子が金の標的に衝突した場合，図 20.6.2 のようなクレーター（直径約 2 μm）を形成する．銀粒子が金標的に右上斜め 45° 方向から入射した場合で周りに飛び散っているのは銀粒子の一部である．

微粒子よりも大きな粒子（直径数百 μm～数 cm）の加速には，軽ガス銃や電磁加速砲（レールガン）が利用されている．静電気力を利用した微粒子加速器はガス・火薬銃と違って，加速速度の制限なしに粒子を加速できることが大きな利点であるが，現在ある加速器では粒子が μm サイズ以下の大きさのものでないと km/s 領域への加速は困難である．また，ガス・火薬銃で見られる不純物の混入がなく清浄な環境で加速が可能なこと，粒子 1 個 1 個を個別に

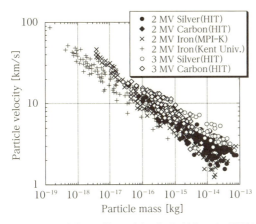 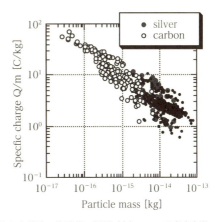

図 20.6.1 加速された微粒子の質量と速度の相関（左）および質量と加速された粒子の比電荷の相関（右）．HIT は東京大学，MPI-K はマックス・プランク核物理学研究所を指す．

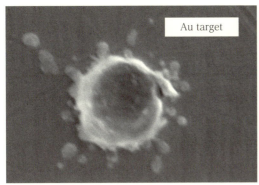 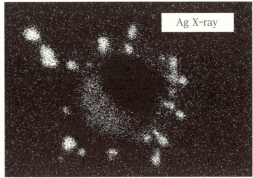

図 20.6.2 銀粒子が金標的に右上斜め 45°方向から入射した場合に形成された直径約 2 μm のクレーターの例（走査型電子顕微鏡写真・左）．蛍光 X 線分析で周りに飛び散っているのは入射してきた銀であることが判明した（右）．

加速できるという利点がある一方，接触帯電で粒子を帯電させているために導体粒子しか加速できないという欠点があったが，最近になって導電性ポリマーのような軽い物質を用いて絶縁体の表面を処理できるようになったので，この課題は克服された．

現在，MV 級の加速を行っている施設は世界で数ヵ所しかなく，米国・コロラド大学，英国・オープン大学（ケント大学から移設），ドイツ・シュトゥットガルト大学（マックス・プランク核物理学研究所から移設．2018 年稼働予定）に微粒子加速専用加速器が，日本では東京大学大学院工学系研究科原子力専攻重照射研究設備のバンデグラフ型加速器がイオンと微粒子の共用加速装置[2]として設置されている．

参考文献
1) H. Shelton, *et al.*: J. Appl. Phys. **31** 1243（1960）.
2) H. Shibata, *et al.*: Radat. Phys. chem. **60** 277（2001）.

21章

暮らしに役立つ加速器技術

21.1 概要

加速器は原子核実験や素粒子実験のツールとして開発され発展してきたが、その後様々な分野で使われるようになってきている。第3編では「加速器の具体的応用」として多彩な応用分野について紹介してきた。そのなかには基礎科学的な分野だけでなく、材料開発やがん治療など我々の生活に近い分野での応用、また考古学の時代考証のための分析など意外と思われるかもしれない分野への応用も含まれている。このように加速器は実は身近に使われているものでもある。

本章では「暮らしに役立つ加速器技術」と題して、特に我々の生活に密着した分野への応用について紹介していく。

まず21.2節では「安全・セキュリティ」として、橋梁などの健全性確認や危険物検知などへの応用を紹介する。これらはおもに加速器を使って発生させた高エネルギーの透過性の高いX線を使ったもので、普段我々が受けるレントゲン検査の延長線上にあるものといえる。

21.3節「環境保全」は、環境物質の高効率な分析や無害化に貢献する技術であり、地球環境をそして我々の健康を守るための重要な技術といえる。

21.4節「食品・農業・医用工業」では食品や医療機器の放射線殺菌・滅菌・消毒、微生物や植物の品種改良への応用についても紹介する。食品の放射線殺菌は、日本では法規制などもあり限定的にしか行われていないが、国外では盛んに行われているもので、その実態に触れてもらいたい。

最後の21.5節「化学工業・工業技術」ではプラスチック製品の架橋処理などに日常的に加速器が使われていることを紹介する。また、再生可能エネルギーの利用拡大に向けてますます重要になってくる蓄電池や水素燃料電池の性能向上への応用など、持続可能な高効率社会実現に向けた貢献についても紹介している。

様々な分野で加速器が使われてはいるが、それはあまり表には出てこないことが多い。本章を読んで、加速器をより身近に感じてもらえるのではないだろうか。そして、研究や開発に携わる読者においては加速器の利用を考えるきっかけになれば幸いである。

表21.1.1に、高エネルギー電子線やイオンの照射サービスを行っている国内施設を示す。この他にもKEK、理化学研究所、J-PARC、放射線医学総合研究所SPring-8、SACLAをはじめとする多くの加速器を有する研究施設や大学でも課題申請や共同研究などのかたちで加速器のビームや放射光を利用できる。

表21.1.1 国内のおもな加速器ビーム照射サービス施設（2017年12月現在 順不同）

施設/会社名	照射ビーム	ホームページ
住重アテックス	電子, H, He, 中性子	http://www.shi-atex.com/
NFI照射サービス	電子, X線	http://www.nfi.co.jp/NFIS/
日本照射サービス	電子, γ線	http://www.jisco-hq.jp/
関西電子ビーム	電子	http://www.kbeam.co.jp/
日新電機	電子	http://nissin.jp/product/beam/eps_service/
ラジエ工業	電子, γ線	http://www.radia-ind.co.jp/
光子発生技術研究所	X線	http://photon-production.co.jp/
NHVコーポレーション	電子	http://www.nhv.jp/products/ebcentermain.html
RADA	電子, γ線, 中性子	http://www.rada.or.jp/
日新イオン機器	各種イオン	http://www.nissin-ion.co.jp/
量子科学技術研究開発機構	電子, γ線, 各種イオン	http://www.qubs.qst.go.jp/kyoyo/
岩崎電気	電子	https://www.iwasaki.co.jp/optics/curing/eb/support.html
理化学研究所仁科加速器研究センター	重イオン	http://ribf.riken.jp/sisetu-kyoyo/

21.2 安全・セキュリティ

21.2.1 港湾保安検査

港湾などにおけるコンテナ貨物の内容物の検査は，関税の適切な徴収，盗難自動車や麻薬などの不正な輸出入の阻止，爆発物や核物質などによるテロの防止などを目的として実施されている．国際的なコンテナ貨物の流通量の増大，米国同時多発テロに端を発するテロリズムの深刻化を受けて，コンテナ貨物の非開披検査のためのエネルギー9 MeV程度の加速器を使った大型X線検査装置の整備が進められている．コンテナ貨物用の大型X線検査装置は，9 MeV電子加速器の制動X線を水平，垂直の2方向からコンテナに照射し，X線の透過画像から不正な貨物を検知するものである（図21.2.1）[1]．検査は以下の流れで行われる．コンテナを積載した車両は進入ヤードの所定の位置で停止，運転手が下車する．車両は地下部分に設置された搬送装置によりX線照射室まで自動走行を行う．X線照射（透過画像の撮影）を行った後，車両は自動走行で搬出ヤードまで導かれ，その後，運転手が乗車し退出する．検査に要する時間は約10分である．

これとは別に対テロリズムの観点から，港湾におけるコンテナ貨物の全数検査の要求が存在する．米国では，米国向けのすべての海上コンテナについて，外国港における船積み前にX線検査装置と放射性物質検知装置による検査を義務付けるとの法律を2007年に制定した．2013年時点で法律の施行は猶予されているが，全数検査を可能とする高いスループットを持った検査装置として，米国のPassport Systems社が9 MeVロードトロンを使った装置[2]を，京都大学とJAEA（現・QST）がD-D中性子源と220 MeVマイクロトロンを組み合わせた装置[3]をそれぞれ開発している．

図21.2.2に220 MeVマイクロトロンを用いた検査装置を示す．この検査装置は特にウラン235を検知するために開発中（2014年現在）であり，220 MeV電子ビームと高強度レーザーを衝突させることで発生する逆コンプトンγ線を用いる．この逆コンプトンγ線は，エネルギー可変かつ準単色のγ線ビームを発生できることから，同位体同定に決定的な威力を有する核共鳴蛍光散乱測定法のγ線源として最適と考えられる．しかしながら，得られるビーム強度は10^5光子/s程度に留まるため，検査のスループットを保証するには，D-D中性子源を用いた前段検査により，疑わしいコンテナのみをγ線による核物質同定を行うシステムになっている．

空港保安検査は，1)旅客の携帯・携行物や，2)旅客の手荷物と航空貨物内に内蔵・隠匿される凶器（銃刀など），爆発物などの化学的危険物，核・放射性物質，輸送禁止物品（密輸品，麻薬など）の不正物品を摘発するための検査で，政府関係機関（日本においては国土交通省・財務省税関）および空港関係機関（航空会社，空港管理会社，警備会社など）によって実施されている．

1) 手荷物・空港貨物X線検査

X線はその高いエネルギー（空港保安検査用は80～300 keV），物質透過能力の特長により，手荷物などの検査対象物を外部からの透視により検査することができる．

2) ミリ波によるボディチェック

旅客が携帯する不正物品（衣服のなかに隠された銃刀や爆発物など）の検査において，従来の金属探知機による方

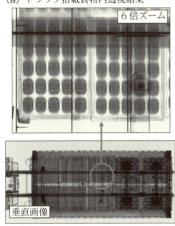

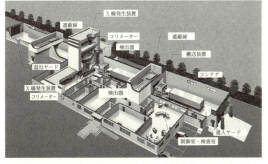

図21.2.1 コンテナ貨物用の大型X線検査装置と検出画像

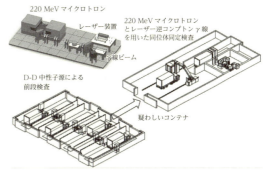

図21.2.2 D-D中性子源と220 MeVマイクロトロンを組み合わせた装置

法では，麻薬，爆発物などの有機物質の探知が難しかったが，これを解決する手段として，近年波長が 1〜10 mm の電磁波であるミリ波の実用化（ボディスキャナーと呼ばれる）が進んでいる．

3) テラヘルツ波

ミリ波と同様，X 線に比べ人体に対して安全性の高い周波数 0.3〜10 THz の電磁波であるテラヘルツ波は，水や金属を透過しない特性を利用して旅客の衣服表面付近の不正物品を探知することが可能であり，X 線の補完的検査方法として注目されつつある．

空港保安検査の場合，対象物が手荷物と小型軽量であるため，X 線源にしても 1 MeV を超える高エネルギーである必要もなく，ミリ・テラヘルツ波にしても加速器を使うに及んでいない．一方，掩蔽核物質の検出システムに関して，後述の重水素静電加速・三重水素ターゲット型中性子源による遅発中性子分析，950 keV X バンド電子リニアック X 線源による準 2 色 X 線分析，さらに γ 線検出器を組み合わせた複合システムが提案され，実験的検証がなされた[4,5]．麻薬などの薬物が国内に入ることを水際で防ぐためにもテラヘルツ波非破壊検査装置は威力を発揮している[6]．

21.2.2 爆発物検知

加速器を利用した危険物検知に関しては，小型中性子源を用いた中性子捕獲核 γ 線放出反応による爆薬の検出[7]が有望である．三菱重工は図 21.2.3 のような D^+（重水素）を 90 keV に静電加速して三重水素（トリチウム：T）固体ターゲットに照射し，核融合反応で 14.1 MeV 中性子を 10^8 個／s 発生するシステムを開発した．図中にあるように，中性子捕獲核特性 γ 線のエネルギーと強度を検出することにより，爆薬中の水素，酸素，炭素，窒素とその化学式の評価を行った．炭素／酸素比，水素／炭素比より，火薬，麻薬などのおおよその検出と評価が可能となる．

地雷探知においては，一般に金属探知機などが使用されており，プラスチック製地雷に対しては探知ができないが，中性子線を地雷原に照射して火薬のニトロ基を構成する窒素原子の中性子捕獲反応で発生する 10.8 MeV の γ 線を捉えることにより，火薬の有無を判定することが可能である．我が国においては，直径 20 cm の超小型慣性静電閉じ込め（Inertial Electrostatic Confinement：IEC）核融合中性子源を用いた地雷探知技術の開発が行われた[8]．爆薬を用いた性能評価試験では，探知率は土壌含水率，埋設深度，爆薬の種類と量に依存するが，平均すると，含水率 20 % 以下では 77 %，含水率 10 % 以下では 83 % の探知率が得られている．

21.2.3 大型構造物診断

図 21.2.4 に社会・産業インフラ診断用可搬型 X バンド（9.3 GHz）電子リニアック X 線源，および陽子リニアッ

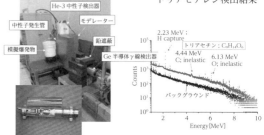

図 21.2.3 (a) 小型 D^+ 静電加速中性子源と (b) 爆発物検知への応用

図 21.2.4 社会・産業インフラ診断用小型リニアック X 線・中性子線源

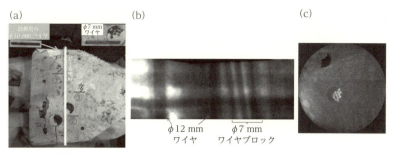

図 21.2.5 (a) PC 橋梁切り出し試料, (b) 3.95 MeV システムのよる X 線透過画像（数 s で取得）, (c) 7 mm 径ワイヤ部 CT 再構成.

ク中性子源の用途別模式図を示す．X バンド電子リニアック X 線源は可搬型のため，高原子番号材料，特に鉄構造物・鉄筋コンクリートのその場透視検査に先行的に適用される．一方，中性子線は高い透過能と水素に対する高い感度，また高い元素分析能が特色である．中性子によって軽元素物質，おもに水分や空隙，腐食による低密度部の検出また即発 γ 線解析法によって微量元素検出に適用される．30 cm 厚以上のコンクリートのなかにある水や空隙の可視化が行われている．

まず電子リニアック X 線源として，可搬型 950 keV X バンド電子リニアック X 線源が開発された[9]．放射線障害防止法で 1 MeV 以下の電子発生源は加速器の範囲にないため，電離放射線障害防止規則に順じて安全管理を行う．250 kW マグネトロン，サイド結合型 $\pi/2$ モード定在波加速構造を採用し，50 mSv/min@1m を達成した．それぞれ 40 kg 程度の X 線源・マグネトロン箱と，据え置き型の電源・冷却水チラーがケーブル・冷却水チューブで連結されている．ここまで化学工場蒸留塔，化学工場内桟橋鉄筋コンクリート，土木研究所・国土政策技術総合研究所内での実機劣化橋梁大型切り出し試料によるその場透視検査が実施され，内部鉄筋直径を評価することに成功した．今後，さらにその場透視検査は拡大すると期待されている．さらに可搬型 3.95 MeV X バンド（9.3 GHz）電子リニアック X 線源も完成し，設計どおりの 2 Gy/min@1m の X 線強度を達成した[9]．X 線源・マグネトロン箱はそれぞれ約 80 kg で，耐荷重 300 kg の専用クレーン車のステージに搭載可能である．このシステムは放射線障害防止法により橋梁検査に特化して，屋外で電離放射線障害防止規則に準じて安全管理を行って使用可能である．放射線管理区域内実験室にて，実機 PC（Prestressed Concrete）橋梁切り出し試料についての透視・CT 試験が行われており，それらの画像を図 21.2.5 に示す．X 線検出器として Perkin Elmer 社製 X 線フラットパネルカメラ（GOS 0.2 mm 厚シンチレータ+Si 光読み取り）を用いた．透視画像は，300 keV X 線管と Imaging Plate を用いて約 1 時間かかるところを数秒で取得できた．しかし外径 30 mm のパイプ中に 10 数本ある直径 7 mm の鉄ワイヤのすべてが見えず，その場合 CT が必要になる．その結果も図中に示した．実際の橋梁の現場では 360° スキャンは不可能で，90° 程度の部分角

度スキャンしかできないであろう．当然再構成画像は歪むが，直径はある精度では評価できる．橋梁の構造強化劣化の評価には，内部鉄構造の断面積の変化を数 % の精度で判定したい．数方向からの透視図から鉄筋の半径の絶対値評価，部分角度 CT，さらには少ない角度・並進スキャンによる内部構造評価法の Tomosynthesis などを複数回実行し，内部鉄構造の断面積の変化を評価することになろう．またトンネル壁などの検査には後方散乱 X 線検査が有効である．現状は 200 keV の X 線管が使用されているが，評価可能深さは 40 mm 程度が限界である．950 keV/3.95 MeV システムが適用できれば，100 mm 以上の深さが期待できる．2012 年の笹子トンネル天井板落下事故を受けて，その後，日本の橋梁の定期検査が義務付けられている．目視・打音による検査によるスクリーニングの結果，X 線で検査すべき橋梁と箇所を限定し，適用していくことが効果的である．また将来は，がん治療に適用されさらに透過性が優れる，6 MeV システムを現場使用可能とするべく，規制緩和への活動も並行して行いたい．

一方，小型陽子リニアック中性子源システムの開発も理化学研究所で実施中である（図 21.2.6 (a) 参照）[10]．X 線源に比べ装置は大きくなるが，コンクリートの透過性は増す．全天候型の検出器を構えたトラックに小型加速器中性子源を搭載し，この可搬型システムを用いて，劣化が著しいといわれている橋梁の床板の検査を行う方法が有望視されている．床板劣化は小さな亀裂をきっかけとして水分が内部に入り込み，鋼材の膨れ腐食によるコンクリートの亀裂が増大することが大きな原因である．水に対して感度の高い中性子線利用が待たれており，現在 4 MeV 陽子線形加速器による小型中性子源のターゲットステーションは遮蔽体を含めて 50 cm³ 以下の大きさかつ重さは 500 kg 以下を予定している．理研小型中性子源システムにより，塗膜下鋼材内部腐食および水の出入りの可視化に世界初の成功を収めており[11]，さらに中性子線 3 次元可視化による腐食のメカニズム解明に現在迫っている．図 21.2.6 (b) は普通鋼と合金鋼の塗膜下鋼材内部腐食に水を含ませ，時間による水分の出入りを可視化したものである．こういった鋼材腐食がインフラ寿命を左右しており，中性子線による非破壊観察とその内部非破壊データを基にしたインフラ健全性診断ソフトウェアの開発が進んでいる．

(a) 4 MeV 小型陽子リニアック中性子源（Riken Accelerator Neutron Source：RANS）

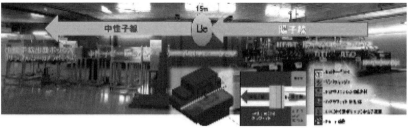

(b) 異種鋼材内部腐食と水の出入りの可視化（左），塗膜鋼材：普通鋼と合金鋼（右）

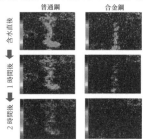

図 21.2.6　小型陽子リニアック型中性子源（a）と内部測定結果（b）

参考文献

1) 萬代新一：放射線と産業　96 62（2002）．
2) W. Bertozzi, et al.：Nucl. Instr. Meth. B **261** 331（2007）．
3) H. Ohgaki, et al.：Proc. of IEEE HST 2012 666（2012）．
4) M. Haruyama, et al.：Nucl. Instr. Meth.（2011）．
5) K. Lee, et al.：Nucl. Instr. Meth. B **637** S54（2011）．
6) H. Hoshiya, et al.：Applied Spectroscopy **63** 81（2009）．
7) T. Gozani, et al.：Nucl. Instr. Meth. B **213** 460（2004）．
8) K. Yoshikawa, et al.：IEEE Trans. Nucl. Sci. **56** 1193（2009）．
9) M. Uesaka, et al.：J. Phys：B. At. Mol. Opt. Phys. **47** 234008（2014）．
10) Y. Otake, et al.：JACIC 情報　**110** 62（2014）．
11) 山田雅子，ほか：日本鉄鋼協会学会誌 鉄と鋼　**100**(3) 429（2014）．

21.3　環境保全

21.3.1　排水処理

　河川や湖沼，海などの水環境への有害有機化合物の汚染は，1950 年代の塩素系農薬による汚染や，1990 年代のポリクロロビフェニル類およびダイオキシン類による汚染を経て，重大な社会問題として広く認知されるに至った．一般的な浄水場や下水処理場では，ろ過や沈降といった物理学的処理法，塩素消毒などの化学的処理法，および微生物を利用した生物学的処理法を組み合わせることで，有害有機化合物を除去してきた．しかし，近年ではトリハロメタン類，内分泌かく乱化学物質，医薬品および医薬部外品など，通常の水処理法では除去の困難な難分解性有機汚染物質が問題となっている．これらを除去するため，既存の浄

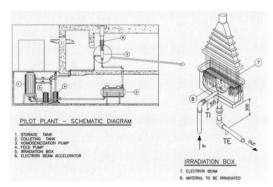

図 21.3.1　電子線による上水処理のパイロットプラント[1]

水および下水処理システムの上流もしくは下流側に，高度酸化処理法を導入するプロセスが検討されている．電子線法は，オゾン法や UV 照射法などの既存処理法に比べて初期コストが高く，その設置に関する法規制があるものの，低濃度の汚染物質に対して，処理温度や濁度の影響を受けず大量，高速処理が可能で，化学薬品を使用しないなど多くの長所を有する．

　上水（いわゆる水道水）においては，浄水場の塩素殺菌処理により原水中の有機物（主としてフミン質など）が塩素化し，発がん性のトリハロメタン類が生成することが問題となっている．ブラジル原子力研究所では，1993 年より電子加速器（1.5 MeV，25 mA）を用いた，上水中のトリハロメタン類の除去のためのパイロット試験が行われている（図 21.3.1）[1]．夾雑有機化合物を含む上水中のトリハロメタン類（96 ppm）を，20 kGy の照射で分解・無害化することに成功している．

　下水・工業排水への電子線の利用は，当初殺菌効果を目

図 21.3.2 車載式電子加速器[3]

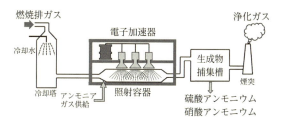

図 21.3.3 排ガス中の SO_x や NO_x 除去プロセスの概略図

的として検討され，オゾン法や UV 照射法と同等の経済性を有することがわかっている[2]．韓国では，1998 年よりテグ市において，電子加速器（1 MeV，40 kW）を用いた染色工場排水（1 000 m³/日）処理のパイロット試験が行われた[3]．電子加速器を既存の生物学的処理法の前段に設置し，1 kGy の電子線照射後に生物学的処理を行うことで，化学的酸素要求量（COD）および生物学的酸素要求量（BOD）の減少率が，生物学的処理単独と比較して 2 倍となった．さらに，2005 年より商業プラント試験が行われ，10 000 m³/日の大容量処理に必要なコストを約 9 200 万円/年と試算した．その他，ブラジル原子力研究所およびマレーシア原子力庁においても，工業排水の COD 低減や脱色を目的とした電子線処理試験が行われている[3]．

近年では，畜産排水や病院排水に含まれる医薬品および医薬部外品（PPCPs）が，既存の処理施設では除去しきれずに水環境中に放出されているため，化学療法剤に対する薬剤感受性が低下した耐性菌の発生が危惧されている．ラボスケールの実験では，夾雑有機化合物を含む実排水中の医薬品類（1 ppm）を，2 kGy の照射により，慢性毒性下限値である 10 ppb 以下に分解・無害化することに成功している[4]．また，韓国原子力研究所では，車載式の電子加速器（図 21.3.2，600 keV，20 mA）を用いて，下水処理水中に含まれる 0.5 ppm の PPCPs の分解処理を行い，1.5 kGy の照射で 90 % 以上の除去率を達成している[3]．このように，電子線を利用した排水処理の応用研究は日々進歩しており，商業プラントとしての本格応用の実現が期待される．

21.3.2 排ガス処理

火力発電所などにおける石炭や重油の利用拡大に伴い，その燃焼で発生する排ガス中の硫黄酸化物（SO_x）や窒素酸化物（NO_x）が与える酸性雨などの環境への影響が世界的な問題となっている．また，ごみ焼却場からの排ガスに含まれて環境中に排出されるダイオキシン類は，蓄積性があることから土壌汚染や食物汚染が問題となっている．さらに，塗装や機器洗浄工程で利用され，これらの工場からの大気に排出されるトルエンなどの揮発性有機化合物（VOC）は，発がんなどの作業者への健康リスクとともに，光化学スモッグの発生などへの影響が懸念されている．このような環境問題に対して，これまで電子線を利用した排ガス処理技術の開発が進められてきた．

環境汚染物を含む排ガスに電子線などの放射線を照射すると，放射線エネルギーの一部が排ガス成分の窒素，酸素や水分に吸収され，これらの分子が，励起，解離やイオン化して，ラジカルやイオンなどの活性種となる．この活性種は，反応性に富んでおり，排ガス中を拡散して極微量の環境汚染物を攻撃し，環境汚染物の酸化あるいは分解反応を引き起こす．これまでに排ガスへの電子線の具体的な応用として，石炭火力発電所からの排ガスに含まれる SO_x や NO_x の除去技術が実用化され，また都市ごみ燃焼排ガス中のダイオキシン類の分解技術や塗装工場からの換気ガス中に含まれる VOC の分解技術がパイロット規模で研究開発されてきた．各技術の詳細を以下に示す．

排ガス中の SO_x や NO_x 除去の場合では，図 21.3.3 に示すように，照射で生じた活性種により SO_x や NO_x がガス中で硫酸や硝酸まで酸化され，あらかじめ排ガス中に添加したアンモニアガスと中和反応をすることにより，粉末状の硫酸アンモニウムや硝酸アンモニウムとして回収できる．この回収物は肥料として利用でき，特に農産物の生産が盛んなポーランド（ポモジャーニ）では，加速電圧 700～800 kV，300 kW の電子加速器 4 台を用いた毎時 27 万 m³ の排ガス中 NO_x や SO_2 を除去する処理施設が，また中国（成都，杭州）では，毎時数十万 m³ の排ガス中の SO_2 を除去する施設が建設され，稼働している[5]．

ダイオキシン類の分解では，模擬ごみ焼却炉からの燃焼排ガス中の極微量のダイオキシン類が，電子線照射により分解できることが 1998 年に初めて報告された．その後，我が国において，150 t/日の処理能力を有する実際の都市ごみ焼却炉からの排ガス中のダイオキシン類の分解試験が実施された．この試験では，設置に放射線管理区域の設定を必要としない加速電圧 300 kV，12 kW の自己遮蔽型電子加速器が利用され，濃度約 1 ng/m³ のダイオキシン類を 90 % 以上分解できることが実証された[6]．

さらに，VOC の分解では，メタン以外のあらゆる有機物が光化学スモッグの原因物質となるため，VOC を二酸化炭素（CO_2）などの無機物に完全に酸化（無機化）する必要がある．電子線照射技術は，低濃度の環境汚染物の分解を得意とするものの，部分的に分解した VOC を選択的に無機化できず，このために大きな照射エネルギーが必要であった．この解決法として，部分的に分解した VOC が固体表面に吸着しやすい性質を利用して，固体触媒を併用

する技術が考案され，現在，電子線を用いた VOC 処理技術の標準となっている．一般的な触媒反応では，触媒反応を引き出すために 300 ℃ 以上の加熱や紫外線などが必要であるが，この触媒併用電子線照射技術では電子線エネルギーを直接あるいは間接的に利用する方法が開発され，触媒としてはオゾン分解触媒，光触媒や熱触媒などが用いられている．オゾン分解触媒では，電子線照射で排ガス中の酸素から副次的に生成したオゾンを分解し，生じた活性な酸素種により吸着有機物を選択的に無機化できる[7]．この触媒と加速電圧 160 kV，8 kW の自己遮蔽型電子加速器を併用した VOC 処理システムが構築され，毎時 500 m³ 程度の模擬換気ガス中の数 ppm の濃度のトルエンやキシレンに対して，電子加速器のみの使用の場合の半分程度の吸収線量で無機化できることが実証されている[8]．

21.3.3 放射光 X 線による汚染物質の分析

有害物質により環境が汚染されると，我々の生活の安全が脅かされる．なかでも，土壌汚染が引き起こされると，生態系に大きな影響を与える深刻な問題となる．大気，河川，海洋中と比較すると，土壌中では物質移動が非常に遅いため，有害物質が水溶性である場合や化学的，生物学的に不安定で短時間で分解される場合を除けば，有害物質の土壌中の平均滞留時間は極めて長いものとなる[9]．半金属のヒ素やセレンによる環境汚染事例の報告も多い．これらは複数の価数，多くの化学形態をとり，毒性や環境動態などもその化学形態によって大きく変化することから，化学形態別に定量を行うスペシエーション（chemical speciation）が重要な課題となっている．

このためには，シンクロトロン放射光施設の高輝度・大強度で波長可変の X 線を利用した，環境中の有害元素の X 線吸収微細構造（X-ray Absorption Fine Structure：XAFS）解析が有効である．XAFS スペクトルは，X 線吸収端近傍構造（X-ray Absorption Near Edge Structure：XANES）と広域 X 線吸収微細構造（Extended X-ray Absorption Fine Structure：EXAFS）を含み，吸収原子（分析対象元素）についての電子状態や吸収原子周辺の局所構造の解析が可能となる[10]．XAFS 解析は元素選択性が高いため，土壌のような複雑な組成を持つ試料におけるスペシエーションに威力を発揮する．さらに X 線吸収に伴って放出される目的元素の蛍光 X 線を検出する「蛍光 XAFS」（14.2 節も参照）は，吸収係数（吸光度）をモニターする手法（透過法）よりも高感度なので，元素濃度が希薄な試料に適している．

そこで放射光を用いた蛍光 X 線吸収微細構造分析（蛍光 XAFS）による土壌や底質試料中の有害元素の分析が精力的に進められている[11]．抽出などの化学的な操作を加えずに非破壊で分析すれば，土壌汚染物質の存在形態や土壌劣化の様子を調べることができる（状態分析）．さらに，局所分析や表面分析の手法を用いれば，元素や化学物質の空間的な分布を測定でき，不均一な土壌汚染の様子を明ら

図 21.3.4　モエジマシダに取り込まれたヒ素の蛍光 XAFS スペクトル測定の様子

かにすることも可能である．鉱山跡地周辺において，深度を変えて採取したヒ素汚染土壌のヒ素の K 吸収端での X 線吸収端近傍構造分析（XANES）スペクトル測定を行ったところ，表面付近（0～3 cm）ではほとんどのヒ素が As(V) であるのに対し，深部（9～12 cm）では As(V) と As(Ⅲ) が共存しており，土壌が還元的な環境となるに従い，亜ヒ酸 As(Ⅲ) の存在割合の増加することが示された．

また，ある種の植物は水や養分を吸収する際に土壌中の有害元素を体内に取り込み，高濃度に蓄積することが古くから知られている．近年，重金属汚染された土壌を浄化するためにこれらの植物を用いるファイトレメディエーション（phytoremediation）が，環境に優しい浄化技術として注目を集めている[12]．しかし，このような植物が重金属をどこにどのように蓄積するのか，なぜ特定の植物だけが毒性の高い元素を高濃度に蓄積できるのかなどの詳細な機構はよくわかっていない．これらの毒性元素の化学形態を明らかにし，その蓄積機構の解明に役立つと期待されているのが蛍光 XAFS 解析である．蛍光 XAFS は高感度であり，植物に取り込まれた微量元素の化学形態分析において非常に有用である[13]．

シダ植物のモエジマシダ（*Pteris vittata* L.）は，ヒ素汚染土壌で栽培すると乾燥重量あたり 20 000 ppm ものヒ素を蓄積する[14]．植物に吸収されたヒ素の化学状態を「そのまま」調べるため，鉢植えのシダをヒ素の XAFS 測定に用いた（図 21.3.4）．放射光 X 線のビームサイズは約 1 mm 角程度であり，この空間分解能で各部位の化学状態分析を行うことができる．測定箇所は X 線の照射位置を示すレーザーポインターを使って選択・調整した．また栽培に用いたヒ素汚染土壌も測定に供した．検出器には多素子のゲルマニウム半導体検出器を用い，試料から発生する As Kα 線を検出した．

ヒ素の XANES 測定結果を図 21.3.5 に示す．モエジマシダの葉柄や中軸においては 3 価と 5 価のヒ素が共存しているのに対し，葉（羽片）ではほとんどのヒ素は 3 価で存在しており，中軸から葉の基部にかけてヒ素の価数の変化が観察された．このように土壌からシダに取り込まれたヒ素は 5 価から 3 価に還元されて，各器官に蓄積している様子が示された．また羽片ではほとんどすべてが 3 価である

ことから，中軸から羽片へかけて還元作用が働いている可能性が示唆された．シダに取り込まれたヒ素の90％は葉に蓄積されることから，このヒ素の還元機構とヒ素大量蓄積の関連に興味が持たれる．

現在開発が進んでいるX線ナノビームを利用すると，非常に空間分解能の高い蛍光XAFS解析が実現する．今後，地球科学や生体・環境試料など多くの分野において，新しい研究の展開が期待される．

21.3.4 大気汚染・PMなどの組成分析

大気中に存在する微小粒子状物質（エアロゾル）による大気影響は，大陸間を越境してその影響を及ぼすため，我が国のみならず国際的な関心を引き付ける地球環境問題となっている[15]．このなかでも，特定の粒子直径（粒径）や化学組成を持つエアロゾルは大気中の平均滞留時間が長く，アジア圏を発生源とする汚染がアメリカ大陸に到達するなど，驚くほど長距離の越境汚染を引き起こしている[16]．長距離輸送を経ることで，エアロゾルには発生起源の他にも輸送過程中の周辺環境の影響が現れる．結果として時空間的に不均一な分布を示すことも，エアロゾルの動態把握を困難とする大きな特徴の一つとなっている[17,18]．このように，粒子ごとに大きく異なったエアロゾル粒子の化学組成・粒径分布の個別分析は，集団としてのエアロゾルの環境動態・影響把握のためになくてはならない技術である．

エアロゾルの化学組成や粒径を調べる測定技術としては原子吸光法や誘導結合プラズマ質量分析（Inductively Coupled Plasma-Mass Spectrometry：ICP-MS）法といった手法がすでに確立し，標準的に活用されている[19]．近年では，粒子液化捕集-イオンクロマトグラフィ（Particle Into Liquid Sampler assisted Ion Chromatography：PILS-IC）法，さらにはエアロゾル質量分析計（Aerosol Mass Spectrometer：AMS）といった実時間型のエアロゾル個別粒子計測装置が実用化されている[20]．これらの装置では，化合物をイオン化させ質量分析することで，エアロゾルの主成分である有機化合物（OM），硫酸塩（SO_4^{2-}），硝酸塩（NO_3^-），塩化物（Cl^-）およびアンモニア塩（NH_4^-）といった化学組成を，粒径と対応付けながら個別粒子ごとに精密に分析できる．

発展が目覚ましいAMSなどのリアルタイム計測技術に加えて，量子ビームプローブを利用した個別粒子分析技術も目覚ましい成果を挙げている．電子顕微鏡とエネルギー分散型/波長分散型X線分析装置を組み合わせた従来型のEPMA（Electron Probe Micro Analyzer）法[21]に加えて，近年では，個別粒子の内部混合状態や化学組成をより精密に分析するため，イオンマイクロビームや放射光X線をプローブとした顕微分析技術が開発されている．

とりわけ陽子またはα粒子などの荷電粒子ビームを励起源とする特性X線を利用した粒子線励起X線（Particle Induced X-ray Emission：PIXE）分析法は，組成分析をより高S/N比で達成できる手法として注目され，日本を中心として研究が進んでいる[22,23]．高感度な分析が可能なイオンマイクロビームプローブは，イオンビームの大気中取出しを可能とする分析体系の発展とともに，エアロゾル粒子の分析にも応用されている[24]．図21.3.6は，PIXE分析法を用いた微粒子中の元素組成分析の例である[25]．極めて高感度に複数の元素を同時分析できる本分析法を用いる

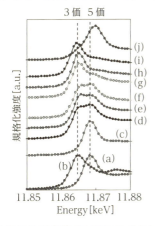

図21.3.5 ヒ素のK吸収端XANESスペクトル．(a) KH_2AsO_4，(b) As_2O_3，(c) ヒ素汚染土壌，(d) モエジマシダの葉柄，(e) 中軸の中程，(f) 中軸の上部，(g) 葉の基部，(h) 葉の先端，(i) 葉の辺縁部，(j) 古い葉．

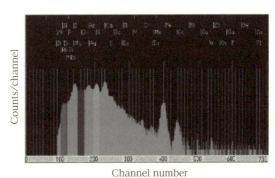 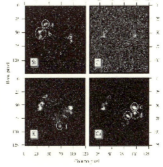

図21.3.6 PIXE分析法による個別雨滴中の元素組成分析例．(左) PIXEスペクトル，(右) ケイ素（Si），塩素（Cl），カリウム（K），およびカルシウム（Ca）元素組成分布の測定例[25]．

ことで，微粒子中に含まれる元素の比率から，粒子の化学組成を推定することも可能となっている．他方で，シンクロトロン放射光（Synchrotron Radiation：SR）を光源とした蛍光X線分析（X-Ray Fluorescence：XRF）や走査型X線顕微鏡ではX線の検出限界や空間分解能が飛躍的に向上し，元素組成分布の定量分析・イメージングが可能である（14.2節，21.3.3項参照）[26]．さらに後方流跡線解析（バックトラジェクトリー解析）と呼ばれる周辺気象情報を加味した解析を行うことで，これらの微粒子の軌跡や，その発生源についても，詳細な解析を行うことが可能となっている[27]．微粒子の構造や気象条件によって異なる伝播メカニズムを解明し，よりコストの低い対策技術を多国間で協業しながら策定していくことが，中長距離の越境大気汚染について求められている．

2013年2月に国内で開催された専門家会合において，近年高まる大気汚染への国民の関心を踏まえ，特にPM2.5以下の微小粒子状物質について国民への情報提供や諸外国との技術協力強化を盛り込んだ「注意喚起のための暫定的な指針」が示されることとなった[28]．エアロゾルの環境影響を解明し，効果的な対策を策定するためには，指針中に示されている汎用測定機器による国内常時監視網の充実とともに，質量濃度に加えて個別粒子の詳細な組成分析を可能にする，高度分析技術の拡充が必要不可欠である．このような技術要求を満たすために，量子ビーム・加速器を応用した分析技術にはさらなる高度化が期待される．

21.3.5 放射能汚染除去技術

放射性同位元素（RI）を除去するために加速器などを用いた剥離，溶融技術は，電子ビーム溶接や切断が可能であるので，原理的に可能であるが，現在まで試みられた報告はない．この項では，加速器を用いたRI汚染を除去する技術（除染技術）は，電子加速器を駆動源とするレーザー発振器である自由電子レーザー（FEL）の応用技術として考える．RIが表面あるいは表面近傍に付着して，RIで汚染された物質であるRI汚染物を，通常のファイバーレーザーなどを用いて，表面から表面に近い内層を剥離して清浄にすることができる[29]．このような既存のレーザー除染技術をFELを用いて行う場合を，以下に紹介する．

最初に，1）高出力電子線加速器を用いて高出力極短パルスの赤外線FELを発振させる．2）このレーザーをファイバーや多関節ミラーなどで伝送してRIに表面から表面に近い内層が汚染された物質の表面に照射して除去する．3）除去されて遊離したRIを含む物質を照射と同時に噴霧する水滴や高圧ガスと一緒に吸引して捕集する．ここでは高効率の赤外FELとして，エネルギー回収型リニアック駆動FELの適用例を説明する．電子ビームエネルギーから光エネルギーへの変換効率は通常0.5％程度以下で小さいために，いままで捨てていた残りの99.5％の電子ビームエネルギーを次の加速に全量再利用することにより，

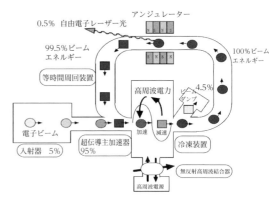

図21.3.7 極短パルスレーザー除染のレーザー装置として想定したエネルギー回収型超伝導リニアックで駆動される高出力FELにおけるエネルギー回収の説明

効率を大きく改善することができる．超伝導リニアックでも常伝導リニアックでもレーザー発振後の電子ビームを最初に加速に使用した加速器の空洞に等時性を保持したまま，減速位相で再入射させて，残った電子ビームの運動エネルギーを全量完全に空洞内の電磁波エネルギーに変換して回収する．この回収された電磁波エネルギーは，次の加速位相以降でレーザー発振に用いる電子ビームの運動エネルギーの増加に，つまり加速に損失なしに利用できる．図21.3.7では，電子ビームエネルギーの5％が入射器で得られ，残りの95％が超伝導主加速器で得られる．主加速器の95％のぶんは発振後の残エネルギーの99.5％から回収され，残りの4.5％がビームダンプで熱となって捨てられる．このようなエネルギー回収型FELでは，回収がなされない入射器のエネルギーがおもな損失となる．

FELの発振過程で，レーザーに変換されたエネルギーは0.5％と小さいが，残りの99.5％の電子ビームエネルギーは，完全にエネルギー回収され，次の加速に再利用されるので損失とならないので効率は低減しない．加速器駆動用マイクロ波の高周波電源の発振効率が効率全体を決める．マイクロ波の高周波電源の効率は周波数依存性が高く，4極管，クライストロード，マグネトロンなどの真空管を利用して，理想的には長波長では75％から短波長では50％程度が電磁波となる．図21.3.7は，このエネルギー回収型超伝導リニアックを駆動源にしたFELの効率とエネルギー損失の説明図である．エネルギー回収型超伝導リニアックは，冷凍機が常伝導に比較して余計な損失となる．

ここで100 MeVの電子ビームエネルギーと10 mAのビーム電流の超伝導加速器は，ビーム電力が1 000 kWとなる．入射器で5 MeV，10 mAのビーム加速が行われると，入射器の高周波電源と電子銃高圧電源から50 kWの電子ビームエネルギーの供給が必要である．これはエネルギー回収されないので，これから5 kWはレーザー電力へ変換され，レーザー除染に使用される．超伝導主加速器は，95 MeV，10 mAの加速を行い，950 kWの電子ビームエネル

図 21.3.8　左図は極短パルスレーザーによる瞬間的に昇華した部分の拡大写真．右図はステンレス鋼 316L にできた冷間加工に伴う応力腐食割れと孔食．

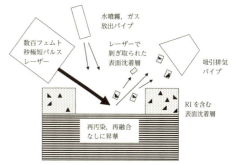

図 21.3.9　フェムト秒 FEL パルスを用いた除染装置の説明．極短パルスレーザー光による非熱除去で原子炉一次冷却水系のステンレス鋼内面に付着した汚染物を除去する．

ギーを生成し，入射器の加速と合わせて 1 000 kW の電子ビームがアンジュレーターで 5 kW の FEL を発振させる．発振後 995 kW に減速した電子ビームは，等時性周回を行って，減速位相で 995〜950 kW を完全に空洞内の電磁波エネルギーに変換して回収し，次回の加速に利用する．残りの 45 kW はビームダンプで熱となって捨てられる．この加速損失 45 kW，この加速に必要な機器損失が 45 kW とすると 5 kW のレーザーを生成するのに 90 kW が必要である．この場合，5.6％の発振効率となる．冷凍機と加速器の周辺機器の損失を入れるとさらに半分程度になるので，最終効率は 2〜3％程度となる．ビームダンプに捨てることをやめて，ここに静電型の入射機と減速器を入れることが可能であれば，減速機で入射器の損失を回収できると全体効率は 10 倍程度になり，ファイバーレーザーの効率 30％と同等にすることが可能となる．

FEL は数 ps から数百 fs 程度のパルス幅を持った連続波レーザー発振であるので，尖頭値が高く，非熱的に蒸発が可能となる．旧原研超伝導 FEL の 200 fs 程度のパルス幅でステンレス鋼の非熱蒸発は可能であった．原子炉一次冷却水系 RI 汚染物を模擬するために，冷間加工（CW）により応力腐食割れ（SCC）と孔食を起こしたステンレス鋼 316L の表面沈着層を 200 fs 程度のチタンサファイア（Ti : sapphire）レーザーの平均 0.8 W 照射で非熱的に蒸発させ除去した写真が図 21.3.8 である．冷間加工後の応力腐食割れ亀裂が進展した部分が汚染されるので，この部分のレーザー除去は，効率的な除染の模擬試験となる．

図 21.3.9 は，フェムト秒 FEL パルスを用いた除染装置の概念的な説明[29,30]である．極短パルスレーザー光による非熱除去で原子炉一次冷却水系ステンレス鋼の内面に付着した汚染物の除去の様子を示している．極短パルスによる非熱的なレーザー剥離は，汚染物の付着した表面に溶融池を生成しないので二次的な汚染は起こらない．このように非熱除去（除染）は再溶融による二次汚染がなく理想的な除染となると考えられる．

21.3.6　核物質検査

2011 年の東日本大震災に伴う福島第一原子力発電所事故は，原子炉燃料の溶融，格納容器外への放射性物質の漏えいをもたらす事態となった．今後 30〜40 年をかけて事故のあった原子炉から燃料を取り出し，建物を解体する廃止措置が行われる．廃止措置における溶融燃料（デブリ）の取り出しにあたっては，溶融燃料中の核物質量の測定を考慮しなければならない．原子力の平和利用を国是とする日本は，国際的な核不拡散の枠組みである保障措置を通して，核物質が不正に兵器に転用されていないことの確認が求められるからである．保障措置の原則では，事故直前までの原子炉の運転履歴から計算される燃料中の核物質量（ウラン，プルトニウム）と実際に取り出したデブリ，破損燃料に含まれる核物質量に矛盾がないことを示さなければならない．スリーマイル島事故では，米国が核保有国であり保障措置の適用外であったので，溶融燃料中の核物質測定は，福島が最初の事例となる．2014 年時点で複数の測定技術が提案されているが，このうち加速器を使った非破壊測定技術について紹介する．

電子加速器で発生するパルス中性子による，中性子共鳴濃度分析法（Neutron Resonance Densitometry : NRD）が提案されている[30]．NRD は 2 種の測定法，中性子共鳴透過分析法（Neutron Resonance Transmission Analysis : NRTA）と中性子共鳴捕獲 γ 線分析法（Neutron Resonance Capture Analysis : NRCA）を組み合わせたものである（図 21.3.10）．核物質の多くは数〜数十 eV の低い中性子エネルギー領域に共鳴を持ち，中性子飛行距離を 5〜10 m 程度に設定した NRTA で測定できる．数 keV 以上に中性子共鳴を持つ核種（鉄，ホウ素など）は，短い飛行距離の NRTA が使えないので，中性子捕獲反応で発生する即発 γ 線の分光（NRCA）にて測定する．NRD で使用するパルス中性子源は，京都大学原子炉実験所に設置されている装置と同等の仕様（中性子強度 10^{12} n/s）であり，電子エネルギー 30 MeV，マクロパルス 1 μs，繰り返し 100 Hz，マクロパルス電流 500 mA などである．NRD で測定できる試料には厚さの制限があり，細かい粒状のデブリをカプセルに充填した試料を対象としている．また，水分を含む試料では測定精度が悪化するので注意が必要である．

γ 線による測定技術として，原子核共鳴蛍光散乱（Nuclear Resonance Fluorescence : NRF）を使った手法が提

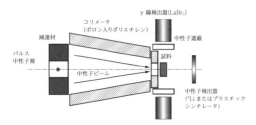

図 21.3.10　中性子共鳴濃度分析法の概念図．文献 31 の図を改変．

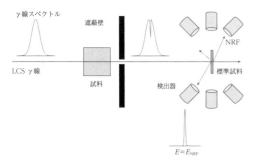

図 21.3.11　γ 線共鳴透過分析法による核物質測定の概念図．文献 32 の図を改変．

案されている[31]．NRF は核種ごとに固有の散乱スペクトルを示すため，同位体を識別したうえで核物質の量を測定することができる．ウラン，プルトニウムなどは，2〜3 MeV のエネルギーに共鳴を持つ．透過力の強い γ 線を使う本手法は，粒径の大きなデブリ，バルク状のデブリ，水封容器中に充填されたデブリなど，中性子で測定できない試料にも適用できる．試料に入射する γ 線としては，エネルギー可変かつ狭帯域の特長を持つレーザーコンプトン散乱 γ 線（Laser Compton Scattering：LCS）を用いる．2 MeV の γ 線は，エネルギー 350 MeV の電子ビームと波長 1 μm のレーザーの衝突散乱で発生できる．溶融燃料の測定を高精度で行うためには，高輝度の γ 線が必要であり，エネルギー回収型リニアックとレーザー蓄積装置を用いたシステムの開発が行われている．図 21.3.11 に NRF による測定手法の一つ，γ 線共鳴透過分析法の配置を示す．試料中の核物質による γ 線の共鳴吸収の量を，下流に配置した標準試料（測定したい核種を含む）からの共鳴散乱 γ 線の減少によって測定する．本手法では試料の放射能に影響されにくいという利点がある．

参考文献

1) C. L. Duarte, et al.：Radiat. Phys. Chem. 63 647 (2002).
2) 電子線下水処理技術検討委員会：『電子線を用いた下水処理技術』JAERI-Research 95-006 (1995).
3) International Atomic Energy Agency (IAEA)：Report of the 2nd RCM on Radiation Treatment of Wastewater for Reuse with Particular Focus on Wastewaters Containing Organic Pollutants (2012).
4) A. Kimura, et al.：Radiat. Phys. Chem. 81 1508 (2012).
5) 小嶋拓治：応用物理 72 405 (2003).
6) K. Hirota：Environ. Sci. Technol. 37 3164 (2003).
7) T. Hakoda：Radiat. Phys. Chem. 77 585 (2008).
8) T. Hakoda：Ind. Eng. Chem. Res. 49 5517 (2010).
9) 日本分析化学会北海道支部 編：『環境の化学分析』三共出版 (2005).
10) 日本 XAFS 研究会 編：『XAFS の基礎と応用』講談社 (2017).
11) 日本土壌肥料学会 編：『土壌環境中の有害元素の挙動—放射光X 線吸収分光法による分子スケールスペシエーション』p. 44，博友社 (2012).
12) 平田收正，池 道彦 監：『植物機能のポテンシャルを活かした環境保全・浄化技術—地球を救う超環境適合・自然調和型システム』シーエムシー出版 (2011).
13) A. Hokura, et al.：J. Anal. Atomic Spectrom. 21 321 (2006).
14) L. Q. Ma, et al.：Nature 409 579 (2001).
15) 岩坂泰信，ほか：エアロゾル研究 25 (1) 4 (2010).
16) S. A. Ewing, et al.：Environmental Science and Technology 44 (23) 8911 (2010).
17) 高橋幹二 著，日本エアロゾル学会 編：『エアロゾル学の基礎』森北出版 (2003).
18) 笠原三紀夫，東野 達 編：『エアロゾルの大気環境影響』京都大学出版会 (2007).
19) K. R. Spurny ed.："Analytical Chemistry of Aerosols" Lewis Publishers (1999).
20) J. T. Jayne, et al.：Aerosol Science and Technology 33 (1-2) 49 (2000).
21) 岡田菊夫：エアロゾル研究 19 (1) 21 (2004).
22) 石井慶造：放射線 23 (4) 3 (1997).
23) 笠原三紀夫：エアロゾル研究 8 (2) 118 (1993).
24) K. G. Malmqvist：Nuclear Instruments and Methods in Physics Research Section B 113 (1-4) 336 (1996).
25) C. J. Ma, et al.：Nuclear Instruments and Methods in Physics Research Section B 215 (3-4) 501 (2004).
26) S. Tohno, et al.：Environmental Monitoring and Assessment 120 (1-3) 575 (2006).
27) W. Maenhaut, et al.：Nuclear Instruments and Methods in Physics Research Section B 318 119 (2014).
28) 環境省 HP：平成 25 年版 環境・循環型社会・生物多様性白書，https://www.env.go.jp/policy/hakusyo/h25/index.html
29) 峰原英介：デコミッショニング技報 41 22 (2010).
30) 米国特許，US Patent：No. 8,518,331B2, Date of Patent Aug. 27th 2013, Inventor：Eisuke Minehara, Assignees：Japan Atomic Energy Agency, Japan Atomic Power Company, "Apparatus for decontaminating radioactive-contaminated surface vicinity region by use of non-thermal laser peeling" (2013).
31) F. Kitatani, et al.：J. Nucl. Sci. Tech. 51 1107 (2014).
32) R. Hajima, et al.：Eur. Phys. J. Special Topics 223 1229 (2014).

表 21.4.1 放射線殺菌の応用範囲

目的	吸収線量 [kGy]	対象品
腐敗菌の殺菌	1.0～7.0	果実，水産加工品，畜肉加工品，魚
胞子非生成食中毒菌の殺菌	1.0～7.0	冷凍エビ，冷凍カエル脚，食鳥肉，飼料原料， 畜肉
食品素材の殺菌（衛生化）	3.0～10.0 （～30）	香辛料，乾燥野菜，乾燥血液， 粉末卵，酵素製剤，アラビアガム
滅菌	20～50	畜肉加工品，病人食，宇宙食，キャンプ食， 実験動物用飼料，包装容器，医療用具

太字の対象品目は諸外国も含め商業規模での流通が報告されているもの.
WHO：照射食品の安全性と栄養適性（コープ出版；1996）などから作成.

21.4　食品・農業・医用工業

21.4.1　食品の放射線殺菌

a.　食品照射と規格・基準[1]

放射線の生物作用を利用して食品の殺菌，殺虫，発芽抑制などを行う技術を食品照射といい，放射線で処理された食品を照射食品と呼ぶ.

照射食品の安全性については，国際的に行われた毒性試験の結果を総括し，1980 年に，FAO/IAEA/WHO[*1] の照射食品の健全性に関する合同専門家会議（JECFI）が，「10 kGy 以下の総平均線量でいかなる食品を照射しても，毒性学的な危害を生ずるおそれがない」という結論を出した. また，1997 年には，WHO の高線量照射に関する専門家委員会が，「意図した技術上の目的を達成するために適正な線量を照射した食品は，いかなる線量でも適正な栄養を有し安全に摂取できる」として，10 kGy 以上を照射した食品についても健全性に問題がないと結論した.

食品の国際規格を作成する Codex 委員会では，「照射食品の一般規格」[*2] を採択しており，食品の吸収線量について，「食品の最大吸収線量は，技術上の目的を達成する上で正当な必要性がある場合を除き，10 kGy を越えてはならない」とする他，利用可能な放射線を，1）^{60}Co または ^{137}Cs の γ 線，2）エネルギー 5 MeV 以下の X 線，3）エネルギー 10 MeV 以下の電子線の 3 種類に制限している.

なお，我が国では，食品衛生法においてじゃがいもの発芽抑制を除き，食品への放射線照射（放射線の定義は原子力基本法に従う）を禁止している. 現行法規の下では，殺菌目的の食品の放射線照射は違法であり，海外で処理された食品の輸入もできない.

b.　食品の放射線殺菌の応用範囲と実用例

微生物の放射線感受性は種によって異なる. 一般に，有芽胞細菌は放射線耐性が強いが，多くの食品微生物は

---

*1　WHO（世界保健機関），FAO（国連食糧農業機関），
　　IAEA（国際原子力機関）

*2　Codex General Standard for Irradiated Food-CODEX
　　STAN 106-1983, REV. 1-2003

1～10 kGy で殺菌される. 一方，ウイルスは放射線に著しく耐性が強く失活には 10～50 kGy 必要であり，酵素やプリオンなどはさらに放射線に耐性が強い. 表 21.4.1 に，対象となる食品と想定される効果を考慮して，食品の放射線殺菌の利用範囲をまとめた. 食中毒の防止や食品の衛生化を目的とした場合の利用は，1 kGy 以下で畜肉の寄生虫の制御，1～7 kGy 程度での多水分食品の微生物制御（非胞子形成細菌），3～10 kGy において，乾燥食品原材料の衛生化（有芽胞細菌を含む）が可能である[2].

香辛料・乾燥野菜などの食品原材料の殺菌は，世界規模で普及している. 2005 年には，全世界での照射食品の処理量は約 40 万 t で，そのうちの 46 ％ が香辛料・乾燥野菜の殺菌と推定された. 米国では，香辛料の 1/3 が放射線殺菌されている[3].

その他，商業規模で放射線殺菌が利用されている品目としては，畜肉およびその製品がある. 米国では，牛挽肉の腸管出血性大腸菌 O157 汚染や食鳥肉のサルモネラ汚染対策として，放射線照射が認可されている. 現在，流通量全体に占める割合は限られているが，電子線および γ 線で殺菌された牛挽肉および鶏肉が，年間 8 000 t 程度照射されている[4]. また，中国では，香辛料風味の発酵鶏肉が，2012 年には，年間 40 万 t 程照射され，照射処理の表示をつけて国内で販売されている[5]. さらに，特定の国や地域で利用されている品目として，寄生虫殺滅を目的としたタイの豚肉発酵ソーセージや EU 諸国で消費されるカエル脚などがある[4]. また，ベトナム，オランダなどでは，冷凍エビの商業規模での殺菌も実施されている[4].

c.　今後の技術的展望

放射線殺菌の利点は，1）高い透過性により包装後の処理が可能，効果の信頼性が高い，2）温度上昇がわずかで，生鮮物，冷蔵品，冷凍品に応用可能，ということが挙げられる. 短所は，品目によっては，十分な殺菌効果を得る線量では，食味などの品質が損なわれる場合があることである. これを避けるためには，脱酸素や冷凍など照射時の条件設定が重要である.

今後，期待される利用法としては，免疫不全患者を対象とした病人食や災害時などの非常食なども挙げられる. 技術的には，^{60}Co 線源から加速器利用への転換が，進むと

予想される.

21.4.2 農産物の植物検疫処理

a. 植物検疫処理

植物検疫制度は,輸入国における国内栽培植物(農産物)を,国外から進入した病害虫の拡散,増殖による被害から守る(取り締まる)仕組みである.検疫の対象となる害虫の発生地域から,対象害虫が寄生したおそれのある植物を輸入することは禁止されているが,輸出国での消毒などの適切な措置により,輸入可能となる場合もある.

我が国では,植物防疫法第7条に輸入植物検疫での輸入禁止措置を定め,具体的な禁止対象となる植物と地域を同施行規則第9条の関連別表に示している.そのなかで,検疫有害動植物の完全殺虫・殺菌技術の確立などにより,その侵入を防除できることが,輸出国と我が国との間で技術的に確認されている場合に限り,農林水産大臣が一定の基準を制定し,その基準への適合を条件に,対象植物の輸入が解禁される(条件付き輸入解禁)[6].我が国で輸入解禁のために利用可能な消毒処理は,1) 薬剤によるくん蒸,2) 低温処理,3) 温熱処理の三つで,放射線照射処理は認められていない.

b. 植物検疫処理の国際規格・基準と放射線照射[7]

植物検疫に関する国際基準策定機関である,国際植物防疫条約(International Plant Protection Convention:IPPC)は,「植物検疫措置に関する国際基準(ISPM)」を定め,加盟国間の植物検疫措置の調和を図っている.2003年には,「ISPM No.18:植物検疫措置としての放射線照射の使用のための指針」が採択された.この基準では,線源は食品と同様,^{60}Co および ^{137}Cs を線源とする γ 線,10 MeV 以下の加速電子,5 MeV 以下の X 線としている.線量については,対象となる検疫害虫の行動や繁殖能力を不活化できる,最小吸収線量以上での処理が要求される.2013 年現在,ISPM No.28 の付属書に,14 本の最小吸収線量基準が定められている(表21.4.2).

なお,実際の貿易に際しての植物検疫処理は,輸出国と輸入国の二国間協議での合意に基づいて行われる.

c. 世界における実用化動向[7]

米国では,国内および輸入植物検疫の消毒処理に放射線照射を採用している.ハワイでは,1995 年に米国本土向けの照射果実の試験販売を開始,2000 年にはヒロに世界初の植物検疫処理用 X 線照射施設を開設し,国内向けのパパイヤやサツマイモなどを処理している.また,輸入植物検疫では,2006~2013 年までの間に,インド,タイ,ベトナム,ガーナ,ベトナム,メキシコ,パキスタン,フィリピン,マレーシア,南アフリカ共和国,オーストラリアの各国と米国間で,照射農産物の輸入を可能にする二国間協定を締結している.2012 年には,タイ(ランブータン,ロンガン,マンゴスチン),インド(マンゴ),ベトナム(ドラゴンフルーツ,ランブータン),メキシコ(グアバ,唐辛子など),南アフリカ共和国(ブドウ)の認可施設で照射された農産物が,合計 11 286 t 程度が米国に輸入された.

オーストラリアは,2004 年に世界に先駆け,ニュージーランドに向けた照射マンゴの輸出を開始した.両国間では,その後も植物検疫制度の整備が進められ,2013 年には,照射トマトのニュージーランド市場での販売が開始された.

d. 今後の技術的展望

表21.4.2 ISPM 28 の付属書に収載された検疫害虫の最小処理線量

検疫害虫 学名(和名)	効果	最小吸収線量 [Gy]	対象品目
Anastrepha ludens(メキシコミバエ)	羽化防止	70	すべての果物,野菜
Anastrepha obliqua(ニシインドミバエ)	羽化防止	70	すべての果物,野菜,ナッツ
Anastrepha serpentina(ウスグロミバエ)	羽化防止	100	すべての果物,野菜
Bactrocera jarvisi(和名なし:ミバエ科の一種)	羽化防止	100	すべての果物,野菜
Bactrocera tryoni(クインスランドミバエ)	羽化防止	100	すべての果物,野菜
Cydia pomonella(コドリンガ)	羽化防止	200	すべての果物,野菜
fruit flies of the family Tephritidae(*generic*)(ミバエ科全般)	羽化防止	150	すべての果物,野菜
Rhagoletis pomonella(リンゴミバエ)	さなぎ成長防止	60	すべての果物,野菜
Conotrachelus nenuphar(スモモゾウムシ)	成虫不妊化	92	すべての果物,野菜
Grapholita molesta(ナシヒメシンクイ)	羽化防止	232	すべての果物,野菜
Grapholita molesta under hypoxia(ナシヒメシンクイ(低酸素下))	産卵防止	232	すべての果物,野菜
Cylas formicarius elegantulus(アリモドキゾウムシ)	次世代成虫成長防止	165	すべての果物,野菜
Euscepes postfasciatus(イモゾウムシ)	次世代成虫成長防止	150	すべての果物,野菜
Ceratitis capitata(チチュウカイミバエ)	羽化防止	100	すべての果物,野菜

IPPC:ISPM28 Annex 1-14 https://www.ippc.int/core-activities/standards-setting/ispms#block-agenda-items-list より作成

従来，くん蒸剤として利用されてきた臭化メチルは，オゾン層破壊物質として，モントリオール議定書による全廃が進められている．現在，例外的に認められている植物検疫上の臭化メチル使用も，今後は削減の方向にあり，放射線照射の利用拡大が期待されている．

現在，植物検疫処理用の照射施設には，^{60}Co線源が優位に利用されているが，今後は，加速器利用への期待が大きい．植物検疫上は，比重の大きな農産物を積載した製品に対し，最小線量以上の確実な照射が要求されるが，一方で過剰な線量は，農産物の品質を劣化させる可能性がある．このため，数十～数百Gyのレベルでの均一な線量分布を担保する照射技術が望まれる．

21.4.3 医療機器の放射線滅菌

加速器を用いた放射線プロセスは，電線の架橋や高分子材料の改質・分解をはじめ，使い捨ての理化学機器および医療機器などの滅菌に広く利用されている．海外では食用肉の殺菌などにも利用されているが，我が国ではγ線によるじゃがいもの芽止めだけが許可されている．漢方薬を含む医薬品については，成分の変性などの問題から放射線滅菌の採用は数品目にとどまり普及はしていない．殺滅菌目的のおもな照射物を表21.4.3に示した．本項では，医療機器の放射線滅菌の概要と国内外の法令および規格について記述する．

a. 放射線滅菌の現状

医療機器の放射線滅菌は，1958年の米国エチコン社での加速器による腸線縫合糸が最初である．その後，製品への透過力が大きい^{60}Coのγ線滅菌が主流となり，現在では世界で約200を超えるγ線照射施設が稼働している．我が国においては，昭和45（1970）年12月の厚生省告示に

表21.4.3　殺滅菌目的のおもな照射物

分　類	品　　目
医薬品	点眼薬，傷テープ，他
医療機器	ダイアライザー（人工腎臓），カテーテル，注射針/注射筒，手術用メス/ランセット，手術用手袋，真空採血管，インプラント，オイフ/ドレープ，他
実験動物/農畜産関係	実験動物用飼料，ゲージ，床敷き，砂，土壌，他
理化学検査機器	シャーレ，遠沈管，フィルター，フラスコ，ピペットマイクロプレート，チップ/スポイト，培地/培地原料，他
衛生材料	マスク，綿棒，ガーゼ，脱脂綿，不織布原反，他
食品包装材	加工肉用ネット，ロール状フィルム（餅，だし汁），容器，スタンドパウチ，バックインボックス（BIB），カップ，キャップ，他
医薬/化粧品容器	医薬品/化粧品容器，フェイスマスク，キャップ，チューブ，投薬瓶，バイアル瓶，他

より，初めてγ線滅菌の商業的照射が開始された[8]．2011年度の医療機器の滅菌種類別売上高における放射線滅菌の割合は，エチレンオキサイド滅菌が60.9%でトップであるが，γ線滅菌30.0%，電子線滅菌3.6%と放射線滅菌が全売上高の1/3を占めている[9]．

一方，近年の急速な加速器の技術革新により10MeV程度のエネルギーを安定的に高精度で発生可能となったこと，および^{60}Coが高騰したことなどにより，再び加速器の新増設が盛んになってきており，電子線を変換して得られる制動X線を利用した滅菌施設も稼働を始めている．

b. 品質システムおよび工程管理

我が国における黎明期の放射線滅菌の工程管理は，厚生省薬務局長通知によりバイオロジカルインジケータ（BI）の無菌試験であった[10]．具体的には，「被滅菌物がもっとも滅菌されにくいと考えられる個所を含めて，適当な個所にテストピース（枯草菌（B. subtilis）などを附着させたろ紙など）を挿入し，滅菌工程終了後に培養して菌の生死を判定し，被滅菌物の無菌性を確保する」というものであった．

その後，滅菌プロセスの工程管理は，おもに製造業を対象にして1987年に初版が発行された品質マネジメントシステムISO 9001（JIS Q 9001）およびその医療機器版で，各国の薬事規制を目的として1996年に発行されたISO 13485（JIS Q 13485）の枠組みに組み込まれることになった．特に2003年に改訂されたISO13485は，若干の変更を加えたうえで厚生労働省令169号になっている．さらに，1994年から1995年にかけて国際的整合化の動きを反映して，医療機器のおもな滅菌法の国際規格（ISO）が制定され，その内容を変更することなく翻訳した日本工業規格（JIS）が発行されている．このうち，放射線滅菌については，以下のとおりである．

- ・ISO 11137：1995．最初の放射線滅菌規格．2006年に下記の3部作としてリニューアル
- ・ISO 11137-1：2006（1版），JIS T 0806-1：2010として翻訳．ISOは2013年に修正項を発行
- ・ISO 11137-2：2006（1版），JIS T 0806-2：2010として翻訳．最新ISOは2013年版（3版）
- ・ISO 11137-3：2006（1版），JIS T 0806-3：2010として翻訳

工程管理は，1995年のISO規格からBIの無菌試験ではなく滅菌工程のパラメータによることが要求事項となった．また，JIS T 0806-1およびJIS T 0806-2は，厚生労働省から「滅菌バリデーション基準」として通知されている[11]．上記の通り，滅菌プロセスは，国際的な品質マネジメントシステムに組み込まれ，薬事関係法令までもが国際的整合性を要求され，たとえ輸出をしない国内向け医療機器メーカーであっても，これらを遵守しなければならない．さらに，この品質マネジメントシステムおよび滅菌プロセスを適切に運用しているか否かを，国や民間機関である第三者認証機関から，国際的な同一規格・基準で定期的

に監査を受ける仕組みが確立された.

c. 今後の放射線滅菌について

放射線滅菌は,他の滅菌法に比較して管理すべきパラメータが線量だけと少なく,プロセス管理は比較的容易である.電子線滅菌はすでに広く普及しているところであり,建設のコンセンサスも得やすく,今後とも医療機器製造会社での新増設が見込まれる.さらに,変換効率の改善による制動X線による滅菌が増加するものと期待される.

21.4.4 イオンビームによる産業微生物の突然変異育種

麹菌,根粒菌や酵母など,農業,発酵産業や環境保全などの様々な分野で利用されている産業微生物は,その有用特性を高度化させるため,これまで突然変異誘発などによる育種が盛んに行われてきた.しかし,従来の紫外線,薬剤やγ線などの変異原による突然変異は,突然変異率が低いことや目的形質以外の付随変異を多く伴うなどの問題点があった.また,遺伝子組換え技術を用いて目的形質のみを改変する育種も行われるようになっているが,パブリックアクセプタンスの観点から,遺伝子組換え体の産業利用は困難な状況であり,効果的に突然変異を誘発することの可能な,新たな育種技術の開発が急務であった.

a. イオンビームに誘発される突然変異の特徴

新しい変異原として,イオンビームを微生物の突然変異育種に適用することで,従来法の問題点を克服できると考えられる.しかし,微生物は,植物に比べ,標的となるゲノムDNAが小さいために,植物のような効果が期待できないのではないかという先入観もあり,イオンビームに誘発される突然変異の特徴は,これまでほとんど明らかにされてこなかった.そこで,我が国において醤油や味噌の醸造や産業用酵素の生産などに利用される,重要な産業微生物である麹菌を対象として,イオンビーム誘発突然変異の特徴の解析に着手した.必須アミノ酸であるメチオニンの生合成に関与する遺伝子群(sB および sC 遺伝子)の変異に起因するセレン酸耐性変異を指標として,麹菌のイオンビームに誘発される突然変異の特徴を,DNA塩基配列レベルおよび染色体レベルで解析を試みた.その結果,炭素イオンビーム($^{12}C^{5+}$,平均 LET:121 keV/μm)は,γ線と比べて,高い突然変異率を示し,低い線量でもより効果的に,遺伝子内に様々な種類の突然変異を誘発することに加えて,染色体間での欠失,転座や逆位などの大規模な構造変化を起こすことを見出した[12].以上のように,微生物においても,従来植物を対象として示されてきたイオンビーム誘発突然変異の特徴を同様に持つことを明らかにし(表 21.4.4),イオンビームを用いた微生物の品種改良への可能性を示した.

b. イオンビーム誘発突然変異による有用変異株の作出

これまでに,イオンビームに誘発される突然変異の特徴を活用して,産業微生物である麹菌,糸状菌,清酒酵母や根粒菌の品種改良への応用を試みた.醤油醸造に利用される麹菌では,醤油の生産性向上に重要であるプロテアーゼの活性が向上した変異株を,植物への病害虫に対する生物農薬として利用される昆虫病原糸状菌では,殺菌剤耐性が向上した変異株や発育上限温度が向上した変異株[13-15]を,清酒酵母では,吟醸酒特有の香り成分の主成分であるカプロン酸エチルを高生産する吟醸用清酒酵母を作出[16]した.この新規清酒酵母を用いて醸造された吟醸酒は,2013年4月より販売を開始されている.また,東南アジアで利用が普及しているバイオ肥料に利用されるダイズ根粒菌では,高温環境による機能低下が問題であったが,高温耐性を付与した突然変異株を作出した.さらに,バイオレメディエーションに利用可能な放線菌や放射線抵抗性細菌の品種改良にも取り組んでいる.

このように,イオンビーム微生物育種技術の懸念の一つであったゲノムサイズについても,様々な微生物種に展開されており,イオンビームが産業微生物の品種改良に非常に有効であることが実証されつつある.微生物は,植物よりも生育が早く,様々な培養条件・照射条件が検討できることから,短期間で有用突然変異体の選抜が期待できる.また,ゲノムDNAに起こった突然変異部位の同定も,植物よりも比較的容易に行える.このように,イオンビームを用いた微生物の突然変異誘発技術は,有用微生物資源の創成といった応用研究だけではなく,放射線影響解析といった基礎科学研究の両面において,非常に有用なツールである.

21.4.5 高エネルギー重イオンビームによる品種改良

急激な環境の変化や世界市場の多様な要望に対応するためには新品種の育成が必要であり,育種技術の迅速化が急務である.そこで農業上有益な形質には影響を与えずに,目的とする遺伝子のみを改変する技術が望まれている.

突然変異を人為的に誘発して,変異体を利用して新品種を育成するのが突然変異育種である.約3200ある変異体を利用した品種(Mutation Variety Database)において,最も利用されている変異原は放射線照射であり,日本は中国やインドとともに突然変異育種が盛んな国である.

1986年,理化学研究所(理研)リングサイクロトロンの完成に合わせて建設された理研加速器施設には,がん治療のための基礎研究に使用する目的で生物照射専用のビームラインがあった.そこで,タバコ「キサンチ」品種の受粉直後の子房に窒素イオンビーム(LET 30 keV/μm)を

表 21.4.4　麹菌におけるイオンビーム誘発突然変異の特徴

	γ線	炭素イオン
致死効果	低	高
突然変異頻度	低	高
遺伝子内の変異数	多	少
大規模変異	多	少
染色体の構造変化	有	有

照射し，植物に対する変異効果を調査したところ，例えばγ線照射では，半分程度生育量や生存率を低下する線量で変異選抜を行うが，生存率が低下しない低線量域でアルビノ（白子），斑入りなど葉色や草型の変異や花色変異など形態異常株が多く出現した[17]．次に，キク，バラ，ダリア，ペチュニア，トレニアなど花卉園芸植物を供試したところ，同様に生存率が低下しない低線量照射で，花色や花弁数が変るものが得られ，そのなかにγ線照射と異なる変異花が出現した．

a. 変異原としての重イオンビーム

放射線を照射すると細胞核のDNAが影響を受ける．同じ線量を照射しても，X線やγ線のような低LET線と重イオンビームのような高LET線では，DNAに与える影響が異なる．低LET線では，二次的に発生したラジカルが細胞核に広がりDNAの一本鎖切断（Single Strand Break：SSB）が発生する．重イオンビームは，イオンの飛程に沿って高密度に電離領域を形成し，局所的にDNAに損傷を与える．モンテカルロ法によって推定すると，SSBは減少し，二本鎖切断（Double Strand Break：DSB）を高頻度に発生し，その割合はLETに依存して大きくなる．生物はDNA損傷に対して様々な修復機構を備えており，迅速に損傷修復を行うが，SSBに比較してDSBは修復が難しく，正確に修復することができず，突然変異が生じる．重イオンビーム照射では，生存率に影響を与えない低線量でも高い変異誘発効果を有するため，飛来する粒子数が少なく，切断箇所以外の遺伝子が影響を受けるリスクを低減できる．その結果，変異形質の固定が容易となり，変異体が新品種となるため，育種年限が短縮される．

b. LETの変異効果に対する影響

LETによる生物効果の研究は，動物研究が先行しており，例えば動物細胞における変異誘発や致死効果に最も有効なLETは110～124 keV/μmであり，このとき，γ線照射と比較して大きな領域が欠失する割合が高まることが示されていた[18]．そこで，LETの変異領域の大きさに対する影響についてマーカー遺伝子を導入した根粒菌を用いて調査した．その結果，炭素（LET 23～60 keV/μm）より鉄（LET 640 keV/μm）で欠失変異の出現率が高まり，欠失領域が大きくなることが判明した[19]．一方，ソバやシロイヌナズナでは致死効果が高いのは，290 keV/μmであった．そこで，変異誘発にも適正なLETがあるかを調査した．その結果，突然変異率は炭素イオンでも窒素イオンでも30 keV/μmで最大となることを発見し，このLETをLETmaxとした（図21.4.1）[20]．次にシロイヌナズナ種子に重イオンビームを照射し，変異体を選抜し変異領域の種類と規模を解析した．その結果，23と30 keV/μmに違いはなく，ほとんどが数bp（塩基対，base pair）から数十bpの欠失変異であったが[21]，致死効果の高い290 keV/μmでは，炭素イオンでもアルゴンイオンでも数kbpから数十kbpという巨大欠失や染色体の再構築の割合が高くなった[22]．さらに，変異率が最も高くなる照射区より単離

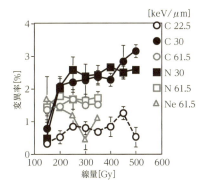

図21.4.1 シロイヌナズナ変異率に対するLETの影響
変異率：アルビノ個体数／M_2播種数 [%]

した変異体を全ゲノム解析に供したところ，塩基置換や小欠失（100 bp未満）はLETmaxでは57ヵ所，290 keV/μmでは28ヵ所であるのに対して，染色体再構築や大欠失は，LETmaxでは2ヵ所，290 keV/μmでは10ヵ所検出された．また，変異遺伝子数（ホモ型）はLETmaxでは5，290 keV/μmでは9と少ないため，変異体の原因遺伝子同定は可能と考えられた[23]．以上のことより，LETを制御することにより目的に合わせた突然変異誘発が可能となった．すなわち，LETmax照射では，一遺伝子破壊に適した欠失変異体が高率に得られることより，品種改良に適しており，290 keV/μm照射では，植物ゲノムの遺伝子の15％程度を占める直列に重複した遺伝子の破壊に適していると考えられる．

21.4.6 イオンビーム育種によるカーネーション品種の花色シリーズ化

イオンビームが変異原として植物や微生物の改良に幅広く利用されるきっかけとなった成果が，本項で記載するイオンビーム育種によるカーネーション品種の花色シリーズ化である．本研究を開始した当時，イオンビームがγ線やX線に比べて，新しい変異形質をつくり出す効果を明確に示した知見はほとんどなかった．そこで，キリンビールと日本原子力研究所（現・量子科学技術研究開発機構）は，有力なカーネーションでありながら花色が1種類しかなかった品種「ビタル（図21.4.2 (a)）」を材料として，イオンビームの変異誘発効果を検討すると同時に，実用新品種の開発を目指して試験を開始した．

a. イオンビームで得られた幅広い変異形質

カーネーション品種「ビタル」の腋芽培養物に，炭素イオンビーム（表面LET：107 keV/μm）を5～30 Gy照射した．対照として，γ線を30～100 Gy，軟X線を40～130 Gy照射した．これらの線量域は，それぞれの変異原について，植物体再生率が非照射と同等である線量から，10％程度に低下する線量の範囲に相当する．

照射した培養組織から再生させた植物体を育成し，花色および花型に関する変異体をほ場で選抜した．原品種「ビ

表 21.4.5 カーネーションでの変異スペクトルの比較

変異原	変異誘発率 [×10⁻¹ %]										
	花色									花形	
	薄桃	桃	濃桃	赤	サーモン	黄	クリーム	条斑	複色	丸弁	ナデシコ型
炭素イオン	3.5	4.7	1.2	3.5	2.4	1.2	1.2	3.5	2.4	4.7	2.4
軟X線	1.7	8.4	0	3.4	0	0	0	0	0	0	0
γ線	9.6	9.6	0	1.7	0	0	0	0	0	0.9	0

図 21.4.2 イオンビーム育種で作出したカーネーション新品種

タル」の花色はチェリーピンクで，花弁形状は剣弁である．表 21.4.5 に示すように，γ線および軟X線では，花色に関しておもに薄桃，桃，赤の変異体が得られたのに対し，炭素イオンではこれらの 3 種類に加えて，濃桃，サーモン，黄，クリームの変異体が得られた．また，花の外側と内側で色が異なる複色タイプも得られた．花型についても，炭素イオンビームでは丸弁や花弁数の少ないナデシコ型が比較的高頻度で得られ，γ線や軟X線に比べて幅広い変異体が得られることを実証した[17]．

b. カーネーションの花色シリーズ化と新品種実用化

得られた変異体の中から，形質が安定しており商品性が見込まれる系統を試験栽培し，最終的に，濃い赤色の「レッドビタルイオン（図 21.4.2 (b)）」および「レッドビタル」，紫ピンク色の「ダークピンクビタルイオン（図 21.4.2 (c)）」，ピンクと白の複色の「ミスティーピンクビタルイオン（図 21.4.2 (d)）」，チェリーピンクで丸弁の「ビームチェリー（図 21.4.2 (e)）」の計 5 品種を品種登録出願した．原品種「ビタル」は高生産性で花持ちがよく，病害にも強いことが特徴であるが，新品種でもこれらの特徴が維持されていることから，イオンビームによって原品種の優良特性を維持しながら花色シリーズ化が可能であることを実証した．これらの新品種は 2005 年から国内と欧州で本格的な販売が開始され，2006 年以降，毎年 10 億円規模の経済効果（卸値）をもたらしている．特に，「ビームチェリー」は茎が強く，既存品種に比べて多湿条件での栽培が可能であり，品種の移り変わりの激しいカーネーションのなかにあって，長期間実用栽培されている優良品種である．

c. 輝く色調のカーネーション品種開発

カーネーションのなかには，花弁表皮細胞内で色素が凝集し，通常とは光の反射が異なる特殊花色系統が存在する．特殊花色を示す品種はほとんどなく，その発現機構も詳しく知られていなかったが，アントシアニン色素にリンゴ酸が付加されていない場合に色素の凝集が起こりやすいことを見出した[18]．そこで，リンゴ酸を付加する働きを持つリンゴ酸転移酵素遺伝子について，数多くのカーネーション系統を調査し，選定した系統の同遺伝子をイオンビームで不活化させることによって，輝く色調の花色シリーズ化に成功した．これまでに，既存の特殊花色品種に比べて輝く色調が強く，白地に鮮やかな赤の複色の系統「キャピーフレア」（図 21.4.2 (f)）が品種登録されている．

これらの成果は，優良な原品種が一つ得られれば，原品種の優良形質を維持しながら，花色や花型だけをピンポイントで改良して，シリーズ化できることを明確に示したものであり，この成果を基に，特に園芸植物を中心としてイオンビーム育種が広く利用されるようになった．

参考文献

1) 等々力節子：ファルマシア 49 (1) 37 (2013).
2) 伊藤 均：食品微生物学会誌 28 (3) 149 (2011).
3) 久米民和：食品照射 43 46 (2008).
4) 久米民和：食品照射 47 29 (2012).
5) H. Chen：IMRP17, presentation slide (2013).
6) 農林水産省 植物防疫所 HP：条件付き輸入解禁植物について (http://www.maff.go.jp/pps/j/introduction/import/ikaikin/index.html)
7) 等々力節子：食品照射 48 47 (2013).
8) ディスポーザブル注射筒基準，厚生省告示第 442 号，昭和 45 年 12 月 28 日．
9) 日本医療器材工業会，医器工統計資料，I-11 2011 年度．
10) 人工血管基準等の制定及び採血びん入り血液保存液基準等の一部改正について，厚生省薬務局長通知，薬発第 863 号，昭和 45 年 10 月 6 日．
11) 「薬事法及び採血及び供血あつせん業取締法の一部を改正する法律の施行に伴う医薬品，医療機器等の製造管理及び品質管理（GMP/QMS）に係る省令及び告示の制定及び改廃について」の一部改正について，厚生労働省医薬食品局監視指導・麻薬対策課長通知，薬食監麻発 0330 第 5 号，平成 23 年 3 月 30 日．
12) Y. Toyoshima, et al.: Mutat. Res. 740 43 (2012).
13) S. Shinohara, et al.: FEMS Microbiol. Lett. 349 54 (2013).
14) Y. Fitriana, et al., Biocont. Sci. Techno. 24 1052 (2014).
15) Y. Fitriana, et al., Appl. Entomol. Zool. 50 123 (2015).
16) 増渕 隆，ほか：バイオインダストリー 30 65 (2013).
17) T. Abe, et al.: Proc. of the US-Japanese joint meeting, Modification of gene expression and non-Mendelian inheritance, 469 (1995).
18) M. Suzuki, et al.: Adv. Space Res. 18 127 (1996).

19) H. Ichida, *et al.*: Mut. Res. **639** 101（2008）.
20) Y. Kazama, *et al.*: Plant Biotechnol. **25** 113（2008）.
21) Y. Kazama, *et al.*: BMC Plant Bio. **11** 161（2011）.
22) T. Hirano, *et al.*: Mut. Res. **735** 19（2012）.
23) Y. Kazama, *et al.*: Plant J. **92** 1020（2017）.
24) M. Okamura, *et al.*: NIM B **206** 574（2003）.
25) M. Okamura, *et al.*: Euphytica **191** 45（2013）.

21.5 化学工業・工業技術

21.5.1 RI ビームによるリアルタイム摩耗試験

　機械部品の摺動部における摩耗の低減，およびその検査技術は，装置の故障回避，メンテナンス性の向上，エコロジーの観点からも重要な課題である．部品材料の進歩でその摩耗量は減少し，表面から数十 μm 程度の極微量摩耗の精密評価が必要となってきている．そこで，RI ビームをトレーサーとして装置摩耗部位のごく表面に打ち込み，摩耗量の精密検査に応用する手法について紹介する．

　機械部品の摩耗耐久試験には，初期計量→組み立て→運転→分解洗浄→摩耗計量という工程を繰り返す必要がある．評価したい運転条件ごとにこれらの工程を繰り返すには時間がかかり，また測定の再現性にも困難を伴う．そこで部品摺動面をあらかじめ放射化して，生成した RI 核種を摩耗量のトレーサーとして用いる技術が進歩してきた．RI 核種から放出される物質透過力が高い γ 線などを用いると，装置外部から，装置が稼働状態で摩耗量のリアルタイム診断ができるからである．部品表面を効率よく放射化する手法は，加速器技術の進歩とともに変遷してきた．トレーサーは部品表層のみに高濃度で存在することが望ましいので，薄層放射化（Thin Layer Activation：TLA）法の研究が低エネルギー軽イオン加速器を用いて行われ，自動車エンジンなど広範囲なトライボロジー分野に利用されてきた[1-4]．しかし，部品表面を直接放射化する TLA 法にはいくつかの難点があった．検査部品の元素組成によって

は，摩耗計測に有用な数ヵ月～数年程度の長半減期 RI 生成が困難な場合があり，部品の組成が金属系素材などに限られた．また多核種の RI が同時に生成され，γ 線検出の妨害核種となる場合もあった．さらに RI トレーサー濃度を高めるには大強度ビームでの照射が必要なため，部品表面が局所的に発熱し，摩耗検査以前に材質が放射線損傷することが懸念された．そこで，間接的に放射化する手法として，核反応標的からの反跳 RI ビーム[5]や，別途生成しておいた RI 核種を再加速して部品に打ち込む[6]手法も開発されてきた．

　一方近年，中～高エネルギーの重イオンビームによる核破砕反応や，核子移行反応を用いた RI ビーム生成分離装置が開発され，エネルギーが比較的高く大強度な RI ビームを供給できるようになってきた．そこで我々は荷重試験検査とともに，RI 核種をビームとして打ち込んで摩耗検査に用いる RI ビーム法の開発を行ってきた[7,8]．検査に適した RI 核種を選別して部品表面に打ち込むので，部品材料組成に制約がなく，妨害核種がないので γ 線検出の S/N 比，つまり微量摩耗に対する感度が向上し，材質の放射線損傷も最小限に抑えられる．そのため，プラスチック材や樹脂などへも応用範囲が広がる可能性がある．現在，摩耗検査に有用な RI ビームとして，^{22}Na（半減期 2.6 年，$E_\gamma = 1275$ keV（100%）），^{7}Be（半減期 53 日，$E_\gamma = 477$ keV（10%））が供給可能である（表 21.5.1）．理化学研究所リングサイクロトロン（RRC）と RI 生成分離装置（RIPS）[9]の組み合わせでは，エネルギーの高い ^{22}Na ビームが得られるので，大気圧環境下でも照射が可能である．また，より小型のサイクロトロン（AVF）と東京大学原子核科学研究センター（CNS）の CRIB 装置[10,11]を用いた場合は，得られる ^{22}Na と ^{7}Be ビームのエネルギーが低いので真空中照射となるが，RI ビーム生成のコストを抑えられ有利である．また RI ビーム生成時の運動量広がりが狭いため，単位深さあたりの RI 濃度を高くできる利点もある．現状では，単位深さあたり濃度で約 10 kBq/μm が 10 時間照射で得られ，従来の TLA 法による放射化効率にほぼ匹敵している．これを検出効率 1% の Ge 検出器で摩

表 21.5.1　摩耗検査用 RI ビームの供給実績

生成分離装置	RIPS	CRIB	
RI ビーム	^{22}Na	^{7}Be	^{22}Na
エネルギー［MeV/u］	26.6	4.1	3.7
強度［cps］	1.5×10^8	1.2×10^8	3.1×10^7
RI 純度	100 %	80 %	78 %
放射化率［kBq/h］	～5	～60	～0.9
最大飛程（Al 材中）［μm］	685±8	67±2	38±3
照射環境	大気圧	He 中，真空	真空
加速器	RRC（$K=540$）	AVF（$K=78$）	
1 次ビーム	^{23}Na^{11+}	^{7}Li^{2+}	^{22}Ne^{7+}
エネルギー［MeV/u］	63.4	5.7	6.1
強度［pμA］	～1.0	～1.0	～0.3
RI 生成標的	Be 1.5 mm	H$_2$ 101 kPa	H$_2$ 53 kPa
核反応	核破砕	核子交換（p, n）	

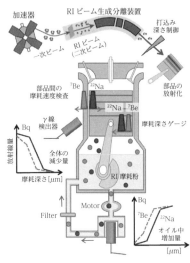

図 21.5.1　RI ビーム法による摩耗検査法

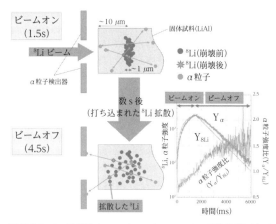

図 21.5.2　^{8}Li 放射性トレーサーによるリチウム拡散係数測定原理の概念図. LiAl（25℃）中で拡散した ^{8}Li からの崩壊 α 粒子収量（$Y_α$）および入射 ^{8}Li 収量（Y_{8Li}）と，それらの比（$Y_α/Y_{8Li}$）の時間スペクトルも示す. ここで，Y_{8Li} は LiAl 中で生き残っている ^{8}Li 量を表し，1.5 秒後における $Y_α$ に対して規格化されている.

耗量を数十分ごとに測定した場合，単純に γ 線量減少の統計精度から算出すると，10〜100 nm 程度の微量摩耗まで感度がある.

実際の摩耗検査では（図 21.5.1），放射化部位におけるγ 線の減少量，もしくは潤滑油中に摩耗粉として混入する γ 線の増加量をモニターする. その変化量について RI 核種の半減期補正を行った結果の差異が，摩耗量として観測される. また RI ビーム法の特徴として，2 核種をそれぞれ摩耗し合う部品に打ち込むことで，部品間の摩耗速度の差異も評価できる. さらに，その打ち込み深さが制御可能なので，例えば同一部品にパルス状に深さを違えて複数核種を打ち込めば，摩耗深さゲージとしての応用も可能であろう. 現在は，実際の産業機械部品を用いて，これら応用の可能性の実証を試みている段階である.

21.5.2　リチウムイオンの拡散測定

原子やイオンが，物質中でどのように移動していくかを全体的な視点（マクロ）で見たときの挙動を「拡散」と呼ぶ. 拡散現象は身近な日常生活に利用されており，今日の生活に欠かせないリチウム電池の充放電過程も，電池材料内のリチウムイオンの拡散現象によるものである. リチウム電池材料としては，リチウム超イオン伝導体と呼ばれる物質群が用いられており，近年，電池の性能向上や新電池素材の開発と関連して，リチウムイオン伝導体中の，リチウムイオンの動的挙動の実験研究が盛んに行われている. ここでは，加速器を使って生成した短寿命なリチウム放射性同位体 ^{8}Li（半減期 0.83 秒で 1.6 MeV の α 粒子 2 個に崩壊）をトレーサー（追跡用試料）としてリチウム超伝導体に打ち込んで，拡散による ^{8}Li の移動を，崩壊の際に放出される α 粒子を測定することで知り，リチウム拡散係数を導くことができる拡散実験手法を紹介する. この実験手法は，従来のトレーサー実験[12]と異なり，1 秒程度の寿命を持つ放射性同位体に適用できる特徴を持ち，超イオン伝導体のような拡散係数の大きい物質に対して有効であり，バルクの結晶試料に対して，試料温度などの試料環境を容易に変えながら，拡散係数を非破壊でその場測定できる特徴を持つ.

図 21.5.2 に，^{8}Li 短寿命放射性トレーサーによる拡散実験手法の原理を示す. 原子核反応（例えば，^{7}Li ビームと ^{13}C 標的）により生成された ^{8}Li を，同位体分離器（Isotope Separator On-Line：ISOL）によりその場で分離した後，適当なエネルギーまで再加速して固体試料に打ち込む. 4 MeV まで加速して，試料 LiAl 深さ 10 μm 程度に打ち込んだ場合，ビームが打ち込まれる後方にアニュラー型の Si 半導体検出器を置いて，試料中 ^{8}Li の崩壊位置から，試料の表面を通り抜ける α 粒子の強度を時間関数で測定する. そうすると，模式図に示されたように，ある時刻（例えば，数秒後）に検出器で測った α 粒子の強度は，その測定時刻における ^{8}Li の濃度分布の広がりを反映するので，α 粒子強度の時間変化から ^{8}Li の拡散係数が導かれる. α 粒子強度の時間スペクトルの十分な統計を得るため，1.5 秒間ビーム照射，4.5 秒間ビーム・オフとする繰り返し測定を行う. 図 21.5.2 には，固定試料 LiAl について，室温で測定した「α 粒子強度比」の時間変化も示した. ここでは，正味の拡散効果による時間変化が得られるように，ビーム照射 t 秒後の崩壊 α 粒子強度の観測値をその時試料中に残留する ^{8}Li 原子の個数で割った. ^{8}Li 残留個数の時間変化は，ビームオン・オフ操作時間と半減期によって，正確に求められる. 仮に打ち込まれた ^{8}Li が拡散していなければ，強度比は測定時刻に無関係な定数になる（現手法での測定限界は 10^{-10} cm^2/s 程度）. しかし，図 21.5.2 で示されたように，最初観測されなかった α 粒子が時間とともに観測されるようになり，^{8}Li が試料表面に拡散していく様子が，手に取るようにわかる. この「α 粒子強度

比」の時間依存性を最も再現する数値解析結果から，リチウムの拡散係数が得られる（20％程度の精度）．数値解析法に関しては，文献 13, 14 で詳しく述べられているので，参考にされたい．ここでは，α 粒子が打ち込まれた深さから物質を抜け出す間のエネルギー損失情報（放出角度による飛程の違い）を使わなくても，カウント数だけからも十分情報が得られることが示された．二つの α 粒子の同時測定を行うか，または α 粒子の放出角度情報を用いると，測定感度が 2～3 桁も向上されることが期待され[15]，ナノスケールの拡散距離（例えば，1 秒あたり数十 nm 程度の移動，～10^{-12} cm^2/s 程度の拡散係数）にも適用できるようにその開発が現在行われている[16]．

21.5.3 架橋を利用したゲル材料

ハイドロゲル（以下，ゲルと略す）は，架橋した高分子の 3 次元網目構造の中に水を内包したソフトマテリアル（主成分が水でありながら固体・弾性体として振る舞う材料）である．ゲルは，高分子水溶液に電子線や γ 線などの放射線を照射することで簡便に得られる．放射線による架橋ゲル合成は，単官能性モノマーと多官能性モノマー（架橋剤）を共重合させる一般的なゲル合成法と異なり，重合開始剤や架橋剤などの化学薬品を使用する必要がないため，純度が高く安全なゲルを得ることができるのが特長である．放射線架橋によりゲル化する水溶性高分子としては，ポリビニルアルコール（PVA），ポリビニルピロリドン（PVP），カルボキシメチルセルロース（CMC），カルボキシメチルデンプンなどが知られている．

火傷や擦り傷の治療には，傷口をガーゼで被覆し乾燥させる方法がこれまで用いられてきたが，近年では，乾燥させるよりも湿潤状態のほうが傷の治りが早いとして，傷口の乾燥を防ぎ，湿潤環境を保持する治療方法が普及してきている．傷口を被覆して外部からの雑菌の混入を防ぎ，傷口からの滲出液を吸収し，傷口の乾燥を防ぐことができる材料として，石油由来の合成高分子である PVA の水溶液に放射線を照射して作製した PVA ゲルの利用が検討され，創傷被覆材が開発・製品化された[17]（図 21.5.3）．本創傷被覆材は，透明であるため治癒の状況を目視観察できることも特長である．ポーランドやマレーシアなどでは，PVP ゲルを用いた創傷被覆材が製造販売されている．

天然高分子（セルロースやデンプンなどの）誘導体から調製した架橋ゲルは，生分解性を示す，環境にやさしい高吸水性材料である[18]．例えば，20 wt％の CMC 水溶液（ペースト状サンプル）に電子線を 10 kGy 照射すると，乾燥ゲル重量の 50 倍量の水を吸水可能な CMC ゲルが得られる．放射線架橋 CMC ゲルは，石油由来高分子の代替として衛生用品や土壌改良材への応用が検討されている．最近では，CMC ゲルを用いることで高強度の和紙が開発された[19]．紙すき工程で CMC ゲルを添加して製作した和紙は，高強度，かつ吸湿による寸法変化がほとんど起こらないことから，金箔を貼り付けるための高級和紙に使用されている．さらに，CMC ゲルを和紙料液に加えることで，吹きつけによる和紙立体形状物が製造可能となり，骨格を持たないランプシェードや壁紙などのインテリア資材が製品化されている（図 21.5.4）．

アミノ基を持つ塩基性の多糖類（キチン・キトサン）を用いることで，吸水性だけでなく金属吸着性を有するゲル材料の開発も報告されている[20]．カルボキシメチル化したキチン・キトサンのゲルは，金や白金などの有用金属，カドミウムなどの有害金属を吸着でき，吸着試験後に酸で洗浄し，金属イオンを遊離させることで再利用可能である．

放射線架橋ゲルは他にも，金属廃材の材種をオンサイトで簡便に判定する材料[21]，放射線治療で用いる線量評価用の材料[22]など，様々な用途での利用が報告されており，今後の進展が期待される．

21.5.4 低エネルギー電子線照射装置の工業利用

本項では低エネルギーの電子線照射装置（電子加速器）の工業的な利用例を中心に述べる．電子線（Electron Beam：EB）は高分子などの素材に架橋，重合などの反応を引き起こしたり，あるいは殺菌作用を目的として，様々な産業分野で利用されている．加速電圧が 300 kV 以下の低エネルギー EB は多くの製品生産の現場で利用されており，産業に欠かせない手段である．低エネルギー EB 装置は電子加速器の一種であるが，工業的な利用の現場では「加速器」というより，生産に利用する「装置」の一つという感覚で捉えられている．本項でもそれにならい，以下「EB 装置」と呼ぶことにする．

a. 低エネルギー EB の特徴

低エネルギー EB 装置は二次的に発生する X 線のエネ

図 21.5.3　創傷被覆材

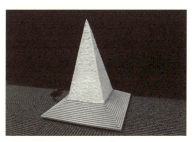

図 21.5.4　ランプシェード

ルギーが低く遮蔽が容易で，装置のみで遮蔽構造が完結できるため，装置がコンパクトである．EBの浸透深さは浅く（飛程が短く，最大でも数百 μm 程度），製品の表面層付近に留まり，かつその範囲においては高線量率（10 kGy/s 以上）である．したがって大面積を高速で照射処理することに適しているため，産業利用が盛んである．

工業的に利用されているEBは一般に加速電圧により高エネルギー（1 MV 以上），中エネルギー（1 MV 未満，300 kV 以上），低エネルギー（300 kV 以下）と区別される場合が多い．低エネルギーEBの装置も他の装置と同じく，真空中で電子を加速し，真空と大気を仕切る金属箔（窓箔）を通して大気圧側へ取り出され，製品（照射対象物）へ照射される．製品へ照射される雰囲気は窒素ガスで置換される場合が多い．その理由としては，1) オゾンガスの発生を抑制するため，2) ラジカル重合するタイプの樹脂を硬化する際の硬化阻害を防ぐため，である．装置の加速電圧は設計仕様の範囲で可変できるのが一般的である．

b. 低エネルギーEBの利用例

架橋 プラスチック素材を架橋し，耐熱性，強度を改善するプロセスはEB処理の代表的なものである．電線のポリエチレン被覆のEB架橋，タイヤ部材の予備架橋は古くから行われている．耐熱性を向上させたポリ塩化ビニル（PVC）の粘着テープが発売されている（図21.5.5）．その他に熱収縮フィルムや，半導体製造時にウェハからチップを切り分ける際に（ダイシング工程），ウェハを固定するダイシングテープの基材フィルムの架橋にも利用されている．

重合 ラジカル重合タイプのモノマーやオリゴマーを液状に調整し，それを紙，フィルムなどの基材に薄く塗工し，EBで硬化させる応用例が広く利用されている．硬化された塗膜は下層，および基材の保護の役割を果たしたり，表面の意匠性を高めたり，あるいは表面に機能性を付与したりする．EB硬化型のインキを使った包装材料へのコーティング・印刷もこの分野である．建築材料として使用する化粧紙，化粧フィルムの製造にもEBプロセスが用いられている．磁気テープの記録（磁性）層に塗工される，磁性体と添加剤を分散させたバインダーをEBで硬化する例もある．

グラフト重合 放射線グラフト重合の様々な応用例については，これまでに様々な研究，開発が行われてきている．過酸化物などの薬品を使用した方法に比べ，EBを使ったグラフト重合法ではフィルム，基材などに化学結合の基点となるラジカルを短時間で，容易につくることができ，これを基点に機能性分子を化学的に結合することができる．基材となるプラスチックフィルムや不織布を多量に効率よく処理する場合，ロール状に準備された長尺の基材を低エネルギーEB装置で連続的に照射する方法が適している．基材にラジカルを生成した後，後工程と合わせた連続グラフト処理も実現しており，工業的に魅力的なプロセスである．

図21.5.5 架橋PVC（塩化ビニル）テープ

図21.5.6 PETボトルインライン滅菌EB装置

図21.5.7 電子線照射加工ライン

これまでに低エネルギーEBを使った連続グラフト処理で実用化された製品の例として，精密機器や半導体の製造工場のクリーンルームなどで使われるアンモニアや，酸性物質などの汚染性ガスを吸着する高機能化学フィルタがある．

滅菌 設備がコンパクトである低エネルギーEB装置のメリットを生かし，飲料用PETボトルのインライン滅菌が実用化されている．高エネルギーEBやγ線による外部委託による滅菌プロセスとは異なり，殺菌対象物を使用する生産ラインへ滅菌装置を設置できるのも大きな利点である．図21.5.6はPETボトル飲料充填ラインの一部として設置されたEB装置の例である．

c. 低エネルギーEB装置の例

図21.5.7は最大加速電圧300 kV，照射幅1650 mmという低エネルギー型EB装置を中心としたEB照射・加工ラインの例である．EB装置本体の他，付帯設備として，巻き出し，巻き取り，グラビアコーター，ラミネーター，コロナ処理装置などを備えた施設である．塗料，コーティングの硬化やフィルムの架橋という一般的なアプリケーションの他，ラミネーション，転写コーティング技術などの様々な用途にも使用できる．EB照射装置には用途に応じて，小規模な生産あるいは試験で利用できる450 mm幅の

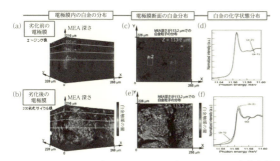

図 21.5.8 3D ラミノグラフィー XAFS 法による MEA 内白金触媒の分布と化学状態の 3 次元可視化マッピング (a, c, d) fresh 試料，(b, e, f) 劣化試料．(a, b) 電極膜内の白金分布，(c, e) 電極膜断面の白金分布，(d, f) 白金の化学状態分布[24]．

パイロットラインや，研究・開発の目的で利用できる小型の実験用 EB 装置などがある．

21.5.5 燃料電池開発への応用

a. 放射光と燃料電池

我が国は，2009 年に世界に先駆けて家庭用定置型燃料電池の販売を開始し，また，2014 年 12 月には燃料電池自動車が市場投入された．固体高分子形燃料電池は，プロトン伝導性固体高分子膜を Pt/C アノード（水素極）触媒膜と Pt/C カソード（酸素極）触媒膜で挟んだスタック構造（膜・電極接合体（MEA）と呼ばれる）からなっており，アノードの Pt ナノ粒子表面で水素が解離し（$2H_2 \rightarrow 4H^+ + 4e^-$），カソードの Pt ナノ粒子表面で酸素が水素により還元され（$4H^+ + 4e^- + O_2 \rightarrow 2H_2O$）水が生成する（全体では，$2H_2 + O_2 \rightarrow 2H_2O$）．しかし，事業用燃料電池車をはじめ，2025～2030 年の一般用燃料電池車の本格普及のためには大幅な低コスト化が必要であり，特に，カソード Pt/C 触媒の酸素還元活性の増大と耐久性の向上が求められ，低 Pt 化を図る必要がある[23]．

高活性・高耐久な次世代燃料電池触媒の開発のためには，燃料電池動作下のカソード触媒の活性因子（構造・電子状態），表面反応機構，溶出・劣化の機構，触媒種の分散・空間分布などの基本的な情報が必要であるが，ウェット・不均質・不均一空間分布・多相・界面など複雑環境にある MEA 触媒の構造，機能，触媒作用の本質は，依然としてブラックボックスのままでよくわかっていない．これら本質を「in situ」，「時間軸」，および「空間軸」で明らかにし，燃料電池触媒の働きと劣化の仕組みを理解することにより，的確な材料改良に繋げることが可能となり，発電環境条件を適切にコントロールすることが実現し，低コスト化に有効な技術開発に貢献できる．しかし，実用燃料電池は複雑環境の不均一混合分散系であるため，測定条件に制限のある電子分光法，電子顕微鏡，走査プローブ顕微鏡，振動分光法，超高速レーザー，熱分析などの多くの分析法が適用困難である．そのような複雑環境の固体高分子形燃料電池に対して，透過力の大きな高輝度放射光 X 線

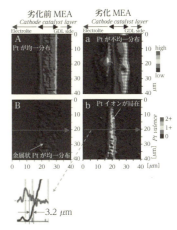

図 21.5.9 走査型顕微 XAFS による Fresh および劣化後の MEA Pt/C の Pt 酸化状態（white line ピーク強度）の 2 次元マッピングと Pt valence マッピング[25]．電解質膜との境界から 3.2 μm カソード領域の Pt ナノ粒子が Pt イオンとして酸化・溶出することがわかった．

を用いる X 線吸収微細構造分析（XAFS）は唯一で強力な in situ 構造反応解析ツールとなる．また，元素選択的である特長を持つ[23, 24]．

最近，燃料電池触媒解析専用ビームライン BL36XU（@SPring-8）が建設され，以下の in situ 解析法が開発整備された．1) 高速時間分解 XAFS, 2) 同時計測時間分解 XRD-XAFS, 3) 2 次元走査型顕微 XAFS, 4) 3 次元 X 線ラミノグラフィー XAFS, 5) 3 次元 CT-XAFS, および 6) 雰囲気制御型硬 X 線光電子分光（AP-HAXPES）[23-27]．

b. 空間分解 XAFS による MEA 内 Pt 化学状態マッピング

図 21.5.8 は，技術開発したラミノグラフィー XAFS 計測法により，燃料電池 Pt/C 触媒層内で起こっている劣化の様子を非破壊 3 次元可視化マッピングすることに初めて成功したときのものである[25]．各点は XAFS スペクトル化学情報（d, f）を含んでおり，幾何的形態・分布だけでなく Pt 化学状態の 3D 空間分布が可視化された．

また，図 21.5.9 は，走査型顕微 XAFS（ビームサイズ：570 nm×540 nm または，228 nm×225 nm）により初めて成功した実燃料電池 MEA 内 Pt/C 触媒層の Pt ナノ粒子量と Pt 酸化状態の深さ方向の 2 次元マッピングを示す[26]．Pt 酸化・溶出が高分子電解質とのカソード境界領域 3.2 μm で選択的に起こることが捉えられた．詳しい解析から Pt^{2+} イオン（4 配位構造）として溶出することもわかった．

さらに最近では，実燃料電池 MEA 内 Pt/C 触媒層のナノ XAFS-STEM/EDS 同視野計測が行われている．耐久性試験後の Pt/C 触媒層の劣化状態が，100 nm の空間分解ナノ XAFS と同一試料同視野での水蒸気飽和 1 気圧 N_2 下での高分解 TEM/STEM-EDS 測定により可視化され，

劣化の原因となるカーボン上の Pt ナノ粒子の酸化溶出や脱落の要因と場所が特定されてきている[24, 26, 27].

放射光 XAFS および関連解析法により，これまでほとんど得られなかった発電下の MEA 内触媒構造反応・劣化に関連する「生きた」情報が得られ，今後多くの燃料電池研究への利用と貢献が期待される.

参考文献：

1) 山本匡吾，畠山典子：RADIOISOTOPES **45** 700（1996）.
2) T. Kosako, K. Nishimura：NIM-B56/57, 900（1991）.
3) P. Fehsenfeld, *et al.*：Nuclear Physics A 701, 235c（2002）.
4) W. C. McHarris, *et al.*：Nuclear Physics A **299** 593（1990）.
5) T. Sauvage, *et al.*：Nuclear Physics 397（1998）.
6) L. Campajola, *et al.*：Zeitschrift fur Physik A **356** 107（1996）.
7) A. Yoshida, *et al.*：NIM B **317** 785（2013）.
8) 吉田　敦，ほか：月刊トライボロジー 324 16 2014 年 8 月号.
9) T. Kubo, *et al.*：NIM B **70** 309（1992）.
10) Y. Yanagisawa, *et al.*：NIM A **539** 74（2005）.
11) H. Yamaguchi, *et al*：NIM A **589** 150（2008）.
12) F. Wenwer, *et al.*：Meas. Sci. Technol. **7** 632（1996）.
13) S. C. Jeong, *et al.*：Jpn. J. Appl. Phys. **42** 4576（2003）.
14) S. C. Jeong, *et al.*：Jpn. J. Appl. Phys. **47** 6413（2008）.
15) H. Ishiyama, *et al.*：Jpn. J. Appl. Phys. **52** 010205（2013）.
16) H. Ishiyama, *et al.*：Jpn. J. Appl. Phys. **33** 110303（2014）.
17) 吉井文男：放射線と産業 75, 63（1997）.
18) F. Yoshii, *et al.*：Nucl. Instr. Meth. B **208** 320（2003）.
19) N. Kasai, *et al.*：JAEA-Review, 2009-041, 47（2009）.
20) J. M. Wasikiewicz, *et al.*：Nucl. Instr. Meth. B 236 617（2005）.
21) R. Shirotani, *et al.*：JAEA-Review 2009-041, 49（2009）.
22) A. Hiroki, *et al.*：J. Phys.：Conf. Ser. **444** 012028（2013）.
23) 唯美津木，ほか：燃料電池 **13**（3）74（2014）.
24) Y. Iwasawa, *et al.* ed.："XAFS Techniques for Catalysts, Nanomaterials, and Surfaces" Springer（2016）.
25) T. Saida, *et al.*：Angew. Chem. Int. Ed. **51**（41）10311（2012）.
26) S. Takao, *et al.*：Angew. Chem. Int. Ed. **53**（51）14110 DOI：10.1002/anie. 201408845（2014）.
27) S. Takao, *et al.* ：J. Phys. Chem. Lett. **6** 2121（2015）.

索　引

欧　文

1/4 波長同軸空洞共振器　256
1 回転入射　134
1 次元 FEL 理論　407
11 月革命　4
2：1 比例法則　123
2 次元加工　350
2 ビーム加速方式　149
3/2 乗則　276
3 階層標準制御モデル　307
3 次元アトムプローブ（APT）　429
3 次元測定器　350,352
4 極電磁石　218
4 ベイン型空洞　259
5 年生存率　490
6 極電磁石　218
7 月革命　8
ACS　245
ACT（Alternating Current Transformer）　297
ADP（Avalanche PD）　504
ADS（Accelerator Driven System）　54
AES（Auger Electron Spectroscopy）　434
AG 収束　78
^{26}Al　448
AMS（Accelerator Mass Spectrometry）　62,89,448,449,519
AMS（Aerosol Mass Spectrometer）　545
AMS-^{14}C 法　453
antechamber　290
APD（Avalanche Photo Diode）　498,504
Aperture coupling　251
APF（Alternating Phase Focusing）　121
APF-IH リニアック　121
applegate　277
APS　118,245
APT　429
ARPES（Angle-Resolved Photoelectron Spectroscopy）　434
ASIC　498
ATLAS　517

AVF（Azimuthally Varying Field）　219
AVF サイクロトロン　77,125,219,314
Ball end mill　351
Bayard-Alpert gauge　291
BBA（Beam Based Alignment）　305,306
BBC（Beam Based Calibration）　305
BCP（Buffered Chemical Polishing）　358
^{10}Be　448,459,460
Beam-ion instability　285
Belle II 測定器システム　501
BepiColombo　536
Bi-periodic structure　245
Bitter 型コイル　227
BM 方程式　191
BNCT　88,491
BNS ダンピング　272
Bq　477
brazing　353
bremsstrahlung　285,410,416
B 中間子　14
B ファクトリー　13,14
^{14}C　448
^{14}C 濃度　451
^{41}Ca　448
CCD　492,498,502
CdTe　502
Channeling Radiation　411
Chemical speciation　544
Chemical Vapor Deposition 法　323
CL（Cathodoluminescence）　434
^{36}Cl　448
CLOUD（Cosmics Leaving Outdoor Droplets）　533
CMM（Coordinate Measuring Machine）　352
CMOS　428,502,510
CO_2ガスイオン源　452
CO_2レーザー　355
Codex 委員会　549
Coherent Bremssstrahlung　411
Cold cathode　314

Cold iron　235
Collared coil　235
Courant-Snyder 不変量　164
CP（Chemical Polishing）　351,357
CP 対称性　13
　　——の破れ　13
CPV　13
Crab waist　197
CSNS　38
CSR（coherent synchrtoron radiation）　403
CT（Computed Tomography）　479,541
DBA　294
DCCT（Direct Current Transformer）　297
D-D 中性子源　539
DDD（Displacement Damage Dose Effect）　532
Deinococcus radiodurans　468
depressed 波数　273
deQing 回路　321
DeviceNet　308
Diffraction radiation　411
DIP（Distributed Ion Pump）　290
dispersion　328
Dispersion curve　244
DLS（Disk Loaded Structure）　359
DNA　465,471,475
DNA 修復機構　468
DNA 二本鎖切断　466,468
DNS（Domain Name Service）　310
Doppler cooling　206
dpa　525
DPIS　214
Drude モデル　248
DSB　553
DSP（Digital Signal Processor）　283
DSR　259
DTL　115,492
Dynamitron　112
EB（Electron Beam）　557
EBIS　213
ECB（Electro-Chemical Buffing）　356

ECR イオン源 495	HEED (High Energy Electron Diffraction) 434	KT 電位関数 258
EDS (Energy Dispersive Spectroscopy) 442	He/H appm 525	Laminated core 274
EELS (Electron Energy Loss Spectroscopy) 434	HE-SR-XRF 447	LAN (Local Area Network) 310
electroforming 353	High Luminosity Run 8	Laser cooling 206
Electron cloud 285	HIMAC 63,464	Laslett incoherent tune shift 130
Electron diffraction 442	HIP (Hot Isostatic Pressing) 370	LCS (Laser Compton Scattering) 548
Electron-cloud instability 285	Hollow conductor 223	LEED (Low Energy Electron Diffraction) 434
EMC (Electromagnetic Compatibility) 297	HPD (Hybrid Photo-Detector) 504	LET (Linear Energy Transfer) 86,339,466,468,532
EMI (Electromagnetic Interference) 297	^{129}I 448	LHC (Large Hardron Collider) 5,8,19,501,517
emission 方式 480	IACS (International Annealed Copper Standard) 366	LHD 520
emittance 162,164,311,327	IAEA 451,477,549	Lindhard 411
Enough-padding 246	ICP-MS (Inductively Coupled Plasma-Mass Spectrometry) 545	LL タイプの隕石 536
EP (Electro Polishing) 351,357		Loop coupling 251
EP (Equipartitioning) 273	IEC (Inertial Electrostatic Confinement) 540	Lujan センター 38
EPICS 307	IEGT 229	MADOCA 307
EPMA (Electron Probe Micro Analyzer) 434,442,545	IFMIF 526	MALDI 215
ERDA 433,435	IGBT 229	matching 164
ERL (Energy Recovery Linac) 145,147,296	IGRT (Image Guided Radiation Therapy) 485	MBK (Multi-Beam Klystron) 277
ESM (Electrostatic Monitor) 297	IH リニアック 120	MEISwin 437
ESS 38	ILL 37	MEMS 430
Ethernet 308	IMRT (Intensity Modulated Radiation Therapy) 484	MEVVA 213
Fail Safe 310	INAA 445	MIC (Mineral Insulation Cable) 223,224
FAO 549	IntCal13 454	MICADAS 451
Fast-slow extraction 316	Intrabeam Scattering 189	MIG (Metal Inert Gas) 354
FBP (Filtered Backprojection) 480	IOT (Klystrode) 280	MINOS 実験 11
feedthrough 321	IPNS 施設 37	MIS 431
FEL (Free Electron Laser) 84,140,342,407,546	IPPC (International Plant Protection Conversation) 550	MLF 37
FET 280,428,432	IQ 変調器 283	MLI (Multi-Layer Insulation) 376
FF サイクロトロン 93	IRMT 87	MMO (Mercury Magnetospheric Orbiter) 536
FFAG 77,156	ISIS 施設 38	Mo-Mn 法 355
^{18}F-FDG 検査 480	ISO9001 (JIS9001) 551	MOS 431,432
FIB 425	ISO13485 (JIS13485) 551	MOSFET 432
FIREX 521	ISOL (Isotope Separator On-Line) 334,556	MPPC (Multi-Pixel Photon Counter) 432,504
FM サイクロトロン 76	ISS 468	MPS (Machine protection System) 309
FODO cell 166	ITER 520	MRI (magnetic resonance imaging) 479,481
Formed cutter 350	IXS 23	MYRRHA 計画 60
FPGA (Field-Programmable Gate Array) 283	J-PARC 63,517	NBI (Neutral Beam Injection) 522
Fresnel zone plate 434	JT-60 520	NC 加工機 351
Gaume 型 227	J-T 膨張 376	NDCX-II 528
GEANT4 531	K 吸収端 435	NEA 表面 296
GeoPIXE 437	K 値 126	NEG (non-evaporable getter) 290
GNSS 378,380	K2K 実験 11	negative α 131
GPS 380	KEKB 62	NIEL (Non-Ionizing Energy Loss) 532
GSI 468,469	Kelvin 型 227	NIF 520
GTO 229	KENS 施設 37	NIS (Network Information Service) 310
halbach 型 237	Kilpatrick 346	
Head-tail 減衰 184	Kirkpatrick-Baez mirror 434	

NIST	451	
NIXS	23	
NMR (Nuclear Magnetic Resonance)	481	
NOvA 実験	12	
NRA	338,433,435	
NRF (Nuclear Resonance Fluorescence)	519,548	
NTP (Network Time Protocol)	310	
OER	467	
OFC (Oxygen Free Copper)	366	
OFC-Class1	366	
OPERA 実験	12	
O-PSM (Oriented-Proton Synchroton Magnet)	362	
Optical Diffraction Radiation	410,411	
Oxygen Free Copper (OFC)	366	
Panofsky-Wentzel の定理	175,271	
Paraxial ray	228	
Parton Distribution Function	6	
PBS 分析	425	
PBW	425	
PD	504	
perveance	276	
PET (Positron Emission Tomography)	46,476,479	
PFL (Pulse Forming Line)	318	
PFN (Pulse Forming Network)	318	
PGA	434	
Photo-cathode	210	
phytoremediation	544	
PID (Proportional-Integral-Differential Controller)	308	
Pierce 型電子銃	210	
PIG イオン源	314	
PIGE (Particle Induced Gamma-ray Emission)	338,437	
PILSIC (Particle Into Liquid Sampler assisted Ion Chromatography) 法	545	
PISL	259	
PIXE (Particle Induced X-ray Emission)	89,338,425,433,435,445,545	
PLC (Programmable Logic Controller)	309	
PM2.5	546	
pMC (Percent Modern Carbon)	456	
PMT	504	
PoE (Power over Ethernet)	308	
PPM 収束	276	
PPS (Personal Protection System)		

	309	
PR (Periodic Reverse)	357	
Precessional extraction	317	
Pressure bump	288	
Probe coupling	251	
Pt/C アノード	559	
Pteris vittata L.	544	
QGP	19	
Ra (算術平均粗さ)	349	
Radiation formation length	402	
Radiation length	410	
Rafiation formation length	404	
RAFM	525	
RBE	86,466,467,473	
RBS	338,433,435,446	
RCS (Rapid Cycling Synchrotron)	252	
Resistive-wall インピーダンス	175,176	
Resonant extraction	317	
Retarded potential	401	
Retarded time	401	
RF stacking	135,312	
RF 電子銃	121	
RF ノックアウト	316	
RF 窓	361	
RFQ (Radio-Frequency Quadrupole)	75,119,258,350,492	
RHEED (Reflection High Energy Electron Diffraction)	442	
RHEPD	434	
RHIC (Relativistic Heavy Ion Collider)	19	
RI	476,546	
RI ビームファクトリー	18,63	
RIBF	18	
RIXS (Resonant Inelastic Xray Scattering)	23,435	
RRR (Residual Resistance Ratio)	248,261,368	
RUMP	437	
SACLA	63,281	
SASE	342	
SASE 型 FEL	143	
SCS	117,245	
SEB (Single Event Burnout)	532	
SEE (Single Event Effect)	532	
SEFI (Single Event Functional Interrupt)	532	
SEGR (Single Event Gate Rupture)	532	
SEL (Single Event Latch-up)	532	
SEM (Secondary (electron) Emission Monitor)	297	
SEM (Scanning Electron Microscope)	434,442	

separatrix	316	
SET (Single Event Transient)	532	
SEU (Single Event Upset)	532	
SF サイクロトロン	77,94	
Shielding factor	216	
SIMNRA	437	
Single pass welding	355	
SIT	432	
Slow extraction	315	
Smooth approximztion	272	
SNICS	213	
SNS 施設	38	
SOI ピクセルセンサ	499	
South atlantic anomaly	532	
SPECT (Single Photon Emission Computed Tomography)	479	
SPring-8	63,295	
sputtering	288	
SQUID (Superconducting Quantum Interference Device)	297	
SR (Synchrotron Radiation)	79,546	
SR-XRF	447	
STEM	433	
Stochastic cooling	80,203,204	
Stokes parameter	402	
Stripping foil	313,317	
Strong focus	78,166	
SuperKEKB	62,501	
Super B ファクトリー	15	
S 型小惑星イトカワ	535	
S バンド	66	
S バンド加速管	349	
T2K 実験	12	
TA	530	
Tandem electrostatic accelerator	113	
TANGO	307	
TBA	294	
TE (transverse electric)	241	
TE モード	241	
TEM (Transmission Electron Microscope)	434	
Thermionic cathode	210	
Third order resonance	167	
Thomas-BMT 方程式	191	
TIARA	468,469	
TID (Total Ionizing Dose Effect)	532	
TIG (Tungsten Inert Gas)	354	
TLA (Thin Layer Activation)	555	
TM (transverse magnetic)	241	
TM モード	241	
TOF (Time of flight)	445,481,498	
TOF 測定法	500	
Touschek life time	190	

TPC（Time Projection Chamber）
499,503
transmission 方式 480
TRHEPD 47
TRIM 426
TRISTAN 計画 98
Twiss parameter 163,272,311,373
Two-in-one 235
Vane 120,258,350
VOC 543
W ボソン 4
Warm iron 235
WCM（Wall Current Monitor） 297
WDS（Wavelength Dispersive X-ray Spectroscopy） 442
Weak focus 73,124,166
Wendelstein VII-X 520
WHO 483,549
XAFS 434,446,559
XANES 446,544
XAS 26
XMCD 435
XRD 446
XRF（X-Ray Fluorescence）
438,446,535,546
X 線 475
X 線 CT（X-ray Computed Tomography） 475,479
X 線回折 535
X 線回折分析（XRD） 446
X 線吸収端近傍構造分析（XANES）
446,544
X 線吸収微細構造分析（XAFS）
434,446,559
X 線吸収分光法（XAS） 26
X 線検出器 501
X 線散乱法 435
X 線磁気円二色性（XMCD） 435
X 線磁気散乱 22
X 線自由電子レーザー（XFEL）
433,435
X 線治療 104
X バンド加速管 349
X バンド電子リニアック X 線源
540,541
X 線非弾性散乱 23
YAG レーザー 355
Z ボソン 4

あ 行

アイスマントル 534
アイソセントリック 484
アインツェルレンズ 314
アクセプタンス 80,311
アクティブシールド 373
圧縮機 375

アップルゲート 277
アニュラーリングカップルド構造
75
アノード電極 275
アバランシェフォトダイオード
511
油回転ポンプ 290
アボート 325
アミノ酸 533,535
D-アミノ酸 534
L-アミノ酸 534
アミノ酸前駆体 534,535
アモルファス高磁性材料 365
アライメント 378
アルバレ 75,115,117,245,354,493
アレイ（──→ 地表粒子検出器アレイ）
アンジュレータ 84,141,405
アンテチェンバー 290
イエローケーキ 431
硫黄酸化物 543
イオン化冷却 208
イオン源 211
イオン交換ローディング 113
イオンサイクロトロン共鳴 523
イオンシース幅 212
イオン衝撃脱離 286,288
イオン注入 88,428
イオンビーム育種 464,472
イオンビーム分析（IBA） 433
イオンビーム誘起電流（IBIC） 338
イオン不安定性 188
イオン誘発核生成 533
医学物理 485
異常表皮効果 248
位相安定性の原理 76
位相エラー法 239
移相器 282
位相空間 326
位相コントラスト法 28
位相速度 282
一次粒子 325
一本鎖切断（SSB） 553
イトカワ 529
イトカワ微粒子 535,536
イベント受信機（EVR） 309
イベント発生器（EVG） 309
医薬部品（PPCPs） 543
医療応用 86
医療用リニアック 484
色収差 165
色収差補正 218
隕石 535
インダクション・アウトプット・チューブ（IOT, Klystrode） 280
インダクション加速器 528

インダクタンス型キッカー磁石
318
インターロック 394
インピーダンス 174
インヒビター 363
インフレクター 314
ウィグラー 84,405
ヴィデレー型加速器 73
ウェーク関数 174
ウェーク場 174,271
ウェーネルト電極 211,275
ウォームアイアン 235
薄板（ラミネーション） 362
渦電流 219
渦なしベクトル場 246
宇宙気候学 460
宇宙塵 535
宇宙線 529
宇宙線生成核種 449,458,460
宇宙線層序 459
宇宙背景放射 531
ヴラソフ方程式 175,180
裏波ビード 354
裏波溶接（──→ 裏波ビード）
運動量アクセプタンス 170
運動量コリメータ 328
運動量コンパクション係数 169
運動量分散関数 162
エアロゾル 545
エアロゾル質量分析計（AMS） 545
液化モード 376
エキゾチック核 18
エッジフォーカス 219
エッチング 427
エディーカレント型 320
エディーカレント型セプタム電磁石
321
エネルギー回収型リニアック
111,145,147,296,519,546,548
エネルギー増倍率 522
エネルギー損失 20
エネルギー閉じ込め時間 520
エネルギー分散型 X 線分光 442
エミッタンス 162,164,311,326
鉛直器 382
円筒空洞 115
円板装荷型構造 359
エンベロープ 272
円偏光 402
円偏光紫外線 534
沿面放電 345
オージェ電子 476
オージェ電子分光法（AES） 434
遅い取り出し 130,315

か 行

開口結合	251
開削工法	396
回折	43
回折強調イメージング法	29
回折限界光源	146
回折実験	41
回転ガントリー	87, 88
海洋リザーバ	455
カイラル対称性	7
——の破れ	17
化学研磨（CP）	351, 357
科学的酸素要求量（COD）	543
架橋	557
核共鳴蛍光散乱測定法	539
拡散現象	556
核散乱	41, 43
核子	3
核磁気共鳴	481
核実験起源	457
核セキュリティ	514
核的阻止能	420, 426
カクテルビーム	339
角度分解光電子分光	434
核破砕ターゲット	58
核破砕反応	85
核反跳検出器	506
核反応法（NRA）	338, 433, 435
核分裂生成物（FP）	53
隔壁	316
核変換技術	53
核融合	514
核融合反応	520
確率冷却	80, 203, 204
可視・近赤外分光計	535
カスケードシャワー現象	500, 501
ガス検出器	506
ガスストリッパー	323
画像誘導放射線治療	485
加速器駆動システム	54
加速器質量分析法（AMS）	
	62, 89, 448, 449, 519
加速器トンネル	396
加速器ベースBNCT	106
加速管	216
カソードルミネッセンス（CL）	434
活性化エネルギー	286
活性酸素種	470
カットオフ波長	404
荷電変換	322
荷電変換効率	314
荷電変換入射	75, 313
荷電粒子	418
荷電粒子検出器	509
壁電流モニター	297
可変周波数空洞	252

カーボンナノチューブ	32
カーボンフォイル	318
ガラス転移温度	224
カラードコイル	235
カリウム・アルゴン法	455
カレントシート型	320
カレントシート型セプタム電磁石	
	320
環境影響評価	461
慣性核融合	515, 526
間接作用	465
完全溶け込み	354
ガントリー	484
ガンドルフィーカメラ	535
管内波長	282
γ線	484
γ線検出器	502
カンラン石	536
機械研磨	351
規格化エミッタンス	162
機器保護インターロック	309
希釈用キッカー	326
キシレン	544
キーストン角	234
輝石	536
気体移送式ポンプ	289
気体原子生成量	525
キッカー	325
キッカー磁石	312
キッカー電磁石	218
機能分離型シンクロトロン	78
揮発性有機化合物（VOC）	543
基本ブリリアン帯	244
逆コンプトンγ線	539
キャッチャー	328
ギャップ放電	345
吸収線量	532
吸収端差像造影法	27
強収束	78, 166
共振器型FEL	143
共振電源	231
共振ネットワーク回路	232
強度変調放射線治療（IRMT）	
	87, 484
共鳴引き出し	317
共鳴非弾性X線散乱	23
局所制御率	490
銀河宇宙線	460, 532
近軸軌道	228
近接効果	340
杭基礎	397
空間電荷	276
空間電荷効果	130, 272
空間電荷制限領域	276
クォーク	3, 4, 20
クォーク・グルーオン・プラズマ	

（QGP）	19
クォーコニウム	20
クライオスタット	375, 377
クライオポンプ	290
クライオモジュール	57
クライストロン	66, 275, 484
クライン-仁科の式	417
クラスターイオン	340, 533
クラスター源	214
グラディエント・コレクター	318
クラブウェスト	197
クラブ衝突	197
グラフト重合	558
クリアランス	514, 518
グリシン（のG値）	534
クリスタルビーム	208
グリッド	280
グルーオン	4, 15, 17
グレイ（Gy）	414
グローバルフォールアウト	462
クロマティシティ	180, 316
群速度	282
軽ガス銃	536
蛍光XAFS	544
蛍光X線分析（XRF）	
	438, 446, 535, 546
ケイ素鋼板	222, 320
経年劣化	514
ゲージ対称性	7
ゲージ粒子	4, 7
結合空洞リニアック	75
ケミカルシフト	482
ゲルマニウム検出器	502
原子核共鳴蛍光散乱	519, 548
原子吸光法	545
減衰定数	282
減速材	39, 332
原体照射法	484
減偏極	200
コアモニター	531
高圧ガス保安法	354
高温熱蒸発法	322
交差角衝突	195
光子吸収体用超伝導材料	512
麹菌	552
光子線治療	48
高周波加熱	514, 523
高周波スタッキング	312
高周波四重極	119
高周波四重極リニアック（RFQ）	
	75, 119, 350, 492
高周波蓄積	135
較正曲線	453
較正用加速器	531
航跡場	271
航跡場加速	151

高速（崩壊）ミュオン	333,438	コンバータモジュレータ	280	重イオン研究所（GSI）	468,469
高速中性子	492	コンプトンカメラ	503	重イオンシンクロトロン	131
高速電子線回折（HEED）	434	コンプトン散乱	412,417,502	重イオンビーム	88
広帯域空洞	252			集イオンリニアック	91
高調波減衰器	252	**さ 行**		集学的治療	483
高調波フィルター	398	サイクロトロン		重心系エネルギー	138
高電圧整流型加速器	111	61,73,91,110,123,314		収束イオンビーム（FIB）	425
光電陰極	210	歳差運動的引き出し	317	収束コイル	276
高電界試験	347	最終ビーム収束系	201	収束プロトンビーム描画（PBW）	
光電効果	416,502	サイドカップル型定常波加速管			425
光電子イールド	287		484	自由電子レーザー（FEL）	
光電子増倍管（PMT）	504,531	サイドカップルド構造	75	84,140,342,407,546	
交番周期構造	75	サイド結合型 π/2 モード定在波加		修復機構	466
後方流跡線解析	546	速構造	541	重粒子線治療	489
合流条件	245	サイノグラム	479	重量コンクリート	397
交流トランス	297	細胞周期	490	ジュール加熱	514
高レベル放射性廃棄物（HLW）	53	サイラトロン	319	ジュール・トムソン弁	376
呼吸追尾照射	485	サーキュレーター	246,283	準 2 色 X 線分析	540
呼吸同期照射	493	差動排気系	324	小角散乱実験	42
国際宇宙ステーション（ISS）	468	山岳トンネル工法	396	照射効果	430
国際原子力機関（IAEA）	451,477	産業応用	88	照射食品の健全性に関する合同専門	
国際植物防疫条約	550	三次共鳴	167,316	家会議（JECFI）	549
国際放射線防護委員会	473	三重水素	540	照射野	484
国際リニアコライダー（ILC）	8	酸素増感比（OER）	466,467	焼成（高温処理）	361
国立点火装置（NIF）	520	散乱材	326	常伝導電磁石	218
コージェネレーションシステム		散乱断面積	285,415	使用燃料	53
（CGS）	398	散乱-捕捉型コリメータ	327	蒸発潜熱	376
コースティングビーム	187	残留気体	284	消滅 γ 線	86
――の不安定性	186	残留抵抗比（RRR）	248,261,368	小惑星探査機「はやぶさ」	535
固相拡散接合	355	残留表面抵抗	260	触媒併用電子線照射技術	544
固体高分子形燃料電池	559	ジェネレータ	478	植物検疫措置に関する国際基準	
固体ストリッパー	322	磁気散乱	41,43	（ISPM）	550
固体増幅器	280	磁気シールド	371,373	植物突然変異誘発	471
国家標準	515	磁気絶縁	275	植物防疫法	550
コッククロフト-ウォルトン		磁気チャネル	315	ショート板	256
72,90,111,217		磁気チャネルコイル	317	シリコンストリップ検出器	499
骨シンチグラフィー	478	σ モード	403	シリコンドリフト検出器	502
固定標的の実験用ライン	325	仕事関数	369	シリコン半導体測定器	509
コーデッドマスク	503	実効排気速度	285,289	シリコンピクセル検出器	499
古典的サイクロトロン	124	自動 CO_2 精製装置	451	シールド工法	396
誤動作	532	シード型 FEL	144,344	真空封止アンジュレータ	239
小林・益川模型	13	磁場核融合方式	520	シングルイオンヒット	338
コヒーレント放射	142	地盤振動	380	シングルイベント	431,517,532
コモンモードノイズ	230,371	地盤変異	380	シングルエンド加速器	451
コライダー	138,194	シーベルト（Sv）	414	シングルターン取り出し	338
コリメータ	326	ジャイロトロン	67,213,523	シングルターン入射	311
コールドアイアン	235	弱還元型	534	シングルパス型 FEL	143
コールドビーム近似	408	弱還元型大気	534	シングルパルスビーム	338
コールドボックス	375	弱収束	73,124,166	シンクロサイクロトロン	76,125
コレクター	276	遮断周波数	282	シンクロトロン	77,110,127,311
コロナ放電	113	遮断波長	282	シンクロトロン振動	77,168
コンタクトフィンガー	258	斜長石	536	シンクロトロン積分	172
昆虫病原糸状菌	552	遮蔽係数	216	シンクロトロンチューン	170
コンディショニング効果	346	遮蔽ハッチ	394	シンクロトロン輻射	78,172,402
コンドライト隕石	536	シャント・インピーダンス	242	シンクロトロン放射光	79,546
コンバータ（変換材）	497	重イオン RFQ	260	人工衛星	532

進行波型加速管	75	制動輻射	285,410,416	ダイナミックエミッタンス	196

進行波型加速管　75
進行波管　66,277
進行方向単バンチ不安定性　182
進行方向バンチ結合型不安定性　185
侵襲　483
シンチレーション検出器　507
シンチレーション光　467,479,497,509
シンチレータ　386,479,497,502,509
水準器　382
水文学的トレーサー　458
数値制御加工機　351
数値年代　452
スカイシャイン　388
スターバースト　460
スタブチューナー　283
スタンフォード大学　66
ステファン-ボルツマンの輻射法則　377
ステライルニュートリノ　12
ストカスティック蓄積　135
ストラグリング　323
ストランド線　219,223
ストリッパー　322
ストリッパーフォイル　323
ストリーミング　388
ストレージリング　79,133
ストレンジネス核物理　17
砂時計効果　195
スパッタイオンポンプ　290
スパッタリング　288
スピン rotator　193
スピン共鳴　192
スピンチューン　192
スピントロニクス　440
スピン偏極低速陽電子ビーム　48
スペシエーション　544
スポレーション中性子源　85
スミス-パーセル輻射　411
スリップ係数　169
整合　246
清酒酵母　552
正準方程式　159
静水圧プレス　361
生存率曲線　466
静電加速器　72,109,111
静電型イオン貯蔵リング　155
静電剛性　155
静電シールド　371
静電セプタム　316,321
静電デフレクター　315
静電ミラー型入射方式　314
静電モニター（ESM）　297
制動 X 線　551

制動輻射　285,410,416
生物学的効果比（RBE）　466,467,473
生物学的酸素要求量（BOD）　543
生物効果　490
正ミュオン　45
赤外分光法　446
積層型鉄心　222
セクター　219
セシウムスパッタ負イオン源　450
接続端子　321
セパラトリックス　316
セプタム　316,325
セプタム磁石　312
セプタム電磁石　218
セラミック焼結体　361
遷移放射　497,500
線エネルギー付与　339,466,468
全球炭素循環　459
線形加速器　74
線質係数　414
染色体　467
先進医療　491
潜トラック　426
全反射高速陽電子回析　47
全反射ミラー　394
線偏光　402
総形カッター　350
走査型透過電子顕微鏡（STEM）　433
走査電子顕微鏡（SEM）　434,442
増殖ブランケット　525
挿入光源　84
側結合空洞加速管　117
速度変調　276
即発 γ 線分析法（PGA）　434
疎結合　246
阻止能　414,419
ソフトエラー　532
ソフト磁性材料（⟶ 軟磁性材料）
ソフトフェライト　365
素粒子　3,15
ソレノイダル場モード　246
ソレノイド　218,227
ソレノイドレンズ　314
存在比較度　462

た 行

ダイオキシン　542
大気蛍光望遠鏡　530
大気生成核種　458
対数増幅器　300
対数比　299
ダイズ根粒菌　552
体積生成　212
堆積年代推定法　455

ダイナミックエミッタンス　196
ダイナミックバンプ　316,317
ダイナミックベータ　196
ダイナミトロン　112,493
耐放射線性半導体　431
タイムプロジェクションチェンバー　499,503
ダイヤモンドフォイル　323
太陽宇宙線　460,532
太陽フレア粒子（⟶ 太陽宇宙線）
楕円偏光アンジュレータ　237
ダークマター検出　504
多重入射　134
多重ビーム　275
多セル加速管　117
多段 LC ローパスフィルター　318
縦方向ウェーク場　271
縦方向スペースチャージインピーダンス　177,272
多波長エネルギー CT　27
多ビームクライストロン　277
ターボ分子ポンプ　290
ダミーロード　282
単一粒子照射実験　469
短距離ウェーク　271
単結晶ダイヤモンド切削工具　349
単色 X 線 CT　27
弾性散乱　39
ターンセパレーション　317
炭素 14-ウィグルマッチ法　453
炭素 14 年代　452
炭素 14 年代法　453
断層撮影法　479
炭素質コンドライト　534
炭素フォイル　322
タンデトロン　112
タンデム　72,113,448,451,493
断熱減衰　162
断熱真空容器　377
タンパク質の構造解析　25,51
ダンピングウィグラー　140
チェラビンスク隕石　535
チェレンコフ光　420,497,498
チェレンコフ輻射　411
チェレンコフ輻射体　497
チェレンコフ放射　500
遅延ポテンシャル　401
蓄積リング　315
致死損傷　466
チタンゲッタポンプ　290
チタンサファイアレーザー　342,433
チタンサブリメーションポンプ　290
窒素酸化物　543
遅発中性分析　540

地表粒子検出器アレイ	530
チャイルド-ラングミュア法則	276
中空導体	223
中性子	15, 37, 102, 330, 394, 514
——の産業利用	43
——の全反射	394
中性子回折	434
中性子加熱	514
中性子共鳴透過分析法（NRTA）	547
中性子共鳴濃度分析法（NRD）	547
中性子共鳴捕獲 γ 線分析法（NRCA）	547
中性子検出器	505
中性子照射脆化	514
中性子チョッパー	395
中性子導管	395
中性子ハロー	18
中性子放射分析法（INAA）	445
中性子捕獲（吸収）断面積	421
中性子捕獲核 γ 線放出反応	540
中性子誘起即発 γ 線分析（PGA）	438
中性子ラジオグラフィー	434
中性粒子入射	522
チューニングカーブ法	263
治癒率	483
チューン	163, 326
長距離ウェーク	271
超高圧電子顕微鏡（HVEM）	442
超小型慣性静電閉じ込め核融合中性子源	540
長寿命核種	53
超新星爆発	460
超相対性理論	4
超対称性	7
超対称性粒子	7
超低速ミュオン	45, 333
超伝導検出器	510
超伝導コイル	524
超伝導ストリップ細線	511
超伝導リニアック	118
超伝導リングサイクロトロン（SRC）	19
直接基礎（ベタ基礎）	397
直接作用	465
直線型加速器	492, 493
チョークフィルター	262
直流変流器	297
チョッパー	395
通過帯	244
低域混成波	523
定位放射線療法	485
低温スパッター法	322
低ケイ素一方向性プロトンシンクロトロン用鋼板	362

低酸素細胞	490
ディスクアンドワッシャー構造	75
低速（表面）ミュオン	333, 438
低速電子線回折（LEED）	434, 442
低速陽電子	46, 328
ディー電極	317
低ベータインサーション	79
低放射化フェライト鋼（RAFM）	525
デコミッショニング	397
デフレクター	317
デューティ比	56
テラヘルツ光源	144
テラヘルツ波	540
テール	327
テレスコープアレイ（TA）	530
テレスコープ検出器	529
電圧重畳型	274
電解研磨（EP）	351, 357
電界効果トランジスタ（FET）	280, 428, 432
電界電子放出	345
電解複合研磨（ECB）	356
電解放出陰極	210
電界放出電子	346
電荷交換断面積	323
電気メッキ	357
電子雲	285
電子雲不安定性	188
電子エネルギー損失分光法（EELS）	434
電子回折	442
電子加速器	387
電磁加速砲（レールガン）	536
電子管	66
電子管用無酸素銅	366
電磁鋼板	365
電子サイクロトロン共鳴（ECR）	213, 523
電磁石	218
電磁シャワー	325
電子衝撃脱離	286
電磁シールド	371
電子シンクロトロン	128
電子線架橋	431
電子線マイクロアナライザ（EPMA）	434, 442, 545
電子損失断面積	323
電子蓄積（ストレージ）リング	128
電子対生成	416
電子的阻止能	420, 426
電磁ノイズ	371
電子ビーム空中射出	531
電子ビーム照射	88
電子ビーム描画	425

電子ビーム冷却	205
電子捕獲断面積	323
電子陽電子衝突型線形加速器	8
電子陽電子対生成	417, 502
電子リニアック	116
電子冷却	80
電子ローディング	113
伝送線型キッカー磁石	318
電鋳	353
電離放射線障害防止規則	541
電流リップル	317
ドアノブ型同軸導波管変換器	251
同位体分離器	556
透過型円形回折格子	434
透過電子顕微鏡（TEM）	434
透過力	43
同期粒子	76
統合（マージング）	275
銅比	233
東北大学原子核理学研究所	37
トカマク方式	514, 521
鍍金（—→ メッキ）	
ドーズ量（—→ 吸収線量）	
土星探査機「カッシーニ」	536
トータルステーション	379
トータルドーズ効果	431, 517, 532
トーチろう付け	353
突然変異	471
トップクォーク	4, 10
ドップラー冷却法	206
土留め開削工法	396
ドーピング	425
トムソン散乱	417
ドライポンプ	290
トランジションエネルギー	78, 131, 171
トランスファーライン	375, 376
トリスタン	62
トリハロメタン	542
ドリフト管	276
ドリフトチェンバー	499
ドリフトチューブリニアック	115
トリプルジャンクション	362
トリムコイル	219
トルエン	544
トレーサー	555
トレーサビリティ	515

な 行

内部標的型 FFAG ビーム貯蔵リング（ERIT-FFAG）	157
ナノテクノロジー	30
ナノポーラス材料	32
名前解決	310
ナリオン	17
軟磁性材料	364

ニオブ空洞	261	ハートの条件	316	ビームビームチューンシフト	80
二次共鳴	316	ハドロニックカスケード	325	ビーム輻射	200
二次電子放出係数	362	ハドロン	17	ビーム・ベースド・アライメント	
二次電子放出モニター（SEM）	297	パートン	6		306,322
二次粒子	325	花色	471,472	ビーム窓	55
二次粒子シャワー	529	羽根型電極	120,258,350	ビームライン	392
日欧共同水星探査ミッション		パービアンス	276	ビーム冷却	80,203
「BepiColombo」	536	パーマロイ	365,373	ビームローディング	242
二本鎖切断（DSB）	553	ハミルトニアン	159,161,167,168	表在病変	484
ニュートリノ	3,11,335,531	ハーモニックナンバー	170	表皮抵抗	282
ニュートリノ振動	11	速い取り出し	130,315	表皮深さ	242
熱陰極	210,369	バルク遮蔽	388	表面残留分子	286
熱外中性子	492	バレー箱	292	表面生成	212
熱間等方加圧	370	ハロー	327	微粒子状物質（エアロゾル）	545
熱中性子	39	バンアレン帯	532	ヒルの方程式	163
熱中性子線	85	反射型高速陽電子線回析	434	ピルボックス	115,242
熱的気体放出	285	反射高速電子線回析（RHEED）		品質マネジメントシステム ISO9001	
熱電子放出	369		442	（JIS9001）	551
年代較正曲線（IntCal13）	453,454	反射率実験	42	品種改良	464,471
年代測定	450	バンチ結合不安定性	252	ピンホールカメラ	503
ノーマルモードノイズ	371	バンチトレーン	270	ファイトレメディエーション	544
法つき開削工法	396	反跳粒子検出法（ERDA）	433,435	ファイバーレーザー	355
		バンデグラフ	61,72,91,112,534	ファブリ係数	227
は 行		半導体集積回路技術	502	ファラデーカップ	297,531
バイオロジカルインジゲータ（BI）		バンプ磁石	312	不安定核	334
	551	反陽子	329	ファントム	516
陪周期構造加速管	245	反粒子	3,46,328	フィードスルー	321
ハイシンスキー方程式	182	ピエゾ素子	261	フェイルセイフ	310
バイスタンダー効果	470	ビオ-サバールの法則	227	フェーズシフター（─→ 移相器）	
π中間子	3	光核反応	85	フェライト磁性体	252
倍電圧整流	72,111	光検出器	503	フェルミ粒子	7
ハイパー核	17	光脱離	286	フォトカソード RF 電子銃	342
ハイパーボロイド型インフレクター		飛行時間測定法	39,500	フォトダイオード（PD）	504
	314	飛跡測定器	509	フォトンファクトリー	100
ハイブリッド検出器	502	非線形共鳴	167	フォームトレーサー	350
ハイブリッドフォイル	323	非線形コンプトン散乱	413	複合ヒッグス理論	4
ハイペロン	17	非弾性散乱	40,43	輻射減衰	173
バイポーラトランジスタ	280	非弾性散乱実験	42	輻射シールド	377
πモード	403	ヒッグス機構	4	輻射生成長	404
パイルド・ラフト基礎	397	ヒッグス場	7	輻射長	410
破壊的の測定	298	ヒッグス粒子	4,6,9	輻射偏極	193
薄層放射化（TLA）	555	ビッグバン	529	負水素イオン	314
剥離電鋳	353	非熱的脱離	286	ブッシュの定理	228
バケット	312	非破壊的測定	299	負ミュオン	45
破砕中性子源	252	火花放電実験	534	フミン	542
はじき出し損傷効果	431,517,532	ビームアボートライン	325	フライホイール	229
はじき出し損傷量（dpa）	525	ビームエミッタンス	80	プラズマ	520
パターン電源	229	ビームコライダー	79	プラズマウィンドウ	324
波長分散型 X 線分光	442	ビーム寿命	284	プラズマ周波数低減係数	276
バックシールドガス	354	ビーム損失	302,388	ブラッグ曲線	87
バックトラジェクトリー解析		ビームダンプ	325	ブラッグ散乱	437
（─→ 後方流跡線解析）		ビームダンプライン	325	フラックス	353
パッシェンの式	345	ビームハロー	328	ブラッグピーク	87,475,490
パッシブシールド	373	ビームビーム効果	80	フラッター	126
ハードエッジ	317	ビームビーム相互作用		フラットトップ	338
ハードスイッチモジュレータ	279		139,194,199	フラットパネル検出器	502

フラーレン	32	放射性同位体	448	マルチパクタ	346,370
ブリスタリング	492	放射線	384,414	マルチパクタ放電	251,261
フリッカー	229	――の電離作用	86	マルチフェロイックス	49
プロキシ	459	放射線安全インターロック	309	水チェレンコフ実験	504
プロトコール	490	放射線帯（――→バンアレン帯）		密結合	246
プロトン伝導性固体高分子膜	559	放射線架橋	430	密着電鋳	353
プロファイルモニター	325	放射線カスケード	535	密度変調	276
プローブ結合	251	放射線管理区域	541	南大西洋異常帯	532
分割照射	484	放射線グラフト重合	431	μSR 法	86,434,439
分光器	393	放射線障害防止法	541	ミュオニウム	85
分散関数	328	放射線損傷	296,510	ミューオン（ミュオン）	
分散曲線	244	放射線耐性	509,510		15,45,85,103,333
分散制御環境	307	放射線治療	483	ミュオン検出器	501
分子源	214	放射線場	385	ミューオンスピン回転（μSR）	
分布排気イオンポンプ	290	ホウ素中性子捕捉療法			86,434,439
分離セクター型サイクロトロン		（BNCT）	88,105,491	ミュオンラジオグラフィー	433
	77,126	膨張タービン	375	ミューメタル	373
閉軌道	162	放電クラッキング法（炭化水素系ガ		μ 粒子	3,531
平衡位相	77	スの）	323	ミリ波	539
平衡エネルギー	77	放電限界	347	ミーリング	349
平衡エミッタンス	313	放電洗浄	289	無機絶縁ケーブル（MIC）	223,224
平衡軌道	74,77	ポジトロニウム	86	無酸素銅	347,349,366
平衡電荷	132	ポジトロニウム飛行時間法		無電解メッキ	357
平衡粒子	76,77	（Ps-TOF）	47	メスバウアー分光法	433
米国国立標準技術研究所（NIST）		ポジトロン CT	86	メタライズ	216,355
	451	ポストカップカラー	245	メタライズ層	361
ベイン（Vane）	120,258,350	ボディー	276	メッキ	357
ペイント操作	313	ボトムクォーク	4,13	滅菌バリテーション基準	551
ベーキング	286	ポリイミド樹脂	224	メラー散乱	285
β関数	163,316	ポリクロロビフェニル	542	モエジマシダ	544
ベータトロン	61,73,110,122,484	ボールエンドミル	351	模擬負荷	282
ベータトロン条件	74			モジュレータ	278
ベータトロン振動	74,162	**ま 行**		モード（姿態）	282
ベータトロン振動数	74,316	マイクロ光学	427	モード結合不安定性	183
ベーテ-ブロッホの式	529	マイクロドーズ臨床試験法	456	モリブデン-マンガン法（Mo-Mn	
ヘリウム液化機	375	マイクロトロン		法）	355
ヘリウム液化冷凍機	375		76,92,111,132,539	モンテカルロ計算	389
ヘリウムリークディテクタ	292	マイクロパターンガスディテクタ		モントリオール議定書	551
ヘリウム冷凍機	375,376		508		
ヘリカルアンジュレータ	237,405	マイクロパービアンス	276	**や 行**	
ヘリカルウィグラー	84	マイクロ波不安定性	404	薬物動態	455
ヘリカル方式	520	マイクロバンチ	142,408	有害事象	483
ペレトロン	112	マイクロビーム	337,469	誘電体加速	151,153
変換材（コンバータ）	497	マイクロマシン（MEMS）	427,430	誘導加速器	154
偏極ビーム	191	マイナーアクチノイド（MA）	53	誘導加速空洞	274
ボーア半径	414,439	マクスウェル方程式	160	誘導加速シンクロトロン	275
ポインティングベクトル	242	膜タンパク質	51	誘導結合プラズマ物質分析	545
方向性結合器	282	膜・電極接合体（MEA）	559	陽極酸化法	323
方向性電磁鋼板	222	マグネトロン	66,484	陽子シンクロトロン	129
放射減衰効果	81	マジックティー	283	陽子線治療	486
放射光	83,100,140	窓なしターゲット	55	陽子リニアック	117
放射光 X 線	22,444	窓なし蓄積技術	324	陽子リニアック中性子源	540
放射光源リング	140	マルクス回路	72	溶接開先	355
放射性核種	326,390	マルクスモジュレータ	280	陽電子	3,46,86,103
放射性炭素年代	453,454	マルチターン取り出し	338	陽電子オージェ電子分光	47
放射性同位元素（RI）	476,546	マルチターン入射	312	陽電子消滅誘起オージェ電子分光法	

	440
陽電子放出断層撮影（PET）	46
溶融メッキ	357
横方向ウェーク場	271
横方向単バンチ結合不安定性	186
横方向単バンチ不安定性	183
横谷の表式	271

ら 行

ライジオアイソトープ（→ 放射性同位元素）	
ラインタイプモジュレータ	278
ラザフォード後方散乱分光法（RBS）	433, 435, 446
ラザフォード散乱	285
ラジウム	484
ラジオマイクロサージャリ技術	469
ラジカル重合	558
ラスレットのインコヒーレントチューンシフト	130
ラダープログラム	308
ラティス	84, 156, 316
ラーモア歳差運動	439
ラーモア周波数	228
ランダウ減衰	186
リヴィングストンチャート	71
リウヴィルの定理	162, 312

リソグラフィー	34, 427
リチウムイオン二次電池	434
リニアコライダー	82
リニアック（線形加速器）	74, 109, 114, 475
硫化物トロイライト	536
粒子液化捕獲集-イオンクロマトグラフィ法	545
粒子線治療	105, 486
粒子線誘起 γ 線分光法（PIGE）	338, 437
粒子線励起 X 線分析法（PIXE）	433, 435, 438, 445, 545
量子寿命	174
量子スピン	49
量子ビーム	48, 83
量子ゆらぎ効果	81
量子励起	173
臨界エネルギー	172
臨界角周波数	172
臨界波長	172
リングサイクロトロン	77, 126, 314, 315
ループ結合	251
ルミノシティー	79, 138
冷陰極真空計（逆マグネトロン型）	291
冷凍モード	376

レーザー	342
レーザーイオン加速	153
レーザー加速	151
レーザーコンプトン光源	344
レーザーコンプトン散乱 γ 線（LCS）	548
レーザースキャナー	380
レーザー脱離イオン化法	215
レーザー蓄積装置	548
レーザートラッカー	379
レーザーモニター	303
レーザー冷却法	206
レジスト	427
レーダー	484
レプトン	3, 4
レントゲン装置	475
ろう付け	353
ロゴスキー形状	221
露出年代測定	458
ロードトロン	539
炉内ろう付け	353
ロビンソンの定理	173
ローレンツ変換	314
ローレンツ力	314
ロンドン方程式	248

わ 行

ワンパス溶接	355

加速器ハンドブック

平成 30 年 4 月 30 日　発　行

編　者　　日本加速器学会

発行者　　池　田　和　博

発行所　　丸善出版株式会社
〒101-0051　東京都千代田区神田神保町二丁目17番
編集：電話 (03) 3512-3265／FAX (03) 3512-3272
営業：電話 (03) 3512-3256／FAX (03) 3512-3270
https://www.maruzen-publishing.co.jp

© Particle Accelerator Society of Japan, 2018

組版印刷・三美印刷株式会社／製本・株式会社 松岳社

ISBN 978-4-621-08901-9　C 3550　　　　　Printed in Japan

本書の無断複写は著作権法上での例外を除き禁じられています.